Biopsychologische Grundlagen der Persönlichkeit

Jürgen Hennig/Petra Netter (Hrsg.)

Biopsychologische Grundlagen der Persönlichkeit

ELSEVIER
SPEKTRUM
AKADEMISCHER
VERLAG

Spektrum
AKADEMISCHER VERLAG

Zuschriften und Kritik an:
Elsevier GmbH, Spektrum Akademischer Verlag, Katharina Neuser-von Oettingen, Slevogt-str. 3-5, 69126 Heidelberg.

Herausgeber:
Prof. Dr. Dr. Jürgen Hennig
Justus-Liebig-Universität Gießen, FB 06, (Psychologie und Sportwissenschaft),
Abt. Differentielle Psych. und Diagnostik
Otto-Behaghel-Straße 10
35394 Giessen
E-Mail: Juergen.Hennig@psychol.uni-giessen.de

Prof. Dr. Dr. Petra Netter
Justus-Liebig-Universität Gießen, Institut f. Psychobiologie und Verhaltensmedizin
Otto-Behaghel-Straße 10
35394 Giessen
E-Mail: Petra.Netter@psychol.uni-giessen.de

Wichtiger Hinweis für den Benutzer
Der Verlag und die Herausgeber haben alle Sorgfalt walten lassen, um vollständige und akkurate Informationen in diesem Buch zu publizieren. Der Verlag übernimmt weder Garantie noch die juristische Verantwortung oder irgendeine Haftung für die Nutzung dieser Informationen, für deren Wirtschaftlichkeit oder fehlerfreie Funktion für einen bestimmten Zweck. Der Verlag übernimmt keine Gewähr dafür, dass die beschriebenen Verfahren, Programme usw. frei von Schutzrechten Dritter sind. Der Verlag hat sich bemüht, sämtliche Rechteinhaber von Abbildungen zu ermitteln. Sollte dem Verlag gegenüber dennoch der Nachweis der Rechtsinhaberschaft geführt werden, wird das branchenübliche Honorar gezahlt.

Bibliografische Information Der Deutschen Bibliothek
Die Deutsche Bibliothek verzeichnet diese Publikation in der Deutschen Nationalbibliografie; detaillierte bibliografische Daten sind im Internet über http://dnb.ddb.de abrufbar.

Planung und Lektorat: Katharina Neuser-von Oettingen
Herstellungskoordination: Detlef Mädje
Umschlaggestaltung: SpieszDesign, Neu-Ulm

Printed in Italy
ISBN 3-8274-0488-6

Aktuelle Informationen finden Sie im Internet unter www.elsevier.de

Kurzinhalt

Inhalt

5 Vegetatives System und Persönlichkeit

6   Immunsystem und Persönlichkeit.. 511

Jürgen Hennig

Autorinnen und Autoren

Prof. Dr. Dr. Jürgen Hennig
Justus-Liebig-Universität Gießen, FB 06
(Psychologie und Sportwissenschaft)
Abt. Differentielle Psych. und Diagnostik
Otto-Behaghel-Straße 10
35394 Giessen

Prof. Dr. Dr. Petra Netter
Justus-Liebig-Universität Gießen
Institut f. Psychobiologie und Verhaltensmedizin
Otto-Behaghel-Straße 10
35394 Giessen

Prof. Dr. Günter Schulter
Institut für Psychologie der
Karl-Franzens-Universität Graz
Abteilung für Biologische Psychologie
Universitätsplatz 2
A-8010 Graz

Prof. Dr. Aljoscha Neubauer
Institut für Psychologie der
Karl-Franzens-Univerität Graz
Abteilung für Differentielle. Psychologie
Universitätsplatz 2
A-8010 Graz

Prof. Dr. Rüdiger Baltissen
Fachbereich Psychologie
Bergische Universität Wuppertal
Max-Horkheimer-Straße 20
42119 Wuppertal

Prof. Dr. Wolfram Boucsein
Fachbereich Psychologie
Bergische Universität Wuppertal
Max- Horkheimer-Straße 20
42119 Wuppertal

Prof. Dr. Rainer Riemann
Institut für Psychologie der
Friedrich-Schiller-Universität
Abt. Differentielle und Persönlichkeitspsychologie
Am Steiger 3, Haus 1
07743 Jena

PD. Dr. Frank Spinath
Fakultät für Psychologie und Sportwissenschaft der
Universität Bielefeld
Abteilung Psychologie
Postfach 100131
33501 Bielefeld

1 Einleitung

Petra Netter und Jürgen Hennig

1.1 An welche historischen Traditionen knüpft das Thema des Buches an?

Psyche und Körper in einen Zusammenhang zu bringen, ist aus Zeiten der Antike bis heute ein immer wiederkehrendes Problem, das einerseits von der Philosophie und andererseits von der Medizin thematisiert wurde.

Dies geschah sowohl unter dem Gesichtspunkt struktureller als auch funktioneller Zusammenhänge, d.h. zunächst wurde thematisiert, dass der Mensch aus Körper, Seele und Geist besteht, wie es in vielen aus der Philosophie begründeten Schichtenlehren geschehen ist (siehe Tabelle 1.1).

Eine weitere viel spätere Fragestellung war die, aus morphologischen Merkmalen des Körpers auf geistige oder seelische Prozesse zu schließen. Ein Beispiel war die so genannte Phrenologie von Franz Josef Gall, der aus äußeren Formelementen des Schädels auf darunter befindliche Eigenschaften schloss (siehe Abbildung 1.1). Berühmt geworden ist auch der Versuch des Anthropologen Lombroso, aus physiognomischen Auffälligkeiten auf die Tendenz zu verbrecherischen Anlagen zu schließen (z.B. angewachsene Ohrläppchen, zusammengewachsene Augenbrauen).

Sowohl die drei Körperbautypen wie die Temperamente haben ihre Parallelen in einer langen historischen Tradition. So tauchen auch in reinen Konstitutionstypologien immer wieder Beziehungen zu Eingeweiden, Knochen/Muskeln und Gehirn auf (Sigaud, 1908; Rostan, 1828, beide zitiert nach Mannebach, 1997), und in den Temperamentstypologien die Parallelen zu Extra-/Introversion (z.B. Janet, 1892: hysterisch-psychasthenisch; Jung, 1921: extravertiert/introvertiert; Rorschach, 1921: extratensiv/introtensiv oder Pawlow, 1941: exzitatorisch/inhibitorisch). So ist es nicht verwunderlich, dass diese Dimension, auch unabhängig von der Körperkonstitution, in heute gebräuchliche Fragebogenskalen der Persönlichkeit einfließt.

Tabelle 1.1: Beispiele für Schichtentheorien in der Psychologie

Autor	Jahr	1	1a	2	3
Plato	ca. 400 v. Chr.	Verlangen		Mut/Wille	Vernunft
Aristoteles	360 v. Chr.	vegetative		animalische	vernünftige Seele
N. Hartmann	1933	anorganisches	organisches	seelisches	geistiges Leben
W. Wundt	1879		Fühlen	Wollen	Denken
S. Freud	1886	Es		Ich	Überich
F. Hoffmann	1935	niedere Triebe		strebende Gefühle	Geist
E. Rothacker	1948		Tiefenperson		Personschicht
		Vitalschicht	animalische Schicht	Gefühlsschicht	Ichperson
Ph. Lersch	1951	Lebensgrund	endothymer Grund (stationäre Gestimmth., Strebungen, Gefühlsregungen)		personeller Oberbau (Willensartung, noetischer Habitus)

Ferner wurde in vielen Ansätzen der Körperbau als Möglichkeit zur Diagnose von Temperamentseigenschaften angesehen, wie in den Konstitutionstypologien, die zunächst ihren Ursprung in der Medizin bei der Betrachtung psychiatrischer Krankheiten und Verhaltensmerkmale hatten (Kretschmer, 1921) und später auf gesunde Populationen übertragen wurden (Kretschmer, 1921, Sheldon et al., 1940; Sheldon & Stevens, 1942, siehe Tabelle 1.2).

Unter mehr funktioneller Perspektive lässt sich die bereits in der Antike bekannte Säftelehre des Hippokrates einordnen, zu der später von Galen (ca. 170 n. Chr.) bestimmte Temperamentseigenschaften den Körpersäften zugeordnet wurden, die dann ihrerseits wieder physikalischen Elementen an die Seite gestellt wurden (siehe Abb. 1.2).

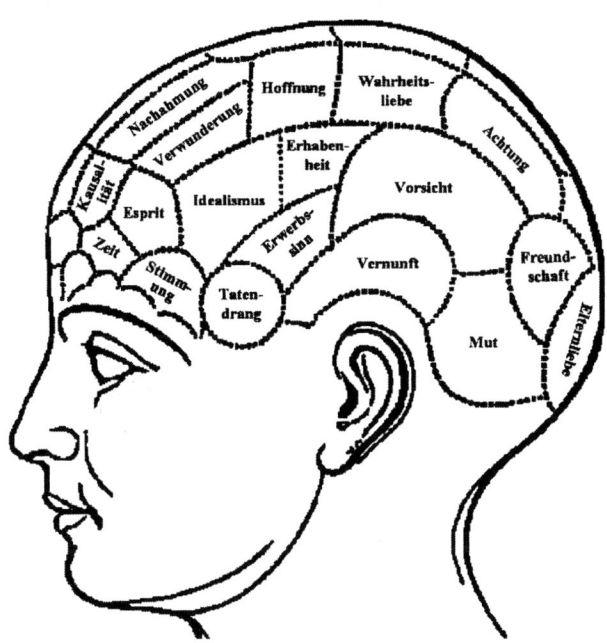

Abbildung 1.1:   „Phrenologie" in Analogie zu Gall.

Dieser erste Versuch, Temperament auch kausal durch bestimmte Körpersäfte zu erklären, hat dazu geführt, dass diese Theorie in vielen Lehrbüchern herangezogen wird, um moderne Psychoendokrinologie historisch zu begründen.

Auch spätere Versuche, in typologischer Vorgehensweise funktionelle Erklärungen für psychisches Verhalten aufgrund somatischer Dispositionen zu geben, sind z.B. in der Typologie vegetativer Reaktionstendenzen von Hess zu finden (Eppinger & Hess, 1910), in der das sympathische und parasympathische Nervensystem als die Basis für bestimmte Reaktionstypen angesehen wurde.

Eine weitere Quelle für die Suche nach kausalen Erklärungen psychischer Phänomene durch somatische Prozesse findet sich in den Anfängen der psychosomatischen Medizin. Hier untersuchten Internisten (z.B. Oppenheimer, 1918; Wichmann, 1934; Schliephake, 1950; v. Uexküll, 1960; Delius, 1961), Gynäkologen (z.B. Klotz, 1947; Roemer, 1953) und Psychiater (z.B. Kraepelin, 1899; Cramer, 1906; v. Bergmann, 1932; Staehelin, 1968; Bleuler, 1971) das Phänomen der vegetativen Beschwerden unter

den unterschiedlichsten Bezeichnungen (funktionelle Syndrome, neurozir-
kulatorische Asthenie, Nervosität, Organneurose) auf ihre somatischen
Korrelate im Bereich des Herzkreislaufsystems, der Drüsentätigkeit und
der muskulären Reagibilität innerer Organsysteme.

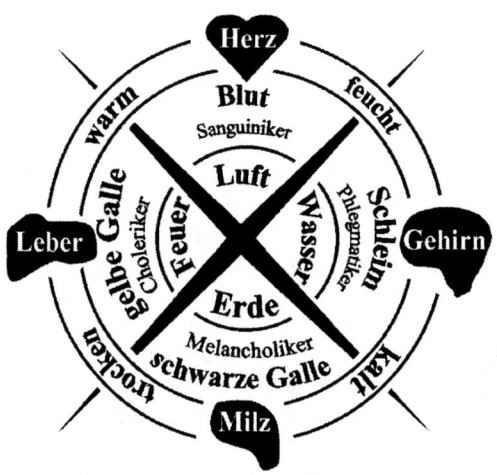

Abbildung 1.2: „Körpersäfte" und ihre Beziehung zu Temperamen-
ten, Organen und den vier Elementen.

Tabelle 1.2: Beispiele für Konstitutionstypologien mit Bezug zu
Krankheiten und Temperamenttypen

Autor	Körperbaumerk-mal	Krankheit	Temperament
Kretschmer, 1921	pyknisch	Manisch-depressi-ve Erkrankg.	zyklothym
	leptosom	Schizophrenie	schizothym
	athletisch	Epilepsie	viskös
Sheldon et al., 1940	endomorph		viszeroton
	ektomorph		zerebroton
	mesomorph		somatoton

So gibt es durchaus Übergänge zwischen den rein deskriptiven Typologien
zu solchen, die kausale Zusammenhänge zwischen Funktionssystemen und
Verhalten postulieren.

In neuerer Zeit rückte durch die Entwicklung aufwendiger Messtechniken, wie bildgebende Verfahren, Messung von Hormonen und Transmittern und molekulare Genetik, der Anspruch in den Vordergrund, zu Persönlichkeitsausprägungen im emotionalen, motivationalen und kog-nitiven Bereich biologische Korrelate zu finden, die zum Teil Erklärungswert haben, zum Teil aber auch als so genannte biologische Marker zur psychiatrischen und Persönlichkeitsdiagnostik beitragen. Dies sind neurochemische oder molekulargenetische Merkmale, die gleichzeitig mit den psychischen Eigenschaften auftreten und oft nicht ursächlich, sondern nur korrelativ mit diesen verbunden sind (siehe Kapitel Neurotransmitter und Genetik). Bei der Betrachtung dieser biologischen Grundlagen der Persönlichkeit wird die schon von Kretschmer (1921) und Eysenck (1947) postulierte Extrapolierbarkeit psychopathologischer Phänomene in den Normalbereich zugrunde gelegt. Obgleich sich diese Annahme bis heute weitgehend durchgesetzt hat, findet man nicht selten noch die Auffassung vor, dass Persönlichkeit und Psychopathologie disjunkt wären. Ausgehend von den Überlegungen, dass die manisch-depressive Erkrankung ein „fundamentaler Zustand" sei, der weitgehend unabhängig von exogenen Einflüssen sei, postulierte Kretschmer, dass dieser auch zwischen den akuten Erkrankungsphasen vorherrsche. In der wohlbekannten und oben bereits erwähnten Konstitutionstypologie greift Kretschmer den Gedanken der Kontinuität auf, was Niederschlag in einer entsprechenden Tempera-mentstypologie findet, die aufgrund methodischer Einschränkungen heute eher von historischem Wert ist.

In der Folge wurde der Gedanke eines Kontinuums häufig aufgegriffen und führte im Jahre 1962 zu der von Ordonez-Sierra (1962) formulierten „Zwei-Gen-Theorie" affektiver Störungen. Gegenstand dieser Theorie war die Annahme, dass es ein Gen gäbe, welches eher phasisch mit der Ausprägung einer psychischen Erkrankung verbunden sei, während ein zweites (ebenfalls dominantes) Gen einen inhibitorischen Einfluss auf den Ausbruch einer Erkrankung ausüben würde. Der Gedanke wurde verschiedentlich, u.a. von Wetzel et al. (1980), aufgegriffen, der zeigte, dass sich auch Verwandte ersten Grades hinsichtlich verschiedener psychopathologisch relevanter Persönlichkeitsmerkmale von ebenfalls gesunden Kontrollprobanden unterscheiden. Es wird festgehalten, dass „subdepressive or depressive personality and primary unipolar affective disorder are spectrum disorders and therefore share etiological factors" (p. 204). Vor diesem Hintergrund unterstellt die biologische Persönlichkeitspsychologie, dass psychiatrisch Auffällige (z.B. Personen mit Impulskontrollstörungen) sich neurophysiologisch oder neurochemisch zu Gesunden verhalten wie Personen mit hoher zu geringer Ausprägung auf der betreffenden Persönlichkeitsdimension (z.B. hoch zu niedrig Impulsiven).

Die biologische Persönlichkeitsforschung bezieht ihre Impulse (Methoden, Hypothesen und Interpretationsmöglichkeiten) aus einer Reihe von anderen Forschungsfeldern, die z.T. früher und gründlicher Beziehungen zwischen biologischen Prozessen und Verhalten analysiert haben. Dies sind außer der bereits erwähnten Psychosomatik vor allem die Verhaltenspharmakologie in Tierstudien, die biologische Psychiatrie, aber auch die biologische Stress- und Emotionsforschung.

Somit schließt dieses Buch an eine lange Tradition und ein breites interdisziplinäres Feld des Interesses an, somatische Grundlagen für Befinden und Verhalten zu beschreiben, die zur Erhellung von Persönlichkeitsunterschieden herangezogen werden können. Es muss jedoch davor gewarnt werden, diese als hinreichenden Erklärungswert anzusehen. Die Befunde können vielleicht eher als biologische Diagnostikinstrumente verstanden werden, die unter Umständen besser als Fragebogen (die vielfachen Verfälschungsmöglichkeiten unterliegen) geeignet sind, psychische Dispositionen einer Person zu identifizieren.

1.2   Wer soll dieses Buch lesen und wie soll es gelesen werden?

Dieses Buch über biologische Grundlagen der Persönlichkeit wendet sich an solche Studierenden, die
a) bereits die wesentlichsten Theorien der Persönlichkeit kennen und
b) sich grob etwas darunter vorstellen können, wie Eigenschaften (auch Konstrukte genannt) faktorenanalytisch gewonnen werden (z.B. Extraversion/Introversion, Neurotizismus/Ängstlichkeit, Psychotizismus, Aggressivität, Impulsivität oder Intelligenz).

Daher werden die einzelnen Theorien nicht mehr in ihrer Gesamtheit abgehandelt, sondern es werden die Konstrukte oder Eigenschaftskomplexe, die für biologische Fragestellungen relevant sind, in ihrer faktorenanalytisch aus Fragenbogen gewonnenen Zusammengehörigkeit im Einleitungskapitel dargestellt und hinsichtlich ihrer biologischen Korrelate oder Ursachen aufgrund einschlägiger Theorien in den Kapiteln 2–7 charakterisiert. Es werden alle jene Persönlichkeitstheorien nicht berührt, die keinen Bezug von Persönlichkeitsdimensionen oder -eigenschaften zu biologischen Funktionen des Organismus hergestellt haben. Das Buch wird also nicht die psychodynamischen Theorien (Freud, Adler, Jung, Murray), die lerntheoretisch begründeten Persönlichkeitstheorien (Rotter, Bandura), die kognitiven Persönlichkeitstheorien (z.B. Kelly) und die humanistischen Theorien (z.B. Rogers) berühren. Es wird vorausgesetzt, dass sich die Leser dieses Buches aus anderen Lehrbüchern (z.B. Amelang und Bartussek, 2001) über die verschiedenen theoretischen Ansätze bereits ein Bild gemacht haben. Unser Ziel ist hier, die Gemeinsamkeiten und Unterschiede der Konstrukte in den biologisch orientierten Theorien aufzuzeigen, da die auf diesen Theorien basierenden Erhebungsinstrumente und Messmethoden sich dann etwas unterscheiden, was Konsequenzen für die Interpretation ihrer biologischen Korrelate hat. Es wird im Folgenden nur auf die Konstrukte eingegangen, die als Einteilung innerhalb der

Buchkapitel dienen.

Die Kapitelgliederung gestaltet sich allerdings nicht nach den Konstrukten, sondern nach den biologischen Systemen (zentralnervöse, neurotransmitterbezogene, hormonelle, vegetative, immunologische und genetische Aspekte der Persönlichkeit). In jedem Kapitel werden jedoch die wichtigsten psychologischen Eigenschaftskomplexe jeweils systematisch abgehandelt, sofern zu ihnen Befunde aus dem jeweiligen somatischen Gebiet vorliegen. Diese Eigenschaften richten sich im wesentlichen nach den drei großen übergeordneten Eigenschaftskomplexen, wie sie zuerst von Eysenck (1947) konzipiert und in vielen faktorenanalytischen Untersuchungen identifiziert worden sind, wenn auch häufig mit etwas anderer Zusammensetzung ihrer Teilkomponenten. Dieses sind Extra-/Introversion (E), Neurotizismus/Ängstlichkeit (N) und unsoziales Verhalten/Aggressivität (P) (nach Eysenck = Psychotizismus). Diese spannen sozusagen einen dreidimensionalen Raum auf, in den sich eine Reihe von weniger breiten Persönlichkeitsfaktoren einordnen lässt, die unterschiedliche Anteile aus diesen drei übergeordneten Faktoren in sich vereinigen. Wer mit faktorenanalytisch gewonnenen Persönlichkeitstheorien vertraut ist, wird sich wundern, dass nicht das heute gängigere Fünf-Faktorenmodell (Costa & McCrae, 1992) zugrunde gelegt wird. Die zwei in diesem Modell repräsentierten Faktoren Freundlichkeit und Gewissenhaftigkeit lassen sich zum Teil als Gegenpole zu Aggressivität und Impulsivität auffassen, die in diesem Buch unter dem Bereich des Psychotizismus abgehandelt werden. Der fünfte Faktor Offenheit für Erfahrung im zugehörigen Fragebogen NEO-PI-R ist durch seinen Bezug zu intellektuellen Funktionen im Kapitel Zentrales Nervensystem und Intelligenz mit repräsentiert. Explizit biologische Korrelate zum Offenheitsfaktor sind auch nicht beschrieben.

Die einzelnen Eigenschaften und Eigenschaftsgruppen werden weiter unten in ihrer Fragebogenzusammengehörigkeit und ihrer biologischen Verankerung erläutert. Dabei werden auch die wichtigsten zugehörigen Fragebogen in Bezug auf gemeinsame und unterschiedliche Aspekte angesprochen (siehe Tab. 1.3).

Wenn sich jemand z.B. dafür interessiert, welche persönlichkeitspsychologischen Erkenntnisse es zu EEG-Befunden oder bildgebenden Verfahren gibt, so kann er sich das Kapitel über zentralnervöse Befunde durchlesen. Interessiert er sich jedoch für alles, was an biologischen Erkenntnissen z.B. zum Konstrukt Ängstlichkeit vorliegt, so müßte sich der Betreffende aus allen sechs Kapiteln das heraussuchen, was an Ergebnissen zur Ängstlichkeit aus neurophysiologischer, neurotransmitterspezifischer, endokrinologischer, vegetativer, immunologischer oder genetischer Sicht berichtet wurde. Dies ist aber möglich, weil in den einzelnen Kapiteln diese Abschnitte durch entsprechende Überschriften gekennzeichnet sind.

1.3 Wie hängen biologisch relevante Persönlichkeitsmerkmale auf der Basis von Fragebogen zusammen?

In der Folge werden diejenigen Konstrukte kurz dargestellt, die häufig Gegenstand der biologisch orientierten Persönlichkeitspsychologie waren. Ihre grobe Zuordnung zu den Dimensionen E, N und P zeigt Abbildung 1.3).

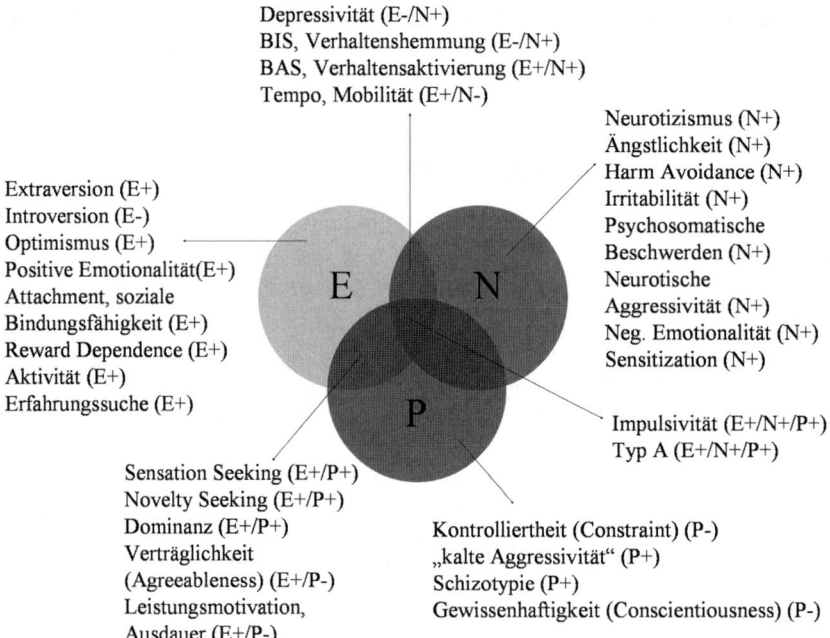

Depressivität (E-/N+)
BIS, Verhaltenshemmung (E-/N+)
BAS, Verhaltensaktivierung (E+/N+)
Tempo, Mobilität (E+/N-)

Extraversion (E+)
Introversion (E-)
Optimismus (E+)
Positive Emotionalität(E+)
Attachment, soziale
Bindungsfähigkeit (E+)
Reward Dependence (E+)
Aktivität (E+)
Erfahrungssuche (E+)

Neurotizismus (N+)
Ängstlichkeit (N+)
Harm Avoidance (N+)
Irritabilität (N+)
Psychosomatische
Beschwerden (N+)
Neurotische
Aggressivität (N+)
Neg. Emotionalität (N+)
Sensitization (N+)

Impulsivität (E+/N+/P+)
Typ A (E+/N+/P+)

Sensation Seeking (E+/P+)
Novelty Seeking (E+/P+)
Dominanz (E+/P+)
Verträglichkeit
(Agreeableness) (E+/P-)
Leistungsmotivation,
Ausdauer (E+/P-)

Kontrolliertheit (Constraint) (P-)
„kalte Aggressivität" (P+)
Schizotypie (P+)
Gewissenhaftigkeit (Conscientiousness) (P-)

Abbildung 1.3: **Grob vereinfachte Systematik der verschiedenen**
siehe Farbtafel **Persönlichkeitsdimensionen hinsichtlich der von Eysenck postulierten drei Faktoren Extraversion, Neurotizismus und Psychotizismus, die lediglich die „relative Nähe" einzelner Konstrukte zu diesen Faktoren repräsentieren soll.**

In gleichem Maße wie für die Temperamentsdimensionen wird auch die Kenntnis der verschiedenen Theorien zur Intelligenz vorausgesetzt. Obwohl Geschlechtsdifferenzen auch ein wesentliches und viel beforschtes Konstrukt der Persönlichkeitspsychologie sind, wird ihnen in diesem Buch nicht systematisch ein eigener Unterabschnitt in den einzelnen Kapiteln gewidmet. Dies ist dadurch bedingt, dass es zum Teil eine unendliche Fülle psychobiologischer Befunde zu Geschlechtsdifferenzen gibt, wie etwa in der Psychoneuroimmunologie oder bei der Abhandlung der Reproduktionshormone. Dies hätte den Rahmen des Buches gesprengt. Zum anderen ist diese Entscheidung auch dadurch bedingt, dass zwar differente Befunde für Männer und Frauen existieren, die aber oft nicht explizit in der selben Untersuchung verglichen werden. Außerdem ist das Geschlecht mit den Faktorendimensionen Neurotizismus und Psychotizismus konfundiert (Frauen höhere N-Werte, Männer höhere P-Werte). Dort, wo geschlechtsdifferente Befunde besonders mitteilenswert sind, werden sie in Abschnitten mit abgehandelt oder erhalten sogar eine eigene Überschrift, wie im Kapitel über das zentrale Nervensystem.

Eine Aufstellung der relevanten, nach Autoren und Fragebogen geordneten Konstrukte findet sich im Anschluss an Kapitel 1.3 als Tabelle 1.3.

1.3.1 Neurotizismus (N)

1.3.1.1 Das Gesamtkonstrukt

Eines der stabilsten Konstrukte, das in fast allen Persönlichkeitstheorien wiederkehrend beschrieben und in Faktorenanalysen einheitlich identifiziert wird, ist die Dimension, die von Eysenck (1947) als Neurotizismus bezeichnet wurde. Durch Beobachtung von neurotischen Patienten wurden Items für einen Fragebogen für den Normalbereich abgeleitet. Dieses Konstrukt findet sich auch unter dem Namen Psychische Labilität/Stabilität bzw. bei Cattell (1965) in ähnlicher Weise als der Faktor Anxiety, bei Guilford als Emotionality (1959), und als negative Emotionality bei Tellegen (1982). Etliche Facetten davon sind auch identisch mit den in Temperamentstheorien definierten Dimensionen der emotionalen Reaktivität (z.B. Strelau & Sawadzki, 1993).

Im NEO-PI-R zu dem Fünf-Faktoren-Modell von Costa & McCrae (1992) ist der Neurotizismus gekennzeichnet durch die Subfaktoren Ängstlichkeit, Reizbarkeit, Feindseligkeit, Depressivität, mangelndes Selbstwertgefühl resp. soziale Befangenheit, Impulsivität und Verletzbarkeit, was sich auch in den Items wiederfindet, die von Eysenck zur Charakterisierung dieser Persönlichkeitsdimension in seinen Fragebogen MMQ, EPI und EPQ aufgenommen wurden (Eysenck, 1953, 1956; Eysenck & Eysenck, 1975). Personen, die einen hohen Wert auf dieser Skala haben, sind im allgemeinen leicht erregbar, affektlabil, impulsiv, haben ein schlechtes Selbstwertgefühl, eine hohe Empfindlichkeit gegenüber physischen und psychischen Unannehmlichkeiten, sind daher auch mit sich und anderen unzufrieden. Darüber hinaus sind sie rasch erschöpfbar und antriebsgehemmt, grübeln über die Vergangenheit und die Zukunft nach und können sich schwer von negativen Gedanken lösen. Dies impliziert auch eine in den Faktorenanalysen bisher nicht explizit identifizierte Eigenschaft, die aber in verschiedenen Untersuchungen physiologischer und psychischer Verhaltensweisen herauskommt, nämlich eine mangelhafte Adaptabilität an die Gegebenheiten der Situation (Netter et al., 1998a; Hennig, 2002). Dies beinhaltet, dass Personen mit einem hohen N-Wert zu unflexibel sind, um sich von einer Situation auf eine andere umstellen zu können, d.h. sie arbeiten in der Freizeit, sie träumen während der Arbeit, sie können nachts nicht schlafen und morgens nicht wach werden, wenn sie aufstehen sollen, sie haben also insgesamt gestörte Verhaltensrhythmen und eine schlechte Verhaltensanpassung an die Erfordernisse der Situation. Vor allem aber zeichnet diese Personen auch die Neigung zur Angabe so genannter funktioneller Beschwerden aus. Dies sind Symptome, die durch das vegetative Nervensystem determiniert sind, z.B. Magen-Darm-Symptomatik, Kreislaufbeschwerden (Kopfschmerzen, Herzklopfen, kalte Extremitäten), aber auch Muskelschmerzen diverser Art (Fibromyalgie) und Schlafstörungen.

Es ist oft versucht worden, diesen Aspekt des Neurotizismus von den mehr psychischen Symptomen zu trennen, aber separate Skalen zeigen immer wieder eine hohe Korrelation (z.B. im Freiburger Persönlichkeitsinventar (FPI-R, Fahrenberg et al., 1984) korrelierte die Skala, die diese Symptome beinhaltet, mit den übrigen Subskalen von Neurotizismus, wie Erregbarkeit, Beanspruchung, Gesundheitssorgen, mangelnde Lebenszufriedenheit usw. recht hoch). Die Dimension Neurotizismus ist auch sehr einheitlich als eine Persönlichkeitsvariable identifiziert worden, bei der gut reproduzierbar Geschlechtsdifferenzen auftreten (Frauen haben höhere Werte). Das Konstrukt zeigt eine intraindividuelle Stabilität über das Leben hinweg, erreicht die höchsten Werte zwischen 20 und 40 Jahren und ist bereits häufig in der frühen Kindheit durch entsprechende Störbarkeit, Ängstlichkeit und vegetative Funktionsstörungen gekennzeichnet.

1.3.1.2 Ängstlichkeit/Verhaltenshemmung

Bei der Ängstlichkeit, wie oben beschrieben, decken sich breite Aspekte von Cattells Sekundärfaktor „Anxiety" mit denen von Eysencks Neurotizismus bzw. der psychischen Labilität. Unterschiede bestehen eher darin, dass der auf Selbstbeurteilungsdaten beruhende Sekundärfaktor Ängstlichkeit bei Cattell nicht die Neigung zu vegetativen Beschwerden enthält, aber in Form der Faktoren mangelnde Ichstärke (C), Furchtsamkeit (H), Misstrauen, Einsamkeit (L), Schuldgefühle (O), mangelnde Willenskontrolle (Q3) und Triebspannung (Q4) etliche der bei Eysenck beschriebenen Verhaltensweisen widerspiegelt. Bei Eysenck wäre Ängstlichkeit als eine Kombination von Introversion und Neurotizismus definiert, d.h. als Eigenschaft, die durch neurotische Züge und soziale Gehemmtheit charakterisiert ist. Im pathologischen Bereich neurotischer Störungen entspricht diese Kombination der *Dysthymie*, die durch Angst, Depression, Zwangssymptome und vegetative Beschwerden gekennzeichnet ist. Dem Modell, Ängstlichkeit als Mischung zwischen Neurotizismus und Introversion zu definieren, folgt auch Gray, der sogar die Ängstlichkeit als eine seiner beiden Hauptachsen in das Koordinatensystem von Extraversion und Neurotizismus bei Eysenck legt (Gray, 1981). Er entspricht damit Eysencks Vorstellung, unterstreicht aber, dass aufgrund seiner neurophysiologischen Untersuchungsergebnisse an Tieren über das Verhaltenshemmsystem (behavioral inhibition system = BIS) die Ängstlichkeit das biologisch einheitliche und besser begründbare Hauptkonstrukt darstellt, das durch hohe Bestrafungssensibilität gekennzeichnet ist. Es wird als Verhaltenshemmsystem bezeichnet, weil einkommende neue Reize oder solche, die Bestrafung bzw. Nichtbelohnung signalisieren, im Organismus neben Aufmerksamkeit und Erregung auch eine Hemmung gerade gezeigten Verhaltens auslösen. Da Eysenck später feststellte, dass in dem Koordinatensystem aus Extraversion (E+/E–) und Neurotizismus (N+/N–) die Ängstlichkeit nicht, wie Gray postulierte, im 45-Grad-Winkel anzuordnen ist, sondern näher an dem Pol N+ als an dem von E– liegt, wird das Konstrukt zum BIS, das mittlerweile durch eigene Fragebogen messbar ist (z.B. Carver & White, 1994), bei dem Konstrukt Ängstlichkeit mit abgehandelt.

Einige Primärfaktoren von Cattell finden sich auch als Unterfaktoren der Emotionalität im System von Guilford wieder (z.B. in Form des Primärfaktors Depression (D), Affektlabilität und psychische Instabilität (C), Nervosität und Unausgeglichenheit (N) und Mangel an Selbstvertrauen (I). Eysenck hat diese im Gegensatz zu Cattell nicht als separat identifizierte Primärfaktoren ausgewiesen. Es ist das Verdienst von Cattell und von Eysenck, den auf Fragebogenbasis erstellten Faktoren eine Serie von Verhaltensdaten (= T-Daten) aus objektiven Testbatterien (Cattell & Warburton, 1967) oder Experimenten (Eysenck) zur Charakterisierung dieser Konstrukte an die Seite gestellt zu haben (z.B. Ja-sage-Tendenz, Verunsicherbarkeit, Gefühlsbetontheit in den Antworten, schwacher Schreibdruck etc.).

1.3.1.3 Repression/Sensitization

Im Kontext mit Ängstlichkeit sind sehr häufig habituelle Stressbewältigungsstile im Umgang mit angsterzeugenden Situationen untersucht worden. Der bekannteste Bewältigungsstil ist das aus der Wahrnehmungspsychologie sowie der psychoanalytischen und Kognitionsforschung zusammengeflossene Konzept des entweder verdrängenden (repressorischen) oder vigilanten (sensitivierenden) Umgangs mit bedrohlichen Reizen (= R-S-Konstrukt, vgl. Byrne et al., 1963; Krohne 1996a,b). Dies Konstrukt hat eine breite Aufmerksamkeit in der Forschung gefunden und einen Wandel durchlaufen von der Auffassung, dass es sich bei Sensitization und Repression um rein gegensätzliche Verhaltensweisen auf einer bipolaren Skala handelt, bis hin zu der heute von Krohne (1996) vertretenen Auffassung, dass der kognitiv-vermeidende und der vigilante Wahrnehmungsstil zwei eigene Dimensionen sind, die durch Vermeidung von Erregung resp. Vermeidung von Unsicherheit gekennzeichnet sind und sich unabhängig voneinander kombinieren können. Die Gemeinsamkeit von Sensitization mit den oben aufgeführten Konstrukten Neurotizismus und Ängstlichkeit besteht in einigen ähnlichen Korrelaten. Diese betreffen vor allem den eher emotionsbezogenen und auf die eigene Person gerichteten Umgang mit bedrohlichen Reizen. Übertriebene Vorsicht, besondere Informationssuche bei negativen Ereignissen sowie die für Neurotizismus charakteristischen Denk- und Arbeitsstile, ein schlechtes Selbstbild und erhöhte Empfindlichkeit sind gemeinsame Elemente von N und Sensitization. Eine bisher nicht beachtete Gemeinsamkeit besteht in der geringeren physiologischen Erregbarkeit unter Stress bei Sensitizern (vgl. Kapitel 2.2, 4.2, 5.2).

1.3.1.4 Harm Avoidance

Cloninger (1986, 1987) postuliert drei Persönlichkeitsdimensionen (Novelty Seeking, Reward Dependence und Harm Avoidance), die drei Neurotransmittern zugeordnet werden. Die Dimension Harm Avoidance, die in diesem Kontext relevant ist, enthält vier Subskalen, die Überschneidungen mit Ängstlichkeit haben (Sorgen um die Zukunft und Pessimismus, Furcht vor Unsicherheit, Schüchternheit gegenüber Fremden und Ermüdbarkeit). Die Subskala Sorgen und Grübelei (worry) findet sich in Eysencks Neurotizismus-Items wieder und charakterisiert die dieser Dimension anhaftende negative Stimmung, die Furcht vor Unsicherheit ist auch ein Kennzeichen von Sensitization (1.3.1.3), und die Ermüdbarkeit ist eines der Hauptsymptome auf den Listen vegetativer Beschwerden, die hoch mit N korreliert sind, während die Schüchternheit vor Fremden eher den Aspekt Introversion widerspiegelt.

1.3.1.5 Depressivität, gelernte Hilflosigkeit

Wie aus den Komponenten von N erkennbar, ist der Aspekt der Depressivität in diesen übergeordneten Faktoren enthalten. Die Depressivität wird daher sowohl bei Cattell (Cattell et al., 1950) in den Faktoren fehlende Ichstärke (C) und Neigung zu Schuldgefühlen (O) als auch bei Guilford (1959) als Faktor D eher auf der Ebene von Primärfaktoren angesehen. Die Antriebslosigkeit, die negative Emotionalität und die zum Teil auch im Normalbereich beobachtbaren kognitiven Beeinträchtigungen durch Verlangsamung, Unentschlossenheit und mangelnde Fähigkeit zur Strukturierung und Steuerung kognitiver Prozesse entspricht in abgemilderter Form den klinischen Beobachtungen an Depressiven. Auch in Persönlichkeitsinventaren, die verschiedene Subdimensionen der Persönlichkeit erfassen, wie im FPI, findet sich ein Äquivalent zur Depressivität (mangelnde

Lebenszufriedenheit), die circa zu r = .40 bis r = .60 mit Skalen der Ängstlichkeit (z.B. STAI von Spielberger et al., 1970) oder dem Gesamtwert Neurotizismus im FPI) korreliert.

Auch bei Betrachtung des lerntheoretischen Konzeptes der Depressionsentwicklung auf der Basis der gelernten Hilflosigkeit nach Seligman (1975) findet sich unter dem Konstrukt der gelernten Hilflosigkeit die kognitive, motivationale und emotionale Einbuße, die sich in der Stimmung der Hoffnungslosigkeit, dem mangelnden Antrieb und der verlorenen Fähigkeit zum Erlernen neuer Bewältigungsstrategien niederschlägt. Die erweiterte Theorie von Seligman nach Abramson et al. (1978) hat zur attributionstheoretischen Definition der Depression geführt. Danach sind Depressive dadurch gekennzeichnet, dass sie negative Ausgänge von Ereignissen internal, global und stabil attribuieren, d.h., sie erleben diese als selbst verschuldet, immer wiederkehrend und auch für andere Situationen als charakteristisch.

1.3.1.6 Typ-C-Verhalten

Aus der Erforschung krankheitsrelevanter Persönlichkeitsdimensionen stammt das Konzept des Typ-C-Verhaltens (Temoshok, 1987), das mit der „Krebs-Persönlichkeit" in Zusammenhang gebracht wurde und durch eine eher nach außen sehr angepasste, aber die eigenen Bedürfnisse extrem unterdrückende Persönlichkeit charakterisiert ist. Damit würde dieser Verhaltenstyp das mangelnde Selbstbewusstsein und die Empfindlichkeit der Neurotiker widerspiegeln, dagegen aber eine starke Kontrolle eigener Gefühle, wie sie eher den Repressoren eigen ist.

1.3.1.7 Negative Emotionalität (NEM)

Von Tellegen (1982) wurde eine Skala entwickelt, in der sich unter dem Titel Negative Emotionality (NEM) ein breiteres Konstrukt verbirgt, das vor allem von Depue (1995; Depue et al., 1994) in seinen Untersuchungen zu biologischen Persönlichkeitskorrelaten herangezogen wurde. Der Bogen besteht aus Fragen zur Stressreagibilität, zur Aggression und zu einem mit Alienation bezeichneten Verhalten, das die Neigung bezeichnet, sich benachteiligt und ausgenutzt zu fühlen. Darin sind Elemente von N enthalten, da geringe Stresstoleranz und die Tendenz, nicht nur mit sich, sondern auch mit anderen unzufrieden zu sein, viel mit der vorwurfsvollen Grundeinstellung der Eigenschaften von N gemeinsam hat, so dass vielleicht der breiteste gemeinsame Nenner für das Konstrukt N und die bisher behandelten N-assoziierten Eigenschaften eine negative Grundstimmung ist, wie sie im Konzept NEM ausgedrückt ist.

1.3.2 Extraversion

1.3.2.1 Das Gesamtkonstrukt

Das wohl am längsten bekannte und stabilste Persönlichkeitskonstrukt ist das der Extra-/Introversion, das schon seinen Niederschlag in alten Typologien (Jung, 1921; Kretschmer, 1921) gefunden hat und auch in den faktoriellen Persönlichkeitstheorien (Cattell, Guilford, Eysenck, Costa & McCrae) recht einheitlich wieder auftaucht. Gemeinsam ist in diesen Theorien, dass Extraversion eine Komponente der Geselligkeit enthält, das Bedürfnis, sich sozial mitzuteilen und Aktivitäten zu entfalten, die diesem Bedürfnis entspringen. Damit verbunden ist natürlich auch die größere Bereitschaft, seine Absichten und Gefühle zu kommunizieren und Freunde um sich zu versammeln. Dazu erforderlich ist die zweite Komponente, nämlich die größere Aktivität und Antriebsfreude in meist positiver Richtung, d.h. dieser Faktor erstreckt sich nicht nur auf soziale Aktivitäten, sondern auch auf andere, die der Erreichung von Zielen (Leistung, Umsetzung von Ideen, Lenkung von Gruppen), der Befriedigung von Bedürfnissen und der Suche nach Abwechslung dienen. Hiermit geht eine meist positiv optimistisch gefärbte Grundstimmung einher. Diese Aspekte finden sich auch in den 6 Unterskalen der Extraversion im NEO-PI-R von Costa & McCrae (1992) (Warmherzigkeit, Geselligkeit, Durchsetzungsfähigkeit, Aktivität, Erlebnishunger und Frohsinn)

Während die in der Psychopathologie abgeleiteten Dimensionen Schizothymie und Zyklothymie (Kretschmer, 1921) als voneinander unabhängige Temperamentsdimensionen gedacht sind, ist die Extra- und Introversion in den faktorenanalytischen Modellen als bipolare Dimension gedacht, so dass Kombinationen dieser beiden Eigenschaften sich nur in einer mittleren (= ambiverten) Verhaltensweise ausdrücken können.

Bei Cattell drücken sich diese Eigenschaften in den Unterfaktoren der von ihm Exvia/Invia genannten Sekundärdimension aus, der zyklothymen, anpassungsfähigen, humorvollen und leichtlebigen Komponente des Faktors A, der optimistischen, gesprächigen Komponente des Faktors F, des Faktors Abenteuerlust H, in der Unabhängigkeit und Exzentrizität des Faktors M und einer eher radikal-experimentierfreudigen Einstellung (Q1) sowie in der Selbständigkeit und Autonomie des Faktors Q2. Bei der Nennung von Primärfaktoren dieser bipolaren Dimension wird in den Lehrbüchern häufig eine unterschiedliche Sammlung von solchen Primäreigenschaften innerhalb der Intro- und Extraversion genannt, die nicht unbedingt als Gegensätze gelistet sind, und die auch aufgrund vieler empirischer Arbeiten nicht unbedingt hineingehören, wie Erregbarkeit zur Extraversion oder Irritabilität zu Introversion (in diesem Falle wären beide sogar in die gleiche Richtung gepolt). Die bei Introversion gelisteten Unterfaktoren von Beharrungsvermögen, Rigidität und Unausgeglichenheit des autonomen Nervensystems (vgl. Eysenck, 1947) sind nun wiederum nicht bei der Extraversion als Gegenpol aufgeführt (Eysenck, 1967).

Obwohl Temperament, wie Strelau (1987) betont, gerade nicht Persönlichkeitsdimensionen, wie die Extraversion, abbildet, sondern das Wie des Verhaltens beschreibt, sind gerade Aspekte der Aktivitätskomponente auch in Temperamentsskalen ausdifferenziert.

In Guilfords Modell ist Extraversion durch zwei Sekundärfaktoren repräsentiert, da sich die kognitive Extra-/Introversion von der sozialen abspaltet, denn Guilford ging, im Gegensatz zu Eysenck, davon aus, dass sich die durch experimentelle Verhaltensdaten belegte Denk- und Arbeitsweise Extra- und Introvertierter abtrennen lässt von der mehr sozialen Komponente (Guilford, 1959). Von diesen beiden übergeordneten Sekundärfaktoren beinhaltet die soziale Extraversion Aktivität, Durchsetzungsfähigkeit und Geselligkeit und die kognitive E-I-Dimension Nachdenklichkeit und Besinnlichkeit.

1.3.2.2 Geselligkeit

Es gibt zahlreiche Untersuchungen, in denen Geselligkeit als separates Konstrukt in Auswertungen einbezogen wird. Es bildete auch eine eigene Skala im FPI sowie in Zuckermans Skala ZKPQ (Zuckerman-Kuhlmann-Personality-Questionnaire, Zuckerman et al., 1993), der auch davon abgerückt ist, Geselligkeit und Aktivität in einem übergeordneten Faktor zusammenzufassen. In vielen Temperamentsskalen (z.B. im EASI-III von Buss & Plomin, 1986) sowie als Unterfaktor im NEO-PI-R erscheinen Faktoren der Geselligkeit, die hohe Ladungen auf dem Sekundärfaktor der Extraversion aufweisen.

1.3.2.3 Aktivität / Verhaltensaktivierung

Zuckerman hat die Aktivität aus der Extraversion ausgegliedert und ihr in seinem Fragebogen ZKPQ eine eigene Faktoridentität zugewiesen (Zuckerman et al., 1993), die sich in seinem Sechsfaktorenmodell als unabhängig von der Geselligkeit abzeichnet. Ihm folgten in diesem Gedanken auch Depue & Collins (1999), deren neurochemische Korrelate der Extraversion sich speziell damit auseinander setzen, dass die Aktivitätskomponente dieses Konstruktes (= agentic extraversion) hier einen größeren biologischen Anteil hat als die soziale Komponente. Auch Temperamentsskalen, wie EASI (Buss & Plomin, 1975) oder das Temperamentsmodell von Rusalow (1989), unterscheiden die Aktivitätskomponente als separate Struktur. In der aus Pawlows Theorie der höheren Nerventätigkeit abgeleiteten Temperamentstheorie von Strelau (1972, 1983) ist neben der Reaktivität auch die Aktivität als eigenständige Quelle des Verhaltens ausgewiesen, die sich in direkter (meist motorischer) Auseinandersetzung mit einer Situation oder indirekt durch Aufsuchen von Situationen mit hohem Stimulationsgehalt äußert. Dies wäre auch in der Suche nach neuer Erfahrung, wie in der Dimension Seek nach Panksepp (1982) abgebildet sowie in der Unterskala Exploratory Excitability der Novelty Seeking-Skala von Cloninger (vgl. 1.3.3.3).

Zu den aktivitätsbezogenen Konstrukten gehört auch das Verhaltensaktivierungssystem (Behavioral Activation System = BAS) nach Gray, das die zweite, rechtwinklig zur Ängstlichkeit angeordnete Achse in Grays physiologisch begründetem Persönlichkeitssystem darstellt (Gray, 1981). Diese Achse versteht Gray als gespeist durch Extraversion und Neurotizismus, und er nennt sie Impulsivität. Sie verkörpert eine erhöhte Empfänglichkeit für Belohnung, aber ist vor allem durch die stärkere Aktivität und Hinwendung auf neue und positive Verstärkung versprechende Reize gekennzeichnet. Auch hierzu wurden von Carver & White (1994) Skalen entwickelt, die einerseits als Ganzes, aber auch in ihren Unterskalen Drive, Fun Seeking, und Reward Responsiveness eine enge Beziehung zu dem Konstrukt Sensation Seeking und Novelty Seeking hat. Obwohl die Dimension bei Gray Impulsivität genannt wird, birgt sie eigentlich nicht die Anteile der antisozialen Komponenten von Impulsivität in sich, wie einige andere zur Impulsivitätsmessung herangezogene Skalen. Die Nähe zur Anreizsuche führt dazu, dass Ergebnisse zum BAS eher im Kontext mit Extraversion abgehandelt werden.

1.3.2.4 Ausdauer, Tempo, Mobilität

Das ursprünglich auf der Basis der Theorie von der Stärke des Nervensystems von Strelau entwickelte Inventar STI (Strelau, 1972, 1983; Strelau et al., 1990) enthält die Komponenten Stärke der Exzitation (SE) und Mobilität (M), die beide eine positive Affinität zur Extraversion zeigen, wie spätere Analysen ergaben (vgl. Amelang und Bartussek, 1997). Unter SE verbergen sich vor allem Items zu der Fähigkeit und Bereitschaft, ausdauernd und ohne Ermüdung zu arbeiten und sich auch schwierigen und riskanten Tätigkeiten auszusetzen. Neben dem Aspekt der Ausdauer sind Extraversions-relevante Aspekte des Tempos in diesem Kontext angesprochen, da in dem später entwickelten Inventar FCB-TI (Formal Characteristics of Behaviour-Temperament Inventory (Strelau & Zawadzki, 1993, 1995) zwei Skalen, Briskness (= Tempo) und Endurance (= Ausdauer), hoch mit SE korrelieren und somit ebenfalls eine Facette der Extraversion repräsentieren.

Tempo wird auch in Experimenten bei Eysenck und in objektiven Testdaten bei Cattell als Charakteristikum der Extraversion angesehen, wobei unterstellt wird, dass das Tempo bei Extravertierten auf Kosten der Genauigkeit geht.

Die Mobilität aus dem ursprünglichen Temperamentsinventar STI taucht im FCB-TI nicht mehr auf, spricht aber einen wichtigen Teil der Extraversion an, wie aus entsprechend hohen Korrelationen hervorgeht. Dies Konstrukt bezieht sich auf die Fähigkeit, die Aufmerksamkeit von einer auf eine andere Aufgabe zu lenken und sich rasch umzustellen. Betrachtet man die Zusammenhangsstruktur der STI-Skalen SE und Mobilität mit den Skalen des FCB-TI im Kontext mit den Sekundärfaktoren E und N, so kristallisiert sich ein positiver Zusammenhang zwischen SE, Tempo und Ausdauer mit Extraversion und ein negativer dieser Skalen mit

Neurotizismus heraus (Amelang & Bartussek, 1997), ein Hinweis darauf, dass E und N vielleicht doch nicht als ganz voneinander unabhängig gesehen werden dürfen.

1.3.2.5 Positive Emotionality (PEM)

Ein ähnliches Prinzip deutet sich im Bereich der Valenz der Emotionen an. Die unter den neurotizismusnahen Konstrukten aufgeführte Skala von Tellegen (1982) enthält nicht nur einen Faktor für negative Emotionalität, sondern auch einen solchen für positive, der aus den Unterfaktoren Wohlgefühl, soziale Potenz und Leistungsmotivation sowie soziale Nähe besteht. Wie leicht erkennbar sein wird, entsprechen diese vier Faktoren zusammen etwa der Extraversion, wobei die ersten drei der von Depue (1995) so benannten agentischen Extraversion zuzuordnen sind im Vergleich zur sozialen Extraversion, die durch soziale Nähe gekennzeichnet ist. Es wird deutlich, dass hier die Leistungsmotivation enthalten ist, die nicht unbedingt ein Subfaktor der Extraversion im Sinne von Cattell und Eysenck darstellt und auch im FPI eher eine eigene, relativ unabhängige Skala des Ehrgeizes darstellt. Da sie aber eine Aktivitätskomponente beinhaltet und vielfach in Kombination mit extravertierten Aktivitäten genannt wird, sollte hier klar werden, dass mit positiver Emotionalität auch immer eine Antriebskomponente gemeint ist.

1.3.2.6 Reward Dependence

Das von Cloninger (1986, 1987) entwickelte neurotransmitterbezogene Persönlichkeitsmodell (vgl. 1.3.1.4) sah neben der Dimension Harm Avoidance (= Ängstlichkeit) auch zwei Dimensionen vor, die Anteile des Konstrukts Extraversion widerspiegeln. Dabei ist Reward Dependence in einigen ihrer Subskalen der Extraversion verwandter als die Dimension Novelty Seeking, die durch Unterskalen wie Impulsivität und Verschwendungssucht mehr von der antisozialen Komponente des Sensation Seeking enthält und daher dort mit abgehandelt wird (vgl. 1.3.3.2), obwohl die reine Neugier, Abwechslungssuche und Freude an neuen Erfahrungen zweifellos in die Aktivitätskomponente der Extraversion genau so eingeht wie die Unterskalen des BAS-Systems von Gray.

Reward Dependence ist durch vier Unterskalen gekennzeichnet, von denen zwei, Attachment = Anhänglichkeit und Dependence = Abhängigkeit von anderen, eher die Tendenz zu sozialen Beziehungen kennzeichnet. Allerdings beinhaltet Dependence mehr eine nicht für Extravertierte typische Unselbständigkeit, die eher Neurotiker auszeichnet. Die Unterskala Sentimentality beschreibt etwa das, was bei uns unter Gemüt verstanden wird und tiefe Gefühlsbeeindruckbarkeit wiedergibt, die früher Kretschmer dem zyklothymen Temperament zuschrieb. Diese drei Aspekte würden am ehesten dem mitmenschlich orientierten Teil der Extraversion zuzuschreiben sein, die Skala Persistence, die zur Reward Dependence gehört, wurde später im Fragebogen TCI (Cloninger et al., 1993), ausge-

gliedert, da sie eher Leistungsmotivation und Ausdauer, aber auch das
fanatische Festhalten an unerreichbaren Zielen beschreibt und daher nicht
so gut zu den mehr sozial motivierten und gefühlsbezogenen anderen
Skalen des Konstruktes passt. Es sei aber hier darauf hingewiesen, dass
Reward Dependence im Sinne Cloningers nicht die Belohnungssensitivität
bezeichnet wie die Unterskala Reward Responsivity in den Carver &
White-Skalen des BAS nach Gray, die eher die Freude an neuen Eindrücken und das Streben nach positiven Verstärkern generell anspricht
(vgl. 1.3.2.3).

1.3.2.7 Optimismus

Viele Untersuchungen existieren auch zu der eher durch emotional positive Valenz getönten Eigenschaft Optimismus. Sie ist vermutlich identisch
mit PEM, da es sich nicht so sehr um den Leistungs- und Antriebscharak-
ter handelt, sondern um die Eigenschaft, positive Ausgänge vorauszusehen
und momentane Situationen, auch wenn sie unangenehme Elemente enthalten, positiv umzudeuten. Optimismus geht natürlich mit einem hohen
Zutrauen in eigene Fähigkeiten und Stressbewältigungskompetenz einher
und wird auch von Cattell als Verhaltensmaß verwendet, um Extraversion
in Form von T-Daten zu messen.

1.3.3 Psychotizismus

1.3.3.1 Das Gesamtkonstrukt

Die Dimension Psychotizismus war von Eysenck in Anlehnung an das
psychopathologische Phänomen der Psychose konzipiert worden, dessen
Extrapolierbarkeit in den Normalbereich bereits Kretschmer postuliert
hatte, indem er die Temperamentseigenschaft der Schizothymie und Zyklothymie als in den Normalbereich verlängerte Charakteristika von Schizophrenie und manisch-depressiver Erkrankung beschrieben hatte. Eysenck stellte später mit Hilfe der so genannten Kriteriumkorrelation fest,
dass man wohl davon ausgehen könne, dass beide Erkrankungen gemeinsam in den Normalbereich extrapolierbar sind, während Schizothymie und
Zyklothymie bzw. eben Schizophrenie und manisch-depressive Erkrankung nicht auf einem gegensätzlichen Kontinuum angesiedelt sein könnten
(Eysenck, 1950, 1952).
    Seine Vorstellung war aber, dass, ähnlich wie Neurosen im Normal-
bereich sich in depressiv-dysphorischer Stimmung und gestörtem Verhalten manifestieren können, auch Psychosen ihr Pendant bei Gesunden
finden. So hat er bei der Konstruktion einer solchen Skala darauf bestanden, sie auch Psychotizismus zu nennen und in erster Linie Eigenschaften
darin abgebildet, die etwas mit der Unangepasstheit, Aggressivität und
mangelnden affektiven Ansprechbarkeit Schizophrener zu tun haben. Die

für Schizophrene typischen Denk- und Wahrnehmungsstörungen waren in diesen Fragen weniger repräsentiert. Es stellte sich, wie zu erwarten, natürlich heraus, dass eine solche Skala bei Gesunden eine sehr links-schiefe Verteilung ergab, da die meisten Items nicht nur sozial un-erwünscht, sondern auch bei ehrlicher Beantwortung vermutlich sehr selten wären, z.B. ob man gerne Personen quält, die man eigentlich liebt oder gern Tiere quält usw. Eysenck hat daher im Laufe der Jahre versucht, die Skala psychometrisch brauchbarer zu machen, indem er Items von geringerer Itemschwierigkeit, d.h. von einer höheren Bejahungswahr-scheinlichkeit, eingefügt hat. Diese bezogen sich dann in erster Linie auf die Toleranz gegenüber schlechten Manieren oder unangemessenen Ein-stellungen und nicht mehr so sehr auf die kalte berechnende Aggression. Die Skala wurde auch viel mit den Aspekten von Psychopathie in Zu-sammenhang gebracht, ein Konstrukt, welches im Grunde nur auf der Basis von Fremdbeurteilungen ermittelt werden kann (Hare, 1972), und das Fragen enthält, wie sie eher bei Psychopathen, d.h. schlecht soziali-sierbaren, durch Schuldgefühle unbeeindruckbaren Personen auftreten. So listet Eysenck (Eysenck & Eysenck, 1987) als Unterfaktoren seiner Psy-chotizismusdimension neben antisozial aggressivem und unpersönlichem Verhalten auch Egozentrismus, Unberechenbarkeit, Kälte und emotionale Härte und Impulsivität auf sowie als einzige etwas positive Eigenschaft eine größere Kreativität. Diese beruht darauf, dass diese Menschen eigene Wege gehen, sich nicht vom Urteil anderer abhängig machen und daher die nötige Unabhängigkeit in ihren Urteilen und Handlungen besitzen, die auch die Voraussetzung für kreatives Schaffen ist.

Bei Guilford (1959) ist Pa (= Paranoide Disposition) ein Pendant zu P mit den Unterfaktoren O (= mangelnde Objektivität), F (= mangelnde Freundlichkeit) und P (= schlechte interpersonale Beziehungen). Der Unterfaktor Objektivität beinhaltet die auch in der Eigenschaft „egozen-trisch" bei Eysenck angesprochene Tendenz, sehr ichbezogen zu reagieren, eine Eigenschaft, die auch Ladungen auf dem Emotionalitätsfaktor (Neu-rotizismus) hat.

Ein Problem bei dieser P-Dimension ist das speziell von Burgess (1972) untersuchte Phänomen, dass diese Personen sehr inkonsistent im Beantworten von Fragebögen sind, so dass Personen mit hohen Werten meist unreliable Angaben machen, was die psychometrischen Qualitäten dieser Skala natürlich weiter beeinträchtigt. Es sind aber doch eine ganze Reihe von Untersuchungen mit diesem Konstrukt durchgeführt worden, speziell nachdem auch Zuckerman seine Skala der Abwechslungssuche Sensation Seeking gemeinsam mit einer Reihe von Aggressions- und Impulsivitätsskalen in einer größeren Analyse zusammenfügte und dabei einen Faktor extrahiert hat, den er zunächst P-ImpUSS nannte (Psychoti-zismus + impulsives unsozialisiertes Sensation Seeking, Zuckerman, 1991).

Wie eingangs erwähnt, lassen sich die Sekundärfaktoren Verträglich-keit und Gewissenhaftigkeit des Big Five-Modells als positive Pole der P-Dimension auffassen. Dies drückt sich auch in gemeinsamen Faktorenanalysen aus, die mit den Faktoren der Big Five, den Eysenck-Faktoren N, E und P und den fünf Zuckerman-Faktoren des ZKPQ durchgeführt wurden (vgl. Amelang & Bartussek, 1997). Immer wieder fallen Agreeableness (Verträglichkeit) und Conscientiousness (Gewissenhaftigkeit) bei einer 3-Faktorenlösung als negative Ladungen auf einem Faktor mit dem ZKPQ-Faktor Impulsivität, mit Sensation Seeking und dem ZKPQ-Faktor Aggression/Feindseligkeit zusammen. Bei 4-Faktoren-Lösungen assoziiert sich die Gewissenhaftigkeit nur noch negativ mit der P- und Impulsivität/Sensation Seeking-Komponente, während die Verträglichkeit eher als Gegenpol zur Feindseligkeit hervortritt. Die Facetten der Verträglichkeit betreffen in erster Linie positive Aspekte der sozialen Interaktion. Die Gewissenhaftigkeit dagegen hat einiges gemeinsam mit dem später noch zu besprechenden Konstrukt der Kontrolliertheit (Constraint), Aspekte also, die häufig als Gegenpol zur Impulsivität gesehen werden.

1.3.3.2 Schizotypie

Um auch die kognitiven Aspekte des Psychotizismus im Normalbereich abzubilden, hat später Claridge das Konzept der Schizotypie entwickelt, das keine sehr breiten Überschneidungen mit P hat, ein Hinweis darauf, dass die kognitive und affektive Komponente dieser Erkrankung möglicherweise nicht sehr eng voneinander abhängen.

Das Konstrukt Schizotypie wurde zuerst von Meehl (1962) als Prädiktor für die Entwicklung von Schizophrenie beschrieben. In späteren bei Gesunden durchgeführten Faktorenanalysen aus etlichen Schizotypie-Skalen, die z.T. auch Eysencks P-Skala mit einschlossen, kristallisierte sich immer ein größerer übergeordneter Faktor heraus, der sich auf ungewöhnliche Erfahrungen im Wahrnehmungs- und kognitiven Bereich bezog und sich deutlich von der antisozialen Komponente der Psychotizismusskala abhob (z.B. Claridge et al., 1996). Die Schizotypie wird hier deshalb erwähnt, weil sie als ein wesentliches Konstrukt bei der Untersuchung neurophysiologischer Differenzen in der differentiellen Psychologie untersucht wird.

1.3.3.3 Sensation Seeking/Novelty Seeking

Ein Konstrukt, das eine Zwischenstellung zwischen Extraversion und Psychotizismus einnimmt, ist das von Zuckerman entwickelte Konzept des Sensation Seeking (Abwechslungssuche, Zuckerman, 1991, 1994), das mit der Extraversion die Selbststimulation gemeinsam hat, die zur Erreichung eines optimalen Erregungsniveaus Anlass zu vielen Aktivitäten und Unternehmungen gibt, und mit der P-Dimension die oft unüberlegten, nicht immer mit sozialen Normen in Einklang stehenden Formen der Bedürfnisbefriedigung. Zuckerman entwickelte dieses Konstrukt zunächst unabhängig von den bestehenden Persönlichkeitskonzepten, es wurde aber später vor allem mit den von Eysenck entwickelten Dimensionen E, N und P in Zusammenhang gebracht (Zuckerman, 1983). Die Subskalen betreffen die Suche nach Abenteuern und riskanten Sportarten, das Bedürfnis nach neuen Sinneseindrücken (z.B. Reisen, neue Gerichte), Enthemmtheit, (d.h. die Übertretung von Regeln und Normen, Genuss von Alkohol und illegalen Drogen sowie die Assoziation mit unkonventionellem Randgruppen) und Empfänglichkeit für Langeweile (Abneigung dagegen, gleichartige Freizeitaktivitäten zu wiederholen, oder wiederholt mit den gleichen Personen zusammenzutreffen).

Das Vorgehen, dieses Konstrukt eher unter der Dimension des Psychotizismus abzuhandeln, ist darin begründet, dass von den vier Unterskalen im Wesentlichen nur eine substanziell mit Extraversion zusammenhängt, die Suche nach Abenteuer und riskanten Sportarten (Adventure Seeking), während die anderen drei Subskalen eher auf dem von Zuckerman so benannten Faktor P-ImpUSS laden, also mit P und Impulsivität zusammenhängen, weil die Komponente der Unkonventionalität sicher das stärkere gemeinsame Element mit P ist. Zuckerman hat in einer Reihe von Darstellungen (1983, 1991, 1994) viele empirische Untersuchungen zusammengetragen, die mittlerweile das Konstrukt Sensation Seeking (SS) sehr gut stützen und seine weitreichende Bedeutung für Berufswahl, Speisenpräferenz, Sexualverhalten, Musikpräferenz, künstlerische Aktivität, Drogenkonsum und Verkehrsdelikte belegen. Auch wurde in vielfältiger Weise die biologische Verankerung dieses Konstruktes und seine starke genetische Determiniertheit herausgearbeitet.

Ein ähnliches Konstrukt ist in Cloningers Dimension Novelty Seeking (Cloninger, 1987) angesprochen. In seinem Fragebogen allerdings beinhaltet Novelty Seeking außer der Ansprechbarkeit für explorative Aktivitäten (Exploratory Excitability) auch Impulsivität, Extravaganz (d.h. auch die Neigung, viel Geld zu verschwenden) und Unordentlichkeit (gemeint ist der nicht so genaue Umgang mit der Wahrheit und mit Fakten). Die beiden Faktoren Exploratory Excitability und Impulsiveness decken sich im Wesentlichen mit den Unterfaktoren Thrill and Adventure Seeking und Disinhibition der Sensation-Seeking-Skala. Die Extravaganz dagegen enthält, mehr als die Sensation-Seeking-Skalen, gewisse Anklänge an die P-Skala („Es macht mir nichts aus, Schulden zu haben").

Der Unterfaktor Unordentlichkeit wäre in den Big Five eher ein negativ gepolter Bestandteil von Conscientiousness (Gewissenhaftigkeit).

1.3.3.4 Aggressivität/Verträglichkeit

Die ausgeprägteste Eigenschaft des Psychotizismus ist die Aggressivität, die aber, wie aus der Darstellung des Neurotizismus hervorging, auch gewisse Anteile am Neurotizismus hat. Die neurotische Aggressivität und Feindseligkeit lässt sich jedoch nicht nur in den Fragebogen, sondern auch biologisch gut von der P-assoziierten Aggressivität abtrennen.

Die Aggressivität ist sowohl von psychometrischer Seite wie in theoretischer Hinsicht von verschiedenen Seiten beleuchtet und in verschiedene Facetten unterteilt worden. Sie ist auch in allen größeren Persönlichkeitstheorien, meist allerdings als Primärfaktor, enthalten. Sie repräsentiert

vermutlich, wenn es sich um Rücksichtslosigkeit, Mangel an Einfühlungs-
vermögen und Unbeeindruckbarkeit durch Schuldgefühle handelt, eher die
genuine Komponente der P-Dimension, während sie dort, wo sie sich mit
Ärger und impulsiven Aggressionsreaktionen paart, eher Züge des neurotischen Sekundärfaktors trägt. Bei Cattell und auch in einigen Persönlich-
keitstestbatterien, wie FPI, gibt es Aspekte des Machtanspruches und der
Dominanz, die ebenfalls aggressive Züge tragen. Wie im Typ-A-Verhalten
(siehe 1.3.3.8) ausgeführt, können auch Ehrgeiz und Konkurrenz unter der
Perspektive aggressiver Auseinandersetzungen gesehen werden.

In der Einteilung von Cattells Primärfaktoren (Cattell et al., 1950) ist
Aggressivität eigentlich nur im Faktor E (= Selbstbehauptung, Dominanz)
zu finden, bei Guilford dagegen ist sie in Form der negativen Pole der
Primärfaktoren Freundlichkeit und Kooperationsbereitschaft dem P-Faktor
untergeordnet, der bei Guilford ja auch besonders Aspekte paranoid-miss-
trauischer Aggressivität enthält (Guilford, 1959). In der Einteilung der Big
Five von Costa und McCrae (1992) ist der Sekundärfaktor der Verträglichkeit das positive Pendant zur Aggressivität, der aus den Unterskalen Vertrauen, Freimütigkeit, Altruismus, Compliance, Bescheidenheit und Gut-
herzigkeit besteht.

In den meisten Selbst- und Fremdbeurteilungsfaktorenskalen wird
unterschieden zwischen Spontanaggression, reaktiver Aggression und
Selbstaggression sowie unspezifischer Erregbarkeit (z.B. im FAF bei
Hampel und Selg, 1975). Auch in anderen Aggressionsinventaren und
Aggressionstheorien sind differenzierte Unterscheidungen getroffen worden in Bezug auf Aggressionsrichtung (auf Personen, Objekte, Tiere oder
sich selbst gerichtet), auf Art der Aggressionsäußerung (Handlung versus
Emotion; direkt/indirekt) oder in Bezug auf offene und verdeckte Aggression (Janke, 1992; Netter et al., 1995).

1.3.3.5 Dominanz

Da Aggressivität häufig mit Führungsanspruch, Durchsetzungsvermögen
und der Bevormundung anderer im Zusammenhang gesehen wird, mag die
Dominanz unter dem Psychotizismus-Konstrukt abgehandelt werden,
obwohl ihr zweifellos auch Teile der Extraversion anhaften, da einige
wesentliche Items von Extraversionsskalen die Fähigkeit zur Übernahme
von Führungsfunktionen betreffen. Die Dominanz wurde vor allem in
vielen amerikanischen Untersuchungen unter dem Begriff „Need for
Power" (McClelland, 1953) mit biologischen Dimensionen in Zusammenhang gebracht. Diese Skala entstammt Fragebögen, die auf verschiedenen
Grundbedürfnissen basieren (z.B. auf der Bedürfnisliste von Murray
1938). Auch in einer früheren Fassung des FPI (Fahrenberg und Selg,
1970) bildete Dominanz eine eigene Skala, die aber in der späteren Fassung zum Teil mit in die Aggressionsskala eingeflossen ist. Bei diesem
Konstrukt ist vermutlich von besonderer Bedeutung, ob diese Eigenschaft,
andere zu führen, eher mit sozialen Motiven oder egoistischen Macht-
ansprüchen kombiniert ist (vgl. Kapitel 4.2.2.2).

1.3.3.6 Impulsivität

Ein Maß, das als Teilfacette der Psychotizismusdimension im Kontext mit Zuckermans Versuch der Konstruktion eines Superfaktors genannt wurde, ist die Impulsivität. Diese war lange Zeit vor allem von Eysenck (1956) als Unterfacette der Extraversion angesehen worden, bis eine Betrachtung im Kontext mit Sensation Seeking, der Psychotizismusdimension, der Aggressivität und neuerdings auch des Neurotizismus gezeigt hat, dass dieses Konstrukt, wie vermutlich kaum ein anderes, im Zentrum des Faktorenraumes der drei großen Faktoren einzuordnen ist (vgl. Abb. 1.3). Mittlerweile gibt es keine Persönlichkeitstheorie, die sich nicht in irgendeiner Weise mit Unterfaktoren und Korrelaten der Impulsivität befasst hat. Eysenck selbst hat eine eigene Impulsivitätsskala entwickelt, die zusammen mit einer Skala zur Erfassung der Abenteuerlust (= Venturesomeness) und Empathie im Fragebogen IVE (Eysenck & Eysenck, 1978) und später als Skala I-7 (Eysenck et al., 1985) ein gebräuchliches Instrument zur Impulsivitätsmessung geworden ist.

Er hat geglaubt, vier verschiedene Facetten der Impulsivität identifizieren zu können (Impulsivität im engeren Sinne, Risikobereitschaft, Planlosigkeit und Lebhaftigkeit), wobei aber die Lebhaftigkeit eher eine Facette der Extraversion darstellt. Diese wurden sowohl mit Eysencks Hauptdimensionen E, N und P als auch mit Zuckermans Sensation-Seeking-Skalen korreliert, und es war evident, dass sich breite Überschneidungen mit Zuckermans Disinhibition (Enthemmtheit = Unterfaktor von Sensation Seeking) und Eysencks P-Faktor ergeben haben.

Im Modell von Gray, das ja die Ängstlichkeit als Mischung von Introversion und Neurotizismus sieht (vgl. 1.3.1.2), formt auch die Impulsivität einen unabhängigen eigenen Faktor, der aus hoher Extraversion und hohem Neurotizismus gebildet wird und ebenfalls als Achse im 45°-Winkel im Eysenckschen Koordinatenkreuz der Konstrukte gesehen wird (Gray, 1981). Impulsivität ist bei Gray durch die Stärke der Belohnungsempfänglichkeit definiert. Auch dieser Dimension ordnet Gray neuroanatomische Strukturen und neurophysiologische Reagibilitäten zu. Später wurde klar, dass an diesem Konstrukt auch die P-Dimension beteiligt ist.

Bei Cattell findet sich Impulsivität eher in Primärfaktoren, die den Gegenpol der Impulsivität beinhalten (Besonnenheit), und auch in Guilfords Modell war sie noch nicht durch einen eigenen Faktor repräsentiert.

In Experimenten zur Impulsivität werden Facetten der Impulsivität auch häufig nach Indikatoren des Verhaltens definiert. Da es sowohl auf der Reizaufnahmeseite zu oberflächlichen, ungenauen Wahrnehmungen und Informationsverarbeitungen kommt als auch bei der motorischen Reaktion zu voreiligem Verhalten (false alarm), ist auch auf Fragebogenebene eine Trennung in mentale, motorische und planerische Impulsivität erfolgt (Barratt & Patton, 1983). In zahlreichen Versuchen, in denen man sich bemühte, eine Korrespondenz zwischen Selbstbeurteilungsfragebögen und Verhaltensdaten zur Impulsivität miteinander zur Deckung zu bringen, waren die Korrelationen oft nicht sehr befriedigend.

1.3.3.7 Kontrolliertheit (Constraint)/Gewissenhaftigkeit (Conscientiousness)

Der Gegenpol zur Impulsivität ist in vielen Systemen als eigene Dimension formuliert worden und unter dem Namen von Gewissenhaftigkeit (Conscientionsness, Big Five, Costa & McCrae, 1992), Constraint (Tellegen, 1982) oder Will Control (= Q3 im 16PF, Cattell,1965) als jene Dimension definiert worden, die die Kontrolle der Gefühle, Bedürfnisse und Handlungen beinhaltet.

Die Unterfaktoren der Gewissenhaftigkeit im NEO-PI-R beziehen sich auf Kompetenz und Leistungsstreben, daneben aber auch auf Ordnungsliebe, Pflichtbewusstsein, Selbstdisziplin und Besonnenheit. Auch bei Cattell und Guilford ist dieser Faktor in den Systemen evident. Bei Cattell findet sich im Faktor G ein Primärfaktor, der als Pflichtbewusstsein bezeichnet wird und verantwortungsvolles, rücksichtsvolles Verhalten mit Normbewusstsein und Gewissenhaftigkeit verbindet. Bei Guilford ist ein Primärfaktor direkt mit Restraint benannt, der den Gegenpol zu der bei Guilford unter Extraversion genannten Rhathymie darstellt.

Der Aspekt von Constraint spielt speziell im Fragebogen von Tellegen (1982) eine Rolle und diente Depue als wichtiges Element bei der Konzeptionalisierung seiner biologischen Auffassung von Persönlichkeit, bei welcher er sich im Wesentlichen auf diesen Bogen stützt.

Im Fragebogen MPQ von Tellegen zählen zu dem Konstrukt Constraint einerseits Planung, Sorgfalt, Vorsicht im Umgang mit Geld, in Handlungs- und Arbeitsabläufen und in Entscheidungen, sowie Vorsicht, wie sie in der Subskala Control im engeren Sinne erfragt wird. Darüber hinaus enthält eine weitere Subskala „Traditionalismus" Items über konservative Wertvorstellungen, moralische Einstellungen und Normbewusstsein, also mehr eine kognitive Seite des gezügelten Verhaltens und eine Skala, die wie die Angstskala bei Cloninger mit Harm Avoidance bezeichnet wird. Diese erfasst aber nicht so sehr die Furcht vor aversiven Ereignissen, sondern die Tendenz, bei der Wahl zwischen einer riskanteren und einer sicheren, aber langweiligeren oder stärker ermüdenden Tätigkeit den sicheren anstatt den riskanteren Weg zu wählen (also etwa ein Gegenpol zur Risikobereitschaft).

1.3.3.8 Typ-A-Verhalten

Ein aus der klinischen Beobachtung von Kardiologen abgeleitetes Konstrukt ist das Eigenschaftsrepertoire, das angeblich den Herzinfarktkranken charakterisiert. Friedman & Rosenman (1974) beschrieben zuerst eine Gruppe von Eigenschaften, die den Koronar- und Infarktkranken angeblich gemeinsam war. Es beinhaltet Elemente von Aktivität, Ehrgeiz, Leistungsbewusstsein und Ungeduld. In diesem Aspekt sind nicht nur Elemente der Extraversion enthalten, sondern auch solche neurotischer Impulsivität und Feindseligkeit. Versuche, das Konstrukt durch Skalen zu messen, sind meist nicht so gut gelungen wie die Überprüfung durch das so genannte Stressinterview, bei dem vor allem die hastige abgehackte Sprache als Charakteristikum dieser Personen auffällt. In Interviews imponiert die Kontrollambition dieser Personen, d.h. ihr Bedürfnis, über alles den Überblick und die Kontrolle behalten zu wollen, weil sie offenbar schlecht delegieren können und Untätigkeit nicht ertragen mögen. Spätere Meta-analysen haben es nicht vermocht, alle Aspekte dieses Konstruktes tat-sächlich mit den biologischen Herz-Kreislauf-Reaktionen in Einklang zu bringen (Myrtek, 1995a), aber die feindselig-impulsive Komponente dieses Verhaltens erwies sich doch als biologisch relevant für Kreislaufre-aktivität. Deshalb wird das Konstrukt unter der P-Rubrik abgehandelt.

Im Folgenden finden sich die nach Fragebogen und Autoren aufgeliste-ten Konstrukte, die unter 1.3 behandelt wurden.

Tabelle 1.3:   Konstrukte nach Autoren und Fragebogen

Autoren (Jahr)	Name der Testbatte-rie	Unterskalen	gemessene Konstrukte (+ / − = hohe / nied-rige Ausprägung)
Eysenck & Eysenck, 1975	Eysenck Personality Question-naire EPQ	Extraversion Neurotizismus Psychotizismus Lügenskala	E + N + P + soz. Erwünschtheit +

Barratt & Patton, 1983	Barratt Im-pulsivity Scale BIS 10, BIS 11	Impulsivity
		    Nonplanning
		    Cognitve Impulsivity
		    Motor Impulsivity
			Imp. +
			Imp. +
			Imp. +
			Imp. +

Fahrenberg, Hampel & Selg, 1984	Freiburger Persönlich-keitsinven-tar FPI R (revidierte Fassung)	1. Lebenszufriedenheit
		2. Soziale Orientierung
		3. Leistungsorientierung
		4. Gehemmtheit
		5. Erregbarkeit
		6. Aggressivität
		7. Beanspruchung
		8. Körperliche Beschwerden
		9. Gesundheitssorgen
		10. Offenheit
		E Extraversion
		      (Sekundärskala)
		N Neurotizismus
		      (Sekundärskala)
			Depr. − N −
			E +, P −
			E +, P −
			N +, E −
			N +, Imp. +
			Aggr. +, N +, P +
			N +
			N +
			N +
			soz. Erwünschtheit −
			E +
			
			N +

Zuckerman et al., 1993	Zuckerman Kuhlmann Personality Question-naire ZKPQ	Impulsive Sensation Seeking (ImpSS) Neuroticism-Anxiety (N-Anx) Aggression-Hostility (Agg-Host) Activity (Act) Sociability (Sy) Infrequency	Imp +, SS + N +, Ängstl. + Aggr. +, P + Act +, E + E + Soz. Erw. +

Tabelle 1.3:　Konstrukte nach Autoren und Fragebogen
(Fortsetzung)

Autoren (Jahr)	Name der Testbatterie	Unterskalen	gemessene Konstrukte (+ / − = hohe / niedrige Ausprägung)
Tellegen, 1982	Multi-dimensional Personality Questionnaire MPQ	Positive Emotionality (PEM)	E +
		Social closeness	E +
		Social potency	E +
		Achievement	E +, P −
		Well-being	E +, Optimismus +
		Negative Emotionality (NEM)	N +
		Alienation (sich benachteiligt fühlen)	N +
		Aggression	N +, P +
		Stress reactivity	N +
		Constraint (Con)	P −, SS −
		Harm avoidance (= Vorsicht)	Imp. −
		Control (= Planung, Strukturierung)	Imp. −
		Traditionalism	Imp. −
Carver & White, 1994	Behavioural Inhibition and Behavioural Activation Scales, BIS/BAS Scales	Behavioral Activation BAS	E +, (N +), Imp. +
		Reward Responsiveness	E + N +, Imp.+
		Drive	E +
		Fun Seeking	E +
		Behavioral Inhibition BIS	N + E −
Davis et al. 2003	Affective Neuroscience Personality Scales, ANPS deutsch von Reuter & Hennig 2003	Seek	E +
		Fear	N +
		Care	P −, E +
		Anger	N +, P +
		Play	E +
		Sadness	N +,
		Spirituality	kognit. Faktor
Zuckerman, Eysenck & Eysenck, 1978	Sensation Seeking Scale (SSS) deutsch von Beauducel et al., 2003	Sensation Seeking (SS)	SS +
		Abenteuersuche (TAS)	SS +, E +, P +
		Erlebnishunger (ES)	SS +, P +
		Enthemmtheit (DIS)	SS +, Imp. +, P +
		Empfänglichkeit für Langeweile (BS)	SS +, Imp. +, P +

Tabelle 1.3: Konstrukte nach Autoren und Fragebogen
(Fortsetzung)

Autoren (Jahr)	Name der Testbatterie	Unterskalen	gemessene Konstrukte (+ / – = hohe / niedrige Ausprägung)
Costa & McCrae, 1992	NEO-PI-R deutsche Fassung Ostendorf & Angleitner, 2003	Neurotizismus	N +
		N 1 Ängstlichkeit	Ängstlichkeit +
		N 2 Reizbarkeit	Imp. +
		N 3 Depression	Depression +
		N 4 Soziale Befangenheit	E –
		N 5 Impulsivität	Imp +
		N 6 Verletzbarkeit	N +
		Extraversion	E +
		E 1 Warmherzigkeit	E +
		E 2 Geselligkeit	E +
		E 3 Dominanz, Selbstsicherheit	E + P +
		E 4 Aktivität	E +
		E 5 Erlebnishunger	E +, SS +
		E 6 Positive Emotionalität	E + N –
		Agreeableness = Verträglichkeit	P –
		A 1 Vertrauen	P –
		A 2 Freimütigkeit	P –
		A 3 Altruismus	P – E +
		A 4 Entgegenkommen	P – E +
		A 5 Bescheidenheit	P –
		A 6 Gutherzigkeit	P – E +
		Conscientiousness = Gewissenhaftigkeit	P –
		C 1 Kompetenz	E +
		C 2 Ordentlichkeit	Imp. –
		C 3 Pflichtbewußtsein	Imp – P–
		C 4 Leistungsstreben	E +, P–
		C 5 Selbstdisziplin	Imp. –, P –
		C 6 Besonnenheit	Imp. –
		Openness to Experience = Offenheit für Erfahrung	
		O_1 Phantasie	
		O_2 Ästhetik	nicht im Buch
		O_3 Offenheit für Gefühle	berücksichtigt
		O_4 Offenheit für Handlungen	(intellektuelle
		O_5 Offenheit für Ideen	Aspekte)
		O_6 Offenheit für Normen und Wertsysteme	

Tabelle 1.3:   Konstrukte nach Autoren und Fragebogen
(Fortsetzung)

Autoren (Jahr)	Name der Testbatterie	Unterskalen	gemessene Konstrukte (+ / – = hohe / niedrige Ausprägung)

Cloninger, 1987	Tridimensional Personality Questionnaire TPQ später erweitert zu TCI = Temperament and Character Inventory	Novelty Seeking
		  NS_1 Exploratory Excitability
		  NS_2 Impulsiveness
		  NS_3 Extravagance
		  NS_4 Disoderliness
		Harm Avoidance
		  HA_1 Anticipatory worry and pessimism
		  HA_2 Fear of uncertainty
		  HA_3 Shyness with strangers
		  HA_4 Fatigability
		Reward Dependence
		  RD_1 Sentimentality
		  RD_2 Persistance
		  RD_3 Attachment
		  RD_4 Dependence
			NS +
			NS +, E +
			Imp. +
			P +
			P +
			N+, Ängstlichkeit +
			N +, NEM +
			
			N +, Sensitization +
			N +, E –
			N +, Depr. +
			E +
			E +
			E +, P –
			E +, N +
			P –, N +

Buss & Plomin, 1986	Emotionality, Activity, Sociability, Impulsivity Temperament Survey EASI III	Emotionality
		  General
		  Fear
		  Anger
		Activity
		  Tempo
		  Vigor
		Sociability
		Impulsivity
		  Inhibition, control
		  Decision time
		  Sensation Seeking
		  Persistence
			N +
			N +
			Ängstlichkeit +
			N +, Aggr. +
			E +
			E +
			E +
			E +
			Imp. +
			Imp. –
			E +
			E +, SS +
			Imp. –

Eysenck et al., 1985	Impulsivity I-7 (Weiterentwicklung von IVE (Eysenck & Eysenck, 1978))	Impulsivity (I) Venturesomeness (V) Empathy (E) (Distraktorskala)	Imp.+ E + P +

Tabelle 1.3:   Konstrukte nach Autoren und Fragebogen
(Fortsetzung)

Autoren (Jahr)	Name der Testbatterie	Unterskalen	gemessene Konstrukte (+ / – = hohe / niedrige Ausprägung)
Cattell et al., 1970	16 Personality Factor Questionnaire 16 PF, deutsch als 16 PF-R von Schneewind & Graf, 1998	A Affectia (Wärme)	E +
		B Intelligence (Logisches Schlussfolgern)	kogn. Faktor
		C Ego Strength (emotionale Stabilität)	N –
		E Dominance (Dominanz)	E +, P +
		F Surgency (Lebhaftigkeit, Begeisterungsfähigkeit)	E +
		G Superego Strength (Pflichtbewußtsein)	P –
		H Parmia (Selbstsicherheit, soziale Kompetenz)	E +
		I Premsia (Empfindlichkeit, Sensibilität)	N +
		L Protension (Wachsamkeit, Skeptizismus)	N +, P +
		M Autia (Unkonventionalität)	P +
		N Shrewdness (Gewandtheit, Scharfsinnigkeit)	kogn. Faktor
		O Guilt Proneness (Neigung zu Schuldgefühlen, Besorgtheit)	N +
		Q1 Radicalism (Offenheit für Veränderungen)	E +, P +
		Q2 Self Sufficiency (Selbstgenügsamkeit)	E –, N +
		Q3 high Self Sentiment (Perfektionismus, Selbstkontrolle	P – N –
		Q4 ErgicTension (Anspannung)	N +
		QI Exvia-Invia (Sekundärfaktor) A, E-, F, H, M, Q1-, Q2-,	E +
		QII Anxiety (Sekundärfaktor) C-, H-, I+, L, O, Q3-, Q4	N +
Strelau, 1983	Strelau Temperament Inventory STI, deutsch Strelau et al., 1990a,b STI -R	Temperament	
		Stärke der Erregung	Act. +, N –
		Stärke der Hemmung	Imp. –
		Beweglichkeit	E +, N –

Tabelle 1.3:   Konstrukte nach Autoren und Fragebogen
(Fortsetzung)

Autoren (Jahr)	Name der Testbatterie	Unterskalen	gemessene Konstrukte (+ / – = hohe / niedrige Ausprägung)
Guilford et al., erstmals 1949, neu 1976	Guilford & Zimmerman Temperament Survey GZTS, 1949	G General Activity	E +
		R Restraint (vs. Rhathymia)	E –, P –, Imp –
		A Ascendance	E +
		S Sociability (= Social Extrav.)	E +
		E Emotional Stability (vs. cycloid disposition),	N –
		D Depressive Tendencies	N +
		O Objectivity	N –
		F Friendliness	P –, E +
		T Thoughtfulness (Thinking Introversion)	E –
		P Personal Relations (= Cooperativeness)	E + P –
		M Masculinity	E + P+
		SA Social Activity (Sekundärfakt.) G, A, S	E +
		IE Intro-Extraversion (Sekundärfakt.) R, T	E –
		E Emotionality (Sekundärfaktor) E-, D, O– und zwei frühere Faktoren N (Nervosität) und I– (Selbstvertrauen)	N +
		Pa Paranoid Disposition (Sekundärfaktor) O, F-, P-	P +

1.4   Welche Ansätze und Methoden zur Beurteilung psychobiologischer Zusammenhänge bei der Aufdeckung von individuellen Differenzen finden Anwendung?

In die Forschungsansätze gehen Grundsatzüberlegungen zu Zusammenhängen zwischen physischen und psychischen Variablen und ihrer Bedeutung ein. Dies berührt das historisch mit unterschiedlichen Akzenten verstandene Leib-Seele-Problem. Betrachtet man somatische Dispositionsvariablen als S und psychische als P und eine sichtbare Reaktion als R, so sind folgende Modellvorstellungen möglich (Abbildung 1.4 oben):

Die Geschichte hat sich von den Modellen a und b getrennt und folgt eher dem Komplementärmodell c (vgl. Olweus, 1976) oder interaktionistischen Ansätzen, wie d1, d2, die eine Modifikation der psychischen Reaktion durch körperliche Faktoren implizieren oder umgekehrt.

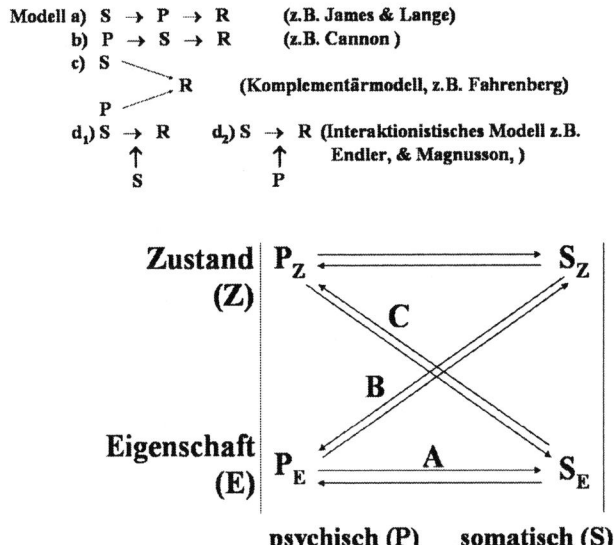

Abbildung 1.4:   **Modelle der Leib-Seele-Beziehungen (oben) und zugehöriger Untersuchungsansätze zur Erfassung psychobiologischer Zusammenhänge (unten). A B C = Forschungsansätze. Oben: S = somatische Phänomene, P = psychische Phänomene, R = Reaktionen.**

Individuelle Differenzen können sich sowohl auf überdauernde Dispositionen, wie Persönlichkeitseigenschaften, Geschlecht, Körperbau, Krankheitsdisposition und Alter, als auch auf aktuelle Zustände psychischer oder physiologischer Art, wie Erregtheit, Müdigkeit, aktuelle Krankheit oder körperliche Symptome aller Art, beziehen. Obwohl dieses Buch in erster Linie überdauernde Persönlichkeitseigenschaften anzielt, sind teilweise aktuelle Zustände, wie etwa Angst oder Ärger, als Modelle anzusehen, an denen sich überdauernde Eigenschaften, wie Ängstlichkeit oder Aggressivität, manifestieren können. Auch die biologischen Merkmale können als Eigenschaften (speziell z.B. genetische Dispositionen) oder als Zustände verstanden werden (z.B. vegetative, zentralnervöse Erregung). Die Forschungsansätze, die sich zur Diagnose individueller Differenzen anbieten, sind schematisch in Abbildung 1.4 unten dargestellt.

Psychobiologische Ansätze, um diese Zusammenhänge zu erforschen, sind im Tierreich zahlreicher als bei Humanstudien, denn bei Tieren ist natürlich die experimentell-chirurgische Manipulation bestimmter Hirnbahnen sowie die elektrische Stimulation oder chemische Beeinflussung von Hirnarealen möglich, Methoden, die im Humanbereich nicht möglich sind. Hier gibt es aber folgende drei Zugangswege:

1) Die Beobachtung von spontanem Verhalten bzw. die Dokumentation subjektiv erlebter Zustände bei Personen, die sich hinsichtlich bestimmter körperlicher Dispositionen oder chronischer Erkrankungen unterscheiden (d.h. die Beobachtung und Befragung von z.B. Allergikern, Hypertonikern oder endokrinologisch erkrankten Personen im Vergleich mit Kontrollgruppen).

2) Die spontane Registrierung von physiologischen Funktionen (zentralnervösen, vegetativen, endokrinen oder immunologischen) bei Personen, die zuvor durch andere Einteilungskriterien oder Testverfahren in solche mit unterschiedlichen Persönlichkeits- oder Verhaltensausprägungen unterschieden wurden (z.B. hoch und niedrig neurotische Personen oder Männer und Frauen).

3) Die experimentelle Variation von Bedingungen (häufig als Treatments bezeichnet), die sich sowohl auf die Applikation von Stressoren oder Versuchsinstruktionen als auch von chemischen Substanzen bezieht. Dieser Ansatz lässt sich als eine Art Provokationstest verstehen, der individuelle Unterschiede in habituellen Dispositionen zum Vorschein bringt, ähnlich wie ein Allergietest in der Medizin die Disposition zum Heuschnupfen. Diese Unterschiede manifestieren sich in aktuellen Reaktionen auf allen Messebenen, die uns zugänglich sind: im Befinden, Verhalten, in physiologischen und biochemischen oder immunologischen Reaktionen (vgl. Abb. 1.5).

    3a) Ein Beispiel aus der Stressforschung wäre z.B. die Anwendung des Stressors „öffentliches Sprechen" bei hoch und niedrig ängstlichen Personen oder bei Personen, die zuvor durch Instruktionen in hohe Erwartungsangst oder eine eher ausgeglichene Stimmung versetzt wurden, mit Erfassung der Effekte auf Stimmung, Leistung, Kreislaufwerte und Stresshormone.

    3b) Ein Beispiel aus der Pharmakopsychologie wäre die Verabreichung von Pharmaka, die auf bestimmte Transmittersysteme (z.B. Serotonin) im Gehirn wirken (so genannt Challenge Tests), mit Messung der Unterschiede in den dadurch ausgelösten hormonalen (z.B. Cortisol-) Antworten und der Veränderung der Stimmung, Leistung, Vigilanz und Befindlichkeit im Vergleich von hoch und niedrig impulsiven Personen.

4) Statt Personen zuvor durch psychologische Variablen in Vergleichsgruppen aufzuspalten und die biologischen Variablen als abhängige zu betrachten, kann auch die physiologische oder biochemische Reaktion, unterteilt nach Höhe, Zeitpunkt, Dauer usw., zur Gruppenbildung herangezogen und diese somatische Definition von „Respondern" und „Nonrespondern" zur Vorhersage von Verhalten oder Persönlichkeitseigenschaften eingesetzt werden.

Zwischen Ansatz 1 und 2 gibt es fließende Übergänge. Da in diesem Buch ja nicht Untersuchungen an psychiatrisch oder endokrinologisch Kranken referiert werden sollen, können Erkenntnisse aus Ansatz 1) nur Hypothesen für die Untersuchung an Gesunden liefern, da viele psychiatrische Störungen eine Extremvariante von Persönlichkeitsdispositionen darstellen, wie Eysenck es bereits für die Neurose und Psychose vor über 50 Jahren postuliert hat (Eysenck, 1947).

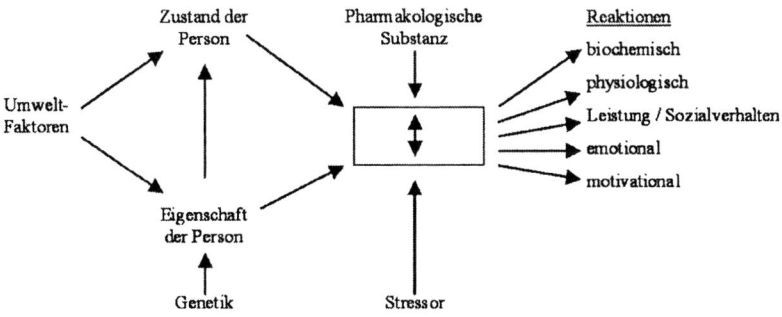

Abbildung 1.5:   Schema der Reaktivitätsprüfung.

Die Ergebnisse, die hier vorgestellt werden, sollen sich also im Wesentlichen auf die Ansätze 2), 3) und 4) beziehen, wobei der Ansatz 2) Basiswerte, d.h. Unterschiede in biologischen Ausgangslagen, vermittelt, während die Ansätze 3) und 4) Unterschiede der Reagibilität wiedergeben.

2 Zentralnervensystem und Persönlichkeit

Günter Schulter & Aljoscha Neubauer

2.1 Grundlagen

2.1.1 Methoden zur Erfassung zentralnervöser Aktivierung

2.1.1.1 Elektrophysiologische Methoden

Das Studium der zentralnervösen Grundlagen individueller Unterschiede in der menschlichen Persönlichkeit beginnt zumeist mit der Erforschung der zentralnervösen Korrelate, wovon dann – häufig durch Hinzunahme neurobiologischer Erkenntnisse – Hypothesen, später dann auch Theorien über eben diese zentralnervösen Grundlagen der Persönlichkeit gebildet werden. Hierzu werden eine Reihe von Indikatoren für die Aktivierung im zentralen Nervensystem (ZNS), im Speziellen des menschlichen Gehirns, herangezogen. Da ein Verständnis der empirischen Befunde aus Studien zu den zentralnervösen Korrelaten die Kenntnis der zur Gewinnung dieser Erkenntnisse eingesetzten physiologischen Methoden zur Messung der Aktivierung voraussetzt, werden diese hier, soweit es das Verständnis des Nachfolgenden erfordert, vorgestellt.

- Die *zeitliche* Auflösung. Verschiedene physiologische Messverfahren lassen unterschiedliche zeitliche Auflösungen zu: Während manche Methoden Veränderungen in der Gehirnaktivität im Millisekunden-bereich registrieren können, sind andere Methoden vergleichsweise „langsam", da sie Wechsel der Gehirnaktivität nur über mehrere Se-kunden bis mehrere Minuten kumuliert erfassen können (z.T. weil diese Veränderungen in der physiologischen Aktivierung tatsächlich so langsam vor sich gehen, wie z.B. Änderungen in der Durchblutung oder des Stoffwechsels im Gehirn, z.T. da die Veränderungen aufgrund technischer Beschränkungen nicht schneller erfasst werden können).
- Die *räumliche* Auflösung: In den Anfängen der Messung zentralnervö-ser Aktivierung wurde mit der Methode des Elektroenzephalogramms

(EEG) zumeist nur die Aktivität einzelner kortikaler Areale erfasst; durch die Steigerung der Elektrodenzahl auf 64 bzw. z.T. bis zu 128 Elektroden ist es heute möglich, die Aktivität des gesamten Kortex zu erfassen. Das Resultat sind topographische Darstellungen der Aktivität der Hirnrinde. Darüber hinaus gehen tomographische Methoden, die es erlauben, auch die Aktivierung von tieferliegenden Gehirnstrukturen unterhalb der Hirnrinde zu erfassen, was je nach psychologischer Fragestellung von mehr oder weniger großer Bedeutung sein kann. Unter Einsatz von aufwändigen Apparaturen und Computerprogrammen erlauben derartige Methoden zumeist dreidimensionale Darstellungen der Aktivierung verschiedener, auch subkortikaler Strukturen des Gehirns (Beispiele für derartige „Gehirnbilder" werden später in Zusammenhang mit konkreten persönlichkeitspsychologischen Fragestellungen angeführt).

Aus dieser Darstellung ließe sich leicht die Schlussfolgerung ziehen, man möge doch einfach die Methode mit den meisten Vorteilen und wenigsten Nachteilen (z.B. die Methode mit der größten räumlichen und zeitlichen Auflösung) heranziehen. Leider lässt sich jedoch im Vergleich verschiedener physiologischer Messmethoden ein „trade-off" (Austausch) dahingehend beobachten, dass Methoden mit besserer zeitlicher Auflösung zumeist geringere räumliche Auflösung und umgekehrt Methoden mit hoher räumlicher Auflösung eine eher geringe zeitliche Auflösung aufweisen.

Zudem sind die verschiedenen Messmethoden mit deutlich unterschiedlichen psychologischen und finanziellen „Kosten" verbunden:

- Bei der Messung der Gehirnströme mittels Elektroenzephalogramm (EEG) wird der Kontakt zwischen den Elektroden und der Kopfhaut durch eine Elektrodenpaste hergestellt. Die einzige „Unannehmlichkeit" für die Versuchsperson besteht darin, nach der EEG-Messung durch die Paste leicht verklebte Haare zu haben. Bei der Messung des Gehirnstoffwechsels mittels Positronen-Emissions-Tomographie (PET) hingegen muss der Versuchsperson eine schwach radioaktive Substanz injiziert werden.
- In finanzieller Hinsicht ist der Aufbau und die Einrichtung eines EEG-Labors heute vergleichsweise günstig; für die Anschaffung und den Betrieb der neueren bildgebenden Verfahren können hingegen ganz beträchtliche Kosten entstehen, die jene für ein EEG-Labor um ein Hundert- bis Tausendfaches übersteigen können.

Das Elektroenzephalogramm

Bei der Messung des auf Berger (1929) zurückgehenden Elektroenzephalogramms (EEG) wird eine mehr oder weniger große Anzahl an Elektroden auf der Kopfhaut bzw. Schädeloberfläche angebracht (entweder fixiert durch spezielle Klebematerialien oder – heute häufiger – durch Elektroden, die in einer so genannten Elektrodenhaube untergebracht sind

(Abbildung 2.1)). Um den elektrischen Kontakt zu verbessern bzw. den Übergangswiderstand zu minimieren, wird in die (oft becherförmigen) Elektroden ein leitendes Gel (die so genannte Elektrodenpaste) eingebracht. Auf diese Art wird die summierte elektrische Aktivität von tausenden Neuronen, die unterhalb der jeweiligen Elektrode liegen, erfasst (Summe der exzitatorischen postsynaptischen Potentiale).

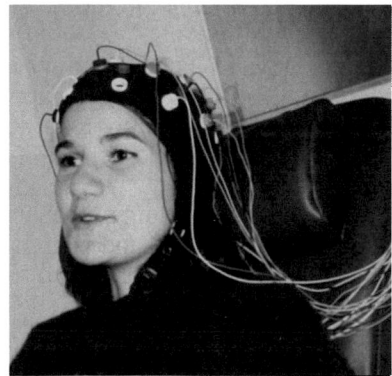 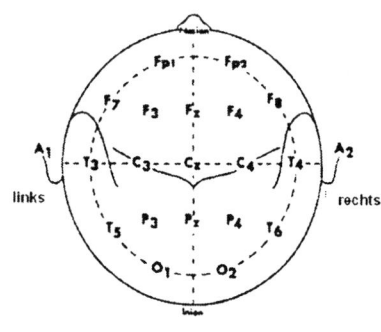

Abbildung 2.1: **Typische Anordnung für die Ableitung eines Mehr-Kanal-EEGs (links) und Bezeichnung der am häufigsten verwendeten Elektrodenpositionen (rechts).**

Aufgrund der zwischen den Neuronenansammlungen und der Elektrode liegenden Schädeldecke sind die so abgeleiteten Ströme sehr schwach (oft im Bereich weniger Mikrovolt) und müssen (nach Transport über ein möglichst kurz zu haltendes Kabel) in einem EEG-Verstärker aufbereitet, d.h. in einem bestimmten Frequenzbereich gefiltert und verstärkt werden. Aus den gemessenen Potentialschwankungen bzw. dem so genannten Roh-EEG (Abbildung 2.2) lassen sich zunächst kaum empirisch relevante Aussagen treffen. Hierzu sind weitere quantitative Analysen des Roh-EEGs erforderlich. Die im Kontext der Persönlichkeitspsychologie relevantesten EEG-Analysen sollen im Folgenden kurz erörtert werden.

Analyse der EEG-Hintergrundaktivität

Das in Abbildung 2.2 dargestellte Roh-EEG kann als ein „Gemisch" von Schwingungen unterschiedlicher Frequenz (Häufigkeit pro Zeiteinheit) und Amplitude (Ausmaß der Spannung in Mikrovolt) gesehen werden. Um sinnvolle empirische Beobachtungen aus diesem „Frequenzgemisch" ableiten zu können, muss das Roh-EEG in die einzelnen Frequenzanteile zerlegt werden, d.h. es muss bestimmt werden, welche Anteile (üblicherweise skaliert in Mikrovolt zum Quadrat) langsame, mittelschnelle und schnelle Schwingungen aufweisen. Hierzu bedient man sich einer komplexen mathematischen Analysemethode, der so genannten Fourier-Analyse (oft auch als Fourier-Transformation bezeichnet). Daraus resultieren so genannte „Power-Spektren" (Abbildung 2.3), d.h. eine Darstellung, wie viel „Power" (elektrische Leistung) in den verschiedenen Frequenzbereichen zu beobachten ist.

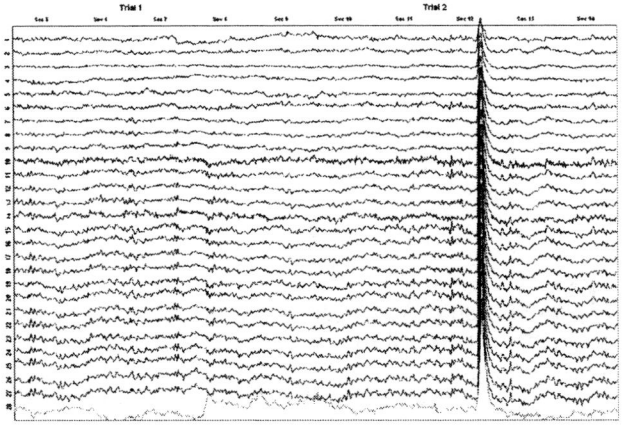

Abbildung 2.2: Aufzeichnung eines Mehrkanal-EEGs.

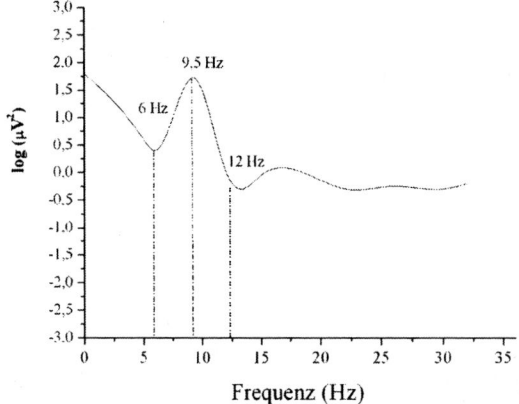

Abbildung 2.3: Powerspektrum der EEG-Aktivität.

Aufgrund umfangreicher Untersuchungen mit dem EEG hat sich dabei eine Unterscheidung in so genannte Frequenzbänder als sinnvoll herausgestellt: So ist beispielsweise die langsamwellige Aktivität im Delta-Band (1–3 Hz) vorwiegend im Tiefschlaf zu beobachten, die etwas schnellere Aktivität im Theta-Band (4–7 Hz) tritt bevorzugt in der Einschlafphase auf.

Im entspannten Wachzustand mit geschlossenen Augen sind Schwingungen im Alpha-Bereich (ca. 8 bis 12 Hz) dominant, und bei geistiger Anstrengung bzw. kognitiver Aktivität nimmt der Anteil der Alpha-Aktivität wieder ab, und es herrscht höherfrequente Beta-Aktivität vor (13–20 Hz); für ganz spezielle Fragestellungen wird schließlich noch höherfrequente Aktivität (im Bereich von 40 Hz), die so genannte Gamma-Aktivität analysiert. Aus dieser grundlegenden Analyse der Hintergrundaktivität des Kortex lassen sich einige speziellere Parameter ableiten, die nun vorgestellt werden sollen.

EEG-Kohärenz

Die EEG-Kohärenz stellt ein Maß für die funktionale Koppelung verschiedener (auch weiter entfernter) Gehirnareale dar. Wenn die Aktivität in zwei verschiedenen Gehirnarealen ähnlich ist (d.h. die EEG-Wellen verlaufen hinsichtlich Phase und Frequenz ähnlich), dann wird daraus geschlossen, dass die beiden Teile der Hirnrinde gerade gekoppelt sind, also im Informationsaustausch stehen. Die EEG-Kohärenz wird berechnet, indem für Paare von Oberflächenelektroden die von ihnen abgeleitete Aktivität in relevanten Frequenzbändern korreliert wird, wobei man diese Korrelation entweder zwischen interhemisphärisch symmetrischen (homologen) Paaren oder zwischen Elektrodenpaaren innerhalb einer Hemisphäre berechnet. Eine zweite Unterscheidung vor allem bei den intrahemisphärischen Kohärenzen besteht darin, ob benachbarte oder weiter entfernt liegende Elektroden zueinander in Beziehung gesetzt werden.

Ereignisbezogene Desynchronisation/Synchronisation (ERD/ERS)

Neben der reinen Analyse des Ausmaßes bestimmter Frequenzanteile im Roh-EEG besteht eine weitere Methode der Analyse der Hintergrundaktivität in der Berechnung der so genannten Ereignisbezogenen Desynchronisation (englisch: Event-Related Desynchronisation oder ERD; nach Pfurtscheller & Lopes da Silva, 1999). Dabei wird das Ausmaß der Gehirnaktivität (z.B. Alpha-Aktivität) einer Person während kognitiver Aktivitäten nicht absolut betrachtet, sondern in Relation zur Gehirnaktivität im Ruhezustand bzw. während Phasen, in denen keine Aufgabe bearbeitet wird, gesetzt. Da – wie bereits oben erwähnt – die Aktivität im Alpha-Band vom Ruhezustand im Vergleich zu kognitiver Anstrengung abnimmt, kann das Ausmaß der „Alpha-Abnahme" von einer Ruhe- bzw. Referenz-Phase (R) zu einer Aktivierungsphase (A) nach folgender einfacher Formel ermittelt werden:

$$ERD = \frac{R - A}{R} \times 100$$

(vgl. die Abnahme der Alpha-Power von Ruhe zu Aktivität in Abbildung 2.4).

Mit dieser Formel wird also das prozentuale Ausmaß der Abnahme der Alpha-Aktivität von Ruhe zu einer kognitiven Aktivität ausgedrückt und kann als (weitgehend) lineares Maß der Aktivierung betrachtet werden, d.h. je höher die (positive) ERD, desto stärker die kortikale Aktivierung in dem jeweiligen kortikalen Areal.

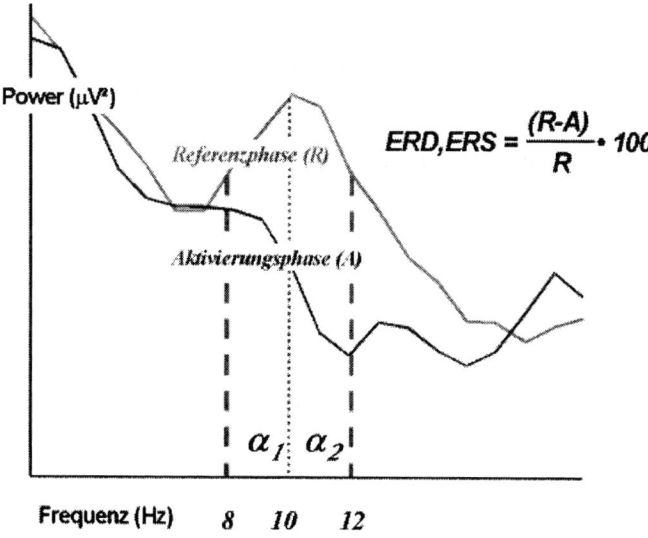

Abbildung 2.4: „Event-related desynchronization" als Maß der EEG-Veränderung von Ruhe zu Aktivierung.

Negative Werte hingegen zeigen eine Alpha-Zunahme, also Synchronisierung an; je negativer der Wert, desto stärker ist die Synchronisierung und damit die Aktivierungsabnahme (von R zu A).

Durch die Verwendung multipler Ableitungen und Interpolation zwischen denselben erlaubt diese Methode zudem eine topografische Darstellung der Aktivierungsverteilung über dem Kortex (so genannte ERD-maps, welche später noch dargestellt werden).

Das Ereigniskorrelierte Potential (EP)

Neben den – hinsichtlich des zeitlichen Ablaufs eher groben – Analysen
der EEG-Hintergrundaktivität in Form des Ausmaßes oder der Zunahme
oder Abnahme bestimmter Frequenzanteile lassen sich aus dem Roh-EEG
aber auch durch spezielle Techniken zeitlich genau definierte Reaktionen
des Gehirns (bzw. der Neuronen eines kortikalen Areals) auf visuelle,
akustische oder somatosensorische Reize herausfiltern: Hierzu werden den
Personen Lichtblitze, „Klicktöne" oder auch komplexere Reize, z.B.
Wörter, dargeboten. Da die Reaktion des Kortex auf diese einfachen Reize
aber aufgrund der Überlagerung durch die Hintergrundaktivität nicht
direkt aus dem Roh-EEG erkennbar ist, müssen diese Reize vielfach (u.U.
100 Mal oder öfter) wiederholt und das Roh-EEG über diese Reizdarbietungen gemittelt werden. Das resultierende „Ereigniskorrelierte Potential"
oder englisch „Event-Related Potential" (ERP) (Abbildung 2.5) weist
üblicherweise einen ganz charakteristischen Verlauf mit bestimmten
positiven und negativen Auslenkungen auf, die nach ihrer Polarität (P für
positiv, N für negativ) und ihrer mittleren Latenz bezeichnet werden (z.B.
N100 für die Negativierung nach durchschnittlich 100 msec; P300 für die
Positivierung nach rund 300 msec).

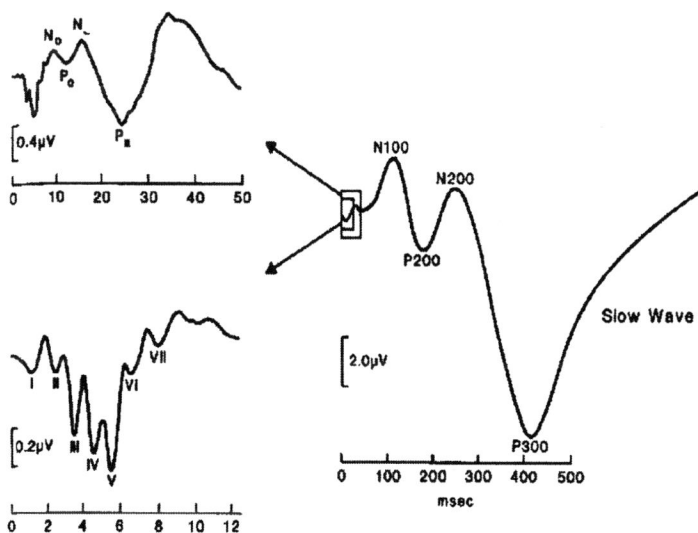

**Abbildung 2.5:   Event-related potentials (evozierte Potentiale), nach
                   Donchin (1979).**

Diese (und andere) EP-Komponenten lassen sich zwar zumeist bei allen Menschen beobachten, weisen aber sowohl hinsichtlich ihrer Latenz (Zeitpunkt des Auftretens nach der Reizdarbietung) als auch ihrer Amplitude (Stärke des elektrophysiologischen Signals, gemessen in Mikrovolt) individuelle Unterschiede auf. Während die Amplituden über die Intensität der elektrischen Aktivität auf neuronaler Ebene Auskunft geben, spiegeln die Latenzen die Geschwindigkeit wider, mit der die Informationen zentralnervös verarbeitet werden.

MEG – Magnetoenzephalographie

Mit dem EEG werden elektrische Spannungsveränderungen in den kortikalen Arealen, die unterhalb der jeweiligen EEG-Elektrode liegen, erfasst. Die von den Neuronenpopulationen erzeugten Ströme sind bereits sehr gering und werden weiter verringert durch die Hirnflüssigkeit und den Schädelknochen, die zwischen den kortikalen Quellen und den Elektroden liegen. Da hinsichtlich der Menge der Hirnflüssigkeit und der Dicke des Schädelknochens beträchtliche interindividuelle Unterschiede bestehen, sind einerseits Spannungsstärken nicht absolut interpretierbar und – viel problematischer – es ist dadurch auch keine annähernd perfekte räumliche Interpretation der gefundenen Aktivierungsmuster möglich. Da mit jeder elektrischen Aktivität auch der Aufbau elektro-magnetischer Felder verbunden ist, entstand die Idee, die Stärke derselben von außen zu messen. Hierzu werden ebenfalls außen am Kopf angebrachte Magnetfeld-Detektoren (so genannte SQUID = superconducting quantum interference device) verwendet; gemessen wird das so genannte Magneto-Enzephalogramm (MEG). Den Vorteilen dieser Methode, dass die gemessene Aktivität weit weniger durch Hirnflüssigkeit/Schädeldicke beeinflusst ist und dadurch eine genauere räumliche Lokalisation möglich ist, stehen allerdings auch gravierende Nachteile gegenüber: Die Methode ist höchst aufwändig bzw. teuer und ist im Vergleich zum EEG wesentlich anfälliger einerseits gegenüber Kopfbewegungen (des Probanden), andererseits gegenüber magnetischen Einstreuungen aus der Umwelt. Grundsätzlich sind die mit dem MEG erhaltenen Ergebnisse ähnlich jenen, die man mit dem EEG erfasst (Hari, 1994).

2.1.1.2   Bildgebende Verfahren

Obgleich sich – bei Verwendung vieler Elektroden – auch aus EEG und MEG kartografische Darstellungen der Aktivierungsverteilung erstellen lassen, beschränkt sich bei diesen Methoden die Möglichkeit der Lokalisierung von Gehirnaktivität auf den Kortex; eine Analyse auch der Aktivierung tieferliegender Gehirnregionen ist nur mittels der im Folgenden dargestellten bildgebenden Verfahren (so genannten brain-imaging-Methoden) möglich.

2.1.1.2.1 rCBF – regional cerebral blood flow

Wenn ein bestimmtes Gehirnareal in Reaktion auf psychische Aktivität elektrophysiologisch stärker aktiviert wird, dann sorgen bestimmte Neuronen dafür, dass in diesem Gebiet auch die Durchblutung, der Stoffwechsel und die Proteinsynthese gesteigert wird. Diese Neuronen sind in der Lage, chemische Stoffe auszuschütten, die zu einer Erweiterung nahegelegener Blutgefäße führen. Die Messung der regionalen Durchblutung des Gehirns (Zerebrum) kann auf unterschiedliche Weise erfolgen: Am häufigsten wird die Perfusionsszintigraphie (Perfusion = Durchblutung) eingesetzt: Eine schwach radioaktiv markierte Substanz (z.B. Xenon 133) wird in die Arterie injiziert oder muss inhaliert werden; über den Blutkreislauf wird diese auch ins Gehirn transportiert. Die regionale Verteilung des Blutflusses wird mittels einer speziellen Apparatur zur Messung der räumlichen Verteilung der Gamma-Strahlung erfasst.

2.1.1.2.2 Positronen-Emissions-Tomographie (PET)

So wie die rCBF-Messung basiert auch die PET-Methode auf der Messung der regionalen Verteilung radioaktiv markierter Substanzen. Durch die Verwendung anderer Markiersubstanzen (z.B. schwach radioaktiv markierte Fluoro-Desoxy-Glukose FDG) wird allerdings nicht die regionale Durchblutung, sondern der (mit der Durchblutung allerdings hochkorrelierte) Stoffwechsel bzw. die Glukoseaufnahme gemessen. Die FDG wird der Person injiziert, über den Blutkreislauf auch ins Gehirn transportiert und von den Gehirnzellen aufgenommen. Mittels spezieller Apparaturen wird die Positronen-Strahlung dieser Substanz, also die Emission von Positronen („Anti-Teilchen" von Elektronen), die beim Zerfall von Protonen (= Teilchen des Atomkerns) entstehen, hinsichtlich ihrer räumlichen Verteilung gemessen. Auf diese Weise können Stoffwechsel-Prozesse und deren allfällige Störungen dreidimensional bildlich dargestellt werden (Abschnitt 2.3.2.4.2 weiter unten für eine Abbildung).

Der große Nachteil der rCBF- und PET-Methoden besteht in der Verwendung radioaktiver Substanzen. Zwar ist die Strahlenbelastung bei einer einzelnen Messung sehr gering; allerdings wird doch empfohlen, nicht häufiger als einmal pro Jahr eine derartige Messung durchzuführen.

2.1.1.2.3 Functional Magnetic Resonance Imaging (fMRI)

Diese Methode geht zurück auf die einfache (nicht-funktionelle) Magnet-Resonanzmessung bzw. Kernspintomographie. Kerne von Atomen (mit ungerader Ordnungszahl) verfügen über eine Eigenrotation (spin) und ein sie umgebendes Magnetfeld. Durch ein von außen angelegtes, sehr starkes Magnetfeld richtet sich deren Rotation nach dem Feld aus bzw. die Feldaktivität der Kerne wird „angeregt". In der Folge werden elektromagnetische Wellen emittiert (= Kernspinresonanz; NMR = nuclear magnetic resonance), welche gemessen und mit Hilfe eines Computers in 3-dimen-

sionale Bilder anatomischer Strukturen des Gehirns umgesetzt werden. Das functional Magnetic Resonance Imaging (fMRI) bzw. zu deutsch die funktionelle Kernspintomographie geht (wie auch die PET) davon aus, dass erhöhte neuronale Aktivität in den betreffenden Gehirnregionen von erhöhter Zufuhr von Glukose und Sauerstoff (über das Blut) begleitet ist. Da aktive Nervenzellen aber auf einen anaeroben Stoffwechsel umstellen (d.h. Glukose wird ohne Sauerstoff abgebaut), muss der unverbrauchte Sauerstoff wieder abtransportiert werden. Dadurch erhöht sich in den ableitenden venösen Gefäßen der Gehalt an Sauerstoff, dessen Resonanz direkt gemessen wird (Ogawa et al., 1990).
Die Vorteile dieser Methode (vgl. Tab. 2.1) sind:

a) Ungleich der PET-Methode ist keine radioaktive Substanz notwendig; das Verfahren ist nach dem derzeitigen Wissensstand im Normalfall unschädlich; wegen des extrem starken Magnetfelds (Anziehungskraft vierzigtausendmal stärker als das der Erde) darf man in der Nähe des Scanners kein Metall bei sich tragen.
b) Anatomische und funktionale Information sind gleichzeitig darstellbar.
c) Die räumliche Auflösung (1–2 mm) ist besser als bei PET.
d) schnellere Darstellung der funktionalen Veränderungen als bei der PET-Methode (im Sekundenbereich, aber langsamer als das EEG).

Tabelle 2.1:   Vor- und Nachteile verschiedener Messmethoden für zentralnervöse Aktivierung

	räumliche Auflösung	**zeitliche Auflösung**
EEG	mittelhoch nur 2-dimensional (Kortex)	hoch bis sehr hoch (EP: Millisekundenbereich)
MEG	hoch nur 2-dimensional (Kortex)	hoch bis sehr hoch (bis Millisekundenbereich)
rCBF	mittelhoch, 3-dimensional	gering (Minutenbereich)
PET	hoch, 3-dimensional	gering bis mittel (Minutenbereich)
fMRI	sehr hoch, 3-dimensional	mittel bis hoch (Sekundenbereich)
event related fMRI	sehr hoch 3-dimensional	hoch (mehrere 1/10 Sek.)

2.2   Zentralnervöse Korrelate der Persönlichkeit

2.2.1   Neurotizismus und verwandte Konstrukte

2.2.1.1 Aktivierungstheorie der Persönlichkeit: Das Modell von H. J. Eysenck

Neurotizismus wurde von Eysenck (Eysenck, 1952; Eysenck, 1967; Eysenck, 1994; Eysenck & Eysenck, 1985) als Disposition eines Menschen verstanden, unter belastenden Bedingungen neurotische Symptome und Verhaltensweisen zu entwickeln. Wesentlich dabei sind – neben dem Auftreten intensiver Emotionen – auch starke Reaktionen des autonomen Nervensystems; emotionale Stabilität oder Labilität wird daher in engem Zusammenhang mit der vegetativen Stabilität/Labilität gesehen, deren gemeinsames anatomisches Substrat – nach Meinung Eysencks – im limbischen System gelegen ist (siehe Abbildung 2.6).

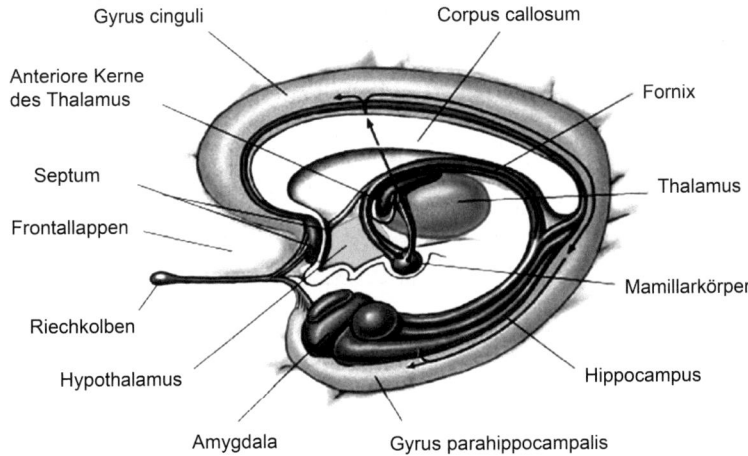

Abbildung 2.6: Die wichtigsten Strukturen des Limbischen Systems.

Dieses für die Steuerung von Gefühlen und Motiven ganz wesentliche Teilsystem des Gehirns umfasst erstens kortikale Regionen, die auf der medialen Seite des Gehirns gelegen sind (der so genannte Gyrus cinguli sowie dessen Fortsetzung nach unten in Form des Gyrus parahippocampalis an der medialen Seite des Temporallappens), und die nach dem französichen Neuroanatomen Paul Broca als „limbischer Lappen" (lat. limbus Saum) bezeichnet werden. Mit diesen phylogenetisch alten Teilen des Kortex stehen zweitens etliche andere Strukturen in enger funktionaler Verbindung; die Wesentlichsten davon sind die beiden Amygdalae (Mandelkerne), die über ein Faserbündel (Stria terminalis) direkt mit dem Hypothalamus verbunden sind, sowie der Hippocampus, der über den so genannten Fornix (lat. Gewölbe) mit den Mamillarkörpern (einem Teil des Hypothalamus) sowie dem so genannten Septum (einer anterior gelegenen Kerngruppe in der Scheidewand zwischen den beiden Seitenventrikeln des Großhirns) in Verbindung stehen. Mamillarkörper und Septum sind ihrerseits wiederum mit Amygdala und Hippocampus verschaltet, so dass funktional eine Art von „Regelkreis" gegeben ist (der nach seinem Entdecker, einem amerikanischen Neurowissenschafter, auch als „Papez-circuit" bezeichnet wird).

2.2.1.1.1 Unterschiede in der autonomen Aktivierung?

Nach Eysenck wird das Ausmaß des Neurotizismus (N) durch interindividuell unterschiedliche Erregungsschwellen im Limbischen System bestimmt: Personen mit hoher Ausprägung im Neurotizismus weisen eine niedrige Erregungsschwelle auf, weshalb das limbische System durch (vor allem emotionale) Reize schneller und auch intensiver stimuliert wird; dieses im Mittel höhere Erregungsniveau (von Eysenck als ‚limbic activation' bezeichnet) impliziert wiederum, dass – über Vermittlung spezifischer Teilstrukturen des limbischen Systems, im besonderen des Hypothalamus – auch die Aktivität und Reaktivität des autonomen Nervensystems deutlich erhöht sein sollte. Der Großteil an Untersuchungen zum Konstrukt Neurotizismus war denn auch darauf ausgerichtet, Unterschiede in peripherphysiologischen Maßen zwischen emotional stabilen und labilen Personen (N niedrig/hoch) zu finden. Die entsprechenden Ergebnisse sind insgesamt jedoch sehr inkonsistent; obwohl es durchaus naheliegend erscheint, dass Personen mit hohem im Vergleich zu solchen mit niedrigem Neurotizismus auf emotionale Stimuli früher, stärker und auch anhaltender reagieren, wurde diese Annahme im Hinblick auf die autonome Aktivierung – auch nach Meinung Eysencks (siehe Eysenck, 1994) – durch die einschlägige Literatur bisher nicht bestätigt (siehe dazu das Kapitel 5, Vegetatives Nervensystem und Persönlichkeit').

2.2.1.1.2 Unterschiede in der kortikalen Aktivierung?

Darüber hinaus bleibt aber die Frage zu beantworten, ob sich die im Hinblick auf die limbische Erregung bzw. Erregbarkeit postulierten Unterschiede zwischen niedrig und hoch neurotischen Personen zumindest mit Hilfe von zentralnervösen Parametern nachweisen lassen. In entsprechenden empirischen Untersuchungen wurden einerseits elektrophysiologische

Aktivierungsmaße, d.h. verschiedene EEG-Parameter erhoben, und anderseits liegen bereits einige Untersuchungen vor, in welchen moderne bildgebende Verfahren verwendet wurden. Derartige Verfahren sind in der Lage, nicht bloß kortikale Aktivierung zu erfassen, sondern darüber hinaus Aktivierungsvorgänge in allen übrigen Strukturen des Gehirns abzubilden. Deshalb kommt diesen Untersuchungen gerade im Hinblick auf die Überprüfung der Eysenckschen Hypothese über den Zusammenhang von limbischem System und Neurotizismus eine besondere Bedeutung zu.

EEG-Hintergrundaktivität

EEG-Untersuchungen zu Eysencks Aktivierungstheorie der Persönlichkeit waren primär auf die Überprüfung einer zweiten Annahme ausgerichtet, welche die Extraversions-Introversionsdimension betrifft: für Extravertierte wurde von Eysenck eine höhere Erregungsschwelle im Aufsteigenden Retikulären Aktivierungssystem (ARAS) angenommen als für Introvertierte; da die Erregung im ARAS aber auch maßgeblich das Erregungsniveau im Neokortex bestimmt, sollten extravertierte im Vergleich zu introvertierten Personen eine niedrigere kortikale Aktivierung (von Eysenck als ,cortical arousal' bezeichnet) zeigen, und – durch jede Art von Stimulation – auch weniger leicht erregbar sein (siehe dazu die ausführlichere Darstellung des Modells von Eysenck im Abschnitt über die Extraversion). Darüber hinaus aber wurde auch ein Einfluss des ,visceral brain', d.h. limbischer Erregung (,limbic activation') auf das ARAS und damit auf das kortikale Arousal postuliert, zumindest unter emotional stärker belastenden Bedingungen und/oder bei Personen mit erhöhtem Neurotizismus.

Daraus aber leitet sich ein Interaktionseffekt zwischen Extraversion, Neurotizismus und situativen Bedingungen im Hinblick auf das kortikale Aktivierungsniveau ab, welcher mit Hilfe von entsprechenden EEG-Parametern prinzipiell untersucht werden kann. So sollte zum Beispiel das kortikale Arousal von extravertierten und gleichzeitig neurotischen Personen höher sein als das von extravertierten und wenig neurotischen, allerdings nur unter bestimmten situativen Randbedingungen (siehe dazu auch die Ausführungen zu Eysencks Modell im Abschnitt zur Extraversion). Die vielen, in mehreren kritischen Reviews von Gale (1981), Gale (1983), O'Gorman (1984) oder Zuckerman (1991) bewerteten älteren EEG-Untersuchungen zur Aktivierungstheorie der Persönlichkeit lieferten jedoch nur ganz wenige Hinweise darauf, dass auch interindividuelle Unterschiede im Neurotizismus die kortikale Aktivierung mitbestimmen. Und wenn, dann nur indirekt: so zum Beispiel konnten in einer Studie von O'Gorman & Malisse (1984) Unterschiede zwischen extravertierten und introvertierten Personen zwar nachgewiesen werden; wurde allerdings der Neurotizismusskore als Kovariable in die Analyse mit aufgenommen, waren die Effekte nicht mehr signifikant, was dahingehend interpretiert wurde, dass der Einfluss von N in einer Verstärkung der beobachteten

Unterschiede zwischen Extra- und Introvertierten bestehen könnte. Darüber hinaus fanden sich in vielen dieser älteren Studien eine Reihe von methodischen Mängeln und Beschränkungen; aber auch das Geschlecht der untersuchten Personen wurde nicht explizit als kritische Variable in die Untersuchung mit aufgenommen, so dass die im Hinblick auf den Neurotizismus weitgehend negative Befundlage derartigen Beschränkungen in der Versuchsmethodik zugeschrieben werden könnte. Und Eysenck selbst (Eysenck, 1981) hat – wohl auf dem Hintergrund der vielen negativen Befunde zum Neurotizismus – in einer neueren Modifikation seiner theoretischen Annahmen einen Haupteffekt des Neurotizismus im Hinblick auf die kortikale Aktivierung auch ausgeschlossen, wohl aber entsprechende Interaktionen zwischen Extraversion und Neurotizismus postuliert (siehe dazu den exzellenten Versuch von Brocke & Battmann, 1985, eine systematische Darstellung der vielen von Eysenck in den verschiedenen Versionen seiner Aktivierungstheorie der Persönlichkeit getroffenen Annahmen zu geben und vor allem entsprechende, empirisch auch überprüfbare Hypothesen daraus abzuleiten).

In einer sehr breit angelegten neueren Studie wurde von Amelang und MitarbeiterInnen (Amelang & Ullwer, 1990; Amelang & Ullwer, 1991a; Amelang & Ullwer, 1991b; Matthews & Amelang, 1993) anhand einer methodisch sehr sorgfältig und aufwändig konzipierten Versuchsanordnung, vor allem aber an einer sehr großen Stichprobe (n=181), die wohl grundlegendste Überprüfung der Aktivierungstheorie von Eysenck vorgenommen. Ergebnisse dieser Studie, welche nicht mit Eysencks Theorie übereinstimmen, können daher – im Gegensatz zu den meist mangelhaften älteren Arbeiten – wohl kaum auf Fehler und Beschränkungen in der Versuchsanordnung zurückgeführt werden.

So z.B. ergab sich ein für die Frage nach kortikalen Indikatoren des Neurotizismus relevanter Befund in einer varianzanalytischen Auswertung möglicher Beziehungen zwischen den Persönlichkeitsvariablen und der kortikalen Aktivierung; dazu wurden die VersuchsteilnehmerInnen nach ihren Extraversions- bzw. Neurotizismuswerten im Eysenck Personality Questionnaire (EPQ; Eysenck & Eysenck, 1975) jeweils in drei Gruppen (hohe, mittlere und niedrige Merkmalsausprägung) geteilt und zusammen mit drei verschiedenen Versuchsbedingungen (Augen geschlossen, Ruhe; Augen geschlossen, Kopfrechnen; Augen offen, Punkt fixieren) und dem Geschlecht in einem 3 x 3 x 3 x 2 - Design als unabhängige Variablen definiert; abhängige Variable war die Leistung im gesamten Alpha-Band (9–13 Hz), also ein Desaktivierungsmaß, d.h. hohe Werte werden als geringe kortikale Aktivierung interpretiert. Lediglich zwei Effekte dieser komplexen Analyse konnten statistisch gesichert werden: ein (zu erwartender) Haupteffekt für den Bedingungsfaktor (die Alpha-Aktivität war bei offenen im Vergleich zu geschlossenen Augen deutlich geringer) sowie eine sehr bemerkenswerte 3-fache Interaktion der Extraversion, des Neurotizismus und des Geschlechts der Personen im Hinblick auf die kortikale Aktivierung.

Eine Bewertung der Eysenckschen Annahmen zum Neurotizismus

könnte anhand dieser Ergebnisse in mehrfacher Weise erfolgen; da Amelang & Ullwer (1990) keine weitergehende, detaillierte Auswertung (mittels Posttests) berichteten, sollen mögliche Aspekte dieser komplexen
Wechselwirkung anhand von Vergleichen jener Mittelwerte illustriert
werden, bei denen sich die größten Unterschiede ergeben hatten. Ein
derartiger Vergleich betrifft zum Beispiel die EEG-Werte von hoch extravertierten Personen, die entweder hoch oder niedrig neurotisch sind, und
zwar zunächst nur in jener Versuchsbedingung, in der insgesamt (gemittelt
über alle Personen) die geringste kortikale Aktivierung, d.h. die stärkste
Alpha-Aktivität gegeben war. Das ist die Testsituation, in der das EEG in
Ruhe, d.h. ohne Aufgabenanforderungen und bei geschlossenen Augen
abgeleitet wurde, in welcher also eine geringe Stärke der arousal-spezifischen situativen Erregungsfaktoren wirksam war. Die entsprechenden
Ergebnisse sind in Abbildung 2.7 dargestellt.

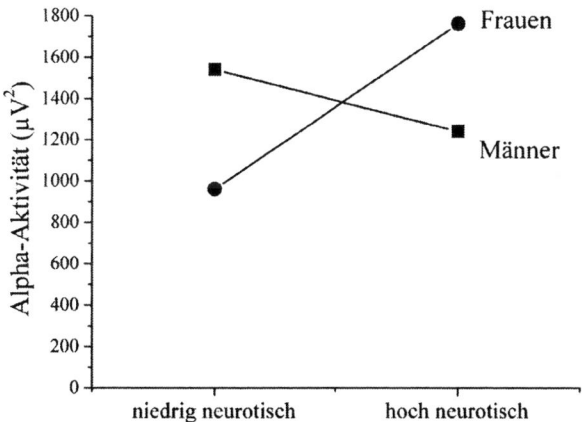

**Abbildung 2.7:   Kortikale Aktivierung von hoch extravertierten Män-
                   nern und Frauen in der Bedingung „Augen geschlos-
                   sen, Ruhe" in Abhängigkeit vom Ausprägungsgrad
                   des Neurotizismus (modifiziert nach Amelang & Ull-
                   wer, 1990).**

Nach Eysenck (Eysenck, 1981) wäre entweder zu erwarten, dass sich kein
Unterschied in Abhängigkeit vom Neurotizismus der ProbandInnen zeigt,
weil die Versuchssituation möglicherweise zu wenig belastend bzw.
angstauslösend war. Oder es sollten – wenn Unterschiede auftreten (weil
z.B. eine EEG-Untersuchung an sich schon für neurotische Personen eine
Belastung darstellen könnte; siehe dazu Blackhart et al., 2002) – hoch

neurotische im Vergleich zu niedrig neurotischen Extravertierten stärker aktiviert sein; das ist tatsächlich so, was die mittleren Alpha-Werte für die männlichen Versuchsteilnehmer betrifft (deutlich niedrigere Alpha-Aktivität, d.h. höhere kortikale Aktivierung bei hoch neurotischen im Vergleich zu niedrig neurotischen Männern). Ein entsprechender Unterschied findet sich zwar auch bei den weiblichen Personen, allerdings in die genau entgegengesetzte (!) Richtung: hier sind es die niedrig neurotischen Frauen, die deutlich stärker aktiviert sind (weniger Alpha zeigen).

Die in Abbildung 2.7 dargestellten Aktivierungsunterschiede zwischen neurotischen und nicht-neurotischen Extravertierten finden sich aber auch in analoger Weise in den Ergebnissen für die beiden anderen Versuchsbedingungen, d.h. sie sind im wesentlichen unabhängig von den situativen Gegebenheiten, welche die kortikale Aktivierung in unterschiedlichem Ausmaß beeinflusst haben könnten (siehe dazu die Ausführungen im Abschnitt zur Extraversion). Für introvertierte Personen hingegen zeigte sich keine derartige Beziehung zwischen Neurotizismus und Geschlecht. Diese in einer methodisch aufwändig konzipierten Studie und an einer großen Stichprobe erhobenen Ergebnisse stehen in klarem Widerspruch zu den Annahmen von Eysenck: Sein theoretischer Ansatz bietet keine Erklärung dafür, warum niedrig neurotische Frauen unter sonst gleichen Bedingungen höher aktiviert sein sollten als hoch neurotische; das Modell ist „geschlechtsneutral" formuliert, eine Interpretation dieser Befunde würde im Hinblick auf Bedeutung und Funktion von ARAS und limbischem System für Männer und Frauen die genau gegenteiligen Modellannahmen erfordern.

Insgesamt folgt aus den oben dargestellten (und den vielen anderen, in der Versuchsserie von Amelang und MitarbeiterInnen erzielten) Ergebnissen zweierlei: erstens ergibt sich für die methodische Konzeption von Untersuchungen, dass komplexe Interaktionen von Extraversion, Neurotizismus und dem Geschlecht überprüfbar sein müssen; das heißt aber vor allem, dass die Stichprobe genügend groß sein muss, um Interaktionen höherer Ordnung auch explizit untersuchen zu können. In vielen bisherigen Arbeiten wurde z.B. der Neurotizismus lediglich als Kovariable in einer Kovarianzanalyse konstant gehalten, in anderen wiederum wurde ein Einfluss von N überhaupt nicht geprüft. Noch weniger sorgfältig wurde bislang im Hinblick auf einen möglichen Einfluss des Geschlechts der ProbandInnen vorgegangen, obwohl immer wieder Geschlechtseffekte berichtet wurden. Beide Mängel haben vermutlich wesentlich zu vielen inkonsistenten Befunden in der biologisch orientierten Persönlichkeitsforschung beigetragen und werden in vielen der folgenden Abschnitte wieder zur Sprache kommen. Und zweitens folgt aus den Ergebnissen von Amelang und MitarbeiterInnen, aber auch aus etlichen anderen Studien, die keine modell-konformen Effekte des Neurotizismus nachweisen konnten, dass die von Eysenck entwickelte Aktivierungstheorie der Persönlichkeit grundsätzlich in Frage gestellt wird (siehe dazu auch die Ausführungen im Abschnitt zur Extraversion).

Eysenck selbst hat in einer kritischen Bewertung der empirischen

Evidenz für sein theoretisches Konzept zum Neurotizismus die negative
Befundlage auch eingestanden und den Grund hierfür darin gesehen, dass
seine Theorie möglicherweise nicht detailliert genug sei, um spezifische
Vorhersagen zu treffen (Eysenck, 1994, S. 186); als mögliche Alternative
sieht er eine differenziertere Erfassung der kortikalen Aktivität, im Besonderen im Hinblick auf Aktivierungsunterschiede zwischen den beiden
Hemisphären des Gehirns. Aber auch Gale (Gale, 1981; Gale, 1983) hat
den Aspekt von topographisch differenzierten EEG-Messungen, welcher
in den meisten älteren Untersuchungen nicht realisiert wurde, als eine
wichtige methodische Fehlerquelle angesprochen: In nahezu allen Studien
wurde das EEG nur von einer einzigen Ableitposition registriert und auch
an unterschiedlichen (meist hinteren) Stellen des Kopfes. Topographische
Unterschiede könnten aber die beobachteten Korrelationen zwischen
Persönlichkeits- und EEG-Maßen wesentlich beeinflussen, und zwar nicht
nur in ihrer Höhe, sondern auch in ihrer Richtung, wie von Gale & Edwards (1986) in einer Zusammenschau der zur Thematik relevanten Arbeiten festgehalten wurde: Zum Beispiel könnten Beziehungen zwischen der
Extraversion und der kortikalen Aktivität, welche über hinteren Regionen
des Gehirns gemessen wurde, für die EEG-Aktivität über vorderen Regionen völlig anders aussehen und sich im Extremfall sogar in ihrer Richtung
umkehren, d.h. die Variablen würden einmal positiv und einmal negativ
miteinander korrelieren. Mehrere, bezüglich der topographischen Aspekte
sehr differenzierte Untersuchungen z.B. zur Ängstlichkeit oder zur so
genannten Affektivität einer Person werden in später folgenden Abschnitten besprochen werden, weil sie nicht auf dem Hintergrund der Eysenckschen Aktivierungstheorie, sondern zur Überprüfung anderer theoretischer Konzepte durchgeführt wurden.

Bildgebende Verfahren

Einen im Vergleich zur Messung der kortikalen Aktivität mittels EEG
deutlich besser geeigneten methodischen Zugang zur Überprüfung von
Zusammenhängen zwischen Neurotizismus und limbischer Aktivierung
bieten die modernen bildgebenden Verfahren, da die Aktivität einzelner
limbischer Strukturen direkt erfasst werden kann. Trotz der derzeit noch
vielfach gegebenen Beschränkungen, vor allem im Hinblick auf die Zahl
der untersuchten Personen, und damit hinsichtlich der Möglichkeit, komplexe Interaktionen zu prüfen, liegen einige Untersuchungen vor, in welchen Aktivierungsunterschiede in Abhängigkeit von zumindest einzelnen
Persönlichkeitsmerkmalen untersucht wurden.
    In einer der ersten, mittels PET durchgeführten Studien zu persönlich-
keitsrelevanten Strukturen des Gehirns konnten Haier et al. (1987) zwar
für verschiedene kortikale Regionen (im besonderen für den Frontalkortex) signifikante Korrelationen mit dem Neurotizismus (erfasst mittels
Eysenck Personality Inventory; EPI) nachweisen, aber für keine Struktur
des limbischen Systems. Da allerdings die untersuchte Stichprobe (vorwiegend Patienten mit einer generalisierten Angststörung) wenig repräsentativ

war, ist eine Interpretation dieser Ergebnisse natürlich entsprechend einge-schränkt. Hingegen wurde von Stenberg et al. (1990a) eine klinisch un-auffällige Gruppe von Männern und Frauen untersucht, allerdings mit der Beschränkung auf die Analyse kortikaler Regionen. Hier zeigten sich allerdings für den Neurotizismus keine signifikanten Effekte. In einer weiteren Studie der Gruppe um Stenberg (Stenberg et al., 1993) wurden zumindest indirekte Hinweise darauf berichtet, dass eine verstärkte Durch-blutung temporaler Regionen mit erhöhter Ängstlichkeit einhergehen könnte.

In zwei weiteren SPECT- bzw. PET-Studien (Ebmeier et al., 1994 bzw. Fischer et al., 1997) wurden limbische Strukturen analysiert, aber keine Beziehungen zum (mittels EPQ bzw. NEO-PI) erfassten Neurotizismus nachgewiesen. Und in einer Untersuchung von Johnson et al. (1999) wurden Neurotizismusskores (mittels NEO-PI-R) zwar erhoben, aber keine Analyseergebnisse dazu berichtet. Lediglich in einer Studie von Canli et al. (2001) konnten signifikante Korrelationen zwischen Gehirn-Durchblutung und Neurotizismus (NEO-FFI) nachgewiesen werden: Mittels fMRI-Technik wurde die Aktivierung verschiedener Strukturen des Gehirns während der Betrachtung emotional positiv oder negativ besetzter Bilder registriert; dabei zeigten sich allerdings wiederum nur Beziehungen zu kortikalen Arealen (frontal und temporal), aber keine einzige zu den verschiedenen Teilbereichen des limbischen Systems!

Insgesamt also sind die Ergebnisse dieser Studien im Hinblick auf Eysencks Modell doch sehr bemerkenswert: Es ergaben sich keinerlei Hinweise auf die von Eysenck postulierte zentrale Bedeutung limbischer Strukturen für das Merkmal Neurotizismus. Allerdings müssen dabei die derzeit noch gegebenen Beschränkungen in der Methodik in Rechnung gestellt werden: In keiner einzigen Arbeit wurden Interaktionen des Neu-rotizismus mit der Extraversion oder gar dreifache Wechselwirkungen unter zusätzlicher Berücksichtigung des Geschlechts geprüft. Andererseits aber konnten bereits einige Effekte gesichert und auch repliziert werden, welche die Bedeutung einzelner Bereiche des limbischen Systems (z.B. des Gyrus cinguli) für das Merkmal Extraversion (!) nahe legen (siehe dazu den Abschnitt zur Extraversion).

Reizevozierte Potentiale

Neben den über den Frequenzbereich des EEGs definierten Methoden zur Quantifizierung der zentralnervösen Aktivierung wurden im Rahmen persönlichkeitspsychologischer Fragestellungen vielfach auch ereignisbe-zogene, das heißt durch Reize evozierte Potentiale als Aktivierungspara-meter verwendet. Kritisch für die Interpretation entsprechender Untersu-chungen ist nun die Frage, welcher Prozess sich in welchen Komponenten abbildet: So werden die ,mittleren' Komponenten N100 und P200 mit bestimmten Eigenschaften der dargebotenen Stimuli, im besonderen mit ihrer Intensität in Beziehung gebracht, aber auch mit dem Ausmaß der selektiven Aufmerksamkeit. Die späteren Komponenten, im besonderen

die P300, werden als Ausdruck von kognitiven Prozessen bei der Verarbeitung von Reizen interpretiert, welche die Bedeutung und die Bedeutsamkeit der Reize für eine Person betreffen. Für die P300 wird angenommen, dass Aktivierungsprozesse nur in einem geringeren Ausmaß beteiligt
sind; da allerdings aktivierungsbezogene Prozesse wie Orientierungsreaktion, Habituation und Reizklassifikation auch für die P300-Kompo-
nente relevant sind, sieht Eysenck (1994) die P300 ebenfalls als geeignetes
Maß für die Überprüfung von individuellen Unterschieden in der kortikalen Aktivierung an.

a) Mittlere Komponenten

Die von Eysenck postulierten Unterschiede in der kortikalen Aktivierung
und Aktivierbarkeit sollten sich daher vor allem in den mittleren Komponenten ausdrücken; und Personen mit höherem Neurotizismus sollten
schneller und stärker auf emotionale Reize reagieren, d.h. kürzere Latenzen und höhere Amplituden aufweisen. Allerdings ist die Befundlage dazu
nicht nur äußerst spärlich, sondern auch widersprüchlich; so z.B. konnten
Maushammer et al. (1981) bei der Untersuchung von Schmerzschwellen
sowie der Schmerztoleranz positive Korrelationen zwischen den Skores
der Neurotizismus-Subskala des EPI bzw. einer Angstskala und den Latenzen der Komponenten N1, P1 und N2 der somatisch evozierten Potentiale
berichten, d.h. höher neurotische Personen zeigten längere Latenzen. Da
für das Merkmal Extraversion keine signifikanten Korrelationen beobachtet und auch keine Interaktionen der beiden Merkmale im Hinblick auf die
Latenzen untersucht wurden, ist dieses Ergebnis nur schwer im Rahmen
der Aktivierungstheorie der Persönlichkeit zu interpretieren. Darüber
hinaus aber konnten in späteren Arbeiten (z.B. Ashton et al., 1985) keine
signifikanten Effekte, weder zu den Latenzen noch zu den Amplituden
dieser Komponenten des somatosensorisch evozierten Potentials gefunden
werden. Ergebnisse aus differenzierteren Versuchsanordnungen, welche
die Überprüfung von Interaktionen zwischen verschiedenen, für die evozierte Aktivität relevanten Persönlichkeits- und Stimulusvariablen möglich
machen, werden in späteren Abschnitten behandelt. Einen Überblick über
Arbeiten zum Zusammenhang von evozierten Potentialen und Persönlichkeitsvariablen geben Stelmack & Houlihan (1995).

b) Späte Komponenten

Im Hinblick auf die *Latenzen* der späten positiven Komponente des evozierten Potentials gibt es einige Hinweise darauf, dass eine negative Beziehung zwischen Neurotizismus und P300-Latenz gegeben sein könnte:
Höher neurotische Personen zeigen die kürzeren Latenzen (Pritchard,
1989; Stelmack et al., 1993). Dieser Effekt wurde dahingehend interpretiert, dass höher neurotische Personen eine raschere Bewertung von
Reizen vornehmen. Bemerkenswert dazu ist allerdings noch ein zusätzlicher Befund in der Arbeit von Stelmack et al. (1993): Die gleichzeitig

erhobenen Reaktionszeiten von höher neurotischen Personen waren langsamer, was dahingehend interpretiert wurde, dass der kognitive Bewer-
tungsprozess zwar rascher einsetzt, aber länger andauert und/oder die
Einleitung motorischer Reaktionen verzögert oder gar hemmt. Darüber
hinaus wurde in der Untersuchung von Pritchard (1989) deutlich, dass
auch eine zu geringe Differenzierung auf der Merkmalsebene und im
Hinblick auf das Geschlecht dazu beigetragen haben könnte, dass in vielen
Untersuchungen keine Zusammenhänge zwischen Persönlichkeitsvariablen und evozierten Potentialen beobachtet werden konnten: die negative
Beziehung zwischen P300-Latenz und Neurotizismus zeigte sich nur bei
Männern und war überdies stärker durch die habituelle Neigung, Ärger zu
entwickeln, und weniger durch die Ängstlichkeit bedingt.

Für die *Amplituden* der späten positiven Komponenten finden sich in
der Literatur meist keine signifikanten Beziehungen zum Merkmal Neurotizismus, wenn – wie das in entsprechenden Versuchsanordnungen üblich
ist – neutrale, nicht-emotionale Reize bzw. Aufgabenstellungen verwendet
werden (Stelmack & Houlihan, 1995), und zwar in einem so genannten
oddball-Paradigma. Eine derartige Versuchsanordnung besteht darin, dass
zwei z.B. in der Tonhöhe unterschiedliche Töne wiederholt dargeboten
werden; wesentlich dabei ist nun, dass einer der Töne (z.B. mit 1000 Hz)
häufiger, der andere (z.B. mit 1500 Hz) seltener vorkommt (z.B. in einem
Verhältnis von 70 : 30). Die Aufgabe der VersuchsteilnehmerInnen besteht
nun einfach darin, die seltener vorkommenden Töne zu zählen oder –
wenn eine Reaktion erforderlich ist – bei den häufigen Tönen (‚standards')
Reaktionstaste 1 zu drücken, bei den seltenen (‚targets') die Reaktionstaste
2. Bemerkenswert daran ist nun, dass sich nur auf die targets eine P300-
Komponente im evozierten Potential ausbildet, auf die standards hingegen
nicht.

Dass auch bei Verwendung neutraler Reize, d.h. in einem einfachen
oddball-Paradigma, signifikante Unterschiede in den P300-Amplituden
gegeben sein können, allerdings nur unter spezifischen Bedingungen, was
das untersuchte Persönlichkeitsmerkmal oder das Stimulationsparadigma
anlangt, soll anhand von zwei neuen Untersuchungen illustriert werden.
Die Spezifität derartiger Effekte im Hinblick auf das untersuchte Merkmal
bzw. den verwendeten Persönlichkeitstest zeigte sich in einer Studie
(Hansenne, 1999), in welcher mit Hilfe des Temperament and Character
Inventory (TCI) von Cloninger et al. (1994) das Merkmal ‚harm avoidance' gemessen wurde; dieses Konstrukt korreliert hoch positiv mit Neurotizismus, erfasst mittels EPQ (Zuckerman & Cloninger, 1996). Die Ergebnisse bestanden in einer negativen Korrelation zwischen den P300-Am-
plituden und dem Merkmal ‚harm avoidance', das heißt, Personen mit
hohen Werten in ‚harm avoidance', also die eher neurotischen Personen,
zeigten die niedrigeren Amplituden. Dieser Befund wird durch das Ergebnis einer anderen Untersuchung (Gurrera et al., 2001) gestützt; dabei
zeigte sich ebenfalls, dass höher neurotische Personen (erfasst mit dem
NEO-FFI) die niedrigeren P300-Amplituden aufwiesen. Dieser Befund
konnte allerdings nicht für die in oddball-Paradigmen üblichen Target-

Stimuli (seltene Reize, auf die auch reagiert werden muss) gesichert werden, sondern nur für zusätzlich gebotene, seltene Reize, auf die nicht reagiert werden musste. Dafür wurden Umweltgeräusche verwendet, die sich in ihrer spektralen Zusammensetzung und auch in ihrer Dauer von den übrigen Target- und Non-Target-Tönen deutlich unterschieden und deshalb wohl auch eine besondere Zuwendung der Aufmerksamkeit ausgelöst haben.

Dass darüber hinaus aber auch regionale Unterschiede in den P300-Amplituden zwischen niedrig und hoch neurotischen Personen gegeben sein könnten, wurde in einer Studie von Bartussek et al. (1996; Exp. 1) deutlich (in welcher allerdings emotionale und neutrale Eigenschaftswörter als Stimuli verwendet wurden): Es zeigten sich Unterschiede in den Amplituden zwischen frontalen und parietalen Ableitpositionen, wobei stabile Personen deutlich höhere Amplitudenwerte über der posterioren im Vergleich zur frontalen Region aufwiesen, während Neurotiker eine Gleichverteilung über alle drei Ableitpositionen hinweg zeigten. Ein Befund zur Bedeutung topographischer Unterschiede, welche in bisherigen EP-Studien ebenfalls nicht systematisch untersucht wurden.

2.2.1.2 Reinforcement Sensitivität: Das Modell von J. A. Gray

Den Modellen von Eysenck und Gray (Gray, 1972; Gray, 1991; Gray, 1994; Gray & McNaughton, 2000; Pickering et al., 1997) gemeinsam ist die Annahme, dass den Persönlichkeitsunterschieden individuelle Unterschiede in der Aktivität bzw. Reaktivität bestimmter Teilsysteme des Gehirns (das ‚Behavioral Approach/Activation System' – BAS; das ‚Behavioral Inhibition System' – BIS sowie das ‚Fight/Flight System' – FFS) zugrunde liegen. Der wesentliche Unterschied liegt darin, dass die von Eysenck postulierten Systeme unterschiedliche Arten von Aktivierung vermitteln (Aktivierungstheorie der Persönlichkeit), die von Gray postulierten Systeme hingegen Unterschiede in der Art und Intensität von Reaktionen auf verstärkende Reize („Signale" für Belohnung und Bestrafung), und zwar als Ausdruck einer interindividuell unterschiedlichen Sensitivität des entsprechenden neuronalen Systems: ‚Reinforcement Sensitivity'-Theorie der Persönlichkeit (RST).

Dabei wurde die Reaktivität von BIS und BAS als gehirnphysiologisches Substrat zweier voneinander unabhängiger Persönlichkeitsdimensionen angesehen, nämlich Ängstlichkeit und Impulsivität. In Bezug auf das von Eysenck durch die Dimensionen Extraversion und Neurotizismus definierte Koordinatensystem wurden neurotisch Introvertierte und stabile Extravertierte als Gegenpole der Dimension „Ängstlichkeit" definiert. Neurotisch Extravertierte und stabile Introvertierte bildeten die Endpunkte der Dimension „Impulsivität", d.h. hohe Impulsivität wird gleichermaßen durch hohe Ausprägung von Neurotizismus und Extraversion bestimmt. In der neuesten Version des Modells (Pickering et al., 1997) wurde jedoch die Beziehung der Impulsivität zum Psychotizismus stärker betont, zu jener dritten Dimension also, deren neurobiologische Grundlage von Gray im Kampf-Flucht-System gesehen wurde.

Die entsprechenden Beziehungen zwischen Eysencks bzw. Grays Persönlichkeitsdimensionen und der Sensitivität gegenüber Belohnung und Bestrafung sind in Abbildung 2.8 dargestellt.

Für die empirische Überprüfung der Theorie wurden zur Erfassung der Persönlichkeitsmerkmale Ängstlichkeit und Impulsivität unterschiedliche methodische Zugänge gewählt:

Zumeist wurden mit Hilfe der Eysenckschen Fragebögen (EPI, EPQ) die Persönlichkeitsvariablen Extraversion und Neurotizismus erhoben und z.B. hoch ängstliche (d.h. neurotisch Introvertierte) mit niedrig ängstlichen Personen (d.h. stabilen Extravertierten) verglichen. In Analogie dazu bildeten neurotisch Extravertierte bzw. stabile Introvertierte die Gruppe der niedrig bzw. hoch impulsiven Personen; oder es wurde die Ängstlichkeit bzw. Impulsivität direkt, d.h. mit Hilfe entsprechender Fragebögen – z.B. mit Hilfe des ‚State - Trait - Anxiety - Inventory' (STAI; Spielberger, 1983) oder der Impulsivitäts-Subskala des I7 Fragebogens (Eysenck et al., 1990) – zu erfassen versucht; und schließlich wurden Fragebögen verwendet (z.B. die BIS-/BAS-Skalen von Carver & White, 1994; deutsche Version von Strobel et al., 2001 bzw. der Gray Wilson Personality Questionnaire – GWPQ; Wilson et al., 1989), welche auf dem Hintergrund des Modells von Gray speziell zur Erfassung der BIS- und BAS-Reaktivität einer Person entwickelt wurden.

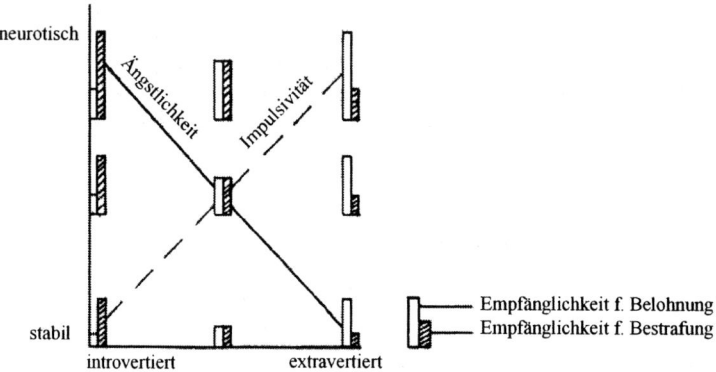

Abbildung 2.8: Beziehungen zwischen Reinforcement-Sensitivität und den Persönlichkeitsdimensionen von Eysenck und Gray (nach Gray, 1981).

Die so definierten Personengruppen wurden sodann im Hinblick auf verschiedene Kennwerte des Ruhe-EEGs oder hinsichtlich einzelner Komponenten des evozierten Potentials untersucht; darüber hinaus aber wurde in
manchen Untersuchungen die Reinforcement-Sensitivität dadurch explizit
anzusprechen und zu erfassen versucht, dass nicht neutrale, sondern emotionale Reize bzw. Versuchsbedingungen realisiert wurden. So z.B. wurden affektiv besetzte Wörter/Bilder/Gesichter dargeboten oder aufseiten
der VersuchsteilnehmerInnen positive/negative Emotionen induziert. Oder
es wurde eine Spielsituation realisiert, in welcher man für gute/schlechte
Leistungen Geld gewinnen oder verlieren konnte bzw. gelobt oder getadelt
wurde. Die hinter derartigen Versuchsanordnungen stehende Annahme
war natürlich die, dass hoch ängstliche Personen (d.h. solche mit hohen
BIS-Werten) auf negative Emotionen, Verlust oder Tadel deutlich stärker
reagieren sollten (,punishment avoiding') als niedrig ängstliche; und
dementsprechend wurden analoge Hypothesen im Hinblick auf positive
Emotionen, Gewinn oder Lob für die Impulsivität formuliert (,reward
seeking').

2.2.1.2.1 EEG-Hintergrundaktivität

Eine Untersuchung der EEG-Hintergrundaktivität von Stenberg (1992)
orientierte sich in ihrer Konzeption explizit am Modell von Gray und soll
deshalb auch etwas ausführlicher dargestellt werden. Eine erste Besonderheit bestand darin, dass eine Operationalisierung der Persönlichkeitsdimensionen Ängstlichkeit und Impulsivität dadurch versucht wurde, dass
die 3 Subskalen des EPI zusammen mit den 15 Subskalen eines in Schweden entwickelten, umfangreichen Persönlichkeitsfragebogens (,Karolinska
Scales of Personality') zunächst einer Faktorenanalyse unterzogen und
jene zwei Faktoren für die weitere Analyse ausgewählt wurden, welche
den Konstrukten Impulsivität und Ängstlichkeit am ehesten entsprachen.
Anhand der entsprechenden Faktorskores wurden die ProbandInnen sodann in jeweils zwei Gruppen (niedrig/hoch Ängstliche bzw. Impulsive)
eingeteilt, um Unterschiede in den EEG-Parametern untersuchen zu können. Und zweitens wurden die VersuchsteilnehmerInnen aufgefordert, sich
während der EEG-Aufzeichnung stark emotional besetzte, positive oder
negative Situationen vorzustellen, und – in einer dritten neutralen Kontrollbedingung – eine Zeitschätzung vorzunehmen. Darüber hinaus aber
wurde auch eine sehr differenzierte topographische Analyse vorgenommen, und zwar in der Weise, dass die EEG-Aktivität von 17 der insgesamt
19 Elektrodenpositionen des 10/20-Systems abgeleitet, die Leistungswerte
im Frequenzspektrum in 8 Frequenzbändern zusammengefasst und die 17
x 8 Werte schließlich einer Faktorenanalyse unterzogen wurden, um die
Vielzahl an Variablen auf wenige, Frequenz und topographische Lokalisation charakterisierende Faktoren zu reduzieren. Da die Zuverlässigkeit
einer derart gewonnenen Faktorenlösung (136 Variablen bei einem N von
23 männlichen und 17 weiblichen Personen) vermutlich nicht sehr hoch
ist, versuchte Stenberg, die Faktorenstruktur an einem anderen Datensatz

für dieselben Personen zu replizieren, und verwendete sodann in der Auswertung nur jene (9 der insgesamt 15) Faktoren, die (einigermaßen) replizierbar waren. Bei allen statistischen Beschränkungen ist das zumindest ein Versuch, funktionale Gegebenheiten über dem gesamten Kortex abzubilden und Gemeinsamkeiten in verschiedenen Regionen und Frequenzen zu identifizieren.

Besonders interessant an den Ergebnissen ist, dass zwei Faktoren identifiziert werden konnten, welche sowohl zwischen den Versuchsbedingungen als auch zwischen hoch und niedrig Ängstlichen signifikante Unterschiede zeigten. Ein erster betraf die Beta-Aktivität über temporalen Regionen (höchste Ladungen für die Elektrodenpositionen T3/T4); wie in Abbildung 2.9 zu sehen ist, zeigten sich bei der Vorstellung positiv bzw. negativ besetzter Erinnerungen die höchsten bzw. geringsten Werte, die für neutrale Situationen lagen dazwischen.

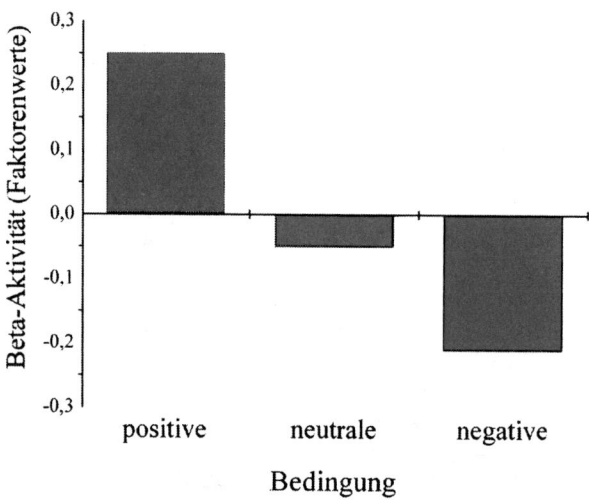

Abbildung 2.9: **Mittlere Faktorenwerte für den Faktor „temporale Beta-Aktivität" während emotional positiver bzw. negativer Vorstellungen im Vergleich zu einer neutralen Kontrollbedingung (nach Stenberg, 1992).**

Darüber hinaus aber zeigte sich auch eine Interaktion mit der Ängstlichkeit, und zwar derart, dass hoch ängstliche Personen in den emotionalen Bedingungen eine niedrigere (!) Beta-Aktivität aufwiesen, wobei der Unterschied allerdings nur für negative Situationen statistisch gesichert werden konnte (siehe Abbildung 2.10). Dieses Ergebnis ist unter anderem deshalb besonders bemerkenswert, weil die Temporalregionen in enger funktionaler Verbindung mit dem Limbischen System zu sehen sind, und

die entsprechende EEG-Aktivität daher auch emotionale Zustände abbilden könnte.

Ein zweiter, für die Unterscheidung zwischen hoch und niedrig Ängstlichen relevanter Faktor, betraf die Theta-Aktivität, und zwar nur über
rechtsfrontalen Regionen; diese Aktivität war in den beiden emotionalen
Bedingungen höher als in der neutralen und war (über alle Bedingungen
hinweg) ebenfalls höher in der Gruppe der hoch ängstlichen Personen.

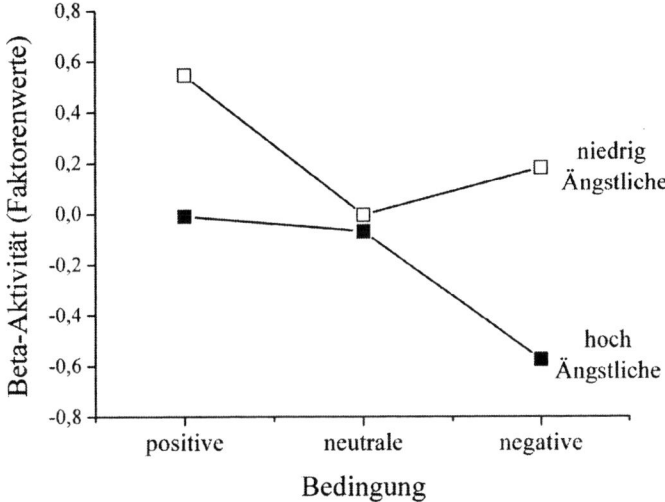

**Abbildung 2.10: Mittlere Faktorenwerte für den Faktor „temporale
Beta-Aktivität" von niedrig und hoch ängstlichen
Personen während der Vorstellung emotional positiver bzw. negativer Inhalte im Vergleich zu einer
neutralen Kontrollbedingung (nach Stenberg, 1992).**

Damit wurde eine durch emotionale Zustände bedingte Asymmetrie in der
Aktivität präfrontaler Regionen bestätigt, welche erstens auch von anderen
Autoren beobachtet wurde (Ahern & Schwartz, 1985; Tucker & Dawson,
1984), und welche zweitens – im Gegensatz zur üblichen Interpretation
von Theta-Rhythmen (in posterioren Bereichen des Kortex) – als Indikator
für eine Aktivierung orbitofrontaler Regionen interpretiert wurde. Damit
konnten erste Hinweise darauf gefunden werden, dass die Reaktivität von
BAS und BIS mit funktionalen Asymmetrien in präfrontalen Regionen in

Beziehung stehen könnten; eine ausführliche Diskussion dazu erfolgt im Abschnitt ‚Lateralisation und Persönlichkeit'. Weitere Ergebnisse dieser und anderer Arbeiten, welche sich auf das Konstrukt Impulsivität beziehen, werden im entsprechenden Abschnitt zur Impulsivität dargestellt.

In weiteren Untersuchungen wurden zwar ebenfalls Beziehungen zwischen BIS-Reaktivität bzw. Ängstlichkeit und einzelnen Parametern der EEG-Hintergrundaktivität berichtet; allerdings sind die entsprechenden Ergebnisse aus methodischen Gründen nur schwer zu interpretieren. So z.B. wurde in einer neuesten Arbeit von Knyazev et al. (2002) eine Vielzahl von EEG-Parametern des Ruhe-EEGs (mit offenen und geschlossenen Augen) mit den Werten eines BIS/BAS-Fragebogens (GWPQ), der N- bzw. E-Skala des EPI bzw. den Ergebnissen des STAI in Beziehung gesetzt. Dabei wurde u.a. eine positive Korrelation zwischen BIS und der EEG-Aktivität in den oberen Frequenzbereichen (Beta und Gamma) über frontalen Regionen berichtet. Vergleichbare Beziehungen wurden aber auch mit der trait-Ängstlichkeit sowie mit dem Neurotizismus beobachtet. Eine Interpretation dieses Befundes im Rahmen des Modells von Gray ist daher aus mehreren Gründen schwierig:

- Da N-, BIS- und Trait-Skores im STAI zum Teil hoch miteinander korrelieren, ist unklar, durch welchen Merkmalsaspekt die Beziehung zur kortikalen Aktivierung bestimmt wurde.
- Es wurde auch keine Aufteilung der ProbandInnen nach ihren Extraversions- und Neurotizismusskores in einem Quadranten-Design vorgenommen, um Unterschiede für spezifische Subgruppen zu prüfen. In einem solchen Design wird eine Auslese der Versuchsteilnehmer nach einem Vierfelder-Schema in der Weise vorgenommen, dass sich in der Gruppe der Extravertierten und Introvertierten gleich viele niedrig- wie hoch-neurotische Personen befinden.
- Weiters konnte ein Einfluss des Geschlechts nicht kontrolliert werden, weil mehrheitlich Frauen untersucht wurden.
- Und schließlich wurde auch keine experimentelle Manipulation (z.B. der emotionalen Befindlichkeit) vorgenommen, um spezifisch die BIS-/BAS-Reaktivität zu prüfen.

2.2.1.2.2 Evozierte Potentiale

Eine spezifisch auf die Vorhersagen des Modells von Gray ausgerichtete Untersuchung wurde von Bartussek und Mitarbeitern (Bartussek et al., 1993) durchgeführt. Dabei konnten die Versuchteilnehmer in einer Spielsituation durch die richtige Vorhersage der Tonhöhe (hoch/niedrig) eines im Anschluss daran gebotenen Tones Geld gewinnen bzw. verlieren; die durch diese Töne evozierten Potentiale wurden sodann getrennt für Gewinn- und Verlust-Trials ausgewertet. In varianzanalytischen Vergleichen einzelner Potentialkomponenten für die Faktoren Extraversion, Neurotizismus und Gewinn/Verlust konnten mehrere signifikante Effekte

erzielt werden. Ein erstes Ergebnis für die P200-Amplitude ist in Abbildung 2.11 dargestellt. Dabei zeigte sich, dass Extravertierte (d.h. Personen mit höherer Impulsivität) dem Modell von Gray entsprechend auf die
Gewinn signalisierenden Töne am stärksten reagiert hatten (d.h. die höheren Amplituden zeigten als unter Verlust-Bedingung), die Introvertierten hingegen bei falschen Vorhersagen (d.h. bei Signalen für Verlust /
„Bestrafung“) die stärkeren Reaktionen zeigten.

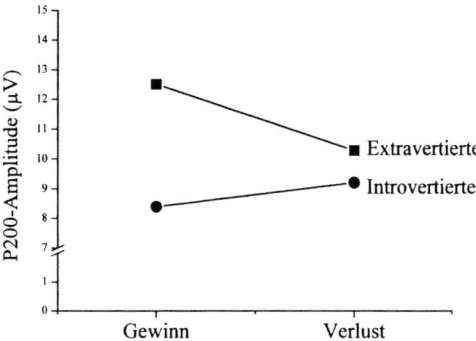

**Abbildung 2.11: P200-Amplituden von Extravertierten und Intro-
vertierten auf Töne, welche Gewinn oder Verlust
signalisierten (nach Bartussek et al., 1993).**

Noch deutlicher im Sinne der Theorie von Gray ist ein zweites Ergebnis
ausgefallen, welches in Abbildung 2.12 dargestellt ist. Es handelt sich
dabei um eine 3-fache Interaktion im Hinblick auf die Amplituden einer
P300-Komponente. Dabei wurden die vom Modell vorhergesagten Unterschiede nur bei hoch neurotischen Extravertierten bzw. Introvertierten
beobachtet, bei niedrig neurotischen Personen zeigte sich keine klare
Differenzierung im Hinblick auf die beiden Faktoren Extraversion/Intro-
version und Gewinn/Verlust. Das ist konform mit der Annahme von Gray,
dass im Besonderen neurotisch Extravertierte ein hohes Maß an Sensivi-
tät für Belohnungssignale aufweisen sollten (‚reward seeking’), und ebenso neurotisch Introvertierte für Reize, welche Bestrafung/Verlust signalisieren (‚punishment avoidance’); bei nicht neurotischen Personen sollte
der Unterschied in der Reinforcement-Sensitivität entsprechend gering
sein.
    So positiv diese Ergebnisse für die Theorie von Gray auch zu werten
sind, sie konnten in einer von der Methode her weitgehend vergleichbaren
Untersuchung von DePascalis et al. (1996) nicht repliziert werden. Lediglich für eine Subskala des GWPQ wurden theoriekonforme Ergebnisse

berichtet, allerdings für eine selten ausgewertete, sehr späte und in ihrer Bedeutung unklare positive Komponente (P600).

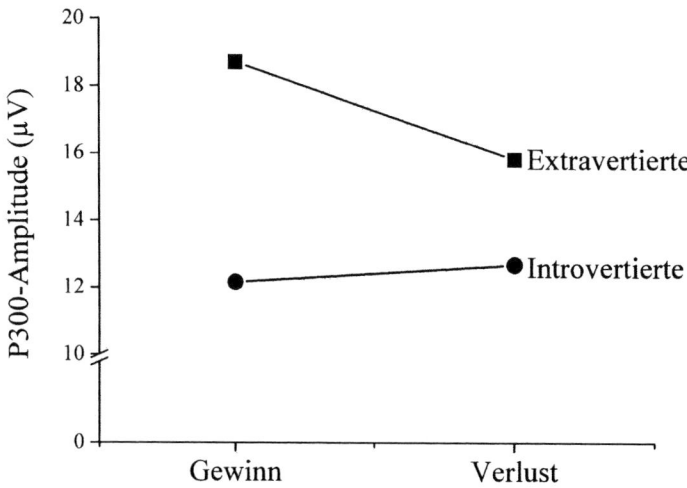

Abbildung 2.12:   P300-Amplituden von neurotischen Extravertierten und Introvertierten auf Töne, welche Gewinn oder Verlust signalisierten (nach Bartussek et al., 1993).

Als mögliche Gründe für dieses im Vergleich zur Studie von Bartussek et al. (1993) negative Ergebnis kämen mehrere in Frage; so z.B. haben Bartussek und MitarbeiterInnen aus einer großen Stichprobe Extremgruppen im Hinblick auf Extraversion und Neurotizismus ausgewählt, was von DePascalis und MitarbeiterInnen nicht getan wurde. Außerdem haben letztere nur Frauen untersucht, was ebenfalls eine mögliche Ursache sein könnte.

In einer weiteren Studie zur Theorie von Gray wählten Bartussek et al. (1996) einen anderen methodischen Zugang: Sie verwendeten positive, neutrale oder negative Eigenschaftswörter als (gelernte) Signale für Belohnung und Bestrafung (Experiment 1) bzw. Bilder mit emotional positiven, neutralen oder negativen Inhalten (Experiment 2) in der Annahme, dass hoch Impulsive (neurotisch Extravertierte) durch positive und hoch Ängstliche (neurotisch Introvertierte) durch negative emotionale Reize stärker aktiviert werden. Während in Experiment 1 keine Interaktion der beiden Persönlichkeitsvariablen E/I und N im Hinblick auf die verschiedenen Komponenten der durch die Eigenschaftswörter evozierten Potentiale beobachtet wurde, zeigte sich eine solche in Experiment 2. Dabei wurden

während der (im Mittel je 10 sec dauernden) Darbietung der Bilder auch
sehr kurze, laute Geräusche vorgegeben; die dadurch evozierten Potentiale
wurden sodann varianzanalytisch im Hinblick auf die Faktoren E/I, N und
Art der durch die Bilder jeweils ausgelösten Emotion ausgewertet. Dabei
zeigte sich – neben anderen Ergebnissen – eine komplexe Interaktion der
drei Faktoren für die P200-Komponente, welche zusätzlich noch je nach
Ableitposition (Fz, Cz, Pz) unterschiedlich war. In Abbildung 2.13 sind
die Ergebnisse für diese Interaktion für Fz dargestellt, welche im Vergleich zu den anderen Positionen am deutlichsten ausfiel.

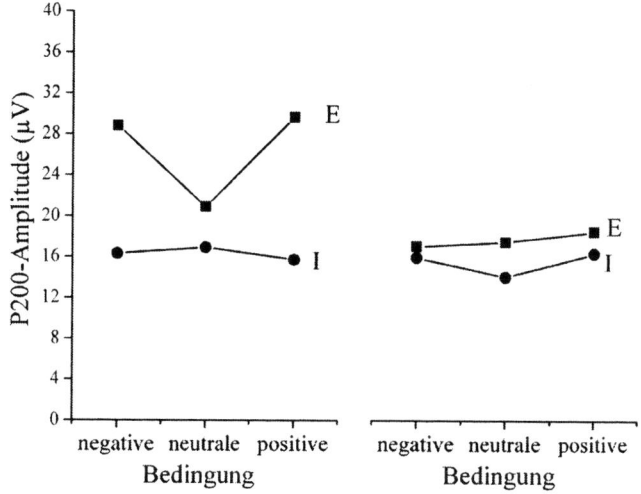

Abbildung 2.13: **P200-Amplituden (Fz) für die Interaktion zwischen
Extraversion (E) / Introversion (I), niedrigem
(links) vs. hohem (rechts) Neurotizismus und emotionaler Valenz der zur Emotionsinduktion verwendeten Bilder (nach Bartussek et al., 1996).**

Wie die Ergebnisse zeigen, konnte in dieser Untersuchung keine Bestätigung für die Theorie von Gray gefunden werden: die stärksten Reaktionen
auf emotionale Reize fanden sich bei niedrig neurotischen Extravertierten,
und zwar gleichermaßen für positive wie für negative Reize. Die Introvertierten reagierten kaum unterschiedlich unter neutralen und emotionalen Stimulationsbedingungen. Diese Befunde entsprechen weitgehend
jenen, welche bereits Eysenck & Martin (1987) in einer vergleichbaren
Studie beobachtet hatten. Interessant ist aber noch ein weiteres Ergebnis in
Experiment 2: die Introvertierten zeigten vor Darbietung der Töne, und
zwar als Konsequenz auf die Präsentation der Bilder, eine signifikant
höhere Positivierung des Kortex (d.h. eine Verschiebung der gesamten
Baseline des EEGs in die positive Richtung), im Besonderen über den
frontalen Regionen. Die AutorInnen interpretierten diese Positivierung als

Einschränkung/Reduktion der kortikalen Erregbarkeit, und zwar als kompensatorische Reaktion auf die Darbietung der emotionalen, aber auch neutralen Bilder, was zu reduzierten Amplituden auf die während der Bilddarbietung präsentierten Töne geführt haben könnte.

Da Introvertierte eine stärkere Positivierung gezeigt hatten, war deren akustisch evozierte Reaktion unter emotionalen Stimulationsbedingungen nicht wesentlich stärker als während der Darbietung neutraler Bilder. Dieses Zusatzergebnis ist u.a. deshalb bemerkenswert, weil dem frontalen Kortex auch bei der Regulation von Emotionen eine besondere Bedeutung zukommt.

Zusammenfassend lässt sich feststellen, dass sich aus der derzeitigen Befundlage, und zwar sowohl zur EEG-Hintergrundaktivität wie auch zu den evozierten Potentialen, keine klare Bestätigung für das Modell von Gray ableiten lässt. Zwar finden sich viele Hinweise darauf, dass die Kombination von Extraversion und Neurotizismus, d.h. die von Gray postulierten Dimensionen Ängstlichkeit und Impulsivität, im Hinblick auf psychophysiologische Korrelate der Persönlichkeit von größerer Relevanz sind als jede der Eysenckschen Dimensionen für sich allein (siehe dazu auch die in Abbildung 2.7 dargestellten Ergebnisse der Untersuchung von Amelang & Ullwer, 1990). Und für das Kernstück der Theorie, d.h. für die Annahme, dass individuelle Unterschiede in der Reinforcement Sensitivität existieren, gibt es ebenfalls etliche Hinweise. Insgesamt jedoch überwiegen die Widersprüche und negativen Ergebnisse aus den einschlägigen Untersuchungen zur Theorie. Offen ist nicht nur, was denn nun die spezifischen zentralnervösen Parameter sind, welche die Persönlichkeitsunterschiede abbilden; offen ist vor allem auch, wo im Gehirn die relevanten Prozesse ablaufen, d.h. wo sich z.B. die verstärkte Reaktivität neurotisch Extravertierter auf positive Reize abbildet. Dass dabei möglicherweise ganz wesentliche Unterschiede in der funktionalen Spezialisierung der beiden Hemisphären gegeben sind, welche auch für die biologisch orientierte Persönlichkeitsforschung große Bedeutung haben, wird aus neuesten Untersuchungen immer deutlicher. Und da sich darüber hinaus Männer und Frauen auch im Hinblick auf die Lateralisation ihres Gehirns unterscheiden, wird die Fehlervarianz in all jenen Untersuchungen, welche das Geschlecht der VersuchsteilnehmerInnen nicht explizit in die Analyse aufnehmen, noch wesentlich erhöht. Sowohl Hemisphärenspezialisierung als auch Geschlecht sind im Modell von Gray als vermutlich wesentliche Bestimmungsstücke nicht inkludiert; dass die Theorie im Hinblick darauf zu allgemein formuliert ist (was gleichermaßen für die Theorie von Eysenck gilt), wird auch aus den im folgenden Abschnitt berichteten Studien deutlich.

2. 2.1.3 Lateralisation und Persönlichkeit: Das Modell von R. J. Davidson

Dass die beiden Hemisphären in unterschiedlicher Weise in die Entstehung und Regulation positiver und negativer emotionaler Zustände eingebunden sind, wurde aufgrund der unterschiedlichen emotionalen Konsequenzen von unilateralen, d.h. nur auf eine Seite des Gehirns beschränkten Läsionen schon seit langem vermutet (Gainotti, 1972; Robinson & Downhill, 1995). Zum Beispiel wurden depressive Reaktionen und negative Affekte im Besonderen bei einer Schädigung linksfrontaler Regionen beobachtet, Patienten mit rechtsseitigen Läsionen hingegen zeigten eher positive, vereinzelt auch ausgeprägte euphorische emotionale Zustände. Auf diesem Hintergrund wurde von Davidson (1984, 1992a) ein Modell vorgeschlagen, in welchem den beiden Hemisphären, und zwar im Besonderen den frontalen und anterior temporalen Regionen, weitgehend spezifische Funktionen im Zusammenhang mit der Wahrnehmung, dem Erleben und dem Ausdruck von Emotionen zugeschrieben werden. Im Wesentlichen wurde postuliert, dass die anterioren Bereiche der linken Hemisphäre Teil eines Regulationssystems sind, welches das Annäherungsverhalten ('approach') steuert, und dessen Aktivierung mit positiven emotionalen Zuständen verbunden ist. Im Gegensatz dazu sind die entsprechenden Regionen der rechten Gehirnhälfte Teil eines Regelkreises, welcher mit negativen Emotionen assoziiert ist und Verhaltensweisen steuert, die mit Vermeidungsverhalten und Rückzug (,withdrawal') verbunden sind. Das entsprechende physiologische Korrelat unterschiedlicher Verhaltenstendenzen bzw. emotionaler Zustände sind Asymmetrien in der Aktivierung anteriorer kortikaler Regionen, welche zum Beispiel mit Hilfe des EEGs quantitativ erfasst werden können.

Ein für die Persönlichkeitspsychologie sehr bedeutsamer Aspekt dieses Erklärungsansatzes besteht nun darin, dass anteriore Aktivierungsasymmetrien zwar durch situative emotionsauslösende Bedingungen kurzfristig verändert werden, also zustandsabhängig sind, im Wesentlichen jedoch ein intraindividuell relativ stabiles Merkmal darstellen. Richtung und Ausprägungsgrad der individuellen Asymmetrie bestimmen dem Modell entsprechend ganz wesentlich sowohl das Verhalten, vor allem aber auch die emotionale Befindlichkeit einer Person. Diese, die bevorzugte Emotions- und Motivationslage eines Menschen betreffende und durch die tonische Aktivierungsasymmetrie anteriorer Regionen bestimmte Disposition wurde von Davidson als ‚affektiver Stil' bezeichnet: Personen mit relativ stärkerer linksseitiger Aktivierung sind durch positive Affektivität charakterisiert und in ihrer motivationalen Orientierung auf Zuwendung (zu Personen, Situationen und Objekten) ausgerichtet; bei stärker rechtsseitiger Aktivierung überwiegen negative Affektivität und Vermeidung/Rückzug.

2.2.1.3.1 Zustandsabhängigkeit von Aktivierungsasymmetrien

In einer Vielzahl von Arbeiten wurde nicht nur von Davidson und MitarbeiterInnen, sondern auch von vielen anderen versucht, empirische Belege für die Gültigkeit des Modells beizubringen. Vom methodischen Zugang her war ein Teil der Untersuchungen darauf ausgerichtet, auf unterschiedlichste Weise (z.B. durch Bilder, Filme, Vorstellungs- und

Erinnerungsinhalte, Speisen, Gerüche etc.) positive oder negative Emotionen zu induzieren, um die vom Modell her zu erwartenden Veränderungen anteriorer Aktivierungsasymmetrien nachzuweisen.

Als ein Beispiel für die vielen Untersuchungen zur Zustandsabhängigkeit von frontalen Aktivierungsasymmetrien soll eine Arbeit von Sobotka et al. (1992) dargestellt werden, welche auch für das Reinforcement-Sensitivity-Modell von Gray von Bedeutung ist. Dabei wurde den ProbandInnen die Möglichkeit geboten, durch möglichst rasche Reaktionen entweder Geld zu gewinnen (‚reward trials') oder einen Verlust zu vermeiden (‚punishment trials'); wurde zu langsam reagiert, konnte kein Gewinn erzielt werden oder es wurde eine bestimmte Summe vom jeweiligen Guthaben abgezogen. Die unmittelbar im Anschluss an die Information der ProbandInnen über die jeweilige Art eines einzelnen Trials vorliegende EEG-Aktivität wurde im Hinblick auf Aktivierungsasymmetrien ausgewertet. Die Erwartung der Autoren bestand darin, dass Signale für Belohnung bzw. Bestrafung noch stärker mit Annäherungs- bzw. Vermeidungsverhalten assoziiert sind als die in Laborsituationen induzierten Emotionen, wodurch entsprechende Aktivierungsasymmetrien auch in stärkerem Maße ausgelöst werden sollten. Die entsprechenden Ergebnisse für die Ableitpositionen F3/4 sind in Abbildung 2.14 dargestellt; für die lateralen frontalen Positionen (F7/8) wurden ähnliche Werte erzielt, für alle übrigen Regionen des Gehirns zeigten sich keine signifikanten Effekte.

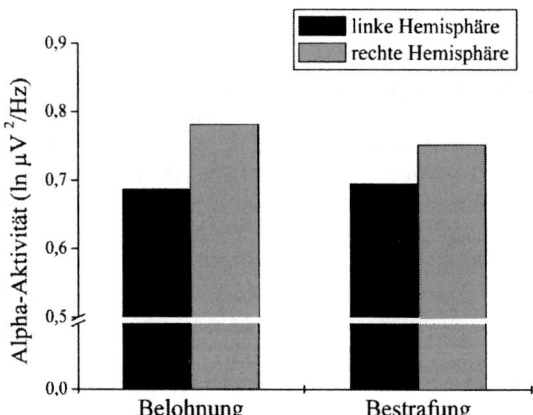

Abbildung 2.14: Mittlere Alpha-Aktivität über der linken und rechten Frontalregion (F3/4) als Reaktion auf Belohnungs- und Bestrafungssignale (nach Sobotka et al., 1992).

In dem soeben dargestellten Beispiel, aber auch in etlichen anderen Untersuchungen zur Zustandsabhängigkeit anteriorer Aktivierungsasymmetrien, konnte das theoretische Konzept von Davidson zumindest teilweise bestätigt werden. Allerdings gelang es nicht immer, die postulierten Zusammenhänge nachzuweisen, und in einzelnen Arbeiten wurden sogar gegenteilige Effekte berichtet.

Offensichtlich ist es noch nicht gelungen, all jene Variablen zu identifizieren, welche die funktionale Asymmetrie anteriorer Regionen des Gehirns mitbestimmen; und möglicherweise müssen all die Befunde zur Zustandsabhängigkeit von Aktivierungsasymmetrien auch dahingehend relativiert werden, dass dabei auch massive Geschlechtseffekte gegeben sein könnten, welche bislang keineswegs systematisch untersucht wurden bzw. werden konnten, weil die Stichprobe entweder nur aus Männern oder nur aus Frauen bestand. Das den meisten Untersuchungen zugrunde liegende Modell von Davidson wurde geschlechtsneutral formuliert; möglicherweise aber könnte für Männer und Frauen sogar eine gegenteilige Beziehung zwischen emotionaler Befindlichkeit und frontaler Aktivierungsasymmetrie gegeben sein: Blackhart et al. (2002) konnten z.B. unlängst zeigen, dass allein die für eine EEG-Untersuchung notwendigen Vorbereitungen (das langwierige, mühsame und zum Teil auch unangenehme Anbringen von Elektroden) zu einer Verschlechterung der aktuellen Befindlichkeit der ProbandInnen führt, was bei Männern (entsprechend dem Modell von Davidson) mit einer relativ stärkeren rechtsfrontalen, bei Frauen hingegen mit einer relativ stärkeren linksfrontalen (!) Aktivierung verbunden war. Auf viele dieser kritischen Punkte wird an anderer Stelle noch eingegangen werden.

2. 2.1.3.2 Der ‚affektive Stil' als Persönlichkeitsmerkmal

Für die Persönlichkeitspsychologie besonders relevant ist natürlich die Annahme von Davidson, dass Richtung und Ausprägungsgrad der individuellen Asymmetrie ein relativ stabiles Merkmal darstellen und damit ganz wesentlich Verhalten und emotionale Befindlichkeit bzw. Reaktivität einer Person mitbestimmen. Auch dazu wurde eine Vielzahl von Arbeiten durchgeführt, wobei die Versuchsanordnung im Wesentlichen darin bestand, dass zunächst die individuelle Aktivierungsasymmetrie mittels EEG unter Ruhebedingungen erfasst wurde; in einigen Studien (der Arbeitsgruppe um Davidson) erfolgte diese Messung sogar ein zweites Mal im Abstand von drei Wochen, um die zeitliche Stabilität der EEG-Asymmetrien zu erfassen und Personen mit langfristig stabiler Asymmetrie zu identifizieren. In einem zweiten Teil der Untersuchung wurde sodann mit Hilfe verschiedener Persönlichkeitstests, also über Selbsturteile, der affektive Stil einer Person zu bestimmen versucht. Anhand einzelner Beispiele soll im Folgenden dieser Forschungsbereich illustriert bzw. die empirische Evidenz zum Modell von Davidson dargestellt werden.

Auf dem Hintergrund des zunächst als Beschreibung von affektiven Zuständen von Watson & Tellegen (1985) konzipierten Circumplex-Modells (siehe Abbildung 2.15) konnte gezeigt werden, dass damit auch stabile individuelle Unterschiede klassifiziert werden können, welche als positive Affektivität (PA) bzw. als negative Affektivität (NA) bezeichnet wurden; sie betreffen die unterschiedliche Disposition von Personen, bevorzugt positive oder negative Emotionen zu erleben bzw. auf bestimmte situative Bedingungen mit derartigen Emotionen zu reagieren. Zur Messung dieses trait-Aspekts entwickelten Watson et al. (1988) die so genannte ,Positive and Negative Affect Schedule' (PANAS; deutsche Version von Krohne et al., 1996), für welche eine zufriedenstellende zeitliche Stabilität und auch eine signifikante prädiktive Validität (über einen Zeitraum von mehreren Jahren) sichergestellt werden konnte (Watson & Walker, 1996).

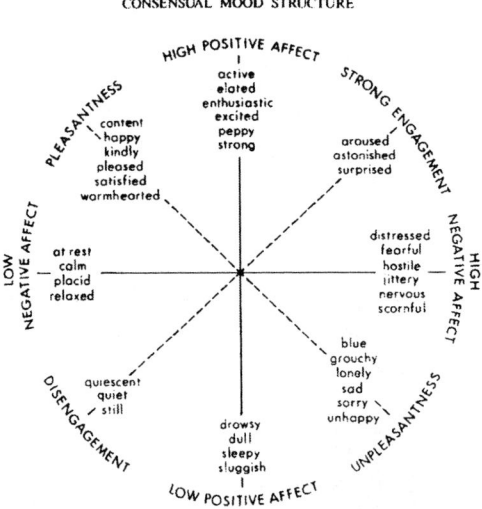

CONSENSUAL MOOD STRUCTURE

Abbildung 2.15: Das Circumplex-Modell positiver und negativer Affekte nach Watson & Tellegen (1985).

Besonders bedeutsam für die Persönlichkeitspsychologie ist nun der empirisch mehrfach gesicherte Umstand, dass die Affektivität mit den zentralen Persönlichkeitsmerkmalen Extraversion und Neurotizismus in enger Beziehung steht (z.B. Watson et al., 1988; Watson & Clark, 1992; Francis et al., 1998; Furnham & Cheng, 1999). Eine derartige Beziehung wurde bereits von Eysenck postuliert (z.B. Eysenck & Eysenck, 1985): Extravertierte sollten demnach in ihrer Affektivität bevorzugt zwischen positiven Gefühlen und einer neutralen Befindlichkeit variieren; Personen mit hohen Werten im Neurotizismus zwischen negativer und neutraler Befindlichkeit schwanken. Aber auch im Rahmen des Modells von Gray sollten hoch Impulsive stärker durch PA und hoch Ängstliche durch NA charakterisiert sein (siehe dazu Rusting & Larsen, 1997). Noch unmittelbarer ist die Beziehung zwischen habitueller Affektivität und dem von Davidson postulierten affektiven Stil: Personen mit hohen Werten in PA sollten eine stärkere linksseitige präfrontale Aktivierung zeigen als solche mit niedrigen PA-Skores; und Personen mit hoher im Vergleich zu solchen mit niedriger negativer Affektivität sollten eine stärkere Aktivierungsasymmetrie zugunsten der rechten Hemisphäre aufweisen. Vorausgesetzt natürlich, dass die entsprechenden Regulationssysteme der linken bzw. rechten Hemisphäre auch weitgehend unabhängig voneinander aktiv werden können, was in Entsprechung zur Konzeption von PA und NA als nicht korrelierte Affektivitätsdimensionen erforderlich ist.

Auf diesem Hintergrund wurde von Davidson und Mitarbeitern (Tomarken et al., 1992) eine Untersuchung zu den möglichen Zusammenhängen zwischen positiver/negativer Affektivität (erfasst mit Hilfe der PANAS) und anterioren Aktivierungsasymmetrien (aus zwei EEG-Aufnahmen unter Ruhebedingungen im Abstand von 3 Wochen) durchgeführt. Die Ergebnisse für Personen mit stabiler links- oder rechtsfrontaler Asymmetrie (F3/4) sind in Abbildung 2.16 dargestellt; sie zeigen – den Erwartungen entsprechend – signifikant höhere PA für die Personengruppe mit stabiler Linksasymmetrie im Vergleich zu solchen mit einer Aktivierungsasymmetrie zugunsten der rechten Hemisphäre.

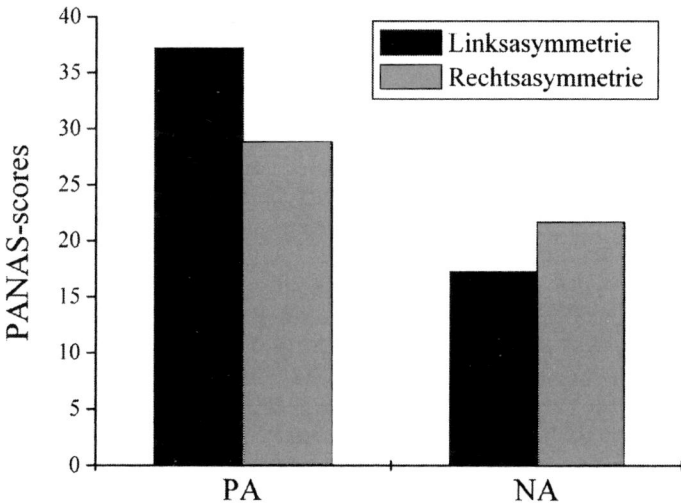

Abbildung 2.16:   Mittlere Werte positiver und negativer Affektivität (PA bzw. NA) für Personen mit stabiler links- oder rechtsfrontaler Asymmetrie (nach Tomarken et al., 1992).

Für die negative Affektivität fand sich zwar ein gegenläufiger Trend, der aber statistisch nicht gesichert werden konnte. Für die anterioren temporalen Regionen (T3/4) ergab sich ein weitgehend ähnliches Bild (signifikante Effekte für PA, hypothesenkonformer Trend für NA).

Da in dieser Arbeit (wie in vielen anderen der Gruppe um Davidson) nur Frauen untersucht wurden, führten Jacobs & Snyder (1996) eine weitgehend vergleichbare Replikationsstudie durch, um die Generalisierbarkeit der Ergebnisse auf beide Geschlechter sicherzustellen. Statt der anterior temporalen verwendeten sie allerdings eine weitere lateral-frontale Ableitstelle (F7/8), und das EEG wurde nur zu einem Zeitpunkt erfasst.

Im Gegensatz zu den Ergebnissen von Tomarken et al. (1992) konnten für die Ableitposition F3/4 keine Unterschiede in den PANAS-Skores gesichert werden, wohl aber für F7/8, allerdings auch nur für die negative Affektivität. Trotz der in beiden Studien erzielten signifikanten und hypothesenkonformen Ergebnisse lassen die vom Modell her erwarteten, aber nicht signifikanten Effekte sowie die beobachteten Unterschiede im Hinblick auf Topographie und PA versus NA vermuten, dass die postulierte Beziehung zwischen Aktivierungsasymmetrie und Affektivität von zusätzlichen Variablen, wie z.B. dem Geschlecht, mitbestimmt wird.

In einer umfangreichen und methodisch sehr sorgfältig konzipierten Studie versuchten Hagemann et al. (1999) erstens eine Replikation der Befunde zur Affektivität und zweitens – durch die zusätzliche Messung von Persönlichkeitsvariablen (mittels EPQ-R) – einen expliziten Test der Hypothese, dass Aktivierungsasymmetrien aufgrund ihrer Beziehungen zur Affektivität auch mit den Persönlichkeitsdimensionen Extraversion und Neurotizismus in Beziehung stehen, welche ihrerseits wiederum mit einer Disposition zu einer positiven bzw. negativen Stimmungslage assoziiert sind. Die Ergebnisse dieser Studie sind vielfältig und betreffen zum Teil komplexe Wechselwirkungen zwischen PA, NA und der kortikalen Region, über der abgeleitet wurde (wobei sich bedeutsame Unterschiede zumeist für die temporalen Ableitstellen zeigten). Ein wesentlicher Befund besteht aber darin, dass sich für Personen mit hohen im Vergleich zu solchen mit niedrigen Werten für die negative Affektivität eine stärkere Aktivierung über der linken Temporalregion nachweisen ließ; ein Ergebnis, das im direkten Widerspruch zu den Annahmen von Davidson steht. Darüber hinaus zeigte sich für PA eine Wechselwirkung mit der Ableitposition und dem Geschlecht; ein Teil dieser Interaktion, d.h. nur die Ergebnisse für die Temporalregion (T3/4), sind in Abbildung 2.17 dargestellt. Dabei konnte zwar eine teilweise Bestätigung des Modells von Davidson erzielt werden: Männer mit hohen im Vergleich zu solchen mit niedrigen PA-Werten zeigten eine stärkere Aktivierung (d.h. weniger Alpha-Aktivität) über der linken Hemisphäre; für Frauen hingegen ergab sich ein genau entgegengesetzter Trend, d.h. eine höhere rechtshemisphärische Aktivierung mit hohen PA-Werten. Im Hinblick auf die Persönlichkeitsmerkmale Extraversion und Neurotizismus konnten keine Aktivierungsunterschiede festgestellt werden.

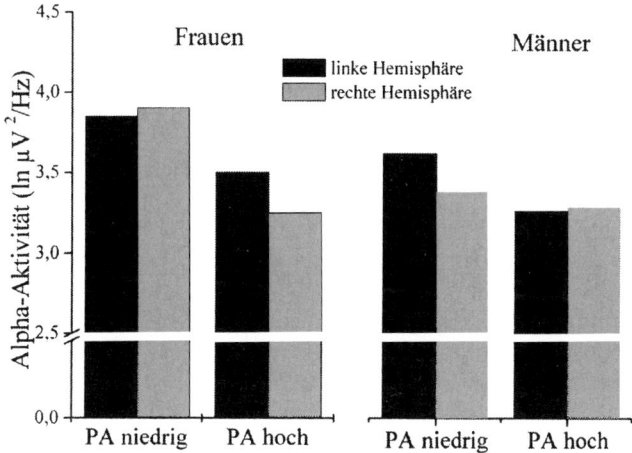

Abbildung 2.17: **Mittlere Alpha-Aktivität von Männern und Frauen mit hohen und niedrigen Werten für positive Affektivität, getrennt nach Hemisphäre (nach Hagemann et al., 1999).**

Ganz offensichtlich zeigen auch die Untersuchungen zur Affektivität und Persönlichkeit, dass die zugrunde liegenden zentralnervösen Strukturen um vieles komplexer sind bzw. die bislang realisierten Versuchsanordnungen zu einfach waren, um diese Komplexität abzubilden. Dies betrifft zum Beispiel Wechselwirkungen mit posterioren kortikalen Aktivierungsasymmetrien (siehe dazu die Arbeiten von Heller, 1993; Heller et al., 1995), vor allem aber die Funktionen subkortikaler Strukturen, und dabei im Besonderen die der beiden Mandelkerne, zu deren Bedeutung im Hinblick auf die habituelle negative Affektivität erst ganz wenige Arbeiten vorliegen. So z.B. eine PET-Studie von Fischer et al. (2001), in welcher einerseits die Affektivität der Versuchteilnehmerinnen mit Hilfe eines Pessimismus-Fragebogens erhoben wurde, und andererseits – durch Darbietung eines Films mit negativem bzw. angstauslösendem Inhalt – das Ausmaß der Aktivierung in beiden Mandelkernen bestimmt wurde; dabei zeigte sich, dass die Amygdala-Aktivierung mit dem selbstbeurteilten Pessimismus signifikant korreliert war: je höher die Aktivierung, desto pessimistischer die Person.

2.2.1.3.3 Annäherung/Vermeidung und BAS/BIS

Das von Davidson entwickelte, persönlichkeitspsychologische Konzept habitueller Unterschiede im Annäherungs- und Vermeidungsverhalten, assoziiert mit vorwiegend positiver bzw. negativer Affektivität, gleicht in mehrfacher Hinsicht jener theoretischen Konzeption, welche von Gray vorgeschlagen wurde: Bei Gray ist es ebenfalls die relative Stärke eines Annäherungssystems (BAS), welche im Verhältnis zu jener eines Verhaltenshemmsystems (BIS) die individuelle Persönlichkeit charakterisiert. Ein erster wesentlicher Unterschied zwischen beiden Modellen besteht allerdings darin, was als neuronale Grundlage des jeweiligen Systems angesehen wird. Ein zweiter, ebenfalls bedeutsamer Unterschied besteht aber auch darin, wie Annäherungs- und Vermeidungsverhalten im Speziellen definiert wird; darauf wird im Abschnitt ‚Motivationale vs. emotionale Systeme?' noch näher eingegangen.

Auf dem Hintergrund der Gemeinsamkeiten beider Modelle wurden in einer Arbeit von Sutton & Davidson (1997) mögliche Beziehungen zwischen Aktivierungsasymmetrien und den von Gray postulierten Persönlichkeitsmerkmalen untersucht. Dabei wurde einerseits das EEG unter Ruhebedingungen und andererseits die individuelle Reaktivität des Verhaltensaktivierungs- und Verhaltenshemmsystems mit Hilfe der von Carver & White (1994) entwickelten BIS/BAS-Skalen erfasst. Sodann wurde (nach Frequenzanalyse des Ruhe-EEGs) durch einfache Differenzbildung der Leistungswerte im Alpha-Band die Aktivierungsasymmetrie für homologe Ableitstellen (z.B. F4 minus F3) bestimmt und mit den BIS/BAS- Skores interkorreliert. Dabei fanden sich signifikante Korrelationen nur für die präfrontalen Ableitstellen; eine dieser Korrelationen ist in Abbildung 2.18 graphisch dargestellt.

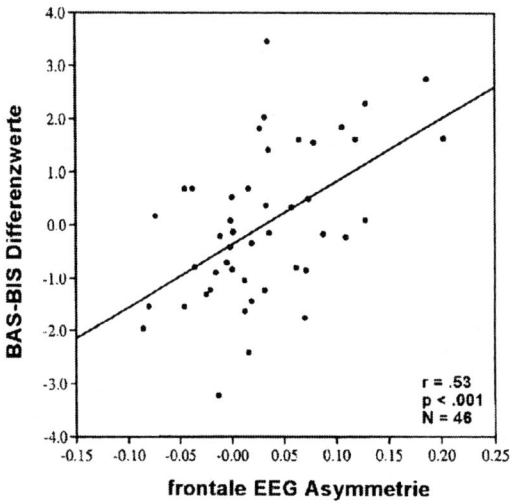

Abbildung 2.18: Streudiagramm für die Korrelation der Differenz von BAS- und BIS-Werten und der frontalen EEG-Asymmetrie (nach Sutton & Davidson, 1997).

Höhere Skores in der EEG-Asymmetrie bedeuten dabei eine relativ größere linksfrontale Aktivierung, höhere Skores der BAS-BIS-Differenz bedeuten eine relativ größere Aktivität des Verhaltensaktivierungssystems. Die positive und auch numerisch hohe Korrelation besagt, dass Personen mit relativ höherer linksfrontaler Aktivierung stärker BAS-dominiert sind, während solche mit relativ stärkerer rechtsfrontaler Aktivierung höhere BIS-Werte zeigen. Dieser sehr bemerkenswerte Befund konnte auch repliziert werden, allerdings nur für den auf das Verhaltensaktivierungssystem bezogenen Aspekt (Harmon-Jones & Allen, 1998; siehe dazu auch den Abschnitt ‚Motivationale vs. emotionale Systeme').

Eine weitere, wenn auch indirekte Bestätigung der Gemeinsamkeiten zwischen den Modellen von Davidson und Gray ist in der bereits dargestellten Arbeit von Sobotka et al. (1992) zu sehen: Die Erwartung von Belohnung und Bestrafung (Gewinn oder Verlust von Geld) ging mit entsprechenden Frontalasymmetrien zugunsten der linken oder rechten Hemisphäre einher. Durch diese ersten Untersuchungen zu den Gemeinsamkeiten der Modelle von Davidson und Gray wird aber auch deutlich, dass die von Gray getroffenen Annahmen über die neuronalen Grundlagen von BAS und BIS im Hinblick auf funktionale Asymmetrien der beiden Hemisphären modifiziert werden sollten.

2 2.1.3.4 Motivationale vs. emotionale Systeme?

Wie zum Teil bereits ausgeführt wurde, konnte in einer Vielzahl von Arbeiten gezeigt werden, dass linke und rechte präfrontale Regionen des Gehirns jeweils an unterschiedlichen emotionalen Prozessen beteiligt sind; dabei wurde im Zusammenhang mit positiven Emotionen zumeist eine stärkere Aktivierung linksfrontaler Bereiche beobachtet, bei negativen Emotionen eine Aktivierungsasymmetrie zugunsten des rechten präfrontalen Kortex. Interpretiert wurden die entsprechenden Befunde dahingehend, dass die beiden präfrontalen Regionen – als wesentliche Teile eines zentralnervösen Emotionssystems – eine unterschiedliche funktionale Spezialisierung aufweisen, und durch mehr oder weniger starke Aktivierungsasymmetrien zugunsten der linken oder rechten Seite ein Kontinuum von stark positiver bis stark negativer Valenz emotionaler Zustände abgebildet wird (Heller, 1990; Gotlib et al., 1998). Im Gegensatz zu diesem ‚Valenzmodell der Emotionen' wurden vor allem von Davidson (z.B. Davidson, 1995) präfrontale Aktivierungsasymmetrien als Ausdruck motivationaler Prozesse angesehen, welche im Wesentlichen Annäherungs- und Vermeidungsverhalten determinieren: Eine stärkere linksfrontale Aktivierung liegt Verhaltenstendenzen der Zuwendung (zu Objekten, Situationen oder Personen) zugrunde, stärkere rechtsfrontale Aktivierung ist mit Abwendung und Rückzug assoziiert. Die entsprechenden Befunde zur Beziehung von Aktivierungsasymmetrien und emotionaler Valenz wurden im Rahmen dieses ‚Modells der motivationalen Orientierung' dahingehend interpretiert, dass Annäherungstendenzen mit positiven und Vermeidungstendenzen mit negativen Emotionen einhergehen (Davidson, 1992b; Davidson, 1998b). Diese Gleichsetzung von motivationaler Ausrichtung und emotionaler Valenz impliziert allerdings, dass z.B. jede negative Emotion mit Vermeidungs- und Rückzugstendenzen verbunden ist. Dass dem nicht so ist, wird am Beispiel von Ärger, aber ebenso im Hinblick auf Aggression deutlich: beides sind negative Emotionen, welche aber – sehr häufig jedenfalls – mit Annäherungstendenzen verbunden sind.

Um derartige Widersprüche aufzuklären, führten Harmon-Jones und Mitarbeiter zwei Untersuchungen durch; dabei wurde einmal mit Hilfe eines Fragebogens (‚Buss-Perry-Aggression-Questionnaire'; Buss & Perry, 1992) die Ärgerbereitschaft der VersuchsteilnehmerInnen als überdauerndes Persönlichkeitsmerkmal erhoben (Harmon-Jones & Allen, 1998) und das andere Mal Ärger als Zustand im Verlauf des Experiments induziert (Harmon-Jones & Sigelman, 2001). Eine rechtsfrontal stärkere Aktivierung (bei Personen mit höherer Ärgerbereitschaft bzw. im verärgerten Zustand) würde das Valenzmodell stützen, eine Asymmetrie zugunsten der linken Hemisphäre das Modell der motivationalen Orientierung. Die Ergebnisse beider Untersuchungen lieferten Hinweise dafür, dass frontale Aktivierungsasymmetrien nicht durch die emotionale Valenz, sondern vornehmlich durch motivationale Komponenten bestimmt sind, d.h. erhöhter Ärger (sowohl als state- wie auch als trait-Merkmal) ging mit erhöhter Aktivierung linksfrontaler Regionen einher.

Derartigen Untersuchungen, welche aufgrund der Versuchsanordnung eine Differenzierung im Hinblick auf Emotion und Motivation erlauben und damit auch die Entwicklung differenzierter theoretischer Konzepte zur Bedeutung frontaler Aktivierungsasymmetrien möglich machen, könnten weitreichende Implikationen für die Persönlichkeitspsychologie zukommen: Einerseits wurde von manchen Autoren (z.B. Carver et al., 2000) bereits eine Gleichsetzung der Reaktivität des Annäherungs-/Vermeidungssystems mit dem Persönlichkeitsmerkmal Extraversion bzw. Neurotizismus postuliert; und andererseits konnten auch Beziehungen zwischen den von Gray definierten Systemen und der frontalen Aktivierungsasymmetrie nachgewiesen werden; bislang konnten allerdings nur die entsprechenden Befunde für die BAS-Skalen repliziert werden, im Hinblick auf das BIS-System sind die Ergebnisse jedoch noch wenig konsistent.

Um derartige Inkonsistenzen aufzulösen, ist zweierlei notwendig: erstens eine differenzierte Analyse der theoretischen Konzepte von Davidson und Gray im Hinblick auf Gemeinsamkeiten und Unterschiede, und zweitens empirische Untersuchungen, welche einer derartigen Differenzierung auch Rechnung tragen. Ein ausgezeichnetes Beispiel dafür ist in einer Studie der Arbeitsgruppe um Stemmler (Stemmler & Wacker, 2002; Wacker et al., 2003) zu sehen, in welcher in sehr differenzierter Weise versucht wurde, die Effekte von Emotion und motivationaler Orientierung getrennt zu erfassen. In einem komplexen Design wurden dabei erstmals auch zwei unterschiedliche Emotionen mit Annäherungs- und Vermeidungstendenzen kombiniert. Durch die Verwendung von Imaginationsskripten wurden Furcht und Ärger induziert, und mit Hilfe der BIS/BAS-Skalen wurden individuell unterschiedliche Verhaltenstendenzen sowie Ängstlichkeit und Ärgerbereitschaft erfasst. Die sehr bemerkenswerten Ergebnisse dieser Studie lieferten Hinweise dafür, dass zwischen Valenz und motivationaler Orientierung sehr komplexe Wechselwirkungen gegeben sind, die weder die Valenz- noch die Motivationshypothese durchgängig unterstützen und am ehesten auf dem Hintergrund des Modells von Gray (Gray & McNaughton, 2000) interpretiert werden können. So z.B. zeigten BAS-sensitive Personen unter Angstimagination (wenn die Skripte Signale für Bestrafung enthielten) eine relativ stärkere linksfrontale Aktivierung; BIS-sensitive, aber auch ärgerbereite Personen zeigten ebenfalls eine Aktivierungsasymmetrie zugunsten der linken Hemisphäre, allerdings nur dann, wenn sie Bestrafung aktiv vermeiden konnten. War das (von der imaginierten Situation her) nicht möglich, zeigte sich eine relativ stärkere Aktivierung rechtsfrontaler Regionen.

Derartig differenzierte Versuchsanordnungen, wie sie erstmals von Stemmler und Mitarbeitern realisiert wurden, könnten zukünftig wesentlich zu einem besseren Verständnis der differentialpsychologischen Relevanz frontaler Aktivierungsasymmetrien beitragen.

2.2.1.3.5 Repression versus Sensitization

Eine weitere, vor allem für die Klinische Psychologie relevante Annahme von Davidson besteht darin, dass mit dem affektiven Stil einer Person auch eine unterschiedliche Vulnerabilität für psychische Störungen verbunden ist; und in entsprechenden empirischen Untersuchungen konnten auch zahlreiche Belege dafür erbracht werden, vor allem im Zusammenhang mit depressiven Erkrankungen (siehe z.B. Davidson, 1998a). Ein wesentlicher Aspekt der Vulnerabilität eines Menschen betrifft die Fähigkeit, die eigenen Emotionen zu regulieren, d.h. negative Affekte zu hemmen, Erinnerungen an negative Erlebnisse abzuschwächen, in der Wahrnehmung selektiv jene Informationen auszuklammern, welche bedrohlich sind bzw. in sozialen Situationen als peinlich, konflikt-besetzt oder für das eigene Selbstwertgefühl als verletzend erlebt werden könnten. Im Hinblick auf die Art der Bewältigung von negativen Emotionen, vor allem von Angst und angstauslösenden Situationen, finden sich zum Teil beträchtliche interindividuelle Unterschiede, definieren also ein weitgehend stabiles Persönlichkeitsmerkmal, welches als ‚Repression versus Sensitization’ (R-S) oder in der englischsprachigen Literatur auch mit dem Begriff ‚defensiveness’ bezeichnet wurde (siehe dazu Krohne, 1996; Amelang & Bartussek, 2001).

Wie oben bereits ausgeführt, wird im theoretischen Konzept von Davidson der affektive Stil eines Menschen und damit seine Vulnerabilität für affektive Störungen ganz wesentlich durch anteriore Aktivierungsasymmetrien bestimmt: linksfrontal stärker aktivierte Personen sollten daher besser in der Lage sein, negative Emotionen zu unterdrücken und durch eine positive, an der Erreichung bestimmter Ziele orientierte Affektivität charakterisiert sein, Merkmale also, welche auch an Personen mit einem ‚repressiven’ Bewältigungsstil beobachtet werden konnten. Auf diesem Hintergrund wurde von Tomarken & Davidson (1994) eine Studie durchgeführt, um mögliche Zusammenhänge zwischen frontaler Aktivierungsasymmetrie und dem R-S-Konstrukt zu untersuchen. Die Aktivierungsasymmetrie wurde in zwei EEG-Messungen im Abstand von 3 Wochen erhoben; die individuelle R-S-Tendenz wurde mit Hilfe einer Skala zur Messung der so genannten Sozialen Erwünschtheit ('Marlowe-Crowne Social Desirability Scale'; MC-SDS) sowie einer Angstskala (STAI) und einer Depressionsskala (Beck Depression Inventory BDI; Beck et al., 1961) erfasst. Hohe Werte in der MC-SDS weisen auf eine Tendenz, sich selbst bevorzugt positive Eigenschaften zuzuschreiben und negative zu verleugnen. Als Personen mit repressivem Bewältigungsstil wurden in dieser Studie (wie auch in vielen anderen) solche Versuchsteilnehmerinnen klassifiziert, welche hohe Werte in der MC-SDS aufwiesen, aber in den Werten der Angstskala (bzw. des BDI) unter dem Gruppenmedian lagen. Personen mit niedrigen MC-SDS Skores wurden je nach STAI (oder BDI) in Niedrig- oder Hochängstliche (bzw. -depressive) eingeteilt. Entsprechende Vergleiche der drei Gruppen zeigten, dass Represser den Erwartungen entsprechend eine signifikant höhere linksfrontale Aktivierung aufwiesen als die beiden anderen Gruppen. In einer anderen Form der Datenanalyse wurden jene ProbandInnen in zwei Gruppen geteilt, welche zu beiden Messzeitpunkten eine ausgeprägte links- oder rechtsseitige EEG-Asymmetrie auf F3/4 aufwiesen. Als abhängiges Maß wurden sodann die Skores der drei Persönlichkeitstests verwendet. Die entsprechenden Ergebnisse sind in Abbildung 2.19 dargestellt und zeigen deutliche und hypothesenkonforme Unterschiede für die nach EEG-Asymmetrie gebildeten Extremgruppen.

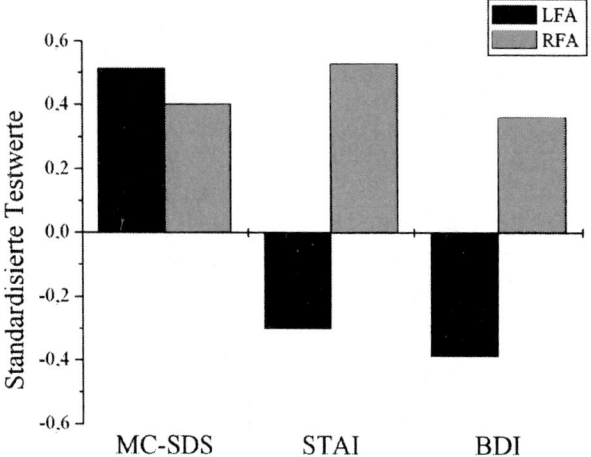

Abbildung 2.19: **Mittlere standardisierte Skores in drei Persönlichkeitstests für Personen mit extremer linksfrontaler (LFA) oder rechtsfrontaler (RFA) EEG-Asymmetrie (nach Tomarken & Davidson, 1994).**

Nicht hypothesenkonform war allerdings ein Analyseergebnis, welches die nicht-repressiven, niedrig oder hoch ängstlichen Personen betraf (also solche mit niedrigen MC-SDS Werten): Es zeigte sich kein Unterschied in der frontalen Aktivierungsasymmetrie. Dieses Ergebnis steht im Widerspruch zu Untersuchungen, welche eine Beziehung zur positiven oder negativen Affektivität nachweisen konnten. Die Autoren interpretierten diesen Befund als Hinweis darauf, dass Maße für den individuellen Bewältigungsstil Art und Fähigkeit der Emotions- und Selbstregulation möglicherweise besser abbilden als PANAS oder STAI und damit auch mit Frontalasymmetrien stärker assoziiert sind. Darüber hinaus wurden in dieser Studie nur Frauen untersucht, weshalb Kline et al. (1998) eine Replikationsstudie an Männern und Frauen durchführten. Der Bewältigungsstil wurde allerdings mit Hilfe der Lügenskala des EPQ erfasst, und die ProbandInnen in hoch und niedrig defensive Personen eingeteilt, ohne weitere Differenzierung im Hinblick auf die Ängstlichkeit (bzw. den Neurotizismus). Dennoch konnten die Ergebnisse von Tomarken & Davidson (1994) für die weibliche Stichprobe im Wesentlichen repliziert werden: es wurden hypothesenkonforme Unterschiede nachgewiesen (niedrig Defensive zeigten eine stärkere rechtsfrontale Aktivierung im Vergleich zur linken Hemisphäre), allerdings nicht auf F3/4, sondern nur für weiter orbital und lateral gelegene frontale Elektrodenpositionen. Für Männer hingegen zeigte sich ein gegenteiliger Trend. Um diesen doch bemerkenswerten Befund zu sichern, wurden von Kline und MitarbeiterInnen weitere Untersuchungen durchgeführt (s. Abb. 2.20). Es zeigte sich, dass zwar der Geschlechtseffekt nicht gesichert werden konnte, wohl aber der Befund, dass die stärkste Differenzierung zwischen defensiven und nicht-defensiven Gruppen über lateral-frontalen Regionen (F7/8) gegeben ist.

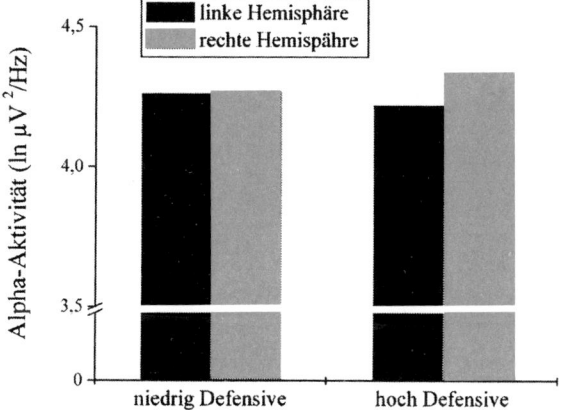

Abbildung 2.20: **Mittlere Alpha-Aktivität in linker und rechter Hemisphäre von niedrig und hoch defensiven Personen; hohe Alpha-Werte bedeuten geringe kortikale Aktivierung (nach Kline et al., 2001).**

Darüber hinaus zeigte sich in den Untersuchungen von Kline und MitarbeiterInnen aber auch, dass die Beziehung zwischen linksfrontaler Aktivierung und dem Bewältigungsstil einer Person von situativen Bedingungen mitbestimmt wird, d.h. dann am größten ist, wenn die Bewältigung einer (wenn auch nur mäßig) belastenden sozialen Situation gefordert ist (z.B. weiblicher Versuchsleiter und männlicher Versuchsteilnehmer).

2.2.1.3.6 Schüchternheit versus Ungeselligkeit

Sowohl im Modell von Gray wie auch in jenem von Davidson werden zwei voneinander weitgehend unabhängige motivationale Systeme für Annäherungs- und Vermeidungsverhalten postuliert. Im Hinblick auf das Bedürfnis nach Sozialkontakten und sozialen Beziehungen sollte eine unterschiedliche Aktivität des BAS mit einem unterschiedlich starken Bedürfnis nach Aufnahme und Aufrechterhaltung von sozialen Beziehungen einhergehen. Eine unterschiedliche Aktivität des BIS hingegen würde mit einer mehr oder weniger ausgeprägten Angst vor negativer sozialer Bewertung oder einer erwarteten, aber nicht erfolgten positiven Bewertung assoziiert sein (d.h. mit einer erhöhten Sensitivität für soziale Stimuli, welche Bestrafung oder Nicht-Belohnung signalisieren). Asendorpf (1989) hat in mehreren Studien und in sehr differenzierter Weise das Konzept von Gray auf den Spezialfall von Gehemmtheit in sozialen Situationen übertragen. Werden Personen nach der Stärke ihrer (unabhängig voneinander variierenden) Annäherungs- und Vermeidungstendenzen klassifiziert, ergeben sich vier unterschiedliche Typen (s. Tab. 2.2).

Tabelle 2.2: Klassifikation von Persönlichkeitstypen je nach Stärke von Annäherungs- und Vermeidungstendenz (nach Asendorpf, 1989, 1996)

Annäherungstendenz (Stärke des BAS)	Vermeidungstendenz (Stärke des BIS)	
	niedrig	**hoch**
niedrig	**Ungesellig** fürchten keine Zurückweisung, haben aber auch kein Bedürfnis nach Sozialkontakten	**Vermeidend** fürchten sich zwar vor Zurückweisung, haben aber kein Bedürfnis nach sozialem Anschluss
hoch	**Gesellig** keine Furcht vor Zurückweisung und ein starkes Bedürfnis nach sozialen Beziehungen	**Schüchtern** große Furcht vor Zurückweisung, gleichzeitig aber ein starkes Bedürfnis nach Sozialkontakten

Eine aus dem Verhalten einer Personen (über Häufigkeit und Dauer von sozialen Interaktionen) abgeleitete Aussage über das Ausmaß der „Schüchternheit" ist demnach nicht möglich, da eine geringe Interaktions-häufigkeit ja auch in Ungeselligkeit oder Vermeidung begründet sein könnte. Und Geselligkeit ist demzufolge auch nicht einfach das Gegenteil von Schüchternheit. Die Unabhängigkeit der beiden Konstrukte Gesellig-keit und Schüchternheit wurde erstmals von Cheek & Buss (1981) syste-matisch untersucht und konnte seither in mehren Arbeiten (z.B. Asendorpf & Meier, 1993) bestätigt werden.

Einen sehr differenzierten, auf dem Hintergrund des Modells von Davidson entwickelten Zugang zur Untersuchung der zentralnervösen Grundlagen von Schüchternheit und Geselligkeit hat Schmidt (1999) realisiert; aus einer großen Stichprobe von Studentinnen wurden zunächst mit Hilfe der von Cheek & Buss (1981) entwickelten Skalen vier Sub-gruppen ausgewählt, und zwar Personen mit jeweils extremen Werten bezüglich Schüchternheit bzw. Geselligkeit: hoch oder niedrig Schüchter-ne mit hohem oder niedrigem Bedürfnis nach sozialen Beziehungen. Schüchternheit wurde dabei mit Items wie „In sozialen Situationen fühle ich mich gehemmt" erfasst und betrifft im wesentlichen die Vermeidungs-tendenz einer Person; für die Erfassung der Geselligkeit wurden Items verwendet, welche die Annäherungstendenz, d.h. das Bedürfnis nach sozialem Anschluss erfragen (z.B. „Ich bin gern mit anderen Leuten zusammen").

Untersucht wurde sodann die EEG-Aktivität unter Ruhebedingungen; bei einem Vergleich der mittleren Alpha-Aktivität der vier Gruppen zeig-ten sich mehrere, sehr bemerkenswerte Effekte: Personen mit hoher im Vergleich zu solchen mit niedriger Schüchternheit zeigten eine signifikant stärkere rechtsfrontale Aktivierung, und Personen mit hohen im Vergleich zu solchen mit niedrigen Werten in Geselligkeit wiesen linksfrontal die stärkere Aktivierung auf. Darüber hinaus aber ergab sich auch eine kom-plexe Interaktion beider Merkmale im Hinblick auf die Aktivierung der linken bzw. rechten Frontalregion; die entsprechenden Mittelwerte für die Alpha-Aktivität (höhere Werte bedeuten niedrigere kortikale Aktivierung) sind in Abbildung 2.21 dargestellt. Daraus wird unter anderem ersichtlich, dass neben Unterschieden in der Asymmetrie der Aktivierung auch das insgesamt gegebene Aktivierungsniveau (in linker und rechter Hemisphä-re) zur Differenzierung der Subgruppen wesentlich beiträgt: Innerhalb der schüchternen Personen z.B. zeigte sich, dass solche mit gleichzeitig gerin-gem Bedürfnis nach sozialen Beziehungen frontal auch deutlich geringer aktiviert waren als solche mit hohen Bedürfnissen nach Sozialkontakten. Möglicherweise stellt demnach das Aktivierungsniveau ein weiteres, wesentliches Differenzierungskriterium bezüglich der in Tabelle 2.2 als „vermeidend" und als „schüchtern" bezeichneten Personen dar. Und gleichzeitig können die Ergebnisse dieser Untersuchung auch als ein weiterer Beleg dafür interpretiert werden, dass Annäherungs- und Vermei-dungstendenzen zwei weitgehend unabhängige Aspekte der Verhaltens-steuerung darstellen, denen vermutlich auch unterschiedliche neuronale Systeme zugrunde liegen.

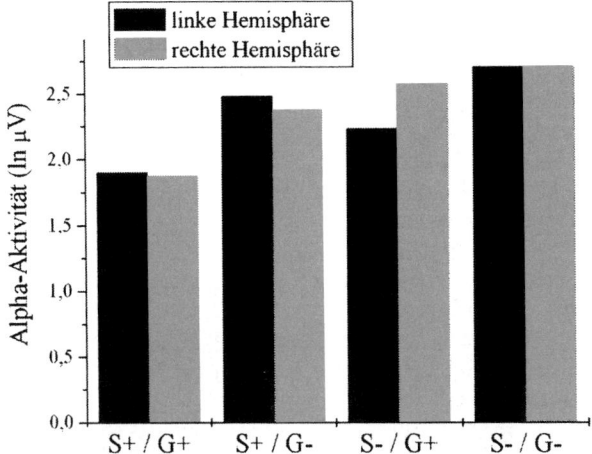

Abbildung 2.21: **Mittlere Alpha-Aktivität in linker und rechter Hemisphäre (F3/4), getrennt für vier Gruppen von Personen mit hoher/niedriger Schüchternheit (S+/S-) bzw. Geselligkeit (G+/G-); nach Schmidt (1999).**

Eine bei manchen Personen zum Teil drastisch übersteigerte Form der Schüchternheit kann in der sozialen Phobie gesehen werden. Untersuchungen zu den möglichen zentralnervösen Mechanismen, welche dieser starken und meist lebenslang bestehenden Furcht vor sozialen und/oder Leistungssituationen zugrunde liegen, könnten daher auch für die Persönlichkeitspsychologie von Relevanz sein. Davidson und Mitarbeiter (2000a) konnten in einer Untersuchung an Personen mit sozialer Phobie ebenfalls deutliche Hinweise auf die Bedeutung von frontalen und temporalen Aktivierungsasymmetrien im EEG erbringen; nachdem die VersuchsteilnehmerInnen informiert wurden, dass sie im Rahmen der Untersuchung in wenigen Minuten eine öffentliche Rede halten sollten, wurden die physiologischen Korrelate der in dieser Antizipationsphase auftretenden Furcht untersucht. Dabei zeigte sich ein deutlicher Anstieg der rechtshemisphärischen Aktivierung über präfrontalen, aber auch über anteriortemporalen Ableitstellen, und zwar im Vergleich mit einer nicht-phobischen Kontrollgruppe. Die entsprechenden Ergebnisse für die temporalen Positionen sind in Abbildung 2.22 dargestellt, und bestätigen im Wesentlichen die von Schmidt (1999) beobachtete höhere Aktivierung über rechtsfrontalen Regionen bei Studentinnen mit hoher im Vergleich zu solchen mit niedriger Schüchternheit.

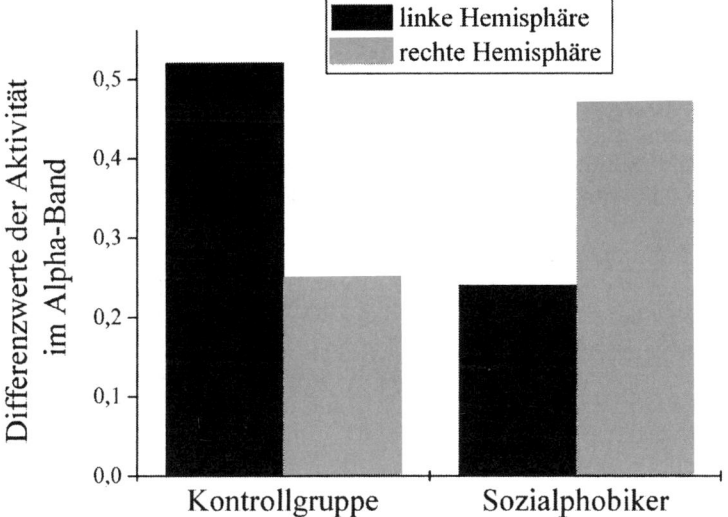

Abbildung 2.22:   **Mittlere Differenzwerte der Alpha-Leistung von Baseline minus Redevorbereitung in der anterioren Temporalregion bei Sozialphobikern und nicht-phobischen Personen, getrennt für linke und rechte Hemisphäre; hohe Differenzwerte bedeuten eine erhöhte kortikale Aktivierung (nach Davidson et al., 2000a).**

Darüber hinaus konnte an Personen mit sozialer Phobie auch eine erhöhte Reaktivität in jenen subkortikalen Strukturen gezeigt werden, welche in spezifischer Weise an negativen emotionalen Prozessen beteiligt sind. So wurde von Birbaumer et al. (1998) mittels fMRI eine verstärkte Aktivierung der Amygdalae bei Sozialphobikern im Vergleich zu Kontrollpersonen beobachtet, und zwar allein auf die Darbietung von Gesichtern mit neutralem Gesichtsausdruck hin. Dieses Ergebnis wird unterstrichen durch neueste Befunde, welche die Bedeutung der Mandelkerne im Hinblick auf die Enkodierung von sozial relevanter Information in den Gesichtern anderer Menschen (z.B. deren „Vertrauenswürdigkeit") nachweisen konnten (Adolphs et al., 1998).

2.2.1.4 Geschlecht, Lateralisation und Persönlichkeit

Wie an anderen Stellen bereits ausgeführt wurde, konnten Geschlechtsunterschiede in etlichen Studien und im Hinblick auf verschiedenste Parameter (so z.B. auch bezüglich frontaler Aktivierungsasymmetrien) nachgewiesen werden. Hingegen wurde in vielen Studien ein möglicher Einfluss des Geschlechts bedauerlicherweise nicht explizit untersucht, sondern lediglich über eine Kovarianzanalyse kontrolliert, so z.B. in der in einem der folgenden Abschnitte vorgestellten Arbeit von Canli et al. (2002) über die Beziehung von Extraversion und lateralisierter Aktivierung der Mandelkerne. Dass aber im Hinblick auf die Emotionsverarbeitung in den beiden Amygdalae auch Geschlechtsunterschiede bestehen könnten, wurde in einer jüngsten PET-Studie erstmals nachgewiesen, und zwar im Zusammenhang mit der Gedächtnisleistung für Filme mit emotional negativen Inhalten (furchtauslösend oder ekelerregend): eine bessere Gedächtnisleistung war bei Männern mit einer höheren Aktivierung der rechten, bei Frauen mit einer höheren Aktivität der linken Amygdala korreliert (Cahill et al., 2001). Ein sehr bemerkenswertes Ergebnis, welches auf Geschlechtsunterschiede in einer auch für die Persönlichkeitspsychologie höchst relevanten Struktur hinweist.

Und dass Geschlechtsunterschiede im Hinblick auf das Modell von Gray ebenfalls ein wesentliches und noch weitgehend ungelöstes Problem darstellen, wurde von Corr (2001) in einer kritischen Auseinandersetzung über grundsätzliche Probleme der RST und ihren prädiktiven Wert unlängst deutlich gemacht: so wie bei der Überprüfung der Eysenckschen Aktivierungstheorie fanden sich auch im Hinblick auf Untersuchungen zur Theorie von Gray immer wieder deutliche Geschlechtsunterschiede, und zwar bereits auf der psychometrischen Ebene (z.B. deutlich verschiedene korrelative Beziehungen zwischen Impulsivitätsmaßen und den EPQ-Skalen für Männer und Frauen; Diaz & Pickering, 1993). Und in einer zusammenfassenden Darstellung der empirischen Befunde zur RST berichteten Gray und MitarbeiterInnen (Pickering et al., 1997) in einer kritischen Überblicksarbeit mehrere Beispiele für unterschiedliche Einflüsse des Geschlechts der untersuchten Personen, welche von der Theorie her unerwartet sind und bislang auch nicht in einer entsprechenden Modifikation des theoretischen Ansatzes berücksichtigt wurden.

Ein besonders eindrucksvolles Beispiel für die Bedeutung von Geschlechtsunterschieden sowohl für das theoretische Konzept von Gray als auch für das von Davidson wurde unlängst von Miller & Tomarken (2001) berichtet. Untersucht wurden dabei EEG-Asymmetrien über frontalen, zentralen und parietalen Ableitstellen, und zwar im Verlauf eines „Gewinnspiels", in welchem durch möglichst rasches Drücken einer Reaktionstaste nach Darbietung eines einfachen, in allen Trials gleichen Reizes (ein einfaches Quadrat in der Mitte eines Computer-Bildschirms) Geld gewonnen bzw. bei zu langsamen Reaktionen verloren werden konnte. Ob und wie viel gewonnen oder verloren werden konnte, wurde am Beginn jedes Trials angekündigt (‚Gewinn- oder Verlusttrial'). Darüber hinaus aber wurde am Beginn je eines Blocks von insgesamt 40 Trials den ProbandInnen mitgeteilt, wie hoch ihre Chance sein würde, tatsächlich einen Gewinn zu erzielen; dazu wurden anhand der individuellen Reaktionszeiten (in vorhergehenden Trials) unterschiedliche Kriterien definiert, welche eine hohe, mittlere bzw. niedrige Erfolgswahrscheinlichkeit zur Folge hatten (‚Gewinnerwartung').

Neben anderen Effekten (bezüglich der Ankündigung von Gewinn oder Verlust pro Trial) zeigten sich die wesentlichsten Ergebnisse der Studie im Hinblick auf die pro Block manipulierte Gewinnerwartung, und zwar in

Form einer Wechselwirkung mit dem Geschlecht für frontale Aktivierungsasymmetrien (F3/4): Männer zeigten bei hoher Gewinnerwartung (also bei „leichten" Trials) die stärkste Aktivierungsasymmetrie zugunsten der linken Hemisphäre, mit abnehmender Erfolgswahrscheinlichkeit war eine entsprechende Reduktion derselben verbunden. Bei Frauen hingegen zeigte sich das genaue Gegenteil: die geringste Aktivierungsasymmetrie nach links bei „leichten" Trials und eine Zunahme derselben mit abnehmender Gewinnerwartung. Diese linearen und in die Gegenrichtung verlaufenden Trends waren sowohl für Männer als auch für Frauen signifikant und sind in Abbildung 2.23 dargestellt. Da in dieser Versuchsanordnung die Gewinnerwartung (neben der Höhe des jeweiligen Gewinns/Verlusts) die von Gray postulierte Reinforcement-Sensitivität einer Person wesentlich abbilden sollte, kommt diesen Ergebnissen im Hinblick auf eine geschlechtsspezifische und an den Befunden der Lateralitätsforschung orientierte Modifikation des Grayschen Modells besondere Bedeutung zu.

Als ein weiteres Beispiel für die Bedeutung von Geschlechtsunterschieden soll eine Untersuchung von Smith et al. (1995) berichtet werden, in welcher die EEG-Hintergrundaktivität (wiederum über dem dorsolateralen Frontalkortex, d.h. auf F3/4) während der Darbietung von nonverbalen akustischen Reizen erhoben wurde. Die Stimuli waren in ihrem emotionalen Bedeutungsgehalt entweder positiv, negativ oder neutral (z.B. Lachen, Weinen bzw. in den akustischen Parametern vergleichbare neutrale Geräusche), wobei durch verschiedene Instruktionen eine unterschiedliche (z.B. eine eher kognitive oder affektive) Verarbeitung derselben erreicht werden sollte.

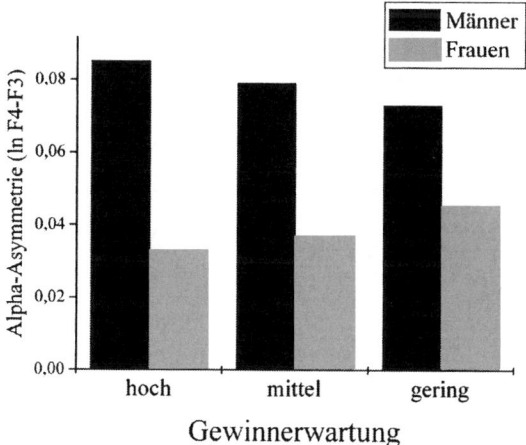

Abbildung 2.23: **Relative Höhe der frontalen Aktivierungsasymmetrie zugunsten der linken Hemisphäre bei Männern und Frauen in Abhängigkeit von der Gewinnerwartung (nach Miller & Tomarken, 2001).**

Untersucht wurde eine (mit Hilfe des EPI vorselektierte) Gruppe von extravertierten oder introvertierten Studierenden beiderlei Geschlechts, welche im Hinblick auf ihre Neurotizismus-Skores eine Standardabweichung über dem Mittelwert lagen, also hoch neurotisch waren. Demnach wurden neurotisch Introvertierte mit neurotisch Extravertierten verglichen, was im Sinne der von Gray vorgeschlagenen Rotation des Eysenckschen Koordinatensystems einem Vergleich von hoch ängstlichen mit hoch impulsiven Personen gleichkommt.

Das bemerkenswerteste Ergebnis dieser Studie war wiederum eine Wechselwirkung zwischen Geschlecht, Hemisphäre und Persönlichkeit; während sich in der linksfrontalen Aktivierung nur geringfügige Unterschiede zwischen den Personengruppen ergaben, zeigte sich in der Aktivierung der rechten Hemisphäre eine deutliche, disordinale Interaktion, welche in Abbildung 2.24 dargestellt ist: Introvertierte Männer waren höher aktiviert als extravertierte Männer, was der Aktivierungstheorie von Eysenck entsprechen würde, für die Frauen zeigte sich jedoch der genau gegenteilige Effekt – die neurotisch Extravertierten, d.h. die hoch Impulsiven nach Gray, wiesen die höhere Aktivierung auf.

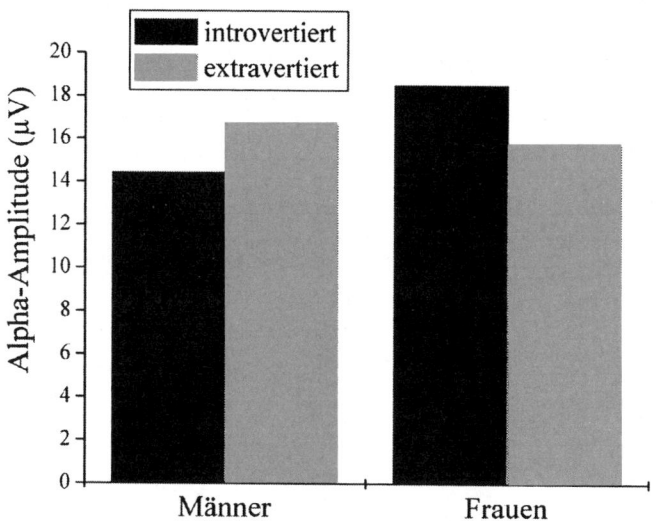

Abbildung 2.24: Mittlere rechtsfrontale Alpha-Aktivität von introvertierten und extravertierten Männern und Frauen; hohe Alpha-Werte bedeuten geringe kortikale Aktivierung (nach Smith et al., 1995).

Obwohl sich diese Ergebnisse keineswegs so einfach dahingehend interpretieren lassen, dass Introvertierte im Vergleich zu Extravertierten eine höhere kortikale Erregbarkeit aufweisen (wie das die AutorInnen auf dem Hintergrund der Eysenckschen Aktivierungstheorie versucht haben), fanden sich in dieser Studie – wie in der von Miller & Tomarken (2001) und in etlichen anderen auch – sehr deutliche Hinweise darauf, dass sich Männer und Frauen im Hinblick auf zentralnervöse Korrelate der Persönlichkeit ganz wesentlich unterscheiden, und dass vermutlich viele Inkonsistenzen und Irrwege zukünftiger persönlichkeitspsychologischer Forschungen vermieden werden können, wenn Geschlechtseffekte von vornherein in Rechnung gestellt und auch explizit untersucht werden.

2.2.2   Extraversion und verwandte Konstrukte

2.2.2.1   H. J. Eysencks Modell der Extraversion

Die zentrale Annahme in der von Eysenck (1952; 1967; 1994; Eysenck & Eysenck, 1985) postulierten Aktivierungstheorie der Persönlichkeit betrifft Unterschiede im allgemeinen kortikalen Erregungsniveau: Extravertierte weisen im Vergleich zu introvertierten Personen ein niedrigeres kortikales Aktivierungsniveau auf. Als wesentliche neuronale Struktur, welche diesen Unterschieden zugrunde liegt, wird – wie im Abschnitt zum Neurotizismus zum Teil bereits ausgeführt – das Aufsteigende Retikuläre Aktivierungssystem (ARAS) angesehen. Dieses System ist Teil einer im Bereich zwischen verlängertem Rückenmark und Mittelhirn gelegenen Ansammlung von Kernen, welche untereinander netzförmig verbunden sind und als Formatio reticularis (lat. netzförmig) bezeichnet werden. Dieses Aktivierungssystem wird einerseits durch afferenten sensorischen, aber auch motorischen und vegetativen Input unspezifisch erregt und gibt diese Erregung auf dem Weg über mediale Kerne des Thalamus an den Neokortex weiter, wodurch die unspezifische, globale Aktivierung der Großhirnrinde wesentlich mitbestimmt wird. Andererseits aber existieren auch absteigende Bahnen, welche sowohl limbische als auch kortikale Erregung an das ARAS weitergeben und so dessen Aktivität modulieren. Die angesprochenen Strukturen und ihre Verbindungen bilden demnach zwei verschiedene funktionale Systeme der unspezifischen Aktivierung im Gehirn, welche allerdings teilweise – durch die gemeinsame Beteiligung der Formatio reticularis – voneinander abhängig sind.

Die den individuellen Unterschieden zugrunde liegenden biologischen Mechanismen sieht Eysenck im Wesentlichen in erregenden und hemmenden Verbindungen zwischen der Retikulärformation im Hirnstamm und dem Kortex; die mehr oder weniger geringe oder starke Erregbarkeit dieser kortiko-retikulären „Schleife" ist nach Eysenck Grundlage der individuellen kortikalen Aktivierung, die – auf der Verhaltensebene – eben jene Unterschiede bedingt, die extravertiertes bzw. introvertiertes Verhalten auszeichnen. Das Ausmaß der individuellen kortikalen Aktivierung ist intraindividuell weitgehend stabil, die Erregbarkeit des retikulären Aktivierungssystems weitgehend durch genetische Faktoren festgelegt. Daraus folgt, dass Introvertierte nicht nur habituell, also „chronisch" ein höheres kortikales Aktivierungsniveau aufweisen sollten, sondern durch jede Art von situativ bedingter Stimulation auch stärker erregbar sind.

Diese Annahmen gelten allerdings nur unter bestimmten Randbedingungen, welche das Ausmaß der kortikalen Aktivierung in unterschiedlicher Weise beeinflussen, d.h. verstärken oder reduzieren, wie zum Beispiel:

- Einflüsse der Testsituation auf die kortikale Aktivierung (wird die EEG-Aktivität z.B. unter Ruhebedingungen gemessen oder während der Bearbeitung von Aufgaben eines Konzentrationsleistungstests?);
- Einflüsse der Testsituation auf die Aktivierung des limbischen Systems (wenn die Untersuchung z.B. emotional belastend bzw. angstauslösend ist);
- die Art und Weise, wie eine untersuchte Person auf die Testsituation reagiert (ob sie z.B. in einer eher reizarmen Situation wie der Registrierung des Ruhe-EEGs bei geschlossenen Augen durch bestimmte Gedanken sich selbst aktiviert, um ein für sie „optimales Erregungsniveau" zu erreichen, oder ob sie in einer belastenden Versuchssituation bemüht ist, sich abzulenken, um eine durch intensive oder emotional belastende Reize ausgelöste Aktivierung zu reduzieren);
- das Ausmaß des aktuellen kortikalen Arousals selbst: Übersteigt es eine bestimmte Schwelle, setzen – gemäß Eysencks Theorie – Hemmungsprozesse ein, und zwar bei Introvertierten früher als bei Extravertierten („Gesetz der transmarginalen Hemmung"), was bei introvertierten im Vergleich zu extravertierten Personen zu einer geringeren (!) kortikalen Aktivierung führt.

Im Rahmen einer empirischen Untersuchung zur Aktivierungstheorie ergibt sich natürlich daraus die Schwierigkeit, all diese Zusatzannahmen bei der Planung des Versuchsablaufs in Rechnung zu stellen bzw. entsprechend zu kontrollieren. Darüber hinaus aber wurden zu Eysencks Modell eine Reihe weiterer, grundsätzlicher Einwände vorgebracht; die wesentlichsten davon werden im Folgenden kurz dargestellt.

2.2.2.1.1 Erregung oder Erregbarkeit?

Ein weiterer Kritikpunkt betrifft die Frage, ob denn überhaupt Unterschiede im habituellen Erregungsniveau zwischen extra- und introvertierten Personen gegeben sind, oder ob die wesentlichen Unterschiede vor allem darin bestehen, dass Introvertierte auf äußere Reize sensibler reagieren, und auch in der Steuerung der Motorik entsprechende Unterschiede gegeben sind. In mehreren Untersuchungen konnte bereits nachgewiesen werden, dass sich Extravertierte von Introvertierten im perzeptiven und motorischen Bereich unterscheiden, wobei die beobachteten Unterschiede in frühen Phasen der Reizverarbeitung und bei motorischen Reaktionen am deutlichsten gegeben waren (siehe dazu den Abschnitt ‚Extraversion: Periphere Reizverarbeitung').

Derartige Hinweise darauf, dass entsprechende Persönlichkeitsunterschiede auf subkortikaler Ebene und sogar im Hinblick auf die Erregbarkeit von Rückenmarksneuronen gegeben sind, ohne dass auch entsprechende Unterschiede in der kortikalen Aktivierung nachgewiesen werden konnten, stellen das Postulat eines unterschiedlichen habituellen Aktivierungsniveaus als Grundlage der Extraversionsdimension überhaupt in Frage (Stelmack & Geen, 1992; Stelmack, 1997). Nach Stelmack besteht der wesentliche Unterschied nicht im Erregungsniveau, sondern in der individuellen Erregbarkeit, so dass – unter entspannten Ruhebedingungen z.B. – Unterschiede zwischen Extravertierten und Introvertierten gar nicht nachgewiesen werden können. Da Unterschiede in der Erregbarkeit bereits auf den untersten Ebenen der Reizverarbeitung gegeben sind, wird dadurch auch die (alleinige) Bedeutung kortikaler Aktivierungsmechanismen als Korrelat entsprechender Persönlichkeitsunterschiede in Frage gestellt.

2.2.2.1.2 Mehrfache und unterschiedliche Aktivierungssysteme?

In vielen neueren Untersuchungen konnte gezeigt werden, dass das ARAS eine morphologisch und funktional sehr heterogene Struktur darstellt: es setzt sich aus verschiedenen, anatomisch klar abgrenzbaren Teilsystemen zusammen, welche auch in ihrer Funktion sehr unterschiedlich und weitgehend unabhängig voneinander sind (siehe z.B. Mesulam, 1998). Diese im Rahmen der Aktivierungstheorie zentrale Struktur ist also wesentlich differenzierter, als das von Eysenck angenommen wurde, und zwar auch im Hinblick auf die in den einzelnen Teilsystemen des ARAS wirksamen Neurotransmitter, was die Heterogenität dieses Systems noch unterstreicht. Und ein differenzierter Zugang zur Untersuchung der Bedeutung dieser Teilsysteme könnte auch für die Persönlichkeitspsychologie neue Perspektiven eröffnen. So z.B. wurden im Besonderen für jenes Teilsystem, welches dopaminerge Strukturen und Faserverbindungen umfasst, Zusammenhänge mit der Extraversion postuliert und zum Teil auch nachgewiesen (Depue & Collins, 1999; Ashby et al., 1999; Rammsayer, 2000).
   Darüber hinaus aber gibt es Hinweise auf weitere, unspezifische Aktivierungssysteme im Gehirn; so z.B. existiert ein subkortikales Aktivierungssystem, welches im cholinerg innervierten Nucleus basalis Meynert seinen Ausgang nimmt; dessen aufsteigende Bahnen verteilen sich ebenfalls diffus über den gesamten Kortex und bestimmen damit auch das Erregungsniveau in allen kortikalen Bereichen. Der Nucleus basalis wiederum wird durch den Nucleus centralis der Amygdala aktiviert, wodurch eine vor allem durch emotionale Faktoren bestimmte Regulation des kortikalen Aktivierungsniveaus gegeben ist. Die Bedeutung dieser cholinergen und durch den Einfluss limbischer Aktivierung besonders bedeutsamen Strukturen für die Persönlichkeitspsychologie ist derzeit aber noch weitgehend unklar.

2.2.2.1.3 Primärfaktoren oder globale Dimension?

Auf eine weitere mögliche Quelle für die vielen, zum Teil negativen, zum Teil in direktem Widerspruch mit der Theorie stehenden Befunde hat im Besonderen O'Gorman hingewiesen: Sie betrifft Unterschiede in den verschiedenen Verfahren, die zur Messung der Persönlichkeitsmerkmale, im Besonderen der Extraversion verwendet wurden; entscheidend dabei sei, in welchem Ausmaß die entsprechenden Primärfaktoren der Extraversion durch einen konkreten Persönlichkeitstest erfasst werden; für das Eysenck Personality Inventory wurden Impulsivität und Soziabilität als wesentliche Primärfaktoren definiert und konnten auch durch jeweilige Subskores getrennt operationalisiert werden (Revelle et al., 1980). O'Gorman (O'Gorman, 1984; O'Gorman & Lloyd, 1987) wies darauf hin, dass im Besonderen der Primärfaktor Impulsivität mit z.B. der Alpha-Aktivität im EEG korreliert sein könnte, und nicht der „globale" Sekundärfaktor Extraversion; das würde auch Unterschiede zwischen Untersuchungen erklären, die entweder das EPI oder den EPQ verwendet haben, da im später entwickelten EPQ nahezu alle Impulsivitätsitems eliminiert wurden (siehe dazu den Abschnitt zur ,Impulsivität').

2.2.2.1.4 Überprüfbarkeit der Aktivierungstheorie?

Brocke & Battmann (1985, 1992) haben in einer ausführlichen und systematischen Darstellung der Aktivierungstheorie der Persönlichkeit von Eysenck versucht, die Vielzahl von Annahmen zu spezifizieren und daraus konkrete, empirisch überprüfbare Vorhersagen abzuleiten. Allerdings sind bestimmte Annahmen in der Gesamt-Konzeption von Eysenck nur schwer, wenn überhaupt zu spezifizieren; sie betreffen vor allem die Frage, in welchem Ausmaß eine bestimmte Versuchssituation zentralnervös erregend wirkt, und in welcher Weise die untersuchten Personen darauf reagieren. Durch all die von Eysenck im Rahmen verschiedener Modifikationen der Theorie getroffenen Zusatzannahmen können zwar – wie Amelang & Bartussek (2001) kritisch bemerkten – einige theorie-inkompatible Befunde post-hoc erklärt werden. Insgesamt aber erreicht die Theorie dadurch einen Grad an Komplexität, durch welchen – über die Interaktion vieler Faktoren und aufgrund nicht definierter bzw. nicht definierbarer Versuchsbedingungen – nahezu alle Ergebnisse „erklärbar" werden; ein empirischer Test der Theorie wird dadurch aber unmöglich, wie Amelang & Ullwer (1991a) in einem sehr kritischen Beitrag zu diesem Thema zusammenfassend feststellten.

2.2.2.2 EEG-Hintergrundaktivität und Bildgebende Verfahren

Als ein Beispiel dafür, dass Unterschiede zwischen intro- und extravertierten Personen in der kortikalen Aktivierbarkeit nachweisbar sind, diese jedoch ganz wesentlich durch die jeweilige Versuchssituation bzw. Aufgabenstellung bestimmt sein können, soll eine in jüngster Zeit durchgeführte Studie von Gale et al. (2001) dargestellt werden: Weiblichen Studierenden wurden Photos von Männern und Frauen mit fröhlichem oder traurigem Gesichtsausdruck vorgelegt, und die Teilnehmerinnen wurden aufgefordert, die jeweils ausgedrückte Emotion nachzuempfinden. Das EEG wurde während dieser (je Photo 24 Sekunden dauernden) Phasen registriert und im Hinblick auf Aktivierungsasymmetrien (zwischen linker und rechter Hemisphäre) in Abhängigkeit von der Qualität der Emotion ausgewertet (siehe dazu den Abschnitt ‚Zustandsabhängigkeit von Aktivierungsasymmetrien'). Darüber hinaus wurde aber auch ein Vergleich der EEG-Aktivität in drei Frequenzbändern (Theta, langsamer und schneller Alpha), gemittelt über beide Hemisphären, vorgenommen. Dabei zeigten sich vor allem über frontalen Regionen, aber auch temporal und okzipital, deutlich höhere Werte im langsamen Alpha-Band bei extravertierten im Vergleich zu introvertierten Versuchsteilnehmerinnen. Die entsprechenden Mittelwerte der Alpha-Aktivität (für die ersten 8 Sekunden nach Beginn der Reizdarbietung) sind in Abbildung 2.25 dargestellt.

Dieses Ergebnis, d.h. eine über dem gesamten Kortex auftretende geringere Aktivierung (d.h. höhere Alpha-Aktivität) der Extravertierten ist einer jener wenigen Befunde in der Literatur, welche weitgehend den Erwartungen, die sich aus der Aktivierungstheorie der Persönlichkeit von Eysenck ableiten lassen, entsprechen. Allerdings muss auch hier einschränkend angemerkt werden:

- Der Effekt wurde unter ganz bestimmten Bedingungen erzielt, d.h. während der Induktion von Emotionen, liefert also lediglich eine Aussage über Unterschiede in der Erregbarkeit durch emotionale Reize;
- unter Ruhebedingungen wurde das EEG nicht erfasst, so dass über Unterschiede im habituellen Erregungsniveau keine Aussagen gemacht werden können;
- der Effekt gilt nur für Frauen. Ob Männer vergleichbare Unterschiede unter vergleichbaren Bedingungen zeigen, ist völlig offen;
- besonders kritisch ist aber, dass mögliche Interaktionen mit dem Neurotizismus nicht überprüft werden konnten: Die Stichprobe war zu klein und im Hinblick auf die Neurotizismuswerte unausgelesen, so dass eine Quadrantenanalyse nicht durchgeführt wurde. Und selbst eine Korrektur durch Kovarianzanalyse wurde in dieser Arbeit nicht vorgenommen, so dass ein Einfluss des Neurotizismus nicht abgeschätzt werden kann. Falls sich z.B. die Gruppe der Extravertierten überwiegend aus hochneurotischen Frauen zusammengesetzt hat, könnten die berichteten Unterschiede primär durch die Interaktion von Neurotizismus und Extraversion bedingt sein und damit eigentlich eine Wechselwirkung höherer Ordnung (mit dem Geschlecht) abbilden, wie sie in einer Studie von Amelang & Ullwer (1990) explizit untersucht wurde; dass Amelang & Ullwer ebenfalls für hoch-neurotische, extravertierte Frauen die höchsten Alpha-Werte beobachtet hatten, lässt diese Überlegungen durchaus plausibel erscheinen (siehe dazu den Abschnitt ‚Wechselwirkung höherer Ordnung?').

Mit Bezug auf all die einschränkenden Bedingungen hat die Studie von Gale et al. (2001) trotz der hochsignifikanten Effekte, die auch im Sinne von Eysencks Aktivierungstheorie interpretiert wurden, wenig zur Klärung und Weiterentwicklung theoretischer Ansätze zu den Aktivierungskorrelaten von Persönlichkeitsmerkmalen beigetragen.

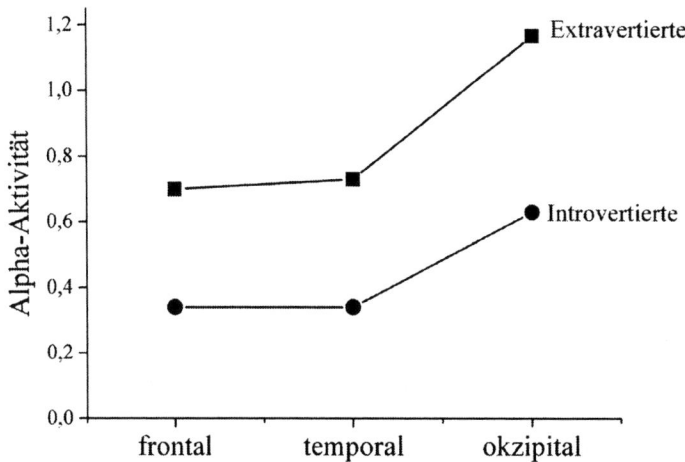

Abbildung 2.25: **Mittlere Alpha-Aktivität (8–10 Hz) von Extravertierten und Introvertierten über frontalen, temporalen und okzipitalen Ableitstellen (nach Gale et al., 2001).**

2.2.2.2.1 Interaktion mit dem Neurotizismus?

Aus der Annahme von Eysenck, dass die kortikale Aktivierung zusätzlich zu retikulär bedingten Einflüssen auch noch durch ,Aktivation' im limbischen System erhöht werden kann, resultiert die recht schwierig zu lösende Frage, wie denn zwischen den beiden Effekten differenziert werden kann, da sich – gemäß Theorie – Extravertierte von Introvertierten lediglich im Hinblick auf retikulär bedingtes Arousal unterscheiden sollten; um dieses Problem zu lösen wurden verschiedene Forschungsstrategien verfolgt; wirklich aussagekräftig sind Ergebnisse allerdings nur dann, wenn die Auswahl von Personen nach einem faktoriellen Vierfelder-Design (Quadrantenanalyse) erfolgte. In der Mehrheit der Arbeiten zur Aktivierungstheorie wurde ein derartiges Versuchsdesign jedoch nicht realisiert.

Ob und in welchem Ausmaß die kortikale Aktivierung durch Einflüsse des limbischen Systems mitbestimmt wird, resultiert darüber hinaus aber auch ganz wesentlich aus dem Grad der subjektiven (emotionalen) Belastung, den eine Person in einer konkreten Versuchssituation erlebt. Das wiederum würde eine systematische Variation der emotionalen Belastung (und deren Bewertung durch die VersuchsteilnehmerInnen) erfordern, was in den meisten Arbeiten zu Eysencks Modell ebenfalls nicht geschehen ist. Eine Versuchssituation emotional möglichst wenig belastend zu gestalten, um das Entstehen limbischer Aktivation gering zu halten, ist keineswegs einfach, selbst wenn das EEG nur unter Ruhebedingungen erhoben wird bzw. nur neutrale Reize dargeboten werden: Allein die Prozedur einer EEG-Messung, meist noch dazu in einer recht kleinen Messkabine, kann schon als Belastung erlebt werden (wie Blackhart et al., 2002 zeigen konnten). Und im Besonderen gilt das natürlich für Untersuchungen mit modernen bildgebenden Verfahren: Die VersuchsteilnehmerInnen werden in einer engen Röhre untersucht, beim MRI werden zudem vom Gerät laute rhythmische Geräusche produziert.

Eine Interpretation von Aktivierungsunterschieden als spezifisches Korrelat der Extraversion, d.h. ohne Bezug auf mögliche Wechselwirkungen mit dem Neurotizismus, ist ohne die Durchführung einer Quadranten-analyse und ohne Informationen über den Belastungsgrad einer Versuchs-anordnung wohl nicht möglich. Auf derartige methodische Beschränkun-gen, vor allem in den älteren Arbeiten zur Aktivierungstheorie, wurde vielfach hingewiesen (O'Gorman, 1984; Gale, 1981; Gale, 1983). Aber auch die Bedeutung von Interaktionen zwischen Extraversion und Neuroti-zismus im Hinblick auf die kortikale Aktivierung wurde mehrfach und explizit formuliert: So z.B. haben O'Gorman & Malisse (1984) eine sehr sorgfältig konzipierte Studie durchgeführt, in welcher alle bis dahin vor-gebrachten methodenkritischen Einwände berücksichtigt wurden. Die Ergebnisse legten zwar eine Beziehung zwischen erhöhter Extraversion und niedriger kortikaler Aktivierung nahe, allerdings wurde der Effekt ganz wesentlich vom Ausprägungsgrad des Neurotizismus mitbestimmt: In der untersuchten Stichprobe zeigte sich eine substantielle Korrelation zwischen E und N; wurde diese Beziehung in Rechnung gestellt, konnte keine Beziehung zwischen Extraversion und Alpha-Aktivität mehr nach-gewiesen werden. Die Autoren kamen daher zur Schlussfolgerung, dass Unterschiede im kortikalen Arousal am ehesten einer Dimension entspre-chen, die von emotional stabiler Extraversion bis hin zu neurotischer Introversion reicht.

2.2.2.2.2 Interaktion mit dem Geschlecht?

Wie im Zusammenhang mit dem Neurotizismus bereits ausgeführt, könnte auch im Hinblick auf die Extraversion das Geschlecht eine möglicher-weise besonders relevante, im Modell von Eysenck, aber auch in den theoretischen Konzepten anderer Autoren, vernachlässigte Mediator-variable darstellen. So z.B. kam Zuckerman (1991) im Hinblick auf die von Gale (1983) und O'Gorman (1984) als methodisch solide eingestuften Studien zur Aktivierungstheorie der Extraversion zu folgender Bewertung: In Arbeiten, welche eine Bestätigung der Theorie erbracht hatten, wurden vorwiegend oder ausschließlich Frauen untersucht, während Untersu-chungen mit fraglichen oder eindeutig nicht theorie-konformen Ergeb-nissen vorwiegend oder ausschließlich an Männern durchgeführt wurden.

Als ein Beispiel dafür soll eine Untersuchung von O'Gorman & Lloyd (1987) erwähnt werden, in welcher Geschlechtsunterschiede in der Bezie-hung zwischen EEG-Parametern und den Persönlichkeitsvariablen explizit analysiert wurden. Für die mit dem EPQ erfasste Extraversion konnten dabei zwar keine Unterschiede beobachtet werden, wohl aber für die Impulsivität: nur für die weiblichen Personen konnte die postulierte Beziehung (zwischen erhöhter Impulsivität und reduzierter kortikaler Aktivierung) nachgewiesen werden, bei Männern zeigte sich kein signifikanter Unterschied (siehe dazu auch den Abschnitt zur ‚Impulsivität').

2.2.2.2.3 Wechselwirkung höherer Ordnung?
Extraversion, Neurotizismus und Geschlecht

Möglicherweise aber werden erst durch Wechselwirkungen höherer Ordnung die komplexen Beziehungen zwischen Persönlichkeitsvariablen im Hinblick auf die durch das EEG erfasste kortikale Aktivierung einigermaßen realitätsgetreu abgebildet, nämlich dann, wenn auch das Geschlecht in Rechnung gestellt wird. Ein deutlicher Beleg dafür konnte in jener Studie erbracht werden, in welcher – aufgrund der Untersuchung einer sehr großen Stichprobe – eine Überprüfung komplexer Interaktionen überhaupt erst möglich wurde (Amelang & Ullwer, 1990). Wie im Abschnitt zum Neurotizismus bereits ausgeführt, bestand das Hauptergebnis in einer Wechselwirkung Extraversion x Neurotizismus x Geschlecht im Hinblick auf die Alpha-Aktivität über posterioren Ableitstellen, wobei die 181 untersuchten Personen anhand des EPQ in jeweils 3 Gruppen geteilt wurden (niedrig, mittel und hoch extravertierte bzw. neurotische Personen). Die kortikale Aktivierung ist für die jeweiligen Extremgruppen (d.h. für Personen mit niedriger bzw. hoher Merkmalsausprägung) in Abbildung 2.26 dargestellt, und zwar für Männer und für Frauen getrennt in jener Versuchsbedingung (Fixieren eines Punktes bei offenen Augen), in welcher ein mittlerer Grad an situationsspezifischer Aktivierung gegeben war; eine derartige Bedingung wurde z.B. in den methodenkritischen Arbeiten von O'Gorman (1984) und Gale (1981, 1983) als günstige Voraussetzung für eine Überprüfung der Aktivierungstheorie angesehen.

Die in Abbildung 2.26 dargestellten Ergebnisse sprechen klar gegen ein einfaches Aktivierungsmodell, wie es Eysenck vorgeschlagen hat: Ein Vergleich der niedrig neurotischen Personen zum Beispiel zeigt, dass – dem Modell entsprechend – extravertierte im Vergleich zu introvertierten Männern eine geringere Aktivierung (mehr Alpha-Aktivität) aufweisen; für Frauen fand sich jedoch das genaue Gegenteil, d.h. eine geringere kortikale Aktivierung bei den introvertierten im Vergleich zu den extravertierten Personen.

Unvereinbar mit dem Modell sind aber auch die Ergebnisse innerhalb eines Geschlechts; so z.B. der Befund, dass innerhalb der weiblichen Extravertierten die hoch neurotischen Personen eine geringere kortikale Aktivierung aufweisen als die niedrig neurotischen. Weitgehend ähnliche Beziehungen, wie sie in Abbildung 2.26 für eine bestimmte Versuchssituation dargestellt sind, zeigten sich aber auch in den beiden übrigen Bedingungen, d.h. bei situationsspezifisch geringerer bzw. höherer Aktivierung (Augen geschlossen, Ruhe bzw. Kopfrechnen).

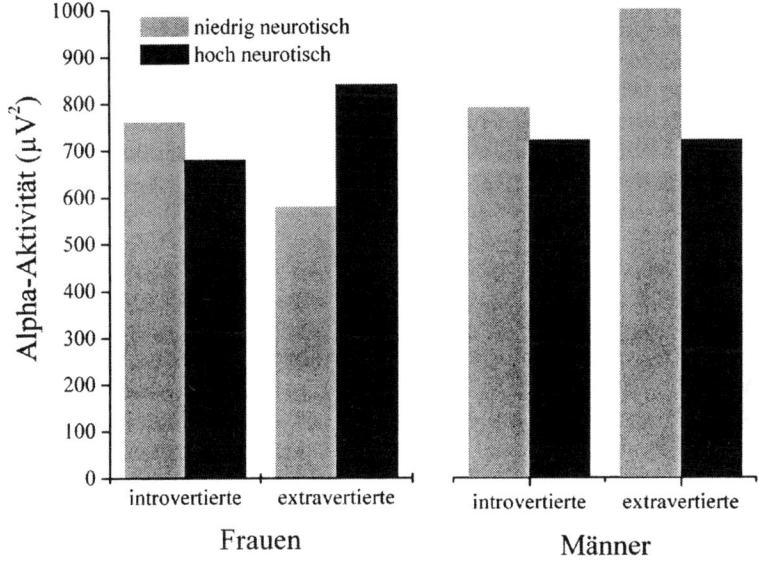

Abbildung 2.26:   **Mittlere Alpha-Aktivität von Männern und Frauen je nach Ausprägungsgrad der Extraversion und des Neurotizismus; hohe Alpha-Werte bedeuten geringe kortikale Aktivierung (nach Amelang & Ullwer, 1990).**

Entsprechende Unterschiede in der durch unterschiedliche Versuchsbedingungen ausgelösten Aktivierung können daher wohl kaum als Erklärung dafür herangezogen werden, dass die Ergebnisse insgesamt den Annahmen der Aktivierungstheorie von Eysenck klar widersprechen. Diese Widersprüche können aber – im Gegensatz zu den Ergebnissen aus den meist mangelhaften älteren Arbeiten – auch nicht auf Fehler und Beschränkungen in der Versuchsanordnung zurückgeführt werden.

Lassen sich Belege für die von Amelang und Ullwer (1990) beobachteten, geschlechtsspezifischen Unterschiede in der Interaktion zwischen Extraversion und Neurotizismus auch in anderen Arbeiten finden? Eine wenn auch nur teilweise Bestätigung konnte in einer methodisch, messtechnisch und im Hinblick auf die statistische Aufbereitung der Daten ebenfalls sehr anspruchsvollen Studie erbracht werden, in welcher allerdings nur Männer untersucht wurden: Bartussek et al., (1971; zit. nach Bartussek, 1984) konnten mit Hilfe einer regressionanalytischen Methode eine Interaktion zwischen den beiden Persönlichkeitsvariablen E und N nachweisen, welche ebenfalls zeigt, dass innerhalb der Gruppe der Extravertierten die hoch neurotischen Männer kortikal deutlich stärker aktiviert sind (d.h. weniger Alpha zeigen) als die niedrig neurotischen. Allerdings konnte dieses Ergebnis nur für das schnelle Alpha-Band im Bereich von 10–14 Hz gesichert werden, dafür aber sowohl an einer okzipitalen als auch an einer frontalen Ableitstelle. Für die introvertierten Männer kehrt sich die Beziehung zwischen Alpha-Aktivität und Neurotizismus hingegen um (neurotisch Introvertierte zeigen eine geringere kortikale Aktivierung), was bei Amelang und Ullwer nicht der Fall war. Eine zweite methodisch sehr sorgfältig angelegte Untersuchung wurde ebenfalls nur an Männern durchgeführt (Rösler, 1975); dabei zeigte sich allerdings keine entsprechende Wechselwirkung im Alpha-Band.

Die in Eysencks Theorie formulierten Postulate sollten für Männer und Frauen gelten, d.h. es wurde kein entsprechender Geschlechtsunterschied formuliert und vor allem auch theoretisch nicht begründet. Die im Hinblick auf die Alpha-Aktivität gegenläufigen Trends bei Männern und Frauen unterstreichen daher die Bedeutung des Geschlechts für die Entwicklung von theoretischen Modellen in der Persönlichkeitspsychologie, ein Umstand, auf welchen in mehreren kritischen Überblicksarbeiten zur Aktivierungstheorie (z.B. Gale, 1981; Gale, 1983; Gale & Edwards, 1986) bereits hingewiesen wurde. Da bislang jedoch – zumeist aufgrund von zu kleinen Stichproben – eine systematische Untersuchung von Geschlechtseffekten im Hinblick auf die kortikale Aktivierung nicht erfolgte, obwohl – wie das Zuckerman (1991) bereits formuliert hatte – positive oder negative Befunde (zu Eysencks Theorie) ganz wesentlich vom Verhältnis von Frauen und Männern in der untersuchten Stichprobe abhängen könnten, muss erst in zukünftigen Untersuchungen Art und Ausmaß von Geschlechtsunterschieden geklärt werden.

2.2.2.2.4 Interaktion mit der Intelligenz?

Unter Verwendung einer in der Kognitiven Psychologie bereits „klassischen" Aufgabe (Posners ‚letter matching task') wurden von der Arbeitsgruppe um Neubauer (Fink et al., 2002) Ergebnisse berichtet, welche eine sehr bemerkenswerte Interaktion zwischen Intelligenz und Extraversion betreffen. Mit Hilfe der Methode der ‚Event-Related Desynchronization' wurden Aktivierungsveränderungen zwischen einer Referenzperiode vor der Darbietung eines Buchstabenpaares und einem kurzen Zeitintervall 125 msec vor der Reaktion (Drücken einer Ja- bzw. Nein-Taste bei Gleichheit bzw. Ungleichheit der Buchstaben) untersucht. Die VersuchsteilnehmerInnen wurden anhand ihrer (über den NEO-FFI bestimmten) Extraversionsskores sowie anhand ihrer (über einen allgemeinen Intelligenztest bestimmten) Intelligenzquotienten in jeweils zwei Gruppen geteilt, für welche sodann in einer varianzanalytischen Auswertung erstens Unterschiede in der EEG-Aktivität während des Referenzintervalls und zweitens Unterschiede in der (prozentuellen) Veränderung der Aktivität durch die kognitive Belastung (ERD-Werte) analysiert wurden. Dabei konnte eine Interaktion zwischen Extraversion und Intelligenz für die EEG-Aktivität (langsames Alpha-Band, gemittelt über insgesamt 27 Ableitstellen) statistisch gesichert werden. Die entsprechenden Mittelwerte für die kortikale Aktivierung sind in Abbildung 2.27 (links) für das Referenzintervall und (rechts) für die Aktivierungsveränderung (ERD-Werte; hohe Werte bedeuten hohe Aktivierung bzw. eine Zunahme der Aktivierung) dargestellt.

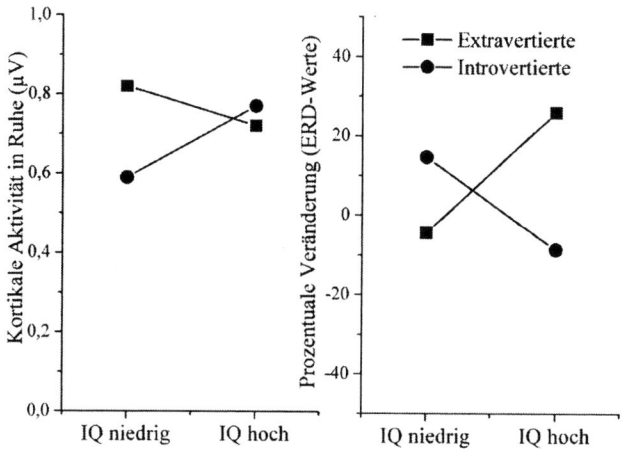

Abbildung 2.27: Kortikale Aktivierung von niedrig und hoch intelligenten Extravertierten und Introvertierten (links) in Ruhe und (rechts) vor Ausführung der Reaktion (nach Fink et al., 2002).

Das Bemerkenswerte an diesen Befunden besteht darin, dass die von Eysencks Aktivierungstheorie vorhergesagten Unterschiede zwischen Intro- und Extravertierten zwar nachgewiesen werden konnten, allerdings entweder nur bei niedrig Intelligenten (für die Referenzphase) oder nur bei hoch intelligenten Personen während der Ausführung der Vergleichsaufgabe. Eine Interpretation dieser Effekte ist aus mehreren Gründen schwierig: Die Aktivierungsparameter wurden für sehr kurze Zeitintervalle (1 sec bzw. 125 msec) bestimmt, so dass ein Vergleich mit vielen anderen Untersuchungen zur EEG-Hintergrundaktivität kaum möglich ist; etwaige Wechselwirkungen höherer Ordnung mit dem Geschlecht konnten aufgrund einer zu geringen Stichprobengröße nicht analysiert werden.

Es bleibt damit offen, ob beide Geschlechter gleichermaßen zu den beobachteten Unterschieden beitragen; darüber hinaus wird – vor allem im Hinblick auf die ERD-Werte – nahe gelegt, dass dieses Phänomen vermutlich in einer disordinalen Wechselwirkung besteht (siehe Abbildung 2.27): In der Gruppe der niedrig Intelligenten kehren sich die Aktivierungsverhältnisse um (der entsprechende Mittelwertsunterschied konnte allerdings statistisch nicht gesichert werden). Möglicherweise aber lassen sich diese sehr bemerkenswerten Befunde auf dem Hintergrund der von M. W.

Eysenck (1988) vorgeschlagenen und von Brocke et al. (1996, 1997) systematisch weiterentwickelten Kontrolltheorie der Erregung interpretieren (siehe dazu den Abschnitt ‚Extraversion: Reizevozierte Potentiale'): Dabei wird angenommen, dass eine im Hinblick auf die Bewältigung einer Aufgabe zu geringe oder zu hohe Erregung über ein zentrales Kontrollsystem kompensiert wird, welches bei Introvertierten effizienter ist als bei Extravertierten. Gleichzeitig wird in der so genannten ‚neural efficiency' Hypothese der Intelligenz (siehe den Abschnitt ‚Intelligenz und kognitive Prozesse') angenommen, dass intelligente Personen ihr Gehirn besser nützen und deshalb während der Lösung von Aufgaben kortikal auch weniger aktiviert sind. Die Interaktion von unterschiedlich effizienter Erregungskontrolle (bei Intro- vs. Extravertierten) und unterschiedlicher „neuraler Effizienz" (bei niedrig vs. hoch Intelligenten) könnte in den von Fink et al. (2002) beobachteten Aktivierungsunterschieden ihren Ausdruck finden. Darüber hinaus wird durch diese Befunde auch nahe gelegt, dass die von Brocke und MitarbeiterInnen konzipierte und bislang auf die Untersuchung von Unterschieden in der P300 Komponente akustisch evozierter Potentiale beschränkte Kontrolltheorie der Erregung vermutlich ebenso anhand von ERD-Paradigmen überprüft werden kann, wodurch sich der Anwendungsbereich der Theorie wesentlich erweitern könnte.

Die Annahme, dass zwischen Intelligenz und Persönlichkeit Wechselbeziehungen bestehen, welche in einer unterschiedlichen kortikalen Aktivierung zum Ausdruck kommen sollten, ist nicht neu; am konsequentesten vertreten wurde diese Annahme von Robinson, der bereits vor vielen Jahren spezifische Hypothesen dazu formuliert und – auf dem Hintergrund der Eysenckschen Aktivierungstheorie der Persönlichkeit – auch explizit untersucht hatte (Robinson, 1982; Robinson, 1989). Im Wesentlichen wurde von Robinson postuliert, dass Unterschiede in der kortikalen Erregbarkeit sowohl Unterschiede in der Persönlichkeit (d.h. entlang der Extraversionsdimension) als auch in der Intelligenz bedingen. Dabei wurde angenommen, dass die Beziehung zwischen Erregbarkeit und Intelligenz nicht-linear ist, was die in der Literatur berichteten, inkonsistenten Ergebnisse (d.h. sowohl positive wie negative korrelative Beziehungen) erklären könnte. In seinen neuesten Arbeiten wurde dieser theoretische Ansatz von Robinson wesentlich erweitert, und zwar im Hinblick auf das Geschlecht: Er nimmt an, dass Frauen eine höhere kortikale Erregbarkeit aufweisen als Männer, was erstens einen möglichen Erklärungsansatz für die konsistenten Geschlechtsunterschiede in den Persönlichkeitsmerkmalen Neurotizismus bzw. Psychotizismus darstellen könnte (höhere Werte bei Frauen bzw. Männern); und was sich zweitens in komplexen Interaktionen zwischen Persönlichkeit, Intelligenz und Geschlecht ausdrücken sollte. In einer empirischen, allerdings faktorenanalytisch durchgeführten Überprüfung dieser Annahmen konnte Robinson auch erste Belege dafür erbringen (Robinson, 1998). Ein varianzanalytischer Zugang zu dieser Fragestellung wäre vermutlich besser geeignet, würde aber die Untersuchung einer großen Personengruppe erfordern; bedauerlicherweise wurde bislang aber in der biologisch orientierten Persönlichkeitsforschung mit geringen Gruppengrößen gearbeitet, was natürlich die explizite Überprüfung von komplexen Wechselwirkungen ausschließt, wodurch möglicherweise vieles an inkonsistenten und widersprüchlichen Ergebnissen erklärt werden kann.

Bemerkenswert an den Arbeiten Robinsons ist schließlich auch sein konsequent verfolgter Versuch (z.B. Robinson, 2000), die einzelnen EEG-Bänder (Delta-, Theta- bzw. Alpha-Band) als Ausdruck der Aktivität unterschiedlicher neuronaler Systeme im Gehirn (Hirnstamm, Limbisches System bzw. Thalamus) zu interpretieren; eine Validierung dieser Annahmen könnte wesentlich zu einem tieferen Verständnis von Beziehungen zwischen EEG-Daten und Persönlichkeitsmerkmalen beitragen; und in ersten derartigen Versuchen mit Hilfe moderner bildgebender Verfahren (PET) konnte denn auch eine klare Bestätigung der Beziehung zwischen Alpha-Band und Thalamus-Aktivität erbracht werden (Larson et al., 1998).

2.2.2.2.5 Lokalisation: Erregung spezifischer Regionen des Gehirns?

Wie bereits erwähnt, ist – nach Eysenck – das wesentliche neurophysiologische Korrelat der E/I-Dimension die individuell unterschiedliche Erregungsschwelle im aufsteigenden retikulären Aktivierungssystem, das von Eingängen aus allen sensorischen Systemen erregt wird und seinerseits wieder die Aufgabe hat, durch diffuse Projektion in alle Regionen des Kortex einen bestimmten (den äußeren und inneren Gegebenheiten angepassten) Erregungszustand herzustellen.

Für eine empirische Überprüfung der Aktivierungstheorie von Eysenck sollte es daher unerheblich sein, an welcher Stelle des Kortex die Aktivierung abgenommen, d.h. die Elektrode einer EEG-Ableitung positioniert wird. Und tatsächlich wurde, wie Gale (1983) in einer sehr kritischen Diskussion von 30 EEG-Studien zur Extraversionstheorie von Eysenck dargestellt hat, in den meisten Arbeiten nur von einer einzigen Messstelle abgeleitet bzw. wurden (bei mehreren Ableitungen) nur die Ergebnisse für eine einzige Elektrodenposition berichtet. Und selbst in der wohl am breitesten angelegten und methodisch am sorgfältigsten konzipierten „Untersuchung zur experimentellen Bewährung von Eysencks Extraversionstheorie" (Amelang & Ullwer, 1990) wurde das EEG lediglich von zwei zentralen, einer parietalen und einer okzipitalen Ableitstelle registriert. Diese im Hinblick auf die topographische Differenzierung gegebene Einschränkung ist wohl auch die einzige Schwachstelle der von Amelang und Ullwer durchgeführten Untersuchungen mit dem Ziel einer „(fast) umfassenden Überprüfung von Eysencks Extraversionstheorie" (Amelang & Ullwer, 1991b, S. 23): Die EEG-Aktivität von zwei zentralen und zwei posterioren Positionen abzuleiten reicht völlig aus, um das zentrale Postulat von Eysenck zu prüfen, welches sich auf Unterschiede in der globalen Aktivierung des gesamten Kortex bezieht; vier derartige Ableitstellen sind aber nicht ausreichend, um mögliche alternative theoretische Konzepte zu entwickeln bzw. empirisch zu prüfen, so zum Beispiel zur Bedeutung spezifischer kortikaler Regionen im Hinblick auf einzelne Merkmalsbereiche der Persönlichkeit.

In den meisten bisherigen EEG-Untersuchungen zur Extraversion wurden zentrale oder posteriore Ableitstellen gewählt, weil die Alpha-Aktivität in den hinteren Regionen des Gehirns am deutlichsten ausgeprägt ist. Eine erste Annäherung an eine differenziertere Analyse von Erregungsmustern bestand darin, auch die Aktivierung in anterioren Regionen des Gehirns mit zu untersuchen. Dies erscheint deshalb besonders erfolgversprechend, weil gerade in den so genannten präfrontalen Bereichen des Gehirns Funktionen repräsentiert sind, welche für Verhaltenssteuerung und Persönlichkeit grundlegend sein könnten: Der oft als „senior executive" („Generaldirektor") bezeichnete präfrontale Kortex integriert und moduliert Wahrnehmungseindrücke, kognitive und emotionale Prozesse, und ist damit die zentrale Stelle für die Planung und Steuerung von Handlungen, aber auch für deren subjektive Bewertung (Joseph, 1990; Miller & Cummings, 1999). Jede Schädigung in diesem Bereich des Gehirns ist daher mit zum Teil massiven Veränderungen im Verhalten und in der Persönlichkeit der Betroffenen verbunden, weshalb die Aktivität in präfrontalen Bereichen für die Persönlichkeitsforschung von besonderer Bedeutung ist (siehe dazu auch den Abschnitt ‚Lateralisation und Persönlichkeit').

Hypofrontalität?

Wie viele Beobachtungen an Patienten mit Schädigungen im Frontalkortex zeigten, sind Planung und Steuerung von Handlungen, Belohnungsaufschub und Zukunftsorientierung des eigenen Verhaltens ganz wesentlich von einer intakten Funktion des präfrontalen Kortex abhängig. Aber auch bei keiner offensichtlichen, d.h. im Computertomogramm nachweisbaren, Schädigung könnten Unterschiede in der Funktionalität oder Aktivierung dieser präfrontalen Strukturen für Unterschiede in bestimmten Persönlichkeitseigenschaften bzw. Verhaltensdispositionen verantwortlich sein. Wie aus klinischen Beobachtungen nahe gelegt wird, könnte das die E/I-Dimension insgesamt, vor allem aber spezifische Aspekte der Impuls- und Handlungskontrolle, betreffen, wie sie durch die Facetten ‚Impulsivität' und ‚Besonnenheit' der Dimensionen Neurotizismus bzw. Gewissenhaftigkeit des NEO-PI definiert werden, sowie die Impulsivität als Primärfaktor des Psychotizismus nach Eysenck.

Auf dem Hintergrund derartiger Überlegungen zur Bedeutung des Frontalkortex im Hinblick auf die Verhaltenssteuerung führten Tran et al. (2001) eine EEG-Untersuchung an Normalpersonen (Männer und Frauen in einem großen Altersrange) durch; dabei wurde neben verschiedenen Persönlichkeitsmaßen (mit Hilfe des 16 PF-Tests) auch die EEG-Aktivität in Ruhe (bei offenen und geschlossenen Augen) über dem gesamten Kortex (19 Elektrodenpositionen nach dem 10–20 System) bestimmt. In der Auswertung der EEG-Daten wurde – wie in den meisten Untersuchungen – die Alpha-Aktivität (als inverses Maß für die kortikale Aktivierung) bestimmt, aber getrennt nach linker bzw. rechter anteriorer und posteriorer Region des Gehirns. Entsprechende multivariate varianzanalytische Vergleiche zeigten, dass extravertierte im Vergleich zu introvertierten Personen eine deutlich geringere Aktivierung aufwiesen, allerdings nur über dem (linken und rechten) Frontalkortex sowie über den zentralen Positionen (Fz, Cz und Pz); für die lateralen posterioren Ableitstellen zeigte sich kein signifikanter Unterschied. Die entsprechenden Ergebnisse für die linke Hemisphäre sind in Abbildung 2.28 dargestellt.

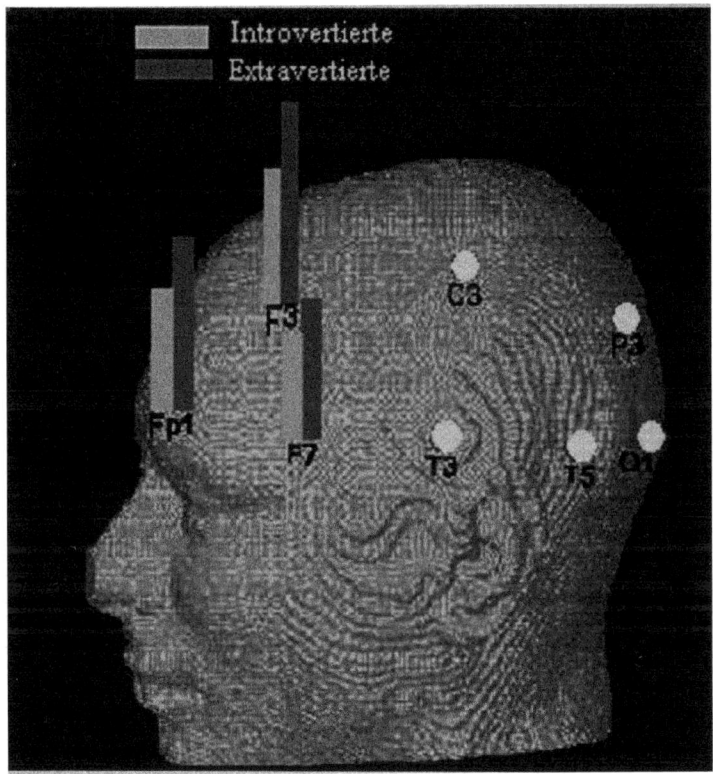

Abbildung 2.28: Alpha-Aktivität von extravertierten und introvertierten Personen über der linken Hemisphäre: An jenen Ableitstellen, an denen signifikante Mittelwertsunterschiede nachgewiesen werden konnten, sind die entsprechenden Alpha-Werte als Balkendiagramm eingezeichnet (nach Tran et al., 2001).

Die Richtung des beobachteten Unterschiedes stimmt zwar mit der Aktivierungstheorie von Eysenck überein, lässt sich aber nur schwer mit dem Postulat einer (durch das ARAS bedingten) globalen Aktivierung des gesamten Kortex vereinbaren.

Die Bedeutung frontaler Regionen für die E/I-Dimension wird aber auch durch Untersuchungen zur regionalen zerebralen Durchblutung unterstrichen: Während in mehreren Arbeiten lediglich Beziehungen der Extraversion zur Aktivierung limbischer und subkortikaler Strukturen nachgewiesen werden konnten, ergab eine Studie von Johnson et al. (1999), dass vor allem eine reduzierte Aktivierung des Frontalkortex im PET-Scan (bei Ruhelage und geschlossenen Augen) mit erhöhter Extraversion (erfasst mit dem NEO-PI-R) in Beziehung stand. Im Gegensatz dazu konnten Stenberg und MitarbeiterInnen (Stenberg et al., 1990; Stenberg et al., 1993) in zwei aufeinanderfolgenden Studien mit rCBF-Technik allerdings keinen globalen Effekt für fronto-kortikale Regionen im Hinblick auf die E/I-Dimension (erfasst mit dem EPI) nachweisen, wohl aber signifikante Beziehungen für die Temporalregion.

Temporallappen

Die von Stenberg und MitarbeiterInnen (Stenberg et al., 1990a) beobachteten Unterschiede bezogen sich auf die anteriore Temporalregion: Introvertierte zeigten eine höhere Aktivierung (beidseitig) als Extravertierte.
In einer Replikationsstudie (Stenberg et al., 1993) konnte dieses Ergebnis auch bestätigt werden. Einen vergleichbaren Befund, allerdings nur für den rechten vorderen Temporallappen, haben Johnson et al. (1999) mittels PET erzielen können.

Andere Studien hingegen konnten – unter Einsatz verschiedener Techniken – keine Unterschiede in der Temporalregion nachweisen (Ebmeier et al., 1994 mittels SPECT; Fischer et al., 1997 mittels PET), während Canli et al. (2001 mittels fMRI) sogar die gegenteiligen Effekte berichteten: Höhere Aktivität im rechten Temporallappen bei extravertierten Personen, allerdings nur nach Darbietung positiv besetzter Reize (Bilder) im Vergleich zu negativen Stimuli.

Obwohl die Befundlage zur Bedeutung (anteriorer) temporaler Strukturen für die E/I- Dimension derzeit noch nicht eindeutig ist, wird wiederum durch klinische Beobachtungen an Patienten mit Schädigung dieser Bereiche eine Beziehung zur Extraversion sehr deutlich nahe gelegt: Die wesentlichen Beeinträchtigungen betreffen den Bereich des Sozialverhaltens, im Besonderen dann, wenn der rechte Temporallappen von der Schädigung betroffen ist (Miller et al., 1999).

Limbisches System

Die derzeit verfügbaren bildgebenden Verfahren stellen zwar eine beeindruckende Leistung moderner Technik dar, sind jedoch noch immer mit einer Reihe von Beschränkungen in versuchsmethodischer Hinsicht verbunden; erstens ist der zeitliche und finanzielle Aufwand groß, weshalb in den meisten Studien nur eine geringe Zahl an Personen untersucht wurde, was gerade für die Analyse interindividueller Unterschiede ein besonderes Problem darstellt. Und zweitens sind die Möglichkeiten im Hinblick auf die Komplexität der Versuchsanordnung, die Art der Reizdarbietung etc. stark reduziert. Dennoch ist es mit diesen Verfahren erstmals möglich geworden, Aktivität und Veränderungen der Aktivität in allen Regionen des Gehirns zu untersuchen, während sich EEG-Studien im Wesentlichen auf die kortikale Aktivierung beschränken mussten.

Derzeit liegen nur wenige, im Hinblick auf Größe und Art der Stichprobe eingeschränkte und auch bezüglich der verwendeten Techniken nicht ganz vergleichbare Studien vor, die mit Hilfe bildgebender Verfahren durchgeführt wurden. Dennoch sind die Ergebnisse weitgehend konsistent im Hinblick auf einen höchst bemerkenswerten Befund: Nicht für den Neurotizismus (wie das Eysenck postuliert hatte), wohl aber für die Extraversion finden sich signifikante Beziehungen zur Aktivierung verschiedener Strukturen des Limbischen Systems.

a) Kortikale Strukturen des Limbischen Systems: Gyrus cinguli

Unter Verwendung der SPECT-Technik untersuchten Ebmeier et al. (1994) an insgesamt 51 Personen einerseits Persönlichkeitsvariablen (mit Hilfe des EPQ) und andererseits die Durchblutung in 24 verschiedenen, durch zwei horizontale Schnitte definierten Bereichen des Gehirns. Um der Überlegung Rechung zu tragen, dass die interessierenden Regionen in ihrer Aktivität nicht völlig unabhängig voneinander sind, wurden mit Hilfe einer Faktorenanalyse der 24 Variablen schließlich vier (schiefwinkelig rotierte) Faktoren extrahiert, welche verschiedene Konfigurationen des Blutflusses beschreiben und als vier verschiedene „funktionale Systeme" des Gehirns interpretiert wurden. Die Interkorrelation der jeweiligen Faktorskores mit den drei erhobenen Persönlichkeitsvariablen ergab ein einziges signifikantes Ergebnis: je höher die Extraversion, desto stärker die Durchblutung in jenem funktionalen System, das durch (anteriore und posteriore) Regionen des Gyrus cinguli (siehe dazu die Abbildung 2.29) faktorenanalytisch abgebildet wurde. Damit konnte ein Befund aus einer der ersten, mittels PET durchgeführten Studien zu persönlichkeitsrelevanten Strukturen des Gehirns bestätigt werden: Auch Haier et al. (1987) hatten Unterschiede in der Durchblutung des Cingulums zwischen extravertierten und introvertierten Personen registriert, allerdings in einer Stichprobe, die vorwiegend aus Patienten mit einer generalisierten Angststörung bestand, was die Interpretation der Ergebnisse natürlich entsprechend einschränkt.

Neueste Arbeiten zu dieser Thematik erbrachten eine zumindest teilweise Bestätigung dieser Befunde: Während Fischer et al. (1997; PET) keine Korrelation zwischen der Aktivität in diesen medialen kortikalen Anteilen des limbischen Systems und der Extraversion finden konnten, berichteten Johnson et al. (1999) eine beidseitig erhöhte Aktivität (mittels PET) für die anteriore Region des Gyrus cinguli; darüber hinaus konnten Sugiura et al. (2000) in einer SPECT-Untersuchung zumindest für die anteriore Region der linken Hemisphäre eine erhöhte Aktivität nachweisen, allerdings nur im Hinblick auf das (mit der EPQ-E Skala hoch positiv korrelierte) Konstrukt Novelty Seeking (erfasst mit dem TPQ; Cloninger, 1986, 1987), während Canli et al. (2001) mittels fMRI einen ähnlichen Effekt für die Extraversion (erfasst mit dem NEO-FFI) fanden, allerdings nur für den Gyrus cinguli in der rechten Hemisphäre und bei Darbietung emotional positiv besetzter Bilder.

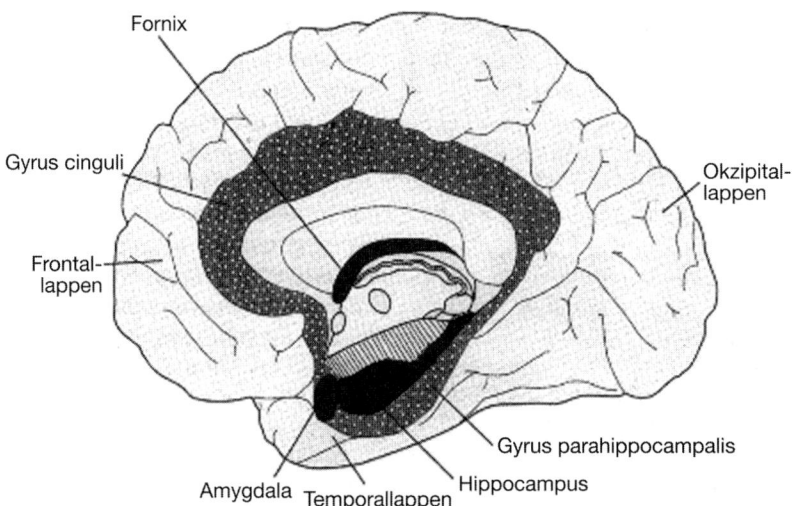

Fornix

Gyrus cinguli

Okzipital-
lappen

Frontal-
lappen

Gyrus parahippocampalis

Amygdala Temporallappen Hippocampus

Abbildung 2.29: Kortikale Strukturen des Limbischen Systems (punktiert): Gyrus cinguli und Gyrus parahippocampalis.

Dieser letztgenannte Befund ist jedoch deshalb besonders interessant, weil den anterioren Anteilen des Gyrus cinguli – neben der Beteiligung an emotionalen Prozessen – auch eine wesentliche Rolle bei der Steuerung von Aufmerksamkeitsprozessen zukommt. Und gerade im Hinblick auf Kontrolle und Steuerung der Aufmerksamkeit liegen sehr konsistente Befunde vor, welche auf bessere Leistungen von introvertierten im Vergleich zu extravertierten Personen hinweisen, vor allem in Vigilanzaufgaben (z.B. Matthews, 1992).

Im Rahmen der (im Abschnitt ‚Extraversion: Reizevozierte Potentiale‘ ausführlicher behandelten) Kontrolltheorie der Aktivierung (Hockey, 1988; M. W. Eysenck, 1988) wird ein zentrales Kontrollsystem postuliert, welches das Aktivierungsniveau an die Erfordernisse in einer bestimmten Aufgabensituation anpasst und damit die optimale Bewältigung begünstigt. Dieses Kontrollsystem könnte möglicherweise in jenen vorderen Regionen des Gyrus cinguli, welche als wesentliches Zentrum eines „exekutiven Aufmerksamkeitsnetzwerkes" angesehen werden (Pardo et al., 1990; Posner & Petersen, 1990; Posner & Dehaene, 1994), gelegen sein. Und neueste Ergebnisse von Untersuchungen mit bildgebenden Verfahren bestätigen die Vermutung, dass an einem (vorwiegend in der rechten Gehirnhälfte aktiven und mehrere Strukturen des Gehirns umfassenden) Netzwerk zur kognitiven, willentlichen Kontrolle der Wachsamkeit der vordere Gyrus cinguli maßgeblich beteiligt ist (Sturm et al., 1999).

Eine derartige Interpretation müsste allerdings auch eine Erklärung

dafür einschließen, dass die durch eine geringere Effizienz ihres Kontrollsystems charakterisierten Extravertierten eine höhere Durchblutung im
Bereich des vorderen Cingulums aufweisen. Ein neues theoretisches
Konzept in der Intelligenzforschung, das der so genannten ‚neural efficiency' (siehe den Abschnitt über ‚Intelligenz und kognitive Prozesse'), könnte möglicherweise einen Erklärungsansatz dafür liefern: Die Annahme,
dass höher intelligente Personen ihr Gehirn in effizienterer Weise nutzen
und dabei weniger Aufwand und Energie verbrauchen, d.h. eine weniger
starke (kortikale) Aktivierung bzw. Durchblutung zeigen, könnte auch auf
die Funktion eines exekutiven Aufmerksamkeitsnetzwerkes mit Beteiligung des Cingulums übertragen werden – Introvertierte würden das effizientere Kontrollsystem besitzen und deshalb eine geringere Durchblutung
aufweisen. Da in allen bisherigen Studien mit bildgebenden Verfahren
aber keinerlei Leistungsanforderungen an die untersuchten Personen
gestellt bzw. nicht mit den Aktivierungsdaten in Beziehung gesetzt wurden, kann eine Bewertung dieser Annahme erst in zukünftigen Untersuchungen erfolgen.

b) Subkortikale Strukturen: Interaktion von Septum und Amygdala?

Bemerkenswert dazu ist zunächst, dass Tierexperimente und klinische
Fallstudien Hinweise auf eine antagonistische Beziehung von Septum und
Amygdala (siehe Abbildung 2.6 und 2.30) im Hinblick auf die Steuerung
des Bedürfnisses nach Sozialkontakten erbracht hatten. In neuesten Studien unter Verwendung bildgebender Verfahren konnte nun auch eine
erste Bestätigung dafür gefunden werden, zumindest für eine Beziehung
zwischen Amygdala und Extraversion: Johnson et al. (1999) konnten in
einer PET-Studie zeigen, dass eine erhöhte Durchblutung in der (linken)
Amygdala mit einem erhöhten Ausmaß an Extraversion (gemessen mit
dem NEO-PI-R) in Beziehung stand. Da diese Untersuchung unter Ruhebedingungen (die VersuchsteilnehmerInnen hatten während der Messung
keine Aufgabe zu bewältigen, die Augen waren geschlossen) erzielt wurde, könnte dieses Ergebnis als Hinweis auf eine habituell erhöhte Aktivierung der Amygdala bei extravertierten Personen interpretiert werden.
    Dass aber auch in subkortikalen Regionen funktionale Asymmetrien
gegeben sind, und zwar in Abhängigkeit von der emotionalen Valenz der
Stimuli und dem individuellen Ausprägungsgrad der Extraversion, ist ein
gänzlich neuer und sowohl für die Weiterentwicklung persönlichkeits-
theoretischer Ansätze als auch für ein besseres Verständnis der Funktionen
der Amygdalae ganz wesentlicher Befund. Canli und MitarbeiterInnen
(Canli et al., 2002) registrierten (mittels fMRI) Veränderungen der Aktivierung in beiden Amygdalae während der Darbietung von Gesichtern mit
neutralem und emotionalem Gesichtsausdruck (fröhlich, ängstlich, ver-
ärgert und traurig).

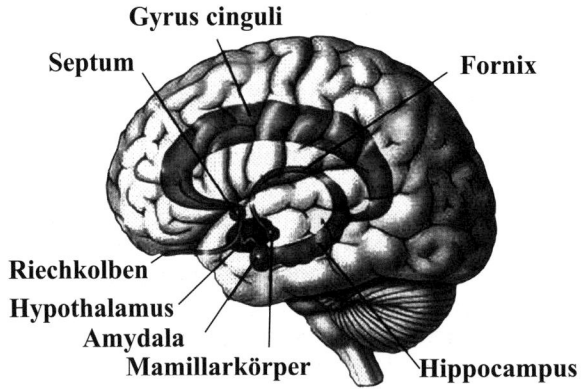

Abbildung 2.30: Strukturen des Limbischen Systems: Septum und Amygdala.

Dabei zeigte sich neben einer beidseitigen Aktivierung auf Gesichter mit ängstlichem Ausdruck eine ausschließlich rechtsseitige Aktivierung auf fröhliche Gesichter, wobei das Ausmaß der Aktivierung mit dem Ausprägungsgrad der Extraversion (NEO-FFI) signifikant korreliert war. Dieser sehr bemerkenswerte Befund einer lateralisierten Beziehung zwischen der Verarbeitung emotional positiver Reize und der Extraversion im Hinblick auf die Aktivierung einer zentralen Struktur des limbischen Systems ist in Form eines Streudiagramms in Abbildung 2.31 dargestellt. Bezüglich der übrigen Emotionsqualitäten bzw. Persönlichkeitsmerkmale zeigten sich keine signifikanten Beziehungen.

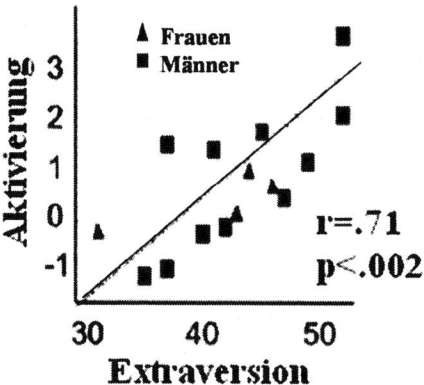

Abbildung 2.31: **Streudiagramm und Koeffizient der Korrelation zwischen Extraversion und Aktivierung der rechten Amygdala (nach Canli et al., 2002).**

Diese Befunde könnten dennoch im Hinblick auf verschiedene Teilaspekte/Facetten extravertierten Verhaltens bedeutsam sein:

- Erstens sind die Basalganglien an der Verarbeitung von Information zur Planung und Auslösung selbsteingeleiteter Bewegungen beteiligt (Kandel et al., 1996) und könnten deshalb mit der erhöhten Aktivität und motorischen Impulsivität von Extravertierten in Beziehung stehen;
- zweitens sind die Basalganglien Teil des dopaminergen Systems im menschlichen Gehirn, welches als ein wesentliches biologisches Substrat extravertierten Verhaltens, im Besonderen aber auch als Grundlage für eine positive emotionale Befindlichkeit gesehen wird (Depue & Collins, 1999; Ashby et al., 1999; Rammsayer, 2000);
- und drittens könnte den Basalganglien (aufgrund ihrer Verbindung zum visuellen Kortex) auch eine Bedeutung im Hinblick auf die vielfach nachgewiesenen Unterschiede in (visuellen) Vigilanzleistungen zwischen Introvertierten und Extravertierten zukommen.

2.2.2.3 Reizevozierte Potentiale

Wie aus mehreren Überblicksarbeiten (Eysenck, 1994; Stelmack & Geen, 1992; Stelmack & Houlihan, 1995; Zuckerman, 1991) deutlich wird, ist die Befundlage vor allem zu den mittleren Komponenten des evozierten Potentials ähnlich inkonsistent wie im Hinblick auf die EEG-Hintergrundaktivität: Die Ergebnisse variierten je nach Versuchs- und Stimulationsbedingung, und selbst unter weitgehend vergleichbaren Bedingungen konnte der von der Aktivierungstheorie der Extraversion postulierte Effekt höherer Amplituden für introvertierte Personen nicht immer repliziert werden. Die wenigen positiven Resultate gehen jedoch in die erwartete Richtung: Die größere Sensibilität bzw. Reaktivität von Introvertierten auf externe Stimulation (in allen Sinnesmodalitäten und in allen Intensitätsbereichen; siehe dazu Stelmack, 1997) geht auch mit höheren Amplituden im sensorisch evozierten Potential einher. Eine weitere Bestätigung dieses Zusammenhanges wurde in jüngster Zeit von Doucet & Stelmack (2000) erbracht. Da die Auswertung aber sehr selektiv vorgenommen wurde, d.h. die Amplituden nur für die N1-Komponente, nur für Fz und nur für eine (von zwei) Aufgaben bestimmt wurden, lässt sich über die Generalisierbarkeit des Effekts (auf andere Ableitstellen und Aufgabentypen) nur wenig sagen. Und für andere Komponenten (N2) und für andere Versuchsbedingungen, so z.B. bei Darbietung von emotional besetzten Reizen, konnten sogar gegenteilige Effekte beobachtet werden, d.h. höhere N2-Amplituden für extravertierte Personen (Bartussek et al., 1993). Die entsprechenden Ergebnisse wurden im Abschnitt zur ‚Reinforcement-Sensitivität' bereits dargestellt.

2.2.2.3.1 Augmenting/Reducing

Die gebräuchliche Bezeichnung der mittleren Komponenten des evozierten als exogenes oder sensorisch evoziertes Potential bringt zum Ausdruck, dass seine Ausbildung primär durch Stimuluscharakteristika beeinflusst wird, und zentrale Regulationsmechanismen dabei keine Rolle spielen. Dennoch konnte in Untersuchungen gezeigt werden, dass auch im Hinblick auf die Verarbeitung einfacher Reizmerkmale, im Besonderen bezüglich der Intensität von Reizen, individuelle Unterschiede gegeben sind, welche mit verschiedenen Persönlichkeitsmerkmalen in Verbindung stehen könnten.

Erste Untersuchungen dazu bezogen sich auf ein bestimmtes Wahrnehmungsphänomen (den so genannten kinästhetischen figuralen Nacheffekt; Petrie, 1960) und wurden in der Folge mit Hilfe sensorisch evozierter Potentiale im EEG durchgeführt (Buchsbaum & Silverman, 1968). Dabei wurde der Zusammenhang zwischen der Intensität von Reizen und der Amplitude verschiedener Komponenten des evozierten Potentials für je eine Person bestimmt: Zeigte sich dabei mit zunehmender Reizstärke auch ein Anstieg der Amplituden, wurde eine derartige, positive monotone Beziehung als ,augmenting' (engl. Zunahme) bezeichnet. Bei anderen Personen hingegen zeigte sich ab einer gewissen Reizintensität keine weitere Zunahme der Amplitudenhöhe, sondern ein Gleichbleiben bzw. sogar eine Reduktion in der Höhe der entsprechenden Komponenten, was als ,reducing' (engl. Abnahme) bezeichnet wurde. Als Maß für die Stärke der Reaktion im EP werden dabei entweder die Amplituden für einzelne Komponenten (z.B. die Differenz zwischen Baseline und N1) oder häufiger noch die Differenz zwischen zwei aufeinander folgenden Komponenten (z.B. die Differenz $P1 - N1$ bzw. $N1 - P2$) verrechnet. Der intensitätsabhängige Verlauf wird sodann durch die Steigung der Geraden (d.h. den nach der Methode der kleinsten Quadrate bestimmten Regressionskoeffizienten) charakterisiert. In Abbildung 2.32 sind die mittleren EP-Amplituden (P1–N1) zweier Personengruppen dargestellt, die jeweils eine sehr ausgeprägte Augmenting- bzw. Reducing-Reaktion zeigen (mit positivem bzw. negativem Steigungskoeffizienten).

Dieses Phänomen der individuell unterschiedlichen Modulation von Reizintensitäten wurde als Ausdruck eines zentralen Regulationsmechanismus angesehen, der die Stimulation des Kortex durch externe Reize kontrolliert: Eine Reduktion der Amplituden bei zunehmender Reizintensität wurde – in Anlehnung an Pawlow (1927) – als Folge einer ,Transmarginalen Inhibition' interpretiert, welche das Zentralnervensystem vor übermäßiger Stimulation durch sehr intensive Reize schützen soll (Zuckerman, 1986). Demnach sind ,Reducer' Personen, die hoch sensitiv auf Außenreize reagieren (und auch durch niedrigere Wahrnehmungsschwellen charakterisiert sind), und zwar aufgrund eines habituell höheren Erregungsniveaus; deshalb sollten sie – auf dem Hintergrund der Aktivierungstheorie der Persönlichkeit von Eysenck – eher introvertiert sein, aber auch geringere Werte in Tests zur Stimulationssuche und zur Impulsivität aufweisen.

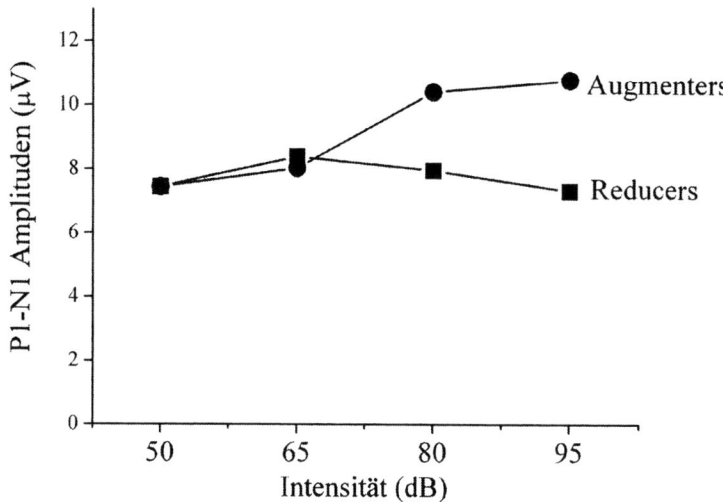

Abbildung 2.32: P1-N1-Amplituden als Funktion der Lautstärke von Tönen bei Personen mit Augmenting- oder Reducing-Reaktion (nach Zuckerman et al., 1988).

In entsprechenden Untersuchungen zur Extraversion wurden denn auch positive Beziehungen zwischen Augmenting und Extraversion bzw. Reducing und Introversion beobachtet (Soskis & Shagass, 1974; Friedman & Meares, 1979; Stenberg et al., 1988). Allerdings ist die Befundlage zu diesem für die Persönlichkeitspsychologie vermutlich sehr relevanten Phänomen keinesfalls eindeutig, es finden sich in der Literatur auch gegenteilige Befunde, was die Beziehung zwischen A/R und Extraversion betrifft, d.h. Reducing bei extravertierten Personen (z.B. Haier et al., 1984; Stenberg et al., 1990b).

Auf dem Hintergrund inkonsistenter Ergebnisse wurde in einer Vielzahl von Untersuchungen eine ganze Reihe von Randbedingungen und moderierenden Variablen identifiziert, welche die Ergebnisse in unterschiedlichster Weise beeinflussen können; den Parametern der Versuchssituation dürfte dabei eine wesentliche Bedeutung zukommen, wie zum Beispiel dem Intensitätsbereich der dargebotenen Reize, der Länge des Interstimulusintervalls, aber auch der Reizmodalität: So konnten Beziehungen zwischen dem (intensitätsabhängigen) Verlauf der evozierten Potentiale und der Extraversion selbst an ein und derselben Gruppe von Personen zum Beispiel nur für visuelle, nicht aber für akustische Stimuli nachgewiesen werden (Stenberg et al., 1988). Noch bemerkenswerter und – im Hinblick auf ein theoretisches Verständnis des Phänomens – verwirrender sind jedoch topographische Unterschiede: So konnten Connolly und Gruzelier (1982) zeigen, dass anhand des (visuell evozierten) Vertex-Potentials als

Augmenter klassifizierte Personen sich im okzipital abgeleiteten Potential als Reducer darstellten und umgekehrt, ein Befund, der auch in weiteren Untersuchungen beobachtet werden konnte (z.B. Stenberg et al., 1988). Entsprechende Potentialverläufe sind am Beispiel von zwei Elektrodenpositionen in Abbildung 2.33 illustriert.

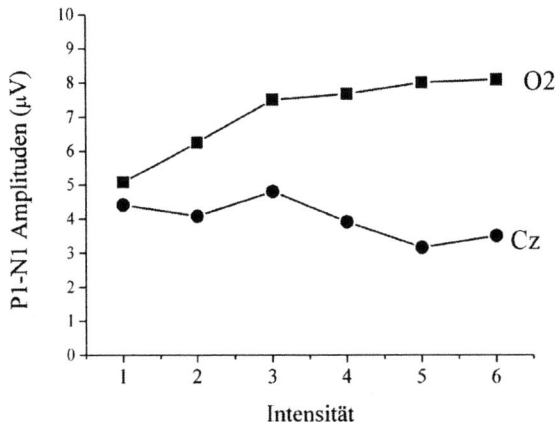

Abbildung 2.33: Anhand von P1-N1-Amplituden am Vertex (Cz) klassifizierte Reducer zeigen gegenteilige Potentialverläufe für die Intensitätsabhängigkeit der entsprechenden Amplituden in der Okzipitalregion (O2); nach Connolly und Gruzelier (1982).

Derartige, je nach Ableitposition gegensätzliche Potentialverläufe sind auf dem Hintergrund der Eyssenckschen Aktivierungstheorie nicht interpretierbar: Die als Grundlage des Augmenting/Reducing-Phänomens postulierten, über das ARAS vermittelten individuellen Unterschiede in der zentralnervösen Aktivierung sollten in allen Regionen des Kortex gleichermaßen gegeben sein und damit auch das Ausmaß der bei zentralnervös höher aktivierten Personen bereits bei geringeren Reizintensitäten einsetzenden Transmarginalen Hemmung. Aus diesem Grund schlugen Stenberg und Mitarbeiter (Stenberg et al., 1988; 1990b) einen alternativen Erklärungsansatz vor, der erstens den über unterschiedlichen kortikalen Regionen erfassten Potentialen auch unterschiedliche funktionale Bedeutung zuschreibt, und zweitens die zwischen Extravertierten und Introvertierten beobachteten Unterschiede auf unterschiedliche Strategien in der Reizverarbeitung und im Besonderen in der Ausrichtung der Aufmerksamkeit zurückführt.

    Dieser letztgenannte Aspekt wird in einer Untersuchung besonders deutlich, in welcher die Aufmerksamkeitsausrichtung (durch Beachtung

der dargebotenen visuellen Reize bzw. Nicht-Beachtung in einer Ablenk-
bedingung) manipuliert wurde (Stenberg et al., 1990b). In Abbildung 2.34
ist der intensitätsabhängige Verlauf von (im Hinblick auf den Einfluss von
Augenartefakten korrigierten) Vertex-Amplituden für eine frühe negative
Komponente des visuell evozierten Potentials (N120) für introvertierte
und extravertierte Personen getrennt dargestellt.

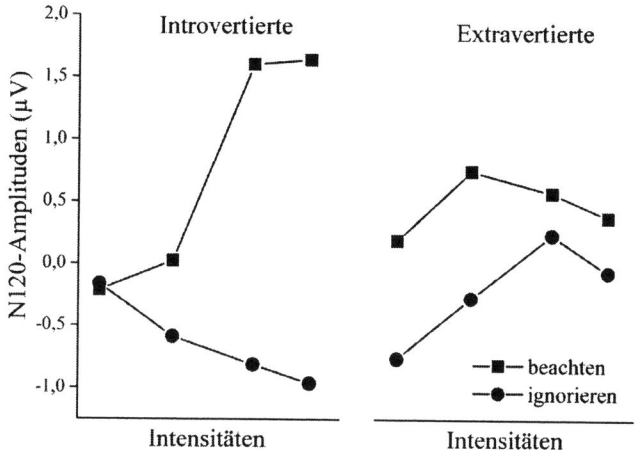

**Abbildung 2.34: N120-Amplituden (standardisierte Werte) am Vertex
in Abhängigkeit von Reizintensität und Versuchsbedingung für Introvertierte und Extravertierte
(nach Stenberg et al., 1990b).**

Während Extravertierte bei Beachtung der Reize zwar höhere Werte
zeigen als bei Nicht-Beachtung, ist der Verlauf über die Reizintensitäten
hinweg weitgehend ähnlich und in beiden Fällen als Reducing-Reaktion zu
klassifizieren. Deutlich anders hingegen der Einfluss der Aufmerksamkeitsausrichtung bei Introvertierten: eine massive Augmenting-Reaktion
bei Zuwendung zu bzw. eine merkliche Reducing-Reaktion bei Abwendung von den dargebotenen Reizen.

Für eine vergleichbare EP-Komponente (N140), über okzipitalen Re-
gionen abgeleitet, ergab sich hingegen kein differentieller Einfluss der
Aufmerksamkeit, aber wiederum zeigten die Extravertierten eine – im
Vergleich zur Vertex-Amplitude noch deutlichere – Reducing-Reaktion.

Diese für ein besseres Verständnis des Augmenting/Reducing-Phä-
nomens sehr bemerkenswerten Ergebnisse lassen sich ganz offensichtlich
nicht mit habituellen, den gesamten Kortex umfassenden Aktivierungsunterschieden zwischen extravertierten und introvertierten Personen erklären. Die von Stenberg und Mitarbeitern (Stenberg et al., 1990b) vor-

geschlagenen Erklärungsansätze betreffen erstens den in der Untersuchung nachgewiesenen Umstand, dass Introvertierte relativ stärkere EEG-Reaktionen im Okzipitalbereich zeigten, Extravertierte hingegen am Vertex. Dieser Befund wurde dahingehend interpretiert, dass Introvertierte stärker auf die Reizanalyse ausgerichtet sind, während Extravertierte ein höheres Maß an motorischer Reaktionsbereitschaft entwickeln. Und zweitens werden die beträchtlichen Unterschiede in den intensitätsabhängigen Verläufen der evozierten Potentiale zwischen extra- und introvertierten Personen je nach experimenteller Bedingung (Beachtung/Nicht-Beachtung der Stimuli) als Ausdruck einer stärker fokussierten Aufmerksamkeitsausrichtung der Introvertierten interpretiert.

Diese sehr bemerkenswerten Ergebnisse von Stenberg und Mitarbeitern könnten möglicherweise aber auch auf dem Hintergrund des von Brocke und Mitarbeitern (Brocke et al., 1996; Brocke et al., 1997) vorgeschlagenen Modells einer differentiellen Effort-Reaktivität erklärt werden (siehe dazu den folgenden Abschnitt).

Neben den Einflüssen von Versuchssituation, Reizmodalität und Ableitposition gibt es aber auch Hinweise darauf, dass auch das Geschlecht ein differenzierendes Merkmal darstellt: So zum Beispiel beobachteten Schwerdtfeger & Baltissen (1999) in einer Gruppe von männlichen, anhand eines Fragebogens als Reducer klassifizierten Personen die erwartete Abnahme der Potentialamplituden von der zweithöchsten zur höchsten Intensitätsstufe, bei weiblichen Reducern hingegen zeigte sich ein deutlicher Anstieg derselben.

2.2.2.3.2 P300-Amplituden

In einer Reihe von Studien, welche den Zusammenhang zwischen Extraversion und P300-Komponenten untersucht haben, wurden (mit ganz wenigen Ausnahmen: Brebner, 1990; Doucet & Stelmack, 2000) keine Unterschiede in den Latenzen gefunden. Hingegen fand sich im Hinblick auf die P300-Amplituden ein stabiles und mehrfach repliziertes Ergebnis: Introvertierte zeigten signifikant höhere P300-Amplituden als Extravertierte (Wilson & Languis, 1990; Ditraglia & Polich, 1991; Ortiz & Maojo, 1993; Brocke et al., 1996).

Dass Introvertierte höhere P300-Amplituden aufweisen als Extravertierte, und dass sie ganz allgemein in Vigilanzaufgaben die besseren Leistungen erbringen können, wurde – auf dem Hintergrund von Eysencks Aktivierungstheorie der Persönlichkeit – dahingehend interpretiert, dass Introvertierte aufgrund ihrer höheren kortikalen Erregung einen höheren Grad an Wachsamkeit sowie eine höhere Kapazität bei der Verarbeitung von Reizen aufweisen und ihre kognitiven Ressourcen auch besser nützen können. Für das Auftreten dieses Effektes sind allerdings gewisse Randbedingungen erforderlich, so zum Beispiel:

- die Komplexität der dargebotenen Reize bzw. das Ausmaß der kognitiven Anforderungen sollte nicht zu hoch sein;
- die verwendeten Reize sollten keine emotionalen Reaktionen auslösen;

- den VersuchsteilnehmerInnen sollte zur Bewältigung der Aufgabe über längere Zeit hindurch eine erhöhte Aufmerksamkeit abverlangt werden.

Waren diese Randbedingungen in entsprechenden Untersuchungen nicht gegeben, zeigten sich entweder keine Unterschiede in den P300-Amplituden zwischen introvertierten und extravertierten Personen, oder sogar höhere Amplituden für die Extravertierten. Solche abweichenden Befunde können allerdings im Rahmen der Aktivierungstheorie nur noch schwer (d.h. mit vielen Zusatzannahmen) oder überhaupt nicht mehr interpretiert werden.

Um auch derartige, je nach Randbedingung gegensätzliche Ergebnisse interpretieren zu können, wurde von Brocke und Mitarbeitern ein weitergehender, sehr differenzierter und systematischer Erklärungsansatz vorgeschlagen und in einer Reihe von spezifischen Untersuchungen auch empirisch untermauert (Brocke et al., 1996; Brocke et al., 1997). Grundlage dafür war die von Hockey (1988) und M. W. Eysenck (1988) vorgeschlagene Kontrolltheorie der Erregung: Dabei wurde angenommen, dass Introvertierte besser in der Lage sind, ihr individuelles Erregungsniveau an die jeweiligen situativen Bedingungen anzupassen als Extravertierte, wobei eine im Hinblick auf die Bewältigung einer Aufgabe zu geringe oder zu hohe Erregung über ein zentrales Kontrollsystem (M.W. Eysenck, 1982) kompensiert wird, welches bei Introvertierten effizienter ist als bei Extravertierten. Der wesentliche Ansatz von Brocke und Mitarbeitern besteht nun darin, dieses zentrale Kontrollsystem mit Bezug auf neuropsychologisch orientierte Modelle der Aufmerksamkeitssteuerung (Pribram & McGuiness, 1975; Sanders, 1983) erstens näher zu spezifizieren und zweitens mit Bezug auf entsprechende Hypothesen (Pribram & McGuiness, 1975; Mulder, 1986) psychophysiologische Indikatoren zu identifizieren, welche die Aktivität dieses Systems abbilden.

Das Kontrollsystem ist so konzipiert, dass zwei basale Prozesse der Reizaufnahme (‚arousal system') sowie der Vorbereitung motorischer Reaktionen (‚activation system') durch einen übergeordneten Mechanismus kontrolliert werden, der als ‚effort system' bezeichnet wird; ein Regulationssystem, welches – neben der kompensatorischen Kontrolle der basalen Prozesse – vor allem die auf der Bewusstseinsebene auflaufenden, mit willentlicher Anstrengung verbundenen Vorgänge der Bewertung, Verarbeitung und Einprägung von Information, die Auswahl von Antwortalternativen etc. steuert. Als psychophysiologische Indikatorvariablen für das Effort-System wurden von Brocke und Mitarbeitern verschiedene peripher-physiologische Parameter, der Anteil von Theta-Aktivität im Hintergrund-EEG, vor allem aber die Amplitude der P300-Komponente angesehen. Wesentlich dabei ist, dass einerseits eine positive Beziehung zwischen Amplitude und Effort für die zum Beispiel in einer odd-ball-Aufgabe erforderlichen Vergleichs- und Bewertungsprozesse postuliert wurde. Und andererseits aber wurde (aufgrund vieler Befunde zum Einfluss von Aufgabenanforderungen auf die P300-Komponente) eine zweite, inverse Beziehung dahingehend formuliert, dass jeder zusätzlich erforderliche Aufwand sowohl für die auf der Bewusstseinsebene ablaufende

Informationsverarbeitung als auch für die kompensatorische Kontrolle basaler Prozesse eine Reduktion der Amplituden zur Folge hat (jede Verringerung der noch verfügbaren Ressourcen führt zu einer Verringerung der Amplituden; ‚resource trade-off').

Dem entsprechend wurde in mehreren Untersuchungen die Hypothese einer unterschiedlichen Fähigkeit von Introvertierten und Extravertierten geprüft, das individuelle Erregungsniveau an die jeweiligen situativen Bedingungen anzupassen (‚differentielle Effort-Reaktivität'). Dabei konnte erstens der bereits bekannte Befund höherer P300-Amplituden für introvertierte im Vergleich zu extravertierten Personen in Vigilanzaufgaben mit oddball-Paradigma sowohl für akustische wie auch für visuelle Reize bestätigt werden (Brocke et al., 1996). Darüber hinaus aber wurden zweitens spezifische Vorhersagen über die unterschiedliche Wirkung von belastenden Zusatzreizen (weißes Rauschen mit 40 und 60 db SPL) auf die P300-Amplituden von Extravertierten und Introvertierten getroffen und empirisch überprüft. Durch eine effizientere Nutzung des zentralen Kontrollsystems, d.h. durch eine ‚top-down' Regulation der Erregung sind Leistungssituationen mit geringer, aber auch mit mittlerer Reizbelastung für Introvertierte im Vergleich zu Extravertierten – trotz ihrer an sich höheren Erregbarkeit – im Hinblick auf den erforderlichen Effort angemessener, weshalb ihre P300-Amplituden höher ausfallen. Mit weiter steigender Zusatzbelastung ist die erforderliche kompensatorische Anstrengung bei Introvertierten aufgrund ihrer höheren Erregbarkeit deutlich höher als bei Extravertierten, was zu einer deutlich stärkeren Verringerung der Amplituden bei introvertierten Personen führen sollte. Das Erregungsniveau von Extravertierten hingegen wird primär durch die externe Stimulation bestimmt (‚bottom-up' Regulation), weshalb für extravertierte Personen eine hohe Belastung durch Zusatzreize in einer Vigilanzaufgabe weniger zusätzlichen Effort (als Gegenregulation für eine zu hohe Aktivierung) bedeutet, was wiederum höhere Amplituden der P300-Komponente erwarten lässt. Die entsprechenden Ergebnisse sind in Abbildung 2.35 dargestellt.

Diese Ergebnisse der Untersuchung von Brocke et al. (1997) zeigen die erwartete signifikante Interaktion zwischen Persönlichkeit und Zusatzbelastung im Hinblick auf die P300-Amplituden.

Introvertierte und Extravertierte weisen in der für sie jeweils „angemessenen", d.h. hinsichtlich ihrer Erregbarkeit und der Effizienz ihres zentralen Kontrollsystems optimalen Stimulationsbedingung die jeweils höchsten Amplituden auf: Introvertierte bei mäßiger (40 dB), Extravertierte bei starker Rauschbelastung (60 dB). Der in vielen Untersuchungen beobachtete Befund höherer Amplituden bei Introvertierten zeigt sich demnach nur (als nicht-signifikanter Trend) ohne und mit mäßig lauter Zusatzstimulation, im Fall der maximalen Rauschbelastung (von 60 dB) sind die P300- Amplituden bei Introvertierten sogar signifikant niedriger als bei Extravertierten. Der kontinuierliche Anstieg der Amplituden extravertierter Personen weist auf eine Abnahme der erforderlichen Anstrengung (im Vergleich zu den Introvertierten) hin, da ein höheres Stimulationsniveau eine effizientere bottom-up-Regulation des für die Vigilanzaufgabe erforderlichen Erregungsniveaus zur Folge hat.

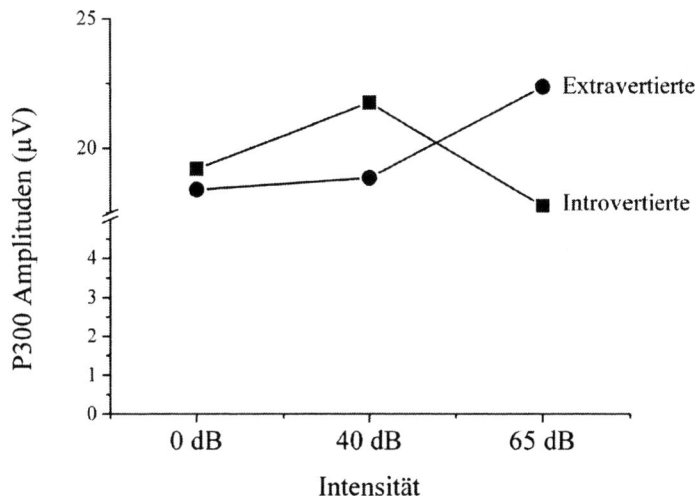

**Abbildung 2.35: P300-Amplituden auf visuelle Reize je nach akusti-
scher Zusatzstimulation für Introvertierte und Extravertierte (nach Brocke et al., 1996).**

Die von Brocke und Mitarbeitern weiterentwickelte Form der Kontrolltheorie der Erregung ist deshalb besonders bemerkenswert, weil damit

- erstens eine Interpretation bisheriger und inkonsistenter Befunde zur
  P300 möglich wird;
- zweitens werden auch Persönlichkeitsunterschiede in anderen Akti-
  vierungsparametern und Leistungsmaßen besser interpretierbar, als das
  im Rahmen der Aktivierungstheorie der Persönlichkeit möglich ist;
- und schließlich eröffnet dieses Paradigma auf dem Hintergrund einer
  erweiterten Kontrolltheorie auch die Möglichkeit, spezifische Aussagen
  über das für eine oder mehrere Personen „optimale" Erregungsniveau
  bzw. eine Quantifizierung der „arousal-spezifischen situativen Erregungsfaktoren" (siehe dazu Brocke & Battmann, 1985) vorzunehmen.

Allerdings sind im Hinblick auf die Beziehung zwischen P300-Kompo-
nente und Extraversion noch weitere Fragen offen; sie betreffen zum
Beispiel

- mögliche Interaktionen mit dem Geschlecht: In einzelnen Arbeiten
  wurden signifikante Geschlechtseffekte berichtet (z.B. Cahill & Polich,
  1992), oft aber konnten derartige Effekte gar nicht geprüft werden, weil
  die Stichprobe nur aus Frauen bestanden hatte (Stelmack et al., 1993;
  Doucet & Stelmack, 2000);

- zweitens wurde die Variable Neurotizismus zwar öfters mit erhoben, eine mögliche Wechselwirkung aber (aufgrund einer zu kleinen Stichprobe) zumeist nicht explizit (in einem Quadranten-Design z.B.) überprüft.

2.2.2.3.3 Periphere Reizverarbeitung und Extraversion: Hirnstammpotentiale und Reflex-Aktivität

Unter Hirnstammpotentialen versteht man eine Serie von insgesamt sieben (frühen) Komponenten (I-VII) des akustisch evozierten Potentials, welche in den ersten 10 msec nach Reizdarbietung auftreten und eine beachtliche Stabilität bzw. Replizierbarkeit besitzen (siehe Abbildung 2.5). Sie sind Ausdruck der Reizverarbeitung im akustischen System und repräsentieren neuronale Aktivität auf den unterschiedlichen hierarchischen Ebenen, und zwar vom Hörnerv bis hin zur ersten Aktivierung des primären akustischen Kortex. Ausgewertet werden dabei vor allem die Latenzen der einzelnen Komponenten, aber auch die zeitlichen Differenzen zwischen dem Auftreten der einzelnen Komponenten, und zwar als Indikatoren für die Effizienz bzw. Leitungsgeschwindigkeit einzelner Abschnitte in diesem System.

Auf dem Hintergrund der Eysenckschen Aktivierungstheorie wurden auch Zusammenhänge zwischen diesen Hirnstammpotentialen und der Extraversion vermutet, da einzelne Abschnitte der Hörbahn parallel zum aufsteigenden retikulären Aktivierungssystem verlaufen und auch wechselseitig miteinander verschaltet sind. Von besonderem Interesse dabei war die Komponente V, da sie vermutlich die Aktivität in den Colliculi inferiores des Mittelhirns abbildet. In mehreren Untersuchungen konnte dazu gezeigt werden, dass Introvertierte tatsächlich eine kürzere Latenz dieser Komponente aufwiesen als Extravertierte, aber auch eine insgesamt höhere Übertragungsgeschwindigkeit zeigten. Derartige Ergebnisse stehen durchaus im Einklang mit der Annahme Eysencks über Unterschiede in der Aktivität und Erregungsschwelle des ARAS, welche über Hirnstammpotentiale auch unmittelbarer abgebildet werden könnten als über die Messung der kortikalen Aktivierung (Bullock & Gilliland, 1993). Interessant in diesem Zusammenhang sind auch Untersuchungen, welche zeigen konnten, dass erstens entsprechende Unterschiede zwischen Extra- und Introvertierten durch die (mit dem EPI erfasste) Soziabilität – und nicht durch Impulsivitätsunterschiede – bedingt sind (Swickert & Gilliland, 1998), und dass sich zweitens die Befunde auch bei Verwendung des EPQ replizieren lassen (Cox et al., 2001). Allerdings würde eine Interpretation dieser Ergebnisse als Bestätigung für Eysencks Aktivierungstheorie erstens voraussetzen, dass mit den verkürzten Latenzen (als Ausdruck erhöhter Aktivität von Introvertierten auf der Ebene des Mittelhirns) auch eine erhöhte Aktivierung auf kortikaler Ebene einhergehen sollte; eine derartige Beziehung ist aber bislang noch nicht gesichert. Und zweitens liegen Untersuchungen vor, welche interindividuelle Unterschiede je nach Ausmaß der Extraversion auch bei monosynaptischen Reflexen des Rückenmarks (kürzere Erholungszeiten nach Auslösung des so genannten

H-Reflexes bei Introvertierten; Stelmack & Pivik, 1996) sowie bei motorischen Reflexen des Mittelohres (häufigere Abnormitäten bzw. geringere Reflexamplituden bei Introvertierten; Bar-Haim, 2002) nachweisen konnten. Derartige, die unterste Ebene der Reizverarbeitung betreffende Unterschiede in Abhängigkeit von der Extraversionsdimension können wohl kaum, d.h. nur unter Zuhilfenahme etlicher Zusatzannahmen, als direkte Bestätigung für die Eysencksche Aktivierungstheorie angesehen werden; sie machen allerdings deutlich, dass den vielen, vor allem auch im Wahrnehmungs- und Leistungsbereich bestehenden Unterschieden zwischen Intro- und Extravertierten vermutlich auch eine Vielzahl an unterschiedlichen Regulationsmechanismen auf allen Ebenen der Reizverarbeitung zugrunde liegen.

2.2.3 Sensation Seeking: Das Modell von M. Zuckerman

Grundlegend für dieses von Marvin Zuckerman in die Persönlichkeitspsychologie eingeführte Konstrukt ist – ähnlich wie bei Eysenck – die Annahme, dass sich erstens Menschen in ihrer zentralnervösen Aktivierung sehr stark unterscheiden, und zweitens ein bestimmtes, „mittleres" Aktivierungsniveau auf der subjektiven Ebene als positiv und angenehm erlebt wird, d.h. das subjektive Wohlbefinden (‚hedonic tone') bestimmt. Daraus resultiert das individuell unterschiedlich starke Bedürfnis nach Sinneseindrücken (‚sensations') jeder Art, durch welche das Aktivierungsniveau angehoben und in der Folge die Befindlichkeit verbessert werden kann (‚Erlebnishunger'; siehe Amelang & Bartussek, 2001). Diese Tendenz zur Suche nach neuen Eindrücken und Erfahrungen kann die unterschiedlichsten Situationen und Lebensbereiche eines Menschen betreffen; und für die von Zuckerman bereits vor vier Jahrzehnten entwickelte ‚Sensation Seeking Scale' (SSS; Zuckerman et al., 1964) konnten – in faktorenanalytischen Studien – vier unterschiedliche Teilbereiche bzw. Unterfaktoren identifiziert werden. In der in empirischen Untersuchungen am häufigsten verwendeten Version (SSS-V; Zuckerman, 1979) sind das die durch jeweils eine Subskala erfassten Faktoren:

- Thrill and Adventure Seeking (TAS), d.h. die Neigung zu riskanten und aufregenden Tätigkeiten, wie z.B. Fallschirmspringen, Rennfahren u.a.;
- Experience Seeking (ES), d.h. das Bedürfnis nach neuen Eindrücken und Erfahrungen durch z.B. Reisen, Kunst u.a.;
- Disinhibition (Dis), d.h. die Tendenz zur „Enthemmung" bei z.B. Trinkgelagen, sexuellen Aktivitäten u.a.;
- Boredom Susceptibility (BS), d.h. die Unfähigkeit, Langeweile und monotone Tätigkeiten zu ertragen.

Obwohl diese vier Subskalen recht niedrig miteinander korrelieren (mehrheitlich um .30), wurden die jeweils damit erfassten spezifischen Merkmale von Zuckerman als Aspekte (d.h. als Primärfaktoren) eines globalen Konstrukts Sensation Seeking (d.h. eines Sekundärfaktors) interpretiert (Zuckerman, 1984; Zuckerman, 1994).

Aufgrund der empirische Evidenz dazu, d.h. entsprechender psychophysiologischer Korrelate vor allem mit einzelnen Subskalen (im Besonderen mit der Dis-Skala), wurde die Globalität des Konstrukts allerdings immer wieder in Frage gestellt.

Im Hinblick auf die zentralnervösen Grundlagen wurde von Zuckerman die Bedeutung bestimmter Transmitter-Systeme in den Vordergrund gestellt; im Besonderen wurde die Aktivität der Katecholamine als wesentliche Grundlage dieses Persönlichkeitsmerkmals angesehen, wobei vor allem einer individuell unterschiedlichen Reaktivität/Sensitivität des noradrenergen Systems auf externe Stimulation (,differential brain accessibility') eine besondere Bedeutung zukommen sollte (Zuckerman, 1994). Daneben aber wurden noch andere Transmitter (wie z.B. das Serotonin) als möglicherweise bedeutsame Regulatoren für Persönlichkeitsunterschiede im Hinblick auf das Merkmal Sensation Seeking postuliert (siehe dazu das Kapitel ,Neurotransmitter und Persönlichkeit'). Im Hinblick auf psychophysiologische Zugänge zur Überprüfung eines Modells, welches die Reaktivität des ZNS auf externe Stimulationen als zentrales Konzept postuliert, erscheint natürlich das Augmenting/Reducing-Paradigma als am besten geeignet; und Sensation Seeking war denn auch das erste Persönlichkeitskonstrukt, das mit der Intensitätsabhängigkeit evozierter Potentiale in Beziehung gesetzt wurde.

Augmenting/Reducing

Die ersten Arbeiten dazu wurden von Buchsbaum (1971) und Zuckerman et al. (1974) durchgeführt; dabei zeigte sich, dass die Disinhibition-Skala eine deutliche Beziehung mit dem individuellen Verlauf des (visuell evozierten) Potentials aufwies: Personen mit hohen Werten zeigten klare Augmenting-Reaktionen, solche mit niedrigen Werten zeigten gleichbleibende bzw. sogar deutlich abnehmende Amplituden bei zunehmender Reizintensität (siehe Abbildung 2.36 für die P1-N1-Amplituden). Bemerkenswert ist auch, dass sich die nach der Extraversionsskala des EPI eingeteilten Personengruppen im Hinblick auf die Intensitätsabhängigkeit des visuell evozierten Potentials in der Untersuchung von Zuckerman et al. (1974) nicht unterschieden.

Seither wurden viele Untersuchungen berichtet, welche einen entsprechenden Zusammenhang bestätigen konnten (Überblick bei Zuckerman, 1990; Carrillo-de-la-Pena, 1992; Zuckerman, 1994): In der überwiegenden Mehrheit der durchgeführten Studien konnte ein signifikanter Zusammenhang zwischen hohen Werten in der Sensation-Seeking-Skala, im Besonderen in der Subskala Disinhibition, und einer Augmenting-Reaktion nachgewiesen werden, und zwar sowohl für akustisch wie auch visuell evozierte Potentiale.

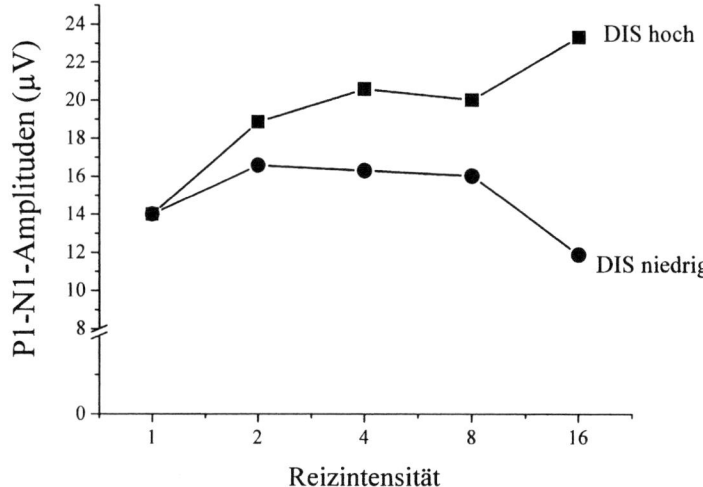

Abbildung 2.36:   **Unterschiedliche Intensitätsabhängigkeit visuell evozierter Potentiale (Reducing vs. Augmenting) bei Personen mit niedrigen und hohen Werten in der Disinhibition-Subskala der SSS (nach Zuckerman et al., 1974).**

Und auch im Tierversuch, das heißt an Katzen, konnten vergleichbare Beziehungen zwischen Augmenting und bestimmten habituellen, dem Sensation Seeking analogen Verhaltensmerkmalen (wie z.B. erhöhtes Aktivitätsniveau, verstärktes Explorationsverhalten oder geringere Furchtsamkeit) gefunden werden (Saxton et al., 1987).

Um jedoch einigermaßen valide und vor allem auch replizierbare Aussagen über persönlichkeitspsychologische Korrelate des von Zuckerman postulierten zentralnervösen Mechanismus zur Regulation des sensorischen Inputs machen zu können, ist die weitere Abklärung einer Reihe von methodischen Problemen bzw. die Entwicklung entsprechender methodischer Standards erforderlich; Beauducel et al. (2000) haben dazu in jüngster Zeit einen ganz wesentlichen Beitrag geleistet, aber auch andere Autoren, welche mit Hilfe von Dipol-Quellen-Analysen zeigen konnten, dass im Hinblick auf akustisch evozierte Potentiale nur die durch den primären auditorischen Kortex (und nicht die durch sekundäre Areale) generierte Komponente für differentialpsychologische Fragestellungen relevant ist. In einer Arbeit von Hegerl et al. (1995) z.B. wurden zunächst im Zeitbereich der N1- und P2-Komponente (d.h. in einem Zeitfenster von 63.5–207ms nach Reizdarbietung) unter Einsatz neuer mathematischer Analysemethoden (Brain Electrical Source Analysis – BESA; Scherg, 1990) zwei unterschiedliche Quellen der elektrischen Aktivität identifi-

ziert, durch welche über 98% der Gesamtvarianz im definierten Zeitbereich aufgeklärt werden konnte: ein tangential orientierter Dipol, der im
Bereich der primären akustischen Areale in der Lateralfurche lokalisiert
war, sowie ein radial orientierter Dipol mit Lokalisation im mittleren
Bereich des Temporallappens (siehe Abbildung 2.37). Da der gesamte
Versuch im Abstand von drei Wochen an denselben Personen wiederholt
wurde, konnten auch Retest-Reliabilitäten bestimmt werden: Für den
ersten, tangentialen Dipol ergab sich eine sehr hohe zeitliche Stabilität
(r=0.91), für den zweiten hingegen nur eine geringe.

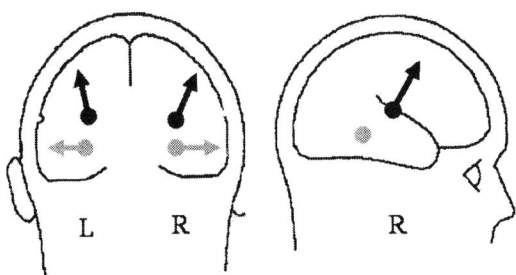

Abbildung 2.37: **Mittels Quellenanalyse lokalisierte Dipole akustisch evozierter Aktivität: zwei tangential orien-
tierte Dipole (dunkle Pfeile) im Bereich des primären akustischen Kortex der linken und rechten
Hemisphäre sowie zwei radiale Dipole (helle Pfeile) im Bereich der sekundären akustischen Areale
(nach Hegerl et al., 1995).**

In einem weiteren Schritt der Analyse wurde sodann die Aktivität jedes
Dipols mit den individuellen Werten in der Sensation-Seeking-Skala
interkorreliert; dabei zeigten sich signifikante Beziehungen des tangentialen Dipols mit dem Gesamtskore der SSS, aber auch mit den Skores einzelner Subskalen (Ausnahme: Boredom Susceptibility), welche im Wesentlichen auch durch die Ergebnisse des zweiten Testdurchganges bestätigt wurden. Für den radialen Dipol hingegen konnten keine signifikanten Beziehungen zum SS-Gesamtskore gefunden werden. Die beobachteten Unterschiede in der Intensitätsabhängigkeit zwischen Personen mit
hohen und niedrigen Werten im Sensation Seeking sind für die dem tangentialen Dipol entsprechenden Amplituden in Abbildung 2.38 dargestellt.
    Ähnliche Ergebnisse, d.h. positive Beziehungen zwischen dem tangen-
tialen Dipol und dem Konstrukt Novelty Seeking (erfasst mit dem TPQ;
Cloninger, 1994), wurden von Juckel et al. (1995) berichtet. In beiden
Arbeiten wurde allerdings eine Altersabhängigkeit im Hinblick auf jeweils
einen der beiden Dipole bzw. bezüglich der Werte der SSS berichtet; die

entsprechenden Korrelationen waren nach Korrektur des Alterseffektes zwar in ihrer Höhe reduziert, aber noch immer signifikant.

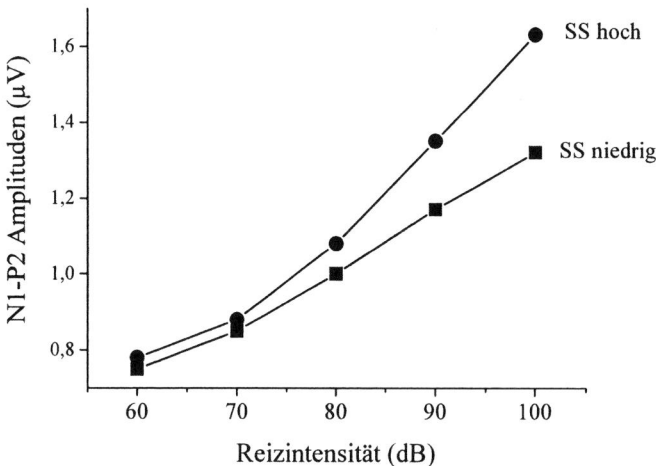

Abbildung 2.38:   **Intensitätsabhängigkeit der N1-P2-Komponenten des tangentialen Dipols für Personen mit niedrigen und hohen Werten im Sensation Seeking (nach Hegerl et al., 1995).**

Eine zweite Besonderheit der Ergebnisse beider Arbeiten ist wohl auch darin zu sehen, dass für die Personen mit niedrigen im Vergleich zu solchen mit hohen Werten im Sensation Seeking bzw. Novelty Seeking zwar ein weniger steiler Anstieg in den höheren Intensitätsbereichen beobachtet wurde, ein „reducing" im eigentlichen Sinn, d.h. ein Abfall der EP-Amplituden mit steigender Reizintensität jedoch nicht gegeben war.

Ein Vorteil der in diesen Untersuchungen verwendeten Dipol-Quellen-Analyse besteht darin, dass überlappende Subkomponenten des evozierten Potentials getrennt identifiziert werden können, was sicherlich auch zu einer Verbesserung der Reliabilität der EP Parameter beiträgt. Eine grundlegende Arbeit zur Entwicklung methodischer Standards in der A/R-Forschung wurde unlängst von Beauducel et al. (2000) vorgelegt; die Autoren untersuchten dabei unter anderem die Effizienz einer faktorenanalytischen Methode (Principal Components Analysis, PCA) und konnten nachweisen, dass die Reliabilität der auf diese Weise bestimmten EP-Komponenten ebenfalls deutlich höher lag als die von durch konventionelle Methoden bestimmten Parametern.

Beiden Analysetechniken (BESA und PCA) gemeinsam ist, dass die elektrische Aktivität über dem gesamten Kortex in die Schätzung der relevanten Dipole bzw. Parameter mit eingeht. Damit wird ein Problem umgangen, auf das mehrere Autoren hingewiesen haben, und welches im Abschnitt ‚Extraversion: Augmenting/Reducing' bereits angesprochen wurde; es besteht darin, dass anhand des (visuell evozierten) Vertex-Potentials als Augmenter klassifizierte Personen sich im okzipital abgeleiteten Potential als Reducer darstellten und umgekehrt (Connolly & Gruzelier, 1982; Stenberg et al., 1988). Wenn allerdings, wie das Stenberg et al. (1990b) vermuteten, gerade diese Unterschiede zwischen okzipitalen und zentralen Regionen (d.h. zwischen perzeptiven und motorischen Prozessen) psychologische Relevanz im Hinblick auf das untersuchte Persönlichkeitsmerkmal besitzen, wird möglicherweise durch einen einzigen Parameter die Validität desselben verringert.

Obwohl die Befundlage im Hinblick auf die Beziehungen zwischen dem Merkmal Sensation Seeking und der Intensitätsabhängigkeit evozierter Potentiale insgesamt um vieles eindeutiger ist als bezüglich des Merkmals Extraversion, müssen ebenfalls verschiedene Einschränkungen gemacht werden:

- Es finden sich in der Literatur zum Merkmal Sensation Seeking auch Arbeiten, in denen entweder keine Beziehung zum A/R-Phänomen nachgewiesen werden konnte oder sogar gegenteilige Befunde berichtet wurden (z.B. Haier et al., 1984).
- Möglicherweise gelten die für bestimmte Subgruppen von Personen gefundenen Beziehungen zwischen Reizstärke und Amplitudenhöhe nicht für extreme Intensitätsbereiche, was auch in einer unlängst publizierten und methodisch sehr sorgfältig konzipierten Studie mit akustischer Stimulation deutlich wurde (Brocke et al., 1999).
- Für Personen mit niedrigen und hohen Werten in der Disinhibition-Skala wurden unterschiedliche und zum Teil massive Einflüsse der Versuchsanordnung bzw. Aufgabenstellung (Beachtung vs. Nicht-Beachtung der Reize) im Hinblick auf die A/R-Reaktion beobachtet (Stenberg et al., 1990b); d.h. der Einfluss bestimmter Aspekte der Versuchsanordnung, im Besonderen der Aufmerksamkeitsausrichtung, muss ebenfalls erst in zukünftigen Arbeiten geklärt werden.
- Gleichfalls ungeklärt ist die noch bedeutsamere Frage, welcher der durch die SSS erfassten vier Merkmalsaspekte denn eigentlich für die signifikanten Beziehungen zur A/R-Reaktion verantwortlich ist; da die meisten positiven Befunde für Disinhibition berichtet wurden, ist fraglich, inwieweit auch das Merkmal Impulsivität mit erfasst wird (siehe dazu Brocke et al., 1999 bzw. Schwerdtfeger & Baltissen, 2002). Vermutlich sind zur Klärung dieser Fragen neue und differenziertere methodische Zugänge erforderlich, wie sie von Brocke et al. (1999) unlängst vorgeschlagen wurden (Mehrebenen-Diagnostik in einem within-Design).
- Und schließlich ist derzeit auch noch weitgehend unklar, welche spezifischen zentralnervösen bzw. biochemischen Mechanismen die Augmenting/Reducing-Reaktion vermitteln: das noradrenerge System (Zuckerman, 1994) und/oder das serotonerge System (Hegerl et al., 1995; Debener et al., 2002).

2.2.4 Impulsivität

Impulsivität als habituelles Persönlichkeitsmerkmal ist ein Konstrukt, das sich auf die Wahrscheinlichkeit des Auftretens impulsiven Verhaltens in sehr unterschiedlichen Situationen bezieht und auch sehr unterschiedliche Teilaspekte der Verhaltenssteuerung betrifft; dieser Heterogenität entsprechend beinhalten Definitionen von Impulsivität einerseits Beschreibungen impulsiver Handlungen (z.B. als spontan, unüberlegt, planlos, riskant, fehlerhaft) und andererseits Aussagen über mögliche Ursachen, welche diesem Verhalten zugrunde liegen. Letztere betreffen die verschiedenen Ebenen der Verhaltenssteuerung, wie z.B. die Informationsaufnahme und -verarbeitung, aber auch motivationale, verhaltensauslösende Komponenten sowie vor allem inhibitorische Prozesse und Mechanismen, welche – auf allen diesen Ebenen – zur Verhaltenskontrolle erforderlich sind.

Und je nach Persönlichkeitsmodell und je nach Messinstrument werden denn auch unterschiedliche Merkmalsaspekte der Impulsivität erfasst; so z.B. war in Eysencks ursprünglicher Konzeption (Eysenck, 1967) die Impulsivität (neben der Soziabilität und anderen Primärfaktoren, wie Sorglosigkeit, Lebhaftigkeit) ein wesentlicher Aspekt der Extraversionsdimension, wurde mit einzelnen Items der E-Skala des EPI mit erfasst und bezog sich im Wesentlichen auf Verhaltenstendenzen wie Spontanität, Kurzentschlossenheit und Risikobereitschaft. In einer ähnlichen, ebenfalls „Extraversions-dominierten" Impulsivitätsskala von Barratt (Barratt, 1985; BIS-10 bzw. Patton et al., 1995; BIS-11) wurden als drei Teilaspekte unterschieden: die motorische Impulsivität (spontan und unüberlegt Handlungen setzen), die kognitive Impulsivität (ein durch mangelnde Aufmerksamkeit und spontane Entscheidungen geprägtes Verhalten) sowie eine durch fehlende Zukunftsplanung charakterisierte (und den „Lebensstil" einer Person kennzeichnende) Komponente als ‚non-planning impulsiveness'.

In einer Weiterentwicklung seines Modells sah Eysenck (Eysenck & Eysenck, 1977; Eysenck, 1987) die Impulsivität jedoch nicht mehr ausschließlich als Teil der Extraversion, sondern als Primärfaktor der Dimension Psychotizismus (weshalb im EPQ die Impulsivitätskomponente vorwiegend über die P-Skala erfasst wird; siehe dazu auch Rocklin & Revelle, 1981); allerdings wies Eysenck (Eysenck, 1987; Eysenck, 1994) ausdrücklich darauf hin, dass Primärfaktoren nicht notwendigerweise nur eine einzige der großen Persönlichkeitsdimensionen definieren, sondern dass Impulsivität (sowie Sensation Seeking) auch mit hoher Extraversion und mit hohem Neurotizismus in Beziehung steht. Dieser Konzeption, d.h. den mehrfachen Beziehungen, wurde in einer von Eysenck & Eysenck (1977) publizierten Impulsivitätsskala dadurch Rechnung getragen, dass sie als „multidimensionales" Instrument (mit den Subfaktoren ‚narrow impulsiveness', ‚risk-taking', ‚non-planning' und ‚liveliness') konzipiert und der Gesamtskore als ‚broad impulsiveness' bezeichnet wurde.

Im Gegensatz zur „Psychotizismus-dominierten" Impulsivität des EPQ, aber auch der Impulsivitäts-Subskala des I7-Fragebogens (Eysenck et al., 1990) steht im NEO-PI-R hingegen eine „Neurotizismus-dominierte" Impulsivität im Vordergrund, da die entsprechende Facette als Teil der Neurotizismus-Dimension definiert und als Unfähigkeit verstanden wird, seinen eigenen Wünschen und Begierden zu widerstehen.

Wie im Abschnitt zur ‚Reinforcement Sensitivität' bereits besprochen, kommt der Impulsivität auch eine besondere Stellung im Modell von Gray zu: In einer kritischen Auseinandersetzung mit dem Modell von Eysenck wurden von Gray (1981) zahlreiche Untersuchungen diskutiert, deren Ergebnisse nahe legen, dass die Impulsivitätsdimension das primäre Korrelat von Unterschieden in der zentralnervösen Aktivierung darstellt und nicht die Extraversion. Hohe Impulsivität war in der ursprünglichen Version (45°-Rotation des Eysenckschen Koordinatensystems) gleichermaßen durch hohe Ausprägung von Neurotizismus und Extraversion bestimmt, was in späteren Arbeiten (z.B. Gray, 1994) dahingehend korrigiert wurde, dass hoher Extraversion eine größere Bedeutung zukommt (30°-Rotation); in der neuesten Version hingegen wird ebenfalls die Beziehung der Impulsivität zum Psychotizismus stärker betont (Pickering et al., 1997).

Inwieweit die in den letzten Jahren auf dem Hintergrund des Grayschen Modells entwickelten Fragebögen, d.h. die entsprechenden BAS-Subskalen tatsächlich Impulsivität erfassen und welchen Aspekt derselben, muss zum gegenwärtigen Zeitpunkt offen bleiben (siehe dazu: Beauducel et al., 1999). Die große Heterogenität des Konstrukts und damit verbunden die recht unterschiedliche inhaltliche Ausrichtung der Items in den verschiedenen Fragebögen zur Erfassung der Impulsivität als habituelles Persönlichkeitsmerkmal stellt eine große Schwierigkeit im Hinblick auf die Bewertung von Untersuchungen zu den zentralnervösen Korrelaten der Impulsivität dar; je nach verwendetem Messinstrument/Fragebogen werden jeweils unterschiedliche Merkmalsaspekte erfasst, was eine Bewertung der entsprechenden Ergebnisse schwierig, wenn nicht sogar unmöglich macht.

2.2.4.1 EEG-Hintergrundaktivität

Eine für die Thematik relevante und auf Unterschiede in der EEG-Hintergrundaktivität ausgerichtete Arbeit wurde von O'Gorman & Lloyd (1987) durchgeführt; sie verwendeten einerseits den EPQ und andererseits die von Eysenck & Eysenck (1977) entwickelte Impulsivitätsskala, in welcher zwischen ‚narrow' und ‚broad impulsiveness' unterschieden wird. Zur Bestimmung der kortikalen Aktivierung wurde die EEG-Aktivität in Ruhe mit geschlossenen und offenen Augen erfasst und im Alpha-Band (8–14 Hz) ausgewertet. Ein Vergleich von hoch und niedrig extravertierten bzw. hoch und niedrig impulsiven Personen erbrachte keine signifikanten Unterschiede für die Extraversion, wohl aber für die ‚enge' Impulsivität: Hoch impulsive Personen zeigten im Vergleich zu niedrig impulsiven deutlich mehr Alpha-Aktivität (und zwar in der Bedingung mit geschlossenen Augen). Demnach konnte nur für hoch Impulsive, nicht jedoch – wie das in Eysencks Modell postuliert wird – für hoch Extravertierte eine geringere kortikale Aktivierung nachgewiesen werden; dieser Befund konnte auch in einer neueren, sehr sorgfältigen und an einer großen Stichprobe durchgeführten Untersuchung bestätigt werden: Wurde die korrelative Beziehung zwischen (enger) Impulsivität und EEG im Hinblick auf N- und P-Werte der ProbandInnen korrigiert, zeigte sich eine signifikante Partialkorrelation im Alpha-Band (Matthews & Amelang, 1993).

Ein im Wesentlichen vergleichbares Ergebnis wurde auch in einer Untersuchung von Stenberg (1992) erzielt, welche bereits im Abschnitt zur ,Reinforcement Sensitivität' ausführlicher beschrieben wurde. Dabei wurden für zwei faktorenanalytisch fundierte EEG-Maße für das Theta- und das untere Alpha-Band im posterioren Bereich des Kortex signifikante Unterschiede zwischen hoch und niedrig impulsiven Personen gefunden; dabei zeigte sich, dass hoch Impulsive in allen Versuchsbedingungen (Vorstellung affektbesetzter positiver bzw. negativer Situationen vs. neutrale Kontrollbedingung) mehr Theta-Aktivität aufwiesen, also in posterioren Bereichen kortikal weniger aktiviert waren als niedrig impulsive Personen, ein Unterschied, der sich besonders deutlich in der negativen Bedingung zeigte (siehe Abbildung 2.39).

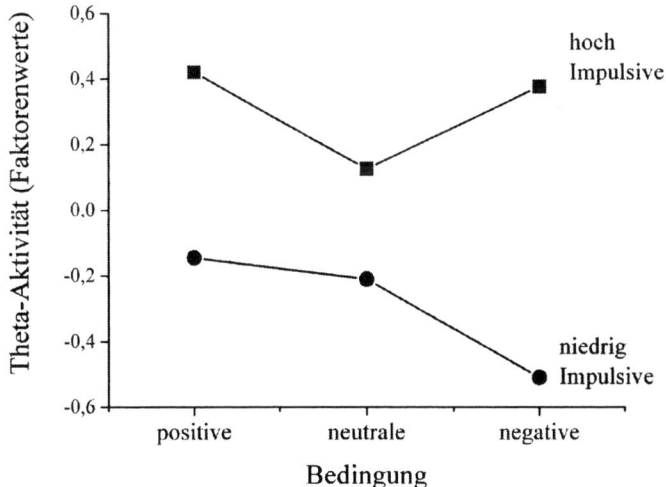

Abbildung 2.39: Mittlere Faktorenwerte für den Faktor „posteriore Theta-Aktivität" von niedrig und hoch Impulsiven in posterioren Regionen des Kortex, getrennt nach Versuchsbedingungen; hohe Werte bedeuten geringe kortikale Aktivierung (nach Stenberg, 1992).

Für die posteriore Alpha-Aktivität bestand das Ergebnis allerdings in einer signifikanten Wechselwirkung der Impulsivität mit der Ängstlichkeit (und zwar unabhängig von den drei Versuchsbedingungen): Die höchste Alpha-

Aktivität und damit die geringste Aktivierung zeigten nur jene hoch impulsiven Personen, die gleichzeitig auch hoch ängstlich waren, während hoch impulsive, aber niedrig ängstliche Personen die geringsten Alpha-Werte, d.h. die stärkste kortikale Aktivierung im posterioren EEG zeigten. Dieses Einzelergebnis ist schwierig zu interpretieren, da es weder mit den Annahmen der Eysenckschen Aktivierungstheorie noch – aufgrund einer fehlenden Interaktion mit den Versuchsbedingungen – mit den Vorstellungen von Gray vereinbar ist.

Unter Verwendung des Gray-Wilson-Personality-Questionnaire wurde unlängst von Knyazev et al. (2002) eine dem Modell von Gray möglicherweise am nächsten kommende Operationalisierung der Impulsivität vorgenommen und mit der EEG Aktivität (unter Ruhebedingungen) in Beziehung gesetzt. Obwohl eine eindeutige Interpretation der von den AutorInnen berichteten (vielfältigen und z.T. verwirrenden) Ergebnisse schwierig erscheint, fanden sich ebenfalls Hinweise dafür, dass hoch Impulsive (Personen mit hohen Werten in der BAS-Skala) eine höhere Aktivität im unteren EEG-Frequenzbereich (Delta und Theta) aufwiesen, und zwar wiederum in parietalen Bereichen kortikal geringer aktiviert waren.

Neben Hinweisen auf eine verstärkte posteriore Desaktivierung wäre aber – gerade im Zusammenhang mit impulsivem, ungehemmtem Verhalten – das Vorliegen einer „Hypofrontalität" bei impulsiven Personen aufgrund klinisch-neuropsychologischer Befunde zu erwarten. Die empirische Evidenz dazu ist allerdings spärlich: In den oben bereits dargestellten Untersuchungen, in welchen aufgrund einer entsprechenden Elektrodenanordnung ein Nachweis von geringerer frontaler Aktivierung möglich gewesen wäre, konnte kein derartiger Effekt beobachtet werden (Stenberg, 1992; Knyazev et al., 2002). Lediglich in der im Abschnitt über ‚Extraversion: ‚Hypofrontalität?' bereits vorgestellten Arbeit von Tran et al. (2001) konnte in spezifischen Analysen gezeigt werden, dass signifikante Aktivierungsunterschiede im Frontalkortex nicht nur für die globale Extraversionsdimension nachweisbar waren, sondern auch für einzelne (mittels 16-PF definierte) Primärfaktoren, wie z.B. ‚Impulsivität', ‚Dominanz' und ‚Waghalsigkeit' (d.h. eine geringere kortikale Aktivierung bei höherer Ausprägung des Merkmals gegeben war).

Allerdings gibt es etliche Hinweise auf einen Zusammenhang zwischen frontaler Desaktivierung und Impulsivität, welche aus Untersuchungen an speziellen Personengruppen stammen: Es sind Studien an Kindern mit mehr oder weniger stark gehemmtem Verhalten oder an solchen mit Aufmerksamkeits- und Hyperaktivitätsstörungen (‚attention deficit hyperactivity disorder'; ADHD), bei welchen eine zum Teil stark reduzierte Impuls- und Verhaltenskontrolle gegeben ist. So zum Beispiel konnten Calkins et al. (1996) zeigen, dass die im EEG von Kindern im Alter von 9 Monaten registrierte Theta-Aktivität eine signifikante Beziehung zum Verhalten der Kinder im Alter von 12 Monaten aufwies: Kinder, die in standardisierten Spielsituationen ein weniger stark gehemmtes Verhalten zeigten, waren durch höhere Theta-Aktivität über frontalen Regionen (F3 bzw. F4) charakterisiert.

Etliche Hinweise auf Unterschiede in langsamen Frequenzbereichen fanden sich aber auch beim Vergleich von Personen mit und ohne ADHD; so zum Beispiel konnten Lazzaro und MitarbeiterInnen (Lazzaro et al., 1999) eine recht deutlich erhöhte Aktivität vor allem im Theta-Band, aber auch im langsamen Alpha-Band bei männlichen Jugendlichen mit ADHD im Vergleich zu einer entsprechenden Kontrollgruppe nachweisen. Dieser Effekt war zwar nicht auf die Frontalregion beschränkt, zeigte sich aber am stärksten für anteriore Ableitpositionen. Die Ergebnisse für das Frontal-EEG sind in Abbildung 2.40 dargestellt

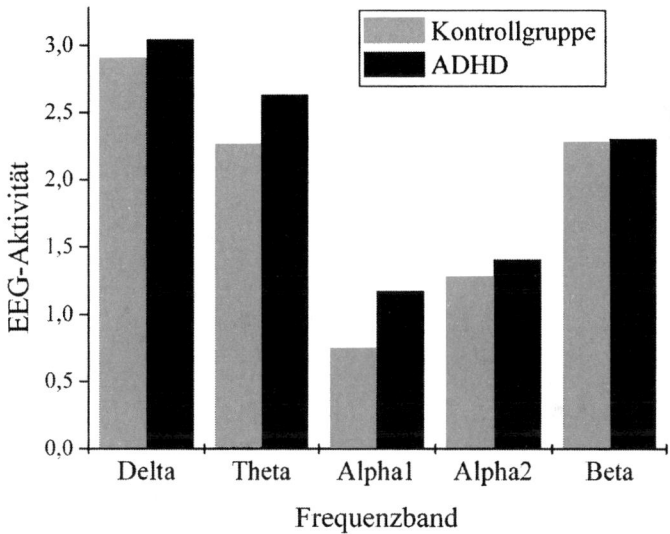

Abbildung 2.40:   **Mittlere EEG-Aktivität von Jugendlichen mit ADHD im Vergleich zu einer Kontrollgruppe, getrennt nach Frequenzbändern (nach Lazzaro et al., 1999).**

Erhöhte Theta-Aktivität über frontalen Regionen, d.h. eine reduzierte kortikale Aktivierung, wurde bei jüngeren Kindern mehrfach nachgewiesen; in Vergleichen verschiedener Alterskohorten (Kinder, Jugendliche und Erwachsene) konnte darüber hinaus gezeigt werden, dass die Theta-Aktivität von Personen mit ADHD mit dem Alter zwar abnimmt, aber selbst bei Erwachsenen noch eine (im Vergleich zu gesunden Personen) erhöhte Aktivität gegeben ist. Aufgrund der mit zunehmendem Alter entsprechend sich verändernden Symptomatik wurde unlängst von Bresnahan et al. (1999) gefolgert, dass im Besonderen die Impulsivitätskomponente mit der Theta-Aktivität in Beziehung steht. Welche neuronalen Besonderheiten/Defizite dieser Störung zugrunde liegen, war bislang jedoch weitgehend unklar. Neueste Untersuchungen mit Hilfe der MRI-

Technik konnten erstmals zeigen, dass bei Jungen mit ADHD (im Vergleich zu einer entsprechenden Kontrollgruppe) eine signifikante Reduktion (im Mittel von über 8%) sowohl der grauen wie auch der weißen Substanz im Frontalkortex gegeben war (Mostofsky et al., 2002).

Und schließlich soll noch ein besonders bemerkenswertes Ergebnis einer Untersuchung berichtet werden, in welcher nicht die globale frontale Aktivierung, sondern Aktivierungsasymmetrien zwischen linker und rechter Hemisphäre bei Personen mit ADHD analysiert wurden: Baving et al. (1999) untersuchten in einer entsprechend großen Stichprobe von (im Mittel) 4- bzw. 8-jährigen Jungen und Mädchen in systematischer Weise auch Geschlechtsunterschiede. Dabei zeigte sich sehr deutlich, dass die Beziehungen zwischen frontaler Aktivierungsasymmetrie und Hyperaktivität ganz wesentlich vom Geschlecht der Personen mitbestimmt war (s. Abb. 2.41).

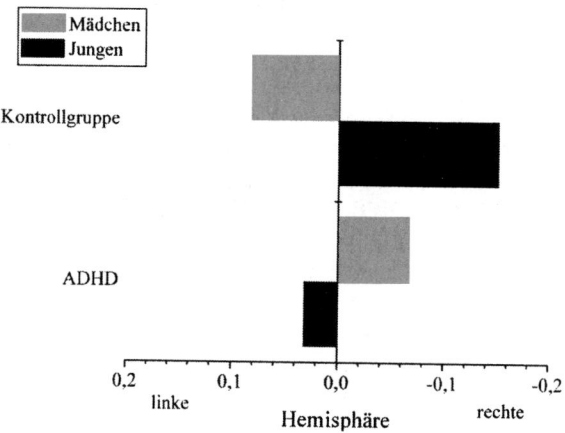

Abbildung 2.41: Aktivierungsasymmetrien zugunsten der linken/rechten Hemisphäre (Differenzwerte der logarithmierten Alpha-Leistung) bei hyperaktiven Kindern (ADHD) und einer gesunden Kontrollgruppe (KG), getrennt für Jungen und Mädchen (nach Baving et al., 1999).

Wie der Abbildung zu entnehmen ist, sind die für das langsame Alpha-Band erzielten Ergebnisse in mehrfacher Hinsicht interessant: erstens zeigen sie, dass im Frontal-EEG (aufgenommen in Ruhe, Augen offen) auch in der Kontrollgruppe deutliche Unterschiede zwischen Jungen und Mädchen beider Altersgruppen gegeben sind – erstere sind rechts-frontal stärker aktiviert, letztere links-frontal, und zweitens zeigen alle ADHD Gruppen in ihrer Aktivierungsasymmetrie eine Abweichung, welche – im Vergleich zur Kontrollgruppe – jeweils in die gegenteilige Richtung geht.

Aus diesen Ergebnissen wird deutlich, dass eigentlich jede Untersuchung des Zusammenhanges von Impulsivität und frontaler Aktivierung erstens auch die Analyse von Funktionsasymmetrien und zweitens männliche und weibliche Personen inkludieren sollte.

2.2.4.2 Augmenting/Reducing

Neben den Persönlichkeitsmerkmalen Sensation Seeking und Extraversion wurde auch im Hinblick auf die Impulsivität eine Beziehung zur Augmenting/Reducing-Reaktion vermutet bzw. in mehreren Untersuchungen, vor allem von Barratt und MitarbeiterInnen, auch nachgewiesen; so z.B. beobachteten Carrillo-de-la-Pena & Barratt (1993) eine signifikante Beziehung zwischen höherer Impulsivität (erfasst mit der BIS-10) und verstärktem Augmenting, allerdings mit Einschränkungen bezüglich der verwendeten EP-Komponenten, aber auch bezüglich der regionalen Verteilung. Dazu, d.h. zur Klärung der Frage nach topographischen Unterschieden der A/R-Reaktion im Hinblick auf das Merkmal Impulsivität bzw. einzelner Aspekte desselben, wurde von Barratt und MitarbeiterInnen eine Studie durchgeführt (Barratt et al., 1987). Dabei wurden visuell evozierte A/R-Reaktionen für insgesamt 14 über der linken Hemisphäre angebrachte Elektroden bestimmt und mit den Subskores der BIS-10 korreliert, wobei höhere Impulsivität mit Augmenting in Beziehung stand. Die topographische Verteilung der signifikanten Korrelationen war für die motorische und kognitive Komponente der Impulsivität weitgehend ähnlich und umfasste alle Kortexbereiche mit Ausnahme frontaler und okzipitaler Regionen. Im Gegensatz dazu zeigte sich aber, dass die signifikanten Beziehungen im Hinblick auf die ‚non-planning' Komponente vorwiegend im Frontalkortex zu beobachten waren, was von den AutorInnen dahingehend interpretiert wurde, dass den verschiedenen Aspekten der Impulsivität vermutlich auch unterschiedliche kortikale Mechanismen zugrunde liegen könnten. Da die Bedeutung des Frontalkortex im Zusammenhang mit Verhaltenskontrolle und Zukunftsplanung auch durch etliche andere Untersuchungen nahegelegt wird, sind die Ergebnisse der Studie von Barratt et al. (1987) bzw. die daraus resultierenden Hinweise auf die topographische Spezifität bezüglich einzelner Impulsivitätsaspekte für einen Erkenntnisfortschritt in der Impulsivitätsforschung möglicherweise besonders relevant. Eine Replikation dieser Befunde steht allerdings noch aus.

Ein ebenfalls sehr bemerkenswerter und innovativer methodischer Zugang wurde von Ising (2000) gewählt: Neben der Bestimmung der Intensitätsabhängigkeit von akustisch evozierten Potentialen und verschiedenen Verhaltensproben zur Objektivierung/Quantifizierung impulsiver Verhaltensweisen (z.B. Kartenspielaufgabe, Nachfahraufgabe u.a.) verwendete der Autor einerseits eine ganze Reihe von Persönlichkeitsfragebögen zur Erfassung der Impulsivität; anhand der Werte der entsprechenden Subskalen wurden sodann faktorenanalytisch unterschiedliche bzw. unabhängige Merkmalsaspekte bestimmt, welche als „extraversionsdominierte" bzw. „psychotizismusdominierte" Impulsivität interpretiert wurden. Und andererseits wurde eine ebenfalls sehr differenzierte Erfassung impulsiven Verhaltens unter wohldefinierten Laborbedingungen (d.h. in einer komplexen Go-/No-Go-Aufgabe) vorgenommen: Dabei wurde eine gezielte Aktivierung/Verstärkung bzw. Hemmung/Bestrafung impulsiven Verhaltens durch Zuwachs bzw. Verlust von Guthabenpunkten realisiert. Die Auswertung der Leistungen (über Fehlerzahlen) erfolgte sodann im Hinblick auf die Adaptivität des individuellen impulsiven Verhaltens: Dieses war nur dann adäquat und situationsangepasst, wenn es nur in der Verstärkungs- und nicht in der Bestrafungsbedingung gezeigt wurde. Im Hinblick auf die Prädiktion adaptiv impulsiven Verhaltens erwies sich ein Muster aus erhöhtem Risikoverhalten (in der Kartenspielaufgabe), extraversionsdominierter Impulsivität und kortikalem Reducing (!) als bedeutsam. Auch wenn die beiden letztgenannten Aspekte statistisch nur als Trend gesichert werden konnten, sollte sich zukünftig ein derartiger differenzierter Mehrebenen-Ansatz für die Impulsivitätsforschung als besonders fruchtbar erweisen; zum Beispiel im Hinblick auf die Frage, welche „Art" von Impulsivität mit welchen Verhaltens- oder EEG-Parametern in Beziehung steht.

Die oben berichteten signifikanten Beziehungen zwischen A/R und Impulsivität (Barratt et al., 1987; Carrillo-de-la-Pena & Barratt, 1993) wurden unter Verwendung der BIS-10 erzielt; Schwerdtfeger & Baltissen (2002) hingegen konnten keine signifikante Korrelation der Intensitätsabhängigkeit mit der Impulsivität beobachten, wobei letztere mit Hilfe des Zuckerman-Kuhlman Personality Questionnaire (ZKPQ III; Zuckerman et al., 1993) erfasst wurde. Und gleichermaßen bedeutsam – gerade im Hinblick auf die Untersuchung der Impulsivität – erscheint eine differenziertere Erfassung des A/R im Hinblick auf topographische Unterschiede zu sein, wie das in der Untersuchung von Barratt et al. (1987) nahe gelegt wurde; ganz abgesehen von allen übrigen ungeklärten Fragen zum A/R-Paradigma, die bereits in den Abschnitten zur Extraversion und zum Konstrukt Sensation Seeking angesprochen wurden.

2.2.4.3 Späte Komponenten des EPs

Die in Untersuchungen über den Zusammenhang von Extraversion und P300 erzielten Ergebnisse lassen erwarten, dass auch zwischen dem mit der Extraversion positiv korrelierten Merkmal der Impulsivität und den P300-Amplituden signifikante Beziehungen gegeben sind. In entsprechenden Untersuchungen (z.B. Golding et al., 1986) konnte denn auch gezeigt werden, dass nicht nur hoch extravertierte Personen, sondern auch hoch Impulsive (aber auch Personen mit hohen Psychotizismuswerten) signifikant niedrigere P300-Amplituden in somatosensorisch evozierten Potentialen aufwiesen. In einer unlängst publizierten und auch im Hinblick auf die untersuchte Personenstichprobe (Strafgefangene) bemerkenswerten Arbeit wurde eine weitere Bestätigung dieses Befundes berichtet (Barratt et al., 1997): Impulsiv-aggressive Personen zeigten signifikant reduzierte Amplituden (siehe dazu den Abschnitt über ‚Aggressivität'). Von derselben Arbeitsgruppe um Barratt (Harmon-Jones et al., 1997) wurde an Kindern und Jugendlichen eine in der Methodik ähnliche Untersuchung durchgeführt: Ein Oddball-Paradigma und zusätzlich eine Aufgabe, die als ‚continuous performance task' (CPT) bezeichnet wird; in einer derartigen Aufgabe soll bei kontinuierlicher Darbietung verschiedener Stimuli nur dann auf einen vorweg definierten „kritischen" Reiz reagiert werden, wenn ihm ein bestimmter anderer Reiz vorausgegangen ist (Go-Bedingung), anderenfalls soll keine Reaktion auf den kritischen Reiz erfolgen (NoGo-Bedingung). Neben der Bestimmung der Impulsivität (mittels BIS-11) wurden auch die Lesefertigkeit sowie die Intelligenz der ProbandInnen in Form eines Verbal-IQ und eines Handlungs-IQ ermittelt (Wechsler-Intelligenztest für Kinder) sowie deren Aggressivität. Im Hinblick auf die Lesefertigkeit wurde von den AutorInnen die Hypothese formuliert, dass Impulsivität mit Störungen in der Informationsverarbeitung einhergeht, welche im Besonderen zeitliche Aspekte derselben betreffen und bei Dysphasie oder bei Dyslexie (in Form einer mangelnden zeitlichen Auflösung von Sprachreizen, d.h. eines phonologischen Defizits) nachgewiesen werden konnten.

Ein Auszug aus den Ergebnissen der korrelationsstatistischen Auswertung ist in Tabelle 2.3 zusammengefasst (die entsprechenden Ergebnisse zur Aggressivität werden in einem späteren Abschnitt behandelt).

Tabelle 2.3: Interkorrelationen der BIS-11-Subskalen mit P300-Amplituden (im Oddball-Paradigma und CPT) über frontalen, zentralen und parietalen Ableitstellen (Fz, Cz, Pz), sowie mit Leseleistung und IQ-Maßen (nach Harmon-Jones et al., 1997).

	Aufmerksamkeits-bezogene Impulsivität	Motorische Impulsivität	Non-Planning
Lesegenauigkeit	-0.42**	-0.22	-0.44**
Leseverständnis	-0.43**	-0.25	-0.38**
Verbale Intelligenz	-0.33	-0.25	-0.42**
Handlungsintelligenz	-0.29	-0.37*	-0.43**
Oddball-Paradigma Fz amp	-0.10	0.01	-0.34
Oddball-Paradigma Cz amp	-0.24	0.21	-0.34
Oddball-Paradigma Pz amp	-0.25	0.35	-0.37
CPT Fz amp	-0.24	-0.22	-0.31
CPT Cz amp	-0.19	-0.04	-0.29
CPT Pz amp	-0.46**	0.00	-0.43**

$* \ p<.05; \ ** \ p<.01$

Dabei zeigte sich erstens wiederum eine signifikante negative Beziehung zwischen der P300-Amplitude (über parietalen Regionen) und der Impulsivität, allerdings nur für zwei der drei durch die Subskalen der BIS-11 erfassten Merkmalsaspekte, nämlich für die kognitive und die ‚non-planning' Komponente, und nur für die CPT-Bedingung.

Bemerkenswert an den Ergebnissen ist darüber hinaus, dass auch die Lesefertigkeit mit den beiden Impulsivitäts-Komponenten negativ und mit der parietalen P300 Amplitude positiv korreliert war. Zur motorischen Impulsivität hingegen konnten keine Beziehungen nachgewiesen werden. Bedauerlicherweise wurden von den AutorInnen aber keine Partialkorrelationen angegeben, um abschätzen zu können, ob und inwieweit z.B. die Zusammenhänge zwischen Impulsivität, Lesefertigkeit und P300-Amplitude durch die Intelligenz der ProbandInnen mitbestimmt wurden. Insgesamt liefern die Ergebnisse der in diesem Abschnitt berichteten (und die mehrerer anderer) Arbeiten eine empirisch einigermaßen fundierte Evidenz dafür, dass hohe Impulsivität mit niedrigen Amplituden der P300-Komponente einhergeht. Allerdings sind auch dazu noch viele Fragen offen, so z.B. im Hinblick auf eine unterschiedliche Bedeutung einzelner kortikaler Regionen für spezifische Aspekte der Impulsivität. Zur Klärung dieser Fragen könnten auch neue Analysetechniken beitragen, welche für die elektrophysiologische Aktivierungsmessung entwickelt wurden.

Als Beispiel dafür sollen Arbeiten vorgestellt werden, welche von Fallgatter und MitarbeiterInnen (Fallgatter & Strik, 1999; Fallgatter & Herrmann, 2001) zum Zusammenhang zwischen Frontalhirn-Funktionen, Impuls- und Handlungskontrolle bzw. entsprechenden Persönlichkeitsvariablen durchgeführt wurden. Grundlegend dabei war eine für EEG- und MEG-Daten entwickelte Analysetechnik (Low Resolution Brain Electromagnetic Tomography – LORETA; Pascual-Marqui et al., 1994), welche es ermöglicht, die Quelle der an der Schädeloberfläche registrierten elektrischen Aktivität zu lokalisieren, wobei anhand der gewichteten Aktivität aller Ableitstellen ein so genannter „Schwerpunkt" berechnet werden kann (ein statistischer Kennwert, der auch als Centroid bezeichnet wird; siehe dazu das statistische Verfahren der Diskriminanzanalyse).

In einer ‚continuous performance'-Aufgabe wurde die Lokalisation des Schwerpunktes der auf die Stimulusdarbietung folgenden, also ereigniskorrelierten Reaktion des Gehirns bestimmt (in einem Zeitfenster, das der positiven Komponente P300 im EP entspricht), und zwar für die Längsachse des Gehirns (von anterior nach posterior). Auf diese Weise konnte gezeigt werden, dass eine signifikante Beziehung zwischen einer höheren Impulsivität (gemessen mittels Eysencks I7-Skala) und einer stärker anterioren Lokalisation des Aktivierungsschwerpunktes gegeben ist. Die entsprechenden Ergebnisse sind in Abbildung 2.42 dargestellt.

Da allerdings die bisher untersuchten Stichproben eher klein waren, und auch noch keine Studien mit dieser Analysetechnik an klinischen Gruppen mit gestörter Impuls- und Handlungskontrolle vorliegen, bleibt abzuwarten, inwieweit sich die Methode der Lokalisation von Aktivierungsschwerpunkten für persönlichkeitspsychologische Fragestellungen als fruchtbar erweist.

Impulsivität

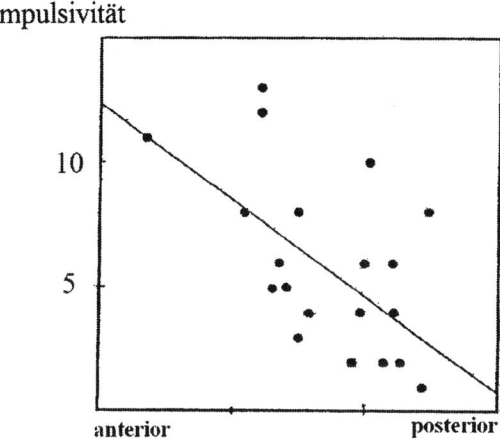

Abbildung 2.42: **Streudiagramm der Korrelation zwischen den Impulsivitätswerten und der Lage des Aktivierungsschwerpunktes für Go-Reaktionen im CPT (nach Fallgatter & Herrmann, 2001).**

2.2.5 Psychotizismus und verwandte Konstrukte

Bereits im Jahr 1952 hatte Eysenck zusätzlich zu den beiden Dimensionen Extraversion und Neurotizismus die Existenz einer weiteren, von E und N unabhängigen und mehrere Primärfaktoren umfassenden Persönlichkeitsdimension vorgeschlagen, die er als ,Psychotizismus' bezeichnete (Eysenck, 1952). Neben der oben bereits diskutierten, „Psychotizismus-dominierten" Impulsivität wurden von Eysenck und Eysenck (Eysenck & Eysenck, 1976; Eysenck, 1992) unter anderem die folgenden Primärfaktoren postuliert, welche in ihrer Gesamtheit die Dimension Psychotizismus konstituieren: hohe Aggressivität, Egoismus, eine unpersönliche, wenig empathische und hartherzige Einstellung anderen Menschen gegenüber. Zur Messung von P wurde bislang zumeist die entsprechende Subskala des EPQ verwendet (Eysenck & Eysenck, 1975; Ruch, 1999).

Aufgrund einer Reihe von Kritikpunkten zu Eysencks Annahmen bzw. zur Messung des Konstrukts mittels der EPQ-P-Skala (z.B. dahingehend, dass für psychotische Erkrankungen wesentliche und charakteristische Merkmale durch die Items nicht abgedeckt werden) wurden in den letzten Jahren ganz spezifische Skalen entwickelt, um ,Schizotypie' (schizotypy; Meehl, 1962) bzw. die individuelle ,Anfälligkeit für eine psychotische Erkrankung' (,psychosis proneness'; Chapman & Chapman, 1985) zu erfassen, wobei – vergleichbar mit Eysenck – die schizotype Persönlichkeit als nicht-pathologische Variante der schizophrenen Persönlichkeit gesehen wird. Einer der am häufigsten verwendeten (und an den Kriterien des DSM-III-R orientierten) Tests ist der ‚Schizotypal Personality Questionnaire' (SPQ; Raine, 1991; deutsche Version von Klein et al., 1997), neuere und noch differenziertere bzw. an bestimmten theoretischen Konzepten orientierte Verfahren sind das ‚Oxford-Liverpool Inventory of Feelings & Experiences' (O-LIFE; Mason et al., 1995) bzw. der ‚Personality Syndrome Questionnaire' (PSQ; Gruzelier et al., 2004). Durch diese neu ent-wickelten, mehrdimensionalen Instrumente dürfte vermutlich eine weitere Verbesserung der Validität zu erreichen sein, da sie sich noch stärker an Unterformen und Symptomgruppen schizophrener Erkrankungen orientieren, wodurch unter anderem auch die in der psychotischen Symptomatik gegebenen Geschlechtsunterschiede besser erfassbar werden könnten.

2.2.5.1   Psychotizismus und schizotype Persönlichkeit

2.2.5.1.1 EEG-Hintergrundaktivität

Was Besonderheiten der Hintergrundaktivität bei Personen mit hohen P-Werten (im EPQ) oder in einer der Schizotypie-Skalen betrifft, liegen nur wenige Ergebnisse vor. So zum Beispiel berichteten Matthews & Amelang (1993) eine negative Beziehung zwischen P und der Aktivität im Alpha-Band, welche auch dann noch gegeben war, wenn mögliche Einflüsse von E, N sowie der Impulsivität kontrolliert wurden. Und auch in einer Untersuchung von Kidd & Powell (1993), in welcher mit Hilfe des SPQ (und einer zweiten Schizotypie-Skala) zwei Extremgruppen von (männlichen) Probanden ausgewählt wurden, zeigten sich signifikant niedrigere Alpha-Werte, d.h. eine höhere kortikale Aktivierung für die Personen mit hohen Schizotypie-Skores. In beiden Untersuchungen wurde jedoch nur die Aktivierung in zentralen bzw. posterioren Regionen des Gehirns erfasst. Im Gegensatz dazu liegen viele verschiedene und mit den unterschiedlichsten Methoden durchgeführte Untersuchungen vor, welche nahe legen, dass gerade dem Frontalkortex eine besondere Bedeutung im Zusammenhang mit schizophrenen Erkrankungen zukommt.

Hypo- oder Hyperfrontalität?

Im Hinblick auf schizophrene Erkrankungen wurde die Annahme formuliert, dass eine Unteraktivierung und Dysfunktion präfrontaler Regionen beider Hemisphären gegeben sei, ein Zustand der ‚Hypofrontalität' also, welcher als Ursache für die bei schizophrenen PatientInnen vielfach beobachteten Defizite im Bereich der Aufmerksamkeit, des Arbeitsgedächtnisses, aber auch in der Handlungs- und Lebensplanung angesehen wurde. Belege dafür wurden mit den unterschiedlichsten Methoden erbracht (z.B. ein verstärktes Auftreten niedrig-frequenter Aktivität im EEG, eine reduzierte Durchblutung im PET, schlechte Leistungen in neuropsychologischen Testverfahren für Frontalhirnfunktionen). Allerdings gibt es auch Hinweise darauf, dass diese Hypofrontalität zustandsabhängig sein könnte, d.h. nur bei fortgeschrittener Erkrankung und einem prognostisch ungünstigen, durch eine so genannte Negativ-Symptomatik (d.h. vor allem durch Defizite in Affekt und Antrieb) ausgezeichneten Verlauf gegeben sei, da bei akuten Ersterkrankungen (mit wenigen Negativ-Symptomen) sogar das Gegenteil, nämlich frontale Hyperaktivierung beobachtet wurde (z.B. Pascual-Marqui et al., 1997).

Für die Persönlichkeitspsychologie relevant ist nun die Frage, welche Aktivierungslage Personen charakterisiert, die nicht erkrankt sind, aber ein erhöhtes Risiko einer psychotischen Erkrankung aufweisen (also Personen mit hohen P- oder Schizotypie-Werten bzw. Verwandte von manifest Erkrankten). Entsprechende Untersuchungen mit neuropsychologischen Testverfahren zeigten ebenfalls reduzierte Leistungen von Personen mit hohen SPQ-Werten im Hinblick auf Frontalhirnfunktionen (z.B. Raine et al., 1992). Allerdings könnten derartige Leistungsdefizite auch durch eine Hyperaktivierung frontaler Regionen bedingt sein, und zwar unter der Annahme, dass Personen mit erhöhtem Risiko den akut Erkrankten ähnlicher sind als den ‚hypofrontalen' Patienten mit progredientem Verlauf und schlechter Prognose. Entsprechende EEG-Untersuchungen konnten jedenfalls keine Hinweise auf eine Hypofrontalität bei Personen mit erhöhten Schizotypie-Skores finden, sondern eher eine (nicht-signifikante) Tendenz zu frontal erhöhter Aktivierung (Wuebben & Winterer, 2001; Winterer et al., 2001). Die in den oben zitierten Untersuchungen berichtete erhöhte Aktivierung in posterioren Regionen konnte bislang jedenfalls für den Frontalkortex nicht nachgewiesen werden; ebenso ungeklärt ist die Hypothese einer Hypofrontalität, d.h. einer reduzierten frontalen Aktivierung bei Schizotypie, obwohl mit Hilfe von MRI auch für schizotype Personen strukturelle Defizite nachgewiesen wurden, d.h. eine reduzierte Größe/Ausdehnung präfrontaler kortikaler Areale (Raine et al., 1992). Möglicherweise wird eine differenziertere Betrachtung des Schizotypie-Konstruktes zu einer Abklärung der Hypofrontalitätshypothese beitragen können, da die zahlreichen Hinweise auf eine frontale Unteraktivierung vorwiegend an schizophrenen Patienten mit Negativ-Symptomatik erbracht wurden (siehe dazu den folgenden Abschnitt).

Imbalance der Hemisphären

Neben der Hypo-/Hyperfrontalitätshypothese wurde im Rahmen eines weiteren Erklärungsmodells für schizophrene Erkrankungen eine veränderte/gestörte Lateralisation von Funktionen postuliert; so zum Beispiel konnte Flor-Henry (1976) als einer der Ersten nicht nur Defizite in linkshemisphärischen fronto-temporalen Funktionen (Sprachwahrnehmung, Wortflüssigkeit u.a.) bei Schizophrenen nachweisen, sondern auch entsprechende Abweichungen/Abnormitäten im EEG der linken Hemisphäre. Und viele, in nachfolgenden Untersuchungen beobachtete Ergebnisse zeigten denn auch Unterschiede zwischen schizophrenen Patienten bzw. gesunden Personen mit erhöhten Schizotypie-Werten und entsprechenden

Kontrollgruppen, und zwar in den verschiedensten Lateralitätsmaßen: z.B. ein erhöhtes Maß an Beid- oder Linkshändigkeit; ein häufigeres Auftreten von ‚gekreuzter' Dominanz (Rechtshändigkeit, kombiniert mit einer Dominanz des linken Auges); ein abweichendes Asymmetriemuster bei der Verarbeitung verbaler oder visuell-räumlicher Information (z.B. kein Rechtsohr-Vorteil bei akustischer Darbietung von Sprachreizen bzw. kein Vorteil bei Darbietung visueller Stimuli ins linke visuelle Halbfeld).

Als ein Beispiel für Lateralitätsunterschiede ist ein entsprechendes Ergebnis einer Untersuchung von Claridge und Beech (1996) in der Abbildung 2.43 dargestellt; die Autoren untersuchten in einer dem Stroop-Test ähnlichen Reaktionszeit-Aufgabe die Wirkung von lateralisiert dargebotenen Prime-Stimuli (Wörter und Farb-Wörter, in unterschiedlicher Farbe im linken oder rechten visuellen Halbfeld für 100ms dargeboten). Die Reaktion musste auf einen im Anschluss daran und zentral gebotenen Test-Stimulus erfolgen, der immer aus einem in unterschiedlicher Farbe geschriebenem Farb-Wort bestand, wobei die Farbe benannt werden musste. Als ProbandInnen wurden Verwandte (ersten Grades) von schizophrenen und neurotischen PatientInnen untersucht, wobei das Ausmaß der Schizotypie/des Psychotizismus der VersuchsteilnehmerInnen mit Hilfe verschiedener Schizotypie-Skalen bzw. der P- Skala des EPQ erfolgte. Ein Vergleich der Reaktionszeiten je nach Art der Erkrankung des jeweiligen Verwandten (Schizophrenie/Neurose) erbrachte keine signifikanten Effekte, wohl aber je nach Ausprägungsgrad der Schizotypie der ProbandInnen selbst.

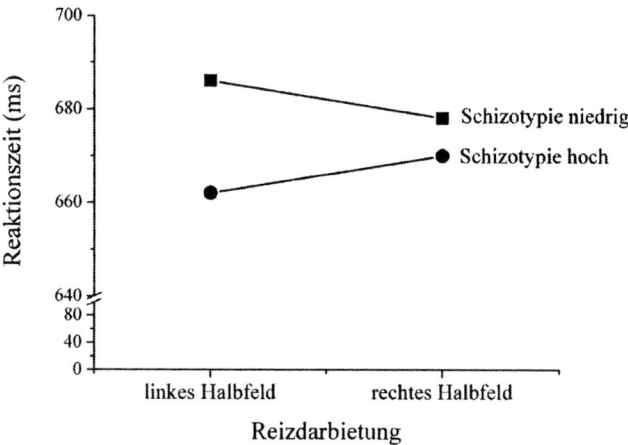

Abbildung 2.43:   Mittlere Reaktionszeiten von Personen mit niedrigen und hohen Schizotypie-Werten je nach Darbietung eines Prime-Stimulus ins linke oder rechte visuelle Halbfeld (nach Claridge & Beech, 1996).

Wie in Abbildung 2.43 anhand der mittleren Reaktionszeiten deutlich wird, zeigte sich für die Personengruppe mit niedrigen Schizotypie-Skores ein signifikanter Reaktionsvorteil bei Darbietung der Prime-Stimuli ins rechte im Vergleich zum linken visuellen Halbfeld, bei Personen mit hohen Schizotypie-Werten jedoch ein genau gegenteiliger Lateralitätseffekt.

Trotz der in einer Vielzahl von älteren Studien berichteten Lateralitätsunterschiede zwischen Schizophrenen und Gesunden bzw. Personen mit hoher und niedriger Schizotypie sind die Ergebnisse insgesamt aber wenig konsistent und wurden auch selten repliziert. Gruzelier und MitarbeiterInnen konnten in mehreren Untersuchungen zu dieser Problematik zeigen, dass ein im Hinblick auf die vielfältige und äußerst heterogene Symptomatik psychotischer Erkrankungen stärker differenzierter theoretischer Ansatz einen wesentlichen Erkenntnisfortschritt bringen könnte.

Ausgangspunkt dafür war die Annahme, dass sich klinische Einzelsymptome den folgenden drei Gruppen zuordnen, d.h. in Syndromen zusammenfassen lassen:

- ein erstes wird als ‚activity syndrome' bezeichnet und ist durch gesteigerte Aktivität im Denken, Sprechen und Handeln charakterisiert, wobei Gedankengang und Sprache ungewöhnlich, zerfahren, umständlich bis völlig unverständlich sind; darüber hinaus sind ungewöhnliches, exzentrisches Verhalten (Manieriertheit) oder Aussehen, gesteigerte, aber situationsinadäquate Affekte wesentliche Merkmale des Aktivitätssyndroms;
- eine zweite Gruppe von Symptomen definiert das ‚withdrawal syndrome', welches durch sozialen Rückzug, stark erhöhte Angst vor sozialen Situationen (kombiniert mit paranoiden Ideen), Antriebs- und Interesselosigkeit, Reduktion sprachlicher Äußerungen (Sprachverarmung), aber auch eine verminderte emotionale Beteiligung (Affektverflachung) charakterisiert ist. Diese, die Endpunkte eines ‚activation - withdrawal' Kontinuums kennzeichnenden Symptomgruppen sind nach Gruzelier (1996) aber nicht einfach gleichzusetzen mit der in der Psychiatrie gebräuchlichen Unterscheidung von Positiv- und Negativsymptomatik, da
- ganz wesentliche Symptome schizophrener Erkrankungen (so genannte ‚Symptome 1. Ranges' nach Schneider) einer dritten, als ‚unreality syndrome' bezeichneten und von den beiden ersten unabhängigen Symptomgruppe zuzuordnen sind.

Für die Persönlichkeitspsychologie ganz wesentlich ist nun, dass Gruzelier und MitarbeiterInnen in mehreren Untersuchungen an nicht-schizophrenen, d.h. psychisch gesunden Personen zeigen konnten, dass erstens die Items von Schizotypie-Fragebögen (z.B. des SPQ) faktorenanalytisch ebenfalls drei (unabhängige) Faktoren konstituieren, welche sich mit den an schizophrenen Patienten definierten Syndromen weitgehend decken; und dass zweitens Besonderheiten der zerebralen Lateralisation nur im Hinblick auf das ‚activity' und ‚withdrawal' Syndrom von Bedeutung

sind: Diese sind durch eine starke Unausgewogenheit in der Aktivierungsasymmetrie zwischen linker und rechter Hemisphäre charakterisiert, wobei
eine links-hemisphärische Überaktivierung (und damit verbunden eine
Einschränkung rechts-hemisphärischer Funktionen) dem Aktivitätssyndrom zugrunde liegen, während eine gegenteilige Aktivierungsasymmetrie
zugunsten der rechten Gehirnhälfte das Rückzugssyndrom bestimmt
(Gruzelier, 1996; Gruzelier, 2002; Gruzelier & Doig, 1996). Da Personen
mit Aktivitäts- bzw. Rückzugssyndrom im allgemeinen eine stärker positive bzw. negative emotionale Befindlichkeit zeigen, wird dieser theoretische Ansatz auch durch die vielen Befunde gestützt, welche eine Spezialisierung der linken bzw. rechten Frontalregion im Hinblick auf positi-
ve/negative Emotionen sowie auf Annäherungs- und Vermeidungsverhalten nahe legen (siehe dazu den Abschnitt ‚Lateralisation und Persönlichkeit').

Die empirische Evidenz für das ‚hemispheric imbalance syndrome
model' von Gruzelier soll beispielhaft anhand der Ergebnisse einer Studie
von Gruzelier & Richardson (1994) erläutert werden. Einer großen Gruppe
von (rechtshändigen) MedizinstudentInnen wurde einerseits das O-LIFE
zur Bearbeitung vorgegeben und andererseits ein Wiedererkennungstest
für Wörter und (unbekannte) Gesichter. Unter der Annahme, dass eine
bessere bzw. schlechtere Gedächtnisleistung für Wörter als für Gesichter
eine Aktivierungsasymmetrie zugunsten der linken bzw. rechten Hemisphäre darstellt, wurden die ProbandInnen nach ihren (standardisierten)
Leistungen in zwei Gruppen geteilt: Wörter > Gesichter bzw. Gesichter >
Wörter. Die Skores in den vier Subskalen des O-LIFE wurden sodann als
abhängige Variable verrechnet. Die Ergebnisse für die Subskalen ‚Impulsive Nonkonformität' und ‚Introvertierte Anhedonie', welche durch ihre
inhaltliche Ausrichtung das Aktivitätssyndrom bzw. das Rückzugssyndrom abbilden, sind in Abbildung 2.44 dargestellt und bestätigen das
Modell: Personen mit linkshemisphärischer Aktivierungsasymmetrie
(Wörter > Gesichter) zeigten signifikant höhere Skores in der Skala ‚Impulsive Nonkonformität', solche mit einer Asymmetrie zugunsten der
rechten Hemisphäre (Gesichter > Wörter) wiesen höhere Skores in der
Skala ‚Introvertierte Anhedonie' auf.

Die von Gruzelier und Richardson (1994) gefundene Beziehung zwischen einzelnen Aspekten der Schizotypie und der Lateralität war allerdings nur für Männer eindeutig nachweisbar, Frauen zeigten wesentlich
geringere oder überhaupt keine Unterschiede, was möglicherweise in einer
reduzierten oder überhaupt anderen Art der funktionalen Spezialisierung
der Hemisphären bei Frauen begründet sein könnte. Demnach ist zu vermuten, dass die im Hinblick auf die Messung der Schizotypie erfolgte
Differenzierung allein noch nicht ausreicht, um die Komplexität der Beziehungen zwischen (multi-dimensionalem) Persönlichkeitsmerkmal und
Gehirn abzubilden; auch im Hinblick auf die bislang verwendeten Verfahren zur Bestimmung von spezifischen Funktionen des Gehirns sowie von
funktionalen Asymmetrien der beiden Hemisphären muss eine weitere
Differenzierung erfolgen, da z.B. in einer unlängst publizierten Studie mit
einem anderen Verfahren zur Messung der individuellen Lateralisation

(d.h. mit einer lexikalischen Entscheidungsaufgabe) keine Bestätigung für das Modell von Gruzelier erbracht werden konnte (Kravetz et al., 1998).

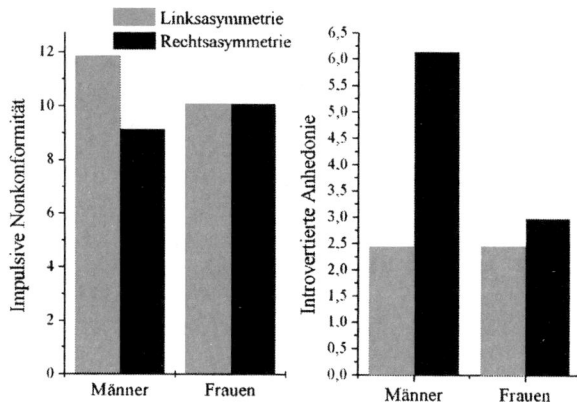

Abbildung 2.44: **Skores für die Subskalen ‚Impulsive Nonkonformität' und ‚Introvertierte Anhedonie' des O-LIFE je nach Hemisphärenasymmetrie und Geschlecht (nach Gruzelier und Richardson, 1994).**

In diesem Zusammenhang muss auch noch geklärt werden, unter welchen Bedingungen eine „Überaktivierung" angenommen werden kann; da eine relative Aktivierungsasymmetrie zugunsten einer Hemisphäre zumeist mit Leistungsvorteilen verbunden ist, könnte eine Dysfunktion aufgrund einer Überaktivierung nur über mindestens zwei Parameter erfasst werden: z.B. Zeichen einer hohen Aktivierung der linken Hemisphäre im EEG und gleichzeitig schlechtere Leistungen in linkshemisphärischen Tests (z.B. schlechtere Gedächtnisleistungen für Wörter im Vergleich zu Gesichtern). Derartige, auch im Hinblick auf die Erfassung von Unterschieden in der Lateralisation von Personen mit hohen vs. niedrigen Schizotypie-Werten differenziertere Untersuchungen stehen allerdings noch aus. Gleiches gilt auch für die Erfassung der kortikalen Aktivierung mittels EEG, was am Beispiel einer neuen und sehr aufwändigen Längsschnittuntersuchung illustriert werden soll.

Raine et al. (2002) untersuchten eine sehr große Stichprobe (von Kindern auf Mauritius), und zwar erstmals im Alter von 3 Jahren; im Alter von 11 Jahren wurde die EEG-Aktivität (in Ruhe und während der Ausführung eines CPT) über der linken und rechten Hemisphäre bipolar registriert (T3 gegen P3 und T4 gegen P4) und im Alter von 17 und 23 Jahren wurde mit zwei unterschiedlichen Skalen das Ausmaß der Schizotypie erhoben. Für zwei Extremgruppen, d.h. Personen mit hohen/niedrigen Werten in beiden Skalen (d.h. zu beiden Messzeitpunkten), wurde sodann die EEG-Aktivität in fünf verschiedenen Frequenzbändern verglichen; wie Abbildung 2.45 zu entnehmen ist, zeigten Personen mit hohen im Vergleich zu solchen mit niedrigen Schizotypie-Skores signifikant geringere Werte nur in den unteren Frequenzbändern (Delta bis Alpha1); im Hinblick auf die EEG-Aktivität der rechten Hemisphäre zeigten sich keine Unterschiede.

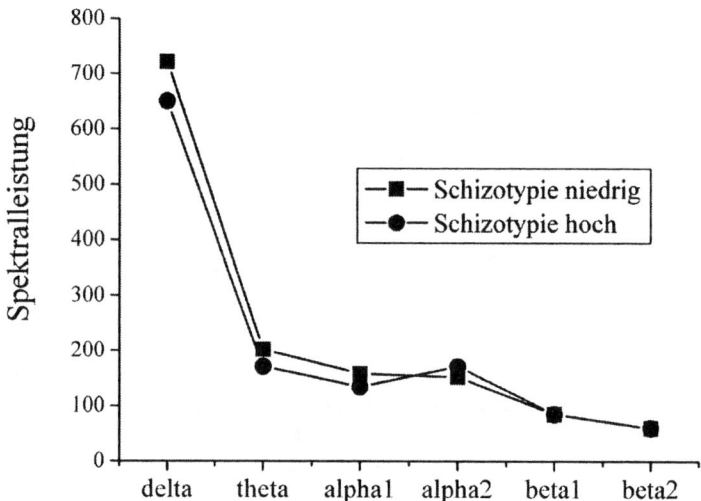

Abbildung 2.45: **EEG-Aktivität (Leistung im jeweiligen Frequenz-band) der linken Hemisphäre für Personen mit hohen und niedrigen Schizotypie-Werten (nach Raine et al., 2002).**

Die AutorInnen interpretierten diesen Befund (d.h. weniger Delta- und Theta-Aktivität) als Ausdruck einer höheren kortikalen Aktivierung von schizotypen Personen über der linken Hemisphäre und als eine Bestätigung für die Hypothese einer links-hemisphärischen Überaktivierung bei erhöhter Schizotypie. Diese Interpretation des Ergebnisses ist jedoch keinesfalls zwingend: Da durch bipolare Ableitungen die Differenz der beiden elektrischen Signale (von T3 und P3 z.B.) erfasst wird, sind auch alternative Erklärungen zulässig, welche sich auf intrahemisphärische Unterschiede in der Aktivität von Temporal- und Parietalregion beziehen. Im Hinblick auf die Hypothese einer linkshemisphärischen Überaktivierung (Raine & Manders, 1988), aber auch hinsichtlich des von Gruzelier (1996, 2002) postulierten Modells einer hemisphärischen Imbalance stehen entsprechende EEG-Untersuchungen (mit guter topographischer Auflösung und unipolaren Ableitungen) noch aus.

Störung des interhemisphärischen Transfers

Ein dritter, für Schizophrenie und Schizotypie relevanter Erklärungsansatz bezieht sich auf Abweichungen/Störungen des interhemisphärischen Transfers von Informationen. Mit Bezug auf den Befund, dass Schizophrene ein deutlich vergrößertes Corpus callosum aufweisen, konnten Beaumont & Dimond (1973) erste empirische Belege für einen gestörten interhemisphärischen Transfer von Informationen bei schizophrenen Patienten beibringen. Seither wurden sowohl mit neuropsychologischen Testverfahren als auch mit dem EEG viele Hinweise auf eine gestörte Interaktion zwischen unterschiedlichen Kortexregionen bei Schizophrenen erbracht; wurde die funktionale Koppelung mittels EEG untersucht, zeigten sich zumeist reduzierte Kohärenzen zwischen homologen Ableitstellen über der linken und rechten Hemisphäre, aber auch intrahemisphärisch wurde eine geringere ‚Konnektivität' beobachtet. Derartige Befunde führten schließlich zur Entwicklung des so genannten ‚cortical dysconnectivity' Modells schizophrener Erkrankungen (Weinberger, 1993; Friston & Frith, 1995). Für die Persönlichkeitspsychologie interessant ist nun wiederum die Frage, ob sich auch bei Personen mit erhöhtem Erkrankungsrisiko eine abweichende/reduzierte Konnektivität nachweisen lässt. In einer jüngst veröffentlichten Studie konnten Winterer et al. (2001) zeigen, dass sowohl schizophrene Patienten als auch deren nicht-erkrankte Geschwister gegenüber einer gesunden Kontrollgruppe signifikant reduzierte interhemisphärische Kohärenzen im untersten Frequenzbereich (Delta-Band) aufwiesen, und zwar in posterioren Bereichen des Temporallappens. Diese Ergebnisse sind deswegen besonders bemerkenswert, weil die Autoren die EEG-Daten von zwei unabhängigen Stichproben (welche in unterschiedlichen Institutionen/Labors untersucht wurden) analysiert haben, so dass an einem Datensatz erzielte Befunde an den Daten der zweiten Stichprobe repliziert/validiert werden konnten. Für Personen ohne schizophrene Geschwister, aber mit erhöhten Schizotypie-Skores steht eine derartige Untersuchung allerdings noch aus.

2.2.5.1.2 Evozierte Potentiale

Während die Befundlage im Hinblick auf Unterschiede zwischen Personen mit hohen vs. niedrigen Schizotypie-/Psychotizismus-Skores in der EEG-Hintergrundaktivität insgesamt spärlich und auch noch weitgehend unklar ist, konnten in mehreren Untersuchungen bezüglich der reizevozierten Reaktionen des Gehirns – vor allem hinsichtlich der späten Komponenten des evozierten Potentials – weitgehend konsistente Ergebnisse erzielt werden.

Mittlere Komponenten

Besonders relevant für die Schizotypie-/Schizophrenieforschung ist eine früh auftretende positive Komponente des akustisch evozierten Potentials, welche sich in einem Zeitfenster von etwa 30 bis 80ms ausbildet, über dem Vertex am stärksten ausgeprägt ist und als P50 bezeichnet wurde. Besonders bemerkenswert ist nun, dass nach aufeinander folgender Darbietung von zwei Tönen (im Abstand von z.B. 500ms) die P50-Amplitude auf den zweiten Ton üblicherweise deutlich reduziert ist. Der entsprechende Unterschied in den Amplituden auf einen 1. und 2. Ton ist in Abbildung 2.46 dargestellt.

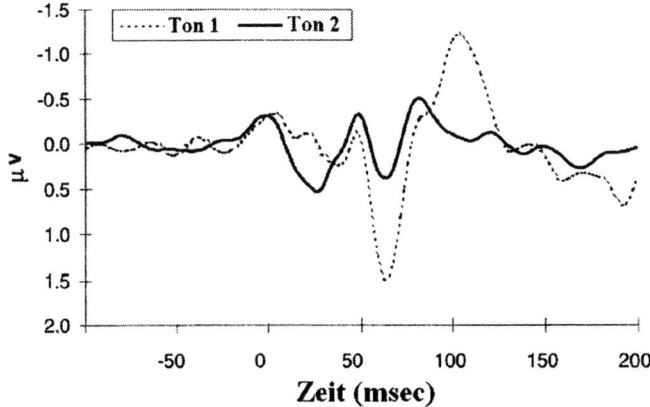

Abbildung 2.46:   Verlauf der durch zwei kurz aufeinanderfolgende Töne evozierten Potentiale; die P50-Amplitude auf den zweiten Ton ist deutlich reduziert.

Dieses Phänomen wurde als ‚sensory gating' bezeichnet und als Ausdruck eines Filtermechanismus angesehen, welcher – z.B. im Falle von Reizwiederholungen – die Reaktionen des Gehirns auf irrelevante Reize abschwächen und damit eine Überbelastung/Reizüberflutung verhindern soll. In zahlreichen Untersuchungen konnte nun gezeigt werden, dass Schizophrene ein Defizit im ‚sensory gating'-Mechanismus aufweisen, d.h. keine oder eine lediglich abgeschwächte Unterdrückung der P50-Amplitude zeigen, wobei dieser Effekt üblicherweise durch das Verhältnis von P50-Amplitude auf den 2. Ton zu P50-Amplitude auf den 1. Ton quantifiziert wird.

    Dieses Unvermögen zur Reaktionsunterdrückung auf wiederholte Reize wird als ein wesentliches pathophysiologisches Element in der Entstehung zahlreicher Symptome des schizophrenen Zustandsbildes angesehen; so z.B. steht ein erhöhtes P50-Verhältnis bei schizophrenen PatientInnen mit einer reduzierten Vigilanzleistung, aber auch mit einer verstärkten Reizgeneralisation, im Speziellen mit höheren Effekten im so genannten semantischen Priming in Beziehung (Vinogradov et al., 1996). Der letztgenannte Befund ist besonders bemerkenswert, weil damit ein möglicher Mechanismus für eine Reihe von Besonderheiten in den Denk- und Assoziationsprozessen Schizophrener verständlich werden könnte.

In einer jüngst veröffentlichten Studie konnten Croft et al. (2001) erstmals auch an gesunden Personen zeigen, dass das Ausmaß der Schizotypie, im Besonderen jenes Merkmalsaspekts, der durch z.B. die Subskala ‚unreality' des PSQ erfasst wird, mit dem Ausmaß des ‚sensory gating' signifikant korreliert ist: je höher der Schizotypie-Skore, desto geringer die Unterdrückung der P50-Komponente auf den 2. Ton.

P300

Einer der am besten gesicherten psychophysiologischen Befunde in der Schizophrenie-Forschung betrifft die P300-Amplitude in einem (zumeist akustischen) Oddball-Paradigma: Schizophrene PatientInnen zeigen (im Vergleich zu gesunden Personen) eine signifikant reduzierte Amplitude. In etlichen Untersuchungen konnte darüber hinaus nachgewiesen werden, dass auch nicht-erkrankte, aber von einem erhöhten Krankheitsrisiko betroffene Personen eine Reduktion der P300-Komponente zeigen. So z.B. fanden Golding et al. (1986) bei Personen mit hohen Psychotizismuswerten (wie auch bei hoch Extravertierten und Impulsiven) signifikant niedrigere P300-Amplituden in somatosensorisch evozierten Potentialen, und Stelmack et al. (1993) konnten geringere Amplituden der P300 für Personen mit höheren Werten in der Psychotizismus-Subskala des EPQ bei visueller Reizdarbietung nachweisen. Darüber hinaus wurde dieser Effekt (zumeist in einem einfachen akustischen Oddball-Paradigma) ebenfalls an Personengruppen gesichert, deren erhöhtes Risiko auf unterschiedliche Weise definiert bzw. diagnostiziert wurde:

- bei Verwandten 1. Grades von Schizophrenen (Kimble et al., 2000);
- bei DSM-III-R diagnostizierten Personen mit schizoptyper Persönlichkeitsstörung (Salisbury et al., 1996; Kimble et al., 2000; Niznikiewicz et al., 2000);
- an Normalpersonen mit erhöhten Skores in einer Schizotypie-Skala (Ogura et al., 1994: Schizophrenie-Skala des MMPI; Klein et al., 1999: SPQ);
- darüber hinaus konnten Gurrera et al. (2001; NEO-PI) für Personen mit geringer Verträglichkeit und Gewissenhaftigkeit ebenfalls reduzierte P300- Amplituden nachweisen; da diese Subskalen hoch negativ mit der P-Skala korreliert sind (Eysenck, 1991), entspricht dieses Ergebnis allen übrigen Befunden.

Während in den persönlichkeitspsychologisch orientierten Untersuchungen zur P300-Komponente zumeist zentrale Positionen als Ableitstellen gewählt wurden (z.B. Fz, Cz und Pz), wurde in den klinisch-psychiatrischen Studien an schizophrenen PatientInnen durch die zusätzliche Verwendung lateraler Elektrodenpositionen und auf dem Hintergrund der Hypothese über eine gestörte Lateralisation bei Schizophrenen schon frühzeitig eine explizite Prüfung von Hemisphärenunterschieden in der P300-Komponente vorgenommen. Dabei zeigte sich in mehreren Untersuchungen, dass eine schizophrene Störung im Besonderen durch eine Rektion der Amplituden über der linken Hemisphäre charakterisiert wird. Und dazu konnte an schizophrenen Patienten auch nachgewiesen werden, dass linksseitig reduzierte Amplituden (auf T3) mit einem verringerten Volumen der kortikalen Regionen des linken oberen Temporallappens (Gyrus temporalis superior) in Beziehung standen (McCarley et al., 1993). Dieser Befund ist vermutlich krankheitsspezifisch (findet sich z.B. nicht bei PatientInnen mit affektiven Psychosen), ist unabhängig vom Krankheitsstadium (akut oder chronisch) und wird durch die neuroleptische Medikation oder durch eine Besserung der Symptomatik auch nicht beeinflusst.

Besonders interessant für die Persönlichkeitsforschung sind nun neueste Untersuchungen, in welchen eine derartige P300-Asymmetrie, d.h. eine linksseitig stärkere Reduktion der Amplituden, ebenfalls an nicht-schizophrenen Personen mit schizotyper Persönlichkeitsstörung nachgewiesen werden konnte (Salisbury et al., 1996; Niznikiewicz et al., 2000), aber auch an Normalpersonen mit erhöhten Werten im SPQ: Klein et al. (1999) hatten zunächst aus einer sehr großen Gruppe von StudentInnen eine Teilstichprobe so ausgewählt, dass der gesamte Wertebereich des SPQ repräsentiert war, diese Personen sodann in jeweils eine Gruppe mit hohen und niedrigen Werten aufgeteilt und mit Hilfe eines akustischen Oddball-Paradigmas die P300-Amplituden bestimmt. Ein spezifischer Vergleich für temporale Elektrodenpositionen erbrachte eine signifikante Interaktion zwischen Hemisphäre und Schizotypie-Gruppe für die durch seltene Reize ('targets') evozierten Potentiale: Personen mit hohen im Vergleich zu solchen mit niedrigen SPQ-Werten zeigten die (aufgrund der Befunde aus der Schizophrenie-Forschung erwartete) Reduktion der Amplituden über der linken Temporalregion (auf T3), während die entsprechende P300 über der rechten Hemisphäre (auf T4) sogar geringfügig größer ausfiel.

Für die weiter posterior gelegenen Ableitpositionen konnte ein vergleichbarer Trend beobachtet werden. Die entsprechenden Ergebnisse sind in Abbildung 2.47 dargestellt.

2.2.5.2 Aggressivität / Verträglichkeit

In Eysencks Konzeption der Psychotizismusdimension ist neben mehreren Primärfaktoren, welche sich auf eine reduzierte Emotionalität beziehen (kalt, unpersönlich, hartherzig), die Aggressivität – als Ausdruck einer reduzierten Emotionskontrolle – ein wesentliches konstituierendes Merkmal des Psychotizismus. Da Aggressivität häufig mit einer reduzierten Handlungskontrolle, d.h. einer erhöhten Impulsivität einhergeht, reagieren Personen mit gesteigerter impulsiver Aggressivität unverhältnismäßig auf psychische/soziale Belastungen und stellen damit ein hohes Risikopotential für jede Gesellschaft dar. Im Vergleich dazu wurde die biopsychologische Erforschung dieses Merkmals in der Persönlichkeitspsychologie bislang eher vernachlässigt; dennoch finden sich in der Literatur zahlreiche Untersuchungen, welche an neurologischen oder psychiatrischen PatientInnen, vor allem aber auch an Kriminellen durchgeführt wurden.

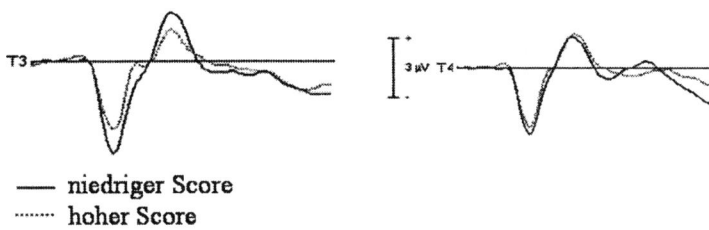

—— niedriger Score
········ hoher Score

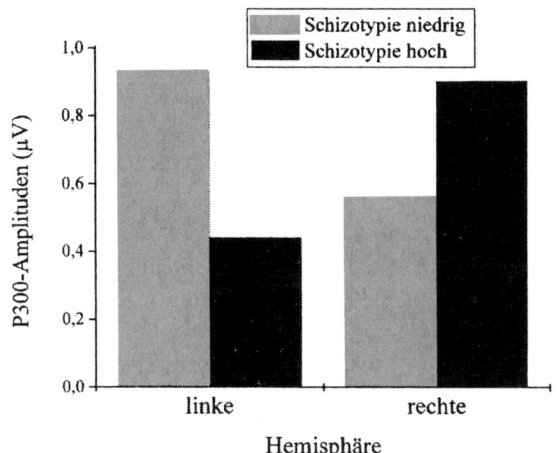

**Abbildung 2.47: Potentialverläufe (oben) und mittlere P300-Amplitu-
den (unten), getrennt nach Personen mit niedrigen
bzw. hohen Schizotypie-Werten und linker bzw.
rechter Hemisphäre (T3 und T4); nach Klein et al.
(1999).**

Im Hinblick auf die einem gewalttätigen, aggressiven Verhalten zugrunde
liegenden Mechanismen scheint eine Unterscheidung wesentlich zu sein,
welche die situativen und emotionalen Begleitumstände betrifft (Vitiello
& Stoff, 1997; Volavka, 1999):

• erstens eine *impulsiv-emotionale Aggression*, die nicht vorausgeplant
  ist, als unmittelbare, impulsive Reaktion auf eine subjektiv erlebte
  Bedrohung oder Provokation auftritt und mit intensiven negativen
  Emotionen (wie Ärger, Wut etc.) verbunden ist. Demgegenüber ist
• zweitens eine *kontrolliert-instrumentelle Aggression,* ein gewalttätiges
  Verhalten, das auf die Erreichung eines bestimmten Zieles ausgerichtet
  ist, vorausgeplant wird und durch eine relativ geringe emotionale Beteiligung charakterisiert ist (geplante Raubüberfälle, Brandstiftungen,

aber auch Serienmorde werden u.a. als Beispiele für ein derartiges Verhalten angesehen).

Die in diesem Abschnitt dargestellten Untersuchungen betreffen vor allem die impulsiv-emotionale Aggression; dazu haben Davidson und MitarbeiterInnen (Davidson et al., 2000b) einen neurobiologischen Erklärungsansatz vorgeschlagen, in welchem aggressive Verhaltensweisen als Folge einer fehlerhaften Regulation negativer Emotionen gesehen werden. Dabei kommt den Emotionen Ärger und Wut eine besondere Bedeutung zu; in entsprechenden Studien zeigte sich als Reaktion auf verärgerte Gesichter eine verstärkte Aktivierung im orbitofrontalen Kortex sowie im anterioren Teil des Gyrus cinguli. Dieser sehr bemerkenswerte Befund konnte in weiteren Arbeiten, in denen – an normalen (nicht-psychiatrischen und nicht-kriminellen) Personen – Ärger experimentell in der Versuchssituation induziert wurde, bestätigt werden (Dougherty et al., 1999; Kimbrell et al., 1999). Darüber hinaus zeigte sich in beiden Studien eine mit Ärger verbundene erhöhte Durchblutung des vorderen Temporallappens; das ist deshalb so bemerkenswert, weil dieser Region vermutlich auch eine besondere Bedeutung bei der Steuerung des Sozialverhaltens zukommt.

Davidson und MitarbeiterInnen interpretierten nun die verstärkte Aktivierung in präfrontalen Regionen als Teil eines automatisch ablaufenden Regulationsvorganges, welcher den Ausdruck des erlebten Ärgers, seine Umsetzung in Form von aggressiven Handlungen zum Beispiel kontrolliert: je geringer die orbitofrontale Aktivierung, desto größer die Wahrscheinlichkeit des Auftretens impulsiv-aggressiver Verhaltensweisen. Diese Interpretation wird unter anderem auch dadurch gestützt, dass der präfrontale Kortex (im Besonderen die orbitofrontale Region) auch wechselseitige und hemmende Verbindungen zur Amygdala aufweist; je geringer die Aktivierung dieser Regionen, desto geringer auch die Hemmung der Amygdala, und desto stärker das Auftreten von durch die Amygdala vermittelten negativen Affekten. Und einzelne Forschungsergebnisse der letzten Jahre unterstützen die Annahme, dass die zur Kontrolle von Ärger und Frustration, d.h. zur Hemmung von impulsiv-aggressiven Verhaltensweisen erforderliche Aktivierung präfrontaler Strukturen durch funktionale und strukturelle Defizite in diesen Regionen bei Personen mit hoher Aggressivität nicht erfolgt bzw. erfolgen kann.

Zur Messung der Aggressivität wurden im anglo-amerikanischen Bereich viele verschiedene Fragebögen entwickelt; am häufigsten verwendet wurden das ‚Buss-Durkee-Hostility-Inventory' (BDHI; Buss & Durkee, 1957) sowie der ‚Buss-Perry-Aggression-Questionnaire' (BPAQ; Buss & Perry, 1992). Letztgenanntes Instrument erfasst in vier Subskalen die Häufigkeit physischer und verbaler Aggression sowie das subjektiv erlebte Ausmaß an Ärger und Feindseligkeit. Ärger wird als die emotionale Komponente der Aggression verstanden und Feindseligkeit als kognitive Komponente, welche vor allem durch negative und böswillige Einstellungen seinem sozialen Umfeld gegenüber charakterisiert ist.

2.2.5.2.1 EEG-Hintergrundaktivität

Was die EEG-Aktivität unter Ruhebedingungen betrifft, liegen nur sehr wenige und meist ältere Studien vor. Dennoch sind die entsprechenden Ergebnisse weitgehend konsistent mit anderen Befunden und den oben beschriebenen Erklärungsansätzen. So zum Beispiel konnten Mednick et al. (1982) zeigen, dass gewalttätige Kriminelle im Ruhe-EEG durch eine ausgeprägte Aktivität in langsamen Frequenzbändern, d.h. durch eine geringere kortikale Aktivierung, charakterisiert waren, und zwar vor allem über frontalen Regionen. Darüber hinaus wurden diffuse Abnormitäten im EEG beobachtet, welche nur bei Personen mit impulsiv-emotionalen und nicht bei solchen mit vorsätzlichen Gewalttaten gegeben waren. Derartige Befunde wurden als Ausdruck einer Unteraktivierung im Zentralnervensystem interpretiert (Raine et al., 1990), welche möglicherweise als Folge eines nicht vollständig entwickelten Kortex (‚cortical immaturity'-Hypothese; Hare, 1970) auftritt. In Ergänzung dazu vertrat Volavka (1995) die Meinung, dass die beobachteten Besonderheiten im EEG auch als Ausdruck von (minimalen) Verletzungen des Gehirns oder als Folge ineffizienter Hemmmechanismen interpretiert werden könnten.

Während im Hinblick auf reizevozierte Reaktionen des Gehirns doch etliche Untersuchungen auch an normalen (nicht-kriminellen und nicht psychiatrisch auffälligen) Personen durchgeführt wurden, ist das für das Ruhe-EEG (mit ganz wenigen Ausnahmen) nicht der Fall. Dieser Umstand ist deshalb bedauerlich, weil das Merkmal Aggressivität möglicherweise einen nicht unbeträchtlichen Anteil an zentralnervösen und peripher-physiologischen Prozessen aufklären könnte; so wurden z.B. in einer umfangreichen Studie an Normalpersonen für die Aggressivität (als trait) im Vergleich zu verschiedenen anderen Persönlichkeitsvariablen (Extraversion, Neurotizismus u.a.) die höchsten Korrelationen mit einer Reihe von physiologischen Parametern (inklusive Ruhe-EEG) gefunden (Stemmler & Meinhardt, 1990). Dabei zeigte sich auch eine Wechselwirkung mit dem Versuchsablauf: Während Personen mit höheren Aggressionswerten am Beginn einer längeren Versuchsphase physiologisch höher erregt waren, wiesen sie im weiteren Verlauf der Untersuchung jedoch im Vergleich zu weniger aggressiven Personen eine geringere Aktivierung auf.

2.2.5.2.2 Evozierte Potentiale

In der überwiegenden Mehrzahl von Studien an impulsiv-aggressiven Personen wurde die P300-Komponente, zumeist mit Hilfe eines einfachen Oddball-Paradigmas, untersucht. In einer vor kurzem publizierten Arbeit (Houston & Stanford, 2001) wurden aber auch für frühere Komponenten des evozierten Potentials Unterschiede zwischen zwei Extremgruppen gefunden, welche hinsichtlich ihrer emotionalen Reizbarkeit (erfasst mittels BDHI) aus einer großen studentischen Stichprobe ausgewählt worden waren (und darüber hinaus u.a. mit BIS-11, BPAQ getestet wurden). Stimuliert wurde mit Lichtblitzen unterschiedlicher Intensität, so dass neben der Auswertung der Einzelkomponenten P1, N1 und P2 auch

Unterschiede im Augmenting/Reducing untersucht werden konnten. Die beiden Gruppen unterschieden sich in einer Reihe von Parametern: Die impulsiv-aggressive Gruppe zeigte erstens kürzere Latenzen für alle drei Komponenten; und zweitens ergaben sich niedrigere Werte für die P1-Amplituden, aber höhere Werte für die N1-Komponente.

Sowohl die verkürzten Latenzen als auch die erhöhten N1-Amplituden sind Ausdruck einer erhöhten kortikalen Erregbarkeit der impulsiv-aggressiven ProbandInnen und scheinen zunächst im Widerspruch zur Hypothese einer generellen Unteraktivierung bei hoher impulsiver Aggressivität zu stehen. Die AutorInnen interpretierten diese Effekte allerdings dahin gehend, dass Impulsiv-Aggressive gerade wegen der geringen kortikalen Aktivierung den dargebotenen Reizen besondere Aufmerksamkeit entgegengebracht hatten, gleichsam als kompensatorische Reaktion, um ihr geringes Aktivierungsniveau auf ein ‚optimales' Niveau anzuheben (siehe dazu auch die Ausführungen zum Modell von Zuckerman).

Im Gegensatz dazu fanden sich aber auch Hinweise auf ein verstärktes Augmenting (für die P1-N1-Amplituden) bei der impulsiv-aggressiven Gruppe, ein Ergebnis, das mit den Befunden zum Sensation Seeking und zur Impulsivität, aber auch mit der Hypothese zur Unteraktivierung bei impulsiv-aggressiven Personen konsistent ist.

Sehr bemerkenswert ist schließlich, dass die Gruppe mit hohen Aggressivitätswerten auch deutlich reduzierte P1-Amplituden über der parietalen Kortexregion aufwies; die entsprechenden Ergebnisse sind in Abbildung 2.48 dargestellt.

Die AutorInnen interpretierten diese Reduktion als Ausdruck eines Verarbeitungsdefizits, ähnlich dem Effekt des sensory gatings, wie er bei schizotypen und schizophrenen Personen nachgewiesen wurde (siehe den Abschnitt zu ‚Psychotizismus und schizotype Persönlichkeit'). Inwieweit die Ergebnisse dieser Arbeit auch repliziert werden können, wird sich in zukünftigen Untersuchungen zeigen. In jedem Fall wurden durch diese Arbeit erste und auch sehr bemerkenswerte Hinweise darauf geliefert, dass bei impulsiv-aggressiven Personen möglicherweise auch in den frühen Stadien der Informationsverarbeitung (‚sensory processing') Besonderheiten/Dysfunktionen vorliegen.

Dass vor allem in einem späteren Stadium der Verarbeitung von Reizen (‚cognitive processing') Defizite bei aggressiven Personen gegeben sind, wurde in etlichen Untersuchungen zur P300-Komponente nachgewiesen. So z.B. verglichen Barratt und MitarbeiterInnen (Barratt et al., 1997) die P300-Amplituden von hoch aggressiven Strafgefangenen, die mit Hilfe eines semi-strukturierten Interviews in eine hoch und eine niedrig impulsive Gruppe unterteilt wurden; dabei zeigte sich im Vergleich zu einer Kontrollgruppe (von nicht-straffälligen, nicht-aggressiven Personen), dass nicht die Aggressivität an sich, sondern die impulsive Aggressivität durch neurophysiologische Besonderheiten ausgezeichnet ist.

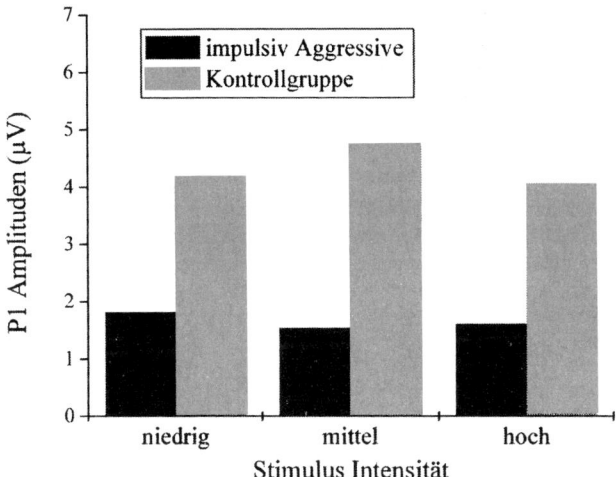

Abbildung 2.48: Mittlere P1-Amplituden für Personen mit niedrigen und hohen Werten in impulsiver Aggressivität, getrennt für unterschiedliche Reizintensitäten (nach Houston & Stanford, 2001).

Den an Kriminellen erzielten Befund konnten Barratt und Mitarbeiter-Innen aber auch an Normalpersonen, d.h. Kindern und Jugendlichen sichern (Harmon-Jones et al., 1997); Teilergebnisse dieser Studie wurden schon im Abschnitt zur Impulsivität dargestellt. Die Korrelationen zwischen Aggressivitätsmaßen (BPAQ) und den P300-Amplituden, der Leseleistung und den IQ-Werten finden sich in Tabelle 2.4.

Wichtigstes Ergebnis dieser Untersuchung ist die Replikation des an impulsiv-aggressiven Kriminellen mit Hilfe eines Oddball-Paradigmas erhobenen Befundes reduzierter P300-Amplituden; auch in der Studie an Kindern zeigte sich eine negative Korrelation zwischen den Skores für physische und verbale Aggressivität und den Amplituden über zentralen und parietalen Ableitstellen.

Und auch in weiteren Untersuchungen an studentischen Stichproben konnte in der Zwischenzeit eine P300-Reduktion bei impulsiv-aggressiven Personen unter Verwendung des BDHI gesichert werden (Gerstle et al., 1998; Mathias & Stanford, 1999). Darüber hinaus wurden in einigen Studien auch verzögerte P300-Latenzen bei hoher impulsiver Aggressivität berichtet (Mathias & Stanford, 1999; Bond & Surguy, 2000). Diese psychophysiologischen Besonderheiten in Amplitude (und Latenz) der P300-Komponente werden als Ausdruck einer Dysfunktion bei impulsiv-aggressiven Personen interpretiert, vor allem als Defizite in den späteren Phasen der Reizverarbeitung und -bewertung, die möglicherweise auf mangelnde neuronale Ressourcen zurückzuführen sind. Erste Hinweise auf Abnormitäten in den neuronalen Strukturen liegen bereits vor (siehe den nächsten Abschnitt), vieles dazu wird aber erst in zukünftigen Untersuchungen, vor allem mit den modernen bildgebenden Verfahren, aufgezeigt werden können.

Tabelle 2.4: Interkorrelationen von vier Subskalen eines Aggressivitätsfragebogens mit den P300-Amplituden (im Oddball-Paradigma und CPT) über frontalen, zentralen und parietalen Ableitstellen (Fz, Cz, Pz) sowie mit Leseleistung und IQ-Maßen (nach Harmon-Jones et al., 1997).

	Physische Aggression	Verbale Aggression	Ärger	Feindseligkeit
Lesegenauigkeit	-0,24	-0.42**	-0.08	-0.01
Leseverständnis	-0,40*	-0.50**	-0.27	-0.26
Verbale Intelligenz	-0,36*	-0.43**	-0.15	-0.21
Handlungsintelligenz	-0,39*	-0.48**	-0.24	-0.07
Oddball-Paradigma Fz amp	-0,31	-0.22	0.36	-0.28
Oddball-Paradigma Cz amp	-0,50**	-0.55**	0.35	-0.20
Oddball-Paradigma Pz amp	-0,48**	-0.54**	-0,23	-0.13
CPT Fz amp	-0,31	-0.00	-0.28	-0.22
CPT Cz amp	-0,19	-0.08	-0.29	-0.42*
CPT Pz amp	-0,06	-0.13	0.13	-0.31

* $p < .05$; ** $p < .01$

2.2.5.2.3 Bildgebende Verfahren

Auch mit modernen Verfahren zur Untersuchung von Struktur und Funktion des Gehirns konnten bereits etliche Hinweise auf eine Beziehung zwischen präfrontalen Regionen und impulsiver Aggressivität gefunden werden. So zum Beispiel untersuchten Raine et al. (2000) Personen mit einer so genannten ‚antisozialen Persönlichkeitsstörung' (siehe dazu den nächsten Abschnitt), welche eine besonders hohe Neigung zu impulsiver Aggressivität zeigten; dabei wurde das Volumen der grauen Substanz im präfrontalen Kortex mittels MRI quantifiziert. Im Vergleich zu mehreren

Kontrollgruppen (Normalpersonen, psychiatrische Patienten und Drogen-abhängige) zeigte sich bei der impulsiv-aggressiven Gruppe ein im Mittel um 11% verringertes Volumen in den untersuchten Regionen. Ein ähnli-ches Ergebnis (Reduktion um 17% im präfrontalen Kortex) wurde an Temporallappen-Epileptikern beobachtet, welche durch das Auftreten impulsiv-aggressiver Verhaltensweisen in den anfallsfreien Phasen cha-rakterisiert waren; dabei wurde die deutlichste Verminderung der grauen Substanz in der linken präfrontalen Region beobachtet (Woermann et al., 2000). Und eine Analyse der Mikrostruktur des Gehirns erbrachte Hin-weise darauf, dass entsprechende Abnormitäten auch im inferioren Be-reich des Frontalkortex gegeben sind: Mit Hilfe eines neuen technischen Verfahrens ('diffusion tensor imaging') wurde die Diffusion von Wasser in extrazellulären Bereichen der weißen Substanz von schizophrenen Patienten untersucht. Über bestimmte Parameter (für Art und Richtung der Diffusion, d.h. für die Größe des extrazellulären Zwischenraumes, und der Anordnung der Axone) konnte dabei gezeigt werden, dass diese Maße für die Integrität der Verbindungen zwischen verschiedenen Regionen und Strukturen des Gehirns mit dem Ausmaß der Impulsivität (BIS-11) und dem Ausmaß der Aggressivität (BDHI) der Patienten signifikant korreliert waren (Hoptman et al., 2002). Darüber hinaus konnten aber auch Belege für eine reduzierte Anzahl/Dysfunktion von serotonergen Rezeptoren (welche in den Präfrontalregionen eine besonders hohe Dichte aufweisen) erbracht werden (siehe dazu das Kapitel ‚Neurotransmitter und Persönlich-keit').

2.2.5.3 Antisoziale Persönlichkeit / Psychopathie

Als wesentlichstes Merkmal einer Antisozialen Persönlichkeitsstörung oder Psychopathie wird (in klinischen Diagnosesystemen, wie z.B. dem DSM-IV) ein Verhalten klassifiziert, das durch eine permanente Miss-achtung und Verletzung der Rechte anderer charakterisiert werden kann: Rücksichtslosigkeit, Verantwortungslosigkeit (dem Partner oder den eigenen Kindern gegenüber), Bindungslosigkeit, kombiniert mit einer extremen Maßlosigkeit (im Besonderen im Hinblick auf sexuelle Bedürf-nisse) sind der Hintergrund, auf dem sich (meist schon in der Kindheit) ein instabiler und antisozialer Lebensstil entwickelt, der – ohne Zukunfts-orientierung – auf sofortige Bedürfnisbefriedigung ausgerichtet ist. In emotionaler Hinsicht sind psychopathische Personen durch ein außerge-wöhnliches Maß an Furchtlosigkeit gekennzeichnet, es fehlt ihnen aber auch jedes Mitgefühl, d.h. sie zeigen ein deutliches Defizit an Empathie; vor allem aber sind sie unfähig, Schuld oder Reue zu empfinden. Viele dieser die psychopathische Persönlichkeit charakterisierenden Merkmale wurden von Eysenck (Eysenck & Eysenck, 1976; Eysenck, 1992) als Primärfaktoren der Psychotizismus-Dimension angesehen, wodurch die enge Beziehung von Psychotizismus und Psychopathie deutlich wird. Zur Erfassung der Psychopathie (zumeist an inhaftierten Kriminellen) wurde vorwiegend die so genannte ‚Psychopathy Checklist-Revised' (PCL-R) von Hare verwendet (Hare, 1991; deutsche Version von Nedopil &

Müller-Isberner, 2001).

Obwohl psychopathische Menschen auch durch eine erhöhte Impulsivität und Reizbarkeit charakterisiert sein können, sind ihre vielfältigen aggressiven Handlungen vorwiegend kontrolliert-instrumenteller Natur (Hare, 1998). Nicht nur wissenschaftlich, sondern auch für die Gesellschaft höchst interessant ist nun die Frage, welche neurobiologischen Besonderheiten dieser Art von aggressivem Verhalten zugrunde liegen. Die wenigen dazu vorliegenden (und im vorigen Abschnitt bereits vorgestellten) Studien, in welchen eine Differenzierung zwischen nicht-impulsiver und impulsiver Aggressivität vorgenommen wurde, ergaben keine Unterschiede zwischen hoch aggressiven, aber nicht-impulsiven Kriminellen einer Gruppe normaler, nicht-krimineller Personen, und zwar im Hinblick auf die P300-Amplitude (Barratt et al., 1997) oder die Durchblutung des präfrontalen Kortex (Raine et al., 1998). Die Aggressivität ist jedoch nur ein Aspekt der Psychopathie, und auch kein unbedingt erforderliches Merkmal für die Diagnose einer Antisozialen Persönlichkeit (z.B. nach dem DSM-IV). Als eines der wesentlichsten Charakteristika wird hingegen das emotionale Defizit angesehen, im Besonderen die außergewöhnlich hohe Furchtlosigkeit. Dazu konnte die neurowissenschaftliche Forschung der letzten Jahre zahlreiche Belege dafür beibringen, dass erstens der Amygdala im Hinblick auf die Wahrnehmung von furchtauslösenden Reizen (z.B. furchterregenden Gesichtern), aber auch für das Auftreten/Auslösen von Furcht eine zentrale Rolle zukommt, und zweitens, dass psychopathische Personen im Hinblick auf emotionale Prozesse neurologischen Patienten mit Dysfunktion/Läsion der Amygdala weitgehend ähnlich sind: so zeigen z.B. bereits Kinder mit psychopathischen Tendenzen ein Defizit in der Wahrnehmung/Beurteilung emotionaler Aspekte eines Gesichtsausdruckes (Stevens et al., 2001), wie das auch bei Patienten mit Schädigung der Amygdala beobachtet wurde. Psychopathen zeigten aber auch reduzierte Reaktionen des autonomen Nervensystems auf emotional belastende Bilder (Blair et al., 1997), vor allem aber deutlich verringerte Reaktionen bei der Konditionierung von Furcht (was in den heute bereits klassischen Untersuchungen von Lykken, 1957 und Hare & Quinn, 1971 erstmals nachgewiesen werden konnte).

Aber auch anhand zentralnervöser Indikatoren ließ sich ein Defizit in der Verarbeitung affektiv besetzter Reize nachweisen; so z.B. konnten Williamson et al. (1991) in einer EEG-Untersuchung sehr eindrucksvoll zeigen, dass nicht-psychopathische Kriminelle selbst auf geringfügige emotionale Reize stärker reagieren als auf affektiv neutrale Stimuli: Nach kurzzeitiger visueller Darbietung (176ms) eines sinnvollen oder (durch Änderung eines Vokals erzeugten) sinnfreien Wortes mussten die Probanden mittels zweier Reaktionstasten möglichst rasch eine Entscheidung darüber abgeben (‚lexikalische Entscheidungsaufgabe'). Die Gruppe der sinnvollen Wörter bestand aus solchen mit emotional neutralem, negativem oder positivem Bedeutungsgehalt. Ein Vergleich der durch die Wörter ausgelösten evozierten Potentiale zeigte deutlich, dass die nicht-psychopathischen, wohl aber kriminellen Versuchsteilnehmer auf emotionale (positive und negative) Wörter stärker reagierten (höhere Amplituden aufwiesen) als auf die

neutralen Wörter. Die Gruppe der Psychopathen hingegen zeigte keine
entsprechenden Unterschiede; diese Ergebnisse sind für die frontale Ableitposition (Fz) in Abbildung 2.49 dargestellt.

Klinisch-neuropsychologische Beobachtungen bildeten den Ausgangspunkt für die Annahme, dass auch eine Dysfunktion des orbitalen Frontalkortex der psychopathischen Persönlichkeit zugrunde liegt.

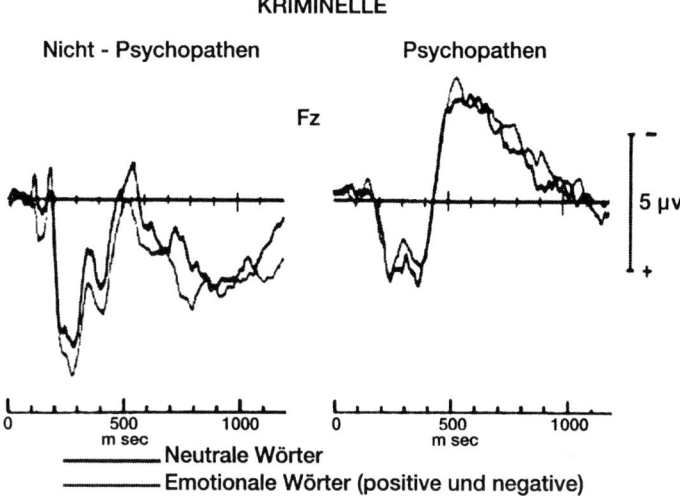

KRIMINELLE

Nicht - Psychopathen   Psychopathen

Fz

5 µV

0   500   1000   0   500   1000
         m sec   m sec
———— Neutrale Wörter
············ Emotionale Wörter (positive und negative)

Abbildung 2.49:   **Durch neutrale und emotionale Wörter evozierte**
(siehe Farbtafel)   **Potentiale auf Fz, getrennt für psychopathische**
                        und nicht-psychopathische Kriminelle (nach Wil-
                        liamson et al., 1991).

Wie oben bereits ausgeführt, wurden mit psychophysiologischen Methoden (EEG) und bildgebenden Verfahren (PET) in Untersuchungen mit
sorgfältig ausgewählten Kontrollgruppen keine Unterschiede zwischen
Psychopathen und Nicht-Psychopathen gefunden; wenn Unterschiede
gefunden wurden (z.B. reduzierte P300-Amplituden für frontale Ableitpositionen), dann sind diese nicht ganz eindeutig interpretierbar, weil z.B.
die untersuchten Personen gleichzeitig alkohol- oder drogenabhängig
waren (Bauer, 2001; Costa et al., 2000). Lediglich eine Studie konnte
unter Verwendung einer neuesten Auswertungstechnik für EEG-Daten
(zur besseren Lokalisation der „Quelle" der gehirnelektrischen Aktivität;
‚Current Source Density'-Methode – CSD) eine reduzierte Aktivierung
des präfrontalen Kortex in der Gruppe mit antisozialer Persönlichkeitsstörung nachweisen (Bauer & Hesselbrock, 2001). Diese Arbeit ist nicht

nur wegen der verbesserten Auswertetechnik, sondern auch wegen der großen Stichprobe (75 männliche und 84 weibliche Jugendliche) besonders bemerkenswert. Die Jugendlichen wurden im Hinblick auf das Ausmaß an Störungen ihres Sozialverhaltens (,conduct disorder' nach DSM-III-R) in zwei Gruppen (mit hohen/niedrigen Werten) unterteilt. Nach den im DSM festgelegten Diagnosekriterien bilden derartige Verhaltensstörungen vor dem Alter von 15 Jahren ein wesentliches Einschlusskriterium für die Diagnose einer antisozialen Persönlichkeitsstörung nach dem Alter von 18 Jahren. Die Jugendlichen mit hohen Werten sind demnach eine ,high-risk' Gruppe im Hinblick auf die Entwicklung einer Psychopathie. Das verwendete Untersuchungsparadigma bestand in einer einfachen Sternberg-Gedächtnis-Suchaufgabe: 2 Sekunden nach der Darbietung von 2 oder 4 Buchstaben wurde ein einzelner Buchstabe geboten, und die ProbandInnen mussten entscheiden, ob dieser im zuvor gebotenen ,memory set' enthalten war oder nicht (,matching vs. mismatching probes'). Die durch den Einzelbuchstaben evozierten Potentiale bildeten die Grundlage der Auswertung; dabei zeigte sich, dass nicht in den für matching- oder mismatching-trials ermittelten Potentialen an sich die zwischen den Gruppen diskriminierende Information gegeben war, sondern in der Differenz zwischen den Potentialen der einen und der anderen Bedingung: Normale Jugendliche zeigten eine deutlich stärkere Aktivierung bei matching- im Vergleich zu mismatching-Trials, Jugendliche ,at-risk' zeigten diesen Unterschied nicht; wie in Abbildung 2.50 zu sehen ist, lag die Quelle der Aktivität eindeutig über dem linken dorsolateralen Kortex.

Die derzeit diskutierten Hypothesen über mögliche Ursachen der Entwicklung einer antisozialen Persönlichkeit beziehen sich im Wesentlichen auf Störungen im Verlauf der Gehirnentwicklung, d.h. Psychopathie wird als Konsequenz eines psychopathologischen, krankhaften Geschehens angesehen. Alternativ dazu wurden aber in jüngster Zeit Hypothesen im Rahmen der so genannten evolutionären Psychologie diskutiert, welche einen völlig anderen Erklärungsansatz verfolgen: Antisoziale Persönlichkeit wird als Produkt einer phylogenetischen Anpassungsleistung gesehen, als ein (genetisch verankertes) Verhaltensmuster, welches im Hinblick auf die in der Natur gegebenen Selektionsmechanismen ein sehr erfolgreiches Modell darstellt: egoistisch, auf den eigenen Vorteil und damit auf das eigene Überleben ausgerichtet; außerordentlich furchtlos, und damit in allen Auseinandersetzungen (um Beute und soziale Rangplätze z.B.) im Vor-teil; und sexuell äußerst aktiv, was den Fortbestand der eigenen genetischen Ausstattung sichert.

Natürlich ist es äußerst schwierig, einen derartigen Erklärungsansatz auch empirisch zu prüfen; von Lalumiere et al. (2001) wurde unlängst ein derartiger Versuch unternommen, welcher nach Meinung der AutorInnen eine – zumindest teilweise – Bestätigung dieser Hypothese erbrachte.

Abbildung 2.50: Topographische Darstellung von P300-CSD-Differ-
enzwerten für Jugendliche ohne (linke Abbildung)
und mit (rechte Abbildung) Störung ihres Sozialverhaltens; helle Bereiche sind stärker aktivierte
Regionen des präfrontalen Kortex (nach Bauer &
Hesselbrock, 2001).

2.2.6 Ausblick: Biologische Grundlagen der Persönlichkeit

In vielen Teildisziplinen der biologisch orientierten Persönlichkeitsforschung wurden in den letzten Jahren zum Teil beträchtliche Fortschritte
erzielt, so zum Beispiel in der Verhaltensgenetik (siehe das entsprechende
Kapitel in diesem Buch). Wenn nun aber für das Auftreten ganz spezifischer menschlicher Verhaltensweisen, wie etwa für die Wahrscheinlichkeit, sich scheiden zu lassen (Jocklin et al., 1996) oder für die Häufigkeit
und Dauer, mit der Kinder vor dem Fernsehapparat sitzen (Plomin et al.,
1990), eine genetische Grundlage nachgewiesen werden kann, resultiert
daraus natürlich die Frage, wie denn – und auch in welchem Ausmaß – ein
bestimmter genetischer Code die Bildung einer neuronalen Struktur determiniert, die ihrerseits wiederum – beeinflusst von inneren und äußeren
Faktoren im Rahmen der gesamten Gehirnentwicklung – eine bestimmte
Verhaltensdisposition eines Menschen bedingt und damit die zentralnervöse Grundlage eines (weitgehend stabilen) Persönlichkeitsmerkmals darstellt.

   In einer kritischen Überblicksarbeit zum Stand der Persönlichkeitsforschung sah Funder (2001) in der Entwicklung von differenzierten Modellen zur Beschreibung dieses Prozesses eine besondere Herausforderung für
die Verhaltensgenetik und verwies dazu auf einen ersten derartigen, wenn
auch sehr spekulativen, Versuch von Bem (1996), der sich auf die Entwicklung der sexuellen Orientierung eines Menschen bezieht. Diese Herausforderung gilt aber nicht bloß für die Verhaltensgenetik im Speziellen:
Das große Verdienst vor allem von Eysenck (und vielen anderen natürlich)

besteht eben darin, dass er ständig versuchte, persönlichkeitspsychologische Aussagen und Annahmen im Hinblick auf zentralnervöse Strukturen zu formulieren und damit biologisch zu verankern. Und dieses Verdienst wird auch nicht dadurch geschmälert, dass sich aus der Sicht neuer neurowissenschaftlicher Erkenntnisse viele seiner Annahmen als zu global oder falsch erwiesen haben. Und all die Erkenntnisse über genetische, biochemische und neurophysiologische Einflüsse und Prozesse in unserem gesamten Organismus werden überhaupt erst dann sinnvoll interpretierbar und wirklich nutzbringend für den Fortschritt in der Differentiellen Psychologie sein, wenn es gelingt, jene Strukturen und deren spezifische Funktionen im Gehirn des Menschen zu identifizieren, welche den verschiedenen Verhaltensdispositionen bzw. Persönlichkeitseigenschaften zugrunde liegen. Die in diesem Kapitel vorgestellten (und viele andere, aus Platzmangel nicht dargestellten) Befunde zu den zentralnervösen Grundlagen der Persönlichkeit zeigen ganz deutlich,

- dass sich Individuen in ihren biologisch determinierten Reaktionen unterscheiden,
- dass die individuellen Reaktionsmuster intraindividuell stabil sind, also trait-Merkmale darstellen, welche
- in einem zum Teil beträchtlichen Ausmaß durch genetische Einflüsse bestimmt sind; und
- dass es schließlich vielfache Zusammenhänge zwischen diesen biologischen Trait-Variablen und nahezu allen derzeit mit psychologischen Verfahren messbaren Persönlichkeitseigenschaften gibt.

Auch wenn die Beziehungen zwischen biologischen und psychologischen Variablen offensichtlich um vieles komplexer sind, als z.B. im Modell von Eysenck angenommen wurde, sind sie prinzipiell untersuchbar, wenn auch mit größerem Aufwand, was Versuchsmethodik und vor allem Stichprobengröße betrifft, als das bisher zumeist der Fall war. Insgesamt jedoch wird ein tieferes Verständnis von Persönlichkeitsunterschieden ohne Bezug auf die biologischen, und im Besonderen die zentralnervösen, Grundlagen dieser Unterschiede nicht möglich sein. Unter dieser Perspektive ist es weitgehend unverständlich, wenn Matthews & Gilliland (1999) – nach einer kritischen Gegenüberstellung der Modelle von Eysenck und Gray und einer insgesamt sehr negativen Bewertung derselben – den zentralen Stellenwert von biopsychologischen Erklärungsansätzen in der Persönlichkeitspsychologie überhaupt in Frage stellen: „Cognitive constructs may be more appropriate than biological ones for explaining the majority of behaviours, so that explanations of the kind offered by the Eysenck and Gray theories are relevant to a restricted range of phenomena only" (p. 620).

Und noch unverständlicher ist eine Position, die von Costa & McCrae (1992) eingenommen wurde: Die beiden Hauptvertreter eines Fünf-Faktoren-Modells, welches im Wesentlichen ein Klassifikationssystem zur Beschreibung von individuellem Verhalten darstellt, und ohne jeden Bezug zur biopsychologischen Realität entwickelt wurde, stellten fest,

dass – zum damaligen Zeitpunkt, also 1992 – über die Struktur der Persönlichkeit um vieles mehr bekannt sei, d.h. an Wissen vorliege, als über die
Funktionsweise des Gehirns; und zogen im Hinblick darauf dann die
Schlussfolgerung: „... it is poor science to try to explain the known on the
basis of the unknown" (p. 659). Das würde – in Analogie dazu – bedeuten,
dass sich zum Beispiel Chemiker (vor vielen hundert Jahren) damit hätten
begnügen sollen, Substanzen zu klassifizieren und zu beschreiben, welche
mit welcher anderen reagiert; die Untersuchung der Frage, warum sie
Verbindungen eingehen (oder auch nicht), d.h. die Frage nach den physikalischen Grundlagen chemischer Reaktionen, wäre damals nach Costa
und McCraes Logik „poor science" gewesen. Und hätten sich die vielen
Chemiker und Physiker an diese Schlussfolgerungen gehalten, wäre wohl
das Periodensystem z.B. nie entdeckt worden, welches überhaupt erst eine
sinnvolle Klassifikation von Elementen und deren Reaktionsverhalten
ermöglicht hat. Für die Persönlichkeitspsychologie bleibt demnach nur zu
hoffen, dass möglichst wenige VertreterInnen dieses Faches die „Logik"
von Costa und McCrae logisch finden.

2.3 Zentralnervöse Korrelate der Intelligenz

Der Beginn der Erforschung der zentralnervösen Korrelate der menschlichen Intelligenz kann in den 60er Jahren angesetzt werden. Seit dieser
Zeit wurde eine Vielzahl von Untersuchungen vorwiegend mit der Methode des Elektroenzephalogramms (EEG) durchgeführt, bei welcher die
Gehirnströme in verschiedenen Arealen des Kortex (der Hirnrinde) durch
Elektroden, die an der Kopfhaut angelegt werden, gemessen werden;
vereinzelt wurden auch andere physiologische Messverfahren, wie z.B. die
Positronen-Emissions-Tomographie (PET) eingesetzt. Aus dem EEG lässt
sich eine Vielzahl möglicher Parameter ableiten (s.o.). Bis in die 80er
Jahre konzentrierten sich die Forschungsbemühungen hauptsächlich auf
den psychophysiologischen Nachweis eines Zusammenhangs von Verarbeitungsgeschwindigkeit und Intelligenz. Mit dem Aufkommen bildgebender Verfahren wie der Positronen-Emissions-Tomographie, aber
auch bildgebender EEG-Verfahren, erfolgte dann eine Verlagerung des
Forschungsschwerpunktes weg von den hauptsächlich zeitbezogenen
Parametern des EEGs hin zu Aspekten der räumlichen Aktivierungsverteilung im Gehirn. Die folgende Darstellung folgt im Wesentlichen dieser
historischen Entwicklung: Zuerst werden die geschwindigkeitsbezogenen
Parameter des EEG, die Latenzen des Evozierten Potentials, in ihrer Beziehung zur Intelligenz dargestellt, anschließend andere aus dem EP abgeleitete Parameter (EP-Amplituden, String-Länge). Fortgesetzt wird mit
neueren Versuchen der Operationalisierung zentralnervöser (teilweise
auch peripher-physiologischer) Parameter (Nerve Conduction Velocity,
individuelle Alpha-Frequenz). Mit den letzteren ist auch eine gewisse
Abkehr von EP-basierten Maßen hin zu Maßen der Hintergrundaktivität

beobachtbar sowie von geschwindigkeitsbasierten Maßen zu Maßen der räumlichen Aktivierungsverteilung (EEG-Kohärenz, Dimensionalität/Komplexität des EEG) sowie Analysen der räumlichen Verteilung der Alpha-Aktivität bzw. von deren aufgabeninduzierter Abnahme (ereignisbezogene Desynchronisation). Die Darstellung empirischer Ergebnisse wird beschlossen durch Studien zur Messung des zerebralen Glukose-Metabolismus. Der Abschnitt wird beschlossen durch hypothetische, neurobiologische Erklärungsmodelle der menschlichen Intelligenz.

2. 3.1 Zeitliche Aspekte der Gehirnaktivierung und Intelligenz

2.3.1.1 Evozierte Potentiale und Intelligenz

Wie eingangs dieses Kapitels dargelegt, versteht man unter einem Evozierten Potential eine charakteristische Wellenform des menschlichen EEGs auf einfache visuelle, akustische oder somatosensorische Reize (Abb. 2.5). Diese Reaktion des Gehirns auf einen einfachen Reiz, wie z.B. einen Lichtblitz oder einen „Klickton", lässt sich allerdings aufgrund der Überlagerung durch die Hintergrundaktivität nicht direkt erkennen, daher muss der Reiz vielfach wiederholt und das EEG über diese Reizdarbietungen gemittelt werden, um das „Evozierte Potential" sichtbar zu machen. Die im EP unterscheidbaren Komponenten, wie z.B. N100 oder P300, weisen sowohl hinsichtlich ihrer Latenz (Zeitpunkt des Auftretens nach der Reizdarbietung) als auch ihrer Amplitude (Stärke des elektrophysiologischen Signals, gemessen in Mikrovolt) individuelle Unterschiede auf, welche man auch zur menschlichen Intelligenz in Beziehung gesetzt hat.

2.3.1.1.1 EP-Latenzen und Intelligenz

Gerade die individuellen Unterschiede in der EP-Latenz erschienen den „Pionieren" der psychophysiologisch orientierten Intelligenzforschung als Hauptkandidat für ein physiologisches Korrelat der menschlichen Intelligenz. Chalke und Ertl (1965) gingen von folgenden Prämissen, abgeleitet aus Ergebnissen früherer Studien, aus: 1. Es bestehen bedeutsame individuelle Unterschiede in der EP-Latenz. 2. Vor allem die späten Komponenten des Evozierten Potentials reflektieren die kognitive Verarbeitung von Reizen. 3. Biologisch effiziente Organismen sollten Informationen schneller verarbeiten als weniger effiziente Organismen, und dies sollte sich in der Latenz später Komponenten des EPs widerspiegeln. Bezüglich der 3. Prämisse wird interessanterweise auf eine Studie an Tieren verwiesen, in welcher „kretinhafte" Ratten längere EP-Latenzen als normale Ratten zeigten. Auf Basis dieser Befunde verglichen Chalke und Ertl die EP-Latenzen in drei Personengruppen: Dabei wiesen 33 Studenten überdurchschnittlicher Intelligenz kürzere Latenzen (vor allem der späten Komponenten) des EPs auf als 11 Armeekadetten (IQ im unteren Durchschnittsbereich), und diese waren wiederum durch kürzere Latenzen charakterisiert als 4 retardierte Personen. Mag diese Untersuchung noch aufgrund ihrer geringen und in den Teilgruppen sehr unterschiedlichen Stichprobengrößen methodisch nicht unproblematisch erscheinen, so kann darauf verwiesen werden, dass Ertl und Schafer (1969) eine Replikation an einer wesentlich größeren Stichprobe von 573 Kindern gelang: Die EP-Latenzen korrelierten hier zwischen –.10 und –.35 mit vier verschiedenen Intelligenztests. Abbildung 2.51 zeigt die EP-Verläufe von 10 hoch-intelligent (links) versus 10 weniger intelligenten Personen (rechts). Es ist ersichtlich, dass die mit 1 bis 4 bezeichneten EP-Komponenten bei den intelligenteren zu einem früheren Zeitpunkt auftreten als bei den weniger intelligenten, wo überhaupt nur drei Komponenten innerhalb derselben Zeit beobachtbar waren.

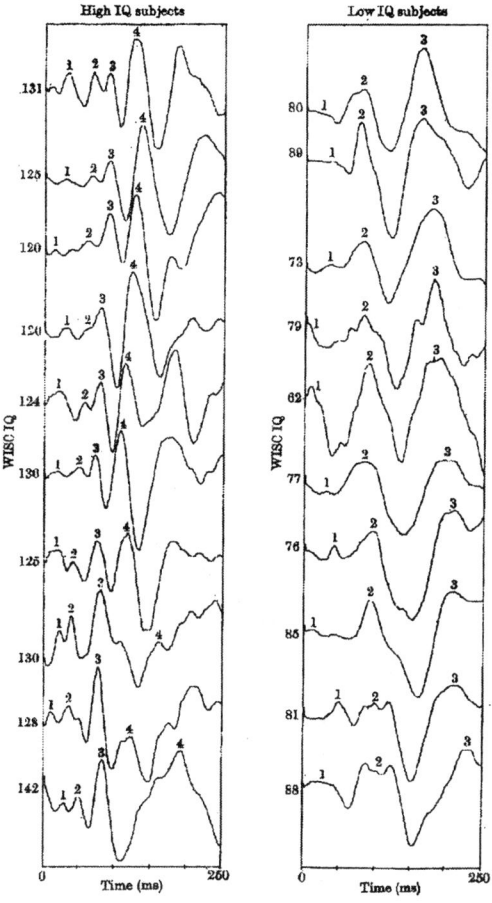

Abbildung 2.51: Evozierte Potentiale und Intelligenz (aus Ertl & Schafer, 1969).

Diese frühen Befunde stimulierten eine Vielzahl von Folgeuntersuchungen, von denen allerdings nur ein Teil die o.a. Ergebnisse von Chalke, Ertl und Schafer bestätigen konnte. Tabelle 2.5 zeigt eine nach Hauptergebnissen und innerhalb dieser Untergliederung chronologisch geordnete Übersicht der bis dato in Fachzeitschriften publizierten Studien zum Zusammenhang von EP-Latenzen mit psychometrisch erfasster Intelligenz. Wie im oberen Teil ersichtlich, berichteten zusätzlich zu den beiden „Pionierstudien" von Chalke, Ertl und Schafer weitere acht Untersuchungen die hypothetisch erwartete negative Beziehung von EP-Latenzen und Intelligenz. Hinsichtlich der Höhe der Zusammenhänge sind allerdings beträchtliche Unterschiede zu vermerken, von –.75 bei Gucker (1973) bis hin zu Untersuchungen, für die ein Korrelationsbereich von nahe 0 bis zu mittelhohen Zusammenhängen berichtet wird. Derartig unterschiedliche Zusammenhänge sind zumeist dann zustande gekommen, wenn innerhalb einer Untersuchung verschiedene Elektrodenpositionen (Lokationen) und/oder Latenzparameter für verschiedene Komponenten analysiert wurden. Bezüglich der Höhe der Zusammenhänge ist außerdem die in der empirischen Psychologie häufig anzutreffende Tendenz zu beobachten, dass die Zusammenhänge mit steigender Stichprobengröße fallen (vgl. die Studie von Gucker, 1973, mit jener von Ertl & Schafer, 1969). Geht man davon aus, dass größere Stichproben im allgemeinen zuverlässigere Ergebnisse liefern, ist die Befundlage für einen robusten Zusammenhang zwischen EP-Latenz und Intelligenz nicht überwältigend. Dieser Eindruck verstärkt sich noch, zieht man die Gruppe der Studien mit nicht bedeutsamen bzw. inkonsistenten Befunden in Betracht (vgl. mittlerer Teil von Tabelle 2.5). Mit einer Anzahl von K = 12 übersteigt diese Gruppe zahlenmäßig jene, die die erwarteten negativen Zusammenhänge (K = 10) berichteten. In dieser zweiten Gruppe von Untersuchungen wurden z.T. unerwarteterweise positive Zusammenhänge gefunden, die allerdings nicht Signifikanz erreichten. Eine überzufällige positive Beziehung wurde bislang nur einmal berichtet (Houlihan et al., 1998; Tabelle 2.5 unten). Eine Erklärung für die uneinheitlichen Ergebnisse soll später – nach der Darstellung der Befunde zu zwei anderen EP-Parametern – erfolgen.

Tabelle 2.5: Übersicht über Studien, die EP-Latenzen mit Intelligenz in Verbindung gebracht haben

Negative Korrelationen (K=10 Studien)

Autor(en)	Stichprobe	Latenz * IQ
Chalke & Ertl, 1965	48 Studenten, Armee-kadetten, Retardierte	negative (M-vergleich)
Ertl & Schafer, 1969	573 Grundschulkinder (8–14j.)	–.10 bis –.35
Hendrickson, 1972[1]	93 Erwachsene	–.30 bis –.50
Shucard & Horn, 1972	108 Personen (16–68j.)	.05 bis –.32

Tabelle 2.5: Übersicht über Studien, die EP-Latenzen mit
(Fortsetzung)   Intelligenz in Verbindung gebracht haben

Negative Korrelationen (K=10 Studien)

Callaway, 1973	191 Navy-Rekruten	14 v. 120 r's: signifikant (alle 120 r's negativ)
Gucker, 1973	17 Kinder (8–13j.)	–.75
Gasser et al., 1988	31 Kinder	–.05 bis –.55
McGarry et al., 1992	30 Frauen (18–25j.)	–.36
Zurron & Diaz, 1998	28 Kinder (9–15j.)	–.37 bis –.45
Burns et al., 2000	64 Erwachsene	–.01 bis –.54

Null-Korrelationen (K=12 Studien)

Rhodes et al., 1969	20 Kinder (IQ=130) 20 Kinder (IQ=79)	n.s. Unterschied
Engel & Henderson, 1973	119 Kinder (7–8j.)	r's: n.s.*
Griesel, 1973	109 Männer (17–25j.)	–.15 bis .16
Rust, 1975	I: 84 Zwillinge (17–44j.) II: 212 Erwachsene (um 28 J.)	–.09 bis .18 –.13 bis .14
Dustman et al., 1976	I:57 Kinder (IQ 70–131) II:114 Kinder (IQ 62 – 133)	–.12 bis 38 –.11 bis .09
Griesel & Bartel, 1976	80 Kinder	n.s.*
Shagass et al., 1981	14 Erwachsene (?)	n.s. M-Untersch.
Vogel et al., 1987	236 Studenten	-.08 bis .09
Zhang et al., 1989	16 Studenten (20–30j.)	.02 bis .47 (n.s.)
Barrett & Eysenck, 1992a	40 Erwachsene (18–39j.)	–.02 bis –.22
Widaman et al., 1993	48 Studenten (19–29j.)	–.29 bis 18
Egan et al., 1994	50 Erwachsene	–.09 bis .17

Positive Korrelationen

Houlihan et al., 1998	61 Studentinnen	–.06 bis .36

[1]zitiert nach Eysenck, 1973
* Korrelation(en) nicht angegeben

2.3.1.1.2 EP-Amplituden und Intelligenz

Wie eingangs erwähnt, lassen sich individuelle Unterschiede nicht nur in den Latenzen gewisser EP-Komponenten, sondern auch in deren Amplituden beobachten. Mit der Formulierung einer gerichteten Hypothese tat man sich aber hier von Anfang an schwer: Ausgehend von der Annahme, dass die EP-Amplituden Auskunft geben über die Anzahl der an der Reizverarbeitung beteiligten Nervenzellen, stellt sich die Gretchenfrage: Ist ein effizienteres Gehirn jenes, bei dem in einem bestimmten kortikalen Areal möglichst viele Neuronen gleichzeitig feuern, als Indikator dafür, dass der Einsatz vieler Neuronen ein qualitativ besseres Problemlösen ermöglicht? Oder ist ein „intelligentes Gehirn" nicht gerade dadurch charakterisierbar, dass es für die Verarbeitung weniger Energie einsetzen muss und so mehr „Reservekapazität" zur Verfügung hat, wenn es um die Bewältigung immer schwierigerer Aufgaben geht (eine Überlegung, auf die wir später bei Erörterung des Konzepts der „neuralen Effizienz" noch zurückkommen werden)?

In Anbetracht der Unklarheit der Hypothesenbildung wundert es auch nicht, dass die Untersuchung des Zusammenhangs von EP-Amplituden mit Intelligenz vorwiegend explorativ betrieben wurde, z.T. in den selben Studien, in denen man primär die Latenzen in Beziehung zur Intelligenz setzen wollte. Die Ergebnisse waren dabei noch uneinheitlicher: In der Mehrzahl der Untersuchungen (K = 9) waren nicht-bedeutsame oder inkonsistente Korrelationen zu beobachten, während Studien mit überzufälligen Korrelationen teils positive (in 4 Untersuchungen), teils negative Korrelationen (in 5 Studien) berichteten (Überblick bei Neubauer, 1995).

2.3.1.1.3 „String Length" und Intelligenz

Wohl auch aufgrund der inkonsistenten Ergebnisse zu EP-Latenzen und -Amplituden hat man in den 80er Jahren versucht, aus dem EP andere Parameter abzuleiten und mit Intelligenz in Beziehung zu setzen. Neben Studien zu nur vereinzelt untersuchten EP-Parametern (z.B. neural adaptability; Schafer, 1982) ist hier vor allem die vielfach untersuchte ‚String Length' zu nennen. Bereits Ertl und Schafer (1969) beobachteten, dass die EPs intelligenterer Personen durch eine größere Komplexität (d.h. durch eine größere Anzahl identifizierbarer EP-Komponenten) gekennzeichnet sind (Abbildung 2.51). Unter anderem auf dieser Beobachtung basierend, nahmen Hendrickson und Hendrickson (1980) für intelligentere Personen eine geringere Fehleranfälligkeit der axonalen und synaptischen Übertragung von Impulsen im Gehirn an. Da sich Übertragungsfehler bei der Mittelung der EPs aufsummieren, sollten für intelligentere Personen gleichsam weniger „verrauschte" und damit ausgeprägtere, komplexere Wellenformen des EPs (mit mehr sichtbaren Komponenten) resultieren als für Personen geringerer Intelligenz, deren Wellenform durch das „Rauschen" eher geglättet und dadurch weniger komplex sein sollte. Daraus leiteten Hendrickson und Hendrickson 1980 das so genannte String Length-Maß aus dem EP ab. Für die Operationalisierung dieses Maßes stelle man sich den Verlauf eines EPs als eine Schnur (String) vor, die an einem bestimmten (standardisierten) Zeitpunkt nach der Stimulusdarbietung abgeschnitten wird. Zieht man jetzt die Schnur auseinander und misst die Länge, so erhält man die String Length. Hendrickson und Hendrickson haben 1980 die „Schnurlängen" von 20 Personen aus Ertl und Schafers Studie (Abbildung 2.51) ausgemessen und mit dem Wechsler-IQ korreliert. Der resultierende Zusammenhang von .77 bestätigte die Annahme, dass intelligentere Personen längere Strings (und damit komplexere EPs) aufweisen als weniger intelligente. Bezüglich der beeindruckenden Höhe dieser Korrelation muss aber selbstverständlich das methodische Problem berücksichtigt werden, dass nur zwei Extremgruppen in die Berechnung eingingen, was bekanntermaßen zu Korrelationsüberschätzungen führt.

In der Folge wurde der Zusammenhang von String Length und Intelligenz in einer Vielzahl von Studien untersucht. Der ursprüngliche Befund von Hendrickson und Hendrickson (1980) konnte nur einmal in annähernd gleicher Höhe, und zwar von einem der beiden „Entdecker" dieses Maßes (D.E. Hendrickson), repliziert werden, sogar an einer vergleichsweise großen Stichprobe von 219 Jugendlichen. Danach waren erfolgreiche Replikationsversuche eher selten: Nur 4 weitere Studien (davon 3 aus anderen EEG-Labors) berichteten positive Zusammenhänge; in sieben Studien waren hingegen nicht bedeutsame oder eher inkonsistente Zusammenhänge zu beobachten (Überblick bei Neubauer, 1995). Eine interessante, aber bislang nicht replizierte Differenzierung war bei Batt et al. (1999) zu beobachten, wo der für den Gesamt-IQ nicht-signifikante Zusammenhang darauf zurückzuführen war, dass die String Length positiv mit dem Handlungs-IQ im Wechsler-Intelligenztest, aber negativ mit dem Verbal-IQ korreliert war. Eine der Hypothese widersprechende negative String-Intelligenz-Korrelation resultierte auch in vier weiteren Studien, wobei vor allem bei Bates und Eysenck (1993) und Bates et al. (1995) bemerkenswert ist, dass der negative Zusammenhang nur bei Aufmerksamkeitszuwendung auf die dargebotenen Reize zu beobachten war. Die Vermutung, dass die Aufmerksamkeitszuwendung eine bedeutsame Moderatorvariable für String-Intelligenz-Zusammenhänge darstellen könnte, hat sich allerdings in weiteren Untersuchungen nicht bestätigt.

In Anbetracht der insgesamt sehr heterogenen Befundlage zur String Length können wir der Schlussfolgerung von Burns, Nettelbeck und Cooper (1997) zustimmen »... that the string measure should be abandoned« (S. 43).

2.3.1.1.4 Schlussfolgerungen zur EP-Intelligenz-Forschung

Insgesamt hat die Erforschung der Beziehung von EP-Korrelaten der menschlichen Intelligenz nicht die Erwartungen erfüllt. Der hier dargelegte Überblick legt eine erstaunliche Inkonsistenz der Befunde, vor allem für die EP-Amplituden und das String-Maß nahe, so dass gegenwärtig nicht einmal eine fundierte Schlussfolgerung über die mutmaßliche Richtung des Zusammenhangs gezogen werden kann. Etwas weniger inkonsistent ist die Befundlage zu den EP-Latenzen, wo doch überwiegend entweder die erwarteten negativen Zusammenhänge oder Korrelationen nahe null berichtet wurden (Ergebnisse in die Gegenrichtung sind hier sehr selten und dürften als statistische Ausreißer zu betrachten sein). Wirklich überzeugend ist der Nachweis eines Zusammenhangs von kurzen EP-Latenzen mit hoher Intelligenz aber bislang auch nicht.

Die heterogene Befundlage zu EP-Korrelaten menschlicher Intelligenz dürfte verschiedene Ursachen haben. Im Wesentlichen lassen sich vier Ursachenkomplexe ausmachen:

a) Gerade physiologische Maße sind im Vergleich zu psychometrischen oder chronometrischen Maßen der Psychologie deutlich instabiler bzw., wie es P.E. Vernon (1984) ausgedrückt hat, »notoriously liable to fluctuations« (S. 127). Diese Instabilität im Sinne geringer Retest-Reliabilität drückt jedwede Zusammenhänge mit anderen Variablen, egal wie reliabel diese auch erfasst werden.

b) Im Vergleich zu psychometrischen Tests, aber auch zu weitgehend standardisierten Prozeduren der Kognitiven Psychologie (wie z.B. elementar-kognitive Reaktionszeittests), gibt es gerade bei der EP-Messung eine Vielzahl von sowohl experimentellen als auch technischen Variationen (z.B. unterschiedliche Sinnesmodalitäten, Stimulus-Intensitäten, Stimulus-Timing, Elektrodenpositionierung, Aufzeichnung mit offenen oder geschlossenen Augen etc.) sowie eine Vielzahl möglicher EP-Maße (Komponenten bzw. Differenzmaße aus verschiedenen Komponenten). Nach Ansicht verschiedener Autoren, die Überblicke über die einschlägige EP-Literatur publizierten (Barrett & Eysenck, 1992b; Deary & Caryl, 1993) kann das zumindest mitverantwortlich für die Heterogenität der Ergebnisse sein. Tatsächlich finden sich in den einschlägigen Studien kaum zwei, die wirklich in allen Details der Versuchsanordnung oder EEG-Messung vergleichbar sind. Die Identifikation von im Hinblick auf die psychometrische Intelligenz validen Versuchsbedingungen und EP-Maßen ist aus der bestehenden Literatur auch dadurch erschwert, dass in vielen einschlägigen Publikationen unzureichende Informationen über Details der Methodik berichtet werden.

c) EPs, die mittels auf der Kopfhaut befestigter Elektroden gemessen werden, erfassen – wie eingangs dieses Kapitels beschrieben – nur die Summation der Aktivität von Millionen Nervenzellen. Vielleicht sollte man die Geschwindigkeit der Informationsweiterleitung bzw. -übertragung viel direkter messen, indem man bei einzelnen Nervenbahnen ansetzt. Ein derartiger Zugang wird im folgenden Abschnitt dargelegt (Nerve Conduction Velocity).

Am wichtigsten dürfte jedoch der folgende Kritikpunkt sein:

d) In der überwiegenden Mehrzahl der Studien wurde das EP nur von einzelnen bzw. wenigen kortikalen Arealen gemessen. EPs zeigen aber deutliche Unterschiede zwischen verschiedenen kortikalen Arealen, weshalb es auch widersinnig erscheint, für verschiedene Gehirnareale gleiche Zusammenhänge zwischen EP-Parametern und kognitiver Leistungsfähigkeit anzunehmen. Vielmehr legen neuere Studien mit bildgebenden Verfahren wie der Positronen-Emissions-Tomographie oder anderen bildgebenden EEG-Verfahren, nahe, dass gerade räumliche Aspekte der kortikalen Aktivierung zwischen Personen höherer vs. niedrigerer kognitiver Leistungsfähigkeit differenzieren könnten. Untersuchungen zu bildgebenden Verfahren werden später vorgestellt (Abschnitt 3.2.4.1.).

2.3.1.2 Nervenleitgeschwindigkeit und Intelligenz

Unter peripherer Nerve Conduction Velocity (NCV) versteht man die Geschwindigkeit, mit der elektrische Impulse entlang einzelner peripherer Nervenfasern und über Synapsen übertragen werden. Sie wird gemessen, indem mittels einer Oberflächenelektrode eine elektrische Stimulation an einer definierten Körperstelle (z.B. am Handgelenk) appliziert wird. An anderen Stellen des Arms (z.B. Finger, Ellenbogen, Achsel) werden Ableitelektroden angebracht, und über einige Stimulationsdurchgänge hinweg werden dort die durch die elektrische Stimulation ausgelösten Aktionspotentiale, im Speziellen die Latenz von der Reizung bis zur Spitze der ersten negativen Auslenkung, gemessen (nach Mittelung über die Durchgänge). Auf Basis der gemessenen Distanzen zwischen Stimulations- und Ableitungselektrode kann dann aus den Latenzen die Übertragungsgeschwindigkeit der Nerven (NCV) berechnet werden.

Nach Vernon (1990) gehen frühe Versuche, die NCV zu messen, bereits auf die 20er und 30er Jahre zurück, wobei z.T. positive Zusammenhänge mit Intelligenz gefunden wurden, d.h. intelligente Personen wiesen eine höhere Nervenleitgeschwindigkeit auf. Eine Wiederbelebung dieses Zugangs wurde von Vernon und Mori (1989; ausführliche Beschreibung in Vernon & Mori, 1992) berichtet: An 85 Studierenden maßen sie die Nervenleitgeschwindigkeit des Mediannervs des Arms und erhoben zusätzlich Tests für Reaktionszeiten (RZ) und einen Intelligenztest. Die Ergebnisse entsprachen den Erwartungen: Die NCV korrelierte positiv mit Intelligenz ($r = .42$) und negativ mit Reaktionszeiten ($-.28$), d.h. höhere Nervenleitgeschwindigkeit ging mit höherer Intelligenz und niedrigeren (also kürzeren) Reaktionszeiten einher. In der gleichen Publikation wurde auch von einer erfolgreichen Replikation berichtet.

Erstaunlich erscheinen diese Ergebnisse allerdings, bedenkt man, dass für die Messung dieser NCV keinerlei sensorische oder kognitive Aktivität des Individuums erforderlich ist, und dass die Messung am peripheren (und nicht am zentralen) Nervensystem erfolgt, welches eigentlich mit höherer Informationsverarbeitung nichts zu tun hat. Zur Erklärung beziehen sich Vernon und Mori auf Reeds (1984) aus Tierversuchen abgeleitete Hypothese, derzufolge die Zusammenhänge zwischen NCV und Intelligenz durch interindividuell variierende, genetisch determinierte Mengen und Strukturen von Proteinen, die an der Impulsübertragung beteiligt sind, erklärt werden könnten. Die Gültigkeit dieser Erklärung für den Humanbereich ist bislang jedoch nicht nachgewiesen, und ein derartiger Nachweis erscheint in Anbetracht der negativen Befundlage zu Replikationsversuchen auch unwahrscheinlich.

So konnten Barrett et al. (1990) an 44 Personen für den Mediannerv keine bedeutsamen NCV-Intelligenz-Zusammenhänge nachweisen. Reed und Jensen (1991, 1992) maßen zusätzlich zur peripheren NCV (PNCV) auch eine Brain NCV (BNCV), die sie aus den Latenzen früherer Komponenten visuell evozierter Potentiale (N70 und P100) und der Entfernung zwischen Retina und dem primären visuellen Kortex berechneten. Interessanterweise war die PNCV nur mit Reaktionszeiten (bis .34; Reed & Jensen, 1991), nicht aber mit Intelligenz korreliert, hingegen ergab sich für die BNCV der erwartete positive Zusammenhang mit Intelligenz (r = .26, Reed & Jensen, 1992). In einer Erweiterung dieser Studie maßen Reed und Jensen (1993) an derselben Stichprobe auch die kognitive zerebrale Verarbeitungszeit, indem sie die Differenz zwischen der mittleren Wahl-RZ und der einfachen RZ bildeten. Diese korrelierte wie erwartet signifikant mit Intelligenz (–.23), allerdings entgegen den Annahmen nicht mit der BNCV. Beide Maße konnten in der Vorhersage der Intelligenz mittels multipler Regression unabhängige Varianzanteile vorhersagen, woraus Reed und Jensen die Schlussfolgerung zogen, dass hohe Intelligenz Resultat zweier unabhängiger Aspekte sei: 1. einer höheren Übertragungsgeschwindigkeit kortikaler und subkortikaler Neuronen (gemessen mit der BNCV), 2. kürzerer kortikaler Verbindungen (erfasst über kürzere kognitive zerebrale Verarbeitungszeiten). Wenn elektrische Impulse über kürzere kortikale Verbindungen transportiert werden, dann müssen auch weniger Neuronen aktiviert werden, was letztlich wieder den Energieverbrauch des Gehirns verringert. Diese Annahme stünde im Einklang mit Befunden zum Zusammenhang von Gehirnstoffwechsel und Intelligenz, die später erläutert werden.

Die Brain NCV erscheint somit als ein nicht uninteressanter Zugang, die zentralnervöse Nervenleitgeschwindigkeit zu messen, obgleich festgehalten werden muss, dass es sich im Grunde nur um eine Variante des klassischen EPs handelt, bei dem lediglich die Distanz zwischen Retina und primärem visuellem Kortex gleichsam als Kovariable mit berücksichtigt wird. Ob die Ergebnisse deutlich von den nicht um die Distanz bereinigten EP-Latenzen abweichen, ist bislang unbekannt.

Bezüglich der peripheren NCV kann das Resümee insgesamt nicht positiv ausfallen. Zum einen erscheint die theoretische Fundierung recht fragwürdig: Warum sollte die Leitgeschwindigkeit peripherer Nerven mit der Fähigkeit zum Lösen kognitiver Aufgaben, die eine Funktion des zentralen Nervensystems sind, korreliert sein? Dies würde den Nachweis einer generellen Eigenschaft von Nervenbahnen und/oder Synapsen bedingen, die sowohl im peripheren als auch im zentralen Nervensystem gleichlaufende individuelle Unterschiede verursacht.

Empirisch konnte zwar interessanterweise in zwei Studien bislang eine hohe Erblichkeit (vgl. den Beitrag von Riemann & Spinath in diesem Buch) für die periphere NCV nachgewiesen werden (77% bei Rjisdijk et al., 1995; 66% bei Rijsdijk & Boomsma, 1997), was eine biologische Fundierung nahelegt; in beiden Studien waren allerdings keine bzw. sehr geringe Zusammenhänge mit Intelligenz zu beobachten. Die letzteren Befunde stehen im Einklang mit weiteren Studien, die keine bedeutsamen PNCV-Intelligenz-Korrelationen fanden (Barrett & Eysenck, 1993; Wickett & Vernon, 1994). Im Lichte der bestehenden Befundlage könnte der bislang einzige positive Befund (Vernon und Mori, 1992) auch als statistischer „Ausreißer" zu interpretieren sein.

2.3.1.3 Geschwindigkeit und Intelligenz: Simulationen neuronaler Netzwerke

Periphere NCV als physiologisches Korrelat der Intelligenz ist auch auf Basis einer weiteren Argumentation wenig wahrscheinlich: Vielfach wurde in der Vergangenheit ein negativer Zusammenhang zwischen Informationsverarbeitungsgeschwindigkeit, gemessen mittels relativ einfacher RZ-Aufgaben, und psychometrischer Intelligenz nachgewiesen (Überblick bei Neubauer, 1995, 1997); allerdings haben Analysen von Baumeister und Kellas (1968) und Larson und Alderton (1990) gezeigt, dass es in einer Serie von Durchgängen in einem RZ-Versuch vor allem die langsameren und nicht die schnellsten Reaktionszeiten einer Person sind, die bedeutsam mit Intelligenz korrelieren. In einer Computersimulation hat Anderson (1994) demonstriert, dass die neurale Geschwindigkeit der Informationsübertragung eher die Grenze für maximal schnelle Reaktionen einer Person determinieren sollte und nicht die langsame Reaktion einer Person; letztere dürfte nach Anderson eher davon abhängen, a) wie viele Fehler (errors) in der Informationsübertragung passieren und b) wie viele Neuronen in der Informationsweiterleitung involviert sind (je mehr Neuronen, desto langsamer). Obgleich diese Computermodellierung nur bedingt auf den Zusammenhang von Informationsverarbeitungsgeschwindigkeit und Intelligenz anwendbar sein dürfte (vor allem, da nur die einfache RZ modelliert wurde, in der chronometrischen Intelligenzforschung aber vor allem komplexere RZ-Aufgaben die höchsten Zusammenhänge mit Intelligenz gezeigt haben), stimmen diese Befunde doch recht gut mit der o.a. Beobachtung von Reed und Jensen (1991) überein, der zufolge PNCV und RZen nur mäßig (zu .34) miteinander korrelieren.

So gesehen stellt sich die Frage, ob wirklich reine Informationsverarbeitungsgeschwindigkeit die zentrale Grundlage der menschlichen Intelligenz darstellt, oder ob nicht vielmehr die (synaptische) Fehlerhaftigkeit der Informationsübertragung und/oder die Anzahl der in die Informationsverarbeitung involvierten Neuronen die individuellen Unterschiede in der kognitiven Leistungsfähigkeit von Menschen erklären kann. In einer Fortführung der o.a. Analysen von Anderson (1994) konnten Anderson und Donaldson (1995) durch Anwendung neuraler Netzwerke zeigen, dass eine Variation der synaptischen Fehlerrate die Befunde aus RZ-Versuchen am besten erklären kann; die Anzahl der involvierten Neuronen (bzw. die neuronale Konnektivität) erklärt hingegen am besten die später noch näher zu erläuternden Befunde zum Energieverbrauch des Gehirns: Intelligentere Personen benötigen anfangs zwar mehr Energie, mit zunehmender Vertrautheit mit der Aufgabe aber weniger, da sie weniger Neuronen aktivieren müssen, vermutlich nur die für die Informationsverarbeitung wirklich relevanten Neuronen bzw. neuronalen Schaltkreise. Die Plausibilität derartiger und anderer, teils anatomisch-struktureller, teils physiologisch basierter Erklärungen der Intelligenz sollen abschließend nach der Vorstellung weiterer physiologischer Korrelate der Intelligenz einer näheren Betrachtung unterzogen werden. Bevor wir jedoch zu Aspekten der räumlichen Verteilung der kortikalen (und subkortikalen) Aktivierung übergehen, soll vorerst noch ein anderes geschwindigkeitsbezogenes EEG-Maß vorgestellt werden: Die Individuelle Alpha-Frequenz.

2.3.1.4 Die Individuelle Alpha-Frequenz (IAF) und Intelligenz

Wie eingangs dieses Abschnitts zu zentralnervösen Korrelaten dargelegt, lässt sich neben der reiz-evozierten EEG-Aktivität (Evozierte Potentiale, Ereignis-Korrelierte Potentiale) aus dem EEG auch die laufende Hintergrundaktivität analysieren, indem man mittels Fourier-Analysen die „Leistung" (Power) in Mikrovolt für bestimmte Frequenzanteile bzw. für so genannte Frequenzbänder analysiert. Das im Hinblick auf Korrelate der menschlichen Intelligenz bislang meist untersuchte Frequenzband ist das Alpha-Band (ca. 8 bis 12 Hz). Wie aus Abbildung 2.52 ersichtlich, lassen sich im entspannten Wachzustand für dieses Band die größten Anteile beobachten. Zudem ist in diesem Bereich zumeist eine deutliche Spitze zu erkennen, deren Lage im Hinblick auf die Frequenz interindividuell allerdings beträchtlich variieren kann (in eigenen Untersuchungen haben wir Alpha-Frequenzen zwischen 8.5 und 11.5 gefunden), und die – wie zu zeigen sein wird – ein bedeutsames Korrelat von Leistungsunterschieden zwischen Personen zu sein scheint. Die Frequenz dieser Spitze wird in verschiedenen Studien uneinheitlich als Individuelle Alpha-Frequenz (IAF) oder Peak- oder Spitzen-Frequenz bezeichnet, meint aber im allgemeinen das Gleiche.

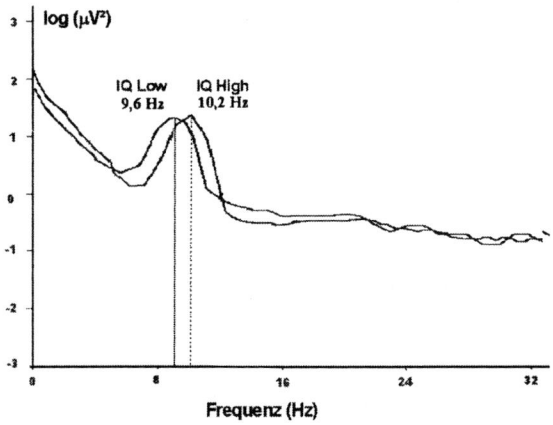

Abbildung 2.52: Individuelle Alpha-Frequenz und Intelligenz.

Für die Intelligenzforschung relevant wurde dieses Maß durch Befunde aus einer Serie von Untersuchungen von Klimesch (1997, für einen Überblick), die gezeigt haben, dass die IAF positiv mit der Gedächtnisleistung von Menschen korreliert, oder – in Form von Mittelwertsvergleichen ausgedrückt – dass Personen mit guten Gedächtnisleistungen signifikant höhere Alpha-Spitzen-Frequenzen aufweisen als Personen mit schlechteren Gedächtnisleistungen. Dass die IAF etwas mit Verarbeitungsgeschwindigkeit zu tun haben könnte, wird auch durch den Bericht einer negativen Korrelation der IAF mit Reaktionszeiten nahegelegt: Personen mit einer höheren IAF weisen kürzere Reaktionszeiten und demzufolge eine höhere Verarbeitungsgeschwindigkeit auf (Klimesch et al., 1996). Dass die IAF nicht nur mit Gedächtnisleistungen, sondern allgemein mit kognitiver Leistungsfähigkeit assoziiert sein dürfte, wird durch eine Untersuchung von Anokhin und Vogel (1996) nahe gelegt. Sie fanden zwar numerisch eher geringe (.2 bis .35) aber nichtsdestoweniger signifikante Zusammenhänge der IAF mit den Leistungen in verschiedenen psychometrischen Intelligenztests (SPM, IST- und LPS-Subskalen), d.h. intelligentere Personen wiesen höhere Alpha-Frequenzen auf. Für eine physiologische Erklärung dieses Zusammenhangs rekurrierten sie auf eine Studie von R. Miller (1994), welche eine Erklärung auf Basis unterschiedlicher axonaler Leitungsgeschwindigkeit und nicht aufgrund von Unterschieden in der Schnelligkeit synaptischer Umschaltung nahe legt. Bei der Erörterung möglicher biologischer Grundlagen der menschlichen Intelligenz werden wir hierauf noch zurückkommen.

Bislang ist uns nur ein einziger Replikationsversuch bekannt: Neubauer et al. (1999) fanden einen signifikanten Unterschied in der IAF zwischen einer Gruppe intelligenterer (IAF = 10.2 Hz) und einer Gruppe weniger intelligenter ProbandInnen (IAF = 9.6 Hz). Bezüglich der Korrelationen mit Reaktionszeiten waren die Ergebnisse hingegen eher uneindeutig: Ein bedeutsamer Zusammenhang ergab sich nur in einer von zwei, nämlich der komplexeren Versuchsbedingung, im so genannten Posner-Versuch; bei der Instruktion, die semantische Gleichheit zweier Buchstaben so rasch wie möglich zu beurteilen, korrelierten IAF und RZ zu –.35, d.h. je höher die IAF, desto kürzer die RZ; bei der einfacheren Aufgabe (Beurteilung der physikalischen Gleichheit zweier Reize) lag der Zusammenhang nahe null.

Eine fundierte Bewertung dieser Befunde und damit eine Einschätzung der Bedeutung der IAF als eine Art Indikator für Verarbeitungsgeschwindigkeit des Gehirns (analog zur CPU-Geschwindigkeit eines Computers) ist in Anbetracht der wenigen Untersuchungen zu diesem Maß schwierig, vor allem, da sich auch hier wieder die gleichen Fragen wie bei den Evozierten Potentialen stellen: Inwieweit sind die Zusammenhänge von bestimmten Versuchsbedingungen (z.B. Augen offen vs. geschlossen) von der Ableitposition etc. abhängig? Da für die Bestimmung der IAF bislang keine automatisierten Verfahren bekannt sind, kann dieses Maß nur durch visuelle Inspektion bestimmt werden, was einerseits negative Auswirkungen auf die Messgenauigkeit haben könnte, zum anderen eine Bestimmung der IAF für multiple kortikale Ableitungen sehr zeitaufwändig macht, weshalb bislang zumeist nur eine (zentral gelegene) Elektrode herangezogen wurde. Ob die IAF an verschiedenen kortikalen Positionen überhaupt korreliert und sich somit eine allgemeine „CPU-speed" ableiten lässt, oder ob verschiedene Teile des Kortex womöglich unterschiedliche (und unkorrelierte) Taktraten aufweisen, ist bislang unklar.

Sollte sich die IAF zukünftig als ein valider Indikator für die „Taktfrequenz" des Gehirns herausstellen, so wäre das insofern ein bemerkenswerter Befund, als die Ergebnisse zu IAF-Intelligenz-Zusammenhängen sich auf eine Erhebung der IAF in einem entspannten Wachzustand ohne aktive Aufgabenbearbeitung beziehen. Dies würde nahe legen, die IAF als einen permanenten und nicht rein auf kognitive Aktivitäten bzw. als funktionsbezogenen Parameter des Gehirns zu interpretieren. In Bezug auf die Geschwindigkeit des Gedächtnisabrufs hat Klimesch (1997) allerdings auch in verschiedenen Phasen der Aufgabenbearbeitung gleichgerichtete Unterschiede zwischen Personen unterschiedlicher Gedächtnisperformanz gefunden; dabei waren die IAF-Unterschiede beim Gedächtnisabruf am größten, geringer in der Enkodierungsphase und am geringsten – aber immer noch signifikant – in einer Ruhebedingung. Derartige Vergleiche der IAF in Ruhe vs. Aufgabenbearbeitung stehen in Bezug auf die Intelligenz noch aus und sollten – neben der o. a. Frage nach topografischen Unterschieden – durch zukünftige Untersuchungen zu klären sein.

2 3.2 Räumliche Aspekte der Gehirnaktivierung und Intelligenz

Die bislang erörterten physiologischen Zugänge zur menschlichen Intelligenz konzentrierten sich ausschließlich auf zeitliche bzw. geschwindigkeitsbezogene Aspekte des menschlichen EEGs. Jüngere Studien legen jedoch nahe, dass nicht nur die elektrophysiologisch erfasste Verarbeitungsgeschwindigkeit im Gehirn, sondern auch räumliche Aspekte der kortikalen Aktivierung zwischen Personen unterschiedlicher Intelligenz diskriminieren. Diese Beobachtung geht vor allem auf Studien zur so genannten EEG-Kohärenz zurück, einem Maß für die Ähnlichkeit (oder auch Koppelung) der Hintergrundaktivität zwischen verschiedenen Arealen der Hirnrinde. Diese Forschungslinie fand ihre Fortsetzung in Untersuchungen, die sich bildgebender EEG-Verfahren zur Messung der Aktivierung des gesamten Kortex oder der Messung des Gehirnstoffwechsels im gesamten Gehirn mittels Positronen-Emissions-Tomographie bedienten.

2.3.2.1 EEG-Kohärenz und Intelligenz

Die EEG-Kohärenz stellt ein Maß für die Ähnlichkeit der laufenden Hintergrundaktivität und damit für das Ausmaß an Konnektivität von räumlich distanten kortikalen Arealen dar. Sie wird zumeist für Paare von Oberflächenelektroden berechnet, wobei man zwischen interhemisphärischen und intrahemisphärischen Kohärenzen unterscheidet. Die interhemisphärischen Kohärenzen werden zumeist zwischen homologen (d.h. symmetrischen) Arealen beider Hemisphären abgeleitet; intrahemisphärisch wird oft noch zwischen kurzen (aus benachbarten Elektroden ermittelten) und langen Kohärenzen (die aus weiter entfernten Arealen, z.B. frontal-occipital berechnet werden) unterschieden (Abbildung 2.53).

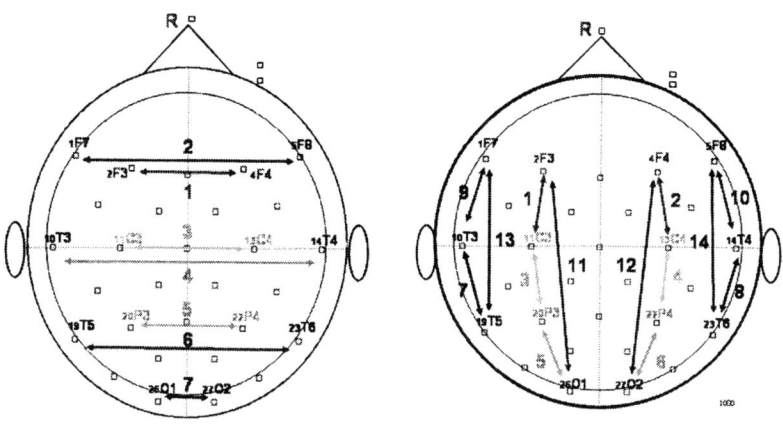

Abbildung 2.53 : Inter- vs. intrahemisphärische Kohärenzen
(siehe Farbtafel)

In Bezug auf die menschliche Intelligenz ist die EEG-Kohärenz nur selten untersucht worden. Thatcher et al. (1983) maßen das EEG von 191 Kindern bzw. Jugendlichen zwischen 5 und 16 Jahren mit 19 Ableitungen und erhoben Intelligenz mit den Wechsler-Skalen. Die EEG-Kohärenz in Ruhe wurde für sieben interhemisphärische und 10 intrahemisphärische Elektrodenpaare (5 für jede Hemisphäre) berechnet. Die Korrelationen der Kohärenz mit dem Gesamt-IQ wiesen überwiegend in eine negative Richtung, d.h. die intelligenteren Kinder zeigten niedrigere Kohärenzen bzw. funktionale Koppelung oder – umgekehrt interpretiert – eine stärkere Dissoziierung der elektrophysiologischen Aktivität zwischen den kortikalen Arealen. Darüber hinaus zeigten die intelligenteren Kinder größere Amplitudenunterschiede zwischen den Hemisphären. In Anbetracht des doch großen Altersbereich ist noch wichtig zu erwähnen, dass auch eine statistische Kontrolle des Altereinflusses keine wesentliche Änderung der Ergebnisse bewirkte (auch das Geschlecht übte keinen bedeutsamen Einfluss aus).

Ganz ähnliche Ergebnisse wurden von Gasser et al. (1987) berichtet: Sie verglichen 31 durchschnittlich intelligente Kinder mit 25 schwach retardierten Kindern zwischen 10 und 13 Jahren im Hinblick auf die EEG-Kohärenz in Ruhe, aber auch bei Bearbeitung einer visuellen Vergleichsaufgabe. In der Ruhebedingung zeigte sich im Wesentlichen eine Bestätigung der obigen Befunde: Bei den Retardierten waren höhere Kohärenzen zu beobachten als bei den durchschnittlich Intelligenten. Weniger eindeutig waren die Befunde, wenn man die Kohärenzen während der Aufgabenbearbeitung analysierte; im Vergleich zur Ruhe nahm die Kohärenz fronto-zentral ab, im occipitpo-parietalen Bereich hingegen zu, wobei diese Zunahme bei den durchschnittlich intelligenten sogar stärker ausgeprägt war als bei den retardierten Kindern.

Dass bei der Bearbeitung von kognitiven Aufgaben die EEG-Kohärenz bei intelligenteren Kindern bzw. Jugendlichen sogar stärker zunimmt, wurde auch von Anokhin et al. (1999) vor allem für lange Distanzen (zwischen frontalen und parieto-occipitalen Arealen) berichtet. Aus diesen Ergebnissen sowie aus Befunden für ein aus der Chaostheorie abgeleitetes Komplexitätsmaß aus dem EEG (vgl. den nachfolgenden Abschnitt) schließen die Autoren, dass hoch-intelligente Individuen deshalb effizienter in der Verschaltung auch distanter kortikaler Areale sind, weil sie bei der Aufgabenbearbeitung Gruppen (Netzwerke) von Neuronen selektiver und effizienter aktivieren. Da vor allem die langdistanten kortiko-kortikalen Verbindungen in der zweiten Dekade des Lebens myelinisiert werden, könnte im unterschiedlichen Grad der Myelinisierung eine wichtige Ursache individueller Intelligenzunterschiede liegen (mehr zur Myelin-Hypothese der Intelligenz in Abschnitt 2.3.4.1). Da aber auch in dieser Studie Jugendliche untersucht wurden, ist eine Konfundierung der gefundenen Zusammenhänge mit Prozessen der Gehirnentwicklung nicht auszuschließen.

An Erwachsenen konnten die obigen Befunde nämlich nicht bestätigt werden. Im Ruhe-EEG berichteten Jausovec und Jausovec (2000a) bei hochintelligenten Personen höhere Kohärenzen, also mehr Kooperation zwischen den Gehirnarealen, ein Ergebnis, das den o.a. Befunden klar widerspricht. Bei der Bearbeitung von klassischen Problemlöseaufgaben fand Jausovec (2000) höhere Kohärenzen bei intelligenteren Personen, allerdings größtenteils nur für kürzere Distanzen zwischen den involvierten Elektroden; bei Aufgaben hingegen, die die kreative Generierung von Ideen verlangen, zeigten die Intelligenteren niedrigere Kohärenzen in einem langsameren und höhere Kohärenzen in einem schnelleren Alpha-Band. Generell differenzierte in dieser interessanten Studie, in welcher auch hoch- vs. durchschnittlich-kreative Personen verglichen wurden, das Kohärenzmaß stärker nach Kreativität, während die Diskriminierung nach Intelligenz besser durch Maße der allgemeinen Gehirnaktivierung gelang (von der psychophysiologischen Unterscheidung von Intelligenz und Kreativität soll später noch ausführlicher berichtet werden).

Verdeutlicht man sich, dass von jeder Pyramidenzelle im Kortex Axone in die weiße Substanz verzweigen, und dass die meisten dieser Axone an anderen, z.T. weit entfernten Stellen wieder in den Kortex eintreten und so Verbindungen zu weit entfernten Arealen derselben oder der andere Hemisphäre haben, scheinen mit den Kohärenzen wichtige Indikatoren für das Funktionieren des Gehirns bei der Informationsverarbeitung vorzuliegen. Die genaue Bedeutung der verschiedenen Arten von Kohärenzen (lange vs. kurze Verbindungen, inter- vs. intrahemisphärisch) ist bislang jedoch noch eher unklar. Dass diese verschiedenen Kohärenz-Indikatoren unterschiedliche kortikale Prozesse reflektieren, wird auch nahegelegt durch vereinzelte verhaltensgenetische Studien: So haben zwei Studien an 5-6jährigen Kindern eine höhere genetische Determinierung (im Vergleich zu Umwelteinflüssen) für langdistante, intrahemisphärische Verbindungen gefunden, einmal im Vergleich zu interhemisphärischen Elektrodenpaaren (Ibatoullina et al., 1994), das andere Mal im Vergleich zu kurzdistanten intrahemisphärischen Verbindungen (van Baal et al., 1998).

Ein Resümee aus den wenigen Studien zur Kohärenz zu ziehen, ist schwierig: Zu heterogen sind die Studien hinsichtlich der untersuchten Stichproben (Kinder, Jugendliche, Erwachsene) sowie der Art der Tätigkeit bei der EEG-Kohärenzanalyse (Ruhe vs. Aufgabenbearbeitung). Bei Kindern und Jugendlichen scheint – in Ruhe – höhere Kohärenz mit niedrigerer Intelligenz einherzugehen. Umgekehrt sind bei kognitiver Aktivität die Kohärenzen bei Intelligenteren stärker ausgeprägt (vor allem über lange Distanzen). Für Erwachsene ist uns bislang eine einzige Studie bekannt, und diese berichtet teilweise Gegenteiliges: In Ruhe höhere Kohärenzen für Intelligentere, bei kognitiver Aktivität höhere Kohärenzen nur für kurzdistante Verbindungen.

Wenn – wie oben schon angesprochen – Kohärenzen auch wesentlich vom Grad der Myelinisierung der Axone im Kortex abhängig sind, erscheinen derart altersabhängige Befunde nicht erstaunlich, vor allem, da das Myelin im Laufe der Kindheit und Jugend erst gebildet wird und in manchen Bereichen sich sogar noch bis zum 50./60. Lebensjahr weiterentwickeln dürfte. So gesehen könnten EEG-Kohärenzen zu verschiedenen Zeitpunkten der ontogenetischen Entwicklung unterschiedliche Bedeutungen haben, hinsichtlich deren Verständnis wir noch ganz am Anfang stehen.

2.3.2.2 Dimensionalität/Komplexität des EEGs

Wie bereits bei der Besprechung der EP-Amplituden erwähnt, hängt deren Größe von der Anzahl der synchron feuernden Nervenzellen ab. Wenn die Aufmerksamkeit auf einen Reiz gerichtet wird, reduziert sich im Allgemeinen auch der „Wettlauf" zwischen verschiedenen Gruppen von verbundenen Neuronen, die Zellen feuern dann in größerer Synchronizität. Neben der reinen EP-Amplitude hat das Aufkommen der so genannten Chaos-Theorie durch die Anwendung von nonlinearen dynamischen Gleichungen zu einer weiteren, höher entwickelten Form der Quantifizierung des „neuronalen Wettlaufs" geführt. Maße, die nach diesem Ansatz entwickelt wurden, sollten in der Lage sein, das „deterministische Chaos" im menschlichen EEG in einer Form zu quantifizieren, die über die bisherigen Spektralanalysen des Hintergrund-EEGs und die Ermittlung Evozierter Potentiale hinausgeht. Zentral ist dabei die Annahme so genannter „Attraktoren", die unterschiedlich viele Dimensionen haben können. Je höher der „Wettlauf" zwischen oszillierenden Zellverbänden, in gewisser Weise also, je mehr kortikale Prozesse in einem gewissen Areal aktiv sind, desto höher ist die dimensionale Komplexität des EEGs.

Erstmalig wurde die dimensionale Komplexität des EEGs von Lutzenberger et al. (1992) mit der menschlichen Intelligenz in Verbindung gebracht. Sie nahmen an, dass intelligentere Personen, wenn sie ihren Gedanken freien Lauf lassen können, mehr verschiedene neuronale Prozesse initiieren sollten, daher müssten diese in Ruhe eine höhere Komplexität oder Dimensionalität des EEGs zeigen. Genau dieses Ergebnis war auch zu beobachten, die Intelligenteren wiesen eine höhere Komplexität des EEGs auf, umgekehrt zeigten weniger Intelligente ein geringeres „deterministisches Chaos" im Gehirn. Interessanterweise war aber in derselben Studie die EEG-Dimensionalität bei Vorgabe einer kognitiv beanspruchenden Aufgabe nicht von der Intelligenz abhängig. Hier waren keinerlei Unterschiede zu beobachten.

Dass die EEG-Dimensionalität nicht nur tonische Unterschiede im EEG widerspiegelt, sondern durchaus auch aufgabenabhängig variieren kann, wurde gezeigt, indem man das EEG während der Bearbeitung der klassischen Sternberg-Kurzzeitgedächtnisaufgabe maß. Dabei wird den Personen eine Reihe von zu merkenden Ziffern dargeboten (der so genannte „memory set") und anschließend ein Zielreiz, für den so schnell wie möglich entschieden werden muss, ob er im vorangegangenen „memory set" enthalten war oder nicht. In zwei Studien konnte Sammer (1996, 1999) zeigen, dass die Bearbeitung dieser Aufgaben die dimensionale Komplexität wie erwartet reduziert. Vom Standpunkt der Differentiellen Psychologie aus betrachtet ist dabei besonders interessant, dass das Komplexitätsmaß höher mit der Aufgabenleistung der Personen assoziiert war als traditionelle EEG-Spektralmaße: Personen mit besonders guten Leistungen (schnellen Reaktionen bzw. einem schnellen Zugriff auf das Kurzzeitgedächtnis) waren in der Lage, ihre EEG-Dimensionalität mit zunehmender Gedächtnisbelastung zu reduzieren, was den weniger leistungsfähigen Personen nicht gelang.

Im Einklang mit diesen leistungsabhängigen EEG-Unterschieden berichtete Jausovec (1998) für den Bereich der menschlichen Intelligenz folgende Befunde: Während sich in Ruhe für die EEG-Komplexität keine IQ-Gruppen-Unterschiede zeigten, wiesen die Intelligenteren bei der Bearbeitung von Aufgaben zum arithmetischen Rechnen und zum deduktiven Schlussfolgern weniger komplexe EEG-Aktivität auf, was im Sinne einer höheren neuralen Effizienz interpretiert wurde: Intelligentere würden nur die aufgabenrelevanten Areale aktivieren und daher weniger „Kompetition" in der EEG-Aktivität konkurrierender kortikaler Areale aufweisen. Anokhin et al. (1999) fanden gleichsinnige Unterschiede bei verbal-semantischen und visuell-räumlichen Aufgaben (mentale Rotation). Interessanterweise war in dieser Studie hohe EEG-Komplexität mit niedriger Kohärenz assoziiert, und beide Maße erlaubten immerhin eine Aufklärung von 30% der Varianz im bekannten Intelligenz-Struktur-Test (IST) nach Amthauer. Personen mit hoher Intelligenz sind also durch höhere kortikale Kohärenz und niedrigere EEG-Komplexität charakterisiert. Die Autoren gingen sogar soweit, zu behaupten, dass die Relation von Ordnung zu Chaos bei aufgabenbezogener Gehirndynamik einer der grundlegenden biologischen Faktoren für Intelligenz bei Erwachsenen sein könnte: „During task performance, high-IQ individuals may be more efficient in establishing long-range intracortical connections due to a more selective involvement of neuronal assemblies in coherent oscillatory process and suppression of competitive neural activity. As a consequence, a higher coherence among remote cortical areas and lower dimensional complexity of EEG is observed" (p. 270).

Die Befunde eines selektiveren und damit effizienteren Einsatzes von Gehirnressourcen stehen auch weitestgehend im Einklang mit Befunden aus neueren EEG-Studien zur Alpha-Aktivität und deren topografischer Verteilung sowie mit jüngeren PET-Studien, in denen der Gehirnmetabolismus bei kognitiver Belastung gemessen wird. Um die diesbezügliche wissenschaftliche Evidenz soll es in den folgenden beiden Abschnitten gehen.

2.3.2.3 Alpha-Power und Intelligenz

Wie schon im Abschnitt zur Individuellen Alpha-Frequenz erwähnt, ist das Alpha-Band von rund 8 bis 12 oder 13 Hz (Schwingungen pro Sekunde) das in Bezug auf kognitive Aktivität wohl meistuntersuchte. Im Gegensatz zur IAF, die eher eine Art Geschwindigkeitsindikator des Gehirns darstellt, soll es im vorliegenden Abschnitt um die reine „Power" (Leistung) – üblicherweise skaliert in Mikrovolt zum Quadrat – gehen. Im entspannten Wachzustand weisen Menschen gewöhnlich eine starke Aktivität in diesem Frequenzband auf, die sich deutlich reduziert, sobald die Menschen eine aufmerksamkeitsbeanspruchende Tätigkeit durchführen, wie sie beispielsweise die Bearbeitung einer kognitiven Aufgabe darstellt. Wie auch in anderen Bereichen (z.B. bei Gedächtnisleistungen, vgl. Klimesch, 1999) kam man auch im Bereich der Intelligenzforschung auf die Idee, das Ausmaß der Alpha-Unterdrückung bei Aufgabenbearbeitung mit der kognitiven Leistungsfähigkeit von Menschen in Beziehung zu setzen.

Dabei gibt es grundsätzlich zwei Möglichkeiten der Analyse: Entweder wird das EEG über längere Phasen der Bearbeitung kognitiver Aufgaben gemessen, mittels Fourier-Analyse frequenzanalysiert und daraus das Ausmaß an Alpha-Aktivität bestimmt. Für derartige Analysen wurden zumeist positive Zusammenhänge von Alpha-Power mit Intelligenz berichtet (cf. Jausovec, 1996, 1998, 2000), d.h. Intelligentere zeigen insgesamt mehr Alpha bzw. eine weniger starke Aktivierung des Kortex.

Eine zweite Methode ist die Berechnung der so genannten Ereignisbezogenen Desynchronisation (englisch: Event-Related Desynchronisation oder ERD; nach Pfurtscheller, Steffan & Maresch, 1988). Im Gegensatz zur o.a. Analyse wird hier zusätzlich das Ausmaß an Alpha-Aktivität in Ruhe bzw. in einem Zustand nicht-aktiver Aufgabenbearbeitung berücksichtigt, indem das EEG (vor allem die Alpha-Aktivität) einerseits in einer so genannten Referenzphase (R), andererseits in einer Aktivierungsphase A (während der Bearbeitung von Aufgaben) gemessen wird. Von der Referenz- zur Aktivierungsphase ist im allgemeinen eine mehr oder weniger deutliche Abnahme der Alpha-Aktivität zu beobachten, welche nach der Formel:

$$ERD = \frac{R-A}{R} \times 100$$

berechnet, also in Form einer prozentuellen Abnahme des Alpha von Referenz zu Aktivierung ausgedrückt wird. Durch die Verwendung multipler Ableitungen und Interpolation zwischen denselben erlaubt diese Methode zudem eine topografische Darstellung der Aktivierungsverteilung über dem Kortex.

Der Einsatz dieser Methode konnte zum einen die Befunde für die Standard-Alpha-Analysen weitestgehend bestätigen (Neubauer et al., 1995): Intelligentere Personen weisen eine weniger starke Ereignisbezogene Desynchronisation (ERD) und somit weniger Kortexaktivierung bei kognitiver Belastung auf als weniger Intelligente. Der eigentliche Erkenntnisgewinn dieser Methode ergibt sich jedoch aus der Berücksichtigung der topografischen Unterschiede. Abb. 2.54 zeigt die Aktivierung über dem Kortex (Aufsicht von oben) für eine Gruppe intelligenterer Personen (obere Reihe) gegenüber weniger intelligenten Personen (untere Reihe) im Verlauf der Bearbeitung so genannter Satz-Bild-Verifikations-Aufgaben. Im Prä-Stimulus-Intervall (vor der Aufgabendarbietung) sind die Unterschiede in der Gehirnaktivierung noch gering, bei Darbietung eines einfachen Satzes (Comprehension, z.B. „Stern über Kreuz") über das BLANK-Intervall (zwischen Satz- und Bilddarbietung) bis hin zur Bilddarbietung (ein Stern über einem Kreuz oder umgekehrt) und damit der Möglichkeit der Verifikation zeigt sich für beide Gruppen die Entwicklung einer Aktivierung über posterioren (vor allem parietalen) Kortexarealen, die für die Bewältigung dieser Aufgabe primär zuständig sind. Ein bedeutsamer Unterschied zwischen den Gruppen ist hingegen im frontalen Kortex (Vorderhirn) zu beobachten, wo die Aktivierung bei den weniger Intelligenten zunimmt, während sie bei den Intelligenteren sogar etwas abnimmt. Insgesamt weisen die weniger Intelligenten eine vergleichsweise starke und vor allem relativ unspezifische Aktivierung des gesamten Kortex auf, wogegen Intelligentere nur die aufgabenrelevanten Gehirnareale aktivieren und weniger benötigte Areale sogar deaktivieren oder hemmen; dies sind weitere Befunde, die für das Konzept einer „neuralen Effizienz" als physiologische/biologische Grundlage der Intelligenz sprechen.

In Folgeuntersuchungen konnten diese Befunde bereits mehrfach bestätigt werden, wobei z.T. bedeutsame Einflüsse zusätzlicher Variablen, wie Aufgabenkomplexität, Aufgabentyp und Geschlecht, zu beobachten waren: Die o.a. Intelligenzgruppenunterschiede treten nicht bei sehr leichten Aufgaben, sondern erst ab einer bestimmten Aufgabenkomplexität auf (Neubauer et al., 1999); erste – noch zu replizierende – Befunde legen zudem nahe, dass bei verbalen Aufgaben Frauen, bei visuell-räumlichen Aufgaben hingegen Männer eine besonders stark räumlich fokussierte Aktivität und damit neurale Effizienz zeigen (Neubauer et al., 2002).

Auch Studien, die sich anderer EEG-Analysemethoden bedienten, bestätigen die Annahme einer effizienteren Gehirnaktivierung intelligenterer Personen, so z.B. von Vitouch et al. (1997), die so genannte langsame kortikale Potentiale topografisch analysierten und zwischen Personen unterschiedlicher Begabung in räumlichen Fähigkeiten verglichen. Auch hier wiesen die Leistungsfähigeren weniger starke und räumlich konzentriertere kortikale Aktivierungsmuster auf (vgl. auch Lamm et al., 1999 für eine erfolgreiche Replikation).

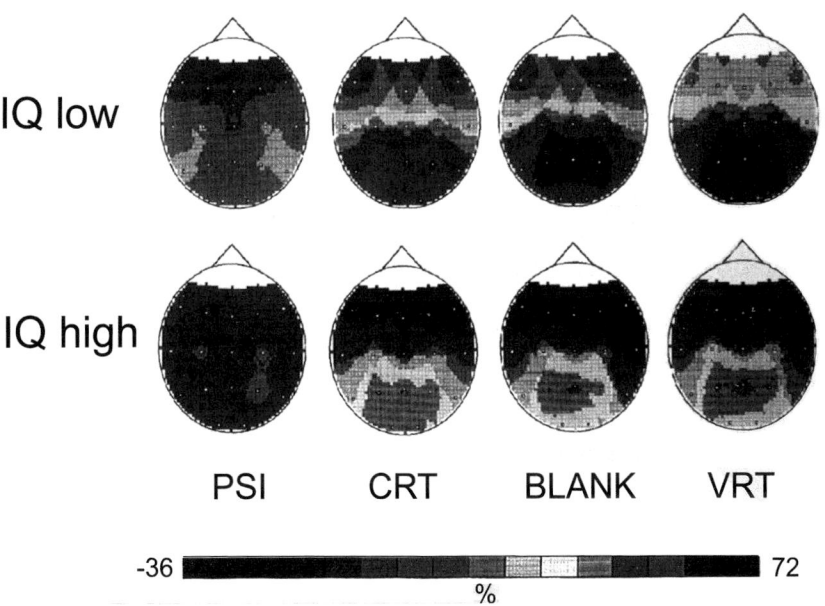

Abbildung 2.54: **EEG-Maps von weniger Intelligenten (low IQ, obere Reihe) vs. höher Intelligenten (high IQ, untere Reihe) für vier zeitlich abfolgende Analyseintervalle. Rote Farben kennzeichnen hohe Aktivierung, blaue Farben geringe Aktivierung (Abkürzungen siehe Text).**

Die neural efficiency-Hypothese der Intelligenz kann aber auch deshalb als vergleichsweise gut fundiert gelten, da gleichlautende Befunde auch mit einer anderen physiologischen Messmethode, der Positronen-Emissions-Tomographie zur Messung des Gehirnmetabolismus berichtet wurden.

2.3.2.4 Zerebraler Glukose-Metabolismus und Intelligenz

Das menschliche Gehirn ist nie ganz inaktiv (nicht einmal im Schlaf). Die Aufrechterhaltung der elektrischen und chemischen Vorgänge im Gehirn beansprucht Energie, sowohl im Ruhezustand als auch – und umso mehr – bei geistiger Aktivität. Je stärker das Gehirn beansprucht wird, desto größer wird dieser Energieverbrauch, und dieser Energieverlust muss durch erhöhten Glukose-Stoffwechsel ausgeglichen werden. Über die Messung des Glukosestoffwechsels im Gehirn erhält man also Informationen darüber, wie stark das Gehirn beansprucht bzw. aktiviert wird.

Zur Messung des Glukose-Metabolismus wird dem Probanden eine schwach radioaktive Substanz verabreicht (ein so genannter metabolischer Isotopenindikator), die über den Blutkreislauf auch ins Gehirn transportiert wird und dort von den Gehirnzellen aufgenommen wird. Will man die Auswirkungen kognitiver Belastung auf den Metabolismus messen, testet man die Versuchspersonen während dieser so genannten Uptake-Phase mit einer kognitiven Aufgabe. Anschließend wird die regionale Verteilung des metabolischen Isotopenindikators im Gehirn mit dem PET-Scanner gemessen, woraus dann Schätzungen der räumlichen Verteilung des Glukose-Metabolismus im Gehirn vorgenommen werden können.

Untersuchungen zum Zusammenhang zwischen Glukose-Metabolismus und psychometrischer Intelligenz lassen sich generell hinsichtlich der Tätigkeit der Versuchspersonen bei der Messung des Gehirnmetabolismus unterscheiden: In früheren Studien (vorwiegend an hirnorganisch geschädigten Personen) wurde der Metabolismus zumeist im Ruhezustand erfasst (primär mit dem Ziel einer medizinischen Diagnostik der Schädigung). Da von diesen Personen oft auch Intelligenzdaten vorlagen, wurde noch ohne gezielte Hypothese (explorativ) der Zusammenhang zwischen Gehirnstoffwechsel und Intelligenz untersucht. Erst spätere Studien testeten zielgerichtet den Zusammenhang zwischen Intelligenz und Gehirnstoffwechsel während kognitiver Beanspruchung.

2.3.2.4.1 Untersuchungen im Ruhezustand

Tabelle 2.6 gibt einen Überblick über Studien zum Zusammenhang zwischen dem Glukosemetabolismus in Ruhe und Intelligenz: In den ersten drei Studien fand man durchwegs bedeutsame positive Zusammenhänge (zwischen r = .38 und r = .80), die einen stärkeren Metabolismus bei intelligenteren Personen nahelegen. Vernon (1993) erklärte diese positiven Zusammenhänge damit, dass intelligentere Personen auch im Ruhezustand „geistig aktiver" seien. Haier (1993) weist jedoch zu Recht darauf hin, dass diese Korrelationen durchwegs an Stichproben hirnorganisch geschädigter Patienten (z.T. kombiniert mit gesunden Personen) erhoben wurden. Die Zusammenhänge würden daher lediglich das Ausmaß der Hirnschädigung widerspiegeln: Je stärker die Hirnschädigung, desto geringer einerseits der Metabolismus und andererseits die geistige Leistungsfähigkeit. Eine Bestätigung erfährt Haiers Vermutung durch zwei Studien: Bei 40 gesunden Männern fanden Duara et al. (1984) keine bedeutsamen Zusammenhänge zwischen Ruhe-Metabolismus und dem Wechsler-IQ. Berent et al. (1988) berichteten positive Beziehungen zwischen Ruhe-Metabolismus und Intelligenz in einer Stichprobe von 15 Huntington-Patienten; in einer Kontrollstichprobe 14 gesunder Personen resultierten hingegen sogar schwach negative Korrelationen.

Tabelle 2.6: Übersicht über einige Studien zum Zusammenhang zwischen Glukosemetabolismus und Intelligenz.

AutorInnen	Stichprobe	GMR * IQ
Ferris et al. (1980)	7 Alzheimer-Pat.	um .80
De Leon et al. (1983)	37 Gesunde und 24 Alzheimer-Pat.	.38 bis .66
Chase et al. (1984)	5 Gesunde und 17 Alzheimer-Pat.	.56 (Handlungs-IQ) .61 (Verbal-IQ)
Duara et al. (1984)	40 gesunde Männer (21 bis 83 J.)	n.s. (Wechsler-IQ)
Haxby et al. (1986)	40 gesunde Männer (21 bis 83 J.)	n.s. (Benton-Test)
Berent et al. (1988)	15 Huntington-Pat. 14 Gesunde	.33 bis .46 -.01bis .26
Boivin et al. (1992)	33 Gesunde (21-71 J.)	bis −.59 (frontal) bis .56 (temporal)

Insgesamt scheint somit bei gesunden Erwachsenen kein Zusammenhang zwischen Gehirnmetabolismus in Ruhe und psychometrischer Intelligenz zu bestehen.

2.3.2.4.2 Untersuchungen bei kognitiver Beanspruchung

Gänzlich andere Ergebnisse sind beobachtbar, wenn nicht der Ruhe-Metabolismus gemessen, sondern die Personen während der Uptake-Phase mit einer kognitiven Aufgabe getestet werden. In einem ersten derartigen Versuch maßen Haier et al. (1988) die Glukose-Metabolismus-Rate (GMR) von 8 gesunden Personen während der Bearbeitung von Ravens Advanced Progressive Matrices (APM) und korrelierten ihn mit dem Intelligenztestergebnis. Den resultierenden negativen Zusammenhängen (je nach Gehirnareal zwischen −.44 und −.84) zufolge weisen intelligentere Personen einen geringeren Metabolismus auf (siehe Abbildung 2.55 für die Aktivierungsverteilung von Personen mit niedrigen vs. hohen Werten in Ravens Intelligenztest; vgl. auch Parks et al., 1988, für gleichsinnige Befunde mit einem Wortflüssigkeitstest).

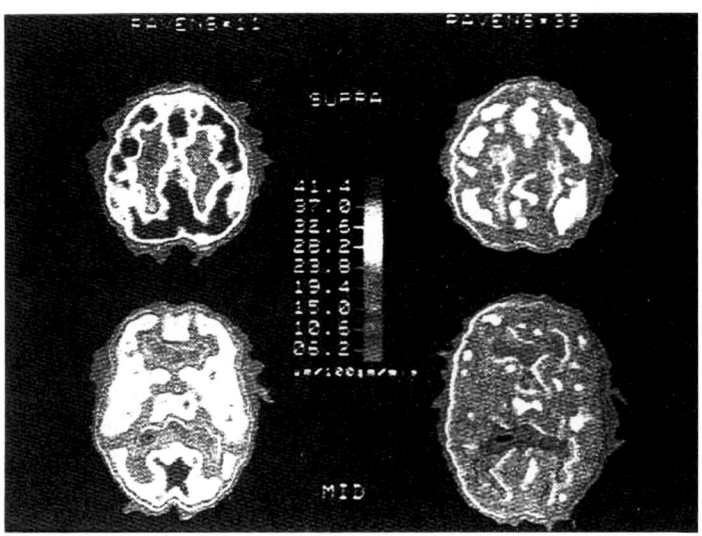

Abbildung 2.55: Glukosemetabolismus und niedrige (links) vs. hohe
(siehe Farbtafel) **(rechts) Intelligenz (nach Haier, 1993).**

Haier et al. (1992a) ließen 8 Personen ein bekanntes, komplexes Computerspiel („Tetris") üben, wobei sie die GMR-Abnahme mit zunehmender
Übung erfassten und mit psychometrischer Intelligenz korrelierten. Die
negativen Zusammenhänge (–.68 für APM und –.43 für den Wechsler-IQ)
interpretierten sie dahin gehend, dass die intelligenteren Personen mit
zunehmender Übung aufgrund ihrer höheren neuralen Effizienz weniger
Energie benötigen und damit geringeren Metabolismus aufweisen. Von
den vorher berichteten Studien unterscheidet sich diese dahin gehend, dass
nicht die während der Metabolismus-Messung erhobene Testleistung,
sondern ein außerhalb dieser Phase erhobener IQ-Test mit dem Gehirn-
Metabolismus korreliert wurde. Die Zusammenhänge zwischen Gehirn-
Metabolismus und der Tetris-Leistung selbst wurden in einer anderen
Publikation berichtet (Haier et al., 1992b): Dabei zeigten sich zwar weder
zu Beginn noch am Ende der Übung signifikante Zusammenhänge; allerdings war der Tetris-Übungsgewinn bedeutsam mit der Metabolismus-
Veränderung bei zunehmender Übung korreliert, d.h. je größer die Leistungsverbesserung, desto stärker die Metabolismus-Abnahme.
    Wie schon für die oben berichteten EEG-Studien lassen sich auch die
PET-Befunde als im Einklang mit der „neural efficiency"-Hypothese
stehend interpretieren. Nach Haier sind kognitiv leistungsfähigere Personen besser in der Lage, bei kognitiven Aufgaben nur eine begrenzte Zahl
von Neuronen bzw. neuronalen Schaltkreisen zu aktivieren, während die
weniger Leistungsfähigen auch Neuronen bzw. neuronale Schaltkreise mit

aktivieren, die entweder unnütz oder sogar einer erfolgreichen Aufgabenbewältigung abträglich sind. Dadurch verbrauchen die Intelligenteren insgesamt weniger Energie: »Subjects performing a complex task well may
use a limited number of brain circuits and/or fewer neurons, thus requiring
minimal glucose use, while poor performers use more circuits and/or
neurons, some of which are inessential or detrimental to task performance,
and this is reflected in higher overall brain glucose metabolism« (Haier et
al., 1992a, S.134).

2.3.3 Conclusio: Neural Efficiency als physiologisches Erklärungsmodell der menschlichen Intelligenz

Aus der referierten empirischen Evidenz kann gegenwärtig die Schlussfolgerung gezogen werden, dass physiologische Geschwindigkeitsindika-
toren bislang eher uneindeutige Befunde erbracht haben. Hingegen scheinen Indikatoren der globalen Gehirnaktivierung, noch viel mehr aber
Anzeichen der regionalen Aktivierungsverteilung im Gehirn, am besten
zwischen Personen unterschiedlicher geistiger Leistungsfähigkeit zu
differenzieren: Intelligentere müssen ihr Gehirn bei der Bearbeitung der
gleichen Aufgaben weniger stark aktivieren, vor allem deshalb, weil sie
bevorzugt nur die für die Aufgabenbewältigung erforderlichen Gehirnareale aktivieren und andere, irrelevante Areale gleichsam „stilllegen" oder
sogar „abschalten" (deaktivieren) können. Die Annahme einer höheren
neuralen Effizienz Intelligenterer ist jedoch eine rein deskriptive Hypothese über einen korrelativen Zusammenhang; sie lässt keine Aussagen
über Ursache und Wirkung zu.

Sternberg und Kaufmann (1998) haben darauf hingewiesen, dass – wie
zumeist bei korrelativen Zusammenhängen – zumindest drei Interpretationen möglich sind: 1. Die besseren kognitiven Leistungen Intelligenterer
sind eine Folge ihrer effizienteren, räumlich fokussierteren Gehirnaktivierung; 2. Intelligentere Personen müssen bei der Bearbeitung von Aufgaben eines bestimmten Schwierigkeitslevels ihr Gehirn einfach weniger
anstrengen (die so genannte „mental effort"-Hypothese) und weisen deshalb weniger Gehirnaktivierung bzw. -metabolismus auf; 3. Sowohl neurale Effizienz als auch Intelligenz sind bedingt durch eine dritte, verursachende Variable, wobei es sich vermutlich um biologische, strukturelle
oder anatomische Eigenschaften des menschlichen Gehirns handeln dürfte.

Die zweite Interpretation wurde bereits einmal einer empirischen Überprüfung unterzogen: Larson et al. (1995) testeten die „mental effort"-
Hypothese, indem sie die Versuchspersonen nicht mit den gleichen Aufgaben, sondern mit an ihre Fähigkeit angepassten Aufgaben während der
Metabolismusmessung testeten. Dadurch sollte der kognitive Aufwand
sowohl für intelligentere als auch für weniger intelligente Personen gleich
gehalten werden. Aus dem Ergebnis eines nun positiven statt negativen
Metabolismus-Intelligenz-Zusammenhangs schlossen die Autoren auf die

Gültigkeit der „mental effort-Hypothese". Aus methodischer Sicht erscheint diese Interpretation jedoch aus zwei Gründen nicht ganz unproblematisch: 1. Schwierigere Aufgaben bewirken grundsätzlich einen stärkeren Gehirnmetabolismus, so gesehen scheint es nicht zu überraschen, dass Intelligentere mehr Stoffwechsel zeigen, wenn sie im Vergleich zu den weniger Intelligenten schwierigere Aufgaben bearbeiten. 2. Larson et al.'s Argument berührt nur den Aspekt der totalen Gehirnaktivierung bzw. des Gesamtmetabolismus; entscheidend sind aber die Intelligenzgruppenunterschiede in der Topografie (EEG) bzw. Tomographie (PET) dahingehend, dass ein zentrales Element der neural efficiency-Hypothese die räumlich stärker fokussierte Aktivierung der Intelligenteren ist und nicht nur deren geringe Gesamtaktivierung.

Obgleich Larson et al. eine wichtige Frage, nämlich die nach dem Einfluss der Aufgabenkomplexität auf Gehirn-IQ-Zusammenhänge aufgeworfen haben, erscheint dennoch Sternberg und Kaufmanns dritte Erklärung der Beziehung als die plausibelste: Vermutlich ist auch die neurale Effizienz (und damit die Intelligenz) nur ein „Epiphänomen" einer oder mehrerer grundlegenderer biologischer Variablen des Gehirns. Mit deren Erörterung im folgenden Kapitel verlassen wir zum Teil die mehr oder weniger gesicherte Empirie und kommen zu Hypothesen über mögliche biologische Eigenschaften des Gehirns, die letztlich individuelle Unterschiede in der neuralen Effizienz und damit der menschlichen Intelligenz erklären könnten. Neben der Erklärung der neuralen Effizienz auf Basis allgemeiner neuroanatomischer Eigenschaften des menschlichen Gehirns wird in jüngster Zeit in einer parallelen Forschungslinie ein bestimmtes Gehirnareal mit der Intelligenz in Verbindung gebracht: Der präfrontale Kortex. Die diesbezügliche Evidenz soll den Abschnitt zur Intelligenz beschließen.

2.3.4 Neurobiologische Erklärungen der menschlichen Intelligenzunterschiede

Mit Ausnahme einzelner Wissenschaftler herrscht in der Intelligenzforschung heute weitgehende Einigkeit über die Gültigkeit der Annahme eines Generalfaktors der menschlichen Intelligenz (vgl. Brody, 1992): Obgleich eine Unterscheidung von intellektuellen Teilfähigkeiten wie Verbalverständnis, rechnerisches Denken, visuell-räumliche Fähigkeiten und anderen im Rahmen von Strukturmodellen der Intelligenz durchaus Sinn macht, zeigt sich dennoch in den meisten weltweit erhobenen Datensätzen das Phänomen des so genannten „positive manifold", d.h. dass in repräsentativen Stichproben Teilfähigkeiten in der Regel mittelhoch miteinander korrelieren, was die Annahme eines Konzeptes einer allgemeinen Intelligenz oder g (general ability) deutlich stützt.

Dieses auf Spearman zurückgehende Konzept der allgemeinen Intelligenz macht auch auf Basis der verfügbaren physiologischen Evidenz durchaus Sinn. Die bislang referierten Befunde und andere Daten aus physiologischen Untersuchungen (vgl. Anderson, 1995) legen nach dessen (Andersons) Ansicht nahe, das individuelle Niveau der allgemeinen Intelligenz als Ergebnis einer generellen Gehirneigenschaft zu betrachten und nicht auf Basis eines räumlich mehr oder weniger eng umschriebenen Gehirnareals (eine Art „Intelligenzzentrum") zu interpretieren (für eine alternative Sichtweise siehe 2.3.4.4.). Analog zum g-Konzept der Intelligenz plädiert Anderson für die Annahme eines n-Faktors als neurologisches Grundlagenkonzept der Intelligenz bzw. als eine Eigenschaft, die die Effizienz des zentralen Nervensystems generell erhöht oder vermindert.

Gesucht wird also eine (oder auch mehrere) neurobiologische Gehirneigenschaft(en), die das allgemeine Niveau der kognitiven Leistungsfähigkeit eines Menschen determiniert. Als Kandidaten sind derzeit folgende Gehirneigenschaften in Diskussion:

- Gehirngröße
- Myelinisierung
- Neuronenzahl
- Anzahl dendritischer Verzweigungen
- Synapsenzahl
- Synaptische Effizienz

Eine Überprüfung der Gültigkeit oder Validität dieser neurobiologischen Erklärungsansätze ist mit den verfügbaren Verfahren am lebenden Gehirn teils sehr aufwändig, teils überhaupt unmöglich. So muss man sich derzeit – wie zu zeigen sein wird – auf sehr indirekte Befunde an Menschen oder auf direkte anatomische Untersuchungen an Tieren beschränken, deren Generalisierbarkeit im Hinblick auf die menschliche Intelligenz naheliegenderweise doch sehr begrenzt ist. Zudem kommen indirekte Befunde aus dem Humanbereich und die Evidenz aus Tierversuchen teilweise zu unterschiedlichen Ergebnissen.

Für drei der o.a. Kandidaten für eine neurobiologische Grundlage der Intelligenz stehen vergleichsweise elaborierte Erklärungsansätze zur Verfügung, mit denen wir uns im Folgenden näher auseinandersetzen wollen: Die Myelinhypothese, die „Neural Pruning"-Hypothese, die auf die Synapsenzahl bei der Erklärung interindividueller Intelligenzunterschiede rekurriert, sowie der Erklärungsansatz von Garlick, der dendritische und axonale „Verzweigtheit" als Grundlage der interindividuellen Intelligenzunterschiede annimmt.

2.3.4.1 Die Myelinhypothese der Intelligenz

In einem hinsichtlich seiner wissenschaftlichen Informiertheit beeindruckenden Beitrag trägt Miller (1994) vielfältige kognitive, physiologische und anatomische Befunde aus der Erforschung der menschlichen Intelligenz zusammen, um daraus letztlich die Hypothese abzuleiten, dass der individuelle Grad der Myelinisierung des zentralen Nervensystems die zentrale Basis der individuellen Intelligenzunterschiede sei. Unter Myelinisierung versteht man das Ausmaß, in welchem Nervenfasern (Axone) mit einer aus Lipiden und Proteinen bestehenden Isolierungsschicht, der so genannten Myelinscheide, umgeben sind.

Im Speziellen geht Miller von folgenden – überwiegend empirisch gut abgesicherten – Befunden aus (welche größtenteils hier bereits berichtet wurden):

- Hohe Intelligenz geht einher mit kurzen Reaktionszeiten in elementar-kognitiven Tests, kurzen EP-Latenzen, weniger Glukose-Metabolismus sowie geringerer und stärker lokalisierter EEG-Aktivierung und einer höheren Nervenleitungsgeschwindigkeit.

- Eine stärkere Myelinisierung (dickere Myelinschicht) bewirkt eine höhere Leitungsgeschwindigkeit im Gehirn, geringere Leitungsverluste und weniger „cross-talk", also Übersprechen zwischen den Neuronen (und dadurch eine geringere Fehleranfälligkeit in der Informationsüber-tragung); außerdem sollte eine stärkere Myelinisierung auch anato-misch größere Gehirne erfordern bzw. bewirken.

- Es lässt sich eine bemerkenswerte Parallelität in der Altersentwicklung der Intelligenz, der Verarbeitungsgeschwindigkeit in elementar-ko-gnitiven Tests, der P300-Latenz im EP (positive Komponente nach 300 msec) und in der Myelinisierung des Kortex beobachten. Die Intel-ligenz nimmt im Laufe der Kindheit stetig zu; im fortgeschrittenen Alter wieder ab, die Verarbeitungsgeschwindigkeit (einerlei, ob über RZ oder EPs gemessen) nimmt einen ähnlichen Verlauf. Auch für die Myelinisierung im Kortex weiß man, dass diese im Laufe der Kindheit erst aufgebaut wird (in manchen Arealen wird sogar im Erwachsen-enalter noch eine Zunahme vermutet); hingegen ist im Alter ein Abbau (Demyelinisierung) zu beobachten.

Wenn auch festgehalten werden muss, dass die Integration all dieser Befunde letztlich nur indirekte Hinweise darauf erlaubt, dass tatsächlich Myelinisierung eine zentrale anatomische Grundlage der Intelligenz sein könnte, so ist doch bemerkenswert, dass mit diesem Ansatz nicht nur querschnittliche Befunde zur Intelligenz, sondern auch die ontogenetische Entwicklung der Intelligenz recht plausibel erklärt werden können.

2.3.4.2 Die neural pruning-Hypothese der Intelligenz

Bekanntermaßen ist das menschliche Gehirn, auch was seine Morphologie und Anatomie betrifft, einer ontogenetischen Entwicklung unterworfen. So ist neben vielen anderen Verlaufsvariablen auch die Anzahl der Synapsen über die Lebensspanne nicht konstant. Huttenlocher (1979, 1999) unter-suchte den Verlauf der so genannten synaptischen Dichte von der Geburt bis ins hohe Alter durch post-mortem-Analysen und stellte fest, dass in den ersten Lebensmonaten eine Vielzahl neuer synaptischer Verbindungen „geknüpft" wird, so dass im Alter von ca. 1 bis 3 Jahren (je nach Gehirna-real) die Synapsenzahl einen maximalen Wert erreicht. Danach ist bis zum Alter von ca. 12 Jahren (vermutlich bis zur Pubertät) eine deutliche Ab-

nahme der synaptischen Verbindungen zu vermerken. Ab diesem Zeitpunkt bleibt die Synapsenzahl weitgehend gleich, bevor sie im höheren
Alter ab ca. 70 Jahren erneut leicht abnimmt (vgl. Abbildung 2.56).

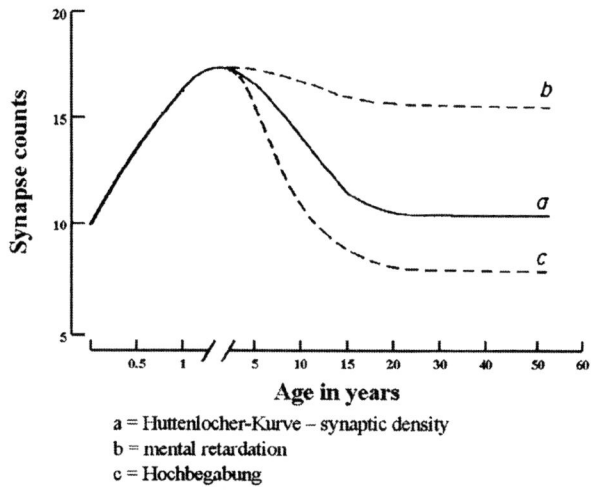

a = Huttenlocher-Kurve – synaptic density
b = mental retardation
c = Hochbegabung

Abbildung 2.56: Huttenlocher-Kurve (nach Haier, 1993).

Die starke Abnahme der synaptischen Dichte nach den ersten zwei Lebensjahren dient vermutlich einer Art ‚neuraler Bereinigung' des Gehirns
(‚neural pruning'), d.h. redundante, also letztlich überflüssige synaptische
Verbindungen werden gleichsam „stillgelegt", d.h. einfach eliminiert. Dies
sind – wie gesagt – post-mortem-Befunde an Menschen, die aus verschiedensten Gründen z.T. frühzeitig verstorben sind. An lebenden Menschen
ist die Zahl der synaptischen Verbindungen nur indirekt messbar. So lässt
sich eine erstaunliche Parallele zur Huttenlocher-Kurve in der Altersentwicklung des Gehirnmetabolismus beobachten: In den ersten 5 Lebensjahren nimmt dieser deutlich zu und ist mit 5 Jahren doppelt so groß wie
bei Erwachsenen (Chagani et al., 1987). Aus der Untersuchung von geistig
retardierten Personen ist bekannt, dass diese interessanterweise mehr
Gehirnmetabolismus und eine höhere synaptische Dichte aufweisen (vgl.
Haier, 1993). Aus diesen und anderen Befunden hat Haier (1993) die
Hypothese entwickelt, dass gleichsam die „Effektivität" des neuralen
Bereinigungs- bzw. Pruningprozesses ausschlaggebend für die Entwicklung der späteren Intelligenz sei: Ein nur unvollständig abgelaufenes
Pruning sollte im Verbleib von zu vielen redundanten synaptischen Ver-
bindungen resultieren, die in der Folge mehr Energie (Metabolismus)
benötigen bzw. generell ein eher ungehemmtes Ausbreiten von kortikaler
Aktivierung auf andere Areale ermöglichen. Bei Hochintelligenten oder

Hochbegabten wäre nach Haier das Pruning besonders effizient abgelaufen; sie hätten wirklich nur mehr die absolut notwendigen synaptischen Verbindungen, was in der Folge weniger Energieverbrauch (Metabolismus) und fokussierteres Aktivieren des Kortex bei der Bearbeitung kognitiver Aufgaben (neurale Effizienz) ermöglicht. Diese hypothetischen, unterschiedlichen Verläufe der Synapsenzahl über die Lebensspanne sind aus Abbildung 2.56 zu ersehen, wo der ‚durchschnittlichen' Huttenlocher-Kurve das hypothetische ‚Underpruning' der Retardierten und ‚Overpruning' der Hochbegabten einander gegenübergestellt sind.

Von der neural-pruning-Hypothese der Intelligenz lässt sich zudem eine interessante Querverbindung zu einer anderen – pruning-basierten – Entwicklungstheorie herstellen: zu Saugstads Hypothese des Pubertätszeitpunktes (1994). Sie nimmt an, dass mit dem Zeitpunkt des Eintretens in die Pubertät auch der Pruning-Prozess beendet wird, was wiederum entscheidende Implikationen für die Neigung zu gewissen psychiatrischen Erkrankungen haben sollte. Bei „Frühentwicklern" sollte der Pruning-Prozess zu früh gestoppt werden, was in zu vielen redundanten synaptischen Verbindungen resultieren und die Anfälligkeit gegenüber manisch-depressiven Erkrankungen erhöhen sollte. Umgekehrt sollten Spätentwickler ein stärker „gepruntes" Gehirn haben, was deren Anfälligkeit für Schizophrenie erhöht (vgl. Saugstad, 1994). Obgleich hier festgestellt werden muss, dass der Schluss von „overpruning" zu hoher Intelligenz und Schizophrenie bzw. von „underpruning" zu niedriger Intelligenz zu manisch-depressiven Erkrankungen etwas weit hergeholt erscheint (und von Saugstad auch nicht hergestellt wurde), ist doch eine gewisse Parallele unübersehbar: In den depressiven Phasen manisch-depressiver Erkrankungen ist zumeist auch eine reduzierte kognitive Leistungsfähigkeit zu beobachten; und Schizophrene gelten oft als außergewöhnlich intelligent.

Interessant sind in diesem Zusammenhang eine Reihe von Untersuchungen zur EEG-Kohärenz, die von Kaiser und Gruzelier (1996, 1999) auf Basis der Hypothese von Saugstad durchgeführt wurden. Ein stärker bereinigtes Gehirn sollte aufgrund der geringeren lokalen Differenziertheit höhere Kohärenzen im EEG (vor allem bei kurzen Verbindungen) zeigen. Dies zeigte sich auch wie erwartet für Kohärenzen zwischen näher beieinander liegenden Elektroden, aber auch längere Verbindungen zwischen den Hemisphären zeigten höhere Kohärenzen. Nur spätentwickelte Männer (nicht aber Frauen) zeigten zudem in der zweiten Untersuchung (1999) auch kürzere P300-Latenzen, was mit den Befunden zu EP-Intelligenz-Zusammenhängen recht gut zusammenpassen würde.

Obgleich auch dieser Ansatz durchaus plausibel erscheint, muss doch festgehalten werden, dass die Saugstad-Hypothese, wie auch die Myelin- und die Pruning-Hypothesen der Intelligenz, bislang auf indirekter Evidenz beruhen. Ein direkter empirischer Test in Form eines Vergleichs der synaptischen Dichte von Früh- vs. Spätentwicklern steht derzeit noch aus.

Kehren wir zurück zu Andersons (1995) Auflistung von Kandidaten für eine neuroanatomische Grundlage (n) des Generalfaktors der Intelligenz (g): So hält Anderson den Grad der Myelinisierung, die ihrerseits die Nervenleitgeschwindigkeit (s.o.) beeinflussen sollte, im Hinblick einerseits auf die bereits referierten, überwiegend nicht bedeutsamen Befunde zum Zusammenhang von Reaktionszeiten mit NCV (Nerve Conduction Velocity), andererseits auf die Befunde seiner eigenen Computersimulation (Abschnitt 3.1.2) als einen eher unwahrscheinlichen Kandidaten für die neurobiologische Basis der Intelligenz.

Für die Neuronenzahl liegt bislang nur Evidenz aus Tierversuchen vor: Bei Ratten korreliert die Neuronenzahl nicht mit der Güte des Problemlöseverhaltens oder der Aufmerksamkeit, die neuen Reizen zugewendet wird (vgl. Anderson, 1995 für diesbezügliche Literaturhinweise).

Für die Synapsenzahl (und damit die Pruning-Hypothese) konnten Zusammenhänge mit kognitiven Leistungen bislang nur an Alzheimer-Patienten nachgewiesen werden.

Das Ausmaß der dendritischen Verzweigtheit im Kortex hingegen korrelierte in einer Studie mit dem höchsten erreichten Bildungsniveau. Bereits früher wurde Andersons Computersimulation (1994) erwähnt, in welcher eine Modellierung der Konnektivität besser in der Lage war, die negativen Zusammenhänge zwischen Intelligenz und Reaktionszeiten in elementar-kognitiven Aufgaben vorherzusagen, als eine Variation der Nervenleitgeschwindigkeit. Somit liegt für Anderson der Schlüssel zum neurologischen Konzept der Intelligenz im Ausmaß der »neuronal interconnectedness determined by variation in neuronal arborization« (p. 604). Eine elaborierte Formulierung der „Dendriten-Hypothese" der Intelligenz wurde jüngst von Garlick (2002) vorgestellt.

2.3.4.3 Die Dendriten-Hypothese der Intelligenz

Zwischenzeitlich liegen empirische Befunde vor, die zeigen, dass die mikroanatomische Struktur des Gehirns nicht nur durch prädisponierte genetische Faktoren festgelegt wird, sondern dass sich das Gehirn auch in Reaktion auf Stimulation aus der Umwelt adaptiv entwickelt. Untersuchungen zur so genannten „neuronalen Plastizität" haben gezeigt, dass vor allem die ontogenetische Entwicklung der axonalen und dendritischen Verzweigungen selektiv auf die Darbietung von Umweltreizen reagiert, d.h. Neuronen nehmen über Axone und Dendriten Kontakt zu anderen Neuronen auf. Die ontogenetische Entwicklung der Intelligenz von Geburt über Kindheit und Adoleszenz bis hin zum Erwachsenenalter sei im Wesentlichen Ausdruck der Tatsache, dass sich neuronale Verbindungen im Gehirn in Reaktion auf Umweltstimulation laufend ändern.

Durch qualitativ höherwertige Umweltstimulation hätten sich bei intelligenteren Menschen stärker und vor allem adäquater („more fine-tuned") verzweigte neuronale Netzwerke entwickelt, die es erlauben, einfache Information schneller zu verarbeiten (nachgewiesen durch kürzere Reaktionszeiten in elementar-kognitiven Tests), besser zwischen verschiedenen „Inputs" zu differenzieren und dadurch selektiver die adäquaten Gehirnareale zu aktivieren (nachgewiesen durch die o.a. neural-efficiency-Befunde).

Auch für diese Hypothese gilt das Gleiche wie für die vorgehend dargestellten. Ein direkter empirischer Nachweis ist zumindest am lebenden

Gehirn mit den derzeitigen Methoden der Neurowissenschaften nicht möglich.

Empirisch besser fundiert sind im Vergleich dazu in jüngster Zeit diskutierte Erklärungen auf Basis der Rolle des frontalen Kortex.

2.3.4.4 Die Frontallappen-Hypothese der Intelligenz

Neben den vorgestellten allgemeinen mikrostrukturellen Gehirneigenschaften wurden mittels bildgebender Verfahren (vor allem PET und fMRI) auch Versuche unternommen, die menschliche Intelligenz im Gehirn zu lokalisieren, also nach einem speziellen Gehirnareal für höhere kognitive Fähigkeiten zu suchen. Obgleich in der wissenschaftlichen Gemeinschaft Übereinkunft darüber herrscht, dass in Abhängigkeit von den jeweiligen kognitiven (Aufgaben-)Anforderungen spezialisierte Gehirnareale aktiviert werden müssen, hat man in neueren Untersuchungen auch ein Gehirnareal identifizieren können, das zumindest bei komplexeren kognitiven Aufgaben fast immer beteiligt ist: Der präfrontale Kortex.

Zwei jüngere PET- und fMRI-Studien (Prabhakaran et al., 1997; Duncan et al., 2000) haben die Aktivierungsverteilung im Gehirn bei Intelligenzaufgaben (vor allem solchen zum schlussfolgernden Denken) mit einfacheren, aber hinsichtlich Stimulusmaterial vergleichbaren perzeptivmotorischen Aufgaben verglichen und bei ersteren im Vergleich zu letzteren eine verstärkte Aktivierung im Bereich des präfrontalen Kortex gefunden.

Dieser Teil des Kortex erscheint aus gehirnanatomischer Sicht vor allem deshalb so interessant, da er „Inputs" von allen wichtigen sensorischen afferenten Systemen (z.B. Thalamus und Hypothalamus) erhält. Aus psychologischer Perspektive wird diesem Areal eine besondere Rolle für einige Funktionen, die beim Lösen komplexerer Probleme besonders wichtig sind, zugeschrieben: Planung von Handlungsabläufen, selektive Aufmerksamkeit, Entscheidungsfindung, zielgerichtetes Verhalten (Fiez, 2001; Gabrieli, 1998; Kessels et al., 2000). Neuropsychologische Patienten mit Frontallappenläsionen zeigen Einschränkungen bzw. Dysfunktionen gerade in diesen Bereichen (cf. Duncan et al., 1995).

Zudem besteht eine deutliche Konvergenz zu neurowissenschaftlichen Erkenntnissen über das Arbeitsgedächtnis. Bei Aufgaben, die primär das Arbeitsgedächtnis beanspruchen, werden größtenteils die gleichen Gehirnareale aktiviert wie bei komplexen Aufgaben zum schlussfolgernden Denken (cf. Smith & Jonides, 1999). Daraus ließe sich schließen, dass die Bewältigung komplexer Denk- oder Problemlöseaufgaben in hohem Maße von der Kapazität des Arbeitsgedächtnis abhängig sein sollte, eine Vermutung, die seit einigen Jahren immer mehr empirische Unterstützung erfährt (z.B. Kyllonen & Christal, 1990).

Die vorgestellten Befunde demonstrieren also die wichtige Rolle des präfrontalen Kortex für Arbeitsgedächtnis und komplexes schlussfolgerndes Denken. Dass ein bestimmtes Gehirnareal bei spezifischen Aufgaben im Vergleich zu anderen (Kontroll-)Aufgaben aktiviert wird, zeigt im Sinne eines allgemein-neurowissenschaftlichen Befundes die Bedeutung des Gehirnareals für einen bestimmten psychologischen Prozess. Offen ist noch, ob damit auch interindividuelle Differenzen in der menschlichen Intelligenz erklärt werden können: Dies würde den Nachweis erfordern, dass hoch-intelligente Personen beim Problemlösen eine unterschiedliche Aktivierung des präfrontalen Kortex zeigen als weniger intelligente Menschen.

Wenn sich das nachweisen ließe, welche Schlussfolgerung könnten wir bezüglich der „biologischen Basis der Intelligenz" ziehen: Ist eher die „Qualität" des frontalen Kortex oder eine allgemeine gehirnanatomische Eigenschaft (wie Myelinisierung, Synapsenzahl, dendritische Verzweigungen) für individuelle Intelligenzunterschiede verantwortlich?

Gegenwärtig ist eine klare Antwort auf diese Frage noch nicht möglich. Vielleicht ist die Antwort auch kein „entweder – oder", sondern ein „sowohl – als auch". Einerseits scheint die Rolle des Frontallappens für intellektuelle Leistungen primär der starken Arbeitsgedächtnisanforderung der meisten Problemlöseaufgaben zuzuschreiben. Andererseits können die referierten Befunde zur Rolle von Informationsverarbeitungsgeschwindigkeit und neuraler Effizienz bei der Erklärung der Intelligenz vermutlich plausibler mit allgemeinen, nicht-lokalisierten Gehirneigenschaften, wie Myelinisierung, Synapsenzahl etc. erklärt werden.

Ein Gleichnis möge diese Hypothese veranschaulichen: Die Qualität der Aufführung einer Symphonie ist einerseits eine Funktion der Leitung durch den Dirigenten, hängt aber andererseits auch von dem Können der Musiker im Orchester ab. Analog könnte die geistige Leistungsfähigkeit eines Menschen sowohl von der Effizienz des Frontalhirns (als „Dirigent" des Kortex) als auch von der „Leistung" der Neuronen, Synapsen, Axone und Dendriten (als Musiker des Orchesters) abhängen.

2.3.5 Zentralnervöse Korrelate der Kreativität

So wie im Bereich der rein psychologischen Untersuchungen, wo das Merkmal Kreativität bislang auch deutlich weniger Forschungsbemühungen auf sich gezogen hat als die Intelligenz, lässt sich auch im Bereich der Psychophysiologie eine vergleichsweise dürftige Auseinandersetzung mit dem Thema Kreativität konstatieren. Dies mag seine Ursache einerseits in den geringen „Erfolgen" der Kreativitätsforschung bzgl. Definition, Messung, Struktur dieses Merkmals, verglichen mit der Intelligenzforschung, haben, andererseits ist auch die Theorienbildung wesentlich weniger fortgeschritten und auf einem vergleichsweise „rudimentären" Niveau.

Der bislang einzige physiologische Erklärungsansatz von Martindale (1989, 1999) ist insofern vergleichsweise elaboriert, als er versucht, eine Vielzahl früherer Erklärungsansätze der Kreativität zu integrieren und daraus testbare Hypothesen für psychophysiologische Untersuchungen abzuleiten. Kreatives Denken sollte – früheren Erklärungsansätzen zufolge – gekennzeichnet sein durch:

- mehr primäre (unbewusste) Prozesse (gegenüber sekundären, also bewussten, kognitiven Prozessen),
- die Fähigkeit, sich in Zustände defokussierter Aufmerksamkeit zu versetzen und
- flachere Assoziationshierarchien, d.h. weniger Assoziationen zum Kernbereich des gerade bearbeiteten Problems, aber dafür mehr Assoziationen zu weiter entfernt liegenden Themengebieten.

Kreative sollten also besser in der Lage sei, sich von nahe liegenden Assoziationen zu lösen und weiter entfernt liegende Assoziationen finden bzw. auch schneller wechseln können zwischen so genannten sekundären Prozessen (logisches Denken) und primären (traumähnlichen) Prozessen. Physiologisch sollte kreatives Denken dadurch charakterisiert sein, dass möglichst viele neurale Schaltungen im Kortex simultan aktiviert werden können, was nach Martindales so genannter Low-arousal-Hypothese leichter in Zuständen niedriger kortikaler Aktivierung möglich sein sollte, da starke kortikale Erregung in einem System (Netzwerk) zu einer Hemmung der weniger aktivierten Systeme/Netzwerke führen sollte.

Aus diesem Ansatz lassen sich im Wesentlichen zwei Vorhersagen ableiten:

1. Die Annahme einer geringeren physiologischen Aktivierung beim kreativen Denken im Vergleich zum klassischen Problemlösen.
2. Aufgrund der Annahme simultaner Aktivierung verschiedener Kortexareale sollten vor allem die langdistanten EEG-Kohärenzen beim kreativen Denken (Bearbeitung offener oder divergenter Aufgaben mit vielen Lösungsmöglichkeiten) größer sein als beim Lösen so genannter geschlossener oder konvergenter Aufgaben (klassische Problemlöseaufgaben haben zumeist nur eine richtige Lösung).

Die bislang umfassendste Reihe an Untersuchungen zu diesen Fragen hat Jausovec vorgestellt: Im Einklang mit der zweiten Hypothese fanden Jausovec und Jausovec (2000b) höhere inter- und intrahemisphärische Kohärenzen bei Aufgaben, die mehr vs. weniger Kreativität erfordern, was von den Autoren mit der intensiveren Involvierung langer kortiko-kortikaler Verbindungssysteme erklärt wurde. Für Powermaße ergaben sich jedoch kaum Unterschiede in Abhängigkeit der Kreativitätsanforderungen, hier waren Unterschiede primär in Abhängigkeit vom (verbalen vs. figuralen) Aufgabenmaterial zu beobachten. Interessanterweise spielte jedoch auch die Wahl des analysierten Frequenzbandes eine nicht unwichtige Rolle: Während die Powerunterschiede im unteren Alphaband stärker hervortraten, waren bei den Kohärenzmaßen die Unterschiede im oberen Alpha-Band größer.

Diese und andere Befunde von Jausovec beziehen sich auf den Vergleich der Gehirnaktivität bei unterschiedlich kreativitätsabhängigen Aufgaben. Eine andere Frage, deren Untersuchung nicht zwingend zu denselben Befunden führen muss, ist die nach der differentiellpsychologischen Perspektive: Inwieweit lassen sich physiologische Unterschiede zwischen hoch- und niedrig-kreativen Personen hinsichtlich der kortikalen

Aktivierung beobachten?

Zu dieser Frage hat Jausovec (2000) in einem aufwändigen Versuch hoch- und durchschnittlich-kreative und hoch- und durchschnittlich-intelligente Personen (in allen vier möglichen Kombinationen) während der EEG-Messung mit geschlossenen (konvergenten) und offenen (divergenten) Aufgaben getestet. Dabei bestätigten sich die Martindale-Hypothesen auch auf differentiellpsychologischer Ebene: Hoch-kreative Personen zeigten bei der Bearbeitung offener Aufgaben weniger kortikale Aktivität und mehr Kooperation zwischen Gehirnarealen nicht nur im Vergleich zu durchschnittlich-kreativen (auch hoch-intelligenten) Personen (aber nur für das untere Alpha-Band; im oberen Alpha-Band sind gegenläufige Befunde zu beobachten); die hoch-intelligenten (aber durchschnittlich-kreativen) zeigten im Gegensatz dazu eine stärkere Entkoppelung verschiedener Gehirnareale (im unteren Alpha-Band; wiederum gegenläufige Befunde im oberen Alpha-Band). Solange die genaue Bedeutung des unteren vs. oberen Alpha-Bandes nicht geklärt ist, erscheint eine Interpretation dieser gegenläufigen Befunde schwierig. Eine mögliche – von Jausovec vorgestellte – Erklärung bezieht sich auf die Annahme, dass das obere Alpha-Band eher semantische Verarbeitung, das untere Alpha-Band eher Aufmerksamkeitsprozesse bzw. Prozesse des episodischen Gedächtnisses widerspiegeln dürfte: Vielleicht wählen hoch-intelligente (aber durchschnittlich-kreative) Menschen einen eher semantischen, verbal gesteuerten Zugang zu den offenen bzw. Kreativitätsaufgaben, während die hoch-kreativen ganz im Sinne der o.a. Primärprozesse eher intuitive, weniger durch das Bewusstsein kontrollierte, Zugänge zu offenen Aufgaben wählen.

Eine andere Möglichkeit, die „Fokussiertheit" des Denkens auf wenige verbundene (vs. viele simultane) Prozesse psychophysiologisch zu erheben, wurde bereits vorgestellt: Die Analyse der EEG-Komplexität oder Dimensionalität. Für die Analyse dieses Maßes konnten Mölle et al. in zwei Studien (1996, 1999) die Hypothese bestätigen, dass beim divergenten (kreativen) Denken eine größere Anzahl von unabhängig oszillierenden Neuronenverbänden aktiviert wird. Dies zeigte sich in Form einer höheren EEG-Komplexität bzw. „Dimensionalität bei Aufgaben zum divergenten Denken (im Vergleich zu einer Versuchsbedingung mit konvergenten Aufgaben). Differentiellpsychologisch interessant ist zudem, dass Personen mit besseren Leistungen in den divergenten Aufgaben geringe EEG-Dimensionalitätswerte zeigten als Personen mit schlechteren Leistungen, dass sich also auch ein Phänomen einer „neural efficiency" in Bezug auf die Kreativität zeigte: Hoch-kreative mussten ihre Dimensionalität weniger stark erhöhen als weniger kreative Personen.

Studien zur Kreativität unter Verwendung anderer physiologischer Methoden als das EEG liegen zwar vor, erreichen methodisch aber nicht das Niveau der Studien von Jausovec, vor allem im Hinblick auf das Problem, dass Kreativität und Intelligenz, die zumeist doch moderat korreliert sind, nicht im Hinblick auf ihre getrennten Einflüsse auf die physiologischen Parameter untersucht wurden (z.B. Carlsson et al., 2000).

Insgesamt kann aus der bislang vorliegenden, eher spärlichen Evidenz doch geschlossen werden, dass sich a) konvergentes Denken (geschlossene Aufgaben) und divergentes Denken (offene Aufgaben) deutlich hinsichtlich der evozierten EEG-Aktivität unterscheiden und dass b) Hoch-kreative Menschen qualitativ unterschiedliche Muster der Gehirnaktivierung im Vergleich zu hoch-intelligenten Personen zeigen. So gesehen spricht auch physiologisch viel für eine Unterscheidung von Intelligenz als Fähigkeit zum konvergenten Denken vs. Kreativität als Begabung im divergenten Denken. Obgleich erste experimentelle Befunde der Low-arousal-Hypothese von Martindale nicht zu widersprechen scheinen, ist auf diesem Gebiet noch viel mehr Forschung notwendig, um die Frage der Koppelung von Gehirnarealen von Kreativen und Intelligenten bei konvergenten und divergenten Aufgaben zu klären.

3 Neurotransmitter und Persönlichkeit

Jürgen Hennig & Petra Netter

3.1 Grundlagen

Für den Bereich der „Neuroscience" dürfte es wohl eine der aufregendsten Entdeckungen des vergangenen Jahrhunderts gewesen sein, dass die Grundlage der Signalübertragung im zentralen Nervensystem (ZNS) über die Kommunikation zwischen Neuronen gewährleistet wird. Heute weiß man, dass die Art und Weise, wie Zellen (nicht nur Nervenzellen) miteinander kommunizieren, durchaus unterschiedlich sein kann. In vielen Fällen – so auch bei Neuronen im ZNS – ist das Wesen der Signalübertragung aber eine Freisetzung biochemisch wirksamer Substanzen, die das Verhalten benachbarter Zellen beeinflussen. Es war der relativ einfache Versuch des deutschen Physiologen Otto Loewi, der am isolierten, in physiologischer Kochsalzlösung aufbewahrten, Froschherzen demonstrierte, dass eine Stimulation des Nervus vagus mit einer Herzratendezeleration verbunden war. Das Entscheidende war aber, dass eine Übertragung der Kochsalzlösung auf ein anderes, nicht stimuliertes, isoliertes Herz den gleichen Effekt auslöste. Loewi war klar, dass dies nur über lösliche Stoffe erklärbar sein könne; Substanzen, die er „Vagusstoffe" nannte.

Diese Substanzen werden als „klassische" Neurotransmitter bezeichnet, wenn die folgenden Kriterien (Squire et al., 2003) erfüllt sind:
1. Der Transmitter muss in Neuronen synthetisiert und von diesen freigesetzt werden.
2. Der Transmitter muss isolierbar und pharmakologisch bzw. biochemisch identifizierbar sein, bei Stimulation des Neurons ausgeschüttet werden und die Zielzelle beeinflussen.
3. Der Transmitter muss nach Applikation die gleichen Effekte an dem Zielneuron auslösen wie diejenigen, die nach neuronaler Stimuluation beobachtbar sind.
4. Die Transmitterwirkung muss durch Antagonisten dosisabhängig

gehemmt werden können. Des Weiteren würden Strategien, die zu einer reduzierten Transmittersynthese führen, mit einer Reduktion spezifischer Wirkungen verbunden sein.

5. Es müssen (aktive) Prozesse für die Terminierung der Transmitterwirkung vorliegen.

Die Aufstellung von Voraussetzungen macht deutlich, dass der Gesamtkomplex der Transmitterfreisetzung eine Kaskade von verschiedenen Abläufen und Prozessen erfordert, die mit der folgenden Abbildung erläutert werden sollen.

Aus Abbildung 3.1 wird ersichtlich, dass die Steuerung der Neurotransmitterwirkung verschiedenen, komplexen Mechanismen unterliegt. Zunächst wird der Transmitter im Neuron synthetisiert (1). In vielen Fällen sind die Vorstufen dieses Syntheseprozesses über die Nahrung aufgenommene Aminosäuren, wie z.B. Tyrosin.

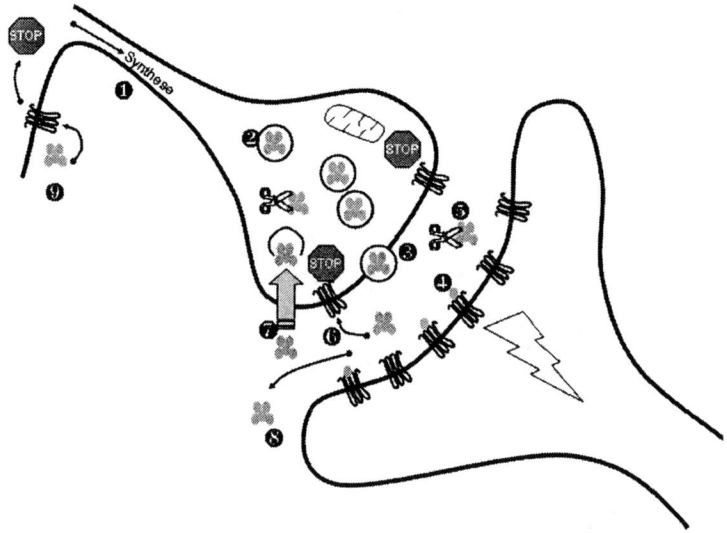

Abbildung 3.1: Schritte der Neurotransmitterwirkung (1 = Synthese (siehe Farbtafel) **des Transmitters, 2 = Speicherung in Vesikeln, 3 = Freisetzung am synaptischen Spalt, 4 = Stimulation postsynaptischer Rezeptoren, 5 = Enzymatischer Abbau, 6 = Bindung am präsynaptischen Autorezeptor, 7 = Wiederaufnahme (Transporter), 8 = Wegdiffusion, 9 = Bindung am somatodendritischen Autorezeptor).**

Dieses, nicht aber das Endprodukt Dopamin, Noradrenalin oder Adrenalin kann die Blut-Hirnschranke überwinden und wird über verschiedene enzymatische Prozesse zum Neurotransmitter umgesetzt, der in der Folge in Vesikeln gespeichert wird (2). Wenn dieses Neuron stimuliert wird, führt das dadurch ausgelöste Aktionspotential unter maßgeblicher Beteiligung geöffneter Ca++-Kanäle zur „Lösung" und „Wanderung" der Vesikel in Richtung (präsynaptischer) Membran, wo die gespeicherten Transmitter freigesetzt werden (3). Eine gewisse Menge bindet sodann an spezifischen (postsynaptischen) Rezeptoren, die selbst zu einem Aktionspotential an der Zielzelle führen können (4). Alle anderen in der Graphik abgebildeten Prozesse dienen der Inaktivierung der Transmitterwirkung. Dies wird gewährleistet durch enzymatischen Abbau (5) und Wegdiffusion (8), aber auch durch Bindung an spezifische Rezeptoren, die entweder präsynaptisch oder im Bereich der Axondendriten bzw. des Axonsomas die Syntheserate oder Ausschüttung des Transmitters hemmen (6,9). Eine weitere wichtige Möglichkeit, die Tranmitterwirkung zu limitieren, ist über die so genannte Wiederaufnahmestelle (7) gegeben. Hier wird unter Energiebedarf durch den so genannten Transporter der Neurotransmitter zurück in die Präsynapse befördert. Eine pharmakologische Hemmung dieser Wiederaufnahmestelle führt demnach zu einer verlängerten bzw. verstärkten Transmitterwirkung. Dieses Prinzip ist Gegenstand der so genannten Wiederaufnahmehemmer, die in der Pharmakotherapie verschiedener Erkrankungen erfolgreich eingesetzt werden. An der Darstellung wird darüber hinaus deutlich, wie viele Möglichkeiten der Manipulation der Transmitterwirkung denkbar, z.T. auch machbar sind. Spezifische Antagonisten können die Wirkung an der postsynaptischen Membran verringern oder sogar aufheben. Antagonisten, die für die präsynaptischen Autorezeptoren spezifisch sind, würden die durch diese ausgelöste Hemmung der Neurotransmitteraktivität aufheben und hätten demzufolge agonistische Effekte. Auch die Aktivität der Enzyme, die den Abbau der Transmitter gewährleisten, kann pharmakologisch reduziert werden, was folgerichtig auch mit einer Erhöhung der Transmitteraktivität verbunden ist. Viele dieser Prozesse werden in der Folge genauer aufgegriffen, so dass an dieser Stelle nicht mehr als diese globale Übersicht gegeben sein soll.

Neurotransmitter, die die oben genannten Kriterien erfüllen, sind maßgeblich einige Aminosäuren, Peptide, Acetylcholin, Monoamine, Purine und Gase. Abbildung 3.2 gibt einen groben Überblick über die wichtigsten Neurotransmitter.

Die Wirkung dieser Neurotransmitter hängt von der Art und Weise ab, *wie* der Transmitter die postsynaptischen Rezeptoren stimuliert. Man unterscheidet die folgenden Prozesse:

1. Nach Bindung des Transmitters an den postsynaptischen Rezeptor öffnen sich unmittelbar Ionenkanäle, die einen raschen Einstrom von Ionen (z.B. Natrium) in die Zielzelle ermöglichen. Dieses führt zu einer Depolarisierung der postsynaptischen Membran und unter bestimmten Voraussetzungen zu einem Aktionspotential. Dieser ionotrope Mechanismus verläuft sehr schnell und ist in der Regel exzitatorisch. Der Neurotransmitter Glutamat verfügt über diesen Transduktionsmechanismus.

2. Ein anderer Transduktionsmechanismus verläuft über die Aktivierung einer Kaskade metabolischer Effekte (metabotroper Effekt). Auch hier bindet der Transmitter an einen Rezeptor der postsynaptischen Membran. Der Unterschied zum vorher beschriebenen ionotropen Effekt ist nun aber der, dass nicht direkt Ionenkanäle geöffnet werden, sondern ein Protein angeregt wird (G-Protein), welches an Guanintriphosphat gebunden ist. Über diese energiereiche Verbindung werden intrazellulär weitere metabolische Prozesse (z.B. Konzentrationsanstieg von zyklischem Adenosinmonophosphat, cAMP) angestoßen, die letztlich die Transmitterwirkung intrazellulär weiterleiten. Während die Neurotransmitterbindung das erste Signal darstellt (first messenger), bezeichnet man die intrazellulären Prozesse als second messenger. Das Resultat dessen kann aber wieder sehr ähnlich sein (z.B. Öffnung von Natriumkanälen).

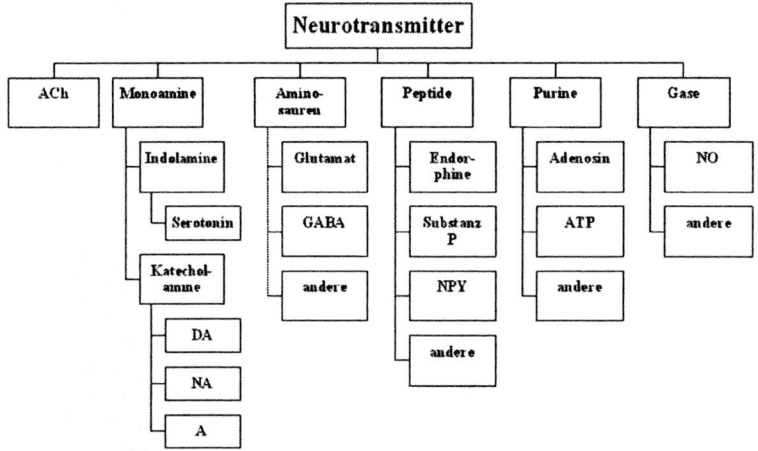

Abbildung 3.2: Systematik der wichtigsten Neurotransmitter.

Wichtig ist nun, dass das gleiche Neurotransmittersystem durchaus auch beide Transduktionsmechanismen aufweisen kann, wenn eine gewisse Diversität postsynaptischer Rezeptoren vorliegt. Dies ist z.B. für das serotonerge System der Fall (siehe 3.2.4) und demonstriert, dass über die Diversität der Rezeptoren eine (zeitliche) Feinabstimmung verschiedener Transmitterwirkungen möglich wird.

In der Folge wird beschrieben, welche Zusammenhänge zwischen Neurotransmittern und Persönlichkeit bekannt sind. Hinsichtlich der in Abbildung 3.2 dargestellten Diversität und Anzahl der klassischen Neurotransmitter wird jedoch folgende Einschränkung getroffen: Die zu behandelnden Transmittersysteme basieren auf der Überlegung, dass sie *explizit Gegenstand gängiger Persönlichkeitstheorien* sein müssen. Dieses Vorgehen gründet auf zwei Prämissen: Zum einen verbindet sich hiermit ein grundsätzlich vorzuziehender deduktiver Ansatz. Zum anderen darf nicht außer Acht gelassen werden, dass Neurotransmitter nicht unabhängig voneinander sind; d.h. komplexe Interaktionen zwischen verschiedenen Systemen anzunehmen sind. Wenn also einzelne Forschungsarbeiten auf Zusammenhänge zwischen einer Disposition und einem Neurotransmittersystem hinweisen, ohne diesem eine entsprechende theoretische Untermauerung beizufügen, *kann* es sich grundsätzlich lediglich um ein „Nebenprodukt" eines grundsätzlich anderen Zusammenhanges handeln.

Diese Eingrenzung führt jedoch nicht zur Negierung ganzer Forschungsbereiche. Richtig ist, dass sich die Frage nach dem Zusammenhang zwischen Persönlichkeit und Neurotransmittern derzeit auf folgende Systeme reduziert: Indolamine (Serotonin) und Katecholamine (Dopamin, Noradrenalin und Adrenalin), so dass auch nur diese in der Folge Berücksichtigung finden.

3.2 Serotonin

3.2.1 Geschichtliches

Serotonin (5-Hydroxytryptamin, 5-HT) ist ein biogenes Amin mit einem Molekulargewicht von 176 Dalton. Seine „Entdeckung" konzentrierte sich auf peripher wirksames Serotonin, welches die Arbeitsgruppe um Page (Twarog & Page, 1952) im Zuge der Blutgerinnung isolierte, in seiner Funktion als *„serum* factor influencing blood vessels *tonus"* charakterisierte und „serotonin" nannte. In einem parallelen Entwicklungsstrang isolierte eine italienische Arbeitsgruppe eine Substanz, die Kontraktionen an der glatten Muskulatur auslöst und in enterochromaffinen Zellen des gastrointestinalen Traktes produziert wird. Die Bezeichnung damals laute-te „Enteramin". Es zeigte sich aber bereits 1952, dass „serotonin" und „enteramin" identisch sind und nur ein Jahr später, dass Serotonin auch im ZNS vorkommt (Twarog & Page, 1953; Amin et al., 1954; Twarog, 1988) und voraussichtlich die Funktion eines Neurotransmitters ausübt. Eben-falls in die Phase der späten 50er Jahre fallen die Beobachtungen, dass z.B. Reserpin die Konzentration von Serotonin im ZNS reduziert, während Monoaminoxidase-Hemmer (MAO-I) zu einer Reduktion des Abbaus bzw. einer Steigerung der Verfügbarkeit von Serotonin führen.

Desgleichen konnte bereits damals die Synthese des Serotonins über Parachlorphenylalanin (PCPA, Fenclonin) reduziert werden, da man wusste, dass Serotonin über die Aufnahme der Aminosäure Tryptophan im ZNS synthetisiert wird. Diese frühen pharmakologischen Studien führten zu einer deutlichen „Verlagerung" der Bedeutung des Serotonins. Wäh-rend man in den Anfängen zunächst die Wirkung der Substanz im Bereich der Hypertonie prüfte, steigerte sich immer mehr das Interesse an den Wirkungen des Serotonins im Zentralnervensystem. In diesem Zusammen-hang sind die entscheidenden Arbeiten der Gruppe um Fuxe (1965) zu nennen, die auf neuroanatomischer Basis unter Verwendung histoche-mischer Fluoreszenz-Techniken die Raphé-Kerne des ZNS als wichtigste Struktur des serotonergen Neurotransmittersystems identifizierten und in der Folge ein „wiring diagram" serotonerger Projektionen beschreiben konnten. Funktionelle Veränderungen wurden in der Folge nicht nur durch die Verwendung von Neurotoxinen (Baumgarten et al., 1982), sondern auch durch Transplantationen neuronalen Gewebes (Bjorklund et al., 1976) im Tiermodell induziert.

Beachtliche Erkenntnisse waren z.B., dass L-Tryptophan und 5-Hy-droxytryptophan –beide Vorstufen des Serotonins– antidepressive Effekte aufweisen (Quabeck et al., 1984), oder dass PCPA die antidepressiven Effekte von Imipramin aufhebt (Shopsin et al., 1975). Desgleichen zählt zu den wichtigsten Fortschritten die Entwicklung der so genannten Wiederaufnahme-Hemmer (uptake inhibitors), die in der Arbeitsgruppe um Carlsson entwickelt und als Antidepressiva eingesetzt wurden (Carls-son et al., 1969). Von ebenfalls grundsätzlicher Bedeutung ist die Identifi-kation multipler Serotoninrezeptoren, die mit der Arbeit von Peroutka & Snyder (1979) einsetzte und bis heute die Serotoninforschung bestimmt.

3.2.2 Biosynthese und Abbau

Serotonin wird aus der Aminosäure Tryptophan gebildet. Das Enzym Tryptophanhydroxylase überführt Tryptophan in 5-Hydroxytryptophan, welches durch das Enzym L-Aminosäure Decarboxylase zum 5-Hydroxy-tryptamin (Sertonin) decarboxyliert wird (siehe Abbildung 3.3).

Mit Ausnahme der Thrombozyten findet sich die Tryptophanhydro-xylase in allen Geweben, die auch Serotonin enthalten (Gershon et al., 1977). Während die Aktivität des Enzyms in vitro nicht durch Serotonin gehemmt wird (Joh et al., 1986), erweist sich p-Chlorphenylalanin in vitro und in vivo als deutlicher Suppressor (Jequier et al., 1967) und löst in vivo eine längerfristige Reduktion von Serotonin aus. Das Enzym L-Aminosäure-Decarboxylase ist im Gegensatz zur Tryptophanhydroxylase nicht spezifisch für Serotonin, da es auch in Stoffwechselprozessen des katecholaminergen Systems beteiligt ist. Aufgrund der hohen Aktivität des Enzyms kann man durch Gabe von 5-Hydroxytryptophan die Synthese von Serotonin deutlich erhöhen.

Bedingt durch die Tatsache, dass die Aminosäure Tryptophan essenziell für den Aufbau von Serotonin ist, lässt sich über Variationen des Trypto-phangehaltes in der Nahrung eine Steigerung (Moir, 1971) oder auch Reduktion (Culley et al., 1963) der Serotoninsynthese erzielen.

Das entscheidende serotoninabbauende Enzym ist die Monoamin-oxidase (MAO) (vgl. Abb. 3.4). Sie liegt in den Formen MAO-A und MAO-B vor (Johnson, 1968), wobei Serotonin und Noradrenalin als Substrate für MAO-A, Phenylethylamin und Tryptamin hingegen für MAO-B und Dopamin sowie Tyramin als Substrat vorwiegend für MAO-B bzw. für beide Formen dienen (Johnson, 1968). In Thrombozyten liegt alleine MAO-B vor (Yu, 1986).

Das sehr reaktive 5-Hydroxyindolacetataldehyd wird in der Regel von der Aldehyddehydrogenase zur 5-Hydroxyindolessigsäure (5-HIAA) oxidiert. Nur unter zusätzlicher Aufnahme von Äthylalkohol wird die Aldehydreduktase aktiviert, die zu 5-Hydroxytryptophol führt. In den enterochromaffinen Zellen, dem Hauptdepot des Serotonins, laufen die Stoffwechselprozesse eher langsam ab, und das Verhältnis von Serotonin zu 5-HIAA ist ungefähr 0.1, während es im ZNS immerhin 1 beträgt (Ternaux et al., 1981). Im Blut wird Serotonin in starkem Maße von Thrombozyten aufgenommen und ist gewissermaßen vor raschem Abbau geschützt. Die Halbwertszeit von Serotonin in den Granula der Thrombo-zyten beträgt mehrere Tage.

Ein weiterer wichtiger Aspekt im Kontext der Transmitterinaktivierung

ist die Wiederaufnahme von Serotonin in die Präsynapse. Diese Wiederaufnahme wird durch den Serotonintransporter (SERT) gewährleistet.

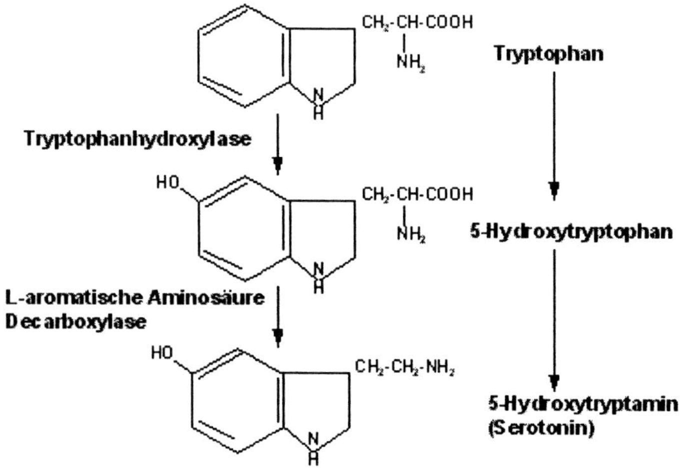

Abbildung 3.3: Biosynthese von Serotonin (5-Hydroxytryptamin).

Dieses Protein weist strukturelle Ähnlichkeiten mit anderen Transmitter-
transportern auf (z.B. Dopamin, Noradrenalin) und gehört zur Familie
derjenigen Transporter mit 12 Transmembrandomänen. Er ist exklusiv der
Angriffsort der selektiven Serotoninwiederaufnahmehemmer (SSRI, z.B.
Citalopram), wird aber natürlich auch angesprochen durch trizyklische
Antidepressiva, die neben der Wiederaufnahme von Serotonin auch die
von Noradrenalin hemmen. Der SERT ist im ZNS und in den Thrombozyten strukturell identisch. Transporter sind selbst adaptive Strukturen, die,
wie Rezeptoren, auf den Ebenen Sensitivität, Dichte, Kinetik der Trans-
duktion und Lokalisation stark variieren können. Wenn man davon ausgeht, dass Regulationsprozesse am Transporter (z.B. Desensitivierung) nur
wenige Millisekunden andauern, spricht einiges dafür, dass diese Prozesse
für die Neurotransmission der jeweiligen Synapse entscheidender sind als
der Transport als solcher (Blakely & Baumann, 2000).

Die Funktionalität des SERT ist zur Zeit Gegenstand intensiver Forschung. Die bislang vorliegenden Daten zum Einfluss z.B. trizyklischer
Antidepressiva auf die SERT-mRNA-Expression im Rattenhirn sind
bislang widersprüchlich (Lesch et al., 1993; Lopez et al., 1994).

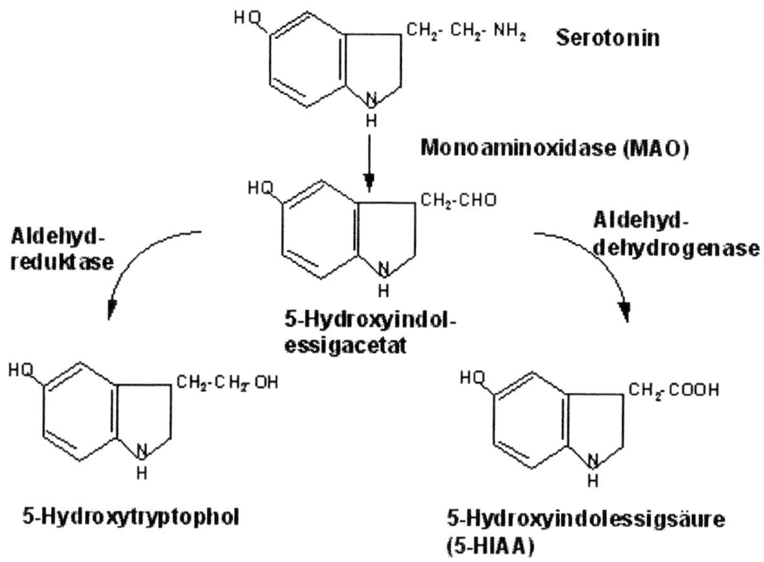

Abbildung 3.4: Abbau des Serotonins (5-Hydroxytryptamin).

3.2.3 Neuroanatomische Aspekte

Die fundamentale Rolle des Serotonins lässt sich auch anhand der Tatsache dokumentieren, dass die Zellkörper serotonerger Neurone zwar auf einige Areale des ZNS reduziert sind (die Anzahl der Neurone ist auch bezogen auf die des Gesamt-ZNS eher gering), dass aber in nahezu allen Regionen Projektionen nachgewiesen werden konnten. Vor diesem Hintergrund liegen Berechnungen vor, dass jedes projizierende serotonerge Neuron über 500.000 „terminals" zum Kortex sendet. Diese extreme Dichte von Projektionen übersteigt deutlich diejenige des katecholaminergen Neurotransmittersystems (Cowen, 1991).

Im Wesentlichen sind die serotonergen Zellen im Hirnstamm lokalisiert und in die Cluster B1-B9 eingeteilt worden (Dahlström & Fuxe, 1964). Wichtig ist nun, dass das serotonerge System über aszendierende (rostrales System) und deszendierende (caudales System) Bahnen verfügt (siehe Tabelle 3.1 und Abbildung 3.5).

Tabelle 3.1:   Serotonerge Bahnen, entsprechende Kerngebiete und Nomenklatur

aszendierend		deszendierend	
Kerngebiete	B-cluster	Kerngebiete	B-cluster
N. raphé medianus (MRN)	B5 (caudal) B8 (rostral)	N. raphé obscurus (NRO)	B2
			B4
N. linearis caudalis (CLN)	B8	N. raphé pallidus (NRP)	B1
N. raphé pontis centralis	B8/B9	N. raphé magnus (NRM)	B3
N. raphé dorsalis (DRN)	B6 (caudal) B7 (rostral)	N. lateralis paragiganto-cellularis (LPGN)	B3

Neben den hier aufgeführten Arealen des rostralen serotonergen Systems sind entsprechende Neurone auch im dorsomedialen Nucleus des Hypothalamus gefunden worden (Fuxe et al., 1968). Für die hier vorliegende Thematik sind Details der neuroanatomischen Lokalisationen von untergeordneter Bedeutung. Der interessierte Leser sei daher auf entsprechende Übersichten verwiesen (z.B. Törk, 1990; Jacobs & Azmitia, 1992). Wichtiger für das weitere Verständnis sind hingegen die Projektionen des serotonergen Systems.

Aszendierende Projektionen des n. raphe dorsalis und des n. raphe medianus verlaufen in den cerebralen Kortex, die Basalganglien, das limbische System und das Diencephalon. Innerhalb des Kortex ist die Dichte der Neurone unterschiedlich und besonders ausgeprägt in der ersten Schicht. Desgleichen erhalten Hypothalamus und Thalamus ausgeprägte serotonerge Projektionen. Die Zielgebiete der Projektionen vom Nucleus raphe magnus und Nucleus raphe obscurus (deszendierendes Systems) liegen im Rückenmark.

Diese stark reduzierte Darstellung unterstellt eine Homogenität serotonerger Neurone, die in der Realität nicht vorliegt. So finden sich z.B. innerhalb der aszendierenden Bahnen morphologisch und funktionell starke Unterschiede, die auch zur Charaktersierung zweier serotonerg aufsteigender Systeme führten (siehe Törk, 1990).

Während Axone des n. raphe dorsalis (z.B. Projektionen in den frontalen Kortex) eher fein und sehr anfällig gegen Neurotoxine wie Parachloramphetamin sind, fallen diejenigen des Nucleus raphe medianus (z.B. Projektionen zum parietalen Kortex, Hippocampus, lateralen Hypothalamus) sehr viel größer und auch robuster aus. Auch unter Verwendung pharmakologischer Stimulationen lässt sich demonstrieren, dass die Dosierungen entsprechender Substanzen sehr unterschiedlich gewählt werden müssen, um bei Neuronen des Nucleus raphe medianus die gleiche Veränderung wie bei denjengen des Nucleus raphe dorsalis auszulösen.

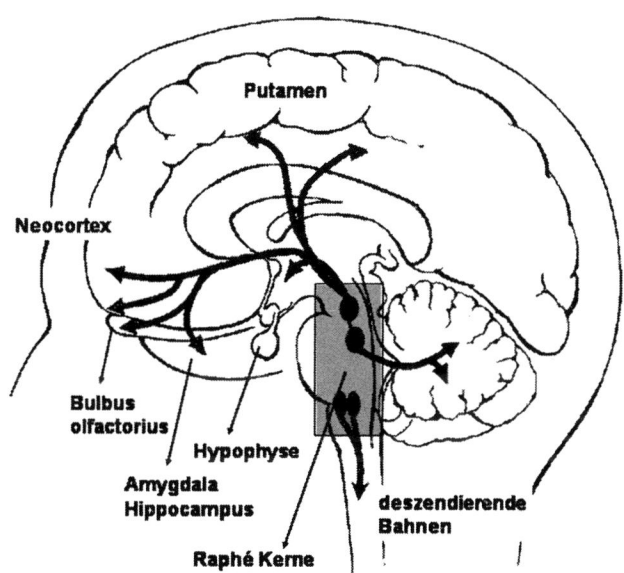

Abbildung 3.5: Projektionen des serotonergen Systems.

Serotonerge Areale erhalten auch Afferenzen, die zum größten Teil von den Raphe-Kernen selbst ausgehen. Neuere Arbeiten weisen jedoch darauf hin, dass Afferenzen von den Zielarealen der serotonergen Projektionen (Vorderhirn, Limbisches System, Hypothalamus etc.) ausgehen.

The fact that both serotonergic nuclei receive most of their afferent input from their cortical and subcortical target networks suggests that the serotonergic ascending systems are mainly influenced by

pre-processed sensory information about the interior and exterior world, about the status of motivation, evaluation, and planning.
(Baumgarten & Grozdanovic, 1995b, p.73)

Obgleich Serotonin für den vorliegenden Beitrag im ZNS von vorrangiger Bedeutung ist, muss ergänzend zu den eingangs beschriebenen historischen Aspekten festgehalten werden, dass Serotonin an verschiedenen peripheren Orten auch außerhalb des Gehirns vorzufinden ist. Die folgende Tabelle 3.2 gibt die entsprechenden Lokalisationen wieder.

Serotonin findet sich im ZNS, den Thrombozyten und enterochromaffinen Zellen und wird zusammen mit einem Serotonin-bindenden Protein in Vesikeln gespeichert. Während Serotonin im Gehirn aus Tryptophan synthetisiert wird, sind Thrombozyten nicht in der Lage, Serotonin aufzubauen.

Tabelle 3.2: Vorkommen von Serotonin

Lokalisation	Lit.
Gastrointestinale Mukosa (enterochromaffine Zellen)	Erspamer (1954)
periphere Nerven	Marco et al. (1985)
Ganglien des Sympathikus	Niwa et al. (1984)
chromaffine Zellen des Nebennierenmarks (insbesondere Adrenalin-enthaltende Zellen)	Holzwarth & Brownfield (1985)
Herz, Leber, Milz und Schilddrüse	Essman (1978)
Thrombozyten	Stahl (1985b)

Ein aktives Aufnahmesystem (uptake) versetzt Thrombozyten in die Lage, das im peripheren Blut befindliche Serotonin (welches in der Regel von enterochromaffinen Zellen sezerniert wird) zu speichern. Die im peripheren Blut messbaren Serotoninkonzentrationen sind dementsprechend sehr niedrig.

3.2.4 Die serotonerge Synapse und serotonerge Rezeptoren

Neurotransmittersysteme, wie z.B. das Dopamin-, Histamin- oder auch Noradrenalinsystem, sind gekennzeichnet durch das Vorliegen verschiedener Rezeptortypen, die nach entsprechender Stimulation z.T. unterschiedliche Funktionen vermitteln. Dieses Prinzip gilt auch für das Serotoninsystem, wobei die Anzahl der bislang identifizierten Rezeptoren bei weitem diejenige der zuvor genannten Systeme übersteigt. An dieser Stelle soll lediglich eine verkürzte Übersicht gegeben werden.

Gaddum & Picarelli (1957) waren die ersten, die 5-HT-Rezeptoren unterschieden. Während der „D-Rezeptor" Kontraktionen der glatten Muskulatur vermittelte (antagonisierbar durch Dibenzylin), resultierte ein M-Rezeptor in der Depolarisation cholinerger Neurone und konnte durch Morphin antagonisiert werden. Zirca 30 Jahre später wurde eine Einteilung vorgeschlagen, die bereits drei 5-HT-Rezeptorengruppen (5-HT1, 5-HT2 und 5-HT3) umfasste, aber der Komplexität des Serotoninsystems auch noch nicht gerecht wurde.

Die aktuelle Klassifizierung beruht auf der Einteilung, die das Nomenklatur-Komitee des Serotonin-Clubs 1994 in Chicago aufgestellt hat. Sie beherzigt konsequent die unten dargestellten grundsätzlichen Anforderungen an Klassifikationen für Rezeptoren (siehe Tabelle 3.3) und beinhaltet einige Konventionen. So wird unter anderem festgelegt, dass diejenigen Rezeptoren, über die auch funktional/operational viel bekannt ist, mit -HT (Großbuchstaben) gekennzeichnet werden, diejenigen, die in dieser Hinsicht weniger gut erforscht sind, mit Kleinbuchstaben (-ht) kenntlich gemacht werden (siehe Abb. 3.6).

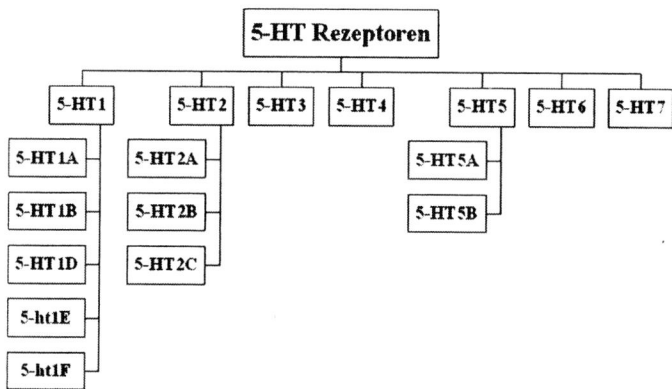

Abbildung 3.6: Nomenklatur und Diversität serotonerger Rezeptoren.

Zusätzlich existiert die Kategorie der „orphan-receptors", die nicht eindeutig zugeordnet werden können. Diese Kategorie wird in der Folge nicht näher beschrieben. Grundsätzlich ergeben sich sieben Hauptklassen von Rezeptoren (5-HT1 bis 5-HT7), die jeweils über diverse Untergruppen verfügen.

Für detaillierte Informationen sollten geeignete Übersichtsarbeiten herangezogen werden (Hoyer et al., 1994; Saxena, 1995; Villalon et al., 1995; Teitler et al., 1994; Leonard, 1992; Göthert & Schlicker, 1990). Bevor die Rezeptoren näher charakterisiert werden, sollte kurz erwähnt werden, welche Voraussetzungen gegeben sein müssen, um distinkte Rezeptoren definieren zu können (siehe Tabelle 3.3).

Nicht alle der in Tabelle 3.3 genannten Charakteristika oder auch Forderungen sind für die in der Folge zu beschreibenden Rezeptorsubtypen gegeben. Es wird jedoch Wert darauf gelegt, bei der Darstellung die hier aufgezählten Kriterien – wenn eben möglich – zu berücksichtigen.

Grundsätzlich lassen sich die Serotonin-Rezeptoren in die beiden Hauptgruppen der G-Proteinsuperfamilie (alle, außer 5-HT3) und der ligandengesteuerten Ionenkanalsuperfamilie (5-HT3) unterteilen, wobei der Transduktionsmechanismus innerhalb der G-Proteinsuperfamilie unterschiedlich sein kann (Adenylatzyklase: 5-HT1 und 5-HT4, Phospholipase: 5-HT2).

Die Gruppe der *5-HT1A*-Rezeptoren findet sich besonders stark konzentriert im Hippocampus, aber auch Septum, in der Amygdala und in den Raphé-Kernen, woraus auch anatomisch eine Beziehung zur Modulation emotionaler Zustände nahegelegt wird. In der Tat zeigen Tier- und Humanstudien eine anxiolytische aber auch antidepressive Wirkung der Stimulation des 5-HT1A-Rezeptors. Neben diesen Lokalisationen findet sich eine hohe Rezeptordichte im Neokortex, Hypothalamus und in der Substantia gelatinosa des Rückenmarks. Der 5-HT1A-Rezeptor liegt als somatodendritischer Autorezeptor vor, der die Feuerrate und somit die Synthese von Serotonin reduziert. Die Gruppe der *5-HT1B*-Rezeptoren ist in besonderem Maße bei der Ratte im Bereich der Basalganglien lokalisiert. In anderen Spezies hingegen – auch beim Menschen – kommt dieser Rezeptortypus nicht vor. Die Verteilung des 5-HT1B-Rezeptors bei Ratten entspricht jedoch ziemlich genau derjenigen des *5-HT1D*-Rezeptors beim Menschen. Dieser Rezeptortyp wurde darüber hinaus als Autorezeptor identifiziert, da er offensichtlich eine Inhibition der 5-HT-Ausschüttung vermittelt. Es ist ferner bekannt, dass der 5-HT1D-Rezeptor als Heterorezeptor auf cholinergen, noradrenergen, glutamatergen und auch dopaminergen Neuronen eine hemmende Funktion ausübt. Die Lokalisation des *5-HT1E* -Rezeptors scheint weitläufig derjenigen für den 5-HT1D-Rezeptor zu folgen, wobei zu beachten ist, dass erst nach Vorhandensein eines hochspezifischen Radioliganden eine genauere Aufstellung möglich sein wird (vgl. Tab. 3.3 und 3.4).

Tabelle 3.3   Kriterien für Rezeptorencharakterisierungen (nach Hoyer et al., 1994).

Kriterium	Definition
a) Selektive Agonisten	Ziel sollte es sein, selektive Agonisten zu entwickeln, deren Spezifität zu prüfen (Bindung an anderen Rezeptoren ?) sowie Konzentrationsbereiche für Wirkspektren zu erarbeiten. Ein Rangreihe der Effektstärke unterschiedlicher Agonisten ist hilfreich.
b) Selektive Antagonisten	Diese Substanzen sind ebenfalls essenziell, da sie den Rezeptor blockieren und agonistische Effekte unterbinden oder schwächen. Kriterien der Spezifität sind ebenfalls essenziell. Hochspezifische Antagonisten dienen auch der Identifikation von Wirkmechanismen der Agonisten.
c) Affinitäten zu Liganden	Die Affinität zu Liganden (Agonisten und Antagonisten) sollte nicht nur erhoben, sondern insbesondere mit funktionalen Veränderungen des Systems in Beziehung gesetzt werden, da ein hohe Affinität nicht gleichzeit eine starke Wirkung vermitteln muss.
d) Molekularstruktur	Mit Hilfe der Molekularstruktur (Aminosäuresequenzen) können Rezeptoren unterschieden werden, um sie ggfs. in verschiedene Gruppen einzuteilen. Aber auch hier müssen unterschiedliche Proteinstrukturen nicht unbedingt mit unterschiedlichen Funktionen einhergehen.
e) Transduktionsmechanismus	Von großer Bedeutung ist auch der Mechanismus der Transduktion (Weiterleitung von Signalen nach Bindung), die Kenntnis über den Rezeptor selbst, und auch diejenige über die jeweilige Klasse, in die man ihn einteilen könnte.

Aufgrund der Tatsache, dass der *5-HT1F* erst vor kurzem identifiziert wurde, liegen nur reduziert Studien vor, die Messenger-Ribonucleinsäure (mRNA) in den dorsalen Raphé-Kernen, im Hippocampus und im Kortex nachweisen.

Tabelle 3.4:   Charakteristika serotonerger Rezeptoren

Rezeptor	Subtyp	Agonist	Antagonist	Funktion bei Stimulation
5-HT1	A	8-OH-DPAT Spiroxatrin Flesinoxan Metergolin Ipsapiron Buspiron mCPP Sumatriptan u.a.	Cyanopindolol Pindolol Methiotepin WAY 100135 Spiperon u.a.	Hyperphagie Anxiolyse Depressionsverminderung Steuerung zirkadianer Rhythmen, Hormonsteuerung, Temperaturregulation, Sexualverhalten
	B	Metergolin Methysergid mCPP Sumatriptan 8-OH-DPAT Eltoprazin u.a.	Cyanopindolol Methiotepin Propranolol Pindolol Yohimbin Mianserin Spiperon u.a.	Einflüsse auf Bewegungen und Erektionen bei Ratten, Reduktion von Nahrungsaufnahme, Reduktion von Aggression beim Tier
	D	Metergolin Methysergid Sumatriptan Yohimbin Cyanopindolol 8-OH-DPAT u.a.	Methiotepin Mianserin mCPP Spiperon Buspiron u.a.	Hemmung von Acetylcholin und Noradrenalin, mögliche Rolle bei Migräne und Aggressivität
5-ht1	E	nicht vorhanden	nicht vorhanden	
5-ht1	F	nicht vorhanden	nicht vorhanden	Reduktion von Migräne?

Tabelle 3.4:   Charakteristika serotonerger Rezeptoren (Fortsetzung)

Rezeptor	Subtyp	Agonist	Antagonist	Funktion bei Stimulation
5-HT2	A	DOI 8-OH-DPAT u.a.	Ketanserin Ritanserin Methiotepin Spiperon Pizotifen Propanolol Pindolol u.a.	Kontraktionen glatter Muskulatur, Thrombozytenaggregation, Gefäßpermeabilitätserhöhung, Beteiligung an Schlafregulation, Angst, Abhängigkeit, Appetit, Schmerz u. Suizid
	B	5-HT Quipazin Sumatriptan 8-OH-DPAT u.a.	Yohimbin Pizotifen Propanolol Mianserin u.a.	Kontraktionen des Magenfundus der Ratte
	C	DOI mCPP Bufotenin Sumatriptan u.a.	Metergolin Methysergid Ritanserin Methiotepin Ketanserin u.a.	Möglich: Beteiligung an Essverhalten, Bewegung, Migräne, Zwangsstörungen, Angst
5-HT3		2-Methyl-5-HT	Tropisetron Zacoprid MDL 72222 Ondansetron Quipazin u.a.	Schmerz, Übelkeit, psychotische Symptome, Angst, Abhängigkeit und Essstörungen
5-HT4		Cisaprid Zacoprid u.a.	Tropisetron MDL 72222 Ondansetron	
5-ht5	A	Ergotamin 5-CT RU 24969	Methysergid Methiothepin Yohimbin	

Tabelle 3.4: Charakteristika serotonerger Rezeptoren
(Fortsetzung)

Rezep-tor	Sub-typ	Agonist	Antagonist	Funktion bei Stimulation
5-ht5	B	Ergotamin 5-CT RU 24969	Methysergid Methiothepin Yohimbin	
5-ht6		DHE 5-CT	Methysergid Methiothepin Ritanserin	
5-ht7		5-HT RU 24969 8-OH-DPAT	Methiotepin Methysergid Metergolin Clozapin Spiperon	Zirkadianer Rhythmus

Inzwischen sind drei verschiedene *5-HT2* Rezeptoren isoliert worden. Während der *5-HT2A*-Rezeptor nach der neuesten Terminologie den früheren 5-HT2-Rezeptor „ersetzt", wird der frühere 5-HT1C-Rezeptor heute als *5-HT2C*-Rezeptor geführt. Der 5-HT2A-Rezeptor ist in besonderem Maße auch in der Peripherie ansässig und vermittelt Kontraktionen der glatten Muskulatur in diversen Geweben.

Desgleichen werden Thrombozyten-Aggregation und Gefäßpermeabilitätsänderungen durch diesen Rezeptor vermittelt. 5-HT2A-Rezeptoren finden sich in vielen Hirnarealen, wie Nucleus olfactorius, dem visuellen Kortex, Teilen der Basalganglien und Teilen des limbischen Systems. Die ZNS-Effekte sind weder sonderlich ausgeprägt, noch im Falle von Lernen oder halluzinogenen Effekten (z.B. des LSD) ubiquitär den 5-HT2A-Rezeptoren zuzuschreiben, da aufgrund mangelnder Antagonisierbarkeit durch Ritanserin die Beteiligung α-adrenerger und/oder dopaminerger Prozesse an diesen Funktionen nicht ausgeschlossen werden kann (Tricklebank, 1985). Auf der anderen Seite findet sich eine deutliche Beteiligung der 5-HT2A-Rezeptoren an neuroendokrinen Funktionen, wie z.B. der Ausschüttung von β-Endorphin, Glukocorticoiden, LH, Prolaktin und Adrenalin. Des Weiteren wurde demonstriert, dass spezielle Antagonisten (Ritanserin) zu einer Anxiolyse führen. Darüber hinaus verbinden sich mit der Gabe von Neuroleptika, die den 5-HT2A/C blockieren, antipsychotische Wirkungen, die in erster Linie die Negativsymptomatik beeinflussen (Baumgarten & Grozdanovic, 1995).

Aufgrund der Tatsache, dass ein 5-HT2-ähnlicher Rezeptor in erster Linie im Magenfundus der Ratte gefunden wurde, nannten Kursar et al. (1992) diesen Typus 5-HT2F. Zwischenzeitlich ist dieser Rezeptor in 5-HT2B umbenannt worden. Sowohl über die Lokalisation insbesondere im ZNS, als auch über die durch diesen Rezeptor vermittelten Funktionen ist wenig bekannt. Der dritte Typus innerhalb der Familie der 5-HT2-Rezeptoren ist der 5-HT2C, der, wie schon erwähnt, dem früheren 5-HT1C entspricht. Er findet sich lokalisiert im Bereich des Plexus choroideus, dem limbischen System und Regionen zur Steuerung motorischen Verhaltens; Lokalisationen, die früher dem 5-HT2A-Rezeptor zugeordnet wurden. Auch für diesen Rezeptor gilt, dass erst hochspezifische Liganden näheren Aufschluss über die exakte Lokalisation geben werden. Desgleichen führt der Mangel an hoch selektiven Agonisten oder Antagonisten zu der Situation, dass zwar eine Beteiligung an Nahrungsaufnahme, Hormonsteuerung, Bewegung, Migräne oder auch Angst diskutiert wird, die hohe Übereinstimmung mit 5-HT2A-Rezeptoren jedoch die Annahme einer spezifischen Beteiligung dieses Rezeptors an diesen Bereichen verbietet.

Der *5-HT3*-Rezeptor, für den bislang keine Subtypen gefunden wurden, findet sich sowohl im ZNS als auch in der Peripherie. Im Zentralnervensystem ist die höchste Dichte im Hirnstamm, aber auch in der Substantia gelatinosa des Rückenmarks zu finden.

Wichtig ist aber auch, dass – wenn auch mit geringerer Dichte – dieser Rezeptortypus im Kortex, im limbischen System und im Hippocampus nachgewiesen werden konnte. Funktionell scheint dieser Rezeptor an vielen Phänomen beteiligt zu sein. Eine Aktivierung induziert Schmerz, und die z.B. durch Chemotherapie verursachte Übelkeit scheint ebenfalls über diesen Rezeptortypus vermittelt zu sein (Andrews & Bhandari, 1993).

Aus Tierstudien ist bekannt, dass der 5-HT3-Rezeptor bei psychotischem und ängstlichem Verhalten sowie bei Essstörungen und auch im Suchtbereich von Bedeutung ist.

Der *5-HT4*-Rezeptor findet sich nicht nur peripher, sondern auch in diversen Hirnarealen, wie dem limbischen System, dem Hippocampus, der Substantia nigra und dem Kortex. Auch diese Lokalisationen weisen ihn als möglichen Kandidaten für eine Beteiligung an Emotionen, Lernprozessen und höheren kognitiven Funktionen aus. In der Peripherie vermittelt der Rezeptor Kontraktionen der glatten Muskulatur (Blase) und löst in Zellen der Nebennierenrinde die Ausschüttung von Glukocorticoiden aus (Contesse et al., 1996, 1994; Lefebre et al., 1992). Der bislang wenig erforschte *5-ht5-* Rezeptor scheint auch in zwei Unterformen vorzuliegen. Es gibt Hinweise, dass sich die A-Form im Kortex, Hippocampus und bulbus olfactorius befindet, während genauere Lokalisationen für den B-Typus bislang ausstehen. Der *5-ht6*-Rezeptor zeigt eine hohe Affinität für Neuroleptika und Antidepressiva (Clozapin, Amitriptylin, Clomipramin, Ritanserin u.a.), und es spricht einiges dafür, dass dieser Rezeptor allein im ZNS vorkommt. Relevante Regionen sind der zerebrale Kortex und der Hippocampus. Der bislang letzte Vertreter serotonerger Rezeptoren ist der *5-ht7*-Rezeptor. Bekannt ist, dass er in hoher Dichte im Hypothalamus und Thalamus lokalisiert ist, und auch in peripheren Geweben derartige Rezeptoren nachgewiesen wurden (z.B. Herz). Es wird angenommen, dass der Rezeptor an Steuerungen des zirkadianen Rhythmus beteiligt ist. Ergänzend soll festgehalten werden, dass es weitere mögliche 5-HT-Rezeptoren gibt, die jedoch die oben aufgestellten Kriterien, die zur Klassifikation als Rezeptor herangezogen werden sollten, (noch) nicht erfüllen. Für die Zukunft ist eine Zunahme der Heterogenität des serotonergen Rezeptorsystems zu erwarten. Insbesondere die Herstellung hoch selektiver Agonisten und Antagonisten wird entscheidend zur Lokalisation (Radioliganden), aber auch zur funktionellen Diskriminierung unterschiedlicher Rezeptoren beitragen. Zum bisherigen Zeitpunkt können die vier Hauptgruppen 5-HT1, 5-HT2, 5-HT3 und 5-HT4 als gesichert *unterschiedliche* Rezeptorengruppen aufgefasst werden. Wenngleich die Datenlage auch deutliche Hinweise auf die Validität der 7-Gruppen-Auffassung liefert, bedarf es aber noch intensiver Forschung, diese endgültig zu bestätigen.

Die nunmehr entscheidende Frage ist die nach der psychopharmakologischen Wirkung von Substanzen, die den Serotoninstoffwechsel beeinflussen bzw. spezifisch auf die hier beschriebenen Rezeptoren einwirken. In der Folge werden daher zunächst die selektiven Serotonin-Reuptake-Hemmer (SSRIs), später dann die Rezeptor-spezifischen Substanzen in ihren Effekten auf verschiedene psychiatrische Erkrankungen diskutiert.

Von besonderer Bedeutung für die Regulation der serotonergen Aktivität sind präsynaptische Rezeptoren, der Serotonintransporter und die Serotoninwiederaufnahmestelle. Alle drei sind auch hinsichtlich der noch darzustellenden Zusammenhänge zwischen Serotonin und Persönlichkeit besonders relevant und sollen daher an dieser Stelle näher zu betrachtet werden.

Präsynaptische Rezeptoren

Ungefähr seit den 30er Jahren weiß man, dass neuronale Rezeptoren nicht nur postsynaptisch angesiedelt sind, sondern auch präsynaptisch. Diese präsynaptischen Rezeptoren bezeichnet man als Autorezeptoren, weil sie als Liganden Agonisten, Antagonisten oder denselben Transmitter haben, der in den synaptischen Spalt freigestetzt wird. Historisch betrachtet, geht der Begriff des Autorezeptors auf Polak (1967) zurück, der sich mit Einflüssen auf die Acetylcholinfreisetzung befasste. Seine Arbeiten demonstrierten, dass die Ausschüttung von Acetylcholin eine weitere Freisetzung unterbindet, die jedoch durch Atropin eingeleitet werden kann. Diese „negative Rückkopplung" findet weite Verbreitung im ZNS und ist auch für das serotonerge System deutlich gezeigt worden (Cerrito & Raiteri, 1979; Göthert & Weinheimer, 1979). Inzwischen liegen viele Befunde vor, die klar herausstellen, dass der terminale Autorezeptor bei der Ratte dem Typus 5-HT1B und analog beim Menschen dem 5-HT1D entspricht (z.B. Göthert, 1990), während der im Bereich der Raphékerne lokalisierte somatodendritische Autorezeptor offensichtlich als 5-HT1A-Rezeptor charakterisiert werden kann. Dieser Exkurs ist deswegen so wichtig, weil über eine Desensitivierung des Autorezeptors pharmakologische Effekte erklärt werden. Die Gabe von selektiven Serotoninwiederaufnahmehemmern (SSRIs) führt mit der Zeit zu einer Desensitivierung des Autorezeptors durch das Überangebot von 5-HT im synaptischen Spalt. Diese Desensitivierung führt dann zu einer reduzierten Hemmung weiterer Freisetzung von 5-HT (sprich: letztlich ein agonistischer Effekt), was sich dann klinisch bemerkbar macht (Blier et al., 1988). In gleicher Weise erklärt sich der Begriff der partiellen 5-HT1A-Agonisten. Diese Substanzen lösen zunächst eine Reduktion serotonerger Neurotransmission aufgrund der Stimulation des somatodendritischen Autorezeptors aus (Sprouse & Aghajanian, 1987). Erst nach längerer Gabe stellt sich eine Desensitivierung des Autorezeptors mit der Folge erhöhter Neurotransmission ein.

3.2.5 Funktionen des serotonergen Systems

Ausgehend von einigen bereits genannten funktionellen Aspekten des Serotonins wird in der Folge dargestellt, dass der Neurotransmitter Serotonin ein besonders breites Spektrum von Funktionen aufweist. Dies erklärt sich nicht nur über das globale Muster von Projektionen im Hirn (funktional-anatomischer Aspekt), sondern auch über die Vielzahl von Rezeptorsubtypen, die z.T. bei sehr unterschiedlichen Funktionen beteiligt sind. In der Folge wird bei der Darstellung funktionaler Aspekte eine Gliederung hinsichtlich der Rezeptortypen vorgenommen, da dies eher mit der Wirkweise pharmakologischer Substanzen in Verbindung zu bringen ist und somit eine Überleitung auf den Bereich der Psychopathologie erleichtert wird. Diverse Zusammenhänge zwischen Serotonin und Persönlichkeit finden ihren Ursprung in der Psychopharmakologie und in der grundlegenden Annahme, dass Persönlichkeit und Psychopathologie über gemeinsame Merkmale verfügen, die auf einem Kontinuum anzusiedeln sind (siehe Kapitel 1).

Seit geraumer Zeit ist bekannt, dass das serotonerge Neurotransmittersystem von fundamentaler Bedeutung im Affektgeschehen ist. Vor ca. 20 Jahren wurde demonstriert, dass depressive Patienten in Verbindung mit suizidalem Verhalten niedrige (post-mortem erfasste) Spiegel des Serotoninmetaboliten 5-Hydroxyindolessigsäure aufwiesen (van Praag et al., 1973; Asberg et al., 1976); ein Befund, der zwischenzeitlich vielfach repliziert wurde. Wichtig ist nun, dass diese Befunde besonders deutlich wurden, wenn der Suizid mit besonders drastischen Methoden vollzogen wurde, was die Forschung in den Bereich der *Aggressivität/Impulsivität* führte. Somit kann die Befundlage auf Persönlichkeitsstörungen übertragen werden, die mit aggressivem, instabilem und impulsivem Verhalten assoziiert sind (Brown et al., 1982).

Der Einsatz von selektiven 5-HT-Wiederaufnahmehemmern (SSRIs) ist in Hinblick auf die Wirksamkeit bei der Behandlung der *Depressivität* überzeugend. Vielfach wird darauf hingewiesen, dass der Einsatz entsprechender Substanzen so effektiv wie derjenige der trizyklischen Antidepressiva ist (Montgomery & Fineberg, 1989). Die Klasse der SSRIs wurde 1987 geprägt, als die FDA (food & drug administration) Fluoxetin als Antidepressivum zuließ. In der Folge kamen Sertralin und Paroxetin sowie Fluvoxamin oder auch Citalopram hinzu. Das Prinzip der Wirksamkeit besteht darin, dass SSRIs die (präsynaptische) Wiederaufnahme freigesetzten Serotonins unterbinden, indem sie am Serotonintransporter binden und durch den Wegfall der Wiederaufnahme von 5-HT in die Präsynapse (Funktion des Transporters) eine Konzentrationserhöhung von 5-HT im synaptischen Spalt erzielen. Längerfristig verbindet sich mit der Gabe von SSRIs ein Desensitivierung der Autorezeptoren, was zu einer allgemeinen Steigerung der serotonergen Neurotransmission führt. Auch in Hinblick auf andere Erkrankungen, an denen das serotonerge Neurotransmittersystem beteiligt ist, erweisen sich SSRIs als hilfreich.

Fluoxetin und Clomipramin zeigen vergleichbare Effekte, wobei die Toleranz für Fluoxetin höher ist (Pigott et al., 1990). Fluvoxamin erweist sich nicht nur gegenüber Placebo, sondern auch gegenüber Desimipramin überlegen (Grimsley & Jann, 1992), und auch für Sertralin konnte eine Wirksamkeit nachgewiesen werden (Chouindard et al., 1990). In Hinblick auf *Panikstörungen* liegen zwar weniger Daten vor, Fluvoxamin zeigt aber die gleiche Wirkung wie Clomipramin und ist Ritanserin sowie Maprotilin deutlich überlegen (z.B. Sheehan et al., 1988). Fluoxetin und Sertralin werden des Weiteren zur Behandlung von *Essstörungen* eingesetzt. Sie führen zu Gewichtsverlust bei Fettleibigkeit und unterbinden – so die Theorie – die durch den Serotoninmangel entstehenden Heißhungerattacken, insbesondere auf Kohlenhydrate (carbohydrate craving), wobei es zur Gewichtsreduktion, offensichtlich hoher Dosen bedarf (Levine et al., 1987). Nicht nur Gewichtsreduktion, sondern auch die Aufnahme von Alkohol ist durch Fluoxetin zu reduzieren, wobei die Effekte nicht nur starken interindividuellen Schwankungen unterliegen, sondern auch nur von vorübergehender Dauer sind (Naranjo & Sellers, 1989).

In verschiedenen Studien konnte nachgewiesen werden, dass die Azapirone Buspiron, Ipsapiron und Gepiron (partielle *5-HT1A*-Agonisten) neben einer antidepressiven Wirkung auch *Angst* reduzieren können, wobei aus Tierstudien nahe gelegt wird, dass diese Wirkung in erster Linie durch die Autorezeptoren vermittelt wird (es sei noch einmal erwähnt, dass die Stimulation des Autorezeptors zu einer Reduktion der Feuerrate in den Raphé-Kernen führt und somit die Serotoninfreisetzung reduziert). Im Gegensatz zu Benzodiazepinbehandlungen bedarf es jedoch einer längerfristigen Applikation, was ebenfalls nahe legt, dass der therapeutische Effekt über eine Reduktion der Sensitivität der Autorezeptoren vermittelt ist (Blier & De Montigny, 1990). In diesem Fall würde als „Nettoeffekt" mit der Zeit eine Reduktion der Autorezeptor-vermittelten 5-HT-Suppression auftreten und somit eine Erhöhung der 5-HT-Neurotransmission einsetzen. Vor diesem Hintergrund wird deutlich, warum partielle 5-HT1A-Agonisten wie Buspiron oder Gepiron erst nach 2-4 Wochen anxiolytische (Feighner et al., 1982) und antidepressive (Robinson et al., 1989) Wirkungen aufweisen.

In einer eleganten Studie von Blier & De Montigny (1990) wurden elektrophysiologische Einzelzellableitungen von 5-HT-Neuronen u.a. im Nucleus raphé dorsalis nach akuter und kontinuierlicher, intravenöser oder intrazerebroventriculärer (i.c.v.) mikroiontophoretischer Applikation von Gepiron und 8-OH-DPAT durchgeführt. Es zeigt sich, dass Gepiron zu einer *Reduktion* der Feuerrate einzelner Neurone in den Raphékerne führt. Diese Reduktion der Feuerrate serotonerger Neurone „erholte" sich im Sinne einer Desensitivierung des 5-HT1A-Rezeptors vollständig nach 14-tägiger Applikation von Gepiron.

Stimulationen des 5-HT1A-Rezeptors verbinden sich mit verschiedenen funktionalen Veränderung auf der Ebene der *Motorik*, des *Schlaf*verhaltens und der *Sexualfunktion*en. Des Weiteren werden durch entsprechende Agonisten Hormonsekretionen angeregt (siehe 3.3.6).

Allgemeiner formuliert wird davon ausgegangen, dass eine erhöhte Transmission über den 5-HT1A-Rezeptor adaptives Verhalten aufrechterhält, insbesondere in aversiv erlebten Situationen (Deakin & Crow, 1986).

Nicht nur in Tierstudien (Hadrava et al., 1995; Martin et al., 1992; Gudelsky et al., 1986), sondern auch im Humanbereich verbindet sich mit der Gabe von partiellen 5-HT1A-Agonisten wie Flesinoxan und Ipsapiron eine Reduktion der *Körperkerntemperatur* (Lesch et al., 1990), die nach vorheriger Gabe von +/– Pindolol, einem β-Rezeptorenblocker mit 5-HT1A-antagonistischer Wirkung, nicht aber Betaxol (selektiver β1-Rezeptorenblocker), unterbunden werden kann (Lesch et al., 1990). Wenngleich auch nahe liegt, dass der 5-HT1A-Rezeptor an der Vermittlung der Hypothermie maßgeblich beteiligt ist (Gartside & Cowen, 1994), kann der letzte Zweifel nur durch Verwendung hochspezifischer 5-HT1A-Antagonisten ausgeräumt werden, zumal +/– Pindolol auch β2-Rezeptor-wirksam ist. Solch eine Substanz liegt jedoch für den Humanbereich nicht vor. Desgleichen ist bislang nicht eindeutig entschieden, ob die Hypothermie prä- oder postsynaptisch vermittelt wird (Scott et al., 1994).

In Hinblick auf *5-HT1B*-Rezeptoren demonstrieren Tierstudien unter Verwendung der Agonisten RU 24969 und m-CPP eine Reduktion des Appetits, welches voraussichtlich über den Hypothalamus induziert wird. Darüber zeigen „gene knockout"-Mäuse, die keinen 5-HT1B-Rezeptor aufweisen, aggressiveres Verhalten als ihre nicht mutierten Artgenossen im „Resident-Intruder-Paradigma" auf (Lucas & Hen, 1995). In diesem Zusammenhang ist auch zu bemerken, dass Substanzen, die als „Serenica" bekannt sind (Eltoprazin, Fluprazin), antiaggressive Wirkungen vermutlich über den 5-HT1B-Rezeptor vermitteln. 5-HT1D-Rezeptoren spielen eine Rolle auch im Appetitverhalten, und darüber hinaus legt die Wirkung von Sumatriptan nahe, dass dieser Rezeptor an *Migräne* beteiligt ist.

Weit mehr Kenntnisse liegen zur Bedeutung der *5-HT2*-Rezeptoren vor, wobei insbesondere der *5-HT2C*-Rezeptor anxiolytische Effekte vermittelt und am Essverhalten beteiligt ist. Hier zeigen „gene knockout"- Mäuse mit fehlendem 5-HT2C-Rezeptor ungezügeltes *Essverhalten* und starkes Übergewicht (Lucas & Hen, 1995). Die Gabe von mCPP hat bei diesen Tieren keine appetitreduzierende Wirkung (Heath & Hen, 1995). Der 5-HT2A/C-Antagonist Ritanserin wirkt anxiolytisch und antidepressiv, während er im Bereich der Panik-Störungen offensichtlich kaum wirksam ist. Auch für Patienten mit Psychosen konnte gezeigt werden, dass eine zusätzliche Gabe von Ritanserin (ergänzend zu Neuroleptika) nicht nur extrapyramidale Nebenwirkungen reduziert, sondern auch einen positiven Einfluss auf die Symptomatik ausübt. Konsequent wird mit Risperidon ein 5-HT2- und D2-Rezeptorantagonismus induziert, der nicht nur zu einer

Abnahme der Positivsymptomatik (z.B. Halluzinationen), sondern auch zur Verbesserung des Affektes und der Negativsymptomatik (z.B. Affekt-flachheit, mangelnde Empathie, soziale Zurückgezogenheit) führt und, verglichen mit Haloperidol, deutlich reduzierte extrapyramidale Symptome (Nebenwirkungen) aufweist (Niemegeers et al., 1990; He & Richardson, 1995).

Mittels Ritanserin konnten auch hormonelle Reaktionen (s.u.) auf Fenfluramin (eine 5-HT freisetzende und die Wiederaufnahme hemmende Substanz) antagonisiert werden (zur Übersicht siehe Stahl, 1992), was einen 5-HT2A-abhängigen Mechanismus nahe legt. Bezogen auf die Tatsache, dass depressive Patienten (major depression) auf Stimulation mit Fenfluramin reduzierte Hormonantworten zeigen, wird eine Desensitivierung des 5-HT2-Rezeptors bei diesen Patienten ebenfalls in Erwägung gezogen, obwohl andererseits bekannt ist, dass diese Patienten eine höhere Anzahl dieses Rezeptorsubtyps im frontalen Kortex (und auf Thrombozyten) aufweisen. In analoger Weise wird postuliert, dass alle Formen von Antidepressiva (Trizyklische A., Monoaminoxidasehemmer, SSRIs, 5-HT1A-Agonisten und 5-HT2-Antagonisten) eine Downregulation dieser 5-HT2-Rezeptoren induzieren (Stahl, 1994).

Die Rolle des *5-HT3*-Rezeptors bei der Entstehung von *Übelkeit* ist bereits genannt worden (Cubeddu, 1996). 5-HT3-Antagonisten wirken dementsprechend antiemetisch. Die Tatsache, dass entsprechende Antagonisten die Ausschüttung von Dopamin in den Nucleus accumbens inhibieren, rückt diesen Rezeptortypus in den Bereich neuroleptischer und unter Umständen Abhängigkeits-reduzierender Wirksamkeit (Watling, 1989), was in Tierversuchen erwiesen, aber beim Menschen nicht erfolgreich repliziert ist. Letztlich sei darauf hingewiesen, dass der 5-HT3-Rezeptor an *kognitiven Funktionen* beteiligt ist, da im Tiermodell eine Rezeptorblockade mit verbesserter Lernfähigkeit verbunden ist (Barnes et al., 1989; Barnes et al., 1990). Eine umfangreiche Übersicht zur Funktionalität des serotonergen Systems, basierend auf tierexperimenteller Forschung, gibt Spoont (1992). Hinsichtlich der weiteren 5-HT-Rezeptoren liegen bislang keine gesicherten Erkenntnisse zur Funktionalität vor.

3.2.6 Periphere Indikatoren serotonerger Aktivität

Serotonin wird zu 95% von chromaffinen Zellen des Gastrointestinal-traktes produziert. Diese Zellen haben nicht nur Aufnahmemechanismen, sondern können in gleicher Weise wie Neurone über Tryptophanaufnahme

Serotonin synthetisieren (Racké et al., 1996). Die Messung von Serotonin im peripheren Blut kann daher nur schwerlich als Indikator zentralnervöser Neurotransmission herangezogen werden.

Aufgrund der Tatsache, dass direkte Messungen von 5-HT in der Zerebrospinalflüssigkeit (CSF) nicht nur sehr heterogene Werte mit enormen Streuungen hervorbrachten, sondern auch mit z.T. extrem niedrigen Konzentrationen zu kämpfen hatten (Anderson et al., 1990) (in vielen Fällen lagen die Konzentrationen unterhalb der Sensitivität des Bestimmungsverfahrens), hat sich dieser Indikator serotonerger Aktivität nicht durchsetzen können. Die Messung des Metaboliten 5-HIAA in der CSF lässt sich zwar als Indikator serotonerger Aktivität grundsätzlich gut begründen, stößt aber auch auf Schwierigkeiten. Zu nennen sind die multiplen Einflüsse des Ernährungsverhaltens (Tryptophan) oder der eher widersprüchliche Befund, dass eine Tryptophan-reiche Diät nicht mit Veränderungen serotonerger Aktivität (gemessen an der Feuerrate von Neuronen im Nucleus raphé) in Verbindung gebracht werden kann (Trulson, 1985). Aufgrund dieser Umstände und natürlich der Tatsache, dass es bei einer Lumbalpunktion einer entsprechenden Indikation bedarf (die gerade bei Studien mit gesunden Probanden nicht gegeben ist), benötigt man andere – periphere Indikatoren serotonerger Aktivität.

Seit langem ist bekannt, dass sich Thrombozyten als geeignetes Modell der zentralnervösen Neurotransmission des Serotonins erweisen. Sie verfügen über Aufnahme, Speicherung und Freisetzung von Serotonin, synthetisieren es aber nicht (Stahl, 1985a). Der Großteil des im peripheren Blut befindlichen Serotonins wird von Thrombozyten aufgenommen. Als Modell eignen sich Thrombozyten unter anderem deswegen, weil sie nach Gabe von SSRIs den Reuptake-Mechanismus reflektieren und das Ausmaß der Reduktion aufgenommenen 5-HTs sogar mit klinischen Veränderungen durch die Substanzen korreliert ist (Flament et al., 1987). Da der uptake-Mechanismus bei Thrombozyten und den 5-HT-Neuronen im Gehirn der gleiche ist, entstehen äußerst hohe Korrelationen zwischen den Reaktionen nach entsprechender Substanzgabe. Des Weiteren ist bedeutsam, dass Thrombozyten Bindungsstellen für Imipramin aufweisen und über einen 5-HT2-Rezeptor verfügen (De Clerck et al., 1984), der den gleichen Transduktionsmechanismus wie derjenige im ZNS aufweist. Es muss aber auch bedacht werden, dass Thrombozyten keine einheitliche Zellfraktion darstellen, sondern z.B. in Hinblick auf morphologische Kriterien unterschiedlich ausfallen. Eine Freisetzung von Thrombozyten aus dem Knochenmark kann durch viele Faktoren gesteuert werden (u.a. auch Stress). Diese neu produzierten Zellen sind größer, haben eine höhere Dichte und enthalten weit mehr Vesikel. Es dürfte in der Zukunft lohnend sein, diese morphologischen und funktionalen Unterschiede zwischen Thrombozyten im Hinblick auf die Frage nach ihrer Bedeutung und Eignung als periphere Indikatoren näher zu untersuchen.

Thrombozyten enthalten Monoaminoxidase des Typs B, die auch im ZNS vorkommt. Vor diesem Hintergrund war man natürlich daran interessiert, MAO-B in Thrombozyten mit verschiedenen psychiatrischen Erkrankungen in Beziehung zu setzen. Aber auch dieser mögliche Marker hat sich nicht durchsetzen können, da nach Stahl (1985a) diverse Probleme einer homogenen Datenlage entgegenstanden:

1. Messtechnik
2. Uneinigkeit über Thrombozytenseparation (auch im Hinblick auf Sub-populationen)
3. starke Streuungen innerhalb der Kollektive
4. störende Einflüsse von Medikamenten
5. geringe diagnostische Spezifität (Reduktionen der Enzymaktivität fanden sich bei schizophrenen und depressiven Patienten)

Neben den hier aufgezeigten möglichen Indikatoren könnten natürlich auch Verhaltensmaße (Veränderung im Schlaf-, Ess- oder Sexualverhalten) als Hinweise auf Veränderungen serotonerger Aktivität z.B. aus Pharmakastudien herangezogen werden. Es muss aber berücksichtigt werden, dass diese „Indikatoren" selbst komplexesten Steuerungsmechanismen unterliegen, die die Untersuchung von Mechanismen (z.B. Rezeptorspezifität) fast unmöglich machen. Grundsätzlich ist man an weniger vielschichtigen Prozessen interessiert. Auch aus diesem Grund bedient man sich in den letzten Jahren der Tatsache, dass unterschiedliche Formen der Manipulation sertonerger Aktivität mit hormonellen Veränderungen verbunden sind. Diese Herangehensweise hat sich bewährt und ist in die Literatur unter der Bezeichnung des „serotonergen Challenge-Tests" eingegangen.

Zur Beantwortung der Fragestellung, ob und wie Serotonin die Hormonausschüttung beeinflusst, sind grundsätzlich folgende Substanzklassen zur Stimulation von 5-HT eingesetzt worden:

a) Vorläufer (L-Tryptophan, 5-Hydroxtryptophan)
b) Freisetzer (Fenfluramin)
c) Reuptake-Hemmer (Fluvoxamin, Fluoexetin, Clomipramin, Citalopram)
d) Agonisten (m-CPP, Buspiron, Gepiron, Ipsapiron, MK-212, Quipazin)

Des Weiteren sollten in pharmakologischen Ansätzen nach Yatham & Steiner (1993) folgende Kriterien erfüllt sein, um als akzeptabler Test (Challenge-Test) anerkannt zu werden:

1) Die Hormonantwort nach einem Challenge-Test muss ausreichend stark, robust und konsistent sein
2) Eine Dosis-Wirkungs-Beziehung sollte bestehen
3) Die Hormonantwort muss *eindeutig* auf das serotonerge System bezogen werden können
4) Die ausgelösten Hormonantworten müssen mit unspezifischen oder (unter Verwendung spezifischer Agonisten) spezifischen Antagonisten unterbunden werden können.
5) Die Substanz sollte keine „Stressreaktionen" auslösen und ohne stärkere Nebenwirkungen auskommen.

In der Folge wird versucht, eine Übersicht über die im Humanversuch durchgeführten Challenge-Tests zu geben, wobei die Aufstellung nach den provozierten Hormonantworten gegliedert ist.

a) Wachstumshormon (growth hormone, GH) (Tab. 3.5)

Seit Mitte der 60iger Jahre ist bekannt, dass Neurotransmitter Einfluss auf die Hormonproduktion und -ausschüttung ausüben (z.B. Kanematsu et al., 1963).

Es liegen diverse Studien vor, die eine *direkte* Beziehung zwischen 5-HT und GH-Veränderungen demonstrieren. Vorläufer des Serotonins (Tryptophan, 5-Hydroxytryptophan) lösen in der Regel bei intravenöser (iv) Gabe, nicht jedoch nach oraler Gabe, eine GH-Antwort aus (Yatham & Steiner, 1993). Die Autoren resümieren des weiteren, dass lediglich die oben genannten Kriterien 1 und 5, nicht hingegen die anderen, für Tests mit Tryptophan hinsichtlich der GH-Ausschüttung erfüllt sind. Auch Releaser wie Fenfluramin sind ineffektiv. Serotonin-Wiederaufnahmehemmer (z.B. Clomipramin) lösen zwar auch GH-Antworten aus, aber offensichtlich nur dann, wenn sie iv gegeben werden (Yatham & Steiner, 1993)

Tabelle 3.5: **Zusammenfassung der Befunde zu serotonerger Stimulation und Veränderungen im Wachstumshormon (GH) (nach Smythe (1977), van Praag et al. (1987) und Yatham & Steiner (1993)).**

Behandlung	Richtung der 5-HT-Manipulation	Veränderung im GH	Bemerkung
L-Tryptophan (verschiedene Dosierungen) (iv)	Precursor	Anstieg	Problem: mangelnde Dosis-Wirkungs-Beziehung
5-Hydroxytryptophan in hohen Dosen	Precursor	Anstieg	Befunde sind heterogen
Quipazin (50mg p.o.)	Agonist	kaum Effekte	
m-CPP (p.o.) (iv) MK-212	Agonist	heterogene Befunde Anstieg	anxiogene Wirkung
Ipsapirone 0,1/0,2/0,3mg/kg	partieller 5-HT1A-Agonist	keine Veränderung	lediglich Cortisolanstiege
Gepiron (10mg, 20 mg p.o.)	partieller 5-HT1A-Agonist	Anstiege bei beiden Dosierungen	20mg Dosis resultiert in Abfall der Kerntemp.
Buspiron	partieller 5-HT1A-Agonist	Anstieg	starke dopaminerge Wirksamkeit
Fenfluramin	Releaser, Reuptakehemmer	keine Effekte	Dosisproblem, Reliabilitätsproblem
Zimelidin Fluvoxamin	5-HT-Reuptake-Hemmer	keine Effekte	zu große interindividuelle Variabiliät
Clomipramin	Reuptake-Hemmer	Anstieg	bei Dosen > 20mg
Cypropheptadin	antagonistisch	Hemmung des Anstieges nach: - Sport - Schlaf - L-Dopa (!)	In Bezug auf die Antagonisierbarkeit auf L-Dopa wird die Interdependenz mit DA deutlich

b) Prolaktin (PRL) (Tab. 3.6)

Grundsätzlich wird davon ausgegangen, dass Serotonin auch einen stimulatorischen Einfluss auf die Prolaktinausschüttung ausübt. Dennoch liegen deutliche Unterschiede zur GH-Stimulation vor, da bei simultaner Messung beider Hormone nach 5-HTP-Gaben lediglich GH- nicht jedoch PRL-Konzentrationen ansteigen (Smythe et al., 1976). Es ist darüber hinaus auch Gegenstand intensiver Forschung, *wie* serotonerge Einflüsse ausgeübt werden können. Prinzipiell kann 5-HT direkt die PRL-Freisetzung der Hypophyse beeinflussen. Insbesondere in vitro-Studien (5-HT-Gaben auf isoliertes Hypophysengewebe) wären ein geeigneter Ansatz zur Prüfung des direkten Einflusses; entsprechende Ergebnisse sind jedoch eher heterogen (siehe Meltzer et al., 1982). Die Gabe von L-Tryptophan führt in einigen, nicht allen Studien zu PRL-Anstiegen, die erfolgreich mit Metergolin antagonisiert werden konnten, was auf einen direkten Einfluss von 5-HT hinweist (McCance et al., 1987).

Denkbar ist ebenfalls ein inhibitorischer Einfluss von Serotonin auf tuberoinfundibuläre, dopaminerge Neurone. Eine Hemmung der Aktivität dieser (tonisch PRL-inhibierenden) Neurone hätte erhöhte PRL-Konzentrationen zur Folge. Weitere PRL-stimulierende Faktoren (PRF) kommen zusätzlich als Mediatoren in Frage (z.B. Thyreotropes Hormon (TRH) oder Vasointestinales Peptid (VIP)). Beispiele für pharmakologische Ansätze zur Erfassung des Einflusses von 5-HT auf PRL-Konzentrationen finden sich in Tabelle 3.6. Hinsichtlich der Vorläufersubstanzen muss festgehalten werden, dass L-Tryptophan und 5-HTP nach iv Applikation PRL-Antworten auslösen, p.o. jedoch unwirksam bleiben (Yatham & Steiner, 1993). Als potenter Stimulus für die PRL-Freisetzung hat sich die 5-HT- freisetzende Substanz Fenfluramin erwiesen. Die Anstiege sind deutlich und reliabel (Mitchell & Smythe, 1991), weisen jedoch darauf hin, dass eine serotonerge Spezifität bei Fenfluramin auch nicht gegeben sein muss, da verschiedene Studien gezeigt haben, dass auch Katecholamine beeinflusst werden. Interessant ist auch, dass eine signifikante Korrelation zwischen der Cortisol- und PRL-Antwort (r=.57) einerseits, aber auch zwischen beiden Hormonen und HVA andererseits, berichtet wird, was die Autoren zu der Annahme verleitet, dass d,l-Fenfluramin-induzierte Hormonveränderungen voraussichtlich nicht serotonerg vermittelt sind. In einer Folgeuntersuchung unter Verwendung von d-Fenfluramin zeigt die Arbeitsgruppe (Storlien & Smythe, 1992) im Tiermodell, dass eine Akutgabe zu einer Aktivierung des noradrenergen Systems führt, und dass die 5-HIAA-Konzentrationen sogar gesunken waren! Andere Arbeiten legen nahe, dass Fenfluramin (d-Fen, 30mg p.o.) über den 5-HT2C-/5-HT2A-

Rezeptor vermittelt, Appetitlosigkeit und hormonelle Veränderungen induziert, da eine Vorbehandlung mit Ritanserin die genannten Veränderungen unterbindet (Goodall et al., 1993). Amesergid, ein 5-HT2A/C-Antagonist, unterstützt die Bedeutung des 5-HT2A/2C-Rezeptors, da es Fenfluramin-induzierte PRL-Anstiege vollständig antagonisiert (Coccaro et al., 1996).

Die durch m-CPP induzierten Veränderungen von PRL werden nicht nur durch Ketanserin, sondern auch durch Ritanserin und durch Pindolol antagonisiert, was einen 5-HT2A/C- und 5-HT1A- vermittelten Mechanismus nahelegt (Meltzer & Maes, 1995).

Bevor Buspiron als partieller 5-HT1A-Agonist bezeichnet wurde, untersuchte die Arbeitsgruppe um Meltzer die Wirkung auf PRL als Indikator einer Dopaminblockade (Meltzer et al., 1983), was erneut die Schwierigkeiten verdeutlicht, Buspiron-induzierte Hormonveränderungen dem serotonergen System zuzuschreiben. Des Weiteren zeigen Arbeiten unter Verwendung von Pindolol (5-HT1A-Antagonist), dass die Wirkung von Buspiron aufgrund mangelnder Antagonisierbarkeit nicht 5-HT1A-vermittelt sein kann (Meltzer et al., 1992).

Spezifischere Substanzen, wie Ipsapiron oder auch Gepiron, beides partielle 5-HT1A-Agonisten, führen nicht zu reliablen PRL-Anstiegen (Cowen et al., 1990a), wobei – wenn dies beobachtet wird – Dosierungen unter 20 mg nicht ausreichend sind. Grundsätzlich gewinnt man den Eindruck, dass der Effekt auf PRL-Konzentrationen mit zunehmender Spezifität der Substanz nachlässt. Es zeigt sich, dass die Serotonin-Vorläufer einer hohen Dosierung bedürfen, um PRL-Antworten auszulösen. Van Praag geht in seiner kritischen Übersicht davon aus, dass sich PRL-Antworten auf Precursor nicht als Indikator sertonerger Neurotransmission eignen, da nicht nur große Unterschiede in den gewählten Dosierungen, sondern auch innerhalb der gleichen Dosierung unterschiedliche Ergebnisse vorliegen. Die Auswahl spezifischer Agonisten (m-CPP) erscheint hilfreicher. Dies wird besonders deutlich bei dem hoch selektiven Wiederaufnahmehemmer Citalopram, der bei oraler Gabe von 20 mg keinerlei PRL-Veränderungen bewirkt (Hennig & Netter, 2002). Allerdings ist auch bei partiellen Agonisten und Reuptakehemmern eine Dosisabhängigkeit der PRL-Antwort denkbar, da einzelne Individuen klare PRL-Reaktionen zeigen, was auf interindividuelle Unterschiede der 5-HT-Reagibilität hinweist.

Tabelle 3.6: **Einfluss von Serotonin-Vorläufern und Agonisten auf PRL-Konzentrationen beim gesunden Menschen (nach Meltzer et al. (1982), van Praag et al. (1987), Cowen et al. (1990a) und Yatham & Steiner (1993)).**

Behandlung	Richtung der 5-HT-Manipulation	Veärnderung im PRL	Bemerkung
L-Tryptophan 10g iv	Precursor	Anstieg	keine Veränderungen von Cortisol und GH
L-Tryptophan 200mg iv	Precursor	Anstieg	
L-Tryptophan 100mg/kg p.o. 2 g p.o. 5 g p.o.	Precursor	Anstieg, aber auch keine Veränderung	Befunde sind heterogen. P.o.-Applikation führt jedoch rel. homogen zu GH-Anstiegen
5-Hydroxytryptophan 150-200g p.o.	Precursor	keine Veränderung	
Quipazin	Agonist	keine Veränderung	
m-CPP	Agonist	Anstieg	keine Veränderung in GH
MK-212		Anstieg	
Ipsapiron 0,1/0,2/0,3mg/kg	partieller 5-HT1A-Agonist	keine Veränderung	lediglich Cortisoleffekte
Buspiron	partieller 5-HT1A-Agonist	Anstieg	dopaminerge Suppression u.U. auf Hypophysenebene gehemmt
Gepiron (20 mg p.o.)	partieller 5-HT1A-Agonist	Anstieg	bei Dosierung von 10mg eher Abfall
Fenfluramine 60mg p.o.	Releaser Uptake - Inhibitor	Anstieg, aber auch keine Veränderung	Anstiege antagonisierbar durch Metergolin dopaminerge Vermittlung möglich

Tabelle 3.6: (Fortsetzung)	Einfluß von Serotonin-Vorläufern und Agonisten auf PRL-Konzentrationen beim gesunden Menschen (nach Meltzer et al. (1982), van Praag et al. (1987), Cowen et al. (1990a) und Yatham & Steiner (1993)).		
Behandlung	**Richtung der 5-HT-Manipula-tion**	**Veärnderung im PRL**	**Bemerkung**
Clomipramin	Reuptake Hemmer	Anstiege	bei iv Applikation
Zimelidin (100mg)	Reuptake-Hemmer	keine Veränderung	auch bei 200mg keine Effekte
Fluvoxamin (100mg)	Reuptake-Hemmer	keine Veränderung	auch bei 200mg keine Effekte
Citalopram (10mg, 20mg) p.o.	Reuptake-Hemmer	keine Veränderung	nur bei iv-Applikation
Ketanserin	5-HT2-Antagonist	keine Veränderung	Ketanserin antagonisiert lediglich PRL-Anstiege nach Insulininduzierter Hypoglykämie

c) Hormone der Hypothalamus-Nebennierenrinden-Achse (Tab. 3.7)

Schon aus frühen Arbeiten ist bekannt, dass intrazerebroventrikulare Injektionen von Serotonin im Tierversuch zu einer deutlichen Corticosteron-Antwort führen. Serotoninantagonisten (z.B. Cyproheptadin) hemmen die Cortisolfreisetzung, z.B. nach Induktion einer Hypoglykämie durch Insulingaben (Meltzer et al., 1982). Es ist daher nicht überraschend, dass diese Substanzen auch zur Behandlung von Erkrankungen mit Cortisolexzess eingesetzt werden. Krieger berichtet bereits 1975 von einer klinischen Besserung bei Patienten mit Morbus Cushing nach Cyproheptadin-Behandlung (van Praag et al., 1987). Die Gabe von 5-HTP bei gesunden Probanden führt zu einem Anstieg des Cortisols im Serum (Imura et al., 1973). Die Befunde zum Einfluss von Tryptophan sind uneinheitlich. Es werden Anstiege, aber auch Abfälle von ACTH und Cortisol berichtet. Hinsichtlich der Anstiege ist darüber hinaus nicht gewährleistet, dass es sich um einen spezifischen, das 5-HT-System betreffenden Effekt handelt. Es ist u.a. zu bedenken, dass Tryptophan mit

Tyrosin um den Eintritt ins ZNS konkurriert. Konsequenz einer Trypto-
phanbehandlung ist demnach die Reduktion von Tyrosin, was mit einer
Suppression des Noradrenalin einhergeht. Dieses könnte Einfluss auf die
ACTH- und Cortisolkonzentrationen ausüben (Nakai et al., 1973). Eine
vergleichbare Verunsicherung tritt ein, wenn man die Ergebnisse zur
Behandlung mit 5-HTP betrachtet. Zusammenfassend kann man mit Yatham & Steiner (1993) festhalten: *„Neither oral nor i.v. administration of
tryptophan leads to consistent increases in cortisol or ACHT release and
therefore the release of these hormones following tryptophan Challenge
does not provide an accurate index of 5-HT activity"* (p.450).

Fenfluramin scheint nur in höheren Dosen die HPA-Achse zu beeinflussen, und auch in diesem Zusammenhang muss offen bleiben, ob die
Fenfluramin-Effekte exklusiv serotonerger Natur sind (siehe Kriterium 3).

M-CPP führt zu Anstiegen im Cortisol, PRL und GH, es zeigt darüber
hinaus auch *anxiogene* Wirkungen, Effekte, die durch Metergolin unterbunden werden können. Seibyl und Mitarbeiter (1991) demonstrieren, dass
eine Vorbehandlung mit dem 5-HT2A/C-Antagonisten Ritanserin nicht
nur die durch m-CPP induzierten Anstiege der Angst, sondern auch die
PRL- und Cortisolanstiege unterbindet. GH-Veränderungen unterlagen
keiner Reduktion durch Ritanserin. Die Autoren schließen daraus, dass
PRL-, Cortisol- und Angstanstiege nach m-CPP über den 5-HT2A/C-
Rezeptor vermittelt werden. Dies wird konkretisiert durch eine Studie, die
auch Pindolol als Antagonisten eingesetzt hat. Während PRL-Anstiege
nach m-CPP antagonisiert werden konnten, schlug ein entsprechender
Versuch für Cortisol fehl, was eine Bedeutung des 5-HT1A-Rezeptors
ausschließt (Meltzer & Maes, 1995).

Buspiron führt nicht nur zu dosisabhängigen PRL- und GH-Anstiegen,
sondern auch zu erhöhten Cortisolkonzentrationen (Cowen et al., 1990a),
wenngleich das Ausmaß des Effektes verschiedentlich als sehr gering
eingestuft wurde (Meltzer et al., 1992). Des Weiteren wird eine Abnahme
der Körpertemperatur berichtet. Aber auch in dieser Studie zeigt sich, dass
der Mechanismus aufgrund der dopaminergen Wirkung von Buspiron
nicht klar herausgestellt werden kann.

Unter Verwendung rezeptorspezifischer Substanzen konnten Lesch und
Mitarbeiter (1989) nach Gabe von Ipsapiron, einem partiellen 5-HT1A-
Agonisten, sehr deutliche, dosisabhängige Anstiege von Cortisol nachweisen, während Herzrate und Blutdruck unverändert blieben. Es wird
darauf hingewiesen, dass der kritische Wert für eine Ipsapironwirkung bei
einer Dosierung von ungefähr 0.2mg/kg p.o. liegt (Lesch et al., 1990).
Dosierungen um 5-10 mg p.o. bleiben jedoch ohne Effekte (Beneke et al.,
1992). Mitunter konnte aber dennoch gezeigt werden, dass auch geringe

Dosierungen effizient sind (Hennig et al., 1996). Desgleichen steigert Gepiron nicht nur ACTH-, sondern auch Cortisolkonzentrationen, wobei beides mit +/– Pindolol antagonisiert werden kann (Koenig et al., 1987; Cowen et al., 1990b), was deutlich auf die Beteiligung des 5-HT1A-Rezeptors schließen lässt.

Aus neuroantomischen Studien sowie pharmakologischer in vitro- und in vivo-Forschung liegen Ergebnisse vor, die die Mechanismen der 5-HT-induzierten Aktivierung der HPA-Achse beschreiben. Corticotropin-Releasing-Hormon-Neurone im Nucleus paraventricularis des Hypothalamus verfügen über axodentrische und axosomatische Synapsen mit serotonergen Neuronen, die den Regionen B7, B8 und B9 entstammen (Sawchenko et al., 1983), wobei serotonerge Neurone intrahypothalamischen Ursprungs auch nicht ausgeschlossen werden können.

Tabelle 3.7: **Zusammenfassung der Befunde zur serotonergen Stimulation und Veränderungen der Hypothalamus-Hypophysen-Nebennierenrindenaktivität (nach Meltzer et al. (1982), van Praag et al. (1987), Cowen et al. (1990b) und Yatham & Steiner (1993); (+) Anstieg, (-) Abfall).**

Behandlung	Richtung der 5-HT-Manipulation	Veränderung in CRH, ACTH, Cortisol	Bemerkung
L-Tryptophan 10g p.o.	Precursor	ACTH +/- Cortisol +/-	Noradrenalin-Beteiligung möglich
5-Hydroxytryptophan 150-200g p.o.	Precursor	Cortisol +/-	Befunde sind heterogen
m-CPP	Agonist	Cortisol + ACTH +	reliable Anstiege, ohne Herzraten- oder Blutdruckveränderungen, aber Anstieg der Temperatur.
MK-212		Cortisol +	Alle Effekte durch Metergolin antagonisierbar.

Tabelle 3.7: **Zusammenfassung der Befunde zur serotonergen**
(Fortsetzung) **Stimulation und Veränderungen der Hypothalamus-**
Hypophysen-Nebennierenrindenaktivität (nach Melt-
zer et al. (1982), van Praag et al. (1987), Cowen et al.
(1990b) und Yatham & Steiner (1993); (+) Anstieg, (-)
Abfall).

Behandlung	Richtung der 5-HT-Manipulation	Veränderung in CRH, ACTH, Cortisol	Bemerkung
Buspiron	partieller 5-HT1A-Agonist	geringer Effekt	starke dopaminerge Wirksamkeit.
Gepiron	partieller 5-HT1A-Agonist	Cortisol +	auch partiell agonistisch im DA-System
Ipsapiron 0,1/0,2/0,3mg/kg	partieller 5-HT1A-Agonist	Cortisol +	Dosis-Wirkungs-beziehung
Quipazin (50mg p.o.)	Agonist	Cortisol +	keine Veränderungen in GH, TSH, FSH, LH, PRL
Fenfluramin	Releaser	Cortisol +	Effekte nur bei relativ hohen Dosen vorhanden
Zimelidin (100mg p.o.)	5-HT Reuptake-Hemmer	Cortisol unverändert	
Clomipramin	5-HT Reuptake-Hemmer	Cortisol +	bei iv-Applikation
Fluvoxamin (100 mg p.o.)	5-HT Reuptake-Hemmer	Cortisol unverändert	
Cyproheptadin	Antagonist	Cortisol –	Problem: mangelnde Spezifität
Cyproheptadin Methysergid Meterglolin	Antagonist	Hypoglykämie: Cortisol (–)	Problem: mangelnde Spezifität
Ketanserin	5-HT2A-Antagonist	Cortisol: keine Veränderung	

Überzeugend sind die in vitro-Versuche am isolierten Hypothalamus der Ratte, in denen demonstriert wurde, dass Serotonin, aber auch spezifische Agonisten und Antagonisten an der CRH-Freisetzung in vitro beteiligt sind, wobei alle Agonisten zu Anstiegen führten, die mit Ritanserin, Ketanserin und Metergolin unterbunden werden konnten. Cholinerge oder α-adrenerge Antagonisten hatten keinen Effekt (Calogero et al., 1989). Fuller (1990) gibt in seiner ausführlichen Übersicht zum Gegenstand (der sich jedoch auf Befunde bei Ratten bezieht und hier nicht ausführlich behandelt wird) einige Hinweise auf die mögliche physiologische Rolle der serotonergen Beeinflussung der HPA-Achsen-Aktivität. Zusammengefasst liegen Hinweise vor, dass 5-HT an der zirkadianen Rhythmik von ACTH und Cortisol beteiligt (Halasz & Banky, 1986) und vermutlich im Stressgeschehen von großer Bedeutung ist, da stressinduzierte Corticosteronanstiege mit Pindolol antagonisiert werden können (Haleem et al., 1989).

Wollte man zusammenfassend die Hauptaspekte serotonerger Funktionalität zusammenfassen, dann gilt wohl Folgendes: Es wird allgemein davon ausgegangen, dass Serotonin eher inhibitorische Funktionen ausübt und somit gewissermaßen eine Balance zur katecholaminergen Aktivierung darstellt. So wird schon früh aus Tierversuchen darauf hingewiesen, dass sich eine Reduktion von Serotonin durch PCPA mit Hyperaktivität, Aggressivität oder Schlaflosigkeit verbindet. Generell ist Serotonin an den meisten Verhaltensweisen steuernd beteiligt. Besonders deutlich wird seine Funktion bei der Hunger-, Schlaf- und Temperaturregulation, aber auch derjenigen der Aggression, Impulsivität, Depression und Angst.

3.2.7 Serotonin und Persönlichkeit

3.2.7.1 Psychotizimus-assoziierte Persönlichkeitsmerkmale: Aggressivität / Impulsivität / Sensation Seeking

Bedenkt man, dass im Tierversuch 5-HT1A-Agonisten (z.B. Buspiron und Gepiron) oder 5-HT1B-Agonisten (Eltoprazin) direkt aggressionsreduzierende Wirkungen auslösen (z.B. bei durch Isolation induzierter Aggression bei Mäusen oder bei Schock induzierter Aggression bei Katzen), dann spricht erneut einiges dafür, dass geringe Serotoninverfügbarkeit Verhaltensweisen an den Tag fördert, die normalerweise unterdrückt werden. Eine Einteilung der Aggression wird durch unterschiedliche

Zuordnung zu 5-HT-Rezeptortypen innerhalb des serotonergen Systems möglich. Deutlich wird diese Einteilung auch innerhalb des serotonergen Systems, da davon ausgegangen wird, dass die Rezeptoren vom Typ 5-HT1A und 5-HT1B eher mit offener, 5-HT2 eher mit verdeckter Aggression assoziiert sind. Es wird auch in Folge noch deutlich werden, dass Aggression keineswegs ein einheitliches Konstrukt darstellt, sondern, dass unterschiedliche Formen der Aggression bedacht werden müssen. Beim Rhesusaffen geht hohe Serotoninaktivität mit sozialer Dominanz einher, während Tiere mit besonders niedrigen Spiegeln diejenigen sind, die sozial geächtet werden. Das absolute Niveau des Serotoninspiegels war bei domestizierten Silberfüchsen im Bereich des Mittelhirns und des Hypothalamus deutlich höher als bei den weniger zahmen Artgenossen, die aber vergleichbar (auch in Gefangenschaft) gehalten wurden. Männliche Rhesusaffen wiesen eine negative Korrelation zwischen CSF-5-HIAA und Aggression bzw. Risikoverhalten in freier Wildbahn auf.

Diese wenigen Beispiele (und es könnten noch zahlreiche mehr angegeben werden) lassen vermuten, dass Aggressivität auch im Humanbereich mit Serotonin assoziiert ist.

Ausgegangen sind die entsprechenden Überlegungen wohl von der Beobachtung an Patienten, die Suizid versuchten oder vollendeten. Obgleich diese Form der (Auto)Aggression sicherlich nicht mit der Form „nach außen gerichteter Aggression" identisch ist, bleibt doch festzuhalten, dass ein gewisses Ausmaß an gemeinsamer Varianz vorhanden ist, und suizidale Patienten deutlich häufiger auch externale Formen der Aggression aufweisen. Insbesondere Patienten mit besonders gewaltsamen Formen des Suizids weisen postmortal erniedrigte Serotoninspiegel an präsynaptischen Bindungsstellen (z.B. dem Transporter) aber auch in subkorticalen Arealen und im Neokortex auf, wobei insbesondere der orbito-präfrontale Kortex betroffen ist. Hinsichtlich der Überlegung, dass sich mit einer reduzierten präsynaptischen Aktivität eine postsynaptische Hypersensitivität einstellt, sind die Befunde, dass diese Patienten eine erhöhte Anzahl und / oder Sensitivität postsynaptischer 5-HT1A-und 5-HT2A-Rezeptoren im frontalen Kortex aufweisen, stimmig. Die Vorstellung, dass diese Patienten durch einen Serotoninmangel gekennzeichnet werden können, findet ebenfalls Bestätigung durch Arbeiten, die nach post mortem-Analysen deutlich reduzierte Spiegel von 5-HIAA gemessen haben, wobei dieser Zusammenhang erst dann deutlich wurde, wenn die Methode des Suizids mit einbezogen wurde, nämlich wenn diese besonders drastisch war (Asberg et al., 1976). Dieses ist insofern wichtig, als es aufzeigt, dass nicht z.B. Formen der Depressivität, oder als Folge dessen eine allgemeine Suizidneigung, sondern der aggressiv-impulsive Akt eher

Ausdruck erniedrigten Serotonins ist. Vor diesem Hintergrund überrascht es dann auch nicht, dass ebenfalls bei vom Affekt getriebenen, hoch impulsiven Mördern erniedrigte CSF-5-HIAA-Spiegel auftraten (Roy & Linnoila, 1989; Roy et al., 1988; Roy & Linnoila, 1988; Markowitz & Coccaro, 1995).

Neuere Studien bestätigen, dass unterschiedliche Formen der Aggression durchaus auch im Kontext biopsychologischer Forschung berücksichtigt werden müssen. Während nach außen gerichtete Aggression positiv mit 5-HIAA in der CSF korreliert, zeigt sich der umgekehrte, aus der Suizidalitätsforschung bekannte, Zusammenhang bei nach innen gerichteter Aggression (Möller et al., 1996). Offensichtlich unterliegt den bislang gekennzeichneten Zusammenhängen eine genetische Determination. An neurologisch unauffälligen Neugeborenen wurde demonstriert, dass diejenigen Säuglinge, in deren Familien entsprechende Persönlichkeitsstörungen auftraten, signifikant niedrigere 5-HIAA-Spiegel in der CSF aufwiesen als solche ohne familiäre Belastung (Constantino et al., 1997).

Im Karolinska Institut in Stockholm sind diverse Studien durchgeführt worden, die eine negative Korrelation zwischen der MAO-B-Aktivität in Thrombozyten und Impulsivität aufzeigen. Obwohl die Befundlage hinsichtlich der Übertragbarkeit von MAO-Aktivität in Thrombozyten und solcher im Hirn nicht einheitlich beantwortet wird (Winblad et al., 1979; Young et al., 1986), ist sie zum Zusammenhang zwischen MAO-Aktivität und Persönlichkeit relativ einheitlich. Af Klinteberg et al. (1987) demonstrierten in einer ihrer Studien mit männlichen und weiblichen Versuchsteilnehmern, dass die MAO-Aktivität (gemessen mit unterschiedlichen Substraten) negativ mit verschiedenen Skalen zur Messung von Impulsivität korreliert war. Es muss allerdings zweierlei konstatiert werden: Zum einen erwiesen sich die Zusammenhänge nur für das männliche Kollektiv als statistisch gesichert, und zum zweiten konnten auch für andere Eigenschaftsdimensionen Assoziationen mit der MAO-Aktivität aufgezeigt werden; Spezifität ist also nicht gegeben. Die Breite der Korrelationen zwischen Persönlichkeit und MAO-B-Aktivität in Thrombozyten könnte auch dadurch bedingt sein, dass die MAO-B in erster Linie im ZNS Dopamin abbaut, und – wie bereits erwähnt – die Zusammenhänge mit Serotonin nicht exklusiv sein können. Darüber hinaus stehen auch andere Probleme einer homogenen Datenlage im Wege. So beklagt Stahl (1985b) Unterschiede in der Messtechnik (z.B. uneinheitliche Verwendung von Substraten), heterogene Vorgehensweisen in der Thrombozytenseparation, starke Streuungen innerhalb der Kollektive und geringe diagnostische Spezifität (Reduktionen der MAO sowohl bei schizophrenen als auch bei depressiven Patienten). Der hier gezeichnete Befund geringerer Zusammenhänge bei Frauen ist nicht nur repliziert worden, sondern selbst Gegenstand entsprechender Forschungsarbeiten gewesen, wobei festgehalten werden kann, dass z.B. Unterschiede durch den Menstruationszyklus nicht als Erklärung herangezogen werden können (Calhoon-La Grande et al., 1993). Grundsätzlich gilt, dass Frauen hinsichtlich der Frage zum Zusammenhang zwischen Neurotransmittern und Persönlichkeit sehr viel weniger untersucht wurden als Männer, und dass es eindeutig an Studien fehlt, die entsprechende Differenzen explizit untersuchen und vor allem möglichen Gründen dafür nachgehen.

Es ist sehr wahrscheinlich, dass die Zusammenhänge bei Männern anderen Mediatoren und Kausalzusammenhängen folgen. Es muss bedacht werden, dass Neurotransmittersysteme nicht nur Effektorfunktionen aufweisen, sondern selbst das Ziel zahlreicher hormoneller Einflüsse sind. Aus diversen Tierstudien ist bekannt, dass in frühen Lebensphasen Steroidhormone (so auch Testosteron) Einfluss auf die Expression und Verteilung von 5-HT-Rezeptoren im Gehirn haben (Sumner & Fink, 1998).

Eine interessante Perspektive wird von Higley et al. (1996) bereitgestellt, die den Gegenstand hat, dass der Testosteronspiegel (T) in der CSF andere Facetten der Aggressivität repräsentiert als solche der 5-HIAA, wobei angenommen wird, dass die T-assoziierte Aggression eher mit Dominanz und Aktivität (positive Konnotation) verbunden ist, während die serotonerge Komponente den ungehemmten, gefährlicheren Anteil vermittelt (vergl. Kapitel 4.2.2.1).

Voraussichtlich kommt dem 5-HT1A-Rezeptor eine Schlüsselrolle zu, da 5-HT1A-knock-out-Mäuse wenig aktiv/aggressiv, sondern eher ängstlich sind, und – umgekehrt – solche Tiere mit einer besonders hohen Dichte von 5-HT1A-Rezeptoren im limbischen System und in Kortexarealen hohe Aggressivität zeigen. Eine kondensierte Übersicht über die molekulare Basis der Aggression geben Nelson & Chiavegatto (2001).

In diversen Inventaren findet sich Feindseligkeit als eine Facette der Aggression, die aber nur selten explizit mit Neurotransmittern in Verbindung gebracht wurde. In einer Studie von Wingrove et al. (1999) wurde mittels eines tryptophanreichen bzw. tryptophanarmen Getränks die Serotoninverfügbarkeit manipuliert und vorher sowie nach 4½ Stunden die PRL-Konzentrationsveränderung gemessen. Die Ergebnisse sind stimulierend und sollen in Tabelle 3.8 kurz zusammengefasst werden. Es wird deutlich, dass ein homogenes Korrelationsmuster zwischen Hormonantwort und Persönlichkeit je nach Manipulationsart vorliegt. Je höher die habituelle Aggression (Gesamtscore), desto geringer die PRL-Anstiege nach Gabe eines tryptophanreichen Getränks. Hinsichtlich des Umstandes, dass eine tryptophanarme Diät mit einer Reduktion des PRL-Spiegels einhergeht, zeigt auch die positive Korrelation nach tryptophanarmer Kost die gleiche geringe Ansprechbarkeit hoch aggressiver Personen, die bereits im Falle der tryptophanreichen Kost angemerkt wurde (PRL-Werte bleiben nach 4½ Stunden höher als bei nicht Aggressiven).

Tabelle 3.8: **Korrelationen zwischen verschiedenen Persönlichkeitsdimensionen und der Veränderung von Prolaktinkonzentrationen nach Tryptophananreicherung bzw. -reduktion in der Nahrung (nach Daten von Wingrove et al., 1999).**

Merkmal	tryptophanreich (N = 14)	tryptophanarm (N = 13)
Feindseligkeit [BDHI]	-.46	.32
motorische Aggressivität [BDHI]	-.34	.68**
Aggressivität [Gesamtscore BDHI]	-.71**	.62*
Depression [BDI]	-.27	.17
Impulsivität [I7]	-.01	.18

[BDHI] = Buss-Durkee Hostility Inventory
[BDI] = Beck Depression Inventory
[I7] = I7-Impulsivity scale

Ferner scheinen beide Aspekte recht spezifisch für Aggression zu sein, da sowohl Depressivität als auch Impulsivität hinsichtlich eines Zusammenhangs mit induzierten PRL-Veränderungen weitgehend unauffällig bleiben. Die Ergebnisse lassen unter anderem darauf schließen, dass sich hohe Aggressivität mit einer reduzierten Serotoninsynthese nach Gabe von Tryptophan verbindet. Andererseits wäre der weitgehend ausbleibende Effekt nach Tryptophandepletion über ein in sich wenig adaptives System zu erklären, welches weder auf Reduktion noch auf Anreicherung stark reagiert.

Während im Bereich der Biologischen Psychiatrie zahlreiche Arbeiten publiziert wurden, die Hormonantworten auf serotonerge Challenge-Tests bei verschiedenen Patientengruppen aufzeigten (zur Übersicht siehe z.B. Power & Cowen, 1992), sind Ergebnisse an gesunden Probanden eher rar. Dennoch zeigt sich insbesondere aus der Arbeitsgruppe um Coccaro nach Gabe des 5-HT-Releasers d-Fenfluramin, der zu deutlichen Anstiegen der PRL-Konzentration führt, eine reduzierte Hormonausschüttung bei Personen mit aggressiv-impulsiven Persönlichkeitsstörungen (Coccaro, 1992; Siever et al., 1987). Interessanter in diesem Zusammenhang ist jedoch, dass sich auch für die gesunde Kontrollgruppe eine negative Korrelation zwischen der maximalen Prolaktinantwort und einem Fragebogenmaß der Impulsivität ergibt. Dieser Befund unterstreicht erneut die Möglichkeit der Extrapolation klinischer Phänomene in den gesunden Bereich der Persönlichkeit.

Auch suizidale depressive Patienten sind durch eine verringerte Prolaktinantwort auf d-Fenfluramin gekennzeichnet, was als Ausdruck eines Serotoninmangels interpretiert wird (Malone et al., 1993; Coccaro et al., 1989; Lopez et al., 1988).

Nach der Modellvorstellung von Depue & Collins (1999) liegt mit der Dimension „constraint" ein ähnliches Konstrukt wie das der Impulsivität vor, dessen umgekehrten Pol (sprich: niedrige Impulsivität) es repräsentiert. Constraint wird als „affektneutrale" Dimension verstanden, die die Sensitivität gegenüber positiven oder negativen Reizen moduliert. Nach Depue wird diese Dimension maßgeblich durch das serotonerge System gesteuert. Unter Zugrundelegung des von Tellegen & Waller (1997) bereitgestellten Multidimensional Personality Questionnaire (MPQ) ging Depue der Frage nach, ob und wie die PRL-Konzentrationsveränderung nach Gabe von d-Fenfluramin mit der Persönlichkeitsdimension „constraint" und „negative emotionality" bzw. deren Subfaktoren in Beziehung steht (Depue, 1995).

Aus Abbildung 3.7 geht hervor, dass das Ausmaß der durch d-Fenfluramin ausgelösten PRL-Antwort negativ mit der Subskala „control" (gemeint ist „lack of control") und „aggression" korreliert ist. Dies zeigt deutlich, dass die serotonerge Reagibilität nicht exklusiv der Dimension „constraint" zuzuordnen ist. Nach den Vorstellungen von Tellegen ist Aggressivität eine Facette der negativen Emotionalität, sprich des Neurotizismus. Für diese Vorstellung spricht auch die 5-Faktoren-Lösung von Zuckerman et al. (1988) nach der Aggression als Unterfaktor von Neurotizismus gesehen wurde, obgleich in anderen Konzeptionen Aggressivität eher zu der Psychotizismusdimension gezählt wird. Die Erklärung für diesen vermeintlichen Widerspruch ist dadurch gegeben, dass Aggressivität eben kein homogenes Konstrukt ist, sondern durchaus eine neurotische (verbale Aggression, offene, Ärger-basierte Aggression, zugleich aber auch Schuldgefühle), aber auch eine eher Psychotizismus-nahe Komponente (keine Schuldgefühle, Misstrauen, verdeckte Feinseligkeit) beinhalten kann, eine Trennung, wie sie in Zuckermans endgültigem „alternativen" 5-Faktoren-Modell zum Ausdruck kommt (Zuckerman et al., 1991).

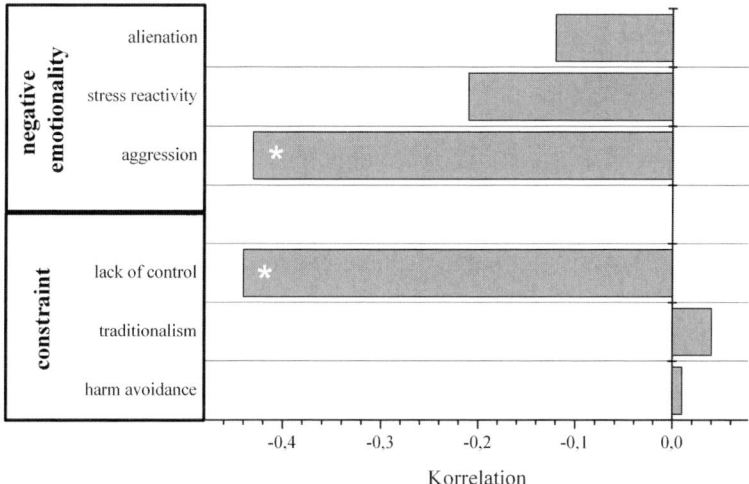

Abbildung 3.7: **Korrelationen zwischen d-Fenfluramin-induzierten PRL-Antworten und Skalen des MPQ (nach Depue, 1995).**

Vor diesem Hintergrund sind z.B. Studien zu erwähnen, die nach Gabe von d-Fenfluramin oder anderen Challenge-Substanzen das Korrelationsmuster zwischen der Hormonantwort und Aggressivität bzw. Psychotizimus explizit vergleichen (Netter et al., 1999c).

Bei genauerer Betrachtung der verschiedenen Impulsivitätsfacetten fällt auf, dass die serotonerge Ansprechbarkeit mit Facetten der motorischen, kognitiven und sozialen Impulsivität assoziiert ist, während diejenige, die sich in risikoreichen Verhaltensweisen niederschlägt (siehe Konzept von Zuckerman oder Cloninger), eher mit dem dopaminergen Neurotransmittersystem verbunden zu sein scheint (siehe Kapitel 3.3.8.2). Da die verschiedenen Impulsivitätsfacetten im Selbstbericht meist stark korreliert sind, wird deutlich, wie hilfreich der biologische Ansatz in der Differenzierung der Konstrukte sein kann.

Depue geht nun davon aus, dass Serotonin eine Modulatorfunktion in der Reagibilität auf negativ, aber auch auf positiv wahrgenommene Stimuli ausübt. Mit anderen Worten, es würde eine geringe Serotoninansprech-barkeit die Zusammenhänge zwischen z.B. dopaminerger Aktivität und Motivation, Emotion und Verhalten verstärken. Bislang liegt keine direkte Evidenz für diese Vorstellung vor. Von der Arbeitsgruppe um Depue wird aber gezeigt, dass die Reagibilität auf den d-Fenfluramin-Challenge-Test (einmal durchgeführt) mit der über einen längeren Zeitraum gemessenen situativen Befindlichkeit assoziiert ist, wobei wichtig ist, dass dies für positive (z.B. Freude) und auch für negative (z.B. Ärger) Emotionen gilt (Zald & Depue, 2001). Ob dies als „Beweisführung" für die Annahme bereits ausreicht, dass das serotonerge System affektneutral agiere, sei dahingestellt. Wahrscheinlich ist es aber nicht so, weil Depue selbst sehr richtig darauf hinweist, dass *„none of the amines appear to serve primarily a mediating role in the CNS. Rather, they each have a particular modula-tory role in influencing the flow of information in neural networks (...). Therefore, simplistic amine models of behavior may be viewed as impor-tant building blocks for more complex future modeling of personalitiy traits."* (Depue, 1995, p.429, 430).

Die Fülle von bislang aufgeführten Befunden demonstriert eindeutig, dass das serotonerge System mit Impulsivität und deren Facetten assoziiert ist. Da das serotonerge System nicht zuletzt durch die große Fülle unter-schiedlicher Rezeptortypen selbst aber sehr heterogen ist, stellt sich natür-lich die Frage, ob bestimmte Rezeptortypen von vorrangiger Bedeutung sind. Für diese Forschungsrichtung kommt im Humanbereich allerdings behindernd dazu, dass kaum hoch selektive Forschungssubstanzen zur Verfügung stehen. Offensichtlich, und es gibt viele Beispiele in der Psych-iatrie, ist Selektivität nicht mit Effektivität in der Behandlung verbunden. Der partielle Agonist Ipsaprion ist ein gutes Beispiel dafür. Ursprünglich sollte dieser hochspezifische 5-HT1a-Agonist in der Angst-, später De-pressionstherapie zum Einsatz kommen. Die Effektivität war aber zu gering, so dass diese Substanz nie auf den Markt kam. Eine einmalige Gabe von 10mg Ipsapiron führt zu reliablen Cortisolanstiegen und hypo-thermen Reaktionen, die durch die vorherige Gabe von 5-HT1a-Antago-nisten (z.B. +/– Pindolol) aufgehoben werden können (Lesch et al., 1989a; Lesch et al., 1990). In verschiedenen Studien an gesunden Probanden konnte zusätzlich belegt werden, dass die Reagibilität auf Ipsapiron bei Probanden mit erhöhter Impulsivität stärker ausfällt. Diese Sensitivität fand nicht nur Ausdruck in stärkerer Cortisolfreisetzung, sondern auch in der hypothermen Reaktion (Hennig et al., 1993a; Hennig et al., 1997), so dass die Alternativhypothese, die über 5-HT1a-Agonisten induzierte Cortisolkonzentrationsveränderung sei über periphere Mechanismen erklärbar (Dinan, 1996), zwar nicht entkräftet ist, aber für den hier zu beschreibenden Zusammenhang nicht von Relevanz ist, da die entstandene Hypothermie zweifelsohne zentralnervös gesteuert ist und ebenfalls Assoziationen zur Persönlichkeit aufweist. Die hohe, mit Impulsivität assoziierte Reagibilität mag auf den ersten Blick widersprüchlich wirken. Wichtig ist aber, dass Ipsapiron den somatodentritischen Autorezeptor stimuliert und somit akut eine Reduktion serotonerger Neurotransmission auslöst. Nach Lesch et al. (1990) gelingt mit dieser Substanz in erster Linie eine Funktionalitätsprüfung präsynaptischer 5-HT1a-Rezeptoren, die im Falle hoch impulsiver Probanden supersensitiv sein könnten.

Obgleich Marvin Zuckerman in seinem 1979 erschienenen Buch darauf hinweist, dass als biologische Grundlage für *Sensation Seeking* innerhalb der Monoamine in erster Linie die Katecholamine in Frage kommen, wird die Beteiligung von Serotonin nicht ausgeschlossen. Auch hier könnte der Eindruck entstehen, dass Serotonin eher die Funktion eines Moderators erfüllt. Zuckerman (1991) geht davon aus, dass sich Sensation Seeking auch über ein gewisses Ausmaß fehlender Hemmung definiert und nimmt an, dass dem serotonergen System in erster Linie diese Hemmfunktion zufällt. Er stützt diese Annahme auf Befunde aus einer Studie von Schalling & Asberg (1985), in der ein negativer Zusammenhang zwischen den 5-HIAA-Spiegeln mit zumindest Psychotizismus beschrieben wurde, welcher nach Zuckerman ein hohes Ausmaß an gemeinsamer Varianz mit Sensation Seeking aufweist. Dennoch, und dies demonstriert, dass die Facetten des Konstrukts nicht homogen sind, konnte eine Assoziation mit dem Gesamtkonstrukt nicht nachgewiesen werden (Ballenger et al., 1983).

Zusätzlich liegen Ergebnisse vor, die eine niedrige MAO-Aktivität in Thrombozyten als Trait-Marker für Sensation Seeking nahe legen (Zuckerman, 1985). In einer frühen Arbeit von Schooler und Mitarbeitern (1978) korrelierten sowohl bei Männern als auch bei Frauen MAO-Aktivität und Sensation-Seeking-Werte signifikant negativ miteinander. Der Befund, dass Männer grundsätzlich niedrigere MAO-Aktivitäten aufweisen, ist bündig mit den konsistenten Geschlechtsunterschieden im Merkmal Sensation Seeking (höhere Werte bei Männern). Aus den Selbstberichten über Tagesaktivitäten geht darüber hinaus hervor, dass Personen mit niedriger MAO-Aktivität mehr an neuen (z.B. Museum) oder stimulierenden (z.B. Rockkonzerte) Erfahrungen interessiert sind, während solche mit hoher MAO-Aktivität mehr schlafen und mehr fernsehen. Generell ist die Einschätzung dieser Befunde erschwert, da – wie oben bereits angedeutet – MAO-Aktivität der Thrombozyten nur sehr vorsichtig mit der Aktivität des Serotoninsystems in Verbindung gebracht werden sollte. Hinzu kommt auch, dass möglicherweise die Neigung von Personen mit hohem Sensation Seeking zur Substanzeinnahme (bis hin zu harten Drogen) selbst Einfluss auf Indikatorvariablen genommen haben könnte. Zumindest sind besonders niedrige MAO-Werte bei Rauchern bekannt, die meist erhöhte Sensation-Seeking-Werte aufweisen. Unterstützt wird diese Annahme auch durch Untersuchungen, die reduzierte MAO-Spiegel bei Alkoholikern finden (von Knorring et al., 1991).

Hinsichtlich des Umstandes, dass in diesen Studien aber MAO-B in Thrombozyten gemessen wurde, muss bedacht werden, dass dieses Maß eher ein Indikator für die Aktivität zentralnervösen Dopamins ist. Generell ist ein Einfluss von Serotonin auf Sensation Seeking wohl nicht auszuschließen, aber keinesfalls so prominent wie der des Dopamins (siehe unten).

3.2.7.2 Neurotizismus / Ängstlichkeit / Harm Avoidance

Im Konzept von Cloninger kommt das Konstrukt der Schadensvermeidung (harm avoidance, HA) dem Neurotizismus besonders nahe, wobei – wie bereits erwähnt – angenommen wird, dass eine hohe Ausprägung in HA mit einem hohen Ausmaß an *Serotoninfreisetzung* verbunden ist, die in einer postsynaptischen Subsensitivität (bedingt durch Downregulation) resultiert. In erster Linie ist zwar der Sekundärfaktor Neurotizismus mit Polymorphismen des Serotonintransporters assoziiert worden (siehe Kapitel 7), es liegen aber auch Befunde vor, die für Angst und HA publiziert wurden (Katsuragi et al., 1999; Mazzanti et al., 1998; Ricketts et al., 1998).

Unter Verwendung von d-Fenfluramin als Challenge-Substanz konnten Gerra und Mitarbeiter (2000a) zeigen, dass die Höhe der ausgelösten Prolaktinantwort mit HA positiv korreliert war. Dies indiziert, dass eine hohe Ausprägung von HA mit einer hohen Verfügbarkeit von Serotonin verbunden ist (zur Erinnerung: d-Fenfluramin ist ein 5-HT-Releaser; ein hoher Hormonkonzentrationsanstieg weist auf eine hohe Freisetzung hin). Nicht unproblematisch ist allerdings der Umstand, dass d-Fenfluramin offensichtlich nicht allzu spezifisch auf das serotonerge System wirkt, und die Beteiligung von Dopamin und auch Noradrenalin an der Veränderung von Hormonkonzentrationen nicht ausgeschlossen werden kann (Storlien et al., 1992; Rowland & Carlton, 1986). Des Weiteren ist auffällig, dass hochspezifische serotonerge Substanzen wie Ipsapiron (Lesch et al., 1989) oder Citalopram (Hennig & Netter, 2002) keine Prolaktinantworten auslösen. Gerra und Mitarbeiter zeigen darüber hinaus zwar auch sehr starke Veränderungen in der Cortisolsekretion auf, die ebenfalls signifikant positiv mit HA korreliert waren, es bleibt hierbei aber zu bedenken, dass besondere Charakteristika der Stichprobe ausschlaggebend gewesen sein

mögen, da die gewählte 30mg-Dosierung üblicherweise keine Cortisolanstiege auslöst (Goodwin et al. 1994), und dass durchaus der Teil der
Stichprobe, der besonders sensible Rezeptoren hat, bereits bei dieser Dosis
mit Cortisol angesprochen hat, das häufig erst bei höheren Dosen reagiert.

Zuvor hatten Ruegg et al. (1997) mittels Clomipramin, einem selektiven Serotoninwiederaufnahmehemmer, eine Challengestudie mit der
Messung von Prolaktin und Cortisol durchgeführt. Da Clomipramin intravenös appliziert wird, hat es gewisse Vorteile gegenüber Challengesub-
stanzen, die in Tablettenform verabreicht werden (z.B. Vermeidung des
„first pass effects"). Gemäß der Hypothese der Autoren konnte eine Korrelation zwischen dem maximalen Anstieg (Δ_{max}) der Cortisolkonzentration
und HA demonstriert werden, die nur knapp die Signifikanzgrenze ver-
fehlte (p = .08). Die Studie ist aber auch in anderer Hinsicht erwähnenswert.

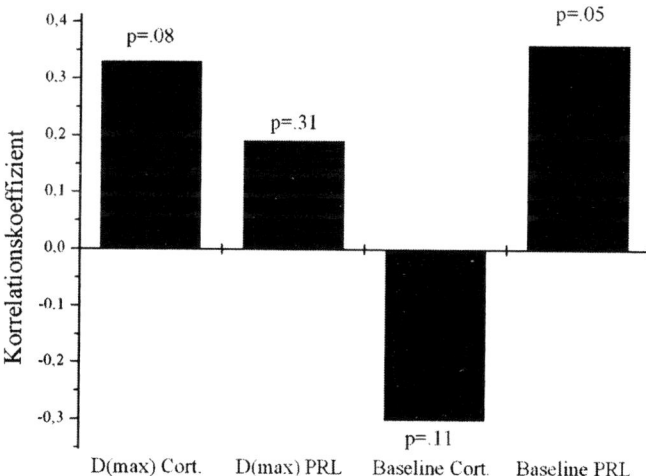

**Abbildung 3.8: Korrelationen zwischen verschiedenen Indikatoren
der maximalen Hormonansprechbarkeit (D_{max}) und
basalen Hormonkonzentrationen mit der Ausprägung
in Harm Avoidance (Ruegg et al., 1997).**

Abbildung 3.8 zeigt nicht nur die tendenziell positive Korrelation zwischen HA und Δmax der Cortisolantwort, sondern auch eine signifikant positive Korrelation mit Ausgangswerten der Prolaktinkonzentration, nicht jedoch mit solchen nach Clomipraminstimulation, die hingegen signifikant negativ mit Novelty Seeking korreliert waren (r = -.40, p<.05). Dies weist erneut darauf hin, dass PRL-Veränderungen nicht unmittelbar auf einen Zusammenhang zwischen Serotonin und HA hindeuten, während dies für Cortisol durchaus der Fall ist. Die Assoziation zwischen basalen PRL-Spiegeln und HA bleibt in der zitierten Arbeit zwar weitgehend unkommentiert, es kann aber spekuliert werden, dass dies auch über andere als serotonerge Mechanismen vermittelt ist, da Prolaktin extrem stressreagibel ist.

Im Zuge eines kombinierten Challenge-Tests gingen Hennig et al. (2000b) der Frage nach, ob HA homogen mit Cortisolveränderungen nach Fenfluramin bzw. Ipsapiron einhergehen. In einem Mehrfach-cross-over Versuch erhielten die Probanden entweder Placebo, d-Fenfluramin oder Ipsapiron. Es ergab sich, dass nach Gabe von d-Fenfluramin eine Assoziation zwischen HA und Cortisolantwort vorlag, während diese für Ipsapiron ausbleibt. Die Kombination der Reagibilitäten zeigt jedoch, dass diejenigen Probanden, die auf *beide* Substanzen schwach reagierten, insbesondere in der Subskala „Fatigability and asthenia" hoch signifikant höhere Werte aufweisen als alle anderen Reaktionstypen. Das unterstreicht nicht nur die Bedeutung des Serotoninsystems für HA, sondern auch diejenige eines bestimmten Rezeptorsubtyps, der neben seinen postsynaptischen Funktionen als somatodendritischer Autorezeptor maßgeblich die Serotoninfreisetzung steuert.

Grundsätzlich ist es natürlich sinnvoll, Substanzen einzusetzen, die ein hohes Maß an Spezifität aufweisen – zumindest dann, wenn man an der Rezeptorspezifität interessiert ist. Ob man damit Aussagen über die Systemaktivität treffen kann, sei dahingestellt. Hansenne & Ansseau (1999) setzten den spezifischen 5-HT1a-Agonisten Flesinoxan ein und erwarteten hinsichtlich der Theorie von Cloninger, dass HA mit einer höheren PRL-Reaktion auf Flesinoxan verbunden sei. In der Tat stellt sich eine signifikante Korrelation von r = .46 ein, wobei nicht klar wird, wieso angenommen wird, dass der PRL-Anstieg mit der Substanzwirkung in Verbindung steht, da a) Flesinoxan intravenös gegeben wurde und Hinweise vorliegen, dass Effekte einer intravenösen Applikation von Challenge-Substanzen nicht mit denjenigen nach oraler Gabe vergleichbar sind (Hennig & Netter, 2002), b) hoch selektive 5-HT1a-Agonisten (oral gegeben) keine Prolaktinantwort auslösen (Lesch et al., 1989) und c) keine Placebokontrolle vorlag. Zusammengenommen scheint eher eine Venipunktionsstressbedingte PRL-Freisetzung vorzuliegen, die – und das ist vielleicht das Interessantere – bei Probanden mit hoher HA deutlicher ausfällt.

In einer neueren und erweiterten Fassung des TPQ, dem Temperament and Character Inventory (TCI), zerfällt die ursprüngliche Skala „Reward dependence" (RD) in RD und „persistence". Darüber hinaus werden Charakterdimensionen angefügt, die im Gegensatz zu den Temperamentsfaktoren über Sozialisationsprozesse erworben sind (Cloninger et al., 1994). In einer Arbeit von Peirson et al. (1999) konnte gezeigt werden, dass nicht nur HA, sondern auch die Charakterdimension „self-directedness" mit der thrombozytären 5-HT2-Rezeptorsensitivität assoziiert war. Während HA mit einer erhöhten Sensitivität der Rezeptoren einherging, war der Zusammenhang mit „self-directedness" umgekehrt. Dies lässt darauf schließen, dass bei hoher HA eine geringe Serotoninverfügbarkeit mit einer (postsynaptischen) Supersensitivität einhergeht. Die Zusammenhänge zwischen Serotonin und Charakterdimensionen rückt Bond (2001) in ihrer Übersichtsarbeit in den Kontext des Sozialverhaltens und geht grundsätzlich davon aus, dass das serotonerge System maßgeblich Adaptationsprozesse an die sozialen Umwelt vermittelt.

Vor dem Hintergrund des Konzepts von Cloninger konnte demonstriert werden, dass RD und HA signifikant als Prädiktoren des Therapieerfolges unter Nefazodon (Serotonin-Reuptake-Hemmer und auch postsynaptischer 5-HT2-Antagonist) herangezogen werden können, wobei HA alleine zwischen Respondern und Non-Respondern diskriminieren konnte (Nelson & Cloninger, 1997). An dieser Stelle wird deutlich, dass die Frage nach der differenziell unterschiedlichen Ansprechbarkeit auf Substanzen nicht nur der Grundlagenforschung dienlich ist, sondern auch als Prädiktor für die Therapieansprechbarkeit herangezogen werden kann.

Ob nun HA exklusiv mit Serotonin verbunden werden kann, muss angezweifelt werden. Nicht nur aus molekulargenetischen Arbeitsbereichen (siehe Kapitel 7), sondern auch dem Bereich bildgebender Verfahren wird ein anderer Schluss nahegelegt.

Wenngleich der TPQ auch als habituelles Maß Anwendung findet, wird berichtet, dass bei depressiven Patienten, die vor Therapie erhöhte Werte auf der HA-Skala aufweisen, diese sich nach (erfolgreichem) Abschluss der Behandlung reduzieren, während NS und RD stabil bleiben (Chien & Dunner, 1996). Wenn man die Kontinuumsvorstellung von (psychopathologisch relevanten) Merkmalen konsequent anwendet, müsste es möglich sein, die Disposition einer (gesunden) Person über die Gabe von therapeutisch wirksamen Substanzen gezielt zu beeinflussen. In der Tat liegen einige wenige Untersuchungen zu dieser Überlegung vor, wobei diejenigen, die entsprechende Veränderung im Patientkollektiv nachweisen (Bagby et al., 1999; Du et al, 2002) hier nicht näher betrachtet werden sollen. In einer Arbeit von Knutson et al. (1998) wurden gesunde Probanden entweder einer täglichen Behandlung mit dem Wiederauf-nahmehemmer Paroxetin (20mg/Tag) oder Placebo unterzogen. In der Verumgruppe zeigten sich signifikante Abnahmen von Feindseligkeit, die aber eher durch eine allgemeine Reduktion des negativen Affektes erklärt werden können. Des Weiteren wurde eine Zunahme sozialer Zugewandt-heit (affiliation) berichtet. Der Umstand, dass die Veränderungen mit den Plasmaspiegeln der Substanz korreliert waren, legt nahe, dass es in der Tat die Wirkung dieses Wiederaufnahmehemmers war, die die Veränderungen verursachte.

In neueren Untersuchungen wird erstmals der Frage nachgegangen, welche Hirnregionen am ehesten mit Auffälligkeiten des serotonergen Systems im Kontext der Forschung zu Harm Avoidance auffällig sind. In einer Positronen-Emissions-Tomographie-Studie (PET) konnten Moresco et al. (2002) nachweisen, dass die Bindung des Tracers ([18F]fluorethyl-spiperon), der besonders spezifisch an 5-HT2-Rezeptoren bindet, in spezi-fischen Hirnarealen mit HA korreliert war, während die anderen beiden Temperamentsfaktoren nach Cloninger (Reward Dependence und Novelty Seeking) keine Assoziation aufwiesen (Abb. 3.9).

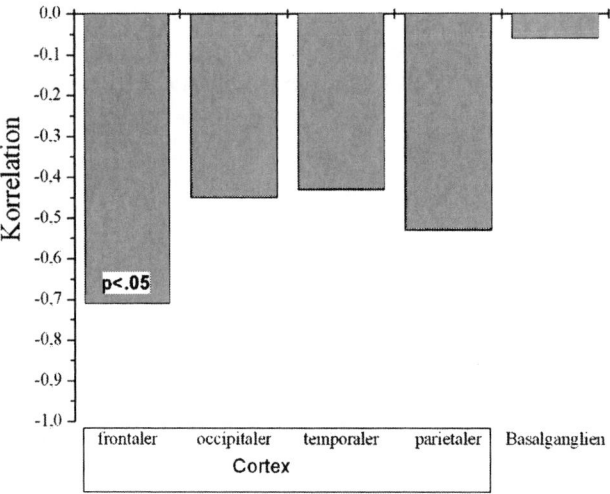

Abbildung 3.9: Korrelation zwischen [18F]FESP - Bindung in ver-schiedenen Hirnarealen und Harm Avoidance (nach Daten von Moresco et al., 2002).

Die Ergbnisse zeigen deutlich, dass insbesondere der frontale Kortex die Hirnstruktur ist, in der sich Personen mit hoher und niedriger Harm Avoidance hinsichtlich der 5-HT2-Rezeptorbindung unterscheiden. Wie die reduzierte Bindung mit der Verfügbarkeit von Serotonin in Beziehung steht, kann zum gegenwärtigen Zeitpunkt nicht klar beantwortet werden.

Für den 5-HT2-Rezeptor gilt die klassische Überlegung zum (negativen) Zusammenhang zwischen Substratmenge und (postsynaptischer) Rezeptorsensibilität nicht ohne weiteres. Reserpin, welches zu einer Nettoreduktion aller Monoamine führt, verbindet sich mit einer Sensitivierung der Rezeptoren (im klassischen Sinne), während spezifisch induzierte Depletionen des Serotonins (durch Neurotoxine oder Läsion serotonerger Neurone) keinen Einfluss haben (Stockmeier & Kellar, 1986). Gegebenenfalls ist der 5-HT2-Rezeptor in besonderem Ausmaß in die wechselseitigen Interaktionen zwischen unterschiedlichen Neurotransmittersystemen involviert.

Eine hilfreiche Perspektive, die sich aus dem Paradigma der Challenge-Tests ableiten lässt, ist die Entwicklung neuer Konstrukte. Entgegen der theoretisch vorgegebenen Faktorstruktur von Inventaren kann die Neugruppierung von „Indikatoritems" also solchen, die mit der Reagibilität auf eine Substanz assoziiert sind, zu einer veränderten Sichtweise führen. Dieses Vorgehen wurde in einer Studie von Hennig (2000) gewählt. Die „Indikatoritems", die z.T. aus sehr verschiedenen Subskalen des Freiburger Persönlichkeitsinventars (FPI-R) stammten, hatten alle gemeinsam, dass sie stark mit der Ansprechbarkeit auf Ipsapiron (partieller 5-HT1A-Agonist) verbunden waren. Diese so entstandene Skala korreliert mit verschiedenen, Neurotizismus-assoziierten Dimensionen und repräsentiert „Mal-Adaptabilität". Gegebenenfalls ist die globale Unfähigkeit der Anpassung der Kern dessen, was durch Serotoninmangel zu Tage tritt. Tierstudien belegen diese Annahme (Baumgarten et al., 1995b).

Zusammenfassung

Die bislang beschriebenen Arbeiten legen den Schluss nahe, dass ein grobes Cluster von Merkmalen (Impulsivität, Aggressivität, Depressivität) als zentrales Korrelat des serotonergen Neurotransmittersystems angesehen werden kann. Diese Vorstellung findet auch Niederschlag in Arbeiten zu psychiatrischen Patienten (Apter et al., 1993; van Praag, 1996). Demzufolge scheint es nicht sonderlich sinnvoll zu sein, eine bestimmte Persönlichkeitsdimension mit serotonerger Aktivität in Verbindung zu bringen. Einleuchtender sind diejenigen Ansätze, die die Grundlage des serotonergen Systems in Anpassungsprozessen sehen (z.B. Bond, 2001; Hennig, 2000; Wingrove et al., 1999; Baumgarten & Grozdanovic, 1995a), wobei es durchaus denkbar ist, dass diese Anpassungsleistung in erster Linie auf soziale Anforderungen bezogen ist. Inwieweit sich die Funktion des Serotonins im Sinne Depues als „affektneutral" charakterisieren lässt, kann bislang nicht eindeutig geklärt werden. Wenn dem aber so wäre, würden alle mit serotonergen Substanzen behandelten psychiatrischen Krankheitsbilder zurückgehen auf andere (Neurotransmitter-)Systeme, die lediglich einer serotonergen Modulation unterliegen. Neuere Theorien, z.B. aus der Depressionsforschung, gehen hingegen davon aus, dass Noradrenalin der Modulator für einen Serotoninmangelzustand ist (zur Übersicht siehe Mongeau et al., 1997), und dass der auf serotonergen Neurone ansässige $\alpha2$-Heterorezeptor nach noradrenerger Stimulation die Serotoninfreisetzung hemmt. Die zukünftige Forschung dürfte in erster Linie daran interessiert sein, Modulatoren und Mediatoren zu diskriminieren, die nicht nur für die Psychopathologie sondern auch für die Persönlichkeitspsychologie von Bedeutung sind.

3.3 Dopamin

3.3.1 Geschichtliches

Die Erkenntnis, dass Dopamin ein eigener Transmitter im Gehirn ist, liegt etwas kürzer zurück als die Entdeckung von Serotonin als zentralnervösem Überträgerstoff. Die Anregung ging indirekt von den Versuchen von B.B. Brodie im National Institute of Health (NIH) in Bethesda (Washington) Anfang der 50er Jahre des vorigen Jahrhunderts aus. Hier wurde die Entspeicherung der Serotoninreserven aus den Nervenzellen durch das Rauwolfiaalkaloid Reserpin getestet (dessen antipsychotische Wirkung in Indien zuerst beschrieben worden war). Dies brachte Arvid Carlsson in Lund (Schweden) auf die Idee, zu prüfen, ob Reserpin auch Katecholamine freisetzt. Im Zuge dieser Versuche entdeckte er, dass mit Reserpin vorbehandelte Tiere, die antriebslos im Stall lagen, nach Applikation von L-Dopa, der Vorstufe für die Katecholamine, wieder aktiv waren, dass aber vor allem das Zwischenprodukt auf dem Syntheseweg von L-Dopa zu Noradrenalin (NA) im Gehirn plötzlich vorhanden war, und das war Dopamin (DA). Die Folgeversuche brachten bald den Beweis, dass DA als eigenständiger Transmitter im Gehirn eine Bedeutung hat, was 1960 zuerst in der psychopharmakologischen Forscherwelt angezweifelt wurde, Carlsson aber 2002 den Nobelpreis für Medizin eintrug. Es gelang Carlsson mit seinem Kollegen Hillarp in Göteborg, durch Fluoreszenztechniken die dopaminergen Bahnen im Gehirn kenntlich zu machen. Hier entdeckte er dann auch die Beziehung des DA zu den für die Schizophreniebehandlung bereits seit 1952 eingesetzten Substanzen Haloperidol und Chlorpromazin, deren Wirkungsmechanismus man bis dahin aber noch nicht kannte.

Vor allem ging auf Carlssons laborexperimentelle Untersuchungen auch die Erkenntnis der Bedeutung des DA in den Basalganglien für die Motorik zurück, was dazu führte, dass das klinische Erscheinungsbild der Parkinsonschen Erkrankung kurz darauf von Ehringer und Hornykiewicz mit DA in Verbindung gebracht wurde (Carlsson, 1998).

3.3.2 Biosynthese und Abbau

Wie bereits deutlich wurde, zählt DA zu den so genannten Katecholaminen (Dopamin, Adrenalin (A)(auch Epinephrin (Epi) genannt)); Noradrenalin (NA)(auch Norepinephrin (NE) genannt). Diese haben als gemeinsames Grundgerüst einen aromatischen Ring mit einer Aminogruppe in der Seitenkette und leiten sich von der Aminosäure Phenylalanin ab. Da, wie bereits aus dem Abschnitt über die Entdeckungsgeschichte hervorging, Dopamin auch die Vorstufe für Adrenalin und Noradrenalin bildet, sind Synthese und Abbau der drei Katecholamine in Abbildung 3.10 gemeinsam dargestellt. Ihre Verwandtschaft geht auch aus den ebenfalls dort abgebildeten Strukturformeln hervor.

Wie ersichtlich, wird jede Zwischenstufe durch Einwirkung spezifischer Enzyme in die nächste umgewandelt. Dopamin wird sowohl im Nebennierenmark als auch in den dopaminergen Neuronen des Gehirns synthetisiert und, wie Serotonin, in Granula gespeichert und aus Vesikeln durch Exozytose am Nervenende in den synaptischen Spalt entleert. Die Inaktivierung des Dopamins geschieht über drei Wege:

1. (nicht in Abb. 3.10 dargestellt) durch Rücktransport in die Zelle mit Hilfe so genannter Transporterproteine, von denen verschiedene genetisch determinierte Varianten existieren, die mit dafür verantwortlich sind, dass starke interindividuelle Variationen hinsichtlich des Dopaminspiegels und der Dopaminverweildauer im synaptischen Spalt beobachtet werden (vgl. Kap. 7).

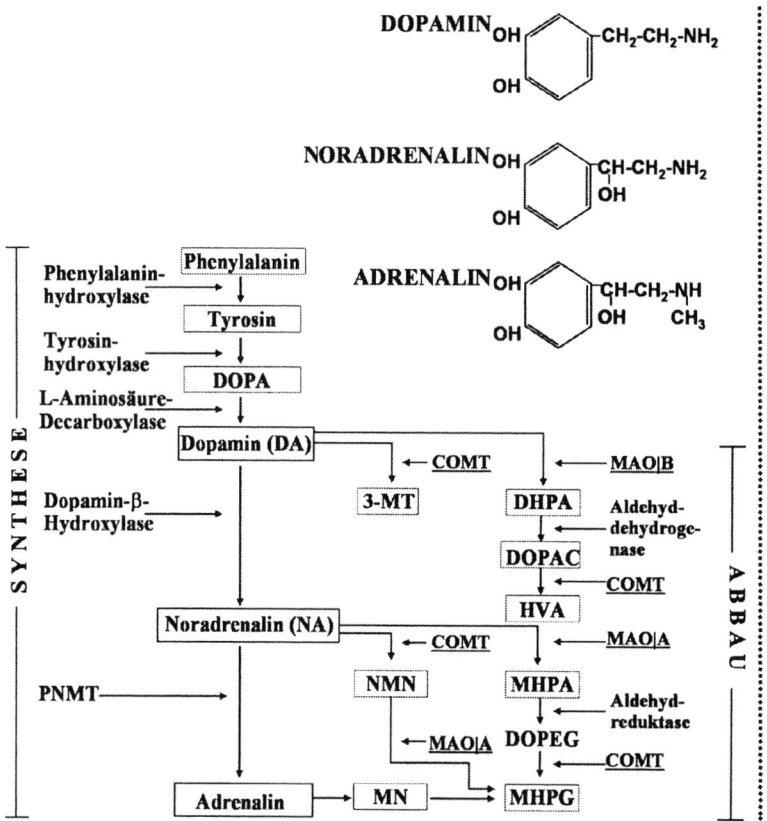

DOPA = Dihydroxyphenylalanin; 3-MT = 3-Methoxytyramin; DHPA = 3,4 Dihydro-xyphenylacetaldehyd; DOPAC = 3,4 Dihydroxyphenylessigsäure; HVA = Homovanillin-säure; NMN = Normetanephrin, MN = Metanephrin; MHPA = 3,4 Dihydroxyphenyl-glykolaldehyd; DOPEG = 3,4 Dihydroxyphenylglykol; MHPG = 3-Methoxy-4-Hydroxy-Phenylglykol; MAO = Monoaminoxidase; PNMT = Phenylethanolamin-N-Methyltrans-ferase; COMT = Catechol-O-Methyltransferase; eingerahmt = funktionell bedeutsame Substrate; unterstrichen = besonders wichtige Enzyme.

Abbildung 3.10:   Synthese und Abbau der Katecholamine.

2. der Abbau durch die Catechol-O-Methyltransferase (COMT) zum Abbauprodukt 3-Metoxytyramin (3-MT) im synaptischen Spalt,
3. der diagnostisch bedeutsamere Weg geht aber über die Einwirkung des Enzyms Monaminoxidase (MAO-B) wiederum im präsynaptischen Neuron, wo das rücktransportierte DA über verschiedene Zwischenstufen verstoffwechselt wird, von denen vor allem auch DOPAC (3,4 Dihydroxyphenylessigsäure) als Nachweis für den Dopaminstoffwechsel gilt (ca. 40% der Abbauprodukte von DA). Über die zusätzliche Einwirkung von wiederum der COMT bildet sich das wichtigste Indikatorprodukt, die Homovanillinsäure (HVA)(ca. 60% der Abbauprodukte von DA).

Bedeutsam für die Persönlichkeitsforschung ist der Umstand, dass das Dopamin vor allem durch MAO-B verstoffwechselt wird, Noradrenalin dagegen durch MAO-A, die ebenfalls für den Abbau von Serotonin zuständig ist (vgl. 3.2.2 und 3.4.2).

3.3.3 Neuroanatomische Strukturen des Dopamins

Dopamin macht etwa 80% des Katecholamingehaltes im Gehirn aus, besteht aber aus einer nur relativ geringen Zahl von Neuronen (ca. 200.000 Zellen im menschlichen Gehirn). Die Verteilung der so genannten Kerne und Bahnen geht aus Abb. 3.11 und der zugehörigen Tabelle 3.9 hervor. Die Bezeichnung der Areale A8 – A15 basiert auf einer frühen „Kartographie" der DA-Neurone von Dahlström & Fuxe (1964). Der größte Teil derselben ist in der Substantia nigra (Zellgruppe A9) und in der ventrotegmentalen Region (VTA, Zellgruppe A10) lokalisiert. Wie ersichtlich, projizieren von hier Bahnen in verschiedene Teile des Gehirns sowohl zum limbischen System als auch zum Vorderhirn. Das dopaminerge System besteht im wesentlichen aus drei Untersystemen:

1. Das mesostriatale System umfaßt die Zellgruppen A8-10 und inner-viert über das mediale Vorderhirnbündel und die capsula interna das striatum (Nucleus caudatus, putamen und globus pallidus). Es ist im wesentlichen für die Motorik verantwortlich.
2. Das mesolimbische und mesokortikale System (gelegentlich auch mesolimbocorticales System genannt): Bahnen von diesem System entspringen in der Area 10 und projizieren zum limbischen System, vor allem zum Septum, zur Amygdala und zum Hippocampus. Es ist

für den Verstärkereffekt des Verhaltens verantwortlich. Man unterscheidet im Nucleus accumbens die so genannte Schale vom Kern (shell and core). Vor allem die Schale hat eine funktional wichtige Bedeutung bei der Entwicklung und Aufrechterhaltung von Annäherungsmotivation und Sucht, während der Kern eher für die Motorik verantwortlich ist (siehe 3.3.6).

3. Das tubero-infundibuläre System: Die Bahnen dieses Systems entspringen in der Area 13 und projizieren in den periventrikulären Hypothalamus, die mediale Area präoptica und das Septum. Die tuberohypophysealen Zellgruppen hierzu liegen in der Area 12. Die tuberoinfundibulären Neurone setzen Dopamin in den Kapillarplexus der Hypophyse frei. Hier hemmen sie die Prolaktinproduktion aus den entsprechenden Zellen der Hypophyse (vgl. Kapitel Hormone).

Da das Dopamin jedoch nicht auf das Gehirn beschränkt ist, findet man es auch in sympathischen Ganglien, im Rückenmark, im bulbus olfactorius und vor allem in der Niere (vgl. Kapitel Hormone).

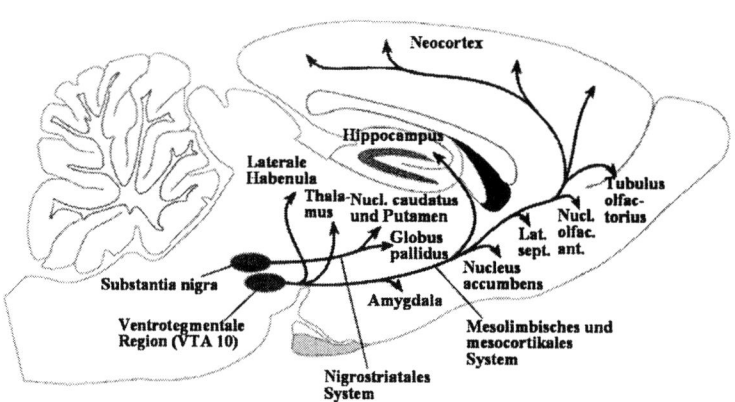

Abbildung 3.11: Wichtigste dopaminerge Neurone und Verteilung ihrer Axone und Ursprungskerne (Sagitalschnitt durch ein Rattenhirn).

**Tabelle 3.9:   Die wichtigsten dopaminergen Subsysteme mit Ur-
sprung und Zielregion aufsteigender dopaminerger
Bahnen**

Dopaminerges Subsystem	Ursprungsregion	Innervationsgebiet
Nigrostriatales System: = dorsaler Teil der meso- striatalen Bahnen	Substantia nigra = A9	Nucleus caudatus Putamen Globus pallidus Nucleus subthalamicus
Mesolimbisches System = ventraler Teil der meso- striatalen Bahnen	Ventrotegmentale Region = A10	Nucleus accumbens Tuberculum olfactorium Nucleus interstitialis der Stria terminalis
Mesolimbo-corticales System	s.o. = A10	Septum Hippocampus Amygdala Entorhinaler Kortex Anteromedialer frontaler Kortex Perirhinaler Kortex
Tuberoinfundibuläres und tuberohypophysäres Sys- tem	Nucleus arcuatus der Re- gion A12	Mediale Eminenz und Hypophysenstil sowie Hypophysenzwischenlap- pen und Hypophysenhin- terlappen

3.3.4 Dopaminerge Synapsen und Rezeptoren

Auch das dopaminerge System hat, wie das serotonerge, verschiedene
Typen von Rezeptoren, die sich in zwei Gruppen einteilen lassen (vgl.
Tabelle 3.10):

1. Über die Rezeptoren D1 und D5 wird die Adenylatzyklase stimuliert und damit die Bildung von cAMP in der betreffenden Effektorzelle gebildet.
2. D2-, D3-, D4-Rezeptoren wirken entweder hemmend auf die Adenylatzyklase und damit auf die cAMP-Bildung oder wirken über die Steigerung der Aktivität der Ionenkanäle oder die Hemmung des Phosphatidylinositol-Stoffwechsels. Präsynaptische und somatodendritische Autorezeptoren sind in erster Linie vom D2- und z.T. vom D3-Typ, während postsynaptisch alle Rezeptoren vorkommen können. Die Bedeutung der verschiedenen Rezeptoren liegt darin, dass bestimmte Substanzen an spezifische Rezeptoren binden. Viele dieser Substanzen sind entweder zur Behandlung der Parkinsonschen Krankheit, die mit Dopaminmangel einhergeht, oder zur Behandlung der Schizophrenie eingesetzt worden, die sich eher durch Dopaminblockade bessert. Es gibt eine klare positive Korrelation zwischen der Bindungskapazität der Dopaminrezeptoren und der Stärke ihrer antipsychotischen und verhaltenspharmakologischen Wirkung.

Die unterschiedlichen Rezeptortypen sind im ZNS auch unterschiedlich verteilt (vgl. Tab. 3.10).

Tabelle 3.10: Rezeptorsubtypen des dopaminergen Systems (nach Hardman et al. 2001)

X = Gruppe 1, übrige = Gruppe 2; VTA = Ventrotegmentale Region

Rezeptortyp	Wirkmechanismus	Lokalisation	Verhaltensrelevante Funktion
$^{x}D_1$	cAMP Anstieg	Striatum, Tuberculum olfactorium, Neocortex, Hippocampus, Amygdala, Retina	Kognition, Motivation, vor allem im Suchtbereich
D_2	cAMP Abfall	Striatum, Tuberculum olfactorium, Septum, Hypothalamus, Hippocampus, Kortex, Substantia nigra: pars compacta, VTA, Hypophyse	Motorik Kognition, Motivation Hormonsekretion der Hypophyse
D_3	cAMP Abfall	Purkinjezellen des Cerebellums, Tuberculum olfactorium, Nucleus accumbens, Hypothalamus, Substantia nigra, VTA	Motivation

Tabelle 3.10: (Fortsetzung)	**Rezeptorsubtypen des dopaminergen Systems (nach Hardman et al. 2001)** **X = Gruppe 1, übrige = Gruppe 2; VTA = Ventrotegmentale Region**		
Rezeptor-typ	**Wirk-mecha-nismus**	**Lokalisation**	**Verhaltens-relevante Funktion**
D_4	cAMP Abfall	Cingulum und entorhinaler Kortex, lateraler Nucleus des Septums, medialer präopt. Nucleus, Hippocampus, Cerebellum, Medulla oblongata	unbekannt
$^XD_5$	cAMP Anstieg	Hippocampus, para-fasciculärer Nucleus des Thalamus, lateraler Nucleus mamillarius, Hypothalamus	unbekannt

x=Stimulation der Adenylatzyklase

Der D2-Rezeptor, der der häufigste ist, findet sich vor allem in hoher Dichte im Striatum, im Nucleus accumbens und der Substantia nigra, der D3-Rezeptor ebenfalls in der Substantia nigra, im Nucleus accumbens und anderen limbischen Hirnarealen. Der D4-Rezeptor ist seltener und kommt weniger in den Basalganglien vor. D1 verteilt sich ähnlich wie der D2-Rezeptor, ist aber stärker konzentriert im Kortex anzutreffen.

3.3.5 Messung der Dopaminaktivität

Bei allen Transmittern im Gehirn ist eine direkte Messung praktisch nur im Tierversuch möglich. Hier kann sowohl die elektrophysiologische Feuerrate der Neuronenverbände oder sogar einzelner DA-Neuronen etwas über die Aktivität des Systems aussagen, als auch durch die Implantation von Mikrokanülen die Freisetzung von DA. Diese kann zumindest im Bereich von mehreren Sekunden erfasst und zur Feuerrate der Neurone in Beziehung gesetzt werden (in neuester Zeit sogar im Bereich von Millisekunden, was der schnellen elektrophysiologischen Antwort nahekommt). Im Humanbereich dagegen gibt es im Wesentlichen nur vier indirekte Verfahren zur Messung der DA-Aktivität:

1. Messung der Homovanillinsäure (HVA) in der Cerebrospinalflüssigkeit (CSF), im Blut oder im Urin. Blut und Urin liefern keine besonders spezifischen Werte, da auch peripheres DA als HVA verstoffwechselt vorliegt. In der CSF kann man HVA natürlich nur bei Patienten erfassen, da eine Punktion des Rückenmarkskanals dazu erforderlich ist.

2. Die Messung der statischen Rezeptordichte in bestimmten Hirnregio-
   nen durch die Single Positron Emission (Computer) Tomography
   (SPE(C)T), ein bildgebendes Verfahren, das aber nicht für alle DA-
   Rezeptortypen entwickelt ist und nichts über die Freisetzung von
   Dopamin aussagt.

3. Die funktionelle Messung der Aktivierung bestimmter Hirnregionen,
   von denen man weiß, dass sie eine besondere Dichte von DA-Neuronen oder DA-Rezeptorsubtypen aufweisen, mit Hilfe von bildgebenden
   Verfahren (vgl. auch Kapitel ZNS 2.2). Hierzu zählen vor allem

   a) die Positronen-Emissions-Tomographie (PET), bei der die Aktivi-
      tät einer Hirnregion aufgrund der regionalen Verteilung radioaktiv
      markierter Substanzen gemessen wird. Dieses Verfahren wird mit
      Hilfe von vorher injizierten, radioaktiv markierten so genannten
      Tracern (häufig radioaktiv markierte DesoxyGlukose) in einem
      Ganzkörperscanner durchgeführt. Die Isotope werden z.B. an Phar-
      maka oder Transmitter gebunden, die sich dann in den Hirnregio-
      nen ihrer stärksten Anreicherung radioaktiv messen lassen. Die
      Bindungsstärke der Substanzen sagt dann auch etwas über die
      Rezeptordichte aus.

   b) die funktionelle Magnetresonanztomographie (fMRI), bei der die
      arteriovenöse Sauerstoffdifferenz (blood oxygen level dependent =
      BOLD) als Differenz z.B. zwischen einer aufgabenbezogenen und
      neutralen Aktivität des Gehirns gemessen wird. Auch hier erfolgt
      die Messung in einem Ganzkörpertomographen. Das fMRI-Verfah-
      ren hat eine bessere räumliche und zeitliche Auflösung als PET,
      bedarf keiner invasiven Techniken, lässt allerdings keine Rück-
      schlüsse auf Transmittersysteme oder andere biochemische Aspek-
      te zu.

4. Die indirekte Erfassung über Konsequenzen von Manipulationen des
   Systems (vgl. Tab. 3.11) mit Hilfe von pharmakologischen Eingriffen
   ist die am häufigsten verwendete Methode im Humanbereich, da sie
   auch ohne großen apparativen Aufwand, wie SPECT und PET oder
   fMRI, möglich ist. Die so genannten Challenge-Tests (vgl. Abschnitt
   3.2.6) lassen sich in vielen Modifikationen sowohl über Hemmung als
   auch über die Stimulation des Systems durchführen. Als Indikator-

variablen werden im allgemeinen Hormonreaktionen verwendet, da DA sowohl auf den Hypothalamus als auch auf die Hypophyse direkt wirkt. Im Hypothalamus beeinflußt es die CRH-Freisetzung (wenn auch in wesentlich geringerem Umfang als 5-HT und NA), aber trotzdem wird auch die Cortisolreaktion als Indikator für DA-Responsivität auf dopaminerge Substanzen verwendet. Im Hypothalamus hemmt DA auch das Somatostatin, so dass eine Freisetzung des GH aus dem Hypophysenvorderlappen (HVL) resultiert. Die direkte Wirkung auf die Prolaktin-(PRL-)produzierenden Zellen im HVL bewirken eine Hemmung der PRL-Freisetzung. Die Hormonveränderungen können im Blut gemessen werden. Zusätzlich können aber Verhaltens-, Stimmungs- und Leistungsänderungen nach dopaminerger Manipulation als Indikatoren herangezogen werden.

3.3.6 Funktionen des dopaminergen Systems

Dopamin hat Einflüsse auf fast alle psychischen Funktionen: Motorik, Motivation, Emotion, kognitive Prozesse, wie Lernen und Gedächtnis. Dabei haben die drei Subsysteme des Dopamins sehr unterschiedliche Funktionen:

1. Das nigrostriatale System ist für die Extrapyramidalmotorik, d.h. für die Ausführung gelernter motorischer Programme und den Verhaltensablauf verantwortlich. Das Corpus striatum hat im Wesentlichen eine bewegungshemmende Funktion und bewerkstelligt sinnvolles motorisches Verhalten in einer komplexen Umwelt. Das nigrostriatale System dagegen ist für Bewegungsauslösung verantwortlich. Das nigrostriatale System ist aber auch an der Anpassung von Verhaltensstrategien an die Erfordernisse der Situation beteiligt (Cools, 1980), d.h. bei DA-Mangel oder Läsionen in diesen Bahnen können z.B. Tiere nicht ihre Überlebensstrategie ändern, wenn es gefordert wird (z.B. ein Seil zu ergreifen, um sich aus einem Wasserbecken zu retten), sondern benötigen externe Reize, um ihre Strategie der Situation anzupassen (z.B. Berührung mit dem Seil als taktilen Reiz).
2. Das mesolimbische DA-System ist, unabhängig von der spezifischen Region der zugehörigen DA-Neurone, generell dafür verantwortlich, zielgerichtetes Verhalten zu erleichtern, das sich auf neue Reize, Nahrung, Sexualobjekte, aggressive oder soziale Ziele richtet, d.h. es ist für Annäherung und aktive Vermeidungsreaktionen verantwortlich.

Damit ist nicht nur die Lokomotion gemeint, sondern generell die motivationale Ausrichtung auf ein Ziel (incentive motivation). Das Dopamin hat dabei eine modulierende Rolle, d.h. es löst dieses Verhalten nicht aus, aber erleichtert es, wobei assoziative Lernprozesse eine entscheidende Rolle spielen. Substanzen, die DA freisetzen, wie Amphetamin, oder mehr seine Wiederaufnahme hemmen, wie Kokain, bewirken dosisabhängig eine DA-Anreicherung im Nucleus accumbens, die zunächst linear mit dem lokomotorischen Verhalten parallel geht, aber bei höherer Dosierung zu einer Verhaltenshemmung führen kann (DiChiara et al., 1991).

Die Theorien zur Bedeutung des mesolimbischen Dopaminsystems für die *Motivation* haben verschiedene Stadien durchlaufen:

a) Zunächst entdeckte man den Bezug zum Dopaminsystem in Tierversuchen zur Selbstapplikation von elektrischen Reizen (Olds & Milner, 1954), später von Drogen und schloss daraus auf einen unmittelbaren Belohnungswert von Dopamin. Dies wurde gestützt durch die Tatsache, dass Tiere nach Gabe von Dopaminantagonisten nicht mehr für belohnende Effekte von positiven Stimuli arbeiteten, und dass die intracerebrale Selbstapplikation von Drogen nach Dopaminblockade nicht mehr auftrat. Dies führte zu der in der Dopaminliteratur reichhaltigen Beschreibung des dopaminmangelbedingten Anhedoniekonzepts (Willner, 1991).

b) Die simple Vorstellung von Dopaminmangel als Indikator der Anhedonie wurde von der Anreizmotivationstheorie (Robinson & Berridge, 1993) abgelöst, nach welcher die Erlangung des positiven Zieles mit Dopamin assoziiert ist, d.h. das „Wanting" und nicht das „Liking". Vor allem bekommen zunächst neutrale Reize, die mit einem Anreiz gekoppelt auftreten, durch Konditionierung eine Bedeutung (conditioned salience), die zur Aktivierung des mesolimbischen Dopaminsystems führt.

c) Neuere Befunde, die zeigten, dass auch die Verminderung aversiver Reize durch aggressive Akte mit Dopaminanstiegen verbunden sein kann (Depue, 1995; Ashby et al., 1999), als auch differenziertere Untersuchungen zu Effekten der Dopaminblockade legten den Schluss nahe, dass zwar eine Verzögerung des „Konsum"-Beginns, nicht jedoch die Menge des Konsums betroffen war, d.h. nicht die Quantität, sondern die Geschwindigkeit des Konsums wurde durch Dopaminmangel verändert (der Aktivitätsaspekt der Motivation, aber nicht die Zielorientierung der Motivation sind betroffen (Salamone et al., 1991)). Ferner bewirkte Dopaminmangel, dass Anstrengungen für optimale Reize (z.B. süßes Futter

durch Hebeldruck zu erlangen) nachließen, wohl aber leicht er-
reichbares, weniger attraktives Reizmaterial konsumiert wurde
(z.B. Trockenfutter im Käfig, Salamone & Correa, 2002). Dies
modifiziert noch einmal die Anreizmotivationstheorie der Dopaminfunktion und dürfte auch im Humanbereich eine wichtige
Erklärungsfunktion dafür bieten, dass bestimmte Menschen extreme Anstrengungen unternehmen, um besonders positive Verstärker zu realisieren, während sich andere mit weniger attrakti-
vem Erreichbarem zufriedengeben.

Hinweise zur Bedeutung des mesolimbischen Dopamins für positive
*Stimmung*szustände entnahm man

a) der euphorisierenden Wirkung dopaminagonistischer Substanzen,
    wie Amphetamin und Kokain (vgl. Übersicht bei Hutchinson et al.,
    1999).
b) der Beobachtung eines „antidepressiven" Effekts von dopaminer-
    gen Präparaten bei Tieren, die durch chronischen milden Stress in
    depressionsähnliche Zustände versetzt waren (Willner, 1991), und
c) der Beobachtung, dass durch Dopaminverarmung mit Hilfe der
    Synthesehemmung von Dopamin durch Alphamethylparatyrosin
    (AMPT) nicht nur Müdigkeit gesteigert, sondern auch die subjekti-
    ven Gefühle von Euphorie und Glück reduziert waren (Verhoeff et
    al., 2003) und auch andere Maßnahmen zur Dopaminblockade zur
    Affektreduktion führen (Übersicht bei Ashby et al., 1999). Man
    geht also davon aus, dass im mesolimbischen System sensorische
    Reize in motivationale mit positiv affektiver Valenz umgewandelt
    werden.

Dopaminverarmung hat entsprechend der Antriebs- und Aktivitäts-
reduktion dann auch negative Effekte auf den *kognitiven* Bereich. In
fast allen psychomotorischen, Aufmerksamkeits-, Problemlöse- und
Gedächtnistests ist die Leistung bei Dopaminmangel oder -blockade
im mesolimbostriatalen System ebenfalls reduziert (Verhoeff et al.,
2003; Rammsayer, 1998). Bei Lernprozessen wird Dopamin vor allem
in der Akquisitionsphase aktiviert, in späteren Lernphasen reduziert
sich die Feuerrate der DA-Neurone. Vor allem gewann die Erkenntnis
von DA als wahrnehmungssteuerndem Transmitter durch die Schi-
zophrenieforschung (s. 3.3.7) an Bedeutung, da sich herausstellte, dass
eine DA-Stimulation durch Agonisten oder DA-Überfunktion zu einem Verlust an sensorischer Bahnung („sensory gating") führen.

Wie sehr die Stimmungs-, Kognitions- und Antriebsapekte des mesolimbischen Dopaminsystems verknüpft sind, geht aus der Theorie von
Ashby hervor (Ashby et al., 1999), die aus reichhaltigen Belegen der
psychologischen Literatur den leistungs- und motivationsverbessern-
den Effekt von positiven Emotionen nachweist und dies durch die
neuroanatomische Vernetzung der für diese Funktionen relevanten
Hirnregionen durch mesolimbocorticale dopaminerge Bahnen belegt,
die ihren Ursprung in der ventrotegmentalen Area 10 (VTA) haben
(vergl. Abb. 3.12).

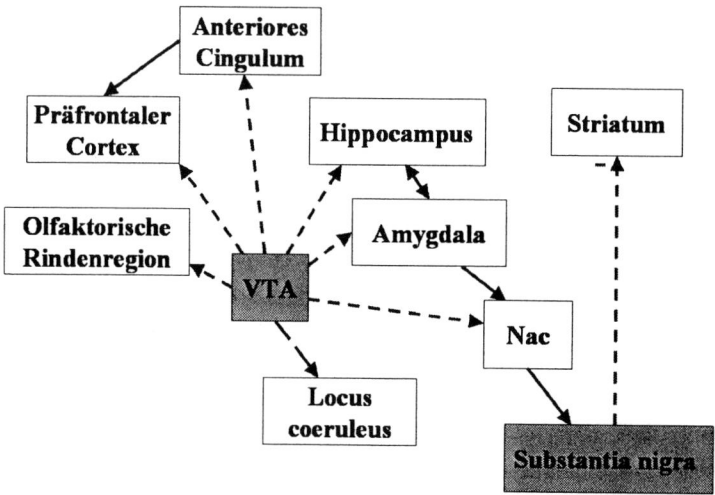

Abbildung 3.12: **Illustration der Zusammenhänge zwischen Hirn-
regionen mit dopaminergen Projektionen (grau:
Orte der DA-Produktion, gestrichelte Pfeile = DA-
Neurone, durchgezogenen Pfeile = andere Verbin-
dungen, VTA = Ventrotegmentale Region; Nac =
Nucleus accumbens (mod. nach Ashby et al., 1999).**

3. Das tuberoinfundibuläre System ist im Wesentlichen für die Frei-
    setzung von Prolaktin in der Hypophyse verantwortlich, wo direk-
    te dopaminerge Fasern über D2-Rezeptoren die Prolaktinprodukti-
    on in den prolaktinproduzierenden (mammotropen) Zellen des
    Hypophysenvorderlappens hemmen.

Außerdem stimuliert Dopamin die Sekretion des Wachstumshormons GH im Hypophysenvorderlappen durch Hemmung des Somatostatins im Hypothalamus. Dies wird aber vermutlich durch mesolimbische und nicht tuberoinfundibuläre Bahnen bewerkstelligt. Ein Wachstumshormonanstieg wird ebenso wie der Prolaktinabfall als Indikator für die Ansprechbarkeit des dopaminergen Systems verwendet.

3.3.7 Dopamin und Psychopathologie

Mit Störungen im Dopaminsystem sind eine Reihe von Erkrankungen assoziiert:

1. *Suchterkrankungen.* Sowohl aus dem Konzept von „Dopamin als Belohnung" als auch nach der Theorie der Anreizmotivation wurde Suchtverhalten mit dem dopaminergen System in Beziehung gebracht. Fast alle abhängigkeitserzeugenden Substanzen führen zur Erhöhung der dopaminergen Aktivität:

   - Kokain hemmt die Wiederaufnahme von DA in die präsynaptische Zelle
   - Amphetamin bewirkt eine erhöhte Freisetzung von DA, allerdings in Kombination mit Noradrenalinfreisetzung und Wiederaufnahmehemmung,
   - Nikotin und Cannabis bewirken eine Dopaminfreisetzung.

Aus Tierversuchen ist bekannt, dass die Menge an Dopamin im Nucleus accumbens unmittelbar vor der Selbstapplikation solcher Substanzen vermindert ist (Gerrits et al., 2002). Dies weist darauf hin, dass auch im Humanbereich die Sucht ggf. auf einer verminderten Dopaminproduktion beruht. Ihre Befriedigung führt nur zu kurzzeitigen DA-Anstiegen. Die konstante Applikation der dopaminfreisetzenden Substanzen führt jedoch zu einer Herunterregulation der dopaminergen Rezeptoren. Im Entzug kommt es dann zu einem vermehrten Verlangen nach der Substanz, gekoppelt mit dysphorischen und somatischen Entzugssymptomen. Es ist nicht geklärt, ob der verminderte Dopaminspiegel bei Suchterkrankungen genetisch determiniert oder durch frühe Lebenserfahrungen bedingt ist, wie Tierversuche zeigen, in denen eine frühe Deprivation vom Muttertier oder andere Stresserfahrungen zu einem vermehrten „drug seeking behavior" und erhöhter Selbstapplikation von Drogen führen (Meany et al., 2002).

2. Die Parkinson-Erkrankung. Sie beruht auf einer Degeneration der dopaminergen nigrostriatalen Neurone, vor allem in der pars compacta der Substantia nigra. Klinisch ist die Krankheit gekennzeichnet durch Bewegungsarmut (Akinese, Hypokinese), erhöhten Muskeltonus (Rigor) und Ruhezittern (Tremor), die durch unterschiedliche Mechanismen der nigrostriatalen Bahnen zum Thalamus erklärbar sind. Rigor und Tremor sind durch Degeneration der DA-Neurone im dorsalen Striatum (Nucleus caudatus und Putamen) bedingt, die Akinese durch den Untergang der DA-Neurone im ventralen Striatum (Nucleus accumbens). Eine Behandlung mit DA-Vorstufen (L-Dopa) oder DA-Agonisten (z.B. Lisurid, Bromocriptin) oder Inhibitoren der DA-abbauenden Enzyme (MAO-B-Hemmer) führt zumindest zu Beginn der Erkrankung zur Verminderung von Rigor, Tremor und Akinese, kann aber aufgrund der Hypersensibilität der verbleibenden DA-Rezeptoren zur Auslösung von unwillkürlichen Bewegungen und Bewegungsstereotypien führen. Wenn die Degeneration auch den Nucleus accumbens erfaßt oder gelegentlich sogar in dieser Region beginnt, kann die Erkrankung auch mit Depression einhergehen oder beginnen.

3. Eine andere Erkrankung resultiert aus der DA-Verarmung des Nucleus subthalamicus der Basalganglien, dessen Ausfall eine Hyperkinese (Ballismus) bei der *Chorea Huntington* verursacht. Wichtig ist, dass bei diesen Erkrankungen auch die anderen Transmitter betroffen sind, die an der Funktion der Basalganglien beteiligt sind, vor allem GABA und Glutamat.

4. *Die Schizophrenie*. Die Schizophrenie ist, wie in Punkt 3.3.1 dargelegt, schon in den 60er Jahren mit dem DA-System in Zusammenhang gebracht worden, vorwiegend aufgrund der Tatsache, dass fast alle pharmakologischen Substanzen, die sich beim Einsatz gegen die Erkrankung als wirksam erwiesen, mit einer Blockade der DA-Rezeptoren einhergehen. Da diese Neuroleptika jedoch oft nach längerer Applikation extrapyramidalmotorische Störungen verursachten, wurden neuere Substanzen (so genannte Atypika) entwickelt, die durch eine geringere Affinität zum D2-Rezeptor gekennzeichnet waren und auch auf 5-HT-, Histamin-, Acetylcholin- und α-Rezeptoren wirkten. Die Tatsache, dass auch diese Substanzen zur Schizophreniebehandlung geeignet waren, ließen Zweifel an der reinen kausalen DA-Schizophrenie-Assoziation aufkommen. Heute geht man eher davon aus, dass nicht eine simple quantitative Auslenkung der Produktionsrate, sondern eine Dysbalance der Neurotransmitter für die Erkrankung verantwortlich ist.

5. *Das Gilles-de-la-Tourette-Syndrom*. Klinisch ist die Erkrankung gekennzeichnet durch multiple Tics, d.h. unwillkürliches Zucken von Muskeln und Extremitäten, Augenblinzeln, Räuspern oder unwillkürliche Körperbewegungen. Die Erkrankung tritt im Kindes- oder Jugendalter auf. Auch diese wird mit einer Störung der Basalganglien in Zusammenhang gebracht und lässt sich mit Neuroleptika, die auch zur Schizophreniebehandlung eingesetzt werden, behandeln.

6. *Das Aufmerksamkeits-Hyperaktivitäts-Syndrom*. Die Erkrankung besteht in der Kombination von extremen Aufmerksamkeits- und Konzentrationsstörungen einerseits und einer Hyperaktivität und motorischen Unruhe andererseits und entwickelt sich in den ersten fünf Lebensjahren. Später geht diese Symptomatik meist in erhöhte Impulsivität, oft auch in Drogenkonsum und Kriminalität über. Aus der Tatsache, dass die Behandlung mit einem Dopaminagonisten, Methylphenidat (= Ritalin) bei einigen dieser Kinder erfolgreich war, wurde geschlossen, dass es sich um einen Dopaminmangel handele. Dies konnte durch niedrige Urinwerte des DA-Abbauproduktes HVA bei dieser Erkrankung bestätigt werden. Es spielen aber auch Defizite im serotonergen und möglicherweise auch im noradrenergen System bei dem Syndrom eine entscheidende Rolle, die determinieren, ob mehr nur die motorische Hyperaktivität oder auch aggressives und antisoziales Verhalten im Vordergrund stehen.

7. *Depression*. Obwohl die meisten Substanzen zur Depressionsbehandlung eher auf den Ausgleich einer Dysbalance im noradrenergen und serotonergen System ausgerichtet sind, gibt es viele Hinweise, vor allem aus Tieruntersuchungen, dass depressionsähnliche Symptome durch Dopaminverarmung hervorgerufen werden können. Auch fand man bei Tieren, die das Verhalten der gelernten Hilflosigkeit zeigten, eine Dopaminverarmung im Nucleus caudatus und Nucleus accumbens. Im Humanbereich wurde, wie bereits unter 3.3.6 beschrieben, das Anhedoniesyndrom mit einem Dopaminmangel in Verbindung gebracht. Einen Hinweis auf Depressionsentwicklung bei Dopaminmangel entnimmt man auch der Tatsache, dass Parkinsonpatienten zum Teil eine Depression entwickeln (s.o.).

3.3.8 Dopamin und Persönlichkeit

Weil die Messung von Abbauprodukten im Blut (z.B. HVA) nur bedingt etwas über den Hirnstoffwechsel aussagt und auch selten Persönlichkeits-

unterschiede im unstimulierten Zustand hervorbringt, basieren die Ergebnisse zu Dopamin und Persönlichkeit fast ausschließlich auf Challenge-
Tests mit Dopaminagonisten, -Antagonisten oder -Synthesehemmern.

Die ersten Hinweise auf DA-assoziierte individuelle Differenzen kamen
aus der Tierforschung (Cools, 1980; 1987; Cools et al., 1990; Cools et al.,
1991). Hier ließen sich Rattenstämme mit starker und geringer Ansprechbarkeit auf den DA-Agonisten Apomorphin unterscheiden, die in vielen
Eigenschaften mit anderen Rattenstämmen vergleichbar waren, die sich
durch starke und geringe Ansprechbarkeit auf neue Reize, Kokain oder
Amphetamin unterschieden (Piazza & LeMoal, 1996). Mit Hilfe von
Mikrodialysestudien im Gehirn ließen sich folgende Zusammenhänge
beobachten (Abb. 3.13). Eine hohe Empfindlichkeit gegenüber dem Dopaminagonisten Apomorphin war mit verminderter Flexibilität im Verhalten,
aber auch mit stärkerer noradrenerger und Cortisolreaktion auf Stress und
höherer Lerngeschwindigkeit verbunden (Cools, 2003).

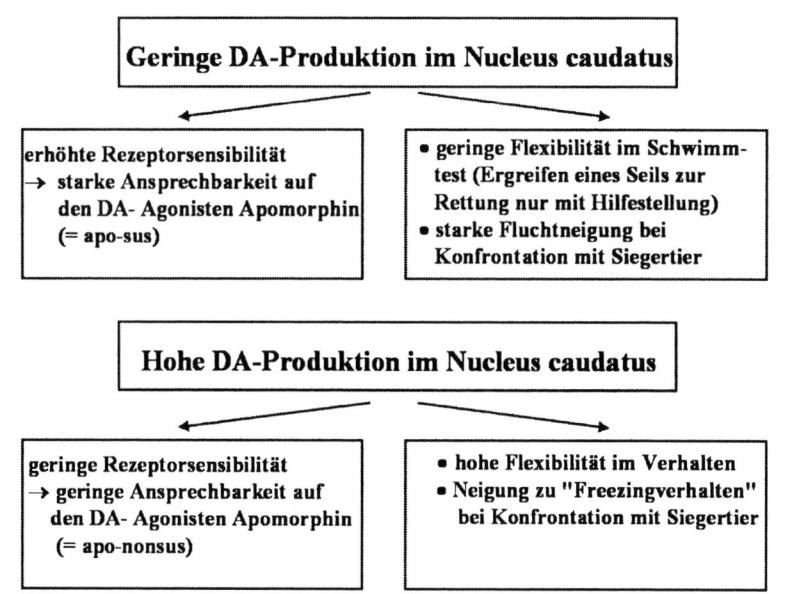

Abbildung 3.13:   Zusammenhang zwischen DA-Produktion, Apo-
morphinempfindlichkeit und Verhalten im Tierversuch (Cools, 1980; 1987; Cools et al., 1991).

3.3.8.1 Dopamin und Neurotizismus / Ängstlichkeit / Depressivität

Aus der Tierforschung und Psychopathologie weisen folgende Phänomene auf eine Beziehung von Dopamin zu Neurotizismus (N), Ängstlichkeit und Depressivität hin:

1. die im Tierversuch beobachtete mangelnde Verhaltensflexibilität bei DA-Verarmung oder -blockade (s.o., Cools, 1980). Da mangelnde Flexibilität auch ein besonderes Kennzeichen von Neurotizismus ist (vgl. Hennig et al., 1996, 1998; Netter et al., 1998a), liegt die Beziehung zum Neurotizismus nahe.
2. Die Beziehung zu Angst ist durch die physiologische Stressreagibilität der Apomorphin-empfindlichen Tiere nahe gelegt (Cools, 2003), obwohl das Verhalten der Apo-sus-Ratten in Angsttests eher auf eine geringere Vermeidung stressinduzierender Situationen hinwies.
3. Auf eine Beziehung zur Depression deuten
   a) die Tierstudien zur depressiogenen Wirkung von mildem chronischem Stress (z.B. Willner, 1991);
   b) die Antriebsverarmung, Müdigkeit und Leistungsverschlechterung durch DA-Mangel (z.B. nach Alphamethylparatyrosin (Rammsayer, 1998));
   c) die in der manischen Phase der bipolaren Depression und bei dopaminerg wirksamen Substanzen, wie Amphetamin, beobachtbare Euphorie und Antriebssteigerung und ihre Reduktion durch DA-Antagonisten (z.B. Fibiger, 1991).

Zum Gesamtkonstrukt *Neurotizismus* (N) gibt es nur eine Reihe älterer Untersuchungen, die keine Hormonreaktion, sondern subjektive und Leistungsveränderungen unter DA-Antagonisten (Neuroleptika) und DA-Agonisten (Stimulantien) bei Personen mit hohen und geringen N-Werten untersucht haben. Wechselwirkungen zwischen N und Substanzen weisen darauf hin, dass hoch neurotische Vpn (N+) im Vergleich zu psychisch Stabilen (N-) bei geringeren Dosen von DA-Blockern (Promazin, Haloperidol, Flupentixol) subjektiv aktivierter, emotional stabiler und in der motorischen Leistung verbessert wurden, nicht aber bei Dosiserhöhung derselben Substanz, während die psychisch Stabilen auf DA-Blockade subjektiv desaktivierter und labiler wurden (Janke, 1964; Rösler et al., 1986).

Auch bei DA-Stimulation fand sich eine Dosisabhängigkeit: hier reagierten die N+ im Vergleich zu N− erst bei der höheren Dosis von Dextroamphetamin (Iderström & Schalling, 1970) mit Verbesserung der Reaktionsgeschwindigkeit und zeigten bei der höheren Dosis von Methylphenidat (Janke, 1964) eine Erhöhung der subjektiven Aktivität und feinmotorischen Leistung. Psychisch Stabile zeigten auf Dextroamphetamin in der Vigilanz (Flimmerverschmelzungsfrequenz) und auf Methylphenidat in der Reaktionsgeschwindigkeit auf beide Drogen unter beiden Dosierungen eine Verbesserung.

Auffällig an diesen Befunden ist, dass auch die Dopaminblockade bei N+ mit einer Leistungs- und subjektiven Verbesserung beantwortet wurde. Leider kann man nur spekulieren, dass es sich dabei um eine erhöhte Sensibilität präsynaptischer Rezeptoren bei N+ handelt, die zu einer verminderten Dopaminfreisetzung führen würde. Die sensibleren präsynaptischen Rezeptoren würden dann auch bei DA-agonistischer Einwirkung zunächst die Dopaminproduktion vermindern und daher erst bei höheren Dosen zu der beobachteten Leistungsverbesserung führen. Wie gesagt, dies liegt aber im Reich der Spekulation, da es keine direkteren Maße der Dopaminsensitivität gibt.

Das Teilkonstrukt *Ängstlichkeit* ist kaum direkt mit dem DA-System in Verbindung gebracht worden. Dort, wo zur Spezifizierung der DA-Beziehung zu anderen Konstrukten (Novelty Seeking, siehe später) auch die Harm Avoidance im Sinne Cloningers zur PRL- oder GH-Antwort auf dopaminagonistische Stimulation in Beziehung gesetzt wurde, waren die Korrelationen in der Tat insignifikant (z.B. Gerra et al., 2000b; Hansenne & Anseau, 1998). Das Gleiche gilt für die Ergebnisse mit einem dopaminergen Challenge-Test in Bezug auf Neurotizismus und negative Emotionalität in den Untersuchungen von Depue (1995). Die Beziehung zur *Depressivität* wird deswegen kontrovers diskutiert,

a) weil die Befunde aus dem Tierbereich (siehe oben) nahegelegt hätten, dass dopaminerg wirksame Substanzen auch antidepressiv wirken (was kaum der Fall ist), und

b) klinische Befunde vorliegen müssten, dass Schizophrene niemals depressiv und Depressive niemals schizophren sind, was nicht mit psychiatrischen Diagnosen übereinstimmt;

c) weil auf Apomorphin oder L-Dopa kaum veränderte GH-Anstiege oder PRL-Absenkungen bei Depressiven im Vergleich zu Gesunden beobachtet wurden (Insel & Siever, 1981).

Es gibt jedoch eine Reihe von Hinweisen, dass DA doch mit Depression im Zusammenhang steht:

1. Einzelne Arbeiten finden auf dopaminerge Stimulation mit Apomorphin bei Depressiven eine geringere Prolaktinantwort (Anseau et al., 1988, Pitchot et al., 2003);

2. in der CSF von Depressiven wurde in einigen Untersuchungen ein

erniedrigter Spiegel von HVA (vgl. Abschnitt 3.3.2) gefunden (Sjostrom & Roos, 1972; van Praag & Korf, 1975; Goodwin et al., 1970).

3. Einige Antidepressiva, die über den Mechanismus der NA- und 5-HT-
   Wiederaufnahmehemmung wirken, senken auch die Sensitivität präsyn-
   aptischer DA-Rezeptoren (was die Freisetzung von DA durch den
   Wegfall der Hemmung begünstigt; Chiodo & Antelman, 1980);

4. DA-Blocker (Neuroleptika) eigneten sich zur Behandlung der Manie,
   dem Gegenpol der Depression (Shopsin et al., 1974)

5. Der euphorisierende Effekt von DA-Wiederaufnahmehemmern/ -frei-
   setzern wie Amphetamin und Methylphenidat (die allerdings auch
   beide eine NA-Wiederaufnahmehemmung bewirken) können durch
   einen DA-Antagonisten aufgehoben werden (Gunne et al., 1972).

6. Auch lassen sich durch niedrige Dosen von (nur präsynaptisch wirksamen) DA-Agonisten Verbesserungen vor allem der motorischen
   Verlangsamung bei der Depression und bei der Negativsymptomatik
   der Schizophrenie erzielen.

7. Dopaminrezeptorbindungsstudien mit Hilfe von SPECT zeigten eine
   höhere DA-Bindung im rechten Striatum bei Depressiven ium Vergleich zu Kontrollen, was auf eine reduzierte Dopaminfunktion im
   Striatum und zugleich bedeutsame Lateralitätseffekte hinweist (Shah et
   al., 1997).

Insgesamt darf gesagt werden: Bisher legen im wesentlichen Tierstudien
und auch einige klinische Studien den Zusammenhang zwischen DA-
Verarmung und Anhedonie nahe. Aber die Dopaminansprechbarkeit bei
gesunden Personen mit hohen Depressionswerten ist noch zu wenig untersucht.

3.3.8.2 Dopamin und Extraversion / Abwechslungssuche

Entsprechend der Theorie des DA als Transmitter für die Anreizmotivation sind auf der Ebene von Persönlichkeitseigenschaften Beziehungen des
DA zur Extraversion und zur Abwechslungssuche (Novelty Seeking und
Sensation Seeking) nahe gelegt. Die Untersuchung der Beziehung von DA
zu Extraversion muss jedoch im Auge behalten, dass die Extraversion in
verschiedenen Studien Unterschiedliches umfasst:

- nur die positive Emotionalität (PEM sensu Tellegen)
- das ursprüngliche Konstrukt im Sinne Eysencks aus dem EPI, das noch
  Items der Impulsivität enthält
- die Extraversion aus dem EPQ, die im Wesentlichen Items wie Geselligkeit, Lebhaftigkeit und Selbständigkeit enthält

- nur Geselligkeit.

Im Modell von Depue des „Behavioral Facilitation"-System (BFS) wird stringent hergeleitet, dass eine hohe DA-Aktivität nur geringe Reize braucht, um ein Verhalten auszulösen (Depue, 1995; Depue & Collins, 1999). Er stützt sich dabei auf die Vorstellung, dass das BFS mit positiver Emotionalität (PEM) im Sinne von Tellegen assoziiert ist, welche er als agentische Extraversion bezeichnet (Wohlgefühl, soziale Aktivität und Potenz und Leistungsmotivation). Die Beziehung von PEM zu DA wurde von Depue zuerst in einer Studie (Depue et al., 1994) an 11 weiblichen Vpn mit hohen oder geringen PEM-Werten belegt, bei denen die PRL-Absenkung auf den D2-Agonisten Bromocriptin bei Personen untersucht wurde. Allerdings waren diese Personen auch nach hohen und niedrigen Werten auf der Constraint-(= Kontrolliertheits-)Skala von Tellegen ausge-wählt. PEM+-Personen mit niedriger Kontrolliertheit reagierten stärker und später als solche mit geringen PEM-Werten und hoher Kontrolliertheit (vgl. Abb. 3.14).

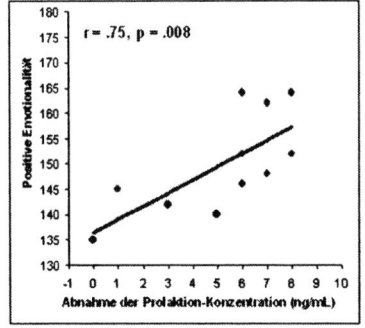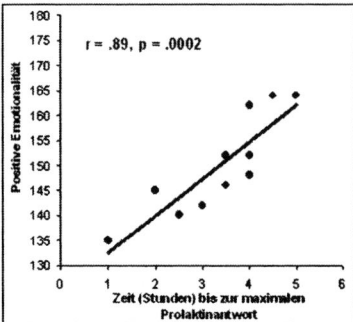

Abbildung 3.14:   **Korrelationen zwischen Positiver Emotionalität und Prolaktinantwort (links: mit Stärke, rechts: mit Zeitpunkt der max. Reaktion) nach Depue et al. (1994).**

Dieser Befund konnte auch in späteren Arbeiten mit anderen Facetten der Extraversion belegt werden. Die meisten Autoren fanden sowohl stärkere Absenkungen von Prolaktin als auch stärkere Anstiege von Wachstums-hormon bei der Verabreichung von Dopaminagonisten, wie Bromocriptin, Apomorphin, Methylphenidat und Lisurid, wobei neben der Extraversion auch das Konstrukt Novelty Seeking einbezogen wurde (Tab. 3.11).

Tabelle 3.11: **Ergebnisse zu Dopamin-Challenge-Tests im Bezug zu Extraversions-korrelierten Persönlichkeitsdimensionen**

Autor / Jahr	Challenge-Testsubstanz und Indikator	Stich-probe (n)	Persönlichkeits-maß	Ergebnis	p
Depue et al., 1994	Bromo + PRL + Blinzelrate	11 (w)	PEM hoch (Tellegen) + Contraint niedrig	r = .75	.008
Depue, 1995	Bromo + PRL	80 (m + w)	PEM (Tellegen) Wellbeing Achievement E (Eysenck)	r = .60 r = .63 r = .59 r = .31	< .001 < .001 < .001 ns.
Hansenne et al., 2002	Apomorphin + GH	21 (18 m, 3 w)	NS (Cloninger)	r = .47	.003
Gerra et al., 2000	Bromo + GH, PRL	22 Ge-sunde (m)	NS (Cloninger)	GH r = .426 PRL r = .498	< .005 <.001
Wiesbeck et al., 1995	Apomorphin + GH	20 ab-stinente Alkoho-liker (m)	NS (Cloninger)	r =.47	.035
Morrone-Strupinsky, 2002	Methyl-phenidat + GH		PEM (Tellegen)	PEM+ > PEM −	<.001
Reuter et al., 2002	Lisurid (=Ag) Fluphenazin (= Antag) + PRL	36 (m)	E aus EPQ (Eysenck) ES, TAS aus SS (Zuckermann)	PRL↑ E+ > E− bei FLU PRL↓ ES+ > ES− bei LIS	
Wiesbeck et al., 1996	Apomorphin + GH	abstinen-te Alko-holiker	BS (Zuckermann)	BS+ > BS−	

NS = Novelty Seeking, E = Extraversion, BS = Boredom Susceptibility, SS = Sensation Seeking, ES, TAS = Experience Seeking + Thrill and Adventure Seeking

Es wurde meist zugleich die Spezifität dieser Beziehung bewiesen, indem wesentlich geringere Korrelationen zu Harm Avoidance and Reward Dependence resp. zu Angst oder Neurotizismus in den entsprechenden Untersuchungen nachgewiesen wurden (Gerra et al., 2000; Depue, 1995) und ebenfalls eine mangelnde Beziehung der Extraversion zu Provokationstests mit serotonergen und noradrenergen Substanzen (Depue, 1995).

Die Befunde zu den Hormonreaktionen bestätigen eine Fülle von Untersuchungen, bei denen Novelty Seeking auch im Kontext mit euphorisierenden Effekten auf Alkohol und Amphetamin untersucht wurde, die beide eine DA-Freisetzung bewirken. Hier zeigte sich, dass sich auch auf der subjektiven Ebene Personen mit hohen NS-Werten als stärker reagibel erweisen (vgl. Hutchinson et al., 1999).

Es ergibt sich also ein recht einheitliches Bild: Der stärkere Prolaktinabfall resp. Wachstumshormonanstieg ist nach obigen Befunden ein Charakteristikum sowohl für die positive Emotionalität als auch für die Abwechslungssuche und Extraversion. Dies spricht dafür, dass sowohl das tuberoinfundibuläre Dopaminsystem, das für die PRL-Sekretion verantwortlich ist, als auch die DA-Rezeptoren im Hypothalamus, die für die Somatostatinhemmung und damit für die GH-Freisetzung verantwortlich sind, stärker bei dieser Personengruppe ansprechen. Dies wird von Cloninger (1988) und auch von anderen Autoren (Gerra et al., 2001a; Hansenne et al., 2002) als Hinweis auf eine verminderte DA-Produktion und folglich erhöhte Rezeptorzahl und -empfindlichkeit gewertet, was mit Eysencks Idee des „underarousal" von Extraversion kompatibel wäre. Es muss aber im Auge behalten werden, dass eine erhöhte Responsivität nicht nur als Folge einer geringen Substratproduktion gesehen werden muss, sondern auch genetische oder entwicklungsbiologische Ursachen haben kann. Es gibt nämlich auch Belege dafür, dass bei Extravertierten die Rezeptorzahl vermindert ist. So haben Rezeptorbindungsstudien für radioaktive Liganden mit Hilfe der PET-Technik für eine ganz spezifische Hirnregion, die rechte Insel, die reich an D2-Rezeptoren ist, eine hochsignifikante negative Korrelation der Rezeptordichte mit Novelty Seeking ($r = -0.67$, $p < .01$) bei 24 Männern ergeben (Suhara et al., 2001). Die Autoren schließen daraus auf eine mögliche hohe eigene DA-Produktion in dieser Region. Dies wird durch Studien zur Hirndurchblutung in dieser Region gestützt, die erhöhte Werte bei Extravertierten fanden (Johnson et al., 1998). Ferner scheint die Responsivität auf dopaminerge Substanzen auch von ihren Wirkmechanismen abzuhängen, denn Extraversion war mit einer verminderten GH-Antwort auf den DA-Wiederaufnahmehemmer Mazindol verbunden in einer Studie mit gesunden männlichen Probanden (Hennig, 2003).

Wie aber fügen sich Befunde aus Studien ins Bild, bei denen ein Antagonist als Provokationstest und Leistungsmaße als abhängige Variablen verwendet wurden?

Sowohl bei der Verabreichung des Dopaminsynthesehemmers Alpha-methylparatyrosin (AMPT; Rammsayer et al., 1993) als auch bei einem Challenge-Test mit Remoxiprid, einem mesolimbisch angreifenden D2-Antagonisten, wurden die Introvertierten in ihrer sensorischen Reaktionszeit (lift-off time) beeinträchtigt, während Extravertierte in ihrer Leistung unbeeinflusst blieben. Rammsayer interpretiert dies als eine größere Toleranz Extravertierter gegenüber einer Störung des dopaminergen Systems. Dies gilt vor allem vermutlich für Dopaminverarmung, die generell Müdigkeit und Antriebsmangel auslöst.

Dem stehen allerdings Befunde mit dem stärker wirksamen D1-D2-Antagonisten Haloperidol von Corr et al. (1997) gegenüber. Hier verschlechterte sich die Leistung beim prozeduralen Lernen von Extravertierten und verbesserte sich bei Introvertierten. Allerdings wurde hier die für Gesunde hohe Dosis von 5 mg Haloperidol verabreicht. Als Erklärung dieser Befunde wurde das Yerkes-Dodson-Gesetz herangezogen, nach welchem Introvertierte aus einer Übererregung heraus durch eine erregungsdämpfende Substanz auf ihr optimales Erregungsniveau gebracht werden. Dies untermauern die Autoren durch die Befunde zur Vigilanzleistung (gemessen mit der Flimmerverschmelzungsfrequenz), bei der ebenfalls Introvertierte ihre Leistung unter Haloperidol verbesserten, allerdings waren diese hier gleichzeitig durch niedrige Impulsivitätswerte gekennzeichnet. Die scheinbar widersprüchlichen Ergebnisse zeigen,

- dass Hormone und Leistungsmaße nicht unbedingt parallel beeinflusst werden
- dass die Definition des Persönlichkeitskonstruktes eine Rolle spielt
- dass ggf. die Sensibilität gegenüber Dopaminagonisten und -antagonisten für verschiedene Persönlichkeitsbereiche charakteristisch ist (vgl. Tab. 3.11, Reuter et al., 2002)
- dass vermutlich auch die Wirkungsstärke der Testsubstanz und ihr Angriffsort in verschiedenen Dopaminsystemen eine Rolle spielt.

3.3.8.3. Dopamin und Psychotizismus

Durch die enge Verknüpfung der Störung des dopaminergen Systems mit der Schizophrenie liegt es nahe, schizophrenieverwandte Konstrukte auf ihren Bezug zur Dopaminansprechbarkeit zu untersuchen. Es gibt jedoch in erster Linie nur indirekte Befunde, die auf eine Beziehung von DA zum Psychotizismuskonstrukt hinweisen.

1. Die Prepulse inhibition (PPI) ist ein Phänomen, das in der verringerten Amplitude der Schreckreaktion auf einen Reiz besteht, wenn diesem ein „Präpuls" von geringerer Intensität etwa 100 msec vorausgeht. Diese Hemmung durch einen Vorreiz, d.h. die Bahnung der Bedeutsamkeit eines Reizes, ist bei Schizophrenen verloren. Sie lässt sich durch Neuroleptika (DA-Blocker) wieder herstellen und bei Gesunden durch DA-Agonisten erzeugen. Ähnliches gilt für ein verwandtes Phänomen, die latente Inhibition.
   Eine gestörte PPI findet sich auch bei Personen mit hohen Psychotizismus- (P-) und Schizotypiewerten (Kumari et al., 1997; Simons & Giardina, 1992), allerdings auch bei Personen mit hohen Werten im Novelty Seeking nach Cloninger (Hutchinson et al., 1999).

2. Es gibt Befunde aus Studien mit bildgebenden Verfahren (SPECT), dass Personen mit hohen P-Werten eine verringerte DA-Rezeptor-Bindung aufweisen (Gray et al., 1994), was auf eine Rezeptor-Downregulation infolge einer erhöhten DA-Produktion hinweisen würde. Dies gilt vor allem für die Eigenschaft Detachment (die mit der P-Dimension verknüpfte Gefühlskälte und Störung affektiver sozialer Beziehungen). Diese war speziell mit einer verminderten D2-Dichte im Putamen signifikant assoziiert (Farde et al., 1997; Breier et al., 1998).

Gray (1999) sieht hierin den Hinweis darauf, dass eine gesteigerte DA-Freisetzung im Nucleus accumbens Wahrnehmungsprozesse auf dem Wege über das ventrale Pallidum zu thalamokortikalen Wahrnehmungsbahnen resp. -zentren beeinflusst und daher eher mit der P- als der Extraversions-Dimension assoziiert sein sollte. Wie aber bereits dargestellt, hat DA sehr vielfältige Funktionen, und es wäre mit den Vorstellungen von Gray vereinbar, dass neben motorischen Bahnen, wie sie von Depue für das „behavioral facilitation system" postuliert werden, auch sensorische Bahnen vom Nucleus accumbens zum Thalamus und Kortex führen und dort für die sensorischen Funktionen und Störungen verantwortlich sind.
   Eine Untersuchung zu DA und der Psychotizismus-Dimension mit einem Challenge-Paradigma wurde mit dem DA-Releaser und Wiederaufnahmehemmer Amphetamin vorgenommen (Corr & Kumari, 2000). Hier wurde allerdings nicht die Hormonantwort, sondern die Veränderung von den drei emotionalen Zustandsfaktoren Erregung (tense arousal), Aktivierung (energetic arousal) und positive Stimmung (hedonic tone) bei Personen mit hohen und geringen P-Werten (P+/P-) gemessen. Abbildung 3.15 zeigt die Regressionsgeraden der Korrelationen zwischen der P-Dimension und emotionaler Erregung resp. Aktivierung unter Ampheta-

min und Placebo. Im Vergleich zu den unter Placebo gemessenen Werten werden P+ Personen unter Amphetamin offenbar desaktivierter und emotional erregter, während P– Personen durch Amphetamin aktiver und weniger verspannt werden. Entsprechende Varianzanalysen hatten signifikante Wechselwirkungen zwischen P und Präparat ergeben.

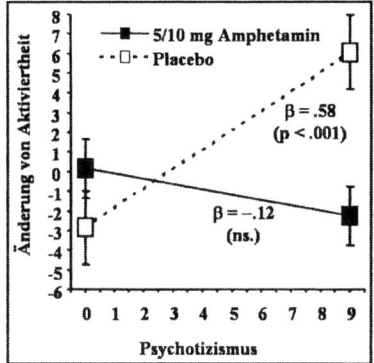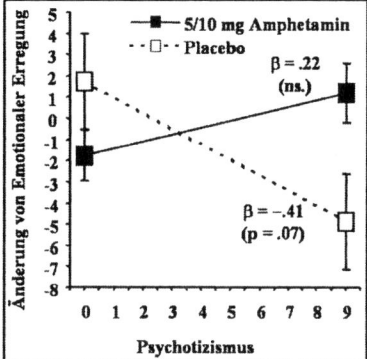

Abbildung 3.15: **Regressionsgeraden + SEM der Regression für die Korrelationen zwischen Psychotizismus (aus EPQ) und Stimmungsänderung (nach minus 90 Minuten vor Substanzgabe) unter Placebo und Amphetamin (5 und 10 mg kombiniert) (n = 32 Männer + 31 Frauen, Crossover); links: Aktiviertheit; rechts: Emotionale Erregung (mod. nach Corr & Kumari, 2000).**

Dies Ergebnis würde zu der Hypothese passen, dass hohe P-Werte ohnehin mit höherer Dopamin-Aktivität assoziiert sind, die durch weitere DA-Freisetzung zu Zuständen schizophrenieähnlicher Erregung führen, während die stimulierende und positive Wirkung des Amphetamins nur bei Personen mit niedrigen P-Werten sichtbar wird.

Sicher muss gerade bei der P-Dimension, wie sie in Eysencks EPQ gemessen wird, daran erinnert werden, dass das Konstrukt mit der Schizophrenie nur noch die Eigenwilligkeit und mangelnde soziale Anpassung gemeinsam hat, jedoch nicht mehr die kognitive Störung. Dies ist mehr durch die Schizotypie repräsentiert, die aber bisher nur zur PPI, jedoch nicht mit direkten DA-Bindungs- oder -Challenge-Studien in Beziehung gesetzt wurde.

3.3.8.4 Dopamin und Aggressivität/Impulsivität

Nach der Theorie von Gray wird die Impulsivität als Mischung von Extraversion und Neurotizismus aufgefasst und mit dem Behavioral Activation-
System (BAS) in Verbindung gebracht. Daher sollte sie eine spezifische
Affinität zum dopaminergen System haben, wie es von Gray postuliert
wird. Leider ist in den meisten Konstrukten zum Novelty Seeking die
Impulsivität als Unteraspekt eingearbeitet (z.B. bei Cloninger TPQ, NS2
= Impulsivität, Subfaktor der Novelty-Seeking-Skala). So ist es schwierig,
die Spezifität von Impulsivität und dopaminerger Ansprechbarkeit zu
prüfen. Auch Gray selbst hat dieses Konzept nicht empirisch mit Hilfe von
Stimulationstests untersucht. Wohl aber gibt es eine Reihe von Hinweisen
zur Beziehung des dopaminergen Systems zur Aggressivität aus Tierstudien. Es zeigte sich, dass dopaminerge Stimulation mit DA-agonistisch
wirksamen Substanzen durch Isolation oder Fußschock induziertes aggressives Verhalten verstärken konnte (Singhal & Telner, 1983; Eichelman, 1987) und DA-Antagonisten dieses reduzierten (Kostowski, 1978).
Auch gibt es Untersuchungen darüber, dass bei Aggressionsinduktion
Dopamin ansteigt, und dass Ratten, die als starke Kämpfer klassifiziert
wurden, höhere Dopaminspiegel in verschiedenen Hirnregionen aufwiesen
(Barr et al., 1979), was auf individuelle Differenzen der DA-Produktion
hinweist.

Eine Untersuchung mit einem Provokationstest bei gesunden Probanden mit dem Dopaminantagonisten Haloperidol und der dopaminago-
nistisch wirkenden DA-Vorstufe L-Dopa (Netter & Rammsayer, 1991)
ergab eine positive Korrelation zwischen dem Wert auf der FPI-Aggres-
sionsskala und der Leistungsverschlechterung in der durchschnittlichen
sensorischen Reaktionszeit und ihrer Streuung unter L-Dopa ($r = .44$ resp.
$r = .50$) und im Gegensatz dazu keine Leistungsbeeinträchtigung resp. für
die Streuung der sensorischen Reaktionszeit eine Leistungsverbesserung
unter Haloperidol ($r = -.08$, (nicht signifikant) resp. $r = -.38$). Auch das
subjektive Gefühl der Konzentriertheit war bei Agonist und Antagonist
gegensätzlich mit Aggressivität assoziiert ($r = + .36$ bei L-Dopa und $r =
-.36$ bei Haloperidol). Dies besagt, dass die dopaminagonistische Wirkung
im Leistungsbereich verschlechternd, im subjektiven Bereich eher ver-
bessernd bei hoch Aggressiven wirkte im Gegensatz zu einer umgekehrten
Konstellation bei niedrig Aggressiven. Es wurde zusätzlich eine Aufgliederung des Aggressionskonstruktes in Teilaspekte vorgenommen. Vor
allem die Subskala Empfänglichkeit für Langeweile (Boredom Susceptibility, BS, aus den Sensation-Seeking-Skalen), die nach Zuckerman eine
besonders enge Beziehung zum P-Faktor hat, war mit der Dopaminan-

sprechbarkeit assoziiert. Personen mit hohen Werten auf der Skala BS waren in Bezug auf ihre Reaktionszeitleistung und die Leistung in der Flimmerverschmelzungsfrequenz deutlich weniger durch den Antagonisten Haloperidol beeinträchtigt als Personen mit niedrigen Werten, während sie durch die DA-Vorstufe L-Dopa eher eine Leistungsverschlechterung zeigten. Ein Beispiel für den Mittelwert der sensorischen Reaktionszeit zeigt Abbildung 3.16.

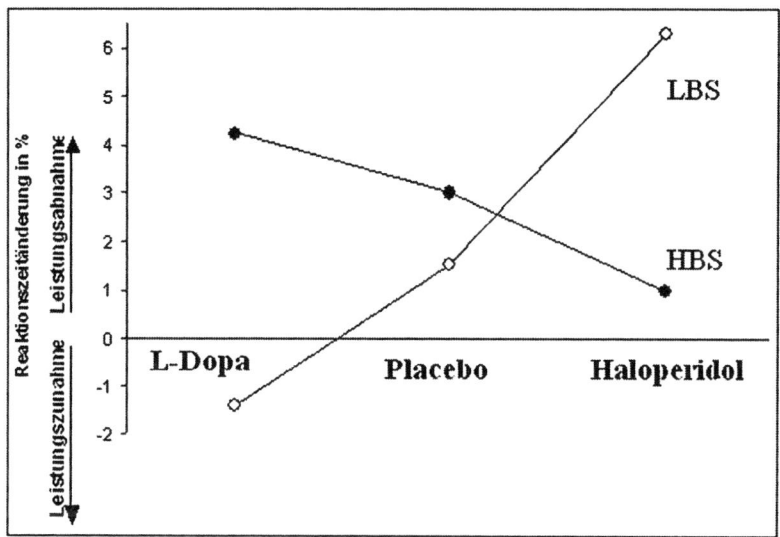

Abbildung 3.16: **Prozent-Änderung in der sensorischen Reaktionszeit (lift-off-Zeit) bei Personen mit hohen (HBS) und geringen Werten in Empfänglichkeit für Langeweile (LBS) unter der DA-Vorstufe L-Dopa, Placebo und dem DA-Antagonisten Haloperidol (36 Männer, Crossover) nach Netter & Rammsayer (1991).**

Dieses würde, wie die Ergebnisse zur Extraversion, darauf hinweisen, dass diese Personengruppen toleranter gegen eine Blockade ihres Dopaminsystems sind. Die Tatsache, dass sie bei agonistischer Stimulation eher eine Leistungsverschlechterung zeigen, passt zu den Ergebnissen mit Amphetamin bei Personen mit hohen Psychotizismuswerten (Corr & Kumari, 2000), d.h. dass ggf. ihr bereits hoher Dopaminspiegel sich bei weiterer agonistischer Stimulation im Sinne der Befunde zur Schizophrenie eher verschlechtert.

Der Unterschied zwischen der Reagibilität der Extravertierten und den Ergebnissen zur P- und Aggressionsdimension würde darin bestehen, dass bei Extravertierten eher ein Dopamindefizit zur Abwechslungssuche führt, bei den Psychotizismus- und aggressionsgeprägten Personen aber eher ein hohes Grundniveau an dopaminerger Produktion vorhanden sein dürfte, wie auch die Studien zur Rezeptorbindung mit Hilfe der SPECT-Technik gezeigt hatten (Gray et al., 1994; Breier et al., 1998; Farde et al., 1997).

Wenn man, wie Zuckerman es behauptet, die BS-Skala als Indikator für einen höheren P- oder auch Aggressionswert einschätzen darf, so würde dies dafür sprechen, dass das dopaminerge System nicht nur auf positive Stimuli und die Belohnungsmotivation anspricht, sondern auch aktiviert wird, wenn aggressive oder negative Reize auf das Individuum einwirken, was der Auffassung von Salamone et al. (1997) entspricht und in gewissem Umfang auch von Depue so gesehen wurde, wenn er sagte, dass eine positive Bewältigung aversiver Stimuli im Sinne der Anreizmotivation interpretiert werden darf.

Zusammenfassung

Zusammenfassend darf also gesagt werden, dass vieles darauf hinweist, dass Dopaminfreisetzung und ein hoher Dopaminspiegel eher eine depressionsmindernde Funktion haben, auch wenn eine Reihe klinischer und Laborbefunde keine eindeutige Beziehung zur Depression erkennen lassen. Eine eindeutige Beziehung zu Ängstlichkeit und Neurotizismus, den mit der Depression verwandten Konstrukten, findet sich eher nicht. Die deutlichste Assoziation hat das dopaminerge System mit dem Konzept des Novelty Seeking und damit zur Extraversion, da hier eine klare Beziehung zwischen erhöhter Dopaminansprechbarkeit und der Abwechslungssuche bzw. Extraversion existiert. Die Interpretation derselben ist jedoch zum Teil noch kontrovers, weil eine starke Rezeptoransprechbarkeit auf eine Hochregulation der Rezeptoren in Folge einer verminderten Produktion hinweisen würde. Andererseits sprechen bildgebende Verfahren über die Rezeptordichte und eine Reihe anderer Befunde dafür, dass Extravertierte und Personen mit hohen Werten auf der Suche nach Abwechslung und Neuigkeit eher eine erhöhte Dopaminproduktion haben, die offenbar trotzdem mit einer erhöhten Rezeptoransprechbarkeit verknüpft ist. Genetische Studien der Zukunft müssen hier Aufschluss geben, ob bestimmte Polymorphismen im genetischen Bereich in Kombination mit Challenge-Tests eine differenziertere Analyse der Zusammenhänge und Mechanismen gestatten. Die Befunde zur psychopathologischen Psychotizismus-assoziierten Dimension sprechen eher dafür, dass hier die ins Normale hinaus „verlängerte" Dimension der Schizophrenie vorliegt, die mit einer erhöhten Dopaminproduktion assoziiert ist. Vielleicht wird auch hier die Einbeziehung genetischer Befunde die Differenzierung zwischen Abwechslungssuche einerseits und Schizotypie/Psychopathie andererseits erbringen.

3.4 Noradrenalin

3.4.1 Geschichtliches

Noradrenalin zählt, wie Dopamin und Adrenalin, zu den Monoaminen bzw. Katecholaminen, die zuerst im autonomen Nervensystem von Walter Cannon entdeckt wurden und damals als „Produkt" der Stimulation sympathischer Nerven die Bezeichnung *Sympathin* erhielten (Cannon & Uridil, 1921). Adrenalin selbst ist sogar noch früher von dem deutschen Pharmakologen Otto Loewi als eine Substanz klassifiziert worden, die nach Stimulation sympathischer Ganglien in den Blutstrom ausgeschüttet wird und z.B. zu Herzratenakzelerationen führt. Loewi bezeichnete diese Substanz daher als „Accelerans". Ursprünglich war man davon ausgegangen, dass Noradrenalin ein inaktiver Vorläufer von Adrenalin sei. Diese Sichtweise änderte sich aber schnell, nachdem Ulf von Euler 1940 nachgewiesen hatte, dass Noradrenalin aktiv an den Effekten des sympathischen Nervensystems beteiligt ist. Etwa 10 Jahre später wurde diese Substanz endgültig als Noradrenalin identifiziert und im Gehirn nachgewiesen (Holtz, 1950), und aufgrund der Tatsache, dass zentralnervöse Konzentrationen nicht mit denjenigen in der Peripherie korrelierten, erhielt Noradrenalin den Status des Neurotransmitters (Vogt, 1954).

3.4.2 Biosynthese und Abbau

In Abschnitt 3.3.2 ist der Syntheseweg bereits beschrieben worden, so dass hier lediglich einige ergänzende Aspekte gegeben werden (siehe Abb. 3.10). Schon 1939 war bekannt, dass die Synthese des Noradrenalins und damit auch des Adrenalin ihren Ausgang von Dopamin nimmt (Blaschko,

1939). Der Syntheseweg beginnt jedoch zunächst mit der aromatischen Aminosäure Tyrosin, die über die Tyrosinhydroxylase (TH) zu DOPA führt. Die Verfügbarkeit *aller* Katecholamine kann damit über die Hemmung der TH gewährleistet werden (z.B. durch α-Methyl-p-Tyrosin [AMPT]). Auf Adrenalin wird in der Folge nicht näher eingegangen, da es in erster Linie im Nebennierenmark produziert wird und im ZNS nur sehr begrenzt die Funktion eines Neurotransmitters ausübt. Am Katabolismus der Katecholamine sind – wie bereits beschrieben – maßgeblich zwei Enzyme beteiligt: Catechol-O-Methyltransferase (COMT) und Monoaminoxidase (MAO). Eine Erhöhung der Katecholaminkonzentrationen im ZNS ließe sich demnach z.B. über COMT-Inhibitoren erreichen, was neuerdings auch im Hinblick auf eine Steigerung der Effektivität der L-DOPA-Behandlung bei Parkinsonpatienten geprüft wird. Die MAO liegt in den Formen A und B vor, wobei Noradrenalin und Serotonin in erster Linie eine Spezifität für MAO-A aufweisen, und Dopamin von beiden Enzymen aber vorwiegend MAO-B abgebaut wird. Aufgrund der Tatsache, dass direkte Messungen von Neurotransmittern im ZNS nach Stimulationen nur wenig Veränderung zeigen (da der Katabolismus ebenfalls erhöht ist), spielen Metaboliten eine größere Rolle in der Abschätzung der Neurotransmitteraktivität.

Neben dem enzymatischen Abbau findet auch für das Noradrenalin eine Limitierung der Wirkung durch Wiederaufnahme statt. Noradrenerge Neurone verfügen auch über einen Transporter, der das im synaptischen Spalt verfügbare Noradrenalin zurück in die Präsynapse befördert. Wie auch für das serotonerge System gültig, ist dieser Prozess energieaufwändig. Der Noradrenalintransporter (NET) funktioniert unabhängig von der Anwesenheit von Reserpin, ist strukturell (12 Transmembrandomänen) mit denjenigen Transportern für andere Systeme (z.B. Serotonin) verwandt, weist aber keine Spezifität für Noradrenalin auf, sondern spricht auch auf Dopamin an, wofür er sogar eine *höhere* Affinität besitzt. Der NET ist bekannt als Zielstruktur für trizyklische Antidepressiva, die die Noradrenalinwiederaufnahme wesentlich mehr hemmen als diejenige für Dopamin oder Serotonin. Neuere Substanzen (z.B. Reboxetin) sind hochspezifisch und hemmen nur die Noradrenalinwiederaufnahme. Zusammengefasst lässt sich festhalten, dass die noradrenerge Aktivität maßgeblich über sechs Modalitäten bestimmt wird:

1. die Syntheserate, die maßgeblich von der Aktivität der Tyrosinhydroxylase bestimmt wird
2. die Feuerrate des noradrenergen Neurons (abhängig auch von afferenten Reizen)

3. die Freisetzung von Noradrenalin (maßgeblich gesteuert vom präsynaptischen Autorezeptor des Typs α2)
4. die Rate der Wiederaufnahme
5. das Ausmaß des intrazellulären Abbaus durch MAO sowie des extrazellulären durch COMT
6. die Responsivität der postsynaptischen Rezeptoren

3.4.3 Indikatoren der Neurotransmitteraktivität

Für das dopaminerge System werden insbesondere die 3,4-Dihydroxyphenylessigsäure (DOPAC) bzw. die Homovanillinsäure (HVA) in der Cerebrospinalflüssigkeit herangzeogen. Für Noradrenalin finden sich in der CSF hohe Spiegel von 3-Methoxy-4-Hydroxyphenylglucol (MHPG) und geringere für Vanillinmandelsäure (VMA), während der Hauptmetabolit im Urin die VMA ist. Aufgrund der Tatsache, dass MHPG auch im peripheren Nervensystem produziert (Izzo et al., 1979) und z.T. auch in VMA konvertiert wird (Blombery et al. 1980), kann MHPG im Plasma oder Urin nur mit Einschränkungen Rückschlüsse auf zentrales Noradrenalin zulassen.

Im Bereich der Biologischen Psychiatrie ist des öfteren über die Gabe noradrenerg wirksamer Substanzen versucht worden, die Reagibilität des Systems anhand der dadurch ausgelösten Hormonantworten zu bestimmen (Challenge-Test). Am häufigsten sind sicherlich Amphetamine zum Einsatz gekommen, wobei natürlich festzuhalten ist, dass diese nicht nur das noradrenerge, sondern auch das dopaminerge System über verschiedene Mechanismen stimulieren. Vor diesem Hintergrund sollte auch erinnert werden, dass in den frühen 40er Jahren Patienten mit depressiven Störungen mit Metamphetamin behandelt wurden (Simon & Taube, 1946). Erst wesentlich später wurden Amphetamine zu diagnostischen Zwecken eingesetzt, als klar war, dass nur diejenigen Patienten mit niedrigen MHPG-Spiegeln (im Urin) auf die Substanz ansprechen (Beckman et al. 1976). Endokrinologisch verbindet sich mit der Gabe von Amphetaminen vor allem ein Anstieg der Wachstumshormonkonzentrationen und der des Cortisols, wobei – trotz einiger Inkonsistenzen in der Literatur – depressive Patienten zu reduzierten Reaktionen neigen (Siever et al., 1981).

Der α2-Agonist Clonidin ist eine weitere Substanz, die sehr häufig in Challenge-Paradigmen eingesetzt wurde, wobei neben Kollektiven mit affektiven Störungen auch solche mit Hypertonie oder auch Opiatabhängige untersucht wurden. Die offensichtlichsten klinischen Wirkungen von

Clonidin sind die Blutdrucksenkung und die Sedierung. Dies lässt sich über die durch Clonidin reduzierte noradrenerge Aktivität erklären (siehe Autorezeptor). Auf der physiologisch / biochemischen Ebene verbindet sich mit der Gabe von Clonidin eine Abnahme der peripheren Noradrenalinkonzentrationen, eine Reduktion der MHPG-Spiegel im Urin und eine starke GH-Antwort, während Cortisol und Prolaktin nicht beeinflusst werden (Lai et al., 1975). Obgleich die Datenlage nicht homogen ist, tendieren die meisten Arbeiten doch zu der Ansicht, dass depressive Patienten eine verringerte GH-Reaktion auf Clonidin aufweisen.

3.4.4 Neuroanatomische Aspekte

Basierend auf histochemischen Methoden (Fluoreszensmarkierung) gelang es, die noradrenergen Bahnen sehr genau zu lokalisieren und deren Projektionen abzubilden. Grundsätzlich ist eine besonders hohe Dichte von noradrenergen Neuronen in zwei Arealen zu beobachten. Ein Zentrum liegt um den Locus coeruleus (LC), der zur oberen Pons zu zählen ist, bzw. im nach Dahlström & Fuxe (1964) benannten Areal A6, aber auch in den benachbarten Arealen (A5 und A7). Die Zellgruppen in den Arealen A1 und A2 markieren das zweite Zentrum noradrenerger Fasern. Da diese aber in erster Linie vegetative und endokrine Funktionen steuern (siehe Kapitel 4), sollen sie für den hier zu behandelnden Teil nicht im Vordergrund stehen.

Vom relativ kleinen LC und einer überschaubaren Anzahl von Neuronen geht aber eine enorme Fülle von Projektionen in verschiedene Hirnbereiche aus (Moore & Bloom, 1979). Man unterscheidet das dorsale noradrenerge Bündel mit Projektionen zur Amygdala, dem Bulbus olfactorius, dem Septum, Hippocampus, dem gesamten Neokortex, Thalamus und Hypothalamus vom rostralen Ast des periventrikulären Systems mit Projektionen zum Cerebellum, Rückenmark und der Medulla oblongata (Abbildung 3.17).

3.4.5 Rezeptoren

Die Katecholamine entfalten ihre Effekte über membrangebundene Adrenorezeptoren, die nicht nur auf neuronalem, sondern auch auf anderem Gewebe exprimiert werden. Global wurden die Rezeptoren in α- und β-

Rezeptoren unterteilt, wobei beide funktional und biochemisch in diverse Unterklassen unterteilt werden können.

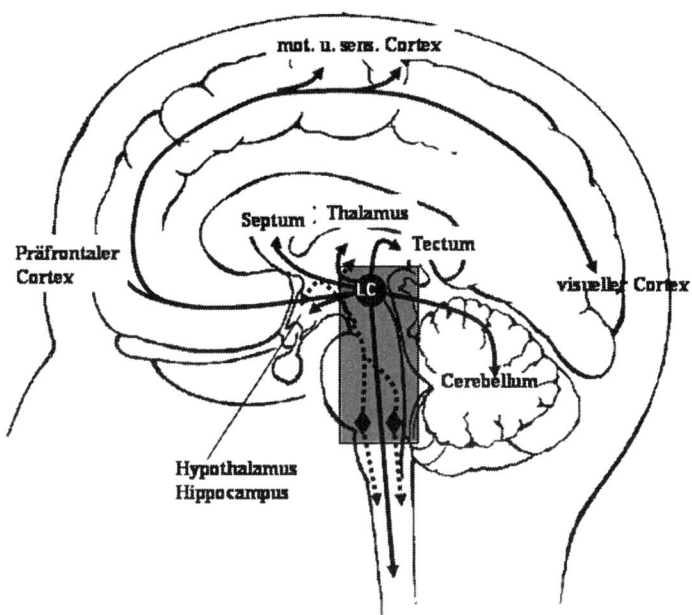

Abbildung 3.17: Projektionen des noradrenergen Systems.

Im Folgenden soll ein wenig genauer auf die Unterklassen eingegangen werden (vgl. auch Kapitel 4.1.12, Tabelle 4.4).

Ursprünglich geht die Einteilung von α1 und α2 auf Langer (1974) zurück, der damit zum Ausdruck bringen wollte, dass α1 eher postsynaptisch α2 hingegen präsynaptisch lokalisiert ist. Zwischenzeitlich hat sich aber gezeigt, dass auch α2-Rezeptoren postsynaptisch vorliegen, so dass die heutige Unterscheidung auf pharmakologischen Unterschieden beruht (unterschiedliche Ansprechbarkeit auf Substanzen).

Innerhalb der α1-Rezeptoren konnten nicht nur auf pharmakologischem Wege (Bindungsstudien), sondern auch über molekulargenetische Hinweise (3 verschiedene Gene für 3 Rezeptorsubtypen) die Subtypen a, b und d nachgewiesen werden (d wird anstelle von c herangezogen, weil die Abkürzung α1c bereits an anderer Stelle benutzt wird). Alle Rezeptoren übermitteln Signale über second messenger Systeme. Alpha-1-Rezeptoren finden sich im ZNS, aber auch im peripheren Nervensystem (glatte Muskulatur, wie z.B. Herz, Leber) (Wilson & Minneman, 1989). Im ZNS vermitteln sie als postsynaptische Rezeptoren in erster Linie exzitatorische Effekte bei einer hohen Dichte im Kortex und im Thalamus. Die α2-Rezeptoren hingegen finden sich prä- und postsynaptisch und induzieren im ZNS und in der Peripherie vornehmlich *inhibitorische* Effekte.

Auch für die Gruppe der α2-Rezeptoren konnten diverse Unterformen gefunden werden, die sich hinsichtlich der Radioligandenbindung und auch der Basensequenz isolierter DNA-Abschnitte mehr (a-b-c) oder weniger (a-d) unterscheiden (Scheinin et al., 1994). Wichtig ist die frühe Entdeckung, dass der α2-Rezeptor im ZNS die Funktion eines Autorezeptors übernimmt; bei noradrenerger Stimulation also die weitere Ausschüttung von Noradrenalin *hemmt* (Farnebo et al, 1971). Arbeiten von Angus et al. (1990) legen aber nahe, dass das Ausmaß der Inhibition einer Noradrenalinfreisetzung nicht nur von der Lokalisation der Neurone abhängt, sondern – damit verbunden – auch von der Rezeptordichte sowie von der Aktivität der Wiederaufnahmestelle. Grundsätzlich liegt auch für das noradrenerge System nahe, dass zwei verschiedene Formen von Autorezeptoren existieren. Während der somatodendritische Autorezeptor gut nachgewiesen ist, steht der Nachweis über einen prä-synaptischen Autorezeptor noch aus. Eine Übersicht zur Rezeptorvielfalt des noradrenergen Systems gibt Abbildung 3.18.

In Abhängigkeit von ihrer Affinität gegenüber adrenergen Agonisten wurden die β-Rezeptoren in zunächst zwei Gruppen unterteilt (β1 und β2). Während der β1-Rezeptor in erster Linie am Herz oder im Fettgewebe vorzufinden ist und eine vergleichbare Affinität für Adrenalin und Noradrenalin hat, ist der β2-Rezeptor überwiegend auf Gefäßen oder in der Atemwegsmuskulatur zu finden und hat eine weitaus höhere Affinität für Adrenalin. Aus diesem Grund findet man nicht selten die Meinung vor, dass der β2-Rezeptor eher die Funktion eines „Hormonrezeptors" in der Peripherie ausübt, und der β1-Rezeptor als klassischer Neurotransmitterrezeptor aufzufassen sei. Auffällig sind die Subtypen β3 und β4, da sie zwar Gemeinsamkeiten mit β1 und β2 aufweisen, bemerkenswerterweise aber überhaupt nicht durch deren Antagonisten angesprochen werden.

Im ZNS dürften β3 und β4 jedoch von nur untergeordneter Bedeutung sein. Die β1-Rezeptoren sind vorwiegend in den Bereichen Striatum, Kortex, Kernen des Thalamus, Hippocampus und Globus pallidus, die β2-Rezeptoren hingegen vorwiegend im Bereich des Cerebellums und Kernen des Thalamus lokalisiert (Rainbow et al., 1984).

Funktionell werden grundsätzlich zwei Charakteristika des noradrenergen Systems postuliert. Zum einen wird davon ausgegangen, dass das

System global Erregung (Arousal) erhöht, was durch Beobachtungen einer Suppression der Feuerrate noradrenerger Neurone im Locus coeruleus (LC) bei bestimmten Schlafphasen gestützt wird.

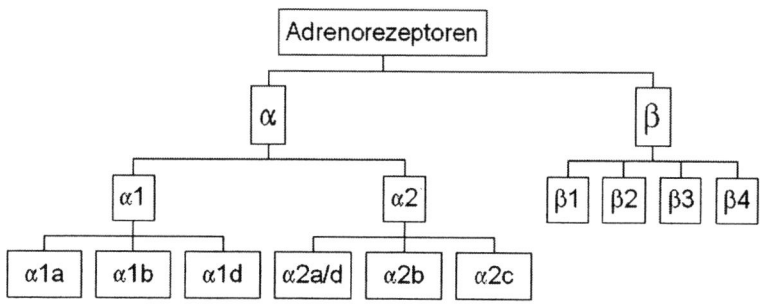

Abbildung 3.18: Systematik noradrenerger Rezeptoren.

Der Umstand jedoch, dass dieses auch bei aktivem Verhalten (Putzverhalten, Essen) beobachtet wurde, rückte die Bedeutung des Systems in den Kontext der Vigilanzsteuerung (Aston-Jones, 1985). Diese Vorstellung wird unterstützt durch Befunde, die dem Noradrenalin eine fundamentale Bedeutung bei Aufmerksamkeits-, Lern- und Gedächtnisprozessen zuschreiben (hinsichtlich des Lernens bedingt durch die spezielle Rolle von Noradrenalin beim Aufbau von Langzeitpotenzierung [LTP] in Arealen des Hippocampus). Insbesondere die Fähigkeit, irrelevante, ablenkende oder interferierende Reize bei Lernaufgaben auszublenden, scheint noradrenerg vermittelt zu sein scheint (Berridge et al., 1993). Betrachtet man die Ergebnisse von Studien, die entweder Neurone im LC stimuliert oder direkt Noradrenalin appliziert haben, hinsichtlich der Effekte auf Neurone im Neokortex nach sensorischer Stimulation, dann fällt auf, dass Noradrenalin offensichtlich nicht die Amplitude der Reaktionen erhöht (was bei einem exzitatorischen Effekt vielleicht anzunehmen wäre), sondern über exzitatorische und inhibitorische Mechanismen eher die Spontanaktivität von Neuronen in Abhängigkeit der Reizlage „moduliert". Mit anderen Worten findet durch Noradrenalin eine Art „gating" statt, welches Umweltreizen eine gewisse Salienz verschafft und damit insgesamt das Verhältnis „Signal-to-noise" verbessert.

Die Funktionen von Noradrenalin sind jedoch weitreichender. Auch aus tierexperimentellen Studien lässt sich ableiten, dass noradrenerge Mechanismen an der Kontrolle des Erregungsausmaßes und des Bewusstseins beteiligt sind sowie an Schlafregulation, Appetit, Sexualverhalten, Aggression, Angst- bzw. Panikstörungen, Depression und Belohnungsmechanismen.

3.4.6 Die noradrenerge Synapse

Im folgenden soll anhand einiger Beispiele die noradrenerge Synapse erklärt werden, wobei insbesondere auf die Effekte verschiedener agonistischer und antagonistischer Substanzen eingegangen wird. Aufgrund des Umstandes, dass einige der bislang beschriebenen Rezeptoren für das ZNS eher irrelevant sind, wird sich die Darstellung auf die Subtypen $\alpha 1$, $\alpha 2$ und $\beta 1/2$ reduzieren.

Bei intracerebroventrikukärer (i.c.v.) Gabe von Terazosin ($\alpha 1$-Antagonist) lässt sich eine dosisabhängige Reduktion der lokomotorischen Aktivität beobachten, die nach Gabe von $\beta 1$- und $\beta 2$-Antagonisten weitgehend ausbleibt. Erwartungsgemäß führt dann auch eine entsprechende Gabe von $\alpha 1$-Agonisten zu einer Aktivitätszunahme. Antagonisten dieser Rezeptorspezifität können darüber hinaus die Aktivitätszunahmen nach Amphetaminen reduzieren, wobei sich parallel dazu eine Abnahme der Dopaminfreisetzung in subcortikalen Arealen messen lässt, und klar wird, dass Noradrenalin und Dopamin miteinander interagieren. Desgleichen werden Interaktionen zwischen Noradrenalin und Serotonin beschrieben, die jedoch abhängig von der Lokalisation unterschiedlich ausfallen. Dieser Aspekt wird jedoch erst an anderer Stelle näher aufgegriffen.

Der $\alpha 2$-Rezeptor liegt im ZNS als Autorezeptor vor. Vor diesem Hintergrund wird erklärbar, dass Agonisten (z.B. Clonidin) zu einer Hemmung noradrenerger Aktivität führen, während Antagonisten (z.B. Yohimbin) mit ihrer Steigerung verbunden sind. Die antagonistische Behandlung (erhöhte noradrenerge Aktivität) führt zu Explorationsverhalten und erhöhter motorischer Aktivität und verbindet sich zumindest in niedrigen Dosen mit förderlichen Effekten in den Bereichen Lernen oder auch verbesserter Anpassungsfähigkeit an sich verändernde Aufgaben, während sehr hohe Dosen eher den gegenteiligen Effekt haben. Die oftmals beschriebenen appetithemmenden Effekte von Amphetaminen können mittels Clonidin antagonisiert werden. Grundsätzlich verbindet sich mit der Clonidinwirkung eine deutliche Reduktion in der Neigung, neue, unbekannte Situationen aufzusuchen, was im Kontext des Sensation Seeking bzw. Novelty Seeking noch relevant werden wird.

Es gibt verschiedene Hinweise darauf, dass β-Rezeptoren im Bereich der Amygdala und vor allem des Hippocampus an Konsolidierungseffekten des Gedächtnisses beteiligt sind. Propranolol, ein renommierter β-Rezeptorenblocker, reduziert die konditionierte Reaktion, wenn die Substanz unmittelbar *nach* den Aquisitionsdurchgängen appliziert wird (also ein Einfluss auf Lernen ausgeschlossen werden kann). Andererseits potenziert eine Stimulation der Neurone im LC Gedächtnisfunktionen. Den β-Rezeptoren wird aber auch eine Rolle im Bereich des zielgerichteten, motivationsabhängigen Verhaltens zugeschrieben, insbesondere in Situationen, die mit Neuigkeit assoziiert sind.

3.4.7 Noradrenalin und Psychopathologie

Es wird häufig außer Acht gelassen, dass neben Dopamin auch Noradrenalin von Bedeutung für den Morbus Parkinson ist, da nicht nur dopaminerge Neurone der Substantia nigra, sondern auch solche des Locus coeruleus von degenerativen Prozessen betroffen sind. Dies mag auch für die Beobachtung verantwortlich sein, dass Parkinson-Patienten nicht selten Symptome der Depressivität, Demenz oder solche aufweisen, die auf eine Dysregulation endokriner Funktionen schließen lassen.

Von weitaus größerer Bedeutung für den vorliegenden Beitrag sind jedoch Befunde aus dem Bereich der Psychiatrie, die fast ausschließlich auf Beobachtungen beruhen, dass bestimmte Patientengruppen veränderte Spiegel von Metaboliten (z.B. MHPG) des noradrenergen Systems aufweisen. Als immer wieder problematisch stellt sich bei diesem Ansatz aber heraus, dass Aspekte sympathischer Aktivität nur schwerlich von zentralnervösen Prozessen (also solchen unter Beteiligung des LC) zu trennen sind. Betrachtet man aber diejenigen Studien, in denen zur Behandlung von Symptomen noradrenerge Präparate eingesetzt wurden, die definitiv im ZNS wirken, ergibt sich ein relativ klares Bild über die Bedeutung von Noradrenalin im Bereich der Psychopathologie.

Bei Patienten liegen deutliche Befunde vor, dass Noradrenalin mit *Angst* assoziiert ist, wobei insbesondere Patienten mit Panik-Störungen und solche mit posttraumatischen Belastungsstörungen (PTSD) einen Noradrenalinüberschuss zeigen, während das generalisierte Angstsyndrom oder auch Zwangsstörungen weniger mit Noradrenalin assoziiert sind. Bei der Gabe von Clonidin fällt bei diesen Patienten die Veränderung des Wachstumshormons deutlich geringer aus als bei gesunden Kontrollen, was darauf schließen lässt, dass der $\alpha 2$-Rezeptor eine geringere Sensitivität aufweist, und gegebenfalls über diesen Mechanismus die Noradrenalinaktivität besonders erhöht ist.

Besonders deutlich wird die Rolle des Noradrenalins im Bereich der depressiven Störungen. Basierend auf Beobachtungen, dass mit Reserpin (einer Substanz, die die präsynaptischen noradrenergen Speicher entleert) behandelte Hypertonie-Patienten nicht selten depressive Episoden durchlaufen, ging Schildkraut (1965) davon aus, dass die klinische Depression über einen Noradrenalinmangel erklärt werden könne. Die Entwicklung von Monoaminoxidasehemmern und trizyklischen Antidepressiva war bekanntlich die Folge. Zweierlei ist aber festzuhalten: Zum einen ist hinsichtlich der Befunde zum Serotonin Noradrenalin sicherlich nicht der einzige Neurotransmitter, der an der Depression beteiligt ist. Zum anderen liegen zahlreiche Hinweise vor, dass Noradrenalin nicht monokausal mit Depression in Verbindung steht, sondern vielleicht mehr eine entscheidende Rolle als Mediator serotonerger Aktivität spielt (Mongeau et al., 1997). Dennoch, und hier sollen lediglich einige wenige Beispiele gegeben werden, gibt es Befunde, dass

a) MHPG-Spiegel bei bipolar-depressiven Patienten nur in der depressiven Phase erhöht sind,

b) verschiedene Formen der Depression mit einer stärkeren noradrenergen Reaktion nach einem Orthostase-Challenge (Wechsel vom Liegen in aufrechte Position) verbunden sind,

c) diese Patienten eine höhere (post-mortem erhobene) β-Rezeptorendichte in ZNS aufweisen und

d) Depressive auf hochselektive noradrenerge Wiederaufnahmehemmer (Reboxetin) mit einer Verbesserung der Symptomatik reagieren.

Dies sind klare Hinweise auf die Bedeutung von Noradrenalin im Bereich der Depression.

Noradrenalin spielt darüber hinaus auch eine Rolle in der Schizophrenie, was z.B. auch über erhöhte Konzentrationen von Metaboliten in der CSF aber vor allem durch den Einsatz von Clozapin deutlich wird. Clozapin zählt zu den atypischen Neuroleptika, hat eine relativ geringe Dopaminrezeptoraffinität und führt zu Anstiegen noradrenerger Metabolitenkonzentrationen, die mit einer Verbesserung der Symptomatik korreliert sind. Clozapin kann als α1-Rezeptor-Antagonist charakterisiert werden, der auch als Schlüssel für die Interaktion zwischen Noradrenalin und Dopamin angesehen wird.

Letztlich sei auf ein Krankheitsbild hingewiesen, welches überwiegend im Bereich der Kinder- und Jugendpsychiatrie vorzufinden ist, in der letzten Zeit aber auch zunehmend bei Erwachsenen diagnostiziert wird: Attention Deficit Hyperactivity Disorder (ADHD). Wenngleich die Befundlage hinsichtlich gemessener Metabolite (in der Peripherie) eher uneinheitlich ist, spricht doch die Tatsache, dass Methylphenidat (ein

Noradrenalinfreisetzer und -wiederaufnahmehmmer) die Medikation der Wahl ist, für die Beteiligung der Katecholamine an ADHD. Neuere Vorstellungen gehen davon aus, dass auch hier wieder eine Interaktion zwischen Noradrenalin und Dopamin vorliegt, wobei erneut der α2-Rezeptor die entscheidende Rolle spielt.

Fasst man die Rolle des Noradrenalins auch hinsichtlich des sympathischen Nervensystems zusammen, so könnte nach Aston-Jones et al. (1986) davon ausgegangen werden, dass die sympathische Noradrenalinfreisetzung der physischen Anpassung an rasch eintretende Ereignisse aus der Umwelt dienlich ist, während das mit dem LC assoziierte Noradrenalinsystem die psychische Komponente der Adaptabilität vermittelt und Vigilanz, Aufmerksamkeit und andere kognitive Prozesse steuert.

3.4.8 Ergebnisse für die Persönlichkeitspsychologie

3.4.8.1 Neurotizismus / Depressivität

Hinsichtlich der Katecholaminhypothese der Depression ist es natürlich nahe liegend, Depressivität bzw. geringe Lebenszufriedenheit mit Noradrenalin in Beziehung zu setzen. Dies ist in nur sehr geringem Umfang bislang geschehen. Nur eine Arbeit hat sich im Zuge des Challenge-Paradigmas mit diesem Gegenstand befasst (Hennig et al., 2000c).

Unter Verwendung von Reboxetin, dem zur Zeit spezifischsten Noradrenalinwiederaufnahmehemmer, wurden substanzinduzierte Cortisolkonzentrationsveränderungen als Ausdruck der noradrenergen Ansprechbarkeit herangezogen. Die Ergebnisse zeigen nicht nur eine dosisabhängige (2mg, 4mg oral) Stimulation der Cortisolfreisetzung, sondern darüber hinaus, dass Probanden mit erhöhter Depressivität mit besonders hohen Anstiegen reagieren (vgl. Abb. 3.19).

Insbesondere die 2mg-Dosierung führt zu der besten Diskrimination der beiden Gruppen. Auch hinsichtlich anderer Maße zeigt sich, dass sich mit einer Dosierung von 4mg Effekte, die nach 2mg evident sind, verwischen, was u.U. auf dann bereits einsetzende Hemmprozesse zurückzuführen sein könnte.

Grundsätzlich gilt, dass die Neurotizismusdimension hinsichtlich des möglichen Zusammenhangs mit dem zentralnervösen Noradrenalinsystem bislang kaum untersucht ist. In einer Studie aus der Arbeitsgruppe um Depue und Lenzenweger (1999) wird eine hochsignifikante positive Korrelation zwischen der (noradrenerg vermittelten) Pupillendilatation im Zuge der Dunkeladaptation mit Neurotizismus berichtet.

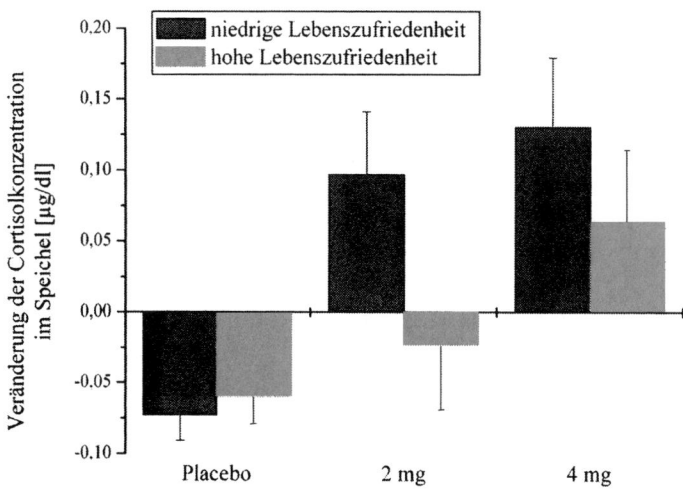

Abbildung 3.19: Veränderungen der Cortisolsekretion nach Gabe verschiedener Dosierungen von Reboxetin und Placebo in Abhängigkeit von der Lebenszufriedenheit (nach Hennig et al., 2000c).

Da die Steuerung der Pupillenmuskulatur einer tonischen noradrenergen Vermittlung unterliegt, gehen Depue und Mitarbeiter davon aus, dass der noradrenerge Tonus mit Neurotizismus assoziiert ist und phasische Veränderungen eher irrelevant seien, was durch das Ausbleiben einer substanziellen Korrelation zwischen veränderter Pupillenweite (induziert durch Gabe einer α1-agonistischen Substanz) und Neurotizismus belegt wird. Noradrenalin scheint – so die Autoren – eher die für N typische Stresssensibilität zu bestimmen.

Depue geht in seinem Modell weiter und assoziiert Noradrenalin konsequent mit „negativer Emotionalität" und vermeidet damit den oftmals anzutreffenden Versuch, einem Neurotransmittersystem innerhalb der Persönlichkeitspsychologie eine gewisse Spezifität zuzuordnen. Die folgende Abbildung 3.20 gibt die Modellvorstellung wieder.

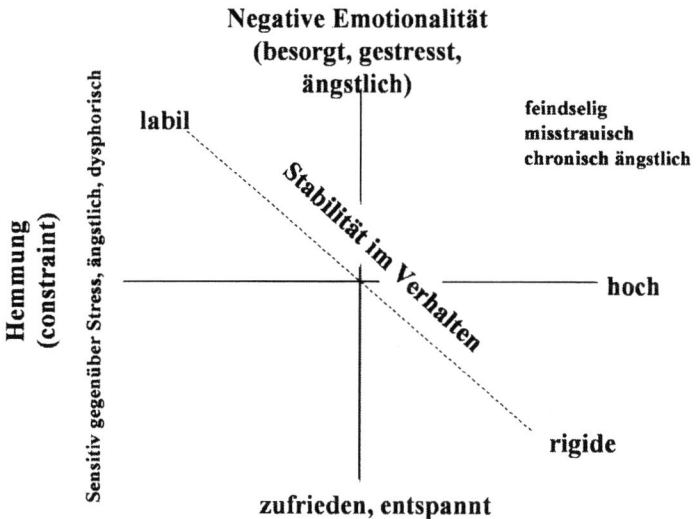

**Abbildung 3.20: Modellvorstellung zum Zusammenhang von Norad-
renalin (negative Emotionalität) mit Serotonin (constraint) nach Depue (1995).**

Ausgehend von tierexperimentellen Befunden, dass verschiedene Indikatoren dessen, was wir beim Menschen „negative Befindlichkeit" nennen mit
einer geringen Noradrenalinaktivität im Locus coeruleus verbunden sind
(Blizzard, 1988), und dass Noradrenalin die „signal to noise ratio" (Relation relevanter zu irrelevanter Information) moduliert, könnte eine geringe
Noradrenalinaktivität mit der ständigen (dispositonellen) Überforderung,
internale, Noradrenalin-vermittelte Signale external erklären zu wollen,
verbunden sein und letztlich in Sorge, Pessimismus, Angst – sprich: Neurotizismus – münden. Zusätzlich wird dieser Zusammenhang über die
serotonerge Aktivität moduliert. Eine grundsätzlich attraktive Vorstellung,
der bislang aber eine empirische Basis fehlt.

Mittels Clonidin, einem α2-Adrenorezeptor-Agonisten konnte gezeigt
werden, dass Patienten mit Panikstörungen im Vergleich zu gesunden
Kontrollen mit reduzierten Wachstumshormonanstiegen reagierten (Abelson et al., 1996). Dieser Befund unterstützt in Verbindung mit einer stärkeren Reagibilität (gemessen an MHPG) dieser Patienten auf Yohimbin

(α2-Adrenorezeptor-Antagonist) die These einer verstärkten Reagibilität des noradrenergen Systems bei Angst und Furcht (Bremner et al., 1996; Seibyl et al., 1991). Eine mögliche Übertragbarkeit in den Persönlichkeitsbereich ermöglicht die Tatsache, dass auch für gesunde Probanden eine Korrelation zwischen GH-Antwort und der Subskala „Irritabilität" des Buss-Durkee-Hostility-Inventory demonstriert werden konnte (Coccaro et al., 1991). Bedenkt man, dass sowohl Angst als auch Irritabilität (Erregbarkeit) starke Subfaktoren des Konstrukts Neurotizismus sind, bestätigen diese Befunde die Vorstellungen von Depue, der negative Emotionalität (Furcht-Angst) noradrenerg vermittelt sieht (Depue, 1995).

3.4.8.2 Extraversion / Reward Dependence

Corr und Mitarbeiter (1995) gehen davon aus, dass Reward Dependence (RD) im Sinne Cloningers mit konditionierten Reizen für Belohnung assoziiert sei. Die Überlegungen von Cloninger, dass RD mit einem geringen Spiegel an Noradrenalin verbunden ist, findet zunächst eine gewisse Bestätigung in Arbeiten, die bei hoher Ausprägung in RD geringe Spiegel von MHPG im Urin beschreiben (Garvey et al., 1996). Zusätzlich liegt eine gewisse Spezifität vor, da andere Dimensionen des Tridimensional Personality Questionnaires (Novelty Seeking und Harm Avoidance) nicht mit den MHPG-Spiegeln korreliert sind. Ein Jahr später publizierten Curtin und Mitarbeiter (1997) in einer wesentlich aufwändigeren Studie allerdings den gegensätzlichen Befund einer positiven Korrelation zwischen RD und MHPG-Spiegeln.

Einer der grundsätzlichen Unterschiede zwischen beiden Studien ist der Umstand, dass Garvey et al. 24-Stunden-Urin zur Messung von MHPG herangezogen haben, während sich Curtin et al. des nächtlichen Urins (Zeitraum 20.00 Uhr bis 07.00 Uhr) bedienten, der bekanntlich ohne exogene Einflüsse und ohne solche der Motorik weitaus stabilere Werte liefert.

Für das Verständnis des Gesamtzusammenhanges zwischen Neurotransmittern und Persönlichkeit ist Folgendes wichtig: Die Studie von Curtin, in der diverse Metaboliten und Substrate der Monoamine gemessen wurden, belegt, dass weder die Substrate (z.B. NE-DA) noch die Metaboliten (z.B. VMA-HVA) voneinander unabhängig sind. Es zeigt sich, dass durchaus auch zwischen solchen Maßen Korrelationen auftreten, die unter der Maßgabe einer Unabhängigkeit zwischen verschiedenen Neurotransmittersystemen eigentlich unabhängig voneinander sein sollten (z.B. zwischen 5-HIAA und DA oder auch NE). Insofern kann, auch unter Berücksichtigung des Umstandes, dass keines der Maße mit Creatininspiegeln korreliert war, aus diesem Befund geschlossen werden, dass periphere Metaboliten nicht nur als Indikator für ZNS-Monoaminspiegel von Bedeutung sind, sondern auch, dass die verschiedenen monoaminergen Systeme eben nicht voneinander unabhängig sind (vgl. Tab. 3.12.).

Tabelle 3.12:   **Signifikante Korrelationen zwischen Monoaminen und Metaboliten im nächtlichen Urin (modifiziert nach Daten von Curtin et al., 1997)**

	DA	NE	MHPG	VMA	HVA	5-HIAA
DA		.68*		.48*	.55*	.58*
NE	.68*			.45*	.52*	.53*
MHPG						
VMA	.48*	.45*			.87*	.34
HVA	.55*	.52*		.87*		
5-HIAA	.58*	.53*				

In einer Arbeit von Gerra et al. (2000a) wurde mit Hilfe des Neurotransmitter-Challenge-Tests die Ansprechbarkeit des noradrenergen Systems mit RD in Verbindung gebracht. Der Verwendung von Clonidin (α2-Agonist), welches zu robusten Anstiegen des Wachstumshormons (GH) führt, liegt in dieser Studie die Überlegung zugrunde, dass ein starker GH-Konzentrationsanstieg eine postsynaptische Supersensitivität (upregulation) indiziert, die selbst kompensatorisch auf eine geringe Verfügbarkeit von Noradrenalin eingesetzt haben kann. Die Ergebnisse replizieren zunächst die allgemein beobachtbaren starken GH-Anstiege nach Clonidin. Das Ausmaß der Veränderungen (gemittelt und als Fläche unter der Kurve, AUC) korreliert signifikant mit der Selbstbeschreibung im Trait RD (.55; p<.01). Dies bestätigt zunächst die Annahme, dass RD mit Noradrenalin assoziiert ist. Die Richtung des Zusammenhangs variiert jedoch von Studie zu Studie (z.B. negative Korrelationen bei Tancer et al., 1994). Während Gerra die AUC als abhängige Variable wählte, war es in der Studie um Tancer et al. der maximale Anstiegswert der Hormonkonzentration. Da beide Maße aber oft korreliert sind (die Höhe des Peaks hebt natürlich die gesamte Fläche der response an) muss gegenwärtig eine schlüssige Erklärung ausbleiben. Eine weitere Einschränkung ist in dem Befund zu sehen, dass die Höhe des RD auch mit der durch Bromocriptin

(DA-Agonist) induzierten Prolaktinsenkung assoziiert war (siehe Kapitel 3.3.8.2). Da es sich bei diesem Vorgehen um einen Challenge-Test handelt, der üblicherweise die Assoziation zwischen Persönlichkeit und dem Dopamin D2-Rezeptor aufzuzeigen versucht, wird deutlich, dass die Assoziation zwischen RD und Noradrenalin nicht exklusiv ist, sondern andere Neurotransmitter ebenfalls involviert sind.

3.4.8.3 Aggressivität / Psychotizismus / Sensation Seeking

Die bislang vorliegenden Ergebnisse zum Zusammenhang zwischen *Psychotizismus* und/oder *Sensation Seeking* (SS) sind eher widersprüchlich. Studien, die die Spiegel des Metaboliten MHPG gemessen haben, kommen zu postiven (Zuckerman, 1993), aber auch negativen Schlüssen (Ballenger, 1983), wobei die Heterogenität der Befunde auch davon abhängt, ob MHPG im Plasma oder in der CSF gemessen wurde. Wenn man einmal davon ausgeht, dass CSF-MHPG der relevantere Indikator für Noradrenalin im ZNS ist, muss zur Kenntnis genommen werden, dass hohes SS eher mit niedrigen Spiegeln des Metaboliten assoziiert ist (Zuckerman, 1990). Einen ganz anderen Schluss ziehen Gerra und Mitarbeiter (1999), nachdem sie fanden, dass periphere Noradrenalinkonzentrationen positiv mit Novelty Seeking korreliert waren. Hierzu sollte aber bedacht werden, dass der periphere Noradrenalinspiegel sicherlich der schlechteste Indikator für LC-assoziiertes Noradrenalin ist. Ob – so die Interpretation der Autoren – mit dieser Ergebnislage nahegelegt werden kann, dass die Hypersekretion von (peripherem) Noradrenalin nicht Ursache, sondern Konsequenz einer (chronischen) Stressreaktion in Folge auftretender Schwierigkeiten durch Wesenszüge des Sensation Seeking darstellt, erscheint eher unwahrscheinlich. Vielmehr sollte bedacht werden, dass periphere NA-Spiegel in hohem Maße durch Muskelaktivität beeinflusst werden (vgl. Kapitel 4.1.12), die bei Personen mit hohen SS-Werten sicher höher sein dürfte.

Injiziert man peripher Noradrenalin, so lässt sich bei Ratten ein deutlicher Zuwachs an *Aggressivität* verzeichnen. Ein vergleichbarer Effekt stellt sich nach Gabe von $\alpha 1$-Agonisten ein, während die Gabe von Clonidin mit einer aggressionsmindernden Wirkung einhergeht. Ebenfalls aggressionsmindernd wirkt sich die Gabe von β-Rezeptorblockern aus. Der Zusammenhang wird des weiteren bestätigt durch das Vorliegen einer Korrelation zwischen Noradrenalin- und/oder MHPG-Spiegeln in der CSF. Der Hintergrund – so wird postuliert – ist darin zu sehen, dass Neurone des Locus coeruleus grundsätzlich einen tonischen Einfluss auf Verhaltenshemmsysteme mit Lokalisation im Hippocampus, Septum und Frontallappen ausüben, und im Falle einer Auslenkung noradrenerger Aktivität Formen der Impulsivität und / oder Aggressivität die Folge sind. Haller und Mitarbeiter (1998) gehen in ihrer umfangreichen Übersichtsarbeit davon aus, dass alle noradrenergen Systeme (d.h. nicht nur das LC-assoziierte, sondern auch der Sympathikus oder Noradrenalin als „Hormon" des Nebennierenmarks) synergistisch, wenn auch über unterschiedliche Mechanismen, der Vorbereitung und/oder Ausführung aggressiver Verhaltensweisen (im Tierbereich) dienlich sind. Diese Einschätzung beruht maßgeblich auf pharmakologischen Ansätzen, und es wird hypothetisiert, dass insbesondere $\alpha2$- und $\beta(2)$-Rezeptoren daran beteiligt sind. Abbildung 3.21 soll verdeutlichen, über welche, durch Noradrenalin ausgelösten, psychischen und physischen Veränderungen diese Vorbereitung gewährleistet wird.

Experimentelle Ansätze, die Persönlichkeitsmerkmale mit Noradrenalin bzw. indirekten Maßen der Neurotransmitterverfügbarkeit oder -ansprechbarkeit in Beziehung setzen, sind rar. In einer frühen Arbeit von Ballenger an gesunden Probanden wurden diverse Indikatoren für Neurotransmitter aus Blut- und Urinproben mit Persönlichkeitsdimensionen in Beziehung gesetzt. Es zeigten sich negative Korrelationen zwischen Neurotizismus und Plasma MHPG sowie zwischen Sensation Seeking und CSF-Noradrenalin (Ballenger, et al., 1983). Andererseits legt eine Studie von Nurnberger et al. (1982) nahe, dass isolierte Dimensionen nur marginal mit NA-Metaboliten in der CSF assoziiert sind, die Korrelationen aber drastisch ansteigen, wenn konfigural die zugrundeliegenden Dimensionen betrachtet werden (NS-low, HA-high, RD-low als zwanghafte Persönlicheit bzw. NS-high, HA-low, RD-high als histrionische Persönlichkeit).

Eine interessante Studie berichtet darüber hinaus über eine positive Korrelation zwischen Aggression und MHPG-Spiegeln in der CSF (Brown et al., 1979), die in Kombination mit dem Befund, dass sich habituelle (nicht-klinische) Depressivität mit verringerten MHPG-Spiegeln im Plasma verbindet, den Neurotransmitter mit einem Cluster von Traits assoziiert, welches im Zuge der Darstellungen zum serotonergen System bereits beschrieben wurden.

Vor dem Hintergrund genetischer Untersuchungen zeigte die Gruppe um Ebstein et al. (1997a), dass sich RD mit dem Auftreten des 5-HT2c-Rezeptorgen-Polymorphismus verbindet. Insbesondere in der Kombination mit einer bestimmten Form des D4-Rezeptorpolymorphismus (was allerdings zusammen recht selten auftritt) konnten 30% der Varianz in „persistence", einem Subfaktor von RD, erklärt werden.

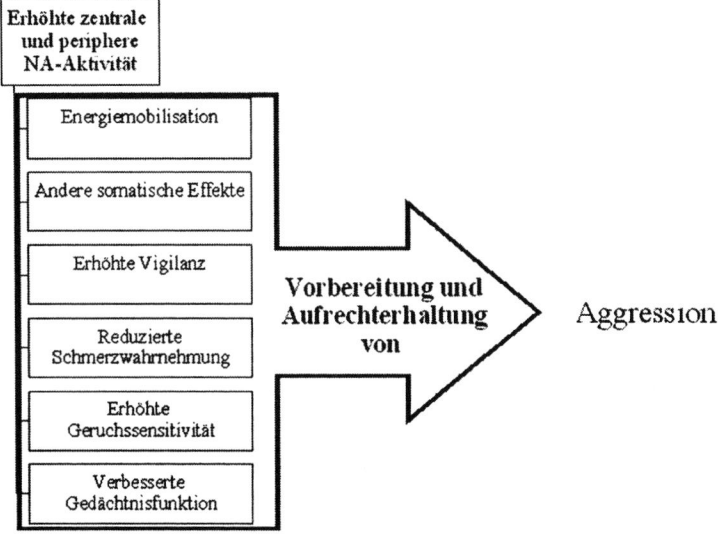

Abbildung 3.21: Noradrenalinaktivität, Prozesse und Aggressivität im Tierbereich (nach Haller et al., 1998).

Die Bedeutung der Aggressionsdimension wird erkennbar in einer Studie von Gerra und Mitarbeitern, die gezeigt haben, dass die GH-Antwort auf Clonidin nur bei denjenigen Geschwistern von Heroinabhängigen reduziert war, die auch aggressives Verhalten zeigten, während diejenigen ohne Aggressivität höhere Hormonreaktionen aufwiesen (Gerra et al., 1994). Auch in Hinblick auf die Depressionsdimension werden bei Patienten nicht nur reduzierte, sondern auch erhöhte oder nicht signifikant veränderte GH-Konzentrationen auf Clonidin beschrieben.

Zusammenfassung

Insgesamt stellt sich die Befundlage zum Zusammenhang zwischen Persönlichkeitsdimensionen und zentralnervösem Noradrenalin als unbefriedigend dar. Die Befunde sind eher uneinheitlich, wobei die verschiedentlich beschriebene Assoziation zwischen Noradrenalin und Aggressivität eher die Ausnahme bildet. Hilfreicher ist vielleicht die Vorstellung, dass Noradrenalin in seiner Funktion die „signal-to-noise-ratio" zu beeinflussen mit denjenigen Persönlichkeitsdimensionen assoziiert ist, die mit Beeinträchtigungen dieses Verhältnisses verbunden sein könnten. Eine mangelnde Fähigkeit, Signal von Rauschen zu differenzieren, könnte in verschiedenen Verhaltensweisen resultieren, die die Anpassung des Individuums erschweren (z.B. hohe Stressbelastung, Depressivität, Irritabilität). Zweifelsohne erinnert dieses stark an die Funktion des serotonergen Systems, dem ja auch eine maßgebliche Rolle in der Herstellung und Aufrechterhaltung von Adaptabilität zugesprochen wurde. Es kann auch kein Zweifel darüber bestehen, dass diese beiden Systeme eng mit einander verwoben sind und auch in ihrer Kombination (siehe Trizyklische Antidepressiva) klinisch relevant sind. Hinzu kommt auch, dass noradrenerge Einflüsse direkt das serotonerge System beeinflussen könnten. In der lesenswerten Übersichtsarbeit von Mongeau et al. (1997) wird dies über die Beschreibung von α2-Heterorezeptoren auf serotonergen Neuronen im Bereich der Raphé - Kerne besonders deutlich, die nach noradrenerger Stimulation die Aktivität des serotonergen Neurons hemmen. Eine Reduktion noradrenerger Aktivität hätte damit eine Steigerung der serotonergen zur Folge. Es wird deutlich, dass die isolierte Sichtweise des Zusammenhangs zwischen einzelnen Neurotransmittersystemen und Persönlichkeit der Realität nicht mehr gerecht wird. Depue hat dies in seinem Modell sehr konsequent berücksichtigt und z.B. Serotonin als Moderator der Zusammenhänge zwischen NA bzw. DA und Persönlichkeit bezeichnet. Es ist aber grundsätzlich auch denkbar, dass NA der Modulator und 5-HT der Mediator ist. Letztlich spricht auch einiges dafür, dass alle drei Monoaminsystem (5-HT, NA, und DA) mit einander in Wechselwirkung stehen.

4 Endokrine Systeme und Persönlichkeit

Petra Netter

4.1 Grundlagen

4.1.1 Geschichte

Die Säftelehre des Hippokrates (siehe Einleitungskapitel) durchzieht noch die Vorstellung des Mittelalters, und noch Paracelsus (1493–1541) versteht den Menschen als ein „chemisches Gemisch". In den darauffolgenden Jahrhunderten entwickelte sich ein vermehrtes Interesse an Erkrankungen, die mit endokrinen Organen zu tun hatten, wie der Ovarien, der Hoden, der Schilddrüse oder der Bauchspeicheldrüse, und in der zweiten Hälfte des 19. Jahrhunderts wurde dann im Tierversuch die Exstirpation und Wiedereinpflanzung von Organen herangezogen, um Erkenntnisse über die Funktion dieser Drüsen zu erhalten (Schilddrüse, Nebenschilddrüse, Bauchspeicheldrüse, Hypophyse). Bereits zu Beginn des 19. Jahrhunderts wurde entdeckt, dass bestimmte Substanzen im Harn und im Blut als Indikatoren von Hormonabbauprodukten nachweisbar waren. Gemeinsam mit Erkenntnissen zum Intermediärstoffwechsel galt in zunehmendem Maße das Interesse der Funktion der von diesen inkretorischen Drüsen abgesonderten Hormone und ihrer therapeutischen Einsatzmöglichkeiten, zunächst in Form von Extrakten aus ganzen Drüsenorganen, erst im 20. Jahrhundert in Form von synthetischen Präparaten. In der ersten Hälfte des 20. Jahrhunderts kannte man bereits praktisch die wichtigsten Hormone (Wachstumshormon, Schilddrüsenhormone, Glukocorticoide, Gonadenhormone). Es folgte bald die Erkenntnis darüber, dass die Hormone nicht isoliert in ihren Drüsen sezerniert, sondern über den Hypothalamus gesteuert werden. Erst in späteren Jahren erfolgte die Erkenntnis, dass auch der Hypothalamus selber durch Transmitter aus dem limbischen System

seine Impulse erhält, und auch die antidiuretische Wirkung des Vaso-
pressins sowie die Bedeutung des Oxytocins für die Weheneinleitung
wurden bereits 1919 erkannt. Die Erforschung der Steroidhormone nahm
im ersten Drittel des 20. Jahrhunderts ihren Ausgang in verschiedenen
europäischen Ländern. In Deutschland gelang Butenandt 1929 die Aufklärung der Struktur des Östrogens, nachdem bereits in den Jahren davor
das Testosteron synthetisiert worden war, und man den Zusammenhang
zwischen männlichen und weiblichen Geschlechtshormonen aufgrund
ihrer Strukturverwandtschaft identifiziert hatte. Bald folgte auch in Bute-
nandts Labor die Aufklärung des Progesterons. Der Name Steroide als
Abkömmling von Cholesterin wurde erst 1936 geprägt. Das Cortison als
vielfältig wirksames Therapeutikum kam aber erst praktisch nach dem 2.
Weltkrieg in den Handel.

4.1.2 Definition, Arten und Zusammenwirken von Hormonen

Hormone dienen, wie das Nervensystem, der Informationsübermittlung im
Organismus. Es sind Substanzen, die i.a. von ihrem Produktionsort auf
dem Blutweg an ihren Zielort gelangen müssen und daher ihren Namen
haben (hormao = griech. = ich bewege).

Eine Reihe von Hormonen wirken einerseits in der Peripherie auf ihre
Zielorgane im Körper, dienen aber auch in den Körperflüssigkeiten als
Indikatoren für eine Neurotransmitterreaktion (vgl. Kapitel Neurotransmitter). Andererseits haben Hormone auch direkte Effekte auf das Gehirn
im Kontext mit Sinneswahrnehmung (Hören, Schmecken, Riechen,
Schmerzempfindung und Temperaturregulation) und dienen zum Teil auch
selbst als Neurotransmitter oder Neuromodulatoren im Gehirn, so dass
sich begriffliche und funktionale Überschneidungen ergeben. Dadurch
wird das Hormonkapitel sowohl Verbindungen zum Neurotransmitter-
Kapitel als auch zum Kapitel über das vegetative Nervensystems aufweisen.

Es ist zweckmäßig, sich zum Verständnis endokriner Prinzipien eine
gemeinsame Übersicht zu verschaffen, welche Hormone im Körper existieren, wie sie gesteuert werden, welche Funktionen sie haben, und mit
welchen Messverfahren sie erfassbar sind. Sie lassen sich einteilen

a) nach ihrer Struktur (Polypeptide, Glykoproteine, Aminosäurederivate,
   Steroidhormone);

b) nach ihrem Bildungsort: Neurohormone = im Nervengewebe gebildete
   Hormone, glanduläre = in Drüsen gebildete (= endokrine Sekretion)
   und periphere Gewebshormone (= parakrine Sekretion), die am Ort
   ihrer Produktion ihre Wirkung auf das umliegende Gewebe entfalten;
c) nach ihrer Funktion.

Die Funktionen der Hormone erstrecken sich auf Wachstum, Reifung,
Fortpflanzung, Ernährung/Stoffwechsel, Kreislauf, Temperaturregulation
und Wasser-/Elektrolythaushalt. Die meisten Hormone haben jedoch
mehrere Funktionen, so dass eine Einteilung nach der Bedeutung für den
Organismus nicht gut möglich ist.

Das Schema in Abb. 4.1 veranschaulicht die wichtigsten persönlichkeitsrelevanten Hormone, ihre Bildungsorte und ihr Zusammenspiel.

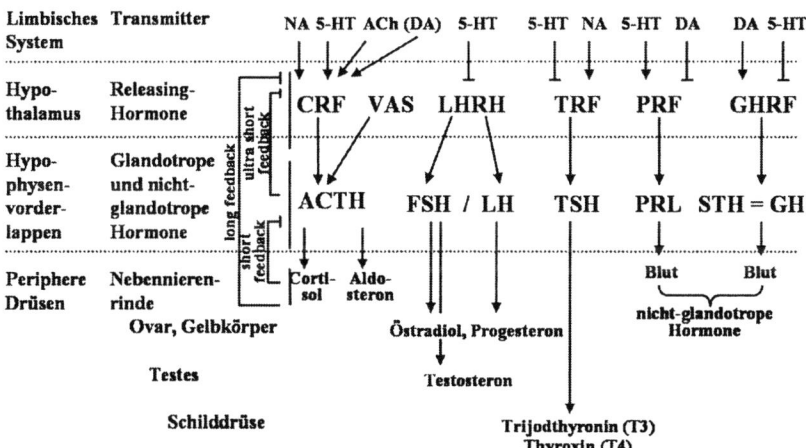

**Abbildung 4.1: Übersicht über die wichtigsten Hormonsysteme und
ihre Steuerung (→ = Stimulation; ⊣ = Hemmung).**

Die wichtigsten Hormone, die mit Persönlichkeit, Verhalten und Befinden
in Zusammenhang gebracht wurden, sind
a) das stressreagible Nebennierenrindenhormon Cortisol
b) das männliche Geschlechtshormon Testosteron
c) die weiblichen Geschlechtshormone Östrogen und Progesteron

d) in weit geringerem Umfang die Schilddrüsenhormone Thyroxin und Trijodthyronin, Peptide, wie Prolaktin, Wachstumshormon, β-Endorphin und aus dem Hypophysenhinterlappen Vasopressin und Oxytocin.
e) die peripheren Katecholamine.

Das Insulin ist zwar gelegentlich auch mit psychischen Prozessen in Verbindung gebracht worden, soll aber wegen der spärlichen Befunde zur Differentiellen Psychologie hier nicht näher abgehandelt werden.

Das gleiche gilt für das Parathormon der Nebenschilddrüse, das Melatonin der Zirbeldrüse sowie für die zahlreichen Gewebshormone, wie z.B. vasoaktives intestinales Peptid (VIP), Neuropeptid Y, Cholecystokinin (CCK), und viele endogene Opioide, die zwar mit psychisch relevanten Funktionen, wie Schmerz, Schlaf, Hunger, in Beziehung stehen, aber nicht differentiellpsychologisch untersucht sind.

Nach ihrer Struktur gehören zu den *Peptidhormonen* die hypothalamischen Inhibiting- und Releasing-Hormone (vgl. 4.1.4, Tab. 4.1), die Hypophysenhinterlappen-Hormone Vasopressin (= Adiuretin; VAS oder ADH) und Oxytocin, das ACTH, die nicht glandulären Hormone Wachstumshormon (STH oder GH) und Prolaktin (PRL) des Hypophysenvorderlappens sowie die endogenen Opioide (Enkephaline und β-Endorphin), die in den Basalganglien, im Hypothalamus und im limbischen System vorkommen, aber auch in der Neurohypophyse.

Zu den Steroidhormonen, die auf dem Cholesterin-Molekül aufbauen, gehören Hormone der Nebennierenrinde, wie die Glukocorticoide (z.B. Cortisol) und Mineralocorticoide (z.B. Aldosteron) sowie die Keimdrüsenhormone (z.B. Östrogen, Progesteron und Testosteron).

Aminosäurederivate sind die Schilddrüsenhormone Thyroxin (T4) und Trijodthyronin (T3), die sich von der Aminosäure Tyrosin ableiten, die Katecholamine (Adrenalin, Noradrenalin und Dopamin), die aus Phenylalanin aufgebaut und im Nebennierenmark und in Neuronen des Gehirns gebildet werden, sowie der Neurotransmitter Serotonin (vgl. Neurotransmitter) und das Peptidhormon Melatonin der Zirbeldrüse, die beide Tryptophan als Vorstufe haben.

Glykoproteinhormone sind die glandotropen Hypophysenvorderlappenhormone TSH, FSH, LH, die so benannt sind, weil sie Kohlenhydratseitenketten tragen.

Diese Strukturdifferenzen beinhalten auch funktionelle Unterschiede. Z.B. unterscheiden sich Peptidhormone und Katecholamine (= 1) einerseits von Schilddrüsen- und Steroidhormonen (= 2) andererseits durch die

Art der Sekretion: 1 = Exozytose[1], 2 = Diffusion; durch die Art des Transportes im Blut: 1 = frei, 2 = an Proteine gebunden; durch ihre Durchdringung der Blut-Hirn-Schranke[2] :1 = fehlend, 2 = vorhanden.

In der Reihenfolge ihrer Halbwertszeit und Wirkungsdauer ergibt sich folgende Rangreihe:
Katecholamine: Sekunden → Minuten
Peptidhormone: Minuten → Stunden
Steroide: Stunden → Tage
Schilddrüsenhormone: Tage

Aus dem Schema in Abb. 4.1 geht auch der Bildungsort der Hormone hervor sowie das Prinzip ihres Zusammenwirkens. Es wird ersichtlich:
1. Hormone, die in Drüsen des Körpers produziert werden, unterliegen in den meisten Fällen einem Rückkoppelungssystem zur Hypophyse.
2. Die Freisetzung der Hormone in der Hypophyse wird wiederum von übergeordneten Zentren durch so genannte Releasing- und Inhibiting-Hormone aus dem Hypothalamus gesteuert.
3. Die Hormonproduktion im Hypothalamus unterliegt wiederum der Steuerung durch Neurotransmitter und Neuromodulatoren, die im limbischen System produziert werden.

4.1.3 Mechanismen der Hormonwirkung

Auf molekularer Ebene vollzieht sich die Hormonwirkung in folgenden Schritten:
1. Durch einen nervalen Reiz wird ein Hormon produziert und freigesetzt.
2. Es gelangt dann aus den Neuronen, seinem Bildungsort, über das portale Kapillarnetz in das Kapillarnetz des Hypophysenvorderlappens resp. -hinterlappens.

---

[1] Exozytose ist die Sekretion von Inhalten aus so genannten Vesikeln, die durch Anlagerung an die Zellwand und anschließende Öffnung den Vesikelinhalt in den Extrazellulärraum freigeben.
[2] Die Blut-Hirn-Schranke ist eine aus Endothelzellen der Kapillaren gebildete Membran an der Grenze zwischen Hypophysenstiel und Gehirn, die für lipidlösliche Substanzen durchgängig ist, für andere nur, wenn sie an Plasmaproteine gebunden sind. Sie wird jedoch an den Stellen der so genannten zircumventrikulären Organe durchbrochen, die außerhalb der Blut-Hirn-Schranke liegen, so dass an diesen Stellen auch sonst nicht hirngängige Substanzen in das Hirn eindringen können.

3. Das Hormon trifft auf eine spezifische Eiweißstruktur, den Rezeptor. Die strukturell verschiedenen Hormone haben unterschiedliche Wirkmechanismen: Peptidhormone und Katecholamine binden am Zielorgan an membranständige Rezeptoren. Die Rezeptoren der Steroide und Schilddrüsenhormone sind intrazellulär im Zytosol lokalisiert.

4. Membranständige Rezeptoren (Peptidhormone, Katecholamine) aktivieren einen so genannten zweiten Botenstoff (second messenger), meist das zyklische Adenosinmonophosphat (cAMP), das aus Adenosintriphosphat (ATP) gebildet wird. cAMP erhöht die Permeabilität der Zellmembran. Die im Zellinneren lokalisierten Rezeptoren der Steroide und Schilddrüsenhormone vermitteln die DNA-Synthese, d.h. das Hormon beeinflusst die Expression genetischer Information, die durch das Hormon an- und abgeschaltet werden kann.

4.1.4 Regulationsprozesse

Wie aus Abb. 4.1 ersichtlich, werden die meisten von der Hypophyse ins Blut abgegebenen Hormone durch Releasing- und Inhibiting-Hormone gesteuert, die noch einmal in Tab. 4.1 aufgeführt sind.

Tabelle 4.1:	Releasing- und Inhibiting- Hormone des Hypothalamus, ihre Ziel-hormone in der Hypophyse und zugehörige Zielorgane (mod. nach Schmidt & Tews, 1985)		
Hypothalamus-Hormon / Releasing- Hormone	**Hypophysen-Hormon / Glandotrope Hormone**	**Zielorgan**	**Zugehöriges Hormon**
glandotrope Hormone			
CRH Corticotropin-Releasing-Hormon	**ACTH** Adrenocorticotropes Hormon	Nebennieren-rinde	Glukocorticoide, z.B. Cortisol Mineralocorticoide, z.B. Aldosteron

Tabelle 4.1: (Fortsetzung)	Releasing- und Inhibiting- Hormone des Hypothalamus, ihre Zielhormone in der Hypophyse und zugehörige Zielorgane (mod. nach Schmidt & Tews, 1985)		
Hypothalamus-Hormon / Releasing- Hormone	**Hypophysen-Hormon / Glandotrope Hormone**	**Zielorgan**	**Zugehöriges Hormon**
LHRH Luteinisierungshormon Releasing-Hormone	**FSH** Follikel-stimulierendes Hormon **LH** Luteinisierendes Hormon	Ovar Hoden Corpus luteum (Gelbkörper)	Östrogene Testosteron Gestagen (Progesteron)
TRH Thyreotropin Releasing- Hormone	**TSH** Thyreoidea stimulierendes Hormon (Thyreotropin)	Schilddrüse	Trijodthyronin T3 Thyroxin T4
nicht-glandotrope Hormone			
Hypothalamus	**Hypophyse**		
GHRH Growth Hormone Releasing-Hormone	**GH** Wachstumshormon (Growth hormone) oder **STH** Somatotropes Hormon		
PRH Prolactin Releasing-Hormone	**PRL** Prolaktin		
MRH Melatonin Releasing-Hormone	**MSH** Melanocytenstimulierendes Hormon		
Inhibiting Hormone			
GHIH oder **SS** Growth Hormone Inhibiting- Hormone oder Somatostatin	**GH** Wachstumshormon (Growth hormone) **STH** (somatotropes Hormon)		

Tabelle 4.1: (Fortsetzung)	Releasing- und Inhibiting- Hormone des Hypothalamus, ihre Zielhormone in der Hypophyse und zugehörige Zielorgane (mod. nach Schmidt & Tews, 1985)		
Hypothalamus-Hormon / Releasing- Hormone	**Hypophysen-Hormon / Glandotrope Hormone**	**Zielorgan**	**Zugehöriges Hormon**
PIH Prolactin Inhibiting-Hormone	**PRL** Prolaktin		
MIH Melanocytes Inhibiting-Hormon	**MSH** Melanocyten-stimulierendes Hormon		

Das ganze System eines Hormons mit seinen Steuerungspeptiden wird häufig mit dem Modell eines Regelkreises verglichen, da der periphere Hormonspiegel sich wiederum auf die Produktion der Hypophysen- und hypothalamischen Hormone auswirkt. Am Beispiel von Insulin und seiner Funktion bei der Regelung des Blutzuckerspiegels lassen sich die regeltechnischen Begriffe den physiologischen Elementen des Hormonsystems zuordnen (Tab. 4.2)

Tabelle 4.2:	Übersetzung der Regelkreisbegriffe in die Elemente der Blutzuckerspiegelregulation (in Anlehnung an Birbaumer und Schmidt, 2003)	
Begriff	**Beispiel aus der Technik: Wärmeregulation**	**Beispiel aus der Endokrinologie: Blutzuckerregulation durch Insulin**
Regelgröße	Raumtemperatur	Blutglukosespiegel
Messfühler	Thermometer	Glukosesensoren
Stellglied	Heizkörperventil	Insulinblutspiegel
Regler	Thermostat	Langerhanssche Inseln
Störgröße	Wärmeverlust durch offenes Fenster	Nahrungskarenz/Nahrungsaufnahme

Der Istwert wird dem Sollwert durch Rückmeldesysteme angeglichen. Diese Mechanismen dienen sowohl in der Klinik als auch bei der Verwendung von Provokationstests (siehe Kapitel Neurotransmitter) bei Gesunden zur Diagnostik der Neurotransmitterfunktionen. Die funktionierende Regulation garantiert die für den Organismus so wichtige Homöostase. Als „Störgrößen" der Hormonsekretion aus den Drüsen und parakrinen Geweben können unterschiedliche Reize wirksam werden (Nahrungsaufnahme oder -deprivation, Schlaf-Wachzustände, Hell-Dunkeleinflüsse, Änderungen der Außen- oder Körpertemperatur, körperliche Aktivität und Kreislaufeinflüsse), aber auch alle Arten von physischen und psychischen Stressoren, die über die Sinneswahrnehmung auf die Hormonproduktion einwirken, so dass Hormone wichtige Reaktionsvariablen zur Diagnostik interindividueller Differenzen werden.

Außer den durch „Störgrößen" verursachten Verstellungen der Istwerte und ihrer regulatorischen Angleichung an ihre Sollwerte unterliegen die meisten Hormone endogenen Rhythmen. Der am besten erforschte Rhythmus ist der Tag-Nacht-Rhythmus (zirkadianer Rhythmus) mit einer Phasenlänge von 24 Stunden. So haben z.B. ACTH und in der Folge auch Cortisol ebenso wie einige der hypophysären Peptide, wie β-Endorphin und Melatonin, zirkadiane Verläufe; einige davon sind unabhängig vom Schlafverhalten. Diese können durch externe Stimuli, wie Tageslicht und Temperatur, synchronisiert oder auch desynchronisiert werden. Andere hypophysäre Peptide, wie das Wachstumshormon, Prolaktin und schilddrüsenstimulierende Hormon (TSH), hängen vom Schlafverhalten ab. Die höchsten Konzentrationen (Akrophase) für ACTH, Cortisol und β-Endorphine liegen in den frühen Morgenstunden zwischen 6.00 und 9.00 Uhr, diejenigen für die schlafabhängigen Peptide, einschließlich FSH und LH, zwischen Mitternacht und 2.00 Uhr morgens.

Neben Tagesrhythmen sind auch kürzerfristige Rhythmen bekannt. Es wurde bereits auf die pulsatile Produktion der hypothalamischen Hormone hingewiesen. Eine Störung des zeitlichen Rhythmus, z.B. der Releasing-Hormone für FSH und LH, kann zu Fertilitätsstörungen führen.

Ein längerfristiger Rhythmus ist der lunare Rhythmus des Menstruationszyklus, dem die beiden peripheren Hormone Östrogen und Progesteron unterliegen. Beim Menschen weniger eindeutig, aber auch diskutiert, sind jahreszeitliche Rhythmen der Testosteronproduktion, die im Tierreich die Zeiten der Brunft determinieren.

4.1.5 Mediatoren der Unterschiede im Hormonbereich

Die Unterschiede in hormonellen Reaktionen können auf folgende Ursachen zurückgeführt werden:

1. Die Dichte und Empfindlichkeit zentralnervöser Rezeptoren, über die, wie im Kapitel über Neurotransmitter beschrieben, mit Hilfe von Releasing-Hormonen die Hormonfreisetzung oder -hemmung gesteuert wird.
2. Die Reagibilität des vegetativen Nervensystems, über welches zum Teil die Hormonfreisetzung in den peripheren Drüsen gesteuert wird, wie das Kapitel über das vegetative Nervensystem zeigen wird. Dieses kann z.B. auch verantwortlich sein für den unterschiedlichen Wirkungseintritt von applizierten pharmakologischen Substanzen aufgrund einer verminderten Magenmotorik und folglich ihrer verzögerten Verweildauer im Magen.
3. Unterschiede im peripheren Stoffwechsel, die für unterschiedliche Abbaugeschwindigkeit der Hormone verantwortlich sind. Dies kann verursacht sein durch Hemmung oder vermehrte Aktivität der Enzymsysteme der Leber, welche für den Abbau der Hormone verantwortlich sind. Ursachen hierfür sind häufig Lebensgewohnheiten, wie Rauchen, Einnahme von Beruhigungs- oder Schlafmitteln oder von Hormonpräparaten, aber auch ggf. Unterschiede in der Schilddrüsenaktivität, die den Grundumsatz beschleunigen oder reduzieren kann.
4. Durch geschlechts-, alters- und persönlichkeitsassoziierte Unterschiede der Verteilung von Fett- und Muskelgewebe, da die Gewebsbeschaffenheit z.B. für die Umwandlung von Testosteron in Östrogen im Fettgewebe verantwortlich ist, und die Ausscheidungsgeschwindigkeit der im Fettgewebe gespeicherten Stoffe von der Menge des Fettgewebes abhängt.

4.1.6 Die strukturelle und funktionale Beziehung zwischen den Hormonen der HPA- und der HPG-Achse

Wie aus Tab. 4.1 ersichtlich, unterliegen die beiden wichtigsten persönlichkeitsrelevanten Hormone, das Cortisol aus der Nebennierenrinde und die Geschlechtshormone aus den Gonaden, einem Steuerungssystem vom Hypothalamus über die Hypophyse zu den Zielorganen. Man spricht daher auch im Englischen von der hypothalamo-pituitary-adrenal- (HPA-)Achse und der hypothalamo-pituitary-gonadal- (HPG-)Achse.

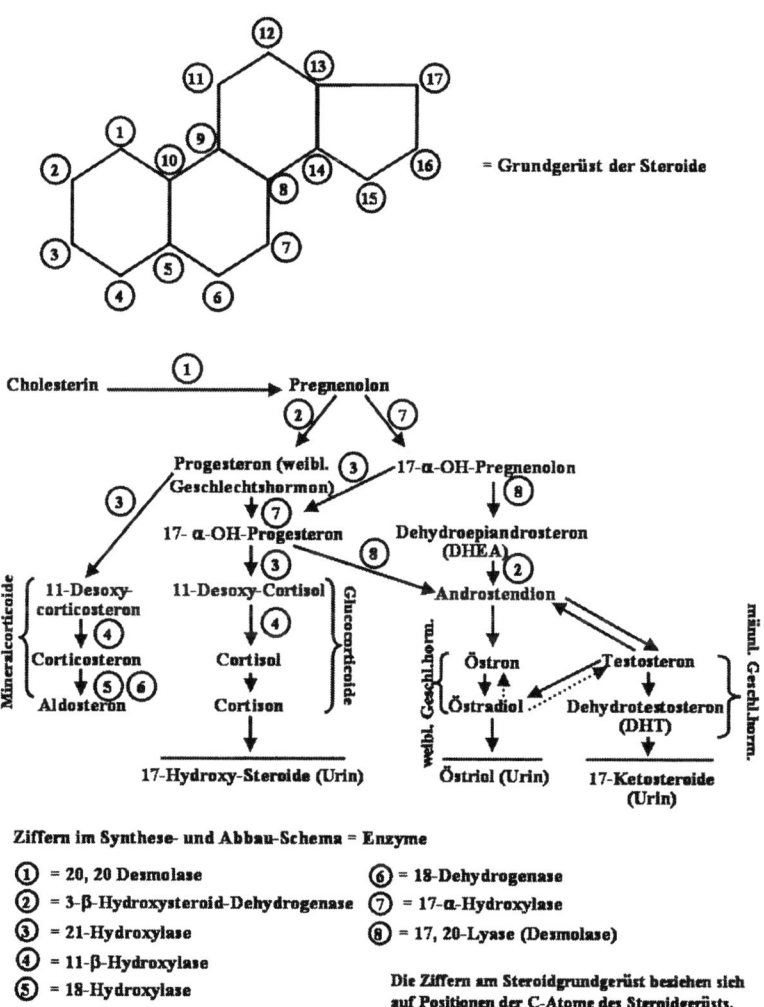

Abbildung 4.2: Synthese der Steroidhormone.

Die Hormone der beiden Achsen werden zwar später getrennt mit Persönlichkeitsdimensionen in Beziehung gesetzt, ihr enger struktureller Zusammenhang und ihre wechselseitige Beziehung soll aber durch zwei
Abbildungen unterstrichen werden:

1. Da die Hormone der Nebennierenrinde und der Gonaden (Glukocorticoide, Mineralocorticoide, männliche und weibliche Geschlechtshormone) sich alle vom Steroidmolekül des Cholesterins ableiten und zum
   Teil durch geringe enzymatische Umwandlungen ineinander überführ-
   bar sind, lassen sich auch ihre Funktionen nicht alle scharf gegenein-
   ander abgrenzen. Es sei daher im Schema in Abb. 4.2 gezeigt, wie die
   verschiedenen Hormone und ihre Vorstufen zusammenhängen, und
   welche für die Psychobiologie relevanten wichtigsten Enzyme für die
   Transformation eines Hormons in das andere verantwortlich sind.

2. Die enge funktionale Verflechtung der beiden Achsen ergibt sich nicht
   nur aus der Struktur und und dem Syntheseweg der Hormone der Zielorgane in der Peripherie, sondern auch durch die wechselseitige Stimulation und Hemmung der an beiden Achsen beteiligten Hormone, wie
   aus Abb. 4.3 hervorgeht.

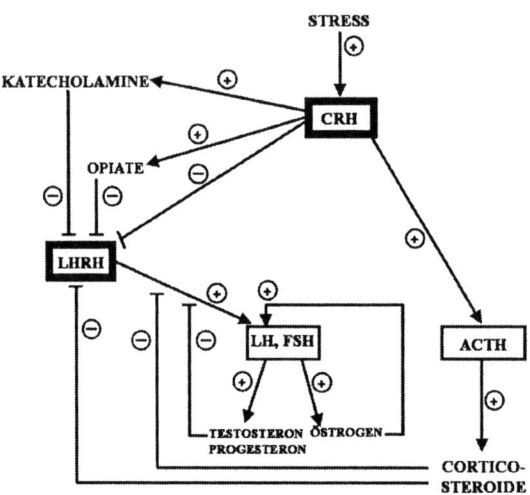

Abbildung. 4.3:   **Zusammenwirken der HPA- und HPG-Achse
und der Katecholamine und Opioide (+ = Stimu-
lation – = Hemmung).**

Die Abbildung zeigt, dass zwischen den beiden Releasing-Hormonen CRH der HPA-Achse und LHRH der HPG-Achse vielfältige wechselseitige Beeinflussungen bestehen, vor allem dadurch, dass CRH direkt und auf dem Umweg über Opioide und Katecholamine (siehe später) die Freisetzung von LHRH hemmt, und dass dieses auch durch die Corticosteroide aus der Peripherie gehemmt wird, die ebenfalls die Stimulation der Hypophysenhormone LH und FSH durch das hypothalamische LHRH hemmen, eine Funktion, die auch noch durch die Feedback-Schleife der peripheren Zielhormone Testosteron und Progesteron unterstützt wird.

4.1.7 Die Hormone der Hypothalamus-Hypophysenneben-nierenrinden- (HPA-) Achse

Wie Abb. 4.1 zeigte, wird über das *Corticotropin-Releasing-Hormon* (CRH) im Hypothalamus das adrenocorticotrope Hormon (ACTH) der Hypophyse freigesetzt, welches in der Nebennierenrinde einerseits die Glukocorticoide (im wesentlichen Cortisol, Corticosteron), in geringerem Maße die Mineralocorticoide (im wesentlichen Aldosteron) und auch Androgene freisetzt. Die Höhe des Cortisolspiegels im peripheren Blut hat seinerseits eine hemmende Rückwirkung auf die Produktion von ACTH in der Hypophyse und auf die Produktion von CRH im Hypothalamus (= negative Rückkopplung). Diese beiden Prozesse werden als kurze resp. lange Rückkopplungsschleife bezeichnet. Zusätzlich wirkt aber auch der ACTH-Spiegel als solcher hemmend auf die CRH-Produktion im Hypothalamus.

Da bei vielen pathologischen Zuständen (Depression, Schlafstörungen etc.) der Regelmechanismus der HPA-Achse gestört ist, macht man sich diese Rückkopplungsprozesse bei der Funktionsprüfung des Feedback-Mechanismus der HPA-Achse zunutze. Im so genannten Dexamethason-hemmtest wird das synthetische Glukocorticoid Dexamethason verabreicht, das durch das Feedbacksystem zu einer verminderten CRH- und folglich ACTH- Ausschüttung mit einer daraus resultierenden Absenkung des Cortisolspiegels führt. Bei mangelhafter Feedbackfunktion bleibt der Cortisolspiegel erhöht (so genannte non-suppression), was auch für die Persönlichkeitsdiagnostik von Bedeutung ist.

Die CRH-Freisetzung selbst wird positiv durch Serotonin und Noradrenalin, aber auch durch Acetylcholin und Histamin beeinflusst (vgl. Kapitel Neurotransmitter). Synergistisch mit dem antidiuretischen Hormon (ADH) der Neurohypophyse bewirkt es die Freisetzung des Vorläufermoleküls

Proopiomelanocortin, das in ACTH, α- und γ-MSH (= melanozyten-stimulierendes Hormon) sowie β-Endorphin aufgespalten wird. Unabhängig von der Funktion der ACTH-Freisetzung erregt CRH die Zentren des sympathischen Nervensystems und hat damit eine stimulierende Wirkung auf Adrenalin und Noradrenalin aus dem Nebennierenmark sowie auf Kreislaufparameter und den Anstieg von Glukose und Lipiden in der Leber, während die gastrointestinale Aktivität eher gesenkt wird. Damit hat es, unabhängig von Cortisol, eine hohe Bedeutung in der Stressreaktion. Entsprechend sind auch hohe CRH-Werte (endogen oder durch CRH-Infusion) mit erhöhter Ängstlichkeit und dysphorischer Stimmung in Zusammenhang gebracht worden. Ihm wird auch die Hemmung der Sexualfunktion, der Nahrungsaufnahme und des Tiefschlafs und ein Einfluss auf Lernprozesse zugeschrieben. Es gibt zwei verschiedene Rezeptortypen von CRH im Gehirn. Interessant ist, dass Antagonisten für die Rezeptoren (Substanzen, die Rezeptoren blockieren) je nach Rezeptortyp entweder nur die Freisetzung von ACTH oder nur die anxiogene Wirkung von CRF blockieren (Birbaumer & Schmidt, 2003).

Das *ACTH* besteht aus 39 Aminosäuren und ist als Gesamtmolekül für die Produktion aller drei Gruppen von Nebennierenrindenhormonen verantwortlich (Glukocorticoide, Mineralocorticoide (nur z.T.) und Androgene), wobei die Stimulation der Aldosteronproduktion durch γ-MSH und das Renin-Angiotensinsystem unterstützt wird. ACTH findet sich auch in vielen Regionen des Gehirns, vor allem im Hypothalamus. Es ist unklar, ob es direkt aus der Hypophyse oder durch Diffusion aus der Cerebrospinalflüssigkeit dorthin gelangt. Es folgt im Gehirn jedoch nicht den Rhythmen der CRH- und Cortisolsekretion, hat aber, wie das Cortisol (s.u.), einen zirkadianen Rhythmus mit einem Gipfel um 6-8 Uhr morgens und einem Tiefpunkt um Mitternacht. Ein Fragment des Moleküls ACTH4–9 hat sich besonders als gedächtniswirksam erwiesen und ist beim Menschen möglicherweise für die selektive Aufmerksamkeit relevant.

Cortisol (= Hydrocortison) ist ein Glukocorticoid, das in der Zona fasciculata der Nebennierenrinde produziert wird. 5% der Glukocorticoide bestehen aus Corticosteron, 95% aus Cortisol, bei Tieren ist das Verhältnis umgekehrt. Beide werden, wie die übrigen Nebennierenrindenhormone, aus dem Cholesterinmolekül synthetisiert (vgl. Abb. 4.2). Im Blut wird Cortisol zu 90% an das Cortisol bindende Globulin (CBG) oder Albumin gebunden. Im Speichel findet es sich in freier Form, so dass das Mengenverhältnis von im Blut und im Speichel messbarem Cortisol etwa 10:1 beträgt. Das in psychologischen Untersuchungen häufig verwendete Speichelcortisol kann als sehr guter Indikator für die Gesamtcortisolproduktion angesehen werden. Die Basalmenge beträgt im Speichel am Morgen etwa

1-2µg/dl, <0.5 µg/dl am Abend und <0.1 µg/dl um Mitternacht. Entspre-chend höhere Mengen finden sich im Blut. Das Cortisol wird zu Hydroxy-steroiden in der Leber verstoffwechselt und als 17-Hydroxysteroid im Urin ausgeschieden, welches als Indikator für die Tagesproduktion im 24-Stunden-Urin dient (vgl. Abb. 4.2). Das Cortisol wirkt im Gehirn auf so genannte Glukocorticoidrezeptoren (Typ II), aber in erhöhter Konzen-tration auch auf die Mineralocorticoidrezeptoren (Typ I). Im Gehirn sind Corticoid- Rezeptoren vor allem im Hippocampus zu finden. Hier bewirkt das Cortisol:

a) eine Absenkung der elektrischen Aktivität, in höheren Konzentrationen jedoch eine Verkürzung der Latenzen bei der synaptischen Übertragung,
b) eine Stimulation der Enzymbildung, die zur Serotoninsynthese und zur Umwandlung von Noradrenalin zu Adrenalin erforderlich ist,
c) durch seine mineralocorticoide Wirkung eine Förderung des Trans-portes von Noradrenalin (NA) in die Neurone und eine Reduktion der NA-Synthese (dies wird als Erklärung für Noradrenalinverarmung im Gehirn bei hohen Cortisolwerten herangezogen, wie sie bei Depressiven z.T. zu beobachten sind).

Cortisol hat aber auch sehr vielfältige Funktionen in der Peripherie, deren Kenntnis erforderlich ist, da sie die psychischen Funktionen mit beein-flussen können (vgl. Tab. 4.3).

Tabelle 4.3: Wirkung der Gluco- und Mineralocorticoide

Hormon	Beeinflusstes Funktions-system	Symptome bei	
		Überfunktion	Unterfunktion
Cortisol **Corticosteron** **(Glukocorti-coide)**	Kohlenhydrat-stoffwechsel	Glukoneogenese → Blutzuckerspiegel ↑ (= Hyperglykämie) + Wasserlassen ↑ (= Polakisurie) + Durst ↑ (= Polydipsie) (= Steroid-Diabetes)	Blutzucker↓ (= Hypoglykämie) Konzentrations- und Bewusstseinsstörun-gen, Krämpfe + EEG-Veränderungen, Hun-ger, Schwitzen, Übel-keit, Herzrasen

Tabelle 4.3:   Wirkung der Gluco- und Mineralocorticoide
(Fortsetzung)

Hormon	Beeinflusstes Funktions- system	Symptome bei	
		Überfunktion	Unterfunktion
Cortisol Corticosteron (Glukocorti- coide)	Eiweißstoff- wechsel	Muskelschwund → Schwäche Knochenabbau (= Osteoporose)	Gewichtsverlust
	Fettstoff- wechsel	Stammfettsucht Vollmondgesicht Büffelnacken Hypercholesterinämie Arteriosklerose	Hypocholesterinämie
	Blutbildendes System	rote Blutzellen ↑ (= Polyglobulie) Weiße Blutzellen ↑ (= Leukozytose) Lymphozyten ↓ (= Lymphopenie) Blutplättchen ↑ (= Thrombozytose) + Antithrombin ↓ (Thrombosegefahr)	Anämie bei normaler Zellgröße − weiße Blutzellen ↓ (= Leukopenie) − Lymphozyten ↑ (= Lymphozytose)
	Bindegewebe	Bindegewebsbildung (rote Streifen der Haut)	
	Immunsystem	Immunreaktion ↓ → Allergische Reak- tion ↓	
	Magen-Darm- Trakt	Salzsäureproduktion ↑ → Magenulcera	Salzsäureproduktion ↓ (= Sub-, Anazidität)
	Zentralner- vensystem	Verlängerung der Über- tragungszeit an der Synapse	

Tabelle 4.3:   Wirkung der Gluco- und Mineralocorticoide
(Fortsetzung)

Hormon	Beeinflusstes Funktionssystem	Symptome bei	
		Überfunktion	Unterfunktion
Cortisol Corticosteron (Glukocorticoide)	Kardiovaskuläres System	Sensibilisierung der Arteriolen für pressorischen Katecholamineffekt Angiotensin ↑ + Blutvolumen ↑ (= Hochdruck)	
Aldosteron (Mineralocorticoid)	Elektrolyt- und Wasserhaushalt	Kaliumausscheidung ↑ → Muskelschwäche Natriumausscheidung ↓ → Ödeme → Alkalose	Kaliumausscheidg. ↓ Natriumausscheidg. ↑ → verminderte Wasserausscheidung
	Blutbildendes System	weiße Blutzellen ↓ (= Leukopenie)	

Aus der Tabelle wird ersichtlich, dass das Cortisol sowohl im Stoffwechsel wirksam ist als auch die Prozesse von Allergie und Entzündung durch seine Interaktion mit dem Immunsystem beeinflusst, und dass es auch in Veränderungen der Zusammensetzung der Blutzellen seinen Niederschlag findet. Über die in der Tabelle angegebenen Funktionen hinaus beeinflusst Cortisol auch peripher die Adrenalinsynthese auf parakrinem Wege in der Nebenniere selbst durch seine Wirkung auf verschiedene Enzyme, die an der Adrenalinsynthese beteiligt sind. So beeinflusst Cortisol aus der Nebennierenrinde die Tyrosinhydroxylase, die Tyrosin in Dopa verwandelt, die Dopaminbetahydroxylase, die Dopamin in Noradrenalin verwandelt und die Phenylethanolamin-N-Methyltransferase, die Noradrenalin in Adrenalin verwandelt.

Cortisolanstiege werden aber nicht nur durch einige psychische Stressoren, sondern auch durch körperliche Aktivität (z.B. Ergometertraining), physische Belastungen, wie Krankheit und Operationen, Hypoglykämie und Blutverlust sowie durch Nahrungsaufnahme ausgelöst. Es hat im wesentlichen die Funktion einer Gegenregulation bei für den Organismus bedrohlichen Zuständen (Munck et al., 1984).

Cortisol hat einen ausgesprochenen Tagesgang mit einem Gipfel in den frühen Morgenstunden und seinem tiefsten Punkt um Mitternacht. Allerdings ist dieser Rhythmus abhängig von Schlaf-Wachphasen und ändert sich u.a. bei Schichtarbeit oder Zeitzonenwechsel nach einer gewissen Zeit der Anpassung.

Das wichtigste Mineralocorticoid ist das Aldosteron. Es wird in der Zona glomerolosa der Nebennierenrinde produziert und bindet im Gehirn spezifisch an die Mineralocorticoidrezeptoren (Typ I). Es wird ebenfalls aus dem Cholesterinmolekül synthetisiert (vgl. Abb. 4.2). Seine Funktionen sind ebenfalls in Tab. 4. 3 mit aufgeführt. Auch dem Aldosteron wird eine psychische Wirksamkeit zugeschrieben, da Aldosteronerhöhung eher mit schlechter Stimmung einhergeht und Aldosteronantagonisten eher stimmungsaufhellend wirken sollen.

4.1.8 Die Hormone der Hypothalamus-Hypophysen- Gonaden- (HHG-)Achse

Im Hypothalamus wird das gonadotropinstimulierende Hormon *GnRH* (Gonadoliberin=LHRH, vgl. Abb. 4.3) gebildet, das in der Hypophyse die Synthese und Freisetzung der Gonadotropine FSH (follikelstimulierendes Hormon) und LH (Luteinisierungshormon) bewirkt. Es wird durch Dopamin und Serotonin gehemmt, durch Noradrenalin stimuliert. Der Feedbackmechanismus führt ferner dazu, dass die in den Zielorganen freigesetzten Geschlechtshormone Gestagen und Östrogen die weitere Freisetzung von GnRH stimulieren (positiver Feedbackmechanismus) und Testosteron diese hemmt. GnRH wird in pulsatilen Schüben (bei der Frau in der ersten Zyklushälfte alle 60-90 Minuten, in der zweiten und beim Manne alle 3-4 Stunden) ausgeschüttet. Dieser Rhythmus ist die Voraussetzung für die Freisetzung der Peptidhormone FSH und LH in der Hypophyse, deren Ausschüttung dem selben pulsatilen Rhythmus folgt. FSH unterliegt aber auch der Stimulation durch Aktivin und der Inhibition durch Inhibin.

Das follikelstimulierende Hormon FSH bewirkt bei der Frau das Wachstum des Eifollikels im Ovar, beim Mann beeinflusst es die Sertolizellen im Hoden, welche gemeinsam mit Testosteron die Samenreifung steuern.

Das *Luteinisierungshormon LH* steigt bei der Frau durch einen präovulatorischen starken Östradiolanstieg, was seinerseits den Eisprung und die Umwandlung des Follikels zum Corpus luteum bewirkt. Beim Mann stimuliert LH die Testosteronproduktion in den Leydigzellen des Hodens.

Die weiblichen Geschlechtshormone *Östradiol* und *Progesteron* unterliegen dem lunaren Zyklus (vgl. Abb. 4.4). Beide werden, wie die übrigen

Steroidhormone, aus dem Cholesterinmolekül synthetisiert (vgl. Abb. 4.2). Bei der Frau ist zwischen der Menstruation und ca. dem 9. Zyklustag ein sehr niedriger Spiegel beider Hormone zu messen, nach dem Anstieg von Östradiol kurz vor der Ovulation bleibt der Östradiolspiegel im Zyklus auf einem erhöhten Niveau erhalten, wird aber durch das Progesteron übertroffen, dessen Anstieg sich durch den unmittelbar der Ovulation folgenden Temperaturanstieg ankündigt. Es wird im Gelbkörper (Corpus luteum) gebildet, dem Gewebe, aus dem das Ei ausgestoßen wurde, und das auch weiterhin Östradiol produziert. Progesteron ist dann für die Rückbildung des Corpus luteum verantwortlich und sinkt zur Menstruation hin wieder ab. Im Falle einer Schwangerschaft bereitet es die Uterusschleimhaut auf die Einbettung des Eies vor. Auf der Ebene der Hypophyse bewirkt Progesteron eine Absenkung der Frequenz der pulsatilen GnRH-Freisetzung und hemmt damit die Synthese der Gonadotropine in der Hypophyse, es fördert jedoch die Freisetzung von FSH. Sobald der Progesteronspiegel wieder sinkt, erhöht sich auch wiederum die Frequenz der GnRH-Produktion. Durch die Östrogene hingegen wird die Synthese von LH stimuliert. Östrogene supprimieren auch Monoaminoxidase (MAO), das Enzym, das für den Abbau der Katecholamine im Gehirn mit verantwortlich ist (vgl. Kapitel Neurotransmitter). Dies macht u.a. die Rolle der Östrogene bei der Modulation von Stimmung und Persönlichkeit verständlich.

Das *Testosteron* wird in der Zona reticularis der Nebennierenrinde und beim Mann zusätzlich in den Leydigzellen des Hodens sezerniert. Die Sekretionsrate beträgt beim Mann ca. 7mg/Tag, bei der Frau in der Nebennierenrinde etwa 1–2 mg/Tag. Die Plasmakonzentrationen liegen bei 7 resp. 0,5 µg/l. Der Transport im Blut erfolgt an Proteine gebunden. Neben Testosteron wird auch das Dihydrotestosteron (DHT) produziert. Die Ausschüttung erfolgt hier nicht, wie bei den weiblichen Geschlechtshormonen, zyklisch, sondern kontinuierlich. Testosteron hemmt durch negative Rückkopplung auch die LH-Ausschüttung in der Hypophyse. Es ist sowohl an der Spermiogenese als auch an der Ausbildung der sekundären Geschlechtsmerkmale beteiligt (Behaarung, Körperbau, Stimme, Talgdrüsenaktivität). Es gehört zu den so genannten anabolen Steroiden. Dies besagt, es fördert die Blutbildung sowie die Knochen- und die Muskelentwicklung. In der Embryonalphase wird durch die Testosteronproduktion der männlichen Feten, die bereits in der 10. Woche nach der Konzeption einsetzt und in der 20. Woche ihren Gipfel erreicht, frühzeitig eine Geschlechtsdifferenzierung des Gehirns bewirkt, die sich in späteren Geschlechtsunterschieden kognitiver Leistungen und von Persönlichkeitseigenschaften manifestiert. In neuerer Zeit wurde entdeckt, dass das fetale Testosteron nicht nur das Knochenwachstum allgemein, sondern speziell das Längenverhältnis des 2. und 4. Fingers (2D:4D ratio) beeinflusst (Manning et al.,1998).

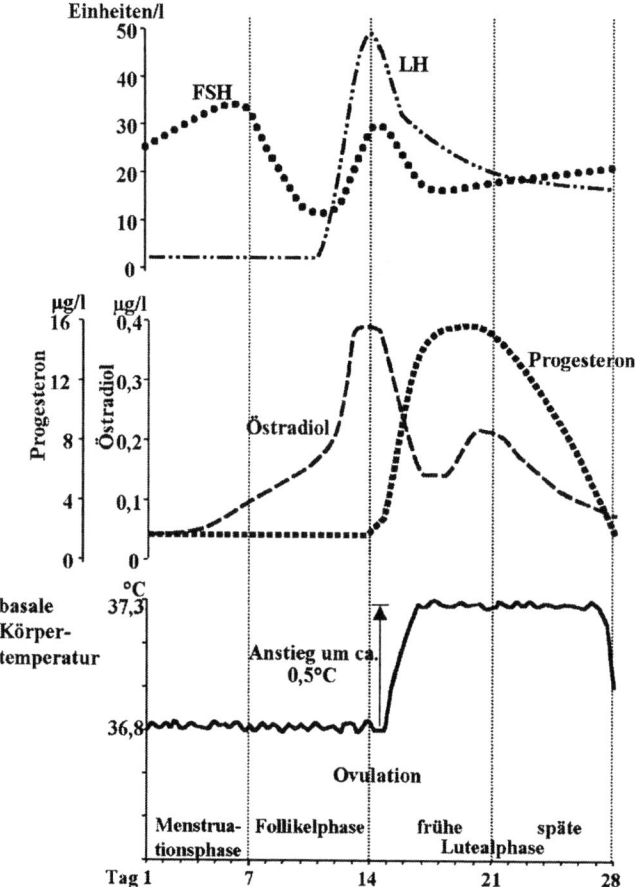

Abbildung 4.4:   Hormonveränderungen im Menstruationszyklus.

Bei männlichen Personen ist die Relation des 2:4 Finger < 1 (Zeigefinger kleiner als Ringfinger; 2D:4D-ratio) und mit einer Reihe von geschlechts-different verteilten männlichen Eigenschaften (z.B. räumlicher Intelligenz) auch innerhalb desselben Geschlechts assoziiert, vor allem aber auch mit der Höhe des Testosteronspiegels im Erwachsenenalter. So kann dieses leicht messbare morphologische Merkmal als Indikator für den Testoste-ronspiegel und seine Assoziation mit Persönlichkeitsfaktoren herangezo-gen werden.

Verschiedene Abkömmlinge des Testosterons, die keine Effekte auf Spermiogenese und Sexualität haben, sind am Aufbau von Muskeleiweiß beteiligt und werden daher z.B. beim Doping und Bodybuilding eingesetzt.

Die Synthese von *Dehydroepiandrosteron* (DHEA) sowie seine Ver-wandtschaft zu Gluko- und Mineralocorticoiden einerseits als auch zu den Geschlechtshormonen andererseits war bereits in Abb. 4.2 deutlich. DHEA verdient jedoch einen eigenen Abschnitt, da es als Gegenspieler von Cortisol eine Rolle im Stressgeschehen und in der Assoziation mit Stimmung und Persönlichkeitseigenschaften hat (Wolkowitz et al., 2001). Ein ausgewogenes Verhältnis zu Cortisol, die so genannte anabolische Balance, wird als bedeutsamer angesehen als der absolute Hormonspiegel beider Hormone. DHEA antagonisiert nicht nur physiologische Cortisol-effekte und negative Einflüsse von Cortisol auf das ZNS, sondern es kann auch per se leistungsverbessernd und antidepressiv wirken (Wolkowitz et al., 2001).

4.1.9 Die Hormone der Hypothalamus-Hypophysen-Schild-drüsenachse

Die Schilddrüsenachse nimmt ihren Ausgang ebenfalls im Hypothalamus, wo das *Thyreoliberin* (TRH) in vielen verhaltensrelevanten Strukturen, wie z.B. der Amygdala, vorkommt. Es steht nicht, wie die Hormone der HPG- und HPA-Achse, unter der Kontrolle der Feedbackregulation, son-dern unter noradrenerger Kontrolle und wird besonders bei Kältereizen freigesetzt. Es stimuliert in der Hypophyse nicht nur das Thyreotropin (TSH), sondern setzt auch Prolaktin frei.

Das in der Hypophyse gebildete *TSH* kontrolliert die Jodversorgung der Schilddrüse und die Biosynthese von den Schilddrüsenhormonen *Trijod-thyronin* (T3) und *Thyroxin* (T4). Diese leiten sich von der Aminosäure Tyrosin ab und enthalten 4 resp. 3 Jodatome. T4 wird zu T3 umgewandelt. Beide werden im Kolloid, dem Inhalt der Schilddrüsenfollikel, gespeichert. Die Konzentration von T4 im Plasma beträgt 80–100 nmol/l pro Tag, die freie Fraktion 20 pmol/l, die entsprechenden Werte für T3 betragen 1,5– 2,0 nmol/l, für die freie Fraktion 6,0 pmol/l. Die intakte Funktion der Schilddrüsenhormone ist an eine genügende Zufuhr von Jod gebunden (zur Synthese der Schilddrüsenhormone siehe Klinke & Silbernagel, 2001, S. 480). Im Blut werden T3 und T4 an Bindungsproteine, vor allem an das Thyroxin bindende Globulin (TBG) gebunden, sind aber nur in ihrer freien Form wirksam.

Die Funktion der Schilddrüsenhormone besteht in erster Linie in der Erhöhung des Grundumsatzes, d.h. sie steigern den Sauerstoffverbrauch in den meisten Geweben, die alle entsprechende Hormonrezeptoren tragen (außer Gehirn, Gonaden und Milz), und erhöhen die Körpertemperatur. T3 stimuliert den Kohlenhydratmetabolismus (Glykogenolyse, Glukoneogenese und Glukoseabbau in Leber, Fett- und Muskelgewebe). Sie wirken synergistisch mit den Katecholaminen und erhöhen die Zahl der Betarezeptoren, was sich vor allem am Herzen bei Stimulation der Schilddrüsenhormone in Tachykardien niederschlägt. Eine Überfunktion führt meist zu starker psychischer Erregung und Ruhelosigkeit, eine Unterfunktion zu Verlangsamung und Antriebslosigkeit.

4.1.10 Die nicht glandotropen Hormone des Hypophysenvorderlappens Prolaktin (PRL), Wachstumshormon (GH) und β-Endorphin

Auch Prolaktin und Wachstumshormon unterliegen, wie die glandotropen Hormone, der Steuerung durch Peptidhormone des Hypothalamus (vgl. Tab. 4.1).

Das Prolaktin wird durch das hypothalamische Peptid PRH stimuliert und durch PIH gehemmt (vgl. Tab. 4.1). Beide haben im Gegensatz zu den Steuerungshormonen des STH keine bekannte eigene Funktion im Organismus.

Das *Prolaktin* (PRL) wird in den lakto- oder mammotropen Zellen der Hypophyse synthetisiert. Es ist ein Peptid aus 199 Aminosäuren. Seine Produktion wird außer durch PRH auch durch TRH, Östrogen, vasoaktives intestinales Peptid (VIP), Angiotensin II, endogene Opiate und dopaminantagonistische Pharmaka (z.B. Neuroleptika), vor allem aber während der Laktation durch den Saugakt des Kindes gesteigert und durch Dopamin (DA) tonisch gehemmt, dessen Neurone direkt an den laktotropen Zellen enden. Daher verabreicht man auch zum Abstillen Dopaminagonisten wie

Bromocriptin. DA ist jedoch, wie man jetzt weiß, nicht identisch mit PIH, sondern hemmt PRL zusätzlich. Unstimuliert ist der PRL- Blutspiegel bei Frauen nach der Menopause und bei Männern ca. 7–15 ng/ml, bei Frauen vor der Menopause ca. 10–20 ng/l. Es steigt während der Pubertät bis zu dieser Höhe an und vor allem während der Schwangerschaft (bis ca. 500 ng/ml). In der Pubertät und während der Schwangerschaft ist es für das Wachstum der Brustdrüse verantwortlich und steuert die Milchproduktion während der Stillzeit. In dieser Zeit hemmt der erhöhte PRL-Spiegel auch die Ovulation. Es hat jedoch auch eine wichtige Funktion in zellulären Reaktionen des Immunsystems, denn viele immunkompetente Zellen tragen PRL-Rezeptoren. Seine sonstige biologische Rolle bei männlichen Personen ist noch ungeklärt.

PRL wird vor allem während des Schlafes sezerniert (einige Beobachtungen sprechen für höchste Anstiege 1– 2 Stunden nach dem Einschlafen, andere für Anstiege in der zweiten Nachthälfte). Auch ca. 45 Minuten nach Nahrungsaufnahme, vor allem nach eiweißreicher Kost, beobachtet man einen PRL-Anstieg. Da PRL nicht nur sehr stressreagibel ist, sondern auch als Indikator für Transmitteraktivität bei Challenge-Tests dient (vgl. Kapitel Transmitter), ist es für die biologische Diagnostik individueller Differenzen sehr bedeutsam.

Das *Wachstumshormon* (GH oder STH) wird durch das Somatoliberin (GHRH), ein Peptidhormon des Hypothalamus aus 44 Aminosäuren, stimuliert und durch das Somatostatin (GHIH oder SS), ein Peptid aus 14 Aminosäuren, gehemmt (vgl. Tab. 4.1). Letzteres hat eine Reihe von eigenen Funktionen im Organismus. Es hemmt nicht nur STH, sondern auch TSH, PRL und ACTH in der Hypophyse und mindert die Acetylcholinfreisetzung und EEG-Aktivität im Gehirn. In der Peripherie hemmt es die Reninproduktion in der Niere, die Magen-Darm-Aktivität und eine Reihe von gastrointestinalen Gewebshormonen. Im Magen-Darm-Trakt kommt Somatostatin auch selbst als Gewebshormon vor, ebenso wie in der Bauchspeicheldrüse, wo es Insulin und Glukagon hemmt. Im Blut verhindert es außerdem die Thrombozytenaggregation. Diese vielfältigen Wirkungen machen einige der Funktionen von GH (STH) verständlich.

Das Wachstumshormon GH oder STH besteht aus 191 Aminosäuren, ist sehr Spezies-spezifisch (also tierisches GH ist nicht beim Menschen wirksam) und reguliert in der Entwicklung vor allem das Längenwachstum der Knochen und das Muskelwachstum. Es ist an der Steuerung der Proteinsynthese und des Kohlehydratstoffwechsels beteiligt und setzt freie Fettsäuren aus dem Fettgewebe frei (Lipolyse). Das GH stimuliert zwei Wachstumsfaktoren in der Leber (Somatomedin GF1 und GF2). Es wird immer dann freigesetzt, wenn zugleich das GHIH gesenkt und das GHRH erhöht ist. Die Sekretionsrate unterliegt einem Tagesgang mit Höchstwerten um Mitternacht. Am Tage schwanken die Werte erheblich.

Eine GH-Antwort erfolgt auf dem Weg über Hemmung der Somatostatinproduktion im Hypothalamus aber auch auf eine Reihe von transmitterwirksamen Substanzen, so auf noradrenerge, cholinerge und dopaminerge Stimulation, was seine Rolle als Indikatorhormon im Challenge-Test erklärt (vgl. Kapitel Transmitter). Es wird ferner durch Östrogene, Androgene und Cortisol sowie durch körperliche Anstrengung und eine Absenkung des Glukosespiegels durch Nahrungskarenz oder Insulininjektion stimuliert. Ebenso wie Prolaktin wird es auch bei Stress freigesetzt. GH-Anstiege sind alters- und geschlechtsabhängig (höher bei jüngeren und weiblichen Personen) und, vermutlich östrogenbedingt, höher bei Frauen in der Zyklusmitte.

Auch das *β-Endorphin* wird im Vorderlappen der Hypophyse aus dem Vorläufermolekül Proopiomelanocortin gemeinsam mit ACTH und den MSH- Fraktionen ausgeschieden. Es besteht aus den terminalen 31 Aminosäuren dieses Moleküls. β-Endorphin zählt nicht zu den eigentlichen Hormonen, sondern eher zu Neuromodulatoren aus der Familie der endogenen Opioide. Seine Hauptbedeutung liegt in der desensibilisierenden Wirkung auf Schmerzrezeptoren. In der Peripherie hat es auch einen bedeutsamen Einfluss als Immunmodulator, da fast alle Lymphozyten Opioidrezeptoren tragen. Es ist, wie auch die anderen Peptide, stressreagibel und wurde häufig mit habituellen Persönlichkeitsdifferenzen in Beziehung gebracht. Dabei ist anzumerken, dass das peripher gemessene β-Endorphin u.U. nichts über die Freisetzung im Gehirn aussagt.

4.1.11 Die Hormone des Hypophysenhinterlappens Vasopressin (Adiuretin) und Oxytocin

Oxytocin und Vasopressin werden im Nucleus paraventricularis und Nucleus supraopticus des Hypothalamus gebildet und gelangen durch neurosekretorische Neurone in die Neurohypophyse. Beide bestehen aus neun Aminosäuren und unterscheiden sich nur in zwei Aminosäuren in ihrer Struktur.

Vasopressin (Adiuretin) ist einerseits für die Hemmung der Diurese verantwortlich (daher antidiuretisches Hormon = ADH), indem es die Rückresorption von Wasser in der Niere bewirkt, andererseits hat es in höheren Konzentrationen auch eine vasokonstriktorische Wirkung (daher Vasopressin, auch Arginin-Vasopressin (AVP) genannt), d.h. es kann

Blutdrucksteigerungen verursachen. Zusätzlich gelangt es in den Portalkreislauf des Hypophysenvorderlappens und ist dadurch gemeinsam mit CRH an der ACTH-Freisetzung beteiligt.

Durch seine Rolle bei der Regulation der Flüssigkeitsausscheidung hat Adiuretin auch Einfluss auf den Durst, aber auch auf die Temperaturregulation. Wie dem ACTH, so wird auch dem Adiuretin eine Mitwirkung bei Gedächtnisprozessen zugeschrieben.

Oxytocin hat seine Bedeutung hauptsächlich beim Geburtsakt, bei dem es durch nervale Reize des Uterus stimuliert wird und die Wehentätigkeit auslöst. Während der Laktation werden Oxytocin-Neurone durch den Saugreiz des Säuglings stimuliert, so dass es zu einem raschen steilen Anstieg auf ca. 12 pg/ml kommt. Dies bewirkt eine Kontraktion der Muskulatur in den Milchgängen, so dass die Milch austritt. Hier wirkt Oxytocin synergistisch mit Prolaktin, das jedoch langsamer ansteigt (Höchstwert ca. 20 Minuten nach Beginn des Stillens), wenn Oxytocin bereits wieder abgefallen ist. Psychologisch interessant ist, dass die Oxytocinausschüttung und damit der Milchaustritt auch durch das Schreien des Säuglings konditionierbar ist. Da Oxytocin auch mit der Mutter-Kind- und Partnerbindung in Beziehung gebracht wird, ist es auch persönlichkeitspsychologisch relevant.

4.1.12   Katecholamine

Die Katecholamine Dopamin (DA), Noradrenalin (NA) und Adrenalin (A) sind gleichzeitig Neurotransmitter im Gehirn, wo sie in entsprechenden Neuronen synthetisiert werden (vgl. Kapitel Neurotransmitter), als auch Hormone in der Peripherie mit der Produktionsquelle des Nebennierenmarks und für Noradrenalin auch in den sympathischen Nerven (vgl. Kapitel Vegetatives Nervensystem). Sie sind strukturell sehr eng verwandt und (wie im Kapitel Neurotransmitter gezeigt) ineinander umwandelbar (Syntheseweg: DA→NA→A). Die für das Gehirn beschriebenen Rezeptoren $\alpha 1$, $\alpha 2$, $\beta 1$, $\beta 2$ gibt es auch in der Peripherie, z.B. in den Gefäßmuskeln ($\alpha 1$), in der Lunge ($\beta 2$), am Herzen ($\beta 1$), (vgl. Tab 4.4). Dabei wirkt NA vorwiegend auf die α- und β-Rezeptoren, A vorwiegend auf die β-Rezeptoren. Periphere Wirkungen über diese Rezeptoren sind vor allem von Noradrenalin und Adrenalin bekannt, die Rolle des Dopamins war lange unklar. In den 60er Jahren des vorigen Jahrhunderts wurde jedoch klar, dass Dopamin über β-Rezeptoren im Herzen das Schlagvolumen erhöhen und, wie Adrenalin, den peripheren Widerstand und damit den diastolischen Blutdruck senken kann, jedoch nicht, wie Adrenalin, die Herzfrequenz steigert. In höheren Dosen führt DA jedoch zu einer deutlichen Steigerung des systolischen Blutdrucks, aber zugleich durch spezifische Stimulation der speziell in der Niere befindlichen DA-Rezeptoren zur Gefäßerweiterung und damit zur besseren Durchblutung der Niere (Clark, 1985). Der Abbau der Katecholamine geschieht sowohl über die Catechol-O-Methyltransferase (COMT) als auch über die Monoaminoxidase (MAO). Dabei entsteht als im Urin nachweisbarer Metabolit des Dopamins Homovanillinsäure (HVA) und aus Noradrenalin über Normetanephrin (bei NA) resp. Metanephrin (bei A) die Vanillinmandelsäure (VMS) und als Endprodukt 3-Methoxy-4-hydroxyphenylglykol (MHPG) (vgl. Abb.3.10, Kapitel Neurotransmitter). Die Freisetzung der Katecholamine aus dem Nebennierenmark erfolgt vor allem beim Einwirken starker physischer Stressoren, wie Kälte, Sauerstoffmangel, Verbrennung, Blutverlust, aber auch bei psychischen Belastungen. Die wichtigsten Funktionen der Katecholamine in der Peripherie gibt Tab. 4.4 wieder.

Tabelle 4.4: Effekte der Katecholamine im Organismus

Organ	Rezeptor	Reaktion	Konsequenz für den Organismus
Bronchien	β_2	Dilatation → Atmung ↑	
Herz	β_1	Frequenz ↑, Kontraktion ↑ Herzzeitvolumen ↑	
Venen	α_1	Verengung → venöser Rückstrom ↑	O_2-Versorgung zu Hirn, Muskel und Herz ↑
Arterien	α_1	Kontraktion: Haut, Eingeweide Dilatation: Muskel, Koronarien	
Skelettmuskel	β_2	Glykogenolyse → Laktat ↑	Stoffwechselversorgung von Muskel, Herz und Hirn ↑
Leber	β_2	Glykogenolyse → Glukose ↑	
Fettgewebe	β_1	Lipolyse → freie Fettsäuren ↑	

↑ Anstieg; → „führt zu".

Die Einheitlichkeit der Reaktionen in den verschiedenen Organsystemen der Tab. 4.4 ist aber nur bei starken Stressbedingungen gegeben (so genannte Notfallreaktionen nach Cannon (1914). Da Noradrenalin dann zusätzlich aus den sympathischen Nervenfasern freigesetzt wird (siehe vegetatives Nervensystem), spricht man auch vom sympathikoadrenalen Syndrom. Bei geringeren, vor allem mentalen und emotionalen Belastungen, spricht oft nur Noradrenalin an, und die Organe reagieren intra- und interindividuell unterschiedlich. Die Forschung hat sich in Bezug auf die Katecholaminreaktionen und damit verbunden bezüglich der Stimulusspezifität und Individualspezifität der Reaktionen viele Jahrzehnte mit der Frage der Muster von reagierenden Organsystemen und der damit verbundenen vorwiegend α- oder vorwiegend β-adrenerg vermittelten Differenzierbarkeit von Stressoren beschäftigt. Da die Katecholamine seit der Entwicklung geeigneter Bestimmungsmethoden zunächst im Urin und später auch im Blut in vielen biologischen Untersuchungen zu Persönlichkeitsunterschieden, auch unabhängig von den Reaktionen des vegetativen Nervensystems, herangezogen wurden, sollen die zugehörigen Ergebnisse im Kapitel über die Hormone abgehandelt werden.

4.1.13 Ansätze und Methoden der Untersuchung von Zusammenhängen zwischen Hormonen und Verhalten

In Analogie zu den in der Einleitung gegebenen Ansätzen zur Untersuchung psychobiologischer Zusammenhänge gelten für die Untersuchung von Assoziationen zwischen psychischen Prozessen und Hormonen sowohl Untersuchungsansätze, die Hormone als unabhängige Variablen betrachten (UV), als auch solche, die sie als abhängige ansehen (AV). Zur Gruppe der Ansätze mit Hormonen als UV gehören:

1. Die Beobachtung von Verhalten und Befinden bei endokrin erkrankten Personen im Vergleich zu Gesunden, um spezifische Hormonstörungen in ihrer Auswirkung auf Befinden und Verhalten zu erkennen (dieser Ansatz wird hier nur herangezogen zur Hypothesengewinnung).
2. Die Applikation oder Blockade von Hormonen zu experimentellen Zwecken bei gesunden Probanden und die Untersuchung von Befinden und Verhalten resp. anderen physiologischen Zuständen als abhängigen Variablen (auch hier können Hypothesen aus dem Bereich der therapeutischen Applikation von Hormonen oder ihrer Antagonisierung im Fall von Überproduktion bei Patienten gewonnen werden).

3. Der intra- oder interindividuelle Vergleich von Personen, die physiolo-
   gischerweise in unterschiedlichen Hormonzuständen sind (z.B. Vergleich der Follikel- und Lutealphase im Menstruationszyklus, Vergleich
   von Schwangeren einer bestimmten Schwangerschaftsphase und nicht
   schwangeren Personen, Vergleiche von Alten und Jungen, Vergleich
   von Personen am Morgen und am Abend, d.h. Zeiten, in denen nachgewiesenermaßen bestimmte Hormonspiegel unterschiedlich sind).
4. Der Vergleich von Hormonrespondergruppen auf Stress oder Pharmaka,
   wobei psychische Variablen als AV eingesetzt werden (z.B. hohe und
   geringe Cortisolantwort auf Stress verglichen in Bezug auf die AV
   Neurotizismus, Aggression, Depression).
5. Hormone als AV werden verwendet beim Vergleich der Hormon-Basis-
   werte von Personen unterschiedlicher Persönlichkeitsstruktur oder
   unterschiedlicher physischer oder psychologischer Ausgangslage (z.B.
   Vergleich von Personen mit hohen und niedrigen Depressions- oder
   Aggressionswerten oder von Personen nach unterschiedlicher Schlaf-
   dauer, Nahrungsaufnahme oder Arbeitsbelastung).
6. Der Vergleich von Reaktionswerten, die durch Provokationsmethoden,
   z.B. durch Stress oder durch die Verwendung pharmakologischer Substanzen, ausgelöst werden, bei Personen mit hoher oder niedriger Ausprägung in bestimmten Persönlichkeitsdimensionen (Umkehr von
   Ansatz 4).

Die Ansätze 4 und 6 sind beide geeignet, auch auf intrapsychischer Ebene
den Zusammenhang zwischen Hormonreaktionen und Veränderungen im
psychischen Befinden und Verhalten zu untersuchen.

In jedem Abschnitt werden also bei jedem Persönlichkeitsmerkmal die
Ergebnisse nach Basis- und Reaktionswerten gegliedert, wobei auch
berücksichtigt wird, ob die Hormone als UV oder AV angesehen wurden.

4.1.14   Messmethoden für Hormone

Außer direkten Messungen der Hormone und ihrer Abbauprodukte (s.u.)
werden, wie für die Erfassung der Neurotransmitterfunktion (s. Kap. 3),
auch Funktionsprüfungen der zerebralen und hypophysären Steuerung mit
Hilfe von Stimulations- oder Inhibitionstests vorgenommen, die im wesentlichen zur endokrinologischen Diagnostik verwendet werden. Einer
von diesen Tests ist jedoch für die Psychoendokrinologie relevant geworden, der so genannte Dexamethason-Hemmtest, später auch der Dex-CRH-

Test, für die Reagibilität der HPA-Achse. Dieses zuerst von Carroll (1982) beschriebene Verfahren besteht darin, dass ein synthetisches Glukocorticoid, das Dexamethason, am Abend verabreicht, zu einer deutlichen Cortisolsuppression führt, die ca. 24 Stunden anhält. Später wurde der Test weiterentwickelt zum Dex-CRH-Test (von Bardeleben & Holsboer, 1989). Bei gestörter Feedbackrückregulation wird Cortisol nicht komplett durch Dexamethason supprimiert und zeigt auf die Zugabe von CRH eher höhere Werte als bei intakter Funktion.

Die direkten Nachweismethoden der Hormone dienen einerseits dazu, quantitative Angaben über die Hormonkonzentration in den Körperflüssigkeiten (Blut, Speichel, Urin, Liquor) zu gewinnen, zum anderen dazu, Indikatoren der klinisch relevanten Über- und Unterfunktion zu finden. In früheren Zeiten war man auf so genannte Bio-Assays angewiesen, bei welchen die Hormonwirkung aus der Körperflüssigkeit eines Menschen, beim Tier oder in vitro getestet wurde (z.B. Nachweismethode der Schwangerschaft durch Gonadotropin, das ein Wachstum von Sexualorganen bei hypophysektomierten Mäusen hervorruft, oder die Freisetzung von Corticosteron aus Nebennierenrindenzellen der Ratte als Parameter für die ACTH-Aktivität). Die heutigen Methoden erlauben einerseits eine Quantifizierung und andererseits den Nachweis auch von sehr geringen Substanzmengen, was z.B. bei der Messung von Peptidhormonen wesentlich ist, da ihre Konzentration im ng- oder pg-Bereich liegt.

Alle Hormone lassen sich in den wichtigsten Körperflüssigkeiten (Blut, Urin, Speichel, Zerebrospinalflüssigkeit (CSF)) bestimmen. Die meisten heute relevanten Bestimmungsmethoden der Hormone beruhen auf drei Schritten:

1. Aufbereitung der Probe
2. Trennung der zu bestimmenden Substanzen von anderen Substanzen in der betreffenden Körperflüssigkeit
3. Qualitativer oder quantitativer Nachweis des Hormons.

Ad 1: Die Aufbereitung des Untersuchungsmaterials besteht u.a. im Abzentrifugieren z.B. von Zellen aus dem Blut oder von Schleim aus dem Speichel, in der Eiweißfällung, ggf. in der Anwendung von Extraktionsmethoden (z.B. Isolierung lipophiler Substanzen durch Vermischung mit Fettlösungsmitteln), auch im Hinzufügen von gerinnungshemmenden oder oxydierenden Substanzen, die das Hormon der Messung zugänglich machen.

Ad 2: Die Trennung erfolgt bei Hormonbestimmungen im allgemeinen durch chromatographische Verfahren (Dünnschichtchromatographie, Gaschromatographie, Flüssigkeitschromatographie). Hier wird das Medium, in dem das Hormon enthalten ist, über eine so ge-nannte Säule geschickt, in welcher bestimmte absorbierende Substanzen die in dem Medium enthaltenen Partikel unterschied-lich schnell binden, so dass aufgrund der Durchflussdauer das interessierende Hormon von störenden Substanzen abgetrennt und der Messung zugeführt werden kann. Die so genannte HPLC (high pressure liquid chromatography) ist die heute am meisten ver-breitete Methode, da sie auch für sehr geringe Mengen einer Sub-stanz geeignet ist. Dies wird dadurch erreicht, dass die Flüssigkeit, in der das Hormon enthalten ist, mit starkem Druck (200 atü) durch Säulen von sehr kleinem Durchmesser gepresst wird, so dass auch geringere Mengen getrennt aufgefangen werden können.

Ad 3: Der eigentliche Messvorgang (Detektion) dient dem Nachweis des Hormons. Auch hier gibt es verschiedene Verfahren: Spektrosko-pie (Messung bei bestimmten Wellenlängen des Lichtes), Lumi-neszenzverfahren und ihre Unterform Fluoreszenzmessung (Mes-sung von durch Energiezufuhr erzeugter Lichtemission von Mole-külen), Messung von Radioaktivität von zuvor radioaktiv markier-ten Substanzen, die Nutzung einer Antigen-Antikörper-reaktion bei der radioimmunologischen Messung oder auch der Änderung von Magnetfeldern bei der Massenspektrometrie.

Eine der gebräuchlichsten Methoden zur Messung der Steroid- und Peptid-hormone sind die Radioimmun- oder Enzymimmunoassaymethoden. Das Prinzip besteht darin, dass man eine bestimmte Menge eines radioaktiv markierten Hormons an Antikörper gebunden mit einem nicht radioaktiv markierten nativen Hormon aus der zu bestimmenden Körperflüssigkeit zusammenführt. Hier stellt sich dann ein Gleichgewicht zwischen markier-tem und nicht markiertem Hormon am Bindungsort des Antikörpers ein, d.h. dass gleich viele Anteile der nicht markierten und markierten Sub-stanz an die Antikörper gebunden sind. Der Anteil des gebundenen, radio-aktiv markierten Hormons, der sich durch Radioszintillationszähler mes-sen lässt, bildet dann die Berechnungsgrundlage zur Ermittlung der zu-gefügten Menge an nicht markierten Hormonen (kompetitive Assays). Dies bedeutet also, dass hohe Messwerte für eine geringere Menge an Hormon sprechen und umgekehrt.

4.2 Hormone und Persönlichkeitsunterschiede

Ausführlicher werden nur die beiden großen Komplexe der Hormone der Hypophysen-Hypothalamus-Nebennierenrindenachse (HPA) und der Hypothalamus-Hypophysen-Gonadenachse (HPG) abgehandelt. Innerhalb dieser beiden großen Achsen werden die zugehörigen hypothalamischen und hypophysären Hormone (CRH und ACTH für die HPA-Achse und GNRH und FSH/LH für die HPG Achse) mit abgehandelt, da meist nur die Zielhormone Cortisol einerseits und Testosteron resp. in geringerem Umfang die weiblichen Geschlechtshormone andererseits differentiell-psychologisch verglichen wurden. In der Gonadenachse wird das Schwergewicht auf Ergebnissen zu Testosteron liegen, während zu den weiblichen Geschlechtshormonen und zu FSH und LH weniger Untersuchungen referiert werden.

In nur geringem Umfange wird die Schilddrüsenachse mit den Steuerungshormonen TRH und TSH sowie die Bedeutung der Peptide in ihren Zusammenhängen mit Persönlichkeit zur Sprache kommen, vor allem, da die Peptidhormone zum Teil als Indikatoren bei Challenge-Tests unter den Transmittern bereits abgehandelt sind (vgl. Kapitel Transmitter).

Die Darstellung der Zusammenhänge zwischen Hormonen und Persönlichkeit erfordert die Gliederung nach drei resp. vier Gesichtspunkten: 1. und 2. die nach Konstrukten und biologischen Systemen analog zu den anderen Kapiteln, darüber hinaus und nach 3. Basis-, Reaktionswerten sowie ggf. Hormonverabreichungen und bei einigen Hormonen zusätzlich 4. nach männlichen und weiblichen Stichproben.

4.2.1 Persönlichkeit und Hypothalamus-Hypophysenneben-nierenrindenachse

Die Untersuchungen zum Zusammenhang zwischen der HPA-Achse und Persönlichkeit leiten sich im wesentlichen aus zwei Quellen ab:
a) aus der Depressionsforschung: Vor etwa 40 Jahren wurde 1. eine Beziehung zwischen erhöhten basalen Cortisolspiegeln und der endogenen Depression entdeckt, die speziell bei suizidal Gefährdeten mit vollendetem Suizid hoch war (Krieger, 1975). Dies wurde bald darauf durch die Beobachtung untermauert, dass 2. viele der depressiven Patienten die Unfähigkeit zeigten, auf Dexamethason (ein synthetisches Glukocortikoid) über die Suppression von CRH und ACTH eine Reduktion der Cortisolwerte zu zeigen (vgl. Feedback-Regulation der

HPA-Achse, Abb. 4.1), was besonders bei der kombinierten Verwendung im Dex-CRH-Test deutlich wird (vgl. Holsboer et al., 1988), und dass 3. der endogene zirkadiane Rhythmus der Cortisolsekretion bei diesen Patienten gestört war (Holsboer & Benkert, 1985; Sachar et al., 1970). Diesem Phänomen liegen wesentlich zwei Ursachen zugrunde: 1. eine zentrale Hyperaktivität des CRH sowie 2. eine verminderte Sensibilität der Cortisolrezeptoren für CRH und Dexamethason mit der Konsequenz einer gestörten Feedbackregulation (Amsterdam et al., 1989). Viele Autoren belegen das Postulat, dass die Störung in der vermehrten CRH-Produktion liegt. So berichten 15 von 25 bei Mitchell (1998) aufgeführte Studien erhöhte CRH-Werte bei Depressiven (davon allerdings 6 nicht signifikant), 5 Studien berichten über fehlende Unterschiede und 2 sogar über eine signifikant geringere CRH-Produktion bei Depressiven. Aufgrund dieser Befunde lag es nahe, die Beziehung zwischen Cortisol und der Persönlichkeitseigenschaft Depression zu untersuchen.

b) Eine zweite Quelle entstammt der Stressforschung, die ihren Ursprung in den Tieruntersuchungen von Hans Selye (1936, 1946) hat, der das Konzept des Allgemeinen Adaptationssyndroms (GAS) entwickelte und damit die Psychobiologie der Stressforschung anstieß. Dies besagte zunächst, dass die Nebennierenrinde unspezifisch auf starke Stressoren Cortisol freisetzt, und dass die Stressreaktion aus verschiedenen Phasen besteht (vgl. Abb.4.5).

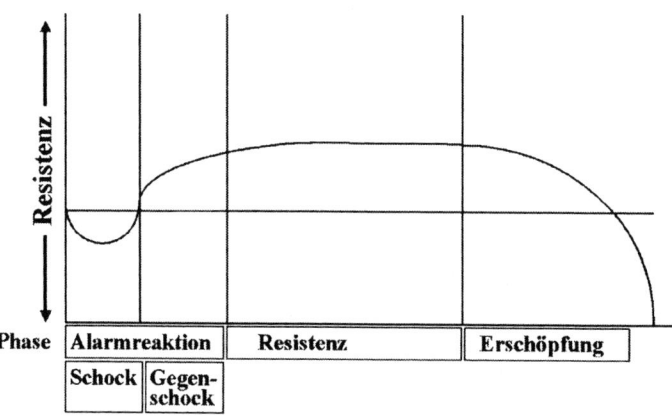

Abbildung 4.5: **Das Allgemeine Adaptionssyndrom (mod. nach Selye, 1946).**

Diese Beobachtung fand ihre Fortsetzung in vielen Stressuntersuchungen, sowohl bei Tieren als auch im Humanbereich. Im Gegensatz zu Selye vertrat Mason (1975a,b) aufgrund seiner Versuche mit Affen die Theorie, dass verschiedene Reize spezifische Hormonreaktionsmuster auslösen, und dass nicht eine allgemeine Stressreaktion erfolgt.

Die Humanversuche nahmen ihren Ausgang im Karolinska-Institut (Levi, 1975), wo zunächst Cortisolanstiege im Urin bei verschiedenen Labor- und natürlichen Stressbedingungen untersucht wurden. Als eindeutig zuverlässiger Stressmarker kann Cortisol aber nicht angesehen werden, da es nicht auf jeden Stressor anspricht (Hubert, 1988). Die Habituation auf wiederholte Darbietung und die dabei beobachtete Reizgeneralisation (= abgeschwächte Reaktion auch auf ähnliche wie ursprüngliche Reize) bietet ebenfalls einen Anhaltspunkt für differentiellpsychologische Fragestellungen, da die Fähigkeit zur Habituation auch als individuell unterschiedlich ausgeprägtes habituelles Merkmal verstanden werden kann.

Sowohl in Tier- als auch in Humanversuchen ging man der Frage nach, ob die Qualität, Quantität, Dauer, Vorhersagbarkeit und Kontrollierbarkeit der Stressoren einen Einfluss auf Stärke, Dauer und Verlaufscharakteristika der Cortisolantwort hatte. Sobald auch die Cortisolmessung im Speichel zugänglich war (Kirschbaum & Hellhammer, 1989), wurde das Spektrum psychischer Stressoren erweitert.

Die wichtigsten Stressoren waren einerseits im Labor messbare psychische Belastungen, wie emotional erregende Filme, öffentliches Sprechen, geistige Anstrengungen unter Zeitdruck, Lärm, ebenso wie Stressoren im Feld: Examensstress, Erwartung von Arztbesuchen, schmerzhaften Eingriffen oder Operationen, Unfall, Traumen, Kriegsereignisse, aber auch mehr physische Stressoren, wie Fallschirmspringen, einfache körperliche Belastungen, wie Fahrradergometer, sportliche Betätigungen, Sauna, Kälte, Hunger oder Schmerz (Übersicht vgl. Biondi & Picardi, 1999; Hemmeter, 2000). Dabei ist eine wichtige Unterscheidung die nach akutem und chronischem Stress, da Anpassungsprozesse, wie auch im Transmitterbereich (s. Kapitel 3) oder im Immunsystem (s. Kapitel 6), die biologische Antwort erheblich modifizieren.

Das Fazit dieser Untersuchungen war, dass kognitive Aufgaben, wie Kopfrechnen, Strooptest, eher nicht oder nur zu geringen Cortisolanstiegen führen, wohl aber selbstwertbedrohliche oder mit Körperverletzungsängsten assoziierte Bedingungen.

Außer der Qualität des Stressors wurde, wiederum aus Tierversuchen angeregt, vor allem der Aspekt der Kontrollierbarkeit und Vorhersagbarkeit untersucht. Ihren Ausgang nahmen diese Fragestellungen von den

Untersuchungen von Henry & Stephens (1977), bei denen es sich gezeigt hatte, dass Tiere, die im Kampf unterlegen oder ausweglosen Situationen ausgesetzt waren, Cortisolanstiege bei gleichzeitigem Testosteronabfall zeigten im Gegensatz zu den Siegertieren mit umgekehrtem Hormonverhalten. Das Modell von Henry, das 1998 seine endgültige Form fand, ist in Abb. 4.6 wiedergegeben, da auf ihm eine Reihe von differentiellpsychologischen Untersuchungen im Humanbereich basieren.

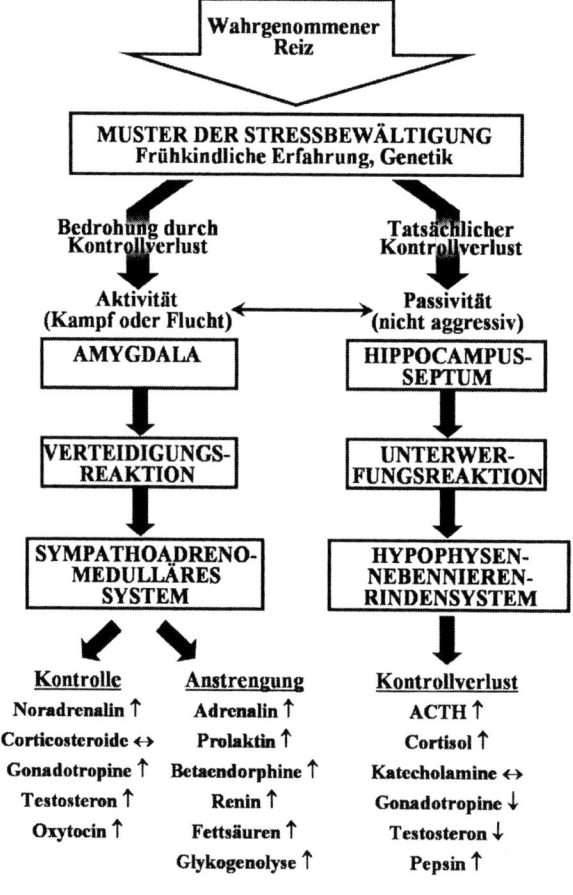

Abbildung 4.6: **Stressmodell nach Henry (mod. nach Henry & Wang, 1998).**

Diese Befunde flossen zusammen mit Seligmanns Vorstellungen von Depression als Ergebnis der gelernten Hilflosigkeit (Seligman, 1975; Overmier, 1987; Henkel et al., 2002).

Recht einheitlich konnte beobachtet werden, dass ausweglose Situationen, Unkontrollierbarkeit und Unvorhersagbarkeit eher zu Cortisolanstiegen im Experiment führten als Stressoren, bei denen das Individuum selbst in den Verlauf eingreifen kann (wie bei eigener Manipulation einer Schmerzintensität, selbstbestimmtem Arbeitstempo, selbst eingestellter Lärmstärke usw.). Diese Ergebnisse legten es nahe, Cortisolanstiege auch mit Bewältigungsstilen in Zusammenhang zu bringen. Daher wurden Cortisoluntersuchungen auch im Rahmen der Copingforschung durchgeführt (Frankenhäuser & Lundberg, 1982; Ursin, 1978, 1980, 1987).

Die bereits oben erwähnte Quelle der psychopathologischen Erforschung der Depression hatte es nahe gelegt, zu untersuchen, ob auch Gesunde mit höheren Depressionswerten erhöhte Cortisolbasisspiegel, eine gestörte Reagibilität ihrer HPA-Achse auf den Provokationstest mit Dexamethason und CRH sowie einen gestörten Rhythmus ihrer Cortisolsekretion aufweisen. Ausweglosigkeits- und Unterlegenheitsuntersuchungen im Tierbereich legten es nahe, beide Ansätze zusammenzuführen und sowohl habituelle Depressivität und Stressbewältigungsstile als auch situative Manipulationen zur Kontrollierbarkeit in die Experimente einzubeziehen.

Ferner lag es nahe, aus der Stressforschung abgeleitet, auch das habituelle Konstrukt Ängstlichkeit mit Cortisol in Verbindung zu bringen.

4.2.1.1 Cortisol und Neurotizismus-assoziierte Merkmale

Trotz der Überschneidung der Konstrukte Neurotizismus, Depression, Ängstlichkeit und Sensitization (aus dem Represser-Sensitizer-Konstrukt) seien diese hier nacheinander abgehandelt, da die Hypothesen aus unterschiedlichen theoretischen Konzepten gewonnen wurden, wie oben ausgeführt. Es werden jeweils zuerst die Basis- und dann die Reaktionswerte betrachtet.

Da sowohl die pathologische Depression als auch die Depressivität bei Gesunden alters- und geschlechtsabhängig ist, stellt sich natürlich auch die Frage der Alters- und Geschlechtsabhängigkeit der Cortisolbasis- und Reaktionswerte. Die Befunde zu Basiswerten sind sowohl für Alter wie für Geschlecht eher uneinheitlich. Es ist jedoch ratsam, bei alters- und geschlechtsgemischten Kollektiven jeweils den Einfluss dieser beiden Variablen als Ursache für scheinassoziationsstiftende Drittvariable zu prüfen und ggf. durch Partialkorrelation auszuschalten. Bei den Reaktionswerten sind höhere Cortisolanstiege unter Stress bei älteren Personen beschrieben (Sudo, 1991; Jacobs et al., 1984), und auch die Nichtsuppression im Dexamethasonhemmtest kommt bei Gesunden häufiger mit steigendem Alter vor (Weiner et al., 1987).

Depression und Cortisol

Die Tatsache, dass bei weitem nicht alle klinisch depressiven Patienten einen erhöhten Cortisolbasalspiegel (z.B. Croes et al., 1993) oder einen pathologischen Dexamethasonhemmtest (vgl. Holsboer et al., 1988) aufwiesen, liegt an den unterschiedlichen Stadien der Entwicklung einer HPA-Achsenstörung (Normalwerte → Belastung → Hypercortisolismus → Desensibilisierung der Rezeptoren → gestörte Rückregulation). Wenn also bei Gesunden die depressivere Grundstimmung eine abgeschwächte Form der pathologischen Depression darstellt, ist zu erwarten, dass auch bei ihnen uneinheitliche Ergebnisse sowohl für die Basal- wie für die Reaktionswerte berichtet werden.

So konnten verschiedene Untersuchungen auch keinen positiven Zusammenhang zwischen dem *Cortisolbasalwert* und der Depressivität (Ravindran et al., 1996; Harris et al., 1989) oder höherem Frustrationserleben (Gerra et al., 1992) bzw. irgendwelchen depressionsnahen Persönlichkeitsskalen (Kirschbaum et al., 1992) feststellen.

Vermutlich mit bedingt durch den Publikationsbias (= Neigung, nur hypothesenkonforme Ergebnisse zu publizieren) ist die Zahl der Studien, die positive Beziehungen zwischen Cortisolspiegel und depressiven Tendenzen berichten (Chodzko-Zajko & O′Connor, 1986; Bandyopadhyay et al., 1988; O′Connor, 1986; Dabbs & Hopper, 1990; Windle, 1994), höher als die der negativen Ergebnisse. Unterschiedliche Ergebnisse kommen auch durch unterschiedliche Messzeitpunkte zustande, da nach Sachar et al. (1970) die Unterschiede erst am Nachmittag sichtbar werden, wenn sich der pulsatile Rhythmus abgeschwächt hat.

Möglicherweise sind auch dann bei Gesunden eher Depressionsfragebogenwerte mit höheren Cortisolbasiswerten assoziiert, wenn sich mit diesen noch eine weitere Störung verbindet, wie z.B. in einer Studie mit 30 Bulimikerinnen, die im Vergleich zu 30 nicht essgestörten Frauen auch als Gruppe höhere Depressionswerte im FPI und auch signifikant höhere Cortisolbasiswerte am Nachmittag aufwiesen (Hemmeter, 2000).

Interessant ist aber auch, dass Cortisol offenbar nicht generell als Ausdruck von Dysphorie gesehen werden darf, sondern dass auch Befunde referiert werden, in denen die depressiveren Personen die niedrigeren Basiswerte aufweisen (Ballenger et al., 1983; Müller & Netter, 1992;

Netter et al., 1991) und Personen mit höherer Lebenszufriedenheit den höheren Basalwert (Brandstädter et al., 1991). Dies weist auf einen Befund hin, der auch in den stressinduzierten Reaktionswerten aufscheint, dass eine Störung der Produktion wie auch der Reaktion nicht immer in zu hoher, sondern auch in zu niedriger Cortisolproduktion bestehen kann. Dies findet sich z.B. besonders ausgeprägt bei Personen mit posttraumatischem Stresssyndrom (Yehuda et al., 1991), bei denen sowohl Basal- als auch Reaktionswerte von Cortisol im Vergleich mit Kontrollen vermindert sind.

Reaktionswerte der HPA-Achse bei Depressivität wurden einerseits mit verschiedenen Stressoren, andererseits pharmakologisch mit dem Dexamethasonhemmtest (DST), dem CRH-Test oder spezifischer mit der Kombination aus beiden (dem Dex-CRH-Test) geprüft (dieser bewirkt, dass eine Stimulation des Cortisols durch CRH nach Dexamethason-vermittelter Cortisolsuppression bei gestörter HPA-Achse durch höhere Cortisolwerte sichtbar wird, was auf den gestörten Feedback-Mechanismus hinweist).

Im Sinne Seligmans wurde eine Depressionsneigung häufig mit dem Fragebogen zum negativen Attributionsstil gemessen (Peterson et al., 1982: Depressiv = internale, globale, stabile Attribution negativer Ausgänge von Situationen). Dieser war nicht signifikant mit der Reaktion auf den DST assoziiert, wohl aber weisen eine Reihe anderer depressionsassoziierter Merkmale auf eine Beziehung zu einem pathologischen Dex-CRH-Test hin (siehe später).

Vergleiche von Cortisolreaktionen auf Stresserlebnisse bei Depressiven und nicht Depressiven gelangen z.T. zu negativen Ergebnissen. Diese basieren aber zum Teil auf schlechter Methodik (hohe Zahlen von psychometrisch erfassten habituellen Merkmalen, Korrelationen in viel zu kleinen Stichproben (Bossert et al., 1988) oder Verwendung physischer Maximalstressoren (Fahrradergometer: Harro et al., 1999)). Vermutlich ist es wichtig, dass die Art des Stressors an das habituelle Persönlichkeitsmerkmal sehr eng angepasst ist, so dass immer dann unterschiedliche Cortisolreaktionen zu beobachten sind, wenn ein depressionsrelevanter Stressor eingesetzt wird (vgl. später Leistungsmotivation und Cortisolanstieg). Häufig zeigen sich Unterschiede in der Cortisolstressreaktion auch eher dann zwischen hoch und gering depressiven Gesunden, wenn verschiedene Stressoren miteinander kombiniert werden, wie z.B. in einer Untersuchung von Gerra et al. (2001), in welcher Probanden nach hoher und geringer Cortisolreaktion auf eine Kombination des Stroop-Tests mit Kopfrechnen und öffentlichem Sprechen unterteilt und in Bezug auf ihre Depressionswerte in der MMPI-Skala verglichen werden. Die so genannten high responder hatten im Vergleich zu low respondern deutlich höhere Depressionswerte.

Da bei pathologisch Depressiven eine deutlich gestörte Cortisolansprechbarkeit auf eine Stressbedingung zu beobachten ist (Croes et al., 1993), kann davon ausgegangen werden, dass Depressive nicht immer die höhere, sondern u.U. sogar eine abgeschwächte (= blunted) Cortisolreaktion aufweisen (vgl. hierzu auch Ergebnisse der Transmitterforschung, Kap. Neurotransmitter).

Dies zeigt sich zum Beispiel in einer Gruppe von 46 Frauen, die nach dem ASQ–Fragebogen von Petersen et al. (1982) in solche mit hohem und geringem depressiven Attributionsstil eingeteilt worden waren (internale, globale und stabile Attribution negativer Situationsausgänge) (Hemmeter, 2000). Es zeigte sich, dass die depressivere Gruppe (ASQ+) sowohl bei einem mentalen Stressor (Kopfrechnen unter Zeitdruck) als auch bei dem Stressor von achtstündigem Fasten geringere Cortisolwerte aufwies als Frauen in der Kontrollbedingung, während die nicht Depressiven deutlich höhere Cortisolwerte in der Stressbedingung hatten als die in der Kontrollbedingung (vgl. Abb. 4.7).

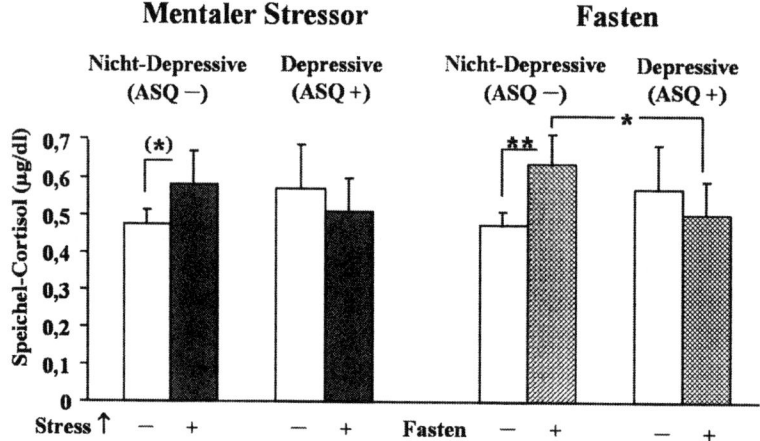

Abb. 4.7 Speichelcortisolwerte von Frauen mit depressivem (ASQ+) und nicht depressivem (ASQ-) Attributionsstil auf einen mentalen Stressor (Kopfrechnen unter Zeitdruck) und auf achtstündiges Fasten (mod. nach Hemmeter, 2000).

Die Cortisolreaktion hängt auch von dem tatsächlichen Erfolg bei der Aufgabenbewältigung ab. So steigt bei Gesunden nach Misserfolg in einer Aufgabe die Cortisolreaktion an, während sie bei Erfolg eher absinkt. Bei Depressiven ist dieser Unterschied weniger deutlich, was auf eine verminderte physiologische Unterscheidungsfähigkeit Depressiver zwischen Stressoren mit Eustress- und Disstress-Charakter hinweist (Netter et al., 1991). Dies hat einen engen Bezug zu dem eingangs betonten Einfluss der Kontrollierbarkeit auf die Cortisolreaktion.

Bei chronischen Belastungen, wie bei ständiger Bedrohung in Kriegs- und Katastrophensituationen, sind zum Teil auch erhöhte Cortisolwerte bei ganzen Bevölkerungsgruppen beobachtet worden, wie nach dem Reaktorunfall auf Three-Mile-Island in Harrisburg (Schaeffer & Baum, 1984). Je länger eine solche Belastungssituation andauert, desto weiter wird Cortisol aber zurückreguliert, wie etwa in dem bereits von Wolff et al. (1964) berichteten Beispiel von Müttern bei der Pflege von karzinomkranken Kindern, was aus psychoanalytischer Sicht mit Verleugnungstendenzen in Zusammenhang gebracht wurde. Es wurde jedoch selten untersucht, ob psychometrisch als hoch und niedrig depressiv eingestufte Gesunde in diesen chronischen Reaktionen unterschiedliche Cortisolverläufe zeigen.

In Laborstresssituationen ist jedoch die differentiellpsychologische Frage der Habituation differenzierter untersucht worden. Die mangelnde Habituationsfähigkeit bei wiederholtem Stress erweist sich als gutes Maß zur Differenzierung von Personen mit depressionsassoziierten Persönlichkeitsmerkmalen: So fanden Gerra et al. (2001) höhere Depressionswerte im MMPI bei Personen, die insgesamt hohe Cortisolantworten und bei der zweiten Darbietung des kombinierten Laborstressors (Stroop-Test und Trier Social Stress Test) keine Adaptation der Cortisolantwort zeigten im Vergleich zu Personen mit Habituation der Cortisolreaktion. Zu ähnlichen Resultaten kamen Kirschbaum et al. (1995b).

Ängstlichkeit und Cortisol

Basiswerte: Wie erwähnt, waren Zustandsangst und Cortisol selten gleichsinnig verändert oder gar korreliert (z.B. Weizman et al., 1994). So sind auch die Basalwerte bei hoch Ängstlichen oft nicht höher als bei gering Ängstlichen (z.B. Rose & Hurst, 1975; Abplanalp et al., 1977; Francis, 1979; Hubert & de Jong-Meyer, 1992; Windle, 1994), wenn auch vereinzelt Untersuchungen positive Beziehungen zwischen Cortisolbasalwerten und Ängstlichkeit resp. negative mit Ichstärke referieren (z.B. Ballenger et al., 1983 bei Cortisolmessungen in der Zerebrospinalflüssigkeit oder

Dabbs et al., 1990 bei Verwendung von Ängstlichkeits-assoziierten Subskalen des NEO-PI und Cortisol im Speichel). Deutlichere Ergebnisse lassen sich jedoch finden, wenn Cortisolwerte über längere Zeit gemessen resp. nach Körpergewicht korrigiert wurden (mit dem es eng zusammenhängt), und wenn nicht nur Selbstbeurteilungen, sondern auch Fremdbeobachtungen herangezogen wurden. Dann fanden sich z.T. höhere Cortisolwerte bei hoch Ängstlichen (Rose et al., 1968).

In den meisten *Reaktionsuntersuchungen* haben die Autoren eher die Frage im Auge, ob mit einer Zunahme der Zustandsangst während eines Stressors die Höhe des Cortisolanstieges parallel geht. So listen Hubert & de Jong-Meyer (1992) und Hemmeter (2000) eine Reihe von Untersuchungen mit positiven Zusammenhängen zwischen State-Angst-Zunahme und Cortisolanstieg auf, die aber möglicherweise wieder z.T. dem Publikationsbias (siehe vorher) zuzuschreiben sind, und z.T. einen Zusammenhang aufgrund paralleler Mittelwertsanstiege von Ängstlichkeit und Cortisol postulieren, aber nicht durch Korrelationen bestätigen. Am deutlichsten zeigen eine Reihe von Untersuchungen mit Panikpatienten, dass auch während einer Panikattacke oder bei Phobikern während der Konfrontation mit dem phobischen Objekt a) besonders hohe Cortisolreaktionen ausbleiben und b) subjektiv erlebte Angst nicht mit dem Cortisolanstieg kovariiert.

Fünf Untersuchungen mögen aber beispielhaft zeigen, dass die überdauernde Ängstlichkeit u.U. durchaus eine Rolle spielen kann, dass aber 1. der Messzeitraum, 2. die Stressqualität für die Cortisolantwort eine entscheidende Rolle spielt, und dass 3. auch bei Ängstlichen, wie bei Depressiven, zum Teil von einer Subsensitivität der HPA-Achse ausgegangen werden muss.

Hemmeter (2000) fand bereits 5 Minuten nach einem kurzen schwachen Schmerzreiz durch Blutabnahme aus der Fingerbeere in einer Gruppe von 46 Frauen nur bei hoch Ängstlichen (nach STAI-Werten) einen Cortisolanstieg, nicht bei gering Ängstlichen, also eine etwas stärkere (vielleicht auch schnellere) Ansprechbarkeit auf den Schmerzreiz bei Ängstlichen.

Van Goozen et al. (1998) verglichen die Cortisolreaktion von 52 8–11jährigen Jungen auf eine 75minütige Belastung durch eine unlösbare Wettspielaufgabe am Computer mit Provokation durch den vermeintlichen Mitspieler in Form von Kritik am Leistungsverhalten des Probanden mit der Cortisolreaktion auf eine lösbare Aufgabe ohne Provokation. Sie konnten deutlich höhere Cortisolanstiege bei den ängstlichen Kindern (basierend auf Fremdbeurteilungen durch die Lehrer) feststellen als bei den nicht Ängstlichen (vgl. Abb. 4.8).

Die besondere Eignung von lebensnahen Konflikten für die Auslösung differentieller Cortisolreaktionen zeigt sich in der Untersuchung von Granger et al. (1994), in der Kinder im Labor mit ihren Eltern ein kritisches Thema diskutieren mussten. Auch hier zeigten die Ängstlichen die höheren Cortisolanstiege.

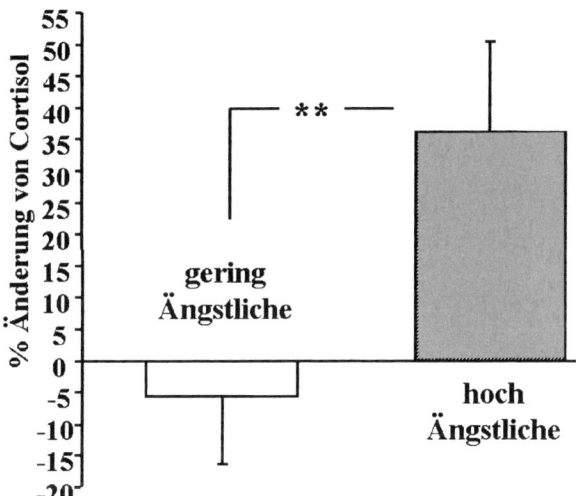

Abbildung 4.8: **Prozentuale Änderung der Speichel-Cortisolwerte von 25 gering und 24 hoch ängstlichen Jungen (gruppiert nach standardisierten Beurteilungsbogen durch Lehrer) während eines kompetitiven Computerspiels (75 Min.) mit persönlicher Kritik durch vermeintliche Mitspieler (Werte basieren auf gemitteltem Wert über 4 Messzeitpunkte – Baseline) (mod. nach von Goozen et al., 1998).**

Auch Demyttenaere et al. (1989) verwandten einen für die Probanden relevanten emotionalen Stressor: Sie verglichen bei 30 Frauen hoch (HA) und gering Ängstliche (LA) (nach STAI-Werten), die eine Klinik wegen Infertilitätsproblemen aufgesucht hatten, die Cortisolreaktion auf einen einstündigen Videofilm mit Infertilitätsbezug. Bei beiden Gruppen folgte die Cortisolveränderung während des Films dem zirkadianen Abfall, nach Filmende fielen jedoch die Cortisolwerte der hoch Ängstlichen, die auch zu Beginn bereits höher waren, weiter ab, während die der niedrig Ängstlichen wieder auf den Ausgangswert anstiegen. Die Autoren erklären dies mit höherer antizipatorischer Angst bei HA und höherer Stress- und Post-Stressreaktion bei LA.

Auch Hubert und deJong-Meyer (1992) fanden bei 64 Männern nach einer fast zweistündigen emotional erregenden Filmpräsentation („Shining") im Vergleich zu einem neutralen Landschaftsfilm nur bei niedrig Ängstlichen (nach STAI-Werten) einen Cortisolanstieg nach ca. 1 Stunde (vgl. Abb. 4.9). Möglicherweise sind Cortisolreaktionen auf emotionale Stimuli eher Ausdruck einer gestörten physiologischen Anpassungsfähigkeit von hoch Ängstlichen.

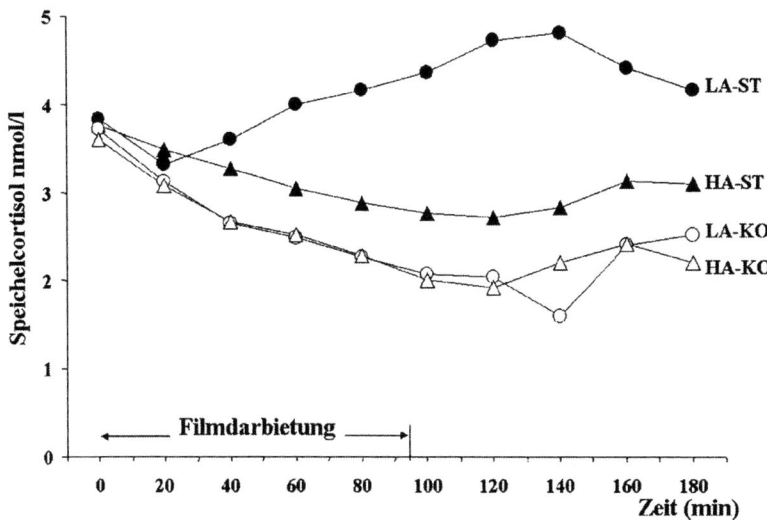

Abbildung 4.9:   **Änderung der Speichel-Cortisolkonzentration im Verlauf einer zweistündigen Filmdarbietung bei je 32 gering- (LA) und 32 hochängstlichen (HA) männlichen Probanden. Filme: Stressfilm = „Shining" (dunkles Symbol (ST)); Kontrolle = Landschaftsfilm (helles Symbol (KO)) (mod. nach Hubert & de Jong-Meyer, 1992).**

Die Untersuchungen zeigen: Obwohl sich die Ergebnisse der beiden erstgenannten Studien trotz ungleicher Art und Dauer der Stressoren (Schmerz und Wettkampf) und Unterschieden der Alters- und Geschlechtszusammensetzung der Stichproben ähneln (höhere Anstiege bei Ängstlichen),

kann die Einbeziehung von Verläufen und die Verwendung mehr emotionaler Stressoren in den Studien 3, 4 und 5 bewirken, dass die Cortisolreaktion der Ängstlichen unter Berücksichtigung dieser Aspekte auf ein
Versagen der HPA-Stressreaktion bei dieser Gruppe hinweist.

Neurotizismus und Cortisol

Neurotizismus wurde häufig indirekt durch Maße wie mangelndes Selbstbewusstsein, starkes subjektives Stresserleben oder Klagen über somatische Beschwerden erfasst. D.h. Neurotizismus wird zum Teil im Sinne
von negativer Emotionalität (sensu Tellegen, 1982) verstanden, wobei
positives Lebensgefühl, Selbstvertrauen und Meisterung der Alltagsanfor-
derungen, die eigentlich als Aspekte der Extraversion verstanden werden
müssten, als Gegensatz von Neurotizismus in diesen Abschnitt eingehen,
da Extraversion im Sinne des Fragebogenkonstruktes, wie es in den Bögen
von Eysenck oder Costa & McCrae erfasst wird, kaum explizit mit Cortisol in Verbindung gebracht wird.

Keine Beziehung zu *Basalwerten* fanden vor allem Studien, die Neurotizismus als direkten Fragebogenwert verwendeten (Roy, 1996; Engstrom et
al., 1999; Miller et al., 1999). Ein Bezug von Klagen über vegetative
Beschwerden zu höheren Basiswerten wird jedoch berichtet (Kugler &
Calveram, 1989), und auch allgemeine Erregbarkeit korrelierte in einer
größeren Stichprobe positiv mit Basalwerten des Cortisols: $r = 0.87$ (Gerra
et al., 1996). Auch dort, wo Messungen über breitere Zeitfenster ausge-
dehnt werden (Lindfors & Lundberg, 2002), zeigten sich Zusammenhänge
in erwarteter Richtung. Vor allem die Morgenwerte waren bei Personen
mit geringem Selbstwertgefühl, geringer Autonomie und wenig positivem
Lebensgefühl sowie mit höheren somatischen Beschwerden höher als bei
der Vergleichsgruppe (Lindfors & Lundberg, 2002). Diese Differenz wird,
wie Messungen in engeren zeitlichen Abständen in einer anderen Untersuchung zeigen (Wüst et al., 2000), erst ca. 30 Minuten nach dem Erwachen
besonders deutlich. Dies mag ein Grund für die teils positiven, teils negativen Ergebnisse bei verschiedenen Untersuchungen zu Basalwerten bei
hoch und gering neurotischen Personen sein.

Überhaupt scheinen Verlaufsparameter von Cortisol charakteristischer
für Persönlichkeitsunterschiede zu sein, ein Gesetz, das auch für andere
Hormone und für Neurotransmitter gilt (s. Abschnitt Katecholamine und
Kapitel Transmitter). So zeigte sich bei psychisch Labilen eine signifikant
stärkere Variabilität der Cortisolausscheidung über 5 Nächte als bei emotional Stabilen (Adler et al., 1997). Auch bei Kindern wird berichtet, dass
solche mit negativer Emotionalität (Temperaments- Fremdbeurteilung

durch Mütter und Kindergärtnerinnen) stärkere zirkadiane Cortisolanstiege vom Morgen zum Nachmittag (statt Absenkungen) aufwiesen als Kontrollkinder (Dettling et al., 2000).

Hohe Basalspiegel finden sich als Korrelat der geringen verhaltensbasierten Adaptabilität (Netter et al., 1998a) bei jungen Frauen (Adaptabilität als Fragebogenmaß, das die Umschaltfähigkeit zwischen Phasen des Essens und Nichtessens, des Schlafens und Wachens und der Arbeit und Freizeit erfasst).

Aber es darf auch nicht die unter dem Abschnitt über Depression beobachtete gegenteilige Befundlage außer Acht gelassen werden: Cortisol kann auch als Ausdruck eines Erschöpfungssyndroms im Sinne Selyes (vgl. Selye, 1946) gesehen werden, bei dem durch überhöhte Cortisolproduktion die Cortisolrezeptoren bei neurotischen Personen insensibel geworden sind, da diese Personen ja unter ständiger subjektiver Stressbelastung stehen. So ergibt sich eine positive Korrelation von basalen Cortisolspiegeln zu Maßen der psychischen Stabilität („validity" im Mark-Nymen-Temperament Inventory von $r = 0,35$ in einer Stichprobe von je n = 38 Personen mit versuchtem Suizid und parallelisierten Kontrollen (Westrien et al., 1998)). Auch Gilbert et al. (1996) berichten bei psychisch Stabilen über höhere Cortisolbasalwerte. Dies würde Beobachtungen untermauern, dass auch Cortisol mit Zuständen vermehrter Wachheit korreliert (Fibiger et al., 1984), und dass Patienten auf hohe Dosen von Cortisolapplikation aus therapeutischen Gründen, z.B. bei der Behandlung von Autoimmunkrankheiten, eher über extreme Aktivierung und Schlaflosigkeit berichten.

Cortisolreaktionswerte in Verbindung mit Neurotizismus finden sich auf pharmakologische Stimulation, auf akute psychische und physiologische Laborstressoren oder auf akute oder chronische Belastungen im realen Leben.

Betrachtet man zunächst die Reaktion auf den Dex-CRH-Test (vgl. Abschnitt Depressivität), so ergibt sich für Personen mit hohen N-Werten (N+) eine deutlich schwächere Cortisolreaktion als bei N–, deren Gipfel ca. 75 Minuten nach CRH-Gabe liegt (McCleery & Goodwin, 2001; vgl. Abb. 4.10), d.h. bei N+ wird durch das CRH die dexamethasonbedingte Suppression weniger durchbrochen als bei N–, und dies, obwohl durch Dexamethason alleine die Cortisolmorgenwerte bei beiden Gruppen gleichsinnig supprimiert sind. Die Autoren hatten Neurotizismus als Vulnerabilitätsfaktor für eine Depressionsentwicklung verstanden und daher die stärkere „Nonsuppression" bei N+ erwartet, wie sie für Depressive typisch ist. Es werden verschiedene Erklärungsansätze angeboten: Verstärkte glukocorticoide Feedbackregulation auf der hypothalamischen

Ebene, verminderte Zahl von CRH- Rezeptoren, von CRH-Freisetzung oder von Nebennierenrinden-Sensitivität gegenüber ACTH. Auf jeden Fall passt dieser Befund zu der insgesamt oft verminderten Cortisolreaktion auf Stressoren bei neurotischen Personen (s.u.).

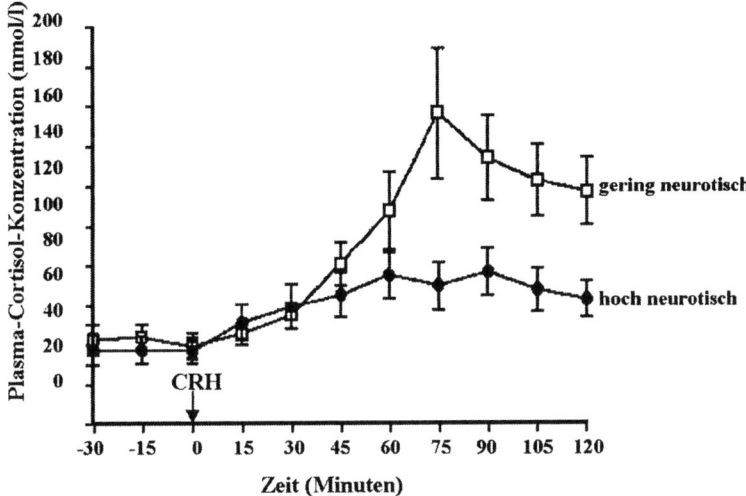

Abbildung 4.10: **Plasma-Cortisol-Reaktionen auf den CRH-Test nach Vorbehandlung mit Dexamethason (Mittelwerte + SEM) bei Personen mit hohen und geringen Neurotizismussummenwerten (N+/N–, je n = 14) (nach McCleery & Goodwin, 2001).**

Auch für experimentelle Stressbedingungen zeigen sich zwei Phänomene ähnlich wie bei der Depressivität:

1. Die Kumulation von Stressoren lässt oft erst die differentiellen Effekte manifest werden.
2. Hoch neurotische Personen haben, wie hoch Depressive, u.U. eine verminderte Stressreagibilität. Dies manifestiert sich z.B. in der Untersuchung von Hemmeter et al. (1991). Hier zeigen Frauen mit hohen Werten auf der Skala zu vegetativen Beschwerden (FPI) unter der kombinierten Bedingung von mentalem Stress (Kopfrechnen) und achtstündigem Fasten eine gegenüber den übrigen Versuchsgruppen und -bedingungen verminderte Cortisolreaktion in einem dreifaktoriellen

Versuchsplan.

Zu länger wirksamen Stressbelastungen im Alltagsleben zählt auch der Schichtwechsel im Beruf. So konnte bei Cortisolmessungen von Pflegepersonal im Schichtdienst festgestellt werden, dass die Umstellung des Cortisolrhythmus vom Morgengipfel zum Abendgipfel gewöhnlich nach dem 5. Nachtdienst abgeschlossen ist. Bei Personen mit psychischen Anpassungsproblemen und höherem Belastungserleben, also höheren Neurotizismuswerten, war diese Anpassung des Cortisolrhythmus jedoch nicht zu beobachten (Hennig et al., 1998).

Sensitivierender Bewältigungsstil und Cortisol

Es war in den Kapiteln über Ängstlichkeit und Neurotizismus aufgefallen, dass hier Personen mit hohen Werten eher schwache Cortisolreaktionen unter Stress zeigten, und nicht Ängstliche die höheren Werte hatten. Das Konstrukt Repression- Sensitization, das trotz methodischer Bemühungen um Trennung vom Ängstlichkeitskonstrukt eine Beziehung zu Neurotizismus aufweist, bietet hierfür möglicherweise eine der Erklärungen an. Die ursprünglich von Byrne et al. (1963) aus MMPI-Items entwickelte Skala war zunächst noch hochgradig mit allgemeiner Ängstlichkeit korreliert. Diesem Umstand versuchten Weinberger, Schwartz und Davidson (1979) durch die doppelte Skalierung von Angst und sozialer Erwünschtheit zu begegnen, wobei Represser (R) sozial erwünscht antwortende, nicht ängstliche Personen waren und Sensitizer (S) Ängstliche ohne soziale Erwünschtheit. Insgesamt wurde die Beobachtung gemacht, dass Represser trotz ihrer subjektiven Gelassenheit in Stressbedingungen höhere physiologische Reaktionen zeigten und Sensitizer das umgekehrte Verhalten. Dies galt auch in der späteren psychometrischen Definition des Konstruktes von Krohne (1996a), das die beiden Skalen als weitgehend voneinander unabhängige Stile definierte (vigilanter und kognitiv vermeidender Stil). Aber auch diese als unabhängig konzipierten Dimensionen ließen sich auf Fragebogenebene nie ganz vom Neurotizismus trennen, denn Personen mit vigilantem Verarbeitungsstil zeigten Eigenschaften von Neurotikern, wie z.B. ein schlechtes Selbstbild, ein hohes subjektives Stresserleben, und kognitiv Vermeidende blieben weiterhin eher den Extravertiert-Stabilen verwandt, die gelassen in eine Belastungssituation gehen.

Cortisolbasiswerte unterscheiden sich bei Repressern und Sensitizern nicht. *Stressreaktionswerte* waren in vielen Untersuchungen bei Repressern höher als bei Sensitizern (vgl. Übersicht bei Rohrmann, 1998). Vor allem bestätigt sich selbst dann, wenn Sensitizer höhere Cortisolanstiege zeigen, dass die intraindividuell berechnete Diskrepanz (höhere emotionale als physiologische Reaktionen bei S, höhere physiologische als emotionale bei R) erhalten bleibt (Rohrmann et al., 2003). Ein Beispiel für die Bedeutung der Interaktion zwischen R/S-Konstrukt und experimenteller Bedingung zeigte sich in einer Untersuchung, in der eine eher den sensitivierenden resp. defensiv vermeidenden Reaktionsstil unterstützende experimentelle Manipulation bei Repressern und Sensitizern erfolgte.

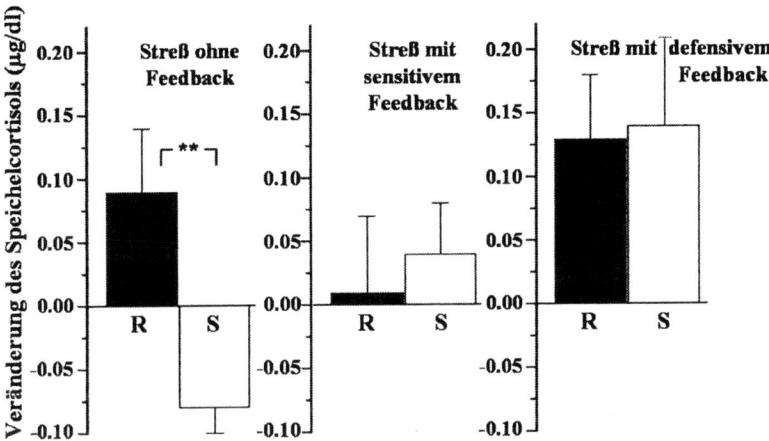

Abbildung 4.11: **Speichelcortisolveränderung bei Repressern (R) und Sensitizern (S) unter drei verschiedenen Stressbedingungen, ** p < .01, S: Vergleich defensives vs. kein Belastungsfeedback p < .01 (mod. nach Rohrmann, 1998).**

Den Versuchspersonen wurde ein entsprechendes Feedback über ihre physiologische Reaktionen gegeben wurde („Du bist offenbar aufgeregt" vs. „Du bist offenbar cool und gelassen"). Es zeigte sich, dass a) Repressoren wieder höhere Cortisolanstiege zeigten als Sensitizer, und b) dass auch auf der Zustandsebene bei verleugnender (= defensiver) Begleitinstruktion eine Erhöhung von Cortisolwerten erreichbar war, bei sensibilisierender (sensitiver) Instruktion dagegen eine Absenkung. Dies galt aber nur für die Represser, die offenbar auf diese Manipulation spezifisch ansprechen, während Sensitizer offensichtlich hier weniger zwischen den experimentellen Bedingungen physiologisch differenzieren konnten (vgl. Abb. 4.11 nach Rohrmann, 1998).

Hier klingt ein Befund an, der bereits bei Depressiven erkennbar war, die zwischen Erfolg und Misserfolg in ihrer Cortisolreaktion nicht unterscheiden konnten (Croes et al., 1993). Wenn man die Sensitizer eher dieser Gruppe an die Seite stellt, so bestätigt sich deren mangelnde Diskriminationsfähigkeit. Bei den Repressern lässt sich eine Beziehung zu den niedrig Ängstlichen der Untersuchung von Hubert und DeJong-Meyer (1989) herstellen, die auf den belastenden Film auch stärker mit einem Cortisolanstieg reagierten, sowie zu den bei Hemmeter beobachteten Depressiven, die bei Belastung durch Fastenbedingung und Stress eher geringere Cortisolwerte zeigten als die nicht Depressiven.

Es scheint also eine Art physiologische Diskriminationsleistung zu geben, die den Komplex der neurotisch-ängstlich Depressiven und sensitivierenden Personen in gleicher Weise betrifft, und es zeigt sich einmal wieder, dass ein Cortisolanstieg durchaus ein Zeichen einer gesunden Stressreaktion sein kann. Vielleicht aber darf auch die für das Represserkonzept häufig herangezogene Erklärung gelten, dass psychische und physiologische Stressreaktionen sich wechselseitig kompensieren können.

4.2.1.2 Cortisol und Extraversions-assoziierte Merkmale

Wie bereits eingangs geschildert, ist das Konstrukt der Extraversion nie im engeren Sinne mit Cortisol in Verbindung gebracht worden, und Aspekte der Abwechslungssuche (Novelty Seeking) wurden in Verbindung mit Cortisol eher im Kontext des Psychotizismus und der Sensation-Seeking-Skalen untersucht.

Häufig trägt Extraversion die Züge der psychischen Stabilität und zeigt dann Beziehungen zu *Cortisolbasalwerten*, wie sie bei der Neurotizismus-Dimension sichtbar wurden. So fanden Gunnar et al. (1997) in zwei Studien mit 29 resp. 46 Kindern, deren Cortisolwerte zuhause und während der ersten Woche in der Schule gemessen wurden, dass Kinder, deren Werte zuhause stabil niedrig und während der Schulstunden erhöht waren, Züge von Extraversion trugen (gesellig, kompetent und beliebt in der Gruppe), während Kinder mit umgekehrtem Muster oder konstant hohen Werten bei der Rückkehr in die Familie eine negative Affektlage hatten und Einzelgänger waren.

Ein mit Extraversion häufig positiv assoziiertes Merkmal ist auch die *Leistungsmotivation*, die ursprünglich dem Typ-A-Konzept zugerechnet wurde, sich aber doch als nicht sehr charakteristisch für dieses Konstrukt erwies (vgl. Myrtek, 1995). Es soll daher lediglich hierzu ein Experiment

referiert werden, das noch einmal deutlich macht, dass Cortisolreaktionen
nur dann sinnvoll mit Persönlichkeitsdimensionen in Verbindung gebracht
werden können, wenn die zugehörigen experimentellen Bedingungen mit
dieser Dimension in irgendeiner inhaltlichen Beziehung stehen. In einem
Versuch von Müller und Netter (1992) mit 64 gesunden männlichen Probanden wurde eine Einteilung vorgenommen nach hoch und niedrig Leistungsmotivierten (LMT-Skala nach Hermans et al., 1978), und es wurde
die Cortisolreaktion in ihrer Beziehung zur Unkontrollierbarkeit experimentell untersucht. Zwei Stressoren dienten als Modelle für einen psychischen und physischen Stressor (der Aufmerksamkeitstest d2 nach
Brickenkamp als psychischer Stressor und eine elektrische Hautreizung als
physischer Stress). Alle Probanden durchliefen beide Untersuchungs-
bedingungen in permutierter Reihenfolge, jedoch die Hälfte der Gruppe in
einer unkontrollierbaren, die andere in einer kontrollierbaren Bedingung.
Die Unkontrollierbarkeit wurde beim d2-Test durch inkontingentes Lei-
stungsfeedback operationalisiert und bei der elektrischen Hautstimulation
durch die vermeintliche Regulierbarkeit der Schmerzintensität, die aber in
der Tat nicht gegeben war. Abb. 4.12 zeigt die Ergebnisse. Nur in der
unkontrollierbaren Leistungsbedingung zeigten Personen mit hoher Leistungsmotivation einen erhöhten Cortisolanstieg, während die kontrollierbaren Bedingungen von beiden Leistungsmotivationsgruppen in gleicher
Weise nicht mit Cortisolanstiegen beantwortet wurden, ein Befund, der die
mangelnde Eignung eines einfachen mentalen Stressors für Cortisolanstiege belegt. Aber auch die gering Leistungsmotivierten zeigten in Unkon-
trollierbarkeitsbedingungen keine Cortisolanstiege. Hier findet also eine
motivationale Komponente des experimentellen Stressors, die dem Per-
sönlichkeitsfaktor der Leistungsmotivation entspricht, ihren Niederschlag
in differentiellen Effekten. Die physiologische Belastung dagegen differenzierte nicht zwischen den Bedingungen und nicht zwischen den Personengruppen.

Obwohl die Leistungsmotivation sicher nur einen geringen Varianz-
anteil mit der Extraversion gemeinsam hat, ist hier gezeigt, wie Bezüge
auch zu solchen Konstrukten hergestellt werden können, die von der
Theorie her und dem bisherigen Untersuchungsspektrum in der Literatur
nicht zu Cortisolreaktionen in Beziehung stehen.

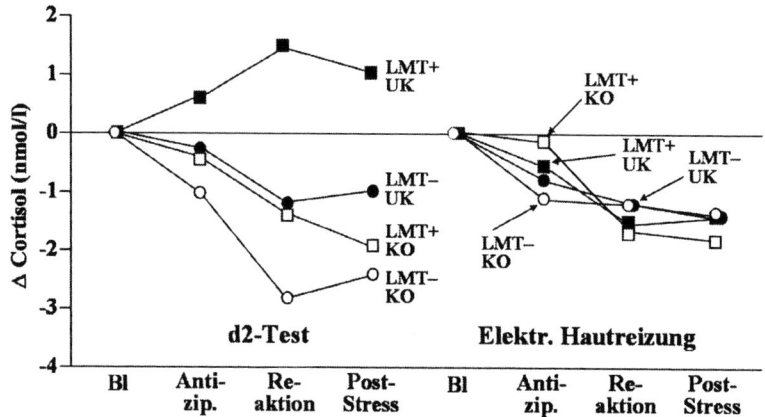

Abbildung 4.12: Konzentrationsänderung von Cortisol bei zwei Stressoren (links: d2-Test, rechts: elektr. Hautreize) unter Kontrollierbarkeits- (KO) oder Unkontrollierbarkeitsbedingung (UK) bei hoch (LMT+) und niedrig Leistungsmotivierten (LMT−). Interaktionen: Zeit x Stressor x LMT+/−: p < .01 (mod. nach Müller & Netter, 1992).

4.2.1.3 Cortisol und Psychotizismus-assoziierte Merkmale

Einerseits hatte die Tierforschung, basierend auf dem Modell von Henry, Hormonveränderungen im wesentlichen in Bedingungen von Kampf und Angst untersucht (vgl. Abb. 4.6), andererseits sah man in der psychiatrischen Forschung die enge Beziehungen zwischen Depressivität und Aggressivität (vgl. Transmitter: Serotonin). Folglich interessierte auch im Bereich gesunder Probanden die Bedeutung von Cortisolbasis- und -reaktionswerten nicht nur im Zusammenhang mit Depressivität, Ängstlichkeit und Neurotizismus, sondern auch im Kontext mit Aggressivität/Impulsivität/Typ-A-Verhalten oder auch mit Sensation Seeking.

Aggressivität und Cortisol

In den *Basalwerten* finden sich häufig bei den hoch und niedrig Aggressiven keine Cortisoldifferenzen (z.B. Suarez et al., 1998), jedoch gibt es eine Reihe von Arbeiten, die zumindest bei verhaltensauffälligen Personen eine negative Korrelation zwischen dem Cortisolbasalspiegel, gemessen im Urin, in der Zerebrospinalflüssigkeit oder im Blut, und dem Grad der aggressiven Störung finden (z.B. Scerbo & Kolko, 1994: bei gewalttätigen Kindern; Virkkunen, 1985: bei antisozialer Persönlichkeit; Bergman & Brisma, 1994: bei suizidalen Personen (Aggression gegen sich selbst)). Aber auch Studien, die auf Fragebogenbasis bei Gesunden Zusammenhänge untersucht haben, kamen häufig zu negativen Korrelationen zwischen dem Cortisolbasalwert und Werten auf der Psychotizismusskala von Eysenck (Ballenger et al., 1983). Allerdings gibt es auch Untersuchungen an nicht psychiatrisch auffälligen Gesunden, in denen eine positive Korrelation des Cortisolwertes mit dem Grad der Aggressivität beobachtet wurde. Z.B. fanden Gerra et al. (1998a) bei 12jährigen Jungen, dass hoch Aggressive (gemessen durch ein Konvergenzmaß aus Selbstbeurteilungsfragebögen und Einstufung der Lehrer und Experimentatoren) höhere Basalwerte im ACTH aufwiesen, während Cortisol nur bei den extrem Hochaggressiven etwas höher ausfiel als bei der Restgruppe. Die selbe Gruppe fand in einer größeren Untersuchung mit erwachsenen Männern (n = 158) auch einen positiven Zusammenhang mit Cortisolbasalwerten und der Subskala Erregtheit aus dem Buss-Durkey-Fragebogen (Gerra et al., 1996). Ebenso korrelierte in einer Gruppe von 38 Gesunden beiderlei Geschlechts der 15.00-Uhr-Basalcortisolwert mit Selbstbeurteilungswerten von verbaler Aggression und geringer Aggressionshemmung (Westrin et al., 1998). Der Grund für diese unterschiedlichen Ergebnisse mag darin liegen, dass die Befunde mit negativen Korrelationen meist aus Stichproben stammten, in denen erhöhte antisoziale und deviante Aggressivität untersucht wurde, während die positiven Beziehungen zu Cortisol eher mit Aggression zusammenhingen, wie sie in neurotischer Erregbarkeit gemessen wird.

Zu den *Reaktionswerten* finden sich keine aggressionsbezogenen Untersuchungen mit dem Dex-CRH-Test, wohl aber eine Untersuchung, bei der die Cortisolreaktion auf den oralen Glukosetoleranztest bei hoch und niedrig aggressiven Gesunden gemessen wurde: die stärkere Auslenkung des Cortisols auf Glukosezufuhr fand sich bei der Gruppe, die nach dem MMPI auf der Psychopathieskala höhere Werte hatte (Fishbein et al., 1992). Häufiger aber trifft man auf Untersuchungen, in denen die Cortisolreaktion auf aktuell induzierte Aggression mit der habituellen Aggressivität in Verbindung gebracht wird. So testeten Gerra et al. (1997) bei 30 jüngeren Männern von 18–19 Jahren, die nach einem aus Fragebogen und Interview kombinierten Fremdbeurteilungsmaß als hoch oder gering aggressiv eingestuft waren, die Reaktion verschiedener Hormone, u.a. von Cortisol auf eine experimentelle Aggressionsinduktion nach dem Cherek-

Paradigma (vgl. Abschnitt Testosteron). Die hoch Aggressiven zeigten 20 Minuten nach Testbeginn einen signifikant höheren Cortisolanstieg, allerdings nicht mehr am Ende des Spiels 30 Minuten nach Beginn (vgl. Abb. 4.13).

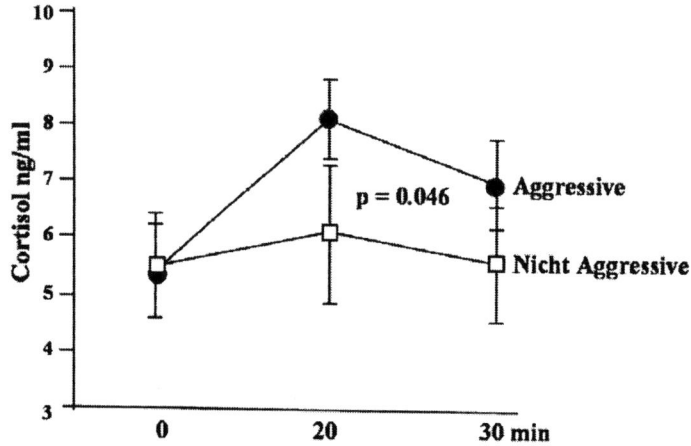

Abbildung 4.13: Cortisolreaktionen auf Aggressionsinduktion nach dem Cherek-Paradigma (Computerspiel gegen fingierten Partner mit Geldabzügen) bei Personen mit geringen und hohen komplexen Aggressionswerten (Mischung aus Selbst- und Fremdurteilen) (mod. nach Gerra et al., 1997).

Art und Dauer der Aggressionsinduktion spielen dabei offenbar eine wichtige Rolle. So ergaben sich in einer anderen Untersuchung (Suarez et al., 1998), bei hoch aggressiven Personen (bestimmt nach dem Fragebogen von Cook & Medley, 1954) deutlich höhere Cortisolanstiege, vor allem in der Erholungsphase, während bei nicht provozierter Bedingung die Werte von der Aufgabenphase zur Erholungsphase bei beiden Versuchsgruppen gleich verlief. Hier war die Aggressionsinduktion durch persönliche Vorwürfe des Versuchsleiters gegenüber der Vp wegen ihres Versuchsverhaltens erfolgt, während sie eine Anagrammaufgabe löste. Die ausgangswertbereinigten Verläufe zeigt Abb. 4.14.

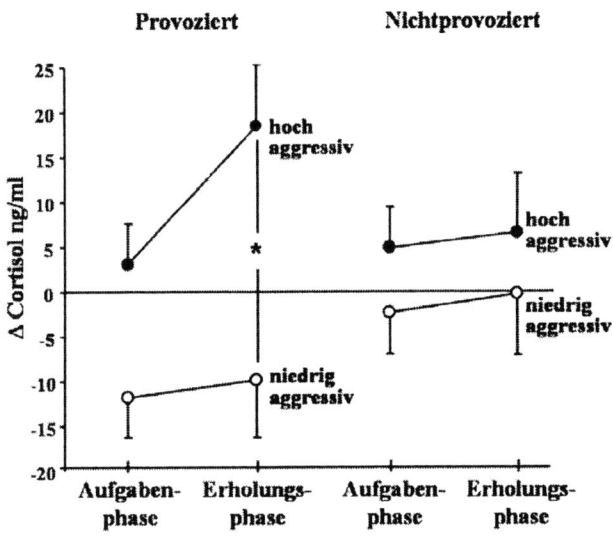

**Abbildung 4.14: Ausgangswertkorrigierte Änderungen der Cortisol-
werte (+ SEM) bei einer Anagrammaufgabe mit und
ohne provokative Vorwürfe vom Versuchsleiter bei
Personen mit hohen und niedrigen Werten auf der
Cook & Medley Hostility Skala, * p < .05 (mod. nach
Suarez et al., 1998).**

Während also in der Gerra-Studie Konkurrenzkampf, Anstrengung und
Frustration gemeinsam für einen raschen Cortisolanstieg sorgten, der aber
bei Spielende schon wieder abgeklungen war, entwickelte sich die Reaktion in der Suarez-Studie bei persönlicher Beleidigung erst später, aber
beide Reaktionen waren bei hoch Aggressiven stärker ausgeprägt. Auch
bei nicht aggressionsbezogenen milden Stressoren zeigen aggressive
Personen, wenn sie nach Fragebogenselbstbeurteilungskriterien aus einem
Normalkollektiv ausgewählt werden, höhere Cortisolanstiege, wie z.B. in
einer vorgestellten Interaktion mit dem Lebenspartner (Berry & Worthington, 2001).

Aber, wie bei den Basiswerten, zeigt sich auch bei den Reaktionswerten,
dass pathologisch Aggressive eher eine verminderte Cortisolreaktion auf
Frustration entwickeln.

In einer Studie an 21 Jungen mit oppositionellen Verhaltensstörungen
und 31 Kontrollen wurde eine Frustrationsbedingung induziert, ähnlich der
zuvor beschriebenen (Computerspiel mit Verlierersituation bei gleichzeitig

frustrativer Beschimpfung durch vermeintlichen Mitspieler). Hier zeigen die Aggressiveren insgesamt geringere Cortisolreaktionen bei auch bereits verminderten Ausgangswerten (van Goozen et al., 1998). Die Einteilung der Aggressivität war hier durch eine psychometrisch erfasste Lehrerbeurteilung erfolgt. Kombinierte man aus dieser Beurteilung die Skala Ängstlichkeit mit einer Skala zur Externalisierungstendenz der Aggression unabhängig von der Gruppenzugehörigkeit, so zeigten 16 Jungen, die sowohl als hohe Externalisierer als auch als hoch ängstlich eingestuft wurden, jedoch die höchsten frustrationsbedingten Cortisolanstiege und die mit niedrigster Angst und hoher Externalisierungstendenz als einzige Gruppe sogar einen Cortisolabfall. Das besagt wiederum, dass die fehlende Angstkomponente in der Aggressivität offenbar die eher geringe HPA-Responsivität reflektiert, während die eher ängstliche Aggression zu einer erhöhten Reagibilität führt.

Typ-A-Verhalten und Cortisol

Das Typ-A-Verhalten nimmt eine Mittelstellung zwischen den aggressivitätsassoziierten und den neurotizismusrelevanten Persönlichkeitsdimensionen ein (vgl. Abschnitt Testosteron, Abb. 4.16, später). Das Bindeglied ist die Impulsivität, die in fast allen Faktorenanalysen als replizierbares Element von Typ-A-Verhalten hervorsticht. Wie unter dem Extraversionsabschnitt angedeutet, sind Leistungsmotivation und Ehrgeiz, die ursprünglich als Charakteristika des Typ-A-Verhaltens gesehen wurden (Friedman & Rosenman, 1974), eher unter dem Aspekt der Kontrollambition zu sehen, d.h. dem Bemühen dieser Personen, Übersicht zu behalten, alles zu organisieren und zu überwachen, allerdings gelegentlich auch als Wettbewerbseifer in Konkurrenzsituationen. Es ist jedoch nicht eine gängige Motivation, eigene Leistungen zu vollbringen, mit dieser Typ-A-Facette assoziiert. Der zentrale Aspekt, der auch als einziger relevante kardiovaskuläre Konsequenzen in experimentellen Situationen mit vegetativen Parametern zeigt (Myrtek, 1995, vgl. Kap. Vegetatives Nervensystem), ist die Feindseligkeit. Daher wird Typ A hier im Kontext mit Aggression abgehandelt.

Gemessen wird das Typ-A-Verhalten mit der Jenkins Activity Survey (Jenkins et al., 1974), jedoch ergibt das standardisierte Stressinterview reliablere und validere Resultate, da in dieses auch Verhaltensbeobachtungen, vor allem zur Sprechweise (Tempo, Lautstärke), eingehen (G. E. Miller et al., 1999).

Wechselwirkungen zwischen *Cortisolbasiswerten* und Typ-A-Verhalten wurden bei 38 männlichen Studenten in einem Aggressionsinduktionsexperiment erhoben, in welchem die Probanden Elektroschocks einem fiktiven provokativen Gegner zuteilen konnten (Berman et al., 1993). Bei Dichotomisierung der Speichelcortisolbasiswerte zeigte sich, dass Typ-A-Personen mit hohem Cortisol- und Typ-B-Personen (= Non-A) mit geringem Cortisolausgangswert höhere durchschnittliche Schockintensitäten austeilten. Hier deutet sich an, wie die Autoren schlussfolgern, dass hohe Cortisolspiegel für aggressives Verhalten bei Typ-A-Personen eine andere Rolle spielen als für Typ-B. Auch eine andere Studie zeigt, dass die Zusammenhänge zwischen Typ A und Cortisol deutlicher werden, wenn andere Variablen hinzugezogen werden. Keltikangas-Jaervinen et al. (1996) konnten zeigen, dass bei 64 Männern, die belastende Berufe ausübten, bei Typ-A-Personen (wiederum definiert nach der Jenkins Activity Survey) höhere ACTH-Werte gemessen wurden, allerdings nicht höhere Cortisolwerte. Dieser Zusammenhang wurde in einer multiplen Korrelation noch deutlich höher, wenn auch die vom Typ-A-Merkmal unabhängige Komponente der subjektiven Erschöpfung, gemessen mit einem Fragebogen, hinzugenommen wurde. D.h. nur Typ-A-Personen, die auch höhere subjektive Erschöpfung angaben, hatten auch den höheren ACTH-Wert im Vergleich zu Typ-A-Personen ohne das Gefühl der Erschöpfung.

Ebenso hatten unter Typ-A-Kindern (bestimmt nach Lehrerurteil und einem Interview mit der Mutter) nur solche verminderte Cortisolmorgenwerte, die auch schlechte Schulleistungen, geringe Motivation bei der Bearbeitung der Hausaufgaben und Verhaltensprobleme in der Schule hatten (Spangler, 1995).

Auch bei den *Reaktionswerten* spielen Zusatzbedingungen eine Rolle: in einer Studie von Jones et al. (1986) wurden je 20 männliche und 20 weibliche Medizinstudenten nach dem strukturierten Interview in Typ-A und B unterteilt und ihr Speichelcortisol am Tag ihres Examens in Abhängigkeit von ihren späteren Examensleistungen ausgewertet, die zur Median-Einteilung in gute und schlechte Kandidaten herangezogen wurden. Die Ergebnisse zeigten, dass Typ-A-Personen mit guten Leistungen höhere Cortisolanstiege hatten als alle übrigen, und dass Typ-A-Personen unabhängig von ihrer Leistung überhaupt einen Cortisolanstieg in der Erwartungsphase des Examens von 9.30-13.30 Uhr aufwiesen, während die Typ-B- Personen in dieser Zeit einen horizontalen Verlauf zeigten (vgl. Abb. 4.15).

Ebenso waren Cortisolanstiege nach Fahrradergometer-Belastung bei Typ-A-Personen, gemessen nach der Jenkins Activity Survey, höher als bei Kontrollen (Fehm-Wolfsdorf et al., 1990), aber eher, wenn das Merkmal Nervosität hinzukam und der entsprechende Sauerstoffverbrauch höher war als bei Kontrollen.

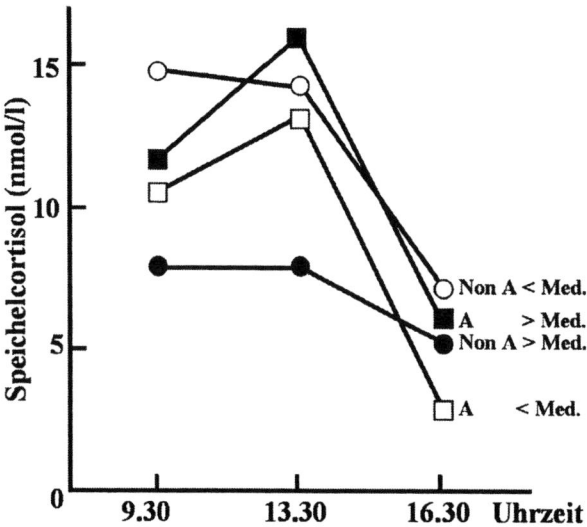

Abbildung 4.15: Speichelcortisolwerte am Examenstag nach Typ-A /
Non-A, deren Leistungen über resp. unter dem Me-
dian (Med.) lagen, Interaktion Typ A x Leistung
p = .02 (mod. nach Jones et al., 1986).

Auch die Art der Belastung und ihre subjektiv erlebte Interpretation sind
wesentlich für die Ergebnisse. Dies zeigte sich in einer älteren Untersuchung von Lundberg und Forsman (1979), in der die Cortisolreaktionen
auf Arbeitsbelastung im Feld anhand von Cortisolbestimmungen im Urin
bei Typ-A- und Typ-B-Personen untersucht wurden. Typ-A-Personen
hatten höhere Cortisolanstiege bei Arbeiten, die eine Unterstimulation
darstellen, Typ-B-Personen unter Bedingungen der Überstimulation. Dies
beruht nach Aussage der Autoren auf der Ablehnung von Monotonie bei
Typ-A- Personen, was sie in die Nähe der Sensation Seeker rückt, die in
der Skala Monotony Avoidance von Schalling auch besonders hohe Werte
haben.

Diese Befunde unterstreichen die Bedeutung der „Passung" zwischen
experimenteller Bedingung und Persönlichkeitseigenschaft, wie sie bereits
am Beispiel der Leistungsmotivation (Abb.4.12) und des Sensitizer-Kon-
strukts (Abb. 4.11) deutlich wurde.

Novelty Seeking / Sensation Seeking und Cortisol

Mazur (1995) argumentierte, dass die enge Assoziation zwischen Cortisol und Ängstlichkeit/Depressivität nahelegt, dass Sensation Seeker, die ja einen Mangel an Einsicht in die Konsequenzen von Gefahren und eine habituell geringere Ängstlichkeit haben, niedrige *Cortisolbasiswerte* aufweisen müßten. Einige Studien belegen diese Hypothese, sowohl für das Gesamtkonstrukt Sensation Seeking als auch für einzelne Unterskalen (Rosenblitt et al., 2001; Ballenger et al., 1983). In der großen Studie von Rosenblitt et al. (2001) ergaben sich signifikante negative Zusammenhänge mit dem Gesamtwert der Skala, jedoch auch mit den Unterskalen „Boredom Susceptibility", „Disinhibition" und „Experience Seeking", nicht jedoch mit „Thrill and Adventure Seeking" und nicht bei Frauen.

Gerra et al. (1999) dagegen konnten in einem gleich großen unausgelesenen Kollektiv, aber mit breiterer Altersstreuung (19–60 Jahre), keinen Zusammenhang finden, wobei hier die Speichelcortisolwerte auch bereits um 8.30 Uhr morgens gemessen wurden, wenn die pulsatile Variabilität des Maßes noch deutlich höher ist. Wegen der heterogenen Befundlage des Cortisolmaßes mit dem Alter (Netter et al., 1999b) wäre eine Konfundierung der Ergebnisse in der Gerra-Studie durch das Alter möglich: Wenn Cortisol mit steigendem Alter zu- und die Novelty-Seeking-Bereitschaft mit steigendem Alter abnimmt, würde dieses den Zusammenhang zwischen Novelty Seeking und Cortisol nivellieren können.

Stressbedingte Cortisol*reaktionswerte* sind bei Personen mit hohen Sensation-Seeking-Werten eher unauffällig. So konnten z.B. Gerra et al. (1998b) in einer Studie, in welcher der Einfluss von „Technomusik" auf Hormonwerte untersucht wurde, eine negative Beziehung verschiedener anderer biochemischer Maße (β- Endorphin, Noradrenalin) zu Sensation-Seeking-Werten finden, jedoch keinerlei Assoziation mit Cortisolveränderungen, was u.U. auch durch den Eustresscharakter des Treatments erklärbar ist.

Als Fazit zur Bedeutung des Cortisols als Indikator für Persönlichkeitsdifferenzen lässt sich sagen:

1. Cortisol ist im Sinne von Munck et al. (1984) in erster Linie als Regulationshormon zu verstehen, das die Anpassungsversuche des Organismus widerspiegelt, die als Schutz vor schädlichen Überreaktionen zur Stressabwehr dienen (vor allem bezogen auf das Immunsystem). Daher darf es nicht verwundern, dass Cortisolanstiege nicht nur als Indikator für Stresserleben und Ausweglosigkeit, sondern auch als Anzeichen einer erfolgreichen Gegenregulation auftreten, und dass dementsprechend

nicht immer neurotische und ängstliche Personen, sondern manchmal auch die psychisch stabileren die höheren Cortisol-Stressreaktionen zeigen. Niedrige Werte oder geringe Anstiege können daher sowohl bei Personen auftreten, die keinerlei Anstrengungen zur Stressbewältigung unternehmen müssen, weil sie stressresistent sind, als auch bei solchen, deren Energiereserven bereits so erschöpft sind, dass keine Anpassungsreaktion mehr erfolgen kann.

2. Depressivere Probanden im Bereich der Gesunden teilen mit den in der Psychopathologie als depressiv diagnostizierten Patienten
   a) nicht die erhöhten Basiswerte,
   b) aber die reduzierte Cortisolstressreagibilität,
   c) aber auch eine erhöhte Cortisolfreisetzung aufgrund einer möglicherweise erhöhten CRH-Produktion.

3. Cortisol-Stressreaktionen fallen bei eher pathologischer Aggressivität in Sinne der Psychotizismuskomponente niedriger aus oder fehlen, sind aber bei ängstlich Aggressiven höher als bei Nichtaggressiven.

4.2.2 Persönlichkeit und Testosteron (Hypothalamus-Hypophysen-Gonadenachse, Teil 1)

Während zu Testosteron sehr viele differentiellpsychologische Untersuchungen durchgeführt wurden, sind die zu Östrogen und Progesteron eher dürftig. Die Einbeziehung von FSH und LH erfolgt häufiger in Kombination mit den weiblichen Geschlechtshormonen, und daher werden diese dort mit erwähnt.

Für Testosteron sind eine Reihe miteinander korrelierender Persönlichkeitsdimensionen relevant, die in Abb. 4.16 in ihrer Verwandtschaftsbeziehung gekennzeichnet sind. Sie gehören z.T. in den Bereich des Psychotizismusfaktors, z.T. in den der Extraversion. Es werden jedoch zusätzlich die Merkmale Neurotizismus / Ängstlichkeit / Depressivität in ihrer Beziehung zu Testosteron beleuchtet. Gemäß der unterschiedlichen Bedeutung der Konstrukte sollen zuerst die Psychotizismus-/Aggressionsassoziierten Konstrukte behandelt werden.

Zuerst werden zunächst bei Männern, dann bei Frauen die Psychotizismus-assoziierten Konstrukte Aggressivität / Impulsivität / Typ-A-Verhalten gemeinsam abgehandelt, dann separat Dominanz, Extraversion und Sensation Seeking, ebenfalls jeweils zuerst bei Männern und – so vorhanden – dann bei Frauen.

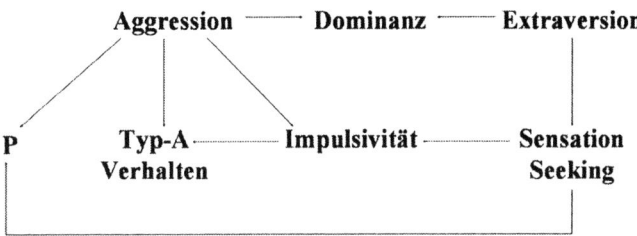

Abbildung 4.16: Zusammenhang der Testosteron-relevanten Konstrukte.

4.2.2.1 Testosteron und Aggressivität/Impulsivität/Typ-A-Verhalten

Bei Untersuchungen zu Testosteron und Persönlichkeit lag es nahe, aufgrund von Tierbeobachtungen und -experimenten nach Zusammenhängen mit Aggression Ausschau zu halten, da bei fast allen Tierarten Aggression bei männlichen Tieren stärker ausgeprägt ist als bei weiblichen, so dass allein dadurch die Assoziation mit Testosteron nahegelegt war (Gray & Dewett, 1977). In der Forschung zu diesem Thema finden sich folgende zwei Typen von Fragestellungen:
1. Unterscheiden sich hoch und gering Aggressive im Testosteronspiegel?
2. Sind Personen mit hohem und niedrigem Testosteronspiegel unterschiedlich aggressiv?

Viele Untersuchungen weisen auch im Humanbereich, vor allem innerhalb von männlichen Stichproben, im Sinne des Ansatzes 1, auf eine klare Beziehung zwischen *Testosteronbasiswerten* und *Aggression* hin, sowohl bei Gesunden (vgl. Übersicht bei Christiansen, 1999; Olweus et al., 1988; Gerra et al., 1997, 1998a; Dabbs et al., 1996) als auch im pathologischen Bereich in Bezug zu Kriminalität, Gewaltverbrechen und antisozialer Persönlichkeit (Virkkunen & Linnoila, 1993; Dabbs et al., 1995; Banks & Dabbs, 1996; Archer et al., 1998; Dolan et al., 2001) und dies sogar schon bei Kindern (Scerbo & Kolko, 1994) und Jugendlichen (Tremblay et al., 1997). Die Aggression im pathologischen Bereich steht hier stellvertretend für die Psychotizismus-(P) Dimension, zu der es keine Fragebogen- basierten Untersuchungen gibt. Daher beschränkt sich unsere Analyse im wesentlichen auf Untersuchungen zu dessen Hauptkomponente, der Aggressivität. Die frühen Untersuchungen zu diesem Thema sind in Tabelle 4.5 aufgeführt.

Tabelle 4.5: **Ältere Ergebnisse zum Zusammenhang zwischen Testosteron und Aggressivität (T=Testosteron)**

Nr.	Autoren (Jahr)	Versuchspersonen (n / Alter)	Beobachtungsdauer	Tests	Ergebnis
(1)	Persky et al. (1971)	Studenten (18 / 17-28) Forscher (15 / 31-66)	2 Std. Testosteron-infusion	BDI MMPI	Konzentration: jung = alt Korrelation: T x BDI: r=.49 (nur bei Jungen)
(2)	Rada et al. (1976)	Sexualstraftäter (52 / 19-42) 1 nur verbal 2 Waffe, ohne Gewalt 3 phys. Gewalt ohne Verletzung 4 Körperverletzung Normale (52 / 19-42)		keine	Vergleich Gesamt-gruppe Täter-Normale ns. T: 4 > (1+2+3)
(3)	Kedenburg (1979)	psychiatr. Patienten (12 / 25-55) 8 psychiatr. Besserg. 4 keine Besserung	8 Wochen		Δ T x Agg. Fremd-beurtei-lung: r = .42 nur in n = 8 Pat. mit Ther. Erfolg T x Agg. r = .42
(4)	Kreuz & Rose (1972)	Gefangene (21 / 19-22) Fremdbeurteilung Agg. hoch Agg. niedrig	14 Tage	BDI STAI SDS	Fremdbeurt. x T Ø BDI x T Ø aber: Zeitpunkt der 1. Straftat x T r = -.65
(5)	Ehrenkranz et al. (1974)	Gefangene (36 / 18-45) 1 = 12 chron. Aggr. 2 = 12 Dominante 3 = 12 weder noch	3 Tage	BDI	BDI zw. Gruppen Ø aber T: 1 > 2 > 3
(6)	Döring et al. (1974)	Freiwillige Vpn (20 / 20-28)	2 Monate	BDI Ad-jektiv-Listen	P-Korr. T x BDI pos. bei einzelnen Vpn Gesamt Ø Korr. T x Depr. (Mittelw. über Zeit) Korr. r = .45
(7)	Meyer - Bahlburg (1974)	Studenten (12 / 18-22) 6 high 6 low BDI	2 Stunden Testo-steroninfusion	BDI u.a.	kein Unterschied in Testo Korr. BDI x T Ø

Sie verglichen die Testosteronwerte von Personen mit hohen und niedrigen Werten auf Selbstbeurteilungsskalen zur Aggression (Studie 1, 4-7) oder Personen, die (z.B. in Gefängnissen) nach Fremdbeurteilung als besonders hoch oder eher gering aggressiv eingestuft wurden (Untersuchung 2, 3). Es fällt auf, dass in allen Studien zwar nicht im Gesamtkollektiv, wohl aber in Teilstichproben Zusammenhänge beobachtbar sind. So finden sich Zusammenhänge z.B. nur bei Jüngeren (Studie 1) oder beim Vergleich von Gefangenen mit Körperverletzungsdelikten und solchen, die dasselbe Delikt mit weniger Gewaltanwendung begingen (Studie 2), oder es finden sich intraindividuelle Korrelationen (P-Technik) über die Zeit zwischen Testosteronmessungen und Aggression nach Selbstbeurteilung nur bei Einzelpersonen (Studie 6).

Mitunter war es nicht die Kriminalität selbst, die mit Testosteron zusammenhing, sondern nur ihr früher Beginn im Jugendalter (Studie 4). Diese Tendenz setzt sich auch in neueren Untersuchungen fort. Z.B. fand sich der Zusammenhang zwischen Testosteronbasiswerten und Aggression nach Fragebogenkriterien nur bei einer Gruppe von gewalttätigen Straftätern, nicht bei friedfertigeren oder autoaggressiv suizidalen Alkoholikern (Aromaeki et al., 1999; Bergman & Brismar, 1994), und bei Dabbs & Morris (1990) ergab sich ein engerer Zusammenhang zwischen Testosteronbasiswerten und antisozialen Tendenzen nur in der Gruppe mit geringerem Sozialstatus, nicht bei Oberschichtangehörigen.

Vor allem bestätigen neuere Untersuchungen, dass der Zusammenhang von Testosteronbasiswerten und Aggression eher bei Korrelation mit Fremdbeurteilungen und Verhaltensbeobachtungen nachweisbar ist als bei Selbsteinschätzungen (Gerra et al., 1996, 1997; Dabbs et al., 2001; O´Connor et al., 2002; Übersicht bei Christiansen, 1999).

Auch im Sinne des Fragestellungstyps 2 gehen im Experiment hohe Testosteronbasiswerte mit aggressiverem Verhalten einher (z.B. Austeilen von Strafreizen an Spielpartner (Berman et al., 1993).

Bei Testosteronapplikation kann, wie z.B. Untersuchungen von Persky et al. (1971) oder O´Connor et al. (2002) zeigen, jedoch nicht von einer generellen Aggressionssteigerung ausgegangen werden. Die Zahl der Studien, die bei therapeutischer Testosteronapplikation einen Aggressionsanstieg fanden, ist genauso groß wie die mit negativem Ergebnis (Christiansen, 1999). Auch hier und in Experimenten mit Gesunden sind individuelle Differenzen der Ansprechbarkeit erkennbar. So ließ sich bei Persky et al. (1971) die Aggression durch eine zweistündige Testosteroninfusion nur bei 17- bis 28jährigen, nicht bei den älteren 31- bis 66jährigen Pbn steigern. Auch O´Connor et al. (2002) beobachteten nur in der Unterstichprobe von Personen mit Hypogonadismus (Unterfunktion der männlichen

Keimdrüsen) einen Aggressionsanstieg auf Testosteronzufuhr, nicht bei hormonal Unauffälligen. Aber auch die Dauer der Testosterongabe könnte eine Rolle spielen: z.B. ergab sich eine klare Steigerung aggressiven Spielverhaltens (dem Partner Punkte abziehen statt eigene Punkte zu gewinnen) bei acht männlichen Vpn, die sechs Wochen steigende Dosen von Testosteroninjektionen erhielten (Kouri et al., 1995, 1998), während Meyer-Bahlburg et al. (1974) nach zweistündiger Testosteroninfusion keine signifikante Korrelation zwischen Testosteronspiegeln und Aggression bei Studenten beobachten konnten. Dies gibt das Bild wieder, das auch aus Übersichtsarbeiten zu diesem Thema hervorgeht (vgl. Mazur & Booth, 1998).

So lässt sich aus den genannten Untersuchungen zu Testosteronbasiswerten und Aggressivität bereits schlussfolgern:

1. Der Zusammenhang von Testosteronbasiswerten mit Aggressivität besteht nur in Teilstichproben und nur unter bestimmten Bedingungen.
2. Fremdbeurteilungen scheinen etwas günstigere Zusammenhänge mit Testosteron zu zeigen als Selbstbeobachtungen.
3. Der Zusammenhang zwischen Aggression und Testosteronzufuhr ist weniger gut gesichert als der Zusammenhang zwischen Aggression und basaler Testosteronproduktion.

Eine Ausdifferenzierung nach der Art der untersuchten Aggression kann den Grund der heterogenen Ergebnisse weiter klären helfen: So untersuchten Olweus et al. (1988) den Zusammenhang von Testosteronbasalwerten mit provozierter (= reaktiver) und unprovozierter (= spontaner) Aggression bei 58 Jungen in der 9. Klasse mit Hilfe der Pfadanalyse. Provozierte Aggression war nur mit seinem Selbstbeurteilungsfragebogen erfasst, unprovozierte basierte auf Lehrerbeurteilung zur verbalen und physischen Spontanaggression der Jungen.

Er nahm in seinem Modell Testosteron als ursächlich für die Aggression an und fand eine direkte Beziehung von Testosteron zur provozierten Aggression (Pfadkoeffizient = .34, Originalkorrelation = .44), aber eine über geringe Frustrationstoleranz vermittelte indirekte Beziehung zur Spontanaggression (vgl. die Pfadkoeffizienten in Abb. 4.17).

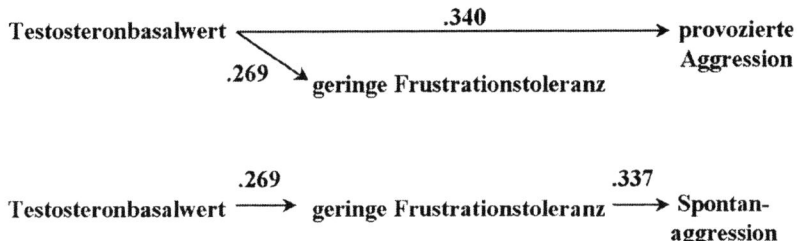

**Abbildung 4.17:   Zusammenhänge von Testosteron und Aggressions-
komponenten aus der Pfadanalyse von Olweus et al.
(1988).**

Olweus et al. bringen diese beiden Arten der Aggression evolutionsbiolo-
gisch mit den testosteronvermittelten Aggressionsformen im Tierreich
zusammen: Die zwischen männlichen Tieren gezeigte Aggression, die
stärker Testosteron-assoziiert ist, setzt er mit der provozierten Aggression
im Humanbereich gleich und die erregungsbedingte Aggression mit der
unprovozierten.

Die Unterscheidung physischer und verbaler Aggression bringt jedoch
kaum unterschiedliche Assoziationen mit Testosteron (Olweus et al.,
1980). Statt der Induktion aggressiven Verhaltens durch Testosteronzufuhr
zu untersuchen, wurden umgekehrt *Testosteronreaktionswerte* durch
psychische Bedingungen erzeugt und analysiert. Aufgrund des Antago-
nismus zwischen HPA- und Hypophysengonadenachse (vgl. Abb. 4.3)
findet sich bei starken Stressoren, die Cortisolanstiege auslösen (Operationen, Unfälle, physische Erschöpfung), eher eine Absenkung des Testosteronspiegels (vgl. Christiansen, 1999) oder keine Veränderung. Auch bei
experimentellen psychischen oder physischen Stressoren, z.B. öffentliche
Rede, mentale Belastungen (Gerra et al.,1997) oder Fallschirmspringen
(Chatterton et al., 1997) fehlen die erwarteten Anstiege oder sind zumindest bei hoch und niedrig aggressiven Vpn gleich in Stärke und Richtung. Es gibt jedoch Hinweise aus dem Tierreich, dass z.B. bei territorialen
Kampfhandlungen zwischen Tieren die Siegertiere mit Testosteronanstieg,
die unterlegenen mit Testosteronabfall reagieren (Henry & Stephens,
1977). So wurden auch im Humanbereich eher Experimente mit wett-
kampfbezogenen Herausforderungen eingesetzt.

Die Erwartung wäre, dass Testosteronanstiege in Konkurrenzsituationen
bei hoch Aggressiven stärker ausfallen als bei gering Aggressiven. Zwei

Experimente mit gegensätzlichen Befunden mögen illustrieren, dass die Ergebnisse von vielfältigen Einflussbedingungen abhängen.

Bei der Aggressionsprovokation in einem Wettspiel nach dem Cherek-Paradigma im Experiment von Gerra et al. (1997) bei 30 jungen Männern traten zwar klare Testosteronanstiege auf, die sich aber wiederum bei hoch und niedrig aggressiven Vpn gleichsinnig verhielten und etwa gleich groß waren, obwohl die Ausgangswerte der hoch Aggressiven deutlich höher lagen, und diese auch als Ausdruck aggressiver Akte ihrem Spielpartner signifikant mehr Punkte abzogen. Dagegen fanden Suarez et al. (1998) höhere Testosteronanstiege bei 23 hoch aggressiven Männern im Vergleich zu 15 gering aggressiven nach Provokation der Vpn durch einen unfreundlichen Assistenten bei der Durchführung einer lösbaren Anagrammaufgabe.

Obwohl die Altersstruktur der Vpn gleich war, und beide Kollektive aufgrund von ähnlichen Kombinationsmaßen aus Selbst- und Fremdbeurteilungen ausgesucht worden waren, lag ein Unterschied in der Definition hoch und gering Aggressiver (Gerra et al.: Median; Suarez et al., 1. und 4. Quartil). Weiter war trotz ähnlicher Aggressionsinduktion im ersten Experiment Frustration nur durch Spiel- und Geldverlust, im zweiten durch eine zusätzliche persönliche Beleidigung erzeugt worden. Ein weiterer Unterschied der Experimente lag aber z.B. in den Zeitfenstern der Messung. Die Messungen erfolgten bei Gerra et al. (1997) 20 und 30 Minuten nach Spielbeginn bei 30 Minuten Spieldauer, bei Suarez et al.(1998) vor, während und nach einer Aufgabe, die nur 12.5 Minuten dauerte. Dies zeigt, dass Gruppendefinition, die Art der Aggressionsinduktion und der Verlauf der Hormonwerte sehr differenziert betrachtet werden müssen.

Wie im Tierreich, so scheint das Testosteronverhalten auch bei Menschen von dem Ergebnis (Sieg oder Niederlage) abzuhängen. Ein vielzitiertes Beispiel sind Testosteronanstiege bei Siegern und Testosteronsenkungen bei Verlierern im Tennisspiel (Booth et al, 1989). Auch im Labor kann manipuliertes Unterliegen im Wettkampf zwar klar aggressives Verhalten induzieren, aber zugleich bei einigen Versuchspersonen einen Testosteronabfall herbeiführen (vgl. Mazur & Booth, 1998). Dies zeigte sich in einer Untersuchung, in der Aggression durch Niederlage in einem kompetitiven Rate-Wettspiel nach dem Modell des „Master Mind", gepaart mit Geldverlust und einem unfreundlichen (vom Versuchsleiter eingesetzten) Spielpartner erreicht wurde (Netter et al., 1999a). Es konnte zwar insgesamt eine geringe Testosteronerhöhung erzielt werden, bei Aufgliederung der Personen nach ihrem Selbstbeurteilungswert der Aggressivität (Summenscore der Skalen 1, 2 und 3 im Freiburger Aggressionsfragebogen FAF = spontane, reaktive und Erregtheitsaggression) ergab sich jedoch, dass die hoch Aggressiven eher mit Testosteronabfall reagierten, die gering Aggressiven mit Anstieg, obwohl wiederum, wie bei Gerra et al. (1997), die hoch Aggressiven stärker aggressives Verhalten zeigten (Dauer und Stärke der dem Spielpartner verabreichten Lärmreize). Dies war jedoch weitgehend unabhängig von ihrer Testosteronverände-rung (Abb. 4.18, Exp. I) Im Vergleich dazu konnte man in einer anderen Studie, in der die Probanden nur 2 ½ Stunden unter relativ eintönigen Bedingungen in einem Raum warten mussten, bei Einteilung der Ver-suchspersonen in hohe und geringe offene Aggression (nach Selbstbeur-teilung) einen Testosteronanstieg bei den Probanden mit hoher offener Aggression beobachten, nicht aber bei gering aggressiven (vgl. Abb. 4.18, Exp. II; Netter et al., 1999a).

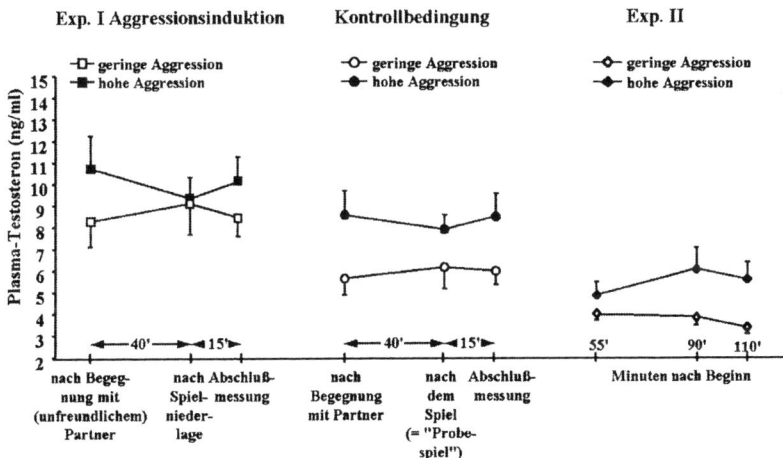

Abbildung 4.18: Testosteronverläufe bei hoch und niedrig aggressi-ven männlichen Studenten.
Studie I: Ergebnisse unter Aggressionsprovokation (Niederlage im Wettkampfspiel + Geldverlust + unfreundlicher Spielpartner) und unter Kontroll-bedingung (n = 10 / Gruppe, Wechselwirkung Agg x Bedingung x Messzeitpunkt: p = .024)
Studie II: Ergebnisse während 2½stündiger Untä-tigkeit im Versuchsraum (n = 20 / Gruppe, Wech-selwirkung Agg x Messzeitpunkt: p = .009 (mod. nach Netter et al., 1999a)

Eng verwandt mit der Aggressivität ist die *Impulsivität*, die hoch mit Aggression korreliert ist oder diese vorhersagt (O´Connor et al., 2002), und daher auch häufig als gemeinsames Konstrukt mit Aggressivität zu Testosteron in Beziehung gesetzt wird (Virkkunen et al., 1996). Dort, wo sie getrennt von Aggression erfasst wird, weist sie aber ähnlich hohe Korrelationen mit Testosteronbasalwerten auf wie die Aggressivität (Kreuz & Rose, 1972; Beaucom et al., 1985).

Die Überschneidungen der Konstrukte werden besonders bei provozierter Aggression deutlich, bei der auf Frustration unbeherrscht reagiert wird.

Häufig aber ist der Zusammenhang mit Testosteron bei Impulsivität weniger ausgeprägt als mit Aggression (Dolan et al., 2001; Virkkunen et al., 1994) oder gar nicht gegeben (Higley et al., 1996). Die Trennung von Aggressivität und Impulsivität gelingt durch die Kombination von Testosteronmessungen mit einem serotonergen Challenge-Test (siehe Transmitter-Kapitel): Eine abgeschwächte Prolaktinantwort auf serotonerge Stimulation findet sich stärker und manchmal ausschließlich bei hoch Impulsiven (Higley et al., 1996; Dolan et al., 2001; Virkkunen et al., 1994), während die Aggression z.T. nur mit Testosteronerhöhung ohne die Verminderung der serotonergen Reaktion einhergeht. Daher sind Testosteron und 5-HIAA (Abbauprodukt von Serotonin) in der Zerebrospinalflüssigkeit nicht korreliert (Virkkunen & Linnoila, 1993). Die Art der Aggression, die mit beiden biochemischen Auffälligkeiten verknüpft ist, wird auch als offensiv-impulsive Aggression bezeichnet, die speziell im Tierreich von der defensiven Aggression ohne Testosteronerhöhung zu trennen ist (Kalin, 1999).

Das *Typ-A-Verhalten* wurde, wie in der Einleitung beschrieben, definiert durch Zeitnot, Kontrollambitionen, kompetitives Leistungsstreben und Feindseligkeit (Matthews, 1982), jedoch ließen sich biologische Korrelate in erster Linie mit dem Aspekt der impulsiven Feindseligkeit finden (Myrtek, 1995) (vgl. Abb. 4.16). Gemessen wird Typ-A-Verhalten meist mit dem Stressinterview oder durch die so genannte Jenkins Activity Scale (Jenkins et al., 1974). Da das Konstrukt im Kontext mit koronarer Herzkrankheit entwickelt wurde, gibt es weniger Untersuchungen zu Testosteron. Bei sorgfältiger Parallelisierung von Typ-A- und Typ-B-Personen (= alle übrigen, die nicht Typ-A sind) und der Messung von Testosteron (allerdings im Urin) über den ganzen Tag scheinen die *Testosteronbasiswerte* in der Tat bei Typ-A-Personen höher zu liegen als bei Typ-B (Zumoff et al., 1984).

Bei *Reaktionswerten* gehen die Befunde, wie bei der Aggressivität, etwas auseinander: obwohl stärkere Ärgerreaktionen auf Provokation bei Typ-A- Personen häufig beobachtet werden, war es erstaunlicherweise nicht in allen einschlägigen Experimenten möglich, Typ-A-Personen auch zu aggressiverem Verhalten zu provozieren als Typ-B-Personen (vgl. Berman et al., 1993). Dennoch lag der Versuch nahe, Testosteronreaktionen durch Aggressionsprovokation zu erzeugen und sie bei Typ-A- und B-Personen zu vergleichen. Dies erfolgte im Experiment von Berman et al. (1993) durch ein kompetitives Reaktionszeitwettspiel nach dem Modell von Taylor & Leonard (1983), bei dem die Vp für einen vermeintlichen Gegenspieler Elektroschockstärken als Strafreiz vor jedem Spieldurchgang festlegen musste, für den Fall, dass dieser verlieren würde, und ihrerseits die Schockstärken rückgemeldet bekam, die ihm ihr Gegenspieler verpassen würde. Die tatsächlich bei der Vp angewendeten Stromstärken waren natürlich milder als die zuvor als Schmerzschwelle ermittelten, steigerten sich aber von der 1. zur 3. Versuchsserie (Abb. 4.19).

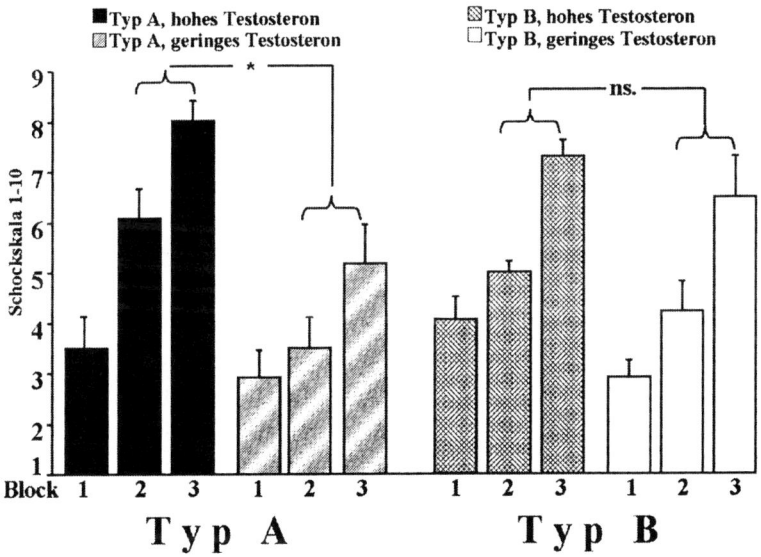

Abbildung 4.19: Dem Spielpartner von der Vp zugedachte Schock-Intensitäten als Strafreize bei Typ-A- und B-Personen in Abhängigkeit vom Testosteronausgangswert (in Blöcken 1-3 wurden vom fingierten Spielpartner steigende Schock-Intensitäten zur Provokation der Vp signalisiert), Testosteronausgangswerte hoch/niedrig = > / < 454 pmol/L, (Wechselwirkung Testo x Typ A/B x Block p < .01 (mod. nach Berman et al., 1993).

Typ-A und B unterschieden sich weder im Ausgangswert des Testosterons noch in der Gesamtstärke der applizierten Schmerzintensitäten, aber bei Typ-A-Personen mit hohen Testosteronwerten steigerte sich die Stärke der zugedachten Schmerzintensitäten im Vergleich zu Typ-A-Personen mit geringen Testosteronwerten und bei Typ-B-Personen (vgl. Abb. 4.19).

Die bisher dargestellten Ergebnisse bezogen sich auf männliche Personen. Die Frage, ob auch bei *weiblichen Personen* ein Zusammenhang zwischen Testosteronbasiswerten und Aggressionsneigung gegeben ist, wurde weniger häufig untersucht. Aber dort, wo Befunde vorliegen, werden ähnliche Relationen zwischen Testosteron und Aggressions-assoziiertem Verhalten berichtet (Baucom et al, 1985; Udry & Talbert, 1988). Interessant ist eine Pfadanalyse von Harris & Rushton 1993 (Harris et al., 1996), in welcher Aggressions-assoziierte Persönlichkeitsmerkmale zunächst getrennt bei Männern und Frauen auf ihre Kausalstruktur hin analysiert wurden. Die beiden Modelle unterschieden sich nicht signifikant. Sie sind daher für die aus 155 Männern und 151 Frauen bestehende Stichprobe in einer gemeinsamen Analyse in Abb. 4.20 vorgestellt.

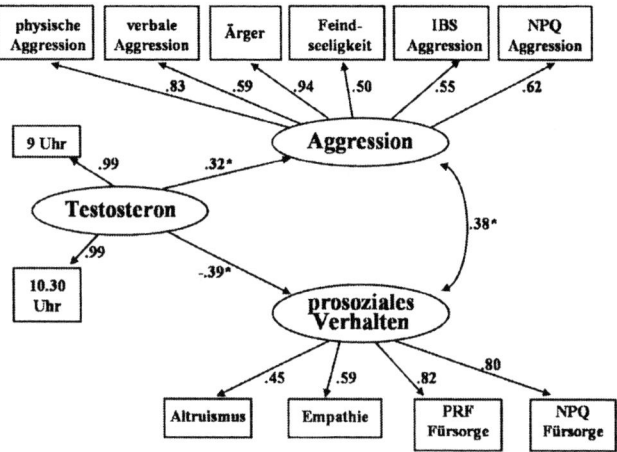

Abbildung 4.20: **Strukturgleichungsmodell (LISREL-Analyse) aus einer gemeinsamen Stichprobe von Männern und Frauen (n = 155 + 151) zum Zusammenhang von Aggression und Testosteron nach Harris & Rushton, 1993 (NPQ = Nonverbal Personality Questionnaire nach Paunonen (1988); PRF = Personality Research Form nach Jackson (1984)).**

Wie ersichtlich, wird Testosteron auch hier, wie bei Olweus, als ursächlich für habituelles Aggressionsverhalten angesehen und ist in etwa gleicher Höhe negativ mit prosozialem Verhalten korreliert, wie positiv mit Aggression.

Obwohl allgemein die Vorstellung herrscht und Einzelbefunde dafür sprechen, dass besonders hohe Testosteronspiegel bei Frauen mit extrem männlichen Verhaltensweisen und Merkmalen einhergehen, wie Neigung zu Motorradrennen, großflächigen Tätowierungen und Freude an Waffen, gibt es Befunde, die darauf hinweisen, dass die Art der Aggression, die mit Testosteron assoziiert ist, inhaltlich doch einen etwas anderen Akzent trägt als bei Männern, wenn man den Testosteronspiegel nicht nur mit Fragenbogen zur Aggressivität, sondern auch mit Erregbarkeit, Depressivität und anderen negativen Stimmungsmaßen in Verbindung bringt. So wurde in einer Untersuchung bei 40 Studentinnen der Testosteronwert über einen ganzen Zyklus gemessen und war zur Zeit der Ovulation am höchsten (Netter et al., 1998a, 1999a). Er war in jeder Zyklusphase sowohl mit aktuellen Stimmungseinstufungen von Aggressivität, Erregbarkeit und Depressivität assoziiert als auch mit habituell geringeren Werten in den FPI-Skalen (Fahrenberg et al. 1984) Lebenszufriedenheit (=Depressivität invertiert, $r = -.38$), Belastungserleben ($r = .33$), körperliche Beschwerden ($r = .39$) und in der IVE-Skala (Eysenck & Eysenck, 1978) Impulsivität ($r = .40$). Dies findet sich in anderen Untersuchungen an Studentinnen bestätigt (Lundberg, 1983; Johnson et al., 2000). Auch in einem Kollektiv von Fibromyalgiepatientinnen (= muskuläres Schmerzsyndrom unbekannter Ursache) fanden sich selbst bei Auspartialisierung von Alter und Rauchgewohnheit höhere Werte vor allem für verbale Aggressivität, Ärger und Erregbarkeit bei Personen mit höheren Testosteronwerten (Prochazka et al., 2003).

Die Applikation von Testosteron oder anderen anabolen Steroiden geschieht bei Frauen eher im therapeutischen Kontext. Hier allerdings finden sich Berichte von Aggressionsinduktion (Lukas, 1993; Sherwin & Gelfraud, 1985), die aber nicht differentiellpsychologisch untersucht wurden.

Eine Assoziation von *Impulsivität* mit zu hohen Testosteronspiegeln bei Frauen findet sich auch in der höheren Rate von so genannten False-Alarm-Fehlern bei Frauen mit höheren Testosteronwerten (Bjork et al., 2001). Diese bei Go-No-Go-Aufgaben registrierten Fehlerreaktionen auf Stimuli, auf die nicht reagiert werden soll, sind als objektives Maß der Impulsivität etabliert. D.h., dass zumindest bei Studentinnen erhöhte Testosteronwerte eher den Charakter von Erregbarkeit, negativer Emotionalität und Impulsivität haben und nicht den von Durchsetzungsfreude und Dominanz, wie sie in der Komponente der provozierten Aggression in der Analyse von Olweus definiert war. Testosteronapplikations- und -provokationsstudien bei Frauen sind praktisch nicht vorhanden. Ferner fehlt es an Untersuchungen, die eine Ausdifferenzierung der Aggressivität in ihre Facetten zur geschlechtsdifferenten Assoziation mit Testosteron weiter validieren könnten.

Untersuchungen zu *Typ-A-Verhalten* und Testosteron bei Frauen fehlen. Insgesamt ist zu Testosteron und Aggressivität/Impulsivität/ Typ-A-Verhalten festzuhalten:

1. Hoch und niedrig Aggressive unterscheiden sich mehr in den Basal- als in den Reaktionswerten.
2. Zur Testosteroninduktion eignen sich Wettkampfbedingungen besser als mentale, körperliche oder emotionale Belastungen ohne kompetitive oder frustrierende Interaktion mit Partnern.
3. Die Experimente zu Testosteronreaktionswerten gemeinsam mit den Befunden zu Testosteronbasiswerten belegen die Reziprozitätstheorie von Mazur & Booth (1998), die zwischen Aggressivität und Testosteronwerten eine wechselseitige Verursachung sieht.
4. Impulsivität und Typ-A-Verhalten können, wenn sie mit Aggression gekoppelt sind, ähnliche Testosteronmuster wie Aggressivität aufweisen. Eine Trennung von Aggressivität und Impulsivität gelingt oft nur durch Einbeziehung eines Provokationstests mit serotonergen Substanzen.
5. Obwohl Testosteron mit Aggressivität und ihrem Gegenpol, dem prosozialen Verhalten, bei Frauen die gleiche Korrelationsstruktur aufweist, sind höhere Testosteronwerte bei Frauen eher ein Indikator von Erregbarkeit und Impulsivität als von kämpferischer Konkurrenzneigung.

4.2.2.2 Testosteron und Dominanz

Dominanz wird meist im Kontext mit Aggression diskutiert, aber sowohl Faktorenanalysen (z.B. Cattell, 1965; Budaev, 1999) als auch Übersichtsarbeiten (z.B. Mazur & Booth, 1998) betonen, dass Dominanz zwar eine aggressive Komponente hat, aber auch eine Facette von Eigenschaften wie Selbstbewusstsein, Vitalität, Tatkraft, Mut, Egoismus, Durchsetzungsvermögen und damit Aspekte von Extraversion und psychischer Stabilität beinhaltet. So hat die Dominanz mit Aggressivität das Machtbedürfnis gemeinsam und die Freude daran, über andere zu siegen oder zu bestimmen, aber auch mit der Extraversion das höhere Selbstbewusstsein, den Optimismus im Hinblick auf die eigene Kompetenz und die Bereitschaft zur Übernahme von Führung und Verantwortung in Gruppen.

Arbeiten, die generell in Analogie zu Tierarten mit Führungshierarchien Dominanz als Ganzes zu *Testosteronbasiswerten* in Beziehung setzen, kamen oft zu hohen Korrelationen, besonders wenn Dominanz durch Fremdbeurteilung auf Verhaltensbasis eingeschätzt wurde, z.B. bei 13jährigen Jugendlichen (Schaal et al., 1996). Aber auch bei Verwendung von Selbstbeurteilungsskalen ergaben sich positive Korrelationen mit Testosteronbasiswerten (Daitzman & Zuckerman, 1980; Udry & Talbert, 1988; Gray et al., 1991), die allerdings etwas geringer ausfielen als die mit Fremdbeurteilungsskalen. Die Ähnlichkeit der Korrelation liegt zum Teil an der unscharfen Definition des Konstrukts, zum Teil aber auch daran, dass Aggression und Dominanz mit denselben Erhebungsinstrumenten abgefragt werden (Christiansen & Knussmann, 1987; Tremblay et al., 1997).

Untersuchungen von Schultheiß et al. (1999), Schultheiß & Rohde (2002) jedoch zeigen, dass eine differenziertere Betrachtung der Dominanzfacetten nötig ist. Die Autoren verwendeten hier eine *Testosteroninduktion* durch experimentelle Manipulationen. Die Dominanz der Vpn wurde ermittelt, indem die Autoren anhand eines projektiven Bildertests, ähnlich dem TAT, die Zahl der Anzeichen für ein persönliches Machtmotiv (andere beherrschen und besiegen wollen) von einem eher sozialen Machtmotiv (Verantwortung und Fürsorge zeigen) getrennt durch Expertenbeurteilungen ermitteln ließen. Die zur Testosteronerhöhung verwendete Induktion bestand 1. in dem Anhören eines Tonbandes über eine in Aussicht gestellte Wettkampfsituation aus der Sicht eines Siegers und 2. in der tatsächlichen Spielsituation. Die Ergebnisse der ausgangswertbereinigten Testosteronwerte nach Anhören des Tonbandes bei Personen mit hohem und geringem Machtmotiv bei gleichzeitiger Berücksichtigung des sozialen Machtmotivs zeigt Abb. 4.21 a.

War das soziale Machtmotiv vorhanden, so ergab sich kein Unterschied im Testosteronwert bei Personen mit hohem und geringem persönlichen Machtmotiv, wenn jedoch diese soziale Komponente fehlte, stieg das Testosteron der Personen mit hohem Machtanspruch beim Hören des Tonbands deutlich stärker an als bei denen mit geringerem persönlichen Machtanspruch.

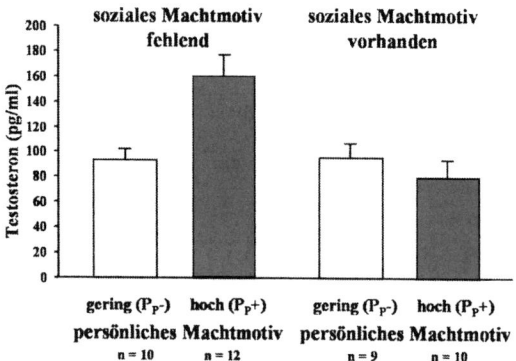

Abbildung 4.21a: Ausgangswertkorrigierte Testosteronspeichelwerte nach Anhören eines Textes zu einem bevorstehenden Wettkampfspiel aus der Sicht eines Siegers bei Personen mit geringem und hohem persönlichen Machtmotiv (P_P+/ P_P-) unter Berücksichtigung des sozialen Machtmotivs (nach Daten von Schultheiß et al. 1999).

Diese Tendenz zeigte sich auch dann, wenn die Versuchspersonen das Wettspiel tatsächlich gespielt hatten und durch experimentelle Manipulation gleich viele Gewinner wie Verlierer erzeugt waren. Die Ergebnisse dazu zeigt Abb. 4.21 b. Das Experiment macht deutlich, dass die soziale Komponente des Machtmotivs einen eher dämpfenden Einfluss auf Testosteronanstiege ausübt, und dass sich kompetitiv aggressive Dominanz (Dom+A+) von sozial motivierter Dominanz (Dom+A−) unterscheidet: Nur Dom+A+ geht mit erhöhten Testosteronbasiswerten und mit durch Wettkampf und speziell Überlegenheit im Wettkampf assoziierten Testosteronanstiegen einher (Gewinner > Verlierer bei hohem persönlichen und fehlendem sozialen Machtmotiv; vgl. Schultheiß & Rohde, 2002).

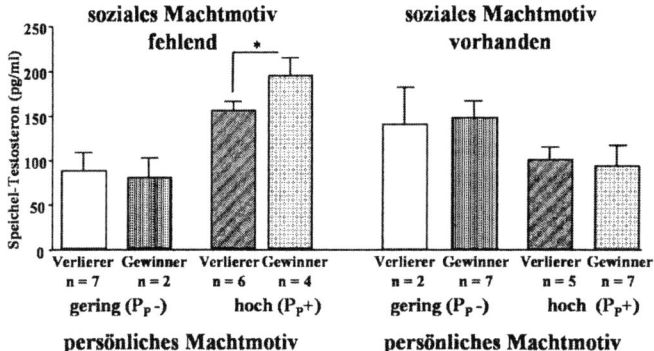

Abbildung 4.21b: **Speichel-Testosteron nach einem Wettspiel bei Personen mit geringem und hohem persönlichen Machtmotiv (P_P) bei fehlendem sozialen Macht-motiv (P_S) (links) und vorhandenem P_S (rechts), getrennt für Gewinner und Verlierer (mod. nach Schultheiß et al., 1999).**

Die kausalen Beziehungen zwischen Aggressivität und Testosteron stellen sich offenbar, wie in der Reziprozitätstheorie von Mazur & Booth (1998) formuliert, bidirektional dar: Aggressivität und Eigenschaften, die stark von konkurrenzbestimmter Leistungsmotivation geprägt sind, wie Domi-nanz und Typ-A-Verhalten, gehen offenbar mit höheren Testosteronbasis-werten einher, aber die durch Vorstellungen, Motivation oder realen Kon-kurrenzkampf erzeugte aggressive Auseinandersetzung erzeugt ihrerseits Testosteronanstiege.

Hieraus geht auch hervor, dass die situative Bedingung des Gewinnens nur bei Personen mit hohem persönlichen Machtmotiv ohne soziale Kom-ponente zu stärkeren Testosteronanstiegen führt als beim Verlieren, d.h., dass kompetitive Leistungsmotivation in einer entsprechenden Situation (sei sie vorgestellt oder real) für Testosteronanstiege verantwortlich ist (vgl. hierzu ähnliche Ergebnisse bei Salvador et al., 2003; Müller & Net-ter, 1992). Oft wird bereits durch die Erwartung und Vorstellung eines positiven Ausganges in einer Wettbewerbssituation ein höherer Testoste-ronwert bei Personen mit höherer Dominanz im Sinne des Konkurrenzbe-dürfnisses festgestellt (Übersicht bei Mazur & Booth, 1998).

Bei *Frauen* wurde Dominanz sowohl durch entsprechende Adjektiv-listen (Grant & France, 2001) als auch projektiv als Machtmotiv durch den schon erwähnten Bildertest erfasst (Schultheiß et al., 2003) und mit *Tes-*

tosteronbasiswerten in Beziehung gesetzt. Höhere (über den Zyklus gemittelte) Testosteronwerte waren bei Frauen mit wie ohne Kontrazeptivagebrauch mit höheren Dominanz-Skalenwerten verknüpft (Grant & France, 2001). Das persönliche Machtmotiv war nur bei Frauen ohne Partnerbeziehung Testosteron-assoziiert (Schultheiß et al., 2003). Obwohl daraus keine Schlüsse für die wechselseitige Beeinflussung von Sexualität und Machtmotiv gezogen werden können (es kann sich auch um eine rein psychische Kompensation einer fehlenden Partnerbeziehung handeln), zeigt dieser Befund einmal mehr die Bedeutung von Drittvariablen bei der Analyse psychoendokriner Zusammenhänge, d.h. die Bedeutung der Berücksichtigung von Untergruppen (vgl. 4.2.2.1).

Eine Testosteroninduktion durch Wettstreit gelingt offenbar bei Frauen insgesamt schlechter als bei Männern und unterscheidet sich nicht in Abhängigkeit vom Ausgang eines Wettspiels (Gewinn oder Verlust: Mazur & Booth, 1998).

4.2.2.3 Testosteron und Extraversion

Wie in der Einleitung ausgeführt, beinhaltet Extraversion Elemente von Aktivität, Selbstbewusstsein, Geselligkeit und positiver Emotionalität (Optimismus, Zuversicht). Leider werden in vielen Erhebungsinstrumenten extraversionsbasierte Eigenschaften, wie Wachheit, Aktiviertheit, Geselligkeit, nicht sauber von solchen der Impulsivität und Aggressivität getrennt, so dass Beziehungen zu Testosteronwerten eben nicht nur den Aspekt von Mut, Aktivität und Geselligkeit, sondern auch den von Impulsivität und Aufsässigkeit beinhalten können (z.B. Willner, 1991).

Der Gesamtwert von Extraversion (E) zeigt in einigen Untersuchungen eine positive Korrelation zu *Testosteronbasiswerten* (King et al., 1995; Daitzman & Zuckerman, 1980; Kreuz & Rose, 1972). Bei Aufgliederung der Teilaspekte in Extraversionsattribute werden Spontaneität, temperamentvolles Verhalten, Initiative als Korrelate höherer Testosteronwerte genannt (Daitzman & Zuckerman, 1980; Udry & Talbert, 1988; Baucom et al., 1985), aber auch vermehrte physische und sportliche Aktivität (Kreuz & Rose, 1972).

Dabbs und Mitarbeiter (Dabbs et al., 2001) wählten einen interessanten verhaltensbasierten Ansatz, um die persönlichkeitsspezifische Bedeutung von Testosteron außerhalb des Komplexes von Aggressivität und experimentell induzierten Testosteronanstiegen zu ergründen. Sie ermittelten in vier aufeinanderfolgenden Experimenten den Zusammenhang zwischen Testosteronbasiswerten mit aufgrund von Spontanverhalten diagnostizierten Persönlichkeitseigenschaften (Dabbs et al., 2001). Personen wurden gefilmt, wie sie sich verhielten, wenn sie in einen Raum kamen, in welchem sie entweder ohne Aufgabe (Exp. 1), bei einer Rede über eine besondere Gefahren- oder Erfolgssituation in ihrem Leben (Exp. 2) oder bei einem Interview über sich selbst (Exp. 3) gefilmt wurden. Hohe Testosteronwerte korrelierten mit der Häufigkeit und Dauer, mit der die Personen in die Kamera schauten ($r = .25$ bei $n = 168$), mit Verhaltensbeurteilungen über ihre Rede und ihrem Interviewverhalten hinsichtlich Zukunfts- und Aktionsbezogenheit ($r = .24$, $n = 78$) und hinsichtlich Tempo der Präsentation ($r = .29$, $n = 145$). Diese Ergebnisse wurden als Selbstbewußtsein, Entschlossenheit und Zielorientierung gedeutet. Im 4. Experiment wurden Versuchspersonen, deren Testosteronbasiswerte im Speichel zuvor ermittelt worden waren, in solche mit hohen (T+) und niedrigen (T−) Hormonwerten eingeteilt. Gleichgeschlechtliche Paare von jeweils einem T(+)- und einem T(−)- Partner wurden dann aufgefordert, wiederum in einem Raum mit einer Kamera, ein fünfminütiges Gespräch miteinander zu führen. Unabhängige Beobachter, die nichts über den Zweck der Untersuchung und die Hormonwerte wussten, wurden nur informiert, die Probanden stammten aus je zwei verschiedenen Persönlichkeitsgruppen, und sie möchten die Versuchspersonen den zwei Gruppen zuordnen und das Klassifikationsmerkmal benennen. Die Klassifikation der Probanden wurde von den Beurteilern mit den Adjektiven zuversichtlich, entspannt, gelassen vs. aufmerksam, verspannt, nervös charakterisiert, und diese Einstufungen deckten sich bei 10 von 13 Beobachtern mit der zuvor ermittelten Einteilung nach dem Testosteronwert. Auch wenn man unabhängigen Beurteilern die Videoclips der Personen aus den Experimenten 1– 4 vorlegte mit der Bitte, die Personen nach den Eigenschaften Überlegenheit (Dominanz) und Mangel an Ablenkbarkeit einzustufen, gelang dies in Übereinstimmung mit den Testosteronwerten.

Hier zeigen sich Testosteron-assoziierte Eigenschaften, die sich auch als Elemente eines gering ausgeprägten Neurotizismus beschreiben ließen (vgl. Abschnitt 4.2.2.5), aber diese Eigenschaften werden zum Teil auch als Ausdruck einer natürlichen Überlegenheit und Dominanz gewertet.

Auch Testosteronapplikation kann zu Extraversions-assoziierten Zuständen führen, wie erhöhter Aktivität, fröhlicher Stimmung (Dabbs et al., 2001; McAdoo et al., 1978). Aufgrund der im Fetalleben bereits durch Testosteron sensibilisierbaren Gehirnentwicklung lassen sich sogar bei Kindern solche Effekte nachweisen, deren Mütter in der Schwangerschaft testosteronverwandte Substanzen eingenommen haben. Die California Study on Effects of Prenatal Hormones on Physical and Psychological Development (Reinisch & Sanders, 1987) hatte in einer Analyse 25 männliche und 46 weibliche 5- bis 17-jährige Kinder von Müttern untersucht, die mit der Androgen-ähnlichen Substanz Progestin während der Schwangerschaft behandelt worden waren. Die Kinder wurden mit sorgfältig parallelisierten Kontrollkindern anhand des Persönlichkeitstest 16PF von Cattell verglichen. Dabei ergab sich, dass die Kinder der behandelten Mütter höhere Werte in dem Faktor Cortertia aufwiesen (robust, fröhlich, wach, objektiver statt emotionaler Umgang mit Problemen). Dieser Effekt blieb auch nach Auspartialisierung der entsprechenden Testwerte bei deren Geschwistern (zum Ausschluß potentieller genetischer Erbeinflüsse) erhalten.

4.2.2.4 Testosteron und Sensation Seeking

Die Position von Sensation Seeking (SS) zwischen den Faktorachsen P und E wurde im Kapitel 1 dargestellt. Die Beziehung des Konstrukts zu Impulsivität liegt durch die Subskala Disinhibition auf der Hand. Zuckerman listet als einen seiner wichtigsten biologischen Marker für dieses Konstrukt die höheren Testosteronwerte der Personen mit hohen SS-Werten (SS+) im Vergleich zu solchen mit niedrigen Werten (SS−) auf (Zuckermann, 1991, 1994, 1995). Da in männlichen Kollektiven SS und Testosteron beide gleichsinnig mit dem Alter korreliert sind (abnehmende Testosteron- und SS-Werte mit dem Alter), finden sich natürlich besonders deutliche Korrelationen zwischen SS und Testosteron in altersgemischten Kollektiven (z.B. Gerra et al., 1999). Bei Ausschaltung des Alterseinflusses (durch Vergleich von SS+ und SS− in der gleichen Altersgruppe) finden sich zum Teil immer noch signifikante Zusammenhänge zwischen Testosteronbasiswerten und SS. Sie sind aber u.U. (z.B. bei Daitzman & Zuckerman, 1980) schwächer, auf einzelne Skalen, vor allem die Enthemmtheit (Disinhibition), beschränkt (Daitzman et al., 1978) oder auch gar nicht nachweisbar (Rosenblitt et al., 2001; Wang et al., 1997). Dennoch wird von Zuckerman (1994) aufgrund der engen Beziehung des SS-Konstruktes zu Impulsivität und P vor allem durch die stärkere Testosteron-verbundene DIS-Skala die höhere Testosteronproduktion bei SS+ als unumstritten angesehen.

Bei 75 Frauen fanden sich in einem Studentenkollektiv (Rosenblitt et al., 2001) keine Zusammenhänge zwischen SS und Testosteron.

4.2.2.5 Testosteron und Depressivität / Ängstlichkeit / Neurotizismus

Depressivität und Ängstlichkeit sind beide mit Neurotizismus (N) assoziiert (vgl. Einleitungskapitel). Sie unterscheiden sich jedoch in dem Ausmaß der Erregtheitskomponente. Beide werden zwar in faktorenanalytischen Untersuchungen eher als Gegensatz zur Aggressivität angesehen, und es finden sich auch keine Assoziationen mit offener Aggression, Dominanz und Sensation Seeking, aber Ängstlichkeit kann mit Impulsivität korrelieren, und beide sind häufig mit der negativen Einstellung verknüpft, die der Feindseligkeit (hostility, resentment) innewohnt (vgl. auch die Zuordnung der Aggressivität als Unterfaktor von N bei Zuckermans „alternativen Big- Five-Faktoren", Zuckerman et al., 1993).

Es gibt Hinweise für geringere *Testosteronbasiswerte* bei Männern mit höheren Angstwerten, stärkerer subjektiver Stressbelastung (Francis, 1981) oder höheren Depressionswerten (Barrett-Connor et al., 1999). Die Assoziation ist aber auch eher in Kollektiven mit behandlungsbedürftiger Depression erkennbar (Davies et al., 1992). Schon lange wird von Psychiatern und zunehmend auch von Psychologen ein enger Zusammenhang zwischen Depression und Aggression (vorwiegend Selbstaggression) postuliert. Schon Young & Ismail konnten 1979 nur bei gemeinsamer Berücksichtigung von Eigenschaften aus dem Aggressionskomplex Testosteronwerte Depressiver vorhersagen (Young & Ismail, 1979). Wie bei SS, wird auch hier oft übersehen, dass in altersgemischten Kollektiven (z.B. bei Young & Ismail, 1979) eine Assoziation durch das Alter vorgetäuscht worden sein kann, da Depression zu- und Testosteronwerte mit dem Alter abnehmen. Dennoch bleibt in großen Stichproben (wie etwa bei Barrett-Connor et al., 1999, 856 Männer von 50– 89 Jahren) auch nach Ausschaltung des Alterseinflusses ein signifikant erniedrigter Testosteronwert bei Männern bestehen, die nach verschiedenen Kriterien als depressiv klassifiziert worden waren.

Eine Beobachtung, die unterstreicht, dass man nicht nur auf die Höhe der Spiegel Wert legen, sondern auch andere Parameter der Testosteronproduktion heranziehen muss, wird von Adler et al. (1997) berichtet: die Autoren hatten aus 120 jungen Männern je 15 mit den höchsten und niedrigsten Neurotizismuswerten ausgewählt (N+ / N–) und bei diesen Hormonspiegel über 5 Nächte gemessen. Dabei unterschieden sich N+ nicht von N– Personen im Niveauwert, wohl zeigten N+ aber eine stärkere Variabilität ihrer Testosteronwerte über die Nächte hinweg (vgl. 4.2.1.1: N und Cortisol).

Fasst man die Stimmungslage als Kondensat eines habituellen Persönlichkeitsmerkmals Depressivität oder Ängstlichkeit auf, so zeigt sich wiederum, wie im Falle der Aggressivität (vgl. 4.2.2.1), nur bei Einzelpersonen ein signifikanter Zusammenhang zwischen den über 2 Monate gemessenen Testosteronwerten mit gleichzeitig erfaßten aktuellen Werten von Ängstlichkeit und Depression (Doering et al., 1975).

Bei stressinduzierter Stimulation von *Testosteronreaktionswerten* zeigten männliche Jugendliche mit Angststörungen nach den Stressoren Strooptest + Kopfrechnen + öffentliche Rede höhere Testosteronanstiege als nichtängstliche Kontrollen trotz gleicher Testosteronausgangswerte (Gerra et al., 2000). Dies könnte wieder im Sinne eines stärker erlebten Konkurrenzgefühls bei dieser Gruppe gedeutet werden.

Nach Verabreichung von Testosteron zeigen depressive Männer eine Stimmungsverbesserung (Itil et al., 1984). Testosterongaben im Kontext mit Depressivität bei Gesunden wurden leider nicht untersucht.

Bei *Frauen* war in dem Abschnitt über Aggressivität eine Assoziation zwischen höheren *Testosteronbasiswerten* und Zügen von habitueller Irritabilität berichtet worden, Elemente, die auch dem Komplex Neurotizismus/Ängstlichkeit/Depressivität zuzuordnen sind (vgl. Lundberg, 1983; Netter, 1999a). Dies betraf aber Kollektive von Studentinnen, so dass die Befunde vielleicht der Moderatorvariablen des sozioökonomischen Status zuzuschreiben sind, da in vielen anderen Stichproben Testosteron bei Frauen ebenfalls mit so genannten männlichen Eigenschaften assoziiert ist.

Frauen mit pathologischer Depressivität hatten auch höhere Testosteron-Androstendion- und DHEA-Werte gegenüber nicht depressiven Kontrollpersonen (Weber et al., 2000).

Betrachtet man die *Stressreaktionswerte* von Testosteron bei Frauen, so ergibt sich ein Bild, das an die stressinduzierten Cortisolverläufe bei hoch Ängstlichen und Neurotikern erinnert. Demyttenaere et al. (1989) ließen z.B. 30 Frauen, die wegen Kinderwunsch eine Reproduktionsklinik aufgesucht hatten und nach dem STAI in hoch und niedrig Ängstliche eingeteilt wurden, einen einstündigen Film über künstliche Befruchtung, Schwangerschaft und Geburt ansehen. Vor, während und nach dem Film wurden insgesamt 14 Blutproben aus liegender Braunüle genommen. Bei den hoch Ängstlichen fiel der Testosteronspiegel zirkadianbedingt weiter ab, bei den niedrig Ängstlichen stieg er nach dem Filmende an (Vergleiche die gleichsinnige Cortisolreaktion in Abschnitt 4.2.1.1). Hier zeigt sich offenbar auch im Testosteron die inadäquate oder mangelnde Reagibilität des Hormonsystems auf Stressoren bei hoch-ängstlichen und neurotischen Personen.

Es wird deutlich, dass viele Neurotizismus-assoziierte Konstrukte Aggressionsaspekte enthalten, es ist jedoch wichtig, bei der Kombination von Aggressivität und Neurotizismus zwischen Angriffsaggression und defensiver Aggression zu unterscheiden, da die offensive Aggression mit Testosteronanstieg und Cortisolabfall und geringer serotonerger Aktivität assoziiert ist, die Neurotizismus-assoziierte angstbasierte Aggression aber nur mit Cortisolanstieg (Kalin, 1999).

4.2.3. Persönlichkeit und weibliche Geschlechtshormone (Hypothalamus- Hypophysen-Gonadenachse, Teil 2)

Die Arbeiten zu differentiellpsychologischen Unterschieden in den weiblichen Geschlechtshormonen sind sehr dünn gesät, und dies, obwohl es hier eine besonders reiche Zahl von Forschungsansätzen gibt, die als Quelle für Hypothesen zu Persönlichkeitsunterschieden der Hormonspiegel- und reaktionen dienen könnten:

1. Viele Tierversuche haben durch Kastrationsexperimente und anschließende Zufuhr von Östrogen oder Progesteron gezeigt, welche Verhaltensweisen durch die weiblichen Geschlechtshormone bedingt werden.
2. Im Humanbereich macht sich eine große Zahl von Studien die natürliche Fluktuation dieser Hormone zunutze (vgl. z.B. Kimura, 1999), um Stimmung und Leistung zu vergleichen. Dies geschieht durch den Vergleich
   a) zwischen Follikel- und Lutealphase des Menstruationszyklus
   b) vor und nach der Entbindung
   c) vor und nach der Menopause
   d) bei Frauen mit und ohne oraler Kontrazeption.
3. Alle Arten von Zyklusstörungen (z.B. das prämenstruelle Syndrom, unregelmäßiger Zyklus, Konzeptionsprobleme) können die Brücke zwischen Persönlichkeit und Hormonen herstellen.
4. Die Hormonveränderungen durch Sport, Hungerzustände und Verschiebung des Tag-Nacht-Rhythmus liefern exogene Bedingungen, die zum Teil durch Persönlichkeitseigenschaften determiniert werden und Reaktionswerte im Sinne der experimentellen Forschung liefern könnten.
5. Therapiestudien mit Hormonen (z.B. Östrogenersatz nach Ovarektomie, in der Menopause oder aus anderen therapeutischen Indikationen) geben Hinweise auf Stimmungs- und Antriebsveränderungen, die einen engen Bezug zu Persönlichkeitsdimensionen haben.

Die vorhandenen Arbeiten sind eher aus allgemeinpsychologischer Sicht mit den vielfältigen Einflüssen von diesen Hormonen auf Schlaf, Nahrungsaufnahme/Appetit, Stressreaktionen, Stoffwechsel usw. befasst.

Die meisten Untersuchungen zu Östrogen und Progesteron, die für Persönlichkeitskonstrukte relevant werden, beziehen sich auf zwei große Bereiche: einerseits auf positive Stimmung vs. Irritabilität, also Zustände, die dem Neurotizismuskonstrukt als habitueller Dimension verwandt sind, andererseits auf Aktivität und Leistung, also eher extraversionsnahe Konzepte.

4.2.3.1 Weibliche Geschlechtshormone und mit Neurotizismus assoziierte Konstrukte

Betrachtet man zunächst das *Östrogen* bei *Frauen*, so legen die o.g. Untersuchungsansätze nahe, dass hohe Östrogenspiegel eher mit positiver Stimmung und geringe häufig mit Depressivität assoziiert sind (Blank et al., 1980). Bei den intrapsychischen Vergleichsstudien fällt auf, dass immer dann, wenn Phasen niedriger Östrogenspiegel vorherrschen, wie kurz vor der Menstruation, nach der Geburt oder nach der Menopause, erhöhte Depressionswerte beobachtet werden. Es scheint jedoch, dass nicht nur ein verminderter Östrogenspiegel selbst, sondern vor allem sein steiler Abfall, wie er nach Beendigung der Schwangerschaft oder kurz vor der Menstruation auftritt, mit einer Stimmungsbeeinträchtigung assoziiert ist.

Die Tatsache, dass eine erhöhte Fluktuation der Östrogene auch mit Persönlichkeitsstörungen assoziiert ist, mag als Hinweis darauf gelten, dass die Östrogenveränderungen während der Zyklusphase nicht nur mit psychischen Zuständen, sondern auch mit habituellen Persönlichkeitsdimensionen assoziiert sind, in denen Neurotizismus, Depressivität und negative Gestimmtheit enthalten sind (de Soto et al., 2003). Auch Untersuchungen mit oralen Kontrazeptiva weisen darauf hin, dass die Reduktion der Östrogenschwankungen zur Reduktion einer negativen Stimmungslage führt. Dies lässt sich besonders gut an dem Auftreten des prämenstruellen Syndroms festmachen (Coyne et al., 1985). Dieses besteht in einer Reihe von Symptomen, die einerseits hochgradig mit Neurotizismus assoziiert sind, sich andererseits aber von diesem abtrennen lassen, wenn innerhalb eines Zyklus die Irritabilität resp. negative Stimmung unter Auspartialisierung des Neurotizismus verglichen wird (Hennig, et al.,1993b).

Ein Mangel an Progesteron scheint aber ebenso wenig wie ein Mangel an Östrogen als Ursache für das prämenstruelle Syndrom in Frage zu kommen (Clare, 1985).

Allerdings scheint die Relation von Östrogen- und Progesteron-Gehalt in den oralen Kontrazeptiva für die stimmungsverbessernden Wirkungen verantwortlich zu sein (Kahn & Halbreich, 2001).

Auch für *Ängstlichkeit* gilt, dass die höchsten Werte vor und während der Menstruation beobachtet werden und kurz vor der Ovulation am geringsten sind (Gottschalk, 1969). Die überdauernde Ängstlichkeit scheint auch, wie die neurotische Tendenz, von der Applikation von Östrogenpräparaten positiv beeinflußbar zu sein (Linzmayer et al., 2001). Allgemein wird von einer adaptiven Rolle bei der Stressreduktion durch das

Östrogen gesprochen (Biondi & Picardi, 1999). Auch für das Progesteron gilt, dass ein Abfall dieses Hormons eher mit negativer Stimmung assoziiert ist, wie die Untersuchungen in der späten Lutealphase belegen.

Eine Studie, die das Persönlichkeitskonstrukt der Adaptabilität als ein Charakteristikum des *Neurotizismus* mit Gonadenhormonen bei 40 Frauen in Beziehung setzte, ergab, dass Personen, die nach einem Adaptabilitätsfragebogen (Netter et al., 1998a) zum schnelleren Umschalten der Bedürfnisse von essen zu nicht essen, von schlafen zu arbeiten, von Beruf auf Freizeit in der Lage waren, höhere Progesteron- und Östrogenwerte in allen Zyklusphasen aufwiesen als Frauen mit einer schlechten Adaptabilität (vgl. Abb. 4.22).

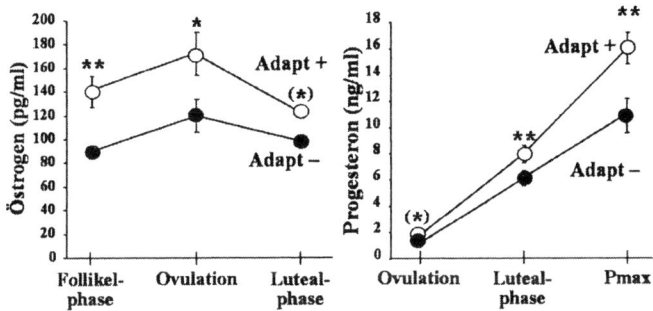

Abbildung 4.22:   **Östrogen- und Progesteronwerte in den Zyklusphasen und Progesteron am Punkt der maximalen Konzentration (P_{max}) bei 40 Frauen mit guter (Adapt +) und schlechter Adaptabilität (Adapt –) (mod. nach Netter et al., 1998a).**

4.2.3.2 Weibliche Geschlechtshormone und mit Extraversion assoziierte Konstrukte

Die Tatsache, dass *Östrogen* nicht nur einen umgekehrten Bezug zu negativer Stimmung und Depressivität hat, zeigt sich bereits in Versuchen an Ratten, bei welchen Östrogeninjektionen sowohl bei männlichen wie bei weiblichen Tieren die Aktivität steigerten. Dies läßt sich auch daran ablesen, dass weibliche Tiere am Tag ihres Östrus die höchste Rate an intrakranieller Selbststimulation aufwiesen (ein Test, der die Responsivität des Belohnungszentrums untersucht).

Aber auch im Humanbereich ist der spontane Östrogenspiegel mit höherer Aktivität assoziiert (Persson et al., 1983), und ebenso zeigen Therapiestudien, dass Präparate, die Östrogen oder die Kombination von Östrogen und Progesteron enthielten, leistungsfähiger als Placebo machten (Linzmayer et al.,2001).

Auch eine experimentelle Applikation von Östrogen zeigt, dass extra-versionsnahes Verhalten ansteigt und EEG-Profile produziert werden, die denen von stimulierenden Substanzen sehr ähnlich sind (Herrmann & Beach, 1978). Die Wirksamkeit der Verabreichung von weiblichen Ge-schlechtshormonen zur Leistungssteigerung bei Antriebsschwäche im mittleren Lebensalter hat schon Düker (1957) in den Frühphasen der Pharmakopsychologie nachgewiesen.

Eine erstaunliche Beziehung geht auch aus Untersuchungen von Kin-dern hervor, deren Mütter während der Schwangerschaft *Progesteron*-ähnliche Präparate zur Verhinderung der Wehenauslösung erhalten hatten. Die danach geborenen Mädchen hatten ein deutlich jungenhafteres Verhal-ten, indem sie wilde Spiele im Freien bevorzugten (Dalton, 1976; Reinisch & Sanders, 1987; Ehrhardt & Meyer-Bahlburg, 1979). Eine andere Studie belegt, dass schon bei Säuglingen eine Korrelation zwischen Progester-onspiegel im Nabelschnurblut und einer stärkeren Aktivität, gepaart mit vergnügtem Temperament, beobachtbar war, während niedrige Spiegel mit einem ruhigen Temperament verknüpft waren (Marcus et al., 1985).

Dennoch finden sich eine Reihe von Hinweisen darauf, dass Progesteron bei Frauen auch sedativ wirken kann, ohne jedoch bei Männern sedations-bedingte Leistungsbeeinträchtigungen hervorzurufen (Grön et al., 1997). Wenn die qualitative Art der Leistungsveränderung unter Progesteron betrachtet wird, so stellt man fest, dass in der späten Lutealphase, wenn das Progesteron am höchsten ist, die Fähigkeiten zur räumlichen Intel-ligenz sich im Vergleich zur Menstruationsphase eher verringern (Hamp-son, 1990). Obwohl dem Progesteron eine etwas sedierendere Wirkung zugeschrieben wird als dem Östrogen, findet man eher gleichsinnige Korrelationen von Östrogen und Progesteron mit Stimmungswerten (Net-ter et al., 1999a).

4.2.3.3 Weibliche Geschlechtshormone bei männlichen Personen

Es gibt nicht viele Untersuchungen, die die Basalspiegel oder die Appli-kation von Östrogen bei Männern untersucht haben. Eine frühe Untersu-chung von Daitzman & Zuckerman (1980) erbrachte erstaunlicherweise

Korrelate von Östrogen, die eher denen von Testosteron ähnlich waren. Männliche Personen mit höheren Östrogenspiegeln waren zwar von hypomanischer Aktivität, aber sie hatten auch noch mehr als bei hohen Testosteronspiegeln sozial abweichendes Verhalten und Anteile der P-Komponente (Mangel an Selbstkontrolle, Toleranz und Verantwortungsgefühl). Dies bestätigte auch eine Untersuchung an männlichen Alkoholikern (King et al.,1995). Höhere Östrogenspiegel waren positiv mit Fragebogenwerten des Neurotizismus und Psychotizismus assoziiert und negativ mit Extraversion.

Eine Faktorenanalyse aus verschiedenen Persönlichkeitsdimensionen und den drei Hormonen Testosteron, Östrogen und Progesteron ergab zwei wesentliche Faktoren: sozial abweichendes Verhalten einerseits und einen extravertiert-stabilen vs. introvertiert-labilen Komplex andererseits (Daitzman & Zuckerman, 1980). Wie man in Abb. 4.23 sieht, liegt das Östrogen zusammen mit entsprechenden Verhaltensweisen, näher am P-Faktor, als das Progesteron.

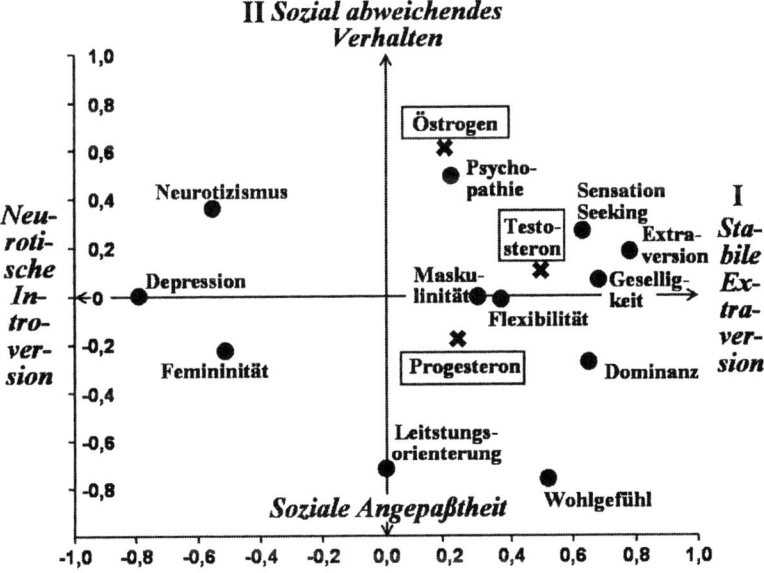

Abbildung 4.23:   Position der Gonadenhormone in einem zweifaktoriellen Raum von Persönlichkeitsvariablen in einer männlichen Stichprobe (mod. nach Daitzman & Zuckerman, 1980; nur ausgewählte Persönlichkeitseigenschaften eingezeichnet).

Eine Applikation von Östrogen scheint auch nicht, wie bei Frauen, einen antidepressiven Effekt zu haben, wie eine Studie an älteren depressiven Männern zeigte (Barett-Connor et al., 1999).

Pathophysiologisch muss davon ausgegangen werden, dass die höheren Östrogenspiegel bei Männern durch die Metabolisierung der Testosteron-abkömmlinge im Fettgewebe zu Östriol bedingt sind und damit eine ge-wisse Balance halten zum Testosteronspiegel.

4.2.4 Persönlichkeit und Hormone der Hypothalamus- Hypo-physen-Schilddrüsenachse

Im Gegensatz zur HPA- und HPG-Achse sind zur Beziehung zwischen Schilddrüsenhormonen und Persönlichkeitskonstrukten keine expliziten theoretischen Vorstellungen entwickelt worden. Zwar ist aus der Endokri-nologie lange bekannt, dass Über- vs. Unterfunktion der Schilddrüse (Hyper- vs. Hypothyreose) mit Nervosität, Ruhelosigkeit, Schwitzen und Gewichtsverlust einerseits vs. Müdigkeit, Antriebslosigkeit, mangelhafter Selbstkontrolle und Leistungsrückgang andererseits verbunden ist (Dis-pensa, 1938), die eine Beziehung zu Konstrukten wie einerseits Ängstlich-keit/Erregtheit und andererseits Mangel an Aktiviertheit und Extraversion nahelegen würden. Zusammenhänge von Persönlichkeit und Schildrüsen-hormonen basieren zum Teil auf den zentralnervösen Steuerungsmecha-nismen. Wie Abb. 4.1 zeigte, werden ja auch die Schilddrüsenhormone hypothalamisch und hypophysär gesteuert. So wird das TSH durch Dopa-min, Serotonin, Somatostatin und Glukocorticoide gehemmt und durch Testosteron, Östrogen und Noradrenalin stimuliert. Assoziationen mit entsprechenden Persönlichkeitseigenschaften, wie Ängstlichkeit, De-pressivität, Aggressivität, können dementsprechend für die Assoziation mit TSH verantwortlich sein.

4.2.4.1 Schilddrüsenhormone und Neurotizismus-assoziierte Kon-strukte

Nur wenige Studien beschäftigen sich mit dem Einfluß von Persönlichkeit auf die Hormone der Schilddrüsenachse, obwohl eine Reihe von klaren Befunden zur Depressivität als klinischer Definition vorliegen. Hier wur-den vor allem höhere *Basiswerte* von TRH-Konzentrationen in der Zere-brospinalflüssigkeit bei klinisch Depressiven gefunden (Musselman & Nemeroff, 1996). Für TSH-Basiswerte gibt es widersprechende Befunde

(Banki et al., 1984; Kirkegaard et al., 1990; Prange et al., 1987). Auch die Basiswerte von T3- und T4-Konzentrationen sind in einer Reihe von Untersuchungen mit Depressivität und Ängstlichkeit in Zusammenhang gebracht worden (z.B. Kirkegaard et al., 1990; Nowotny et al., 1990). Mit der MMPI-Skala Depressivität korreliert z.B. der T4-Basiswert positiv (r = .35, p < 0.5, Arqué et al., 1987). Es gibt jedoch auch Berichte über verminderte T3- und T4-Werte bei Depressiven (z.B. Rao et al., 1989; Schlote et al., 1992). Hier muss offensichtlich zwischen neurotischer Depression und endogener Depression unterschieden werden, da sich bei ersterer eher die positiven und bei letzterer die negativen Zusammenhänge nachweisen lassen.

Interessanter sind die *Reaktionswerte*, die vor allem mit dem TRH-Test durchgeführt wurden und bei Depressiven recht einheitlich eine verminderte TSH-Reaktion auf TRH-Gabe bei ca. 25% der Fälle zeigen (Übersicht bei Loosen, 1985), während dieser Effekt in der Normalbevölkerung nur bei 4–6% der Fälle beobachtet wird. Auch bei der Stimulation der Schilddrüse durch TSH findet sich eine verminderte Freisetzung der peripheren Schilddrüsenhormone T3 und T4 (Übersicht bei Arqué et al., 1987). Dieser Befund in Kombination mit der erhöhten TRH-Basiskonzentration wird in der Literatur entweder auf eine Störung auf hypothalamischer Ebene durch die verminderte Freisetzung von Noradrenalin erklärt oder durch eine verminderte TSH-Ansprechbarkeit in der Hypophyse, die auf dem Feedbackweg wiederum eine vermehrte Überproduktion von TRH bedingen würde. Die kombinierte Beziehung zu Depressivität und Ängstlichkeit geht auch aus der Reduktion der Ängstlichkeitswerte, gemessen mit dem STAI, bei depressiven Patienten nach TRH-Gabe hervor, die unabhängig von der gemessenen T4-Produktion nachweisbar zu sein scheint (Bunevicius & Matilevicius, 1993).

Es gibt hier jedoch im Gegensatz zu den Basiswerten auch einige Befunde bei Gesunden, in denen ebenfalls Personen mit Depressivität und psychischer Labilität geringere TSH-Reaktionen auf TRH-Verabreichung zeigen (Stein & Uhde, 1990).

Stressbedingte TSH-Veränderungen scheinen weder bei Fahrradergometerbelastung noch bei Redestress (Müller et al., 1993) noch bei Operationsstress (Naber & Bullinger, 1985) oder Fallschirmspringen (Schedlowski et al., 1992) persönlichkeitsabhängige TSH-Anstiege zu bewirken. Wohl aber ergaben sich höhere T4-Anstiege auf Ergometer- und Redestress bei psychometrisch definierten depressiveren Personen (Müller et al., 1993).

Auch bei stärkerer Ängstlichkeit sind die *TSH-Basis-Konzentrationen* geringer als bei weniger Ängstlichen (Vanelle, 1995). Eine Studie von

Balada et al. (1992) zeigt, dass oft nur die Kombination der peripheren und hypophysären Hormone signifikante Assoziationen zur Persönlichkeit zeigt: hier wurde eine Gruppe von 37 Frauen nach dem Median sowohl in hohe und niedrige T4-Basalwerte als auch in hohe und niedrige TSH-Werte eingeteilt. Eine zweifaktorielle Varianzanalyse ergab, dass jeweils kongruent hohe oder kongruent geringe Werte von TSH und T4 eher mit niedrigen Ängstlichkeitswerten einhergingen (gemessen mit der Skala „Empfänglichkeit für Bestrafung", die im Sinne von Gray die Ansprechbarkeit des Verhaltens-Hemm-Systems misst). Personen, die entweder niedrige T4-Werte bei hohen TSH-Werten haben oder umgekehrt, zeigen dagegen deutlich höhere Angstwerte (vgl. Abb. 4.24).

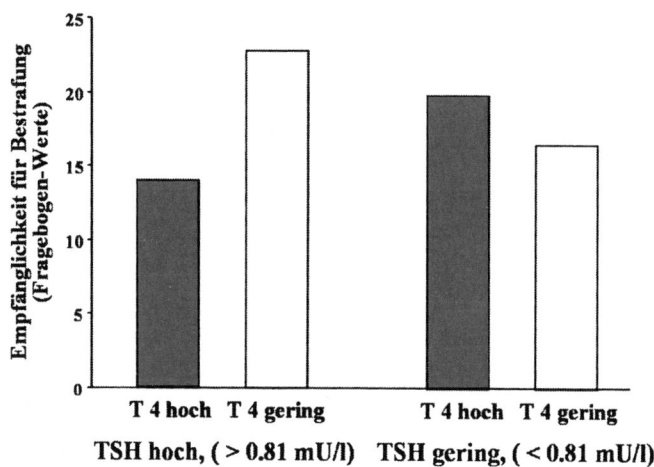

Abbildung 4.24:   **Empfänglichkeit für Bestrafung (Fragebogen zur Erfassung des Behavioral Inhibition Systems nach Gray = Ängstlichkeit) nach TSH- und T4-Konstellationen der Basalwerte bei 37 gesunden Frauen. Interaktion TSH x T 4 : p = .008. T 4 hoch > 6.86 µg/dl, T 4 gering <6.86 µg/dl (mod. nach Balada et al., 1992).**

Diesen Effekt erklären die Autoren damit, dass entweder bei hoch Ängstlichen eine geringe T4-Produktion die TSH-Freisetzung stimuliert, oder dass ein hohes T4 auf dem Wege über Feedback die TSH-Freisetzung supprimiert hat. Hier zeigt sich, wie in anderen Hormonsystemen (vgl.

Transmitter), dass eine Balance zwischen verschiedenen an einer Reaktion
beteiligten endokrinen Maßen häufiger die gesunde Reaktion darstellt und
eine Dysbalance die psychische Störung indiziert.

Als Belastungsreaktion auf ein bevorstehendes Examen wurden höhere
T4-Anstiege bei höherer Ängstlichkeit beobachtet (Sandin, 1983).

4.2.4.2 Schilddrüsenhormone und Extraversion / Abwechslungssuche

Da es kaum Studien gibt, die Extraversionswerte mit den Schilddrüsenhormonen in Zusammenhang bringen, sei hier stellvertretend das Konstrukt
des Sensation Seeking abgehandelt: Replizierbar finden sich verminderte
TSH-Basiswerte bei Personen mit hohen Sensation-Seeking-Werten, vor
allem mit den Skalen Adventure Seeking (r = .–.29, p < .05) und Experience Seeking (r = –.25, p < .05). Die Ergebnisse für die Sensation-
Seeking-Gesamtskala zeigt Abb. 4.25 aus der Untersuchung von Arqué et
al. (1987). Dieser Zusammenhang gilt auch dann, wenn der Alterseinfluß
durch Partialkorrelationen ausgeschaltet wird (Balada et al., 1992).

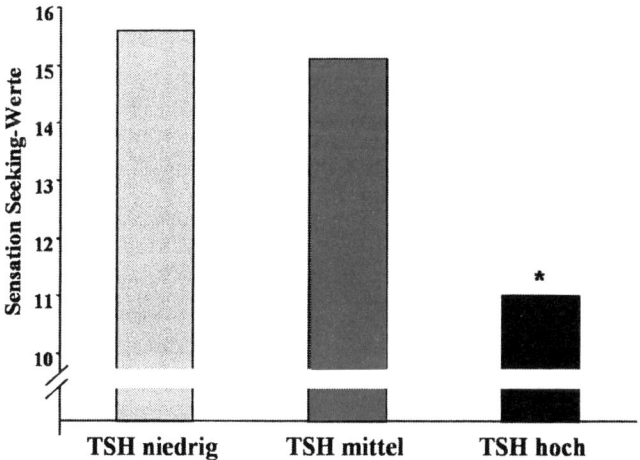

Abbildung 4.25:   **Sensation-Seeking-Werte der Gruppen mit geringer, mittlerer und hoher TSH-Basalwert-Konzen-
tration im Blut (17–18 Uhr) (je 33% der Verteilung, Mittelwert = 3.06 µU/ml), * p < .05 Abweichung von TSH niedrig nach Duncan-Test (mod.
nach Arqué et al., 1987).**

Die Autoren erklären dies durch die verminderte Noradrenalinproduktion im Gehirn bei den Personen mit hohen Sensation-Seeking-Werten, was die verminderte TSH- und T4-Produktion erklären würde.

Mit dem TSH- oder TRH-Stimulationstest sind keine Untersuchungen zu Reaktionswerten und Extraversion oder Abwechslungssuche durchgeführt worden.

4.2.4.3 Schilddrüsenhormone und Psychotizismus-assoziierte Konstrukte

Mit Skalen der Psychopathie sind vor allem die Werte des Trijodthyronins T3 assoziiert. Niedrige *Basalwerte* scheinen hier speziell mit krimineller Aggressivität assoziiert zu sein, besonders wenn nur die Tatsache oder Zahl krimineller Akte verglichen wird (Alm et al., 1996; Stalenheim et al., 1998). Gelegentlich aber finden sich auch höhere T3-Werte mit der Subskala Boredom Susceptibility der Sensation-Seeking-Skalen von Zuckerman (Balada et al., 1992) oder sogar mit der Novelty-Seeking-Skala von Cloninger (Wang et al., 1997) assoziiert, obwohl in dieser kaum deviantes Verhalten abgefragt wird. Die Thyroxinwerte T4 sind mit denselben Eigenschaften eher negativ verbunden (Stalenheim et al., 1998) und auch mit der Experience-Seeking-Skala von Zuckerman (Balada et al., 1992), jedoch positiv mit der Skala Thrill and Adventure Seeking (was die Trennung der Extraversions- und Aggressionskomponente aus dem Sensation-Seeking-Konstrukt rechtfertigt).

Zusammenfassend darf gesagt werden: Obwohl keine explizite Theorie zur Assoziation von Schilddrüsenhormonen und Persönlichkeit vorliegt, lassen sich wiederum aus der Kenntnis der Zusammenhänge mit übergeordneten Steuerungshormonen und Transmittern Zusammenhänge verständlich machen und zum Teil heranziehen, um Persönlichkeitskonstrukte differenzierter zu trennen, wie im Falle der neurotischen und endogenen Depression oder der Psychopathie und Novelty-Seeking-Komponente, die häufig in einem übergeordneten Faktor zusammengefaßt werden (Übersicht über die Ergebnisse s. Tab. 4.6).

Tabelle 4.6: **Zusammenfassung der Befunde zu Persönlichkeit und Hormonen der Schilddrüsenachse**

		Depression (D) Neurotische Depression (ND) Ängstlichkeit (Ä)	Extraversion (E) Novelty Seeking (NS)	Psychopathie (P) Aggressivität (A)
TRH	Bl	D↑		
TSH	Bl	D↓↑ Ä↓ Ä↑	TAS ↓, ES ↓	
	Reaktion	D↓		
T4	Bl	ND↑ D↓ Ä↑ Ä↓	ES ↓	
	Reaktion	D↓ Ä↑		
T3	Bl	ND↑ D↓	NS ↑	P ↑, BS ↑
	Reaktion	D↓		

Bl = Baselinewerte   ↑ = erhöht
TAS = Thrill and Adventure Seeking   ↓ = vermindert
ES = Experience Seeking
BS = Boredom Susceptibility

4.2.5 Persönlichkeit und Peptidhormone: β-Endorphin und Oxytocin

In zahlreichen Übersichtsarbeiten wird die vielfältige Bedeutung der Peptide für Reaktionen auf verschiedene Stimuli der Umwelt dargelegt (Stressreagibilität, Entwicklung von Abhängigkeit, Effekte von Nahrungs- und Flüssigkeitsaufnahme, Lernen und Gedächtnis, Belohnungsreize und Schmerz). Ihre euphorisierenden, anxiolytischen oder schmerzreduzierenden Wirkungen sind in vielen Labor- und Felduntersuchungen belegt (Herz & Emrich, 1983; Lepola et al., 1990; Olson et al., 1987).

Von den zahlreichen Peptiden sind im wesentlichen Prolaktin, Wachstumshormon, β-Endorphin und die Hypophysenhinterlappenhormone Vasopressin und Oxytocin mit Persönlichkeit in Verbindung gebracht worden. Es gibt zwar eine Reihe von Untersuchungen zu Persönlichkeitsunterschieden in stressbedingten PRL- und GH- Veränderungen (Gerra et al., 1997, 1998b, 1999), bei denen i.a. der situationsbedingte Anstieg von

PRL bei hoch Ängstlichen höher ist (HA nach Cloninger) und der GH-Anstieg höher bei Aggressiven (Gerra, 1998a). Es soll jedoch auf diese hier nicht eingegangen werden, da die Bedeutung dieser Hormone als Indikator von Neurotransmitteransprechbarkeit im Kapitel über Neurotransmitter abgehandelt wurde. Auch zum Vasopressin gibt es eine Reihe von Untersuchungen, die psychologische Bedeutung haben. Jedoch wurde dieses Hormon in erster Linie unter der allgemeinpsychologisch relevanten Frage seiner Wirkungen auf Gedächtnis und Lernen untersucht, jedoch nicht unter differentiellpsychologischem Aspekt betrachtet.

Aufgrund der vielen Befunde zu psychischen Funktionen böten sich viele habituelle Eigenschaften an, die zu diesen Situationsreaktionen eine Beziehung haben, wie z.B. Angst, Depression, Sensation Seeking.

Aber auch zu den beiden verbleibenden Peptiden, dem β-Endorphin einerseits und Oxytocin andererseits, gibt es wenige diesbezügliche Untersuchungen. Der Grund dafür, aus den Peptidhormonen Oxytocin und β-Endorphin auszuwählen, ist der, dass in jüngster Zeit ein zunehmendes wissenschaftliches Interesse besteht an den biologischen Grundlagen von heterosexueller Liebe, sozialer Bindung und Fürsorgeverhalten, was durch eigene Kongresse zu diesem Thema (1996 in Stockholm), durch Übersichtsarbeiten und Sonderhefte von Zeitschriften belegt wurde. Die genannten Eigenschaften haben alle offenbar etwas mit dem Hypophysenhinterlappenhormon Oxytocin und dem β-Endorphin zu tun. Hier fließen Erkenntnisse aus Tierstudien und der Psychopathologie zusammen, die naheleben, dass die Freisetzung der endogenen Opiate, vor allem β-Endorphin, eine Schutzmaßnahme des Organismus gegen Überstimulation darstellt. Problematisch bei diesem Peptid ist nur, dass die peripher gemessenen β-Endorphinspiegel nicht valide die zentralnervösen Konzentrationen abbilden. Dennoch sind Blutspiegel als Beleg für die Schutzfunktion und Schmerz reduzierende Rolle des β-Endorphins überzeugend herangezogen worden.

So gibt es z.B. Untersuchungen bei Depressiven (Goodwin et al., 1992), die erhöhte β-Endorphin-*Basiswerte* gerade bei Depressiven finden, was als Versuch des Organismus zur Abwehr von Stress gedeutet wird. In Zuckermans Theorie zum Sensation Seeking werden niedrige β-Endorphin-Werte als Korrelate höherer Sensation-Seeking-Werte angegeben (Ballenger et al., 1983; Zuckerman, 1983). Dies wurde mit der psychophysiologischen Reaktion des Augmenting (s. Kapitel Zentrales Nervensystem) in Zusammenhang gebracht (von Knorring et al., 1979). D.h. bei Sensation Seekern fällt der durch die Endorphine gewährte Schutz gegen Überstimulation weg, bei ihnen erhöhen sich also die Amplituden der ereigniskorrelierten EEG-Potentiale bei steigender Reizstärke weiter im Gegensatz zu kleiner werdenden Amplituden bei den „Reducern" mit niedrigen Sensation-Seeking-Werten (siehe Kapitel 2).

Die stressreduzierende Wirkung von Oxytocin wird durch seine antagonistische Wirkung auf CRH belegt (das anxiogene Effekte hat). Dies wurde zunächst in Experimenten an Feldmäusen deutlich, bei denen durch Oxytocinverabreichung eine Verminderung der HPA-Aktivität belegt wird (Uvnas-Moberg, 1997). Seine Bedeutung für eine stärkere Entwicklung der Mutter-Kind-Bindung konnte ebenfalls in dieser Tierart durch Manipulation mit Oxytocin und mit entsprechenden Antagonisten belegt werden sowie im Humanbereich durch den Vergleich von Müttern, die mit Kaiserschnitt entbunden hatten (d.h. mit geringerer Oxytocin-bedingter Wehenauslösung) und solchen mit natürlicher Geburt (Carter, 1998). Auch gab es Hinweise auf Oxytocin-Induktion durch positive soziale Interaktion (Carter, 1998). Hieraus kann auf die sowohl stressreduzierende wie bindungsfördernde Eigenschaft des Oxytocins geschlossen werden. In diesen Situationen, in denen entweder die mütterliche Schutzfunktion, die Bindung zwischen Partnern oder das Schutzbedürfnis von Jungtieren resp. Kindern in Gefahrensituationen eine Rolle spielen, scheint auch die Schutzfunktion der β-Endorphine in Aktion zu treten.

Daher wurde auch die habituelle Persönlichkeitseigenschaft der Bindungsfähigkeit (Social Attachment) im Sinne der Skalen von Tellegen auf differentiellpsychologischer Basis für diese Fragen herangezogen. Depue bezeichnet diese Eigenschaften als eine der Subkomponenten der Extraversion (Depue & Collins, 1999; Depue & Morrone-Strupinsky, im Druck) und betont, dass diese über die Fragebogenkomponente der Geselligkeit hinausgeht, wie sie in Extraversionsskalen enthalten ist (z.B. FPI, NEO-PI). Die hier angezielte Eigenschaft des Social Attachment wird nicht nur allein durch Oxytocin, sondern auch durch das Opiatrezeptor-spezifische β-Endorphin determiniert und auch durch die Mitwirkung von Dopamin, das über D1-Rezeptoren wirkt (Übersicht bei Depue & Morrone-Strupinsky, im Druck). Dopamin und die μ-Rezeptoren des Opiatsystems sind in der „antizipatorischen Phase" der Begegnung von sozialer Nähe beteiligt, gefolgt von der so genannten „konsumatorischen Phase", in der die positive Verstärkung von einer erhöhten Feuerrate von DA-Neuronen der ventrotegmentalen Region begleitet ist (vgl. Übersicht bei Depue und Morrone-Strupinsky, im Druck). Die konsumatorische Phase ist peripherphysiologisch durch eine parasympathische Reaktionslage des vegetativen Nervensystems gekennzeichnet, die mit subjektiven Gefühlen von Sicherheit und Ruhe verbunden ist. Bei Aktivierung des β-Endorphin-Systems werden aufgrund der neuronalen Verbindung zwischen den μ-Rezeptoren des Opiatsystems und Oxytocin-produzierenden Zellen die Verstärkereffekte jeweils von der Freisetzung beider Peptide begleitet. Daher können alle mit sozialer Nähe und Bindung assoziierten Aktivitäten, wie das „grooming" (= gegenseitiges Fellputzen der Tiere), Berührung, Massage, Streicheln, Wärme Oxytocinanstiege verursachen. Wenn die Empfänglichkeit für Stimuli von sozialer Bindung im Sinne von Depue als Ausdruck der μ-Rezeptor-Aktivität gesehen werden darf, so kann man diese Eigenschaft, ähnlich wie die Empfindlichkeit der Dopaminrezeptoren, als Kontinuum auf der X-Achse darstellen. Wie im Modell von Depue zum Dopamin und Serotonin würde auch hier die auf der Y-Achse abgetragene erforderliche Reizstärke umso geringer sein müssen, je höher die Opiat-Rezeptor-Aktivität ist (vgl. Kapitel Neurotransmitter). Man kann in diesem Modell, analog zur Dopamin-modulierenden Funktion des Serotonins, von einer β-Endorphin-modulierenden Funktion des Oxytocins ausgehen, d.h. dass die β-Endorphin-Empfänglichkeit durch Oxytocin verstärkt oder geschwächt wird.

Zu der engen Beziehung zwischen Oxytocin und β-Endorphinfreisetzung als *Reaktionswert* und deren Affinität zu den μ-Rezeptoren des Opiatsystems führten Depue und Morrone-Strupinsky (im Druck) ein Experiment mit folgender Anordnung durch: Aus einem großen Kollektiv von über 2.900 Collegestudenten wurde eine Zufallsstichprobe ausgewählt, die nach sorgfältiger Überprüfung der Ausschlusskriterien (orale Kontrazeptiva, Rauchen, vorherige psychiatrische Anamnese, Verwendung von Medikamenten) in zwei Gruppen geteilt wurde, die entweder die höchsten oder die geringsten 10% einer Verteilung auf der Skala der Social Closeness nach Tellegen repräsentierten. Diese wurden zu einem festen Zeitpunkt der Zyklusphase (Tag 5–12) zu einem Experiment einbestellt, bei dem ihnen ein neutraler Landschaftsfilm oder ein solcher mit sozialer Bindung vorgespielt wurde (ein Paar, das verschiedene Szenen durchlebt und sein erstes Kind erwartet, ohne Anspielung auf sexuelle Bindungsfähigkeit). Die Personen sollten sich sowohl unter dem neutralen Film als unter dem „affiliation"-Film auf einer Zustandsskala hinsichtlich der Eigenschaften warm und liebevoll von 0– 6 einstufen. Es handelte sich um einen Messwiederholungsplan, bei dem in balancierter Anordnung entweder Placebo oder der Opiatantagonist Naltrexon gegeben wurde. Dazu wurde ein Schmerztoleranztest mit Hilfe einer sich erhitzenden Plexiglasplatte durchgeführt. Die Dauer bis zum Wegziehen der Hand wurde als Indikator der Schmerztoleranz verwendet. Von Naltrexon, dem Opiatantagonisten, ist nicht nur die schmerzverstärkende Wirkung bei Applikation von Schmerzreizen bekannt, sondern auch die Verminderung der euphorisierenden Wirkung von Alkohol oder von morphinähnlichen Substanzen und (was Auslöser für die durchgeführte Untersuchung war) vor allem auch eine Verminderung der Mutter-Kind-Bindung, wie bei Schafen beobachtet wurde, die nach Naltrexongabe ihre Jungen mehr vernachlässigten.

Das Ergebnis dieser Untersuchung für die Selbstbeurteilung der Gefühle „warm und liebevoll" einerseits und für die Schmerztoleranz andererseits zeigt Abb. 4.26.

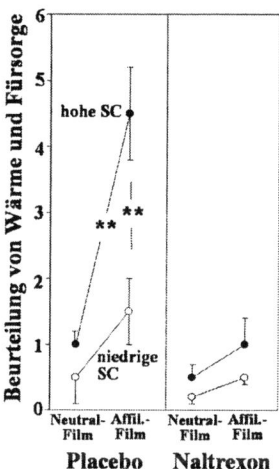
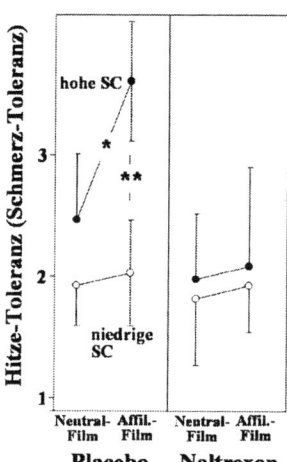

Abbildung 4.26: Reaktionen von Personen mit geringer und hoher sozialer Nähe (SC = Social Closeness nach Tellegen) beim Erleben zweier Filme, links: Selbstbeurteilung des Gefühls von Wärme und Fürsorge, rechts: Schmerztoleranz, jeweils unter Placebo und dem Opiatantagonisten Naltrexon, Affil. Film = Filmszene von menschlicher Wärme und Geborgenheit (Wechselwirkung SC x Medikament x Film: links p <.01, rechts p < .05) (mod. nach Depue & Morrone-Strupinsky, im Druck).

Es wird deutlich, dass unter der Placebobedingung der „affiliation"-Film bei den Personen mit hohen Werten auf der Social -Closeness-Skala (hohe SC) deutlich stärkere Gefühle von Wärme und Nähe bei der Selbstbeurteilung auslöst als bei den Personen mit niedrigen SC-Werten. Unter Naltrexon sind diese Unterschiede völlig ausgeschaltet, was die klare Beteiligung von β- Endorphin an der filmbedingten Gefühlsinduktion belegt.

Parallel dazu ist auch bei den Personen mit hohen SC-Werten in der Bedingung des „affiliation"-Films eine längere Toleranz des Hitzeschmerzes
unter der Placebo-Bedingung zu verzeichnen, die ebenfalls durch Naltrexon ausgeschaltet wird. Depue nimmt dies als einen experimentellen
Hinweis dafür, dass die Auslösbarkeit von endogenen Opiaten in der
Gruppe mit hohen SC-Werten stärker ausgeprägt ist, und dass diese daher
unter opiat-antagonistischer Behandlung auf das Niveau der Personen mit
niedrigen SC-Werten reduziert werden kann. Dies bezieht sich sowohl auf
die Entwicklung von Gefühlen der Wärme und Nähe als auch auf die
Schmerztoleranz.

4.2.6 Persönlichkeit und periphere Katecholamine

Die Katecholamine (Noradrenalin, Adrenalin, Dopamin = NA, A, DA)
wurden bereits im Kapitel zu Neurotransmittern behandelt, haben aber
auch in der Peripherie ihre Bedeutung für die Persönlichkeitsforschung, da
sie eine bedeutende Rolle bei der Regulation der vegetativen Funktionen
im Herz-Kreislauf-, Magen-Darm-, Drüsen-, Stoffwechsel- und Immunsystem haben (vgl. Tab. 4.4 u. Kap. Vegetatives Nervensystem). Die
Beteiligung der Nebennierenmarkshormone an Kampf- und Fluchtre-
aktionen wurde bereits von Cannon (1914) beschrieben. Zahlreiche Studien haben versucht, Parallelen zwischen den Katecholaminen des ZNS
und den im Plasma gemessenen Spiegeln herzustellen. Aber die Tatsache,
dass die Blutspiegel in erster Linie durch die im Nebennierenmark und in
den sympathischen Nervenenden produzierten Katecholamine determiniert
sind, rechtfertigt eine getrennte Abhandlung der peripheren Katecholamine, vor allem auch deshalb, weil bei akuter Stresseinwirkung eine NA-
Entspeicherung im Gehirn erfolgt (Stone, 1975), während im Blut ein
Katecholaminanstieg beobachtet wird. Allerdings gleicht sich bei chronischem oder wiederholtem Stress der Katecholaminspiegel im Gehirn
wieder aus.
    Die Frage, ob verschiedene Stressoren unterschiedliche physiologische
Reaktionsmuster hervorrufen, beschäftigte die Stressforscher seit Anfang
der 50er Jahre. Die so genannte stressspezifische Reaktionsspezifität
(SSR) bildete die Basis für die Frage der physiologischen Diskriminierbar-
keit psychischer Stressoren. Noch lange, ehe man die Katecholamine im
Urin oder im Blut messen konnte, wurde versucht, Muster der α- und β-
Rezeptoraktivierung peripherphysiologischer Reaktionen als typisch für
bestimmte Stressoren und Emotionen (z.B. Angst und Ärger) zuzuordnen

und diese dadurch zu identifizieren (Ax, 1953; Funkenstein, 1955). Durch die Zuordnung der Rezeptortypen zu den physiologischen Reaktionen, wie Atmung, Temperatur, Hautleitfähigkeit, Herzfrequenz, schloss man auf die mehr noradrenerge oder adrenerge Aktivierung bei verschiedenen Stressoren und glaubte, dass Adrenalin mehr mit Angst, Noradrenalin mehr mit Aggression assoziiert ist (Funkenstein, 1955). Die Frage, ob diese Muster von individuellen Dispositionen abhängen, beschäftigt die physiologisch orientierten Forscher der Psychosomatik, angeregt durch die grundlegende Arbeit von Lacey et al. (1953), der individuelle Reaktionsmuster bei Schwangeren identifizierte (individualspezifische Reaktionen = ISR). Dies bezog sich zwar in erster Linie auf die verschiedenen Reaktionssysteme des vegetativen Nervensystems (Kap. 5), denen aber, wie oben bemerkt, unterschiedliche A-/NA-Konstellationen zugrunde liegen. Die ISR besagt, dass jede Person mit einem bestimmten System (Blutdruck, Magenkontraktion u.ä.) am stärksten, mit einem anderen am geringsten anspricht, was auf unterschiedliche Organvulnerabilitäten hinweist, die Ausgangspunkt für unterschiedliche Entwicklungen psychosomatischer Krankheiten bei gleichen Belastungsbedingungen sein können. Man betrachtete bald in der Stressforschung die SSR x ISR-Kombination, vor allem, da in der Freiburger Arbeitsgruppe um Fahrenberg die mangelnde generelle Stressreagibilität aufgrund des hohen Anteils an ISR-Reaktoren beschrieben wurde (ca. 30% der Individuen zeigten in multiplen Stressbelastungen ausgesprochen individualspezifische Reaktionen; Fahrenberg et al., 1983). Wenn also individuelle Unterschiede der peripherphysiologischen Reaktionen sich auf unterschiedliche Anteile der Katecholamine A und NA zurückführen liessen, lag es nahe, auch unabhängig von den physiologischen Zielsystemen der Katecholamine nach deren persönlichkeitsspezifischen Effekten zu forschen. Obwohl A und NA im allgemeinen auf Belastung parallel ansprechen, ist doch die Stärke ihrer Auslenkung stressoren- und personenabhängig verschieden (siehe ISR und SSR), und vor allem haben sie unterschiedliche Verläufe (A schnelleres Ansprechen und Abklingen als NA). Sowohl diese Verläufe als auch die intraindividuelle Konstellation der Höhe der Basis- und Reaktionswerte stellen aufschlussreiche Parameter für die Persönlichkeitsforschung dar.

Bei der Betrachtung der Ergebnisse zur Katecholaminforschung muss ausserdem beachtet werden, dass konfundierende Variablen die Stressreaktionen beeinflussen können:

a) Adrenalin wird innerhalb weniger Minuten wieder abgebaut, Noradrenalin erst nach ca. 20 Minuten.

b) Die Muskelaktivität, die ja bei fast allen Stressoren als tonische oder phasische Begleiterscheinung auftritt (Verkrampfung, Zittern, Bewegung), erhöht den NA-Spiegel ebenso wie

c) Flüssigkeitszufuhr oder

d) die Einnahme von Betarezeptorenblockern (verwendet zur Hypertoniebehandlung).

Weitere konfundierende Faktoren sind Alter und Geschlecht. Da sich die Katecholaminforschung, aus den Befunden zur allgemeinen Stressforschung abgeleitet, in erster Linie mit Zuständen von Angst und Aggression beschäftigt, ist gerade bei diesen beiden Konstrukten die Kontrolle der Geschlechtsvariablen wichtig (Frauen: höhere Ängstlichkeitswerte, Männer: höhere Aggressionswerte), denn auch Katecholamine zeigen deutliche Unterschiede bei Männern und Frauen (Dienstbier, 1989). Dies zeigt sich weniger in den Basiswerten als in den Reaktionswerten, die bei männlichen Personen deutlich höher sind als bei weiblichen und vor allem das Adrenalin betreffen (Biondi & Picardi, 1999; Dienstbier, 1989). Auch mit dem Alter sind zumindest für Noradrenalin positive Korrelationen bekannt (Christensen & Jensen, 1995).

Bei der vorwiegenden Beschäftigung mit der Stressforschung wurde übersehen, dass die Freisetzung von Nebennierenmarkshormonen auch eine Anpassungsreaktion an Belastungen darstellt (Dienstbier et al., 1989). So waren z.B. Ratten, die als Jungtiere Stressbehandlungen ausgesetzt waren, im Erwachsenenalter weniger ängstlich, hatten geringere Katecholaminbasiswerte im Blut, aber höhere Noradrenalinwerte im Gehirn und wiesen bei Stressexposition höhere und schnellere Anstiege mit einer schnelleren Rückkehr zur Ausgangslage auf (Levine, 1960). Diese entwicklungsbiologischen Beobachtungen bildeten ebenfalls eine Basis für differentiellpsychologische Untersuchungen zu Katecholaminen in Zusammenhang mit Leistungs- und Stressreaktionen.

4.2.6.1 Katecholamine und Neurotizismus-assoziierte Konstrukte

Die Beziehung der Katecholamine zu *Ängstlichkeit* wurde im wesentlichen aus der Stressforschung abgeleitet, wo auch eine engere Beziehung der Katecholamine zu Angstzuständen beobachtet wird als bei Cortisol. Hinweise darauf, dass vor allem Adrenalin mit Angst assoziiert ist, fanden sich bereits bei Ax (1953). Die Vergleiche von Ängstlichen und nicht Ängstlichen hinsichtlich ihrer *Katecholaminbasiswerte* fanden vor allem Bestätigung durch die höheren Adrenalinwerte bei Panikpatienten im Vergleich zu Gesunden (Forsman, 1980; Villacres et al., 1987). Allerdings fanden sich bei diesen Patienten auch häufig die Noradrenalinwerte, gemessen am Abbauprodukt MHPG im Urin, erhöht (Albus et al, 1988; Asnis & van Praag, 1995; Braune et al., 1994). Mit psychometrischen Skalen ermittelte Ängstlichkeit zeigte jedoch eine schwach negative (allerdings nicht signifikante) Korrelation mit MHPG (Ballenger et al., 1983). Zur Interpretation dieses Befundes siehe später unter Leistungsmotivation).

Deutlichere Unterschiede zwischen hoch und niedrig Ängstlichen in den Katecholaminwerten ergeben sich bei dem Vergleich von *Reaktionswerten*. Hier sind nicht nur bei pathologischen Angstsyndromen, sondern auch bei experimentell induziertem Stress die Noradrenalinwerte bei hoch Ängstlichen höher (Arnetz et al., 1985; Perronet et al., 1986). Allerdings zeigen sich vielfach Wechselwirkungen mit der Art des Stressors und dem Geschlecht (Frankenhäuser et al., 1976; Netter, 1991).

Abbildung 4.27 zeigt die Ergebnisse zur NA- und A-Reaktion auf zwei Stressoren (Venipunktion und Wörter mit bestimmten Anfangsbuchstaben bilden) bei 72 gesunden Probanden zwischen 18 und 55 Jahren, die nach Geschlecht und STAI-Wert in 4 Gruppen aufgeteilt waren, und deren Plasmakatecholamine nach beiden Stressoren aus liegender Braunüle gewonnen wurden (Netter et al., 2001).

Hier wird deutlich, dass bei einem physischen Stressor, wie beim Legen einer Braunüle zu Beginn einer Untersuchung, bei dem sich Schmerz und Erwartungsangst mischen, speziell hoch ängstliche Männer deutlich höhere A- und NA-Anstiege zeigen als niedrig ängstliche und ebenfalls höhere als bei mentalem Stress, während beide Frauengruppen fast überhaupt nicht auf beide Stressoren reagieren. Es muss hierbei im Auge behalten werden, dass die Stressoren sich in vier Aspekten unterscheiden: 1. physisch vs. mental, 2. erster vs. folgender Stressor (Venenpunktion ging der Wortalliterationsaufgabe voran), 3. unkontrollierbar vs. kontrollierbar und vermutlich auch 4. Stärke (Venenpunktion vermutlich intensiverer Stressor als mentale Aufgabe). Daher kann nicht entschieden werden, welcher Aspekt die Reaktion hervorgerufen hat. Die Untersuchung bestätigt jedoch klar die eingangs erwähnten Geschlechtsunterschiede der höheren sympathomedullären Ansprechbarkeit beim männlichen Geschlecht, die aber durch Ängstlichkeit potenziert wird.

In einer anderen Untersuchung, bei der nur mentaler Stress verwendet wurde, zeigten sich auch Verlaufsunterschiede bei hoch und niedrig Ängstlichen (Netter & Vogel, 1991): hier ergab sich, dass ein weiterer Noradrenalinanstieg nach Stressende und eine verzögerte Rückkehr des Adrenalins zum Ausgangswert nach dem Stressor charakteristisch für hoch ängstliche Personen war.

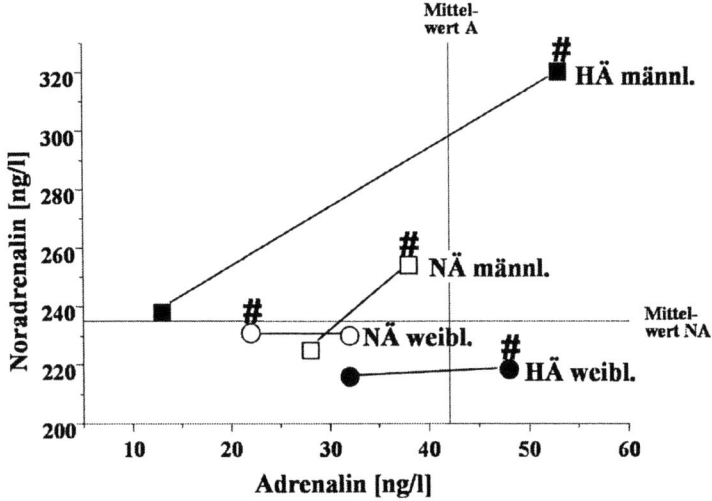

Abbildung 4.27: **Reaktionen von NA (y-Achse) und A (x-Achse) bei hoch (HÄ) und niedrig ängstlichen (NÄ) Männern und Frauen auf einen mentalen Stressor (Wortalliterationen = einfaches Symbol) und einen physischen Stressor (Venenpunktion = # auf dem Symbol), NA: Wechselwirkung Ängstlichkeit x Geschlecht x Stressor NA: p < .05, A: ns. (Netter et al., 2001).**

Die beiden Verlaufsparameter von A und NA korrelierten sogar positiv mit dem Anstieg der stressbedingten Zustandsangst (Vogel & Netter, 1989, Netter & Matussek, 1995).

Wenn man statt der Gruppenmittelwerte intraindividuelle Konstellationen von A und NA durch konfigurale Auswertungen betrachtet, bestätigt sich, dass ein hohes Adrenalin mit, relativ dazu gesehen, niedrigem Noradrenalin als Reaktion auf den Schmerz und Antizipationsstress eher bei hoch Ängstlichen vorkommt (Netter, 1983, 1987, 1991). Diese Konstellation der Katecholamine ist auch in anderen Untersuchungen mit Neurotizismus und starkem Stresserleben als Eigenschaft assoziiert. Ebenfalls lassen sich Konfigurationen von Verläufen, wie höheres Ausgangsadrenalin mit Abfall unter mentalem Stress in Kombination mit niedrigem Noradrenalin, das nach Stressende ansteigt, als Charakteristikum höherer habitueller Ängstlichkeit nachweisen (Lienert & Netter, 1985; Netter & Lienert, 1984).

Zur *Depressivität* bestehen Beziehungen der Katecholamine aufgrund der schon 1965 von Schildkraut formulierten Katecholaminmangelhypothese zur Genese der Depression, was vor allem aus dem verringerten Katecholaminabbauprodukt MHPG in der Cerebrospinalflüssigkeit geschlossen wurde (Gjerris et al., 1987), sich aber auch durch die negative Korrelation von psychometrisch ermittelter Depressivität mit MHPG im Plasma ($r = -.51$, $p < .05$, Ballenger et al., 1983) bestätigte. Die Trennbarkeit der allgemein antriebsgestörten Depressivität von der agitiert- ängstlichen Depression geht aus Tab. 4.7 nach Murphy & Redmond (1975) hervor.

Tabelle 4.7: Muster der Katecholaminbasiswerte (mod. nach Murphy & Redmond, 1975)

Katecholamine	Allgemeine Typ-I-Depression	Agitiert ängstliche Depression
Adrenalin	–	↑
Noradrenalin	– ↓	↓
Dopamin	↓	↑

↓ vermindert, ↑ erhöht, – unverändert gegenüber Kontrollkollektiven

Hier imponiert vor allem, dass die allgemeine Depressivität durch einen verminderten Dopaminspiegel gekennzeichnet ist, während Adrenalin eher gar nicht und Noradrenalin nur in einigen Studien vermindert erscheint. Bei agitiert Ängstlichen sind sowohl Dopamin als auch Adrenalin erhöht bei vermindertem Noradrenalin.

Von einer allgemein verminderten Katecholaminansprechbarkeit wird aber auch bei klinisch definierter Depression ausgegangen (Buchsbaum et al., 1981).

Der *Neurotizismus* teilt mit der Depressivität die eher geringeren *Katecholaminbasiswerte* (negative Korrelation mit Plasma-MHPG bei MMPI-Subskalen wie Psychasthenie, Hypochondrie und auch bei der Gesamtskala Neurotizismus nach dem EPI von Eysenck (Ballenger et al., 1983)). Vor allem erweisen sich aber die *Reaktionswerte* als Charak-teristikum neurotischer Unangepasstheit: Nimmt man auch Ichstärke und Stressresistenz als Indikatoren der psychischen Stabilität, so ergibt sich ein klarer Befund schon in den alten Untersuchungen mit Katecholaminmessung im Urin: Personen, die in Leistungssituationen eine hohe Adrenalinausscheidung hatten, erwiesen sich als ichstärker (Rauste von Wright et al., 1981; Johannson et al., 1973; Übersicht bei Dienstbier, 1989). Neurotiker dagegen zeigen, wie die Ängstlichen, u.U. einen verzögerten Anstieg und eine ebenfalls verlängerte Rückkehr zum Ausgangswert. Bei ihnen imponiert der Eindruck, dass sie inadäquat, d.h. bei Stress eher wenig, bei Ruhe und Entspannung stark reagieren, wobei nicht klar ist, ob dies die Unfähigkeit der Diskrimination zwischen Stress und Non-Stress oder eine verzögerte Stressreaktion widerspiegelt.

Bei der Betrachtung der Reaktionskonstellationen von Adrenalin zu Noradrenalin ergibt sich eine starke Abhängigkeit von der Stressorqualität: Hoch neurotische Personen zeigen wiederum, wie ängstliche, eine hohe A- und geringe NA-Reaktion auf den Venipunktionsstress, bei der Reaktion auf einen mentalen Stressor (Wortalliteration) sind psychosomatische Beschwerden und Stressempfindlichkeit als Indikatoren von Neurotizismus eher hoch bei Personen, die in beiden Katecholaminen einen geringen Anstieg haben (Netter, 1991).

Als Fazit zu dem Komplex der Neurotizismus-assoziierten Konstrukte darf also gesagt werden: Ängstliche Personen scheinen eine hohe Ansprechbarkeit beider Katecholamine bei einer verzögerten Rückbildung aufzuweisen, Depressive eher eine verminderte allgemeine Katecholaminproduktion und -reagibilität und Neurotiker in erster Linie eine geringe und vor allem inadäquate, d.h. maladaptive Ansprechbarkeit, sowohl bei physischem als bei mentalem Stress. Emotional stabile Personen sind gekennzeichnet durch niedrige Ausgangswerte, aber bei Herausforderung und akutem Stress durch schnellere, stärkere Anstiege bei gleichzeitig schnellerem Abfall zur Ausgangslage und dies auch bei wiederholtem und andauerndem Stress.

4.2.6.2 Katecholamine und Extraversions-assoziierte Konstrukte

Aufgrund der Annahme eines stärkeren kortikalen Erregungsniveaus bei Introvertierten ging Eysenck von höheren *Katecholaminbasiswerten* bei Introvertierten aus. Dies bestätigt sich für Adrenalin und Noradrenalin in einer grossen Studie von Miller et al. (1999), in welcher er die Mediatorfunktion der Katecholamine für immunologische Reaktionen untersuchte. Hier waren die Basiswerte sowohl für Adrenalin als für Noradrenalin bei Introvertierten höher. Auch in den *Reaktionswerten* zeigten sich in einigen Arbeiten höhere Katecholaminanstiege nach Leistungsaufgaben bei Introvertierten (Meyer-Bahlburg & Strobach, 1971; Netter et al., 1994).

Die Katecholaminforschung richtete sich aber nicht vordringlich auf die Extraversion als solche, sondern eher auf assoziierte Bereiche, wie Aktivität, Leistungsstreben und erfolgreiche Stressbewältigung, da sich zeigte, dass diese Eigenschaften mit aufgabenbedingten Katecholaminanstiegen assoziiert sind (Ekkers, 1975).

So stellte die Arbeitsgruppe im Karolinska-Institut in Stockholm fest, dass Jugendliche, die Adrenalinanstiege bei der Durchführung von Rechenaufgaben im Vergleich zu entspannten Kontrollbedingungen aufwiesen, deutlich bessere Leistungen (weniger Fehler) produzierten als solche mit geringen Katecholaminanstiegen (vgl. Abb. 4.28)

Die besseren Leistungen waren aber wiederum mit den im vorigen Abschnitt beschriebenen Eigenschaften der psychischen Stabilität assoziiert. Dies galt in erster Linie für männliche Personen, weniger deutlich für weibliche, und stärker für Adrenalin als für Noradrenalin. Aber auch Studien mit geschlechtsgemischten Kollektiven und Berücksichtigung von Adrenalin und Noradrenalin bestätigten den Zusammenhang von stressbedingten Katecholaminanstiegen und guten Leistungsergebnissen (O´Hanlon & Beatty, 1976; Ursin et al., 1978) oder auch den Zusammenhang mit subjektiven Gefühlen der Aktiviertheit (Netter, 1983) bzw. guter sozialer Anpassung (Johannsson et al., 1973).

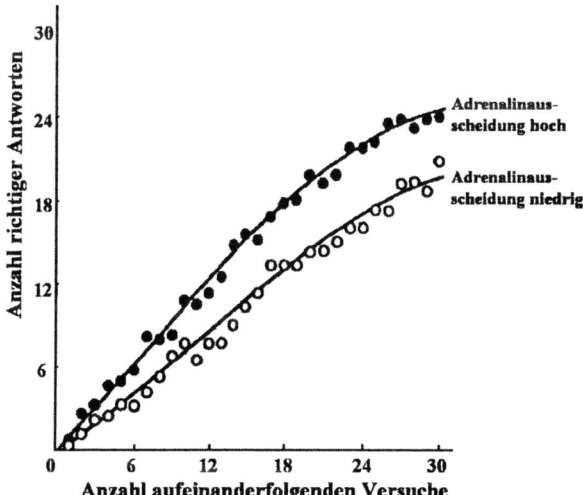

Abbildung 4.28: **Mittlere Leistung bei aufeinanderfolgenden Versuchen in einer verbalen Lernaufgabe bei Personen mit unterschiedlicher Adrenalinausscheidung (mod. nach Frankenhaeuser & Andersson, 1974).**

Wie bei den Befunden zur Ängstlichkeit, so ergibt die Betrachtung a) der Verläufe und b) der intraindividuellen Konstellation von A und NA auch für extraversionsassoziierte Merkmale Hinweise auf Persönlichkeitsunterschiede.

Zu a) Es zeigen sich deutlich bessere Anpassungs- und Leistungswerte bei Personen, die eine schnellere Rückkehr der Katecholaminwerte zum Ausgangswert zeigen, und dies sowohl innerhalb eines akuten Stressors als auch innerhalb mehrerer Trainingstage, z.B. bei dem Training von Fallschirmspringern (Dienstbier, 1989).

Zu b) Die intraindividuelle Konstellation von A und NA, definiert als über resp. unter dem Median der Verteilung gelegene Katecholaminwerte, ergibt, dass Personen, die auf zwei aufeinanderfolgende mentale Stressoren gleichsinnig mit beiden Katecholaminen über dem Median liegen (= Hyperresponder) gelassener, maskuliner und selbstbewusster als Hyporesponder sind, und dass auch solche, die stärker mit NA als mit A auf die mentale Belastung ansprechen, in einer Gruppe von Grenzwerthypertonikern gelassener, geselliger und maskuliner sind als die mit umgekehrter Konstellation (Netter, 1983). Stellt man diese Befunde denen gegenüber, die für Introversion die höheren Anstiege berichtet haben, so scheint in diesem Falle die gute Leistung nicht unbedingt ein Zeichen der Extraversion zu sein, wohl aber scheint eine generelle Anspannung, sei sie auf der Basis der habituellen Introversion oder der momentan effizienteren Arbeitsweise, mit einer höheren Katecholaminproduktion einherzugehen. Wichtig aber ist dabei, wie bereits bei der Assoziation mit Neurotizismus und Ängstlichkeit, dass schnelle hohe Anstiege mit schnellem Rückgang verknüpft sind, und dass sich hier offensichtlich die positiven Aspekte der Extraversionsdimension mit der der psychischen Stabilität verbinden.

4.2.6.3 Katecholamine und Psychotizismus-/Aggressions- assoziierte Merkmale

Aus Cannons Fight-und-Flight-Theorie heraus und basierend auf dem Postulat von Funkenstein (1955) haben verschiedene Arbeiten höhere *Noradrenalinbasiswerte* für habituelle Aggression berichtet (Bloom et al., 1963; Castellanos et al., 1994; Fine & Sweeny, 1968). Auch wurden aus dem Tierreich Beobachtungen herangezogen, dass kämpfende Tiere höhere Noradrenalinwerte hatten als passive und auf dem Fußballfeld die Stürmer höhere als die Torwarte. Dies beruht aber sicherlich in erster Linie auf deren höherer Muskelaktivität. Allerdings wurden auch für Adrenalin höhere Werte bei Aggressiven berichtet (hohe Werte bei geringer Freundlichkeit, gemessen mit einer Kurzfassung des NEO-PI in einer großen Stichprobe von n = 276 (Miller et al., 1999)) und bei nach FPI-Werten stärker aggressiven Grenzwerthypertonikern (Netter & Neuhäuser-Metternich, 1991).

Bei den *Reaktionswerten* werden oft höhere Anstiege bei hoch Aggressiven, vor allem im Adrenalin, beobachtet (Perini et al., 1984), speziell bei gehemmter Aggression. Charakteristisch ist aber wiederum die verzögerte Noradrenalinrückkehr zum Ausgangswert (Netter & Neuhäuser-Metternich, 1991). Hier handelt es sich auch, wie bei Perini et al., um eine mehr neurotisch-intropunitive Aggressivität, die viel mit den Befunden zur Ängstlichkeitkeit gemeinsam hat.

Eine andere Art der Aggression untersuchte schon 1972 Hare in einer Studie mit Psychopathen, Kontrollen und grenzwertig psychopathischen Personen, indem er Adrenalin als unabhängige Variable in Form einer Injektion im Vergleich zu Kochsalzlösung verwendete und feststellte, dass Psychopathen wesentlich geringere Hautleitreaktionen auf Adrenalininjektion zeigten. Dies bestätigt sich auch, wenn man den Noradrenalin/Adrenalin-Quotienten bei Personen vergleicht, die Suizidversuche mit besonders gewaltsamen und weniger gewaltsamen Methoden hinter sich hatten. Abb. 4.29 zeigt die deutlich geringeren Quotienten, was vor allem auf die geringeren NA-Werte der Personen mit gewaltsamem Suizidversuch zurückzuführen ist (Prasad, 1985).

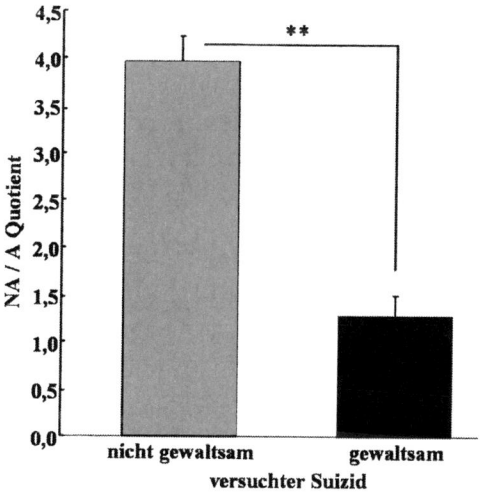

Abbildung 4.29: **Noradrenalin /Adrenalin-Quotient bei Personen mit versuchtem Suizid durch gewaltsame und nicht-gewaltsame Methoden, ** p < .01 (mod. nach Prasad, 1985).**

Impulsivität, repräsentiert durch das Aufmerksamkeitsdefizit-Hyperaktivi-tätssyndrom (ADHD) bei Kindern, ist auch mit geringeren Adrenalinbasal-werten verknüpft.

Im Gegensatz dazu ist beim *Typ-A-Verhalten*, dem ja auch eine hohe Impulsivitätskomponente anhaftet, von vielen Autoren ein höherer Basal-spiegel von Adrenalin beschrieben worden (Seeber et al., 1985; Cameron, 1994; Lundberg, 1983; Schneider, 1994), obwohl es auch gegenteilige Befunde gibt mit höheren Werten bei Typ-B-Personen (Salmon et al., 1998; Lambert et al., 1987).

Bei *Reaktionswerten* steigen die Katecholamine in Leistungssituationen bei männlichen Typ-A-Personen deutlich höher an als bei Typ-B-Personen (Bergman & Magnusson, 1979; Frankenhäuser et al., 1980; Rauste von Wright et al., 1981; van Doornen, 1986). Hier scheint also wiederum das Moment der Anstrengung und des Leistungswillens im Spiel zu sein und nicht so sehr die Impulsivitätskomponente. Auch bei Personen mit hohem Machtbedürfnis (McClelland et al., 1985) sind Katecholaminreaktionen stärker ausgeprägt als bei Vergleichsgruppen.

Sensation Seeker müssten nach der Theorie von Zuckerman geringe *Noradrenalinbasiswerte* aufweisen, was zunächst durch eine Studie von Ballenger et al. (1983) und durch die negativen Korrelationen zwischen MHPG und den Sensation-Seeking-Skalen ES ($p < .001$) und DIS ($p < .005$) nahegelegt wurde (Arquét et al., 1988), aber bei einer Untersuchung an 74 männlichen Probanden durch eine hochsignifikant positive Korrela-tion zwischen Novelty Seeking nach Cloninger und Noradrenalinwerten im Blut widerlegt wurde (Gerra et al., 1999). Dies mag daran liegen, dass die Konzentration von MHPG im Liquor mehr den NA-Spiegel im Hirn anzeigt, der ja bei Aktivität und Belastung durch Entspeicherung ver-mindert ist, während die NA-Werte im Blut die Freisetzung von NA in der Peripherie anzeigen.

Zu *Reaktionswerten* stammt auch eine Untersuchung aus der Arbeits-gruppe von Gerra, bei der als Stressor Technomusik verwendet wurde. Hier deutete sich eine signifikant negative Korrelation zwischen dem Wert auf der Novelty-Seeking-Skala nach Cloninger und dem Anstieg von Noradrenalin auf den Stressor der Technomusik an und weist auf die geringere Stressreagibilität dieses Hormons bei Novelty Seekern hin, während ängstliche Personen deutliche NA-Anstiege zeigten (Gerra et al., 1998b).

Abschließend darf gesagt werden, dass unter Stressbelastung zwar beide Katecholamine ansprechen, dass aber die differentiellpsychologische Bedeutung der beiden Hormone durch Betrachtung intraindividueller Konstellationen der Höhe und Verläufe von NA und A sichtbar wird, und dass diese Parameter zum Teil aufschlussreicher sind als die singuläre Betrachtung der Einzelhormone in ihren Basal- und Reaktionswerten. Eine Theorie zur Genese der individuellen Differenzen von Dienstbier (1989), die auf der Basis zahlreicher Tierstudien und einzelner Beobachtungen und Experimente im Humanbereich beruht, würde besagen: Eine pränatale oder in der frühen Kindheit erlebte stärkere Stressbelastung mit häufigen Katecholaminanstiegen macht das Individuum stressresistenter, aber auch sensibler für stressbedingte Katecholaminanstiege. Er charakterisiert diese „robusteren" Individuen durch den niedrigeren Ausgangswert, den höheren schnelleren Anstieg und die schnellere Wiederabsenkung der Auslenkung und damit durch eine bessere Anpassung an Belastungen und Leistungssituationen. Es liesse sich hinzufügen, dass ein höherer Noradrenalin- zu Adrenalinquotient ebenfalls für bessere Stressbewältigung, geringere Ängstlichkeit und Aggressivität spricht, während Neurotiker verzögert und inadäquat reagieren und psychopathisch Aggressive eher generell durch eine mangelnde sympathomedulläre Aktivität gekennzeichnet sind.

Fasst man die Befunde der HPA-Achse und Katecholamine im Sinne des eingangs vorgestellten Modells von Henry (Abb. 4.6) zusammen, so ergibt sich, dass vor allem die Wahrnehmung einer Belastungsbedingung die Höhe und Konstellation der Hormonreaktionen determiniert. Wie in dem Modell angedeutet, wird in Situationen, die das Individuum als leicht handhabbar ansieht, ein aktiver Bewältigungsmechanismus mobilisiert, der von Noradrenalinreaktionen begleitet ist; bei dem Eindruck von abnehmender Kontrolle über die Situation steigt die Angst, und es werden mehr passive Bewältigungsstrategien eingesetzt, begleitet von Adrenalinfreisetzung, so dass der Quotient von NA zu A abnimmt. Wenn die Situation noch unüberschaubarer und unbeherrschbarer wird, steigen auch ACTH und Cortisol, so dass man annehmen kann, dass der Grad der Unsicherheit eine Determinante für die Relation zwischen Katecholamin- und HPA-Aktivierung ist. Dies hat insofern Bezug zur Persönlichkeitspsychologie, als Neurotiker, Depressive und Ängstliche häufiger von vornherein Situationen hilflos gegenüberstehen und zu wenig Vertrauen auf eigene Ressourcen haben, um mit neuen anspruchsvollen und herausfordernden Situationen fertig zu werden (vgl. auch Biondi & Picardi, 1999).

5 Vegetatives System und Persönlichkeit

Rüdiger Baltissen und Wolfram Boucsein

5.1 Grundlagen

5.1.1 Überblick

Wenn wir rot oder blass werden, wenn wir bei Stress Herzklopfen, Magenbeschwerden oder Schweißausbrüche bekommen, wenn wir bei einem großen Schreck ohnmächtig werden oder uns vor Ekel übergeben müssen – stets ist unser vegetatives Nervensystem beteiligt. Es wird auch als autonomes Nervensystem bezeichnet, weil man lange Zeit davon ausging, dass es ohne unser Zutun funktioniert, und die Anforderungssituationen, die unser Gehirn registriert, zu Reaktionen des Herzens, der Gefäße, der Eingeweide oder der Drüsen führen, die wir willentlich nicht beeinflussen können. Inzwischen weiß man, dass auch das autonome System durch autogenes Training oder Biofeedback beeinflussbar ist, d.h. dass durch so genannte Autosuggestion die Durchblutung der Gliedmaßen und Eingeweide oder die Aktivität der Schweißdrüsen verändert werden können, und dass durch operantes Konditionieren, d.h. durch Rückmeldung des Erfolges, beispielsweise Blutdruck und Herzfrequenz über mentale Prozesse reguliert werden können. Daher wird heute eher die Bezeichnung vegetatives Nervensystem verwendet. Die durch dieses System gesteuerten Reaktionen werden auch als vegetative Symptome oder – wenn sie eine Person dauerhaft belasten – vegetative Beschwerden genannt.

Wie Abbildung 5.1 zeigt, wird unser Nervensystem unter strukturellen Gesichtspunkten in einen zentralen und einen peripheren Anteil gegliedert. Im peripheren Nervensystem (PNS) lässt sich das vegetative Nervensystem (VNS) deutlich vom somatischen Nervensystem (SNS) abgrenzen, während sich die Ursprungsorte beider Systeme im zentralen Nervensystem (ZNS) strukturell nicht so stark unterscheiden.

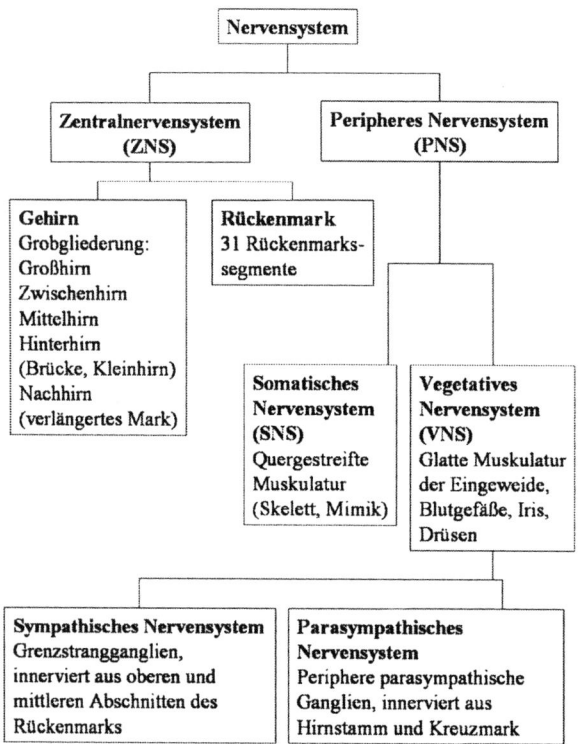

Abbildung 5.1:   **Übersicht über die Gliederung des Nervensystems. Das vegetative (autonome) Nervensystem mit seinen beiden Ästen, dem sympathischen und parasympathischen System, besitzt neben den peripheren auch zentrale Anteile, die an seiner Regulation beteiligt sind.**

Das VNS gliedert sich wiederum in einen sympathischen und einen parasympathischen Anteil, die in der Regel an ihren Zielorganen als Antagonisten (Gegenspieler) wirken, d.h.dort, wo der Sympathikus eine Erregung ausübt, wirkt der Parasympathikus als Bremse und umgekehrt. Man kann sich das wie bei einer Mischbatterie vorstellen: wärmeres Wasser kann man durch Aufdrehen des Warmwasserhahns und/oder durch Zudrehen des Kaltwasserhahns erreichen.

Die Ursprünge von Sympathikus und Parasympathikus im ZNS sowie ihre Angriffsorte an den entsprechenden Organen werden in Abbildung 5.2 verdeutlicht. Man sieht, dass die sympathischen Nerven in den Rückenmarkssegmenten entspringen und über die Hinterwurzeln zunächst zum Grenzstrang (Truncus sympathikus) ziehen, der beidseitig parallel zum Rückenmark verläuft. Die parasympathischen Nerven entspringen dagegen dem Hirnstamm einerseits und dem Kreuzmark andererseits. Beide Systeme werden über so genannte Ganglien, d.h.Relaisstationen, umgeschaltet, bevor sie die Zielorgane versorgen. Die parasympathischen Ganglien liegen relativ nahe an den Zielorganen, während die ersten sympathischen Ganglien in der Regel im Grenzstrang liegen, also relativ organfern. Daraus erklärt sich die im Vergleich zum Parasympathikus eher breit gestreute Wirkung des Sympathikus. In beiden Systemen findet sich bis zum ersten Ganglion der Überträgerstoff Acetylcholin. Während die parasympathischen Impulse ebenfalls durch Acetylcholin auf die Zielorgane übertragen werden, geschieht dies im sympathischen System durch Noradrenalin (adrenerg), mit Ausnahme der Schweißdrüse, die cholinerg (durch Acetylcholin) innerviert wird.

Noradrenalin wirkt nicht nur als Überträgerstoff (Transmitter) im Sympathikus, sondern wird auch im sympathisch innervierten Nebennierenmark synthetisiert, gemeinsam mit Adrenalin, das dabei einen erheblich größeren Anteil bildet (80%). Diese beiden als Katecholamine bezeichneten Substanzen gelangen über die Blutbahn zu ihren Zielorganen und wirken dort ebenfalls im Sinne des sympathischen Teils des VNS. Zielorgane des VNS sind, wie Abbildung 5.2 zeigt, alle Organe, in denen unwillkürliche Reaktionen erfolgen: Am Auge das Größer- und Kleinerwerden der Pupille, in der Lunge die Kontraktion oder Erweiterung der Bronchiolen, am Herzen die Beschleunigung oder Reduktion der Frequenz, die Variation der Schlagintensität und der Überleitungszeit, in den Gefäßen von Haut und Muskeln die Erweiterung oder Verengung mit der Konsequnz der Veränderung von Durchblutung und Temperatur, im Magen-Darm-Trakt die Kontraktion und Erschlaffung der Darmmuskulatur, an den Drüsen die Sekretion von Schleim, Magensaft, Schweiß oder Hormonen. Die vegetativen Impulse wirken dabei modifizierend auf die Aktivität des Darmes, denn dieser besitzt nach neueren Erkenntnissen ein eigenständiges so genanntes enterisches Nervensystem (Rohen, 1994).

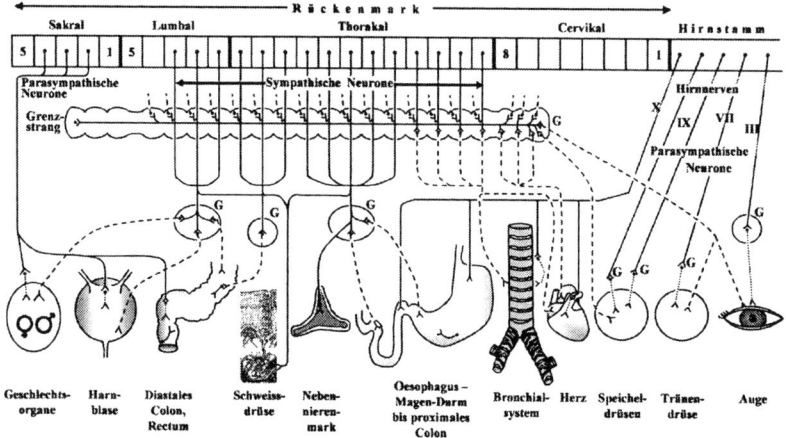

Abbildung 5.2:   **Schema des vegetativen Nervensystems mit Ziel-organen (mod. nach Forth et al., 2001)**
       —   **präganglionäre (cholinerge) Neurone**
       – –   **postganglionäre (noradrenerge) Neurone**
..... postganglionäre cholinerge Neurone
III, VII, IX, X = Hirnnerven, die auch parasym-pathische Fasern führen; G = Ganglien.

Dies trifft allerdings auch für andere Organe, vorwiegend für das Herz, zu, so dass die Funktion des vegetativen Nervensystems in erster Linie als modulierend verstanden werden kann. Es wird weiterhin deutlich, dass bestimmte Subtypen von Rezeptoren, die für das adrenerge und noradrenerge System empfänglich sind, an den verschiedenen Organfunktionen in unterschiedlicher Weise beteiligt sind. Da Adrenalin vermehrt auf Alpha- und Beta-Rezeptoren einwirkt und Noradrenalin in erster Linie auf Alpha-Rezeptoren, haben die beiden Substanzen an den Organen auch unterschiedliche Angriffsorte und Effekte.

Der Sympathikus greift nicht nur an Organsystemen an, sondern hat auch stoffwechselwirksame Effekte. Diese werden häufig durch das aus dem Nebennierenmark ausgeschüttete Adrenalin bewerkstelligt, das schneller bereitgestellt werden kann als das Noradrenalin aus den sympathischen Nerven. Besonders bei Stress und bei heftigen Emotionen tritt das Nebennierenmark in Funktion.

Über Synthese, Funktion und Abbau der Katecholamine sowie über den Übertragungsmechanismus an den Synapsen wurde bereits in den Kapiteln über Neurotransmitter und Hormone berichtet. Prinzipiell erfolgt die Übertragung der elektrischen Erregung der Nerven des VNS auf die Rezeptoren der Zielorgane nach den gleichen Gesetzen wie im Gehirn.

Wenn der Sympathikus oder der Parasympathikus erregt werden, reagieren natürlich nicht alle Organsysteme in gleicher Stärke. Gerade auf diesem Gebiet hat die differentielle Psychophysiologie viele Beiträge zu der Frage geliefert, warum einige Personen vermehrt mit einem, andere mit anderen Organsystemen ansprechen. Die individuellen Differenzen der Organvulnerabilität waren vor allem in der psychophysiologischen Literatur zu psychosomatischen Erkrankungen (wie Herzinfarkt, Magengeschwür oder Asthma) ein viel diskutiertes Thema in den 50er und 60er Jahren des vorigen Jahrhunderts.

Obwohl also sicher die psychophysiologische Stressreaktion in ihrer Beziehung zur Persönlichkeit prinzipiell an Mustern der Reagibilität möglichst vieler Systeme interessiert sein muss, soll das Augenmerk in diesem Kapitel vornehmlich auf zwei Systeme gelenkt werden, nämlich das Herz-Kreislaufsystem (kardiovaskuläres System) und die elektrodermale Aktivität. Diese beiden Systeme spielen nicht nur bei der psychophysiologischen Stressreaktion eine zentrale Rolle; sie können auch als die in ihrer Beziehung zu Persönlichkeitsmerkmalen am besten untersuchten vegetativen Systeme gelten. Um die für das Verständnis dieser Beziehungen notwendigen Grundlagen bereitzustellen, wird im Folgenden auf Bau und Funktion dieser beiden Systeme näher eingegangen.

5.1.2 Das kardiovaskuläre System

Die primäre Funktion des kardiovaskulären Systems ist es, einen ausreichenden Blutfluss durch die verschiedenen Organe des Körpers bei sich permanent verändernden metabolischen Anforderungen zu gewährleisten. Schon geringe Veränderungen des Bedarfs der meisten Organe an Energie (Sauerstoff, Nährstoffe und anderer vitaler Substanzen) führen zu einem komplexen Muster kardiovaskulärer Anpassungen, die neuronale, humorale und mechanische Faktoren umfassen. Diese Anpassungen dienen dazu, die Menge und/oder die Verteilung des Blutflusses mittels Zirkulation zu modifizieren, um die metabolische Homöostase aufrecht zu erhalten.

Strukturell besteht das kardiovaskuläre System aus dem Herzen und den Gefäßen mit den großen vom Herzen wegführenden Arterien, den

Arteriolen, Kapillaren, Venolen und den zum Herzen zurückführenden großen Venen. Das Herz und das Gefäßsystem bilden ein komplexes, dynamisch reguliertes System, das durch autoregulatorische Mechanismen sowie durch das autonome und das zentrale Nervensystem gesteuert wird. Bevor hier detaillierter auf die Strukturen des kardiovaskulären Systems eingegangen wird, soll ein kurzer Abschnitt über die zentralen und peripheren Regulationsebenen einen Eindruck von der komplexen Vernetzung vegetativer, insbesondere kardiovaskulärer Kontrollsysteme geben.

5.1.2.1 Zentrale und periphere Ebenen der kardiovaskulären Regulation

Die homöostatische Regulation der Herz-Kreislauf-Funktion kann man sich sehr vereinfacht in Stufen gegliedert vorstellen, die – von unten nach oben betrachtet – an Komplexität und Integration zunehmen. Während nach der traditionellen Sichtweise die Regulation des Kreislaufs im Wesentlichen den „Kreislaufzentren" in der Medulla oblongata und dem Hypothalamus als dem übergeordneten vegetativen Regulationszentrum zugeschrieben wird, sind nach heutiger Sicht auch höhere kortikale Strukturen an der Kreislaufregulation beteiligt. Die Beteiligung höherer Zentren animiert geradezu dazu, Hypothesen über den Einfluss kognitiver und emotionaler Prozesse auf die Kreislaufregulation zu entwickeln und damit Kreislaufphänomene als „Verhalten" zu betrachten.

Auf der höchsten, der neokortikalen Ebene sind der insuläre Kortex, der medio-frontale Kortex und die primären motorischen und sensorischen Areale an der Kreislaufregulation beteiligt. Der insuläre Kortex weist eine topographische viszero-sensorische Repräsentation auf, die der des somatosensorischen Kortex ähnelt. Von dieser Region ziehen auch efferente Bahnen zu vegetativen Kontrollzentren, wie z.B. dem Hypothalamus und dem Nucleus tractus solitarii. Daher wird der insuläre Kortex auch als viszerales sensomotorisches Areal betrachtet. Auch der medio-frontale oder „infra-limbische" Kortex hat Verbindungen zu tieferliegenden Strukturen, und von dort lassen sich ebenfalls kardiovaskuläre und andere vegetative Reaktionen auslösen. Für den motorischen und sensorischen Kortex ist noch nicht gesichert, ob die ausgelösten vegetativen Reaktionen eigenständig sind oder reflektorische Begleiterscheinungen der Aktivierung motorischer und sensorischer Bahnen darstellen.

Auf der nächsten Ebene, im Zwischen- und Mittelhirn, bilden der Nucleus centralis der Amygdala und Kerne des Hypothalamus, die Nuclei paraventriculares, dorsomediales und ventromediales, die Area praeoptica medialis und der Interstitialkern ein zentrales Netzwerk, das gemeinsam mit dem tiefer gelegenen pontinen und medullären Netzwerk die zentralen Kontrollgebiete der kardiovaskulären Aktivität umfasst. Der Hypothalamus wird seit langem als das „übergeordnete" vegetative Kontrollzentrum oder auch „Kopfneuron" des autonomen Nervensystems angesehen. Er reguliert und koordiniert die kardiovaskulären und andere vegetative Funktionen über die einfacheren medullären und pontinen Systeme durch direkte neuronale Verbindungen zu den präganglionären Neuronen des Sympathikus und Parasympathikus sowie durch Aktivierung des limbisch-hypothalamo-Hypophysen-Nebennierenrinden-Systems oder des sympatho-adrenergen Systems. Die Area hypothalamica lateralis, die von einer bedeutenden Bahn, dem medialen Vorderhirnbündel, durchzogen ist, stellt eine herausragende Ausgangsstation für das vegetative Nervensystem dar, und ihr kommt eine bedeutende Funktion für die Integration auf- und absteigender Informationen zu (Fahrenberg, 2001). Zusätzlich haben die zirkumventrikulären Organe chemosensitive Rezeptoren, die bei der Blutdruckregulation eine Rolle spielen.

Auf Hirnstammebene, in der Medulla oblongata, befinden sich die so genannten „Kreislaufzentren", die die kardiovaskulären Funktionen autonom regulieren können. Eine herausragende Relais- und Integrationsfunktion nimmt der Nucleus tractus solitarii ein, der u. a. Verbindungen zu höheren Regionen des ZNS hat und somit die integrativen Funktionen dieser höheren Zentren ermöglicht. In der Pons liegt das „Vasomotorenzentrum" (Zellgruppe A5), das Einfluss auf die kardiovaskuläre und respiratorische Regulation hat, sowie der Locus coeruleus, das größte noradrenerge Kerngebiet des Gehirns, das als zentrales Analogon des peripheren sympathischen Systems betrachtet wird. Diesem Kerngebiet kommt vermutlich eine zentrale Rolle bei der Initiierung und Koordination der Anpassung des Organismus an wechselnde Anforderungen zu. In der Medulla oblongata befindet sich neben dem Nucleus ambiguus ein Kerngebiet, das den Atemrhythmus kontrolliert und das benachbarte kardiovaskuläre Regulationszentrum respiratorisch moduliert. Während der Inspiration (Herzratenbeschleunigung) sind die sympathiko-exzitatorischen Neurone stärker aktiviert, während der Expiration (Herzratenverlangsamung) dagegen die kardialen Vagusneurone.

Der Nucleus ambiguus und der dorsale Vaguskomplex, bestehend aus Nucleus tractus solitarii und dem Nucleus parasympathicus nervi vagi, sollen für viszeromotorische, u. a. für kardioinhibitorische Funktionen, verantwortlich sein. Der vagale Tonus scheint aber auch von höher gelegenen Strukturen, wie dem Nucleus centralis amygdalae, dem Interstitialkern und dem insulären Kortex, die auf den dorsalen Vaguskomplex projizieren, beeinflusst zu werden.

Auf der spinalen Ebene erfolgt die Regulation über den Sympathikus, dessen präganglionäre Neurone im Thorakal- und Lumbalmark entspringen, sowie über den Parasympathikus, dessen Ursprungsneurone nicht nur auf der Ebene des Rückenmarks in sakralen Segmenten, sondern auch auf der Ebene des Hirnstamms liegen (vgl. Abb. 5.2). Das Herz wird z.B. parasympathisch über den X. Hirnnerv, den Nervus vagus, innerviert. Die präganglionären Fasern werden in Ganglien umgeschaltet, die beim Sympathikus eher organfern, beim Parasympathikus in der Nähe der Zielorgane liegen. Neben Efferenzen zu den Endorganen, die im sympathischen System parallel und differentiell reguliert sind, gibt es die viszeralen Afferenzen von den inneren Organen zum Hirnstamm, die teils spinal, teils durch den Nervus vagus vermittelt werden.

Die viszeralen Afferenzen vermitteln Informationen über den Zustand verschiedener Organe, wie z.B. über den intravasalen Druck oder die Dehnung. Auf der spinalen Ebene wird damit über Afferenzen und Efferenzen eine begrenzte Anpassung an wechselnde Erfordernisse oder Bedingungen erzielt. Da die meisten Organe durch Sympathikus und Parasympathikus mit antagonistischer Wirkung innerviert werden, wird hierdurch eine Feinabstimmung der Organtätigkeit im Sinne eines funktionellen Synergismus ermöglicht. Eine Ausnahme von diesem Prinzip findet sich im kardiovaskulären System bei den Arterien und Venen, die nur sympathisch mit meist konstriktorischer Wirkung innerviert sind. Im postganglionären sympathischen System werden vier Arten von Rezeptoren unterschieden: die alphaadrenergen Rezeptoren α_1 und α_2 sowie die betaadrenergen Rezeptoren β_1 und β_2. Die Rezeptorentypen sind regional unterschiedlich verteilt und weisen auch in der relativen Dichte in den Zellmembranen Unterschiede auf. Die α- und β-Rezeptoren üben meist eine antagonistische Wirkung aus, z.B. Konstriktion der Blutgefäße durch α- und Dilatation durch β-Rezeptoren. Das postganglionär freigesetzte Noradrenalin wirkt zusammen mit dem vom Nebennierenmark freigesetzten, in der Blutbahn zirkulierenden Noradrenalin auf die Organe, wobei das frei zirkulierende Noradrenalin besonders bei Organen mit geringerer Rezeptordichte von Bedeutung ist. Unter Notfallbedingungen oder bei emotionaler Belastung wirken beide Mechanismen synergetisch und können dadurch die Aktivierung des sympatho-adrenergen Systems um den Faktor 10 über das Ruheniveau steigern. Im postganglionären parasympathischen System können ebenfalls verschiedene cholinerge Rezeptortypen unterschieden werden, allerdings dominieren hier vermutlich die muskarinergen Rezeptoren.

Auf der untersten Ebene steht die interne Regulation der Organe durch autoregulative und reflexbasierte Mechanismen, die bei weitgehend kon-

stanten Bedingungen die Funktion der Organe aufrechterhalten. Die Autorhythmie des Herzens und der Frank-Starling-Mechanismus (vgl. Abschnitt 5.1.2.4) sind Beispiele für die organeigenen Regulationsprozesse.
Auf dieser Stufe sind die Organe alleine nicht in der Lage, ihre Funktion
an sich rasch ändernde äußere und innere Bedingungen anzupassen. Dazu
bedarf es der beschriebenen höheren Mechanismen, die eine komplexe und
vielfach vernetzte Regulation über longitudinal organisierte Kontrollsysteme und in Wechselwirkung stehende Rückkopplungsschleifen bewirken.

5.1.2.2 Das Herz

Das Herz ist ein vierkammeriges muskuläres Organ, das wie zwei in Serie
geschaltete Pumpen funktioniert. Die rechte Pumpe besteht aus dem rechten Vorhof und der rechten Kammer und stellt die Energie zur Verfügung,
um das Blut durch den Lungenkreislauf (kleiner Kreislauf) zu bewegen
(vgl. Abb. 5.3). In der Lunge findet der Sauerstoffaustausch (O_2-Aufnah-
me, CO_2-Abgabe) statt. Die linke Pumpe hat entsprechend einen linken
Vorhof und eine linke Kammer und treibt das Blut durch den Körperkreislauf (großer Kreislauf). In den kleinsten Gefäßen der Körperperipherie,
den Kapillaren, findet dann der Stoffwechselaustausch statt.

   Der Blutzufluss in die Vorhöfe erfolgt aus der großen Hohlvene (in den
rechten Vorhof) oder aus der Lungenvene (in den linken Vorhof). Das Blut
im rechten Vorhof ist sauerstoffarm, das im linken Vorhof hingegen sau-
erstoffreich. Als Ergebnis eines gemeinsamen Schrittmachers kontrahieren
sich die Vorhöfe rhythmisch und synchron und entladen das Blut peri-
odisch, um die Kammern zu füllen. Einige Hundert Millisekunden nach
der Kontraktion der Vorhöfe kontrahieren sich die Kammern ebenfalls
synchron und stoßen das Blut in das Gefäßsystem aus, entweder in die
Lungenarterie oder in die Aorta. Die rhythmische Kontraktion der Herz-
muskulatur mit der Austreibung des Blutes heißt Systole, die nachfolgende
mit der Füllung der Vorhöfe verbundene Erschlaffung heißt Diastole.

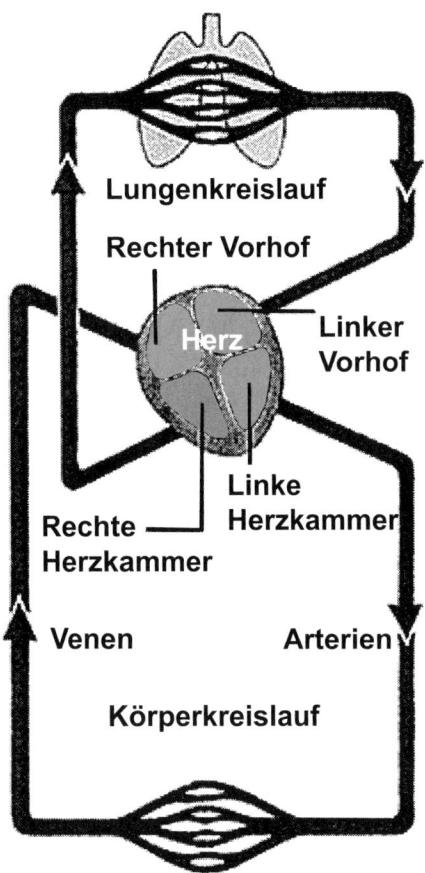

Abbildung 5.3: **Darstellung des kleinen Lungenkreislaufs und des großen Körperkreislaufs. Der rechte Vorhof, die rechte Kammer, die Lungenarterie und die Lungenvene bilden den Lungenkreislauf. In der Lunge findet der Gasaustausch statt. Das linke, muskulösere Herz ist das Pumpsystem des großen Körperkreislaufs, in dem über Arterien, Arteriolen und Kapillaren das Blut zum Gewebe transportiert wird, in dem der Stoffwechselaustausch stattfindet.**

5.1.2.3 Das Gefäßsystem

Die hauptsächlichen Arten von Blutgefäßen sind die Arterien, die Arteriolen, die Kapillaren, die Venolen und die Venen. Diese aufeinander folgenden vaskulären Abschnitte unterscheiden sich in Struktur und Funktion. Die Arterien und Arteriolen dienen der Blutverteilung. Bei den Arterien handelt es sich um dickwandige Gefäße, die einen kleinen Anteil glatter Muskeln und einen hohen Anteil von Kollagen und elastischen Fasern enthalten. Aufgrund der hohen Elastizität werden die Arterien nach jeder Kontraktion des Herzens passiv gedehnt. Wegen dieser Eigenschaft werden sie auch als „druckspeichernde Gefäße" bezeichnet.

Mit zunehmender Distanz vom Herzen nehmen die Größe und der Durchmesser der Arterien ab. Die weiter vom Herzen entfernt liegenden kleineren Arterien enthalten einen höheren Anteil an glatter Muskulatur und weniger elastische Fasern. Daher werden sie auch als „Widerstandsgefäße" bezeichnet. Im Unterschied zu den großen Arterien, die sich in Abhängigkeit von der aus dem Herzen ausgeworfenen Blutmenge dehnen und wieder zusammenziehen, wird der Durchmesser der Arteriolen direkt durch neuronale Innervation vom sympathischen Zweig des vegetativen Nervensystems bestimmt. Dieser erzeugt eine permanente, moderate Konstriktion der Gefäße, die als vasomotorischer Tonus bezeichnet wird. Veränderungen im Ausmaß der Konstriktion oder der Dilatation werden primär durch Änderungen in der Aktivität des Sympathikus verursacht. Demnach werden also sowohl Vasokonstriktion als auch Vasodilatation durch den sympathischen Zweig des vegetativen Nervensystems kontrolliert.

Ob eine Zunahme der sympathischen Aktivierung eine Vasokonstriktion oder eine -dilatation bewirkt, hängt von der Art der adrenergen (sympathischen) Rezeptoren (α- oder β-Rezeptoren) ab, die die Wirkung des Sympathikus auf die spezifischen Gefäße vermitteln. Eine Stimulation der alpha-Rezeptoren in den Blutgefäßen der Haut, der Skelettmuskulatur, der abdominalen Gefäße und der Koronargefäße bewirkt eine Vasokonstriktion. Umgekehrt bewirkt eine Stimulation der β-Rezeptoren, die ebenfalls in den Koronararterien und der Skelettmuskulatur zu finden sind, eine Vasodilatation. Da die Mehrzahl der Gefäßwiderstände im Körper „parallel" geschaltet sind, ist eine große Präzision und Flexibilität in der Kontrolle des Blutflusses zu den verschiedenen Organen gegeben. Durch die Kontrolle des Gefäßwiderstandes kann der Blutfluss in einem spezifischen Bereich erhöht oder vermindert werden, ohne die Durchblutung in benachbarten Arealen grundlegend zu verändern.

Die Kapillaren haben keine neuronale Innervation wie die Arterien und keine direkte Auswirkung auf die Regulation des Blutflusses. In den Venolen und Venen wird das Blut gesammelt und zum Herzen zurückgeführt. Venen haben einen großen Durchmesser, dünne Gefäßwände und eine hohe Kapazität. Sie sind aufgrund der Dünnwandigkeit leicht durch die Kontraktion der Skelettmuskulatur zu beeinflussen. Venen sind „Volumenspeicher", denn in Ruhe befinden sich etwa zwei Drittel des ca. 5 Liter umfassenden Blutvolumens in den Venen. Bei körperlicher Aktivität oder unter Stress führen eine Zunahme der Sympathikusaktivität und eine erhöhte Kompression der Venen durch die Skelettmuskulatur zu einer Verschiebung des „peripheren Venenpools" nach „zentral" (thorakaler Venenpool). Dadurch nimmt der Druckunterschied zwischen den großen Venen und dem rechten Vorhof zu und bedingt einen größeren Blutfluss zum rechten Herzen.

Tabelle 5.1: Zustand der Herzklappen in den verschiedenen Phasen der Herzaktion

Phasen der Herzaktion	Zustand der Klappen				bewirkt durch	Begleitton
	Aortenklappe	Pulmonalisklappe	Mitralklappe	Trikuspidalklappe		
1.Kammerfüllung	zu	zu	zu	offen	Vorhofkontraktionen	
2. Anspannung	zu	zu	zu	zu	Kontraktion der Kammern	1. Herzton
3. Austreibung	offen	offen	zu	zu	Kammerkontraktion	
4. Erschlaffung	zu	zu	offen	offen	Erschlaffung der Kammermuskulatur	2. Herzton

2 + 3 = Systole, 1 + 4 = Diastole

Dass das Blut nur in eine Richtung fließt, wird durch die Herzklappen gewährleistet. Den Zustand der Klappen in den verschiedenen Phasen der Herzaktion zeigt Tabelle 5.1.

Das Blut fließt von den Vorhöfen zu den Kammern durch die Atrioventrikular-Klappen, die sich zur rechten und linken Kammer hin öffnen. Nach der Kontraktion der Vorhöfe führt der rasche Druckanstieg in den Kammern dazu, dass die Atrioventrikular-Klappen „zuschnappen" und dabei ein charakteristisches Geräusch, den ersten von zwei Herztönen, erzeugen. Ebenso entsteht nach Öffnung der Semilunar-Klappen zur Lungenvene und Aorta ein größerer Druck in den Gefäßen im Vergleich zum Kammerinneren, der dazu führt, dass sich diese Klappen schließen, wodurch der zweite Herzton entsteht. Die Zeitpunkte des Auftretens der Herztöne werden als Referenzpunkte für die Messung verschiedener kardiodynamischer Parameter genutzt.

5.1.2.4 Kardiodynamische und hämodynamische Kontrollmechanismen

Das Schlagen des Herzens ist ein elektromechanisches Ereignis. Elektrische Impulse, die von speziellen Zellen, den Schrittmacherzellen, generiert werden, initiieren die Kontraktion des Herzmuskels. Schrittmacherzellen besitzen die Eigenschaft, spontan aus sich heraus Aktionspotentiale in einem bestimmten Rhythmus zu generieren. Dies wird als Autorhythmie bezeichnet. Die Cluster von Schrittmacherzellen bilden das so genannte Reizleitungssystem, bestehend aus dem Sinusknoten, dem Atrioventrikular-Knoten, dem His'schen Bündel und den Purkinje-Fasern. Die Erregung läuft vom Sinusknoten über die Vorhof- und Kammermuskulatur zur Herzspitze mit Verzögerung am Atrioventrikular-Knoten und breitet sich rückwirkend über die gesamte Kammermuskulatur aus (vgl. Abb. 5.4).

Die Herzmuskelfaser unterscheidet sich in einigen wesentlichen Punkten von der glatten und der Skelettmuskelfaser. Das Herzmuskelgewebe hat ein instabiles Ruhemembranpotential, und die Aktionspotentiale werden aufgrund des gitterartigen Netzwerks des Herzmuskels frei von einer zur anderen Zelle übertragen. Die Kontraktionsphase des Herzmuskels entspricht der Dauer des Aktionspotentials, und die Repolarisationszeit am Herzen beträgt etwa 100 ms. Die Schrittmacherzellen sind modifizierte Herzmuskelfasern. Der Sinusknoten als der bedeutendste Schrittmacher, hat eine Feuerrate von etwa 105–110 Impulsen pro Minute. Beim gesunden Erwachsenen beträgt die Herzfrequenz durchschnittlich in Ruhe jedoch nur etwa 70 Schläge pro Minute (bpm = beats per minute). Der Unterschied ist auf modulierende neuronale Einflüsse zurückzuführen.

Das Herz wird durch beide Äste des vegetativen Nervensystems, den
Sympathikus und den Parasympathikus innerviert. Fasern von beiden
Systemen innervieren den Sinusknoten und können so die Herzrate modi-
fizieren. Parasympathische Fasern verlaufen über den X. Hirnnerv, den
Nervus vagus, zum Herzen und setzen am Sinusknoten den Neurotrans-
mitter Acetylcholin frei. Acetylcholin beeinflusst den Verlauf der sponta-
nen Depolarisation des Sinusknotens und bewirkt eine Verlangsamung der
Herzfrequenz.

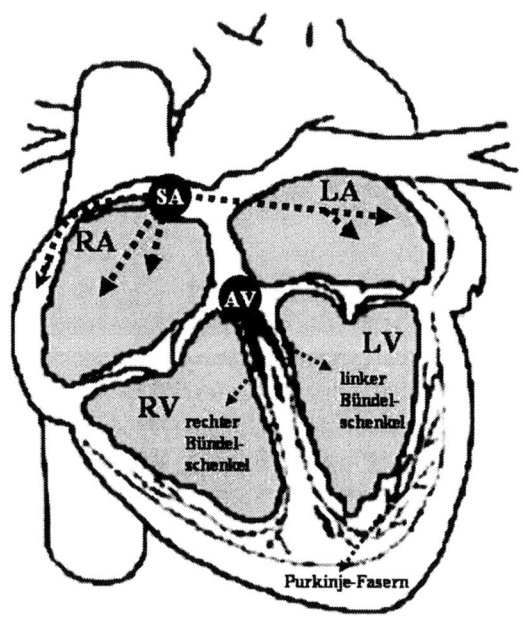

Abbildung 5.4:   **Das Reizleitungssystem am Herzen. Die Erregung
                  läuft vom Sinusknoten (SA), dem Autorhythmiezen-
                  trum des Herzens, zum Atrioventrikular-Knoten
                  (AV-Knoten) über das His'sche Bündel mit seinen
                  beiden Bündelschenkeln in die Herzspitze. Dort
                  breitet sie sich über die Purkinje-Fasern rückwärtig
                  über die gesamte Kammermuskulatur aus
                  (RV = rechter Ventrikel, LV = linker Ventrikel; RA =
                  rechter Vorhof, LA = linker Vorhof).**

Sympathische Fasern am Herzen setzen den Neurotransmitter Noradrenalin frei, der ebenfalls auf die Entladungsrate wirkt, aber im Sinne einer
Beschleunigung (positiv chronotrope Wirkung). Eine kurzzeitige (phasische) Herzratenbeschleunigung (Akzeleration) kann auf einer Zunahme
der Sympathikus-Aktivität, einer Abnahme der Parasympathikus-Wirkung
oder einer Kombination aus beiden beruhen. Vergleichbares gilt für eine
phasische Herzratenverlangsamung (Dezeleration). Die Herzrate gibt nur
das Gesamtergebnis der Wechselwirkung zwischen den beiden Teilen des
vegetativen Nervensystems sowie autoregulatorischer und zentralnervöser
Einflüsse wieder. Um detailliertere Informationen über die neurogenen
Mechanismen einer durch experimentelle Variation verursachten Herzratenänderung zu erhalten, müssen daher zusätzliche Maße der kardialen
Aktivität erhoben werden.

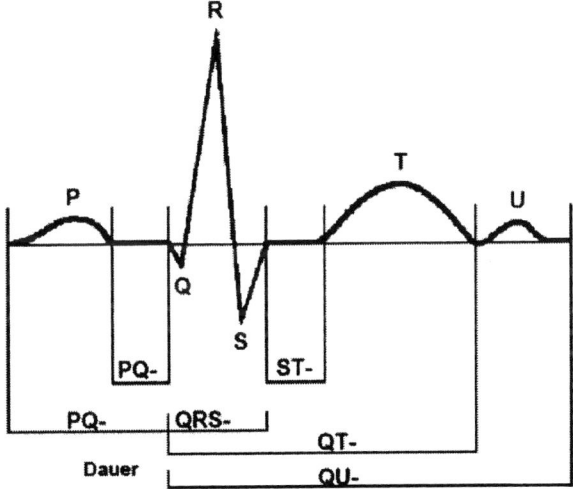

Abbildung 5.5: **Das Elektrokardiogramm ist eine Darstellung des
Spannungsverlaufs infolge der elektrophysiologi-
schen Erregungsausbreitung am Herzen, die an der
Körperoberfläche registriert werden kann. Die P-
Welle ist Ausdruck der Erregungsausbreitung über
die Vorhöfe, der Q-R-S-Komplex Ausdruck der
Erregungsausbreitung über die Kammern. Die R-
Zacke stellt die maximale Erregung dar und ist der
Zeitpunkt, zu dem das Blut aus dem Herzen ausge-
worfen wird. Die T-Welle zeigt die Erregungsrück-
bildung an. Gelegentlich zeigt sich ein Nachpotenti-
al, die U-Welle.**

Die Übertragung der elektrischen Aktiviät über die verschiedenen Abschnitte des Herzens erzeugt ein elektrisches Feld, das mittels Elektroden auf der Körperoberfläche abgegriffen und gemessen werden kann. Das Elektrokardiogramm (EKG) ist eine graphische Darstellung eines stereotypen Musters der elektrischen Aktivität (vgl. Abb. 5.5), die das Herz bei jedem Schlag generiert. Wesentliche Merkmale des EKGs sind die P-Welle, der Q-R-S-Komplex und die T-Welle. Die P-Welle entspricht der Depolarisation der Vorhöfe, der Q-R-S-Komplex der Depolarisation der Kammern und der Austreibung des Blutes aus dem Herzen und die T-Welle der Repolarisation der Kammern

Als Herzzyklus (vgl. Abb.5.6) bezeichnet man die verschiedenen mechanischen, elektrischen und auf die Funktion der Herzklappen bezogenen Ereignisse, die mit jedem Herzschlag verbunden sind. Es werden im Wesentlichen zwei Phasen unterschieden, die *Systole* und die *Diastole*, die in gleicher Weise für das linke und rechte Herz gelten. Die Beschreibung erfolgt hier für das linke Herz. Die Diastole entspricht der Zeit, in der sich die linke Kammer in einem Zustand der Erschlaffung befindet. Während dieser Phase, die durch das Öffnen der Mitralklappe (zwischen Vorhof und linker Kammer) eingeleitet wird, werden der Vorhof und die Kammer mit Blut aus der Lungenarterie gefüllt. Gegen Ende der ventrikulären Diastole kontrahiert sich der Vorhof (EKG-P-Welle), wodurch eine zusätzliche Menge an Blut in die Kammer gepumpt wird.

Die Systole entspricht der Zeit, in welcher sich die linke Kammer kontrahiert und Blut in den Körperkreislauf ausgeworfen wird. Wie in Abbildung 5.6 zu sehen ist, beginnt die Systole mit der Ausbreitung der elektrischen Aktivität über die linke Kammer, im EKG als Q-R-S-Komplex abgebildet. Die Kontraktion der Kammer führt zu einem Anstieg des intraventrikulären Drucks (des Drucks in der Kammer). Übersteigt der Druck innerhalb der Kammer den Druck innerhalb des Vorhofs, schließt sich die AV-Klappe und produziert den ersten Herzton. Während der so genannten isovolumetrischen Kontraktion bildet der Ventrikel eine geschlossene Kammer mit einem konstanten Volumen (end-diastolisches Volumen), und der intraventrikuläre Druck steigt steil an. Überschreitet dieser den Aorteninnendruck, wird die Aortenklappe geöffnet, und das Blut schießt aus der Kammer, zunächst sehr schnell und dann zunehmend langsamer, wenn sich der Aorteninnendruck und der Druck in der Kammer angleichen (vgl. Tabelle 5.1, S. 408).

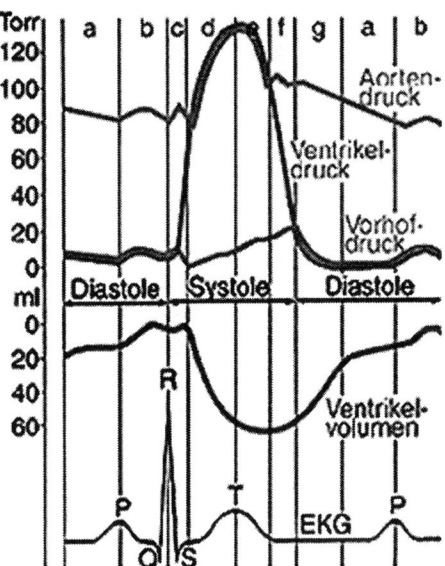

Abbildung 5.6:   **Darstellung des Herzzyklus mit Systole und Diastole und den zugehörigen Volumen- und Druckentwicklungen in den Vorhöfen und Kammern.**

Der höchste Druck, der in der Aorta während der Austreibungsphase gemessen werden kann, heißt systolischer Druck. Mit abnehmender ventrikulärer Kontraktion (T-Welle im EKG) nimmt auch der intraventrikuläre Druck ab, und wenn dieser unter dem Aortendruck liegt, schließt sich die Aortenklappe. Dies erzeugt den zweiten Herzton und markiert das Ende des Herzzyklus. In einer kurzen Phase nach dem Schließen der Aortenklappe bildet die Kammer wiederum ein geschlossenes System (iso-volumetrische Erschlaffung) mit einem konstanten Volumen (end-systolisches Volumen). Unter Ruhebedingungen wird nicht das gesamte end-diastolische Volumen aus dem Herzen ausgeworfen, ein Teil verbleibt in der Kammer. Das Verhältnis von end-diastolischem Volumen zum Volumen, das aus dem Herzen ausgeworfen wird (Schlagvolumen), stellt ein sensibles Maß der Ventrikelfunktion dar. In der Erschlaffungsphase nimmt der intraventrikuläre Druck stetig ab und sinkt schließlich unter den des linken Vorhofs, die Mitralklappe öffnet sich und der nächste Herzzyklus beginnt. Der während der Diastole in der Aorta gemessene geringste Druck heißt diastolischer Druck.

Bei einer Herzfrequenz von 75 Schlägen pro Minute beträgt die Gesamtdauer des Herzzyklus etwa 800 ms. Die Diastole umspannt etwa drei Viertel dieser Zeit, also 600 ms, während die Systole etwa 200 ms dauert. Wenn sich die Herzrate erhöht, wird die Dauer der Diastole disproportional zur Systolendauer verkürzt.

In Ruhe pumpt das Herz etwa 5 l pro Minute durch die Gefäße. Dies wird als Herzminutenvolumen bezeichnet und berechnet sich aus dem Produkt der Anzahl der Herzschläge pro Minute und dem Blutvolumen, das bei jedem Herzschlag ausgestoßen wird, das so genannte Schlagvolumen (vgl. Tab. 5.2, S. 417). Bei starker körperlicher Aktivität kann das Herzminutenvolumen 25 Liter pro Minute überschreiten. Der größte Teil fließt dabei in die Gefäße, die die Skelettmuskulatur versorgen.

Das Schlagvolumen wird durch den Füllungszustand, durch das end-diastolische Volumen am Ende der Diastole, durch den peripheren Widerstand, die Kontraktilität und die Herzrate bestimmt. Bei jedem Herzschlag variieren end-diastolisches Volumen und Schlagvolumen in direkter Abhängigkeit vom Blutrückfluss aus den Venen. Dieser fundamentale kardiodynamische Zusammenhang wird als Frank-Starling-Mechanismus bezeichnet. Der zugrundeliegende Mechanismus ist einfach und auf die Struktur des Herzmuskels selbst zurückzuführen. Eine zunehmende Füllung der Ventrikel (Zunahme des end-diastolischen Volumens) führt zu einer stärkeren Dehnung der Kammermuskulatur und damit nachfolgend zu einer stärkeren ventrikulären Kontraktion (positiv inotroper Effekt). Durch höhere Kontraktilität wird ein größerer Anteil des end-diastolischen Volumens aus dem Ventrikel in den Kreislauf ausgeworfen und damit das Schlagvolumen erhöht. Neben dieser rein mechanischen Kontrolle der Kontraktilität gibt es eine Reihe von externen Faktoren, die die Kontraktilität beeinflussen. Der wichtigste Faktor ist die Aktivierung der sympathischen Fasern des vegetativen Nervensystems, die über die Freisetzung von Noradrenalin auf die Muskelzellen die Kammern zu einer stärkeren Kontraktion bringen. Die erhöhte Sympathikusaktivität bewirkt einen Herzratenanstieg und eine Zunahme der Kontraktilität. Wie später gezeigt wird, sind verschiedene Techniken und Strategien entwickelt worden, um auf nichtinvasive Weise Indikatoren der Sympathikusaktivität am Herzen über Maße der ventrikulären Kontraktilität zu erhalten.

Das Schlagvolumen wird auch durch den peripheren Widerstand im Kreislaufsystem bestimmt. Eine Abnahme des arteriellen Widerstands erleichtert, seine Zunahme erschwert den Auswurf des Blutes aus der linken Kammer nach Öffnung der Aortenklappe. Dieser Effekt zeigt ebenso wie der Frank-Starling-Mechanismus die Wechselwirkung zwischen kardiodynamischen und hämodynamischen Faktoren bei der Regulation des kardiovaskulären Systems.

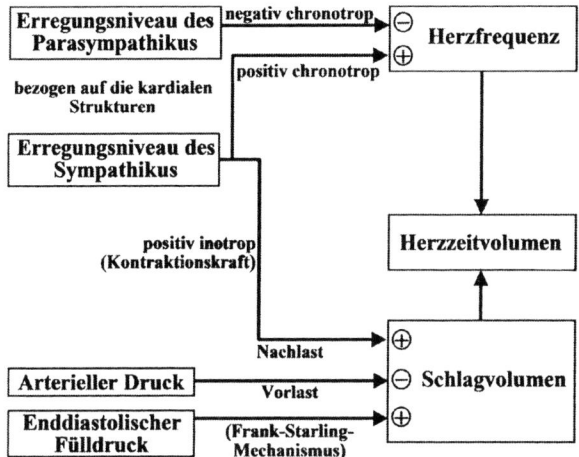

**Abbildung 5.7:   Zusammenfassende Darstellung der multiplen Ein-
flussfaktoren auf das Herzzeitvolumen (+ = positi-
ver; – = negativer Effekt).**

In Abbildung 5.7 sind die das Schlagvolumen determinierenden Faktoren
zusammengefasst. Während körperlicher Aktivität oder unter Stress wird
die Dauer des Herzzyklus deutlich verkürzt mit einer überproportionalen
Verkürzung der Diastolendauer. Die verkürzte Diastolendauer beschränkt
die ventrikuläre Füllungszeit und könnte demnach zu einer Reduktion des
Schlagvolumens führen. Da aber die Füllung der Ventrikel vor allem in
der initialen Phase der Diastole abläuft, und die erhöhte Sympathikusaktivität die ventrikuläre Kontraktilität steigert, so dass ein größerer Anteil
des enddiastolischen Volumens ausgeworfen wird, bleibt das Schlagvolumen über einen weiten Bereich relativ konstant, wobei die Steigerung des
Herzzeitvolumens vor allem durch eine Erhöhung der Herzfrequenz erreicht wird.

Die wesentlichen Größen, die die Bewegung des Blutes durch den
Kreislauf determinieren, sind Druck, Fluss und Widerstand. Der Blutdruck
ist ein Maß für die Kraft, die das Blut auf die Wände der Gefäße ausübt,
und seine primäre Funktion ist es, das Schlagvolumen des Herzens durch

das Kreislaufsystem zu treiben. Die absoluten Blutdruckwerte innerhalb des Kreislaufsystems fallen kontinuierlich mit zunehmender Entfernung vom Herzen. Der Druckgradient im Körperkreislauf, also die Differenz zwischen dem Aortendruck und dem Blutdruck im rechten Vorhof, bestimmt im Wesentlichen den venösen Rückstrom zum Herzen. Er wird auch als Füllungsdruck bezeichnet. Während körperlicher Aktivität oder als Reaktion auf psychisch bedeutsame Ereignisse führt eine erhöhte Sympathikusaktivität zu einer Steigerung der Herzrate und der Kontraktilität sowie zu einer stärkeren Kontraktion der großen Arterien. Diese Veränderungen erhöhen den arteriellen Blutdruck und damit auch den Füllungsdruck. Die Verschiebung des Blutvolumens von den peripheren zu den thorakalen (zentralen) Venenspeichern, die durch die gesteigerte Sympathikusaktivität und die mechanische Kompression der Venen bedingt wird, erhöht die Blutmenge, die zum rechten Herzen zurückgeführt wird. Im Ergebnis nehmen venöser Rückstrom und Schlagvolumen während der nachfolgenden Herzzyklen nach dem Frank-Starling-Mechanismus zu. Eine Zusammenfassung der hier dargestellten hämodynamischen Größen und ihrer Determinanten gibt Tabelle 5.2 wieder.

Hormone, wie z.B. das antidiuretische Hormon, das Angiotensin II und das Histamin, die eine dem Sympathikus vergleichbare Wirkung entfalten, spielen ebenfalls eine Rolle für die Bestimmung des totalen peripheren Widerstands, allerdings eher eine untergeordnete. In Anbetracht der Vielzahl der Faktoren, die an der Regulation beteiligt sind, wäre es falsch, anzunehmen, dass die Blutdruckmaße einen spezifischen physiologischen Prozess indizieren, denn gleichartige Veränderungen des Blutdrucks zu verschiedenen Zeitpunkten könnten durch völlig verschiedene Muster kardiodynamischer und hämodynamischer Ereignisse verursacht worden sein. Der arterielle Blutdruck stellt demnach nur einen sehr allgemeinen, unspezifischen Indikator der Aktivität des kardiovaskulären Systems dar. Um die einer Blutdruckänderung zugrunde liegenden Mechanismen aufzudecken, bedarf es daher zusätzlicher Maße der kardiovaskulären Funktion. Der Blutdruck stellt eine bedeutsame kontrollierende und kontrollierte Variable der kardiovaskulären Aktivität dar.

Tabelle 5.2:   Begriffe und Determinanten der Herzarbeit

Begriff	Definition	Normwert	determiniert durch
Schlag-volumen	Menge, die pro Systole aus linker Kammer in den Kreislauf resp. aus rechter Kammer in den Lungenkreislauf gelangt	70 ml	Füllungszustand und diastolisches Volumen + peripherer Widerstand, Kontraktilität des Herzens, Herzfrequenz
Herzminuten-volumen	Schlagvolumen x Herz-frequenz	70 ml x 70 Schläge/min = 4900 ml/min ≈ 5 l/min	
Herzzeit-volumen	Menge an ausgeworfe-nem Blut/Zeiteinheit		
Herzzyklus	Beginn der Systole zu t1 bis Beginn der Systole zu t2	Dauer =800 ms bei Frequenz= 75 Schläge/min	
Frank-Starling-Mechanismus	Anpassungsmechanis-mus des Herzens an Anforderung bei Bela-stung		Blutrückfluss aus Venen→ Dehnung der Kammermuskulatur→ stärkere Ventrikelkontraktion = pos. inotroper Effekt → Schlag-volumen ↑ Sympathikusaktivität → HF ↑, Kontraktilität ↑
arterieller Blutdruck	Herzzeitvolumen x to-taler peripherer Wider-stand (= Gesamt-durchmesser der peri-pheren Gefässe)	ca. 120 mmHg ab 140 mmHg laut WHO Hyper-tonie	moduliert durch Sympathikus, an-tidiuretisches Hormon, Angio-tensin II, Hista-min

Die vielfältigen kardio- und hämodynamischen Faktoren, die den Blut-druck regulieren, werden zum Teil selbst durch den Blutdruck reguliert. Durch verschiedene negative Feedback-Mechanismen, die unter Beteili-gung sowohl des vegetativen wie auch des zentralen Nervensystems ablau-fen, wird der Blutdruck normalerweise innerhalb relativ enger Grenzen gehalten.

5.1.2.5 Integrative Kontrollmechanismen

Um den Blutdruck an geänderte Anforderungen anzupassen, stehen kurz- und mittelfristig wirksame integrative Kontrollmechanismen zur Verfügung, welche die Barorezeptoren, das respiratorische System und die Nieren umfassen.

Der Barorezeptorenreflex ist der bedeutsamste Mechanismus für die kurzfristige Regulation des Blutdrucks. Drucksensitive Rezeptoren (Barorezeptoren) im Aortenbogen und im Carotis sinus werden hauptsächlich durch die Dehnung der Gefäßwände stimuliert, wenn Blut durch die Gefässe schießt. Die afferenten Fasern der Barorezeptoren laufen über die Nerven der Aorta und des Carotis sinus, vereinigen sich mit dem Nervus vagus (X. Hirnnerv) bzw. dem Nervus glossopharyngeus (IX. Hirnnerv) und enden in den kardiovaskulären Regulationszentren der Medulla oblongata (vgl. Abb. 5.8).

Als Reaktion auf die Zunahme der Barorezeptorenaktivität infolge eines Blutdruckanstiegs initiieren die Regulationszentren in der Medulla oblongata eine Serie von Ereignissen, die zu einer unmittelbaren Abnahme der Herzrate, der Kontraktilität des Myokards, des Schlagvolumens und des Vasomotoren-Tonus führen (Depressorische Reaktion), um den Blutdruck schnell auf den Ausgangswert zurückzuführen. Umgekehrt führt eine Abnahme der Barorezeptorenaktivität infolge eines Blutdruckabfalls zu einer Serie von kardiovaskulären Anpassungsreaktionen, um den Blutdruck auf den Ausgangswert zu erhöhen (Pressorische Reaktion). Der Barorezeptorenreflex ist demnach ein negativer Feedback-Mechanismus, der automatisch und kurzfristig abrupten Blutdruckänderungen entgegenwirkt.

Als direktes Ergebnis des Barorezeptorenreflexes wird typischerweise eine inverse Beziehung zwischen einer Blutdruckänderung und einer Änderung der Herzrate sowie des Vasomotoren-Tonus beobachtet. Allerdings können verschiedene höhere Areale des Zentralen Nervensystems, wie der Thalamus, der Hypothalamus und das Frontalhirn – d.h.Areale, die an dem Erleben und dem Ausdruck von Emotionen und anderen psychischen Prozessen beteiligt sind – die Wirkung des Barorezeptorenreflexes ausschalten und zu einer grundlegenden und „ungepufferten" Änderung des Blutdrucks führen. Neben den Barorezeptoren werden die kardiovaskulären Kontrollzentren in der Medulla oblongata mit Informationen aus einer Vielzahl von anderen Rezeptoren (Mechano- und Chemorezeptoren) des peripheren und zentralen Nervensystems versorgt, die zusätzliche Reflexwege bilden, um kurzzeitigen Beeinträchtigungen der kardiovaskulären Funktion entgegenzuwirken.

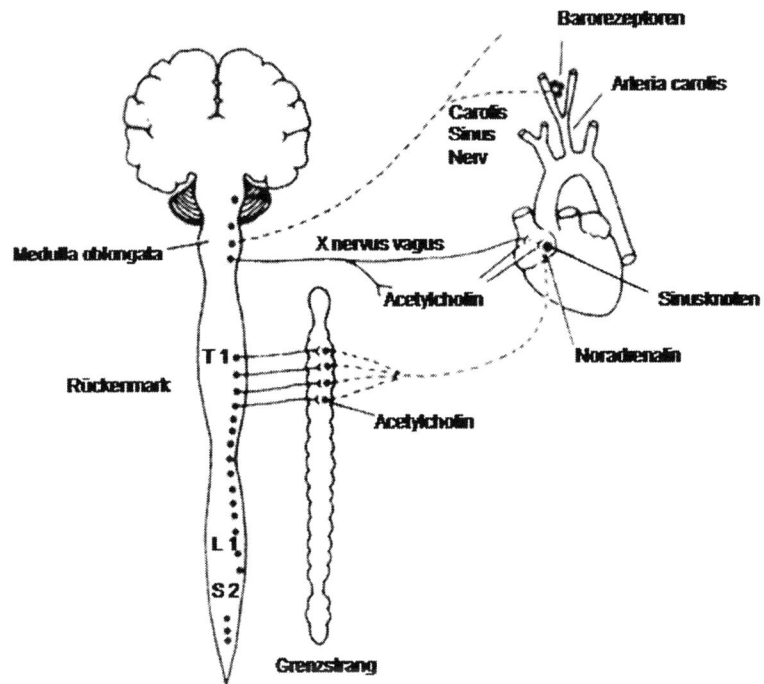

Abbildung 5.8:   Schematische Darstellung der vegetativen Verbindungen des Barorezeptorenreflexes. Regis-
trieren die Barorezeptoren einen Druckanstieg
oder Druckabfall, so wird dieser über die affe-
rente Verbindung des Carotis-Sinus-Nervs an
die Regulationszentren in der Medulla oblongata
geleitet, die im Sinne eines negativen Feedback-
Mechanismus eine depressorische Reaktion (bei
Druckanstieg) oder eine pressorische Reaktion
(bei Druckabfall) initiieren.

Die Atmung hat ebenfalls einen Effekt auf das kardiovaskuläre System. Als Reaktion auf Veränderungen im Atemzyklus werden Mechanismen des vegetativen und zentralen Nervensystems sowie mechanische (Herz) und hämodynamische Anpassungen ausgelöst, die zu tonischen und phasischen Änderungen der kardiovaskulären Funktion führen. Respiratorische und kardiovaskuläre Funktionen sind in der Medulla oblongata gekoppelt. Ein bedeutsames Beispiel für diese Kopplung ist das Phänomen der respiratorischen Sinusarrhythmie (RSA). Die respiratorische Sinusarrhythmie bezieht sich auf zyklische Variationen der Herzrate, die zeitlich an die Inspirationsphase (Herzratenbeschleunigung) und die Expirationsphase (Herzratenverlangsamung) des Atemzyklus gebunden sind. Die RSA hat in der Psychophysiologie u. a. Bedeutung für die Erfassung parasympathischer Effekte auf die Herzaktivität.

Während der Barorezeptorenreflex und die respiratorische Sinusarrhythmie kurzzeitige Mechanismen zur Regulation von Blutdruck und Herzrate darstellen, sind die Nieren für eine längerfristige (Tage, Wochen) Regulation der kardiovaskulären Funktionen von Bedeutung. Primär sind die Nieren für die Regulation des Flüssigkeitsvolumens des Körpers und für die Elektrolyt-Balance zuständig. Diese Aufgaben erfüllen die Nieren über die Regulation des arteriellen Blutdrucks. Bei einem Blutdruckabfall wird der Blutfluss zu den Nieren und die Bildung und Ausscheidung von Urin in den Nieren reduziert. Als Folge dieser Sequenz wird neu aufgenommene Flüssigkeit im Körper zurückgehalten und auf diese Weise das Blutvolumen normalisiert, worauf der Blutdruck wieder ansteigt. Umgekehrt führt ein Blutdruckanstieg zu vermehrter Urinbildung und -ausscheidung, was wiederum das Blutvolumen verringert. Das geringere Blutvolumen führt zu einer graduellen Abnahme des Blutdrucks, bis wieder ein normales Niveau erreicht wird. Ein weiterer Mechanismus, durch den die Nieren Einfluss auf den Blutdruck nehmen können, wird bei zu geringer Durchblutung der Nieren ausgelöst. Ein zu geringer Blutfluss zu den Nieren infolge eines Blutdruckabfalls veranlasst die Nieren zur Freisetzung des Hormons Renin direkt in die Blutbahn. Renin agiert als Enzym, das ein Protein in Angiotensin umwandelt. Angiotensin wirkt direkt auf die Blutgefäße und verursacht dort eine Vasokonstriktion, die den Blutdruck wiederum normalisiert.

5.1.2.6 Messung kardiodynamischer Reaktionen

5.1.2.6.1 Elektrokardiogramm

Das Elektrokardiogramm (EKG) ist die Aufzeichnung der summierten Aktionspotentiale der Herzmuskelfasern und damit Ausdruck der Herzerregung während jedes Herzzyklus. Das relativ große bioelektrische Signal, das sich in gesetzmäßiger Weise im Körper ausbreitet, kann zuverlässig und kontinuierlich mit auf der Körperoberfläche platzierten Elektroden registriert werden. In der Psychophysiologie wird vorwiegend die bipolare Extremitätenableitung nach Einthoven II (vgl. Abb. 5.9) verwendet, da sie die höchsten R-Zacken produziert.

Eine weitere häufig angewandte Methode ist die Brustwandableitung, bei der die Elektroden auf das rechte Schlüsselbein und unterhalb des linken Rippenbogens geklebt werden. Sie wird vor allem dann verwendet, wenn die Bewegungsfreiheit des Probanden im Experiment gewährleistet sein soll. Wegen ihrer Größe wird meist die R-Zacke zur Berechnung der Herzperiode (HP), das ist der zeitliche Abstand zwischen zwei R-Zacken (R-R-Intervall), ausgedrückt in ms, herangezogen. Es gibt verschiedene Methoden zur Analyse des R-R-Intervalls (Papieraufzeichnung, Kardiotachometrie), jedoch wird heute im Allgemeinen die on- oder offline-Auswertung mittels Computerprogramm verwendet. Bei der off-line-Auswertung wird das digitalisierte EKG (Abtastrate 256 Hz) aufgezeichnet und später analysiert. Aus dem Abstand der R-Zacken lässt sich mittels einer nicht-linearen Transformation die Herzrate (HR) nach der Formel: *HR (Schläge pro min) = 60 000 (ms) / HP (ms)* bestimmen. Bei einem R-R-Intervall oder einer HP von 800 ms beträgt die Herzrate demnach 75 Schläge pro Minute.

Eine weit verbreitete Strategie der Kennwertbildung in der Differentiellen Psychophysiologie ist die Bildung der mittleren Herzrate über intervenierende experimentelle Phasen (z.B. während eines Stressinterviews) und der Vergleich dieser mittleren Herzrate zwischen verschiedenen Ausprägungen der in Frage stehenden Persönlichkeitsdimensionen (z.B. hoch vs. niedrig in Neurotizismus). Dabei werden gelegentlich auch Differenzwerte zu einer Ausgangslage unter Ruhe gebildet und die Veränderungswerte zwischen den Persönlichkeitsdimensionen verglichen.

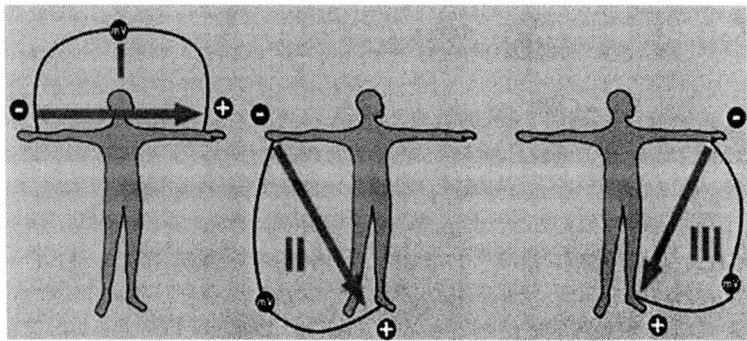

Abbildung 5.9:   **Die Extremitätenableitung nach Einthoven.**
Einthoven I beinhaltet die Ableitung zwischen
linkem und rechtem Arm. In der Psychophysio-
logie wird die Ableitung Einthoven II zwischen
dem rechten Arm und linken Bein am häufigsten
verwendet, weil sie die höchsten R-Zacken zur
Analyse der Herzfrequenz erbringt. Bei der Ab-
leitung III werden die aktiven Elektroden am
linken Arm und linken Bein angebracht.

Messprobleme

1. Die Erfassung der mittleren Herzrate über eine festgelegte Zeitstrecke
(z.B. eine Minute) ist Ausdruck des *tonischen Herzfrequenzverhaltens.*
Neben der mittleren Herzrate ließe sich als Kennwert der tonischen
Herzaktivität auch die mittlere Herzperiode (mittels R-R-Intervall)
verwenden. Ob die Herzrate oder die Herzperiode als Kennwert herangezogen wird, ist nicht unerheblich, da die Beziehung zwischen beiden
Maßen nicht linear ist. Die Frage nach der adäquaten Maßeinheit wird
von Reliabilitätsaspekten, wie der Größe des jeweiligen Messfehlers,
von der Effektstärke (der Größe des Unterschiedes zwischen Gruppen
oder Bedingungen), von statistischen Aspekten, wie der Erfüllung der
Normalverteilungs- und Varianzhomogenitätsannahme, und letztlich
von Validitätsaspekten, wie der Korrelation mit einem Kriterium (z.B.
der subjektiven Anspannung), bestimmt werden.
Eine generelle Entscheidung für die Verwendung einer Maßeinheit
kann es nicht geben, da die genannten Aspekte in Abhängigkeit von
Stichprobencharakteristika und der Verwendung von Rohwerten oder

Differenzmaßen variieren.

2. Die mittlere Herzrate ist jedoch das weitaus häufiger verwendete Maß im Vergleich zur mittleren Herzperiode. Für die mittlere Herzrate unter Stimulationsbedingungen gilt ebenso wie für andere psychophysiologische Parameter, dass die Reaktivität in erheblichem Maße durch das Ausgangsniveau vor Stimulation mitbestimmt werden kann. Das *Ausgangswertgesetz* (Wilder, 1931) beschreibt einen negativen Zusammenhang zwischen den Ausgangs- und den Reaktionswerten (Differenzmaß), d.h. je höher z.B. die Herzrate vor Stimulation war, desto geringer wird die Zunahme der Herzrate unter Stimulationsbedingungen sein. Auch wenn dieser Zusammenhang für verschiedene kardiovaskuläre Maße, wie die Herzrate, die vasomotorische Reaktion oder den Blutdruck, bestätigt wurde, schlägt Myrtek (1980) auf der Basis einer Vielzahl von Studien vor, in jedem Datensatz gesondert zu prüfen, ob eine Ausgangswertabhängigkeit vorliegt, da sich in der Mehrzahl der Studien keine negative, sondern vielmehr eine positive Korrelation zwischen Ausgangs- und Reaktionswert ergeben hatte. Für eine bestehende Ausgangswertabhängigkeit finden sich in der Literatur eine Reihe von statistischen post-hoc-Korrekturverfahren wie die Bildung eines „Autonomic Lability Score (ALS)" nach Lacey (1956) oder die Verwendung der Kovarianzanalyse.

3. Neben der Korrektur einer möglichen Ausgangswertabhängigkeit stellt die Frage nach der Erhebung einer adäquaten Ausgangs- oder *Baselinemessung* ein permanentes Problem dar. Allgemein wird eine Adaptationsperiode von 15 Minuten zur Stabilisierung der Herzrate vor Beginn experimenteller Manipulationen vorgeschlagen. Hastrup (1986) fand in einer Metaanalyse eine hohe Variabilität in der Dauer der Ausgangsmessungen und eine im Mittel negative Korrelation zwischen der Dauer der Baselinemessung und der mittleren Herzratenreaktivität. Verschiedentlich werden auch Ausgangsmessungen an Tagen vor Applikation experimenteller Bedingungen durchgeführt, was insbesondere bei physiologisch reaktiven Probanden zu einer angemesseneren Ausgangslagenbestimmung führen dürfte.

4. Von den tonischen Maßen sind die *phasischen Herzratenänderungen* als Reaktion auf ein definiertes internes Ereignis oder einen externen Reiz hin zu unterscheiden. Sie zeigen sich in einer kurzfristigen Beschleunigung (Akzeleration) oder Verlangsamung (Dezeleration) der Herzrate, die in den tonischen Maßen nicht adäquat abgebildet werden. Die Veränderung wird meist als Differenz zu einer mittleren Herzrate über 5 oder 8 s vor Reizbeginn bestimmt.

5. In diesem Zusammenhang wird die Frage diskutiert, ob die sukzessiven

Änderungen der Herzrate oder der Herzperiode in *Echtzeit* (Sekunde für Sekunde) oder in so genannter „*Herzzeit*" (Schlag für Schlag) dargestellt werden sollen. Wenn eine festgelegte Anzahl von Herzschlägen als Analyseeinheit verwendet wird, haben Probanden mit einer höheren Herzrate eine geringere Analysezeit (Stichprobe der Echtzeit) im Vergleich zu Probanden mit einer geringeren Herzrate. Demgegenüber ergibt sich bei Verwendung der Echtzeitdarstellung für jeden Probanden eine unterschiedliche Anzahl zu berücksichtigender R-R-Intervalle (Stichprobe der Herzschläge). Hinzu kommt das Problem, dass bei der Erfassung der sukzessiven Herzratenänderungen der Reizbeginn meist zwischen zwei R-Zacken fällt, und bei einer Analyse, die erst ab der ersten R-Zacke durchgeführt würde, Information verloren ginge. Theoretisch sollte die Frage der Einheit (Echtzeit oder Herzzeit) danach entschieden werden, ob der in Frage stehende Prozess in Abhängigkeit von der Echtzeit oder der Herzzeit variiert (Papillo & Shapiro, 1990). Dies dürfte allerdings nur schwer festzustellen sein. Es ist vorgeschlagen worden, den Herzschlag auf einer Echtzeitskala darzustellen, deren Nullpunkt durch den Reizbeginn markiert wird, und für die einzelnen Werte der Schlagfrequenz über die Dauer jedes Echtzeitintervalls (in der Regel 1 s) das gewichtete Mittel zu bilden (Graham, 1980; Velden & Wölk, 1987). Die Herzfrequenzwerte werden dabei mit dem Zeitanteil, den sie an der Dauer des Echtzeitintervalls haben, multipliziert, die Produkte werden summiert und durch die Dauer des Echtzeitintervalls dividiert. Dies setzt natürlich voraus, dass auch die R-Zacken und damit die Herzfrequenzwerte von Beginn und nach Ende des Echtzeitintervalls vorliegen, eine Bedingung, die in aller Regel erfüllt ist. Ein ausführliches Rechenbeispiel findet sich bei Vossel und Zimmer (1998).

6. Ein anderer Indikator der tonischen Herzaktivität, der aus dem EKG abgeleitet werden kann, ist die *Herzratenvariabilität* (HRV). Die HRV steht in Zusammenhang mit der respiratorischen Sinusarrhythmie. Neben der respiratorischen Aktivität tragen jedoch auch andere physiologische Mechanismen, wie die Vasomotorik (Gefäßmotorik) und die Thermoregulation, zur Variabilität der Herzrate bei. Für die Psychologie sind jedoch die Änderungen der HRV unter mentalen Belastungsbedingungen oder emotionaler Aktivierung von primärem Interesse. Unter Stress sowie unter aufmerksamkeitsfordernden Bedingungen geht die Variabilität der Herzrate zurück. Zur Erfassung der HRV sind verschiedene Maße entwickelt worden, die sich sowohl auf die Darstellung in Echtzeit als auch in Herzzeit beziehen und jeweils unterschiedliche Aspekte der Variabilität erfassen (Fahrenberg & Foerster,

1989). Im Zeitbereich (Echtzeit) soll das *Varianzmaß* der Herzrate eher die langsamen und stärker ausgeprägten Schwankungen abbilden, während das *Mittlere Quadrat sukzessiver Differenzen* (MQSD) die Unterschiede aufeinander folgender Herzschläge stärker berücksichtigt und damit die kurzfristigen, schnellen Schwankungen erfasst. Das MQSD-Maß wird nach der Formel:

$$MQSD = \sum_{i=1}^{n} \frac{(X_{i+1} - X_i)^2}{n-1}$$

gebildet, wobei X_i die Frequenz des i-ten Herzschlags und n die Anzahl der berücksichtigten Herzfrequenzwerte darstellt. Diese Variabilitätsmaße lassen sich in analoger Weise auch für die Herzzeiten (Interbeat-Intervalle = IBIs) bilden. Ein genereller Nachteil dieser Maße liegt in der Abhängigkeit von der mittleren Herzrate bzw. dem mittleren IBI. Mit unter mentaler Belastung steigender Herzrate sinkt die mit diesen Maßen erfasste HRV. Daher sind frequenzunabhängige Variations-koeffizienten entwickelt worden, wie z.B. der *Modulationsindex*, bei dem jeder Wert in Prozent des mittleren Wertes des Messintervalls ausgedrückt wird (s. Fahrenberg & Foerster, 1989). Die am häufigsten verwendete Methode zur Analyse der HRV ist die *Spektralanalyse*, bei der die Frequenz des EKG-Signals analysiert wird, und die Leistung (Quadrat der Amplitude) in den verschiedenen Bändern über eine definierte Messstrecke bestimmt wird. Die Gesamtleistung wird auf 100 Prozent gesetzt und dann die relative Leistung in den verschiedenen Frequenzbändern ermittelt. Die Frequenzbänder sollen einen jeweils dominierenden Einflussfaktor der HRV abbilden. Das untere Band von 0,02–0,06 Hz wird als *thermoregulatorisches* Band, das mittlere von 0,07–0,14 Hz als *vasomotorisches* oder Blutdruck-regulations-Band und das obere von 0,14–0,42 Hz als *respiratorisches* Band bezeichnet. Als eine spezielle Komponente findet sich in der Spektralanalyse ein aufgabenabhängiges Band, wenn Aufgaben mit einem konstanten Intervall vorgegeben werden und durch spezifische Herzfrequenzreaktionen induziert werden. Mentale Belastung führt zu einer Reduktion der HRV in allen Bändern, soll sich aber nach Mulder (1985) speziell in der 0,10- Hz-Komponente, also dem Bereich von 0,06–0,14 Hz zeigen. Die Diskussion über die Indikatorfunktion der verschiedenen Frequenzbereiche ist allerdings nicht abgeschlossen.

7. Die respiratorischen Einflüsse auf die HRV gelten als parasympathisch
   vermittelt. Die Durchtrennung der Vagusinnervation am Herzen führt
   zur Elimination der RSA, die Durchtrennung des Sympathikus hat
   hingegen keinen Effekt auf die RSA. Mit der Quantifizierung der RSA
   erhielte man demnach ein Maß für die vagale Kontrolle des Herzens,
   also einen Indikator für die Aktivität des Parasympathikus. Eine relativ
   einfache Quantifizierung der RSA kann über die Bildung des so genannten *Gipfel-Tal-Maßes* (peak-to-trough) erfolgen. Für jeden Atemzyklus wird die Differenz zwischen dem kürzesten R-R-Intervall in der
   Inspirationsphase und dem längsten R-R-Intervall in der Exspirations-
   phase gebildet. Die mittlere Differenz in ms gilt als ausgezeichneter
   Schätzwert des vagalen Tonus am Herzen (Papillo & Shapiro, 1990).
   Die RSA ließe sich auch über die Leistung im respiratorischen Band
   mittels Spektralanalyse bestimmen. Bei einer normalen Atmung von 8
   bis 25 Zügen pro Minute beträgt die Dauer eines Atemzyklus 2,4 bis
   7,5 s und hätte demnach eine Frequenz von 0,13 bis 0,42 Hz. Die Summe der *Leistungsdichtewerte* im respiratorischen Band ist mit entsprechenden Korrekturen ebenfalls ein Indikator des vagalen Tonus. Das
   Gipfel-Tal-Maß soll aber den komplizierten Quantifizierungen unter
   Verwendung der Spektralanalyse, wie z.B. dem Maß V nach Porges
   (1986), vergleichbar sein. Die Erfassung dieses respiratorisch gekop-
   pelten vagalen „gatings" ist deshalb besonders interessant, weil die
   Mehrzahl der stimulusabhängigen Reaktionen im unteren bis mittleren
   Intensitätsbereich als primär vagal bedingt gilt (Fahrenberg & Foerster,
   1989).

5.1.2.6.2 Phonokardiogramm

Mittels des Phonokardiogramms werden die Herztöne registriert, wobei
der erste Herzton den Beginn der ventrikularen Kontraktion und damit der
Systole und der zweite Herzton den Beginn der ventrikularen Erschlaffung
und damit der Diastole indiziert (vgl. Abb. 5.10). Der erste Herzton ist
etwas tiefer und dauert länger als der zweite. Die Herztöne werden mit
einem piezoelektrischen Wandler, z.B. einem Kristall-Mikrophon, aufgenommen, das wie das Stethoskop oberhalb des Herzens auf der Brust
platziert wird. Das Phonokardiogramm ist die graphische Darstellung des
Spannungsverlaufs, der mit diesem Mikrophon registriert wurde. Es gibt
noch den dritten und vierten Herzton, die allerdings nicht bei allen Probanden zu finden sind, und denen bislang keine spezielle Bedeutung für die
Messung von Systolen und Diastolen zukommt.

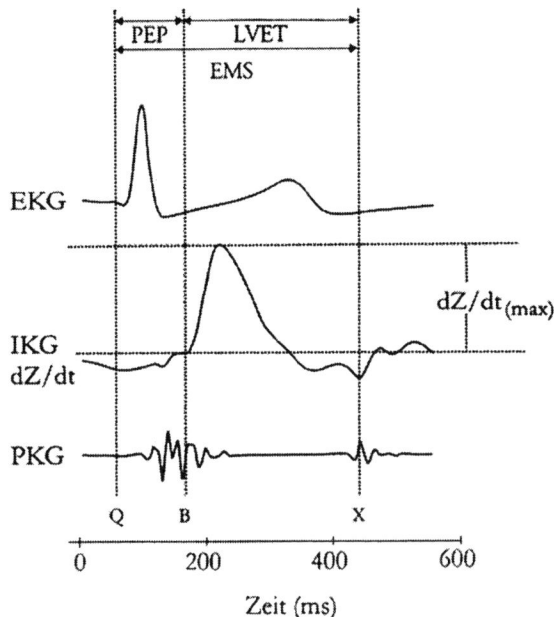

Abbildung 5.10: **Das Phonokardiogramm (PKG, unten). Das PKG erfasst die Herztöne, die auf das Schließen und Öffnen der Herzklappen zurückzuführen sind und – wie die vergleichende Darstellung des Impedanz– und Elektrokardiogramms zeigt – mit bestimmten Herzaktionen in Verbindung gebracht werden können. PEP = Prä-Ejektions-Phase, LVET = linksventrikuläre Austreibungszeit, FMS = elektromechanische Systole. EMS = elektromechanische Kammersystole = PEP + LVET.**

5.1.2.6.3 Impedanzkardiogramm (IKG)

Eine der größten Herausforderungen der kardiovaskulären Psychophysiologie stellt die reliable Erfassung des Herzzeit- (cardiac output) bzw. des Schlagvolumens mittels nicht-invasiver Methodik dar. Die Impedanzkardiographie ist eine relativ leicht anwendbare, nicht-invasive Methode, um wichtige Größen des Herz-Kreislauf-Systems wie die *Anspannungszeit* (pre-ejection period, *PEP*) und die *Austreibungszeit* (left ventricular ejection time, *LVET*) kontinuierlich zu messen oder das Schlagvolumen und die *Kontraktilität* (*Heather-Index*) zu schätzen. Mit jedem Herzzyklus ändert sich die elektrische Impedanz des Thorax, also der Wechselstrom-Widerstand des Brustraumes, auf einen von außen angelegten niedrig-energetischen (4 mA), hochfrequenten (20–200 kHz) Wechselstrom. Diese pulssynchrone Impedanzänderung in der Größenordnung von 1 % der Gesamtimpedanz beruht im Wesentlichen auf Blutvolumenverschiebungen im Thorax (Aortenfüllung und venösen Blutvolumen) und auf strömungsbedingten Widerstandsänderungen (abnehmende Strömung führt zu höherer Impedanz) durch wechselnde Orientierung der roten Blutkörperchen.

Zur Messung werden aluminiumbeschichtete Bandelektroden parallel zueinander um den Hals und den Thorax geklebt (vgl. Abb. 5.11 oben). Der Wechselstrom wird an die äußeren Bänder (1 und 4) angelegt, während über die inneren Bänder (2 und 3) die Impedanzänderungen gemessen werden. Als auszuwertende Größe wird die erste Ableitung der Thoraximpedanz (dZ/dt) herangezogen. Dabei stellt (dZ/dt) min (vgl. Abb. 5.11, unten) die maximale Änderungsgeschwindigkeit der thorakalen Impedanz dar und wird deshalb in der neueren Literatur auch als (dZ/dt) max bezeichnet. Das Impedanzsignal ist ein zusammengesetztes Signal, an dem verschiedene Messpunkte identifiziert werden können (vgl. Abb. 5.10, oben), die mit bestimmten Ereignissen des Herzzyklus korrespondieren. Von besonderer Bedeutung für die Bestimmung des Schlagvolumens und der LVET ist die Identifizierung des Fußpunktes der Impedanzänderung B. Zusammen mit dem EKG, das von den äußeren IKG-Elektroden abgeleitet werden kann, ggfs. dem Phonokardiogramm und dem Impedanzsignal (dZ/dt) max, werden das Schlagvolumen, das Herzzeitvolumen, ein Kontraktilitätsindex (Quotient aus Impedanzänderung und R-Z-Zeit) und zeitliche Parameter, wie die Anspannungszeit (EKG-Q, Fußpunkt B) und die Austreibungszeit (Fußpunkt B bis Punkt X des IKG), berechnet.

Die Formeln zur Berechnung des Schlagvolumens variieren in Abhängigkeit von berücksichtigten Korrekturgrößen (Körperlänge, Körpergewicht usw.) erheblich und führen auch zu unterschiedlichen Ergebnissen. Zumindest die Bestimmung der relativen (intraindividuellen) Änderung des Schlagvolumens scheint aber zuverlässig möglich. Die erhaltenen Kennwerte aus dem IKG differenzieren befriedigend zwischen Ruhe- und Belastungsbedingungen, teilweise auch zwischen unterschiedlichen Belastungsbedingungen, und weisen eine ausreichende Stabilität auf.

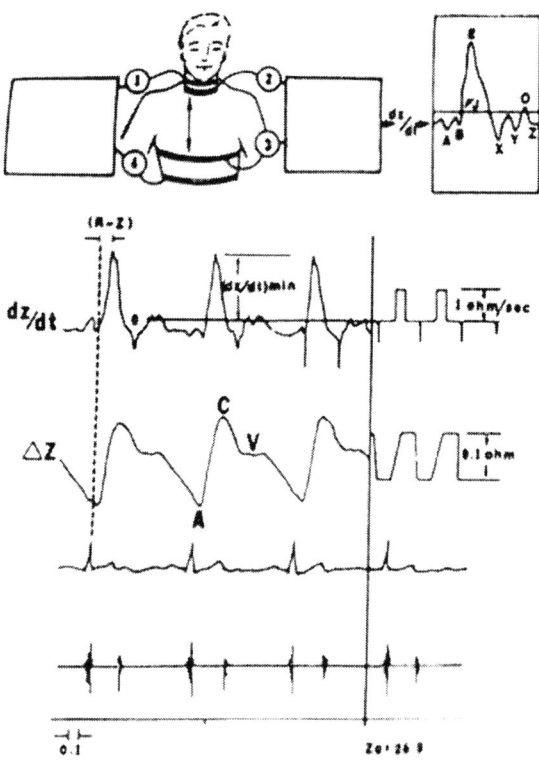

Abbildung 5.11: **Impedanzkardiogramm zur rechnerischen Schätzung des Herzzeit- und Schlagvolumens. Das Signal, die Impedanzänderung ΔZ, ist auf thorakale Volumenverschiebungen und Änderungen der Strömungseigenschaften des Blutes zurückzuführen. Die erste Ableitung des Impedanzsignals nach der Zeit, dz/dt, ist das interessierende Maß. Die größte Minimierung der Impedanz wird als dz/dt max bezeichnet. Die R-Z-Zeit ist die Zeit zwischen der R-Zacke des EKGs und dem maximalen ventrikulären Auswurf, dargestellt durch die Z-Zacke der dz/dt-Kurve. dz/dt dividiert durch die R-Z-Zeit ergibt den Heather-Index.**

Ein vielversprechendes nicht-invasives, aber sehr aufwändiges Verfahren, das eine spezielle Ausbildung verlangt, ist das *Echokardiogramm*. Das Verfahren wird daher hier nicht weiter dargestellt (weiterführende Literatur bei Fahrenberg, 2001).

5.1.2.6.4 Kontraktilitätsmessung

Da die Kammermuskulatur nur vom Sympathikus innerviert wird, könnte über die Messung der Kontraktionskraft der Ventrikel, und hier insbesondere des linken Ventrikels, ein „reiner" Indikator der Sympathikusaktivität am Herzen gewonnen werden. Die Kontraktionskraft beeinflusst auf direktem Weg das Schlagvolumen und damit auch das Herzzeitvolumen. Allerdings lässt sich die Kontraktionskraft mit nicht-invasiver Methodik nur indirekt messen. Zur Schätzung der Kontraktilität werden der Zeitpunkt und die Dauer elektrischer und mechanischer Ereignisse herangezogen, die mit der systolischen Phase des Herzzyklus verbunden sind. Die Gesamtdauer der elektrischen und mechanischen Komponenten der Systole wird als *elektromechanische Kammersystole* (*EMS*) bezeichnet und setzt sich additiv zusammen aus der Anspannungszeit (PEP) und der Austreibungszeit (LVET): EMS = PEP + LVET (vgl. Abb. 5.10). Die Messung der Systolenzeiten kann über die simultane Registrierung des EKGs, des Phonokardiogramms und des peripheren Arterienpulses (Carotispuls, Fingerpuls) und auch mittels des bereits beschriebenen IKGs erfolgen. Da eine einzelne Registrierung für eine zuverlässige Schätzung nicht ausreicht, können sich die verschiedenen Messwerte wechselseitig ergänzen und absichern. Der Beginn der elektromechanischen Systole wird über die Q-Zacke im EKG bestimmt, der Beginn der Austreibungszeit über das Hauptsegment des ersten Herztons im Phonokardiogramm über den Zeitpunkt des steilsten Druckanstiegs des Arterienpulses (z.B. Carotispuls; dZ/dt) oder über den Fußpunkt B der F-Welle der (dZ/dt)-Registrierung; das Ende der Austreibung mit Schließung der Aortenklappe wird über den zweiten Herzton, weniger genau über die Aorteninzisur der arteriellen Pulskurve, sowie über den X-Punkt im IKG ermittelt (vgl. Abb. 5.10). Als Kennwert der Kontraktionskraft des Herzens wird die linksventrikuläre Anspannungzeit (PEP = EMS–LVET) interpretiert, die primär durch betaadrenerge inotrope Mechanismen kontrolliert wird und also ein Indikator der Sympathikusaktivität am Herzen ist.

Als weiterer Indikator der Kontraktilität des Myokards gilt der aus dem IKG abgeleitete *Heather-Index*. Die Vorbehalte und Einschränkungen hinsichtlich der Interpreation dieser Maße als Kontraktilitätsindikator werden ausführlich bei Fahrenberg (2001) geschildert.

Ein vielfach diskutierter Indikator der myokardialen Kontraktilität ist die *T-Welle* im EKG, deren Amplitude bei zunehmender sympathisch gesteuerter Aktivierung des Ventrikels weniger positiv oder sogar negativ werden soll (Furedy & Heslegrave, 1983). Die Amplitudenänderungen sind allerdings mit 20–30 mV äußerst gering, zudem sind die Reliabilität und auch die Validität umstritten. Nach Myrtek et al. (1997) sind die Ergebnisse zur T-Wellen-Amplitude sehr inkonsistent; hingegen scheint die P-Wellen-Amplitude diesen Autoren zufolge ein bedeutender Indikator sympathischer Aktivierung zu sein.

Insgesamt ist festzustellen, dass die Indikatoren der Kontraktilität des Myokards aufgrund komplexer Zusammenhänge und Abhängigkeiten von der Herzfrequenz, der Vor- und der Nachlast durch erhöhten venösen Rückstrom oder erhöhten Abflusswiderstand eingeschränkt zu interpretieren sind, dass aber dennoch die Systolenzeiten (PEP und LVET) geeignet sind, inotrope und chronotrope Einflüsse auf das Herz zu analysieren und damit wesentlich mehr Informationen über die kardiale Reaktion unter Aufgaben- oder Belastungsbedingungen im Labor liefern als die bloße Messung der Herzfrequenz.

5.1.2.7 Messung hämodynamischer Reaktionen

Ein bedeutsamer Aspekt des mit einer Aktivierung einhergehenden psychophysiologischen Reaktionsmusters, z.B. in einer Kampf- oder Fluchtsituation, ist die Verschiebung des Blutflusses von der Haut, dem Gastro-Intestinal-System und den Nieren hin zur Skelettmuskulatur. Die Umverteilung des Blutes wird hauptsächlich durch zwei Mechanismen kontrolliert, zum einen durch die alpha-adrenerg vermittelte Konstriktion der Blutgefäße der Haut, der Niere, der Leber usw., zum anderen durch die beta-adrenerg vermittelte Erweiterung der Blutgefäße der Haut. Im Hinblick auf die Erfassung von Veränderungen des Blutflusses durch das periphere Gefäßsystem sind unter psychophysiologischen Aspekten die Parameter (Blut-) Fluss, Widerstand und Druck von besonderem Interesse. Es ist anzumerken, dass diese Variablen keine voneinander unabhängigen Maße der kardiovaskulären Funktion darstellen, sondern wechselseitig abhängige Größen sind, die zusammen genommen den Blutfluss charakterisieren.

5.1.2.7.1 Blutdruck

Der Faktor, der den größten Einfluss auf die Kontrolle des Blutflusses durch das Kreislaufsystem ausübt, ist der Blutdruck. Der maximale Druck, der während jedes Herzschlags in den Arterien entsteht, wird als *systolischer Blutdruck (SBD)* bezeichnet, der minimale Druck heißt *diastolischer Blutdruck (DBD)*. Die Blutdruckwerte werden in mmHg ausgedrückt. Die Differenz zwischen dem systolischen und dem diastolischen Blutdruck heißt *Blutdruckamplitude*. Ein anderes Maß, das häufig in der Literatur erwähnt wird, ist der mittlere *arterielle Druck (MAP =* mean arterial pressure). Er kann nach folgender Formel geschätzt werden:

$$MAP = 0.33 \, (SBD - DBD) + DBP$$

Der Korrekturfaktor von 0,33 ist erforderlich, da der Druck des Herzzyklus nur für etwa ein Drittel seiner Dauer auf dem systolischen Niveau verbleibt. Die Schätzung ist aber nur dann relativ exakt, wenn die Herzrate innerhalb eines normalen Bereichs bleibt. Da sich bei hoher Herzrate die Dauer der Diastole disproportional im Verhältnis zur Systole verkürzt, sind die Schätzungen des MAP bei hoher Herzrate fehlerhaft. Der MAP ist insofern ein bedeutsames Blutdruckmaß, als es den effektiven Druck reflektiert, der das Blut gegen den Widerstand der Blutgefäße durch den Kreislauf treibt. Der mittlere arterielle Druck wird auch in Kombination mit dem Herzzeitvolumen (HZV in l/min) zur Schätzung des *totalen peripheren Widerstandes (TPW)* verwendet:

$$TPW = 80 \times MAP/HZV$$

Der „normale" systolische bzw. diastolische Blutdruck beträgt im jungen Erwachsenenalter etwa 120 bzw. 80 mmHg. Die Blutdruckwerte weisen sowohl inter- als auch intraindividuell große Schwankungen auf. Faktoren wie Alter, Geschlecht, Körpergewicht, Trainingszustand und individuelle Gewohnheiten (z.B. Kaffee-, Nikotin- und Alkoholkonsum) beeinflussen die Blutdruckwerte erheblich.

Sowohl der Druck als auch die Druckwelle verändern sich während der Passage durch das Kreislaufsystem. Mit zunehmender Entfernung vom Herzen nimmt der mittlere arterielle Druck kontinuierlich ab. Veränderungen in der Größe und Struktur der Blutgefäße machen die Pulswelle zunehmend glatter. Die Pulsationen, die beim Austritt des Blutes aus dem Herzen ausgeprägt sind, werden in einen kontinuierlichen gleichbleibenden Fluss verwandelt, der den Austausch von Nährstoffen bzw. Abfallprodukten zwischen dem Blut und dem Gewebe in den Kapillaren erleichtert. Der Druck fällt von der Arteria brachialis am Oberarm (120/80 mmHg) auf 20–30 mmHg in den Kapillaren. In den großen Venen beträgt er nur 0–20 mmHg.

Zur nicht-invasiven Messung des Blutdrucks stehen eine Reihe von Verfahren zur Verfügung, die ausführlicher bei Fahrenberg (2001) und Papillo und Shapiro (1990) beschrieben sind. Die gebräuchlichste Methode ist die auskultatorische oder sphygmomanometrische Messung nach Riva-Rocci unter Verwendung einer Blutdruckmanschette und eines Stethoskops (vgl. Abb. 5.12).

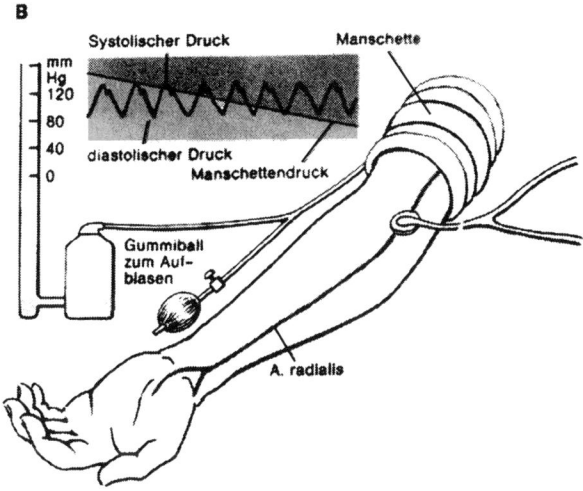

Abbildung 5.12:   Blutdruckmessung nach dem Riva-Rocci-Verfahren.

Die Manschette wird in Herzhöhe fest um den Oberarm gelegt und so weit aufgeblasen, dass die Arteria brachialis unter der Manschette verschlossen ist und kein Blut mehr passieren kann (Radialispuls = Puls am Handgelenk ist nicht mehr tastbar). Das Stethoskop wird auf die Innenseite der Armbeuge aufgesetzt und der Druck mit einer Geschwindigkeit von 2–3 mm Hg/s abgelassen. Bei verschlossener Arterie ist der Manschettendruck höher als der systolische Blutdruck. Beim Ablassen des Drucks öffnet sich die Arterie, und es entsteht ein Strömungsgeräusch, das auch als Korotkow-Geräusch bezeichnet wird. Beim ersten Auftreten des Geräuschs wird der Wert auf dem Manometer als Bestimmung für den systolischen Blutdruck abgelesen. Mit weiterer Öffnung der Arterie nehmen die Korotkow-Geräusche zunächst zu und mit zunehmender Öffnung wieder ab. Das Verschwinden des Korotkow-Geräusches bei vollständig durchgängiger Arterie wird auf dem Manometer als Wert für den diastolischen

Blutdruck abgelesen (vgl. Abb. 5.13).

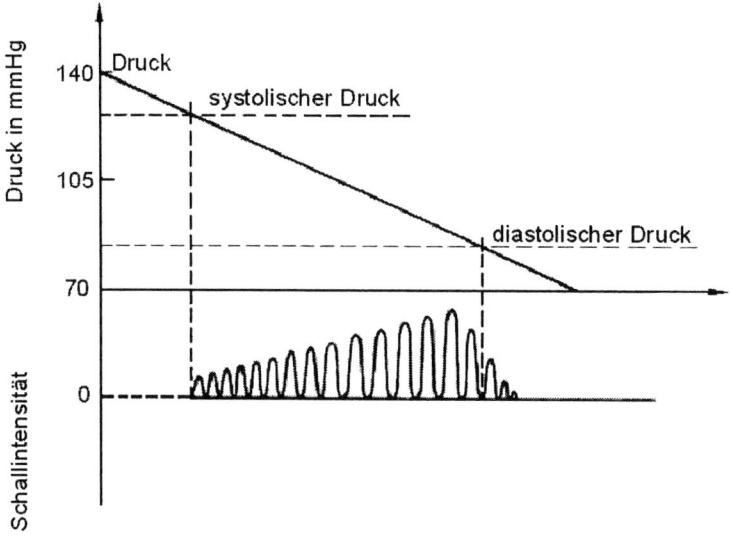

Abbildung 5.13: **Verlauf der Korotkow-Geräusche. Die Korotkow-Geräusche nehmen mit Ablassen des Manschettendrucks an Intensität zu. Bei freiem Durchtritt des Blutes durch die Arterie fallen sie relativ plötzlich ab.**

Das Verfahren nach Riva-Rocci unterschätzt den systolischen und überschätzt den diastolischen Blutdruck, gemessen an der invasiven Blutdruckmessung. Es ist zudem wegen der Deformation der Arterie erst nach mehreren Minuten wiederholbar. Mit so genannten Blutdruck-Halbautomaten, bei denen das Aufblasen der Manschette und das Ablassen des Drucks z.B. mit konstanter Geschwindigkeit über eine elektrische Pumpe von außerhalb des Versuchsraums erfolgt und die Korotkow-Geräusche über ein Körperschallmikrofon aufgenommen oder mittels Drucksensoren oszillometrisch registriert werden, lässt sich zwar die Messung automatisieren, aber nicht die Wiederholungsfrequenz erhöhen. Ein Verfahren, das eine kontinuierliche, nicht-invasive Blutdruckmessung ermöglicht, ist über die Messung des arteriellen Drucks am Finger entwickelt worden (Finapres-Methode). Bei dieser Methode wird der Luftdruck in der Fingermanschette bei gleichzeitiger photoplethysmographischer Registrierung der Blutvolumenänderungen über einen Servomechanismus so geregelt, dass der Manschettendruck und der arterielle Druck gleich sind. Der kontinuierlich gemessene Druck ist geeicht; um aber auf den tatsächlichen Blutdruck schließen zu können, muss eine Konstante addiert werden, die aus einer simultanen auskultatorischen Messung gewonnen wird. Die Finapres-Geräte erlauben zwar eine kontinuierliche Messung, aber auf Grund der häufigen Regelung (Aufpumpen der Fingermanschette) ist eine herzsynchrone phasische Registrierung der Blutdruckänderungen – vergleichbar den phasischen Herzratenänderungen – nur eingeschränkt gegeben.

Für kontinuierlich gemessene Blutdruckwerte lassen sich ebenso wie für die Herzrate Variabilitätsmaße bestimmen und Spektralanalysen zur Analyse der Frequenzen des Blutdrucksignals und der Abhängigkeit der Blutdruckschwankungen vom Respirationszyklus durchführen. Solche Analysen sind bislang allerdings eher selten durchgeführt worden.

5.1.2.7.2 Arterienpulsmessung

Arterienpulse treten als Strom-, Druck- und Volumenpulse auf (zur Unterscheidung von Form, Verlauf und Messung siehe Fahrenberg, 2001). Am häufigsten wird in der psychophysiologischen Forschung der Volumenpuls registriert. Durch wechselnde Strom- und Druckpulse kommt es in den Arterien zu einer Dehnung und damit zu einer Querschnittsänderung der Gefäßwände, die als Volumenpuls (Querschnittspuls) mittels verschiedener Aufnehmer (Dehnungsmessstreifen, kapazitative und piezo-elektrische Aufnehmer, mechanisch-fotoelektrische und optisch-reflexive Aufnehmer) erfasst werden können. Bevorzugte Ableitorte sind die Arteria carotis und die Arteria radialis sowie zur Erfassung der peripheren Pulse das Ohrläppchen oder der Finger. Die übliche Methode zur Registrierung tonischer und phasischer Veränderungen des Blutflusses ist die Plethysmographie (die aus dem Griechischen abgeleitete Bedeutung ist „Füllung"). Bei der plethysmographischen Messung wird ein Glied oder der Teil eines Gliedes (Finger, Hand, Arm, Bein) in eine abgeschlossene, wassergefüllte (Hydroplethysmographie) oder luftgefüllte (Pneumoplethysmographie) Kammer gelegt, so dass sich Änderungen im Blutvolumen auf eine an die Kammer grenzende Röhre übertragen, die ebenfalls mit Wasser oder Luft gefüllt ist und mittels eines mechanischen oder elektrischen Wandlers registriert werden. Diese Anordnung ermöglicht die Messung der „absoluten" Blutmenge in dem Körperabschnitt, lässt sich eichen und erlaubt damit interindividuelle Vergleiche. Bei der am häufigsten verwendeten Photoplethysmographie mittels Lichtabsorptionsmethode (Messung des durch den

Finger durchtretenden Lichts) oder Lichtreflektionsmethode (Messung des vom Finger oder Ohrläppchen reflektierten Lichts) ist hingegen nur eine Bestimmung der relativen, intraindividuellen Veränderung möglich. Abbildung 5.14 zeigt die Pulsvolumenamplitude, registriert am Finger mittels Lichtreflektionsmethode. Die Verkleinerung der Amplitude indiziert eine Vasokonstriktion, die Amplitudenzunahme eine Vasodilatation. Erkennbar ist auch eine „dikrotische" Welle, die auf den Rückschlag des Blutes nach Schließen der Aortenklappe zurückgeführt wird.

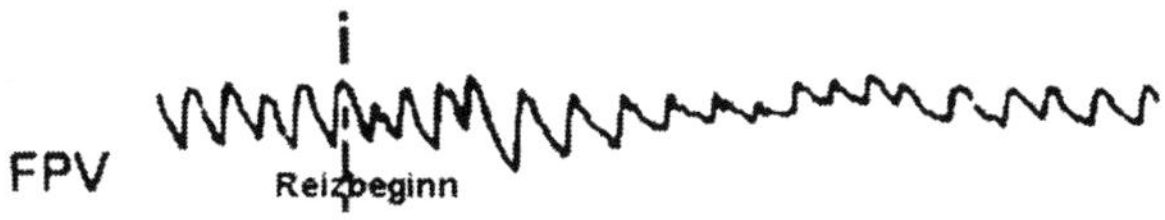

Abbildung 5.14: **Fingerpulsvolumenamplitude (FPV). Die Abbildung zeigt den Verlauf der FPV nach einer Reizdarbietung. Mit einer Latenz von 5–8 s setzt die maximale Vasokonstriktion (Verkleinerung der Amplitude) ein, gefolgt von einer allmählichen Vasodilatation (Amplitudenzunahme).**

Bei der Lichtabsorptionsmethode wird Licht im Infrarotbereich auf einer Seite des Fingers appliziert und auf der Rückseite des Fingers mittels Photodiode die Menge des durchtretenden Lichts gemessen. Da Blut und Gewebe sehr unterschiedliche Lichtabsorptionseigenschaften im Infrarotbereich haben (Gewebe ist lichtdurchlässig, Blut nicht), ist die Menge des durchscheinenden Lichts direkt abhängig von der Blutmenge im Finger. Bei der Lichtreflektionsmethode befinden sich Lichtquelle und Photodiode auf derselben Seite. Wenn viel Blut im Finger ist, wird demnach wenig Licht reflektiert.

Die Registrierung des peripheren Arterienpulses erlaubt das Auszählen der Herzfrequenz und erübrigt damit u. U. die EKG-Messung. Darüber hinaus lässt sich aus den Pulsregistrierungen die Pulslaufzeit (PLZ) und die Pulswellengeschwindigkeit (PWG) bestimmen. Hierzu wird z.B. mittels piezoelektrischer Druckaufnehmer die Laufzeit der Pulswellen in ms zwischen zwei Punkten des Kreislaufsystems (z.B. an der Arteria brachialis) bestimmt. Wird dieser Wert durch den Abstand der Messpunkte dividiert, erhält man die PWG. Da die PWG vom Blutdruck abhängt, wird die PWG auch als ein kontinuierlicher Indikator intraindividueller Blutdruckänderungen betrachtet. Die in verschiedenen Untersuchungen ermittelten Korrelationen zwischen Blutdruck und PWG sind jedoch nicht einheitlich, so dass die PWG kein genereller Indikator des Blutdrucks sein kann. Die PWG, gemessen in verschiedenen Abschnitten des Kreislaufsystems, wie z.B. an der Aorta brachialis oder Aorta radialis, wird nach Fahrenberg (2001) vom Volumen und der Geschwindigkeit des ventrikulären Blutauswurfs, vom arteriellen Mitteldruck und vom lokalen Gefäßtonus bestimmt und ist damit für sich genommen ein interessanter Indikator der hämodynamischen Funktion.

Die PWG lässt sich auch über das Intervall zwischen der R-Zacke im EKG und dem Auftreten eines peripheren Pulses bestimmen. Gegen diese Vorgehensweise wird aber eingewendet, dass sie kardiodynamische Aspekte, wie die Anspannungszeiten, mit hämodynamischen Aspekten konfundiert.

Aus den peripheren Pulsen können auch die Systolenzeiten (vgl. Abschnitt 5.1.2.6.4) bestimmt werden. Abbildung 5.15 zeigt die Volumenpulskurve der Arteria carotis.

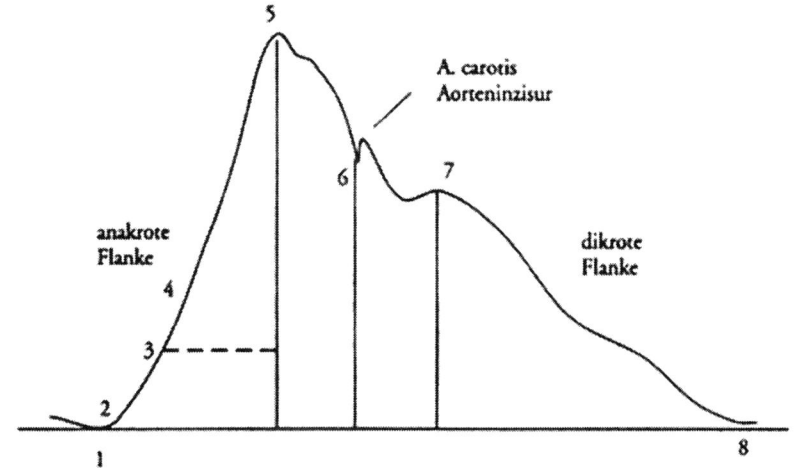

Abbildung 5.15: **Carotis-Pulskurve. Aus der Bestimmung des Fußpunktes und der Aorten-Inzisur lässt sich die linksventrikuläre Anspannungszeit (Prä-Ejektions-Phase, PEP) ermitteln. Periphere Pulswellen ermöglichen auch die Bestimmung von Pulswellenlaufzeiten und -geschwindigkeiten.**

Aus der Bestimmung des Fußpunktes und der Inzisur lässt sich die LVET bestimmen. Werden weitere kardiovaskuläre Größen, wie z.B. das EKG und das PKG, erhoben, so kann auch die Anspannungszeit (PEP) ermittelt werden. Darüber hinaus sind auch Kontraktilitätsmaße aus der Pulskurve ableitbar (vgl. Fahrenberg, 2001).

5.1.3   Die elektrodermale Aktivität

5.1.3.1   Zentrale und periphere Mechanismen elektrodermaler Aktivität

Der Begriff „elektrodermale Aktivität" (EDA) wird heute als Sammelbegriff für die früher unter verschiedenen Bezeichnungen beschriebenen elektrischen Erscheinungen der Haut (z.B. hautgalvanischer Reflex, galvanische Hautreaktion) verwendet. In den letzten 100 Jahren wurden mehrere Tausend Arbeiten zur EDA publiziert, so dass die Messung der EDA vermutlich als die insgesamt am häufigsten verwendete psychophysiologische Methode angesehen werden kann (Boucsein, 1992, 2001).

Die Auslösung der EDA erfolgt im sympathischen Teil des vegetativen Nervensystems, als dessen Steuerungs- und Integrationszentrum vor allem die posterioren Kerngebiete des Hypothalamus angesehen werden. Diese bilden zusammen mit den paraventrikulären Kernen das Ursprungsgebiet des Sympathikus und weisen einen engen Zusammenhang mit dem thermoregulatorischen System auf. Daneben kann die EDA noch als Begleitreaktion feinmotorischer (Brodmann Area 6 und Basalganglien) und lokomotorischer (Formatio reticularis) Aktivität ausgelöst werden (vgl. Boucsein, 1992, Fig. 6).

Das an den Handflächen und Fußsohlen besonders gut beobachtbare emotionale Schwitzen ist hypothalamisch gesteuert und steht überwiegend unter der Kontrolle des limbischen Systems. Ein enger Zusammenhang zwischen der damit verbundenen EDA und emotionaler Erregung lässt sich aus anatomischen Verhältnissen ableiten, da der so genannte Papez-Kreis des limbischen Systems in räumlich enger Nachbarschaft zu den Ursprungs-kernen der sympathischen Bahn verläuft, über die die Schweißsekretion und damit die EDA ausgelöst wird. Einflüsse der Amygdala (überwiegend exzitatorisch) und des Hippocampus (überwiegend inhibitorisch) auf die EDA gelten als gut belegt, sowohl durch ältere Läsions- und Stimulationsversuche an Katzen und an Primaten als auch durch neuere Untersuchungen an Patienten mit neurologischen Störungen (z.B. Mangina & Beuzeron-Mangina, 1996) und mit Hilfe bildgebender Verfahren an gesunden Probanden (z.B. Raine et al., 1991). Als übergeordnete Kontrollinstanzen für die emotional bedingte EDA werden vor allem der anteriore Gyrus cinguli sowie der ventromediale Frontalkortex angesehen (Tranel & Damasio, 1994).

Auch das Auftreten elektrodermaler Begleitreaktionen motorischer Impulse beim Menschen gilt als gut belegt (z.B. Pugh et al., 1966). Diese möglicherweise auf eine phylogenetisch ältere biologische Funktion der Schweißdrüsenaktivität zurückzuführende präparatorische Komponente der EDA (Edelberg, 1973) kann als Indikator zielgerichteter kognitiver Prozesse angesehen werden. Ferner gilt eine Beteiligung der Formatio reticularis an der EDA – nicht nur i. S. einer Durchgangsstation für die absteigenden sympathischen Bahnen – als gesichert (Roy et al., 1984). Daher eignet sich die EDA auch als Indikator einer allgemeinen zentralen Aktiviertheit. Eindeutige Hinweise auf eine Beteiligung sowohl limbischer als auch motorischer Kortexareale an der Auslösung der EDA beim Menschen fanden Fredrikson et al. (1998), die in einem Experiment den zerebralen Blutfluss mit Hilfe von Positronen-Emissions-Tomografie (PET) und die EDA gleichzeitig erfassten. Sie konnten damit das Modell von Boucsein (1992) bestätigen, nach dem unterschiedliche zerebrale Strukturen elektrodermale Erscheinungen auslösen können (vgl. Abb. 5.19). Inwieweit die unterschiedlichen elektrodermalen Auslösemechanismen tatsächlich bis auf Rückenmarksebene unabhängig voneinander wirksam sind, oder ob sie sich bereits auf retikulärer Ebene zu einer gemeinsamen Endstrecke vereinigen, lässt sich allerdings nicht eindeutig feststellen (Boucsein, 2001).

Die absteigenden sympathischen Bahnen enden im lateralen Rückenmark. Dort werden sie umgeschaltet, verlassen das Rückenmark zusammen mit den motorischen Efferenzen über die Vorderhornwurzel und ziehen zum Grenzstrang, wo sich zahlreiche Kollateralen auf verschiedene Ebenen verteilen. Dadurch treten elektrodermale Erscheinungen nicht auf bestimmte Dermatome begrenzt, sondern eher globalisiert auf. Die postganglionäre Impulsübertragung auf die Schweißdrüse ist cholinerg und stellt somit eine Ausnahme im sympathischen Teil des vegetativen Nervensystems dar (vgl. Abb. 5.2). Eine früher angenommene zusätzliche adrenerge Versorgung der Schweißdrüse wird heute als unwahrscheinlich angesehen; sie spielt jedoch vermutlich bei der Innervation der kleinen Muskeln eine Rolle, die durch Zusammendrücken des Schweißdrüsenausgangs helfen, die Leitfähigkeit der Haut zu erhöhen (Boucsein, 1992).

Die Haut besteht aus verschiedenen lichtmikroskopisch gut unterscheidbaren vertikalen Schichten. Die innen liegende Dermis oder Lederhaut verleiht mit ihrem faserreichen Bindegewebe der Haut ihre hohe Zerreißfestigkeit. Dagegen besteht die außen liegende Epidermis aus

Epithelgewebe, dessen Zellen bis zu ihrer Oberfläche, dem Stratum corneum (Hornschicht), mehr und mehr flach und keratinisiert (verhornt) werden. Während die Dermis und die Subcutis (Unterhaut) stark durchblutet und mit viel Flüssigkeit versehen sind, handelt es sich zumindest bei den oberen Schichten der Epidermis um relativ trockene Zellstrukturen. Dies ist für die EDA von entscheidender Bedeutung, da die elektrischen Eigenschaften trockener und feuchter Gewebe unterschiedlich sind. Neben der vertikalen Schichtung weist die Haut regionale Besonderheiten ihrer horizontalen Struktur auf, wobei zwischen Leistenhaut, die sich nur an den elektrodermal besonders aktiven Handflächen und Fußsohlen einschließlich der Beugeseite von Fingern und Zehen befindet, und der den übrigen Körper bedeckenden Felderhaut unterschieden wird.

Bei den Schweißdrüsen der Haut handelt es sich um exokrine Drüsen, da sie ihr Sekret unmittelbar an die Hautoberfläche abgeben. Die Gesamtzahl der Schweißdrüsen beim Menschen beträgt etwa 3 Millionen. Die Mehrzahl der menschlichen Schweißdrüsen wird als ekkrin angesehen, d.h. bei der Sekretion tritt kein nennenswerter Verlust von Zytoplasma auf. Dagegen sind eine Reihe von großen Schweißdrüsen, z.B. in den Achselhöhlen und im Genitalbereich, apokrin. Bei ihrer Sekretion wird der mit Sekret gefüllte Teil der Zelle abgeschnürt, wobei ein Teil des Zytoplasmas verloren geht, das nach der Sekretabgabe wieder regeneriert werden muß.

Der knäuelartige sekretorische Teil der ekkrinen Schweißdrüse liegt in der Subcutis, also unterhalb der Lederhaut. Daran schließt sich der gewundene Teil des dermalen Ausführungsganges (Ductus) an, der in den relativ geraden Teil des dermalen Ductus und danach in den korkenzieherartig gewundenen epidermalen Ductus übergeht. Dieser mündet an der Hautoberfläche in einer kleinen Pore. Von besonderem Interesse für die EDA ist die mit großer Wahrscheinlichkeit von der übrigen Haut abweichende Innervation der Schweißdrüsen an Handflächen und Fußsohlen, d.h. an den palmaren und plantaren Hautflächen. Dabei gilt als umstritten, ob die dort vorhandenen Schweißdrüsen überhaupt am thermoregulatorischen Schwitzen teilnehmen. Stattdessen wird vermutet, dass sie beim „emotionalen" Schwitzen eine besondere Rolle spielen (Schliack & Schiffter, 1979).

5.1.3.2 Messmethoden elektrodermaler Aktivität

Werden die Schweißdrüsen durch sympathische Impulse angeregt, so füllen sich die Ausgänge mit dem salzhaltigen Sekret. Dieses bildet so für einige Sekunden elektrische Brücken zwischen der gut leitenden Dermis und der Hautoberfläche, was zu einem phasischen Anstieg der Hautleitfähigkeit führt. Dabei dringt der Schweiß auch in die normalerweise trockene und daher schlecht leitende Epidermis ein und führt zu einer länger anhaltenden tonischen Erhöhung der Hautleitfähigkeit. Als Ursachen der EDA kommen jedoch nicht nur unterschiedliche Leitfähigkeiten verschieden feuchter Gewebe und die Füllung der Schweißdrüsenausgänge in Frage. Vor allem beim Zustandekommen der Hautpotentiale spielen auch aktive Membranprozesse eine Rolle im elektrodermalen System, was zu komplizierten Modellüberlegungen geführt hat (zusammenfassend: Boucsein, 1992). Die einfachsten Ersatzschaltbilder gehen allerdings lediglich von den passiven elektrischen Erscheinungen der Haut aus und betrachten diese als ein System aus parallel und in Serie geschalteten Widerständen, dessen Eigenschaften durch die weit verbreitete, wenn auch unphysiologische Gleichstrommessung hinreichend erfasst werden können. Zu einer vollständigen Modellierung der elektrischen Eigenschaften der Haut ist jedoch die Einbeziehung weiterer Eigenschaften notwendig, die eine noch wenig verbreitete Messung der EDA mit Wechselstrom erforderlich macht (vgl. Schaefer & Boucsein, 2000).

Die EDA kann entweder als Hautpotential (SP) mit Hilfe der so genannten endosomatischen Methode gemessen werden, bei der keine Fremdspannung an die Haut angelegt wird, oder mit Hilfe der so genannten exosomatischen Techniken unter Verwendung von Gleich- oder Wechselspannung. Die bei weitem am häufigsten verwendete Methode ist die exosomatische Gleichspannungsmessung. Das Prinzip dieser Messung basiert auf dem Ohmschen Gesetz:

$$U = R \times I \text{ oder } R = U/I,$$

d.h. der Widerstand R ist Spannung U dividiert durch die Stromstärke I. Da sich die Leitfähigkeit reziprok zum Widerstand verhält, ist bei konstanter Spannung der gemessene Strom, der durch die Haut fliesst, der Hautleitfähigkeit (SC) proportional. Wird dagegen der Strom konstant gehalten, der zwischen den beiden Elektroden fliesst, ist die abgegriffene Spannung dem Hautwiderstand (SR) proportional. Obwohl beide Techniken prinzipiell gleichwertig sind, wird heute überwiegend die Konstantspannungsmethode angewandt. Sie erfordert den Einsatz eines speziellen Kopplers, der die über der Haut abfallende Effektivspannung konstant hält (Boucsein, 2001, Abb. 4). Die angelegte Spannung beträgt dabei 0,5 Volt, da in diesem Bereich nur geringe Polarisationseffekte an den Elektroden auftreten. Die endosomatische EDA-Messung lässt sich dagegen ohne einen solchen Koppler mit Hilfe eines hochohmigen Verstärkers (1–5 MOhm) mit einer grossen Zeitkonstanten (10 sec oder mehr) durchführen. Die Nomenklatur zu den mit den verschiedenen Messmethoden erhaltenen

EDA-Parameter und deren Bedeutung sind in Tab. 5.3 zusammengestellt.

Zur Messung der exosomatischen EDA verwendet man zwei aktive Ableitorte (bipolare Ableitung), im Gegensatz zur endosomatischen EDA-Messung, bei der man einen aktiven und einen inaktiven Ableitort benötigt. Als aktive Ableitorte werden überwiegend die palmaren Flächen der nichtdominanten Hand verwendet, da dort die Elektroden relativ leicht anzubringen und vor Ablösung durch Bewegungen zu schützen sind. Werden die Hände etwa zur Durchführung von Testaufgaben benötigt, können die Elektroden auch am Fuß angebracht werden. Die besondere Eignung palmarer und plantarer Hautflächen zur Ableitung der EDA ergibt sich aus deren besonderer Rolle beim „emotionalen" Schwitzen.

Bei der endosomatischen EDA-Messung wird die zwischen zwei Ableitorten vorhandene Potentialdifferenz gemessen.

Tabelle 5.3: **Methoden zur Erfassung der elektrodermalen Aktivität, Maße und Abkürzungen in den entsprechenden Messwertklassen**

Messmethoden	Endosomatisch	Exosomatisch	
Angelegte Spannung	keine	Gleichspannung (konstanter Strom)	Gleichspannung (konstante Spannung)
Maße (deutsch)	Hautpotential	Hautwiderstand	Hautleitfähigkeit
Maße (englisch)	Skin potential	Skin resistance	Skin conductance
Allgemeine Abkürzung	SP	SR	SC
Tonisch (level)	SPL	SRL	SCL
Phasisch (response)	SPR	SRR	SCR
nichtspezifische Reaktion	NS.SPR	NS.SRR	NS.SCR
Frequenz nichtspezifischer Reaktionen	NS.SPR freq.	NS.SRR freq.	NS.SCR freq.
Latenz einer spezifischen Reaktion	SPR lat.	SRR lat.	SCR lat.

Tabelle 5.3: (Fortsetzung)	Methoden zur Erfassung der elektrodermalen Aktivität, Maße und Abkürzungen in den entsprechenden Messwertklassen		
Messmethoden	**Endosomatisch**	**Exosomatisch**	
Amplitude einer spezifischen Reaktion	SPR amp.	SRR amp.	SCR amp.
Anstiegzeit einer spezifischen Reaktion	SPR ris.t.	SRR ris.t.	SCR ris.t.
Halbe Abstiegszeit einer spezifischen Reaktion	SPR rec.t/2	SRR rec.t/2	SCR rec.t/2
63% Abstiegszeit einer spezif.. R.	SPR rec.tc	SRR rec.tc	SCR rec.tc

Die Bezeichnungen für die unterschiedlichen elektrodermalen Phänomene setzen sich aus dem ersten Buchstaben S für skin, dem zweiten Buchstaben P für Potential bzw. R für resistance (Widerstand) oder C für conductance (Leitfähigkeit) und dem dritten Buchstaben L für level (Niveau) oder R für Reaktion zusammen. Die Parameter werden zusätzlich durch amp. für Amplitude, lat. für Latenz, ris.t. für rise time (Anstiegszeit), rec. für recovery time und freq. für Frequenz nichtspezifischer, d.h.nicht reizgebundener elektrodermaler Reaktionen (NS.EDRs) gekennzeichnet. Nicht aufgenommen wurden die Maße der eher unüblichen, mit Wechselspannung abgeleiteten EDA (nach Boucsein, 1992, Tab. 1).

Zwischen zwei palmaren Ableitorten, an denen relativ zum Körperinneren ein vergleichbar hohes elektrisches Potential besteht, treten weder nennenswerte Potentialdifferenzen (SPLs) auf, noch lassen sich phasische Veränderungen (SPRs), die ja an beiden Ableitorten parallel entstehen, registrieren. Daher erfordert die Hautpotentialmessung neben der aktiven eine inaktive Ableitstelle, die eine möglichst geringe Potentialdifferenz gegenüber dem Körperinneren aufweist, und die durch eine Abtragung des Stratum corneums vorbehandelt werden sollte.

Zur Messung der EDA werden gesinterte Silber-Silberchlorid-Napfelektroden benutzt, die praktisch unpolarisierbar sind. Sie werden mit einer isotonischen Elektrodenpaste auf neutraler Salbengrundlage gefüllt, die 0,05 molare NaCl-Lösung enthält. Die Elektroden werden mittels eines doppelseitigen Kleberings auf der Haut angebracht. Dazu wird zunächst die eine Klebefläche des Rings paßgenau auf dem Elektrodenrand befestigt, danach wird der Napf mit der Elektrodenpaste gefüllt, die überflüssige Paste in der Ebene des noch mit der zweiten Schutzschicht versehenen Kleberings abgestreift, diese wird entfernt und die Elektrode mit der frei werdenden Klebefläche auf der Haut befestigt. Das Verfahren gewährleistet eine exakt definierte Kontaktfläche zwischen der Haut und dem Elektrolyten, allerdings nur, wenn sorgfältig darauf geachtet wird, dass keine Elektrodenpaste zwischen Klebering und Haut austritt, was insbesondere beim Anbringen auf den Fingergliedern leicht geschehen kann.

Da elektrodermale Reaktionen (EDRs) bezogen auf den möglichen tonischen Wertbereich geringe Veränderungen darstellen, können sich besondere Probleme für die Verstärkung des EDA-Signals ergeben. Um eine genügend hohe Auflösung für die EDRs zu erreichen, wird daher bei älteren EDA-Meßsystemen der EDR-Anteil des Signals aus dem gemessenen Niveaumaß EDL ausgekoppelt und mit Hilfe eines AC-Verstärkers gesondert verstärkt. Dies bleibt nicht ohne Auswirkungen auf das registrierte Signal. Vor allem für die Auswertung der Anstiegs- und Abstiegszeiten der EDR spielt die Zeitkonstante des AC-Verstärkers eine wesentliche Rolle. Sie sollte bei exosomatischen Messungen mindestens 3 sec, besser jedoch 10 sec, betragen.

Abbildung 5.16 zeigt den typischen Verlauf einer exosomatischen EDR mit den in der letzten Spalte der Tabelle 5.3 beschriebenen phasischen Parametern.

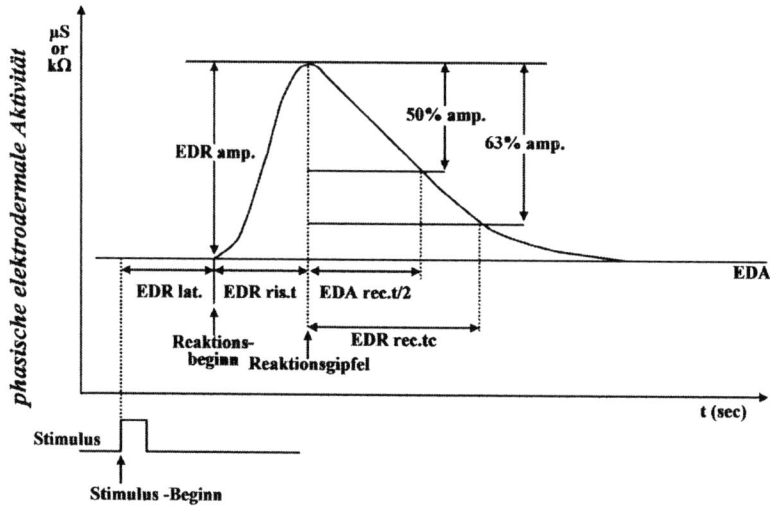

Abbildung 5.16: **Ideale exosomatisch aufgezeichnete EDR und die damit erfassten Parameter (Abkürzungen siehe Tabelle 5.3).**

Nach der Latenzzeit steigt die EDR innerhalb der Anstiegszeit relativ steil bis zum Reaktionsmaximum an, wo die Amplitude als Differenz zum EDL am Fußpunkt ermittelt wird, um dann mit einem geringeren Gradienten wieder abzufallen. Da durch das langsame Auslaufen der EDR das Ende der Reaktion kaum eindeutig festzustellen ist, und oft auch das ursprüngliche Niveau nicht mehr erreicht wird, bestimmt man anstele der Abstiegszeit die Erholungszeit (Recovery time), d.h.die Zeit, die vergeht, bis ein bestimmter Prozentsatz (meist 50 %) der Auslenkung wieder rückgängig gemacht wurde. Im Zusammenhang mit der Amplitudenbestimmung bei exosomatischen EDA-Messungen dürfen vor allem die Probleme einander überlagernder EDRs sowie die der Wahl von Minimalkriterien für EDR-Amplituden nicht übersehen werden. Während die exosomatische EDR stets monophasisch verläuft, kann die endosomatische EDR mono-, bi- oder triphasisch sein, was deren Auswertung erheblich erschwert und dazu geführt hat, dass heute kaum noch Hautpotentiale gemessen werden.

Die Ermittlung echter elektrodermaler Niveauwerte ist nicht so unproblematisch, wie es zunächst erscheint. Zwar läßt sich zu jedem beliebigen Meßzeitpunkt ein ED-Wert registrieren; dass es sich dabei um einen wirklichen Niveauwert handelt, kann jedoch nur dann angenommen werden, wenn er sich nicht im Bereich einer EDR befindet. Daher wird stattdessen häufig ein aus phasischen Veränderungen abgeleitetes Maß der tonischen EDA ermittelt, indem solche phasischen elektrodermalen Veränderungen also so genannte „elektrodermale Spontanfluktuationen" oder „nichtspezifische EDRs" pro Minute ausgezählt werden (NS.EDR freq.), die nicht auf spezifische Reize zurückgeführt werden können (vgl. Abb. 5.17). Als Quelle spezifischer EDRs kommen nicht nur externe Stimuli, sondern auch physiologisch vermittelte Artefakte in Frage. Als konservative Regel kann dabei gelten, dass eine EDR, deren Fußpunkt in einem Zeitfenster von 5 sec ab Reizbeginn liegt, nicht als NS.EDR betrachtet wird. Da nicht nur der Beginn, sondern auch das Ende eines Reizes als Auslöser für eine spezifische EDR angesehen werden kann, sollten auch solche EDRs nicht als unspezifisch gelten, deren Fußpunkt innerhalb von 5 sec nach der Beendigung eines Reizes liegt.

Als wichtigste physiologische Artefaktquelle bei EDA-Messungen können muskuläre Aktivitäten angesehen werden, wie sie bei groben Körperbewegungen, tiefem Einatmen oder auch beim Sprechen auftreten, vermutlich infolge der Beteiligung prämotorischer kortikaler Gebiete sowie der Basalganglien an der Auslösung der EDA. Die Messungen sollten daher möglichst bei körperlicher Ruhe durchgeführt werden. Auch ist es empfehlenswert, zur späteren Artefakterkennung die Atmungskurve mit zu registrieren.

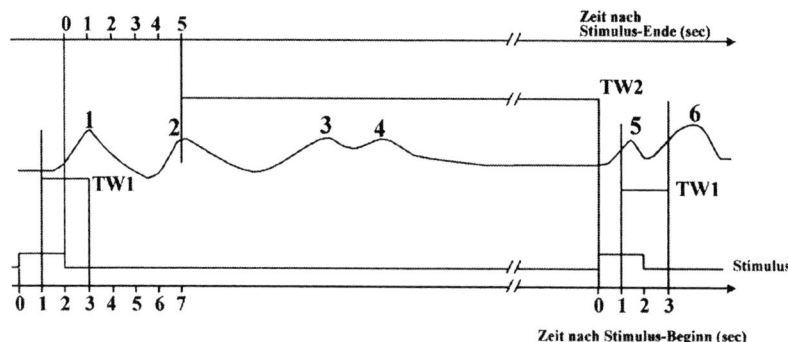

Abbildung 5.17: **Trennung spezifischer und unspezifischer EDA (TW1 = Zeitfenster für spezifische EDRs; TW2 = Zeitfenster für nicht spezifische EDRs; 1 und 6 sind spezifische EDRs auf Stimulation; 3 und 4 sind nicht spezifische EDRs im Interstimulusintervall; 2 und 5 lassen sich nicht als spezifische oder unspezifische EDRs einordnen.**

Wird während der EDA-Messung gesprochen, was möglichst zu vermeiden ist, sollten die Zeiten der Sprechaktivität ebenfalls protokolliert werden. Die Erkennung von Artefakten im EDA-Signal erfordert auch bei der automatischen Parametrisierung mit Hilfe von Laborcomputern meist noch eine optische Inspektion der Registrierstrecke durch den Auswerter.

Regeln für den Ausschluss von Atemartefakten bei der computerisierten Auswertung der NS.EDR freq. haben kürzlich Schneider et al. (2003) entwickelt und validiert.

Im Zusammenhang mit der Beschreibung elektrodermaler Habituationsverläufe wird ein Parameter gebildet, der ggf. zu erwartende, aber nicht beobachtete reizabhängige EDRs berücksichtigt, die so genannte EDR-Magnitude. Diese wird berechnet, indem die Summe der auswertbaren EDR amp. durch die Zahl der Zeitpunkte dividiert wird, zu denen eine EDR hätte erwartet werden können. Die Einbeziehung solcher „Nullreaktionen" setzt allerdings voraus, dass aus der experimentellen Anordnung eindeutig hervorgeht, wann eine EDR zu erwarten gewesen wäre, was nur bei genau definierten und registrierten Reizen möglich ist (Venables & Christie, 1980). Daher wird diese Größe z.B. als globales individuelles Habituationsmaß verwendet. Die EDR-Magnitude kann nicht nur

als intraindividueller, sondern auch als interindividueller Mittelwert berechnet werden, z.B. bei der Ermittlung der durchschnittlichen Reaktions-
größe auf einen bestimmten Reiz innerhalb einer Habituationsserie.

5.2 Kardiovaskuläres und elektrodermales System und Persönlichkeit

5.2.1 Bedingungen interindividueller Unterschiede in der Reaktion des kardiovaskulären und elektrodermalen Systems

Auch wenn die grundlegenden Strukturen und Funktionen des vegetativen
Systems ebenso wie die anderer Systeme (Hormonsystem, Immunsystem)
bei allen Menschen weitestgehend vergleichbar sind, so lehrt uns schon
die Alltagserfahrung, dass sich Menschen in der Reaktion auf die gleichen
Situationen oder Anforderungen unterscheiden. Damit stellt sich die Frage
nach den Ursachen oder Bedingungen (stabiler) interindividueller Unterschiede in der Reaktivität des kardiovaskulären und des elektrodermalen
Systems.

Die Grundlage zur Erörterung dieser Frage bilden zwei Modellvorstellungen: ein funktionelles Modell von Lovallo (1997), das eine Verbindung
zwischen der Interpretation von Reizen oder Situationen der Umwelt und
zentralen neurophysiologischen Prozessen sowie vegetativen und endokrinen Reaktionen herstellt (Abbildung 5.18), und ein von Boucsein (1988)
vorgelegtes und mehrfach erweitertes neurophysiologisches Modell, das
kardiovaskuläre und elektrodermale Reaktionen in Beziehung zu verschiedenen Aktivierungssystemen im ZNS in integrativer Weise darstellt
(Abbildung 5.19, S. 451).

Das in Abbildung 5.18 wiedergegebene Modell von Lovallo zeigt in
stark vereinfachter Form den Ablauf der Prozesse von der Reizaufnahme
bis zur Generierung körperlicher Reaktionen. Demzufolge werden die
Reize über den Thalamus und die spezifischen sensorischen Projektions-
felder zu kortikalen sensorischen Assoziationsarealen geleitet, wo die
Informationen über den Vergleich mit gespeicherten Inhalten der jeweils
spezifischen sensorischen Modalität aufgearbeitet werden. Den Endpunkt
der Strecke bildet der präfrontale Kortex, in dem die Informationen der

verschiedenen Modalitäten integriert und zu einem Bild der externen Welt zusammengefügt werden. Hier soll der Information Bedeutung verliehen werden und der Prozess der Bewertung des Reizes oder der Situation stattfinden. Über Verbindungen zwischen dem präfrontalen Kortex und Strukturen des limbischen Systems im Temporal- und Frontallappen soll neben der „kognitiven" Bewertung zusätzlich eine emotionale Tönung und Bewertung der Valenz des Reizes oder der Situation erfolgen.

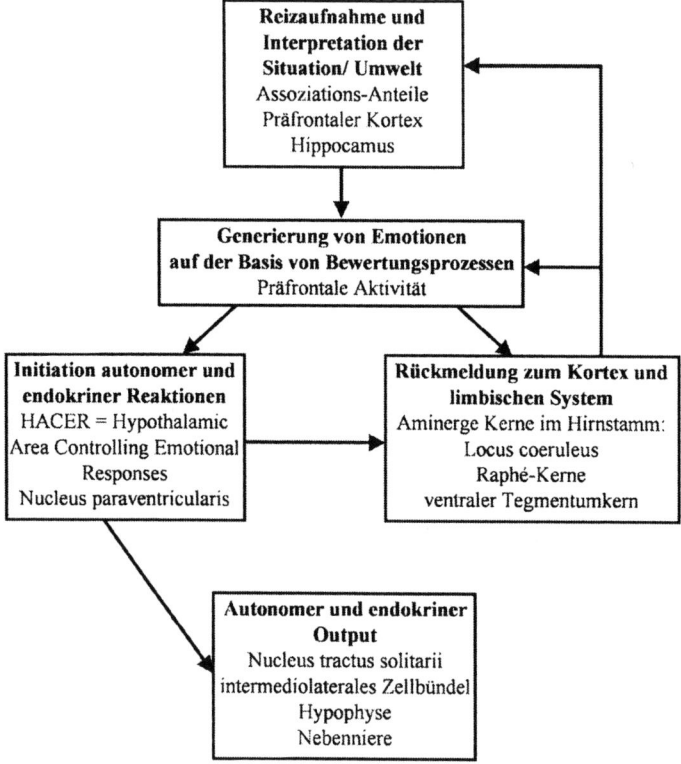

Abbildung 5.18: **Modell nach Lovallo (1997) über die Vermittlung von mit der Reizaufnahme verbundenen psychischen Prozessen (Bewertungsprozesse) auf die Generierung körperlicher Reaktionen.**

Diese „zusätzliche" emotionale Färbung basiert auf einer intakten Verbindung zwischen Frontalhirn und limbischem System (Damasio, 1994) unter Beteiligung von Amygdala, Hippocampus und insulärem Kortex. Eine direkte Verbindung zwischen dem Thalamus und der Amygdala soll unter Umgehung des sensorischen Kortex und des Assoziationskortex als ein frühes Warnsystem dienen, das angesichts einer Bedrohung eine schnelle und globale Defensivreaktion auslöst (vgl. Abb. 5.19 links unten). Bei elaborierter Verarbeitung wäre dieser Prozess notwendigerweise langsamer und damit möglicherweise ineffektiv. Neben externen Reizen sollen auch interne Reize, wie die eigenen Gedanken, Sorgen und Befürchtungen, vergleichbare Aktivität im frontalen Kortex und der Amygdala sowie insgesamt im limbischen System erzeugen (Schulkin et al., 1994).

Als zentrale Übergangsstation zwischen den sensorischen Informationen und den Bewertungsprozessen oder „Interpretationen der Welt" auf der einen und den autonomen und endokrinen Reaktionen auf der anderen Seite wird in diesem Modell die Amygdala angenommen. Die basalen und lateralen Abschnitte der Amygdala erhalten Informationen von frontalen Kortexarealen, die medialen und zentralen Abschnitte senden Informationen über den Nucleus centralis der Amygdala zu Hypothalamus und Hirnstamm. Zielorte dieser Efferenzen sind die pontine Formatio retikularis, der Nucleus paragigantocellularis, die aminergen Kerne im Hirnstamm, der Nucleus tractus solitarii und der Hypothalamus, hier speziell ein Gebiet des Hypothalamus, das aus verschiedenen hypothalamischen Kernen besteht und als Hypothalamic Area Controlling Emotional Responses (HACER; Smith et al., 1993) bezeichnet wird.

Auf Hirnstammebene werden zwei funktionale Subsysteme unterschieden. Das Zentrale-Feedback-Subsystem besteht aus der pontinen Formatio retikularis und den aminergen Kernen, in denen die Transmitter Noradrenalin, Serotonin und Dopamin synthetisiert werden. Seine Funktion ist es, den Grad der Aktiviertheit und der Reaktionsbereitschaft des gesamten zentralen Nervensystems in Reaktion auf den Input aus der Amygdala oder aus anderen Gebieten des limbischen Systems zu regulieren (vgl. Abb. 5.18 rechts).

Das zweite Subsystem, das Hirnstamm-Reaktions-Subsystem, steht ebenfalls unter dem Kommando der Amygdala. Als Reaktion auf die Aktivierung der HACER werden über Verbindungen vom Nucleus paraventricularis zum Hirnstamm die autonomen Funktionen moduliert. Die Amygdala hat darüber hinaus efferente Verbindungen zum Nucleus tractus solitarii, dem eine wesentliche Funktion bei der Organisation kardiovaskulärer Reflexe zukommt, insbesondere beim Barorezeptorenreflex und bei der Blutdruckregulation (vgl. Abschnitt 5.1.2.4). Diese absteigenden Bahnen sind ein gutes Beispiel dafür, wie die Amygdala homöostatische Prozesse modulieren kann, die ansonsten nur auf interne Zustandsänderungen des Organismus reagieren.

Das Modell von Lovallo (1997) bietet eine Erklärung dafür an, wie Perzeptionen und Interpretationen von Reizen und Situationen zur Generierung vegetativer (und endokriner) Reaktionen führen. Auf der Ebene des Hypothalamus liegt eine vollständige Regulation der Organfunktionen vor, die es dem System erlaubt, angemessen und in koordinierter Weise auf Abweichungen von der Homöostase zu reagieren. Auf der höheren Ebene sind der Kortex und die limbischen Strukturen involviert. Ohne die Beteiligung höherer zentraler Strukturen wäre es nicht möglich, Verhalten zu zeigen, wie etwa die Reaktion auf einen Stressor oder die Suche nach Nahrung. Das Erkennen z.B. psychischer Stressoren geschieht über die Sinnesorgane unter Beteiligung von Gedächtnissystemen und spezialisierter Strukturen zur Bewertung der Ereignisse und zur Initiierung einer Antwort. Das limbische System kann über die Amygdala die Kontrolle über die autonomen Regulationszentren im Hypothalamus und im Hirnstamm übernehmen, wenn z.B. eine Bedrohung wahrgenommen wird. Dies führt dann dazu, dass die Regulationsstrukturen im Hypothalamus und im Hirnstamm ihre metabolischen und homöostatischen Aufgaben vorübergehend aufgeben, um alle Ressourcen auf die Unterstützung des Verhaltens zur Bewältigung des Stressors zu richten. Der Kortex und das limbische System stellen demnach die höchste Stufe der Kontrolle im Nervensystem dar, die – wenn auch nur temporär – die physiologischen Mechanismen zur Regulation der Homöostase „überschreiben" können.

Die Beeinflussung der subkortikalen Steuerung vegetativer Reaktionen durch höhere Prozesse stellt vermutlich die wichtigste Basis für den Einfluss von Persönlichkeitsmerkmalen auf die vegetativen Systeme dar. Sie hat in der biopsychologischen Persönlichkeitsforschung sowohl in westlichen (z.B. Eysenck, 1967) als auch in östlichen (z.B. Teplov und Nebylitsyn, 1971) theoretischen Vorstellungen eine zentrale Rolle gespielt. Allerdings hatte sich die damit verbundene neurophysiologische Modellierung auf eindimensionale Aktivierungstheorien beschränkt und war folglich nicht in der Lage, den komplexen Zusammenhängen Rechnung zu tragen. Das Konzept der allgemeinen Aktiviertheit, das in den 50er Jahren des vorigen Jahrhunderts vorgelegt wurde, ist in den letzten Jahrzehnten zunehmend durch differenziertere Konzepte mehrerer Arten von Aktivierung ersetzt worden, deren neurophysiologische Verschaltungen und mögliche Bezüge zu elektrodermalen und kardiovaskulären Variablen in Abbildung 5.19 zusammenfassend dargestellt werden.

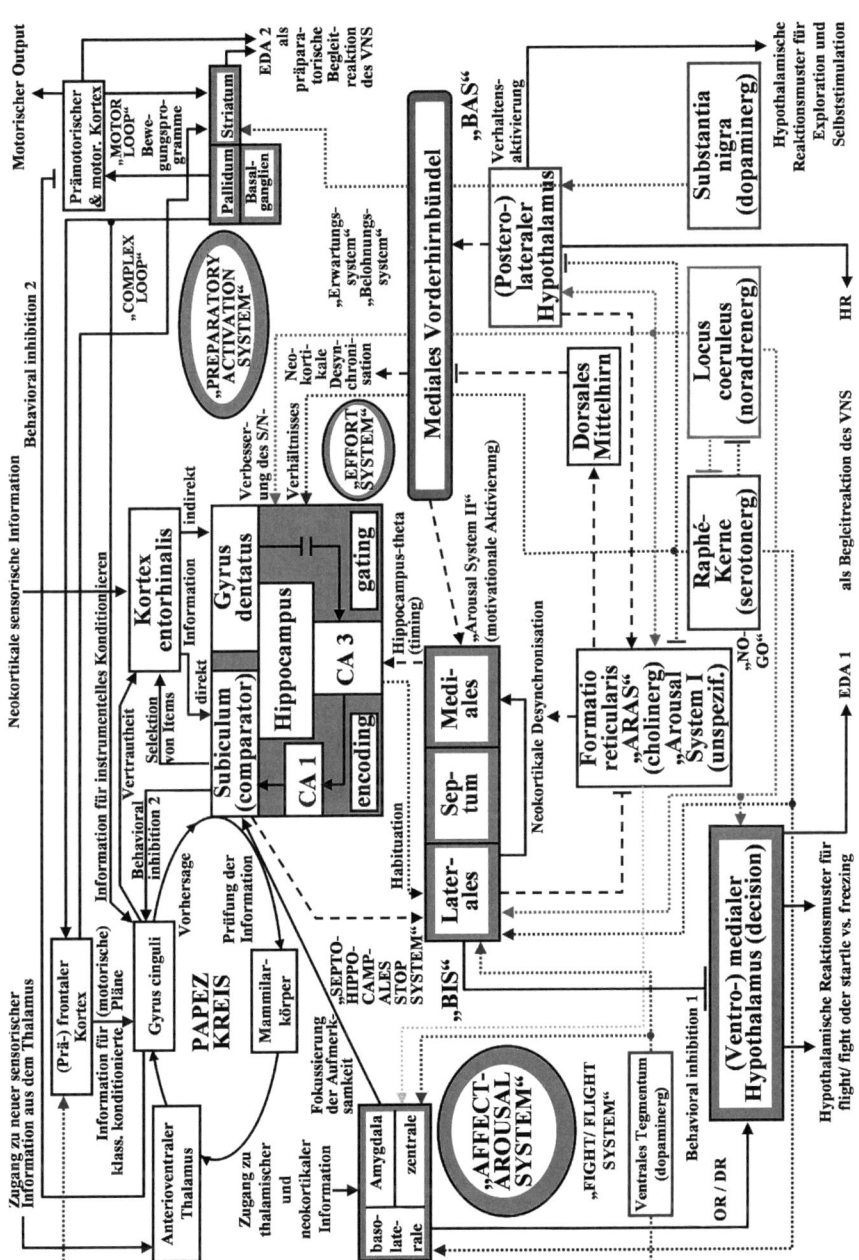

Abbildung 5.19: Arten von Aktivierung sowie deren neurophysiologische Verschal-
(siehe Farbtafel) tungen inkl. ihrer Bezüge zu elektrodermalen und kardivaskulä-
ren Variablen (erweitert nach Boucsein, 1992) [Pfeile = fördernde,
Querbalken = hemmende Einflüsse, gepunktete Linien rot = dopaminerge, blau = serotonerge, grün = noradrenerge, gelb = cholinerge Bahnen, gestrichelte Linien = Verbindungen innerhalb der
beiden Arousal-Systeme von Routtenberg (1968)].

Das in Abbildung 5.19 wiedergegebene Modell nach Boucsein (1992) integriert verschiedene mehrdimensionale Aktivierungstheorien: das zwei-Arousal-System von Routtenberg (1968), das drei-Arousal-System von Pribram und McGuinness (1975), das drei-Arousal-System nach Fowles (1980), das Verhaltens-Hemm-System nach Gray (1982) sowie ein Modell der Basalganglien-Frontalkortex-Schaltkreise von DeLong et al. (1983).

Die horizontale Einteilung in Abbildung 5.19 entspricht der strukturellen und funktionellen Hierarchie im ZNS, während die senkrechte Einteilung von links nach rechts einer von Pribram und McGuinness vorgeschlagenen Gliederung folgt: in reizabhängige phasische Aktivierungsvorgänge (Affect-arousal System), in aktivierungsrelevante Strukturen, die bei der Kopplung bzw. Entkopplung von Reiz und Reaktion beteiligt sind (Effort- System), und in reaktionsvorbereitende tonische Aktivierungsvorgänge (Preparatory Activation System). In der Mitte unten wurde das System unspezifischer retikulärer Aktivierung (ARAS) aufgenommen, das nach Routtenberg (1968) zum hippocampalen Effort-System in reziproker Beziehung steht. Es kann auch nach Fowles (1980) als eigenständiges Arousal-System aufgefasst werden (siehe weiter unten).

Das in der Mitte der Abbildung 5.19 dargestellte Effort-System von Pribram und McGuinness spielt eine zentrale Rolle im gesamten Aktivierungsgeschehen und weist enge Beziehungen zum septo-hippocampalen System nach Gray (1982) auf. Gray und Smith hatten bereits 1979 ein septo-hippocampales Verhaltens-Hemmsystem (Behavioral-Inhibition-System, BIS) postuliert, das im Falle angstinduzierender Reize über aufsteigende noradrenerge und serotonerge Bahnen aus dem Locus coeruleus bzw. den Raphé-Kernen aktiviert wird. Durch die Stimulation mit den Transmittern Noradrenalin und Serotonin wird das Signal/Rausch- (S/N-) Verhältnis im indirekten Informationsfluss vom Gyrus dentatus über CA3 und CA1 zum Subiculum verbessert, der bei der Enkodierung verhaltensrelevanter Umweltreize eine wesentliche Rolle spielt. Diese eher unpräzise, aber bedeutungshaltige Information trifft im Subiculum auf die über den direkten Weg vom Kortex entorhinalis übermittelte sehr präzise Information. Wenn diese durch den Vergleich mit der durch das gating zwischen Gyrus dentatus und CA3 übermittelte Information Neuheitswert oder Stressrelevanz erhält (Subiculum als Comparator), wird sie im Papez-Kreis des limbischen Systems daraufhin analysiert, ob und welche Reaktionsmöglichkeiten zur Verfügung stehen. Dazu erhält der Papez-Kreis, der ursprünglich als neuronales Substrat des emotionalen Geschehens angesehen wurde (vgl. Pinel, 2001, S. 493), über den anterioventralen Thalamus Zugang zu neuer, noch nicht kortikal verarbeiteter Information aus der Umwelt und über den Gyrus cinguli unter Einbeziehung des präfrontalen Kortex und der kognitiven Schleife nach DeLong et al. (1983) Zugang zu motorischen Plänen und konditionierten Verhaltensmustern. Lässt sich aufgrund dieser Prüfung vorhersagen, was als Nächstes geschehen wird, oder wie reagiert werden sollte, wird vom Subiculum keine Verhaltenshemmung initiiert. Anderenfalls kommt es über das laterale Septum und den ventromedialen Bereich des Hypothalamus einerseits (behavioral inhibition 1) und/oder über den Gyrus cinguli sowie prämotorische und motorische Bereiche des Kortex andererseits (behavioral inhibition 2) zur Hemmung des Verhaltens.

Fowles (1980) stellte dem BIS ein verhaltensaktivierendes System (Behavioral-Activation-System, BAS) gegenüber, das von positiven Erwartungen, belohnenden Reizen oder von solchen, die das Ausbleiben von negativen Konsequenzen signalisieren, getriggert wird.

Gray (1982, 1987) bezeichnete das BAS als neurophysiologische Grundlage für das Persönlichkeitsmerkmal „Impulsivität" (vgl. Kapitel 1) und lokalisierte es im medialen Vorderhirnbündel des limbischen Systems. In diesem Zusammenhang werden vor allem die Bahnen des mesotelencephalen Dopaminsystems diskutiert, die nicht nur große Teile des limbischen Systems, sondern auch die Basalganglien mit Dopamin versorgen (Pinel, 2001, S. 384 f.). Letztere werden vom nigrostriatalen Teil dieses Systems versorgt, das seinen Ursprung in der Substantia nigra hat. Die Basalganglien bilden – zusammen mit dem prämotorischen Kortex – den Ausgangspunkt für die präparatorische EDA 2. Diese kann daher als vegetative Begleitreaktion willkürlich initiierter Motorik angesehen werden (rechts oben in Abb. 5.19).

Die dopaminerge und noradrenerge Aktivierung des limbischen Systems bildet die Grundlage des von Routtenberg (1968) geforderten Arousals II, das für die Aufrechterhaltung elementarer vegetativer Mechanismen und für die Initiierung belohnungsmotivierten Verhaltens verantwortlich sein soll, und als dessen diencephale Ausgabestelle posteriore und laterale Anteile des Hypothalamus gelten können (so genannte ergotrope Bereiche). Hier wird auch die Zunahme der tonischen HR als vegetative Begleitreaktion dieses gewissermaßen motivationalen Arousals ausgelöst, das in Abbildung 5.19 dem medialen Vorderhirnbündel zugeordnet wird. Charakteristische Begleitreaktionen dieses Systems können im ZNS etwa mit Hilfe der einem imperativen Reiz vorangehenden kontingenten negativen Variation (CNV) im EEG oder des vor einem motorischen Output beobachtbaren Bereitschaftspotentials erfasst werden. Bei der Aktivität dieses Systems wird über das mediale Septum in der indirekten Informationsschleife des Hippocampus das Encoding angeregt, wozu das mediale Septum ein Signal im Theta-Bereich (4–7 Hz) liefert, das einen direkten Indikator dieser Aktivität darstellen könnte. Allerdings kann das Hippocampus-Theta nicht mit Oberflächenelektroden erfasst und damit nicht für psychophysiologische Messungen genutzt werden.

Fowles (1980) hat das bereits seit den 50er Jahren des letzten Jahrhunderts diskutierte unspezifische retikuläre System (ARAS) als drittes Aktivierungssystem neben BIS und BAS bezeichnet, ohne jedoch spezifische psychophysiologische Indikatoren dafür anzugeben. Allerdings wurde bereits in den frühen Arbeiten zur retikulären Aktivierung die EEG-Desynchronisation, d.h.das Überwiegen von Beta-Aktivität (über 13 Hz) gegenüber der Alpha-Aktivität (8–13 Hz) im Spontan-EEG als psychophysiologischer Indikator der zunehmenden Aktivität des ARAS angesehen. Nach Routtenberg (1968) wird die retikuläre Aktivität (sein Arousal-System I) durch die des limbischen Systems (sein Arousal-System II) über das mediale Septum, den Hippocampus und das laterale Septum gehemmt, während das System I wiederum über das dorsale Mittelhirn das System II hemmt (siehe gepunktete Linien in Abb. 5.19). Diese reziproke Beziehung beider Systeme soll eine selektive und adaptive Informationsverarbeitung sowie eine adäquate somatische Regulation gewährleisten. Fördernde Impulse für beide Arousal-Systeme von Routtenberg haben ihren Ursprung im postero-lateralen Hypothalamus.

Das ventrale Tegmentum des Mittelhirns, das den Ursprung des meso-limbischen Dopaminsystems darstellt, versorgt sowohl das Septum als auch die Amygdala mit Dopamin und wirkt dadurch fördernd auf die Initiierung unwillkürlicher Bewegungen im Zusammenhang mit der Aktivierung des Fight/flight-Systems sowie von Orientierungs- bzw. Defensivreaktionen (OR bzw. DR), die zu den im (ventro-) medialen Hypothalamus initiierten unwillkürlichen motorischen Reaktionsmustern gerechnet werden können (links unten in Abb. 5.19).

Da sich in diesem Bereich des Hypothalamus auch die Kerngebiete befinden, in denen die zentrale schweißauslösende Sympathikusbahn entspringt, ist eine Aktivierung dieses Systems einem Auftreten mit der EDA 1 als vegetativer Begleitreaktion verbunden. Da der mediale Hypothalamus auch Ausgabestation des BIS im Diencephalon ist (Gray, 1982), lässt sich die von Fowles (1980) gefundene vermehrte EDA als Begleitreaktion des Verhaltenshemmsystems vermutlich auf diesem neurophysiologischen Hintergrund erklären. Dagegen hatte Fowles die Herzfrequenz als typische vegetative Begleitreaktion des BAS identifiziert, daher wird hier der ergotrope (postero-) laterale Hypothalamus als diencephale Auslöseinstanz der mit einer Verhaltensaktivierung einhergenden HR-Steigerung angesehen.

Legt man also differenziertere Aktivierungskonzepte zugrunde, erscheint die tonische EDA eher als Indikator negativ valenter Aktivierung, deren Charakteristika innere Erregung und Verhaltenshemmung sind. Dagegen wird positiv valente, in Bezug auf das Verhalten präparatorische bzw. motivationale Aktivierung eher durch die Herzfrequenz indiziert. Inwieweit sich ein derartiges Konzept differentieller Indikatorfunktionen elektrodermaler und kardiovaskulärer Parameter in dieser generellen Form empirisch bestätigen läßt, bleibt abzuwarten. Zumindest bezüglich der vegetativen Begleitkomponenten emotionalen Ausdrucks wurden zu dieser Hypothese kompatible Ergebnisse gefunden: während die Höhe der EDR amp. die innere emotionale Erregung reflektiert, sind Steigerungen der HR vor allem mit offenem emotionalen Ausdruck verbunden (Boucsein, 1992, S. 277–284).

Cholinerge Bahnen aus dem retikulären Bereich sowie serotonerge Bahnen aus den Raphé-Kernen des Mittelhirns wirken ebenfalls fördernd auf das Affect-arousal-System, das seinerseits wieder über die Amygdala einen direkten Zugang zu Informationen aus dem Thalamus und polysensorischen Arealen des Neokortex hat. Nach Pribram und McGuinness (1975) trägt dieses System über seine Verbindung zum Hippocampus zur Fokussierung der Aufmerksamkeit bei. Die hier nicht ausführlich beschriebenen Strukturen und Verschaltungen in Abbildung 5.19, auch solche mit dem Erwartungssystem von Panksepp (1982), werden bei Boucsein (1992, S. 264–272) sowie bei Boucsein (1995, S. 151–157) ausführlich erklärt. Weitere Ausführungen zum BIS und BAS von Gray und Fowles finden sich in den Abschnitten 5.2.2.1 und 5.2.2.2.

Stellt man die Frage nach den Bedingungen oder Ursachen interindividueller Unterschiede, so ist zunächst einmal generell festzustellen: Interindividuelle Unterschiede in der psychophysiologischen Reaktivität sind sowohl auf genetische Faktoren als auch auf Lernen bzw. Erfahrung sowie auf die Wechselwirkung zwischen diesen beiden Faktoren zurückzuführen. Belege dafür finden sich insbesondere in tierexperimentellen Studien (Hiley et al., 1992; Meaney et al., 1993; Knardahl & Hendley, 1990).

Dem Modell von Lovallo (1997) folgend lassen sich konkret vier Ebenen identifizieren, auf denen Persönlichkeitsunterschiede zu Unterschieden in der Reaktivität auf verschiedenartigste situative Bedingungen führen könnten:

1. Personen können sich in ihren Bewertungsprozessen und assoziierten oder generierten Emotionen unterscheiden. Diese Prozesse entsprechen Aktivitäten des präfrontalen und insulären Kortex des Hippocampus und der Amygdala. Bewertungsprozesse und Emotionen in diesen

höheren Abschnitten des Nervensystems ändern entsprechend die Stärke und Richtung der Reaktionen im Hypothalamus und im Hirnstamm.

2. Hypothalamische Gebiete, wie die HACER, können unterschiedlich sensitiv in ihrer Reaktion auf Befehle aus der Amygdala sein. Angeborene Faktoren oder Erfahrung könnten die grundlegende Reaktivität des Hypothalamus auf Efferenzen aus dem limbischen System verändern, und dies könnte eine Ursache konsistenter interindividueller Unterschiede in der Reaktivität sein.

3. Hypothalamische Areale, die für die Efferenz zu den niedrigeren Zentren zuständig sind, wie z.B. der Nucleus paraventricularis, könnten mehr oder weniger sensitiv sein gegenüber Botschaften z.B. aus der HACER.

4. Die Zentren könnten im Hirnstamm unterschiedlich reaktiv sein. Zum einen könnten die Impulse, die von den aminergen Kernen zum Rest des zentralen Nervensystems gehen, unterschiedlich intensiv sein, zum anderen könnte der Output zu den peripheren Organen über die mediolaterale Zellsäule oder den Tractus solitarius von Person zu Person variieren.

Diese Bedingungen interindividueller Unterschiede gelten prinzipiell in gleicher Weise für das kardiovaskuläre und das elektrodermale System, da beide Systeme unter der Kontrolle limbischer und hypothalamischer Strukturen stehen. Allerdings entfällt bei der EDA der Einfluss des Parasympathikus, da die Schweißsekretion rein sympathisch gesteuert wird. Homöostatische Prozesse des vegetativen Nervensystems spielen zwar bei der thermoregulatorisch bedingten Schwitzaktivität (und der sie begleitenden EDA) eine Rolle (Boucsein, 2001), sie dürften jedoch bei anderen Arten des Schwitzens (Boucsein, 1992, S. 29) lediglich eine zu vernachlässigende Rolle spielen. So wurde auch die Abhängigkeit elektrodermaler Reaktivität von der Ausgangslage bereits bei Hord et al. (1964) als unterschiedlich zu der anderer vegetativer Reaktionen bezeichnet.

Die Psychophysiologie als eine relativ junge Unterdisziplin der Psychologie hat sich bislang eher nur am Rande mit der möglichen Rolle tonischer und phasischer physiologischer Maße als relativ überdauernder individueller Eigenschaften befasst. Dabei lag der Schwerpunkt eindeutig im klinischen Bereich, etwa bei der Untersuchung der Bedeutung psychophysiologischer Veränderungen für die Entstehung so genannter psychosomatischer Krankheiten. Psychophysiologische Korrelate generalisierter, d.h. faktorenanalytisch definierter Persönlichkeitsdimensionen, wurden am sorgfältigsten für die Merkmale „Emotionale Labilität/Stabilität" und „Extraversion/Introversion" untersucht. Grundlage für diese Forschung

bildete die von Eysenck (1967) vorgelegte neurophysiologische Modellierung dieser beiden als am besten gesicherten übergeordneten Dimensionen. Das der Eysenckschen Theorie zugrunde liegende Konzept des Nervensystems berücksichtigt zwei zur damaligen Zeit als relativ gesichert
geltende Schaltkreise (vgl. Kap. 1 u. 2). Dies sind zum einen Einflüsse
retikulärer Strukturen auf den Kortex, die als Grundlage eines allgemeinen
Erregungsniveaus gelten, zum anderen das limbische System, das für die
Verarbeitung emotionsinduzierender Reize verantwortlich ist. Während
das letztere Sytem von Eysenck als neurophysiologische Grundlage für die
emotionale Labilität/Stabilität oder den Neurotizismus angesehen wird,
sollen sich Extra- und Introvertierte in ihrer Erregbarkeit der retikulokorti-
kalen Achse unterscheiden[3].

Neben Eysencks neurophysiologischen Überlegungen zur Persönlichkeit sollen hier auch die Befunde referiert werden, die aufgrund der modifizierten Theorie von Gray zur Psychophysiologie der Persönlichkeit
beigetragen haben. Wegen der widersprüchlichen Befunde zu den Vorhersagen bezüglich Aktivierung von Extravertierten und Introvertierten hat
Gray (1970, 1973) eine Modifikation vorgeschlagen, die von der bei
Tieren relativ gut belegten, bei Menschen jedoch bislang lediglich postulierten Existenz der unabhängigen Belohnungs- und Bestrafungssysteme
im Gehirn ausgeht (vgl. Kap. 1 und 2). Er postulierte, dass Extravertierte
nicht generell schwerer konditionierbar sind, sondern unempfindlicher
gegen Bestrafung und empfänglicher gegenüber positiver Bekräftigung.
Der Neurotizismus galt als Gradmesser für die Ausprägung der Konditionierbarkeit, die Achse „Empfänglichkeit für Belohnung" wurde durch das
Persönlichkeitsmerkmal Impulsivität, die für Bestrafung durch das Merkmal Ängstlichkeit definiert. Diese Achsen waren von Gray zunächst als
45°-Winkel zu den Achsen Extra-/Introversion einerseits und emotionale
Labilität/Stabilität andererseits angesehen worden, wie aber bereits in
früheren Kapiteln angedeutet, handelt es sich vermutlich nur um eine 30°-
Drehung, so dass die Ängstlichkeit sehr viel mehr gemeinsam mit Neurotizismus als mit Introversion hat, und die Impulsivität näher an die Extraversion heranrückt (vgl. Boucsein, 1992). Das neurophysiologische Korrelat des Verhaltenshemmsystems (BIS) für die Ängstlichkeit und des BAS
für die Impulsivität werden auch bei den Überlegungen zur kardiovaskulären und elektrodermalen Reaktivität herangezogen (vgl. Abb. 5.19). Von

---

[1]Die neurophysiologische Grundlage seiner dritten Persönlichkeitsdimension
Psychotizismus wurde von Eysenck nicht in gleicher Weise ausgearbeitet. Erst viel später
hat er sie mit Seroton inmangel bzw. Dopaminüberschuss in Verbindung gebracht.

Fowles (1980) wurde postuliert, dass die Herzfrequenz eher als spezifischer Indikator für die Aktvität des BAS und die EDA als Korrelat der Aktivität des BIS angesehen werden konnte. Wie wir sehen werden, kann diese Theorie durch empirische Untersuchungen noch nicht genügend belegt werden.

5.2.2 Persönlichkeit und kardiovaskuläre Aktivität

Die psychophysiologische Persönlicheitsforschung bedient sich im Wesentlichen der Methode der psychophysiologischen Korrelationsforschung und/oder der Methode des Quasi-Experiments (Aufteilung der Personen nach Organismusvariablen, wie Alter, Geschlecht oder Ausprägung einer Persönlichkeitsdimension). Das idealtypische Experiment stützt sich auf Probanden, die nach einer in den Untersuchungshypothesen spezifizierten Persönlichkeitsdimension durch Mediandichotomierung oder durch Auswahl von Extremgruppen bestimmt wurden, die dann mehreren Stressoren oder Situationen ausgesetzt werden, und die in zahlreichen, für die Fragestellung repräsentativen physiologischen Variablen gemessen werden. Dabei werden Unterschiede in der tonischen wie in der phasischen (experimentell induzierten) Reaktion unterschieden.

Um den Einfluss der physiologischen Variablen als Mediatoren emotionaler oder motivationaler Reaktionen zu testen, kann auch durch mechanische oder pharmakologische Manipulation Einfluss auf die physiologischen Variablen genommen werden, so dass deren Funktion spezifisch geblockt oder stimuliert wird (vgl. Erdmann, 1983; Stemmler, 1992). Derartige Untersuchungen sind allerdings in der Differentiellen Psychophysiologie eher die Ausnahme. Im Folgenden werden daher Untersuchungen zum Zusammenhang zwischen Persönlichkeit und kardiovaskulärer sowie elektrodermaler Aktivität beschrieben, denen überwiegend ein korrelativer oder quasi-experimenteller Ansatz zugrunde liegt. Obwohl im Abschnitt 5.2.2 die Parameter des kardiovaskulären Systems im Vordergrund stehen, werden dort, wo es zum Verständnis des Gesamtergebnisses einer Untersuchung nötig ist, auch die Ergebnisse zum elektrodermalen System mitgeteilt.

5.2.2.1 Neurotizismus

Neurotizismus oder Emotionalität ist eine der Basisdimensionen der Persönlichkeit (vgl. Kapitel 1). Als eine sehr breite Beschreibungsdimension basiert sie auf vielen relativ engeren Konstrukten, wie Depressivität, Angst, Gehemmtheit und Empathie (Myrtek, 1998). Letztere werden auch unter dem Begriff der „negativen Affektivität" (Watson & Clark, 1984) zusammengefasst. Personen mit hohen Neurotizismuswerten (= emotional Labile) lassen sich demnach als ängstlich, furchtsam, leicht irritierbar, depressiv und von geringer Selbstachtung beschreiben.

In Eysencks (1967) psychophysiologischer Theorie des Neurotizismus oder der Emotionalität wird die biologische Basis dieser Persönlichkeits-dimension im zentralen Nervensystem, speziell im limbischen System, angenommen. Neurotische Personen sollen eine höhere Erregbarkeit des retikulo-limbischen Netzwerks aufweisen, die sich in einer höheren Re-aktivität des vegetativen Nervensystems auf Stressoren äußern soll. Der behauptete Zusammenhang zwischen Emotionalität und vegetativer Re-aktivität über das limbische System erscheint plausibel, da das limbische System an der Regulation von Emotionen und vegetaiven Funktionen primär beteiligt ist. Nach Eysenck sollte daher bei Personen mit hohen Neurotizismus-Werten sowohl eine höhere Reaktivität in verschiedenen vegetativen Funktionssystemen zu beobachten sein als auch eine grössere Variabilität der Reaktionen und eine langsamere Rückkehr auf das physio-logische Ausgangsniveau im Vergleich zu emotional stabilen Personen.

Beschränken wir den Blick auf das kardiovaskuläre Funktionssystem und hier auf die Frage nach einer *höhere Reaktivität* emotional labiler im Vergleich zu emotional stabilen Personen unter verschiedenartigen Stimulations- oder Stressbedingungen. Die überwiegende Zahl der bisher-igen Untersuchungen erbrachte keine Belege für eine erhöhte kardiovasku-läre Reaktivität der Probanden mit höheren Neurotizismuswerten. Frühe Untersuchungen unter Verwendung von kognitiven Stressoren, wie Kopf-rechenaufgaben (Hinton & Craske, 1977) oder einer Wahlreaktionszeitauf-gabe unter einem selbst gewählten oder vom Experimentator vorgegebe-nen höheren Tempo (Kirkaldy, 1984), erbrachten keine Unterschiede in dem Herzratenanstieg oder der Fingerpulsvolumenamplitude zwischen emotional labilen und stabilen Personen. Auch in den tonischen Werten der Ausgangslage bestanden keine Unterschiede zwischen den Gruppen. Ebenso war die Reaktion auf den Stroop-Farbwort-Interferenz-Test (Be-nennen der Schriftfarbe eines Farbwortes, dessen Bedeutung nicht der Schriftfarbe entspricht), der zu einem initialen Herzratenanstieg von im Mittel etwa 25 Schlägen pro Minute führte, nicht korreliert mit den per EPI erfassten Neurotizismuswerten (Roger & Jamieson, 1988). Auch unter emotionsinduzierenden Bedingungen, der Vorstellung ängstlich-depressi-ver oder freudiger Gedanken und Bilder, fand sich kein Zusammenhang zwischen Neurotizismus und physiologischen Reaktivitätsindikatoren, wie der Herzrate, der Spontanfluktuation der Hautwiderstandsreaktionen, der Gesichtsmuskelaktivität und der Atemfrequenz, während der Imagination (Clark et al., 1987). Allerdings berichteten emotional labile Teilnehmer eine deutlich negativere Gestimmtheit unmittelbar nach der Vorstellung der unangenehmen Bilder. In der Reaktion auf aversive und neutrale Filmausschnitte ließ sich ebenfalls kein Zusammenhang zwischen der Herzratenänderung oder der Muskelspannung und der Ausprägung von Neurotizismus ermitteln (Mangan & Hookway, 1988). Auch in einem Experiment zur klassischen diskriminativen Konditionierung unter Verwendung von geometrischen Figuren als konditionierten Reizen (CS+ und CS–) und einem leichten elektrischen Schlag als unkonditioniertem Reiz (UCS) konnten keine Unterschiede in der Herzraten- und elektrodermalen Reaktivität sowie in der Konditionierbarkeit zwischen Personen mit hohen und niedrigen Neurotizismuswerten im EPI festgestellt werden (Frederikson & Georgiades, 1992).

Auch bei rein physiologischen Tests, den so genannten „vegetativen Proben", wurden Unterschiede der vegetativen Steuerung bei psychisch Labilen und Stabilen postuliert. Nach Birkmayer und Winkler (1951) unterscheiden sich Personen entweder durch das Überwiegen des Sympathikus, des Parasympathikus oder durch eine Schwäche des Sympathikus. In einer Untersuchung mit 5 pressorischen (Sympathikus-ansprechenden) vegetativen Proben, wie Bückversuch, Kniebeugen, Cold-Pressor-Test und 5 depressorischen Tests, die den Parasympathikus ansprechen, wie Atempressversuch, Carotis-sinus-Reflex, wurde festgestellt, dass sowohl bei den pressorischen als auch bei den depressorischen Tests die psychisch stabile Gruppe häufiger stärkere Reaktionswerte aufwies als die labile (Othmer et al., 1969).

Die wohl umfassendsten Untersuchungen zur Frage des Zusammenhangs zwischen Emotionalität oder Neurotizismus und physiologischer Aktivierung bzw. Aktiviertheit stammen von Fahrenberg (1983, 1987) und Myrtek (1980, 1984). In einem umfangreichen Beitrag zur psychophysiologischen Konstitutionsforschung hat Myrtek (1980) an mehr als 10 Stichproben mit über 700 Probanden neben anderen physiologischen Variablen eine Vielzahl kardialer und hämodynamischer Größen bei mittels FPI klassifizierten Probanden untersucht. Dabei wurden Veränderungswerte der Herzfrequenz, des systolischen und diastolischen Blutdrucks, des Schlagvolumens, des Herzminutenvolumens, der Austreibungszeit, der RZ-Zeit und des Heather-Index, ferner der Pulswellengeschwindigkeit und der Pulsvolumenamplitude u. a. bei so genannten „vegetativen Funktionsprüfungen", wie den Cold-Pressor-Test (Hand in Eiswasser), Kopfrechenaufgaben und Reaktionsgeschwindigkeitstests, erhoben. In diesem Forschungsprogramm wurden auch Replikationen von Studien durchgeführt, um die Reliabilität der Ergebnisse zu überprüfen. Fahrenberg (1987) hat in vergleichbarer Weise an zwei Stichproben mit über 180 Probanden und unter Verwendung einer Vielzahl physiologischer Maße und Stressbedingungen (Studie I: Ruhe, Kopfrechnen, Interview, Antizipation und Blutentnahme; Studie II: Ruhe, Kopfrechnen, Reaktionszeitmessung, Vorbereitung einer freien Rede, Cold-Pressor-Test) sowie Replikationsmessungen (Studie II) nach drei Wochen, drei Monaten und einem Jahr die Frage des Zusammenhangs zwischen Emotionalität und physiologischer Reaktivität anhand von Korrelations- und multivariaten Analyseverfahren überprüft. Die eindeutige Schlußfolgerung aus diesen Untersuchungen lautet, dass das Persönlichkeitsmerkmal Emotionalität nicht geeignet ist, interindividuelle Unterschiede in Zustands- oder Veränderungswerten physiologischer Maße vorherzusagen. Auf der subjektiven oder Befindensebene zeigte sich allerdings ein deutlicher und mehrfach replizierter Zusammenhang: Höhere Emotionalität korrelierte mit einer höheren Zahl von aktuell angegebenen Beschwerden, höherer Nervosität und negativerer Befindlichkeit im Sinne von höherer Anspannung, geringerer Ausgeglichenheit sowie höherer Gereiztheit. Das subjektive Empfinden einer höheren Belastetheit emotional labiler Personen ging aber nicht einher mit einer höheren physiologischen Reaktivität oder erhöhten physiologischen Zustandswerten. Bestätigt wird dies durch eine Vielzahl von Untersuchungen, in denen auch keine erhöhten Herzfrequenzwerte emotional labiler Personen in der Ausgangslage vor Beginn des Experiments ermittelt werden konnten (Frederikson & Georgiades, 1992; Kirkaldy, 1984; Roger & Jamieson, 1988; Walsh et al., 1994). Lediglich Richards und Eves (1991) berichteten eine positive Korrelation zwischen Herzrate und Neurotizismus in Ruhe. Unklar sind die Ergebnisse zum Zusammenhang zwischen Blutdruck und Emotionalität in Ruhe. Einer Studie von Köhler et al. (1993) zufolge besteht kein Zusammenhang zwischen Blutdruck und Neurotizismus. Bei 624 Blutspendern verschiedenen Alters bestand kein Zusammenhang mit Neurotizismus, auch nicht, nachdem verschiedene Blutdruckgruppen gebildet worden waren. Brody et al. (1996) berichteten gar eine negative Korrelation zwischen Neurotizismus und der Zunahme des Blutdrucks über vier Jahre an einer Stichprobe von 75 Erwachsenen mit normalem Blutdruck. Neurotizismus wurde als protektiver Faktor gegen die Entwicklung von Bluthochdruck interpretiert. Dieses Ergebnis entspricht dem Befund eines verringerten Herzratenanstiegs unter einer sehr belastenden Kopfrechnenaufgabe bei hoch- im Vergleich zu niedrig-neurotischen Probanden (Walsh et al., 1994). Subjektiv fühlten sich die hoch-neurotischen Personen stärker belastet, zeigten allerdings keinen höheren Herzratenanstieg unter der Kopfrechnenbedingung.

Neuere Untersuchungen bestätigen die fehlende höhere physiologische Reaktivität von Personen mit höheren Neurotizismus-Werten. So verglichen z.B. Schwebel und Suls (1999) die Herzfrequenz sowie den systolischen und diastolischen Blutdruck sowohl unter Labor- als auch unter Feldbedingungen zwischen Personen mit hohen (N = 19) versus niedrigen (N=17) Neurotizismus-Werten (eine Standardabweichung über oder unter dem Mittelwert der NEO-PI-R-Neurotizismus-Skala). Auf die fünf verschiedenen Stressoren im Labor (Ärger- und Freude-Imagination, Rechenaufgaben, Dynamometer-Test, Puzzle-Spiel, schnelles Auf-der-Stelle-Gehen) sowie die sieben „Alltagsstressoren" im Feld (Treppensteigen, Buch suchen, Warten in einer Schlange usw.) fanden sich keine Unterschiede zwischen hoch- und niedrig neurotischen Probanden im systolischen und diastolischen Blutdruck- sowie im Herzratenanstieg im Vergleich zur Ausgangslage. Die Ausgangswerte waren für alle kardiovaskulären Parameter in beiden Gruppen vergleichbar. Bei Aggregation der Daten über alle Stressoren ergab sich allerdings eine tendenziell höhere Herzratenreaktivität der hoch-neurotischen Probanden, während für den systolischen und diastolischen Blutdruck keine signifikanten Unterschiede zwischen den Gruppen in den aggregierten Werten ermittelt werden konnten. Die subjektiv empfundene Belastung wurde nur für zwei der zwölf Stressoren geprüft, und hier zeigte sich lediglich für die Aufgabe „Buch suchen" eine negativere Stimmung und höhere Belastetheit in der Gruppe der hoch-neurotischen Probanden.

Diese unter verschiedenartigsten Bedingungen ermittelten Ergebnisse stehen eindeutig nicht in Übereinstimmung mit Eysencks Hypothese. Es gibt allerdings auch einige wenige die Hypothese stützende Befunde, die sich im Wesentlichen auf die Herzratenreaktivität beziehen. So berichtete Weyer (1989) in einem diskriminativen Konditionierungsexperiment mit Lichtsignalen als CS und einem 104 dB(A) weißen Rauschen von 1,5 s Dauer als UCS höhere Neurotizismus- und Ängstlichkeitswerte derjenigen Probanden, die anhand ihrer kardiovaskulären Reaktion (Herzrate, Fingerpuls oder Pulswellenlaufzeit) als reaktiv auf den CS und/oder den UCS klassifiziert wurden im Vergleich zu jenen, die sich als nicht oder gering reaktiv erwiesen. Auf die Präsentation aversiver Bilder (Opfern von Gewaltverbrechen) fanden Harvey und Hirschmann (1980) bei Probanden mit hohen Neurotizismuswerten eine Herzratenbeschleunigung als Indikator einer „defense reaction" (DR), während Probanden mit mittleren Neurotizismuswerten eine später einsetzende Dezeleration als Indikator einer Orientierungsreaktion (OR) aufwiesen. Auch Richards und Eves (1991) ermittelten bei Personen mit einem „schwachen Nervensystem" und hohen

Neurotizismus-Werten eine deutlich höhere späte Herzratenakzeleration (long-latency response, 20 s nach Reizbeginn) auf einen hoch-aversiven Ton von 110 dB(A)-Intensität. Diese späte Herzratenakzeleration wird als menschliches Pendant der durch das sympathische Nervensystem vermittelten Kampf-Flucht-(fight-flight-)Reaktion aus dem Tierbereich betrachtet. Eine höhere Ausprägung dieser Reaktion wird als weniger effiziente Anpassung an Stress interpretiert. Auch in der initialen Herzratenreaktion über die ersten vier Sekunden nach Reizeinsatz wiesen Probanden mit höheren Neurotizismuswerten eine höhere Akzeleration im Sinne einer stärkeren DR auf. Kaiser et al. (1997) konnten zeigen, dass emotional labile Probanden als Reaktion auf die Darbietung von 60 dB(A)-Tönen in den ersten beiden Sekunden nach Reizeinsatz eine etwas stärkere Dezelerationsreaktion und in einer Bedingung, in der die Töne zu zählen waren, eine über die ersten drei Sekunden ausgeprägtere Akzelerationsreaktion im Vergleich zu emotional stabilen Probanden aufwiesen. Dies könnte ein Hinweis auf eine höhere Reaktivität emotional labiler Personen auf die experimentellen Bedingungen sein im Sinne einer stärkeren Reizaufnahme unter der ersten und einer größeren mentalen Anstrengung unter der zweiten Bedingung. Auch Delmonte (1985) ermittelte eine positive Korrelation zwischen Neurotizismus und der Änderung der Herzrate, des diastolischen Blutdrucks und der Muskelspannung während der Einübung und Anwendung eines Meditationsverfahrens.

Die Hypothese einer *verzögerten Rückkehr* emotional labiler Personen zur Ausgangslage nach Darbietung eines Stressors ist selten überprüft worden. Jedoch zeigen sich in diesen Untersuchungen übereinstimmend keine Unterschiede zwischen hoch- und niedrig-neurotischen Personen in der Dauer der Erholungsphase der Herzrate (Kirkaldy, 1984; Roger & Jamieson, 1988; Walsh et al., 1994). Lediglich Bull und Nethercott (1972) fanden eine Korrelation zwischen Neurotizismus und der Erholung der Herzrate, definiert als Differenz zwischen der zweiten und der dritten Minute nach einem Fitnesstest (Harvard-Step-Test, 150 Steps auf einen Kasten) bei 24 auszubildenden Soldaten.

Die vermutete höhere *Variabilität* der kardiovaskulären Reaktion wurde von Burdick et al. (1982) lediglich für die Pulswellengeschwindigkeit mit einer niedrigen, aber signifikanten Korrelation zu Neurotizismus unter Ruhebedingungen bestätigt. Dieses singuläre Ergebnis hat nur geringe Aussagekraft in Bezug auf die Gültigkeit der Theorie, zumal die Messung der Pulswellengeschwindigkeit äußerst artefaktanfällig ist (Fahrenberg, 2001). In Langzeit-EKG-Messungen mittels ambulatorischer Messgeräte waren in einer Metaanalyse von Myrtek (1998) neurotische Probanden durch eine hohe basale (unstimulierte) Herzfrequenz und eine geringere

Herzfrequenzvariabilität gekennzeichnet. Die Effektstärken dieser Zusammenhänge waren jedoch insgesamt als eher gering zu bewerten.

Die insgesamt kaum erfolgte Bestätigung der Hypothesen einer generell erhöhten Reaktivität emotional labiler Personen, einer verlängerten Erholungszeit oder einer erhöhten Variabilität ist von Eysenck und Eysenck (1985) nicht im Sinne einer Falsifizierung der Theorie interpretiert worden, vielmehr wurde dem mit einer Kritik an den bis dahin durchgeführten Studien begegnet. Eysenck und Eysenck führen an, die verwendeten Reize seien nicht intensiv genug gewesen, um tatsächlich Stress zu induzieren, und eine erhöhte vegetative Reaktivität hoch-neurotischer Probanden sei nur als Reaktion auf hoch intensive Stimulation durch emotional bedrohliche Bedingungen zu erwarten. In der Bewertung der bisherigen Forschung unter dem Blickwinkel der Eysenckschen Argumentation bedeutete dies, dass es noch nicht gelungen ist, die geeigneten unabhängigen Variablen oder Stressoren zu finden, die den erwarteten Zusammenhang erbringen. Dies ist aber in Anbetracht der Vielzahl und Unterschiedlichkeit der verwendeten Reizbedingungen eine unwahrscheinliche Annahme. Darüber hinaus sollte eine Theorie so formuliert sein, dass sie die Deduktion von überprüfbaren Hypothesen zulässt und klare Operationalisierungen zu ihrer Überprüfung vorgibt. Ansonsten ist eine Theorie nicht falsifizierbar. Das Argument von Eysenck und Eysenck dagegen immunisiert die Theorie und macht sie damit empirisch nicht mehr überprüfbar.

Bereits Stelmack (1981) hat darauf hingewiesen, dass der Zusammenhang zwischen Neurotizismus und physiologischer Reaktivität von der Art der Aufgabe oder der experimentellen Bedingung im Sinne einer Interaktion zwischen Person und Situation abhängig sein könnte. Dabei ist der Zusammenhang nicht nur von den unabhängigen Variablen, d.h. den Stressoren, abhängig, sondern im Sinne eines transaktionalen Stressmodells möglicherweise auch von der Bewertung des Stressors durch die Person. Diese Bewertung ist eine so genannte Moderatorvariable, die zu einer höheren Komplexität der Untersuchung des Zusammenhangs zwischen Neurotizismus und Persönlichkeit führt. Unter diesem Aspekt stellt sich dann weiter die Frage, ob die Bewertung des Stressors durch die Person eine Funktion eines Persönlichkeitsmerkmals oder aber eine Zustandsvariable ist.

In einer sehr sorgfältig geplanten Studie realisierten Stemmler und Meinhardt (1990) 52 verschiedene situative Bedingungen, die weit in der Intensität und der „emotionalen Belastung" (Furcht-, Ärger- und Freudeinduktion, Anagrammlösen, freie Rede, Ruhe etc.) variierten und erhoben 34 physiologische Maße an 42 Studentinnen. Die Verwendung eines psychophysiologischen Messmodells (Stemmler, 1984) erlaubte es, die

Intensität der Situationen über die mittlere Reaktivität aller Personen zu definieren und einen spezifischen Index für die „Erregbarkeit" (arousability) abzuleiten. Auf der Basis der spezifischen Operationalisierungen wurden gerichtete und ungerichtete sowie exploratorische Hypothesen formuliert, die mittels multivariater Statistik (Diskriminanz- und Moderatoranalysen, multiple und kanonische Korrelationsanalysen) überprüft wurden. Persönlichkeitsfaktoren wurden mittels FPI erhoben. Niveau und Variabilität der Reaktivität wiesen keinen Zusammenhang zu Persönlichkeitsfaktoren auf. Neurotizismus zeigte keinen größeren Zusammenhang zu dem „Erregbarkeitsindex" unter emotionalen als unter nicht emotionalen Situationen, und auch die Reizintensität erwies sich nicht als Moderator des Zusammenhangs zwischen Persönlichkeit und Erregbarkeit. Die Persönlichkeitstheorie Eysencks konnte demnach auch bei detaillierter Berücksichtigung der Kritik von Eysenck und Eysenck (1985) an den bisherigen Untersuchungen nicht bestätigt werden.

Eine Interaktion zwischen der Art der Anforderung, die eine Situation stellt, und der Persönlichkeit in Bezug auf physiologische und expressive Reaktivität wurde demgegenüber von Gilbert (1991) berichtet. Gilbert unterschied zwischen einer Venenpunktion, die eine passive Bewältigung (passive coping) und einer freien Redebedingung, die eine aktive Bewältigung (active coping) erfordere. Neurotizismus war positiv korreliert mit dem Herzratenanstieg und dem nonverbalen Ausdruck von Angst unter der passiven Bewältigungsbedingung und negativ korreliert mit dem Angstausdruck unter der aktiven Bewältigungsbedingung. Die Art der Aufgabe scheint demnach den Zusammenhang zwischen Persönlichkeit und physiologischen sowie expressiven Variablen zu bestimmen. Dieses Ergebnis steht damit in Widerspruch zu den von Fahrenberg (1987) berichteten Ergebnissen aus Experimenten, in denen gerade diese Bedingungen (Blutentnahme und freie Rede), allerdings in zwei unabhängigen Experimenten, realisiert worden waren. Hier wäre eine Replikation des Experiments von Gilbert erforderlich, um zu prüfen, ob diese Bedingungen die Spezifität aufweisen, den postulierten Zusammenhang zwischen Persönlichkeit und physiologischer Reaktivität zu belegen. Eine neuere Übersicht zeigt, dass es eine Vielzahl von Untersuchungen gibt, in denen Neurotizismuswerte aus Fragebogen mit ausgewählten physiologischen Variablen unter jeweils spezifischen experimentellen Bedingungen korreliert wurden: Auf der Basis der für eine Metaanalyse verwendbaren Studien zu Neurotiszismus und physiologischen Variablen bis zum Jahre 1992 kommt Myrtek (1998) zu dem Ergebnis, dass emotional labile Probanden eine höhere Reaktivität der Herzfrequenz und des Atemminutenvolumens im Cold-Pressor-Test sowie eine höhere Reaktivität des Heather-Index im Reaktionszeitversuch aufwiesen.

Die Annahme, dass eine Vorhersage der physiologischen Reaktivität durch Primärfaktoren des Neurotizismus besser gelinge, scheint nur eine geringe Bestätigung in den Untersuchungen zu erhalten. Den Ergebnissen zufolge gilt dies nicht generell, sondern situationsspezifisch und ist nur auf die Herzrate bezogen. Personen mit hoher *Eigenschaftsangst* (STAI-T) und hoher Testangst (TAS) hatten in der Ausgangslage und in der Antizipation vor einer sozial bedrohlichen Situation (Halten einer freien Rede vor der Kamera mit nachfolgender Evaluation durch Fachleute) eine höhere Herzrate, nicht aber während der Rede selbst und in der Erholungsphase im Vergleich zu Personen mit niedriger Ausprägung von Angst (Calvo & Miguel-Tobal, 1998). Im Hautleitfähigkeitsniveau zeigte sich demgegenüber nur ein kontinuierlicher Abfall über die Dauer des Experiments. Die Korrelation zwischen verschiedenen Aspekten von Angst war signifikant innerhalb der somatischen und innerhalb der kognitiven Aspekte, nicht aber zwischen diesen beiden Bereichen. Sie war zudem höher für die hoch- im Vergleich zu den niedrig-ängstlichen Personen. Auch in einer Felduntersuchung zur Reaktivität von Studenten unmittelbar nach Beendigung des Examens wiesen jene mit höherer Testängstlichkeit eine höhere Herzrate auf (Deffenbacher, 1986).

Auch das Verhaltenshemmsystem BIS nach Gray (vgl. Kap. 1 und Abb. 5.19) repräsentiert als psychometrisches Pendant die Ängstlichkeit. Keltikangas-Järvinen et al. (1999) prüften den Einfluss einer Untersuchung mit dem Rorschach-Test auf die Herzrate bei Personen, die mit dem Temperamentsinventar von Strelau (STI, Strelau et al., 1990), in solche mit hoher und geringer Stärke der Inhibition des Nervensystems in der Terminologie von Pawlow ausgewiesen waren, was dem BIS nach Gray entspricht. Die BIS-Sensitivität (= Ängstlichkeit) war mit der Herzratenreaktivität und der elektrodermalen Aktivität positiv assoziiert.

Wenn Gruppen nach dem Grad der selbstberichteten Belastung (Stress) und der Anzahl der selbstberichteten Symptome eingeteilt wurden, zeigte sich als Reaktion auf die Darbietung von Filmausschnitten bei den Personen mit geringen Symptomen eine größere Variation der kardiovaskulären Reaktion (Herzfrequenz und T-Wellenamplitude) in Abhängigkeit von der Art des Films im Vergleich zu Probanden mit einer hohen Zahl von Symptomen (Vingerhoets et al., 1996). Demnach scheint eine geringere Reaktivität emotional labiler Personen nicht eindeutig im Sinne eines protektiven Faktors interpretierbar. Schon Rösler (1973) hatte darauf hingewiesen, dass Personen mit einer höheren *Ich-Stärke* (negative Korrelation zum Neurotizismus) eine „angemessenere" Reaktion in Abhängigkeit von den experimentellen Erfordernissen zeigten. Houtman und Bakker (1991) fanden bei studentischen Tutoren in Antizipation der Durchführung einer Lehrveranstaltung sowie unmittelbar zu deren Beginn eine geringere Herzratenreaktivität der eher emotional labilen Tutoren verbunden mit höheren subjektiven Angstwerten. Diese Hyporeaktivität war wiederum mit einer geringeren Abnahme der Herzrate nach Veranstaltungsende sowie einer höheren Cortisolreaktion verbunden. Die Habituation der Herzrate, gemessen als Veränderung zwischen der ersten und der zweiten Lehrveranstaltung, war für Personen mit hohen Neurotizismuswerten größer bei gleichzeitig geringerer Habituation der subjektiv erlebten Angst.

Umfangreichere Untersuchungen der Freiburger Arbeitsgruppe (Fahrenberg, 1983, 1987; Myrtek, 1980, 1984; Stemmler & Meinhardt, 1990) erbrachten insgesamt jedoch negative Ergebnisse. Daher muss die Annahme, dass hohe Neurotizismus- oder Emotionalitätswerte tatsächlich mit größerer physiologischer Reaktivität speziell unter sehr belastenden Bedingungen korreliert sind, als falsifiziert gelten. Es zeigt sich, dass hohe Neurotizismuswerte, obwohl sie mit höheren subjektiv erlebten körperlichen Reaktionen und Beschwerden und einer höheren Klagsamkeit einhergehen, nicht von entsprechenden objektiven psychophysiologischen Reaktionen begleitet sind. Ein anderer Forschungsansatz, der hier nicht verfolgt wurde, besteht in der Untersuchung von emotional stark beanspruchten Personen, z.B. Patienten mit Angststörungen oder Hypertonikern, im Vergleich zu Kontrollpersonen. Die fehlende Äquivalenz der Gruppen hinsichtlich der Ausgangsbedingungen macht jedoch die Aussagekraft dieser Untersuchungen für den Bereich Gesunder problematisch.

Ein Grund für widersprüchliche Befunde kann auch im Represser-Sensitizer-Konzept gesehen werden. Dies besagt ja (vergl. Kap. 1 und 4), dass Personen mit dem Stressbewältigungsstil des Sensitization (Zugehen auf bedrohliche Reize) stärkere emotionale, aber geringere physiologische Reaktionen zeigen als Represser, die bei Stress emotional gelassen, aber physiologisch erregt sind. Trotz verschiedener Bemühungen, das Sensitization-Konstrukt auf Fragebogenebene von Ängstlichkeit und Neurotizismus zu trennen (Weinberger et al, 1979; Krohne, 1996), haben Senzitizer viele psychische Gemeinsamkeiten mit psychisch Labilen im Sinne Eysencks (Boucsein & Frye, 1974). Dieser Umstand kann die oft fehlenden oder gar inversen Beziehungen zwischen Neurotizismus (psychischer Labilität) und physiologischer Reaktivität erklären. Einige Belege dafür werden im Kontext mit elektrodermaler Aktivität in einem gesonderten Abschnit 5.2.3.3 gegeben.

5.2.2.2 Extraversion-Introversion / Impulsivität

Die zweite Basisdimension der Persönlichkeit ist Extraversion-Introversion. Auch diese Dimension basiert als sehr weite Beschreibungsdimension auf verschiedenen Primärfaktoren, wie Geselligkeit, Soziabilität und Impulsivität. Der Extravertierte ist demnach kontaktfreudig, positiv gestimmt, gern in Gesellschaft und optimistischer. Die biologische Basis dieser Dimension liegt nach Eysenck (1967, 1994) in interindividuellen Unterschieden kortikaler Erregungs-Hemmungsprozesse im zweiten, dem retikulo-kortikalen Netzwerk des konzeptuellen Nervensystems. Extravertierte zeichnen sich durch ein habituell geringeres Niveau der kortikalen Erregung (arousal) und durch starke Hemmungsprozesse aus, Introvertierte durch ein höheres kortikales Erregungsniveau und geringere Hemmungsprozesse. Neben dem Niveau soll auch die kortikale Erregbarkeit (arousability) Introvertierter höher sein. Introvertierte sollen sensibler, reagibler und bei steigender Reizintensität früher in einem Bereich der Überstimulation sein. Bei Überstimulation soll ein Schutzmechanismus einsetzen, der als „transmarginale Hemmung" bezeichnet wird. Dieser Mechanismus führt dazu, dass die zunehmende Reizintensität nicht mehr mit einer Zunahme, sondern mit einer Abnahme der Amplitude psychophysiologischer Reaktivitätsmaße beantwortet wird. Die Theorie wurde später dahingehend modifiziert, dass das höhere Erregungsniveau nur unter bestimmten Bedingungen, wie hoher Reizintensität oder Aufgabenschwierigkeit, gegeben sei. Es ist versucht worden, dieses Konstrukt mit Hilfe zentraler und peripherer physiologischer Maße zu operationalisieren. Bevorzugt wurden dabei elektrokortikale und elektrodermale Maße eingesetzt, seltener kardiovaskuläre. Dennoch ist wiederholt darauf hingewiesen worden, dass sich Introvertierte und Extravertierte nach der Theorie auch in kardiovaskulären Parametern, wie der Herzfrequenz in Ruhe, und bei höherer tonischer Aktiviertheit auch in Aktivierungsprozessen, wie dem Anstieg der Herzfrequenz unter Stimulationsbedingungen, unterscheiden sollten (Houston, 1986; Pearson & Freeman, 1991).

Eine Bestätigung für die Annahme einer erhöhten Reagibilität Introvertierter unter Belastungsbedingungen ermittelten Hinton und Craske (1977). Introvertierte zeigten unter einer Kopfrechnen-Bedingung eine höhere Herzratenzunahme und in der Tendenz eine höhere tonische periphere Vasokonstriktion als Extravertierte. Hinton und Craske (1977) schlossen daraus, dass Introvertierte in einer bedrohlichen Situation eine erhöhte Reaktivität auch in kardiovaskulären Indikatoren aufwiesen. Gange, Geen und Harkins (1979) erhoben die Herzrate und die Hautleitfähigkeit an unabhängigen Stichproben Introvertierter und Extravertierter unter einer Vigilanzbedingung, in der die Personen selten auftretende Signale auf dem Bildschirm entdecken sollten, einer Beobachtungsbedingung, in der nur der Bildschirm betrachtet werden sollte, und einer 45-minütigen stimulationsfreien Situation. Introvertierte zeigten unter allen Bedingungen eine höhere Herzrate und eine höhere Zahl von elektrodermalen Spontanfluktuationen, aber kein erhöhtes Hautleitfähigkeitsniveau. Es fand sich keine Interaktion zwischen der Persönlichkeit und den experimentellen Bedingungen. Dies ist insofern verwunderlich, als Introvertierte unter den monotonen Reizbedingungen, die zudem für Extravertierte möglicherweise eine größere Belastung darstellten, keine Abnahme der Herzrate aufwiesen.

Geen (1984) untersuchte in zwei Experimenten die Herzraten-, Fingerpuls- und Hautwiderstandsreaktion in einer Paar-Assoziations-Lernauf-gabe bei Extravertierten und Introvertierten (Extremwertselektion anhand des EPI) bei gleichzeitiger Stimulation durch weißes Rauschen. Die Intensität des Rauschens war entweder selbstgewählt oder durch den Experimentator vorgegeben. Das Besondere war nun, dass die vom Experimentator vorgegebene Intensität entweder der von den Probanden derselben Persönlichkeitsgruppe gewählten Intensität (yoked control) oder der von der anderen Persönlichkeitsgruppe gewählten Intensität (assigned control) entsprach. Abbildung 5.20 zeigt die Ergebnisse für die Herzrate, die über eine zweiminütige Warteperiode und eine zweiminütige Lernzeit erhoben wurde. Ausgangslagenunterschiede in der Herzrate oder den Spontanfluktuationen des Hautwiderstands bestanden nicht.

Introvertierte wählten generell eine niedrigere Reizintensität als Extravertierte. Die Herzrate war für Introvertierte und Extravertierte gleich, wenn die Intensität selbstgewählt war (isolierte Quadrate in Abb. 5.20) oder von derselben Persönlichkeitskategorie stammte (yoked control). Introvertierte hatten eine generell höhere Herzrate als Extravertierte, wenn sie bei derselben Intensität verglichen wurden - gleichgültig, ob diese selbstgewählt oder vorgegeben war. Vergleichbare Ergebnisse fanden sich für die Anzahl der Hautwiderstandsreaktionen. Das Paarassoziationslernen war nur in der Gruppe der Introvertierten unter der höheren zugewiesenen Reizintensität beeinträchtigt. Bei Stimulation auf dem präferierten Niveau zeigten sich keine Unterschiede im Arousal oder in der Leistung zwischen Extravertierten und Introvertierten.

Eine Abweichung in Richtung intensiverer Stimulation führte bei den Introvertierten zu einem höheren Arousal, begleitet von einer Leistungsbeeinträchtigung, wohingegen für Extravertierte diese Stimulation optimal war. Ein „suboptimales Arousal" führte bei Extravertierten nicht zu einer Leistungseinbuße.

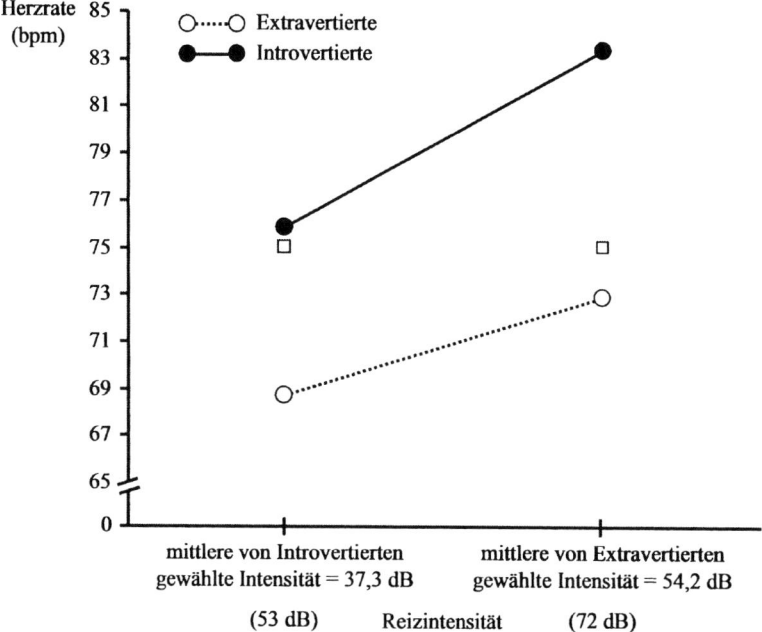

Abbildung 5.20: **Darstellung der Herzrate in Abhängigkeit von der von Introvertierten und Extravertierten selbstgewählten Intensität (Quadrate) eines weißen Rauschens während einer Lernaufgabe (modifiziert nach Geen, 1984).**

In einem weiteren Experiment wurden vier Gruppen von Extravertierten und Introvertierten unter vier Reizintensitätsbedingungen getestet: unter der von Introvertierten als optimal eingeschätzten Intensität, unter der von Introvertierten als gerade noch tolerabel eingeschätzten, niedrigsten Intensität, unter der von Extravertierten gewählten optimalen und unter der von Extravertierten als noch tolerabel eingeschätzten höchsten Intensität. Ansonsten entsprachen die Bedingungen denen des ersten Experiments.

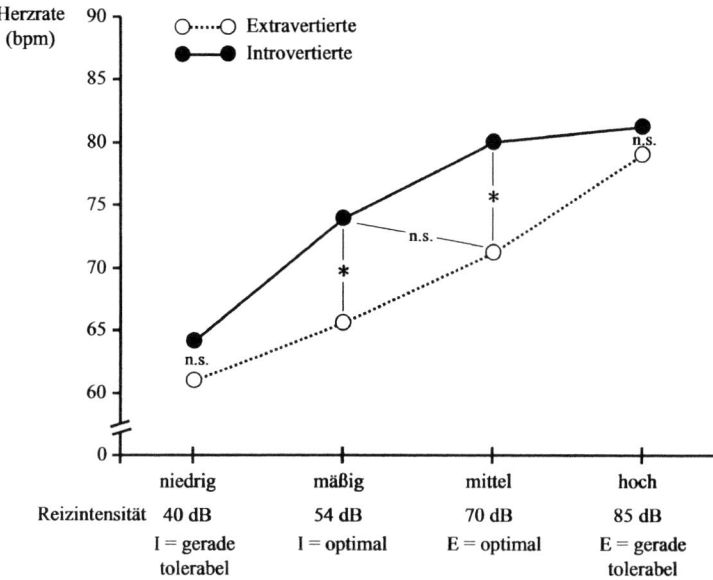

Abbildung 5.21:   **Herzrate in Abhängigkeit von der von Introvertierten (I) und Extravertierten (E) eingestuften Intensi-
tät eines weißen Rauschens während einer Lernaufgabe (* = signifikanter Unterschied; n.s. = nicht
signifikant; modifiziert nach Geen, 1984).**

Wie in Abbildung 5.21 zu sehen ist, unterschieden sich die Gruppen nicht
in der Herzrate bei dem von der jeweiligen Persönlichkeitsgruppe gewählten optimalen Stimulationsniveau. Sie unterschieden sich aber auch nicht
in den extremen Bereichen, unter sehr niedriger und sehr hoher Intensität.
Die Unterschiede zeigten sich vielmehr bei den mittleren Intensitäten,
wenn bei konstanter Intensität Extravertierte und Introvertierte verglichen
wurden. In der Fingerpulsvolumenamplitude zeigten sich keine Unterschiede, und die Hautwiderstandsreaktionen waren wegen zu hoher Zahl
fehlender Daten nicht auswertbar. Die Leistung war bei den Introvertierten
nur bei Lärmintensitäten über dem optimalen Niveau beeinträchtigt, bei
Extravertierten bei Abweichungen in beiden Richtungen. Aus dem Verlauf
der Kurven in Abbildung 5.21 könnte man spekulieren, dass die Introvertierten bei der höchsten Intensität schon den Punkt der transmarginalen
Hemmung erreicht hätten, während die Extravertierten noch höhere Reiz-

intensitäten mit einer Zunahme der Herzrate beantwortet hätten. Demnach wäre der hypothetische Arousalverlauf für die Extravertierten eher linear über die Reizintensitäten, für die Introvertierten hingegen kurvilinear mit dem Erreichen eines Maximums bei der höchsten Intensität. Des weiteren scheint dieses Ergebnis die Annahme Stemmlers und Meinhardts (1990) zu unterstützen, dass sich Persönlichkeitsunterschiede weniger bei hohen Reizintensitäten oder Bedingungen zeigen, die nur geringe Freiheitsgrade bezüglich des Verhaltens lassen, als vielmehr bei mittleren Intensitäten oder so genannten „weichen" Situationen. Allerdings ist festzuhalten, dass Stemmler und Meinhardt (1990) in ihrer komplexen Untersuchung keinen Zusammenhang zwischen der Reaktivität und Extraversion ermitteln konnten. Vom Design her ist die Untersuchung von Geen (1984) sicher eines der herausragenderen Experimente, die psychophysiologische Methodik ließe sich hingegen verbessern. Darüber hinaus wäre es wünschenswert, in einer Replikation das Experiment um eine Bedingung zu erweitern, die eine noch höhere Intensitätsstufe des Rauschens realisierte, um den Punkt der transmarginalen Hemmung zu testen. Dies wäre vertretbar, da die höchste gewählte Intensität näherungsweise etwa 85 dB entsprach.

In einer Untersuchung von Richards und Eves (1991) wurde zur Untersuchung des „long–latency–response" ein 110 dB-Ton verwendet. Allerdings zeigte sich hier trotz der hohen Reizintensität keine transmarginale Hemmung, da die Amplitude der späten Herzratenakzeleration mit Introversion assoziiert war. Dies deutet zwar auf eine höhere Sensitivität Introvertierter hin, zeigt aber auch, dass die Frage, bei welcher Intensität eine transmarginale Hemmung einsetzt, nach wie vor ungeklärt ist.

In der Mehrzahl der Untersuchungen konnte jedoch kein Zusammenhang zwischen der Extraversion und der kardiovaskulären Reaktivität unter kognitiven Belastungssituationen ermittelt werden. Dies gilt für eine Untersuchung von Glass et al. (1983) bei Verwendung einer seriellen Subtraktionsaufgabe und eines modifizierten Stroop-Tests, eine Untersuchung von Kirkaldy (1984) bei einer Wahlreaktionszeitaufgabe, ein Experiment von Roger und Jamieson (1988) bei einem Stroop-Test, eines von Pearson und Freeman (1991) bei einer Kopfrechnenaufgabe, von O'Connor (1993) bei einer Reizdiskriminationsaufgabe und von Zahn et al. (1994) bei einem Habituationsparadigma und einer Reaktionszeitaufgabe.

Auch in der *Ausgangslage* unterschieden sich Extravertierte und Introvertierte nicht. Insgesamt kann festgestellt werden, dass in den Untersuchungen überwiegend kein Zusammenhang zwischen der Herzrate in Ruhe vor Beginn des Experiments und Extraversion ermittelt wurde, wenngleich einige Untersuchungen eine negative Korrelation berichten (Kirkaldy,

1984; Richards & Eves, 1991). Die Annahme, dass sich das höhere Arousal Introvertierter in einer höheren basalen Herzrate zeigt, muss demnach als nicht bestätigt gelten.

In der Untersuchung von Zahn et al. (1994) fand sich auch keine Korrelation der Herzrate mit *Impulsivität*, wenngleich Impulsivität mit schnellerer Reaktionszeit assoziiert war. Eine vermutete *verlängerte Erholungszeit* Introvertierter in der Herzfrequenz nach Belastung konnte ebenfalls nicht bestätigt werden (Kirkaldy, 1984; Roger & Jamieson, 1988). Die Frage einer erhöhten *Variabilität* der psychophysiologischen Reaktionen Introvertierter wurde von Burdick et al. (1982) unter Ruhebedingungen für die Herzfrequenz und die Pulswellengeschwindigkeit und von Pearson und Freeman (1991) unter kognitiver Belastung mittels Spektralanalyse der Herzrate untersucht. In keiner Untersuchung ergab sich ein Zusammenhang zwischen der Variabilität der Reaktionen mit Extraversion.

Die Annahme einer höheren Sensitivität für emotional aversive Reize bei geringer ausgeprägter Extraversion wurde von Harvey und Hirschmann (1980) bestätigt. Hoch-Extravertierte zeigten auf die Darbietung der Fotos von Mordopfern hin eine Herzratendezeleration im Sinne einer Orientierungsreaktion, während Personen mit mittlerer Ausprägung von Extraversion eine Herzratenakzeleration im Sinne einer Defensivreaktion aufwiesen.

In einem aversiven Konditionierungsparadigma konnten Fredrikson und Georgiades (1992) in der Akquisition eine stärkere Herzratenbeschleunigung Introvertierter auf den UCS hin ermitteln. Introvertierte konditionierten auf den CS+ eine Herzratenakzeleration, Extravertierte hingegen eine Dezelerationsreaktion. Auf den CS– hin bestanden keine Gruppenunterschiede. Introvertierte zeigten insgesamt eine bessere Konditionierung, so dass die Autoren in Übereinstimmung mit Eysencks Theorie zu dem Schluss kamen, dass Introversion die Konditionierung bahnt.

In Reaktion auf eine passive Bewältigungsbedingung mit einem aversiven Stressor (Blutentnahme) zeigten Introvertierte eine höhere Herzrate, demgegenüber fand sich auf eine aktive Bewältigungssituation (freie Rede) hin eine positive Korrelation zwischen Extraversion und Herzrate (Gilbert, 1991). Dies könnte bedeuten, dass die Sensitivität Introvertierter durch die Anforderungscharakteristika der Situation moduliert wird. Allerdings steht eine Replikation dieses Befundes noch aus.

Mangan und Hookway (1988) fanden bei Extravertierten eine generell höhere Sensitivität in Form einer höheren Herzraten- und Hautleitfähigkeitsreaktion auf die Darbietung aversiver und neutraler Filmausschnitte. Bei der Wiedergabe der Filminhalte zeigten Extravertierte hingegen eine geringere Herzrate und Hautleitfähigkeitsreaktion sowie eine bessere

Reproduktionsleistung im Vergleich zu den Introvertierten. Das Arousal der Extravertierten wäre demnach als angepasster zu interpretieren. Höheres Arousal während der Darbietung führte zu besserer Speicherung des Inhaltes, niedrigeres Arousal während der Wiedergabe zu einer höheren Reproduktionsleistung. Bei der Darbietung nicht aversiver Reize (Töne) zeigten Introvertierte jedoch Anzeichen für eine stärkere Reizaufnahme in Form einer im Vergleich zu Extravertierten verdoppelten Dauer der Herzratendezelerationsreaktion (Kaiser et al., 1997).

Forgays (1989) fand keine Unterschiede in der Herzrate zwischen Personen, die eine Unterwasserisolation länger ertragen konnten im Vergleich zu denen, die kürzere Zeit verblieben. Die länger Verweilenden hatte aber höhere Extraversionswerte, langsamere hirnelektrische Aktivität und eine langsamere Atmung. Die Ergebnisse wurden als Indikator einer höheren Ängstlichkeit in der Gruppe der „Abbrecher" interpretiert, da diese Gruppe höhere Zustandsangstwerte nach Beendigung der Wasserisolation angab. Matthews (1987) untersuchte den Zusammenhang zwischen Extraversion und Arousal in Bezug auf die Leistung in Intelligenztests unter verschiedenen Tageszeitbedingungen. Die Ergebnisse erscheinen insgesamt schwierig zu interpretieren. Zwei Primärfaktoren der Extraversion (16PF), F (Lockerheit) und H (Courage), waren negativ mit einem aus Herzrate und elektrodermaler Reaktion zusammengesetzten Wert assoziiert. Des weiteren zeigten sich komplexe Interaktionen zwischen der Tageszeit, dem generellen Arousal und dem Primärfaktor „Lockerheit" in Bezug auf die Leistung. Die von Revelle et al. (1980) geäußerte Vermutung, dass physiologische Indikatoren am ehesten mit der Impulsivitäts-, nicht aber mit dem Soziabilitätsaspekt der Extraversion korrelieren, wurde in der Untersuchung von Matthews (1997) bestätigt, in anderen aber hingegen nicht (z.B. Amelang & Ullwer, 1990).

Houtman & Bakkers (1991) Ergebnisse einer geringeren Herzratenaktivität von weiblichen extravertierten Tutoren in Antizipation sowie während der Durchführung einer Lehrveranstaltung weisen darauf hin, dass auch das Geschlecht oder die mit dem Geschlecht verbundene soziale Rolle ein modulierender Faktor des Zusammenhangs zwischen Extraversion und physiologischer Reaktivität unter Stress sein kann.

Zusammenfassend zeigen die Ergebnisse zur kardiovaskulären Reaktivität in Reaktion auf kognitive Belastungsbedingungen keine höhere Sensitivität Introvertierter. Eine höhere tonische Herzfrequenz in Ruhe als Indikator eines generell erhöhten Arousals auch unter experimentellen Bedingungen konnte ebenfalls nicht ermittelt werden.

Auf der Basis von Untersuchungen unter Verwendung des Cold-Pressor-Tests, der Kopfrechnenaufgabe und des Reaktionszeitversuchs berichtet Myrtek (1998) in seiner Metaanalyse einen niedrigeren systolischen *Ruheblutdruck* und eine höhere Reaktivität des diastolischen Blutdrucks Extravertierter im Cold-Pressor-Test, eine höhere Reaktivität des Schlagvolumens und der Austreibungszeit sowie eine niedrigere Atemfrequenz und einen niedrigeren Muskeltonus in Ruhe. In Reaktion auf aversive und emotional belastende Reaktionen scheint sich eine höhere Reaktivität Introvertierter anzudeuten, wenngleich eine Reihe von Befunden (Stemmler & Meinhardt, 1990; Myrtek, 1984) diesen Effekt in Frage stellt. Aus der Untersuchung von Geen (1984) bleibt die Schlussfolgerung, dass Introvertierte intensivere Stimulation meiden. Mit Amelang und Ullwer (1990) ist anzunehmen, dass Introvertierte Strategien entwickelt haben, um Stimulation dort zu vermeiden, wo sie stark und deshalb aversiv ist. Insoweit spiegelt die psychophysiologische Reaktivität dann nur unterschiedliche Ausmaße im Erleben der Aversivität zwischen Extravertierten und Introvertierten wider.

Da in Grays Modell die *Impulsivität* als Mischung aus Neurotizismus und Extraversion definiert ist (vgl. Kap. 1), aber als Achse im Koordinatenkreuz von Extraversion und Neurotizismus nur um 30° gegenüber Extraversion verschoben ist, lässt es sich rechtfertigen, Impulsivität im Kontext mit Extraversion zu behandeln.

Neben der psychometrischen Änderung hat Gray auch die biologischen Grundlagen der beiden Persönlichkeitsachsen Impulsivität und Ängstlichkeit neu formuliert. In Grays neurophysiologischer Theorie des Temperaments sollen sich interindividuelle Unterschiede im Temperament in der Prädisposition des Erlebens spezifischer Arten von Emotionen widerspiegeln.

Das behaviorale Aktivierungssystem BAS, welches der Impulsivitätsdimension zugeordnet ist, vermittelt Belohnung und den Wegfall von Bestrafung. Es ist mit dem Erleben positiver Emotionen und mit unspezifischer Aktivierung verbunden und soll auch die Kopplung zwischen kardialen und somatischen Vorgängen (cardiacsomatic coupling) vermitteln. Es soll ferner mit den mesolimbischen dopaminergen Bahnen assoziiert sein, die vom ventralen Tegmentum zum Hirnstamm laufen.

Gray hat seine Theorie nicht auf traditionelle psychophysiologische Maße bezogen, vielmehr schätzte er die Bedeutung der Aktivität des vegetativen Nervensystems für emotionales Verhalten als eher gering ein. Die Anwendung auf psychophysiologische Maße wurde von Fowles (1980) und Fowles et al. (1982) in einem Modell vorgeschlagen, das kardiovaskuläre und elektrodermale Maße einschließt. Nach Fowles bilden Zunahmen der tonischen Herzrate die Aktivität des BAS – oder spezifischer die Anreiz-bezogene Aktivität des BAS – ab, während die Aktivierung des BIS zu einer Zunahme tonischer elektrodermaler Aktivität, insbesondere der so genannten Spontanfluktuationen, führen soll (siehe 5.2.3).

In einer Studie von Gomez und McLaren (1997) wurde die Validität des Gray-Fowles-Modells anhand von subjektiven Maßen, Maßen des vegetativen Nervensystems und Verhaltensdaten mittels einer Go-Nogo-Diskriminationsaufgabe überprüft und mit der Belohnungsempfänglichkeit der Impulsivität in Zusammenhang gebracht. In der Belohnungsbedingung wurden 12 zweistellige Zahlen auf dem Monitor präsentiert, von denen die Hälfte „gut", die andere Hälfte „schlecht" war. Die Probanden sollten die guten von den schlechten unterscheiden und erhielten für jede Reaktion auf die „guten" und für das Unterlassen einer Reaktion auf die „schlechten" Ziffern 10 Cent. Geldverlust für eine falsche Antwort war nicht möglich. In der Bestrafungsbedingung wurde den Probanden 10 Cent abgezogen, wenn sie entweder auf eine „schlechte" Ziffer reagierten oder auf eine „gute" nicht reagierten. In Übereinstimmung mit dem Modell machten die Personen in der Belohnungsbedingung mehr Fehler, beurteilten ihre Stimmung als glücklicher und weniger nervös und hatten ein niedrigeres Hautleitfähigkeitsniveau als die Personen in der Bestrafungsbedingung. Allerdings zeigte die Herzrate wider Erwarten in der Belohnungsbedingung keine stärkere Zunahme als in der Bestrafungsbedingung, keinen Zusammenhang zur Befindlichkeit oder zu irgendwelchen Subskalen der Eysenckschen Impulsivitätsskala (Eysenck & Eysenck, 1977) oder zur Eigenschaftsangst.

Arnett und Newman (2000) kritisierten die Belohnungsbedingung, die bei Nichterfüllen der Erwartung eines Gewinns eine Aktivierung des BIS-Systems zur Folge gehabt haben könnte und forderten eine beanspruchendere motorische Reaktion, die zu einer stärkeren Aktivierung des BAS-Systems führen sollte. In ihrer Untersuchung an Gefängnisinsassen wurde das durch Belohnung (5 Cent) auf schnelle motorische Reaktionen und Bestrafung für langsame Reaktionen (Abzug von 25 Cent) in einer Wahlreaktionsaufgabe realisiert. Aber die Herzrate korrelierte nicht mit der Belohnungsbedingung und auch nicht mit der Impulsivität.

In einer Untersuchung unter Verwendung des Rohrschach-Tests als moderatem Stressor und des Strelau Temperament Inventory (STI-R; Strelau et al., 1990) zur Erfassung der BIS- und BAS-Sensitivität wurden Herzperiode und Hautleitfähigkeit kontinuierlich über die Dauer der Testung erhoben (Keltikangas-Järvinen et al., 1999). Die BAS-Sensitivität, gemessen über die Stärke der Exzitation (SE), war nicht mit der Herzratenaktivität korreliert. Diese neueren Untersuchungsergebnisse stehen in Übereinstimmung mit den umfassenden Studien von Andresen (1987), der darlegte, dass aus methodischen und empirischen Gründen die Validität des Ansatzes, die Herzfrequenz mit dem BAS-System und die elektrodermale Aktivität mit dem BIS-System in Beziehung zu setzen, als sehr gering zu bewerten ist.

5.2.2.3 Sensation Seeking

So genannte „Sensation Seeker" erleben nach Zuckerman (1991, 1994) aufgrund eines herabgesetzten Arousals des Nervensystems einen Mangel an Stimulation, was sie dazu bewegt, hoch stimulierende Situationen aufzusuchen mit dem Ziel einer Optimierung des Arousals. „Sensation Avoider" hingegen erleben eine übermäßige Stimulation aufgrund einer niedrigen Erregungsschwelle und meiden daher entsprechende Situationen, um ein Optimum an Arousal aufrechtzuerhalten (vgl. Kap. 1).

Ein Beispiel für das geringere Arousal zeigt sich in Unterschieden der Musikpräferenzen dieser beiden Gruppen. Sensation Seeker bevorzugen „härtere" Musikstile als Sensation Avoider. McNamara und Ballard (1999) zeigten, dass junge Männer mit einer Vorliebe für härtere Musik höhere Sensation-Seeking-Werte und ein geringeres kardiovaskuläres Arousal, gemessen über die tonische Herzrate und den Blutdruck im Ruhezustand, aufwiesen als Männer mit niedrigen Sensation-Seeking-Werten. Bei weiblichen Sensation Seekern zeigte sich hingegen kein höheres kardiovaskuläres Arousal.

In mehreren Studien wurde der Verlauf der Herzratenreaktion im Habituationsparadigma bei mittels der Sensation-Seeking-Skala (Zuckerman et al., 1978) eingeteilten Probanden untersucht (Orlebeke & Feij, 1979; Ridgeway & Hare, 1981; Robinson & Zahn, 1983). Sensation Seeker zeigten auch bei höheren Reizintensitäten eine Herzratendezeleration als Indikator einer Orientierungsreaktion, während Sensation Avoider eine Herzratenakzeleration im Sinne einer Defensivreaktion aufwiesen. Die frühe Herzratenakzeleration wurde von Ridgeway und Hare (1981) auch im Sinne einer Schreckreaktion interpretiert.

In einer Studie zur physiologischen Reaktivität von Personen mit hohen versus niedrigen Sensation-Seeking-Werten untersuchten Zuckerman et al. (1988) die Wirkung akustischer und visueller Reize. Sie boten den männlichen Probanden zum einen 1000-Hz-Töne (50, 65, 80 und 95 dB SPL) in einer Sitzung und zum anderen Lichtblitze in vier unterschiedlichen Intensitäten in einer nachfolgenden Sitzung dar. Die Reihenfolge der Stimulusintensitäten war hierbei jeweils randomisiert. Erwartungsgemäß zeigten die Sensation Seeker das oben beschriebene Reaktionsmuster in Form einer stärkeren Herzraten-Dezeleration sowohl auf visuelle als auch akustische Stimuli, wohingegen Sensation Avoider eine stärkere Herzraten-Akzeleration aufwiesen. Die Verlangsamung war bei der geringsten Lautstärke in der Gruppe der hohen Sensation Seeker besonders ausgeprägt, die Akzeleration bei den Sensation Avoidern unter der höchsten Intensität. Die maximalen Unterschiede zwischen den Gruppen traten demnach bei der geringsten und der höchsten Reizintensität auf. Eine Erklärung ihrer Befunde sehen Zuckerman et al. (1988) in der Einstellung von Sensation Seekern gegenüber Umweltreizen im Sinne einer größeren Neugierde, mit positivem Arousal auf neue und komplexe Stimuli. Des weiteren könnte man die geringere Herzraten-Dezeleration bei Sensation Avoidern als Ausdruck von Ängstlichkeit gegenüber dem Experiment werten, die eine Reduktion der Stärke der Orientierungsreaktion zur Folge hat (Neary & Zuckerman, 1976). Auch eine erhöhte Ablenkbarkeit aufgrund der ungewohnten Experimentalsituation und infolgedessen eine verminderte Aufmerksamkeit gegenüber dem zuerst dargebotenen Stimulus einer Serie könnte die verminderte Orientierungsreaktion erklären.

Bei Hinzunahme der ereigniskorrelierten Potentiale gingen höhere Amplituden mit einer Herzratendezeleration einher (Sensation Seeker), geringere Amplituden hingegen mit einer Herzratenakzeleration (Sensation Avoider). Diesbezüglich spekulieren Zuckerman et al. (1988), dass geringere Amplituden der ereigniskorrelierten Potentiale als Ausdruck kortikaler Hemmung mit einer Disinhibition des sympathischen Nervensystems einhergehen, und somit eine Herzratenakzeleration (Defensivreaktion) resultiert. Größere Amplituden der ereigniskorrelierten Potentiale als Zeichen kortikaler Aktivierung sollen dagegen mit einer Hemmung des Sympathikus und folglich mit einer Herzratendezeleration (Orientierungsreaktion) verbunden sein.

Eine eher auf den Alltag bezogene Untersuchung in Verbindung mit Sensation Seeking führten Heino et al. (1996) durch. Hierbei sollten Probanden mit einem Auto einem anderen Wagen folgen. In der einen Bedingung konnten die Teilnehmer den Abstand zum Auto frei bestimmen, in der anderen Bedingung hingegen wurde ein Abstand von 15 m vorgeschrieben. Wurde dieser Abstand über- bzw. unterschritten, wies der Versuchsleiter auf dem Rücksitz des Autos den Probanden darauf hin. Erwartungsgemäß bevorzugten Sensation Avoider einen größeren Abstand zum Vorderwagen. Sollten sie diesen Abstand reduzieren, schätzte diese Gruppe das Risiko verbal höher ein, was mit einer Reduktion der *Herzratenvariabilität* einherging. Dies werteten Heino et al. (1996) als ein Zeichen dafür, dass Sensation Avoider mehr mentale Ressourcen aufwenden mussten, um dem Wagen im vorgeschriebenen Abstand zu folgen, da sie diesen Abstand als zu riskant einstuften. Ein derartiges Reaktionsmuster war bei Sensation Seekern nicht zu beobachten. Offensichtlich zeigen Sensation Seeker eine optimistische Tendenz dahingehend, dass sie sich weniger risikogefährdet fühlen (Weinstein, 1980). Auch besteht die Annahme, dass Sensation Seeker riskantere Verhaltensweisen wählen, um mentale Ressourcen optimal ausschöpfen zu können. Gemäß Zuckerman (1991) führt ein niedriges tonisches Arousalniveau dazu, Situationen intensiver Stimulation aufzusuchen. Eine geringe Reaktivität gegenüber Reizen bedingt demzufolge die Hinwendung zu intensiveren Reizen, um das phasische Arousalniveau zu steigern. Breivik et al. (1998) konnten allerdings bei Fallschirmspringern keinen Zusammenhang zwischen dem Herzratenanstieg unmittelbar vor dem Sprung und der Ausprägung von Sensation Seeking ermitteln. Dies liegt vermutlich an einem Deckeneffekt, weil bei sehr starken Stimuli individuelle psychophysiologische Unterschiede eher verschwinden.

5.2.2.4 Psychotizismus

Psychotizismus ist die dritte Persönlichkeitsdimension in Eysencks Modell (Eysenck, 1967). Sie soll von den beiden anderen Dimensionen, Neurotizismus und Extraversion-Introversion, unabhängig sein. Anfangs glaubte Eysenck, dass Personen, die an dem Endpunkt der Psychotizismusdimension lokalisiert sind (hoher Psychotizismuswert) eine unspezifische Vulnerabilität für Psychose-ähnliche Erkrankungen haben. Später wechselte Eysenck die Dimensionalität vom „Psychotischen" zum „Antisozialen" (Claridge, 1987). Allerdings liegen keine expliziten Hypothesen zur physiologischen Reaktivität in Verbindung mit Psychotizismus vor. Nach Claridge (1987) sollen Probanden mit hohen Psychotizismuswerten eine physiologische Hyporeaktivität aufweisen und durch eine Dissoziation vegetativer, kortikaler und motorischer Aktivierungsdimensionen als Ausdruck einer Dysregulation des zentralen Nervensystems gekennzeichnet sein. In Verbindung mit Psychotizismus wird daher die so genannte Kovariationshypothese (Robinson & Zahn, 1979) diskutiert. Diese besagt, dass bei Personen mit hohen Psychotizismus- (= P-) Werten eine Kovariation einer psychophysischen mit einer psychophysiologischen Variable vorliegt. Personen mit hohen P-Werten haben eine geringere sensorische Diskriminationsfähigkeit, gemessen über die Flimmerverschmelzungsfrequenz (die Frequenz, bei der zwei Lichtblitze als ein Blitz wahrgenommen werden), einhergehend mit einer höheren Anzahl spontaner elektrodermaler Reaktionen. Dieses Muster soll Ausdruck einer geringeren kortikalen bei gleichzeitig höherer vegetativer Erregung sein. In einer Studie mit basaler Hautleitfähigkeit und Herzrate als vegetativen Indikato-

ren und einer signalentdeckungstheoretischen Analyse der Flimmerverschmelzungsfrequenz konnten Robinson und Zahn (1979) die Hypothese
nur teilweise bestätigen. Personen mit hohen P-Werten wiesen eine negative Korrelation zwischen der Hautleitfähigkeit (Spontanfluktuation und
Niveau) und der Schwelle der Flimmerverschmelzungsfrequenz auf, während für Personen mit niedrigen P-Werten eine positive Korrelation ermittelt wurde. Jedoch waren die Korrelationen in der Gruppe mit hohen P-
Werten nur für den Zusammenhang zu den Spontanfluktuationen und für
die Gruppe mit niedrigen P-Werten nur für das Niveau und nur selektiv in
der Gruppe mit gleichzeitig niedrigen Neurotizismuswerten signifikant.
Für die Herzrate fanden sich vergleichbare Ergebnisse Das konsistenteste
Ergebnis der Studie bestand allerdings darin, dass das Sensitivitätsmaß in
der Signalentdeckungsanalyse positiv korreliert war mit Arousal, d.h.
unabhängig von der Persönlichkeit ist die sensorische Diskriminationsfähigkeit bestimmt durch das Arousalniveau.

In einer Folgestudie untersuchten Robinson und Zahn (1985) die Auswirkungen hoher und geringer Aktiviertheit auf die vegetative Reaktivität
von Personen mit hohen vs niedrigen P-Werten unter verschiedenen Stimulationsbedingungen. Die Stimulationsbedingungen umfassten eine
Instruktionsphase, eine Ruhephase, eine Habituationsanordnung, den
Flimmerverschmelzungsfrequenz-Test und eine abschließende Ruhephase.
Die Personen wurden an verschiedenen Tagen in stehender (moderate
Aktivierung) oder liegender Position (geringe Aktivierung) getestet. Hierbei zeigten Probanden mit hohen P-Werten eine tendenziell niedrigere
tonische Herzrate unter allen Aufgaben mit Ausnahme der initialen In-
struktionsbedingung. In Reaktion auf die Töne im Habituationsparadigma
fand sich bei Personen mit hohen P-Werten eine initial stärkere Herzratendezeleration sowie eine verlängerte Latenz und Erholungszeit der Hautleitfähigkeitsreaktionen, in der Flimmerverschmelzungsfrequenz eine verringerte sensorische Diskriminationsfähigkeit und ein verringertes Reaktions-
kriterium. Die vielfältigen Interaktionen wiesen auf eine verringerte vegetative Erregbarkeit der Personen mit hohen P-Werten hin, insbesondere
unter der geringen Aktivierungsbedingung. Insgesamt interpretierten
Robinson und Zahn (1985) das Reaktionsmuster dieser Personengruppe als
eher vergleichbar mit dem Muster psychopathischer denn schizophrener
Personen.

Ähnlich wie Robinson und Zahn (1985) boten Kaiser et al. (1997) ihren
Probanden in einem Habituationsparadigma 1000-Hz-Töne dar, wobei
eine Gruppe die Töne nur anhören (irrelevante Bedingung) und die andere
Gruppe die Töne zählen sollte (relevante Bedingung). Probanden mit
hohen P-Werten zeigten im Unterschied zu den Ergebnissen von Robinson

und Zahn (1985) eine tendenziell geringere Herzratendezeleration auf die irrelevanten Töne und eine geringere Akzelerationsreaktion auf die relevanten Töne im Vergleich zu Personen mit geringen P-Werten. Beide Komponenten der evozierten Herzratenreaktion scheinen demnach darauf hinzuweisen, dass Personen mit relativ höherer Ausprägung von P eine geringere Anstrengung bei der Aufnahme von Reizen und der Bewältigung von Aufgaben zeigen, die mentale Konzentration erfordern.

In einer weiteren Untersuchung unter Verwendung dieser experimentellen Anordnung (Kaiser et al., 2001) wurden die Gruppen anhand der Merkmale „Verträglichkeit" (Agreeableness) und „ Gewissenhaftigkeit" (Conscientiousness) des NEO-PI-R (Costa & McCrae, 1985) eingeteilt. Die Persönlichkeitsmerkmale erwiesen sich als unabhängig voneinander. Personen mit hoher Verträglichkeit zeigten eine stärkere Herzratendezeleration unter der irrelevanten Bedingung im Vergleich zu Personen mit geringerer Verträglichkeit, während sich für das Merkmal Gewissenhaftigkeit keine Unterschiede fanden. Unter der relevanten Bedingung wiesen hingegen die Personen mit hoher Ausprägung von Gewissenhaftigkeit eine höhere Herzratenakzelerationsreaktion auf als die Personen mit geringerer Gewissenhaftigkeit bei fehlenden Unterschieden im Merkmal Verträglichkeit. Dieses Ergebnis sehen die Autoren als Bestätigung für die Annahme an, dass Verträglichkeit und Gewissenhaftigkeit keine Subfaktoren des Superfaktors Psychotizismus sind. Es ist vielmehr die Kombination der Unterschiede in den beiden Informationsverarbeitungsbedingungen (automatisch vs. kontrolliert), welche dem Effekt von Psychotizismus in der vorausgegangenen Studie entsprach. Verträglichkeit und Gewissenhaftigkeit scheinen demnach zwei unabhängige Faktoren zu sein, die den Psychotizismusfaktor sensu Eysenck konstituieren.

In einer komplexeren Reizanordnung unter Verwendung einer räumlichen Reizwiedererkennungsaufgabe mit emotional angenehmen, unangenehmen und neutralen Hinweisreizen zeigten Personen mit hohen Ausprägungen auf einem kombinierten Psychotizismus-Sensation-Seeking-Wert ebenfalls eine geringere Herzratendezeleration auf die emotional positiven und negativen Hinweisreize als Personen mit niedriger Ausprägung (De Pascalis & Speranza, 2000). Die Ergebnisse wurden im Sinne einer geringeren Ansprechbarkeit von Personen mit hohen P-Werten für emotionale Reize interpretiert. Für neutrale Hinweisreize bestanden diese Unterschiede nicht. In Übereinstimmung mit dieser Interpretation beurteilte diese Gruppe die positiven Hinweisreize auch als weniger angenehm.

Unter der angstbesetzten Situation unmittelbar vor einem Fallschirmsprung fanden Breivik et al. (1998) sowohl bei Novizen als auch bei erfahrenen männlichen Fallschirmspringern eine negative Korrelation zwischen dem Herzratenanstieg und der Ausprägung von Psychotizismus. Dieses Ergebnis scheint demnach die reduzierte Reaktivität von Personen mit höheren P-Werten auf unangenehme oder aversive Reize zu bestätigen. Extraversion sowie Ängstlichkeit zeigten demgegenüber keinen Zusammenhang mit der Herzratenzunahme vor dem Sprung.

Demgegenüber fand Gilbert (1991) unter Verwendung einer passiven (Blutentnahme) und einer aktiven (freie Rede) Bewältigungssituation keinen Zusammenhang zwischen der physiologischen Reaktivität und der Ausprägung von Psychotizismus. Behl und Harrod (1998) berichteten im Unterschied zu Gilbert (1991) eine höhere sympathische Aktivierung in Form einer schnelleren Reduktion der T-Wellen-Amplitude bei Personen mit hohen P-Werten unter einer aktiven Bewältigungbedingung (Beendigung eines aversiven 100-dB-Tons). Unter der passiven Bedingung (Anhören des aversiven Tons) bestanden hingegen keine Unterschiede zwischen den Persönlichkeitsgruppen. Diese Interpretation stützt sich jedoch nur auf die T-Wellen-Amplitude. Die Verlangsamung der Herzfrequenz sowie die Zunahme der *Herzfrequenzvariabilität* nach Darbietung des Tons in der Gruppe mit hohen P-Werten unter beiden Bewältigungsbedingungen beschränkt aber die Interpretation eines höheren sympathischen Arousals auf die initiale Reaktionsphase.

Unter Ruhebedingungen fanden Burdick et al. (1982) bei Erhebung der Pulswellengeschwindigkeit sowie der mittleren Herzrate und Herzratenvariabilität keine Zusammenhänge zwischen kardiovaskulärer Aktivität und Psychotizismus. Auch Kirkcaldy (1984) konnte bei Darbietung einer Wahlreaktionsaufgabe keinen Zusammenhang zwischen Psychotizismus und der Herzratenreaktivität aufzeigen. Insgesamt finden sich nur geringe Hinweise auf eine reduzierte kardiovaskuläre Reaktivität der Personen mit hohen P-Werten. Die verwendeten experimentellen Anordnungen sind zu verschieden, um zu einer zusammenfassenden Bewertung zu kommen. Es ist interessant, aber gleichzeitig auch äußerst fraglich, ob sich mit der Erfassung der Herzratenreaktivität unter einer recht einfachen experimentellen Anordnung der Psychotizismus als ein aus zwei voneinander unabhängigen Faktoren, Verträglichkeit und Gewissenhaftigkeit, zusammengesetzter Superfaktor erweist (Kaiser et al., 2001). Gerade aber dies zeigt, dass die Aufspaltung von breiten Konstrukten in ihre Primärfaktoren oft die bessere Korrespondenz zu biologischen Korrelaten erbringt.

5.2.2.5 Typ-A-Verhalten und Feindseligkeit

Das *Typ-A-Verhalten* ist von Myrtek (1995) einer ausführlichen Würdigung in einer umfassenden Metaanalyse unterzogen worden. Die vermutete erhöhte kardiovaskuläre Reaktivität und die erhöhte Katecholamin-produktion von Personen mit einem Typ-A-Verhaltensmuster auf belastende Ereignisse ließ sich, gemessen an den Effektstärken, nicht belegen. Auch die häufig beschriebene Erhöhung des systolischen Blutdrucks in Reaktion auf Stressoren war neueren Untersuchungen zufolge nicht mehr aufrechtzuerhalten. Mit dem Niedergang des Typ-A-Konzeptes als Prädiktor der koronaren Herzerkrankung ist der Aufstieg eines Konzeptes verbunden, das sich auf einen wesentlich eingeschränkteren Verhaltensbereich bezieht, das Konstrukt der Feindseligkeit. Dieser isolierten Komponente wird eine größere prädiktive Validität für die kardiovaskuläre Reaktivität zugeschrieben als dem Typ-A-Konzept. In seiner Metaanalyse der Typ-A-Untersuchungen bis zum Jahre 1992 hat Myrtek (1995) auch das Konstrukt Ärger/Feindseligkeit/Aggression berücksichtigt. Bei vier bewertbaren Studien zeigte sich für die Zunahme des *systolischen Blutdrucks* auf Stressoren eine mittlere Effektstärke. Die Zahl der Untersuchungen ist in den 10 Jahren danach rapide angestiegen, so dass einige wesentliche Ergebnisse zu diesem Konzept hier dargestellt werden sollen.

Unter *Feindseligkeit* versteht man ein Persönlichkeitsmuster, das durch Misstrauen gegenüber anderen, Argwohn, Zynismus, Aggression und Wutausbrüche gekennzeichnet ist. Feindseligkeit kann als multidimensional aufgefasst werden, wobei aufgrund von Faktorenanalysen zwei grundlegende Faktoren ermittelt worden sind (Barefoot et al., 1989; Dembroski & Costa, 1987; Musante et al., 1989; Suarez & Williams, 1990). Dies ist zum einen die *neurotische Feindseligkeit* als Feindseligkeit aufgrund von Erfahrungen (Vorbehalte, Argwohn, Wut, Verachtung), zum anderen die Feindseligkeit, die als Angriffslust, verbale Aggression, Grobheit und Oppositionstendenz zu verstehen ist. Dem so genannten Kreismodell sozioemotionalen Verhaltens (Circumplex-Modell; Kiesler, 1996) liegen ebenfalls zwei Hauptachsen zu Grunde, die Dimensionen „Freundlichkeit versus Feindseligkeit" und „Dominanz versus Unterwürfigkeit".

Die Skalen „Potential for Hostility" als Bestandteil des Strukturierten Interviews zur Erfassung des Typ-A-Verhaltens (Dembroski, 1978; Matthews, Glass, Rosenman & Bortner, 1977) sowie die „Cook-Medley Hostility Scale" (Cook & Medley, 1954) sind die am häufigsten verwendeten Verfahren zur Erfassung von Feindseligkeit. Als weitere Verfahren wurden das „Buss-Durkee Hostility Inventory" (Buss, 1961; Buss & Durkee, 1957), der „Buss-Perry Aggression Questionnaire" (Buss & Perry, 1992) die „Anger Expression Scale" (Spielberger et al., 1985), das „Hostility and Direction of Hostility Questionnaire" (Foulds, 1965; Philip, 1969), die „Novaco Scale" (Novaco, 1975), die „Framingham Anger-In- und Anger-Out-Scales" (Haynes, Feinleib & Kannel, 1980) und die „Anger-In" Subskala des „Multidimensional Anger Inventory" (Siegel, 1986) eingesetzt.

Im Rahmen einer Meta-Analyse haben Suls & Wan (1993), ausgehend von der allgemeinen Annahme, dass Personen mit einer feindseligen Grundhaltung im Vergleich zu nicht feindseligen Personen eine erhöhte neuroendokrine und hämodynamische Reagibilität auf Stressoren zeigen, den Zusammenhang zwischen Feindseligkeit und kardiovaskulärer Reaktivität untersucht. Grundlage der Meta-Analyse bildeten Studien, die sich klassischer Stressoren bedient hatten (z.B. Cold-Pressor-Test, Quizfragen, Kopfrechnen, Reaktionszeit-Aufgaben, Videospiele oder isometrische Handgriffstärke). Hierbei konnten jedoch keine wesentlichen Reaktivitätsunterschiede zwischen hoch und niedrig feindseligen Personen festgestellt werden. Als Erklärung wurden fehlende soziale Interaktionsbedingungen angenommen. Nach Suls & Wan (1993) sind Untersuchungen erforderlich, die interpersonelle Stressoren realisieren, welche Feindseligkeit und Misstrauen auslösen, um die erhöhte kardiovaskuläre Reaktivität feindseliger Personen erfassen zu können. Bei Hinzunahme provozierender Bedingungen (z.B. Streitgespräche, Angriff bzw. Beleidigung durch den Versuchsleiter) zeigten hochfeindselige Personen dann erwartungsgemäß eine Hyperreaktivität des *diastolischen Blutdrucks*. Dies wurde im Sinne von Hypervigilanz und Misstrauen gedeutet, d.h.diese Personen sind ständig auf der Hut, um sich selbst zu schützen und zeigen daher eine erhöhte Angriffsbereitschaft (Hardy & Smith, 1988; Williams, 1989). Die spezifische Zunahme des diastolischen Blutdrucks bei Personen mit hoher Feindseligkeit wurde auch als Hinweis auf eine Antizipation zur Stressbewältigung bzw. interpersoneller Aggressionsbewältigung interpretiert. Die Antizipation der Bewältigung von Stressoren und die daraus resultierende Hypervigilanz werden mit einem verringerten kardialen Output, verringerter Herzrate und einem erhöhten peripheren Widerstand assoziiert (Davis et al., 2000; Schneiderman, 1983; Williams et al., 1985). Wie Fredrikson et al. (2000) zeigen konnten, reicht bei hoch feindseligen Personen allein schon die Erinnerung an eine äußerst ärgerliche Begebenheit aus, um höhere Blutdruckwerte und vor allem einen länger anhaltenden erhöhten diastolischen Blutdruck zu erzeugen. Die Dauer erhöhter Blutdruckwerte wird dabei als Indikator eines chronisch erhöhten Arousals betrachtet, das, ausgelöst durch permanentes Grübeln über negative Ereignisse, zu kardiovaskulären Erkrankungen führen kann (Linden et al., 1997).

Feindselig veranlagte Personen müssen offensichtlich eine Bedrohung ihres Selbstwertgefühls erfahren oder sich ungerecht behandelt fühlen, bevor eine deutliche physiologische Reaktion einsetzt.

Suarez et al. (1998) untersuchten den Einfluss interpersoneller Faktoren auf neuroendokrine, kardiovaskuläre und emotionale Reaktionen an 52 jungen Männern im Alter zwischen 18 und 24 Jahren, von denen 25 anhand der Cook-Medley-Hostility-Skala als hochgradig (> 23 Punkte) und 27 Männer als gering feindselig (< 15 Punkte) eingestuft werden konnten. Grundlage des Experiments waren Anagramm-Aufgaben, bei denen die Probanden aus jeweils fünf Buchstaben ein Wort ermitteln sollten. Die Anagramme wurden jeweils 8 sec lang auf einem Bildschirm eingeblendet. Die Probanden wurden hierbei randomisiert zwei Bedingungen zugeordnet:

- Angriffs-Bedingung: Den Probanden wurde der Eindruck vermittelt, dass ein feindseliger Assistent die Untersuchung durchführt. Während einer 30-minütigen Ruhephase nach Legen des Blutabnahme-Katheters wurde die Versuchsperson „zufälligerweise" Zeuge, wie sich der Versuchsleiter mit einem Assistenten im Nebenraum stritt. Daraufhin teilte der Versuchsleiter dem Probanden mit, dass der Assistent stellvertretend das Experiment durchführen würde. Während des Experiments machte der Assistent von Zeit zu Zeit feindselige Bemerkungen wie *„Ich habe Ihnen doch gesagt, dass es sich um Wörter mit fünf Buchstaben handelt!", „Hören Sie auf zu nuscheln, ich kann Sie nicht verstehen!"* oder *„Sie werden schließlich dafür bezahlt, dass Sie am Experiment teilnehmen!"* Nach Beendigung der post-experimentellen Erholungsphase erschien der Versuchsleiter wieder, wobei der Assistent in lautem Ton sagte, er würde nicht länger bleiben und die Tür hinter sich zuschlug.
- Neutrale Bedingung: Der Assistent verhielt sich gegenüber dem Probanden professionell und höflich. Es gab kein Streitgespräch zwischen Assistent und Versuchsleiter.

Nach der Experimentalsitzung beantworteten die Probanden Fragen, z.B. „Wie sehr fühlten Sie sich durch die Aufgabe herausgefordert?", „Wie schwierig war die Aufgabe?", „Haben Sie sich gelangweilt?", „Waren Sie frustriert?" Des weiteren sollten die Probanden Auskunft über ihre emotionale Verfassung sowie über ihr Kontrollgefühl während der Aufgabe geben. Schließlich wurden die Teilnehmer noch gebeten, das Verhalten des Assistenten zu beurteilen.

Hochgradig feindselige Probanden, die angegriffen worden waren, wiesen signifikant höhere Werte in Wut, emotionaler Erregung, Ängstlichkeit, Nervosität, Angespanntheit, Depressivität, Aufgeregtheit und Kontrollverlust auf. Auf physiologischer Ebene zeigte diese Gruppe einen höheren Anstieg des systolischen Blutdrucks während der Aufgabenbearbeitung und einen langsameren Rückgang während der post-experimentellen Erholungsphase. Auch der diastolische Blutdruck nahm in der hoch feindseligen attackierten Probandengruppe während der Aufgabe stärker zu als in der gering feindseligen Gruppe. Dasselbe galt auch für die Herzrate, die während der Erholungsphase langsamer zurück-ging als in den anderen drei Gruppen. Auch die Unterarm-Durchblutung war in der feindseligen Gruppe höher und erholte sich nur langsam. Hoch feindselige attackierte Probanden hatten auch erhöhte Noradrenalin-, Cortisol- und Testosteron-Blutspiegel, die länger anhielten (vgl. Kap. 4). Insgesamt stützte die Untersuchung die generelle Hypothese, dass feindselige Personen eine ausgeprägte und langanhaltende physiologische Hyperreaktivität aufweisen. Diese zeigt sich zum einen in einer ausgeprägten Reaktivität des sympathischen Nervensystems mit einer erhöhten Ausschüttung von Adrenalin und Noradrenalin und zum anderen in einer erhöhten Aktivität des Hypothalamus-Hypophysen-Nebennierenrin-den-Systems in Form eines höheren Cortisol-Spiegels. Gerade stressreiche soziale Situationen werden nach Suarez et al. (1998) von feindselig eingestellten Personen als Kontrollkonflikt wahrgenommen, der ihr Bestreben, ihre Autorität bzw. Unabhängigkeit zu wahren, einschränkt. Ihr antagonistisches Verhalten führt dann dazu, dass sich andere Personen gerade deshalb ihnen gegenüber aversiv verhalten, was wiederum zu einer Bestätigung der feindseligen Erwartungen im Sinne einer selbsterfüllenden Prophezeiung führt (Smith & Pope, 1990).

Auch Felsten (1996) konnte feststellen, dass Wut und Anspannung bei hochgradig feindseligen Personen mit einem erhöhten diastolischen Blutdruck und einer erhöhten Herzratenreaktivität mit langsamerer Erholung assoziiert waren. Angespannte, feindselige Teilnehmer ebenso wie feindselige Probanden, die größere Ängstlichkeit und emotionale Erregung berichteten, blieben längere Zeit auf einem erhöhten Herzratenniveau. Hochgradig feindselige Probanden, die wütend waren, zeigten zudem einen erhöhten Noradrenalin-Spiegel während der post-experimentellen Erholungsphase.

Vögele (1998) konnte zeigen, dass gemäß dem Hyperreaktivitätsmodell hoch feindselige Probanden in einer stressreichen Laborsituation auch höhere Lipidspiegel im Blut aufwiesen, ausgelöst durch erhöhte Katecholamin-Werte (Adrenalin, Noradrenalin), die zur Freisetzung freier Fettsäuren aus dem Fettgewebe führen. Auch Suarez und Harralson (1999) konnten erhöhte Lipidspiegel bei hoch feindseligen Frauen unter Stress feststellen.

Die Frage nach *Geschlechtsunterschieden* in der kardiovaskulären Aktivität unter sozialem Stress untersuchten Newton und Bane (2001). Sie bildeten aus 28 Männern und 28 Frauen Paare, die aus je einem Mann und einer Frau bestanden (eine so genannte Dyade). Diese mussten drei Minuten lang über drei verschiedene Themen miteinander diskutieren und dann zu einem Konsens kommen (Verbesserung des Mensa-Essens, Verbesserung des sozialen Lebens auf dem Campus, Konflikte mit Zimmergenossen). Als zusätzlicher Anreiz durfte jeder Partner im Wechsel die Qualität der Argumente des Gegenübers beurteilen und entsprechend mit einem zusätzlich ausgesetzten Geldbetrag honorieren, den er entweder ganz für sich behielt oder mit dem beurteilten Gegenüber teilte. Tatsächlich bekamen jedoch beide Teilnehmer die Hälfte des zusätzlichen Geldbetrags neben ihrer regulären Aufwandsentschädigung. Parallel wurden systolischer und diastolischer Blutdruck sowie die Herzrate erfasst. Eine Verhaltensbeurteilung erfolgte hinsichtlich der Dimensionen „Feindseligkeit" und „Dominanz" anhand von Videoaufzeichnungen der drei Diskussionsrunden durch drei weibliche Beurteiler.

Es zeigten sich keine signifikanten Geschlechtsunterschiede in der Verhaltensbeurteilung. Der systolische Ruhe-Blutdruck war bei den Männern signifikant höher als bei den Frauen. Der systolische Blutdruck der Frauen war mit der Verhaltensdominanz des Partners positiv assoziiert. Die Herzratenreaktivität sowie der diastolische Blutdruck wurden bei den Frauen durch die eigene Verhaltensdominanz bestimmt. Bei Männern stand die Herzraten-Reaktivität mit dem feindseligen Verhalten der Frau in einem positiven Zusammenhang. Des weiteren wiesen Männer signifikante Korrelationen zwischen eigener Dominanz, Feindseligkeit und Herzraten-Reaktivität auf. Während der Sprechzeit zeigten nur die Männer eine erhöhte Herzraten-Reaktivität, was als Versuch interpretiert wurde, die Diskussionssituation unter Kontrolle zu halten. Insgesamt zeigten Männer eine höhere Herzraten-Reaktivität, wenn die Partnerin mit Widerstand reagierte, wohingegen die Frauen eine erhöhte systolische Blutdruck-Reaktivität aufwiesen, wenn sich der Partner dominant verhielt.

Neben der Dominanz und Feindseligkeit nehmen soziale Normen Einfluss auf den Ausdruck von Ärger und Feindseligkeit und bestimmen darüber möglicherweise die physiologische Reaktivität (Shapiro et al., 1995). Des weiteren spielt es eine Rolle, wie Männer und Frauen Feindseligkeit zum Ausdruck bringen. Gemäß Davidson et al. (1996) neigen Männer dazu, eher aggressiv aufzutreten, was sich in einem erhöhten systolischen Ruhe-Blutdruck zeigt, wohingegen Frauen eher „emotional" reagieren sollen verbunden mit einem niedrigeren systolischen Ruhe-Blutdruck.

Smith und Gallo (1999) führten eine Untersuchung durch, bei der Ehepartner entweder übereinstimmend oder kontrovers über ein Thema diskutierten. In der hochbedrohlichen Bedingung sagte man den Probandenpaaren, dass die Diskussion auf Tonband aufgenommen und hinsichtlich verbaler Intelligenz beurteilt würde. In der gering bedrohlichen Bedingung sollten die Tonbandaufnahmen lediglich der Klarheit und Lautstärke der Äußerungen dienen. Männer wiesen höhere Feindseligkeits-Werte auf als Frauen. In der hochbedrohlichen, nicht aber in der gering bedrohlichen Bedingung, korrelierte die Ausprägung von Feindseligkeit bei Männern positiv mit der Reaktivität des systolischen Blutdrucks, d.h. die Antizipation einer Beurteilung löste bei feindselig eingestellten Männern größere kardiovaskuläre Reaktionen aus als bei freundlich gesinnten Männern. Die Bedingung der kontroversen vs. übereinstimmenden Diskussion mit der Ehefrau hatte keinen Effekt auf die kardiovaskuläre Reaktivität. Der erhöhte systolische Blutdruck bei den feindseligen Ehemännern in der hochbedrohlichen Situation wurde als Bemühung interpretiert, interpersonelle Dominanz, Status und Kontrolle hervorzukehren. Diese Interpretation im Sinne einer aktiven Bewältigung soll erklären, dass es keinen Effekt auf den diastolischen Blutdruck gab. Bei den Frauen fand sich kein Zusammenhang zwischen Feindseligkeit und kardiovaskulärer Reaktivität. Frauen, die mit einem feindseligen Ehemann diskutierten, zeigten allerdings eine erhöhte kardiovaskuläre Reaktivität (Herzrate), wenn die Diskussion kontrovers war. Piferi und Lawler (2000) stellten demgegenüber fest, dass gering feindselige Frauen eine größere kardiovaskuläre Reaktivität zeigten als hoch feindselige Probandinnen. Es wurde vermutet, dass sich die gering feindseligen Frauen aktiver in das Experiment einbrachten und daher eine erhöhte Reaktivität hatten, wohingegen hoch feindselige Teilnehmerinnen sich eher zurückzogen, um die Situation zu bewältigen.

Die Unterdrückung von Feindseligkeit sowie eine fehlende Übereinstimmung zwischen einer „kognitiven Einstellung" von Feindseligkeit und dem habituellen Ausdrucksverhalten von Ärger soll zu einer höheren kardiovaskulären Reaktivität führen (Bongard et al., 1998; Davidson, 1993; Larson & Lagner, 1997). Anhand einer Alltagssituation untersuchten Jamner et al. (1991) die physiologischen Auswirkungen interpersoneller Stresssituationen im Tagesablauf von 33 männlichen Rettungssanitätern in Verbindung mit Feindseligkeit. Bei den Interaktionen mit dem Notaufnahme-Personal des Krankenhauses zeigten diejenigen Rettungsassistenten die höchsten Herzraten- und diastolischen Blutdruckwerte, die sowohl einen hohen Wert auf der Cook-Medley-Feindseligkeits-Skala als auch auf der Marlowe-Crowne-Skala sozialer Erwünschtheit erzielten. Jamner et al. (1991) vermuteten daher, dass Personen, die ihre Feindseligkeit im Sinne sozial erwünschten Verhaltens unterdrücken, die höchste Wahrscheinlichkeit für eine kardiovaskuläre Hyperreaktivität und damit für Erkrankungen dieses Systems aufweisen.

Die prädiktive Validität von Feindseligkeit für die kardiovaskuläre Reaktivität scheint in vielen Untersuchungen belegt zu sein. Es bleibt aber abzuwarten, ob dieses Konstrukt bestehen bleibt oder die jetzige Phase Ausdruck eines „publication bias" ist und das Konstrukt in einigen Jahren ähnlich gesehen wird wie das Typ-A Verhaltensmuster. In der Metaanalyse hat Myrtek gezeigt, dass das Typ-A-Verhaltensmuster eine mäßige Korrelation mit Neurotizismus und Extraversion und eine etwas höhere mit Feindseligkeit aufwies. Unter der Annahme einer Korrelation zwischen Feindseligkeit und Neurotizismus sowie Extraversion stellt sich die Frage, ob die physiologische Reaktivität unter Ärgerinduktionsbedingungen auch durch die Dimensionen Neurotizismus und/oder Extraversion vorhersagbar ist. Ergebnisse einer Studie von Böddeker und Stemmler (2000) könnten darauf hinweisen, da die Ärgerreaktion auf physiologischer und Verhaltensebene nach einer „real-life"-Induktion durch Extraversion und Neurotizismus, nicht aber durch den habituellen Ärgerreaktionsstil vorhergesagt werden konnte.

5.2.3 Persönlichkeitseigenschaften und elektrodermale Aktivität

Bei der Untersuchung der Zusammenhänge zwischen EDA und Persönlichkeit können drei verschiedene Zugänge im Sinne von Design-strategischen Vorgehensweisen unterschieden werden, von denen die ersten beiden bereits für die kardiovaskulären Untersuchungen genannt wurden:

1. Ein korrelativer Zugang, bei dem die mit Fragebögen erhobenen Ausprägungsgrade der betreffenden Persönlichkeitsmerkmale mit physiologischem Niveau bzw. Reaktionswerten unter Ruhe- und Erregungsbedingungen korreliert werden.
2. Ein varianzanalytischer Zugang, bei dem ein so genannter organismischer Faktor mittels Medianhalbierung, besser noch durch Extremgruppenbildung anhand der Ausprägung in dem betreffenden Persönlichkeitsmerkmal eingeführt wird, damit bezüglich der gemessenen physiologischen Variablen sowohl Haupteffekte der in Frage stehenden Persönlichkeitsdimension als auch deren Interaktion mit ggf. weiteren experimentellen Bedingungen statistisch untersucht werden können.
3. Ein besonderer, von Eysenck 1967 favorisierter Zugang durch pharmakopsychologisch induzierte Verschiebung der kortikalen Erregung/Hemmung und damit der Manipulation einer wichtigen Mediator-

variablen. Wie unter 5.2.2 berichtet, ist dieser Ansatz für kardiovaskuläre Parameter unter differentiellem Aspekt eher selten eingesetzt
worden.

5.2.3.1 Die elektrodermale Aktivität und Extraversion/Introversion und Impulsivität

Eysenck (1967, 1983) postulierte, dass Introvertierte normalerweise ein
höheres allgemeines Arousal zeigen als Extravertierte. Daher sollten sich
auch Introvertierte von den Extravertierten durch eine leichtere Konditionierbarkeit unterscheiden, da die durch das retikuläre Aktivierungssystem
vermittelte höhere kortikale Erregung bei Introvertierten maßgeblich zur
Konsolidierung des Gelernten beitrage (vgl. Kap. 1). Unter Einbeziehung
des von den Aktivierungstheoretikern der 50er Jahre des vorigen Jahrhunderts postulierten optimalen Aktivierungsniveaus forderte Eysenck für
die Introvertierten das Einsetzen einer so genannten „transmarginalen
Hemmung", sobald diese optimale Aktiviertheit durch starke äußere Reizung überschritten wird. Daher sollen Introvertierte schneller als Extravertierte kortikale Hemmung i. S. einer Schutzhemmung bei starker Reizung ausbilden. Daraus folgerte Eysenck, dass bei objektiv gleicher physikalischer Reizung im mittleren Intensitätsbereich Introvertierte erregter
sein müssen als Extravertierte, während Introvertierte bei stärkerer Reizung durch die o. g. Hemmung weniger erregt sein sollen als Extravertierte. Die daraus resultierende größere Toleranz gegenüber stärkerer externer
Reizzufuhr durch Extravertierte begründet auch eine enge Beziehung
zwischen diesen und den so genannten „Sensation Seekers" (Eysenck &
Zuckerman, 1978), die im Abschnitt 5.2.3.5 gesondert behandelt werden.
    Eine nach dieser Theorie zu fordernde größere Reagibilität der Intro-
vertierten auf Reize mittlerer Intensität konnte in den Untersuchungen der
Eysenck-Gruppe wiederholt gezeigt werden, wobei von allen physiologischen Systemen die EDA die konsistentesten Ergebnisse aufwies (Stelmack, 1981; Eysenck & Eysenck, 1985). Von anderen Gruppen wurde
dieser Zusammenhang jedoch kaum repliziert, was von Eysenck mit der
Vernachlässigung der Komplexität der Interaktionen zwischen Persönlichkeitsmerkmalen und Stimulationsbedingungen in den betreffenden experimentellen Ansätzen erklärt wird (Eysenck, 1994).
    Im Folgenden soll zu jedem der eingangs genannten Zugänge paradig-
matisch eine Untersuchung zur Frage elektrodermaler Korrelate der Eysenckschen Persönlichkeitsdimension Extraversion/Introversion besprochen werden.

Rajamanickam und Gnanaguru (1981) untersuchten an 23 männlichen Pbn in einer dem Zugang (1) entsprechenden Studie den Zusammenhang zwischen Extraversion/Introversion und emotionaler Labilität einerseits und der Veränderung des vor und nach der Applikation eines elektrischen Reizes gemessenen SRL andererseits. Sie fanden eine signifikante Korrelation des SRL zur Extraversion von $r = 0.52$, woraus sie auf eine erhöhte vegetative Reaktivität bei Introvertierten schlossen.

Zu einer differenzierteren Analyse bezüglich der Extraversion kommen Fowles et al. (1977), die eine dem varianzanalytischen Zugang (2) folgende Serie von vier Experimenten mit den Faktoren Extraversion/Introversion und Neurotizismus unter Verwendung von verschiedenen Intensitäten von 20 Tönen (1000 Hz) und lösbaren bzw. unlösbaren, vorher zu bearbeitende, Aufgaben zur Manipulation des Arousalniveaus durchführten. Bezüglich der Persönlichkeitsmerkmale wurden Extremgruppen – allerdings nicht anhand der Eysenck-Skalen – aus den Dritteln der Häufigkeitsverteilungen gebildet. Gemessen wurde jeweils der SCL.

Im ersten Experiment an 40 extravertierten und 40 introvertierten männlichen Studenten und in dem zweiten, einer Replikationsstudie, an jeweils 20 Pbn mit der gleichen Gruppenzugehörigkeit zeigte sich übereinstimmend, dass der SCL der Extravertierten bei hohen Tonintensitäten (103 dB) höher war als unter der Kontrollbedingung (83 dB), unabhängig davon, ob das durch die vorherigen Aufgabenschwierigkeiten manipulierte Arousalniveau hoch oder niedrig war. Dieser Unterschied im SCL trat bei den Introvertierten jedoch nur dann auf, wenn die vorherigen Aufgaben leicht lösbar gewesen waren, andernfalls war im zweiten Experiment der SCL bei Tönen hoher Intensität sogar niedriger, was die Annahme der o.g. Schutzhemmung bei Introvertierten stützt. Dies zeigte sich noch deutlicher im dritten Experiment mit je 40 weiblichen Extra- und Introvertierten sowie im vierten Experiment mit jeweils 10 weiblichen Pbn in den vier aus Extra- vs. Introversion und emotionaler Stabilität vs. Labilität gebildeten Gruppen. Beide Experimente wurden ohne vorherige Manipulation des Arousalniveaus mittels Aufgabenschwierigkeit durchgeführt und setzten demnach insgesamt auf niedrigerem Aktivierungsniveau an. In beiden Experimenten kam es bei den Introvertierten zu einer deutlichen Abnahme des SCL mit der Zunahme der Stimulusintensität, bei den Extravertierten dagegen zu einer Zunahme des SCL bzw. zu keiner Veränderung. Für die Pbn mit unterschiedlichem Grad der emotionalen Stabilität wurden keine Unterschiede in den SCLs gefunden.

Dem Zugang (3) entspricht die von Smith et al. (1983) vorgelegte Untersuchung an 48 Extravertierten und 48 Introvertierten, jeweils zur Hälfte männlich und weiblich, die nach der Extremgruppenmethode aus einer größeren Stichprobe selegiert wurden. Die Gruppen wurden nach Zufall auf drei verschiedene Koffeindosen (1.5, 3.0 und 4.5 mg/kg Körpergewicht) und eine Placebobedingung aufgeteilt, mit denen die kortikale Aktiviertheit beeinflusst werden sollte. Nach 5 Minuten Ruhephase erhielten die Pbn eine Serie von Standardtönen von 1000 Hz und dann einen Teststimulus von 3000 Hz von gleicher Stärke (85 dB). Dies wiederholte sich zweimal. Die SCL und SCR wurden zu Beginn und bei jedem Testreiz gemessen. Der SCL-Wert von Introvertierten war insgesamt höher als der von Extravertierten. Weiter zeigte sich eine signifikante Interaktion zwischen Koffeindosis und Persönlichkeit sowohl für die SCL als auch für die SCR (vgl. Abb. 5.22).

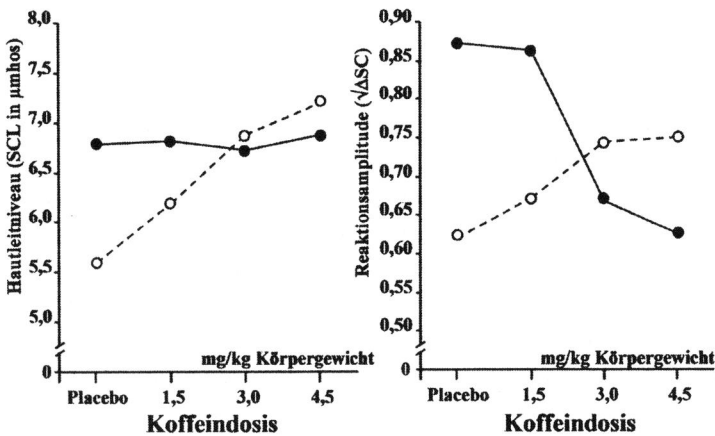

Abbildung 5.22: **Tonisches Hautleitniveau (SCL, links) und phasische Hautleitreaktion als Amplitudenhöhe (rechts), gemittelt über eine Ausgangsreaktion auf Standardtöne (1000 Hz) und zweimalige Darbietung eines Testtons (3000 Hz) in Abhängigkeit von der Koffeindosis bei Introvertierten (●) und Extravertierten (○) (mod. nach Smith et al., 1983).**

Bei Extravertierten stieg mit zunehmender Koffeindosis sowohl die SCL wie die SCR, während für die Introvertierten die SCL unabhängig vom Koffein auf gleichem Niveau blieb (Abb. 5.22 links) und die SCR stetig abnahm (Abb.5.22 rechts).

Diese Untersuchung zeigt zunächst einmal das in der Theorie für niedrige Reizintensitäten geforderte höhere Aktiviertheitsniveau der Introvertierten als generellen Effekt über alle Versuchsbedingungen. Auch der nach dem so genannten Drogen-Postulat von Eysenck (1957) zu fordernde „Introversion-induzierende" Effekt des Stimulans Koffein konnte für die extravertierte Gruppe durch die Steigerung ihres Arousals mit zunehmender Dosis belegt werden. Die bei den Introvertierten beobachtete Abnahme der SCR-Amplitude bei steigender Koffeindosis ist mit der Hypothese einer erregungsmindernden Schutzhemmung dieser Gruppe bei steigender Aktivierung vereinbar. Bei einem zweiten Versuch, in welchem ein Warnsignal vor den Testtönen gegeben wurde (Smith et al., 1983), nahm die SCR- Amplitude bei Introvertierten von der Placebobedingung zur niedrigsten Koffeindosis hin ab und dann wieder zu. Unter der Vorsignal-Bedingung könnten dagegen die Effekte der stärkeren Reize durch antizipatorische Prozesse abgemildert und so das kortikale Erregungsniveau unter die Schwelle für die Auslösung der Schutzhemmung gebracht worden sein. Dies deutet auf die Rolle der Aufmerksamkeit als Moderatorvariable im postulierten Erregungs-Hemmungs-Gleichgewicht hin; tatsächlich wurden auch bei Introvertierten bessere Vigilanzleistungen gefunden als bei Extravertierten (Krupski et al., 1971).

Die von Fowles (1980) postulierte Eignung der Herzfrequenz als spezifischem Indikator für die Aktivität des BAS einerseits sowie der EDA als Korrelat der Aktivität des BIS andererseits konnte allerdings bislang weder in allgemeinpsychologischen Kontexten noch in differentialpsychologischen Zusammenhängen genügend belegt werden. Eine verringerte elektrodermale Reaktivität, wie sie teilweise beim psychopathologischen Störungstyp der Psychopathen beobachtet wird, lässt sich mit der spezifischen Indikatorfunktion der EDA für das BIS auch nur auf dem Umweg über eine Hemmung des BIS über das bei Psychopathen möglicherweise vermehrt aktive BAS in Übereinstimmung bringen. Der Nachweis einer wechselseitigen Hemmung dieser neurophysiologischen Systeme beim Menschen müsste jedoch noch geführt werden. Andresen (1987, S. 144) fasst die bisher vorliegenden Untersuchungen zu den postulierten Zusammenhängen zwischen EDA und BIS allerdings dahingehend zusammen, dass eine selektive korrelative Beziehung der EDA zu einer negativ valenten Aktivierung i. S. einer Bestrafungserwartung bzw. Vermeidungstendenz nicht zu erkennen sei. Andresen (1987) fand in einer an 66 weiblichen Pbn durchgeführten multivariaten Studie, dass die NS.EDR freq. eher als Indikator für ängstliche Aktivierung als für Verhaltenshemmung geeignet sei, wobei eine zusätzliche Verbindung zur eingeschränkten Reizsuche („Sensation Refusing") zu erkennen war.

5.2.3.2 Die elektrodermale Aktivität als Indikator emotionaler Labilität (Neurotizismus / Ängstlichkeit)

Nach der von Eysenck (1967) vorgelegten Theorie einer neurophysiologischen Grundlage seiner Persönlichkeitsdimensionen sollten emotional Labile im Vergleich zu Stabilen wegen der stärkeren Erregbarkeit ihres limbischen Systems sowohl höhere Ruhewerte als auch systematisch höhere Reaktionswerte insbesondere bei Stressreizen zeigen, was sich in dieser Form empirisch überwiegend nicht bestätigen ließ (Fahrenberg, 1979).

Während für die von Fowles (1980) postulierte Verbindung von BIS und EDA insgesamt nur wenige empirische Evidenzen vorliegen, wurde eine hohe Korrelation zwischen der EDA und dem Persönlichkeitsmerkmal emotionale Labilität/Stabilität bzw. Emotionalität bereits vor dessen Postulat als eines der konsistentesten Ergebnisse psychophysiologischer Persönlichkeitsforschung angesehen (Stern und Janes, 1973). Dies muss allerdings aufgrund anderer empirischer Ergebnisse bezweifelt werden (Katkin, 1975; Fahrenberg, 1979). Konzeptuelle Schwierigkeiten bereitet die Abgrenzung dieses ebenfalls als „Ängstlichkeit" i. S. der „Trait-Anxiety" sensu Spielberger (1966) bezeichneten Merkmals (Amelang & Bartussek, 1981) gegenüber der als psychopathologisch anzusehenden „neurotischen" Angst. Aber auch die Zusammenhänge zwischen dem mit emotionaler Labilität gleichgesetzten Neurotizismus sensu Eysenck und der psychophysiologischen Reaktivität insgesamt sind eher inkonsistent (Stelmack, 1981). Wie erwähnt, scheint die Dimension Ängstlichkeit im System von Gray nicht im Winkel von 45° zwischen Eysencks Merkmalen Extra-Introversion und Neurotizismus zu liegen. Vielmehr findet sich eine höhere Korrelation zwischen Eysencks Neurotizismusdimension und der mit der MAS von Taylor (1953) gemessenen habituellen Ängstlichkeit (r = 0.70) im Vergleich zu deren Korrelation mit der Introversion (r = 0.30, Eysenck, 1987). Daher werden in diesem Abschnitt wiederum Ergebnisse zur Ängstlichkeit im Sinne des BIS von Gray bei den Ergebnissen zum Neurotizismus mit referiert.

Zur Untersuchung des Zusammenhangs zwischen Emotionalität und EDA wurde zumeist der varianzanalytische Ansatz verwendet.

Als Beispiel hierfür sei die Untersuchung von Rappaport & Katkin (1972) angeführt: Sie bildeten anhand der Kurzform der MAS aus einer größeren Stichprobe von männlichen Studenten aus den oberen 20 % eine Gruppe von 24 Hochängstlichen und aus den unteren 20 % eine Gruppe von 24 Niedrigängstlichen. 16 Pbn aus jeder Gruppe sollten nach einer Ruheperiode die bei sich selbst wahrgenommene emotionale Reaktion durch einen leichten Druck auf ein Fußpedal anzeigen, wodurch – wie im Vorversuch gefunden wurde – keine EDR-Artefakte auftraten. Den Pbn wurde gesagt, man könne ihre Angaben durch die EDA-Messungen objektiv überprüfen. Jeweils 8 Hoch- und Niedrigängstliche dienten als Kontrollgruppe mit einer weiteren Ruheperiode. Während sich Hoch- und Niedrigängstliche unter Ruhebedingungen in der NS.SRR freq. (vgl. Tabelle 5.3, S. 442) nicht signifikant unterschieden, reagierten die Hochängstlichen auf die Selbstbeobachtungssituation mit einer deutlich stärkeren Zunahme und in der Kontrollbedingung mit einer geringeren Abnahme der NS.SRR freq. als die Niedrigängstlichen (vgl. Abb. 5.23).

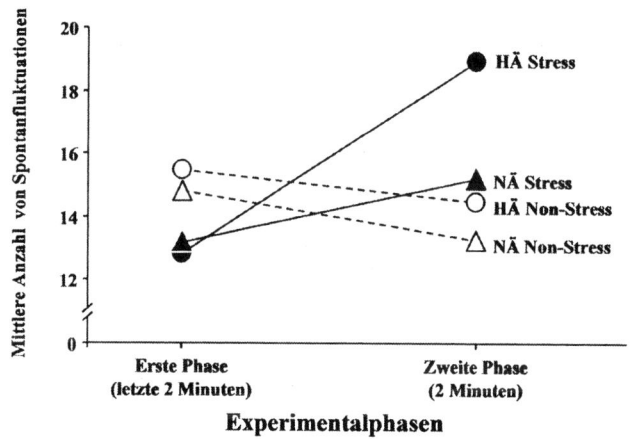

Abbildung 5.23: **Anzahl von Spontanfluktuationen bei hoch und niedrig ängstlichen (HÄ und NÄ) Personen unter Stress und Non-Stress-Bedingung (mod. nach Rappaport & Katkin, 1972).**

Da keine Gruppenunterschiede bezüglich der Selbstwahrnehmung emotionaler Veränderungen auftraten, konnte eine Rückführung der differentiellen elektrodermalen Reaktivität auf kognitive Prozesse ausgeschlossen werden. Andererseits erschien das Auftreten von EDA-Unterschieden zwischen Hoch- und Niedrigängstlichen an bestimmte Stimulusbedingungen, wie die verwendete Situation mit leichtem Stresscharakter und Ich-Beteiligung, gebunden, worauf auch Katkin (1975) hinweist, der in Experimenten seiner Arbeitsgruppe mit starken Stressoren, wie elektrischen

Schlägen, keine Unterschiede in der elektrodermalen Reaktivität zwischen Ängstlichen und Nichtängstlichen finden konnte. Tatsächlich wurden überwiegend keine Zusammenhänge zwischen Ängstlichkeit und *tonischen EDA-Maßen* unter Ruhebedingungen gefunden (Stern & Janes, 1973).

Die dem Zugang (3) bei der Extraversion/Introversion entsprechende pharmakologische Beeinflussung der Ängstlichkeit durch Tranquilizer, denen eine spezifische anxiolytische Wirkung zugeschrieben wird, wurde bezüglich ihrer Auswirkungen auf die EDA kaum untersucht. Boucsein und Wendt-Suhl (1982), die an jeweils 14 nach dem FPI (Fahrenberg & Selg, 1970) klassifizierten emotional stabilen und 10 labilen männlichen Studenten unter verschiedenen Stress- und entsprechenden Kontrollbedingungen die Wirkungen von 5 mg Diazepam gegenüber Placebo testeten, fanden zwar eine Reihe von Stresshaupteffekten in den SRR- amp.-Mittelwerten, jedoch keine signifikanten Interaktionen zwischen der Persönlichkeitsvariablen und den Pharmakonwirkungen, weder unter Stress- noch unter Nichtstress-Bedingungen. Dieses Ergebnis ist charakteristisch für den Mangel an Nachweisen der geforderten Beziehung zwischen emotionaler Stabilität/Labilität auf dem Trait-Niveau und physiologischen Tranquilizerwirkungen in konkreten Untersuchungen. Nachweise der Wirkung von Tranquilizern auf die EDA bezogen sich meist nicht auf Unterschiede in der Trait-Angst, sondern auf Veränderungen von Angstzuständen, also State-Angst (Boucsein, 1991). So kam auch Stelmack (1981) zu dem Schluss, dass die geforderte Beziehung zwischen emotionaler Labilität (dem „Neurotizismus" sensu Eysenck) und der EDA nicht ausreichend gut belegt ist, um eine entsprechende Grundlage im VNS für diese Persönlichkeitsdimension mit breitem Validitätsbereich abzugeben. Stattdessen sollte die NS.EDR freq. als valider Indikator der Stärke von emotionalen Reaktionen unter Angst- und Stresszuständen angesehen werden (Katkin, 1975).

Versucht man, die Rolle der EDA als Indikator genereller, hoch integrierender Persönlichkeitsdimensionen synoptisch zu beurteilen, so erhält man ein inkonsistentes Bild: Während die Indikatorfunktion der EDA im kompliziert formulierten kortikal-subkortikalen Erregungs-/Hemmungsgleichgewicht des dimensionalen Systems von Eysenck sowohl bezüglich der Extraversion/Introversion als auch bezüglich der Neurotizismus-Dimension widersprüchlich geblieben ist, stellt die von Gray und Fowles vorgelegte konzeptuelle Verknüpfung von Ängstlichkeit, BIS und EDA zwar eine sparsamere Erklärung der Beziehungen zwischen Persönlichkeitsmerkmalen und elektrodermalen Phänomenen dar als die von Eysenck postulierte, sie kann jedoch auch heute noch lediglich als eine interessante Forschungshypothese für zukünftige Untersuchungen zum Zusammenhang zwischen Persönlichkeitsmerkmalen und EDA angesehen werden. Allerdings werden Forschungsstrategien zur Untersuchung von Beziehungen einzelner physiologischer Parameter zu bestimmten Persönlichkeitsvariablen von Fahrenberg (1987) zusammenfassend als wenig erfolgversprechend angesehen. Fahrenberg schlägt stattdessen vor, zunächst auf multivariater Basis psychophysiologische Reaktionsmuster zu ermitteln und dann diese zu den bekannten Persönlichkeitsdimensionen in Beziehung zu bringen, wobei sich möglicherweise Subfaktoren der Faktoren 2. Ordnung als geeignetere Korrelate psychophysiologischer Reaktivität erweisen könnten als diese selbst. Dabei dürfte auch der in Abschnitt 5.2.3 aufgeführte korrelative Zugang (1) wegen der nicht gegebenen transsituationalen Invarianz der Beziehungen für derartige Untersuchungen von geringerem Wert sein als der unter (2) aufgeführte varianzanalytische Zugang, bei dem die Effekte von situativen Bedingungen sowie deren Interaktionen mit den in Frage stehenden Persönlichkeitsmerkmalen mit beurteilt werden können. Der pharmakologische Zugang (3) erlaubt zwar einen relativ „harten" Test der postulierten neurophysiologischen zentralperipheren Beziehungen im System von Gray, erfordert jedoch hochspezifische und selektive Psychopharmakon-Wirkungen, die mit den im Humanbereich zur Verfügung stehenden Methoden bislang kaum zu erzielen sind. Es sollen daher im Folgenden noch drei weitere Konstrukte auf dem Primärfaktor-Niveau betrachtet werden, die z.T. als Unterfaktoren der breiteren Konstrukte Extraversion, Neurotizismus und Psychotizismus oder ihrer Mischung verstanden werden können.

5.2.3.3 Stressverarbeitungsstile und elektrodermale Aktivität

Für die von Byrne (1961) zur Erfassung unterschiedlicher Stressverarbeitungsstile vorgeschlagene Dimension „Repression/Sensitization" wurde aufgrund einer von Weinstein et al. (1968) vorgenommenen Reanalyse einer Reihe von Untersuchungen mit Stressfilmen postuliert, dass „Represser" und „Sensitizer" unter Stress in gleicher Weise autonom erregt sein sollen, „Represser" dies jedoch in der Selbstbeobachtung nicht zugeben würden. Boucsein und Frye (1974) untersuchten jeweils 9 bis 10 männliche Pbn, die zum oberen bzw. unteren Drittel der Verteilung in der Byrne-Skala gehörten, unter einer Misserfolgsstress- bzw. Kontrollbedingung, wobei die EDA abgeleitet wurde. Zur Prüfung der geforderten Diskrepanz zwischen subjektiven und physiologischen Reaktionen auf den Stressor wurden Differenzen zwischen den ALS-Werten der mittleren NS.EDR amp. gebildet. Entgegen der Vorhersage zeigte sich dabei, dass

„Represser" unter Stress stärker subjektiv als mit der EDA reagierten, „Sensitizer" jedoch eher in umgekehrter Weise. Da die „Sensitizer" auch unter Stress eine höhere NS.EDR freq. aufwiesen und die Byrne-Skala in der Höhe ihrer eigenen Zuverlässigkeit mit der durch die MAS bestimmten Ängstlichkeit zu r = 0.83 korrelierte, lassen sich aus dem Repression/Sen-sitization-Konzept alleine keine wesentlich über die aus dem generellen Merkmal Emotionalität ableitbaren Hypothesen hinausgehende Vorhersagen treffen. Dies liegt jedoch an der mangelhaften Eigenständigkeit des Konstruktes Repression/Sensitization, wie es mit der Byrne-Skala erfasst wurde.

Weinberger et al. (1979), die bei ihren 40 männlichen Studenten ebenfalls eine sehr hohe Korrelation von r = 0.94 zwischen der Byrne-Skala und der MAS fanden, schlagen eine Trennung der „Represser" von den Niedrig-Ängstlichen mit Hilfe der MAS und des Persönlichkeitsmerkmals Defensivität vor: Beide Gruppen sollen eine habituell geringe Ängstlichkeit, die „Represser" jedoch zusätzlich eine hohe und die Niedrig-Ängstlichen eine geringe Defensivität angeben. Sie führten mit 15 Niedrig-, 11 Hoch-Ängstlichen und 14 „Repressern" einen Assoziationstest durch. Die „Represser" zeigten eine signifikant höhere NS.EDR freq. als die beiden anderen Gruppen während der Assoziationstests, nicht jedoch unter Ruhebedingungen. Da sie aber gleichzeitig verlängerte Reaktionszeiten beim Assoziieren aufwiesen, kann nicht ausgeschlossen werden, dass die Unterschiede in der EDA mittelbar über eine länger aufrechterhaltene innere Spannung entstanden sind.

Im Anschluss an die Arbeit von Weinberger et al. (1979) wurde von einigen Autoren eine Verfeinerung des ursprünglichen „Represser"-Konzepts vorgenommen, indem sie repressiv-defensive mit niedrigängstlichen Pbn verglichen. Dabei wurden Pbn mit Werten über dem Median in einer Ängstlichkeitsskala (z.B. der MAS) und Werten über dem 75. Percentil in einer Defensivitätsskala (z.B. der Social-Desirability-Scale von Crowne und Marlowe, 1964) als repressiv-defensiv klassifiziert, während solche mit Ängstlichkeitswerten unterhalb des Medians und Defensivitätswerten unterhalb des 75. Percentils die Gruppe der Niedrigängstlichen bildeten. Asendorpf und Scherer (1983) fanden bei ihren 12 repressiv-defensiven Pbn eine größere psychophysiologische Reaktivität (HR und PVA) unter einer Stressbedingung (Ergänzung unvollständiger Sätze mit sexuellen und aggressiven Inhalten) als bei den 12 Niedrigängstlichen. Newton und Contrada (1992) konnten bei 16 weiblichen Repressern zeigen, dass die für Pbn mit repressiv-defensivem Stressverarbeitungsstil typische Diskrepanz zwischen subjektiven und physiologischen Reaktionsmaßen (HR) nur beim öffentlichen Sprechen über die problematischste Seite ihrer

Persönlichkeit auftrat, nicht jedoch ohne Öffentlichkeit.

Nassau et al. (2000) konnten allerdings die Hypothese einer stärkeren physiologischen Stressreagibilität von repressiv-defensiven Pbn nicht bestätigen. In einer unter suboptimalen Bedingungen durchgeführten Redestress-Studie an 91 Erwachsenen und Kindern mit Asthma konnten weder in der EDA noch in den anderen physiologischen Maßen (Herzfrequenz und Hauttemperatur) signifikante Unterschiede zwischen mit zwei verschiedenen Methoden diagnostizierten repressiv-depressiven Pbn und entsprechenden Kontrollgruppen von Niedrigängstlichen gefunden werden.

Ein vielversprechender Ansatz ist die Bildung eines intraindividuellen Diskrepanzmaßes, in welchem die z-transformierten emotionalen und physiologischen Belastungsreaktionen innerhalb jeder Person voneinander subtrahiert werden (Rohrmann, 1998). In diesem Fall lässt sich sehr wohl eine stärkere emotionale als physiologische Stressreaktion (subjektiv ängstlich + erregt minus Herzfrequenz + Blutdruck + Cortisolwert) bei Sensitizern und ein umgekehrtes Verhältnis bei Repressern beobachten. Auch die EDA (SCL) zeigte in dieser Untersuchung, in welcher Represser und Sensitizer nach einer Stressbewältigungsskala zum Umgang mit der Belastung bei einer öffentlichen Rede ausgewählt worden waren (Huwe et al., 1996), bei Sensitizern deutlich höhere Werte als bei Repressern (Rohrmann, 1998).

5.2.3.4 Typ A/B und elektrodermale Aktivität

Ein weiteres Persönlichkeitsmerkmal mit psychophysiologischem Bezug ist der Syndromtypus A/B. Der durch exzessive Aktivität, Konkurrenzhaltung, Aggressivität, Feindseligkeit, Ungeduld und Anfälligkeit für Zeitdruck sowie durch höheres Risiko für koronare Herzkrankheiten gekennzeichnete so genannte Typ A (Rosenman et al., 1966; vgl. Kapitel 1 und 5.2.2.5), soll unter Herausforderungsbedingungen mit höherem psychophysiologischen vom Sympathikus gesteuerten Arousal reagieren (Dembroski et al., 1977) als eine Vergleichsgruppe (Typ B). Obwohl in unterschiedlichen Studien gezeigt werden konnte, dass Typ-A-Pbn vor allem in Situationen mit sozialer Bedrohung eine größere kardiovaskuläre Reaktivität aufweisen als solche des so genannten Typ B (zusammenfassend: Houston, 1983), konnte ein entsprechender Zusammenhang dort, wo die EDA als rein sympathisch innervierte physiologische Größe verwendet wurde, überwiegend nicht bestätigt werden (Krantz et al., 1974; Dembroski et al., 1977, 1978; Price & Clarke, 1978; Steptoe & Ross, 1981; Myrtek, 1983; Holmes et al., 1984; Steptoe et al., 1984; Walsh et al.,

1994).

Lediglich Lovallo und Pishkin (1980) fanden zwischen je 40 männlichen Studenten des Typs A und B während verschiedener Leistungsaufgaben sowohl unter Misserfolgs- als auch unter Neutralbedingungen signifikante Unterschiede in tonischen EDA-Maßen: Im Gegensatz zu Ruhebedingungen wurden unter allen drei Aufgabenbedingungen bei den Pbn des Typs A höhere SCLs und höhere Frequenzen der NS.EDRs beobachtet, während sich bei den EDR amp. keine Unterschiede fanden. Lawler et al. (1981) untersuchten bei 41 elf- und zwölfjährigen Kindern die Beziehung zwischen den EDRs auf Reaktionszeitaufgaben und der Zugehörigkeit der Pbn zum Typ A oder B. Typ-A-Kinder zeigten signifikant höhere EDR amp. als die des Typs B; die EDR-Latenz und die während einer Art Anagrammaufgabe gemessene NS.EDR freq. unterschieden sich dagegen nicht in den beiden Gruppen.

Langosch et al. (1983), die 144 männliche Infarktpatienten in einer multivariaten Studie untersuchten, kamen zu dem Schluss, dass die EDA-Parameter für die Vorhersage des Typ A/B-Verhaltens von geringerer Bedeutung waren als die anderen von ihnen erhobenen physiologischen Messungen. Insgesamt erscheint demnach die EDA nicht geeignet, die postulierte unterschiedliche psychophysiologische Reaktivität von Pbn, die den Typen A bzw. B zuzurechnen sind, abzubilden, deren Validität allerdings ohnehin nach den sorgfältigen Literaturrecherchen von Myrtek (1983, 1985) in Zweifel gezogen werden muss.

5.2.3.5 Sensation Seeking und elektrodermale Aktivität

Nicht zuletzt infolge konsequenter Programmforschung der Gruppe um Zuckerman seit den frühen 60er Jahren des vorigen Jahrhunderts wurde das Persönlichkeitskonstrukt „Reizsuche" (Sensation Seeking = SS) mit seinen möglichen Subfaktoren ins zentrale Blickfeld psychophysiologischer Persönlichkeitsforschung gerückt.

Es zeigten sich korrelative Beziehungen zwischen den mit der SS-Skala ermittelten Reizsuche-Tendenzen einerseits und Verhaltensweisen, wie variierende sexuelle Präferenzen, Genuss- und Rauschmittelkonsum, Vorlieben für gefährliche Sportarten und komplexere Tätigkeiten andererseits (Zuckerman, 1983). Beobachtungen auf der psychophysiologischen Ebene rücken das Sensation-Seeking-Konzept in die Nähe der so genannten ersten Grundeigenschaft der „höheren Nerventätigkeit" im Rahmen der von Teplov und Nebylitsyn (1971) ausgebauten Persönlichkeitsauffassung von Pawlow. Diese wird als „Stärke des Nervensystems" bezeichnet, deren Operationalisierung in einer Schwellenerhöhung für Reize bzw.

einer insgesamt verringerten Reaktivität besteht (Feij, 1984). Probanden mit höheren Werten in der SS-Skala sollten mit einem „stärkeren Nervensystem" ausgestattet sein als solche mit niedrigen Werten und daher sowohl erhöhte sensorische Schwellen als auch eine geringere Reaktivität aufweisen. Tatsächlich fanden Ridgeway und Hare (1981), dass „Reizsucher" auf akustische Reize (60-dB-Töne von 1000 Hz) mit Herzfrequenz-Mustern reagierten, die einer Orientierungsreaktion (OR) entsprachen, während bei Pbn mit niedrigen SS-Werten eher Defensivreaktions-Muster auftraten. Allerdings wurden in der EDA keine Unterschiede zwischen Pbn mit hohen und niedrigen SS-Werten beobachtet.

Andererseits wurden in einer Reihe von weiteren Studien bei Pbn mit hohen Werten in der SS stärkere elektrodermale ORn auf neue akustische und visuelle Reize als bei solchen mit niedrigen SS-Werten beobachtet. Neary und Zuckerman (1976) führten zwei entsprechende Experimente mit anhand der SS-Skala gebildeten Extremgruppen durch. Im ersten Experiment wurde bei jeweils 14 Pbn mit Werten aus den oberen und den unteren 15 % der SS-Verteilung die elektrodermale OR auf 10 weiße Rechtecke und 10 komplexe farbige Dias gemessen. Auf den ersten Reiz beider Serien zeigten die „Reizsucher" signifikant höhere EDRs als die Pbn mit niedrigen SS-Werten, während sich die anschließenden Habituationsverläufe nicht unterschieden. Im zweiten Experiment bildeten die Autoren anhand der SS-Skala Extremgruppen mit je 20 Pbn, von denen jeweils die Hälfte nach der Taylor-MAS als hoch- und niedrigängstlich klassifiziert worden war. Die Pbn erhielten 10 Rechtecke und anschließend ein farbiges Dia sowie 10 gleiche Töne (1000 Hz, 70 dB) und einen 200-Hz-Ton dargeboten. Das im ersten Experiment erhaltene Ergebnis, dass Pbn mit hohen und niedrigen SS-Werten nur bei der ersten Reizdarbietung signifikant unterschiedliche EDR amp. zeigten, konnte lediglich für die akustischen Stimuli bestätigt werden, wobei auch auf den veränderten 11. Reiz keine unterschiedlichen Reaktionen erfolgten. Bei den visuellen Reizen zeigten sich insgesamt statistisch bedeutsam höhere EDR amp.-Werte bei den „Reizsuchern". Bezüglich des Faktors Trait-Angst der MAS traten keine signifikanten Effekte auf. Auch Ridgeway und Hare (1981) hatten zwar zeigen können, dass „Reizsucher" sich von Pbn mit niedrigen Werten auf der SS-Skala in ihren kardiovaskulären Reaktionen auf 60-dB-Töne von 1 kHz deutlich unterschieden; sie hatten jedoch keine entsprechenden Unterschiede in der EDA gefunden. Ebenfalls höhere EDRs, vor allem auf bedeutungsvolle neuartige Reize (Töne, Wörter, Dias und Videoszenen), fanden Smith et al. (1986) bei der Untergruppe ihrer 36 Pbn, die extrem hohe Werte in der SS-Skala aufwiesen, gegenüber der Extremgruppe mit niedrigen SS-Werten (vgl. Abb. 5.24).

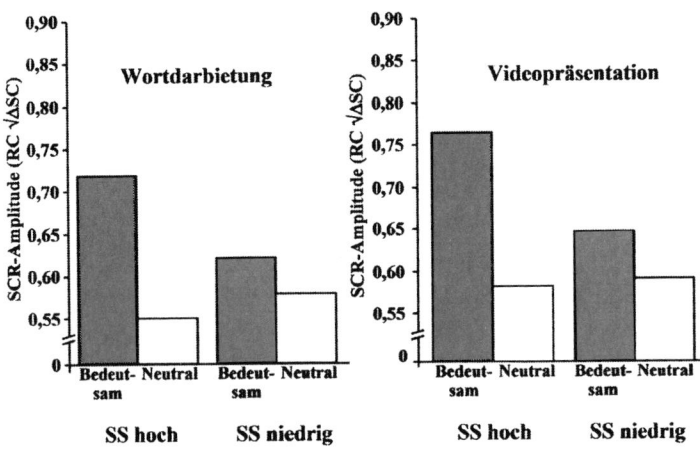

Abbildung 5.24: **Hautleitfähigkeitsreaktionen (SCR-Amplituden) bei Personen mit hohen und niedrigen Sensation-Seeking-Werten (SS hoch/niedrig), links auf bedeutsame und neutrale Wörter, rechts auf bedeutsame und neutrale Videopräsentationen (mod. nach Smith et al., 1986).**

Im Gegensatz dazu konnten Stelmack et al. (1983) nur geringe Zusammenhänge zwischen den SS-Werten und der elektrodermalen OR finden. Da SS mit der Extraversion positiv korreliert ist (im Durchschnitt zu r = 0.60; Andresen, 1987), bezüglich der elektrodermalen Reaktivität von „Reizsuchern" und Extravertierten jedoch gegensätzliche Hypothesen bestehen, ließen sie Teile ihrer Gesamtstichprobe von 91 männlichen und 93 weiblichen Pbn die SS-Skala und den EPQ (Eysenck & Eysenck, 1975) ausfüllen und fanden wiederum die unerwartet hohe Korrelation von r = 0.60 zwischen dem SS-Gesamtwert und der Extraversionsskala. Die Autoren präsentierten dann einer Gruppe von 118 Pbn jeweils 10 geometrische Zeichnungen, 66 Pbn bekamen stattdessen verbale Stimuli dargeboten. Als 11. Reiz wurde jeweils ein neuer Stimulus präsentiert. Introvertierte hatten generell höhere initiale SCR-Werte bei der verbalen Aufgabe, was dazu passt, dass sich auch mit einzelnen SS-Skalen, wie der Experience-Seeking (ES) und der Boredom-Susceptibility- (BS) Skala, in der verbalen Bedingung positive Korrelationen mit der initialen SCR abzeichneten. Diese gingen aber z.T. erheblich zurück oder wurden nicht signifikant, wenn die positive Korrelation zwischen SCL und SCR auspartialisiert wurde. Bei Aufteilung der Stichprobe nach Geschlecht ergab sich bei Frauen gar kein Zusammenhang, bei Männern nur einer in der Serie mit Bildmaterial, jedoch diesmal als negative Korrelation zwischen initialer SCR und den Subskalen ES (r = 0.29), BS (r = –0.23) und Disinhibition (DIS, r = –0.29), während die SCL bei Männern in der verbalen Bedingung mit einem aus der P-Dimension und drei SS-Skalen gebildeten Summenfaktor positiv korreliert war (r = 0.50) . Diese Ergebnisse erscheinen jedoch zu inkonsistent, um allgemeingültige Aussagen treffen zu können.

In einer weiteren Untersuchung konnten Plouffe und Stelmack (1986) ebenfalls keine Beziehung zwischen den EDRs auf visuelle Reize und den SS-Werten aufzeigen. Stattdessen fanden sie bei ihren weiblichen Pbn eine altersabhängige Korrelation zwischen den SS-Werten und der SCL: Diese war bei den 26 jüngeren Pbn (17–24 Jahre) positiv, während bei den 25 älteren Pbn (60–78 Jahre) keine derartige Korrelation auftrat.

Insgesamt scheinen die Unterschiede in der OR von Pbn mit hohen und niedrigen SS-Werten in der Herzfrequenz und in evozierten Potentialen des EEG deutlicher auszufallen als in der EDA (Zuckerman, 1983; Feij, 1984). Auch sind die Ergebnisse bezüglich der EDA über verschiedene Studien hinweg inkonsistent (Zuckerman et al., 1988).

5.2.3.6 Elektrodermale Labilität als Persönlichkeitseigenschaft

Die elektrodermale Labilität nimmt unter dem genuin differentiell-psychophysiologischen Konzepten insofern eine Sonderstellung ein, als ihr – möglicherweise wegen ihres fehlenden klinischen Bezugs – bislang noch kein eindeutiger Validitätsbereich zugeordnet werden kann. Insbesondere bedarf ihre prädiktive Validität für emotionale Reaktionen im Kontext anderer, aus Fragebogenvariablen gewonnener Prädiktoren noch der Aufklärung (Boucsein, 1994). Die Überzeugung von der möglichen differentialpsychologischen Relevanz der elektrodermalen Labilität ist allerdings so verbreitet, dass ihr inzwischen eine deutschsprachige Monografie gewidmet wurde (Vossel, 1990).

Die elektrodermale Labilität wird überwiegend als eine zwar mit anderen Verhaltens- und Erlebens- sowie physiologischen Merkmalen korrelierte, jedoch weitgehend selbständige individuelle Eigenschaft mit möglicherweise eigenem Validitätsbereich angesehen. Dafür sprechen auch die von Lawler (1980) gefundenen differentiellen Reaktivitäten des kardiovaskulären und elektrodermalen Systems unter verschiedenen Stimulationsbedingungen, da die Herzfrequenz-nichtreaktiven Probanden eine erhöhte elektrodermale Reaktivität zeigten.

In ihrer bereits weiter oben erwähnten Studie zur autonomen Labilität fanden Lacey und Lacey (1958) einen inversen Zusammenhang zwischen der NS.EDR freq. unter Ruhebedingungen und der Habituationsgeschwindigkeit. In den 60er Jahren des vorigen Jahrhunderts konnten entsprechende Zusammenhänge zwischen spontaner elektrodermaler Aktivität unter Ruhebedingungen und der Stärke elektrodermaler Reaktionen bzw. ihres Habituationsverlaufs in einer Reihe weiterer Untersuchungen bestätigt werden (Wilson & Dykman, 1960; Johnson, 1963; Koepke & Pribram, 1966).

Hinweise auf die Eignung der elektrodermalen Labilität als Persönlichkeitsmerkmal ergaben sich zunächst aus einer Untersuchung von Katkin und McCubbin (1969), die ursprünglich geplant hatten, differentielle Verläufe der EDR-Habituation von mittels der MAS diagnostizierten ängstlichen und nicht-ängstlichen Pbn auf Töne mittlerer Intensität zu untersuchen. Sie klassifizierten ihre Pbn zusätzlich aufgrund der in einer anfänglichen Ruhephase ermittelten NS.EDR freq. am Median in elektrodermal Labile und Stabile. Während hoch- und niedrig-ängstliche Pbn keine signifikant unterschiedlichen Habituationsverläufe zeigten, trat bei den elektrodermal Stabilen ein statistisch bedeutsam steilerer Habituationsverlauf auf als bei den elektrodermal Labilen. Die Stabilen zeigten zwar eine höhere elektrodermale Initialamplitude als die Labilen, die entsprechende Differenz war jedoch nicht statistisch signifikant. Da die elektrodermal Labilen einen fast horizontalen Verlauf der Habituationskurve zeigten, gingen Katkin und McCubbin davon aus, dass bei dieser Gruppe die Töne mittlerer Intensität bereits eine Defensivreaktion (DR) hervorgerufen hatten, während die elektrodermal Stabilen eher eine charakteristische OR zeigten.

Crider und Lunn (1971) untersuchten daraufhin die Frage, ob es sich bei dem Zusammenhang zwischen hoher elektrodermaler Spontanfrequenz und der verlangsamten oder fehlenden Habituation auf normalerweise nicht-aversive Reize um eine stabile psychophysiologische Eigenschaft i.S. eines Persönlichkeitsmerkmals handelt. Sie ermittelten in zwei Sitzungen mit 7 Tagen Abstand die NS.EDR freq. während einer 4-minütigen Periode mit weißem Rauschen von 72 dB sowie den Habituationsverlauf der SPR während einer Serie von 20 Tönen. Die Reliabilitäten betrugen für die NS.EDR freq. $r = 0.54$ und für die Habituationsgeschwindigkeit, d.h.die Zahl von Trials bis zum Unterschreiten eines Habituationskriteriums, $r = 0.70$. Die Interkorrelation beider Maße betrug in der ersten Sitzung $r = 0.51$ und in der zweiten Sitzung $r = 0.73$. Beide korrelierten nicht mit der mittels MMPI gemessenen Ängstlichkeit; mit der Extraversion und verschiedenen Subfaktoren der Impulsivität korrelierte die Spontanaktivi-

tät des Hautpotentials zwischen r = −0.24 und −0.46 und die Habituationsgeschwindigkeit zwischen r = −0.40 und r = −0.57. Reliabilität und Validität sprachen nach Ansicht von Crider und Lunn für eine leichte Überlegenheit der Verringerung der Habituationsgeschwindigkeit gegenüber der
NS.EDR freq. als Maß für die elektrodermale Labilität.

Der Ansatz, die elektrodermale Labilität anstelle der mit Hilfe von
Fragebogendaten erfassten Ängstlichkeit als Prädiktor für unterschiedliche
Stressreagibilität insbesondere im Bereich mittlerer Stressintensitäten zu
verwenden, wurde anschließend von der Arbeitsgruppe um Katkin weiter
verfolgt. Katkin (1975) entwickelte aufgrund von Reanalysen einer Reihe
früherer Experimente die Hypothese, dass eine hohe Spontanfluktuations-
rate der EDA möglicherweise nicht nur für eine defensive bzw. ängstliche
Hyperreaktivität auf Umweltreize spreche, sondern einen zuverlässigen
Indikator für State-Angst darstelle, wobei die durch vermehrte EDA indi-
zierte Aufmerksamkeitszuwendung eine Mediatorfunktion im Angst-
geschehen übernehmen könnte. Eine mögliche Funktion der elektrodermalen Spontanaktivität als Indikator für die Fähigkeit, Informationsverarbeitungskapazität für die Verarbeitung relevanter Reize bereitzustellen,
wurde in diesem Zusammenhang auch von Schell et al. (1988), Wilson
(1987), Wilson & Graham (1989) sowie von Dawson et al. (1990) gesehen. Abb. 5.25 nach Wilson und Graham (1989) zeigt Reaktionszeiten auf
drei unterschiedlich in ihrer Schärfe abgestufte imperative Reize mit je
zwei Helligkeitsstufen.

Die elektrodermal Labilen zeigten insgesamt signifikant kürzere Reaktionszeiten, und auch die Interaktion zwischen der elektrodermalen
Labilität und dem Ausmaß der Unschärfe war signifikant, wobei die elektrodermal Stabilen eine deutlichere Verlängerung der Reaktionszeit bei
zunehmender Unschärfe des Reizes erkennen liessen als die elektrodermal
Labilen. Wilson und Graham interpretieren dieses Ergebnis dahingehend,
dass elektrodermal Labile den Stabilen vor allem in späteren Phasen der
Reiz-Encodierung überlegen sind.

In Übereinstimmung mit dieser Interpretation befindet sich auch die
häufig gemachte Beobachtung, dass elektrodermal Labile besser als Stabile ihre Aufmerksamkeit auf Dauer fokussieren und damit effektiver
Vigilanz- und Leistungseinbrüche vermeiden können (Coles & Gale,
1971; Siddle, 1972; Crider & Augenbraun, 1975; Parasumaran, 1975;
Hastrup, 1979; Vossel & Roßmann, 1984; Munro et al., 1987).

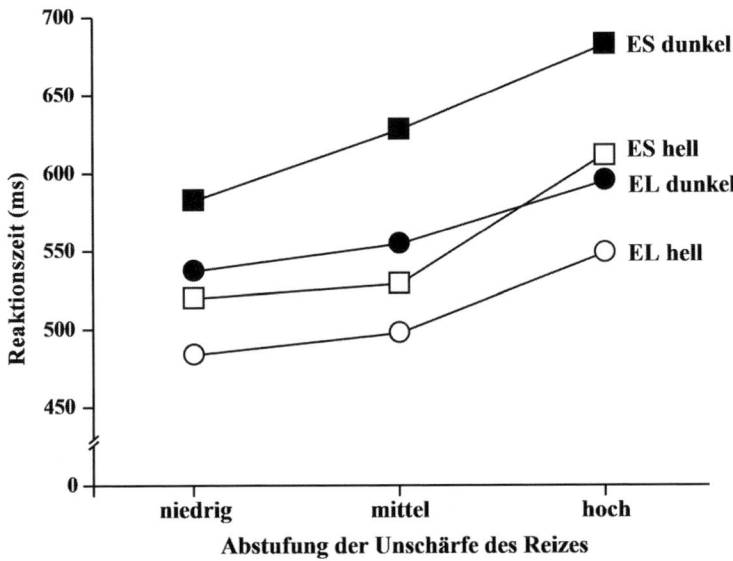

Abbildung 5.25:   **Reaktionszeiten von elektrodermal Labilen (EL) und Stabilen (ES) bei der Darbietung von imperativen Reizen, die in 2 Helligkeitsstufen (dunkel/ hell) und zusätzlich auf 3 Abstufungen der Darbietungsschärfe variieren (mod. nach Wilson & Graham, 1989).**

So fanden Munro et al. (1987) bei der Durchführung einer erschwerten Vigilanzaufgabe mit abgestuftem Zahlenmaterial, dass bei den als elektrodermal labil klassifizierten Pbn nach NS.EDR freq. in der 5-minütigen Ruhebedingung über 11 min hinweg kein so starker Leistungsabfall auftrat wie bei den elektrodermal Stabilen. Über einen derartigen Zusammenhang ließe sich auch die Beziehung der elektrodermalen Labilität zur Introvertiertheit erklären, die von Crider und Lunn (1971), Mangan und O'Gorman (1969), Siddle (1972), Nielsen und Petersen (1976) sowie von Coles et al. (1971) gefunden worden war, da auch bei Introvertierten im Vergleich zu Extravertierten bessere Vigilanzleistungen beobachtet wurden (Krupski et al., 1971).

Sostek (1978) fand allerdings lediglich insignifikante Korrelationen zwischen der sowohl anhand des Habituationsverlaufs auf Töne von 75 dB als auch über die NS.EDR freq. ermittelten elektrodermalen Labilität einerseits und den Eysenck'schen Fragebogendimensionen Extraversion/Introversion und emotionale Labilität sowie der Sensation Seeking Scale (Zuckerman et al., 1964) andererseits. Überdies vermochte in dieser Untersuchung das Habituationskriterium die Vigilanzleistungen insgesamt besser vorherzusagen als die elektrodermale Spontanaktivität. Für beide Maße der elektrodermalen Labilität ergaben sich Interaktionen mit der Vigilanz unter verschiedenen Risikoinstruktionen, was Sostek auf die möglicherweise erhöhte Sensitivität der elektrodermal Labilen gegenüber Umwelt-Kontingenzen bzw. eine höhere Aufmerksamkeitskapazität zurückführt, wofür auch die Ergebnisse von Hastrup (1979) sprechen. Der teilweise beobachtete Zusammenhang zwischen der elektrodermalen Labilität einerseits und dem Fragebogenmerkmal Introversion andererseits, den Smith et al. (1981) aufgrund eigener und anderer negativer Befunde ohnehin eher als fraglich ansehen, ist daher vermutlich eher auf situationsabhängige Gemeinsamkeiten der beiden Gruppen in Wahrnehmungs- und Aufmerksamkeitsstilen als auf ein zugrunde liegendes gemeinsames, breiteres Persönlichkeitskonstrukt zurückzuführen.

Entscheidend für eine mögliche Eigenständigkeit der elektrodermalen Labilität als Persönlichkeitsmerkmal ist vor allem ihre Beziehung zur Basisdimension „emotionale Labilität" (Emotionalität, Ängstlichkeit, Neurotizismus), da sich einige der zu deren Erfassung verwendeten Fragebogenitems auf vegetative Beschwerden beziehen und überdies substantielle Korrelationen zwischen der Skala „emotionale Labilität" und einer Skala bestehen, die ein Konstrukt der „vegetativen Labilität" über die Häufigkeit und Intensität subjektiv erlebter körperlicher Beschwerden erfassen soll (Fahrenberg, 1979). Neben den bereits erwähnten Ergebnissen, die eine relative Unabhängigkeit der elektrodermalen Labilität nahe legen, ergaben sich weitere Hinweise in dieser Richtung aus einer Untersuchung von Kelly et al. (1970), die bei allerdings nur 30 Angstpatienten keine statistisch bedeutsamen Korrelationen der NS.EDR freq. unter Ruhebedingungen mit Ängstlichkeits- und Neurotiszismuswerten des MMPI und der MAS gefunden hatten. Jedoch konnten auch Hastrup und Katkin (1976) in einer Reihe von Korrelations- und Diskriminanzanalysen bei einer großen Stichprobe von 120 Pbn keine replizierbaren Zusammenhänge zwischen der NS. EDR freq. und der Habituationsgeschwindigkeit auf 20 Töne einerseits und einem Pool von 478 aus verschiedenen Persönlichkeitsfragebögen entnommenen Items andererseits finden. Folgerichtig wurde die elektrodermale Labilität insbesondere von der Arbeitsgruppe um Katkin als eigenständige Persönlichkeitseigenschaft angesehen.

Zur weiteren Überprüfung der Hypothese einer prädiktiven Validität der elektrodermalen Labilität als Indikator für eine Art kognitive Sensitivität bzw. Aufnahmebereitschaft wurde von Solanto und Katkin (1979) eine Untersuchung der differentiellen klassischen Konditionierbarkeit der EDR auf elektrische Reize durchgeführt. Die Einteilung der Pbn in elektrodermal Labile und Stabile erfolgte anhand eines kombinierten Kriteriums aus der NS.EDR freq. während der Ruhephase und der Zahl der Trials, die zum Erreichen des Habituationskriteriums in einer Serie von 60-dB-Tönen notwendig waren. Die elektrodermal Labilen zeigten zwar eine insgesamt größere SCR-Magnitude im Intervall unmittelbar vor dem UCS, der aufgrund der Ergebnisse von Öhman und Bohlin (1973) vermutete Unterschied in der Konditionierbarkeit der elektrodermal Stabilen und Labilen konnte jedoch nicht nachgewiesen werden. Auch die vermutete größere Effizienz eines Herzfrequenz-Biofeedback-Trainings bei elektrodermal Labilen konnte von Katkin und Shapiro (1979) nicht bestätigt werden, da die elektrodermal Stabilen bei ursprünglich gleichen Ausgangswerten deutlich besser in der Lage waren, ihre Herzfrequenz willentlich zu erhöhen als die Labilen.

Siddle et al. (1979) untersuchten aufgrund ähnlicher Überlegungen die Hypothese, dass, wenn die Wahrnehmung der „Bedeutsamkeit" eines Stimuluswechsels für die Größe der OR entscheidend sein sollte, elektrodermal Labile in diesem Fall stärkere ORn zeigen müssten als Stabile. Die Autoren wählten aus 230 männlichen Studenten aufgrund ihrer NS.EDRs während einer 5-minütigen Ruhephase Extremgruppen von elektrodermal Labilen und Stabilen aus, denen sie 12 Dias mit weiblichen Vornamen und anschließend entweder ein Dia mit ihrem eigenen oder einem anderen männlichen Vornamen darboten. In beiden Experimenten zeigten sich deutlich größere EDRs der elektrodermal Labilen auf den Stimuluswechsel im Vergleich zu den Stabilen, insbesondere bei der Darbietung des eigenen Namens. Vergleichbare Unterschiede in der EDR auf Bedeutungscharakteristika von Reizen fanden auch Waid und Orne (1980) in zwei Experimenten zur Lügendetektion, wobei sich elektrodermal Labile deutlicher in ihren Reaktionen auf die emotional bedeutsamen Reize gegenüber den neutralen Reizen unterschieden als elektrodermal Stabile.

Das Merkmal elektrodermale Labilität, das entweder als NS.EDR freq. während einer reizdarbietungsfreien Periode oder als verzögerte Habituation auf die wiederholte Darbietung relativ neutraler Reiz ermittelt wird, vermag in reliabler Weise individuelle Unterschiede in der elektrodermalen Reaktivität unter verschiedenen Stimulationsbedingungen vorherzusagen. Allerdings ist nicht mit Sicherheit auszuschließen, dass es sich hierbei auch um den Ausdruck einer generellen Bereitschaft zu erhöter vegetativer Reaktivität handeln könnte, da nach einigen Befunden elektrodermal

Labile in anderen physiologischen Reaktionssystemen ebenfalls verstärkt reagieren, u. a. mit einer erhöhten Herzfrequenz (O'Gorman & Lloyd, 1988; Schell et al., 1988; Kelsey, 1991), während andererseits differentielle Reaktivitäten des elektrodermalen und des kardiovaskulären Systems beobachtet wurden (Lawler, 1980).

Die für eine saubere Konzeptbildung wünschenswerte neurophysiologische Modellierung der elektrodermalen gegenüber einer allgemeinen vegetativen Labilität als Ergänzung zu den experimentalpsychologischen Befunden befindet sich allerdings noch im Anfangsstadium (Boucsein, 1992, 2000). Während eine Beteiligung limbischer Strukturen, wie der Amygdala an der OR und ihrer Habituation als gut belegt gilt, sind die zentralnervösen Auslösemechanismen der elektrodermalen Spontanaktivität noch weitgehend unerforscht, da im ZNS zahlreiche kortikale und subkortikale Strukturen existieren, die exzitatorische und möglicherweise auch inhibitorische Einflüsse auf die tonische und phasische EDA ausüben können.

Für den Verhaltensbereich gilt als relativ gut gesichert, dass es elektrodermal Labilen länger gelingt als Stabilen, ihre Leistung in Vigilanztests aufrecht zu erhalten. Dies wird von Katkin (1975) – allerdings sehr weitreichend – dahingehend interpretiert, dass die spontane EDA als eine Persönlichkeitsvariable aufgefasst werden könne, die individuelle Unterschiede in höheren zentralnervösen Prozessen reflektiert, wie sie bei Aufmerksamkeits- und Informationsverarbeitungsvorgängen eine Rolle spielen. Für einen eigenen Validitätsbereich der elektrodermalen Labilität spricht, dass sich keine konsistenten Beziehungen zu Persönlichkeitsmerkmalen finden ließen, die mit Fragebogentechniken ermittelt werden, wie etwa der emotionalen Labilität oder der Introvertiertheit. Unter dem Eindruck der stets behaupteten, aber immer noch umstrittenen neurophysiologischen Grundlage für diese Merkmale erscheint der naheliegende Versuch, die elektrodermale Labilität über individuelle Differenzen im Reaktionsstil bei Orientierungs- und Aufmerksamkeitsstilen neurophysiologisch zu modellieren, etwas aussichtsreicher.

Zudem lässt sich beim gegenwärtigen Stand der psychophysiologischen Persönlichkeitsforschung kaum beurteilen, ob die mangelnde Stabilität im Urteil, im Verhalten und in der emotionalen Reaktion, welche psychisch Labile auszeichnet, bzw. ihre mangelnde Anpassungsfähigkeit an wechselnde Bedingungen (s. Kap. 1) doch eine gewisse Verwandtschaft zu der Labilität der EDA hat. Sicher basiert die bisher vorliegende eher geringe Übereinstimmung auch darauf, dass Fragebogenangaben zur Selbstbeurteilung allgemein weniger geeignete Korrelate physiologischer Reaktionen darstellen als Verhaltensmaße (vgl. Kap. 4.2.2)

Einleuchtend bleibt jedoch der Ansatz, die in stimulusreichen Situationen von Orientierungsreaktions- über Konditionierungs- bis hin zu Aktivierungs-, Emotions- und Stressparadigmen beobachtbare elektrodermale Reaktivität aufgrund der spontanen EDA in reizarmen Situationen bzw. unter relativ neutralen Habituationsbedingungen vorherzusagen.

Dieser zunächst innerhalb des elektrodermalen Systems selbst validierbare Ansatz bedarf nicht notwendigerweise einer Einbettung in Systeme von Persönlichkeitsdimensionen, die mittels Fragebogenvariablen erstellt wurden, obwohl die Aufklärung solcher Beziehungen letztlich in der Intention einer differentiellen Psychophysiologie liegen muss.

5.2.4 Zusammenfassende Schlussfolgerung

Insgesamt machen diese Ergebnisse deutlich, dass die psychophysiologischen Konstruktvaliditäten der auf Fragebogenvariablen basierenden Persönlichkeitsdimensionen bisher nicht überzeugend bestätigt werden konnten. In Anbetracht der Fülle positiver Einzelbefunde – insbesondere im Feld der Extraversion und der „Reizsuche" – wäre das Fazit einer grundsätzlichen „Nicht-Validierbarkeit" von Fragebogendimensionen allerdings verfrüht. Möglicherweise muss man sich auf komplexere Konstruktvalidierungsansätze unter Berücksichtigung vieler situativer Faktoren und Randbedingungen einlassen (Rösler, 1983; Andresen, 1987). Mit einiger Sicherheit kann jedoch gefolgert werden, dass sowohl auf der Ebene generalisierter Dimensionen als auch bei eng umschriebenen Persönlichkeitsvariablen Versuche derzeit wenig erfolgversprechend erscheinen, physiologische Variablen mit eindeutiger und universeller Indikatorfunktion für Persönlichkeitsdimensionen zu finden. Gerade die differentielle Psychophysiologie bedarf der konsequenten Anwendung multivariater Techniken, um dem Dilemma der geringen Korrelationen und nicht überschaubarer Spezifitäten zu entkommen. Darüber hinaus muss nach solchen Persönlichkeitskonstrukten gesucht werden, die aufgrund ihrer größeren Nähe zu neurophysiologischen Funktionssystemen eine psychophysiologische Konstruktvalidität versprechen. Wie schwer und frustrierend diese Suche allerdings sein kann, zeigt das Persönlichkeitsmerkmal „Häufigkeit körperlicher Beschwerden" (Fahrenberg et al., 1979): Die Konstruktnähe gegenüber peripherphysiologischen Aktivierungsvariablen ist hier zwar durchaus gegeben, die Mangelkorrelationen sind trotzdem gerade in diesem Bereich besonders gut belegt.

6 Immunsystem und Persönlichkeit

Jürgen Hennig

Die immunologische Forschung ist im Laufe des letzten Jahrhunderts gekennzeichnet durch einen enormen Zugewinn an Kenntnissen, welcher maßgeblich durch die deutliche Verbesserung immunologischer Arbeits- und Labormethoden erklärt werden kann. Die Möglichkeit, immunologische Prozesse auch in vitro auslösen zu können, sowie das Studium von Versuchstieren mit genetischen Immundefekten (zum Beispiel *knock-out*-Modelle) war und ist von grosser Bedeutung für ein detailliertes Verständnis der hoch komplizierten Grundlagen immunologischen Geschehens. In- vitro- und in-vivo-Untersuchungen führten darüber hinaus zu der Erkenntnis, dass immunologische Prozesse in wechselseitiger Interaktion stehen und komplexe Regelkreise zwischen unterschiedlichen Effektoren beobachtet werden können.

Zwischenzeitlich ist der Blickwinkel über die Beschreibung von Zusammenhängen zwischen dem Immunsystem und dem Zentralnervensystem im Bereich der Psychoneuroimmunologie auch für die psychobiologische Grundlagenforschung erweitert worden. Die ursprüngliche Vorstellung von autonomen Immunfunktionen ist somit in manchen Bereichen einer integrativen Betrachtungsweise höherer Ordnung gewichen. Hiermit verbindet sich dann auch die Legitimation, immunologische Prozesse im Kontext der Differentiellen Psychologie zu betrachten. Persönlichkeitsassoziierte Unterschiede hinsichtlich der Anatomie, Biochemie und somit Physiologie des ZNS sollten sich in distinkten Unterschieden immunologischer Prozesse abbilden lassen. Interindividuelle Differenzen immunologischer Aktivität sind somit zwar in der Regel das *Ergebnis* unterschiedlicher Vorgänge im ZNS, können aber auch auf der Ebene des Einflusses peripherer Hormone (z.B. Reproduktionshormone) diskutiert werden, wenn es z.B. darum geht, den bekannten Geschlechtsdimorphismus immunologischer Funktionen als Eigenschaft oder die reduzierte zelluläre Immunkompetenz während einer Schwangerschaft als Zustand zu erklären.

Es kann und sollte nicht Ziel dieses Kapitels sein, die Funktionalität immunologischer Vorgänge detailliert zu beschreiben. Vielmehr muss es darum gehen, die grundlegenden Funktionsweisen zu beschreiben und vor allem, die für differentielle Betrachtungen notwendigen Parameter des Immunsystems sowie deren Bedeutung einzuführen. Dem Leser sei weitere Literatur für ein vertiefendes Verständnis immunologischer Funktionen (Roitt et al., 1996; Janeway & Travers, 1997; Burmester & Pezzutto, 1998) sowie psychoneuroimmunologischer Zusammenhänge (Schedlowski & Tewes, 1996; Hennig, 1998) empfohlen.

6.1 Grundlagen

Das Immunsystem präsentiert sich in seiner Gesamtheit als ein äusserst komplexes Gefüge von zum Teil hoch spezialisierten, aber auch sehr grundsätzlichen, weniger spezifischen Abwehrmechanismen, die in gewisser Weise, einer hierarchischen Anordnung folgend, die Auseinandersetzung des Organismus mit internen oder externen pathogenen Einflüssen gewährleisten. Ohne die Integrität dieses Systems wäre der Organismus nicht in der Lage, die Flut von exogen pathogenen Erregern wirkungsvoll zu bekämpfen oder auch entartete, körpereigene Zellen in ihrem Wachstum zu kontrollieren. Das Immunsystem ist nach dieser Auffassung von zentraler Bedeutung für die Aufrechterhaltung von Gesundheit. Die Fähigkeit zur Elimination möglicher Pathogene setzt die Fähigkeit voraus, solche zunächst als „körperfremd" zu identifizieren. In der Tat ist die Unterscheidungsfähigkeit zwischen „selbst" und „fremd" die zentrale Aufgabe immunologischer Prozesse. Vor diesem Hintergrund können nicht nur immunologische Prozesse in der Abwehr exogener Pathogene, sondern auch Abstoßungsreaktionen sowie Aktivitäten gegen tumorös entartete Zellen, die ebenfalls als „fremd" erkannt werden, erklärt werden.
    Bevor die zugrundeliegenden Prozesse dieser Fähigkeit etwas näher erläutert werden, sollten kurz die wesentlichen Bestandteile des Immunsystems beschrieben werden.

6.1.1 Das Immunsystem als hierarchisches System

Inzwischen besteht Übereinkunft, dass stimulierende und hemmende Einflüsse auf das Immunsystem in einer ausgewogenen Balance zur Aufrechterhaltung eines homöostatischen Prinzips zueinander stehen sollten. Es kann nicht Sinn und Zweck immunologischer Aktivität sein, das gesamte Repertoire immunologischer Abwehrprozesse selbst bei harmlosen Erregern zu entfalten. In der Tat kann man sich das Prinzip einer immunologischen Reaktion als hierarchisches System vorstellen, bei dem unter anderem die Art des Erregers definiert, welche Abwehrprozesse vorrangig zum Einsatz kommen (vgl. Abb. 6.1). Diese Aufsplitterung von Einzelkomponenten immunologischer Aktivität ist zwar unter in- vivo-Verhältnissen aufgrund zahlreicher Interaktionen zwischen verschiedenen Komponenten nicht aufrecht zu erhalten, erleichtert aber zunächst das Verständnis.

Bevor Erreger der Außenwelt eine Immunantwort auslösen können, müssen zahlreiche biochemische und physikalische Barrieren überwunden worden sein. Das saure Milieu im Magen, bakterizide Substanzen (z.B. Lysozym) in zahlreichen Körpersekreten (z.B. Speichel, Tränen, Schweiss), aber auch Flimmerhärchen im Respirationstrakt oder auch der Schutz der Haut und andere, später zu erwähnende Prozesse dienen zunächst als sehr unspezifische Schutzmaßnahmen.

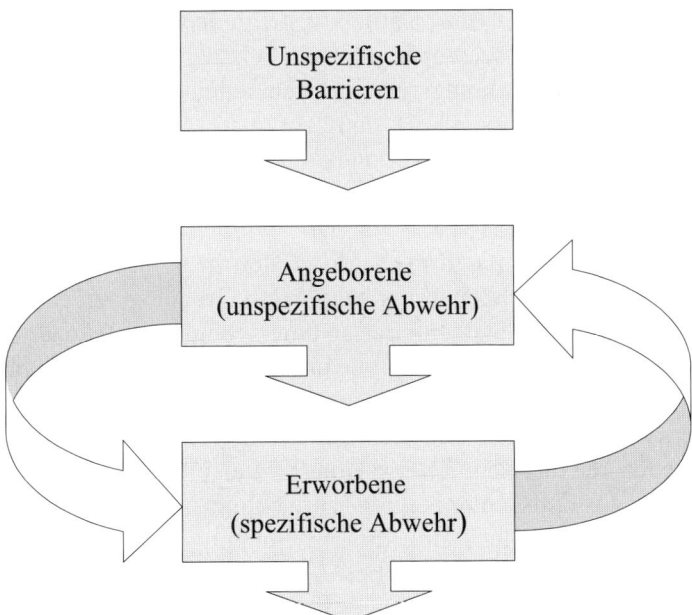

Abbildung 6.1: Hierarchisches Modell der am immunologischen Geschehen beteiligten Systeme und deren Verbindung.

Erst nachdem diese „Schutzwälle" überwunden sind, setzen die im engeren Sinne immunologischen Abwehrprozesse ein, die ihrerseits zunächst durch eine geringfügige Spezifität gekennzeichnet sind, d.h. global auf der Basis der „Fremderkennung" einen Grossteil von Erregern eliminieren. Mitunter reicht diese Abwehrleistung aber nicht aus, und es bedarf in der Folge dessen oder auch parallel dazu antigenspezifischer Abwehrprozesse, die z.B. mit der Produktion von Antikörpern (s.u.) einhergehen. Unspezifische und spezifische Prozesse interagieren miteinander und steuern sich gegenseitig. Abbildung 6.1 schematisiert die hier skizzierte Hierarchie immunologischer Prozesse.

6.1.2 Zellen des Immunsystems

Voraussetzung für immunologische Abwehrprozesse ist die Aktivität bestimmter Zellen, so genannter Leukozyten, auf die in der Folge kurz eingegangen werden soll.

Alle Leukozyten (und auch andere Blutzellen, auf die hier nicht näher eingegangen werden kann) entstammen hämatopoetischen Stammzellen des Knochenmarks und durchlaufen verschiedene Entwicklungs- und Differenzierungsprozesse, wobei grundsätzlich zwischen einer myeloiden und lymphoiden Entwicklungsreihe unterschieden wird (Abbildung 6.2). Die myeloide Entwicklungslinie führt zur Ausprägung von Monozyten und Granulozyten, die aufgrund unterschiedlicher Funktionen oder morphologischer Charakteristika in Unterformen aufgeteilt werden können. Monozyten, die in das Gewebe wandern, werden als Makrophagen bezeichnet. Dort befinden sich auch Mastzellen in grosser Anzahl, deren Vorläuferzellen Ähnlichkeiten mit basophilen Granulozyten aufweisen.

Aufgrund ihrer Färbeeigenschaften unterscheidet man die Gruppe der Granulozyten in neutrophile, basophile und eosinophile Granulozyten; ihre Funktionen sind aber auch recht unterschiedlich.

Innerhalb der lymphoiden Zelllinie werden T-Zellen und B-Zellen unterschieden, die ihrerseits diverse Unterformen bilden. Die Bezeichnung leitet sich ab aus der Kenntnis ihrer Entwicklungsstationen. Während T-Zellen im Thymus reifen, ging die Bezeichnung für B-Zellen auf die Kenntnis zurück, dass eine Drüse bei Vögeln (*b*ursa fabricii) maßgeblich an der Differenzierung dieses Zelltyps beteiligt ist, und es wohl ein Äquivalent dieses Organs beim Menschen geben müsse. Während T-Zellen maßgeblich effektorische (zytotoxische T-Zellen) oder steuernde (T-Helferzelle) Funktionen ausüben, reift die B-Zelle nach entsprechendem Kontakt mit dem für sie spezifischen Antigen zur Plasmazelle, die dann Antikörper produziert.

Ein weiterer wichtiger Zelltyp ist die natürliche Killerzelle (NK-Zelle), die morphologisch und funktionell Ähnlichkeiten mit Zelltypen aus beiden Entwicklungslinien aufweist und nicht ohne weiteres diesen eindeutig zuzuordnen ist. Innerhalb der lymphoiden Zellen ist eine optische, d.h. mikroskopische Unterscheidung (z.B. zwischen zytotoxischen und Helfer-T-Zellen) nicht möglich.

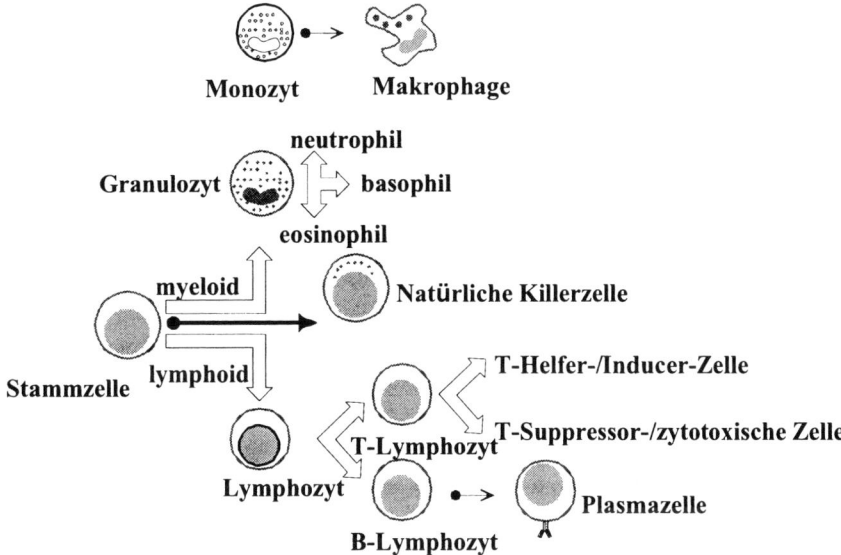

Abbildung 6.2:   Schematisierte Darstellung der Differenzierungs-linie hämatopoetischer Stammzellen.

Diese Zellen sind aber differenzierbar aufgrund des Umstandes, dass sie unterschiedliche Oberflächenmarker aufweisen, die mittels spezifischer Analyseverfahren (z.B. fluoreszenzmarkierten Antikörpern) differenziert werden können. Diese Oberflächenmarker finden Niederschlag in der CD-Nomenklatur (cluster of differentiation, cluster designation). So findet man in der Literatur häufig nur diese Nomenklatur, wenn z.B. T-Zellen (CD3+), B-Zellen (CD19+), zytotoxische T-Zellen (CD8+), T-Helfer-zellen (CD4+) oder NK-Zellen (CD56+) gemeint sind.

Tabelle 6.1 gibt eine Zusammenstellung der Zelltypen, des Ortes ihres überwiegenden Vorkommens und ihrer maßgeblichen Funktionen.

Tabelle 6.1: **Zusammenstellung der wichtigsten immunologischen Zelltypen, ihres Vorkommens und ihrer Hauptfunktionen**

Zelltyp	überwiegendes Vorkommen	Funktion
Monozyt	Blut	Zirkulation im Blut und Vorläufer für Makrophagen
Makrophage	Gewebe	Phagozytose, Präsentation von Antigenen an T-Zellen
eosinophiler. Granulozyt	Blut	Beteiligung an Entzündungsreaktionen, Abwehr antikörperbehafteter Parasiten
basophiler G.	Blut	unbekannt
neutrophiler Granulozyt	Blut	Phagozytose, „Entzündungszellen"
Mastzelle	Gewebe	Freisetzung von Entzündungsmediatoren (z.B. Histamin)
zytotox. T-Zelle	Lymphknoten, Milz	Lyse von infizierten Zielzellen
T-Helferzelle	Lymphknoten, Milz	Steuerung der Antikörperproduktion (T_H2), Aktivierung von Makrophagen (T_H1)
B-Zellen u. Plasmazellen	Lymphknoten, Milz, Rachen- u. Gaumenmandeln, Peyersche Plaques	Antikörperproduktion, Antigenpräsentation
NK-Zellen	Blut	Lyse von virusinfizierten und Tumorzellen.

Diese stark reduzierte Aufstellung von unterschiedlichen Zellen des Immunsystems und den jeweiligen Funktionen demonstriert bereits die wechselseitigen Beeinflussungen durch die jeweiligen Komponenten. Das Substrat für diese Interaktion sind lösliche Substanzen, die von den jeweiligen Zellen in den Extrazellulärraum sezerniert werden und über den Blutfluss verteilt, andere Zellen über eine Rezeptorbindung beeinflussen können. Die wichtigsten dieser Faktoren sind Zytokine. Diese Substanzklasse ist selbst sehr heterogen, umfasst eine stattliche Anzahl von Vertretern unterschiedlicher Funktionalität und Herkunft und ist in den letzten Jahren stetig erweitert worden.

Das spezifische Sekretionsmuster einzelner Ursprungszellen sowie die Spezifität des Vorhandenseins entsprechender Zielzellen gestatten ein fein abgestimmtes hoch komplexes Steuerwerk unterschiedlicher immunologischer relevanter Prozesse.

In Tabelle 6.2 findet sich eine Auswahl der wichtigsten Zytokine, ihrer produzierenden Zellen, Zielzellen sowie der jeweiligen Effekte, die sie auslösen.

Tabelle 6.2: **Die wichtigsten Zytokine, ihre Zielorte und Funktionen ($\nearrow$ Anstieg; $\searrow$ Abfall)**

Zytokin	Produzierende Zelle	Zielzelle	Funktion
Interleukin 1α (IL-1α)	Makrophagen	T-Zellen, B-Zellen	Aktivität $\nearrow$, Fieber, Gewichtsverlust, Hypotonie
Interleukin 1β (IL-1β)	NK-Zellen	Endothel und Gewebszellen	Adhäsion von Leukozyten an Endothel $\nearrow$
Interleukin 2 (IL-2)	T-Zellen	T-Zellen	T-Zell-Differenzierung, Aktivität v. CD8 $\nearrow$ und Makrophagen $\nearrow$
Interleukin 4 (IL-4)	T-Zellen	B-Zellen	Wachstum $\nearrow$
Interleukin 5 (IL-5)	T-Zellen	B-Zellen	Differenzierung, IgA-Selektion (s.u.)
Interleukin 8 (IL-8)	Monozyten	neutrophile u. basophile G.	Chemotaxis
Interleukin 10 (IL-10)	T-Zellen	T_H1	Zytokinsynthese $\searrow$, Makrophagenaktivität $\searrow$
Interleukin 12 (IL-12)	Monozyten	T-Zellen, NK-Zellen	Induktion von T_H1-Zytokinmuster, Interferonproduktion-γ $\nearrow$

Tabelle 6.2: (Fortsetzung)	Die wichtigsten Zytokine, ihre Zielorte und Funktionen (↗ Anstieg; ↘ Abfall)		
Zytokin	**Produzierende Zelle**	**Zielzelle**	**Funktion**
Interleukin 14 (IL-14)	T-Zellen, B-Zellen	aktivierte B-Zellen	Antikörpersynthese ↘
Interleukin 18 (IL-18)	z.B. Gewebsmakropha-gen	T-Zellen, NK-Zellen	Interferonproduktion-γ ↗
Tumornekrose-faktor α (TNF-α)	Makrophagen, Lym-phozyten	Makrophagen, Gra-nulozyten, Gewebs-zellen	Aktivität ↗, Adhäsion von Leu-kozyten an Endothel ↗, Induk-tion von Akut-Phasen-Protei-nen, Fieber, Gewichtsverlust,
Interferon α (IFN-α)	Leukozyten	Gewebszellen	antivirale Effekte, Stimulation der NK-Zellaktivität
Interferon γ (IFN-γ)	T-Zellen, NK-Zellen	Leukozyten, Gewebszellen, T_H2-Zellen	Makrophagenaktivität ↗, Adhä-sion von Leukozyten an Endot-hel ↗, Zytokinsynthese ↘

Es sollte deutlich geworden sein, dass lösliche Faktoren, wie z.B. die Zytokine (Chemokine und Wachstumsfaktoren, die ähnliche Effekte auslösen können, sind der Einfachheit halber nicht aufgeführt), essentielle Mediatoren und Moderatoren immunologischer Aktivität repräsentieren. Betrachtet man z.B. die Wirkung von IL-10 und IL-12, dann wird durch die gewissermaßen antagonistische Wirkung auf die Sekretion von Zytoki-nen des T_H1-Musters (TNFα, IFNγ, IL-1 und IL-6) der anfangs hervor-gehobene Aspekt der Homöostase erneut deutlich. Immunreaktionen sind demnach abhängig vom Kontext nützlich oder schädlich. Eine unzurei-chende immunologische Reaktion könnte bei Krankheitserregern in Infek-tionen Ausdruck finden, während eine (ebenfalls) geringe Reagibilität bei harmlosen Antigenen (z.B. Hausstaub) einer Allergie vorbeugen könnte. Auch hinsichtlich einer Transplantatannahme kann geringe Aktivität genauso hilfreich sein wie im Kontext von Autoimmunerkrankungen, während eine adäquate Tumorabwehr wiederum einer normalen Aktivität bedürfte. Auch im Kontext dieses Kapitels darf bei allen zu zeigenden Befunden nicht ausser Acht gelassen werden, dass Berichte über isolierte Parameter des Immunsystems (qualitativ oder quantitativ) meist keine Aussage über die allgemeine Immunkompetenz zulassen und schon gar nicht eine Aussage darüber, inwieweit das besagte Homöostaseprinzip gefährdet, ausgelenkt oder wiederhergestellt wird.

6.1.3 Antikörper

Eine besonders effektive Form der Abwehr wird durch Antigen-spezi-
fische Proteine (Antikörper) gewährleistet, die von Plasmazellen nach
entsprechender Stimulation durch Antigene (und T-Zellen) sezerniert
werden. Diese zirkulieren im Blut, weisen allgemein eine recht ähnliche
Struktur auf (Abb. 6.3) und werden zu der Gruppe der Immunglobuline
zusammengefasst. Antikörper liegen in verschiedenen Isotypen vor, die
sich strukturell und funktionell unterscheiden.

Verschiedene Strukturvarianten (Isotypen) unterscheiden sich in erster
Linie in ihrer konstanten Region, wobei jeder Isotyp von nur einem Gen
codiert wird. Im Serum überwiegt der Anteil der Immunglobuline vom
Typ IgG, welcher selbst in vier verschiedenen Strukturvarianten vorliegt
und ausschliesslich in monomerer Form auftritt.

Dieses gilt auch für IgD und IgE, wobei IgD besonders häufig an B-
Zellen bindet, IgE hingegen überwiegend an basophile Granulozyten und
Mastzellen gebunden ist. IgE ist von vorrangiger Bedeutung bei der Aus-
lösung von Allergien des Soforttyps. IgA und IgM liegen im Serum und in
Körpersekreten, wie dem Speichel, vor und weisen dort dimere bzw.
multimere Strukturen auf.

IgM ist der vorherrschende Antikörpertypus im Anfangstadium einer
Immunantwort; erst später überwiegt der Anteil von IgG (Isotyp- Switch).

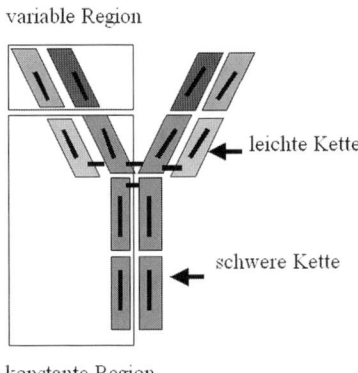

Abbildung 6.3: Grundstruktur von Antikörpern.

Da IgA im Speichel (sekretorisches IgA = sIgA) häufig Gegenstand der
Forschung auch im Zusammenhang mit interindividuellen Differenzen
immunologischer Aktivität ist (Hennig, 1994), soll hierauf kurz näher
eingegangen werden.

Die Antikörpersynthese von IgA wird durch Plasmazellen gewährleistet, die im Bindegewebe (lamina propria) unterhalb von Epithelzellen lokalisiert ist. Die so produzierte dimere Form des IgA bindet in der Folge an der basolateralen Seite der Epithelzelle den Poly-Ig-Rezeptor, der einen aktiven Transport zur apikalen Seite der Epithelzelle gewährleistet. Am IgA-Dimer verbleibt ein Fragment des Poly-Ig-Rezeptors (sekretorische Komponente), die einen gewissen Schutz vor enzymatischer Spaltung des Gesamtkomplexes (sIgA) herstellt. Funktionell bilden sIgA-Antikörper einen effektiven Schutz der Epitheloberflächen und verhindern z.B. die Anlagerung von Bakterien. Eine Aufstellung der wichtigsten Funktionen und Merkmale von Antikörpern gibt Tabelle 6.3.

Tabelle 6.3: Immunglobulinklassen sowie ihre wichtigsten Eigenschaften

Funktion	Ig G1	Ig G2	Ig G3	Ig G4	Ig A	sIg A	Ig D	Ig E	Ig M
Neutralisation von Erregern (z.B. Bakterien)	●	●	●	●	●	●			·
Markierung von Antigenen zur Beseitigung durch Makrophagen (Opsonierung)	●		●	·	·				
Verstärkung der Zelllyse durch Natürliche Killerzellen (ADCC)	●		●						
Sensibilisierung von Mastzellen								●	
Plazentapassage	●	●	●	●					
Transport durch Epithelgewebe						●			·
Molekulargewicht (in KDa)	146	146	170	146	160	385	184	188	970
Halbwertszeit (Tage)	21	20	7	21	6	?	3	2	10
Konzentration (mg/dl) [bei sIgA im Sekret]	900	300	100	50	300	5	3	0	100

Aus Tabelle 6.3 ist ersichtlich, dass Antikörper unterschiedlicher Isotypen durchaus unterschiedliche Eigenschaften und Funktionen aufweisen. Die Isotypenvielfalt ist hingegen im Vergleich zur Antigenspezifität von Antikörpern bzw. dem gesamten Antikörperrepertoire des Menschen verschwindend gering. Man schätzt, dass der Organismus weit über 10^{11} verschiedene Antikörpermoleküle aufweist. Dieser enorme Polymorphismus wird über eine grosse Anzahl codierender Gene für die variable Region sowie zusätzlich über zufällige Rekombinationen von Gensegmenten und andere Mechanismen (somatische Hypermutation) gewährleistet.

6.2.4 Häufig verwendete immunologische Parameter im Kontext psychoneuroimmunologischer Forschung und deren Messung

Aufgrund der Komplexität immunologischer Prozesse bieten sich zahlreiche Parameter zur Messung immunologischer Aktivität an. Grundsätzlich gibt es jedoch keine Möglichkeit, *einen* Parameter heranzuziehen, der umfassend Auskunft über die allgemeine Immunkompetenz erteilen könnte. Insofern bedient man sich eher der Indikatoren für bestimmte Aspekte zellulärer oder humoraler Prozesse. Hinzu kommt auch, dass sich die Auswahl der jeweiligen Parameter nicht nur nach inhaltlichen, sondern auch oftmals nach formalen Kriterien, z.B. der Machbarkeit, bzw. nach dem Aufwand der Bestimmung orientiert. Grundsätzlich geht es aber in dem relativ jungen Bereich der Psychoneuroimmunologie (noch) nicht primär um die Frage, inwieweit interindividuelle Differenzen immunologischer Aktivität Gesundheit und Krankheit vermitteln, sondern ob sie überhaupt existieren, und wenn, welchen Mechanismen sie folgen. Eine systematische Zusammenstellung der am häufigsten verwendeten Parameter sowie deren Messung kann nach der grundlegenden Einteilung immunologischer Prozesse vorgenommen werden und ist in Tabelle 6.4 dargestellt. Es ist zu entnehmen, dass unterschiedliche Parameter, die mit z.T. sehr verschiedenen Testverfahren erhoben werden können, als Indikatoren für immunologische Prozesse herangezogen werden können. Diverse dieser Verfahren basieren auf in vitro-Diagnostik; d.h., dass entsprechende aufbereitete Blutproben im Reagenzglas mit Antigenen oder Stimulatoren in Verbindung gebracht werden und aus dem Ausmaß der Reaktion Rückschlüsse auf die Aktivität bzw. Aktivierbarkeit von Zellen gezogen werden.

Mitunter ergeben sich allerdings auch Probleme in der Übertragbarkeit, da die verwendeten Stimulatoren in vivo, d.h. im lebenden Organismus, in der Regel nicht vorkommen. So basiert z.B. der Test zur Erfassung der Natürlichen Killerzellen auf dem Umstand, dass diese Zellen eine be-

Tabelle 6.4: Häufig verwendete immunologische Indikatoren im Kontext der Psychoneuroimmunologie

Häufig verwendete Indikatoren immunologischer Aktivität bei psychoneuroimmunologischen Studien im Humanbereich [Methodik]	in vitro		in vivo	
	zellulär	humoral	zellulär	humoral
Natürliche Killerzellaktivität [Chrom-Freisetzungstest]	✔			
Mitogen-Stimulierbarkeit [³H-Thymidinaufnahme]	✔			
Phänotypisierung von Zellen [Durchflusszytometrie mit fluoreszenzmarkierten Antikörpern]	✔			
Antikörperkonzentration (insb. sIgA) [Nephelometrie, radiale Immundiffusion]				✔
Zytokinbestimmung [ELISA]		✔		✔
EBV-Antikörperspiegel [ELISA]			✔	
Multitest Merieux [Hauttest]			✔	

sonders hohe Aktivität gegen eine bestimmte Maus-Myelom-Zelle (K562) entfalten, die ihrerseits nach Inkubation mit ^{51}Cr den Isotopen aufnimmt. Wird diese Zelle lysiert, tritt Radioaktivität aus, die als direkter Indikator der NK-Aktivität herangezogen werden kann. Je mehr radioaktivmarkiertes Chrom freigesetzt wird, desto stärker war die NK-Aktivität.

Ähnlich verhält es sich mit Stimulationstests, die den Umstand nutzen, dass Mitogene (meist pflanzliche Substanzen) stark zur Zellproliferation anregen. Üblicherweise herangezogene Mitogene sind Phytohämagglutinin A (PHA), Concanavalin A (Con A) und Pokeweed Mitogen, wobei die ersten beiden spezifisch T-Zellen anregen, letzteres hingegen mehr Spezifität für B-Zellen aufweist. Das Testprinzip beruht darauf, dass Mitogene ruhende Lymphozyten sofort zur Proliferation stimulieren. Dieses setzt die Vervielfachung von DNA voraus, in die das radioaktiv markierte ^{3}H-Thymidin eingebaut wird. Das Ausmaß der später gemessenen Radioaktivität steht in direktem Zusammenhang mit der Stimulierbarkeit bzw. der Proliferation einer Zelle.

Bei der radialen Immundiffusion wird ein Gel angelegt, welches Antikörper gegen z.B. sIgA enthält. Gibt man nun eine Probe, die sIgA enthält, hinzu, bilden sich kreisförmige Antigen-Antikörper-Reaktionen, die ablesbar werden. Die Größe des Kreises indiziert die Menge des vorhandenen sIgA in der Probe, welches nach Einbeziehung einer Standardkurve in Konzentrationen überführt werden kann. Alternativ werden häufig Verfahren wie die Nephelometrie eingesetzt, die darauf beruht, dass die Antigen-Antikörper-Bindung zu einer veränderten Lichtbrechung einer Lösung führt, die ihrerseits Licht (z.B. Laser) verändert ableitet. Das Ausmaß dieser Ableitung indiziert die Stärke der Antigen-Antikörper-Bindung bzw. die Menge von Antikörpern in der Lösung bzw. Probe.

Im Enzym-Linked-Immunosorbent-Assay (ELISA) wird zuvor der Antikörper gegen die zu messende Substanz (z.B. Zytokin) an eine Mikrotiterplatte gehaftet. Neben der hinzugefügten Probe, wird ein enzymatisch markierter Sekundärantikörper, der ebenfalls an der Platte bindet, hinzugefügt. Beide (Probe und enzymmarkierter Antikörper) binden kompetitiv am Antikörper in der Platte. Je höher die Konzentration der gesuchten Substanz in der Probe, desto weniger bindet der enzymmarkierte Antikörper. Nach Abschluss einer Inkubationszeit und verschiedenen Waschschritten wird ein Substrat, welches in Reaktion mit dem Enzym eine Farbreaktion auslöst, hinzugegeben. Das Ausmaß der Farbreaktion kann in Verbindung mit Standardwerten herangezogen werden, um die Konzentration in der Probe zu ermitteln.

Ein interessantes in-vivo-Maß ist die Messung von Antikörpern gegen Epstein-Barr-Viren, die bei dem Grossteil der Bevölkerung nachgewiesen und auch mittels ELISA erfasst werden können. Diese Viren, die zur Gruppe der latenten Viren zählen, können ein Leben lang unauffällig sein bzw. keine Symptome hervorbringen. Im Zuge einer reduzierten Kontrolle über virusinfizierte Zellen (z.B. Immunsuppression) „wachen" diese Viren „auf", und das Immunsystem produziert erneut Antikörper. Erhöhte Antikörperspiegel sind also in diesem Falle Indikator für eine reduzierte *zelluläre* Aktivität (!).

Auch andere „Signalgeber" kommen zum Einsatz und bestimmen oft den Namen des Bestimmungsverfahrens (z.B. Radioimmunassay, Fluoreszenzimmunoassay, Lumineszenzimmunoassay).

Fluoreszierende Antikörpern sind auch die Basis für das Standardverfahren zur Messung der Lymphozytentypisierung. Wie bereits erwähnt, lassen sich die Lymphozytensubklassen über das Vorhandensein verschiedener CD-Antigene klassifizieren. Bringt man nun fluoreszenzmarkierte Antikörper gegen diese CD-Antigene mit Blutproben zusammen, so lassen sich aufgrund der entstehenden Fluoreszenzstrahlung diejenigen Zellen, die Antigene gegen den markierten Antikörper aufweisen, im Mikroskop oder automatisiert in der Durchflusszytometrie zählen. Bei der

Auswertung der Lymphozytensubpopulationen handelt es sich jedoch um ein rein qualitatives Maß, welches keine Aussagen über die Aktivität von Zellen, sondern nur über deren Anzahl zulässt.

Letztlich sei auf ein Maß hingewiesen, welches als Indikator der zellulären Aktivität in vivo herangezogen werden kann. Hierbei wird eine Hypersensibilitätsreaktion auf Antigene genutzt, mit denen die meisten Menschen bereits Kontakt hatten (Bakterien, Pilze u.a.). Diese Antigene sind in Gelatine gelöst und werden mit einem Stempel in die Haut (meist am Unterarm) eingebracht. Nach 48 Std. lassen sich kreisförmige Hautreaktionen ablesen, die bei einer Induration von >2mm als positive Reaktion gewertet werden. Das Ausmaß der Reaktion ist ein verlässlicher in-vivo-Indikator für die zelluläre Immunität.

Die Palette immunologischer Verfahren ist weitaus umfangreicher, und je nach Parameter, den es zu bestimmen gilt, sind die Bestimmungsverfahren auch wesentlich komplizierter. Für den folgenden Text reicht diese Darstellung jedoch aus, da alle zu erwähnenden Parameter hiermit genannt wurden.

6.2 Interindividuelle Unterschiede im Kontext des Immunsystems: Grundlegende Überlegungen

Aus der klinischen Praxis ist seit langem bekannt, dass immunologisch relevante Erkrankungen starken interindividuellen Unterschieden unterliegen, wozu natürlich auch Geschlechtsunterschiede (z.B. die erhöhte Inzidenz von Autoimmunkrankheiten oder Allergien bei Frauen) zu zählen sind. Auch hinsichtlich der Persönlichkeit hat sich dies in diversen mehr oder weniger überzeugenden Versuchen niedergeschlagen, bestimmte Persönlichkeitsausprägungen mit distinkten Erkrankungen, wie z.B. Tumorerkrankungen, zu assoziieren. In jedem Fall aber, nicht zuletzt durch die Erkenntnisse der Psychoneuroimmunologie, ist es lohnenswert, sich der Frage zuzuwenden, ob Indikatoren immunologischer Aktivität unter Ruhe- oder auch Belastungsbedingungen mit Persönlichkeitsfaktoren korreliert sind. Dies ist nicht nur unter differentiell-psychologischer oder klinischer Betrachtungsweise von möglicher Bedeutung, sondern kann, wie später noch gezeigt wird, durchaus auch für die immunologische Forschung befruchtend sein, insbesondere dann, wenn die Kenntnis biologischer Grundlagen der Persönlichkeit Erklärungen für eine unterschiedliche immunologische Reagibilität fördert. In der Tat ist es bemerkenswert, dass gerade in der letzten Zeit ein grundsätzlich differentieller Ansatz gewählt wird, um in der immunologischen Forschung Erkenntnisse z.B.

über die Inzidenz von Autoimmunkrankheiten zu erhalten. So können verschiedene Tierstämme mit unterschiedlicher Stressreagibilität sehr hilfreiche Modelle für immunologische Prozesse sein. In diesem Kontext sei lediglich an die Modellvorstellung von E. Sternberg erinnert, die im direkten Vergleich zwischen Lewis- und Fisher-Ratten Prädiktoren für Autoimmunprozesse isolieren konnte (Sternberg et al., 1992; Sternberg, 1995). Nun ist es aber nicht Ziel des vorliegenden Beitrages, interindividuelle Differenzen in der Inzidenz oder dem Verlauf immunologischer Erkrankungen zu thematisieren, da oftmals in der Literatur zu diesem Thema biologische Maße vernachlässigt werden; um diese soll es aber gerade gehen.

Interindividuelle Differenzen lassen sich auf sehr vielen und grundsätzlich auch sehr unterschiedlichen Ebenen aufgreifen. Ein Beitrag wie dieser muss daher zwangsläufig eine gewisse Reduktion vornehmen. Insofern werden Faktoren wie Alter (Makinodan & Kay, 1980), Geschlecht (Oyeyinka, 1984; Grossman, 1984; Grossman, 1985), oder ethnisch bedingte Differenzen (Cryz et al., 1989) nicht explizit aufgegriffen. Für das Ziel dieses Buches ist es auch legitim, die Ergebnisse zu interindividuellen Unterschieden immunologischer Reaktionen aus Tierstudien zu ignorieren. Es sollte in diesem Zusammenhang jedoch festgehalten werden, dass die Implikationen dieser Studien für den Humanbereich z.T. sehr weitreichend sind und nicht selten erst zu Modellvorstellungen bzw. entsprechenden Hypothesen und Versuchsanordnungen im Humanbereich geführt haben.

Dispositionelle Faktoren, wie z.B. Extraversion, sind gekennzeichnet durch eine gewisse Zeitstabilität, die z.B. auch Prognosen für Situationen zulässt, in der eine Person (noch) nicht beobachtet werden konnte. Diese Stabilität kann sich *absolut* (das Ausmaß der Extraversion ist in verschiedenen Situationen gleich) oder *relativ* (die Position einer Person im Spektrum der Extraversion bleibt gleich) abbilden lassen. Die Stabilität von Merkmalen ist also ein wichtiges Kriterium für eine Disposition. Wie für das hier gewählte Beispiel 'Extraversion' muss das Postulat der Stabilität auch für diejenigen biologischen Prozesse herangezogen werden, die mit Persönlichkeit assoziiert werden. Es ist wenig hilfreich, wenn z.B. Extravertierte in Situation A mit einem Muster von immunologischen Reaktionen gekennzeichnet werden können, Situation B aber davon völlig abweichende Ergebnisse hervorbrächte. Eine solche Situation könnte vorliegen, wenn a) die Situation entscheidet, wie das Immunsystem reagiert, b) immunologische Parameter bzw. Reaktionen das Postulat der Stabilität selbst nicht aufweisen, oder c) beide Erklärungen gültig sind. Die Stabilität immunologischer Reaktionen ist demnach von zentraler Bedeutung, wenn man interindividuelle Differenzen immunologischer Parameter oder Reaktionen aufzeigen will.

Aufgrund der Fülle möglicher immunologischer Parameter (s.o.) kann nicht erwartet werden, dass Daten über Stabilität für alle Indikatoren vorliegen. Glücklicherweise finden sich jedoch gerade bei den Parametern, die im psychoneuroimmunologischen Kontext von Interesse sind, einige Ergebnisse, die in der Folge kurz angesprochen werden sollen.

Stabilität einiger immunologischer Immunparameter

Die Anzahl peripherer Leukozyten wird über zahlreiche Prozesse gesteuert, wobei nicht nur direkt immunologisch relevante (z.B. Antigene), sondern auch andere, wie z.B. Neurotransmitter, Neuropeptide oder Hormone, zu nennen sind (Ottaway & Husband, 1992). Insbesondere dem Nebennierenrindenhormon Cortisol und den Katecholaminen (Noradrenalin) kommt bei der Steuerung der Zellmigration eine wesentliche, voraussichtlich antagonistische Wirkung zu (Hennig & Netter, 1999; Hennig, et al., 2000; Hennig et al., 2001). Umso erstaunlicher ist es, dass die Anzahl der peripheren Leukozyten sowie vieler Subfraktionen selbst über einen Zeitpunkt von mehr als einem Jahr eine bemerkenswerte absolute und relative Stabilität aufweist (Hennig & Netter, 2000). Besonders auffällig ist die Stabilität von eosinophilen und neutrophilen Granulozyten, aber auch von T-Zellen (CD3+), sowie von ihren Hauptsubpopulationen CD4+ und CD8+, während basophile Granulozyten, Monozyten und B-Zellen (CD19+) offensichtlich in stärkerem Ausmaß situativen Einflüsse unterliegen, obgleich einige Autoren auch hinsichtlich der CD19+- Zellen mit einem Zeitintervall von zwei Wochen absolute und relative Stabilität nachweisen konnten (Marsland et al., 1995). Die Palette der Parameter wird von Zorrilla et al. (1994) um die Fraktion der NK-Zellen (CD56+) erweitert, die ebenfalls Stabilität aufweisen. Interessant sind auch die Ergebnisse dieser Arbeitsgruppe, dass die Stimulierbarkeit von Zellen nach Gabe von Con A in zwei Dosierungen zeitliche Stabilität aufweist. Neben Mitogenen kann auch Stress als Stimulus untersucht werden. Marsland und Mitarbeiter (1995) zeigen nicht nur, dass ein im Abstand von zwei Wochen applizierter Stressor (öffentliche Rede) jeweils zu markanten immunologischen Reaktionen führt, sondern, dass das Ausmaß der Veränderungen nach beiden Situationen für CD3+-, CD8+- und CD56+-Zellen korreliert war, während CD19+- und CD4+- Zellen keine Stabilität in ihrer Reaktion aufwiesen. Die Stress-induzierten Veränderungen der Stimulierbarkeit von Zellen durch PHA und Con A wies nur im Fall von PHA Stabilität auf.

Es zeigt sich hinsichtlich zellulärer Parameter des Immunsystems durchaus ein homogenes Bild z.T. unterschiedlicher Stabilität. Wichtig festzuhalten ist daher, dass diejenigen Parameter, die Stabilität aufweisen, unter Ruhebedingung offensichtlich Charakteristikum einer Person sind und unter Stimulationsbedingungen Aussagen über die (immunologische) Reagibilität des Individuums als Eigenschaft zulassen.

Weitaus weniger Ergebnisse liegen zur Stabilität humoraler Parameter des Immunsystems (z.B. Antikörper, Zytokine etc.) vor. Inwieweit sich die Frage nach Stabilität von spezifischen Antikörpern anbietet, ist auch zweifelhaft, da die Konzentrationen natürlich stark von der Präsenz von Antigenen abhängen. Hinsichtlich der Konzentration von sIgA könnte aber durchaus angenommen werden, dass dispositionelle Faktoren von Bedeutung sind, da die Produktion dieses Antikörpers weniger stark von spezifischen Antigenen abhängt (s.o.). Zur Prüfung der zeitlichen Stabilität von sIgA-Konzentrationen sowie der Stabilität von Reaktionen wurde eine Studie an 20 Frauen im Alter von 35–68 Jahren durchgeführt, die an zwei Entspannungsverfahren im Abstand von 6 Wochen teilnahmen. Induzierte Entspannung kann als Stimulus für die sIgA-Produktion herangezogen werden, da sich übereinstimmend ein Anstieg der Konzentration des Immunglobulins im Speichel mit Interventionen dieser Art verbindet (Rood et al., 1993).

Die Ergebnisse zeigen nicht nur, dass die Ausgangswerte der sIgA-Konzentration, sondern auch die Reaktionen im Abstand von 6 Wochen absolute und relative Stabilität aufweisen (Hennig, 1998). In der bereits zitierten Arbeit von Zorrilla et al. (1994) wird gezeigt, dass IL-1β und IL-2 absolute und relative Stabilität, gemessen in einem Zeitraum von zwei

Tabelle 6.5: Zusammenfassung der Ergebnisse zur Stabilität immunologischer Parameter unter Ruhe- und Stimulationsbedingungen (✚ Stabilität gegeben, — Stabilität nicht gegeben; ? nicht getestet)

Parameter	unter Ruhebedingung	nach Stimulation
Leukozyten	✚	✚
eosinophile Granulozyten	✚	?
basophile Granulozyten	—	?
neutrophile Granulozyten	✚	?
CD3+	✚	✚
CD4+	✚	—
CD8+	✚	✚

Tabelle 6.5: (Fortsetzung)	Zusammenfassung der Ergebnisse zur Stabilität immunologischer Parameter unter Ruhe- und Stimulationsbedingungen (✚ Stabilität gegeben, — Stabilität nicht gegeben; ? nicht getestet)	
Parameter	unter Ruhebedingung	nach Stimulation
CD56+	✚ / —	✚
CD19	✚ / —	—
Con A	✚	—
PHA	✚	✚
sIgA	✚	✚
IL-1β	✚	?
IL-2	✚	?

Wochen, aufweisen. Weitere Ergebnisse zur Stabilität humoraler Immunparameter liegen bislang nicht vor.

Zusammengefasst gibt Tabelle 6.5 einen Überblick über die beschriebenen Befunde und soll dem Leser für die in der Folge darzustellenden Zusammenhänge zwischen Persönlichkeit und immunologischen Parametern eine Bewertung erleichtern.

In der Folge werden diejenigen Befunde referiert, die Persönlichkeit mit immunologischen Maßen unter Ruhebedingung und/oder nach Stimulation in Beziehung setzten, wobei gemäß der Gliederung des Gesamtbuches zunächst die Befunde zum Neurotizismus, dann zur Extraversion und abschliessend zum Psychotizismus zusammengestellt werden.

6.3   Neurotizismus und verwandte Konstrukte

Nachdem die Frage nach der Stabilität immunologischer Maße weitgehend befriedigend beantwortet werden kann, ist es zulässig, zu prüfen, ob Persönlichkeitsfaktoren mit solchen Maßen korreliert sind. Bedenkt man, dass die Stressforschung eine der zentralen Säulen der Psychoneuroimmunologie darstellt, überrascht es wenig, dass insbesondere Neurotizismus oder dessen Primärfaktoren Gegenstand entsprechender Untersuchung waren. Neurotizismus kann ja durchaus aufgefasst werden als dispositionelles Stresserleben bzw. als chronifizierte "negative Affektivität". Andere Persönlichkeitsdimensionen sind nur sehr spärlich untersucht worden.

Grundsätzlich werden zwar recht häufig Korrelationen beschrieben, die auch statistische Signifikanz aufweisen, in ihrer absoluten Höhe aber eher niedrig sind und insofern auch nur bedingt zur Varianzaufklärung beitragen. In eigenen Studien konnten wir beobachten, dass die relative und absolute Anzahl von eosinophilen Granulozyten negativ mit der Dimension des Neurotizismus korreliert ist, die in einem Kollektiv an 40 gesunden Männern mittels des Freiburger Persönlichkeitsinventars (Fahrenberg et al., 1984) ermittelt wurde. Da Neurotizismus mit geringer sozialer Erwünschtheit assoziiert ist, steht dieser Befund in Einklang mit den Befunden von Jamner et al. (1988), die eine positive Assoziation zwischen eosinophilen Granulozyten und sozialer Erwünschtheit beschrieben haben. Auch andere quantitative Aspekte zellulärer Immunität scheinen Beziehungen zu Neurotizismus bzw. seinen Primärfaktoren aufzuweisen. Dispositioneller Pessimismus verbindet sich nach Ergebnissen zweier Studien von Segerstrom, et al. (1998) mit einer reduzierten Anzahl von CD4+-Zellen, obgleich der relative Anteil dieser Zellen mit Neurotizismus positiv korreliert ist. Wenn man bedenkt, dass der relative Anteil von CD4+ Zellen steigt, wenn die absolute Anzahl z.B. von CD8+-Zellen sinkt, dann ist es wichtig festzuhalten, dass Neurotizismus auch mit CD8+-Zellen negativ korreliert ist.

Der von Seligman postulierte „depressive Attributionsstil" (die Ursachen für Misserfolg werden internal, global und stabil attribuiert) verbindet sich mit einer Reduktion der Quotienten von CD4+-/CD8+-Zellen; einem Maß, welches gerne als Schätzer der Immunkompetenz herangezogen wird (Kamen et al., 1991). Auch dieser Befund könnte auf eine reduzierte Anzahl von CD4+- Zellen zurückgeführt werden und bestätigt somit die zuvor genannten Befunde. Die Anzahl der natürlichen Killerzellen ist ebenfalls mit Neurotizismus assoziiert, wobei hohe Ausprägungen auf diesem Sekundärfaktor oder ähnlichen Konstrukten („trait worry") mit einer geringeren Anzahl der Zellen einhergehen (Lee et al., 1995; Segerstrom et al., 1999).

Zahlreiche Autoren berichten über Zusammenhänge zwischen *Veränderungen* der Anzahl peripherer Leukozyten und Persönlichkeitsfaktoren. Hierbei geht es also nicht um die Frage nach grundlegenden Zusammenhängen, sondern darum, ob die Mobilität dieser Zellen (Reagibilität) von der Persönlichkeit abhängt. Man geht zwar intuitiv davon aus, dass Zellmigration einen aktiven Prozess darstellt, neuere Studien belegen jedoch, dass die (veränderte) Mobilität von Zellen durchaus abhängen kann von modifizierten Bedingungen an demjenigen Epithelgewebe, an dem sie normalerweise angelagert sind. Welche Mechanismen also persönlichkeitsassoziierten Veränderungen der Zellmigration zugrunde liegen, ist noch völlig offen. Da als Stimulus zur Zellmigration häufig psychischer Stress eingesetzt wurde, sollte vorausgeschickt werden, dass akuter Stress üblicherweise zu einer Aktivierung des sympathischen Nervensystems führt, welche mit erhöhten Spiegeln insbesondere des Noradrenalins einhergeht (sympatho-medulläre Achse). Noradrenalin ist nachgewiesenermaßen ein potenter Stimulus zur Induktion erhöhter Zellzahlen peripherer Leukozyten (Brosschot et al., 1994; Benschop et al., 1996; Benschop et al., 1994), wobei besonders NK-Zellen und CD8+-Zellen ansprechen. Das Ausmaß der immunologischen Veränderungen reflektiert demnach die Intensität der sympathischen Aktivierung, oder – mit anderen Worten – wenn bekannt ist, welche Persönlichkeit mit einer starken, stressbedingten Aktivierung des Sympathikus assoziiert ist, müsste man auf die Veränderung der Zellzahlen im Blut extrapolieren können.

In der Tat, Manuck et al. (1991) konnten demonstrieren, dass diejenigen Personen, die auf mentale Belastung mit einer starken Katecholaminfreisetzung reagieren, auch starke Veränderungen insbesondere in der CD8+-Zellfraktion aufweisen (Abb. 6.4). Mills et al. (1996) sind ebenfalls diesen Weg gegangen und kamen zu dem Befund, dass weder das Geschlecht noch die ethnische Zugehörigkeit von Probanden mit der Aktivierung der sympatho-medullären-Stressachse assoziiert sind, das Alter und die Persönlichkeit aber durchaus von Bedeutung sind. Das Ausmaß

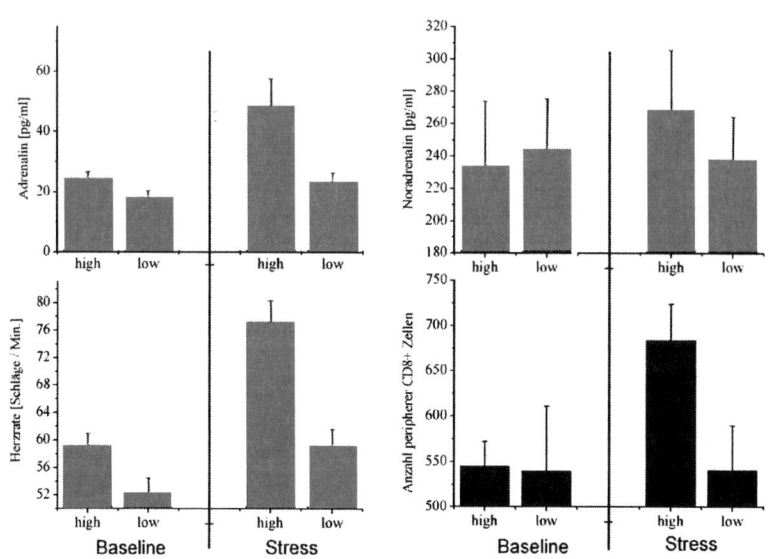

Abbildung 6.4: **Mittelwert und Standardfehler physiologischer, endokriner und immunologischer Reaktionen nach Stress bei hoher (high) und niedriger (low) sympathischer Aktivierbarkeit (Manuck et al., 1991).**

der erhöhten Anzahl peripherer Leukozyten stand in positivem Zusammenhang mit habitueller Angst, aber auch Zustandsangst. Die Bereitschaft, Ärger zum Ausdruck zu bringen, und habituelle Depressivität (Lebensunzufriedenheit) korrelierten mit den Veränderungen von CD19+- Zellen, Feindseligkeit hingegen mit Veränderungen der CD56+- Zellfraktion.

Auch qualitative Veränderungen immunologischer Parameter scheinen persönlichkeitsabhängig zu sein, wobei Befunde zur basalen, d.h. nichtstimulierten Aktivität immunologischer Zellen äusserst rar sind. Zorilla und Mitarbeiter (1994) weisen darauf hin, dass die Reaktion von Lymphozyten auf Con A bei Probanden mit habitueller Angst und starker (allgemeiner) Stressbelastung besonders gering ist. Allgemeine Stressbelastung findet sich als Facette des Neurotizismus in diversen Fragebögen (z.B. FPI-R) und kann als starker Primärfaktor des Konstruktes aufgefasst werden, so dass vielleicht an dieser Stelle festgehalten werden kann, dass sich hinsichtlich der Frage nach immunologischer Stimulierbarkeit Neurotizismus mit einer geringeren Ausprägung verbindet.

Dieser Eindruck wird unterstützt von Kamen et al. (1991), die einen pessimistischen Attributionsstil mit einer schwächeren Mitogenstimulierbarkeit in Verbindung bringen.

Bereits 1986 wiesen Heisel et al. (1986) darauf hin, dass die Aktivität der Natürlichen Killerzellen auch bei gesunden Probanden mit der Ausprägung der Persönlichkeit kovariiert. In seiner Studie wurde Persönlichkeit mittels des Minnesota Multiphasic Personality Inventory (MMPI) erfasst und mit der NKCA (natural killer cell activity) in Verbindung gebracht. Die zentralen Ergebnisse der Studie sind in Tabelle 6.6 dargestellt. Es wird ersichtlich, dass sich eine hohe NKCA eher mit einer „gesunden", selbstbewussten Persönlichkeit verbindet. Es muss jedoch trotz der Signifikanzen festgehalten werden, dass das Ausmaß der erklärten Varianz sehr gering ist.

Als Indikator der sympathischen Aktivierung kann neben der direkten Messung von Katecholaminen auch die Veränderung der Funktionalität derjenigen Organe herangezogen werden, die als Zielorgane für katecholaminergen Einfluss bekannt sind. So unterzogen Sgoutas-Emch et al. (1994) zunächst ihre Probanden einem Stressor, um sie danach in solche mit starken oder schwachen Veränderungen der Herzrate einteilen zu können. Drei Wochen später wurden diese Probanden erneut einem Stressprotokoll ausgesetzt, um zu prüfen, ob die Kenntnis der Herzratenreagibilität (als Indikator für sympathische Erregung) geeignet ist, die Veränderungen der Aktivität von NK-Zellen *vorherzusagen*.

Interessanterweise waren tatsächlich die Herzratenresponder diejenigen, die auch stärkere Anstiege der NKCA und darüber hinaus auch die höchsten Stress-induzierten Cortisolwerte aufwiesen (vgl. Abb. 6.5, S. 533).

Tabelle 6.6: Korrelationen zwischen der Natürlichen Killerzellaktivität und Skalenwerten des MMPI ($p<.05$; $p<.01$) nach Daten von Heisel et al. (1986).

MMPI-Skala	Männer (N=78)	Frauen (N=33)	Gesamtgruppe (N=111)
Hypochondrie	−0,23	−0,05	−0,16
Depressivität	−0,18	−0,19	**−0,21**
Hysterie	−0,02	−0,07	−0,01
Psychopathie	−0,19	−0,27	−0,19
Maskulinität / Femininität	−0,06	−0,1	−0,15
Paranoia	−0,12	**−0,34**	−0,17
Psychasthenie	**−0,27**	−0,25	**−0,28**
Schizophrenie	−0,15	−0,26	−0,18
Manie	−0,22	−0,07	−0,18
Soziale Isolation	−0,11	−0,21	−0,13
Selbstbewusstsein	0,12	**0,35**	**0,23**
Maladaptabilität	**−0,28**	**−0,42**	**−0,30**

Auch diese Befunde sind z.T. unter Verwendung anderer Indikatoren sympathischer Erregung repliziert worden und bestätigen, dass sympathische Erregung gekoppelt ist mit einer Aktivierung der Hypothalamus-Nebennierenrinden-Aktivität (erhöhtes ACTH und Cortisol), welche sich mit erhöhter NKCA einerseits, aber auch verringerter Mitogenstimulierbarkeit andererseits (Uchino et al., 1995) verbindet.

Die erhöhte physiologische Aktivierung darf nun keinesfalls gleichgesetzt werden mit erhöhter subjektiver Belastung! Im Gegenteil, wie zuvor gezeigt, scheint das Ausmaß subjektiver Belastung eher negativ mit Veränderungen immunologischer *Aktivitätsmarker* assoziiert zu sein. In diesem Zusammenhang ist auch die Studie von Pike et al. (1997) erwähnenswert, die demonstrierte, dass kurzfristiger Stress zwar zu einer Aktivierung der NK-Zellen führt, diese aber negativ mit dem Ausmaß subjektiv angegebener Belastung in Beziehung steht. So kommen auch Borella et al. (1999) zu dem Ergebnis, dass im Zuge einer Examenssituation lediglich

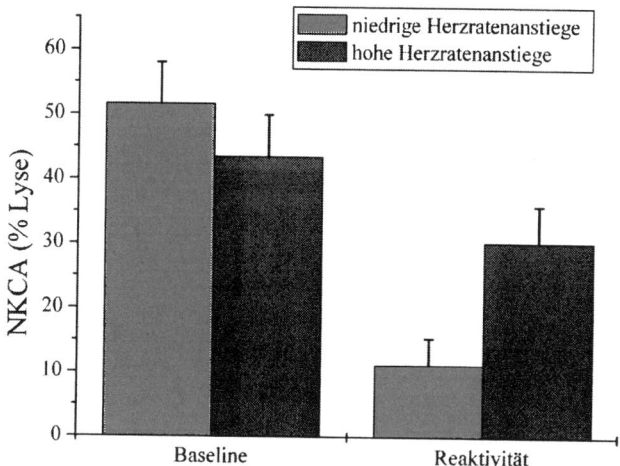

Abbildung 6.5: **Baselinewerte und Reaktivität der Natürlichen Killerzellaktivität unter Stress bei Probanden mit hohen vs. niedrigen Herzratenanstiegen (nach Daten von Sgoutas Emch et al., 1984).**

psychisch stabile und wenig ängstliche Personen deutliche Anstiege der NKCA aufweisen.

Ein interessanter psychophysiologischer Zugang wurde von Liang et al. (1997) gewählt, die auf der Basis der von Richard Davidson beschriebenen Merkmale von Personen mit rechts präfrontaler Überaktivität im EEG (negativer Affekt, Stresserleben, depressive Symptomatik, kurz: Neurotizismus) (Davidson, 1998; Davidson, 1992) prüften, ob Personen mit diesem hirnphysiologischen Merkmal unter Stress distinkte immunologische Reaktionen aufweisen. Die Ergebnisse stehen in Einklang mit denjenigen aus einer Studie von Kang et al. (1991) und Davidson et al. (1999), dass rechts präfrontale Aktivierung mit einer verringerten NKCA einhergeht. Da bereits vorher recht häufig berichtet wurde, dass z.B. Linkshändigkeit mit immunologischen Auffälligkeiten (z.B. Autoimmunprozessen, Allergien) verbunden sein können (Geschwind & Galaburda, 1985; Geschwind, 1984; Geschwind & Behan, 1982; Pennington et al., 1987; Tirosh et al., 1997), dürfte die Untersuchung von Lateralitätsunterschieden für die Zukunft eine vielversprechende Herangehensweise für die Frage nach interindividuellen Unterschieden immunologischer Reagibilität darstellen.

Antikörper gegen Epstein-Barr-Viren sind bereits als einschlägiges Maß für zelluläre Aktivität hervorgehoben worden, und da die Bevölkerung zu

98% Antikörper gegen EBV aufweist (Buchwald et al., 1987), kann das Maß auch nahezu universell eingesetzt werden. Da bekannt war, dass andauernde Angst (z.B. nach dem Reaktorunfall von „Three Mile Island") mit erhöhten Antikörperspiegeln gegen EBV verbunden ist (z.B. Baum, 1990; McKinnon et al., 1989), waren Esterling et al. (1993) an der Frage interessiert, ob die AK-Spiegel mit Persönlichkeit zusammenhängen könnten, wobei der Fokus des Interesses neben der Ängstlichkeit auf dem Merkmal Defensivität ruhte, da Jamner et al. (1988) zeigten, dass Defensi-vität mit tonisch erhöhten Cortisolspiegeln assoziiert ist. Ob dies nun zutrifft, und ob physiologisch erhöhte Cortisolkonzentrationen immunsup-pressiv sind, darf angezweifelt werden; wichtig ist aber, dass beide Dispo-sitionen in der Arbeit von Esterling et al. (1993) mit erhöhten Antikörper-spiegeln und folglich mit Hinweisen auf eine schwache zelluläre Aktivität verbunden waren.

Hinsichtlich humoraler Parameter des Immunsystems liegen weitaus weniger Befunde vor. Es ist sicherlich der Tatsache, dass sIgA-Konzen-trationen non-invasiv über Speichelproben erhoben werden können, zu verdanken, dass dieser Parameter häufig Gegenstand psychoneuroimmu-nologischer Forschung war. Graham et al. (1988) beschreiben, dass Kran-kenschwestern, die häufig Angst erleben (was der Disposition Ängstlich-keit entspricht und daher dem Konstrukt Neurotizismus zuzuordnen ist), geringere sIgA-Konzentrationen im Speichel aufweisen, während aller-dings erhöhte Ausprägungen an Depressivität nicht mit diesem Befund assoziiert waren. Aber auch in männlichen Kollektiven findet sich die Beziehung zwischen Neurotizismus und sIgA-Konzentrationen (Hennig, 1994). In der Literatur ist vehement diskutiert worden, ob die unspezi-fischen Konzentrationen ein geeignetes Maß darstellen, oder ob nicht besser die Antikörperreaktion auf bestimmte Antigene herangezogen werden sollte. Diese Diskussion soll hier nicht wiederholt werden, sondern – eher pragmatisch – darauf hingewiesen werden, dass stimulierte sIgA-Konzentrationen an Tagen "negativer" Befindlichkeit *ebenfalls* erniedrigt vorlagen (Stone et al., 1987), was erneut die Rolle des Neurotizismus bestätigt, da entsprechende Angaben bei Personen mit hoher Ausprägung dieser Disposition erwartet werden können.

Die Reagibilität des Systems ist darüber hinaus in verschiedenen Stress-studien nachgewiesen worden (zur Übersicht siehe Rood et al., 1993). Interessant in diesem Zusammenhang ist, dass nicht das Ausmaß der stressinduzierten Veränderungen mit Persönlichkeit assoziiert ist, sondern eher die Rückregulation auf die vorherigen Ruhewerte bei Probanden mit erhöhtem Neurotizismus verzögert ist (Hennig et al., 1996). Kurzfristige Belastungssituationen, die zu einer Aktivierung des Sympathikus führen, haben eine Erhöhung der sIgA-Produktion zur Folge (Kugler et al., 1996;

Spangler, 1997; Zeier et al., 1996; Hennig et al., 1999). Die entscheidende Rolle der Katecholamine kann auch in diesem Kontext nachgewiesen werden, da stressinduzierte Veränderungen der sIgA-Produktion nach Vorbehandlung mit β-Blockern weitgehend ausbleiben (Hennig et al., 1999). Es kann daher angenommen werden, dass aufgrund der bereits beschriebenen Befunde zum Zusammenhang zwischen Neurotizismus und der sympathomedullären Reagibilität akuter Stress mit verringerter sIgA-Änderung bei hoher Ausprägung dieser Persönlichkeitsdimension verbunden ist.

Die Antikörperproduktion nach einer Hepatitis-B-Impfung scheint ebenfalls nicht unabhängig zu sein von dispositionellen Faktoren. Jabaaij et al. (1993) konnten demonstrieren, dass das Ausmaß erlebter Belastung (gemessen als Alltagsbelastungen; daily hassles) negativ mit dem Antikörpertiter korreliert war. Da Angaben dieser Art ihrerseits hoch mit Neurotizismus korreliert sind, wird auch in diesem Kontext der mögliche Einfluss einer Disposition deutlich. Die Zusammenhänge scheinen aber offensichtlich von Faktoren wie z.B. der Antigendosierung abzuhängen. Höhere Hepatitis-B-Impfdosierungen lassen die zuvor beobachtete Assoziation verschwinden (Jabaaij et al., 1996). Diese Befunde finden Bestätigung aus der Arbeitsgruppe um Morag et al. (1999), die nach einer Impfung gegen Masern reduzierte Antikörperspiegel bei Frauen mit hoher Ausprägung in Neurotizismus bzw. niedrigem Selbstbewusstsein vorfanden.

Nur ganz vereinzelt finden sich Hinweise, dass die Konzentrationen von Zytokinen mit Persönlichkeitsdimensionen verbunden sind. Die Ergebnisse, die vorliegen, weisen aber alle in die Richtung, dass die Konzentrationen bei Personen mit hohem Neurotizismus eher gering ausgeprägt sind. Während sich hohe Ängstlichkeit demnach mit geringen IL-1β-Konzentrationen verbindet, zeigt sich für IL-2 kein Zusammenhang dieser Art (Zorrilla et al., 1994). Proinflammatorische Zytokine, wie IL-1α, aber auch IL-8, waren im Zuge einer Wundheilung in einer Studie von Glaser et al. (1999) dann niedrig, wenn Probanden über starken Stress berichteten, eine Assoziation, die insbesondere dadurch deutlich wurde, dass „negative Affektivität" (Neurotizismus) mit besonders niedrigen Zytokinspiegeln verbunden war.

6.4 Extraversion und verwandte Konstrukte

Es ist überraschend, dass die Extra-Introversions-Dimension fast nie Gegenstand psychoneuroimmunologischer Betrachtungen war, obwohl bereits 1980 von Totman et al. berichtet wurde, dass nach experimenteller Rhinovirenapplikation (soziale) Introversion mit verstärkten Krankheitszeichen verbunden war. Im Gegensatz zum Neurotizismus fehlt bei der

Extraversion (im übrigen auch bei Psychotizismus) eine Modellvorstellung, warum diese Disposition mit immunologischen Auffälligkeiten verbunden sein könnte. Der Umstand, dass die Arousal - Theorie von Hans Eysenck bezüglich peripherer Indikatoren (z.B. Herzrate, EDA) kaum als gesichert bezeichnet werden kann, trägt zu diesem Problem wesentlich bei. Auf der Ebene vermittelnder Faktoren (z.B. vegetatives Nervensystem oder Aktivierung der Hypothalamus-Nebennierenrindenachse) ist die Extra-Introversions-Dimension relativ unauffällig und somit nicht gerade naheliegend, immunologische Diversität zu dokumentieren. Dennoch gibt es vereinzelt Befunde, die jedoch nicht so einheitlich wie beim Neurotizismus ausfallen bzw. interpretiert werden können.

Auf der Ebene quantitativer Maße fällt eine negative Korrelation zwischen der relativen Anzahl von CD4+- Zellen und Extraversion auf, die jedoch keine Entsprechung auf der Ebene der absoluten Zellzahlen erfährt. Denkbar ist, dass dieser Befund durch Zusammenhänge mit anderen Zelltypen erklärbar wird, die indirekt die Proportionalität der CD4+-Zellen beeinflussen.

Die grundsätzlich positive Emotionalität von Personen mit hoher Extraversion (Depue et al., 1994) dürfte sich in dispositionellem Optimismus niederschlagen. Diese Persönlichkeitsfacette ist nicht nur mit erhöhter Reagibilität des autonomen Nervensystems nach Stimulation (z.B. Stress), sondern auch mit hohen Veränderungen der natürlichen Killerzellaktivität verbunden (Strauman et al., 1993). Auch Segerstrom und Mitarbeiter (1998) belegen diese Assoziation.

6.5   Psychotizismus und verwandte Konstrukte

Auch hinsichtlich der Psychotizismusdimension ist eine stark reduzierte Befundlage zu beklagen, die – wie bei der Extraversion – über fehlende Modellvorstellungen bzw. Theorien erklärt werden könnte. Betrachtet man die Primärfaktoren des Psychotizismus (emotionale Kälte, Feindseligkeit, Aggressivität, reduzierte soziale Bindungen, Kreativität), wird nicht unmittelbar evident, warum diese mit immunologischen Maßen assoziiert sein sollten. Die Befundlage bestätigt dann auch, dass z.B. Verträglichkeit, eine Dimension aus dem 5-Faktoren-Modell, welche als Gegenpol zum Psychotizismus aufgefasst werden kann, zwar mit erhöhten Blutdruck und Adrenalinspiegeln unter Stress, nicht hingegen mit immunologischen Auffälligkeiten verbunden war (Miller et al., 1999). Auf der Ebene quantitativer Maße fanden wir eine negative Assoziation zwischen der absoluten und relativen Anzahl von CD8+ Zellen. Ein weiterer, isolierter Befund stammt aus der Gruppe von Christensen et al. (1996), die eine verstärkte Zunahme der Natürlichen Killerzellaktivität nach milder Stressbelastung bei Personen mit hoher Ausprägung in zynischer Feindseligkeit vorfanden, die durchaus als Korrelat des Psychotizismus aufgefasst werden könnte. Man kann aber hinsichtlich dieser spärlichen Befundlage festhalten, dass die vereinzelt dargestellten Befunde keine gültige Aussage über den Zusammenhang zwischen Psychotizismus und immunologischen Maßen zulassen; es fehlt definitiv an weiteren Untersuchungen.

6.6   Zusammenfassung

Die in einer Arbeit von 1992 von Kiecolt-Glaser et al. (1992) gestellte Frage „Acute psychological stressors and short term immune changes: What, why, *for whom*, and to what extent ?" bedarf zweifelsohne noch einer Beantwortung durch viele weitere Studien. Der Teilaspekt "for whom" kann allerdings inzwischen etwas mit Inhalt gefüllt werden, da der Versuch, eine Quintessenz über die bislang dargestellten Befunde zu erhalten, zu dem Schluss kommen muss, dass *immunologische Aktivierbarkeit* negativ mit Neurotizismus assoziiert ist. Dies gilt insbesondere für die NKCA, Mitogenstimulierbarkeit oder auch Antikörperreaktionen nach Impfung oder anderen Stimuli, wie Stress. Die dargestellten Befunde basieren – im Gegensatz zur Extraversions- und Psychotizismus-Dimension – auch auf klaren Modellvorstellungen, die die Affektivität und/oder die Stressreagibilität favorisieren. Mehr noch, die grundlegenden Assoziationen bzw. Kommunikationsmöglichkeiten zwischen dem Zentralnervensystem und dem Immunsystem finden in diesen Ansätzen Berücksichtigung insbesondere in Hinblick auf die immunmodulatorischen Eigenschaften des vegetativen Nervensystems.

Personen mit hohem Neurotizismus sind nach dieser Vorstellung nicht durch eine erhöhte sympathikotone Reaktionslage gekennzeichnet und damit auch nicht zu starken immunologischen Reaktionen prädestiniert. Im Gegensatz dazu gibt es Hinweise, dass Repression oder Emotionskontrolle mit erhöhter sympathischer Reagibilität verbunden ist, und daher auch starke immunologische Effekte erwartet werden können, obgleich die Datenlage diesbezüglich noch dünn ist. Es kann aber in jedem Fall ein Modell aufgestellt werden, welches diese Reaktionslagen berücksichtigt und vielleicht weniger an bisherigen, faktoriell gewonnenen Persönlichkeitsklassifikationen haftet. Eine Zusammenstellung derjenigen Merkmale, die mit erhöhter vs. erniedrigter immunologischer Aktivität verbunden sind, gibt Abbildung 6.6.

Die sich aufdrängende Frage, inwieweit sich eine differentielle immunologische Reagibilität in der möglichen Inzidenz oder dem Verlauf von Erkrankungen niederschlägt, kann zum momentanen Zeitpunkt nicht beantwortet werden. Ferner ist es nicht Ziel dieses Beitrags, die möglichen

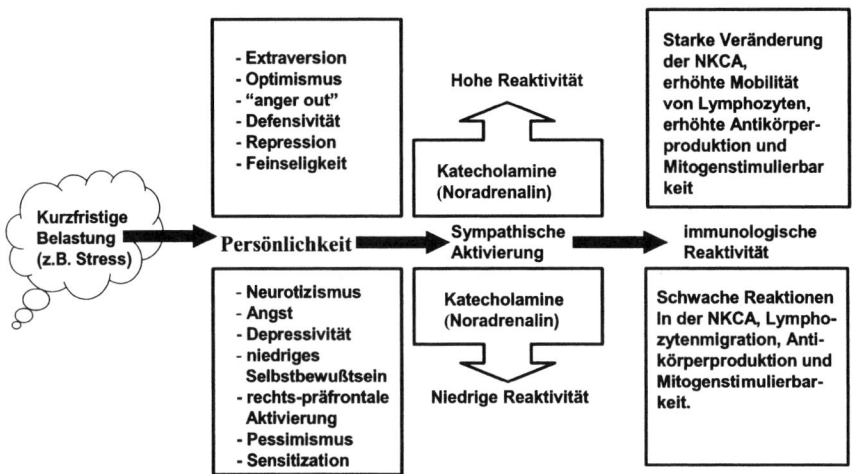

Abbildung 6.6:   **Hypothetisches Modell des Zusammenhangs zwischen Persönlichkeit und immunologischer Reagibilität.**

Gründe hierfür ausführlich darzustellen, da dies an anderer Stelle bereits geschehen ist (z.B. Hennig, 1998). Eines soll jedoch abschliessend hervorgehoben werden: Zum einen ist Krankheit das Ergebnis multipler Interaktionen zwischen endogenen und exogenen Faktoren, und es ist davon auszugehen, dass – wenn überhaupt – Persönlichkeit nur einen (geringen) Teil am multidimensionalen Geschehen ausmacht.

Eine weitere Schwierigkeit besteht darin, dass die Erhellung derartiger Zusammenhänge sehr komplexe Untersuchungsstrategien erfordert, und dass nur im Rahmen von experimentell kontrollierten, prospektiven Studien unter Einbeziehung immunologischer Parameter und vor allem grosser Stichproben ein Erkenntniszugewinn zu erwarten ist.

Ein diesen Anforderungen recht weitgehend entsprechender Forschungszugang wurde von Cohen et al. (1991) gewählt, in dem einer stattlichen Anzahl von Probanden experimentell kontrolliert harmlose Rhinoviren intranasal verabreicht wurden. In Abhängigkeit von subjektiv berichtetem Stress konnte die Arbeit demonstrieren, dass ein hohes Ausmaß an Belastung mit einer höheren Infektionsrate (gemessen an der Antikörperproduktion) und stärkeren Krankheitszeichen verbunden war.

Diese Befunde lassen darauf schließen, dass sich auch in vivo unter recht natürlichen Umständen immunologische Reagibilität mit der Disposition „Stresserleben" assoziieren kann, was die Bedeutung des Neurotizismus eindrucksvoll unterstreicht.

7 Genetik und Persönlichkeit

Rainer Riemann & Frank M. Spinath

7.1 Grundlagen

7.1.1 Die Erforschung von Anlage- und Umwelteinflüssen auf interindividuelle Differenzen

Die Frage, ob Eigenarten des menschlichen Körpers oder der Seele bereits von der Natur angelegt sind oder erst nach der Geburt durch äußere Einwirkung, insbesondere Erziehung, bestimmt werden, lässt sich, wie viele Fragen der Psychologie, geistesgeschichtlich bis in die Antike zurück verfolgen. Genetische und verhaltensgenetische Forschungen finden auch heute noch ein breites Interesse in der Öffentlichkeit. Dies ist im Bereich der Medizin ebenso wie im Bereich der Psychologie auch einfach nachvollziehbar. Versprechen doch die Ergebnisse dieser Forschung letztlich eine Abschätzung individueller Entwicklungsmöglichkeiten und Risiken, wie beispielsweise in Zukunft von einer Krankheit oder Störung betroffen zu sein. In den letzten Jahren wird zudem die Hoffnung genährt, dass mit der Aufdeckung genetischer Ursachen auch Therapieansätze entwickelt werden können, die in den Prozess eingreifen, der zwischen Genom und Krankheit oder Verhalten vermittelt. Ein verblüffend einfaches Beispiel hierfür liefert die Behandlung der Phenylketonurie, einer vererbten Stoffwechselerkrankung, die unbehandelt zu geistiger Behinderung führt. Durch eine geeignete Diät können schwere Folgen der Krankheit vermieden werden.

Verhaltensgenetische Forschung dient der Aufdeckung von Ursachen für Unterschiede zwischen Menschen. Auch dies garantiert der Verhaltensgenetik eine breite Aufmerksamkeit. Die öffentliche Diskussion geht jedoch weiter. Häufig steht nicht die wissenschaftliche Erklärung im Vordergrund, warum bestimmte Phänomene auftreten (warum z.B. einige

Menschen kriminell werden, sexuelle Orientierungen entwickeln, psychisch krank werden, bahnbrechende Entdeckungen machen, Höchstleistungen vollbringen), sondern wer für negative Entwicklungen die Schuld trägt oder stolz auf positive Entwicklungen sein darf.

Vergleichbar etwa mit der Atomphysik, wird die genetische Forschung und in der Folge die verhaltensgenetische Forschung auch äußerst kritisch wahrgenommen. „Selektion", „Züchtung", „genetische Manipulation" sind einige Reizworte dieser Diskussion. Besonders in Deutschland wird häufig auch eine Beziehung zwischen genetischer Forschung und Rassenideologien gesehen. Wir hoffen, dass unsere Darstellung der Grundlagen, Methoden und Ergebnisse der Verhaltensgenetik dazu geeignet ist, auch die klare Grenze zwischen wissenschaftlichen Fakten und deren ideologischer, weltanschaulicher oder politischer Bewertung prägnant herauszustellen.

Der Wandel in den Einstellungen gegenüber der Verhaltensgenetik in der Psychologie wird häufig als eine Pendelbewegung beschrieben. Auf die ausgeprägte Überzeugung, Gene als Ursache für Verhaltensunterschiede anzusehen, folgten Phasen, in denen nahezu ausschließlich Umwelteinflüsse als Ursache für Persönlichkeitsausprägungen angesehen wurden (etwa zur Blütezeit des Behaviorismus). Diese Schwankungen des „Klimas" oder weit geteilter Überzeugungen dürfen jedoch nicht mit der Entwicklung des Forschungsstandes in der Verhaltensgenetik verwechselt werden. Wie in kaum einem anderen Gebiet der Psychologie verlief diese Entwicklung über mehr als 150 Jahre kumulativ.

In diesem Beitrag stehen verhaltensgenetische Untersuchungen von Persönlichkeitsmerkmalen und der Intelligenz im Vordergrund. Innerhalb der Verhaltensgenetik gibt es zwei deutlich trennbare Forschungstraditionen: die quantitative (klassische) verhaltensgenetische Forschung und die molekulargenetische Forschung. Die quantitative Verhaltensgenetik bedient sich vor allem der Zwillings- und Adoptionsstudien, um Aussagen über die relative Bedeutung von Genen und Umwelt für die Ausprägung interindividueller Differenzen zu machen. Sie behandelt Gene gleichsam als „Black Box". Von dieser Forschungsrichtung können somit keine detaillierten Analysen genetisch gesteuerter biologischer Prozesse erwartet werden. Die quantitative Verhaltensgenetik liefert Aussagen darüber, in welchem Ausmaß genetische Variation überhaupt für die Ausprägung von Merkmalen verantwortlich ist. Ihre Stärken liegen, obgleich die Bezeichnung nicht darauf hindeutet, jedoch auch in der Aufklärung von Umwelteinflüssen und deren Zusammenwirken mit genetischen Effekten.

Zudem erlauben neuere Verfahren der Analyse verhaltensgenetischer Daten (multivariate Analysen) Aufschlüsse über die Korrelationen oder die Faktorenstruktur mehrerer Merkmale. Bestimmte Modelle können geprüft und verfeinert werden.

Auf die rapiden Fortschritte der molekulargenetischen Forschung, die im Jahr 2001 in der Beschreibung des menschlichen Genoms durch das „Human Genome Project" einen vorläufigen Höhepunkt gefunden hat, muss an dieser Stelle nicht besonders hingewiesen werden. Über diese Entwicklung wurde ausführlich in den Medien berichtet. Molekulargenetische Methoden ermöglichen die direkte Untersuchung des Zusammenhangs zwischen Genen und psychologisch bedeutsamen Merkmalen von Menschen. Solche Untersuchungen versprechen ein tieferes Verständnis davon, wie Gene menschliches Verhalten beeinflussen. Dieser Prozess ist jedoch äußerst komplex. Es darf keinesfalls davon ausgegangen werden, dass die Kartierung des menschlichen Genoms gleichsam automatisch die Lösung aller weitergehenden Fragen liefert. Für die verhaltensgenetische Forschung ist die Beschreibung des menschlichen Genoms ein wichtiges Hilfsmittel; die Erforschung des Zusammenhangs zwischen spezifischen Genen und psychologisch bedeutsamen Merkmalen steht jedoch noch ganz am Anfang. Diese Forschung verspricht, die Prozesse der Vermittlung zwischen Genen und Verhalten direkter untersuchen zu können. Die Grundlagen der quantitativen verhaltensgenetischen Forschung und der molekulargenetischen Forschung werden hier getrennt skizziert.

7.1.2 Methodische Grundlagen der quantitativen Verhaltensgenetik

Zusammen mit dem Wissen über genetische Einflüsse auf Verhaltensmerkmale wurden auch die methodischen Grundlagen der Verhaltensgenetik in den zurückliegenden 100 Jahren systematisch entwickelt. Wir versuchen die Darstellung in diesem und dem folgenden Abschnitt auf das absolut notwendige Ausmaß methodischer Erörterungen verhaltensgenetischer Studien an Menschen zu beschränken, um genügend Raum für die Darstellung der Befunde zu behalten. Umfangreichere Einführungen in die quantitative Verhaltensgenetik sind in den Lehrbüchern von Borkenau (1993) sowie Plomin et al. (1999) zu finden. Letztere widmen auch tierexperimentellen Methoden und Befunden den Raum, der ihnen aufgrund ihrer Bedeutung für die moderne Verhaltensgenetik zukommt.

7.1.2.1 Biologische Grundlagen der quantitativen Verhaltensgenetik

Das Erstaunliche an den Methoden der quantitativen Verhaltensgenetik ist, dass sie nicht mehr Wissen über die Vererbung voraussetzen, als heute in der Schule gelehrt wird. Bereits zu Mitte des vergangenen Jahrhunderts beschrieben Watson und Crick (1953) das Molekül, welches für die Vererbung von zentraler Bedeutung ist, die Desoxyribonukleinsäure (engl. Desoxyribonucleic acid, auch im Deutschen heute meist als DNA abgekürzt). DNA-Moleküle bestehen aus zwei Strängen, die von vier Basen (Nukleotiden) auseinander gehalten werden (Adenin, Thymin, Guanin und Cytosin, A, T, G, C) und die bekannte Doppelhelixstruktur bilden. Genauer betrachtet, werden die beiden Stränge durch Paare der vier Basen gehalten. Aufgrund der chemischen Eigenschaften der Basen gehen stets A und T sowie G und C Verbindungen ein (Basenpaare). Der Aufbau der DNA ermöglicht zum einen, dass diese sich selbst verdoppeln kann, zum anderen, dass sie die häufig als „Grundbausteine des Lebens" bezeichneten Proteine synthetisieren kann. Somit kann die DNA als Träger der Erbinformation bezeichnet werden.

Die gesamte Menge der DNA eines Organismus wird als *Genom* bezeichnet. Die DNA aller (auf der Erde) lebender Organismen besteht aus den gleichen chemischen und physischen Komponenten. Als *DNA Sequenz* wird die spezifische Anordnung von Basenpaaren entlang des Doppelstrangs bezeichnet. Zwischen den Lebewesen unterscheidet sich die Länge der DNA erheblich. Das kleinste bekannte Genom eines Bakteriums weist ca. 600 000 Basenpaare auf, während das Genom der Maus oder des Menschen etwa 3 Milliarden Basenpaare umfasst. Mit wenigen Ausnahmen enthalten alle Zellen das komplette Genom. Funktionelle Unterschiede zwischen den einzelnen Zellen sind somit auf Mechanismen zurückzuführen, die die Expression der genetischen Information (die Synthese von Proteinen) steuern.

Die DNA der menschlichen Spezies liegt in 24 Abschnitten (24 Molekülen) vor. Dies sind die *Chromosomen*. Sieht man von den Anomalien in Form fehlender oder doppelter Chromosomen oder bereits mikroskopisch nachzuweisender Verkürzungen (Brüche) oder Verlängerungen (Translokationen) ab, verfügt jeder Mensch über 23 Chromosomenpaare. Die Zahl der Chromosomenpaare variiert stark zwischen den Arten (Fruchtfliege 4 Paare, Karpfen 52 Paare, große Affen 24 Chromosomenpaare). Ein Chromosomenpaar bilden die Geschlechtschromosomen X und Y, wobei Männer die Kombination XY aufweisen und Frauen den Genotyp XX. Aus der Bezeichnung Geschlechtschromosomen sollte jedoch keineswegs gefolgert werden, dass die Erbinformationen, die zu einem weiblichen oder männlichen Erscheinungsbild führen, auf diesen Chromosomen kodiert sind. Die übrigen Chromosomen des Menschen werden als Autosomen bezeichnet, sie werden aus strukturell gleichen (homologen) Chromosomen gebildet. Die Länge der einzelnen Chromosomen variiert zwischen etwa 50 Millionen und 250 Millionen Basenpaaren. Zur Identifikation werden die Autosomen nach ihrer Größe als Chromosom 1 (das größte) bis Chromosom 22 bezeichnet.

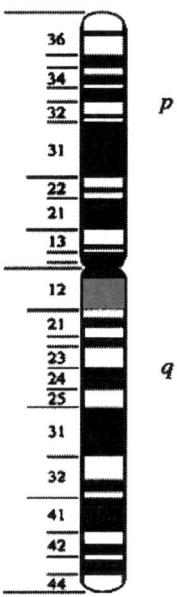

Abbildung 7.1:   Schematische Darstellung eines Chromosoms (nach Plomin et al., 1999).

Jedes Chromosom (siehe Abbildung 7.1) weist ein Zentromer auf. Dieses Zentromer ist eine Region, die keine Gene enthält. Bei der Zellteilung sind die beiden auseinander hervorgegangenen Chromosomenhälften am Zentromer miteinander verbunden. Das Zentromer teilt das Chromosom in zwei Chromatiden („Arme"), wobei das kürzere mit p und das längere mit q bezeichnet wird (14p bezeichnet folglich den kurzen Arm von Chromosom 14). Im Mikroskop weisen die Chromosomen nach Einfärbung mit Chemikalien ein charakteristisches Bandenmuster auf. Dieses wird zur Bestimmung der Chromosomen und zur weiteren Lokalisation von Abschnitten auf einem Chromosom herangezogen. An dieser Stelle ist der Hinweis wichtig, dass graphische Darstellungen Chromosomen häufig mit vier Chromatiden zeigen. Dies ist darauf zurückzuführen, dass Chromosomen nur während der Zellteilung unter dem Mikroskop gut sichtbar sind.

Chromosomen enthalten eine Vielzahl von *Genen*. Gene sind die grundlegenden physischen und funktionalen Einheiten der Vererbung. Bei den Genen handelt es sich nicht um besondere Strukturen, sondern lediglich um besondere Abschnitte des DNA-Stranges. Sie enkodieren gleichsam die Instruktionen für die Herstellung von Proteinen. Gene machen nur etwa 2% des menschlichen Genoms aus. Das restliche Genom besteht aus so genannten nichtkodierenden Regionen. Zu deren Funktionen zählen die Aufrechterhaltung der Struktur des Chromosoms und die Regulation, wo, wann und wie viele Proteine erzeugt werden. Eines der überraschendsten Ergebnisse des Human Genom Projektes, in dessen Verlauf das gesamte menschliche Genom analysiert wurde, bestand darin, dass die vermutete Anzahl menschlicher Gene deutlich geringer ist als zuvor angenommen. Heutige Schätzungen gehen von etwa 30.000-40.000 Genen aus.

Obgleich die Forschung in den letzten Jahren viel Aufmerksamkeit auf das Genom gelenkt hat, sind die *Proteine* für die meisten Lebensfunktionen verantwortlich. Sie machen die Mehrzahl aller zellulären Strukturen aus. Proteine sind große, komplexe Moleküle, die aus kleineren Einheiten, den Aminosäuren, zusammengesetzt sind. Die Anordnung von Proteinen in einer Zelle wird als *Proteom* bezeichnet. Das Genom in einer Zelle ist relativ unveränderlich (auch hier gibt es wieder Ausnahmen, die teilweise dramatische Folgen für das Individuum haben können). Das dynamische Proteom kann aber sehr kurzzeitigen Veränderungen unterliegen. Diese Veränderungen stellen Reaktionen auf eine Vielzahl intra- und extrazellulärer Umweltreize dar.

Als *Mitose* wird der Prozess der Zellteilung bezeichnet, der in der Bildung zweier Tochterzellen resultiert. Die Mitose liegt der Entwicklung eines Organismus aus einer befruchteten Eizelle zugrunde. Jede der Tochterzellen enthält (in der Regel) dieselbe genetische Information wie die Mutterzelle. Der Mitose kommt für die Weitergabe des Genoms von einer Generation auf die nächste keine direkte Bedeutung zu.

Der Prozess der *Meiose* (auch Reduktionsteilung genannt) führt zur Bildung von Keimzellen. Die Keimzellen enthalten jeweils ein Chromosom jedes Autosomenpaares sowie ein Geschlechtschromosom. Die genetische Information wird während der Meiose rekombiniert (neu gemischt). Verantwortlich ist hierfür zum einen, dass die homologen Chromosomen zufällig auf die gebildeten Keimzellen verteilt werden. Zum anderen findet zwischen Chromatidenabschnitten homologer Chromosomen ein Crossing-over statt, das heißt, längere Abschnitte der Chromosomen werden ausgetauscht. Zwei aus einer Mutterzelle hervorgegangene Keimzellen (tatsächlich werden durch die meiotische Zellteilung vier Keimzellen gebildet, vgl. z.B. Borkenau, 1993) enthalten somit jeweils unterschiedliche genetische Information, die eine zufällige Kombination der mütterlichen und väterlichen Erbinformation (bezogen auf das Individuum, das die Keimzellen bildet) ist. Bei der Befruchtung einer Eizelle durch ein Spermium entsteht dann wieder eine Zelle mit einem kompletten Chromosomensatz.

7.1.2.1.1 Genetische Variation

Die Rekombination genetischer Information ist selbstverständlich nur dann sinnvoll, wenn die homologen Chromosomen eines Chromosomenpaares jeweils unterschiedliche genetische Informationen tragen, was in der Tat der Fall ist. Heute wird davon ausgegangen, dass Menschen mehr als 99% des Genoms teilen. Umgekehrt bedeutet dies, dass nur an weniger als 1% der Basenpaare der DNA Unterschiede zwischen zwei (zufällig ausgewählten) Menschen zu finden sind. Liegen innerhalb einer Art mehrere Varianten einer DNA-Sequenz vor, sprechen wir von Polymorphismen.

Ein großer Teil der genetischen Variation zwischen Individuen liegt in Form von „*Single Nucleotide Polymorphisms*" (*SNP*, gesprochen „snip") vor. Als SNP wird der Austausch einer Base in einem DNA-Segment bezeichnet. Beispielsweise könnte in einem Segment der Form „AAGGTTA" Adenin an der zweiten Position durch Thymin ersetzt sein, so dass die Sequenz „ATGGTTA" resultiert. Ende 2002 waren am amerikanischen National Center for Biotechnology Information (NCBI) 2,8 Millionen SNP in einer Datenbasis erfasst. Die Gesamtzahl von SNP wird zu diesem Zeitpunkt auf ca. 10 Millionen geschätzt. „*Simple Sequence Repeats*" (*SSR*) oder Wiederholungen einfacher Sequenzen (z.B. „CACACA") stellen eine weitere Art von Polymorphismen dar (Plomin et al., 2001). Obgleich die genetische Variation auf diese Weise betrachtet anteilsmäßig nahezu vernachlässigbar klein erscheint, ist sie die genetische Basis für interindividuelle Unterschiede, die sich von äußeren Merkmalen über physiologische Eigenarten bis hin zu Verhaltensunterschieden erstrecken.

Zusammengenommen ergeben sich für die Verhaltensgenetik aus den bisher beschriebenen biologischen Prozessen bereits eine Reihe von Implikationen:

a) Obgleich das Genom eines Menschen vom Zeitpunkt der Zeugung bis zum Lebensende insgesamt als weitestgehend konstant angesehen werden kann, können genetisch beeinflusste Prozesse sehr kurzfristiger Natur sein und auch über die Lebensspanne betrachtet Veränderungen bewirken (man denke etwa an die Reaktionen auf angstauslösende

Stimuli oder das auch genetisch beeinflusste Auftreten der Alzheimer-schen Erkrankung im höheren Lebensalter).

b) Bei der Skizzierung der biologischen Grundlagen haben wir uns bisher auf den „normalen" Ablauf beschränkt. Dieser Ablauf ist jedoch anfäl-lig für Störungen. Bereits bei der Bildung von Keimzellen (Meiose) können Unregelmäßigkeiten auftreten, die – wenn die Störungen nicht so gravierend sind, dass es zu einer Fehlgeburt kommt – mit schwer-wiegenden Verhaltenskonsequenzen verbunden sein können. Zu nennen wären hier überzählige oder fehlende Chromosomen, Brüche eines Chromosoms und Translokationen (ein durch einen Bruch in einer Keimzelle fehlender Abschnitt eines Chromosoms wird in einer ande-ren Keimzelle dem Chromosom hinzugefügt). Da wir uns in diesem Kapitel auf die Betrachtung der normalen Variation von Merkmalen beschränken wollen, sei für die Beschreibung der Konsequenzen sol-cher Störungen auf Plomin et al. (1999) verwiesen.

c) Trotz der großen Überlappung des Genoms verschiedener Menschen gibt es hinreichende genetische Variation. Ziel der Verhaltensgenetik ist es, einen Zusammenhang zwischen der genetischen Variation und der beobachtbaren Variation von Verhaltensmerkmalen herzustellen.

7.1.2.1.2 Vererbungsregeln

Die Arbeiten des Augustinermönches Gregor Mendel, der im Kloster in Brno (früher Brünn) die Vererbung an Erbsenpflanzen studierte, sind für die Genetik nach wie vor von Bedeutung. Durch systematisches Experi-mentieren mit reinerbigen Pflanzen konnte Mendel (1866) wichtige Vererbungsregeln aufstellen, die durch molekulargenetische Befunde viele Jahre später großenteils bestätigt wurden. So fand Mendel heraus, dass an der Vererbung eines Merkmals zwei „Faktoren" beteiligt sein müssen. Diese „Faktoren" teilen sich bei der Vermehrung, was als Segregation bezeichnet wird. Heute wissen wir, dass dies auf die paarweise vorliegen-den Autosomen zurückzuführen ist. Diese homologen Chromosomen enthalten überwiegend die gleiche genetische Information. An den Stellen, an denen Polymorphismen auftreten, können die genetischen Informatio-nen jedoch voneinander abweichen. Einfach ausgedrückt bedeutet dies, dass wir auf den beiden homologen Chromosomen überwiegend die glei-chen Gene in derselben Reihenfolge angeordnet finden. Wir wissen nun bereits, dass es von einem Gen in einer Population mehrere Varianten geben kann. Diese Varianten bezeichnen wir auch als Allele.

Die einzigartige Kombination von Allelen eines Individuums bezeich-nen wir als Genotyp. Während der Genotyp lange Zeit nur erschlossen werden konnte, kann er heute molekulargenetisch bestimmt werden, wobei diese Bestimmung in der Regel auf wenige interessierende Gene beschränkt ist. Die beobachtbaren (oder gemessenen) Merkmale und Eigenarten eines Individuums werden Phänotyp genannt. Um deutlich zu machen, dass es sich bei zwei Allelen um Varianten des gleichen Gens handelt, wurde der Begriff Genlocus eingeführt. Wir sprechen also von den Allelen an einem Genlocus. Wenn es in der Population mehrere Allele an einem Genlocus gibt, bedeutet dies natürlich nicht, dass auch jedes Individuum über zwei unterschiedliche Allele verfügt. Als *homozygot* bezeichnen wir Individuen, die zwei gleiche Allele besitzen, als *heterozygot* Individuen mit unterschiedlichen Allelen an einem Locus. In schematischen Darstellungen von Genotypen hat es sich eingebürgert, Buchstaben zur Bezeichnung von Allelen zu verwenden. Gibt es in der Population nur zwei Varianten, können die Allele mit großen und kleinen Buchstaben unterschieden werden. An einem Locus kann es dann beispielsweise die Ausprägungen aa, Aa und AA geben. Häufig wird durch die großen Buchstaben das merkmalspositive Allel bezeichnet. Betrachten wir einen Genlocus, von dem wir wissen, dass er mit dem Größenwachstum zusammenhängt, dann erwarteten wir für den Genotyp aa ein geringes Größenwachstum, für den Genotyp Aa ein mittleres und für den Genotyp AA ein ausgeprägtes Größenwachstum.

7.1.2.1.3 Monogenetische versus polygenetische Vererbung

Der Begriff der Erbkrankheit und sicher auch Mendels Experimente haben dazu geführt, dass Laien die Weitergabe eines Merkmals über Generationen häufig mit der Weitergabe eines (meist mit negativen Auswirkungen verknüpften) Gens gleichsetzen. Hierzu mag auch der Bekanntheitsgrad von Erbkrankheiten in europäischen Adelsfamilien beigetragen haben. In der Tat sind solche Erkrankungen, die entsprechend als monogenetische Erkrankungen bezeichnet werden, auch für die verhaltensgenetische Analyse von Bedeutung. Insbesondere für den Bereich der Intelligenz konnte diese Hypothese für viel Erkrankungen bestätigt werden. Mit einer Reihe von Erkrankungen, die auf Genwirkungen an einem einzelnen Locus zurückgeführt werden konnten, gehen Einschränkungen der Intelligenz einher. Für solche *monogenetischen* Erkrankungen konnten unterschiedliche Erbgänge (dominante versus rezessive sowie geschlechtsgebundene versus nicht geschlechtsgebundene) festgestellt werden (Borkenau, 1993; Plomin et al., 1999).

Für unsere Betrachtung normaler Merkmalsvariation ist die monogenetische Vererbung jedoch von untergeordneter Bedeutung. Es spricht einiges dafür, dass die meisten in der Psychologie bedeutsamen Merkmale durch eine Vielzahl von Genen beeinflusst werden. In diesem Fall sprechen wir von *polygenetischer Vererbung*. Dabei können jedoch die einzelnen Gene das Merkmal unterschiedlich stark beeinflussen, was bedeutet, dass sie mehr oder weniger der Variation eines Merkmales erklären. Während die quantitative Verhaltensgenetik unter anderem darauf abzielt, zu quantifizieren, wie bedeutsam genetische Unterschiede zwischen Menschen für die beobachtbare Merkmalsvariation sind, ist es das primäre Anliegen der molekularen Verhaltensgenetik, die für diese Merkmalsvariation verantwortlichen Genloci und Varianten des entsprechenden Gens zu identifizieren. Solche Genloci werden als quantitative Merkmalsloci (engl.: *quantitative trait loci, QTL*) bezeichnet. Gelingt es, einen solchen QTL zu identifizieren, dann ist eine bedeutsame Quelle der Merkmalsvariation gefunden. Anders als bei monogenetischen Erkrankungen, ist das Vorhandensein eines bestimmten Allels aber weder notwendig noch hinreichend für das Auftreten eines Merkmals (siehe 7.1.3.2). Als Beispiel hierfür werden wir weiter unten die Alzheimersche Erkrankung behandeln (7.1.3.3.2).

7.1.2.2 Erblichkeit und Erblichkeitsschätzungen

Es gibt kaum einen Begriff in der psychologischen Forschung, der so häufig missverstanden wird, wie der Begriff der Erblichkeit. Einige Autoren ziehen es daher vor, auf die Bezeichnung Erblichkeit ganz zu verzichten und statt dessen in der quantitativen Verhaltensgenetik den Begriff *Heritabilität* zu verwenden. Unseres Erachtens ist die sorgfältige Definition und Erklärung des Begriffes Erblichkeit jedoch bedeutsamer als eine ledigliche Änderung der Bezeichnung.

Woher rühren die Schwierigkeiten im Verständnis dieses Begriffes? Laien sehen zu Recht solche Merkmale als ererbt an, von denen sie ausschließen können, dass sie durch Umwelteinflüsse bedingt sind (etwa die natürliche Haarfarbe, die Anzahl und der Aufbau der Augen, die Anzahl der Finger etc.).

Die verhaltensgenetische Forschung beschäftigt sich jedoch *nicht* mit artspezifischen Merkmalen oder der Variation zwischen Arten. So bleibt die Erforschung der phylogenetischen Entwicklung beispielsweise des menschlichen Sehapparates der Evolutionsbiologie und in Teilen der Evolutionspsychologie vorbehalten.

Wie bereits oben angeführt, hat die verhaltensgenetische Forschung die Aufdeckung der Ursachen von Unterschieden zwischen Menschen zum Gegenstand. Folgerichtig wird als Erblichkeit der Anteil an den Unterschieden zwischen Menschen definiert, der auf genetische Unterschiede zurückzuführen ist. Die formale Definition von Erblichkeit lautet daher:

$$h^2 = \frac{V_G}{V_P}$$

wobei h^2 die übliche Bezeichnung für Erblichkeit, V_G die Bezeichnung für die genetische Varianz und V_P die Bezeichnung für die phänotypische oder beobachtete Varianz eines Merkmals ist. In der phänotypischen Varianz eines Merkmals schlagen sich alle denkbaren Einflüsse (genetische und umweltbedingte) nieder.

Aus dieser Definition ergeben sich bereits bedeutsame Konsequenzen für das Verständnis von Erblichkeit. Erblichkeit im Sinne dieser Definition ist eine Populationsstatistik. Sie hat keine unmittelbare Bedeutung für den Einzelfall, da die genetische und phänotypische Varianz über eine Vielzahl von Personen hinweg die Erblichkeit bestimmen. Selbst in den theoretisch denkbaren Fällen, in welchen die Erblichkeit eines Merkmals genau 0 oder 1 beträgt, lassen sich aus der Erblichkeit keinerlei sinnvolle Aussagen über ein Individuum ableiten, außer solchen, die das Individuum in Beziehung zu der Verteilung eines Merkmals setzen. Beträgt beispielsweise für das Merkmal Intelligenz die Erblichkeit $h^2=0.5$, dann wissen wir, dass ein erheblicher Anteil der beobachteten Variabilität von Intelligenz (50%) auf genetische Unterschiede zurückzuführen ist. Die Frage, welcher Anteil des Intelligenzwertes einer einzelnen Person auf genetische Einflüsse oder auf Einflüsse der Umwelt zurückzuführen ist, kann durch die quantitative Genetik nicht beantwortet werden.

Unsere weiteren Ausführungen werden zudem verdeutlichen, dass Erblichkeitskoeffizienten (h^2) keine Naturkonstanten sind. So ist es denkbar, dass die genetische Varianz zwischen Populationen unterschiedlich ist. Offensichtlicher ist jedoch, dass Umweltbedingungen, die einen Einfluss auf ein Merkmal haben, in einigen Kulturen deutlich größer sein können als in anderen. Eine größere Variabilität der wirksamen Umwelt senkt die Erblichkeit des betreffenden Merkmals in einer Population. Variieren Umweltmerkmale, die ein Merkmal beeinflussen können, in einer Population überhaupt nicht, dann ist die Variabilität dieses Merkmals ausschließlich auf genetische Unterschiede zwischen Personen zurückzuführen, und die Erblichkeit beträgt in diesem Fall $h^2=1.0$.

Mit dem Begriff der Erblichkeit sind gelegentlich auch Missverständnisse verbunden. Stellen wir uns vor, wir finden für Musikalität in Untersuchungen an Amerikanern afrikanischer und europäischer Abstammung einen Unterschied dahingehend, dass Amerikaner afrikanischer Abstammung musikalischer sind. Nehmen wir weiter an, dass Studien eine deutliche Erblichkeit der Musikalität in beiden Gruppen zweifelsfrei belegen. Nun wären wir möglicherweise versucht, den Unterschied zwischen den beiden Gruppen auf genetische Unterschiede zurückzuführen. Dies könnte auch tatsächlich der Fall sein. Trotz der Belege für eine Erblichkeit von Musikalität könnten jedoch auch unterschiedliche Umweltbedingungen (z.B. Familientraditionen) die Unterschiede in der Musikalität bedingen. Dies bedeutet, dass aus dem Befund einer hohen Erblichkeit innerhalb zweier Gruppen nicht auf die genetische Bedingtheit von Unterschieden zwischen den Gruppen geschlossen werden kann.

Zusammengenommen sollten diese Betrachtungen verdeutlicht haben, dass Erblichkeit nicht mit genetischer Bedingtheit von Merkmalen gleichzusetzen ist. Erblichkeitskoeffizienten fassen das Verhältnis zweier Varianzen zusammen und beschreiben, wie bedeutsam die genetische Variation für die gesamte beobachtete Variation eines Merkmals ist. Selbstverständlich können aus einem solchen Maß auch keine gesellschaftlichen oder politischen Handlungsanweisungen abgeleitet werden, da diese Wertentscheidungen voraussetzen.

Im Zuge unserer Ausführungen in Abschnitt 7.1.2.1 haben wir lediglich darauf hingewiesen, dass die Genotypen von Menschen unterschiedlich sein können und dies in der Regel auch sind. Für die Bestimmung von Erblichkeitskoeffizienten müssen wir die genetische Variation zwischen Menschen etwas genauer betrachten. Gleichermaßen ist es erforderlich, Umwelteinflüsse sowie ihr Zusammenwirken mit genetischen Einflüssen systematisch in die Analysen mit einzubeziehen. Es gilt also, ein Modell des Einflusses von genetischen und umweltbedingten Varianzquellen zu entwickeln. Hierfür gehen wir zunächst von der allgemeinsten Annahme aus, dass die phänotypische Varianz (V_P) auf drei Varianzquellen zurückgeführt werden kann: die genetische Varianz (V_G), die Umweltvarianz (V_U) und die Varianz aufgrund von Messfehlern (V_E). Daher gilt:

$$V_P = V_G + V_U + V_E$$

Die genetische Varianz teilen wir nun weiter auf in additive genetische Varianz (meist als a^2 bezeichnet), Varianz aufgrund von Dominanzabweichung (d^2), Varianz aufgrund von Epistase (i^2) und Varianz aufgrund selektiver Partnerwahl (V_{SP}) (Erklärung weiter unten). Für die Umweltvarianz ergeben sich aus der Tatsche, dass wir nicht annehmen können, genetische und umweltbedingte Einflüsse seien voneinander unabhängig, drei Varianzquellen. So werden neben den eigentlichen Effekten der Umwelt (V_U) konventionsgemäß die Kovariation zwischen Anlage und Umwelt ($cov(G,U)$) und die Interaktion zwischen Anlage und Umwelt

(V_{GxU}) zur Umweltvarianz gerechnet. Aus Gründen der Übersichtlichkeit wird an dieser Stelle auf die Unterscheidung zwischen Effekten der geteilten (c^2) und der spezifischen Umwelt (e^2) verzichtet. Dieser Unterscheidung kommt in der verhaltensgenetischen Forschung jedoch eine bedeutende Rolle zu (vgl. 7.1.2.2.2). Für die Messfehler wird angenommen, dass sie mit Umwelteinflüssen und genetischen Einflüssen unkorreliert sind.

Setzen wir diese Varianzquellen in die obige Formel ein, ergibt sich die phänotypische Varianz als:

$$V=(a^2+d^2+i^2+V_{SP})+(V_U+2\times cov(G,U)+V_{G\times U})+V_E$$

Diese Varianzzerlegung ist ein bedeutsamer Schritt für die empirische Bestimmung von Erblichkeitskoeffizienten, da diese auf der Analyse von Ähnlichkeiten zwischen Verwandten (z.B. Eltern und Kindern, eineiigen und zweieiigen Zwillingen) und nicht verwandten Personen (Adoptivgeschwistern) basiert. Wir werden daher nun die einzelnen Komponenten etwas genauer betrachten und auch der Frage nachgehen, welchen Beitrag sie zur Ähnlichkeit zwischen Verwandten leisten.

7.1.2.2.1 Genetische Varianzquellen

Um zu erläutern, was unter den genannten genetischen Effekten verstanden wird, benötigen wir zunächst zwei Begriffe der quantitativen Genetik, den Begriff der Gendosis und den Begriff des genotypischen Wertes. In Abschnitt 7.2.1 hatten wir erläutert, dass jedes Individuum auf den Autosomen an jedem Genlocus zwei (gleiche oder verschiedene) Allele aufweist. Die Anzahl merkmalspositiver Allele im Genotyp eines Individuums bezeichnen wir als Gendosis. An einem Locus kann es pro Individuum somit drei Ausprägungen geben: aa, Aa und AA. Entsprechend der Anzahl merkmalspositiver Gene variiert die Gendosis zwischen 0 und 2. Der genotypische Wert für die Gendosis 0 wird nach Fisher (1918) als 0 definiert, der genotypische Wert für die zweite homozygote Form mit der Gendosis 2 wird auf 2a festgesetzt (siehe Abbildung 7.2). Interessant ist nun die Frage, welcher genotypische Wert der heterozygoten Form zukommt. Dies ist für ein gegebenes Merkmal natürlich eine empirische Frage. Die Theorie der quantitativen Genetik beschreibt jedoch die möglichen Ausprägungen (siehe Borkenau, 1993). Additive Genwirkungen bezeichnen das Ausmaß, in dem sich die Genwirkungen entsprechend der Gendosis aufaddieren. In dem in Abbildung 7.2 dargestellten Beispiel finden wir ausschließlich additive Genwirkungen. Es besteht ein perfekter linearer Zusammenhang zwischen der Gendosis und dem genotypischen

Wert.

Wird die Gendosis um 1 erhöht, steigt der genotypische Wert um den Betrag a an.

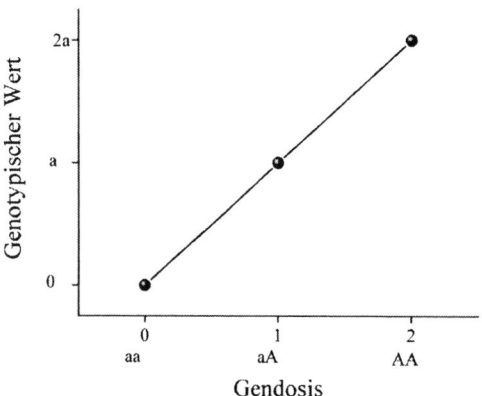

Abbildung 7.2: Zusammenhang zwischen Gendosis und genotypischem Wert bei additiver Genwirkung.

Gerade aus Mendels Forschungen an Erbsenpflanzen ist jedoch bekannt, dass die Kreuzung reinerbiger (homozygoter) Pflanzen (z.B. mit glattem versus runzeligem Samen) keineswegs dazu führen muss, dass die 1. Filialgeneration (heterozygot) eine mittlere Merkmalsausprägung aufweist (etwas runzelige Samen). In solchen Fällen sprechen wir von Gendominanz. Formal ist Gendominanz definiert als die Abweichung zwischen dem erwarteten (additiven) genotypischen Wert und dem tatsächlichen genotypischen Wert. In Abbildung 7.3 haben wir ein Beispiel für komplette Gendominanz wiedergegeben. Zur tatsächlichen Bestimmung der Gendominanz wird eine lineare Regression der Merkmalsausprägungen auf die Gendosis berechnet. Abbildung 7.2 macht zudem deutlich, dass auch bei kompletter Gendominanz immer noch eine erhebliche additive Genwirkung festgestellt wird. Dominanzabweichungen können kontinuierlich zwischen kompletter Rezessivität und Überdominanz variieren. In Begriffen der Varianzanalyse sprechen wir bei der Gendominanz auch von der Interaktion zweier Allele an einem Genlocus. Entsprechend könnten wir die additive Genwirkung als Haupteffekt bezeichnen.

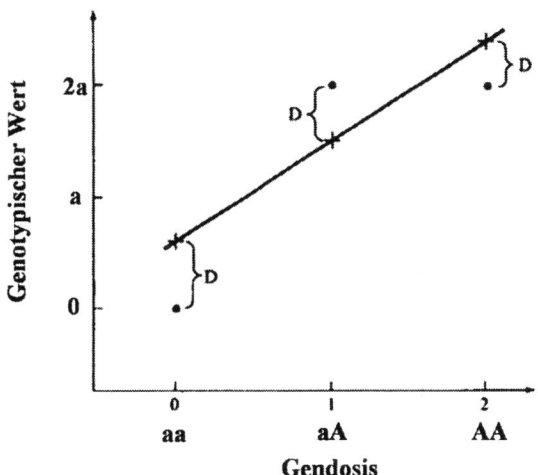

Abbildung 7.3: **Zusammenhang zwischen Gendosis und genotypischem Wert bei nicht additiver Genwirkung.**

Additive genetische Wirkungen bezeichnen somit das Ausmaß, in dem
sich der genotypische Wert linear (additiv) aus der Gendosis ergibt. Gendominanz repräsentiert die Abweichung des genotypischen Wertes von der
additiven Genwirkung. Beide Wirkungen beziehen sich auf einen einzelnen Genlocus, das heißt auf entsprechende (homologe) Abschnitte der
beiden Chromosomen eines Autosomenpaares. Natürlich können an einer
Merkmalsausprägung jedoch auch mehrere Gene beteiligt sein. In diesem
polygenen Fall können die Effekte über die beteiligten Loci aufaddiert
werden (Borkenau, 1993; Plomin et al., 1999, 2001).

Als *Epistase* (auch epistatische Interaktion) wird die Interaktion zweier
Allele an zwei Genloci (A und B) bezeichnet. Der genotypische Wert für
jede Kombination der zwei Allele ergibt sich zunächst aus der Addition
der additiven Genwirkung und der (positiven oder negativen) Dominanzabweichung. Weicht nun aber der tatsächliche genotypische Wert einer
Kombination der Gendosen an A und B von dieser Summe ab, wird von
einer Interaktion an zwei Genloci oder Epistase gesprochen.

Wir haben oben Varianzkomponenten, im Folgenden jedoch lediglich die entsprechenden Genwirkungen betrachtet. Aus Platzgründen wollen wir an dieser Stelle auf eine formale Betrachtung der entsprechenden Varianzkomponenten verzichten. Es ist für das Verständnis des Nachfolgenden ausreichend, sich zu vergegenwärtigen, dass die behandelten Genwirkungen nur für solche Gene bedeutsam sind, für die es mehrere Varianten (Allele) gibt.

Wichtig ist an dieser Stelle jedoch die Frage, welche Effekte die beschriebenen Genwirkungen über viele Generationen hinweg auf die genetische Varianz haben, denn an dieser Stelle kommt die selektive Partnerwahl ins Spiel. Additive Genwirkungen, Dominanzabweichungen und Epistase haben über Generationen betrachtet keinen Einfluss auf die genetische Variabilität. Für additiv wirkende Gene können wir zwar einen Effekt der „Regression zur Mitte" für Paarungen jeweils homozygot merkmalspositiver und merkmalsnegativer Eltern beobachten. Dieser varianzmindernde Effekt wird jedoch exakt dadurch ausgeglichen, dass aus Paarungen heterozygoter Eltern jeweils ¼ homozygot merkmalspositiver und merkmalsnegativer Nachkommen resultieren.

Allerdings gilt dies nur unter der Bedingung, dass Menschen zufällig ihre Partner wählen. Dies trifft häufig jedoch nicht zu. Für einige körperliche Merkmale (z.B. Körpergröße) und psychologische Merkmale (z.B. Intelligenz oder politische Einstellungen) finden wir eine positive Korrelation zwischen den Partnern. Entsprechend der Volksweisheit „Gleich und Gleich gesellt sich gern" und im Widerspruch zu der entgegengesetzten Vermutung „Gegensätze ziehen sich an", haben beispielsweise intelligentere Frauen Kinder mit intelligenteren Männern und größere Männer mit größeren Frauen. Diese Korrelation wird als *selektive Partnerwahl* (im Englischen treffender „assortative mating") bezeichnet. Obgleich der Begriff selektive Partnerwahl nahe legt, dass Männer oder Frauen ihre Partner ganz bewusst nach bestimmten Kriterien auswählen, verdeutlicht das Beispiel der Intelligenz, dass auch ganz andere Mechanismen wirksam sein können. So mögen intelligentere Menschen beispielsweise bestimmte Umgebungen bevorzugen (etwa das Studium an einer Universität) und damit Gelegenheiten haben, einen gleichfalls intelligenteren Partner kennen zu lernen, diesen aber nach anderen Kriterien auswählen. Selektive Partnerwahl hat die Konsequenz, dass die jeweils nachfolgende Generation eine größere genetische Varianz für das betreffende Merkmal aufweist als die Elterngeneration, sofern dieses Merkmal teilweise durch genetische Unterschiede bedingt ist. Zudem hat selektive Partnerwahl Konsequenzen für die genetische Ähnlichkeit zwischen Verwandten, die wir weiter unten besprechen.

7.1.2.2.2 Umweltvarianz

Wir haben oben bereits darauf hingewiesen, dass die Bezeichnung Verhaltensgenetik insofern irreführend ist, als sie die Aufmerksamkeit ausschließlich auf die Aufklärung der Bedeutung genetischer Varianzquellen richtet. Verhaltensgenetische Untersuchungen stellen jedoch gleichermaßen eine hervorragende Methode dar, die Wirkung der Umwelt auf die Ausprägung interindividueller Unterschiede zu beleuchten. Die Stärke des verhaltensgenetischen Vorgehens liegt dabei darin, dass genetische und Umwelteinflüsse in einer Forschungsstrategie gemeinsam untersucht werden. Somit können Umwelteinflüsse eindeutig von genetischen Einflüssen getrennt werden. Dieser Hinweis mag auf den ersten Blick rein akademisch anmuten, da die Unterteilung in genetische und Umwelteinflüsse doch sehr einfach erscheint. Als Umwelteinfluss nehmen wir in der Regel etwas wahr, das von außen auf ein Individuum einwirkt (etwa eine Belohnung, das Erziehungsverhalten der Eltern, ein Unfall oder ein bedeutsames Lebensereignis). Es bedarf jedoch nur wenig Überlegung, um zu verstehen, dass diese Aufteilung zu einfach ist. So konnte beispielsweise gezeigt werden, dass ein erheblicher Teil des Erziehungsverhaltens von Eltern eine Reaktion auf Verhaltensweisen des Kindes darstellt (zusammenfassend Plomin, 1994), dass risikofreudige Menschen eher von Unfällen betroffen sind (Phillips & Matheny, 1995), und dass Menschen erheblich selbst dazu beitragen, in welchem Umfang sie mit negativen Lebensereignissen konfrontiert sind (Kendler et al., 1993). Insgesamt belegt eine Reihe von Studien, dass genetische Faktoren zu den Erfahrungen von Personen beitragen. Da Menschen im alltäglichen Leben (anders als im psychologischen Experiment) nicht zufällig bestimmten Umweltbedingungen zugewiesen werden, sondern Umwelten aufsuchen und diese aktiv gestalten, ist es in der Regel schwer, a priori Umweltbedingungen aufzulisten, die ein psychologisches Merkmal beeinflussen.

Auch die komplementäre Auffassung, dass genetische Effekte das Verhalten „von innen" beeinflussen, kann in dieser Einfachheit nicht aufrecht gehalten werden. Gene können auf sehr unterschiedlichen Wegen Verhalten beeinflussen. Kendler (2001) hat diese anschaulich als *„within-the-skin physiological"* und *„outside-the-skin behavioral"* Pfade zusammengefasst. Unter „within-the-skin" Pfaden wird die direkte Wirkung von Genen auf eine Disposition verstanden (z.B. Empfänglichkeit, eine Drogenabhängigkeit bei Einnahme einer bestimmten Menge von Drogen zu entwickeln, Aktivitätsniveau, Arousalniveau, Informationsverarbeitungskapazität). Gene müssen jedoch nicht direkt das fragliche Merkmal beeinflussen. Bei „outside-the-skin behavioral" Pfaden wirken Gene auf Verhaltenstendenzen (z.B. Vermeidung, Exploration), die wiederum Erfahrungen in der Umwelt beeinflussen, und erst diese Erfahrungen wirken auf die Entwicklung eines Merkmals. Beispiele für derartige Wirkmechanismen sind bei Reiss et al. (2000) und Kendler (2001) zu finden.

Zusammenfassend können wir zunächst festhalten, dass die inhaltliche Aufklärung von genetischen und Umwelteffekten eine komplexe Fragestellung ist, die in der verhaltensgenetischen Forschung der letzten Jahre zunehmende Beachtung gefunden hat. Verhaltensgenetische Forschungsdesigns erlauben es, eine eindeutige Trennung von Umwelteinflüssen und genetischen Effekten vorzunehmen und die Stärke dieser Einflüsse zu quantifizieren. Dass wir es in einigen Verhaltensbereichen möglicherweise mit einem komplexen Zusammenspiel von genetischen Faktoren und Umweltbedingungen zu tun haben, darf keineswegs dazu führen, den Prozess der Entwicklung interindividueller Differenzen als ein unauflösbares Gemenge von Anlage und Umwelt zu verstehen. In der verhaltensgenetischen Forschung werden die Varianzkomponenten, welche die phänotypische Varianz ausmachen, durch geeignete Vorgehensweisen bestimmt.

Kommen wir zurück zur Beschreibung dieser Varianzkomponenten. Unter Umweltvarianz verstehen wir die Summe der Einflüsse auf den Phänotyp, die zur Varianz eines Merkmals beitragen. Daraus ergibt sich, dass Umweltbedingungen, die in einer Population konstant sind, nicht zur Umweltvarianz beitragen. Dies ist ein wichtiger Punkt, der immer wieder zu Missverständnissen Anlass gibt. Gelänge es beispielsweise, in den Schulen effizientere Methoden einzuführen, welche die Intelligenz aller Schüler um einen bestimmten Betrag erhöhen, so hätte diese Maßnahme keinen Einfluss auf den Erblichkeitskoeffizienten oder die Bestimmung des relativen Beitrages der Umweltvarianz. Diese Maßnahme stellt zwar einen Umwelteffekt auf das Intelligenz*niveau* dar, trägt aber nicht zu interindividuellen Differenzen bei. Weiter gilt es zu beachten, dass empirische Bestimmungen des relativen Einflusses von Umweltvarianz stets an Stichproben vorgenommen werden. Die Umweltvarianz kann in verschiedenen Stichproben durchaus unterschiedlich groß sein.

Obgleich wir in der oben beschriebenen Zerlegung der phänotypischen Varianz nur von Umweltvarianz gesprochen haben, ist die Unterscheidung von *geteilter* und *spezifischer* (nicht geteilter) Umweltvarianz von großer Bedeutung für die verhaltensgenetische Forschung. Unter spezifischer Umwelt verstehen wir die auf eine Person spezifisch einwirkenden Umwelteffekte. Dies könnten Unfälle, Einflüsse von Lehrern, Freunden und Bekannten oder auch eine Ungleichbehandlung der Kinder innerhalb der Familie sein. Spezifische Umwelteffekte sind aber nicht inhaltlich definiert, sondern über ihre Wirkung. Sie tragen zu Unterschieden zwischen den Mitgliedern einer Familie bei. Komplementär tragen Effekte der geteilten Umwelt zur Ähnlichkeit von Familienmitgliedern bei. Kandidaten für geteilte Umwelteffekte wären das Familieneinkommen oder der Erziehungsstil der Eltern. Wird beispielsweise angenommen, Persönlichkeitsmerkmale werden auch dadurch erworben, dass Kinder das Verhalten ihrer Eltern imitieren, dann impliziert dies einen Effekt der geteilten Umwelt. Gelegentlich werden entsprechend den Familienbeziehungen verschiedene Arten der geteilten Umwelt unterschieden. So ist zu erwarten, dass die von Zwillingen geteilte Umwelt einen stärkeren Einfluss auf die Entwicklung von Persönlichkeitsmerkmalen hat als die von Geschwistern geteilte Umwelt oder die von Eltern und Kindern geteilte Umwelt.

7.1.2.2.3 Kovariation zwischen Anlagen und Umwelteinflüssen

In seinem Roman „Walden Two" beschreibt Skinner (1948), wie Erziehung unter „Laborbedingungen" funktionieren könnte. Dahinter steht die Idee, durch geeignete Umweltbedingungen jeden Menschen in die gewünschte Richtung formen zu können. An dieser Stelle sollen nicht die berechtigten Zweifel daran vorgebracht werden, dass dies funktionieren könnte. Vielmehr steht hier ein anderer Aspekt dieser Fiktion im Vordergrund. Skinners Szenario besteht darin, Menschen unabhängig von ihren Anlagen (von deren Wirkungen Skinner ohnehin nicht überzeugt war) willkürlich Umweltbedingungen zuzuweisen. Auf diese Weise erhielten wir eine Unabhängigkeit von Anlagen und Umwelt. Unter natürlichen Bedingungen (Adoptionen stellen in gewissem Maß eine Ausnahme dar) ist diese Unabhängigkeit jedoch nicht gegeben. Im Gegenteil, es gibt eine Reihe von Belegen für die Kovariation oder Korrelation von genetischen Faktoren und Umweltbedingungen. Nehmen wir an, sportliche Fähigkeiten seien erblich. In diesem Fall wird die sportliche Begabung der Eltern nicht nur auf genetischem Wege weitergegeben, sondern Eltern, die eine sportliche Begabung haben, betätigen sich selbst wahrscheinlich auch eher sportlich als Eltern mit geringer sportlicher Begabung. Dies führt dazu, dass das Kind eher mit sportlichen Aktivitäten in Kontakt kommt, und dass die sportliche Begabung des Kindes stärker gefördert wird.

Plomin et al. (1977) unterscheiden drei Arten der Anlage-Umwelt-Kovariation: die passive, die reaktive (auch evozierte) und die aktive. Von *passiver Anlage-Umwelt-Kovariation* sprechen wir in den Fällen, in denen der Phänotyp des Kindes mit seinen Familienumwelten korreliert ist. Kinder mit Anlagen für eine hohe Ausprägung eines Merkmals werden vermehrt in merkmalsförderliche Umwelten hineingeboren. Natürlich kann es sich bei diesen Merkmalen gleichermaßen um sozial erwünschte wie um unerwünschte Eigenschaften handeln. Von *reaktiver Anlage-Umwelt- Kovariation* sprechen wir dann, wenn Individuen aufgrund teilweise erblicher Merkmale Reaktionen anderer Personen hervorrufen. Beispielsweise könnten Lehrer die sportliche Begabung eines Kindes bemerken und diese weiter fördern. Als aktive Anlage-Umwelt-Kovariation wird schließlich bezeichnet, dass Individuen Umwelten aktiv aufsuchen oder Umwelten so verändern, dass diese ihren teilweise genetisch bedingten Fähigkeiten, Persönlichkeitsmerkmalen oder Neigungen entsprechen. In verhaltensgenetischen Untersuchungen ist es schwierig, das globale Ausmaß von Anlage-Umwelt-Kovariation genau zu bestimmen, da Effekte der Anlage-Umwelt-Kovariation empirisch nur schwer von genetischen Effekten zu trennen sind. Daher sind die Forschungsbemühungen gegenwärtig darauf gerichtet, spezifische Anlage-Umwelt-Korrelationen zu untersuchen (Plomin et al., 1999, 2001). Für entwicklungspsychologische Analysen ist die Theorie von Scarr und McCartney (1983) bedeutsam, die vorhersagt, dass insbesondere die reaktive und die aktive Anlage-Umwelt-Kovariation mit zunehmendem Alter bedeutsamer werden.

7.1.2.2.4 Anlage-Umwelt Interaktion

Mit dem Begriff Anlage-Umwelt-Interaktion wird überwiegend die statistische Interaktion von Anlage- und Umwelteffekten bezeichnet. So sind für einige Merkmals-Umwelt-Kombinationen Merkmalsausprägungen zu beobachten, die sich nicht aus der Addition genetischer und umweltbedingter Effekte ergeben. Ein solches Beispiel ist in Abbildung 7.4 wiedergegeben.

Caspi et al. (2002) untersuchten für zwei Genotypen männlicher Probanden das Auftreten antisozialen Verhaltens in Abhängigkeit davon, ob die Personen im Alter zwischen 3 und 11 Jahren überhaupt nicht, wahrscheinlich oder schwer misshandelt wurden. Für die Genotypisierung wurde ein Gen herangezogen, von dem bekannt ist, dass es für die Expression des Enzyms Monoaminoxidase A (MAO-A) verantwortlich ist. Da dieses Gen auf dem X-Chromosom lokalisiert ist, weist jeder der männlichen Probanden nur ein Allel auf. In der Stichprobe waren fünf Varianten des Gens vertreten, die eindeutig mit hoher oder niedriger MAO-A-Expression assoziiert sind. Es zeigte sich, dass von den in der Kindheit misshandelten Probanden diejenigen mit niedriger MAO-A-Aktivität stärker durch antisoziales Verhalten auffallen als Personen mit hoher MAO-A-Aktivität.

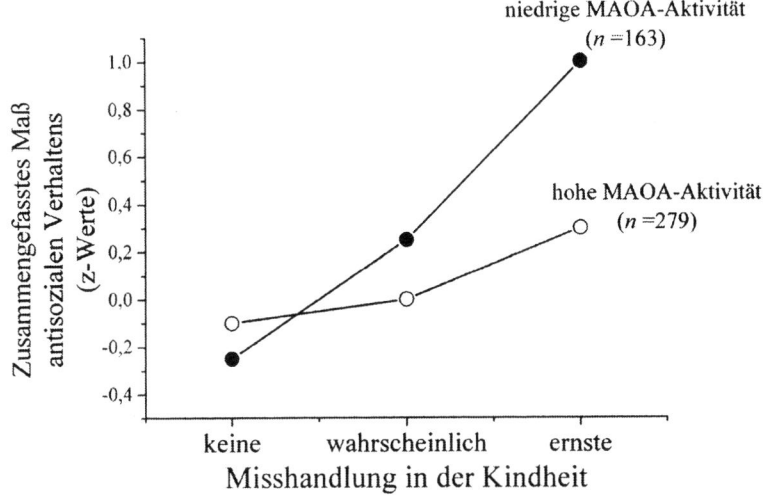

Abbildung 7.4: **Gen x Umwelt-Interaktion (nach Caspi et al., 2002). Mittelwerte eines zusammengefassten Maßes antisozialen Verhaltens in Abhängigkeit vom Ausmaß der Misshandlung in der Kindheit. Die Werte sind für zwei Gruppen männlicher Probanden mit hoher versus niedriger Expression des Enzyms Monoaminoxidase A (MAO-A) dargestellt. Das entsprechende Gen ist auf dem kurzen Arm des X-Chromosoms lokalisiert. Aufgrund vorausgehender Befunde konnten die fünf in der Stichprobe vertretenen Genotypen, die jeweils eins von fünf in der Stichprobe auftretenden Allelen ("variable number tandem repeat" Polymorphismen) aufwiesen, eindeutig der Gruppe mit hoher oder niedriger MAO-A-Aktivität zugewiesen werden.**

Dieser Unterschied ist für die nicht oder „wahrscheinlich misshandelten" Probanden nicht zu finden. Plomin et al. (1999, 2001) sprechen auch von einer genetischen Sensitivität gegenüber Umweltfaktoren. In diesem Fall reagieren Probanden mit einer genetischen Disposition zu niedriger MAO-A-Aktivität „sensibler" auf schwere Misshandlung in der Kindheit.

Wie auch bei der Anlage-Umwelt-Korrelation, können solche Interaktionseffekte sozial erwünschte und unerwünschte Folgen haben. Bisher sind in Studien an Menschen nur wenige Anlage-Umwelt-Interaktionen aufgedeckt worden. Dies liegt auch daran, dass in verhaltensgenetischen Untersuchungen erst in den letzten Jahren vermehrt Umweltmaße eingesetzt werden. Zudem ist die statistische Power der Untersuchungen häufig nicht groß genug, um Interaktionseffekte zu entdecken. Das angeführte Beispiel verdeutlicht jedoch sehr anschaulich die Bedeutung solcher Interaktionseffekte für Interventionsmaßnahmen.

7.1.2.2.5 Ähnlichkeit zwischen Verwandten

Die verhaltensgenetische Forschung, soweit sie sich nicht molekulargenetischer Methoden bedient, basiert ganz entscheidend auf der Analyse der Ähnlichkeit zwischen Verwandten. Die Ähnlichkeit zwischen Verwandten kann, sofern sie zusammenleben, auf genetische Faktoren und auf geteilte Umweltbedingungen zurückgeführt werden. Daher können aus der einfachen Korrelation zwischen Merkmalen der Eltern und Merkmalen ihrer biologischen Kinder keine Rückschlüsse auf die Bedeutsamkeit von Anlage- oder Umwelteinflüssen gezogen werden, es sei denn, es wird keine Korrelation zwischen den Phänotypen von Eltern und den bei ihnen lebenden Kindern gefunden. Daraus könnten wir dann schließen, dass weder genetische Einflüsse noch Einflüsse der geteilten Umwelt wirksam sind.

Wie sich aus der Beschreibung der Bildung von Keimzellen leicht ableiten lässt, erhält jedes Individuum jeweils die Hälfte seines Genoms von der Mutter und vom Vater. Für die nachfolgenden Betrachtungen sind nur solche Gene von Interesse, für die in der Population unterschiedliche Varianten zu finden sind (segregierende Gene). Zudem gehen wir zunächst von „Zufallspaarungen" aus und vernachlässigen die selektive Partnerwahl. Einzelne Eltern und einzelne Kinder teilen dann 50% der segregierenden Gene. Daraus ergibt sich, dass einzelne Großeltern und einzelne Enkelkinder jeweils 25% ihrer Gene teilen. Nur wenig komplizierter ist die Situation bei Geschwistern. Da bei der Bildung von Keimzellen die Chromosomen eines Paares (eventuell nach Crossing-over) zufällig auf die Keimzellen aufgeteilt werden, kann die Ähnlichkeit zwischen Geschwistern geringfügig variieren. Im Mittel teilen einzelne Geschwister 50% der segregierenden Gene. Einen Sonderfall stellen eineiige Zwillinge (EZ) dar. Eineiige Zwillinge entstehen aus einer befruchteten Eizelle, die sich in den ersten Tagen der Schwangerschaft in zwei selbständig entwicklungsfähige Teile teilt. Eineiige Zwillinge sind daher genetisch identisch, oder genauer, sie weisen identische Genome auf.

An dieser Stelle sei jedoch auf zwei Phänomene hingewiesen, die in jüngerer Zeit im Zusammenhang mit der Annahme vollständiger genetischer Ähnlichkeit von eineiigen Zwillingen diskutiert werden: X-Chromosom-Inaktivierung und Chorionizität. Unter X-Inaktivierung wird verstanden, dass bei weiblichen Individuen in jeder Zelle eines der beiden X-Chromosomen „abgeschaltet" wird (Puck, 1998). Dies geschieht in den ersten Tagen nach der Befruchtung und kann dazu führen, dass das Muster aktiver und inaktiver X-Chromosomen bei weiblichen EZ nicht völlig identisch ist. Auch hat sich ein Zusammenhang zwischen dem Zeitpunkt der Teilung der Eizelle und der Ähnlichkeit des X-Inaktivierungsmusters gezeigt, das heißt, je später sich die befruchtete Eizelle teilt, umso größer ist die Wahrscheinlichkeit, dass weibliche EZ ein ähnliches Muster von X-Inaktivierung zeigen (Chitnis et al., 1999).

Der Zeitpunkt der Teilung der befruchteten Eizelle ist auch für die Chorionizität die entscheidende Einflussgröße. Teilt sich nämlich das befruchtete Ei vor dem 4. Tag, resultieren üblicherweise EZ, die sowohl getrennte äußere (Chorion) als auch innere (Amnion) Eihäute aufweisen, was bei etwa einem Drittel aller EZ der Fall ist. Diese EZ werden dichorionisch genannt. Bei nahezu allen übrigen EZ teilt sich die Eizelle zwischen dem vierten und dem siebten Tag, was zur Folge hat, dass die Zwillinge in einem Chorion (monochorionisch) aufwachsen. Die Paarlinge sind dann nur noch durch verschiedene innere Eihäute getrennt. Solche EZ-Paare, bei denen sich die Eizelle noch später teilt, wachsen im gleichen Chorion und im gleichen Amnion auf. Allerdings kommt dies selten vor (2–3%). Chorionizität ist verschiedentlich als mögliche Komplikation für Zwillingsstudien angeführt worden, weil die Annahme geäußert wurde, monochorione EZ könnten einander aufgrund ihrer pränatalen Umwelt ähnlicher sein als dichorione EZ, deren pränatale Situation wiederum der von ZZ entspricht.

Erscheint die Berücksichtigung des Plazentatyps in zukünftigen Zwillingsstudien in jedem Fall wünschenswert, und gibt es auch vereinzelte Hinweise auf höhere Ähnlichkeiten monochorioner EZ, so scheint der Effekt der Chorionizität auf Persönlichkeit (z.B. Sokol et al., 1995) und Intelligenz (Jacobs et al., 2001) insgesamt vergleichsweise gering zu sein. Wir werden daher im Folgenden zur Vereinfachung der Darstellung auf diese Differenzierung zwischen EZ verzichten, zumal die Anzahl der Studien, die den Plazentatypus bei der Untersuchung psychischer Merkmale berücksichtigen, bisher verschwindend gering ist.

Zweieiige Zwillinge (ZZ) entstehen aus zwei befruchteten Eizellen. Bei zweieiigen Zwillingen handelt es sich so betrachtet um Geschwister, die lediglich gemeinsam ausgetragen und nahezu gleichzeitig geboren werden.

Es könnte sogar vorkommen, dass zweieiige Zwillinge zwei Väter haben, also Halbgeschwister sind. Die Überlappung segregierender Gene lässt sich natürlich für alle möglichen Verwandtschaftsbeziehungen bestimmen (siehe hierzu ausführlich Borkenau, 1993).

Tabelle 7.1: **Genetische Korrelationen und „Umweltkorrelationen" in verschiedenen Verwandtschaftsbeziehungen**

Verwandtschaftsbeziehung	A^2	D^2	I^2	C^2
Eltern-Kind	0.5	0.0	0.0	1.0
Geschwister	0.5	0.25	0.0	1.0
Zusammen aufgewachsene EZ	1.0	1.0	1.0	1.0
Getrennt aufgewachsene EZ	1.0	1.0	1.0	0.0
Zusammen aufgewachsene ZZ	0.5	0.25	0.0	1.0
Getrennt aufgewachsene EZ	0.5	0.25	0.0	0.0
Adoptiveltern-Adoptivkinder	0.0	0.0	0.0	1.0
Biologische Eltern-Adoptivkinder	0.5	0.0	0.0	0.0
Adoptivgeschwister	0.0	0.0	0.0	1.0

Anmerkung: A^2, Effekte aufgrund additiver Genwirkungen; D^2, Effekte aufgrund von Dominanzabweichung; I^2, Effekte aufgrund von Epistase; C^2, Effekte aufgrund geteilter Umwelt. EZ, eineiige Zwillinge; ZZ, zweieiige Zwillinge.

Aus der genetischen Ähnlichkeit zwischen Verwandten lassen sich nach Fischer (1918) genetische Korrelationen zwischen Verwandten berechnen (siehe auch Borkenau, 1993). Diese Korrelationen, die für additive Genwirkungen, Dominanzabweichung und Epistase getrennt bestimmt werden, geben an, wie groß die Ähnlichkeit in einem Merkmal wäre, wenn ausschließlich die entsprechenden genetischen Effekte wirksam wären. Eltern und ihre Kinder teilen Effekte der Gendominanz nicht, da für Gendominanz jeweils die Interaktion zweier Allele an einem Genlocus notwendig ist, Kinder aber nur ein Allel von einem Elternteil erben. Effekte aufgrund von Epistase werden für Geschwister üblicherweise als unkorreliert angesehen, da die Wahrscheinlichkeit, dass Geschwister Epistaseeffekte teilen, extrem gering ist. Eltern und Kinder teilen Epistaseeffekte nicht. In Tabelle 7.1 haben wir zudem – analog zu den genetischen Korrelationen – die Korrelation angegeben, die zu erwarten wäre, wenn ausschließlich Effekte der geteilten Umwelt ein Merkmal beeinflussen. Diese beträgt für zusammenlebende Verwandte stets eins. Wie bereits erwähnt, trägt die spezifische Umwelt nicht zur Ähnlichkeit zwischen Verwandten bei, da sie genau so definiert ist. Geht die Variation eines Merkmals ausschließlich auf Wirkungen der spezifischen Umwelt zurück, erwarten wir keine Korrelation zwischen biologischen Verwandten oder „Umweltverwandten" (innerhalb von Adoptivfamilien). Selektive Partnerwahl erhöht die Korrelation sowohl zwischen Eltern und Kindern, als auch die zwischen Geschwistern. Ist die Korrelation zwischen den Partnern bekannt, können die genetischen Korrelationen entsprechend korrigiert werden (Fischer, 1918; Merz & Stelzl, 1977). Selbstverständlich wird die genetische Korrelation zwischen eineiigen Zwillingen durch selektive Partnerwahl nicht weiter erhöht.

7.1.2.2.6 Erblichkeitsschätzungen

Die verhaltensgenetische Forschung war in den zurückliegenden 150 Jahren immer wieder kritischen Analysen und Zweifeln daran ausgesetzt, ob genetische Variation überhaupt für die phänotypische Variation verantwortlich ist. Auch als Reaktion darauf wurde das methodische Vorgehen in der Verhaltensgenetik zunehmend verfeinert. Für die grundlegende Frage, ob es überhaupt genetische Einflüsse auf das Verhalten gibt, wurden insbesondere Tierstudien durchgeführt. Diese erlauben es, Umweltbedingungen weitestgehend zu kontrollieren. Zudem liefern die selektive Züchtung von Stämmen, die sich markant in ihrem Verhalten unterscheiden, sowie Untersuchungen von Inzuchtstämmen überzeugende Belege für die Wirkung von Genen auf Verhaltensunterschiede (zusammenfassend Plomin et al., 1999).

Diese Methoden der Tierstudien lassen sich bei Menschen natürlich nicht anwenden. Auch die Befunde aus den Tierexperimenten lassen sich nur bedingt auf interindividuelle Unterschiede beim Menschen übertragen. So können zwar durchaus Parallelen zwischen bestimmten tierexperimentellen Anordnungen und einzelnen Persönlichkeitsmerkmalen von Menschen festgestellt werden (etwa zwischen Ängstlichkeit und dem Verhalten von Mäusen im offenen Feld oder zwischen Intelligenz und der Lernrate von Ratten in einem Labyrinth). Es bleibt aber dennoch fraglich, ob die zugrunde liegenden Prozesse bei Tieren und Menschen identisch sind.

Die verhaltensgenetische Forschung am Menschen ist daher auf quasi-experimentelle Analysen begrenzt. So sucht die Forschung beispielsweise Menschen, die in einer sehr ähnlichen Umwelt aufwachsen, genetisch aber unterschiedlich sind (Adoptivgeschwister). Umgekehrt werden Menschen gesucht, die genetisch eng verwandt sind, aber in unterschiedlichen Umwelten aufwachsen (getrennt aufgewachsene Zwillinge). Im Grunde genommen liefert Tabelle 7.1 bereits die notwendigen Grundlagen, um interessante Möglichkeiten zu finden, genetische Effekte oder Effekte der geteilten Umwelt zu bestimmen. Die drei in der verhaltensgenetischen Forschung am häufigsten verwendeten Forschungsdesigns sollen im Folgenden etwas näher dargestellt werden. Dies sind Untersuchungen an getrennt aufgewachsenen eineiigen Zwillingen, Untersuchungen mit Adoptivkindern (Adoptionsstudien) und Studien an gemeinsam aufgewachsenen eineiigen und zweieiigen Zwillingen.

Die Untersuchung getrennt aufgewachsener eineiiger Zwillinge (EZ) hatte lange das Image, der Königsweg der verhaltensgenetischen Forschung zu sein. Wie aus Tabelle 7.1 ersichtlich ist, haben eineiige Zwillinge ein identisches Genom. Dies bedeutet, dass sie additive genetische Effekte, Effekte aufgrund von Gendominanz und Epistase teilen. Werden eineiige Zwillinge bei der Geburt getrennt und wachsen danach in unkorrelierten Umwelten auf, dann kann die Korrelation zwischen diesen Zwillingen als Schätzung der Erblichkeit herangezogen werden.

Ein Problem der Untersuchung von Zwillingen stellte allerdings lange Zeit die Diagnose der Eiigkeit (Zygotie) dar. Zygotiediagnosen sind stets fehlerbehaftet. In Zwillingsstudien wurden sehr unterschiedliche Methoden herangezogen, um die Zygotie eines Zwillingspaares festzustellen. Diese reichen von einfachen Ähnlichkeitsvergleichen über Fragebogen, in denen besonders die Verwechslungshäufigkeit der Zwillinge durch andere Personen bedeutsam ist, polysymptomatische Ähnlichkeitsvergleiche, in denen körperliche Merkmale (z.B. Gestalt der Ohrmuschel) sorgfältig verglichen werden, bis hin zum Vergleich von Finger- oder Handabdrücken, die auch bei eineiigen Zwillingen nicht identisch sind. Moderne molekulargenetische Methoden erlauben es, die Wahrscheinlichkeit von Fehldiagnosen nahezu beliebig zu reduzieren. Diese Methoden sind unter der Bezeichnung „genetic fingerprinting" vor allem aus der Kriminalistik bekannt. Da für diese Methoden jedoch genetisches Material vorliegen muss, und sie zudem vergleichsweise kostenaufwändig sind, werden sie in größeren Zwillingsuntersuchungen immer noch selten herangezogen. Bei der Untersuchung getrennt aufgewachsener EZ führen Fehler in der Zygotiediagnose dazu, dass die Erblichkeit unterschätzt wird.

Ein zweiter wichtiger Punkt dieses Forschungsdesigns besteht in der Annahme, dass die Umwelten der Zwillinge unkorreliert sind. Hier sind zunächst jedoch natürliche Grenzen gesetzt. Auch Zwillinge, die bei der Geburt getrennt werden, teilen prä- und perinatale Einflüsse. Hier wäre beispielsweise an Medikamenten- oder Drogenkonsum während der Schwangerschaft oder an Komplikationen während der Geburt zu denken, die durchaus langandauernde Einflüsse auf psychologisch bedeutsame Merkmale haben können. Eine Voraussetzung dafür, dass wir überhaupt von unkorrelierten Umwelten ausgehen können, besteht darin, dass die Zwillinge sehr früh (möglichst kurz nach der Geburt) getrennt werden, in unterschiedlichen Familien aufwachsen und keinen Kontakt untereinander haben. Unter unkorrelierten Umwelten verstehen wir nun jedoch nicht, dass ein Zwilling in sehr schlechten und der andere Zwilling in sehr guten Verhältnissen aufwächst, sondern dass die Zwillinge zufällig neuen Familien zugewiesen werden. Diese Voraussetzungen sind beispielsweise dann verletzt, wenn Zwillinge bei verwandten Familien aufwachsen. Insbesondere in den USA haben einige Adoptionsagenturen versucht, eine Passung zwischen Merkmalen der Adoptionsfamilien und der biologischen Familie (meist der Mutter) herzustellen. Eine solche Adoptionspolitik bezeichnet man in der Verhaltensgenetik als selektive Plazierung. Während in Adoptionsstudien selektive Plazierung dann korrigiert werden kann, wenn sie systematisch bezüglich des untersuchten Merkmals (z.B. Intelligenztestwerte) vorgenommen wurde, ist dies in Studien an getrennt aufgewachsenen Zwillingen meist nicht möglich. Selektive Plazierung führt dazu, dass die Erblichkeit eines Merkmals überschätzt wird.

Weiter ist zu berücksichtigen, dass Grundlage dieses Designs in der Regel die Adoption der Zwillinge in zwei Familien ist. Personen oder Agenturen, die über Adoptionen entscheiden, werden bemüht sein, diese „in gute Hände" zu geben. Daraus resultiert jedoch eine Einschränkung der Umweltvarianz, deren Ausmaß nicht ohne weiteres quantifiziert werden kann.

Ein großer Nachteil der Untersuchung getrennt aufgewachsener Zwillinge ist es, dass diese sehr selten und zudem nach längerer Zeit nur schwer aufzufinden sind. Obgleich die Anzahl der Zwillingsgeburten einer Reihe von Einflüssen unterliegt, kann davon ausgegangen werden, dass etwa eine von 85 Geburten eine Zwillingsgeburt ist. Daraus ergibt sich, dass wir unter 100 Personen 2,4 Personen aus Zwillingsgeburten finden. Davon ist etwa ein Drittel eineiig. Von diesen wächst (in aller Regel zum Glück für die Zwillinge) die weit überwiegende Zahl in ihrer natürlichen Familie auf.

Wie bereits kurz erwähnt, ist die Korrelation zwischen EZ, die getrennt aufwachsen, eine Schätzung des Erblichkeitskoeffizienten (h^2). In verhaltensgenetischen Untersuchungen wird jedoch nicht der übliche Produkt-Moment-Korrelationskoeffizient verwendet, sondern die Intraklassen-Korrelation. Der Intraklassen-Korrelationskoeffizient spiegelt im Gegensatz zum Produkt-Moment-Korrelationskoeffizienten auch Unterschiede bezüglich der Streuung und des Mittelwertes wieder. In Abgrenzung zu Erblichkeitsschätzungen aus anderen Forschungsdesigns wird die Korrelation getrennt aufgewachsener eineiiger Zwillinge auch als Erblichkeit im weiteren Sinne (broad heritability, h^2_B) bezeichnet, da alle genetischen Effekte von eineiigen Zwillingen geteilt werden. Da die Korrelation eines Merkmals zwischen getrennt aufgewachsenen eineiigen Zwillingen unmittelbar den Erblichkeitskoeffizienten schätzt, sprechen wir auch von einer direkten Schätzung. Effekte der geteilten Umwelt können mit diesem Forschungsdesign nicht erfasst werden. Die Differenz der Korrelationen zusammen und getrennt aufgewachsener eineiiger Zwillinge ergibt jedoch eine indirekte Schätzung des Effektes geteilter Umwelt. Anlage-Umwelt-Kovariation wird in diesem Design in der Regel nicht berücksichtigt. Es muss jedoch davon ausgegangen werden, dass getrennt aufgewachsene Zwillinge in ähnlicher Weise Reaktionen der Umwelt hervorrufen und ihre Umwelt aktiv gestalten. Effekte der Anlage-Umwelt- Kovariation werden hier als genetische Effekte aufscheinen.

Adoptionsstudien basieren wie die Untersuchung getrennt aufgewachsener Zwillinge darauf, dass Kinder von ihren biologischen Eltern getrennt aufwachsen. Insofern gilt das über die Trennung und die selektive Plazierung für getrennt aufgewachsene eineiige Zwillinge Gesagte auch für Adoptionsstudien. Die Bedeutung prä- und perinataler Einflüsse dürfte jedoch in diesem Design deutlich geringer sein. In einer für die verhaltensgenetische Forschung idealen Adoptionsstudie liegen Messungen des interessierenden Merkmals für folgende Gruppen vor: die Adoptivkinder, deren biologische Mütter und Väter, deren Adoptiveltern sowie von Adoptivgeschwistern und leiblichen Geschwistern, die in einer anderen Familie aufwachsen. In der Regel sind jedoch Daten des biologischen Vaters und Daten weiterer leiblicher Geschwister nicht verfügbar. In Abbildung 7.5 ist das typische Design einer Adoptionsstudie mit Hilfe eines Pfaddiagramms wiedergeben.

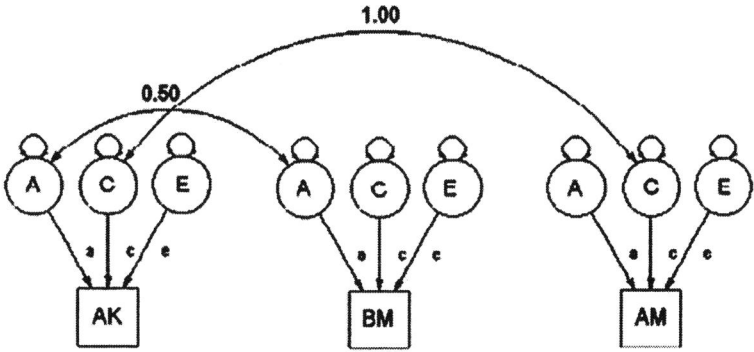

Abbildung 7.5: Pfaddiagramm für eine Adoptionsstudie.
Anmerkungen: AK = Phänotyp des Adoptivkindes,
BM = Phänotyp der biologischen Mutter, AM = Phänotyp der Adoptivmutter. Für biologische Väter
gelten dieselben Pfade wie für biologische Mütter.
Für Adoptivväter und Adoptivgeschwister gelten
dieselben Pfade wie für Adoptivmütter. Die Parameter c können jedoch für Adoptivväter und Adoptivgeschwister jeweils andere Werte annehmen als
für Adoptivmütter.

In einer Adoptionsstudie können nur additive genetische Effekte (A),
Effekte der geteilten Umwelt (C) und Effekte der spezifischen Umwelt (E,
in die in der Regel auch die Varianz des Messfehlers eingeht) bestimmt
werden. Die Effekte der geteilten Umwelt können, wie bereits erwähnt, für
Eltern-Kind-Kombinationen anders (in der Regel kleiner) ausfallen als für
Geschwisterpaarungen. Latente Variablen sind in Abb. 7.5 durch Kreise
dargestellt, beobachtete Variablen (unsere Messungen) durch Rechtecke.
Die gerichteten Pfeile zeigen, welche Variable welche andere beeinflusst.
Gebogene Doppelpfeile geben Korrelationen zwischen Variablen wieder.
Die in Tabelle 7.1 enthaltenen Korrelationen sind hier also durch geboge-
ne Doppelpfeile symbolisiert. Ausgehend von einem Phänotyp ergibt sich
die Korrelation mit einem anderen Phänotyp, indem die Pfade entgegen
der Pfeilrichtung entlang gegangen werden, und die entsprechenden Para-

meter (Zahlen oder kleine Buchstaben neben den Pfeilen) multipliziert werden. So ergibt der Pfad vom Phänotyp des Kindes zu dem der biologischen Mutter a*0.5*a oder $0.5*a^2$. Wir können aus diesem Pfaddiagramm somit ablesen, dass die (Intraklassen-) Korrelation zwischen Adoptiveltern und Adoptivkindern eine direkte Schätzung des Effektes der von Eltern und Kindern geteilten Umwelt ist, die Korrelation zwischen Adoptivgeschwistern die von diesen geteilten Umwelteffekte schätzt und die mit zwei multiplizierte Korrelation zwischen biologischen Müttern (oder Vätern) die Effekte additiver Genwirkungen schätzt. Da Eltern und Kinder jedoch nur additive Genwirkungen teilen, wird hier nur die Erblichkeit in engerem Sinne bestimmt. Liegen in einer Adoptionsstudie Daten der biologischen Mütter und der Adoptiveltern vor, ist eine Schätzung und Berücksichtigung selektiver Plazierung möglich. Dies ist jedoch selten und nur für wenige psychologische Merkmale der Fall.

Auch in Adoptionsstudien müssen wir davon ausgehen, dass „gute" Adoptivfamilien von den Vermittlern ausgewählt werden. Insofern können die Effekte der geteilten Umwelt durch Adoptionsstudien unterschätzt werden. Es bleibt natürlich zu hoffen, dass beispielsweise Fälle der Misshandlung und Vernachlässigung von Kindern und andere extrem negative Umwelteinflüsse durch sorgfältige Auswahl von Adoptiveltern vermieden werden. Derart negative Umwelten markieren jedoch das untere Ende der Spannweite von Erziehungsumwelten. Da sie vergleichsweise selten sind, haben sie nur einen beschränkten Einfluss auf die Umweltvarianz.

Studien an zusammen aufgewachsenen Zwillingen sind das am häufigsten verwendete Design in der verhaltensgenetischen Forschung. Wir haben bereits darauf hingewiesen, dass die Ähnlichkeit zwischen Personen, die gemeinsam aufwachsen und genetisch verwandt sind, keine Aufschlüsse über die Wirkung von Anlage oder Umweltfaktoren erlaubt. Ein Blick auf Tabelle 7.1 zeigt jedoch, dass zusammen aufwachsende eineiige Zwillinge (EZ) und zweieiige Zwillinge (ZZ) sich im Ausmaß ihrer genetischen Ähnlichkeit unterscheiden. Wirkt nun, so die Logik dieses Forschungsdesigns, die geteilte Umwelt gleichermaßen auf EZ wie auf ZZ, dann erlaubt der Vergleich der Ähnlichkeiten (Korrelationen) von EZ und ZZ eine indirekte Schätzung genetischer Einflüsse und auch eine indirekte Schätzung des Effektes der geteilten Umwelt. Hierfür sind jedoch einige Annahmen zu machen und für das jeweils untersuchte Merkmal zu überprüfen. Zunächst gilt die Annahme, die wir bereits bei der Zusammenstellung von Tabelle 7.1 gemacht haben. Die genetische Korrelation zwischen DZ muss bekannt sein. Sie beträgt dann r_g=.50, wenn es bezüglich des untersuchten Merkmals keine selektive Partnerwahl gibt. Diese Korrelation muss korrigiert werden, wenn selektive Partnerwahl vorliegt. Darüber hinaus wird davon ausgegangen, dass Zwillinge eine repräsentative Stichprobe der Population darstellen, auf die generalisiert werden soll. Anders als bei getrennt aufwachsenden Zwillingen könnte der Umstand des gemeinsamen Aufwachsens einen Einfluss auf das untersuchte Merkmal haben. Weiter wird angenommen, dass die von Zwillingen geteilte Umwelt EZ in gleichem Maße beeinflusst wie ZZ. Diese Annahme wird auch als „equal environments assumption" bezeichnet und hat eine Reihe von Forschungsarbeiten stimuliert. Letztlich wird angenommen, dass Anlage-Umwelt-Kovariation und -Interaktion nur einen zu vernachlässigenden Effekt auf das Merkmal haben. Wie bei der Untersuchung getrennt aufgewachsener EZ führt eine Verletzung dieser Annahme zur Überschätzung der Erblichkeit. Diese Annahmen sind in der verhaltensgenetischen Literatur umfassend diskutiert worden (zusammenfassend Eaves et al., 1989; Loehlin, 1992). Als Ergebnis dieser Diskussion kann festgehalten werden, dass Studien an zusammen aufgewachsenen Zwillingen eine wertvolle Methode der Verhaltensgenetik sind. Der wesentliche Vorteil der Untersuchung zusammen aufgewachsener Zwillinge ist darin zu sehen, dass Zwillinge die gesamte Bandbreite von Genotypen repräsentieren, und dass bezüglich der Umwelten, in denen sie aufwachsen und leben, keinerlei systematische Einschränkungen zu erwarten sind.

Die Analyse von Untersuchungen an zusammen aufgewachsenen Zwillingen wird heute mit Hilfe von Strukturgleichungsmodellen vorgenommen. Dennoch ist es lohnenswert, einen Blick auf die Formeln zu werfen, die zur Schätzung von Erblichkeitskoeffizienten und Umwelteinflüssen herangezogen wurden. Zusammen aufgewachsene EZ teilen alle genetischen Effekte und die familiäre Umwelt. Es gibt daher nur eine Varianzquelle, die systematisch zur Unterschiedlichkeit dieser Gruppe beiträgt, die Effekte der spezifischen Umwelt. Um deren Ausmaß zu bestimmen, müssen wir die Korrelation der EZ lediglich von eins subtrahieren.

$$e^2 = 1 - r_{EZ}$$

Auch hier sind Messfehler und Effekte der spezifischen Umwelt konfundiert. Haben wir gute Schätzungen der Reliabilität der Messungen, kann die Messfehlervarianz von der Varianz der spezifischen Umwelt subtrahiert werden.

Ähnlich einfach lässt sich der Effekt der additiven genetischen Varianz bestimmen. Zu den oben gemachten Annahmen müssen wir für die Anwendung der von Falconer (1960) entwickelten Formel davon ausgehen, dass Effekte der Gendominanz und Epistase unbedeutend sind. Die Erblichkeitsschätzung ergibt sich dann als:

$$h^2 = 2 \times (r_{EZ} - r_{ZZ})$$

Trotz der Heranziehung von EZ schätzt diese Formel wegen der restriktiven Annahmen Erblichkeit im engeren Sinne. Die Logik dieser Formel lässt sich gut verdeutlichen, wenn zunächst einmal davon ausgegangen wird, Effekte der von Zwillingen geteilten Umwelt seien unbedeutend. Beträgt der additive genetische Einfluss $a^2 = .5$, dann ergibt sich eine Zwillingskorrelation für EZ von r=.50, für DZ eine Korrelation von r=.25, da der genetische Pfad in dieser Gruppe nur den Wert von .5 hat. Kommen nun Effekte der geteilten Umwelt hinzu, dann erhöhen sich die Korrelationen beider Gruppen gleichermaßen. Diese Effekte lassen sich anhand der folgenden Formel bestimmen:

$$c^2 = 2 \times r_{ZZ} - r_{EZ}$$

Aus den Annahmen, die dem Zwillingsdesign zugrunde liegen, wird ersichtlich, dass es sich bezüglich der verhaltensgenetischen Information um ein schwächeres Design handelt. Zwar können mit Hilfe von Strukturgleichungsmodellen auch Effekte der Dominanzabweichung modelliert werden, es ist jedoch nicht möglich, aufgrund der Daten von zusammen aufgewachsenen Zwillingen gleichzeitig Effekte der geteilten Umwelt und der Dominanzabweichung zu schätzen.

Zusammenfassend kann festgehalten werden, dass für die verhaltensgenetische Forschung am Menschen eine Reihe von Standarddesigns entwickelt worden sind, die wertvolle Informationen über die Wirkung von Anlagen und Umwelt auf interindividuelle Differenzen erlauben. Jedes Design hat jedoch spezifische Stärken und Schwächen, die wir hier skizziert haben. Je umfangreicher die Befunde für ein spezifisches Merkmal sind, umso besser lassen sich die Auswirkungen der genannten prinzipiellen Schwächen abschätzen und kontrollieren. Um möglichst gute Schätzungen der in der Verhaltensgenetik bedeutsamen Effekte zu erhalten, werden zunehmend Daten aus den verschiedenen Designs kombiniert und in einer gemeinsamen Analyse mit Hilfe von Strukturgleichungsmodellen ausgewertet. Tabelle 7.1, die sich leicht um weitere Gruppen erweitern lässt, liefert bereits Hinweise darauf, wie eine solche Kombination funktionieren kann. So ist es beispielsweise informativ, nicht nur getrennt aufgewachsene EZ, sondern zusätzlich getrennt aufgewachsene ZZ zu untersuchen. Bei der Darstellung der Befunde zu den unterschiedlichen Bereichen interindividueller Differenzen werden wir daher solche Metaanalysen in den Vordergrund stellen und erläutern.

7.1.2.2.7 Multivariate genetische Analysen

In den letzten Jahren gewinnen verhaltensgenetische Analysen zunehmend an Bedeutung, die es erlauben, Korrelationen zwischen zwei oder mehr Verhaltensmerkmalen auf genetische und Umweltfaktoren zurückzuführen (Martin & Eaves, 1977). So wird im multivariaten Zwillingsmodell die Merkmalsausprägung eines Zwillings mit der Ausprägung des Zwillingsgeschwisters in einem anderen Merkmal verglichen. Hierfür werden so genannte Kreuzkorrelationen bestimmt, das heißt, die Ausprägung im Merkmal X bei Zwilling 1 wird mit der Ausprägung des Merkmals Y bei Zwilling 2 korreliert. Selbstverständlich sind solche Auswertungen auch über die Zeit möglich. Das Ausmaß, in dem die Korrelation zwischen den beiden Merkmalen von genetischen Faktoren abhängt, wird im multivariaten genetischen Modell aus dem Ausmaß erschlossen, in dem diese Kreuzkorrelationen für EZ größer ausfallen als für ZZ (Plomin et al., 1999).

Von dieser genetischen Vermittlung ist die genetische Korrelation zweier Merkmale zu unterscheiden. In der genetischen Korrelation zweier Merkmale wird zusammengefasst, in welchem Ausmaß genetisch bedingte Prozesse, die ein Merkmal beeinflussen, mit den genetisch beeinflussten Prozessen überlappen, die auf ein zweites Merkmal wirken (analog können Korrelationen zwischen den gemeinsamen und spezifischen Umwelteinflüssen bestimmt werden). Die genetische Korrelation zweier Merkmale ist unabhängig von den Erblichkeiten. Zwei Merkmale könnten trotz hoher Erblichkeiten von völlig verschiedenen genetischen Faktoren beeinflusst sein, was in einer genetischen Korrelation zwischen diesen Merkmalen von 0 zum Ausdruck käme. Andererseits ist es möglich, dass zwei Merkmale, die nur moderate Erblichkeiten aufweisen, unter dem Einfluss der gleichen genetischen Faktoren stehen, was in einer genetischen Korrelation von 1 zum Ausdruck käme. Solche mehrfachen phänotypische Auswirkungen eines Gens werden auch als Pleiotropie bezeichnet (vgl. Strickberger, 1988). Mit Hilfe genetischer Korrelationen zwischen einer Reihe von Merkmalen können somit zentrale Fragen der Persönlichkeitsforschung untersucht werden. So kann untersucht werden, ob die genetische Faktorenstruktur einer Reihe von Merkmalen mit der phänotypischen Faktorenstruktur übereinstimmt (Jang et al., 2002; McCrae et al., 2001). Eine detaillierte Behandlung derartiger Fragen würde jedoch den Rahmen dieses Kapitels sprengen.

7.1.3 Molekulargenetische Untersuchungen interindividueller Differenzen

Kaum ein Gebiet der empirischen Psychologie hat in der jüngeren Vergangenheit eine vergleichbar rasante Entwicklung erlebt wie die Verhaltensgenetik und insbesondere deren Teildisziplin die Molekulargenetik. Ziel der molekulargenetischen Forschung ist es vor allem, spezifische Gene zu lokalisieren, die mit interindividuellen Unterschieden in Verhaltensausprägungen in Beziehung stehen. Ein weiteres, eng mit dieser Hauptaufgabenstellung verknüpftes Anliegen der Molekulargenetik betrifft die Aufdeckung derjenigen Mechanismen, die den genetischen Einfluss auf Verhalten steuern (funktionelle Genomik). Wenngleich die anfängliche Euphorie Mitte der 90er Jahre des vergangenen Jahrhunderts vielerorts einer sehr viel nüchterneren Betrachtung der realistischen Möglichkeiten und Grenzen moderner Molekulargenetik gewichen ist, wurden im Laufe der vergangenen 10 Jahre eine Reihe bedeutungsvoller forschungsmethodischer wie auch inhaltlicher Fortschritte erzielt. Es ist das Anliegen dieses Abschnitts, in die Strategien und Forschungsmethoden der Molekulargenetik einzuführen. Darüber hinaus sollen für ausgewählte psychologische Dimensionen aktuelle Befunde zum Forschungsstand der Molekulargenetik in den Bereichen Persönlichkeit und kognitive Fähigkeiten skizziert werden.

Der größte Teil der für das Verständnis molekulargenetischer Methoden und Forschungsstrategien im Humanbereich erforderlichen biologischen Grundlagen ist bereits in Abschnitt 7.1.2.1 dargestellt worden. Eine Einführung in die Nutzung von Tiermodellen zur Identifikation spezifischer Gene und deren Wirkweise findet sich beispielsweise bei Plomin et al. (1999) sowie bei Plomin und Crabbe (2000).

Ziel des folgenden Abschnitts ist die Einführung zentraler Begriffe aus dem Bereich der Molekulargenetik, wie etwa SNP (single nucleotide polymorphisms) und QTL (quantitative trait loci) sowie eine kurze Darstellung grundlegender Techniken zur individuellen Identifizierung spezifischer Allele. In Abschnitt 7.1.3.2 werden die Methoden Linkage-Analyse und Assoziations-Studien sowie spezielle Weiterentwicklungen dieser Ansätze vorgestellt, während in Abschnitt 7.1.3.3 neuere molekulargenetische Methoden, wie etwa das DNA-Pooling, angesprochen werden.

7.1.3.1 Gene in multiplen Gensystemen: QTLs (quantitative trait loci)

Am Beispiel des Genbegriffs lässt sich gut veranschaulichen, mit welch beispielloser Geschwindigkeit sich die Entwicklung der genetischen Forschung im 20. Jahrhundert vollzogen hat. Das Wort Gen wurde 1903 zum ersten Mal verwendet (vgl. Plomin & Spinath, 2002). Fünfzig Jahre später wurde die Doppelhelixstruktur der DNA entdeckt. Deren Aufbau, also die Tatsache, dass das aus den vier Buchstaben G, A, T und C bestehende Alphabet der DNA in Dreierkombinationen (Triplets) organisiert ist, die wiederum 20 Aminosäuren als Grundbausteine von Proteinen kodieren, wurde 1966 beschrieben. Zum Ende des 20. Jahrhunderts schließlich stellte das Human Genome Project einen ersten Entwurf vor, der die aus 3 Milliarden Nukleotidbasen bestehende Kette der menschlichen DNA kartierte. Ein Gen im klassischen Sinne ist ein DNA-Abschnitt, der in RNA überschrieben (Transkription) und schließlich in Aminosäuresequenzen umgesetzt wird (Translation). Tatsächlich trifft dies jedoch nur für weniger als 2% der menschlichen DNA zu. Auch bedeutet die Transkription von DNA in RNA nicht in jedem Fall, dass auch eine Translation in eine Aminosäure stattfinden muss. Zwischen Transkription und Translation findet bei nahezu allen Genen ein Prozess statt, der als Splicing bezeichnet wird: Dabei werden Teile der RNA-Segmente (Introns) abgetrennt und verbleiben im Zellkern, während die restlichen RNA-Segmente (Exons) wieder zusammengefügt werden, den Zellkern verlassen und Aminosäuren bilden. In diesem Zusammenhang wird häufig auch die Einteilung in Strukturgene und Regulatorgene vorgenommen (Strickberger, 1988), denn es wird angenommen, dass Introns an der Regulation der Transkription anderer Gene beteiligt sind. Die Unterscheidung zwischen Introns und Exons ist auch deswegen von Bedeutung, weil der Großteil der menschlichen Exons eine sehr hohe Ähnlichkeit zu DNA-Sequenzen anderer Spezies (z.B. Primaten) aufweist. Es ist daher denkbar, dass Unterschiede zwischen Spezies weniger durch Unterschiede in der reinen Anzahl von Genen zustande kommen, sondern subtilere Ursachen haben. Ebenso ist es denkbar, dass für interindividuelle Differenzen innerhalb von Spezies noch subtilere Ursachen verantwortlich sind, die möglicherweise eher mit Introns zusammenhängen und damit auf der Ebene genregulatorischer Prozesse angesiedelt sind. In eine ähnliche Richtung deutet ein erst kürzlich berichteter Fund so genannter Mikro- RNA (Eddy, 2001). Dabei handelt es sich um sehr kurze RNA-Sequenzen, die, anstatt sich an der Enkodierung von Proteinen zu beteiligen, funktionale RNA-Moleküle produzieren, denen eine große Bedeutung bei der Regulation der Genexpression, das heißt dem Ausdruck des Gens, zuzukommen scheint.

Zu den vordringlichsten Aufgaben der Molekulargenetik gehört es derweil, diejenigen DNA-Sequenzen zu identifizieren, die einen Beitrag zu interindividuellen Differenzen leisten. Wie bereits oben erwähnt, variiert der weitaus größte Teil des Genoms (ca. 99.9%) nicht zwischen den Individuen unserer Spezies. Somit treten nur bei durchschnittlich jedem tausendsten DNA-Basenpaar Unterschiede auf, was insgesamt einer geschätzten Anzahl von etwa 3 Millionen DNA-Variationen zwischen Menschen entspricht. Die meisten dieser Unterschiede betreffen nur ein einzelnes Basenpaar („Single Nucleotide Polymorphisms“, SNP). Es ist sehr wahrscheinlich, dass es eben diese Unterschiede sind, auf die die in verhaltensgenetischen Studien gefundenen Erblichkeiten psychologischer Merkmale zurückgehen. Besonders interessant könnten zum einen solche SNPs sein, die in kodierenden DNA-Abschnitten auftreten (cSNPs, für coding SNPs), da die Variation einzelner Basenpaare hier die resultierenden Proteine und deren Eigenschaften (z.B. Bindungsverhalten und Funktion) beeinflussen. Eine ebenso wichtige Rolle könnten SNPs in Regulatorregionen spielen, in denen die Genexpression gesteuert wird.

Verlassen wir die Betrachtungsebene einzelner Basenpaare und wenden uns noch einmal der Ebene der Gene zu. Hier wird eine ebenfalls wichtige Unterscheidung vorgenommen, die sich daran orientiert, in welchem Ausmaß sich ein Gen auf ein phänotypisches Merkmal auswirkt. Einzelne Gene, die für das Auftreten eines Merkmals notwendig und hinreichend sind, werden als „single major locus“ bezeichnet, häufig spricht man hier auch von monogenetischer Verursachung. Ein Beispiel für ein solches Gen ist das auf Chromosom 12 lokalisierte rezessive PKU-Gen (Lidsky et al., 1984), das die Stoffwechselstörung Phenylketonurie verursacht. Obwohl angenommen wird, dass es mehrere tausend monogenetische Erkrankungen gibt, von denen für mehrere hundert die genaue chromosomale Lokalisation bekannt ist (Plomin et al., 1999), werden für die große Mehrzahl komplexer psychischer Merkmale polygene Erbgänge angenommen. Mit anderen Worten, es wird davon ausgegangen, dass ein Zusammenwirken zahlreicher Gene bzw. Genorte (Loci) mit unterschiedlichen Effektgrößen bei der genetischen Beeinflussung solcher Merkmale vorliegt. Ist eine geringe Anzahl von Loci an einem Erbgang beteiligt, spricht man von einem oligogenischen Erbgang. Genloci in solchen multiplen Gensystemen werden QTLs (quantitative trait loci) genannt. Anders als monogenetische Effekte, die als notwendig und hinreichend für die Entwicklung eines Merkmals angesehen werden, sind QTLs weder notwendig noch hinreichend für die Entwicklung eines Merkmals. Stattdessen wird angenommen, dass QTLs inkrementell zur Merkmalsvarianz beitragen, ein Umstand, der gut mit der häufig beobachteten annähernden Normalverteilung komplexer Merkmale in der Population in Einklang steht. Mit dieser Vorstellung geht die Annahme einher, dass jedes einzelne QTL nur einen vergleichsweise geringen Beitrag zur Varianz des betreffenden

Merkmals beiträgt, möglicherweise weniger als 1%. Dies erschwert das Auffinden von QTLs erheblich. Dennoch stellt der QTL-Ansatz bzw. die Annahme multipler Gensysteme für nahezu alle komplexen psychologischen Merkmale, darunter Persönlichkeit und Intelligenz, aber auch für verschiedene Störungen, wie z.B. Schizophrenie, das Modell mit der größten Plausibilität und der weitreichendsten Akzeptanz dar (Plomin et al., 1999).

7.1.3.2 Methoden zur Entdeckung spezifischer Gene für Verhalten beim Menschen

Bei der Suche nach spezifischen Genen für Verhaltensmerkmale werden im Wesentlichen zwei Ansätze unterschieden: Linkage-Analysen und Assoziationsstudien. Linkage-Analysen eignen sich insbesondere für die genomweite Suche nach spezifischen Genen. Essentiell für Linkage-Analysen ist der Umstand, dass bei der Keimzellenbildung pro Chromosom durchschnittlich eine Rekombination auftritt, was dazu führt, dass DNA-Marker-Allele und die Allele gesuchter Gene nicht unabhängig voneinander vererbt werden und innerhalb von Familien über Generationen hinweg gemeinsam auftreten können. Ein Nachteil von Linkage-Analysen liegt darin, dass sie nur Gene mit relativ großem Einfluss aufspüren können, und dass sie zudem „weitsichtig" sind, denn aufgrund der geringen Zahl von Rekombinationen geben mit einem verursachenden Gen gekoppelte Marker zunächst nur grobe Hinweise auf den genauen Ort, an dem sich das eigentliche Gen auf dem Chromosom befindet. In Verbindung mit Assoziationsstudien, die üblicherweise Kandidatengene untersuchen und auch Gene mit kleineren Effekten aufdecken können, kann dieser Nachteil jedoch ausgeglichen werden. Assoziationsstudien sind nämlich besser in der Lage, den Ort, an dem sich ein verursachendes Gen befindet, einzugrenzen, weil sie unterschiedliche Allele an dem fraglichen Genlocus direkt mit dem untersuchten Merkmal in Beziehung setzen. Sie sind jedoch insofern „kurzsichtig", als sie exakte Hypothesen über eben diese verursachenden Genregionen voraussetzen. Linkage-Analysen und Assoziationsstudien sollen im Folgenden ausführlicher vorgestellt werden. Eine weiterführende Einführung in diese Techniken und deren Integrierung in Strukturgleichungsanalysen geben Vink und Boomsma (2002).

7.1.3.2.1 Linkage-Analyse

Bis vor kurzem stellten Linkage-Analysen die verbreitetste Methode dar, um spezifische Gene aufzuspüren, die mit Verhaltensmerkmalen in Beziehung stehen (Sham, 2003). Der Begriff Linkage (Kopplung) bringt dabei zum Ausdruck, dass verschiedene Genloci auf einem Chromosom nahe beieinander liegen. Die räumliche Nähe hat zur Folge, dass solche Gene innerhalb von Familien in der Regel gemeinsam weitervererbt werden. Dies bedeutet, dass auch die Allelausprägungen an den beiden Genloci gekoppelt sind, während weiter voneinander entfernt liegende Genloci aufgrund der Rekombination von Chromosomenabschnitten bei der Keim-zellenbildung (crossing-over) voneinander getrennt werden. Linkage stellt somit eine Ausnahme von Mendels Regel der unabhängigen Segregation von Genen dar (vgl. Plomin et al., 1999). Linkage-Analysen machen sich diesen Umstand zu Nutze, indem sie zunächst anhand von Familienstamm-bäumen über viele Generationen hinweg untersuchen, ob ein Verhaltens-merkmal oder eine Erkrankung mit dem Auftreten bestimmter DNA-Marker in Beziehung steht. Als DNA-Marker werden Chromosomen-abschnitte bezeichnet, die zwischen Individuen variieren können (Poly-morphismen). Wichtige Arten genetischer Polymorphismen sind Restriktions-Fragment-Längen-Polymorphismen (RFLP) und Variable-Number-of-Tandem-Repeats (VNTR). RFLP entstehen durch Veränderun-gen in der Nukleotid-Sequenz, die mittels geeigneter Restriktionsenzyme nachgewiesen werden können (vgl. Plomin et al., 1999). VNTR stellen eine sich mehrfach wiederholende Sequenz von Basenpaaren (bp) dar. Wird nun ein bedeutsamer Zusammenhang zwischen einem DNA-Marker und der untersuchten Erkrankung entdeckt, bedeutet dies entweder, dass der Marker selbst das gesuchte Gen oder ein Teil desselben ist, zumindest jedoch in seiner Nähe liegt. Eine Voraussetzung für den Erfolg dieses Verfahrens ist allerdings, dass das betreffende Gen einen starken Einfluss auf das Verhaltensmerkmal ausübt, denn die traditionelle Linkage-Analyse hat nur eine geringe Teststärke (Power). Besonders geeignet ist die Linkage-Analyse daher zur Aufdeckung der Ursachen monogenetischer Störungen. Eine Vielzahl derartiger Störungen ist mittlerweile bekannt (McKusick, 1998), und genaue Informationen darüber sind zwischen-zeitlich sogar frei über das Internet verfügbar (ftp://www.ncbi.nlm.nih.gov /omim). Ein Beispiel für eine erfolgreiche Linkage-Analyse stellt das Auffinden des Zusammenhangs zwischen der Huntington-Erkrankung und einem DNA-Marker auf Chromosom 4 dar (Gusella et al, 1983).

Die Stärke der Linkage-Analyse liegt insbesondere darin, dass sie mit einer vergleichsweise geringen Zahl von nur wenigen hundert DNA-Mar-kern ein systematisches Screening des menschlichen Genoms erlaubt, und der Nachweis eines Linkage zwischen einem DNA-Marker und einem Gen auf eine für molekulargenetische Analysen sehr große Distanz von bis zu 20 Zentimorgan (dies entspricht etwa einer Distanz von 20 Millionen

Basenpaaren) möglich ist (Sham, 2003). Die Stärke des Linkage wird üblicherweise mittels des LOD-Wertes (LOD=logarithmic odds ratio) angegeben (Morton, 1955), der aus dem Logarithmus des Verhältnisses zweier Wahrscheinlichkeiten bestimmt wird: der Wahrscheinlichkeit, die beobachteten Rekombinationshäufigkeiten zu erhalten, wenn die beiden DNA-Marker ein Linkage in der erwarteten Form aufweisen, gegenüber der Wahrscheinlichkeit, die beobachteten Rekombinationshäufigkeiten zu finden, wenn die beiden DNA-Marker kein Linkage aufweisen. In der Regel wird ein LOD-Wert >3 als signifikant interpretiert, wobei der Wert 3 einer Wahrscheinlichkeit von 103/1 für ein Linkage zwischen zwei Loci entspricht. Diejenige Region des Chromosoms, die einen Marker mit einem signifikanten LOD-Wert enthält, kann im Anschluss mittels eines feineren Netzes von Markern eingehender untersucht werden, um die genaue Lokalisation des Genes weiter einzugrenzen. Ist der Abschnitt des Chromosoms, der das fragliche Gen mit hoher Wahrscheinlichkeit enthält, ausreichend eingegrenzt, kann die DNA in dieser gesamten Region einer vollständigen Sequenzierung zur Aufdeckung vorliegender Polymorphismen unterzogen werden. Ein nächster möglicher Schritt wäre eine Assoziations-Studie (siehe unten).

Ein Nachteil von Linkage-Analysen liegt zum einen in der geringen Teststärke und zum anderen darin, dass ein erfolgreiches Linkage lediglich den ungefähren Ort angibt, an dem sich das ursächliche Gen auf dem Chromosom befindet. Die Eingrenzung des genauen Ortes, an dem sich das betreffenden Gen befindet, erfolgt in der Regel schrittweise (positional cloning) und kann sich mitunter als schwierig heraus stellen. Im Falle der Huntington-Krankheit vergingen bis zur Identifikation des ursächlichen Gens beispielsweise 10 Jahre (Huntington Disease Collaborative Research Group, 1993).

Die Anfänge dieser klassischen Form der Linkage-Analyse, die auch als parametrische Linkage-Analyse bezeichnet wird, gehen auf Arbeiten von Haldane und Smith (1947) sowie Morton (1955) zurück. Mit ihrer Hilfe war es in der Vergangenheit möglich, die genetischen Ursachen Hunderter, vergleichsweise seltener monogenetischer Störungen zu identifizieren. Parametrisch oder modellbasiert wird dieser Ansatz deshalb genannt, weil er ein explizites genetisches Modell erfordert, das besagt, in welcher Weise das Gen die Störung beeinflusst. So müssen beispielsweise a priori Annahmen über Allelfrequenzen oder die Art des genetischen Einflusses (dominant oder rezessiv) formuliert werden.

Eine zweite Form der Linkage-Analyse, die von Penrose (1935) begründet wurde, wird als nichtparametrische Linkage-Analyse bezeichnet. Sie basiert im Kern auf der Korrelation zwischen der phänotypischen Ähnlichkeit von Personen in Bezug auf das untersuchte Merkmal einerseits und dem Ausmaß, in dem diese Personen am untersuchten Genlocus herkunftsgleiche Allele (IBD = identical by descent) teilen andererseits. Dieser Ansatz wurde ursprünglich für die Untersuchung an Geschwisterpaaren entwickelt, von denen mindestens ein Geschwister das Merkmal aufweisen musste. Der nichtparametrische Ansatz hatte gegenüber dem parametrischen Ansatz den Vorteil, dass die Untersuchung betroffener Geschwisterpaare in der Regel leichter fiel als die Beschaffung großer Stammbäume einschließlich sämtlicher erforderlicher Information, die für die parametrische Analyse benötigt wurde.

In neuerer Zeit sind zahlreiche Weiterentwicklungen der traditionellen Linkage-Analyse-Methoden zu beobachten. Zum einen werden zunehmend quantitative Merkmale statt dichotomer Merkmale in die Untersuchungen einbezogen (Risch & Zhang, 1995). Darüber hinaus sind genauere Modelle über die Beziehung zwischen der Effektgröße genetischer Einflüsse und der Power einzelner Verfahren bei gegebener Stichprobengröße und deren relativer Merkmalsausprägung entwickelt worden, so dass mit Hilfe geeigneter Stichprobenselektion (z.B. Auswahl von Extremgruppen) die Power moderner Linkage-Analysen optimiert werden kann (Sham, 2003). Aufbauend auf den Prinzipien der nichtparametrischen Linkage-Analyse und dem Ansatz der Varianzzerlegung, wie er aus der Quantitativen Genetik bekannt ist und in Abschnitt 2.2. vorgestellt wurde, werden darüber hinaus zunehmend IBD-Werte von Verwandten an spezifischen Genloci in Strukturgleichungsanalysen modelliert (Schork, 1993; Amos, 1994; Eaves et al., 1996; Fulker & Cherny, 1996; Almasy & Blangero, 1998; Sham et al., 2000; Sham & Purcell, 2001).

7.1.3.2.2 Assoziations-Analysen

Im Gegensatz zu Linkage-Analysen sind Assoziations-Analysen typischerweise nicht auf das Vorliegen von Daten verwandter Personen angewiesen. Das Grundprinzip von Assoziations-Analysen sieht vielmehr vor, dass eine Korrelation zwischen einem bestimmten Allel und einer Merkmalsausprägung in einer Populationsstichprobe berechnet wird, wobei neben Merkmalsträgern auch eine Stichprobe von Kontrollpersonen erhoben wird (case-control design). Beispielsweise wurde auf diese Weise ein Zusammenhang zwischen einem Gen (Apolipoprotein E, APOE) und spät auftretender Alzheimer-Erkrankung untersucht. Es zeigte sich, dass ein bestimmtes Allel (APOE-4) bei 40% der von dieser Erkrankung Betroffenen auftrat, während die Häufigkeit dieses Allels in einer Kontrollgruppe nur etwa 15% betrug (Corder et al., 1993).

Abbildung 7.6 veranschaulicht, dass es sich bei APOE-4 zwar um einen Risikofaktor für die spät auftretende Alzheimer- Erkrankung handelt, dass APOE-4 jedoch weder eine notwendige noch eine hinreichende Bedingung für die Ausbildung der Krankheit darstellt, denn die Mehrzahl der Personen mit APOE-4 waren zum Zeitpunkt der Untersuchung nicht erkrankt (60%), während andererseits spät auftretender Alzheimer-Erkrankung auch bei solchen Personen vorkam, die APOE-4 nicht aufwiesen. Gleichwohl stellt APOE-4 offensichtlich einen eindeutigen Risikofaktor dar.

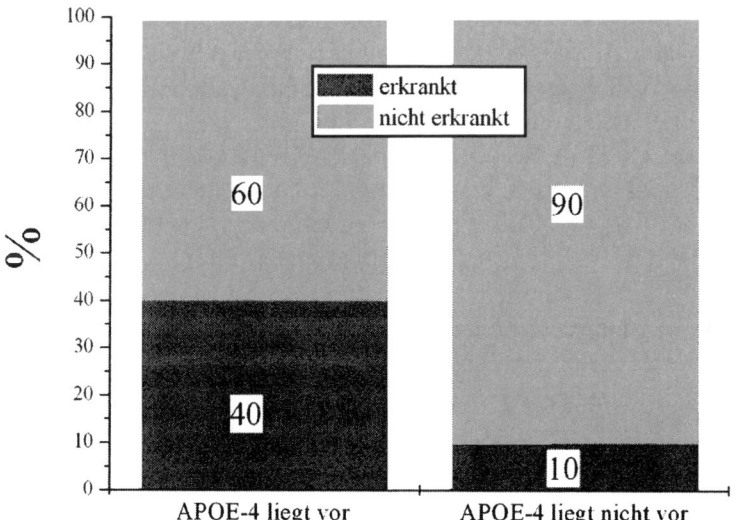

Abbildung 7.6: **Beziehung zwischen APOE-4 und der spät auftretenden Alzheimer-Erkrankung. Aus der Abbildung geht hervor, dass APOE-4 weder notwendig noch hinreichend für die Ausbildung der Erkrankung ist, denn es gibt betroffene Personen, die APOE-4 nicht aufweisen, und ebenso gibt es Träger von APOE-4, die nicht erkrankt sind. Gleichwohl erhöht sich bei Vorliegen des APOE-4-Allels das Risiko, an spät auftretender Alzheimer zu erkranken, um etwa das Vierfache (nach Corder et al., 1993, 1994).**

Für Assoziations-Analysen ist es notwendig, konkrete Hypothesen hinsichtlich des spezifischen Gens (Kandidaten-Gen) bzw. eines umgrenzenden Chrosomomenabschnittes zu formulieren, für das eine Assoziation mit einem Verhaltensmerkmal angenommen wird. Bei der Suche nach geeigneten Kandidatengenen können verschiedene Strategien angewendet werden. So kommt beispielsweise Genen, die Teil der physiologischen Systeme sind, von denen bekannt ist, dass sie das Merkmal beeinflussen, eine besondere Rolle zu. Des Weiteren können auch solche Gene als Kandidatengene in Frage kommen, die sich in Tierstudien als bedeutsam für das betreffende Merkmal erwiesen haben. Eine Schwierigkeit liegt jedoch häufig darin, dass die Anzahl potenzieller Kandidatengene bei komplexen psychischen Merkmalen üblicherweise sehr groß ist. Mit anderen Worten, Assoziations-Analysen weisen zwar eine höhere Power als Linkage-Analysen (Risch, 2000) auf und es ist in der Regel leichter, die Stichprobengröße in Assoziations-Analysen zu erhöhen, jedoch eignet sich diese Technik nicht unmittelbar für Screeningzwecke, also dafür, das gesamte Genom nach einer Assoziation zu durchsuchen. Findet sich jedoch in Assoziations-Analysen ein bedeutsamer Zusammenhang zwischen der Allelausprägung am untersuchten Genlocus und dem Merkmal, so bedeutet dies, dass der Locus selbst eine direkte Auswirkung auf das Merkmal hat oder aber sich in unmittelbarer Nähe des Gens befindet. Man spricht in diesem Zusammenhang häufig auch von Linkage Disequilibrium, womit bezeichnet wird, dass ein Markerallel (z.B. ein SNP) und der QTL auf dem Chromosom so nahe beieinander liegen, dass sie in der Population über viele Generationen hinweg gemeinsam vererbt werden (vgl. Vink & Boomsma, 2002)

Zudem gibt es verschiedene methodische Schwierigkeiten in Assoziationstudien (Owen et al., 1997). Zu den bedeutendsten Gefährdungen der Aussagekraft von Assoziationsstudien gehört ein Phänomen, das als ethnische Schichtung (population stratification) bezeichnet wird. Dieses Problem tritt dann auf, wenn sich die untersuchte Population aus zwei oder mehreren ethnischen Gruppen mit unterschiedlichen Allelhäufigkeiten zusammensetzt, und es zwischen diesen Gruppen zudem Differenzen in der Ausprägung des untersuchten Merkmals gibt, die entweder zufällig sind oder zumindest keine biologischen Ursachen haben. Assoziationsstudien kommen in dieser Situation jedoch möglicherweise zu einem falsch positiven Befund, wie Hamer und Sirota (2000) veranschaulichen. Sie schildern ein fiktives Szenario, in dem eine Assoziationsstudie den Hinweis auf ein Gen für das „Essen mit Stäbchen" erbringt, weil den Forschern entgangen war, dass in ihrer Stichprobe aus Asiaten und Kaukasiern unterschiedliche Allelfrequenzen und nichtbiologisch vermittelte

Verhaltensunterschiede konfundiert waren. Glücklicherweise gibt es verschiedene Möglichkeiten, der Gefährdung durch ethnische Schichtung zu begegnen. Pritchard und Rosenberg (1999) haben beispielsweise eine Methode entwickelt, mit der durch die Analyse zufällig ausgewählter zusätzlicher DNA-Marker auf das Vorliegen von ethnischer Schichtung geschlossen werden kann, die sich – falls keine ethnische Schichtung vorliegt – nicht zwischen den Gruppen unterscheiden. Zudem rückt die Untersuchung der Mitglieder von Kernfamilien wieder in den Mittelpunkt. Wenn nämlich ein Merkmal mit einem bestimmten Allel eines Kandidatengens innerhalb der Nachkommen einer Kernfamilie assoziiert ist, kann ethnische Schichtung als Verursachung ausgeschlossen werden; schließlich stammen natürliche Geschwister von den gleichen Vorfahren (und somit auch von der gleichen ethnischen Gruppe) ab. Der Transmission Disequilibrium Test (TDT; Spielman, McGinnis & Ewens, 1993) ist ein solches Verfahren, bei dem Familien-Trios (heterozygote Eltern und ein Kind) untersucht werden. Soll beispielsweise eine genetische Assoziation mit einem qualitativen Merkmal (z.B. einer Erkrankung) untersucht werden, erfasst der TDT-Test die Häufigkeit, mit der ein fragliches Allel von einem heterozygoten Elternteil auf das betroffene Kind übertragen wird. Weicht diese Häufigkeit signifikant von der erwarteten 50%-Grundwahrscheinlichkeit ab, gilt dies als Hinweis sowohl auf Assoziation als auch auf Linkage. Mittels TDT-Test ist auch die Untersuchung quantitativer Merkmale, wie etwa Persönlichkeit, möglich (Hamer & Sirota, 2000). In einer zweiten Methode werden diskordante Geschwisterpaare untersucht, das heißt, Geschwister, bei denen das Merkmal sowie die Allelhäufigkeiten variieren (Spielman & Ewens, 1998; Boehnke & Langefeld, 1998). Im Falle qualitativer Merkmale bedeutet dies, dass Geschwisterpaare untersucht werden, von denen mindestens ein Individuum erkrankt ist. Bei der Untersuchung quantitativer Merkmale stehen Geschwisterpaare mit segregierenden Allelen im Mittelpunkt des Interesses.

Die Rückkehr zu Familiendesigns zur Begegnung von Einflüssen durch ethnische Schichtung hat ihren Preis: Die Strichprobenrekrutierung ist üblicherweise aufwändiger, da die benötigten Familienkonstellationen vollständig sein müssen und nur solche Trios oder Geschwisterpaare analysiert werden können, bei denen das Merkmal oder das betreffende Allel variiert. Ohnehin hängt jedoch die Power und die Effizienz der vorgestellten Verfahren von einer Vielzahl weiterer Einflussfaktoren ab. Hierzu gehört zum einen die Erblichkeit des Merkmals bzw. das familiäre Risiko (Vink & Boomsma, 2002), das Ausmaß, in dem ein Marker polymorph ist, das heißt, wie viele unterschiedliche Allele in der Population vorkommen, die relative Häufigkeit einzelner Allele sowie deren ange-

nommene Effektgröße, der Grad an Linkage Disequilibrium sowie die
Selektion der Stichproben und etwaiger Kontrollgruppen (z.B. Abecasis et
al., 2000; McGinnis et al., 2002; Morton & Collins, 1998; Sham et al.,
2000).

7.1.3.3 Aktuelle Entwicklungen in der molekulargenetischen QTL-Forschung

Betrachtet man die jüngsten Entwicklungen hinsichtlich Methodik und
Anwendung molekulargenetischer Designs, so scheint sich eine Präferenz
für die Verwendung von Case-Control-Designs, das heißt die Verwendung
nichtverwandter Individuen, abzuzeichnen (Sham, 2003). Dies liegt zum
einen an der Entwicklung von Genotypisierungsverfahren mit hohem
Datendurchsatz, die eine zügige Analyse zahlreicher DNA-Marker ermöglichen, so dass Korrekturen für versteckte ethnische Schichtung vorgenommen werden können (Pritchard & Rosenberg, 1999). Zum anderen
wird in neuester Zeit mit Hilfe so genannter latenter Klassenmodelle
versucht, Populations-Substrukturen bei der Bewertung von Assoziations-
befunden zu berücksichtigen (Pritchard et al., 2000; Satten et al., 2001).
Auch werden in erhöhtem Ausmaß systematische genomweite Screenings zur Aufdeckung von Assoziationen durchgeführt. Obwohl die Assoziation zwischen einem Allel und einem Merkmal dann am stärksten ist,
wenn das Allel eine direkte, kausale Beziehung zum Phänotyp aufweist,
können aufgrund von Linkage Disequilibrium Hinweise auf Assoziation
auch dann gefunden werden, wenn das verursachende Allel lediglich in
der Nähe eines DNA-Markers liegt. Zwar ist für solche genomweiten
Scans auf Assoziation im Vergleich zu traditionellen Linkage-Analysen
ein Vielfaches an DNA-Markern vonnöten (Abecasis et al., 2001), jedoch
reduzieren neue Screeningmethoden die Gesamtzahl der benötigten Genotypisierungen. Zu diesen Ansätzen gehört das DNA-Pooling (Daniels et
al., 1998). Bei diesem Verfahren wird die DNA von mindestens zwei
verschiedenen Stichproben (z.B. zwei Extremgruppen, bei denen ein
bestimmtes Merkmal hoch oder niedrig ausgeprägt ist) gemeinsam analysiert. So reduziert sich die Anzahl notwendiger Genotypisierungen auf
einen Bruchteil der im Rahmen individueller Analysen notwendigen Zahl.
Die DNA-Pooling-Ergebnisse werden üblicherweise grafisch in Form von
AIPs (allel image patterns) dargestellt.

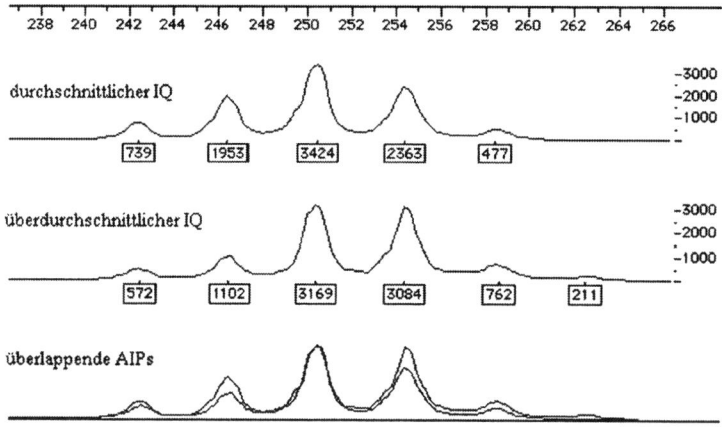

Abbildung 7.7:   AIP (allele image patterns) für DNA-Pooling-Ergebnisse aus dem IQ-QTL-Project (vgl. 7.3.3). Die Ab-
bildung zeigt die Häufigkeit verschiedener Allele
eines Tetranukleotid-DNA-Markers auf Chromosom
2 (D2S427). Die Daten stammen aus der Original-
stichprobe von Plomin et al. (2001) und zeigen AIPs
für überdurchschnittlich intelligente Probanden
(Mitte), für eine Kontrollgruppe (oben) sowie die
übereinander gelegten AIPs der beiden Gruppen
(unten). Die Zahlen oberhalb der AIPs stehen für die
Länge der Allele im untersuchten Marker (Anzahl
der DNA-Basenpaare), die sich jeweils um 4 Basenpaare (bp) unterscheiden. Die relative Häufigkeit
der einzelnen Allele wird durch die Höhe der Gra-
phen angezeigt, die genauen Zahlen sind darunter
angegeben. Fünf der dargestellten Allele für den
D2S427-Marker treten in beiden Pools auf. Ein
sechstes Allel, das 262 Basenpaare lang ist, hat eine
sehr geringe Häufigkeit und tritt nur in der Gruppe
überdurchschnittlich intelligenter Personen auf. Die
Unterschiede in den AIPS (ΔAIP) sind ebenso signifikant (Daniels et al., 1998) wie ein allel-spezifischer
Test für das gekennzeichnete Allel 2 (246bp;
$\chi^2 = 6.97$, p = .008). (Mit freundlicher Genehmigung
von Plomin et al., 2001).

Abbildung 7.7 zeigt DNA-Pooling-Ergebnisse aus dem IQ-QTL-Projekt (Plomin et al., 2001) für einen Marker auf Chromosom 2 (D2S427). Zu erkennen sind die Häufigkeiten der verschiedenen Allele dieses Markers für überdurchschnittlich intelligente Probanden (Mitte) und für eine Kontrollgruppe (oben). Die Allele unterscheiden sich jeweils in ihrer Länge um 4 Basenpaare (bp), das Kürzeste ist 242bp lang. Im unteren Bereich der Abbildung sind die übereinander gelegten AIPs der beiden Gruppen abgebildet. Die Zahlen oberhalb der AIPs stehen für die Länge der Allele im untersuchten Marker, die relativen Häufigkeiten der verschiedenen Allele wird durch die relative Höhe der Erhöhungen abgebildet. Als besonders interessant erwies sich Allel 4, für das sich zwischen den Gruppen ein Unterschied in der relativen Allelhäufigkeit zeigt. Dieses Allel könnte für eine Assoziation zwischen D4S2943 und dem untersuchten Merkmal, in diesem Fall Intelligenz, verantwortlich sein.

Fisher et al. (1999) haben die grundsätzliche Brauchbarkeit des DNA-Pooling-Ansatzes empirisch nachgewiesen. Hauptziel des Verfahrens ist es, in einem ersten Schritt mögliche Assoziationen zwischen Allelen und Merkmalsausprägungen aufzudecken, die in nachfolgenden Schritten dann mittels individueller Genotypisierungen und genauerer Designs überprüft werden sollen. Dennoch ergeben sich bei der Verwendung von Pooling als Screening-Instrument in Assoziationsstudien auch Probleme. So gehen Informationen über die Merkmalsvariation von Individuen innerhalb einer Extremgruppe verloren. Bedeutsame Kovariaten müssen bereits bei der Bildung der Pools berücksichtigt und ausgeglichen werden, da eine nachträgliche Korrektur nicht mehr möglich ist. Und schließlich beschränken sich die Ergebnisse auf Haupteffekte von Allelen; Wechselwirkungen zwischen Allelen können mittels Pooling nicht aufgedeckt werden (Sham, 2003).

Neben DNA-Pooling hat auch die Entwicklung so genannter DNA-Chips zur Realisierbarkeit umfangreicher molekulargenetischer Analysen beigetragen (vgl. Plomin et al., 2001). DNA-Chips bestehen aus kleinen Glasplatten, auf die einsträngige DNA-Abschnitte bekannter Sequenz (cDNA; complementary DNA) oder sehr kurze DNA-Fragmente, die nur wenige Basen umfassen (Oligonukleotide), aufgetragen werden. Diese reagieren mit komplementärem Genmaterial in den zu untersuchenden Genproben, ein Vorgang, der als Hybridisieren bezeichnet wird. Wird ein DNA-Marker identifiziert, leuchten auf dem Chip winzige fluoreszierende Punkte auf, die durch einen Laser sichtbar werden. DNA-Chips erlauben eine zügige und vor allem simultane Analyse tausender DNA-Marker (Watson & Akil, 1999). Diese Technologie ist vor allem in Verbindung mit der immer größer werdenden Zahl bekannter DNA-Marker vielversprechend. Ein internationales SNP-Konsortium ist derzeit damit beschäftigt, 300.000 der verbreitetsten SNPs, insbesondere cSNPs, zu identifizieren. Zunehmend sind (c)SNP-Datenbanken zur Verwendung in wissenschaftlichen Forschungsprojekten auch über das Internet zugänglich.

7.2 Verhaltensgenetische Befunde zu Persönlichkeitsmerkmalen

Dem Aufbau dieses Buches folgend werden wir in den nachfolgenden Abschnitten die Befunde zu Persönlichkeitsmerkmalen und Fähigkeitsbereichen berichten. Anders als in anderen Forschungsgebieten der biologisch orientierten Persönlichkeitspsychologie werden in quantitativen verhaltensgenetischen Studien meist eine Reihe von Persönlichkeitsmerkmalen in einer Untersuchung oder Metaanalyse gemeinsam behandelt. Dies gilt insbesondere für die Dimensionen Extraversion, Neurotizismus, Offenheit für Erfahrung, Verträglichkeit und Gewissenhaftigkeit des Fünf-Faktoren Modells der Persönlichkeit (FFM), das auch in der modernen Persönlichkeitsforschung eine zentrale Stellung einnimmt (Wiggins, 1996). Basierend auf der Grundgliederung des Buches werden jedoch die Bereiche Gewissenhaftigkeit und Verträglichkeit unter „Psychotizismusassoziierte Konstrukte" gefasst, da beide gemeinsame Varianz mit diesem Faktor aufweisen. Offenheit für Erfahrungen verbleibt als eigenständiges Konstrukt. Zur Vermeidung zu großer Überlappungen stellen wir im Folgenden die verhaltensgenetischen Studien zum Neurotizismus ausführlicher dar als für die anderen hier behandelten Dimensionen. Dies soll dem Leser ermöglichen, beispielhaft die Befunde der quantitativen Verhaltensgenetik nachzuvollziehen.

Im Gegensatz zur quantitativen Verhaltensgenetik haben sich die biologische Psychologie und die Molekulargenetik in der Vergangenheit stärker auf die vereinheitlichte biosoziale Theorie der Persönlichkeit von Cloninger (1986, 1987), die u.a. die Dimensionen Novelty Seeking und Harm Avoidance umfasst, auf das Konzept des Sensation Seeking von Zuckerman (1994) sowie auf das neurobiologische Persönlichkeitsmodell der positiven und negativen Emotionalität (Depue, 1995; Depue & Collins, 1999) konzentriert. Im vorliegenden Beitrag soll jedoch die Vorstellung molekulargenetischer Befunde angelehnt an das theoretische Rahmenmodell des FFM erfolgen. Die vorliegende Darstellung greift dabei insbesondere solche Forschungsansätze auf, für die bereits Replikationsstudien unternommen wurden bzw. für die eine Einschätzung der Robustheit der

Ergebnisse möglich ist. Zur Vertiefung seien die Arbeiten von Benjamin, Ebstein und Belmaker (2002) sowie von Brocke et al. (im Druck) empfohlen.

7.2.1 Persönlichkeitsmessung und Verhaltensgenetik

Nimmt man eine der umfassendsten Darstellungen der verhaltensgenetischen Forschung in der deutschen Übersetzung zur Hand (Plomin et al., 1999), dann fällt auf, dass Persönlichkeitsmerkmalen etwa 7 von 242 Seiten gewidmet sind. Dies ist keinesfalls ausschließlich darin begründet, dass in diesem Bereich nur wenige Studien publiziert wurden. Eine Reihe von Faktoren trägt dazu bei, dass der Untersuchung von Persönlichkeitsmerkmalen in der Verhaltensgenetik insgesamt nur ein relativ geringer Stellenwert zugesprochen wird. Ein bedeutsamer Faktor besteht darin, dass die verhaltensgenetische Forschung an Erwachsenen bisher fast ausschließlich auf Selbstberichten basiert, die mit Hilfe von Persönlichkeitsfragebogen erfasst werden.

Nun soll hier keineswegs argumentiert werden, dass die Verwendung von Persönlichkeitsfragebogen methodisch schlecht ist. Kritisiert werden muss eine Forschungsstrategie aber, wenn sie nahezu ausschließlich auf einer Methode basiert. Brody (1993) fasst diesen Punkt pointiert zusammen, indem er betont, dass vorliegende Studien nicht die Verhaltensgenetik von Persönlichkeitsmerkmalen, sondern die Verhaltensgenetik von Selbstberichten über Persönlichkeitsmerkmale zum Gegenstand haben.

Borkenau et al. (2000) führen vor allem Wahrnehmungseffekte (perceiver effects) und Kontrasteffekte an, die insbesondere in verhaltensgenetischen Untersuchungen problematisch sind. Wahrnehmungseffekte sind ein etabliertes Phänomen in der Erforschung von Prozessen der Personenwahrnehmung (Kenny, 1994). Wahrnehmungseffekte (alltagssprachlich auch als subjektive Wahrnehmung bezeichnet) haben zur Folge, dass Beurteilungen einer Zielperson durch zwei andere Personen bei weitem nicht perfekt übereinstimmen. Selbstberichte basieren jedoch stets auf der Wahrnehmung verschiedener Personen, weil eine große Zahl von Zielpersonen sich selbst einschätzt. Stellen wir uns vor, zusammen aufgewachsene Zwillinge stimmten in ihrem Verhalten perfekt überein. Würde ihr Verhalten von zwei externen Beurteilern beurteilt, dann stimmten die Einschätzungen der Beurteiler dennoch nur mäßig überein. In der verhaltensgenetischen Forschung hat dies zur Konsequenz, dass genetische Effekte oder Effekte der geteilten Umwelt zugunsten von Effekten der spezifischen Umwelt deutlich unterschätzt werden. Nun könnte man zwar einwenden, dass genetisch eng verwandte Personen in ihren Beurteilungen besser übereinstimmen als fremde Personen, weil ihre Beurteilungen auf der Anwendung von Bedeutungssystemen basieren, die selbst wiederum genetisch beeinflusst sein können. Überzeugender ist es jedoch, Beurteilereffekte auszuschließen oder zu kontrollieren. Dieses ist in systematischen Beobachtungsstudien und durch die Erhebung von mehreren Bekanntenbeurteilungen möglich.

Kontrasteffekte in Persönlichkeitsbeurteilungen stellen insbesondere ein Problem für Zwillingsstudien dar, obgleich nicht ausgeschlossen werden kann, dass sie auch in anderen verhaltensgenetischen Untersuchungsdesigns eine Rolle spielen (Borkenau, 1993; Carey, 1986; Heath et al., 1992; Loehlin, 1986; Rose, 1995; Saudino & Eaton, 1991). In Persönlichkeitsfragebogen finden wir häufig Items wie „Ich werde schnell nervös", für deren Beantwortung die Person ihr eigenes Verhalten relativ zum Verhalten anderer Personen beurteilen muss. Mitglieder der eigenen Familie, besonders aber Zwillingsgeschwister, mögen für solche Vergleiche eine besondere Rolle spielen. Solche impliziten Vergleiche innerhalb von Paaren, deren Beurteilungen dann ja wiederum die Grundlage der verhaltensgenetischen Auswertungen darstellen, können zur Folge haben, dass die Varianz innerhalb der Paare überschätzt wird. Dies hat niedrigere Intraklassen-Korrelationen zur Folge. Von solchen Kontrasteffekten sind natürlich nicht nur Selbstbeurteilungen, sondern auch Beurteilungen anderer Personen betroffen, wenn die einschätzende Person beide Mitglieder des Paares gut kennt.

So werden Kontrasteffekte als eine wahrscheinliche Erklärung dafür angeführt, dass für Temperamentseinschätzungen von Kindern, die durch die eigenen Mütter vorgenommen werden, regelmäßig sehr geringe, gelegentlich sogar negative Korrelationen für ZZ gefunden werden, während die Korrelationen für EZ im mittleren positiven Bereich liegen (Neale & Stevenson, 1989; Spinath & Angleitner, 1998). Andererseits kann auch nicht ausgeschlossen werden, dass Einschätzungen von Zwillingen Assimilationseffekten unterliegen. Ebenso wie Wahrnehmungseffekte können auch Kontrast- und Assimilationseffekte durch systematische Beobachtungen und möglichst objektive Persönlichkeitsmaße kontrolliert oder vermieden werden. Bekanntenbeurteilungen können jedoch Kontrast- und Assimilationseffekten unterliegen, wenn die Beurteiler beide Zielpersonen eines Paares kennen.

Im Folgenden werden wir dort, wo entsprechende Arbeiten vorliegen, diesen besondere Aufmerksamkeit widmen. Borkenau et al. (2000) haben eine umfassende Zusammenstellung von systematischen Beobachtungsstudien vorgelegt. Diese wurden in der Regel an Kindern durchgeführt und umfassen wegen des vergleichsweise hohen Aufwandes der Datenerhebung meist nur relativ kleine Probandenstichproben. Die Variabilität der Befunde der Beobachtungsstudien im Vergleich zu Fragebogenstudien an erwachsenen Probanden ist sehr hoch. Hierfür kann neben der geringen Probandenzahl eine Reihe von Gründen verantwortlich sein.

7.2.2. Neurotizismus

7.2.2.1 Befunde quantitativ verhaltensgenetischer Untersuchungen

Neurotizismus und Extraversion können als diejenigen Persönlichkeitsmerkmale angesehen werden, denen in der verhaltensgenetischen Forschung die meiste Aufmerksamkeit zuteil wurde. Besonders Eysenck bemüht sich, diese Konstrukte, zu denen er grundlegende Arbeiten bereits in den 40er Jahren des vergangenen Jahrhunderts vorlegte (Eysenck, 1944), mit einer biologisch orientierten Theorie zu begründen (Eysenck, 1952). Dies legte es nahe, auch Erblichkeit von Extraversion und Neurotizismus zu untersuchen. So legten Eysenck und Prell (1951) beispielsweise eine interessante, bezüglich der Probandenzahl (20 EZ-, 24 ZZ-Paare) aber wenig aussagekräftige Zwillingsuntersuchung zum Neurotizismus vor. In dieser Untersuchung wurden objektive Maße an Kindern erhoben. Die Ergebnisse dieser Studien lieferten Hinweise auf eine substantielle Erblichkeit des Neurotizismus. Ein aus den objektiven Maßen bestimmter Faktorenwert korrelierte in einer Höhe von .85 zwischen den EZ. Die Zwillingskorrelation für die ZZ betrug .22. Wegen der geringen Anzahl von Zwillingspaaren sollte dies jedoch nicht als Beleg für nicht additive Genwirkungen gewertet werden.

In den nachfolgenden Jahrzehnten wurde dann eine Reihe groß angelegter Zwillingsstudien durchgeführt, in denen teilweise auf jeweils nationale Zwillingsregister zurückgegriffen werden konnte. In derartigen Zwillingsregistern sind alle Zwillingsgeburten erfasst. Die Probanden werden dann über Melderegister ausfindig gemacht. Unterschiedliche Persönlichkeitsfragebogen kamen in diesen Studien zum Einsatz. Während die meisten Studien auf das Eysenck Personality Inventory (EPI, Eysenck & Eysenck, 1964) zurückgriffen oder eine Kurzform dieses Fragebogen benutzten, gaben Loehlin und Nichols (1976) ihren Probanden das California Personality Inventory (CPI, Gough, 1957) vor und selegierten a priori Items, die Neurotizismus messen sollten. Riemann et al. (1997) verwendeten die Kurzform des Neuroticism, Extraversion, Openness-Personality Inventory (NEO-PI), das NEO-Five Factor Inventory (NEO-FFI, Borke-nau & Ostendorf, 1993; Costa & McCrae, 1989). Bezüglich des Alters der Probanden gibt es deutliche Unterschiede zwischen den einzelnen Unter-suchungen. So waren alle Probanden in der Studie von Loehlin und Ni-chols (1976) 17 oder 18 Jahre alt, während beispielsweise in der austra-lischen und der deutschen Zwillingsstudie der gesamte Altersbereich von Heranwachsenden bis über 70jährigen vertreten war. Die Zwillingskorrela-tionen für die Selbstberichtdaten aus sieben unabhängigen Zwillings-studien sind in Tabelle 7.2 getrennt für männliche und weibliche Proban-den wiedergegeben.

Der Vergleich dieser Zwillingskorrelationen für jede einzelne Studie und jedes Geschlecht zeigt zunächst, dass stets die Korrelationen für EZ deutlich höher ausfallen als die Korrelationen für ZZ. Über alle Studien und beide Geschlechter gemittelt (mit Gewichtung entsprechend der jeweiligen Teilstichprobengröße, nach Fischers Z-Transformation) ergibt sich für die EZ eine Korrelation von .48 und für die ZZ eine Korrelation von .20. Dies deutet nicht nur auf eine deutliche genetische Beeinflussung des Neurotizismus hin, sondern legt auch die Vermutung nahe, dass nicht additive genetische Effekte für Neurotizismus bedeutsam sind. In keiner der angeführten Studien ergeben sich Hinweise auf die Wirksamkeit der von Zwillingen geteilten Umwelt auf selbst berichteten Neurotizismus. Wir haben allerdings bereits oben darauf hingewiesen, dass solche Schlussfolgerungen, wenn sie ausschließlich aus Analysen mit zusammen-aufgewachsenen Zwillingen stammen, mit Vorsicht zu behandeln sind.

Leider liegen deutlich weniger Adoptionsstudien als Zwillingsstudien für Persönlichkeitsmerkmale vor. Bevor wir auf deren Befunde eingehen, soll kurz die Frage behandelt werden, welche Korrelationen in einem Adoptionsdesign aufgrund der Korrelationen der angeführten Zwillings-studien zu erwarten sind. Da ZZ genetisch betrachtet einander so ähnlich sind wie natürlich Geschwister, sollten die Korrelationen zwischen leibli-chen Geschwistern eher kleiner als .20 sein, da Geschwister sich im Ge-gensatz zu Zwillingen im Alter unterscheiden. Dies gilt noch etwas ausge-prägter für Korrelationen zwischen Kindern und ihren leiblichen Eltern. Paarungen innerhalb der Adoptivfamilie sollten wegen des aus den Zwil-lingsstudien nahegelegten Fehlens von Effekten der geteilten Umwelt unkorreliert sein. Das bedeutet, die entsprechenden Korrelationen sollten aufgrund des Stichprobenfehlers um Null schwanken.

Tabelle 7.2:   **Zwillingsstudien zum Neurotizismus. Zwillingskorrelationen und Anzahl der Probanden (in Klammern) für Selbstberichte.**

Zwillingsstudie	Männliche Zwillinge		Weibliche Zwillinge	
	EZ	ZZ	EZ	ZZ
Australien	.46 (566)	.18 (351)	.52 (1233)	.26 (751)
Finnland	.33 (1027)	.12 (2304)	.43 (1293)	.18 (2520)
Grossbritannien	.51 (70)	.02 (47)	.45 (233)	.09 (125)
Schweden	.46 (2279)	.21 (3670)	.54 (2720)	.25 (4143)
USA	.58 (197)	.26 (122)	.48 (284)	.23 (190)
Deutschland NEO-FFI	.60 (151)	.12 (51)	.49 (509)	.22 (149)

Quellen: Australien: Martin & Jardine (1986); Finnland: Rose et al. (1988); Grossbritannien: Eaves et al. (1989); Schweden: Floderus-Myrhed et al. (1980); USA: Loehlin & Nichols (1976); Deutschland: Riemann et al. (1997).

Loehlin (1992) hat teilweise unpublizierte Daten aus drei Adoptionsstudien zusammengetragen. Alle Teilnehmer der Adoptionsstudien waren alt genug, um den gleichen Fragebogen zu bearbeiten wie ihre leiblichen und Adoptiveltern (älter als 14 in der texanischen Studie, 16–22 in der Minnesota-Studie und erwachsen in der britischen Studie). Daten für natürliche Familien wurden mit Ausnahme der texanischen Studie an vergleichbaren Familien gewonnen, da Persönlichkeitsmaße für die biologischen Eltern der Adoptivkinder nicht vorlagen. In der texanischen Studie wurden biologische Kinder der Adoptiveltern einbezogen. In allen drei Studien kamen die Adoptierten früh in ihre Adoptivfamilie und haben längere Zeit dort gelebt. Die Neurotizismuswerte wurden als Selbstberichte erhoben, wobei wiederum der EPI (Minnesota), der Eysenck Personality

Questionnaire (EPQ, Eysenck & Eysenck, 1975) (Großbritannien) und der CPI (mit besonderer Auswertung der Items) eingesetzt wurden.

Tabelle 7.3: **Adoptionsstudien zum Neurotizismus. Korrelationen und Anzahl der Probanden (in Klammern) für Selbstberichte.**

	Grossbritannien	Minnesota	Texas	gew. Mittel
Mutter biologisches Kind	.13 (309)	.21 (255)	.01 (57)	*.15*
Vater biologisches Kind	.10 (236)	.14 (255)	-.13 (56)	*.10*
Mutter adoptiertes Kind	-.03 (127)	.12 (187)	-.03 (257)	*.02*
Vater adoptiertes Kind	.21 (93)	-.09 (182)	.16 (247)	*.08*
Biologisch verwandte Kinder	.04 (418)	.28 (135)	-.12 (17)	*.09*
Per Adoption verwandte Kinder	.23 (58)	.05 (75)	.09 (125)	*.11*

Quellen: Grossbritannien: Eaves et al., 1989; Minnesota: Scarr et al., 1981; Texas: Loehlin et al., 1985. Siehe auch Loehlin (1992) für Ergänzungen.

Bei der Betrachtung der in Tabelle 7.3 zusammengefassten Ergebnisse dieser Adoptionsstudien fällt zunächst wiederum die große Variabilität der Befunde auf. Insbesondere für die Gruppen, in denen nur vergleichsweise wenige Probanden untersucht wurden, müssen wir mit einem großen Stichprobenfehler der Korrelationen rechnen. Jedoch können nicht alle Unterschiede zwischen den drei Adoptionsstudien auf Stichprobenfehler zurückgeführt werden. Entgegen den Erwartungen korrelieren Adoptiv-geschwister im Mittel geringfügig niedriger als leibliche Geschwister, was besonders auf die Ergebnisse der britischen Studie zurückzuführen ist. Die mittleren Korrelationen für diese beiden Geschwisterpaarungen legen die Schlussfolgerungen nahe, dass genetische Effekte für Neurotizismus keinerlei Rolle spielen, und dass die von Geschwistern geteilte Umwelt etwa 10% der Varianz erklärt. Diese Schlussfolgerungen entsprechen jedoch nicht den Befunden für leibliche Mütter und Adoptivmütter. Die Befunde der Minnesota-Studie stimmen hingegen insgesamt recht gut mit den Erwartungen überein, die wir aufgrund der Ergebnisse der Zwillings-studien formuliert haben.

Bisher müssen wir festhalten, dass die Daten aus Zwillingsstudien und die Befunde aus Adoptionsstudien nicht zu einheitlichen Schlussfolgerun-gen führen. Die mit beiden Designs in verschiedenen Studien (und Län-dern) erzielten Ergebnisse sind zudem inhomogen, das heißt, die Befunde der aufgeführten Studien unterscheiden sich teilweise statistisch bedeut-sam voneinander (Loehlin, 1992). Studien an getrennt aufgewachsenen EZ, in denen auch weitere verhaltensgenetisch informative Gruppen unter-sucht wurden, liefern weitere deutliche Belege für einen genetischen Einfluss auf Neurotizismus, sind aber wiederum inhomogen. Zudem sind die Korrelationen, betrachtet man allein ihre Höhe, inkonsistent mit den verhaltensgenetischen Modellannahmen. Diese Inkonsistenz besteht darin, dass Korrelationen getrennt aufgewachsener Zwillinge nicht größer sein sollten als Korrelationen zusammen aufgewachsener Zwillinge. Dies scheint in einigen der in Tabelle 7.4 berichteten Vergleichen der Fall zu sein. Eine Signifikanzprüfung ergibt jedoch, dass diese Abweichungen als Stichprobenfehler aufzufassen sind. Nicht aufzulösen ist hingegen der Befund der schwedischen Zwillingsstudie, in der die Korrelation zwischen getrennt aufgewachsenen EZ kleiner ist als die Korrelation zwischen getrennt aufgewachsenen ZZ. Insgesamt legen die in Tabelle 7.4 wie-dergegebenen Befunde eine moderate Erblichkeit zwischen .39 (EZ ge-trennt) und .46 (ZZ getrennt) nahe. Hinweise auf nicht additive genetische Effekte ergeben sich hieraus nicht. Für EZ (Vergleich getrennt vs. zu-sammen aufgewachsen) zeigt es sich, dass die von Zwillingen geteilte Umwelt einen geringen Anteil der Varianz erklärt (7%). Für die Korrela-tionen für ZZ erweist sich dieser Effekt jedoch als sehr schwach (1%).

Lassen sich diese insgesamt recht inkonsistenten Befunde in ein ein-heitliches Modell der Wirkungen von Anlage und Umwelt auf Neurotizis-muswerte, die auf Selbstberichten basieren, integrieren? Die Antwort auf diese Frage ist nicht nur eine Frage der statistischen Prüfung eines der-artigen Modells, sondern auch eine Frage der wissenschaftlichen Orientierung. So könnte das Forschungsinteresse gerade auf die Klärung der Ursachen divergierender Befunde gerichtet werden.

Tabelle 7.4: **Adoptionsstudien zum Neurotizismus. Geschwisterkorrelationen und Anzahl der Probanden (in Klammern) für Selbstberichte.**

	Finnland	Schweden	Minnesota	Grossbritannien	Gewichtetes Mittel
Getrennt aufgewachsene EZ	.25 (30)	.25 (95)	.61 (44)	.53 (42)	*.39*
Zusammen aufgewachsene EZ	.32 (47)	.41 (217)	.54 (217)	.38 (43)	*.46*
Getrennt aufgewachsene ZZ	.11 (95)	.28 (218)	.29 (27)		*.23*
Zusammen aufgewachsene ZZ	.10 (135)	24 (204)	.41 (114)		*.24*

Quellen: Finnland: Langinvainio et al., 1984; Schweden: Pedersen et al., 1988; Minnesota: Tellegen et al., 1988; Grossbritannien: Shields (1962).

Die für diese Fragestellung zu geringe Anzahl von Studien und der erhebliche Aufwand, in den verschiedenen Ländern entsprechende Replikationsstudien durchzuführen, lässt dieses Vorgehen jedoch gegenwärtig nicht als besonders erfolgversprechend erscheinen. Zudem sind, wie in der Darstellung der Studien bereits angedeutet, die Unterschiede in den Vorgehensweisen (einschließlich der verwendeten Fragebogen) sehr groß. Loehlin (1992) entwickelte daher ein sehr differenziertes Strukturgleichungsmodell und prüfte dessen Anpassungsgüte an die hier berichteten Daten (außer den Daten der finnischen Studie an gemeinsam aufgewachsenen Zwillingen und den neueren Zwillingsstudien). In diese Analysen gingen noch einige weitere Studien ein, die Familienmitglieder von Zwillingen mit einbezogen.

Loehlin (1992) berücksichtigte sieben Parameter in seinem vollständigen Modell: additive genetische Effekte (a^2), nicht additive genetische

Effekte (i^2), von männlichen und weiblichen EZ geteilte Umwelteffekte (c^2_{MZm} und c^2_{MZf}) sowie entsprechende von Geschwistern geteilte Umwelteffekte (c^2_{Sm} und c^2_{Sf}) und Effekte der nicht geteilten Umwelt (e^2). Da hier Daten aus verschiedenen Designs vorliegen, ist es möglich, die „equal environments assumption" zu prüfen. Sie ist verletzt, wenn die von EZ geteilten Umwelteffekte statistisch bedeutsam sind. Die Prüfung von Epistaseeffekten (i^2) anstelle von Effekten der Dominanzabweichung hat keinen Einfluss auf die Modellprüfung. Die Effekte der spezifischen, ungeteilten Umwelt stellen in diesem Modell einen Residualparameter dar. Tatsächliche spezifische Umwelteffekte sind in diesem Modell mit Messfehlervarianz konfundiert.

Die Prüfung dieses vollständigen Modells stellt den ersten Schritt der Modellierung verhaltensgenetischer Daten dar. In nachfolgenden Schritten werden jeweils reduzierte Modelle geprüft, in denen einzelne der genannten Parameter nicht berücksichtigt werden oder einige Unterscheidungen aufgegeben werden (beispielsweise unterschiedliche Effekte der geteilten Umwelt für Männer und Frauen). Diese reduzierten Modelle werden dann mit der Anpassungsgüte des vollständigen Modells verglichen. Beschreibt ein reduziertes Modell die Daten nicht signifikant schlechter als das vollständige Modell, ist dieses reduzierte Modell vorzuziehen, weil es eine kaum geringere Anpassungsgüte aufweist, aber eine sparsamere Beschreibung darstellt. Zwei reduzierte Modelle, zwischen denen auf der Grundlage der vorliegenden Daten nicht eindeutig unterschieden werden konnte, beschreiben die Daten angemessen, das heißt, die Abweichung zwischen den aus den Modellen vorhergesagten Korrelationen und den empirisch beobachteten Korrelationen ist über alle Studien betrachtet nicht signifikant. Im ersten dieser Modelle werden additive genetische Effekte (a^2=.31), Effekte der von EZ geteilten Umwelt (c^2_{MZ}=.17) sowie Effekte der von Geschwistern geteilten Umwelt (c^2_S=.05) berücksichtigt. Das zweite Modell, dessen Anpassungsgüte geringfügig besser ist als die des erstgenannten, berücksichtigt die folgenden Parameter: additive Effekte (a^2=.27), nicht additive genetische Effekte (i^2=.14) sowie Effekte der von Geschwistern geteilten Umwelt (c^2_S=.07). Die Kombination spezifischer Umwelteffekte und des Messfehlers erklärt im erstgenannten Modell 53% und im zweitgenannten Modell 52% der Varianz.

Die Ergebnisse der Metaanalyse von Loehlin (1992) bestätigen natürlich den Eindruck, den auch die Durchsicht der Befunde der einzelnen Studien nahe legt. Genetische Variabilität ist für den mittels Selbstberichten gemessenen Neurotizismus eine bedeutsame Varianzquelle. Sie erklärt zwischen 31% und 41% der gesamten phänotypischen Varianz. Die von Geschwistern geteilte Umwelt ist vergleichsweise unbedeutend und erklärt lediglich zwischen 5% und 7% der Varianz. Eine Verletzung der „equal environments assumption" kann aufgrund dieser Analysen zwar nicht ausgeschlossen werden; direkte Überprüfungen (z.B. Borkenau et al., 2002) bestätigen jedoch deren Gültigkeit. Als größte Varianzquelle erweist sich die Kombination von Effekten der spezifischen Umwelt und des Messfehlers. Beide Effekte können in den vorliegenden Daten nicht zuverlässig getrennt werden. Vorsichtig kann die Messfehlervarianz aus der Reliabilität von Fragebogenskalen jedoch auf etwa 15% geschätzt werden. Somit ergäbe sich für Neurotizismus ein Effekt der nicht geteilten Umwelt in der Größenordnung von unter 30%.

In Tabelle 7.5 haben wir entsprechende Parameterschätzungen aus neueren Studien zusammengestellt, die noch nicht in die Metaanalyse von Loehlin (1992) eingingen. In der Zwillingsstudie von Riemann et al. (1997) wurden neben Selbstberichten für jeden Zwilling zusätzlich zwei Bekanntenbeurteilungen erhoben. Diese wurden von Personen vorgenommen, die einen der Zwillinge sehr gut, den anderen aber möglichst überhaupt nicht kennen sollten. Diese Einschätzungen erfolgten auf einer für Bekanntenbeurteilungen angepassten Version des NEO-FFI. Jang et al. (1998) berichten Parameterschätzungen, die ebenfalls auf einer Studie an zusammen aufgewachsenen Zwillingen basieren. Hier wurden jedoch Daten einer kanadischen und einer deutschen Stichprobe analysiert, die jeweils das NEO-PI-R bearbeiteten. Die deutsche Teilstichprobe überlappt erheblich mit der Stichprobe von Riemann et al.. Die Analyse von Loehlin et al. (1998) stellt eine Reanalyse der Daten von Loehlin und Nichols (1976) dar. Die von Loehlin und Nichols eingesetzten Selbsteinschätzungen in Bezug auf zwei Adjektivlisten sowie die Skalen des CPI wurden von Experten den Dimensionen des Fünf-Faktoren-Modells zugeordnet. Somit standen in dieser Reanalyse Daten aus drei Selbstberichtverfahren zur Verfügung. Waller (1999) verwendete in seiner Untersuchung das Inventory of Personal Characteristics (IPC-7, Tellegen et al., 1991), ein Verfahren, das ein Modell sieben breiter Persönlichkeitsdimensionen erfassen sollen. Wir berichten hier die Ergebnisse für die Skala Negative Emotionalität, die große Nähe zum Neurotizismus aufweist.

Tabelle 7.5: **Ergebnisse neuerer Zwillingsstudien zum Neurotizismus. Parameterschätzungen für additive genetische Varianz (a^2), Varianz aufgrund von Dominanzabweichung (d^2), Varianz aufgrund geteilter Umwelt (c^2) und Varianz aufgrund spezifischer Umwelterfahrungen (e^2).**

	Anz. EZ	Anz. DZ	a^2	d^2	c^2	e^2
Riemann et al. (1997) Selbstbericht	660	200	.52	n.v.	n.v.	.48
Riemann et al. (1997) Bekannte	660	200	.61[1]	n.v.	n.v.	.39
Jang et al. (1998)	618	380	.49	n.v.	n.v.	.51
Loehlin et al. (1998)	490	317	.58	n.v.	n.v.	.42
Waller (1999)	313	91	.42	n.v.	.12	.46
Borkenau et al. (2001)	168	132	.50	n.v.	.20[2]	.30

Anmerkungen: n.v. bedeutet, dass die entsprechenden Parameterschätzungen nicht verfügbar sind. Dies ist darauf zurückzuführen, dass üblicherweise nur solche Parameter berichtet werden, die im Vergleich eines vollständigen Modells mit reduzierten Modellen statistisch bedeutsam sind. Da in Studien an gemeinsam aufgewachsenen Zwillingen c^2 und d^2 nicht getrennt bestimmt werden können, ist einer der beiden Parameter stets nicht verfügbar.

[1] Ein unplausibles Modell (siehe 7.2.2.1), das ausschließlich Effekte der Dominanzabweichung und der spezifischen Umwelt berücksichtigt, erzielt eine geringfügig bessere Anpassungsgüte. Zugleich ist die Anpassung der reduzierten AE- und DE-Modelle nicht signifikant schlechter als die eines Modells mit drei Parametern (a^2, d^2, e^2). Die Parameterschätzungen für das DE-Modell sind $d^2=.63$, $e^2=.37$.

[2] Wegen des vergleichsweise geringen N und der daraus resultierenden geringen Teststärke berichten Borkenau et al. (2001) die Schätzung für c^2, obgleich das drei Parameter einschließende (ACE) Modell keine signifikant bessere Anpassungsgüte aufweist als das reduzierte (AE) Modell.

Die Studie von Borkenau et al. (2001) unterscheidet sich deutlich von den übrigen Studien. Hier wurde eine Stichprobe von gemeinsam aufgewachsenen Zwillingen jeweils getrennt einen Tag lang einer systematischen Verhaltensbeobachtung unterzogen. Die Probanden wurden im Labor mit 15 Situationen konfrontiert, in denen ihr Verhalten auf Video aufgezeichnet wurde. So sollten sich die Probanden in einer Situation vor laufender Kamera selbst vorstellen oder in einer anderen Situation aus Papier einen möglichst hohen Turm bauen. Das Verhalten der Probanden wurde in jeder Situation von vier Beobachtern unabhängig in Bezug auf Markiervariablen des Fünf-Faktoren-Modells eingeschätzt. Zur Vermeidung von Assimilations- oder Kontrasteffekten schätzte jeder Beurteiler jeweils nur einen Zwilling eines Paares ein.

Für das Verständnis der in Tabelle 7.5 berichteten Parameterschätzungen ist es wichtig zu betonen, dass in einigen der Studien (Bekanntenbeurteilungen bei Riemann et al., 1997; Loehlin et al., 1998; Borkenau et al., 2001) die phänotypische Varianz mittels latenter Variablen bestimmt wurde. In diesen Fällen ist der Effekt der spezifischen Umwelt nicht mit Messfehlervarianz konfundiert. Die phänotypische Varianz ist gleichsam um den Messfehler bereinigt. Dies hat zur Folge, dass die Parameterschätzungen für genetische Effekte und Effekte der geteilten Umwelt tendenziell größer ausfallen.

Die Befunde der neueren Zwillingsstudien bestätigen die Befunde der älteren Studien gut. Additive genetische Effekte erweisen sich in allen Studien, in denen Selbstberichte analysiert wurden, als bedeutsame Varianzquelle. Diese Studien liefern jedoch keine gesicherten Hinweise auf nicht additive Genwirkungen. Die Ergebnisse von Loehlin et al. (1998) belegen, dass Erblichkeitsschätzungen höher ausfallen, wenn die phänotypische Varianz Messfehler-bereinigt ist. Die Bedeutung der Befunde von Riemann et al. (1997) und Borkenau et al. (2001) ist hier vor allem darin zu sehen, dass der genetische Einfluss auf Neurotizismus unabhängig von der Verwendung von Selbstberichtfragebogen nachgewiesen werden kann. Allerdings zeigen die Ergebnisse für die Bekanntenbeurteilungen bedeutsame nicht additive Genwirkungen. Die Analysen der Beobachtungsdaten deuten auf einen Effekt der von Zwillingen geteilten Umwelt hin. Dies gilt, wie wir sehen werden, auch für weitere Persönlichkeitsmerkmale. Dieser Effekt ist jedoch statistisch nicht bedeutsam. Inkonsistent mit den älteren (Tabelle 7.2) und neueren Zwillingsstudien ist der von Waller (1999) berichtete Effekt für die geteilte Umwelt. Da für das von Waller eingesetzte Instrument keine weiteren verhaltensgenetischen Studien vorliegen, kann die Ursache hierfür nicht geklärt werden.

7.2.2.2 Molekulargenetische Befunde

Seit Mitte der 90er Jahre wird im Zusammenhang mit den Merkmalsbereichen Neurotizismus (Emotionale Labilität) und Depression ein Serotonin-Transporter-Polymorphismus (5-HTTLPR) untersucht. Dieser Serotonin-Transporter kommt an allen serotonergen Nervenendigungen vor und spielt eine entscheidende Rolle bei der Beendigung serotonerger Transmitterwirkung. Die Bedeutung des Serotonin-Transporters ist zudem durch klinische Studien bei der Behandlung von Depression und Angststörungen gut belegt (vgl. Brocke et al., im Druck). Das Serotonin-Transporter-Gen weist in seiner Regulator-Region einen Polymorphismus auf, bei dem eine Sequenz von 44 Basenpaaren bei etwa 40% der untersuchten Personen fehlt. Diese kurze Variante des so genannten 5-HTTLPR-Polymorphismus, die als S-Allel bezeichnet wird, bewirkt eine verringerte Serotonin-Wiederaufnahme (siehe Lesch et al., 1996; Greenberg et al., 1999). Lesch et al. (1996) beobachteten signifikant erhöhte Harm Avoidance-Werte (geschätzt aus NEO-PI-R-Werten) sowie erhöhte NEO-PI-R-Neurotizismus-Werte bei Personen mit dem 5-HTTLPR-S-Allel. Replikationsstudien ergaben jedoch inkonsistente Resultate. Von 18 Studien erbrachten lediglich acht signifikante Befunde in der erwarteten Richtung (Positivbefunde: u.a. Ricketts et al., 1998; Sirota et al., 1999; Greenberg et al., 2000; Negativbefunde: u.a. Ball et al., 1997; Ebstein et al., 1997). Dabei scheinen die Größe der Stichprobe und die Geschlechterzusammensetzung wichtige Faktoren für das (Nicht-) Auffinden der Assoziation zu sein. Greenberg et al. (2000) beobachteten darüber hinaus signifikant niedrigere Verträglichkeits-Werte bei Vorliegen des S-Allels. Letztere Assoziation wurde bisher noch nicht repliziert.

Cloninger et al. (1998) führten 1998 mittels einer nichtparametrischen Linkage-Analyse ein genomweites Screening für mit dem Tridimensional Personality Questionnaire (TPQ) erfasste Persönlichkeitsmerkmale durch. An der Studie nahmen nahezu 1000 Personen teil, darunter 758 Geschwisterpaare aus 117 Kernfamilien. Diese Studie erbrachte starke Hinweise darauf, dass ein Genlocus auf Chromosom 8 (8p21–23) den größten Teil der additiven genetischen Varianz, nämlich 38%, im Merkmal Harm Avoidance aufklärte (LOD-Wert = 3.2, P = 0.0006). Zudem fanden sich Hinweise auf nicht-additive genetische Effekte (Epistase), also Interaktionen des Locus auf 8p mit Loci auf den Chromosomen 18p, 20p und 21q. Einschränkend ist zu dieser Studie jedoch anzumerken, dass die Replikation dieser Befunde derzeit noch aussteht, und es sich bei der Stichprobe um eine besondere Population, nämlich um Alkoholiker, handelte.

7.2.3 Extraversion

7.2.3.1 Befunde quantitativ verhaltensgenetischer Untersuchungen

Auch für die Persönlichkeitsdimension Extraversion liegen eine Reihe von verhaltensgenetischen Untersuchungen vor. Die älteren in der Metaanalyse von Loehlin (1992) zusammengefassten Studien weisen innerhalb der verschiedenen Forschungsdesigns eine deutlich geringere Inhomogenität auf, als dies für Neurotizismus zu berichten war.

Aus den in Tabelle 7.2 berichteten Studien haben wir für das Merkmal Extraversion die Zwillingskorrelationen für EZ und ZZ getrennt gemittelt (gewichtet). Die mittlere Korrelation für EZ beträgt r = .54, die für ZZ r = .22. Beide Werte liegen somit geringfügig höher als die Werte für Neurotizismus. Sie legen eine Erblichkeit im weiteren Sinne von h^2_B=.54 nahe und deuten auf geringfügige Effekte nicht additiver Genwirkungen hin. Die von Zwillingen geteilte Umwelt hat in diesen Studien keinen nachweisbaren Effekt.

Die entsprechend Tabelle 7.3 gemittelten Korrelationen des Merkmals Extraversion in Adoptionsstudien betragen für Mütter und ihre biologischen Kinder r = .12, für Väter und ihre biologischen Kinder r = .21, für Adoptivmütter und ihre Adoptivkinder r = –.01 sowie für Adoptivväter und Adoptivkinder r = .03. Für gemeinsam aufwachsende biologische Geschwister beträgt die Korrelation r = .20, während Adoptivgeschwister sogar eine geringe negative Korrelation von r = –.07 aufweisen. Zusammengenommen ergibt sich aus den Adoptionsstudien somit eine Schätzung der additiven Genwirkungen zwischen h^2=.24 (auf der Basis der Korrelation zwischen biologischen Müttern und ihren Kindern) und h^2=.40 aus den Korrelationen der biologischen Väter mit ihren Kindern sowie aus der Korrelation biologischer Geschwister. Gerade diese Korrelationen, die anhand zusammenlebender Familienmitglieder gewonnen wurden, können üblicherweise nicht für eine Erblichkeitsschätzung herangezogen werden. Dies ist für die vorliegenden Daten nur deshalb möglich, da die Korrelationen zwischen „Umweltverwandten" anzeigen, dass die Effekte der von Eltern und ihren Kindern sowie von Adoptivgeschwistern geteilten Umwelt für Extraversion unbedeutend sind.

Die Korrelationen aus Studien mit getrennt aufgewachsenen Zwillingen (wie Tabelle 7.4) stützen die groben Analysen der Untersuchungen an gemeinsam aufgewachsenen Zwillingen und Adoptionsstudien insofern, als auch diese eine deutliche Erblichkeit von Extraversion nahe legen. Die mittlere Korrelation für getrennt aufgewachsene EZ von r = .39 ist eine

Schätzung der Erblichkeit im weiteren Sinne. Für gemeinsam aufgewachsene EZ beträgt die Korrelation r = .56. Dieser Wert entspricht zwar gut dem oben berichteten Mittelwert aus den Studien an gemeinsam aufgewachsenen Zwillingen, ist im Kontext der Studien an getrennt aufgewachsenen Zwillingen aber vor allem auf eine hohe Korrelation in der Minnesota-Studie zurückzuführen (ohne diese Studie sinkt die Korrelation auf r = .48). Dies ist insofern von Bedeutung, als der Vergleich der getrennt und gemeinsam aufgewachsenen Zwillinge eine Schätzung des Effekts der geteilten Umwelt ergibt (für alle Daten immerhin $c^2 = .17$). Dieser ist in denselben Studien für ZZ jedoch nicht zu finden, denn die mittlere Korrelation für getrennt aufgewachsene ZZ (r = .05) unterscheidet sich deutlich geringer von der Korrelation für gemeinsam aufgewachsene ZZ (r = .11), wobei wiederum die Korrelationen der Minnesota-Studie die Extremwerte darstellen (ZZ getrennt, –0.07; ZZ zusammen .18).

Für die kombinierte Analyse aller verfügbaren Daten, die er auf die gleiche Weise vornimmt, wie wir es für die Dimension Neurotizismus (7.2.2.1) beschrieben haben, berichtet Loehlin (1992) formal dieselben reduzierten Modelle, die die vorliegenden Daten gut zusammenfassen. Modell 1 umfasst wiederum die additive genetische Varianz, die Varianz der von EZ geteilten Umwelt sowie die von Geschwistern geteilte Umweltvarianz. Die entsprechenden Parameterschätzungen – $h^2=.36$, $c^2_{EZ}=.15$ und $c^2_S=0.0$ – weisen jedoch die von Geschwistern geteilte Umwelt als unbedeutsam für die individuellen Ausprägungen der Extraversion aus. Modell 2 berücksichtigt neben der additiven genetischen Varianz und der von Geschwistern geteilten Umwelt nicht additive (epistatische) genetische Effekte. Die Parameterschätzungen betragen $h^2=.32$, $i^2=.17$ und $c^2_S = .02$.

Die in Tabelle 7.6 zusammengefassten Ergebnisse neuerer Zwillingsstudien, die wiederum auch Analysen von Bekanntenbeurteilungen und Verhaltenseinschätzungen enthalten, zeigen – mit Ausnahme der Arbeit von Waller (1999) – ein sehr einheitliches Bild. Additive genetische Effekte und Effekte der von Zwillingen nicht geteilten Umwelt erklären diese Daten gut. Die Erblichkeitsschätzungen variieren nur geringfügig innerhalb der Studien, in denen Effekte der spezifischen Umwelt mit der Messfehlervarianz konfundiert sind (.49–.56), und innerhalb der Studien, die latente Variablen zur Bestimmung der phänotypischen Varianz heranziehen (.58 –.62). In hohem Ausmaß stützen Bekanntenbeurteilungen und Beobachtungsdaten die auf Selbstberichten basierenden Parameterschätzungen.

Zieht man Loehlins (1992) zweites Modell heran, dann ergeben die Befunde insgesamt ein sehr einheitliches Bild. Genetische Quellen erklären etwa 50% der phänotypischen Varianz von Extraversion, und Effekte der spezifischen Umwelt sowie Messfehlervarianz sind für die verbleibenden interindividuellen Differenzen verantwortlich. Bei Kontrolle des Messfehlers steigt die Erblichkeitsschätzung auf ca. 60%.

Tabelle 7.6: **Ergebnisse neuerer Zwillingsstudien zur Extraversion. Parameterschätzungen für additive genetische Varianz (a^2), Varianz aufgrund von Dominanzabweichung (d^2), Varianz aufgrund geteilter Umwelt (c^2) und Varianz aufgrund spezifischer Umwelterfahrungen (e^2).**

	Anzahl EZ	Anzahl DZ	a^2	d^2	c^2	e^2
Riemann et al. (1997) Selbstbericht	660	200	.56	n.v.	n.v.	.44
Riemann et al. (1997) Bekannte	660	200	.60	n.v.	n.v.	.40
Jang et al. (1998)	618	380	.50	n.v.	n.v.	.50
Loehlin et al. (1998)	490	317	.57	n.v.	n.v.	.44
Waller (1999)	313	91	.49[1]	n.v.	n.v.	.51
Borkenau et al. (2001)	168	132	.62	n.v.	n.v.	.38

Anmerkungen: Siehe Tabelle 7.5.
[1] Ein unplausibles Modell (siehe 7.2.2.1), das ausschliesslich Effekte der Dominanzabweichung und der spezifischen Umwelt berücksichtigt, erzielt eine geringfügig bessere Anpassungsgüte. Zugleich ist die Anpassung der reduzierten AE- und DE- Modelle nicht signifikant schlechter als die eines Modells mit drei Parametern (a^2, d^2, e^2). Die Parameterschätzungen für das DE-Modell sind $d^2 = .50$, $e^2 = .50$.

7.2.3.2 Molekulargenetische Befunde

Die ersten Berichte über Assoziationen spezifischer Gene mit Persönlichkeitsmerkmalen wurden 1996 veröffentlicht (Benjamin et al., 1996; Ebstein et al., 1996; Lesch et al., 1996). Während die Arbeit von Lesch et al. (1996) im Zusammenhang mit dem Neurotizismuskonstrukt aufgegriffen werden soll (vgl. 7.2.2), stehen die beiden anderen Studien mit der Untersuchung von Novelty Seeking aus dem Modell Cloningers (1986, 1987) in engerem Zusammenhang mit dem Extraversionskonstrukt und werden daher an dieser Stelle vorgestellt. Novelty Seeking wird definiert als Tendenz zur Verhaltensaktivierung als Antwort auf neue Stimuli oder Hinweisreize für potentielle Belohnung bzw. potentielle Beendigung von Monotonie oder Bestrafung (Cloninger, 1987). Diese Aktivierung führt zu Exploration im Hinblick auf potentielle Belohnung sowie zu aktivem Vermeidungsverhalten bezüglich Monotonie oder potentieller Bestrafung. Interindividuelle Unterschiede in Novelty Seeking sind nach Cloninger (1987) rückführbar auf die differentielle Reaktivität des Verhaltensakti-vierungssystems (behavioral activation system, BAS, siehe auch Gray, 1982).

Bei dem im Zusammenhang mit Novelty Seeking untersuchten Poly-morphismus handelt es sich um einen VNTR im Dopamin-D4-Rezeptor-Gen (Exon III). D4-Rezeptoren werden als postsynaptische Rezeptoren mit hoher Dichte im frontalen Neokortex sowie im limbischen System exprimiert. Ergebnisse aus Tierstudien legen die Annahme nahe, dass D4-Rezeptoren an der Modulation der Ansprechbarkeit gegenüber Neuheit beteiligt sind. Zudem zeigt das D4-Rezeptor-Gen (DRD4) eine außer-ordentlich hohe Variabilität (vgl. Okuyama et al., 1999), was seine Eig-nung für molekulargenetische Studien erhöht.

Die Varianten des DRD4-Markers unterscheiden sich darin, wie oft eine 48 Basenpaare umfassende Sequenz wiederholt wird. Die Wiederho-lungshäufigkeit variiert zwischen zwei- und zehnfach, wobei die häufigs-ten dieser Repeat-Varianten der 4-Repeat mit etwa 60% Allelhäufigkeit und der 7-Repeat mit etwa 20% Allelhäufigkeit sind. Funktionelle Analy-sen des DRD4 Exon III Polymorphismus legen nahe, dass die kürzeren Formen der Allele (2–5 Wiederholungen) mit einem höheren Bindungs-potential des D4-Rezeptors und einer effizienteren Hemmung des Second-Messenger-Systems einhergehen als die längeren Formen (6 und mehr Wiederholungen; siehe zusammenfassend Paterson, Sunohara & Kennedy, 1999), was damit einhergeht, dass diese Personen weniger externe Stimu-lation benötigen, um ein vergleichbares Niveau dopaminerger Aktivierung zu erzielen bzw. zu erhalten. Aufgrund der weitreichenden Einflüsse des dopaminergen Systems wurde der DRD4 Exon III Polymorphismus neben Persönlichkeit mit einer Vielzahl weiterer Verhaltensmerkmale in Bezie-hung gesetzt, darunter unter anderem Substanzmissbrauch und Abhängig-keit, Schizophrenie und Aufmerksamkeitsdefizit-Hyperaktivitätsstörung (vgl. Brocke et al., im Druck).

In Bezug auf Persönlichkeit berichtete die Forschergruppe um Ebstein (1996), dass Personen mit mindestens einer Kopie der DRD4 Exon III 7-

Repeat-Variante signifikant höhere Werte in Novelty Seeking zeigten als Personen ohne das 7-Repeat-Allel (Ebstein et al., 1996). Parallel zu dieser Arbeit fanden Benjamin et al. (1996) signifikant erhöhte Extraversions-Werte und signifikant niedrigere Gewissenhaftigkeits-Werte (erfasst mit dem Revidierten NEO-Personality-Inventory, NEO-PI-R, Costa & McCrae, 1992) bei Personen mit einer oder zwei Kopien des DRD4 Exon III 7-Repeat-Allels. Auch aus dem NEO-PI-R geschätzte Novelty-Seeking-Werte waren in der erwarteten Richtung mit dem DRD4 Exon III Polymorphismus assoziiert.

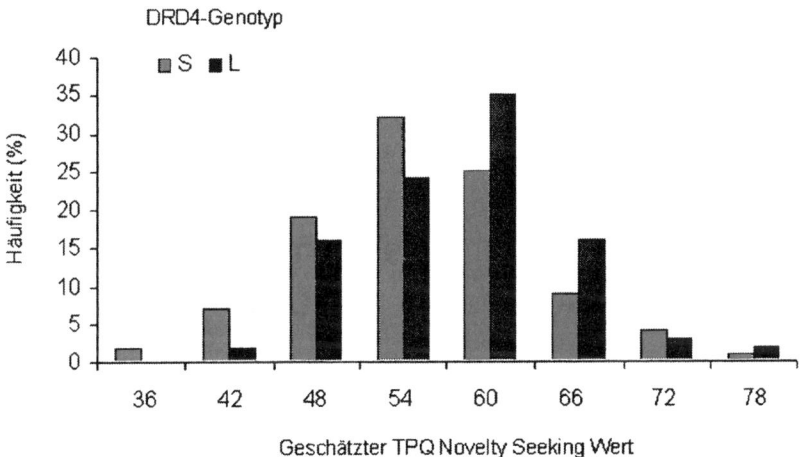

Abbildung 7.8:   **Zusammenhang zwischen der längeren Form des Allels für DRD4 und erhöhten Novelty-Seeking-Werten. Die Überlappung der Novelty-Seeking-Werte bei Personen, welche die kürzere Variante des Alles aufweisen (S) und denen mit der längeren Variante (L) verdeutlicht, dass der Effekt nicht sehr stark ist. In der Studie von Benjamin et al. (1996) klärte das DRD4-Allel etwa 4% der Merkmalsvarianz von Novelty Seeking auf.**

Abbildung 7.8 veranschaulicht den Befund von Benjamin et al. (1996), demzufolge Personen mit der langen Form des DRD4-Allels (dunkle

Balken) tendenziell höhere Novelty-Seeking-Werte aufweisen als Personen mit der kurzen Form (helle Balken). Aus der deutlichen Überlappung der Verteilungen für die beiden Gruppen ist ersichtlich, dass der Unterschied zwischen den Gruppen quantitativer und nicht qualitativer Natur ist. Tatsächlich handelt es sich um einen eher geringen Effekt, denn der DRD4-Polymorphismus erklärt nur etwa 4% der Merkmalsvarianz.

Zudem erbrachten nachfolgende Studien inkonsistente Resultate (vgl. etwa Paterson et al., 1999). Nur etwa die Hälfte der durchgeführten Replikationsstudien konnten eine Assoziation des Polymorphismus mit dem Novelty Seeking-Gesamtwert oder den Subskalen feststellen (Positivbefunde: u.a. Noble et al., 1998; Strobel et al., 1999; Negativbefunde: u.a. Malhotra et al., 1996; Pogue-Geile et al., 1998). Ein Überblick über diese Arbeiten findet sich bei Prolo und Licinio (2002). Eine abschließende Bewertung bedarf jedoch weiterer Studien, da bisherige Arbeiten zum Teil deutliche Mängel im Design aufwiesen (für eine weiterführende Darstellung siehe Brocke et al., im Druck).

Angesichts der Vielzahl molekulargenetischer Studien zum Konstrukt Novelty Seeking mag es erstaunen, dass das verwandte Merkmal Sensation Seeking (Zuckerman, 1994) nur selten unmittelbarer Gegenstand molekulargenetischer Forschungsbemühungen war. Sensation Seeking wird verstanden als Suche nach neuartigen, wechselnden und intensiven Erfahrungen, verbunden mit der Bereitschaft, für solche Erlebnisse körperliche, soziale, rechtliche und finanzielle Risiken in Kauf zu nehmen. Neben seiner inhaltlichen Nähe zu Novelty Seeking erscheint Sensation Seeking auch deshalb als guter Kandidat für molekulargenetische Forschungen, weil Zuckerman interindividuelle Differenzen in Sensation Seeking schon frühzeitig mit dem Enzym Monoamin-Oxidase (MAO) in Verbindung gebracht hat, das in zwei Formen (A und B) vorliegt und beim Abbau monoaminer Neurotransmitter beteiligt ist (Zuckerman, 1994). Ein Zusammenhang zwischen niedriger MAO-B Konzentration und erhöhten Sensation-Seeking-Werten gilt ebenso als gesichert wie eine hohe Korrelation zwischen Novelty Seeking und der Skala Impulsive Sensation Seeking (Zuckerman & Cloninger, 1996). Dennoch berichten Zuckerman und Kuhlman (2000) in einer aktuellen Übersichtsarbeit lediglich indirekte Befunde (bezüglich DRD4), die keinen unmittelbaren Hinweis auf erfolgreiche Assoziationen zu Sensation Seeking enthalten.

7.2.4 Impulsivität

7.2.4.1 Befunde quantitativ verhaltensgenetischer Untersuchungen

Die Persönlichkeitseigenschaft Impulsivität, der in der biologisch orientierten Persönlichkeitsforschung große Bedeutung zukommt, wurde in der verhaltensgenetischen Forschung systematisch überwiegend als ein spezifisches Konstrukt untersucht, das unter breitere Dimensionen subsumiert werden kann. Dabei ist festzustellen, dass Impulsivität in Eysencks Faktorensystem zunächst als ein Primärfaktor der Extraversion angesehen wurde, später dann als Primärfaktor des Psychotizismus. Dies erklären Eysenck und Eysenck (1985) damit, dass Impulsivität selbst ein heterogenes Konstrukt sei, das sowohl Überlappungen mit Extraversion als auch mit Psychotizismus aufweise. Demgegenüber lokalisiert Gray (Pickering et al., 1999) Impulsivität in einer Ebene, die die Faktoren Extraversion und Neurotizismus aufspannen, näher zu Extraversion (im 30 Grad Winkel zu Extraversion). Diese Ebene ist jedoch orthogonal zur Psychotizismusdimension. Im Fünf-Faktoren-Modell von Costa und McCrae (1992) ist Impulsivität dagegen eine Facette des Neurotizismus.

Wenn Impulsivität ein multifaktorielles Konstrukt ist, das deutlich mit breiteren Dimensionen überlappt, von denen wir zwei schon als teilweise erblich beschrieben haben, dann muss Impulsivität ebenfalls eine gewisse Erblichkeit aufweisen. Loehlin (1992), der Impulsivität unter Extraversion subsumiert, berichtet wiederum eine Metaanaylse für Impulsivität, die nur teilweise auf denselben Daten basiert wie die Analysen für Neurotizismus und Extraversion. Obgleich, wie bereits für Neurotizismus und Extraversion, die beiden oben angeführten Modelle nicht verworfen werden können, erzielt das Modell 2, das additive genetische Effekte und Epistaseeffekte berücksichtigt, eine deutlich bessere Anpassungsgüte. Die additive genetische Varianzkomponente wird auf $a^2 = .21$ geschätzt, die nicht additive Komponente auf $i^2 = .23$. Effekte der geteilten Umwelt sind insgesamt unbedeutend.

Jang et al. (1998) bestimmten die Erblichkeit der Facetten des NEO-PI-R und somit auch der Impulsivitätsfacette. Die Zwillingskorrelationen für diese Facette (kanadische EZ .38, ZZ .27, deutsche EZ .36 ZZ .21) deuten im Gegensatz zu den Ergebnissen Loehlins (1992) eher auf geringfügige Effekte der von Zwillingen geteilten Umwelt hin. Die Analyse der kombinierten kanadischen und deutschen Stichprobe mit Hilfe von Strukturgleichungsmodellen ergibt jedoch eine sehr gute Passung für ein Modell, das ausschließlich additive genetische Effekte ($a^2 = .37$) und Effekte der spezifischen Umwelt ($e^2 = .63$) berücksichtigt. Bei der im Vergleich zu Neurotizismus und Extraversion geringeren Erblichkeit für Impulsivität gilt es zu berücksichtigen, dass im NEO-PI-R Impulsivität mit nur 8 Items und somit wesentlich unreliabler erfasst wird als die breiten Dimensionen des Fünf-Faktoren-Modells (je 48 Items).

Eigentliches Anliegen der Analyse von Jang et al. (1998) war es jedoch, zu prüfen, ob die Facetten des NEO-PI-R auch dann noch genetisch beeinflusst sind, wenn die Varianz, die sie mit den breiten Dimensionen gemeinsam haben, statistisch kontrolliert wird. In der Tat zeigte sich, dass dies der Fall ist. Die Residuen der Impulsivität (nachdem Neurotizismus, Extraversion, Offenheit, Gewissenhaftigkeit und Verträglichkeit auspartialisiert wurden) zeigten eine Erblichkeit von ($a^2 = .26$), die vergleichsweise gering ist. Wird jedoch die geringe Reliabilität der Residualwerte in Betracht gezogen, dann erklären additive genetische Effekte immerhin 46% der zuverlässig messbaren Varianz der Residuen. Die Studien, die Bekanntenbeurteilungen oder Verhaltensbeobachtungen erhoben, erlauben keine Auswertung für Impulsivität.

Wie erwartet, erwies sich auch die Impulsivität als teilweise genetisch beeinflusst. Da in den von Loehlin (1992) zusammengestellten Studien andere Skalen Verwendung fanden als in der Untersuchung von Jang et al. (1998), kann nicht entschieden werden, ob die Unterschiede zwischen den Ergebnissen bezüglich nicht additiver genetischer Effekte auf das Design oder die verwendeten Fragebogen zurückzuführen sind. Bedeutsam ist jedoch der Befund einer moderaten Erblichkeit für die Residuen. Dieser deutet darauf hin, dass Gene nicht ausschließlich in einer als „top-down" zu charakterisierenden Weise wirken. Wäre dies der Fall, könnte man annehmen, dass wenige breite Persönlichkeitsdimensionen genetisch beeinflusst sind und spezifischere Konstrukte nur deshalb als erblich erscheinen, weil sie mit den breiten Eigenschaften phänotypisch korreliert sind. Stattdessen lassen die Befunde von Jang et al. den Schluss zu, dass spezifische durch Gene gesteuerte Prozesse spezifische Eigenschaften beeinflussen. Dies gilt nicht nur für Impulsivität, sondern für 26 der 30 Facetten des NEO-PI-R.

7.2.4.2 Molekulargenetische Befunde

Die Zahl molekulargenetischer Studien zur Impulsivität ist derzeit noch gering, wenngleich es insbesondere die impulsivitätsnahen Facetten verschiedener Konstrukte (wie etwa Sensation Seeking) sind, die sich bisher als vielversprechende Ansatzpunkte für die Identifizierung spezifischer Gene erwiesen haben (vgl. 7.2.3.2). Neben möglichen Beziehungen mit Kandidatengenen aus dem Bereich dopaminerger Rezeptoren und Transporter gibt es Kandidatengene aus dem Bereich der serotonergen Neurotransmission, die auf eine mögliche Assoziation mit Polymorphismen in 5-HT2-Rezeptoren hindeuten, die ebenso wie die bereits besprochenen DRD4-Rezeptoren postsynaptisch angesiedelt sind. Insbesondere das 5-HT2A-Rezeptor-Gen weist eine Reihe von Polymorphismen auf, von denen ein spezifisches Allel bei Alkoholabhängigen mit erhöhten Werten in Impulsivitäts-Maßen einherging (Preuss et al., 2001). Eine Assoziation im Bereich serotoninrelevanter Enzyme wurde von New et al. (1998) für Tryptophan-Hydroxylase (TPH) berichtet. TPH wandelt die Aminosäure Tryptophan in den Serotonin-Vorläufer 5-Hydroxytryptophan um und ist damit das für den Serotonin-Aufbau entscheidende Enzym. New et al. (1998) fanden einen Zusammenhang zwischen dem TPH-Intron-7-Polymorphismus mit Maßen impulsiver Aggressivität bei Patienten mit Persönlichkeitsstörungen. Eine Assoziation mit Impulsivität wurde auch in einer anderen Patientenstichprobe für das Merkmal Deliberate Self-Harm beobachtet (Evans et al., 2000).

Molekulargenetische Ergebnisse aus dem Bereich der Aufmerksamkeitsdefizit-Hyperaktivitätsstörung (attention-deficit-hyper-activity-discorder; ADHD) liegen dagegen in größerer Zahl vor. Neueren Übersichtsarbeiten zufolge weist die Befundlage mit einiger Übereinstimmung auf eine Beteiligung von Dopaminrezeptorgenen (DRD4 und DRD5) sowie einem Dopamin-Transportergen (DAT1) bei ADHD hin (Thapar, 2003). So berichtet eine kürzlich erschienene Metaanalyse zur Assoziation zwischen der 7-Repeat-Variante des DRD4-Rezeptorgens und ADHD (Faraone et al., 2001) über 15 empirische Studien, von denen 11 im Rahmen eines Case-Control-Designs die Assoziation bestätigen. Unter Verwendung von TDT-Designs zeigte sich immerhin in 7 (von 10) weiteren Studien ein positives Linkage sowie eine Assoziation zwischen dem 7-Repeat-Allel und ADHD (Holmes et al., 2002). Demgegenüber erscheinen die publizierten Befunde zum Dopamin-Transportergen DAT1 weniger einheitlich. Hier kommt eine Metaanalyse zu dem Schluss, dass von 10 Studien nur 6 überhaupt eine signifikante Assoziation fanden (Curran et al., 2001). Allerdings könnte die Heterogenität zwischen den verschieden Datensätzen eine Ursache für die weniger deutliche Befundlage sein (Plomin & McGuffin, 2003). Auch das Dopamin-D5-Rezeptorgen (DRD5) gehört zu den Kandidaten für eine Verknüpfung mit ADHD, da für DRD5 bereits eine Assoziation mit Hyperaktivität berichtet wurde (Daly et al., 1999) und weitere Studien Trends in der gleichen Richtung erbrachten (vgl. Thapar, 2003).

7.2.5 Psychotizismus-assoziierte Merkmale

7.2.5.1 Ergebnisse quantitativer verhaltensgenetischer Untersuchungen

Forscher, die Temperamentseigenschaften von Persönlichkeitseigenschaften abgrenzen (z.B. Strelau, 1987), nennen als ein Kriterium für deren Unterscheidung häufig das Ausmaß, in dem eine Eigenschaft biologisch (genetisch) oder sozial (Umwelt) beeinflusst ist. Aufgrund einer Reihe anderer Kriterien kann vermutet werden, dass Neurotizismus, Extraversion und Teilbereiche der Impulsivität eher dem Temperamentsbereich zuzuordnen sind, wohingegen es sich bei Verträglichkeit, Gewissenhaftigkeit sowie Offenheit für neue Erfahrungen eher um Persönlichkeitsmerkmale handelt. Vor diesem Hintergrund ist sicherlich auch die Psychotizismusdimension nach Eysenck zu betrachten, die – unabhängig von Extraversion und Neurotizismus – mehr den Persönlichkeits- als den Temperamentsbereich umfasst. Gewissenhaftigkeit und Verträglichkeit korrelieren negativ mit Psychotizismus, so dass sie der Einheitlichkeit des Buches halber an dieser Stelle behandelt werden sollen.

Die Forschung zum Fünf-Faktoren-Modell erlebte seit Mitte der achtziger Jahre des vergangenen Jahrhunderts insofern einen Aufschwung, als dieses Modell ab etwa dieser Zeitspanne als breit akzeptiertes faktorielles Modell der Persönlichkeit auch in solchen Forschungsfeldern herangezogen wurde, deren hauptsächliches Anliegen nicht die Analyse der Struktur von Persönlichkeitseigenschaften war. Eine der ersten verhaltensgenetischen Studien, in denen ein direktes Maß der *Verträglichkeit* verwandt wurde (eine 10 Items umfassende Vorform der Verträglichkeitsskala des NEO-PI, Costa & McCrae, 1989), ist die Zwillingsstudie von Bergeman et al. (1993). Somit musste Loehlin (1992) in seiner Metaanalyse auf Studien zurückgreifen, die Konstrukte erfassten, welche eine enge Beziehung zur Verträglichkeitsdimension aufwiesen. Dies waren unter anderem: Femininität-Maskulinität (da Adjektive, die den positiven Pol von Verträglichkeit beschreiben, stereotyp als feminin gelten), Altruismus, Aggression (beschreibt den negativen Pol von Verträglichkeit), Empathie, Unterstützung, Feindseligkeit (negativ Verträglichkeit) und „Tendermindedness".

Auf diese Weise gelang es Loehlin (1992), eine hinreichende Zahl einschlägiger Studien für seine Metaanalyse zu identifizieren. Die Anzahl der Probanden in den Studien an gemeinsam aufgewachsenen Zwillingen erreicht jedoch bei weitem nicht die Zahlen, wie wir sie für Neurotizismus und Extraversion berichtet haben. Trotz der Heterogenität der verwendeten Messinstrumente ergeben die Studien an zusammen aufgewachsenen Zwillingen ein recht einheitliches Bild. Die mittlere Korrelation der EZ ist mit r = .46 genau doppelt so groß wie die mittlere Korrelation der ZZ (r = .23). Gleiches könnte über den Mittelwert der Korrelationen aus drei Studien an getrennt aufgewachsenen Zwillingen gesagt werden (Korrelationen für EZ getrennt .33, .15, .46; ZZ getrennt .40, −.03, .06), doch versteckten diese Mittelwerte die deutliche Inhomogenität der Befunde.

Tabelle 7.7: **Ergebnisse neuerer Zwillingsstudien zur Verträglichkeit. Parameterschätzungen für additive genetische Varianz (a^2), Varianz aufgrund von Dominanzabweichung (d^2), Varianz aufgrund geteilter Umwelt (c^2) und Varianz aufgrund spezifischer Umwelterfahrungen (e^2).**

	Anzahl EZ	Anzahl DZ	a^2	d^2	c^2	e^2
Riemann et al. (1997) Selbstbericht	660	200	.47	n.v.	n.v.	.53
Riemann et al. (1997) Bekannte	660	200	.57[1]	n.v.	n.v.	.43
Jang et al. (1998)	618	380	.44	n.v.	n.v.	.56
Loehlin et al. (1998)	490	317	.51	n.v.	n.v.	.49
Waller (1999)	313	91	.33	n.v.	n.v.	.67
Borkenau et al. (2001)	168	132	.43	n.v.	.27	.30

Anmerkungen: Siehe Tabelle 7.5.
[1] Ein Modell, das ausschliesslich Effekte der geteilten Umwelt und der spezifischen Umwelt berücksichtigt, erzielt eine geringfügig schlechtere Anpassungsgüte und kann nicht verworfen werden. Zugleich ist die Anpassung der reduzierten AE- und CE-Modelle nicht signifikant schlechter als die eines Modells mit drei Parametern (a^2, c^2, e^2). Die Parameterschätzungen für das CE-Modell sind $c^2 = .52$, $e^2 = .48$.

Während eine Studie größere Ähnlichkeiten für getrennt aufgewachsene ZZ im Vergleich zu EZ ergibt, sind in zwei Studien die Korrelationen dieser ZZ nahe null. Wie bereits aufgrund der sehr unterschiedlichen Maße zu erwarten, liefern auch Familien- und Adoptionsstudien ein bunt gemischtes Bild.

Obgleich die Datenbasis für Verträglichkeit insgesamt schwächer ist als für die bisher berichteten Analysen, passte Loehlin (1992) die beiden bereits bekannten Modell an die Daten an. Modell 1 ergab die folgenden Parameterschätzungen: h^2=.28, c^2_{EZ}=.19 und c^2_S=0.09, Modell 2 die Parameterschätzungen: h^2=.24, i^2=.11 und c^2_S=.11.

Die Ergebnisse neuerer Zwillingsstudien bestätigen tendenziell die Befunde der Metaanalyse Loehlins (1992), dass die Erblichkeit für Verträglichkeit geringfügig niedriger ist als für Neurotizismus und Extraversion (Tabelle 7.7). Die Befunde aus den Bekanntenbeurteilungen und der Beobachtungsstudie liefern Hinweise auf den Einfluss geteilter Umweltfaktoren. In beiden Studien wird dieser Effekt jedoch nicht signifikant nachgewiesen.

Die Anzahl der Studien, die Maße der *Gewissenhaftigkeit* untersuchten, ist ähnlich gering wie für den Bereich Verträglichkeit. Loehlin (1992) verwendete unter anderem Skalen für folgende Konstrukte als Indikatoren für Gewissenhaftigkeit: Sozialisierung, Konformität, Aufgabenorientierung, Selbstkontrolle und Ordentlichkeit.

Die Zwillingskorrelationen für gemeinsam aufgewachsene Zwillinge betragen r_{EZ}=.46 und r_{ZZ}=.17. Dies deutet auf erhebliche nicht additive genetische Effekte hin. Die Korrelationen für die eher kleinen Gruppen getrennt aufgewachsener Zwillinge sind für Gewissenhaftigkeit deutlich homogener als für Verträglichkeit. Im Mittel betragen sie $r_{EZgetrennt}$=.37 und $r_{ZZgetrennt}$=.12. Auch diese Mittelwerte legen einen nicht additiven genetischen Effekt nahe. Dieser ist jedoch nur in einer von drei Studien zu beobachten. Die Anpassung von Strukturgleichungsmodellen ergab die folgenden Parameterschätzungen: h^2=.28, c^2_{EZ}=.17 und c^2_S=0.04 für Modell 1 sowie h^2=.22, i^2=.16 und $c2_S$=.07 für Modell 2.

Mit Schätzungen für additive Genwirkungen um 50% liefern die neueren Selbstberichtstudien an gemeinsam aufgewachsenen Zwillingen ein recht einheitliches Bild (Tabelle 7.8). Lediglich die Studie von Waller (1999) erbringt Hinweise auf Wirkungen von Gendominanz. Eine deutlich höhere Erblichkeitsschätzung findet sich in der auf Bekanntenberichten basierenden Studie von Riemann et al. (1997). Verhaltenseinschätzungen (Borkenau et al., 2001) legen hingegen eine geringere Erblichkeit und wiederum einen deutlichen Effekt der von Zwillingen geteilten Umwelt nahe.

Tabelle 7.8:   Ergebnisse neuerer Zwillingsstudien zur Gewissen-
                 haftigkeit. Parameterschätzungen für additive gene-
                 tische Varianz (a^2), Varianz aufgrund von Domi-
                 nanzabweichung (d^2), Varianz aufgrund geteilter
                 Umwelt (c^2) und Varianz aufgrund spezifischer Um-
                 welterfahrungen (e^2).

	Anzahl EZ	Anzahl DZ	a^2	d^2	c^2	e^2
Riemann et al. (1997) Selbstbericht	660	200	.53	n.v.	n.v.	.47
Riemann et al. (1997) Bekannte	660	200	.71	n.v.	n.v.	.29
Jang et al. (1998)	618	380	.47	n.v.	n.v.	.54
Loehlin et al. (1998)	490	317	.52	n.v.	n.v.	.48
Waller (1999)	313	91	.46[1]	n.v.	n.v.	.54
Borkenau et al. (2001)	168	132	.38	n.v.	,25	.37

Anmerkungen: Siehe Tabelle 7.5

[1] Ein unplausibles Modell (siehe 7.2.2.1), das ausschliesslich Effekte der
Dominanzabweichung und der spezifischen Umwelt berücksichtigt, erzielt
eine bessere Anpassungsgüte. Zugleich ist die Anpassung der reduzierten
AE- und DE- Modelle nicht signifikant schlechter als die eines Modells
mit drei Parametern (a^2, d^2, e^2). Die Parameterschätzungen für das DE-
Modell sind d^2 = .48, e^2 = .52.

7.2.5.2 Molekulargenetische Befunde

Zu den Dimensionen Verträglichkeit, Gewissenhaftigkeit sowie Offenheit
für Erfahrung sind zum derzeitigen Zeitpunkt keine spezifischen molekulargenetischen Forschungsbemühungen bekannt, wenngleich einzelne
Arbeiten Beziehungen von Polymorphismen zu diesen Persönlichkeitsmerkmalen berichten. Wie bereits in Abschnitt 7.2.2.2 erwähnt, zeigte sich
so beispielsweise ein Zusammenhang zwischen der kurzen Variante des 5-
HTTLPR-Polymorphismus und niedrigen Verträglichkeits-Werten (Greenberg et al., 2000). Jang et al. (2001) konnten zeigen, dass dieser Polymorphismus besonders zu negativen Korrelation zwischen Neurotizismus und
Verträglichkeit beiträgt. Dieser Befund wurde unseres Wissens jedoch

bisher keinem Replikationsversuch unterzogen.

In Abschnitt 7.2.3.2 war bereits berichtet worden, dass Benjamin et al. (1996) bei Personen mit einer oder zwei Kopien des DRD4-7-Repeat-Allels nicht nur signifikant erhöhte Extraversions-Werte, sondern auch signifikant niedrigere Gewissenhaftigkeits-Werte gefunden hatten. Darüber hinaus mangelt es jedoch an systematischen Studien zur Aufdeckung von genetischen Assoziationen zu diesen Persönlichkeitsdimensionen. Die bevorzugte Erforschung von extraversions- und neurotizismusverwandten Persönlichkeitskonstrukten lässt sich gut mit deren Vorrangstellung in biologisch orientierten Persönlichkeitstheorien erklären. Das Vorliegen konkreter Hypothesen über verhaltensrelevante psychophysiologische Prozesse erleichtert nicht nur die gezieltere Auswahl geeigneter Forschungshypothesen und Kandidatengene, sondern erlaubt häufig auch den direkteren Bezug zu Tierstudien, mit deren Hilfe weitere Annahmen über genetische Verursachung im Rahmen von Züchtungsstudien oder genetischen Interventionsstudien getestet werden können (vgl. Plomin & Crabbe, 2000).

7.2.6 Offenheit für Erfahrungen

Loehlin (1992) zog in seiner Metaanalyse unter anderem Maße für Flexibilität, künstlerische Interessen, Interesse an Wissenschaft sowie Leistung durch Unabhängigkeit als Indikatoren für Offenheit für Erfahrungen heran. Die Daten aus Studien an gemeinsam aufgewachsenen Zwillingen sind vergleichsweise homogen. Die gemittelten Zwillingskorrelationen betragen r_{EZ}=.50 und r_{ZZ}=.27. Da die ZZ-Korrelationen annähernd halb so groß sind wie die EZ Korrelationen, kann mit additiven genetischen Effekten um 50% gerechnet werden. Effekte der geteilten Umwelt und nicht additive Effekte sind aufgrund dieser Korrelationen kaum zu erwarten.

Aus zwei Studien konnten Korrelationen für getrennt aufgewachsene Zwillinge gewonnen werden. Diese betragen r_{EZ}=.43 und r_{ZZ}=.23 für die Studie von Bergeman et al. (1993) sowie r_{EZ}=.61 und r_{ZZ}=.21 für die Minnesota-Studie (Tellegen et al., 1988). Die Daten aus natürlichen und Adoptivfamilien sind wiederum so inhomogen, dass hier keine Mittelwerte mitgeteilt werden können. Die Anpassung der bekannten Strukturgleichungsmodelle bestätigt weitgehend die Parameterschätzungen der Studien an gemeinsam aufgewachsenen Zwillingen. Loehlin (1992) berichtet die folgenden Schätzungen: h^2=.46, c^2_{EZ}=.05 und c^2_S=0.05 für Modell 1 sowie h^2=.43, i^2=.02 und c^2_S=.06 für Modell 2.

Tabelle 7.9:   **Ergebnisse neuerer Zwillingsstudien zur Offenheit für Erfahrungen. Parameterschätzungen für additive genetische Varianz (a^2), Varianz aufgrund von Dominanzabweichung (d^2), Varianz aufgrund geteilter Umwelt (c^2) und Varianz aufgrund spezifischer Umwelterfahrungen (e^2).**

	Anzahl EZ	Anzahl DZ	a^2	d^2	c^2	e^2
Riemann et al. (1997) Selbstbericht	660	200	.53	n.v.	n.v.	.47
Riemann et al. (1997) Bekannte	660	200	.81	n.v.	n.v.	.19
Jang et al. (1998)	618	380	.46	n.v.	n.v.	.54
Loehlin et al. (1998)	490	317	.56	n.v.	n.v.	.44
Waller (1999)	313	91	.58	n.v.	n.v.	.42
Borkenau et al. (2001)	168	132	.39	n.v.	.28	.33

Anmerkungen: Siehe Tabelle 7.5.

Auch die auf Selbstberichten basierenden neueren Zwillingsstudien (Tabelle 7.9), die mit Ausnahme von Waller (1999) etablierte Maße für Offenheit für Erfahrungen verwendeten, kommen zu Schätzungen des Einflusses additiver genetischer Effekte von circa 50%. Aus der Studie von Waller (1999) wurde hier die Skala Konventionalität aufgeführt. Bekanntenbeurteilungen (Riemann et al., 1997) liefern eine extreme Erblichkeitsschätzung von $a^2=.81$, während die Beobachtungsdaten von Borkenau et al. (2001) einen moderaten genetischen Effekt sowie einen deutlichen, gegenüber einem reduzierten AE-Modell jedoch nicht signifikanten Effekt der von Zwillingen geteilten Umwelt ergeben. Befunde aus dem Bereich der Molekulargenetik liegen bislang nicht vor.

7.2.7 Genetische und umweltbedingte Effekte auf Persönlichkeitsmerkmale: Zusammenfassung

Für die zusammenfassende Betrachtung der Befunde ist es zunächst hilfreich, die Schätzungen genetischer Parameter über die Persönlichkeitskon-

strukte hinweg zu betrachten. Hierfür stützen wir uns aus den oben angeführten Gründen auf Modell 2 in Loehlins (1992) Metaanalyse und fassen
– wo dies notwendig ist – alle genetischen Varianzquellen zusammen
(Tabelle 7.10).

Tabelle 7.10:   Breite Erblichkeitsschätzungen für die Dimensionen des Fünf-Faktoren-Modells aus einer Metaanalyse und neueren Zwillingsstudien (N=Neurotizismus, E=Extraversion, Vertr.=Verträglichkeit, Gew.= Gewissenhaftigkeit, Off.=Offenheit für Erfahrungen)

	N	E	Vertr.	Gew.	Off.	*Mittel*
Metaanalyse (Loehlin, 1992)	.41	.49	.35	.38	.45	.42
Riemann et al. (1997) Selbstbericht	.52	.56	.47	.53	.53	*.52*
Riemann et al. (1997) Bekannte	.61	.60	.57	.71	.81	*.66*
Jang et al. (1998)	.49	.50	.44	.46	.46	*.47*
Loehlin et al. (1998)	.58	.57	.51	.52	.56	*.55*
Waller (1999)	.42	.49	.33	.46	.58	*.46*
Borkenau et al. (2001)	.50	.62	.43	.38	.39	*.46*
Mittel	*.50*	*.55*	*.44*	*.49*	*.54*	*.51*

Über alle Dimensionen des Fünf-Faktoren-Modells und alle Studien hinweg betrachtet, zeigen die hier berichteten Befunde, dass genetische Varianz eine bedeutsame Quelle interindividueller Differenzen in Persönlichkeitsmerkmalen ist. Die in Tabelle 7.10 berichteten Mittelwerte für jede
der sieben Studien zeigen Triviales und Bedeutsames. Ganz wesentlich auf
die Kontrolle von Fehlervarianz kann es zurückgeführt werden, dass die
Erblichkeitsschätzungen auf der Basis von Bekanntenbeurteilungen (Riemann et al., 1997) deutlich über den auf der Basis von Selbstberichtdaten
ermittelten Werten liegen. Gleiches gilt für die hohe mittlere Erblichkeit
aus der Studie von Loehlin et al. (1998).

Bedeutsam ist, dass die Metaanalyse von Loehlin (1992) die geringsten

Erblichkeitsschätzungen liefert. Hier kommen unseres Erachtens zwei Ursachen zusammen, die diesen Effekt erklären können. Zum einen wurden in vielen der von Loehlin analysierten Studien Persönlichkeitsmaße eingesetzt, die die Konstrukte des Fünf-Faktoren-Modell unzureichend erfassen. Gravierender dürften aber die Besonderheiten des schwachen Zwillingsdesigns sein. Diese Schwächen sind auch der Grund, warum wir in diesem Kapitel der vergleichsweise älteren Metaanalyse Loehlins gegenüber neueren und mit angemessenen Instrumenten arbeitenden Zwillingsstudien breite Aufmerksamkeit gewidmet haben. Nimmt man die Ergebnisse Loehlins als Ausgangspunkt, dann liegt der Schwachpunkt der Untersuchung zusammen aufgewachsener Zwillinge insbesondere darin, dass das gemeinsame Vorliegen von nicht additiven genetischen Faktoren und von Effekten der geteilten Umwelt zu einer überhöhten Erblichkeitsschätzung führt und möglicherweise weder die Effekte der geteilten Umwelt noch die nicht additiven genetischen Effekte entdeckt werden. Wird berücksichtigt, dass in den älteren Studien Effekte der spezifischen Umwelt und Fehlervarianz konfundiert sind, dann lassen aber auch die Befunde von Loehlin die Schlussfolgerung zu, dass die Erblichkeit der Dimensionen des Fünf-Faktoren-Modells um 50% beträgt.

Bemerkenswert ist weiterhin, dass die Unterschiede in der Erblichkeit zwischen den fünf Persönlichkeitskonstrukten vergleichsweise gering ausfallen. Keineswegs wird die Vermutung bestätigt, Neurotizismus und Extraversion seien stärker genetisch beeinflusst als die verbleibenden drei Merkmale. Es fällt jedoch auf, insbesondere wenn innerhalb der Studien die Erblichkeitskoeffizienten in eine Rangreihe gebracht werden, dass Verträglichkeit am geringsten durch genetische Quellen beeinflusst ist. Wie die Spaltenmittelwerte in Tabelle 7.10 zeigen, ist dieser Effekt allerdings nicht sehr stark ausgeprägt.

Auf die Frage nach der Bedeutung nicht additiver genetischer Effekte gibt die Metaanalyse von Loehlin (1992) eine Antwort. Aus den Zwillingsstudien können wir nur schlussfolgern, dass die nicht additiven genetischen Effekte nicht so stark sind, dass sie im Zwillingsdesign konsistent nachgewiesen werden können. In Loehlins Modell 2 erklären nicht additive genetische Effekte zwischen 11 und 17% der Varianz, lediglich für Offenheit für Erfahrungen können sie als unbedeutend angesehen werden. Da keine Unterscheidung zwischen den Effekten von Dominanzabweichung und Epistase vorgenommen wurden, müssen diese Parameterschätzungen jedoch mit großer Vorsicht interpretiert werden. Sie zeigen jedoch, dass nicht additive genetische Effekte für vier der betrachteten Persönlichkeitsmerkmale bedeutsam sein können.

Die von Geschwistern geteilte Varianz erreichte bei Loehlin (1992) nur für Verträglichkeit einen Wert von ca. 10%. Für die verbleibenden Dimensionen kann sie als unbedeutsam angesehen werden. Die Beobachtungsstudie von Borkenau et al. (2001) zeigt mit Ausnahme der Extraversion deutlich höhere Effekte der von Zwillingen geteilten Umwelt. Diese sind allerdings zum einen statistisch nicht gesichert, zum anderen unter kontrollierten Laborbedingungen (in denen jedoch die Zwillinge nicht miteinander interagierten) erhoben worden. Für eine Klärung der Bedeutsamkeit dieser Effekte werden weitere Analysen der Verhaltensaufzeichnungen vorgenommen. Zudem wären verhaltensgenetisch informative Studien wünschenswert, in denen das Verhalten in natürlichen Situationen registriert wird. Es erscheint weiter plausibel, dass gewohnheitsmäßige Reaktionen in spezifischen Situationen stärker einem familiären Einfluss unterliegen als breite Eigenschaften (Borkenau et al., 2000). Für diese müssen wir jedoch aufgrund der berichteten Daten davon ausgehen, dass Umwelteffekte um 50% der zuverlässig gemessenen phänotypischen Varianz erklären. Diese Umwelteffekte treten jedoch nicht zwischen Familien, sondern innerhalb von Familien auf. Dieses Ergebnis widerlegt alle Theorien, die davon ausgehen, dass elterliches Verhalten (beispielsweise über Modelllernen) sich unmittelbar auf die Persönlichkeitsentwicklung von Kindern auswirkt. Erziehung innerhalb von Familien, wie sie in den untersuchten Kulturen tagtäglich praktiziert wird, sowie die häufig angeführten sozio-ökonomischen Bedingungen tragen weder nennenswert zur Ähnlichkeit zwischen Eltern und Kindern noch zur Ähnlichkeit zwischen Geschwistern bei.

7.3 Verhaltensgenetische Befunde zur Intelligenz

7.3.1 Ergebnisse quantitativer verhaltensgenetischer Untersuchungen

Eine der frühesten, aus heutiger Sicht jedoch unzureichenden Familienstudien zur Vererbung der Intelligenz wurde bereits durchgeführt, als weder Mendels Vererbungsregeln in der Fachwelt bekannt waren (es aber schon hätten sein können) noch systematische Methoden zur Messung der Intelligenz entwickelt waren. Galton (1869) legte in seinem Werk „Hereditary genius" eine Analyse des Auftretens herausragender (eminenter) Männer vor. Eine solche Studie würden wir heute als eine Familienstudie bezeichnen. Galton fand unter den Söhnen von eminenten Männer 36% ebenfalls eminente Männer, während beispielsweise von deren Enkeln lediglich 9,5 % und von deren Cousins lediglich 1,5% als eminent einge- stuft wurden. Eine solche Häufung von Eminenz in Abhängigkeit von der Nähe der verwandtschaftlichen Beziehung legt die Untersuchung geneti- scher Transmission nahe, belegt sie jedoch nicht.

Wie diese Studie den Beginn der verhaltensgenetischen Untersuchung von Intelligenz markiert, beendet die heute als klassisch anzusehende Metaanalyse von Bouchard und McGue (1981) die empirische Suche nach der Antwort auf die Frage, ob allgemeine Intelligenz erblich ist, mit einem eindeutigen „ja". Zur Qualität der von Bouchard und McGue zusammen- getragenen Befundlage hat beigetragen, dass viele verhaltensgenetische Studien sich der Untersuchung von Intelligenz zugewandt haben.

Angesichts der Tatsache, dass sehr viele Publikationen zur Verhaltens- genetik von Intelligenz vorliegen, die auf unterschiedlichen Konzeptionen der Intelligenz aufbauen und eine entsprechende Vielfalt von Tests ein- setzten, verstehen wir unter Intelligenz (IQ) hier interindividuelle Differ- enzen in der Fähigkeit, diverse psychometrische Testaufgaben zur Be- stimmung kognitiver Leistungen zu lösen. Bouchard und McGue (1981) publizierten eine Zusammenstellung von mehr als 100 Studien, die zu- sammen mehr als 500 Korrelationen zwischen biologischen Verwandten und zwischen Mitgliedern von Adoptivfamilien hinsichtlich des IQ zu- sammenfassten. Diese Korrelationen waren an über 100.000 Paaren von Verwandten (einschließlich „Umweltverwandten") bestimmt worden. Die Anzahl der Paare für die einzelnen Verwandtschaftsbeziehungen war allerdings sehr unterschiedlich. So basieren die Korrelationen zwischen Geschwistern innerhalb natürlicher Familien auf N = 26.473 Paaren, wäh- rend Korrelationen für die Gruppe der getrennt aufgewachsenen EZ in allen Studien zusammen lediglich auf den Daten von 65 Paaren basieren. Bouchard und McGue taten zunächst nicht mehr, als die Höhe der Korrela- tionen graphisch darzustellen, deren Median und mit der Probandenzahl gewichtetes Mittel zu bestimmen und der genetischen Korrelation der Gruppen gegenüberzustellen. Die Mittelwerte ausgewählter Gruppen haben wir (ergänzt um zwei neuere Studien an getrennt aufgewachsenen Zwillingen) in ähnlicher Weise in Abbildung 7.9 wiedergegeben.

Bei näherer Betrachtung dieser Korrelationen fällt auf, dass diese auf den ersten Blick viel stimmiger sind (beispielsweise keinen negativen Werte enthalten) als die Werte, die wir oben für Neurotizismus berichte- ten. Hierzu mag die in der Regel hohe Zuverlässigkeit von Intelligenztests und die große Anzahl von Probanden und Studien in den meisten Gruppen beitragen. Offensichtlich ist, dass es eine enge Beziehung zwischen dem

Grad der genetischen Verwandtschaft und der Korrelation der Intelligenzwerte gibt. Da dies auch für solche Gruppen zu beobachten ist, in denen
eine Konfundierung von Anlage und Umwelt nicht besteht, belegt dies die
Bedeutung genetischer Faktoren und der geteilten Umwelt (siehe aber
unten zur Altersabhängigkeit dieses Effekts). Eine noch genauere Inspektion deutet aber zunächst auch gewisse Inkonsistenzen an. So lassen
sich die genetischen und umweltbedingten Effekte, die sich aus direkten
Schätzungen einiger Gruppen ergeben, nicht einfach auf andere Gruppen
übertragen. Aus der Korrelation der Adoptivgeschwister ergibt sich beispielsweise eine direkte Schätzung des Effekts geteilter Umwelt von
$c^2_{\text{Geschwister}}$=.32. Die Korrelationen getrennt aufgewachsener eineiiger Zwillinge ergeben eine Schätzung der Erblichkeit im weiteren Sinne von
h^2_B=.72. Somit wäre für zusammen aufgewachsene Zwillinge eine Korrelation von r >1.0 zu erwarten, die es mathematisch nicht geben kann. Die
beobachtete Korrelation ist zwar die höchste unter den einbezogenen
Verwandtschaftsbeziehungen, mit .86 aber deutlich kleiner als eins. Wir
werden weiter unten sehen, dass die Probandenpaare in den einzelnen
Gruppen unterschiedlich alt sind, und dass die Größe genetischer und
umweltbedingter Effekte vom Alter abhängig ist. Weiter ist bei solchen
Inspektionen die Berücksichtigung des Effekts selektiver Partnerwahl
kaum möglich. Diesen schätzen Bouchard und McGue (1981) auf r_{SP}=.33
(vgl. Abb. 7.9).

Wie erblich ist nun der IQ? Kaum eine andere Frage der Verhaltensgenetik findet ein größeres Interesse in der breiten Öffentlichkeit als diese.
Die Antwort, die sich aus der Metaanalyse von Bouchard und McGue
(1981) ergibt, ist zwar weithin akzeptiert, aber dennoch zumindest nicht
ganz richtig: Wir berichten zunächst die Ergebnisse von Strukturgleichungsanalysen, die zu einer Erblichkeitsschätzung von h^2=.50 kommen.
Danach möchten wir näher ausführen, warum dieses Ergebnis nicht ganz
richtig ist. Loehlin (1989) sowie Chipuer et al.(1990) legten Reanalysen
mit Strukturgleichungsmodellen vor.

Loehlin (1989) konnte den Daten ein Modell anpassen, das deutliche
Effekte der geteilten Umwelt aufzeigte. Diese Effekte fallen für unterschiedliche Verwandtschaftsbeziehungen plausibel unterschiedlich aus:
$c^2_{EZ}=c^2_{ZZ}$=.39, $c^2_{\text{Geschwister}}$=.27, $c^2_{\text{Eltern–Kind}}$=.22. Borkenau (1993) weist jedoch
zu Recht darauf hin, dass diese Effekte mit Altersunterschieden innerhalb
der jeweiligen Paare konfundiert sind und somit nicht ausgeschlossen
werden kann, dass die Unterschiede nicht in der Wirkung der jeweils
geteilten Umwelt liegen, sondern auf unterschiedliche genetische Kontinuität zurückzuführen sind.

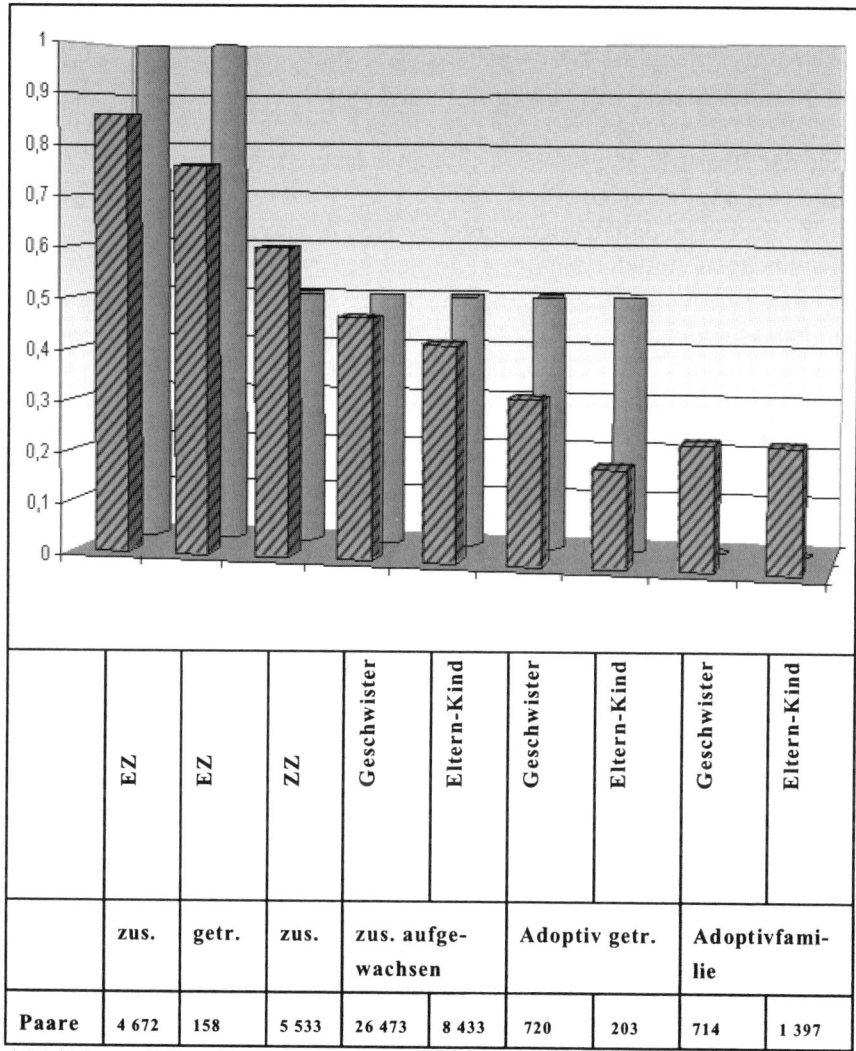

	EZ	EZ	ZZ	Geschwister	Eltern-Kind	Geschwister	Eltern-Kind	Geschwister	Eltern-Kind
	zus.	getr.	zus.	zus. aufge-wachsen		Adoptiv getr.		Adoptivfami-lie	
Paare	4 672	158	5 533	26 473	8 433	720	203	714	1 397

Abbildung 7.9: Durchschnittliche Korrelationen von Intelligenz-werten für Paarungen von biologischen Verwandten und „Umweltverwandten" nach Bouchard und McGue (1981) (siehe Loehlin, 1989, für geringfügige Modifikationen). Die Studien von Bouchard et al. (1990) und Pedersen et al. (1992) wurden für die Bestimmung der Ähnlichkeit getrennt aufgewachse-ner EZ berücksichtigt. In der vorderen Reihe sind die Korrelationen dargestellt, in der hinteren Reihe die genetische Ähnlichkeit der entsprechenden Paa-rung.

Wie bereits oben angedeutet, legen die Daten eine Unterscheidung zwischen direkten und indirekten Schätzungen genetischer Effekte nahe, was auf Schwächen der Untersuchungsdesigns hindeutet.

Direkte Schätzungen ergeben ein $a^2 = .41$ und einen Wert für den Einfluss der Varianz aufgrund von Dominanzabweichung von $d^2 = .17$, zusammengenommen also eine Erblichkeit im weiteren Sinne von $h^2_B = .58$.

Für indirekte Schätzungen ergeben sich $a^2 = .30$ und $d^2 = .17$, woraus zusammengenommen ein $h^2_B = .47$ folgt. Die Ergebnisse von Chipuer et al. (1990) wichen, obgleich einige zusätzliche Gruppen berücksichtigt wurden, nur unbedeutend von denen Loehlins (1989) ab. Sie berichten neben einem geringen c^2 für Cousins und Cousinen ein $a^2 = .32$ und ein $d^2 = .19$, zusammengenommen also $h^2_B = .51$.

Diese zwischen .47 und .58 variierenden Erblichkeitsschätzungen und die über 22% liegenden Effekte der geteilten Umwelt für Mitglieder einer „normalen Kernfamilie" lassen unterschiedlichen Positionen Raum und wurden in der Fachwelt überwiegend mit Befriedigung aufgenommen. McGue et al. (1993) konnten jedoch zeigen, dass es sehr wichtig ist, bei Erblichkeitsschätzungen für Intelligenz das Alter der Probanden zu berücksichtigen.

McGue et al. (1993) weisen zunächst darauf hin, dass in den meisten der von ihnen zusammengetragenen Studien Kinder, Jugendliche und Heranwachsende im Alter von unter 20 Jahren untersucht worden waren. So gab es beispielsweise unter den 34 Studien zusammen aufgewachsener EZ nur eine, in der ausschließlich Erwachsene untersucht wurden und nur zwei weitere Studien, in denen überhaupt Zwillinge untersucht wurden, die älter als 21 Jahre waren. Dabei gibt es gute Gründe zu vermuten, dass der relative Einfluss genetischer Faktoren über die Lebensspanne variiert. Es erscheint plausibel, dass sich der kumulative Effekt von Umwelteinflüssen erst ab dem Erwachsenenalter deutlich in Erblichkeitsschätzungen niederschlägt. Diese Vermutung legt die Hypothese nahe, dass Erblichkeit mit dem Alter abnimmt. Somit wäre in der Population Jugendlicher eine höhere Erblichkeit zu erwarten als in der Population 60- bis 70- jähriger.

Dagegen vermuten Scarr und McCartney (1983), dass Individuen im Laufe des Lebens zunehmend Kontrolle über ihre Umwelt gewinnen. Da die Selbstselektion von Umwelten, Situationen und somit Erfahrungen ebenfalls teilweise genetisch beeinflusst ist, sollen Erblichkeitsschätzungen für den IQ über die Lebensspanne ansteigen.

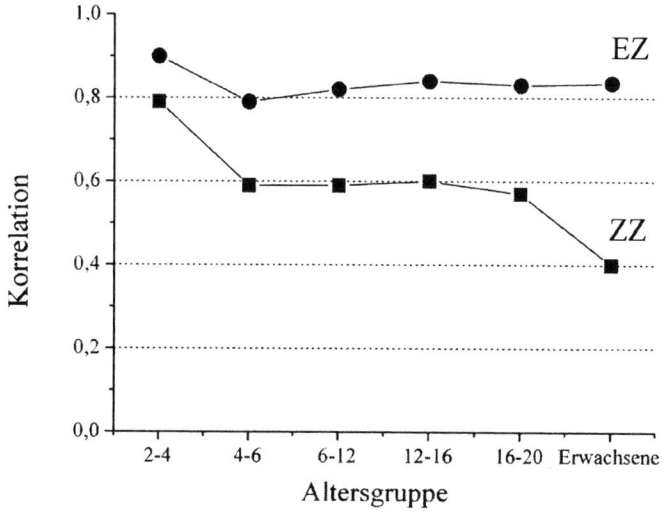

Abbildung 7.10:   **Die Differenzen zwischen EZ- und ZZ-Korrela**
tionen für allgemeine Intelligenz (g) nehmen
während, nach der Kindheit, in der Adoleszenz
und im Erwachsenenalter zu. Diese Entwicklung
legt eine zunehmende Bedeutung genetischer
Faktoren nahe. Die vorliegende Abbildung stellt
eine Erweiterung der Darstellung in McGue et
al. (1993) dar, in die insgesamt 6,370 EZ- und
7,212 ZZ-Paare eingegangen waren. Die ergänz
ten Ähnlichkeitswerte für 2- bis 4-jährige Zwil
linge stammen aus der Studie von Spinath et al.
(2003) und beruhen auf 2,351 EZ- und 2,322
gleichgeschlechtlichen ZZ-Paaren.

McGue et al. (1993) differenzierten daher ihre Befunde nach Altergruppen. In Abbildung 7.10 sind die von McGue et al. berichteten Zwillingskorrelationen für die Altersgruppen ab 4 Jahren wiedergegeben. Diese
wurden ergänzt durch Befunde einer Zwillingsstudie von Spinath et al.
(2003) für 2- bis 4- Jährige. Der Verlauf dieser Korrelationen legt bereits
nahe, dass die Vermutung von Scarr und McCartney (1983) mit den Befunden für Intelligenz übereinstimmt. Eine Reihe weiterer Befunde, dar

unter eine querschnittliche Zwillingsstudie von McGue et al. (1993), längs-schnittliche Analysen einer Adoptionsstudie (Colorado Adoption Project, Plomin et al. 1999) oder eine Zwillingsstudie an über 80-jährigen Proban-den (McClearn et al., 1997) belegen eindrucksvoll, dass die Erblichkeit allgemeiner Intelligenz linear vom Kleinkindalter ($h^2 = .20$) über die Kind-heit zum Erwachsenenalter ansteigt (Plomin & Spinath, 2002), während Effekte der geteilten Umwelt (siehe auch Abbildung 7.11) unbedeutend werden.

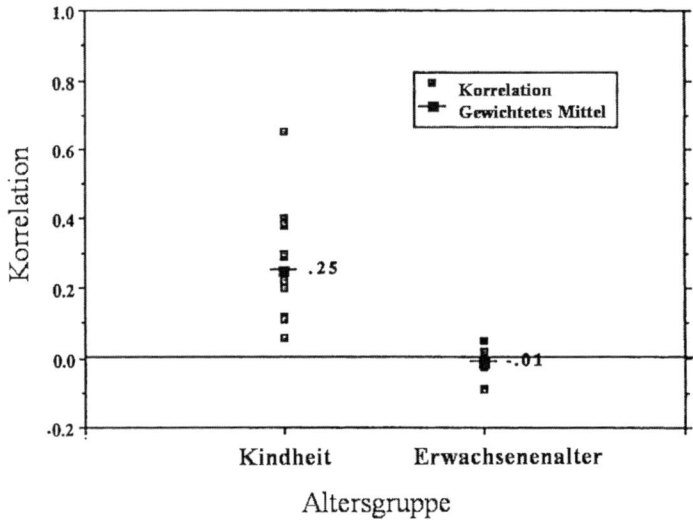

Abbildung 7.11: **Mittlere Korrelation der Intelligenz für gemein-sam aufgewachsene, biologisch aber nicht ver-wandte Geschwister (nach McGue et al., 1993).**

Offenbar wirken sich die von Familienmitgliedern geteilten Umweltbedin-gungen nur solange auf die Intelligenz aus, bis die Personen die Familie verlassen. In Abbildung 7.12 haben wir die Befundlage nach Plomin et al. (1999) zusammengefasst. Von der Kindheit zum Erwachsenenalter steigt die Erblichkeit deutlich an (40% vs. 60%). Während Effekte der geteilten Umwelt ein Viertel der Variation bezüglich Intelligenz in der Kindheit erklären, sind diese im Erwachsenenalter nicht mehr nachzuweisen. Ein-flüsse der spezifischen Umwelt nehmen jedoch zu.

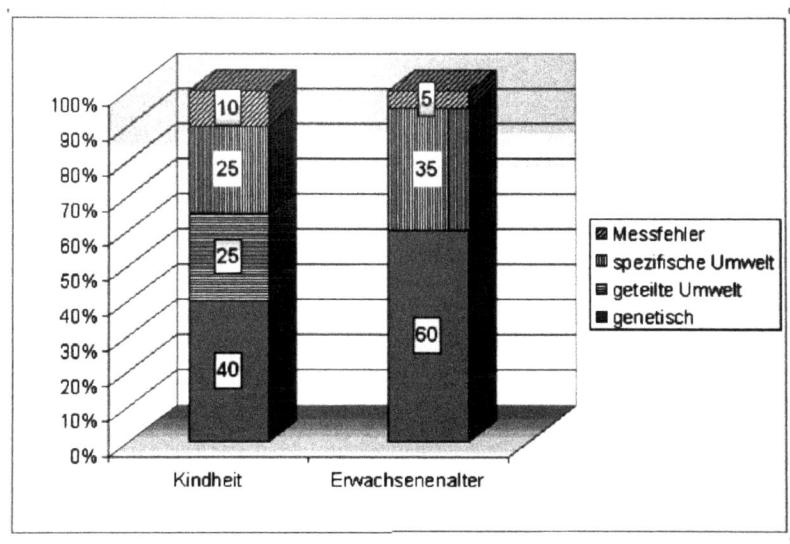

Abbildung 7.12:   **Genetische und umweltbedingte Effekte auf die allgemeine Intelligenz in Kindheit und Erwachsenenalter (nach Plomin et al., 1999).**

7.3.2 Leistungen in elementaren kognitiven Aufgaben (ECT)

Biologisch fundierte Theorien kognitiver Fähigkeiten betrachten Intelligenz häufig als Eigenschaft des zentralen Nervensystems, Informationen schnell und fehlerfrei verarbeiten zu können (Detterman, 2002). Zudem zeigt eine große Zahl von empirischen Studien, dass Reaktionszeiten in so genannten Elementaren Kognitiven Aufgaben (ECTs = elementary cognitive tasks) negativ mit Maßen allgemeiner Intelligenz (z.B. Gesamtwerten in standardisierten Intelligenztests) korrelieren (vgl. Neubauer, 1993).

Diese negative Korrelation, die in verschiedenen Studien und in Abhängigkeit von den verwendeten Maßen variiert, üblicherweise aber die Größenordnung von .30–.40 übersteigt, wird dahingehend interpretiert, dass intelligentere Personen Informationen schneller wahrnehmen und verarbeiten können. Physiologische Erklärungsansätze für diesen Zusammenhang (so genannte „Bottom-up"-Ansätze, die so heißen, weil sie vom biologischen Substrat ausgehen; vgl. Jensen, 1993), vertreten die Auffassung, dass eine größere Informationsverarbeitungskapazität als Ursache für die Ausprägung höherer Intelligenzwerte gesehen werden kann, während die Vertreter alternativer „Top-down"-Erklärungsansätze anführen, dass es vielmehr höhere, bewusste kognitive Prozesse sind, die zu kürzeren Reaktionszeiten bei der Bearbeitung von ECTs führen. Experimentelle Studien, in denen die beiden Erklärungsansätze vergleichend überprüft wurden, deuten darauf hin, dass „Bottom-up"-Erklärungsansätze besser mit den gefundenen Ergebnissen vereinbar sind (Neubauer, 1991). Dies stimmt mit Ergebnissen von Längsschnittstudien überein, die nahelegen, dass Veränderungen in Inspektionszeitmaßen Veränderungen in Intelligenzmaßen nach sich zogen, nicht jedoch umgekehrt (Deary, 1995).

Als „klassische" ECTs werden beispielsweise die Aufgaben Memory Scanning (Sternberg, 1969) oder Letter Matching (Posner & Mitchell, 1967) bezeichnet. Letztere ist so aufgebaut, dass Versuchspersonen am PC-Bildschirm Buchstabenpaare dargeboten werden, die entweder physikalisch und namensgleich sind (A–A), physikalisch unterschiedlich, aber namensgleich (A–a) oder sowohl physikalisch unterschiedlich als auch namensungleich sind (A–b). Die Aufgabe der Versuchspersonen besteht in einer ersten Bedingung darin, so schnell wie möglich durch Drücken einer Reaktionstaste anzugeben, ob die dargebotenen Buchstabenpaare physikalisch gleich sind oder nicht. Da in der zweiten Bedingung ein rein physikalischer Vergleich der Buchstabenpaare nicht ausreicht, um die richtige Antwort zu geben, steigen die Reaktionszeiten in dieser schwierigeren Bedingung an. Dennoch liegen die Reaktionszeiten in Normalstichproben erwachsener Versuchspersonen in diesen Aufgaben unterhalb von 800 Millisekunden (vgl. Neubauer et al., 2000). Das Typische an ECTs wie dem Letter Matching besteht darin, dass die Aufgaben sehr einfach sind, und es für Versuchspersonen üblicherweise keine Schwierigkeit darstellt, die richtige Lösung zu finden. Entscheidend ist jedoch, dass sich interindividuelle Differenzen darin beobachten lassen, wie schnell und wie fehlerfrei die Aufgaben gelöst werden.

In den vergangenen 15 Jahren hat sich auch die quantitative Genetik zunehmend mit Maßen der Informationsverarbeitungsgeschwindigkeit (oder mental speed) beschäftigt. Verschiedene Zwillingsstudien mit jugendlichen oder erwachsenen Zwillingen kommen dabei zu dem Ergebnis, dass Wahrnehmungsgeschwindigkeit (z.B. Ho et al., 1988), Reaktionszeitmaße in Wahlreaktionsaufgaben (z.B. Boomsma & Somsen, 1991) sowie allgemeine Informationsverarbeitungsgeschwindigkeit in klassischen ECTs (z.B. Neubauer et al., 2000) eine moderate Erblichkeit aufweisen. Eine Zwillingsstudie, in der 6- bis 13-jährige Kinder eine Batterie verschiedenster ECTs bearbeiteten, erbrachte weniger einheitliche Befunde (Petrill et al., 1995), legte jedoch nahe, dass komplexere ECTs (z.B. Mehrfachwahlreaktionen vs. einfache Reaktionszeitmessungen) tendenziell stärkere genetische Einflüsse aufwiesen. Ein Überblick über diese Arbeiten findet sich bei Spinath und Borkenau (2000).

Biologisch orientierte Theorien der Intelligenz (z.B. Eysenck, 1998) betrachten mental speed mitunter als biologischen Kern der Intelligenz, der im Wesentlichen von genetischen, physiologischen und biochemischen Prozessen beeinflusst sein soll, während für Unterschiede in komplexen kognitiven Fähigkeiten eine Vielzahl weiterer Einflussfaktoren (wie etwa kulturelle Einflüsse und Erziehung) postuliert werden. Aus dieser Betrachtung liesse sich die Annahme ableiten, dass die Erblichkeit elementarer Geschwindigkeitsmaße höher ausfallen sollte als die Erblichkeit für allgemeine Intelligenz. Neubauer et al. (2000) untersuchten diese Hypothese, fanden jedoch keine Hinweise auf stärkere genetische Einflüsse auf Mental-speed-Maße, obwohl deren Meßgenauigkeit der Reliabilität allgemeiner Intelligenztests nicht nachstand. Da multivariate genetische Analysen zudem erbringen, dass mit großer Wahrscheinlichkeit ein bedeutsamer Teil der genetischen Einflüsse auf allgemeine Intelligenz ebenso die Informationsverarbeitungsgeschwindigkeit beeinflusst, wurde jüngst vorgeschlagen, beide Bereiche auch genetisch als vernetztes, einheitliches Konstrukt zu betrachten („genetisches g"; Plomin & Spinath, 2002). Diese Betrachtung wird gestützt durch Arbeiten, in denen für eine breite Palette kognitiver Maße (darunter Inspektionszeit, Reaktionszeit und allgemeine Intelligenz) gemeinsame genetische Einflüsse gefunden wurden (Luciano et al., 2003).

7.3.3 Molekulargenetische Befunde

Vor dem Hintergrund der Tatsache, dass allgemeine Intelligenz zu den Merkmalen gehört, für die ein bedeutsamer genetischer Einfluss dank umfangreicher quantitativ genetischer Forschungsarbeiten als gesichert gelten kann, erscheinen die bisherigen Erfolge molekulargenetischer Arbeiten noch rudimentär. Erste Ansätze mit Kandidaten-Genloci für monogenetische Störungen mit Intelligenzminderung (z.B. das PKU-Allel) bzw. Genloci mit gesicherter Beteiligung an Demenz (z.B. APOE4, vgl. 7.3.3.2) lassen bislang keine eindeutigen Schlüsse zu, inwieweit Gene, die mit Intelligenzdefiziten in Beziehung stehen, auch an individuellen Intelligenzunterschieden über die gesamte Merkmalsspanne beteiligt sind (vgl.

Plomin et al., 2001).

Erste systematische Versuche zur Identifizierung von QTLs für Intelligenz begannen Mitte der 90er Jahre, als im Rahmen des IQ-QTL Projekts (Plomin et al., 2001) mittels Extremgruppenanalysen zunächst ausgewählte DNA-Marker, später vollständige Chromosomen und schließlich genomweite Screenings auf Assoziationen durchgeführt wurden. Dabei wurde eine Stichprobe von 101 überdurchschnittlich intelligenten Personen (mittlerer IQ = 136) mit 101 durchschnittlich intelligenten Personen (mittlerer IQ = 100) verglichen. Die Gruppe hochintelligenter Personen entspricht dabei den oberen 2% einer unausgelesenen Gruppe von 5000 Individuen, was sich positiv auf die Power dieses Datensatzes auswirkt und es ermöglicht, auch QTLs mit nur geringen Effektgrößen (bis zu 1%) aufzuspüren (vgl. Plomin & Spinath, 2004). In der frühen Phase des Projekts war eine erste Teilstichprobe bezüglich 100 Markern getestet worden, die in unmittelbarer Nähe von DNA-Regionen mit vermuteter funktioneller Bedeutsamkeit für Intelligenz lagen, etwa das APOE4-Allel (Plomin et al., 1995). Zu Beginn schienen tatsächlich vereinzelte Assoziationen aufzuscheinen, jedoch erbrachten Replikationsversuche keine Bestätigung dieser ersten Ergebnisse (Turic et al., 2001). Unter den DNA-Markern der Originalstudie befanden sich unter anderem zwei Marker für das Catechol-O-Methyltransferase-Gen (COMT), für das in jüngerer Zeit Assoziationen mit der Arbeitsgedächtnisleistung berichtet wurden (Egan et al., 2001). Im IQ-QTL-Projekt ergaben sich für diese Marker hingegen keine signifikanten Effekte.

Fortan konzentrierten sich Studien des IQ-QTL-Projekts stärker auf das systematische Screening einzelner Chromosomen. Mittels 47 Markern wurde beispielsweise der lange Arm von Chromosom 6 untersucht (Chorney et al., 1998). Eine Assoziation mit einem Insulinartigen-Wachstumsfaktor-2-Rezeptor (IGF2R) auf Chromosom 6, dessen Beteiligung an Lern- und Gedächtnisleistungen nachgewiesen ist (Wickelgren, 1998), wurde zunächst in einer vergrößerten Stichprobe und unter Einbeziehung eines weiteren IGF2R-Polymorphismus repliziert (Hill et al., 1999). Eine Replikation in einer unabhängigen, großen Stichprobe schlug jedoch fehl (vgl. Plomin & Spinath, 2003).

Unter Einsatz von DNA-Pooling wurden im IQ-QTL Projekt darüber hinaus die Chromosomen 4 (Fisher et al., 1999) und 22 (Hill et al., 1999) untersucht.

Während das Screening von Chromosom 22, bei dem in einem schrittweisen Vorgehen (DNA-Pooling, Replikation mittels DNA-Pooling, individuelle Genotypisierungen) 66 Marker untersucht wurden, keine signifikanten Befunde erbrachte, ergab die Untersuchung von Chromosom

4 drei replizierte QTLs (D4S2943, MSX1, D4S1607), die auch einer Überprüfung durch individuelle Genotypisierungen standhielten. In der bisher ambitioniertesten Studie aus dem IQ-QTL-Projekt wurde unter Einsatz von 1842 DNA-Markern ein genomweites Screening auf Allelassoziationen mit allgemeiner Intelligenz durchgeführt (Plomin et al., 2001). Die verwendeten Marker waren vom Typ SSR (single sequence repeats), das heißt DNA-Segmente, in denen sich die Anzahl der Wiederholungen einzelner Basenpaare zwischen Individuen unterscheidet. Zum Einsatz kam überdies ein konservatives fünfstufiges Design, das sowohl DNA-Pooling (einschließlich Replikation in einer zweiten Stichprobe), individuelle Genotypisierungen (einschließlich Replikation in einer zweiten Stichprobe) als auch ein TDT-Design in einer dritten Stichprobe einschloss. Auf diese Weise sollte die Möglichkeit falsch positiver wie auch falsch negativer Resultate minimiert werden. Die Ergebnisse waren ernüchternd: Lediglich zwei DNA-Marker erwiesen sich bis zur vierten Stufe als signifikant, ein Marker auf Chromosom 4 (D4S2460) sowie ein Marker auf Chromosom 14 (D14S65). Keiner der Marker hielt jedoch der letzten Überprüfung mittels eines unabhängigen TDT-Designs stand.

Die vorgestellten Bemühungen um die Identifikation von QTLs für Intelligenz veranschaulichen die Schwierigkeiten, Gene in multiplen Gensystemen zuverlässig zu identifizieren. Gleichzeitig wird jedoch auch deutlich, dass aufgrund von Techniken wie DNA-Pooling bereits jetzt genomweite Screenings auf Assoziationen mit komplexen Merkmalen möglich sind. Die Verfügbarkeit eines immer feiner werdenden Netzes von DNA-Markern, insbesondere cSNPs sowie SNPs in Regionen mit Regulationsfunktion, kombiniert mit der wachsenden Erfahrung, wie beispielsweise die Power durch geeignete Stichprobenauswahl erhöht werden kann, gibt Anlass zu der Vermutung, dass die Identifikation gesicherter QTLs für komplexe psychologische Merkmale nur noch eine Frage der Zeit darstellt.

7.4 Zusammenfassung und Ausblick

Nach einer Einführung in die biologischen Grundlagen und Methoden der Verhaltensgenetik haben wir für die Bereiche des Fünf-Faktoren-Modells und für Intelligenz den Stand zu den grundlegenden Fragen der Verhaltensgenetik zusammengetragen. Während im Bereich der Persönlichkeitsmerkmale auch für die quantitativen verhaltensgenetischen Untersuchungen noch Desiderate festgestellt werden mussten, gilt dies für die Intelligenz nicht. Hier haben wir es mit einer Befundlage zu tun, die im Bereich der psychologischen Forschung nur wenige Parallelen finden dürfte. Trotz intensiver Bemühungen gibt es bezüglich der Identifikation von Genen für Intelligenz aber nur langsame Fortschritte. Über die Ursachen hierfür kann nur spekuliert werden.

An einigen Stellen in diesem Kapitel haben wir bereits angedeutet, dass verhaltensgenetische Forschung noch mehr zu leisten vermag. Zunehmend rücken Fragen in den Brennpunkt der Forschung, die zu den Grundfragen der Differentiellen Psychologie zu rechnen sind. Insbesondere Fragen nach der korrelativen Struktur einer Reihe von Merkmalen und den Ursachen für solche Faktorenstrukturen finden zunehmend Beachtung. Da die Klärung derartiger Fragen nicht unbedingt molekulargenetischer Methoden bedarf und auf absehbare Zeit von diesen auch kaum profitieren dürfte, wird es sicher noch eine Reihe von Jahren ein produktives Nebeneinander molekulargenetischer und quantitativer verhaltensgenetischer Forschung geben. Wir hoffen, dass in diesem Kapitel ebenfalls deutlich geworden ist, dass mit der Beschreibung des menschlichen Genoms auch die verhaltensgenetische Forschung wichtige Impulse erhalten hat, diese Beschreibung jedoch keineswegs – gleichsam nebenbei – die zentralen Fragen der Verhaltensgenetik psychischer Merkmale beantwortet.

Anhang

Farbtafel

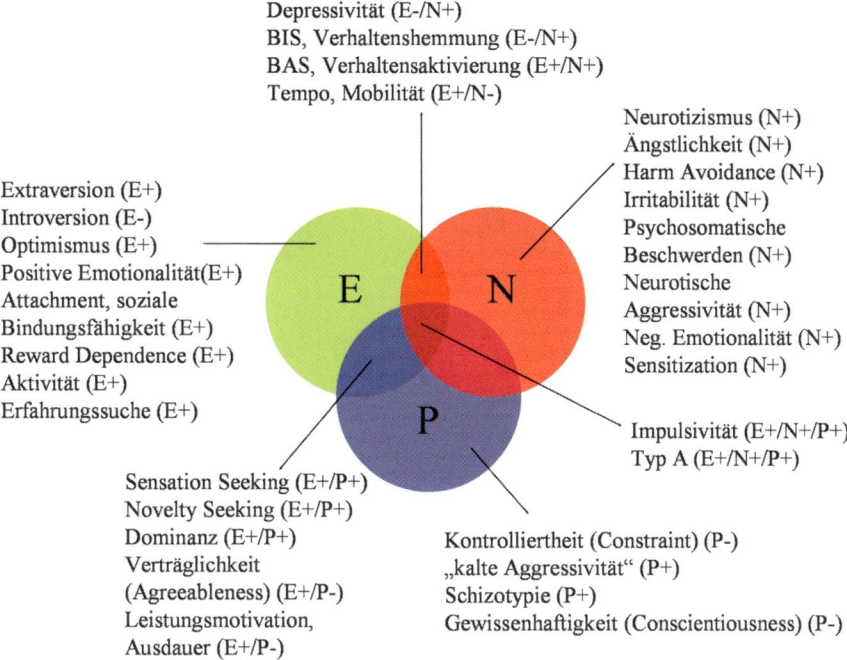

Depressivität (E-/N+)
BIS, Verhaltenshemmung (E-/N+)
BAS, Verhaltensaktivierung (E+/N+)
Tempo, Mobilität (E+/N-)

Extraversion (E+)
Introversion (E-)
Optimismus (E+)
Positive Emotionalität(E+)
Attachment, soziale
Bindungsfähigkeit (E+)
Reward Dependence (E+)
Aktivität (E+)
Erfahrungssuche (E+)

Neurotizismus (N+)
Ängstlichkeit (N+)
Harm Avoidance (N+)
Irritabilität (N+)
Psychosomatische
Beschwerden (N+)
Neurotische
Aggressivität (N+)
Neg. Emotionalität (N+)
Sensitization (N+)

Impulsivität (E+/N+/P+)
Typ A (E+/N+/P+)

Sensation Seeking (E+/P+)
Novelty Seeking (E+/P+)
Dominanz (E+/P+)
Verträglichkeit
(Agreeableness) (E+/P-)
Leistungsmotivation,
Ausdauer (E+/P-)

Kontrolliertheit (Constraint) (P-)
„kalte Aggressivität" (P+)
Schizotypie (P+)
Gewissenhaftigkeit (Conscientiousness) (P-)

Abb. 1.3

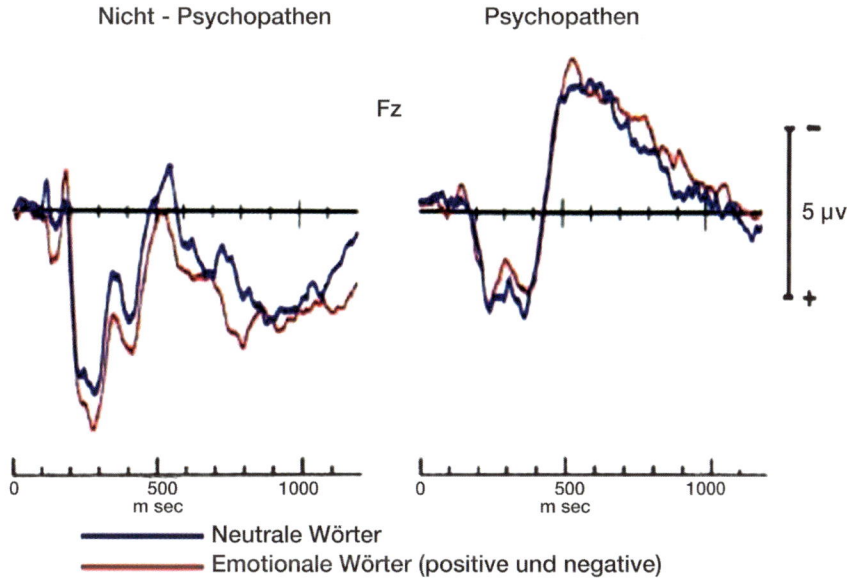

KRIMINELLE

Nicht - Psychopathen   Psychopathen

Fz

5 µv

0   500   1000
m sec

0   500   1000
m sec

━━━ Neutrale Wörter
━━━ Emotionale Wörter (positive und negative)

Abb. 2.49

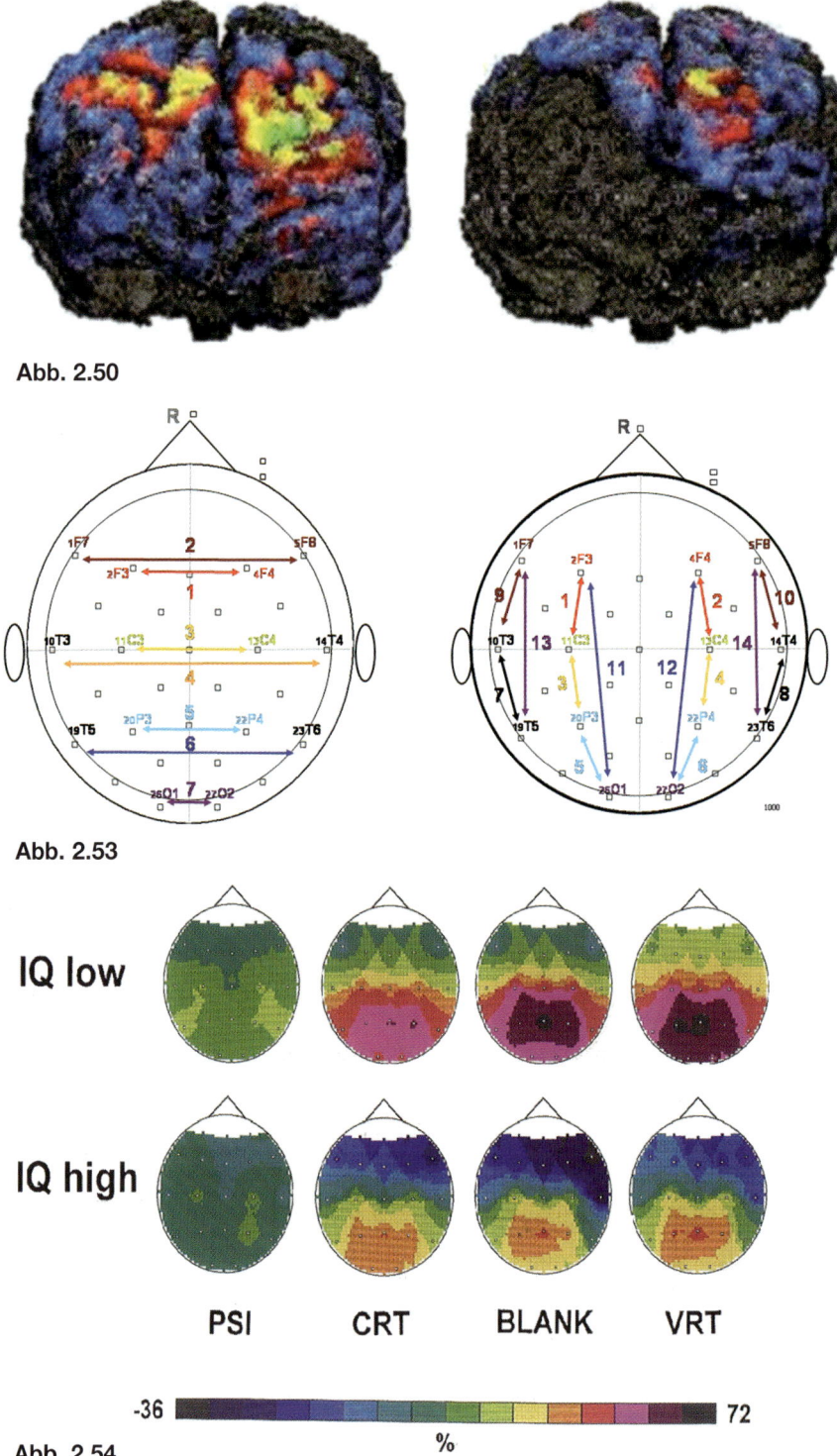

Abb. 2.50

Abb. 2.53

IQ low

IQ high

PSI   CRT   BLANK   VRT

-36   72

%

Abb. 2.54

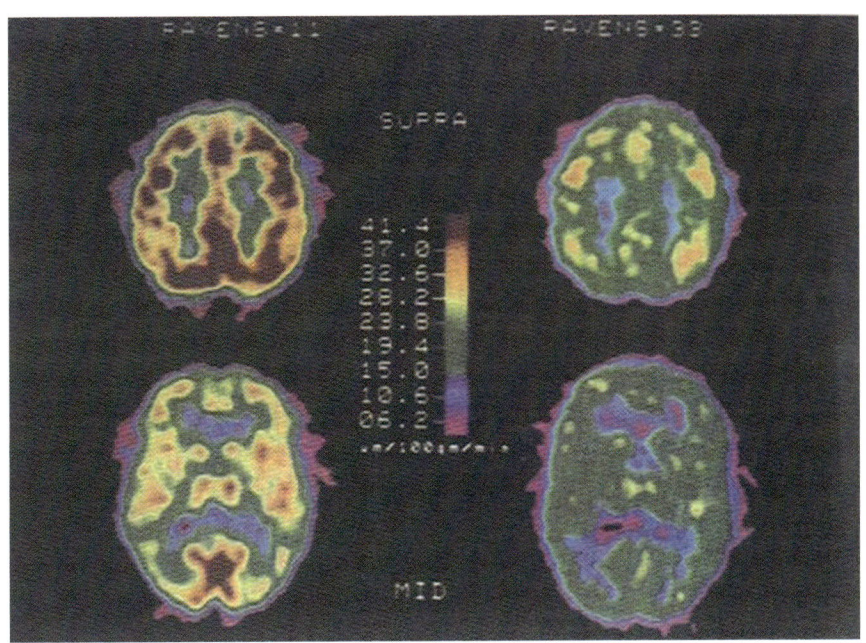

Abb. 2.55

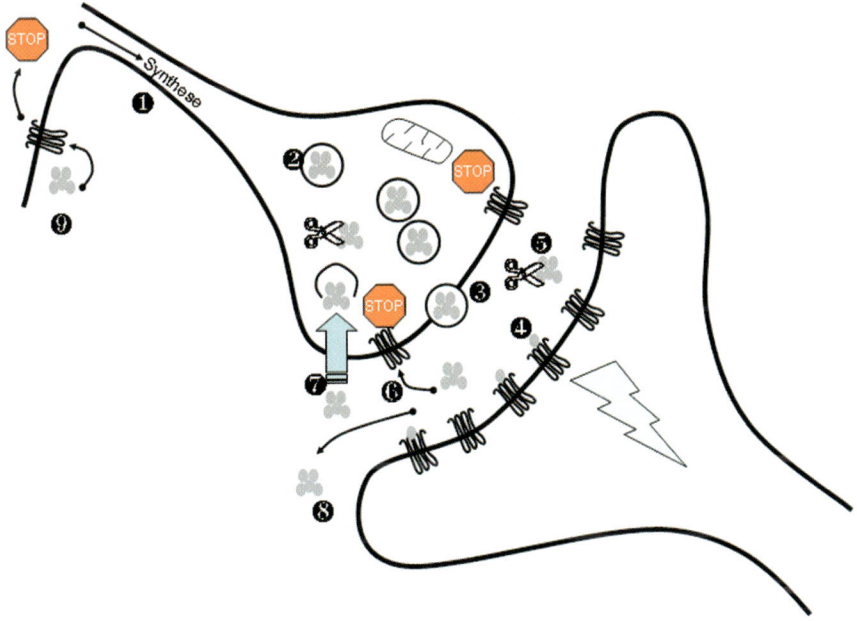

Abb. 3.1

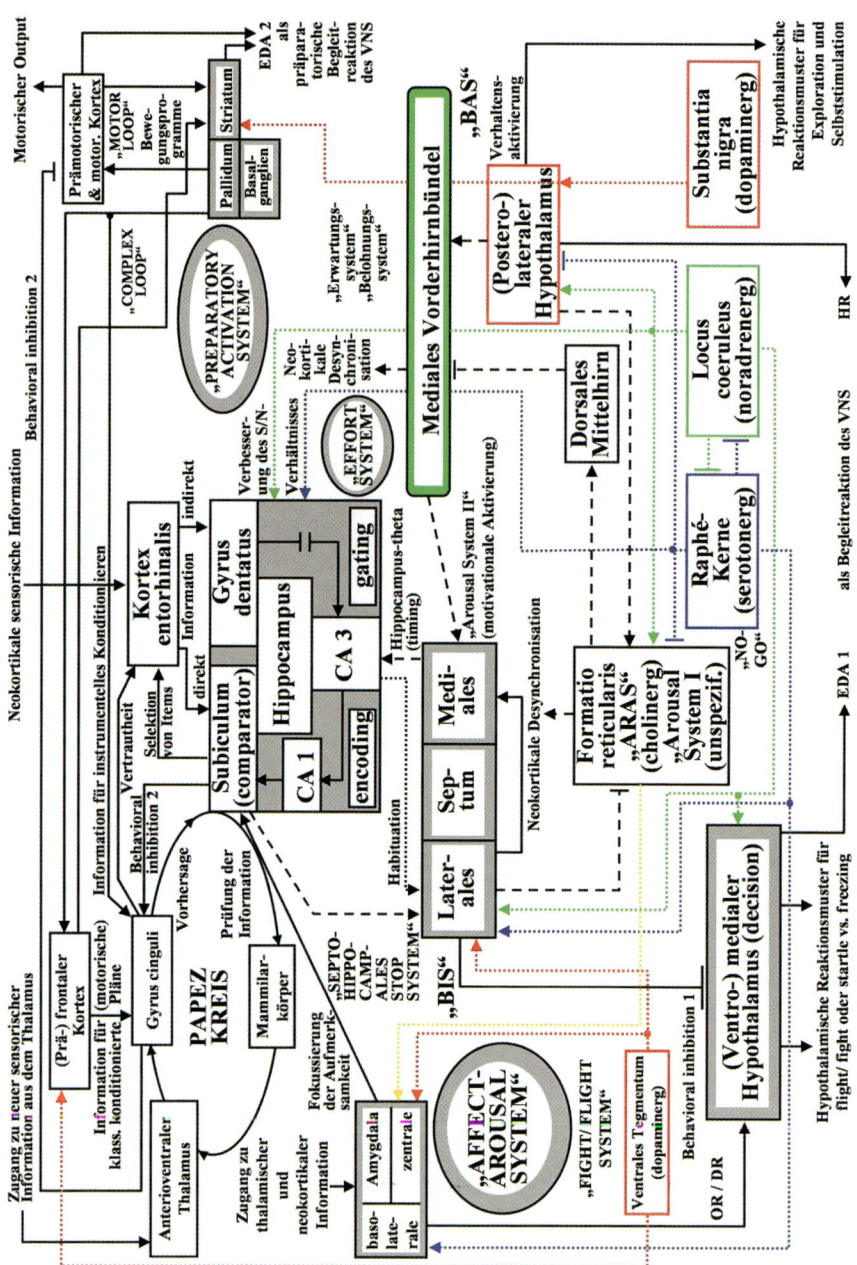

Abb. 5.19

Literatur

Abecasis, G. R., Cardon, L. R. & Cookson, W. O. (2000). A general test of association for quantitative traits in nuclear families. *American Journal of Human Genetics*, **66**, 279–292.

Abecasis, G. R., Noguchi, E., Heinzmann, A., Traherne, J. A., Bhattacharya, S., Leaves, N. I., Anderson, G. G., Zhang, Y., Lench, N. J., Carey, A., Cardon, L. R., Moffatt, M. F. & Cookson, W. O. C. (2001). Extent and distribution of linkage disequilibrium in three genomic regions. *American Journal of Human Genetics*, **68**, 191–198.

Abelson, J.L., Weg, J.G., Nesse, R.M. & Curtis, G.C. (1992). Neuroendocrine responses to laboratory panic: cognitive intervention in the doxapram model. *Psychoneuroendocrinology*, **21**, 375–390.

Abplanalp, J. M., Livingston, L., Rose, R. M. & Sandwisch, D. (1977). Cortisol and growth hormone responses to psychological stress during the menstrual cycle. *Psychosomatic Medicine*, **39**, 158–177.

Abramson, L. Y., Seligman, M. E. P. & Teasdale, J. D. (1978). Learned helplessness in humans: Critique and reformulation. *Journal of Abnormal Psychology*, **87**, 49–74.

Adler, L., Wedekind, D., Pilz, J., Weniger, G. & Huether, G. (1997). Endocrine correlates of personality traits: a comparison between emotionally stable and emotionally labile healthy young men. *Neuropsychobiology*, **35**, 205–210.

Adolphs, R., Tranel, D. & Damasio, A. R. (1998). The human amygdala in social judgement. *Nature*, **393**, 470–474.

Af Klinteberg, B., Schalling, D., Edman, G., Oreland, L. & Asberg, M. (1987). Personality correlates of platelet monoamine oxidase (MAO) activity in female and male subjects. *Neuropsychobiology*, **18**, 89–96.

Ahern, G. L. & Schwartz, G. E. (1985). Differential lateralization for positive and negative emotion in the human brain: EEG spectral analysis. *Neuropsychologia*, **23**, 745–755.

Albus, M., Braune, S., Höhn, T., & Scheibe, G. (1988). *Do anxiety patients with or without frequent panic attacks differ in their response to stress?* Inaugural conference of the International Society for the Investigation of Stress Symposium: Drugs and stress, 1988, München.

Alm, P. O., af Klinteberg, B., Humble, K., Leppert, J., Sorensen, S., Tegelman, R., Thorell, L. H. & Lidberg, L. (1996). Criminality and psychopathy as related to thyroid activity in former juvenile delinquents. *Acta Psychiatrica Scandinavica*, **94**, 112–117.

Almasy, L. & Blangero, J. (1998). Multipoint quantitative–trait linkage analysis in general pedigrees. *American Journal of Human Genetics*, **62**, 1198–1211.

Amelang, M. & Bartussek, D. (1981). *Differentielle Psychologie und Persönlichkeitsforschung.* 1. Auflage, Stuttgart: Kohlhammer.

Amelang, M., & Bartussek, D. (1997). *Differentielle Psychologie und Persönlichkeitsforschung.* 4. Aufl. Stuttgart: Kohlhammer.

Amelang, M. & Bartussek, D. (2001). *Differentielle Psychologie und Persönlichkeitsforschung.* 5. Auflage, Stuttgart: Kohlhammer.

Amelang, M. & Ullwer, U. (1990). Untersuchungen zur experimentellen Bewährung von Eysencks Extraversionstheorie. *Zeitschrift für Differentielle und Diagnostische Psychologie*, **11**, 127–148.

Amelang, M. & Ullwer, U. (1991a). Correlations between psychometric measures and psychophysiological as well as experimental variables in studies on extraversion and neuroticism (pp. 287–315). In J. Strelau & A. Angleitner (Eds.), *Explorations in Temperament. International Perspectives on Theory and Measurement*. New York: Plenum Press.

Amelang, M. & Ullwer, U. (1991b). Ansatz und Ergebnisse einer (fast) umfassenden Überprüfung von Eysencks Extraversionstheorie. *Psychologische Beiträge*, **33**, 23–46.

Amin, A. H., Crawford, B. B. & Gaddum, J. H. (1954). Distribution of 5–hydroxytryptamine and substance P in central nervous system. *Journal of Physiology, London*, **126**, 596–618.

Amos, C. I. (1994). Robust variance–components approach for assessing genetic linkage in pedigrees. *American Journal of Human Genetics*, **54**, 535–543.

Amsterdam, J. D., Maislin, G., Gold, P. & Winokur, A. (1989). The assessment of abnormalities in hormonal responsiveness and multiple levels of the hypothalamic-pituitary-adrenocortical axis in depressive illness. *Psychoneuroendocrinology*, **14**, 43–62.

Anderson, B. (1994). Speed of neuron conduction is not the basis of the IQ–RT correlation – results from a simple neural model. *Intelligence*, **19**, 317–323.

Anderson, B. (1995). G explained. *Medical Hypotheses*, **45**, 602–604.

Anderson, B. & Donaldson, S. (1995). The backpropagation algorithm: Implications for the biological bases of individual differences in intelligence. *Intelligence*, **21**, 327–345.

Anderson, G. M., Mefford, I. N., Tolliver, T. J., Riddle, M. A., Ocame, D. M. & Leckman, J. F. (1990). Serotonin in human lumbar cerebrospinal fluid: A reassessment. *Life Sciences*, **46**, 247–255.

Andresen, B. (1987). *Differentielle Psychophysiologie valenzkonträrer Aktivierungsdimensionen*. Frankfurt: Peter Lang.

Andrews, P. L. R. & Bhandari, P. (1993). The 5–hydroxtryptamine receptor antagonist as antiemetics: preclinical evaluation and mechanism of action. *European Journal of Cancer*, **29**, S11–S16.

Angus, J. A., Dyke, A. C. & Korner, P. I. (1990). Estimation of the role of presynaptic alpha 2–adrenoceptors in the circulation. Influence of neuronal uptake. *Annals of the New York Academy of Sciences*, **604**, 55–68.

Anokhin, A., Lutzenberger, W. & Birbaumer, N. (1999). Spatiotemporal organization of brain dynamics and intelligence: an EEG study in adolescents. *International Journal of Psychophysiology*, **33**, 259–273.

Anokhin, A. & Vogel, F. (1996). EEG alpha rhythm frequency and intelligence in normal adults. *Intelligence*, **23**, 1–14.

Ansseau, M., von Frenckell, R., Cerfontaine, J. L., Papart, P., Franck, G., Timsit-Berthier, M., Geenen, V. & Legros, J. J. (1988). Blunted response of growth hormone to clonidine and apomorphine in endogenous depression. *British Journal of Psychiatry*, **153**, 65–71.

Apter, A., Plutchik, R. & Van Praag, H. M. (1993). Anxiety, impulsivity and depressed mood in relation to suicidal and violent behavior. *Acta Psychiatrica Scandinavica*, **87**, 1–5.

Apter, A., van Praag, H. M., Plutchik, R., Sevy, S., Korn, M. & Brown, S. L. (1990). Interrelationships among anxiety, aggression, impulsivity, and mood: a serotonergically linked cluster? *Psychiatry Research*, **32**, 191–199.

Archer, J. Birring, S. S. & Wu, F. C. W. (1998). The association between testosterone and aggression among young men: Empirical findings and a meta-analysis. *Aggressive Behavior*, **24**, 411–420.

Arnett, P. A. & Newman, J. P. (2000). Gray's three–arousal model: An empirical investigation. *Personality and Individual Differences*, **28**, 1171–1189.

Arnetz, B. B., Edgren, B., Levi, L. & Otto, U. (1985). Behavioral and endocrine reactions in boys scoring high on Sennton neurotic scale viewing an exciting and partly violent movie and the importance of social support. *Social Science and Medicine*, **20**, 731–736.

Aromaeki, A. S., Lindman, R. E. & Erikson, C. J. P. (1999). Testosterone, aggressiveness, and antisocial personality. *Aggressive Behavior*, **25**, 113–123.

Arqué, J. M., Segura, R. & Torrubia, R. (1987). Correlation of thyroxine and thyroid-stimulating hormone with personality measurements: a study in psychosomatic patients and healthy subjects. *Neuropsychobiology*, **18**, 127–133.

Arqué,, J. M., Unzeta, M. & Torrubia, R. (1988). Neurotransmitter systems and personality measurements: A study in psychosomatic patients and healthy subjects. *Neuropsychobiology*, **19**, 149–157.

Åsberg, M., Träskman, L., & Thoren, P. (1976). 5–HIAA in the cerebrospinal fluid: a biochemical suicide predictor? *Archives of General Psychiatry*, **33**, 1193–1197.

Asendorpf, J. B. (1989). *Soziale Gehemmtheit und ihre Entwicklung*. Berlin: Springer.

Asendorpf, J. B. (1996). *Psychologie der Persönlichkeit*. Grundlagen. Berlin: Springer.

Asendorpf, J. B. & Meier, G.H. (1993). Personality effects on children's speech in everyday life: Sociability–mediated exposure and shyness–mediated reactivity to social situations. *Journal of Personality and Social Psychology, 64*, 1072–1083.

Asendorpf, J. B. & Scherer, K. R. (1983). The discrepant repressor: Differentiation between low anxiety, high anxiety, and repression of anxiety by autonomic–facial–verbal patterns of behavior. *Journal of Personality and Social Psychology, 45*, 1334–1346.

Ashby, F. G., Isen, A. M. & Turken, U. (1999). A neuropsychological theory of positive affect and its influence on cognition. *Psychological Review, 106*, 529–550.

Ashton, C. H., Golding, J. F., Marsh, V. R. & Thompson, J. W. (1985). Somatosensory evoked potentials and personality. *Personality and Individual Differences, 6*, 141–143.

Asnis, G. M. & van Praag, H. M. (1995). *Panic disorder: Clinical, biological, and treatment aspects.* New York: John Wiley & Sons.

Aston–Jones, G. (1985). Behavioral functions of locus coeruleus derived from cellular attributes. *Physiological Psychology, 13,* 118–126.

Aston–Jones, G., Ennis, M., Pieribone, V. A., Nickell, W. T. & Shipley, M. T. (1986). The brain nucleus locus coeruleus: Restricted afferent control of a broad efferent network. *Science, 234,* 734–737.

Ax, A. F. (1953). The physiological differentiation between fear and anger in humans. *Psychosomatic Medicine, 15*, 433–442.

Bagby, R. M., Levitan, R. D., Kennedy, S. H., Levitt, A. J. & Joffe, R. T. (1999). Selective alteration of personality in response to noradrenergic and serotonergic antidepressant medication in depressed sample: evidence of non–specificity. *Psychiatry Research, 86,* 211–216.

Balada, F., Torrubia, R. & Arqu,, J. M. (1992). Thyroid hormones correlates of sensation seeking and anxiety in healthy human females. *Neuropsychobiology, 25*, 208–213.

Ball, D., Hill, L., Freeman, B., Eley, T. C., Strelau, J., Riemann, R., Spinath, F. M., Angleitner, A. & Plomin, R. (1997). The serotonin transporter gene and peer–rated neuroticism. *Neuroreport, 8*, 1301–1304.

Ballenger, J. C., Post, R. M., Jimerson, D. C., Lake, C. R., Murphy, D. L., Zuckerman, M. & Cronin, C. (1983). Biochemical correlates of personality traits in normals: an exploratory study. *Personality and Individual Differences, 4*, 615–625.

Bandyopadhyay, S., Chattopadhyay, P. K., Ghosh, K. K. & Basu, A. K. (1988). Neuroticism and arousal correlates to plasma cortisol level in cancer of the cervix. *Indian Psychologist, 5*, 1–8.

Banki, C. M., Arato, M. & Papp, Z. (1984). Thyroid stimulation test in healthy subjects and psychiatric patients. *Acta Psychiatrica Scandinavica, 70*, 295–303.

Banks, T. & Dabbs, J. jr. (1996). Salivary testosterone and cortisol in delinquent and violent urban subculture. *The Journal of Social Psychology, 136*, 49–56.

Bar–Haim, Y. (2002). Introversion and individual differences in middle ear acoustic reflex function. *International Journal of Psychophysiology, 46*, 1–11.

Bardeleben von, U. & Holsboer, F. (1989). Cortisol response to a combined dexamethasone-human corticotropin-releasing hormone challenge in patients with depression. *Journal of Endocrinology, 1*, 485–488.

Barefoot, J. C., Dodge, K. A., Peterson, B. L., Dahlstrom, W. G. & Williams, R. B. (1989). The Cook–Medley hostility scale: Item content and ability to predict survival. *Psychosomatic Medicine, 51,* 46–57.

Barnes, J. M., Barnes, N. M. & Costall, B. (1989). 5–HT3 receptors mediate inhibition of acetylcholin release in cortical tissue. *Nature, 338,* 762–763.

Barnes, J. M., Costall, B. & Coughlan, J. (1990). The effects of ondansetron, a 5–HT3 receptor antagonist, on cognition in rodents and primates. *Pharmacology, Biochemistry and Behavior, 35,* 955–962.

Barr, G. A., Sharpless, N. S. & Gibbons, J. L. (1979). Differences in the level of dopamine in the hypothalamus of aggressive and non-aggressive rats. *Brain Research, 166,* 211–216.

Barratt, E. S. (1985). Impulsiveness subtraits: Arousal and information processing. In J. T. Spence & C. E. Izard (Eds.), *Motivation, emotion, and personality* (pp. 137–146). North–Holland: Elsevier.

Barratt, E. S. & Patton, J. H. (1983). Impulsivity: Cognitive, behavioral, and psychophysiological correlates. In M. Zuckerman (Ed.), *Biological Bases of Sensation Seeking, Impulsivity and Anxiety* (pp. 77–116). Hillsdale, NJ: Lawrence Erlbaum Publishers.

Barratt, E. S., Pritchard, W.S., Faulk, D. M. & Brandt, M. E. (1987). The relationship between impulsiveness subtraits, trait anxiety, and visual N100 augmenting reducing – A topographic analysis. *Personality and Individual Differences*, **8**, 43–52.

Barratt, E. S., Stanford, M. S., Kent, T. A. & Felthous, A. (1997). Neuropsychological and cognitive psychophysiological substrates of impulsive aggression. *Biological Psychiatry*, **41**, 1045–1061.

Barrett, P. T., Daum, I. & Eysenck, H. J. (1990). Sensory nerve conduction and intelligence: A methodological study. *Journal of Psychophysiology*, **4**, 1–13.

Barrett, P. T. & Eysenck, H. J. (1992a). Brain evoked potentials and intelligence: The Hendrickson paradigm. *Intelligence*, **16**, 361–381.

Barrett, P. T. & Eysenck, H. J. (1992b). Brain electrical potentials and intelligence. In A. Gale & M. W. Eysenck (Eds.), *Handbook of Individual Differences: Biological Perspectives* (pp. 255–285). New York: Wiley.

Barrett, P. T. & Eysenck, H. J. (1993). Sensory nerve conduction and intelligence – a replication. *Personality and Individual Differences*, **15**, 249–260.

Barrett-Connor, E., von Muhlen, D. G. & Kritz-Silverstein, D. (1999). Bioavailable testosterone and depressed mood in older men: The Rancho Bernardo Study. *Journal of Clinical Endocrinology and Metabolism*, **84**, 573–577.

Bartussek, D. (1984). Extraversion und EEG: Ein Forschungsparadigma in der Sackgasse? In M. Amelang & H. J. Ahrens (Hrsg.), *Brennpunkte der Persönlichkeitsforschung* (pp. 157–189). Göttingen: Hogrefe.

Bartussek, D., Becker, G., Diedrich, O., Naumann, E. & Maier, S. (1996). Extraversion, neuroticism, and event–related brain potentials in response to emotional stimuli. *Personality and Individual Differences*, **20**, 301–312.

Bartussek, D., Diedrich, O., Naumann, E. & Collet, W. (1993). Introversion–extraversion and event–related potential (ERP): A test of J. A. Gray's theory. *Personality and Individual Differences*, **14**, 565–574.

Bates, T. & Eysenck, H. J. (1993). String length, attention & intelligence: Focussed attention reverses the string length–IQ relationship. *Personality and Individual Differences*, **15**, 363–371.

Bates, T., Stough, C., Mangan, G. & Pellett, O. (1995). Intelligence and complexity of the averaged evoked potential: An attentional theory. *Intelligence*, **20**, 27–39.

Batt, R., Nettelbeck, T. & Cooper, C. J. (1999). Event related potential correlates of intelligence. *Personality and Individual Differences*, **27**, 639–658.

Baucom, D. H., Besch, P. K. & Callahan, S. (1985). Relation between testosterone concentration, sex role identity, and personality among females. *Journal of Personality and Social Psychology*, **48**, 1218–1226.

Bauer, L. O. (2001). Antisocial personality disorder and cocaine dependence: Their effects on behavioral and electroencephalographic measures of time estimation. *Drug and Alcohol Dependence*, **63**, 87–95.

Bauer, L. O. & Hesselbrock, V. M. (2001). CSD/BEM localization of P300 sources in adolescents "at-risk": Evidence of frontal cortex dysfunction in conduct disorder. *Biological Psychiatry*, **50**, 600–608.

Baum, A. (1990). Stress, intrusive imagery, and chronic distress. *Health Psychology*, **9**, 653–675.

Baumeister, A. A. & Kellas, G. (1968). Intrasubject response variability in relation to intelligence. *Journal of Abnormal Psychology*, **73**, 421–423.

Baumgarten, H. G. & Grozdanovic, Z. (1995a). Die Rolle des Serotonins in der Verhaltensmodulation. *Fortschritte der Neurologie–Psychiatrie*, **63**, 3–8.

Baumgarten, H. G. & Grozdanovic, Z. (1995b). Psychopharmacology of central serotonergic systems. *Pharmacopsychiatry, 28,* 73–79.

Baumgarten, H. G., Klemm, H. P., Sievers, J. & Schlossberger, H. G. (1982). Dihydroxytryptamine as tools to study the neurobiology of serotonin. *Brain Research Bulletin, 9,* 131–150.

Baving, L, Laucht, M. & Schmidt, M. H. (1999). Atypical frontal brain activation in ADHD: Preschool and elementary school boys and girls. *Journal of the American Academy for Child and Adolescence Psychiatry*, 38, 1363–1371.

Beauducel, A., Brocke, B., Strobel, A. & Strobel A. (1999). Construct validity of sensation seeking: a psychometric investigation. *Zeitschrift für Differentielle und Diagnostische Psychologie,* 20, 155–171.

Beauducel, A., Debener, S., Brocke, B. & Kayser, J. (2000). On the reliability of augmenting/reducing. *Journal of Psychophysiology,* 14, 226–240.

Beauducel, A., Strobel, A. & Brocke, B. (2003). Psychometric properties and norms of a German version of the Sensation Seeking Scales, Form V. *Diagnostica,* 49, 61–72.

Beaumont, J. G. & Dimond, S. J. (1973). Brain disconnection and schizophrenia. *British Journal of Psychiatry,* 123, 661–662.

Beck, A. T., Ward, C. H., Mendelson, M., Mock, T. & Erbaugh, T. (1961). An inventory for measuring depression. *Archives of General Psychiatry,* 4, 561–571.

Beckman, H., van Kammen, D. P., Goodwin, F. K. & Murphy, D. L. (1976). Urinary execretion of 3–methoxy–4–hydroxyphenylglycol in depressed patients: modifications by amphetamine and lithium. *Biological Psychiatry,* 11, 377–387.

Beh, H. C. & Harrod, M. (1998). Physiological responses in high-P subjects during active and passive coping. *International Journal of Psychophysiology,* 28, 291–300.

Bem, D. J. (1996). Exotic becomes erotic: A developmental theory of sexual orientation. *Psychological Review,* 103, 320–335.

Beneke, M., Wingender, W., Horstmann, R., Konrad–Dalhoff, I., Weber, H. & Kuhlmann, J. (1992). Neuroendocrine effects of ipsapirone on the hypothalamic – pituitary adrenal axis: CRF, ACTH and cortisol in healthy volunteers. *European Journal of Clinical Pharmacology,* 42, 163-169.

Benjamin, J., Ebstein, R. & Belmaker, R. H. (2002). *Molecular Genetics and Human Personality.* Washington, DC: American Psychiatric Press.

Benjamin, J., Li, L., Patterson, C., Greenberg, B. D., Murphy, D. L. & Hamer, D. H. (1996). Population and familiar association between the D4 dopamine receptor gene and measures of Novelty Seeking. *Nature Genetics,* 12, 81–84.

Benschop, R. J., Jacobs, R., Sommer, B., Schurmeyer, T. H., Raab, J. R., Schmidt, R. E. & Schedlowski, M. (1996). Modulation of the immunologic response to acute stress in humans by beta–blockade or benzodiazepines. *FASEB,* 10, 517–524.

Benschop, R. J., Nieuwenhuis, E. E., Tromp, E. A., Godaert, G. L., Ballieux, R. E. & van–Doornen, L. J. (1994). Effects of beta–adrenergic blockade on immunologic and cardiovascular changes induced by mental stress. *Circulation,* 89, 762–769.

Berent, S., Giordani, B., Lehtinen, S., Markel, D., Penney, J. B. & Buchtel, R. M., Starosta–Rubinstein, S., Hichwa, R. & Young, A. B. (1988). Positron emission tomographic scan investigation of Huntington's disease: Cerebral metabolic correlates of cognitive function. *Annals of Neurology,* 23, 541–546.

Bergeman, C. S., Chipuer, H. M., Plomin, R., Pedersen, N., McClearn, G. E., Nesselroade, J. R., Costa, P. & McCrae, R.R. (1993). Genetic and environmental effects on openness to experience, agreeableness, and conscientiousness: An adoption/twin study. *Journal of Personality,* 61, 159–179.

Berger, H. (1929). Über das Elektroencephalogramm des Menschen I. *Archiv für Psychiatrie,* 87, 527–550.

Bergman, B. & Brismar, B. (1994). Hormone levels and personality traits in abusive and suicidal male alcoholics. Alcoholism. *Clinical and Experimental Research,* 18, 311–316.

Bergmann, G. (1932). *Funktionelle Pathologie.* Berlin: Springer.

Berman, L. R. & Magnusson, D. (1979). Overachievement and catecholamine excretion in an achievement-demanding situation. *Psychosomatic Medicine,* 51, 181–188.

Berman, M, Gladue, B. & Taylor, S. (1993). The effects of hormones, type A behavior pattern, and provocation on aggression in men. *Motivation and Emotion*, **17**, 125–138.

Berridge, C. W., Arnsten, A. F. T. & Foote, S. L. (1993). Noradrenergic modulation of cognitive function: Clinical implications of anatomical, electrophysiological and behavioral studies in animal models. *Psychological Medicine,* **23**, 557–564.

Berry, J. W. & Worthington, E. L. (2001). Forgivingness, relationship quality, stress while imagining relationship events, and physical and mental health. *Journal of Counseling Psychology*, **48**, 447–455.

Biondi, M. & Picardi, A. (1999). Psychological stress and neuroendocrine function in humans: The last two decades of research. *Psychotherapy and Psychosomatics*, **68**, 114–150.

Birbaumer, N., Grodd, W., Diedrich, O., Klose, U., Erb, E. & Lotze, M. (1998). fMRI reveals amygdala activation to human faces in social phobics. *Neuroreport*, **9**, 1223–1226.

Birbaumer, N. & Schmidt, R.F. (Hrsg.) (2003). *Biologische Psychologie* (5. Aufl.) Berlin: Springer.

Birkmayer, W. & Winkler, W. (Hrsg.) (1951). *Klinik und Therapie der vegetativen Funktionsstörungen*. Wien: Springer.

Bjork, J. M., Moeller, F. G., Dougherty, D. M. & Swann, A.C. (2001). Endogenous plasma testerone levels and commission errors in women: A preliminary report. *Physiology and Behavior*, **73**, 217–221.

Bjorklund, A., Stenevi, U. & Svendgaard, A. (1976). Growth of transplanted monoaminergic neurons into the adult hippocampus along the perforant path. *Nature*, **262**, 787–790.

Blackhart, G. C., Kline, J.P., Donohue, K. F., LaRowe, S. D. & Joiner, T. E. (2002). Affective responses to EEG preparation and their link to resting anterior EEG asymmetry. *Personality and Individual Differences*, **32**, 167–174.

Blair, R. J. R., Jones, L., Clark, F. & Smith, M. (1997). The psychopathic individual: A lack of responsiveness to distress cues? *Psychophysiology*, **34**, 192–198.

Blakely, R. D. & Baumann, A. L. (2000). Biogenic amine transporters: Regulation in flux. *Current Opinion in Neurobiology*, **10**, 328–336.

Blank, A.M., Goldstein, S.E. & Chatterjee, N (1980). Premenstrual tension and mood change.. *Canadian Journal of Psychiatry*, **35**, 577-585.

Blaschko, H. (1939). The specific action of L–dopa carboxylase. *Journal of Physiology*, **96**, 50–51.

Bleuler, M. (1971). Das vegetative Psychosyndrom. *Schweizerische Rundschau der Medizin (Praxis)*, **60**, 572–577.

Blier, P. & De Montigny, C. (1990). Differential effect of gepirone on presynaptic and postsynaptic serotonin receptors: Single cell-recording studies. *Journal of Clinical Psychopharmacology*, **10**, 13–20.

Blier, P., De Montigny, C. & Chaput, Y. (1988). Electrophysiological assessment of the effects of antidepressant treatments on the efficacy of 5–HT neurotransmission. *Clinical Neuropharmacology*, **11**, 1–10.

Blizzard, D. (1988). The locus coeruleus: a possible neural focus for for genetic differences in emotionality. *Experientia*, **44**, 491–495.

Blombery, P. A., Kopin, I. J., Gordon, E. K., Markey, S. P. & Ebert, M. H. (1980). Conversion of MHPG to vanillylmandelic acid: Implications for the importance of urinary MHPG. *Archives of General Psychiatry*, **37**, 1095–1098.

Bloom, G., von Euler, U.S. & Frankenhaeuser, M. (1963). Catecholamine excretion and personality traits in paratroop trainees. *Acta Physiologica Scandinavica*, **58**, 77–89.

Böddeker, I. & Stemmler, G. (2000). Who responds how and when to anger? The assessment of actual anger response styles and their relation to personality. *Cognition and Emotion*, **14**, 737–762.

Boehnke, M. & Langefeld, C. D. (1998). Genetic association mapping based on discordant sib pairs: The discordant-alleles test. *American Journal of Human Genetics*, **62**, 950–961.

Boivin, M. J., Giordani, B., Berents, S., Amato, D. A., Lehtinen, S., Koeppe, R. A., Buchtel, H. A., Foster, N. L. & Kuhl, D. E. (1992). Verbal fluency and positron emission tomographic mapping of regional cerebral glucose mechanism. *Cortex*, **28**, 231–239.

Bond, A. J. (2001). Neurotransmitters, temperament and social functioning. *European Neuropsychopharmacol.*, **11**, 261–274.

Bond, A. J. & Surguy, S.M. (2000). Relationship between attitudinal hostility and P300 latencies. *Progress in Neuro-Psychopharmacology and Biological Psychiatry*, **24**, 1277–1288.

Bongard, S., al' Absi, M. & Lovallo, W. R. (1998). Interactive effects of trait hostility and anger expression on cardiovascular reactivity in young men. *International Journal of Psychophysiology*, **28**, 181–191.

Boomsma, D. I. & Somsen, R. J. M. (1991). Reaction times measured in a choice reaction time and a double task condition: A small twin study. *Personality and Individual Differences*, **12**, 519–522.

Booth, A., Shelley, G., Mazur, A., Tharp, G. & Kittok, R. (1989). Testosterone and winning and losing in human competition. *Hormones and Behavior*, **23**, 556–571.

Borella, P., Bargellini, A., Rovesti, S., Pinelli, M., Vivoli, R., Solfrini, V. & Vivoli, G. (1999). Emotional stability, anxiety, and natural killer activity under examination stress. *Psychoneuroendocrinology*, **24**, 613–627.

Borkenau, P. (1993). Anlage und Umwelt: Eine Einführung in die Verhaltensgenetik. Göttingen: Hogrefe.

Borkenau, P. & Ostendorf, F. (Hrsg.) (1993). *NEO-Fünf-Faktoren-Inventar (NEO-FFI)*. Göttingen: Hogrefe.

Borkenau, P., Riemann, R., Angleitner, A. & Spinath, F. M. (2002). Similarity of childhood experiences and personality resemblance in monozygotic and dizygotic twins: A test of the equal environments assumption. *Personality and Individual Differences*, **33**, 261–269.

Borkenau, P., Riemann, R., Spinath, F. M. & Angleitner, A. (2000). Behavior genetics of personality: The case of observational studies. In S. Hampson (Ed.), *Advances in Personality Psychology* (Vol. 1, pp. 107–137). Hove, England: Psychology Press.

Borkenau, P., Riemann, R., Spinath, F. M. & Angleitner, A. (2001). Genetic and environmental influences on observed personality: Evidence from the German Observational Study of Adult Twins. *Journal of Personality and Social Psychology*, **80**, 655–668.

Bossert, S., Berger, M., Krieg, J. C., Schreiber, W., Junker, M. & von Zerssen, D. (1988). Cortisol response to various stressful situations: Relationship to personality variables and coping styles. *Neuropsychobiology*, **20**, 36–42.

Bouchard, T. J. jr. & McGue, M. (1981). Family studies of intelligence: a review. *Science*, **212**, 1055–1058.

Boucsein, W. (1973). *Analyse einiger psychologischer Testverfahren zur Erfassung von Persönlichkeitsmerkmalen* (Bericht des Psychologischen Instituts, Düsseldorf).

Boucsein, W. (1988). *Elektrodermale Aktivität. Grundlagen, Methoden und Anwendungen*. Berlin: Springer.

Boucsein, W. (1991). Electrodermal activity as an indicator in the psychopharmacological treatment of anxiety: Theoretical background and empirical results. *Pharmacopsychoecologia*, **4**, 23–32.

Boucsein, W. (1992). *Electrodermal activity*. New York: Plenum Press.

Boucsein, W. (1994). Die elektrodermale Labilität als Persönlichkeitsmerkmal. In D. Bartussek & M. Amelang (Hrsg.), *Fortschritte der Differentiellen Psychologie und Psychologischen Diagnostik* (pp. 147–159). Göttingen: Hogrefe.

Boucsein, W. (2000). The use of psychophysiology for evaluating stress–strain processes in human–computer interaction. In R. W. Backs & W. Boucsein (Eds.), *Engineering Psychophysiology. Issues and Applications* (pp. 289–309). Mahwah, N. J.: Lawrence Erlbaum Associates.

Boucsein, W. (2001). Physiologische Grundlagen und Meßmethoden der dermalen Aktivität. In F. Rösler (Hrsg.), *Enzyklopädie der Psychologie, Bereich Psychophysiologie, Band 1: Grundlagen und Methoden der Psychophysiologie* (pp. 551–623). Göttingen: Hogrefe.

Boucsein, W. & Frye, M. (1974). Physiologische und psychische Wirkungen von Mißerfolgsstress unter Berücksichtigung des Merkmals Repression–Sensitization. *Zeitschrift für Experimentelle und Angewandte Psychologie*, **21**, 339–366.

Boucsein, W. & Wendt–Suhl, G. (1982). Experimentalpsychologische Untersuchung psychischer und psychophysiologischer Wirkungen von Cloxazolam und Diazepam unter angstinduzierenden und Normalbedingungen bei gesunden Probanden. *Pharmacopsychiatria*, **15**, 48–56.

Brandstädter, J., Baltes-Goetz, B., Kirschbaum, C. & Hellhammer, D.H. (1991). Developmental and personality correlates of adrenocortical activity as indexed by salivary cortisol: Observations in the age range of 35 to 65 years. *Journal of Psychosomatic Research*, **35**, 173–185.

Braune, S., Albus, M., Frohler, M. & Hohn, T. (1994). Psychophysiological and biochemical changes in patients with panic attacks in a defined situational arousal. *European Archives of Psychiatry and Clinical Neuroscience*, **244**, 86–92.

Brebner, J. (1990). Psychological and neurophysiological factors in stimulus-response-compatibility. In R.W. Proctor & T.G. Reeve (Eds.), *Stimulus–response compatibility: An Integrated Perspective* (pp.241–260). Amsterdam: Elsevier.

Breier, A., Kestler, L., Adler, C., Elman, I., Wiesenfeld, N., Malhotra, A. & Pickar, D. (1998). Dopamine D2 receptor density and personal detachment in healthy subjects. *American Journal of Psychiatry*, **155**, 1440.

Breivik, G., Roth, W. T. & Jorgensen, P. E. (1998). Personality, psychological states and heart rate in novice and expert parachutists. *Personality and Individual Differences*, **25**, 365–380.

Bremner, J. D., Krystal, J. H., Southwick, S. M. & Charney, D. S. (1996). Noradrenergic mechanisms in stress and anxiety: II. Clinical studies. *Synapse*, **23**, 39–51.

Bresnahan, S.M., Anderson, J. W. & Barry, R. J. (1999). Age–related changes in quantitative EEG in attention–deficit/hyperacitivity disorder. *Biological Psychiatry*, **46**, 1690–1697.

Brocke, B. & Battmann, W. (1985). Die Aktivierungstheorie der Persönlichkeit. *Zeitschrift für Differentielle und Diagnostische Psychologie*, **6**, 189–213.

Brocke, B. & Battmann, W. (1992). The arousal–activation theory of extraversion and neuroticism: A systematic analysis and principal conclusions. *Advances in Behaviour Research and Therapy*, **14**, 211–246.

Brocke, B., Beaducel, A. & Tasche, K.G. (1999). Biopsychological bases and behavioral correlates of sensation seeking: contributions to a multilevel validation. *Personality and Individual Differences*, **26**, 1103–1123.

Brocke, B., Spinath, F. M. & Strobel, A. (im Druck). Verhaltensgenetische Ansätze und Theorien der Persönlichkeitsforschung. In K. Pawlik,(Hrsg.), *Theorien der Differentiellen Psychologie*, Band 5, Serie VIII der Enzyklopädie der Psychologie. Göttingen: Hogrefe.

Brocke, B., Tasche, K.G. & Beaducel, A. (1996). Biopsychological foundations of extraversion: Differential effort reactivity and the differential P300 effect. *Personality and Individual Differences*, **21**, 727–738.

Brocke, B., Tasche, K.G. & Beaducel, A. (1997). Biopsychological foundations of extraversion: Differential effort reactivity and state control. *Personality and Individual Differences*, **22**, 447–458.

Brody, N. (1992). *Intelligence* (2nd edition). London: Academic Press.

Brody, N. (1993). Intelligence and the behavioral genetics of personality. In R. Plomin, & G. E. McClearn (Eds.), *Nature, Nurture, and Psychology*. Washington, DC: American Psychological Association.

Brody, S., Veit, R. & Rau, H. (1996). Neuroticism but not cardiovascular stress reactivity is associated with less longitudinal blood pressure increase. *Personality and Individual Differences*, **20**, 375–380.

Brosschot, J. F., Benschop, R. J., Godaert, G. L., Olff, M., De-Smet, M., Heijnen, C. J. & Ballieux, R. E. (1994). Influence of life stress on immunological reactivity to mild psychological stress. *Psychosomatic Medicine*, 56, 216–224.

Brown, G., Ebert, M. & Goyer, P. (1982). Aggression, suicide and serotonin: relationships to CSF amine metabolites. *American Journal of Psychiatry*, 139, 741.

Brown, G. L., Goodwin, F. K., Ballenger, J. C., Goyer, P. F. & Major, L. F. (1979). Aggression in humans correlates with cerebrospinal fluid amine metabolites. *Psychiatry Research*, 1, 131–139.

Buchsbaum, M. S. (1971). Neural events and the psychophysical law. *Science*, 172, 502.

Buchsbaum, M. S., Muscettola, G. & Goodwin, F. K. (1981). Urinary MHPG, stress response, personality factors, and somatosensory evoked potentials in normal subjects and patients with major affective disorders. *Neuropsychobiology*, 7, 212–224.

Buchsbaum, M. S. & Silverman, J. (1968). Stimulus intensity control and the cortical evoked response. *Psychosomatic Medicine*, 30, 12–22.

Buchwald, D., Sullivan, J. L. & Komoroff, A. L. (1987). Frequency of "chronic active Epstein–Barr virus infection" in a general medical practice. *Journal of the American Medical Association*, 257, 2303–2307.

Budaev, S.V. (1999). Sex differences in the Big Five personality factors: Testing an evolutionary hypothesis. *Personality and Individual Differences*, 26, 801–813.

Bull, H. C. & Nethercott, R. E. (1972). Physiological recovery and personality. *British Journal of Social and Clinical Psychology*, 2, 297.

Bullock, W.A. & Gilliland, K. (1993). Eysenck's arousal theory of introversion extraversion – a converging measures investigation. *Journal of Personality and Social Psychology*, 64, 113–123.

Bunevicius, R. & Matulevicius, V. (1993). Short-lasting behavioral effects of thyrotropin-releasing hormone in depressed women: results of placebo-controlled study. *Psychoneuroendocrinology*, 18, 445–449.

Burdick, J. A., van Dyck, B. & von Bargen, W. J. (1982). Cardiovascular variability and introversion/extraversion, neuroticism and psychoticism. *Journal of Psychosomatic Research*, 26, 269–275.

Burgess, P. K. (1972). Eysenck's theory of criminality: A test of some objections to disconfirmatory evidence. *British Journal of Social and Clinical Psychology*, 11, 248–256.

Burmester, G. R. & Pezzutto, A. (1998). Taschenatlas der Immunologie. Stuttgart, New York: Thieme.

Burns, N. R., Nettelbeck, T. & Cooper, C. J. (1997). The string measure of the ERP: What does it measure? *International Journal of Psychophysiology*, 27, 43–53.

Burns, N. R., Nettelbeck, T. & Cooper, C. J. (2000). Event–related potential correlates of some human cognitive ability constructs. *Personality and Individual Differences*, 29, 157–168.

Buss, A. H. (1961). *The Psychology of Aggression*. New York: Holt, Rinehart & Winston.

Buss, A. H. & Durkee, A. (1957). An inventory for assessing different kinds of hostility. *Journal of Consulting Psychology*, 21, 343–349.

Buss, A.H. & Perry, M. (1992). The aggression questionnaire. *Journal Personality and Social Psychology*, 63, 452–459.

Buss, A. H. & Plomin, R. (1975) *A temperament theory of personality development*. New York: Wiley.

Buss, A. H. & Plomin, R. (1986). The EAS approach to temperament. In R. Plomin & J. Dunn (Eds.), *The Study of Temperament: Changes, Continuities, and Challenges*. Hillsdale, NJ: Erlbaum.

Byrne, D. (1961). The repression–sensitization scale: Rationale, reliability, and validity. *Journal of Personality*, 29, 334–349.

Byrne, D., Berry, J. & Nelson, D. (1963). Relation of the revised repression-sensitization scale to measures of self description. *Psychological Reports*, 13, 323–334.

Cahill, J. M. & Polich, J. (1992). P300, probability, and introverted/extroverted personality types. *Biological Psychology*, 33, 23–35.

Cahill, L., Haier, R. J., White, N.S., Fallon, J., Kilpatrick, L., Lawrence, C., Potkin, S.G. & Alkire, M.T. (2001). Sex–related difference in amygdala activity during emotionally influenced memory storage. *Neurobiology of Learning and Memory*, **75**, 1–9.

Calhoon-La Grande, L. L., Jones, T. D., Reyes, E. & Ott, S. (1993). Monoamine oxidase levels in females: relationships to sensation seeking, alcohol misuse, physical fitness, and menstrual cycle. *Personality and Individual Differences*, **14**, 439–446.

Calkins, S. D., Fox, N.A. & Marshall, T. R. (1996). Behavioral and physiological antecendents of inhibited and uninhibited behavior. *Child Development*, **67**, 523–540.

Callaway, E. (1973). Correlations between averaged evoked potentials and measures of intelligence. *Archives of General Psychiatry*, **29**, 553–558.

Calogero, A. E., Bernardini, R., Margioris, A. N., Bagdy, G., Galucci, W. T. & Munson, P. J. (1989). Effects of serotonergic agonists and antagonists on corticotropin–releasing hormone secretion by explanted rat hypothalamus. *Peptides*, **10**, 189–200.

Calvo, M. G. & Miguel–Tobal, J. J. (1998). The anxiety response: Concordance among components. *Motivation and Emotion*, **22**, 211–230.

Cameron, O.G. (1994). *Adrenergic dysfunction and psychobiology*. Washington, DC: American Psychiatric Press.

Canli, T., Sivers, H., Whitfield, S. L., Gotlib, I. H. & Gabrieli, J. D. E. (2002). Amygdala response to happy faces as a function of extraversion. *Science*, **296**, 2191.

Canli, T., Zhao, Z., Kang, E. & Gross, J. (2001). An fMRI study of personality influences on brain reactivity to emotional stimuli. *Behavioral Neuroscience*, **115**, 33–42.

Cannon, W.B. (1914). The emergency function of the adrenal medulla in pain and the major emotions. *American Journal of Physiology*, **33**, 356–372.

Cannon.W. B. & Uridil J. E. (1921). Studies on the conditions of activity in endocrine glands. VIII. Some effects on the denervated heart of stimulating the nerves of the liver. *American Journal of Physiology*, **58**, 353–354.

Carey, G. (1986). Sibling imitation and contrast effects. *Behavior Genetics*, **16**, 319–341.

Carlsson, A. (1998). Neuropharmacology. In T.A. Ban, D. Healy, & E. Shorter (Eds.). *The Rise of Psychopharmacology and the Story of CINP*. Budapest: Animula Publishing House.

Carlsson, A., Corrodi, H., Fuxe, K. & Hokfelt, T. (1969). Effect of antidepressant drugs on the depletion of intraneural brain 5-hydroxytryptamine stores caused by 4-methyl-alpha-ethyl-meta-tyramine. *European Journal of Pharmacology*, **5**, 357–366.

Carlsson, I., Wendt, P. E. & Risberg, J. (2000). On the neurobiology of creativity. Differences in frontal activity between high and low creative subjects. *Neuropsychologia*, **38**, 873–885.

Carrillo-de-la-Pena, M. T. (1992). ERP augmenting/reducing and sensation seeking: a critical review. *International Journal of Psychophysiology*, **12**, 211–220.

Carrillo-de-la-Pena, M. T. & Barratt, E. S. (1993). Impulsivity and ERP augmenting/reducing. *Personality and Individual Differences*, **15**, 25–32.

Carroll, B.J. (1982). The dexamethasone suppression test for melancholia. *British Journal of Psychiatry*, **140**, 292–304.

Carter, C. S. (1998). Neuroendocrine perspectives on social attachment and love. *Psychoneuroendocrinology*, **23**, 779–818.

Carver, C. S., Sutton, S. K. & Scheier, M. F. (2000). Action, emotion, and personality: Emerging conceptual integration. *Personality and Social Psychology Bulletin*, **26**, 741–751.

Carver, C. S. & White, T.L. (1994). Behavioral inhibition, behavioral activation, and affective responses to impending reward and punishment: The BIS/BAS scales. *Journal of Personality and Social Psychology*, **67**, 319–333.

Caspi, A., McClay, J., Moffitt, T. E., Mill, J., Martin, J., Craig, I.W., Taylor, A. & Poulton, R. (2002). Role of genotype in the cycle of violence in maltreated children. *Science*, **297**, 851–854.

Castellanos, F. X., Elia, J., Kruesi, M. J. P. & Gulotta, C. S. (1994). Cerebrospinal fluid monoamine metabolites in boys with attention-deficit hyperactivity disorder. *Psychiatry Research*, **52**, 305–316.

Cattell, R. B. (1965). *The Scientific Analysis of Personality*. Harmondsworth: Penguin.

Cattell, R. B., Eber, H. W. & Tatsuoka, M. M. (1970). *Handbook for the Sixteen Personality Factor Questionnaire (16 PF) in Clinical, Educational, Industrial, and Research Psychology*. Champaign, IL: Institute for Personality and Ability Testing.

Cattell, R. B., Sanders, D. R., & Slice, I. G. F. (1950). *The 16 Personality Factor Questionnaire*. Champaign, IL, Institute for Personality and Ability Testing.

Cattell, R. B. & Warburton, F. W. (1967). *Objective Personality and Motivation Tests*. Urbana, IL: University of Illinois Press.

Cerrito, F. & Raiteri, M. (1979). Serotonin release is modulated by presynaptic autoreceptors. *European Journal of Pharmacology, 57*, 427–430.

Chagani, H. T., Phelps, M. E. & Mazziotta, J. C. (1987). Positron emission tomography study of the human brain functional development. *Annals of Neurology, 22*, 487–497.

Chalke, F. & Ertl, J. P. (1965). Evoked potentials and intelligence. *Life Sciences, 4*, 1319–1322.

Chapman, L. J. & Chapman, J.P. (1985). Psychosis proneness. In M. Alpert (Ed.), *Controversies in Schizophrenia: Changes and Constancies* (pp. 157–172). New York: Guilford Press.

Chase, T. N., Fedio, P., Foster, N. L., Brooks, R., DiChiro, G. & Mansi, L. (1984). Wechsler adult intelligence scale performance: Cortical localization by fluorodeoxyglucose F18–positron emission tomography. *Archives of Neurology, 41*, 1244–1247.

Chatterton, R. T. jr., Vogelsong, K. M., Lu, Y. C. & Hudgens, G. A. (1997). Hormonal responses to psychological stress in men preparing for skydiving. *The Journal of Clinical Endocrinology and Metabolism, 82*, 2503–2509.

Cheek, J. M. & Buss, A. H. (1981). Shyness and sociability. *Journal of Personality and Social Psychology, 41*, 330–339.

Chien, A. J. & Dunner, D. L. (1996). The Tridimensional Personality Questionnaire in depression: State versus trait issues. *Journal of Psychiatry Research, 30*, 21–27.

Chiodo, L. A. & Antelman, S. M. (1980). Repeated tricyclics induce a progressive dopamine autoreceptor subsensitivity independent of daily drug treatment. *Nature, 287*, 451–454.

Chipuer, H. M., Rovine, M. J. & Plomin, R. (1990). LISREL modeling: Genetic and environmental influences on IQ revisited. *Intelligence, 14*, 11–29.

Chitnis, S., Derom, C., Vlietinck, R., Derom, R., Monteiro, J. & Gregersen, P. K. (1999). X–chromosome–inactivation patterns confirm the late timing of monoamniotic–MZ twinning. *American Journal of Human Genetics, 65*, 570–571.

Chodzko-Zaijko, W. & O'Connor, P. (1986). Plasma cortisol, the dexamethasone suppression test and depression in normal adult males. *Journal of Psychosomatic Research, 30*, 313–323.

Chorney, M. J., Chorney, K., Seese, N., Owen, M. J., Daniels, J., McGuffin, P., Thompson, L. A., Detterman, D. K., Benbow, C. P., Lubinski, D., Eley, T. C. & Plomin, R. (1998). A quantitative trait locus (QTL) associated with cognitive ability in children. *Psychological Science, 9*, 1–8.

Chouindard, G., Goodman, W., Greist, J., Jenike, M., Rasmussen, S. & White, K. (1990). Results of a double-blind placebo controlled trial of a new serotonin uptake inhibitor, sertralin, in the treatment of obsessive-compulsive disorder. *Psychopharmacological Bulletin, 26*, 279–284.

Christensen, A. J., Edwards, D. L., Wiebe, J. S., Benotsch, E. G., McKelvey, L., Andrews, M. & Lubaroff, D. M. (1996). Effect of verbal self–disclosure on natural killer cell activity: moderating influence of cynical hostility. *Psychosomatic Medicine, 58*, 150–155.

Christensen, N .J. & Jensen, E. W. (1995). Sympathoadrenal activity and psychosocial stress. The significance of aging, long-term smoking, and stress models. *Annals of the New York Academy of Sciences, 771*, 640–647.

Christiansen, K. (1999). Hypophysen-Gonaden-Achse. In C. Kirschbaum & D. Hellhammer (Eds.), *Psychoendokrinologie und Psychoimmunologie* (pp. 141–222). Göttingen: Hogrefe.

Christiansen, K. & Knussmann, R. (1987). Adrogen levels and components of aggressive behavior in men. *Hormones and Behavior*, **21**, 170–180.

Clare, A. W. (1985). Hormones, behavior, and the menstrual cycle. *Journal of Psychosomatic Research*, **29**, 225–233.

Claridge, G. (1987). Psychoticism and arousal. In J. Strelau & H. J. Eysenck (Eds.), *Personality Dimensions and Arousal. Perspectives on Individual Differences* (pp. 133–147). New York: Plenum Press.

Claridge, G. & Beech, A. (1996). Schizotypy and lateralised negative priming in schizophrenics' and neurotics' relatives. *Personality and Individual Differences*, **20**, 193–199.

Claridge, G., McCreery, C., Mason, O., Bentall, R., Boyl, G., Slade, P. & Poppwell, D. (1996). The factor structure of schizotypal traits: A large replication study. *British Journal of Clinical Psychology*, **35**, 103–115.

Clark, B. J. (1985). *The role of dopamine in the periphery. Basic and Clinical Aspects of Neuroscience.* Springer-Sandoz Advances Texts. Berlin/Heidelberg: Springer.

Clark, D. A., Hemsley, D. R. & Nason–Clark (1987). Personality and sex differences in emotional responsiveness to positive and negative cognitive stimuli. *Personality and Individual Differences*, **8**, 1–7.

Cloninger, C. R. (1986). A unified biosocial theory of personality and its role in the development of anxiety states. *Psychiatric Developments*, **3**, 167–226.

Cloninger, C. R. (1987). A systematic method for clinical description and classification of personality variants. *Archives of General Psychiatry*, **44**, 573–588.

Cloninger, C. R. (1988). A unified biosocial theory of personality and its role in the development of anxiety states: A reply to commentaries. *Psychiatric Developments*, **2**, 83–120.

Cloninger, C. R., Przybeck, T. R., Svrakic, D. M. & Wetzel, R. D. (1994). *The Temperament and Character Inventory (TCI): A Guide to its Development and Use.* St. Louis, MO: Center for Psychobiology of Personality.

Cloninger, C. R., Svrakic, D. M. & Pruybecky, T. R. (1993). A psychobiological model of temperament and character. *Archives of General Psychiatry*, **50**, 975–990.

Cloninger, C. R., van Eerdewegh, P., Goate, A., Edenberg, H. J., Blangero, J., Hesselbrock, V., Reich, T., Nurnberger, J., Schuckit, M., Porjesz, B., Crowe, R., Rice, J. P., Foroud, T., Przybeck, T. R., Almasy, L., Bucholz, K., Wu, W., Shears, S., Carr, K., Crose, C., Willig, C., Zhao, J., Tischfield, J. A., Li, T.K., Conneally, P. M. & Begleiter, H. (1998). Anxiety proneness linked to epistatic loci in genome scan of human personality traits. *American Journal of Medical Genetics (Neuropsychiatric Genetics)*, **81**, 313–317.

Coccaro, E. F. (1992). Impulsive aggression and central serotonergic system function in humans: an example of a dimensional brain-behavior relationship. *International Journal of Clinical Psychopharmacol.*, **7**, 3–12.

Coccaro, E. F., Kavoussi, R. J., Oakes, M., Cooper, T. B. & Hauger, R. (1996). 5–HT 2a/2c receptor blockade by amesergide fully attenuates prolactin response to d–fenfluramine challenge in physically healthy human subjects. *Psychopharmacology*, *126*, 24–30.

Coccaro, E. F., Lawrence, T., Trestman, R., Gabriel, S., Klar, H. M., & Siever, L. J. (1991). Growth hormone responses to intravenous clonidine challenge correlate with behavioral irritability in psychiatric patients and healthy volunteers. *Psychiatry Research*, **39**, 129–139.

Coccaro, E. F., Siever, L. J., Klar, H. M., Maurer, G., Cochrane, K., & Cooper, T. B.(1989). Serotonergic studies in patients with affective and personality disorders. Correlates with suicidal and impulsive aggressive behavior. *Archives of General Psychiatry*, **46**, 587–599.

Cohen, S., Tyrrell, D. A. & Smith, A. P. (1991). Psychological stress and susceptibility to the common cold. *New England Journal of Medicine*, **325**, 606–612.

Coles, M. G. H. & Gale, A. (1971). Physiological reactivity as a predictor of performance in a vigilance task. *Psychophysiology*, **8**, 594–599.

Coles, M. G. H., Gale, A. & Kline, P. (1971). Personality and habituation of the orienting reaction: Tonic and response measures of electrodermal activity. *Psychophysiology*, 8, 54–63.

Connolly, J. F. & Gruzelier, J. H. (1982). Amplitude and latency changes in the visual evoked potential to different stimulus intensities. *Psychophysiology*, 19, 599–608.

Constantino, J. N., Morris, J. A. & Murphy, D. L. (1997). CSF 5–HIAA and family history of antisocial personality disorder in newborns. *American Journal of Psychiatry*, 154, 1771–1773.

Contesse, V., Hamel, C., Delarue, C., Lefebvre, H., & Vaudry, H. (1994). Effect of a series of 5–HT4 receptor agonists and antagonists on steroid secretion by the adrenal gland in vitro. *European Journal of Pharmacology*, 265, 27–33.

Contesse, V., Hamel, C., Lefebvre, H., Dumuis, A., Vaudry, H. & Delarue, C. (1996). Activation of 5-hydroxytryptamine receptors causes calcium influx in adrenocortical cells: Involvement of calcium in 5-hydroxytryptamine–induced steroid secretion. *Molecular Pharmacology*, 49, 481–493.

Cook, W. W. & Medley, D. M. (1954). Proposed hostility and pharisaic–virtue scales for the MMPI. *Journal of Applied Psychology*, 238, 414–418.

Cools, A. R. (1980). Role of the neostriatal dopaminergic activity in sequencing and selecting behavioural strategies: Facilitation of processes involved in selecting the best strategy in a stressful situation. *Behavioral and Brain Research*, 1, 361–378.

Cools, A. R. (1987). Transformation of emotion into motion: role of mesolimbic noradrenaline and neostriatal dopamine. In D. Hellhammer, I. Florin, & H. Weiner (Eds.), *Neurobiological Approaches to Human Disease* (pp. 15–28). Toronto: Hans Huber Publishers.

Cools, A. R. (2003). Psychobiology of the novelty seeking rat: An animal model of stress disorders. *Behavioral Pharmacology*, 14, S 22–23.

Cools, A. R., Brachten, R., Heeren, D., Willemen, A. & Ellenbroek, B. (1990). Search after neurobiological profile of individual–specific features of Wistar rats. *Brain Research Bulletin*, 24, 49–69.

Cools, A. R., van den Bos, R., Ploeger, G. & Ellenbroek, B. A. (1991). Gating function of noradrenaline in the ventral striatum: its role in behavioural responses to environmental and pharmacological challenges. In P. Willner & J. Scheel-Krüger (Eds.), *The Mesolimbic Dopamine System: From Motivation to Action* (pp. 141–173). Chichester: Wiley.

Corder, E. H., Saunders, A. M., Strittmatter, W. J., Schmechel, D., Gaskell, P., Small, G.W., Roses, A. D., Haines, J. L. & Pericak–Vance, M. A. (1993). Apolipoprotein E4 gene dose and the risk of familial Alzheimer disease in late onset families. *Science*, 261, 921–923.

Corder, E. H., Saunders, A. M., Risch, N. J., Strittmatter, W. J., Schmechel, D. E., Gaskell, P. C., Rimmler, J. B., Locke, P. A., Conneally, P. M., Schmader, K. E., Small, G. W., Roses, A. D., Haines, J. L. & Pericak–Vance, M. A. (1994). Apolipoprotein E type 2 allele decreases the risk of late onset Alzheimer disease. *Nature Genetics*, 7, 180–184.

Corr, P. J. (2001). Testing problems in J. A. Gray's personality theory: a commentary on Matthews and Gilliland (1999). *Personality and Individual Differences*, 30, 333–352.

Corr, P. J. & Kumari, V. (2000). Individual differences in mood reactions to d-amphetamine: A test of three personality factors. *Journal of .Psychopharmacology*, 14, 371–377.

Corr, P. J., Pickering, A. D. & Gray, J. A. (1995). Personality and reinforcement in associative and instrumental learning. *Personality and Individual Differences*, 19, 71.

Corr, P. J., Pickering, A. D., & Gray, J. A. (1997). Personality, punishment, and procedural learning: a test of J.A. Gray's anxiety theory. *Journal of Personality and Social Psychology*, 73, 337–344.

Costa, L., Bauer, L., Kuperman, S., Porjesz, B., O'Connor, S., Hesselbrock, V., Rohrbaugh, J. & Begleiter, H. (2000). Frontal P300 decrements, alcohol dependence, and antisocial personality disorder. *Biological Psychiatry*, 47, 1064–1071.

Costa, P. T. & McCrae, R. R. (1985). *The NEO–Personality Inventory Manual*. Odessa, FL: Psychological Assessment Resources.

Costa, P. T. & McCrae, R. R. (1989). *NEO PI/FFI manual supplement*. Odessa, FL: Psychological Assessment Resources.

Costa, P. T. & McCrae, R. R. (1992a). Four ways five factors are basic. *Personality and Individual Differences*, **13**, 653–665.

Costa, P. T. & McCrae, R. R. (1992b). *Revised NEO Personality Inventory (NEO–PI–R) and NEO Five Factor Inventory (NEO–FFI). Professional Manual*. Odessa, FL: Psychological Assessment Resources.

Cowen, P. J. (1991). Serontonin receptor subtypes: Implications for psychopharmacology. *British Journal of Psychiatry*, **159**, 7–14.

Cowen, P. J., Anderson, I. M. & Gartside, S. E. (1990a). Endocrinological Responses to 5-HT. *Annals of the New York Academy od Sciences*, **250**–259.

Cowen, P. J., Anderson, I. M. & Grahame-Smith, D. G. (1990b). Neuroendocrine effects of azapirones. *Journal of Clinical Psychopharmacology*, **10**, 21S–25S.

Cox, F., Luz, E., Gilliland, K. & Swickert, R.J. (2001). Congruency of the relationship between extraversion and the brainstem auditory evoked response based on the EPI versus the EPQ. *Journal of Research in Personality*, **35**, 117–126.

Coyne, C.M., Woods, N.F. & Mitchell, E.S. (1985). Premenstrual tension syndrome. *Journal of Obstetric, Gynecologic, and Neonatal Nursing*, **14**, 446–454.

Cramer, A. (1906). *Die Nervosität*. Jena, Fischer.

Crider, A. & Augenbraun, C. B. (1975). Auditory vigilance correlates of electrodermal response habituation speed. *Psychophysiology*, **12**, 36–40.

Crider, A. & Lunn, R. (1971). Electrodermal lability as a personality dimension. *Journal of Experimental Research in Personality*, **5**, 145–150.

Croes, S., Merz, P. & Netter, P. (1993). Cortisol reaction in success and failure condition in endogenous depressed patients and controls. *Psychoneuroendocrinology*, **18**, 23–35.

Croft, R.J., Lee, A., Bertolot, J. & Gruzelier, J. (2001). Associations of P50 suppression and habituation with perceptual and cognitive features of „unreality" in schizotypy. *Biological Psychiatry*, **50**, 441–446.

Crowne, D. P. & Marlowe, D. (1964). *The Approval Motive: Studies in Evaluative Dependence*. New York: Wiley & Sons.

Cryz, S. J., Furer, E., Fredeking, T., Cross, A. S., Sadoff, J. C. & Que, J. U. (1989). Effect of race and blood group on the immune response to bacterial polysaccharide and conjugate vaccines. *Lancet*, **2**, 1533–1534.

Cubeddu, L. X. (1996). Serotonin mechanisms in chemotherapy–induced emesis in cancer patients. *Oncology*, **53 Suppl 1**, 18–25.

Culley, W. J., Saunders, R. N., Mertz, E. T. & Jolly, D. M. (1963). Effect of a tryptophan deficient diet on brain serotonin and plasma tryptophan level. *Proceedings of the Society for Experimental Biology and Medicine*, **113**, 645–648.

Curran, S., Mill, J., Tahir, E., Kent, L., Richards, S., Gould, A., Huckett, L., Sharp, J., Batten, C., Fernando, S., Ozbay, F., Yazgan, Y., Simonoff, E., Thompson, M., Taylor, E. & Asherson, P. (2001). Association study of a dopamine transporter polymorphism and attention deficit hyperactivity disorder in UK and Turkish samples. *Molecular Psychiatry*, **6**, 425–428.

Curtin, F., Walker, J.–P., Peyrin, L., Sulier, V., Badan, M. & Schulz, P. (1997). Reward Dependence is positively related to urinary monoamines in normal men. *Biological Psychiatry*, **42**, 275–281.

Dabbs, J. jr., Carr, S, Frady, R. & Riad, J. (1995). Testosterone, crime, and misbehavior among 692 male prison inmates. *Personality and Individual Differences*, **18**, 627–633.

Dabbs, J. M. (1993): Testosterone measurements in social and clinical psychology. *Journal of Social and Clinical Psychology*, **11**, 302–321.

Dabbs, J. M., Bernieri, F. J., Strong, R. K., Campo, R. & Milun, R. (2001). Going on stage: Testosterone in greetings and meetings. *Journal of Research in Personality*, **35**, 27–40.

Dabbs, J. M. Hargrove, M. F. & Heusel, C. (1996). Testosterone differences among college fraternities: Well behaved vs. rambunctious. *Personality and Individual Differences*, **20**, 157–161.

Dabbs, J. M. & Hopper, C. H. (1990). Cortisol, arousal and personality in two groups of normal men. *Personality and Individual Differences*, **11**, 931–935.

Dabbs, J. M., Hopper, C. H. & Jurkovic, G. J. (1990). Testosterone and personality among college students and military veterans. *Personality and Individual Differences*, **11**, 1263–1269.

Dabbs, J. M. & Morris, R. (1990). Testosterone, social class, and antisocial behavior in a sample of 4,462 men. *Psychological Science*, **1**, 209–211.

Dahlström, A. & Fuxe, K. (1964). Evidence for the existence of monoamine neurons in the central nervous system. I. Demonstration of monoamines in cell bodies of brain stem neurons. *Acta Physiologica Scandinavia, Supplement*, **232**, 1–55.

Daitzman, R. & Zuckerman, M. (1980). Disinhibitory sensation seeking and gonadal hormones. *Personality and Individual Differences*, **1**, 103–110.

Daitzman, R. J., Zuckerman, M., Sammelwitz, P. & Ganjam, V. (1978). Sensation seeking and gonadal hormones. *Journal of Biosocial Science*, **10**, 401–408.

Dalton, K. (1976). Prenatal progesterone and educational attainments. *British Journal of Psychiatry*, **129**, 438–442.

Daly, G., Hawi, Z., Fitzgerald, M. & Gill, M. (1999). Mapping susceptibility loci in attention deficit hyperactivity disorder: Preferential transmission of parental alleles at DAT1, DBH and DRD5 to affected children. *Molecular Psychiatry*, **4**, 192–196.

Damasio, A. R. (1994). *Descartes' Error. Emotion, Reason and the Human Brain*. New York: Putnam.

Damasio, A. R. (Hrsg.) (1999). *Descartes Irrtum: Fühlen, Denken und das menschliche Gehirn*. München: Dt. Taschenbuch–Verlag.

Daniels, J., Holmans, P., Williams, N., Turic, D., McGuffin, P., Plomin, R. & Owen, M. J. (1998). A simple method for analyzing microsatellite allele image patterns generated from DNA pools and its application to allelic association studies. *American Journal of Human Genetics*, **62**, 1189–1197.

Davidson, K., Hall, P. & MacGregor, M. (1996). Gender differences in the relation between interview–derived hostility scores and resting blood pressure. *Journal of Behavioral Medicine*, **19**, 185–201.

Davidson, K. W. (1993). Suppression and repression in discrepant self–other ratings: Relations with thought control and cardiovascular reactivity. *Journal of Personality*, **61**, 669–691.

Davidson, R. J. (1984). Hemispheric asymmetry and emotion. In K. Scherer & P. Ekman (Eds.), *Approaches to Emotion* (pp. 39–57). Hillsdale, NJ: Erlbaum.

Davidson, R. J. (1992a). Emotion and affective style: Hemispheric substrates. *Psychological Science*, **3**, 39–43.

Davidson, R. J. (1992b). Anterior cerebral asymmetry and the nature of emotion. *Brain and Cognition*, **20**, 125–151.

Davidson, R. J. (1995). Cerebral asymmetry, emotion, and affective style. In R. J. Davidson & K. Hugdahl (Eds.): *Brain Asymmetry* (pp. 361–387). Cambridge: MIT Press.

Davidson, R. J. (1998a). Affective style and affective disorders: perspectives from affective neuroscience. *Cognition and Emotion*, **12**, 307–330.

Davidson, R. J. (1998b). Anterior electrophysiological asymmetries, emotion, and depression: conceptual and methodological conundrums. *Psychophysiology*, **35**, 607–614.

Davidson, R. J., Coe, C. L., Dolski, I. & Donzella, B. (1999). Individual differences in prefrontal activation asymmetry predict natural killer cell activity at rest and in response to challenge. *Brain, Behavior, and Immunity*, **13**, 93–108.

Davidson, R. J., Marshall, J .R., Tomarken, A. J. & Henriques, J. B. (2000a). While a phobic waits: regional brain electrical and autonomic activity in social phobics during anticipation of public speaking. *Biological Psychiatry*, **47**, 85–95.

Davidson, R .J., Putnam, K. M. & Larson, C. L. (2000b). Dysfunction in the neural circuitry of emotion regulation – a possible prelude to violence. *Science*, **289**, 591–594.

Davies, R. H., Harris, B., Thomas, D. R., Cook, N., Read, G. & Riad-Fahmy, D. (1992). Salivary testosterone levels and major depressive illness in men. *British Journal of Psychiatry*, **161**, 629–632.

Davis, K.L., Panksepp, J. & Normansell, L. (2003). The Affective Neuroscience Personality Scales: Normative data and implications. *Neuro-Psychoanalysis*, **5**, 57-69.

Davis, M. C., Matthews, K. A. & McGrath, C. E. (2000). Hostile attitudes predict elevated vascular resistance during interpersonal stress in men and women. *Psychosomatic Medicine, 62, 17–25.*

Dawson, M. E., Schell, A. E. & Filion, D. L. (1990). The electrodermal system. In J. T. Cacioppo, & L. G. Tassinary (Eds.), *Principles of Psychophysiology* (pp. 295–324). Cambridge: Cambridge University Press.

De Clerck, F., Xhonneux, B., Leysen, J. & Janssen, P. A. J. (1984). Evidence for functional 5–HT2 receptor sites on human blood platelets. *Biochemistry and Pharmacology, 33,* 2807–2811.

De Leon, M. J., Ferris, S. H., George, A. E., Christman, D. E., Fowler, J. S., Gentes, C., Reisberg, B., Gee, B., Emmerich, M., Yonekura, Y., Brodie, J., Kritcheff, I. I. & Wolf, A. P. (1983). Positron emission tomographic studies of aging and Alzheimer disease. *American Journal of Neuroradiology*, **4**, 568–571.

De Long, M. R., Georgopoulos, A. P. & Crutcher, M. D. (1983). Cortico–basal ganglia relations and coding of motor performance. In J. Massion, J. Paillard, W. Schultz, & M. Wiesendanger (Eds.), *Experimental Brain Research* (Vol. 49, pp. 30–40). Heidelberg: Springer.

De Pascalis, V., Fiore, A. D. & Sparita, A. (1996). Personality, event–related potential (ERP) and heart rate (HR): An investigation of Gray's theory. *Personality and Individual Differences*, **20**, 733–746.

De Pascalis, V. & Speranza, O. (2000). Personality effects on attentional shifts to emotional charged cues: ERP, behavioural and HR data. *Personality and Individual Differences*, **29**, 217–238.

Deakin, J. F. W. & Crow, T. J. (1986). Monoamines, reward and punishment – the anatomy and physiology of the affective disorders. In J. F. W. Deakin (Ed.), *The Biology of Depression* (pp. 1–25). London: Gaskell Press.

Deary, I. & Caryl, P. (1993). Intelligence, EEG, and evoked potentials. In P.A. Vernon (Ed.), *Biological Approaches to the Study of Human Intelligence* (pp. 259–315). Norwood, NJ: Ablex.

Deary, I. (1995). Auditory inspection time and intelligence: What is the direction of causation. *Developmental Psychology*, **31**, 237–250.

Debener, S., Strobel, A., Kürschner, K., Kranczioch, C., Hebenstreit, J., Maercker, A., Beauducel, A. & Brocke, B. (2002). Is auditory evoked potential augmenting/reducing affected by acute tryptophan depletion? *Biological Psychology*, **59**, 121–133.

Deffenbacher, J. L. (1986). Cognitive and physiological components of test anxiety in real-life exams. *Cognitive Therapy and Research, 10,* 635–644.

Delius, L. (1961). Die vegetative Dystonie. *Internistische Praxis*, **1**, 359–374.

Delius, L. (1966). *Psychovegetative Syndrome*. Stuttgart: Thieme.

Delmonte, M. M. (1985). Anxiety, defensiveness and physiological responsitivity in novice and experienced mediators. *International Journal of Eclectic Psychotherapy, 4,* 1–13.

Dembroski, T. M. (1978). Reliability and validity of methods used to assess coronary–prone behavior. In T. M. Dembroski, S. M. Weiss, S. G. Haynes, M. Feinleib & J. L. Shields (Eds.), *Coronary-prone Behavior* (pp. 95–106). New York: Springer–Verlag.

Dembroski, T. M. & Costa, P. T., jr. (1987). Coronary-prone behavior: Components of the type A pattern and hostility. *Journal of Personality, 55,* 211–235.

Dembroski, T. M., MacDougall, J. M. & Shields, J. L. (1977). Physiologic reactions to social challenge in persons evidencing the type A coronary-prone behavior pattern. *Journal of Human Stress*, **3**, 2–9.

Dembroski, T. M., Weiss, S. M., Haynes, S. G., Feinleib, M. & J. L., Shields (1978). *Coronary–prone Behavior*. Springer: New York.

Demyttenaere, K., Nijs, P., Evers–Kiebooms, G. & Koninckx, P. R. (1989). The effect of a specific emotional stressor on prolactin, cortisol, and testosterone concentrations in women varies with their trait anxiety. *Fertility and Sterility*, **52**, 942–948.

Dent, R. R. M. (1983). Endocrine correlates of aggression. *Progress in Neuropsycho-pharmacology & Biological Psychiatry*, 7, 525–528.

Depue, R. A. (1995). Neurobiological factors in personality and depression. *European Journal of Personality*, **9**, 413–439.

Depue, R. A. & Collins, P. F. (1999). Neurobiology of the structure of personality: Dopamine, facilitation of incentive motivation, and extraversion. *Behavioral and Brain Sciences*, **22**, 491–569.

Depue, R.A. & Lenzenweger, M.F. (2001). Personality disorders as emergent phenotypes arising from interacting neurobehavioral systems underlying personality traits. In W.J. Livesley (Ed.) *The Handbook of Personality Disorders* (pp.136-176). New York: Guilford Press.

Depue, R. A., Luciana, M., Arbisi, P., Collins, P. & Leon, A. (1994). Dopamine and the structure of personality: Relation of agonist-induced dopamine activity to positive emotionality. *Journal of Personality and Social Psychology*, **67**, 485–498.

Depue, R. A. & Morrone-Strupinsky, J. V. (in press). A neurobehavioral model of affiliative bonding: Implications for conceptualizing a human trait of affiliation. *Behavioral and Brain Sciences*.

DeSoto, M. C., Geary, D. C., Hoard, M. K., Sheldon, M .S. & Cooper, L. (2003). Estrogen fluctuations, oral contraceptives, and borderline personal. *Psychoneuro-endocrinology*, **28**, 751–766.

Detterman, D. K. (2002). General intelligence: Cognitive and biological explanations. In: R. J. Sternberg & E. L. Grigorenko (2002), *The General Factor of Intelligence: How General is it?* (p. 223–242). Mahwah, NJ: Lawrence Erlbaum Associates.

Dettling, A. C., Parker, S. W., Lane, S., Sebanc, A. & Gunnar, M. R. (2000). Quality of care and temperament determine changes in cortisol concentrations over the day for young children in childcare. *Psychoneuroendocrinology*, **25**, 819–836.

Di Chiara, G., Aquas, E. & Carboni, E. (1991). Role of mesolimbic dopamine in the motivational effects of drugs: Brain dialysis and place preference studies. In P. Willner & J. Scheel-Krüger (Eds.), *The Mesolimbic Dopamine System: From Motivation to Action* (pp. 367–384). Chichester: Wiley.

Diaz, A. & Pickering, A. D. (1993). The relationship between Gray's and Eysenck's personality spaces. *Personality and Individual Differences*, **15**, 297–305.

Dienstbier, R. (1989). Arousal and physiological toughness: Implications for mental and physical health. *Psychological Review*, **96**, 84–100.

Dinan, T. G. (1996). Serotonin and the regulation of hypothalamic–pituitary–adrenal axis function. *Life Sciences*, **58**, 1683–1694.

Dispensa, J. (1938). Relationship of the thyroid with intelligence and personality. *The Jounal of Psychology*, **6**, 181–186.

Ditraglia, G. M. & Polich, J. (1991). P300 and introverted/extraverted personality types. *Psychophysiology*, **28**, 177–184.

Doering, C. H., Brodie, H. K., Kraemer, H., Becker, H. & Hamburg, D. A. (1974). Plasma testosterone levels and psychological measures in men over a two-months period. In R.C. Friedman, R. M. Richart, R. L. Van de Wiele, & L. O. Stern (Eds.), *Sex Differences in Behavior* (pp. 413–432). New York: Wiley.

Doering, C. H., Brodie, H. K., Kraemer, H. C., Moos, R. H. & Hamburg, D. A. (1975). Negative affect and plasma testosterone: A longitudinal human study. *Psychosomatic Medicine*, **37**, 484–491.

Dolan, M. Anderson, I. M. & Deakin, J. F. (2001). Relationship between 5-HT function and impulsivity and aggression in male offenders with personality disorders. *British Journal of Psychiatry*, **178**, 352–359.

Donchin, E. (1979). Event–related brain potentials: A tool in the study of human information processing. In H. Begleiter (Ed.), *Evoked Potentials and Behavior* (pp. 13– 75). New York: Plenum Press.

Doucet, C. & Stelmack, R. M. (2000). An event–related potential analysis of extraversion and individual differences in cognitive processing speed and response execution. *Journal of Personality and Social Psychology*, **78**, 956–964.

Dougherty, D. D., Shin, L. M., Alpert, N. M., Pitman, R. K., Orr, S. P., Lasko, M. Macklin, M. L., Fischman, A. J. & Rauch, S. L. (1999). Anger in healthy man: a PET study using script–driven imagery. *Biological Psychiatry*, **46**, 466–472.

Du, L., Bakish, D., Ravindran, A. V. & Hrdina, P. D. (2002). Does fluoxetine influence major depression by modifying five–factor personaltiy traits? *Journal of Affective Disorders*, **71**, 241.

Duara, R., Grady, C., Haxby, J., Ingvar, D., Sokoloff, L., Margolin, A., Manning, R. G., Culter, N. R. & Rapoport, S. I. (1984). Human brain glucose utilization and cognitive function in relation to age. *Annals of Neurology*, **16**, 702–713.

Düker, H. (1957). *Leistungsfähigkeit und Keimdrüsenhormone*. München: Barth.

Duncan, J., Burgess, P. & Emslie, H. (1995). Fluid intelligence after frontal lobe lesions. *Neuropsychologia*, **33**, 261–268.

Duncan, J., Seitz, R. J., Kolodny, J., Bor, D., Herzog, H., Ahmed, A., Newell, F. N. & Emslie, H. (2000). A neural basis for general intelligence. *Science*, **289**, 457–460.

Dustman, R. E., Schenkenberg, T. & Beck, E. C. (1976). The development of the evoked response as a diagnostic and evaluative procedure. In R. Karrer (Ed.), *Developmental Psychophysiology in Mental Retardation and Learning Disability* (pp. 247–310). Springfield, IL: Thomas.

Eaves, L. J., Eysenck, H. J. & Martin, N. G. (1989). Genes, culture and personality. London: Academic Press.

Eaves, L. J., Neale, M. C. H. & Maes, H. (1996). Multivariate multipoint linkage analysis of quantitative trait loci. *Behavior Genetics*, **26**, 519–525.

Ebmeier, K. P., Deary, I. J., O'Carroll, R. E., Prentice, N., Moffoot, A. P. & Goodwin, G. M. (1994). Personality associations with the uptake of the cerebral blood flow marker 99mTc–exametazime estimated with single photon emission tomography. *Personality and Individual Differences*, **17**, 587–595.

Ebstein, R. P., Gritsenko, I., Nemanov, L., Frisch, A., Osherl, Y. & Belmaker, R. H. (1997b). No association between the serotonin transporter gene regulatory region polymorphism and the Tridimensional Personality Questionnaire (TPQ) temperament of harm avoidance. *Molecular Psychiatry*, **2**, 224–226.

Ebstein, R. P., Novick, O., Umansky, R., Priel, B., Osher, Y., Blaine, D., Bennett, E. R., Nemanov, L., Katz, M. & Belmaker, R. H. (1996). Dopamine D4 receptor (D4DR) exon III polymorphism associated with the personality trait of Novelty Seeking. *Nature Genetics*, **12**, 78–80.

Ebstein, R. P., Segman, R., Benjamin, J., Osher, Y., Nemanov, L. & Belmaker, R. H. (1997a). 5–HT2C (HTR2C) serotonin receptor gene polymorphism associated with the human personality trait of reward dependence: Interaction with dopamine D4 receptor (D4DR) and dopamine D3 receptor (D3DR) polymorphisms. *American Journal of Medicine and Genetics*, **74**, 65–72.

Eddy, S. R. (2001). Non–coding RNA genes and the modern RNA world. *Nature Reviews Genetics*, **12**, 78 80.

Edelberg, R. (1973). Mechanisms of electrodermal adaptations for locomotion, manipulation, or defense. In E. Stellar & J. M. Sprague (Eds.), *Progress in Physiological Psychology* (Vol. 5, pp. 155–209). New York: Academic Press.

Egan, M. F., Goldberg, T. E., Kolachana, B. S., Callicott, J. H., Mazzanti, C. M., Straub, R. E., Goldman, D. & Weinberger, D. R. (2001). Effect of COMT Val 108/158 Met genotype on frontal lobe function and risk for schizophrenia. *Proceedings of the National Academy of Sciences (USA)*, **98**, 6917–6922.

Egan, V., Chiswick, A., Santosh, C., Naidu, K., Rimmington, J. E. & Best, J. (1994). Size isn't everything – a study of brain volume, intelligence and auditory evoked potentials. *Personality and Individual Differences*, **17**, 357–367.

Ehrenkranz, J., Bliss, E. & Sheard, M. H. (1974). Plasma testosterone: Correlation with aggressive behavior and social dominance in men. *Psychosomatic Medicine*, **36**, 469–475.

Ehrhardt, A. A. & Meyer-Bahlburg, H. F. (1979). Prenatal sex hormones and the developing brain: Effects on psychosexual differentiation and cognitive function. *Annual Review of Medicine*, **30**, 417–430.

Eichelman, B. (1987). Neurochemical and psychopharmacological aspects of aggressive behavior. In H. Y. Meltzer (Ed.), *Psychopharmacology: The Third Generation of Progress* (pp. 697–704). New York: Raven Press.

Ekkers, C. L. (1975). Catecholamine excretion, conscience function and aggressive behavior. *Biological Psychology*, **3**, 15–30.

Endler, N. S. & Magnusson, D. (1976). *Interactional Psychology and Personality*. Washington, D.C.: Hemisphere Publishing Corp.

Engel, R. & Henderson, N. B. (1973). Visual evoked responses and IQ scores at school age. *Developmental Medicine and Child Neurology*, **15**, 136–145.

Engström, G., Westrin, A., Ekman, R. & Traskman-Bendz, L. (1999). Relationships between CSF neuropeptides and temperament traits in suicide attempters. *Personality and Individual Differences*, **26**, 13–19.

Eppinger, H. & Hess, L. (1910). *Die Vagotonie*. Berlin 1910. (Engl. Übersetzung: Vagotonaia). New York: The Nervous and Mental Disease Publishing Company 1917.

Erdmann, G. (1983). *Zur Beeinflußbarkeit emotionaler Prozesse durch vegetative Variationen*. Weinheim: Beltz.

Erspamer, V. (1954). Quantitative estimation of 5–HT in gastrointestinal tract, spleen and blood of vertebrates. In G. Wolstenholme & M. P. Cameron (Eds.), *CIBA Symposium on Hypertension* (pp. 78–84). London: Churchhill.

Ertl, J. & Schafer, E. (1969). Brain response correlates of psychometric intelligence. *Nature*, **223**, 421–422.

Essman, W. B. (1978). Serotonin distribution in tissues and fluids. In W.B.Essman (Ed.), *Serotonin in Health and Disease, Availability, Localization and Distribution* (pp. 15–180). New York, London: SP Medical and Scientific Books.

Esterling, B. A., Antoni, M. H., Kumar, M. & Schneiderman, N. (1993). Defensiveness, trait anxiety, and Epstein–Barr viral capsid antigen antibody titers in healthy college students. *Health Psychology*, **12**, 132–139.

Evans J., Reeves, B., Platt, H., Liebenau, A., Goldman, D., Jefferson, K. & Nutt, D. J. (2000). Impulsiveness, serotonin genes and repetition of deliberate self–harm (DSH). *Psychological Medicine*, **30**, 1327–1334.

Eysenck, H. J. (1944). Types of Personality – a factorial study of 700 neurotics. *Journal of Mental Science*, **90**, 851–861.

Eysenck, H. J. (1947). *Dimensions of personality*. London: Routledge & Kegan Paul.

Eysenck, H. J. (1950). Criterion analysis: An application of the hypothetico-deductive method to factor analysis. *Psychological Review*, **57**, 38–53.

Eysenck, H. J. (1952). *The scientific study of personality*. London: Routledge & Kegan.

Eysenck, H. J. (1953). Fragebogen als Meßmittel der Persönlichkeit. *Zeitschrift für Experimentelle und Angewandte Psychologie*, **1**, 291–335.

Eysenck, H. J. (1956). The questionnaire measurement of neuroticism and extraversion. *Revista di Psicologica*, **4**, 113–140.

Eysenck, H. J. (1957). Drugs and personality: I. Theory and methodology. *Journal of Mental Science*, **103**, 119–131.

Eysenck, H. J. (1961). *Dimensions of Personality. (5th ed.)*. London: Routledge & Kegan (1st ed. 1947).

Eysenck, H. J. (1967). *The Biological Basis of Personality*. Springfield: Thomas.

Eysenck, H. J. (1973). *The measurement of intelligence*. Lancaster, England: MTP.

Eysenck, H. J. (1981). General features of the model. In H. J. Eysenck (Ed.), *A model for personality*. Berlin: Springer.

Eysenck, H. J. (1983). Psychophysiology and personality: Extraversion, neuroticism and psychoticism. In A. Gale & J. A. Edwards (Eds.), *Physiological Correlates of Human Behaviour: Vol. 3. Individual Differences and Psychopathology* (pp. 13–30). London: Academic Press.

Eysenck, H. J. (1987). The place of anxiety and impulsivity in a dimensional framework. *Journal of Research in Personality*, **21**, 489–492.

Eysenck, H. J. (1991). Dimensions of personality: 16, 5 or 3? – Criteria for a taxonomic paradigm. *Personality and Individual Differences*, **12**, 773–790.

Eysenck, H. J. (1992). The definition and measurement of psychoticism. *Personality and Individual Differences*, **13**, 757–786.

Eysenck, H. J. (1994). Personality. Biological Foundations. In P. A. Vernon (Ed.), *The Neuropsychology of Individual Differences*. New York: Academic Press.

Eysenck, H. J. (1997). Personality and experimental psychology: The unification of psychology and the possibility of a paradigm. *Journal of Personality and Social Psychology*, **73**, 1224–1237.

Eysenck, H. J. (1998). *Intelligence: A new look*. New Brunswick: Transaction Publishers.

Eysenck, H. J. & Eysenck, M. W. (1985). *Personality and Individual Differences: A Natural Science Approach*. New York: Plenum.

Eysenck, H. J. & Eysenck, M. W. (1987). *Persönlichkeit und Individualität*. München/Weinheim: Psychologie Verlags Union.

Eysenck, H. J. & Eysenck, S. B. G. (1964). *Manual of the Eysenck Personality Inventory*. London: University of London Press.

Eysenck, H. J. & Eysenck, S. B. G. (1975). *Manual of the Eysenck Personality Questionnaire*. London: Hodder and Stoughton.

Eysenck, H. J. & Eysenck, S. B. G. (1976). *Psychoticism as a dimension of personality*. London: Hodder & Stoughton.

Eysenck, H. J. & Eysenck, S. B. G. (1978). Impulsiveness and venturesomeness – their position in a dimensional system of personality description. *Psychological Reports*, **43**, 1247–255.

Eysenck, H. J. & Martin, I. (1987). *The theoretical foundations of behavior therapy*. New York: Plenum.

Eysenck, H. J. & Prell, D. B. (1951). The inheritance of neuroticism: An experimental study. *The Journal of Mental Science*, **97**, 441–465.

Eysenck, M. W. (1982a). *Attention and Arousal*. Berlin: Springer.

Eysenck, M. W. (1982b). *Attention and arousal: Cognition and performance*. New York: Plenum Press.

Eysenck, M. W. (1988). Individual differences, arousal, and monotonous work. In J. P. Leonard (Ed.). *Vigilance: Methods, Models, and Regulation* (pp. 111–118). Frankfurt: Lang.

Eysenck, S. B. G. & Eysenck, H. J. (1975). The place of impulsiveness in a dimensional system of personality description. *British Journal of Social and Clinical Psychology*, **16**, 57–68.

Eysenck, S. B. G., Daum, I., Schugens, M. M. & Diehl, J. M. (1990). A cross–cultural study of impulsiveness, venturesomeness and empathy: Germany and England. *Zeitschrift für Differentielle und Diagnostische Psychologie*, **11**, 209–213.

Eysenck, S. B. G., Pearson, P. R., Easting, G. & Allsopp, J. F. (1985). Age norms for impulsiveness, venturesomeness, and empathy in adults. *Personality and Individual Differences*, **6**, 613–619.

Eysenck, S. B. C. & Zuckerman, M. (1978). The relationship between sensation–seeking and Eysenck's dimensions of personality. *British Journal of Psychology*, **69**, 483–487.

Fahrenberg, J. (1979). Psychophysiologie. In H. P. Kisker, J. E. Meyer, C. Müller & E. Strömgren (Hrsg.), *Psychiatrie der Gegenwart, Teil 1: Grundlagen und Methoden der Psychiatrie* (pp. 92–210). Berlin: Springer.

Fahrenberg, J. (1983). Psychophysiologische Methodik. In K. J. Groffmann & L. Michel (Hrsg.), *Enzyklopädie der Psychologie, Themenbereich B, Serie II: Psychologische Diagnostik, Bd. 4: Verhaltensdiagnostik* (pp. 1–192). Göttingen: Hogrefe.

Fahrenberg, J. (1987). Concepts of activation and arousal in the theory of emotionality (neuroticism): A multivariate conceptualization. In J. Strelau & H. J. Eysenck (Eds.), *Personality Dimensions and Arousal* (pp. 99–120). New York: Plenum Press.

Fahrenberg, J. (2001). Physiologische Grundlagen und Messmethoden der Herz–Kreislaufaktivität. In F. Rösler (Hrsg.), *Enzyklopädie der Psychologie, Bereich Psychophysiologie, Band 1: Grundlagen und Methoden der Psychophysiologie* (pp. 317–483). Göttingen: Hogrefe.

Fahrenberg, J. & Förster, F. (Hrsg.) (1989). *Nicht–invasive Methodik für die kardiovaskuläre Psychophysiologie.* Frankfurt: Peter Lang.

Fahrenberg, J. & Förster, F. (1982). Covariation and consistency of activation parameters. *Biological Psychology,* **15**, 3–4, 151–169.

Fahrenberg, J., Hampel, R. & Selg, H. (Hrsg.) (1984). Das Freiburger Persönlichkeitsinventar (FPI–R), 4. revidierte Auflage. Göttingen: Hogrefe.

Fahrenberg, J. & Selg, H. (Hrsg.) (1970). *Das Freiburger Persönlichkeitsinventar.* FPI. Handanweisung. Göttingen: Hogrefe.

Fahrenberg, J., Walschburger, P., Förster, F., Myrtek, M. & Müller, W. (1979). *Psychophysiologische Aktivierungsforschung: Ein Beitrag zu den Grundlagen der multivariaten Emotions– und Stress–Theorie.* München: Minerva.

Fahrenberg, J., Walschburger, P., Förster, F., Myrtek, M. & Müller, W. (1983). An evaluation of trait, state, and reaction aspects of activation processes. *Psychophysiology,* **20**, 188–195.

Falconer, D. S. (1960). *Introduction to quantitative genetics.* New York: Ronald Press.

Fallgatter, A. J. & Strik, W. K. (1999). The NoGo–anteriorisation as a neurophysiological standard–index for cognitive response control. *International Journal of Psychophysiology,* **32**, 233–238.

Fallgatter, A. J. & Herrmann, M. J. (2001). Electrophysiological assessment of impulsive behavior in healthy subjects. *Neuropsychologia,* **39**, 328–333.

Faraone, S. V., Doyle, A. E., Mick, E. & Biederman, J. (2001). Meta–analysis of the association between the 7–repeat allele of the dopamine D(4) receptor gene and attention deficit hyperactivity disorder. *American Journal of Psychiatry,* **158**, 1052–1057.

Farde, L., Suhara, T., Nyberg, S., Karlsson, P., Nakashima, Y. & Hietala, J. (1997). A PET-study of [11C]FLB 457 binding to extrastriatal D2-dopamine receptors in healthy subjects and antipsychotic drug-treated patients. *Psychopharmacology,* **133**, 396–404.

Farnebo, L. O., Hamberger, B. & Jonsson, G. (1971). Release of (3H)noradrenaline and (3H)dopamine from field stimulated cerebral cortex slices. Effect of tyrosine hydroxylase and dopamine–hydroxylase inhibition. *Journal of Neurochemistry,* **18**, 2491–2500.

Fehm-Wolfsdorf, G., Schwarz, P., Zenz, H. & Voigt, K. H. (1990). Predictors of individual stress responses in a standardized physical load. In L. R. Schmidt, P. Schwenkmezger, J. Weinman & S. Maes (Eds.), *Health Psychology: Theoretical and Applied Aspects* (pp. 169–175. London: Harwood Academic Publishers.

Feighner, J. P., Merideth, C. H. & Henrickson, G. A. (1982). A double-blind comparison between buspirone and diazepam in outpatients with generalized anxiety disorder. *Journal of Clinical Psychiatry,* **43**, 103–107.

Feij, J. A. (1984). The psychophysiological and neurochemical bases of sensation seeking. In H. Bonarius, G. van Heck & N. Smid (Eds.), *Personality Psychology in Europe* (pp. 317–326). Lisse: Swets & Zeitlinger.

Felsten, G. (1996). Cardiovascular reactivity during a cognitive task with anger provocation: Partial support for a cynical hostility–anger–reactivity link. *Journal of Psychophysiology,* **10**, 97–107.

Ferris, S. H., DeLeon, M. J., Wolf, A. P., Farkas, T., Christman, D. R., Reisberg, B., Fowler, J. S:, MacGregor, R., Goldman, A., George, A. E. & Rampel, S. (1980). Positron emission tomography in the study of aging and senile dementia. *Neurobiology of Aging,* **1**, 127–131.

Fibiger, H. C. (1991). The dopamine hypotheses of schizophrenia and mood disorders: Contradictions and speculations. In P. Willner & J. Scheel-Krüger (Eds.), *The Mesolimbic Dopamine System: From Motivation to Action* (pp. 615–638). Chichester: Wiley.

Fibiger, W., Singer, G., Miller, A. J., Armstrong, S. & Datar, M. (1984). Cortisol and catecholamine changes as functions of time-of-day and self-reported mood. *Neuroscience and Biobehavioral Reviews,* **8**, 523–530.

Fiez, J. A. (2001). Bridging the gap between neuroimaging and neuropsychology: Using working memory as a case–study. *Journal of Clinical and Experimental Neuropsychology,* **23**, 19–31.

Fine, B. J. & Sweeny, D. R. (1968). Personality traits, situational factors, and catecholamine excretion. *Journal of Experimental Research in Personality*, **3**, 15–27.

Fink, A., Schrausser, D. G. & Neubauer, A. C. (2002). The moderating influence of extraversion on the relationship between IQ and cortical activation. *Personality and Individual Differences*, **33**, 311–326.

Fischer, H., Tillfors, M., Furmark, T. & Fredikson, M. (2001). Dispositional pessimism and amygdala activity: A PET study in healthy volunteers. *Neuroreport*, **12**, 1635–1638.

Fischer, H., Wik, G. & Fredrikson, M. (1997). Extraversion, neuroticism and brain function: A PET study of personality. *Personality and Individual Differences*, **23**, 345–352.

Fishbein, D. H., Dax, E., Lotzovski, D. B. & Jaffe, J. H. (1992). Neuroendocrine responses to a glucose challenge in substance users with high and low levels of aggression, impulsivity, and antisocial personality. *Neuropsychobiology*, **25**, 106–114.

Fisher, P. J., Turic, D., Williams, N. M., McGuffin, P., Asherson, P., Ball, D., Craig, I., Eley, T., Hill, L., Chorney, K., Chorney, M. J., Benbow, C. P., Lubinski, D., Plomin, R. & Owen, M. J. (1999). DNA pooling identifies QTLs on chromosome 4 for general cognitive ability in children. *Human Molecular Genetics*, **8**, 915–922.

Fisher, R. A. (1918). The correlation between relatives on the supposition of Mendelian inheritance. *Transactions of the Royal Society of Edinburgh*, **52**, 399–433.

Flament, M. F., Rapoport, J. L., Murphy, D. L., Berg, C. J., & Lake, C. R. (1987). Biochemical changes during clomipramine treatment of childhood obsessive- compulsive disorder. *Archives of General Psychiatry*, **44**, 219–255.

Floderus–Myrhed, B., Pedersen, N. & Rasmuson, I. (1980). Assessment of heritability for personality, based on a short–form of the Eysenck Personality Inventory. *Behavior Genetics*, **10**, 153–162.

Flor–Henry, P. (1976). Lateralized temporal–limbic dysfunction and psychopathology. *Annals of the New York Academy of Sciences*, **280**, 777–795.

Forgays, D. G. (1989). Behavioral and physiological responses of stayers and quitters in underwater isolation. *Aviation, Space, and Environmental Medicine*, **60**, 937–942.

Forsman, L. (1980). Habitual catecholamine excretion and its relation to habitual distress. *Biological Psychology*, **11**, 83–97.

Forth, W., Henschler, D., Rummel, W., Förstermann, U. & Starke, K. (2001). *Allgemeine und spezielle Pharmakologie und Toxikologie.*8. Auflage München: Urban & Fischer.

Forth, W., Henschler, D., Rummel, W. & Starke, K. (1992). *Pharmakologie und Toxikologie.* (6. Aufl.). Mannheim:Wissenschaftsverlag.

Foulds, G. (1965). *Personality and Personal Illness.* London: Tavistock.

Fowles, D. C., Fisher, A. E. & Tranel, D. T. (1982). The heart beats to reward: The effect of monetary incentive on heart rate. *Psychophysiology*, **19**, 506–513.

Fowles, D. C., Roberts, R. & Nagel, K. E. (1977). The influence of introversion/extraversion on the skin conductance response to stress and stimulus intensity. *Journal of Research in Personality*, **11**, 129–146.

Fowles, D. C. (1980). The three arousal model: Implications of Gray's two–factor learning theory for heart rate, electrodermal activity, and psychopathy. *Psychophysiology*, **17**, 87 104.

Francis, K. T. (1979). Psychological correlates of serum indicators of stress in man: A longitudinal study. *Psychosomatic Medicine*, **41**, 617–627.

Francis, K. T. (1981). The relationship between high and low trait psychological stress, serum testosterone, and serum cortisol. *Experientia*, **37**, 1296–1297.

Francis, L. J., Brown, L. B., Lester, D. & Philipchalk, R. (1998). Happiness as stable extraversion: A cross–cultural examination of the reliability and validity of the Oxford happiness inventory among students on the U.K., U.S.A., Australia, and Canada. *Personality and Individual Differences*, **24**, 167–171.

Frankenhaeuser, M. & Anderson, K. (1974). Note on interaction between cognitive and endocrine functions. *Perception and Motor Skills*, **38**, 557–558.

Frankenhaeuser, M., Dunne, E. & Lundberg, U. (1976). Sex differences in sympathetic-adrenal-medullary reactions induced by different stressors. *Psychopharmacology*, **47**, 1–5. *Biological Psychology*, **10**, 79–91.

Frankenhaeuser, M. & Lundberg, U. (1982). Psychoneuroendocrine aspects of effort and distress as modified by personal control. In W. Bachmann & I. Udris (Eds.), *Mental Load and Stress in Activity, European Approaches* (pp. 97–103). Berlin: VEB Deutscher Verlag für Wissenschaften.

Frankenhaeuser, M., Lundberg, U. & Forsman, L. (1980). Dissociation between sympathetic-adrenal and pituitary-adrenal responses to an achievement situation characterized by high controllability: Comparison between type A and type B females.

Fredrikson, B. L., Maynard, K. E., Helms, M. J., Haney, T. L., Siegler, I. C. & Barefoot, J. C. (2000). Hostility predicts magnitude and duration of blood pressure response to anger. *Journal of Behavioral Medicine*, **23**, 229–243.

Fredrikson, M., Furmark, T., Olsson, M. T., Fischer, H., Andersson, J. & Langström, B. (1998). Functional neuoranatomical correlates of electrodermal activity: A positron emission tomographic study. *Psychophysiology*, **35**, 179–185.

Fredrikson, M. & Georgiades, A. (1992). Personality dimensions and classical conditioning of autonomic nervous system reactions. *Personality and Individual Differences*, **13**, 1013–1020.

Freedman, R. R., Sabharwal, S. C. & Desai, N. (1993). Sex differences in peripheral vascular adrenergic receptors. *Circulation Research*, **61**, 581–585.

Freixa i Baqué, E. (1982). Reliability of electrodermal measures: A compilation. *Biological Psychology*, **14**, 219–229.

Freud, S. (1886). Das Ich und das Es. In S. Freud (Hrsg.), *Gesammelte Werke XIII* (S. 237–289) (Zitiert nach Freud, 1940). Frankfurt: Fischer.

Friedman, J. & Meares, R. (1979). Cortical evoked potentials and extraversion. *Psychosomatic Medicine*, **41**, 279–286.

Friedman, M. & Rosenman, R. H. (1974). *Type A Behavior and Your Heart*. New York: Knopf Book.

Friston, K. J. & Frith, C. D. (1995). Schizophrenia: A disconnection syndrome? *Clinical Neuroscience*, **3**, 89–97.

Fulker, D. W. & Cherny, S. S. (1996). An improved multipoint sib–pair analysis of quantitative traits. *Behavior Genetics*, **26**, 527–532.

Fuller, R. W. (1990). Serotonin receptors and neuroendocrine responses. *Neuropsychopharmacology.*, **3**, 495–502.

Funder, D. C. (2001). Personality. *Annual Reviews of Psychology*, **52**, 197–221.

Funkenstein, D. (1955). The psychology of fear and anger. *Scientific American*, **192**, 74–80.

Furedy, J. J. & Heslegrave, R. J. (1983). A consideration of recent criticisms of the T–wave amplitude index of myocardial sympathic activity. *Psychophysiology*, **20**, 204–211.

Furnham, A. & Cheng, H. (1999). Personality as predictor of mental health and happiness in the East and West. *Personality and Individual Differences*, **27**, 395–403.

Fuxe, K. (1965). Evidence for the existence of monoamine neurons in the central nervous system. IV. The distribution of monoamine terminals in the central nervous system. *Acta Physiologica Scandinavia*, **247**, 41–85.

Fuxe, K., Hokfelt, T. & Ungerstedt, U. (1968). Localization of indolealkylamines in CNS. In S. Garattini & P. A. Shore (Eds.), *Advances in Pharmacology* (pp. 235–251). New York: Academic Press.

Gabrieli, J. D. E. (1998). Cognitive neuroscience of human memory. *Annual Review of Psychology*, **49**, 89–115.

Gaddum, J. H. & Picarelli, Z. P. (1957). Two types of tryptamine receptor. *Journal of Pharmacology and Chemotherapy*, **12**, 323–328.

Gainotti, G. (1972). Emotional behavior and hemispheric side of lesion. *Cortex*, 8, 41–55.

Gale, A. (1981). EEG studies of extraversion–introversion: What's the next step?. In Lynn, R. (Ed.), *Dimensions of Personality – Papers in Honour of H.J. Eysenck* (pp. 181–207). Oxford: Pergamon Press.

Gale, A. (1983). Electroencephalographic studies of extraversion–introversion: A case study in the psychophysiology of individual differences. *Personality and Individual Differences*, **4**, 371–380.

Gale, A. & Edwards, J. A. (1986). Individual differences. In G. H. Coles, E. Donchin, & S. W. Porges (Eds.), *Psychophysiology. Systems, Processes, and Applications*. Amsterdam: Elsevier.

Gale, A., Edwards, J., Morris, P., Moore, R. & Forrester, D. (2001). Extraversion–introversion, neuroticism–stability, and EEG indicators of positive and negative empathic mood. *Personality and Individual Differences*, 30, 449–461.

Galton, F. (1869). *Hereditary Genius: An Inquiry Into its Laws and Consequences*. London: Macmillan.

Gange, J. J., Geen, R. G. & Harkins, S. G. (1979). Autonomic differences between extraverts and introverts during vigilance. *Psychophysiology*, 16, 392–397.

Garlick, D. (2002). Understanding the nature of the general factor of intelligence: The role of individual differences in neural plasticity as an explanatory mechanism. *Psychological Review*, 109, 116–136.

Gartside, S. E. & Cowen, P. J. (1994). 5-HT$_{1A}$ receptors and antidepressant drug action. In S. A. Montgomery & T. H. Corn (Eds.), *Psychopharmacology of Depression* (pp. 66–86). Oxford, New York, Tokyo: Oxford University Press.

Garvey, M. J., Noyes, R., Jr., Cook, B. & Blum, N. (1996). Preliminary confirmation of the proposed link between reward–dependence traits and norepinephrine. *Psychiatry Research*, 65, 64.

Gasser, T., Jennen–Steinmetz, C. & Verleger, R. (1987). EEG coherence at rest and during a visual task in two groups of children. *Electroencephalography and Clinical Neurophysiology*, 67, 151–158.

Gasser, T., Pietz, J., Schellberg, D. & Köhler, W. (1988). Visually evoked potentials of mildly retarded and control children. *Developmental Medicine and Child Neurology*, 30, 638–645.

Geen, R. G. (1983). The psychophysiology of extraversion – introversion. In J. T. Cacioppo & R. E. Shapiro (Eds.), *Social Psychophysiology* (pp. 391–416). New York: The Guilford Press.

Geen, R. G. (1984). Preferred stimulation levels in introverts and extraverts: Effects on arousal and performance. *Journal of Personality and Social Psychology*, 46, 1303–1312.

Gerra, G., Avanzini, P., Zaimovic, A., Fertonani, G., Caccavari, R., Delsignore, R., Gardini, F., Talarico, E., Lecchini, R., Maestri, D. & Brambilla, F. (1996). Neurotransmitter and endocrine modulation of aggressive behavior and its components in normal humans. *Behavioral Brain Research*, 81, 19–24.

Gerra, G., Avanzini, P., Zaimovic, A., Sartori, R., Bocchi, C., Timpano, M., Zambelli, U., Delsignore, R., Gardini, F., Talarico, E. & Brambilla, F. (1999). Neurotransmitters, neuroendocrine correlates of sensation-seeking temperament in normal humans. *Neuropsychobiology*, 39, 207–213.

Gerra, G., Caccavari, R., Marcato, A., Zaimovic, A., Avanzini, P. & Monica, C. (1994). Alpha-1- and 2-adrenoceptor subsensitivity in siblings of opioid addicts with personality disorders and depression. *Acta Psychiatrica Scandinavica*, 90, 269–273.

Gerra, G., Volpi, R., Delsignore, R., Caccavari, R., Gaggiotti, M. T., Montani, G., Maninetti, L., Chiodera, P. & Coiro, V. (1992). ACTH and beta-endorphin responses to physical exercise in adolescent women tested for anxiety and frustration. *Psychiatry Research*, 41, 179–186.

Gerra, G., Zaimovic, A., Avanzini, P., Chittolini, B., Giucastro, G., Caccavari, R., Palladino, M., Maestri, D., Monica, C., Delsignore, R. & Brambilla, F. (1997). Neurotransmitter-neuroendocrine responses to experimentally induced aggression in humans: influence of personality variable. *Psychiatry Research*, 66, 33–43.

Gerra, G., Zaimovic, A., Giucastro, G., Folli, F., Maestri, D., Tessoni, A., Avanzini, P., Caccavari, S., Bernasconi, S. & Brambilla, F. (1998a). Neurotransmitter-hormonal responses to psychological stress in peripubertal subjects: relationship to aggressive behavior. *Life Sciences*, 62, 617–625.

Gerra, G., Zaimovic, A., Franchini, D., Palladino, M., Giucastro, G., Reali, N., Maestri, D., Caccavari, R., Delsignore, R. & Brambilla, F. (1998b). Neuroendocrine responses of healthy volunteers to "techno-music": relationships with personality traits and emotional state. *International Journal of Psychophysiology*, **28**, 99–111.

Gerra, G., Zaimovic, A., Mascetti, G. G., Gardini, S., Zambelli, U., Timpano, M., Raggi, M.A. & Brambilla, F. (2001a). Neuroendocrine responses to experimentally-induced psychological stress in healthy humans. *Psychoneuroendocrinology*, **26**, 91–107.

Gerra, G., Zaimovic, A., Raggi, M. A., Giusti, F., Delsignore, R., Bertacca, S. & Brambilla, F. (2001b). Aggressive responding of male heroin addicts under methadone treatment: psychometric and neuroendocrine correlates. *Drug and Alcohol Dependence*, **65**, 85–95.

Gerra, G., Zaimovic, A., Timpano, M., Zambelli, U., Delsignore, R. & Brambilla, F. (2000a). Neuroendocrine correlates of temperamental traits in humans. *Psychoneuroendocrinology*, **25**, 479–496.

Gerra, G., Zaimovic, A., Zambelli, U., Timpano, M, Reali, N., Bernasconi, S. & Brambilla, F. (2000b). Neuroendocrine responses to psychologcial stress in adolescents with anxiety disorder. *Neuropsychobiology*, **42**, 82–92.

Gerrits, M. A. F. M., Petromilli, P., Westenberg, H. G. M., Di Chiara, G. & van Ree, J. M. (2002). Decrease in basal dopamine levels in the nucleus accumbens shell during daily drug-seeking behavior in rats. *Brain Research*, **924**, 141–150.

Gershon, M. D., Dreyfus, C. F., Pickel, V. M., Joh, T. H. & Reis, D. J. (1977). Serotonergic neuron in the peripheral nervous system: Identification in gut by immunohistochemical localization of tryptophan hydroxylase. *Proceedings of the National Academy of Sciences USA*, **74**, 3086–3089.

Gerstle, J. E., Mathias, C. W. & Stanford, M. S. (1998). Auditory P300 and self–reported impulsive aggression. *Progress in Neuro–Psychopharmacology and Biological Psychiatry*, **22**, 575–583.

Geschwind, N. (1984). Cerebral dominance in biological perspective. Neuropsychologia, **22**, 675–683.

Geschwind, N. & Behan, P. O. (1982). Left handedness: Associations with immune disease, migraine and developmental learning disorders. *Proceedings of the National.Academy of.Science of the.United.States of.America*, **79**, 5097–5100.

Geschwind, N. & Galaburda, A. M. (1985). Cerebral lateralization: Biological mechanisms, associations, and pathology: I. A hypothesis and a program for research. Archives of Neurology, **42**, 428–459.

Gilbert, A. G. & Hagen, R. L. (1980). The effects of nicotine and extraversion on self–report, skin conductance, electromyographic, and heart responses to emotional stimuli. *Addictive Behaviors*, **5**, 247–257.

Gilbert, B. O. (1991). Physiological and nonverbal correlates of extraversion, neuroticism, and psychoticism during active and passive coping. *Personality and Individual Differences*, **12**, 1325–1331.

Gilbert, D. G., Stunkard, M. E., Jensen, R. A., Detwiler, F. R. J. & Martinko, J. M. (1996). Effects of exam stress on mood, cortisol, and immune functioning: influences of neuroticism and smoker-non-smoker status. *Personality and Individual Differences*, **21**, 235–246.

Girdler, S. S., Turner, J. R., Sherwood, A. & Light, K. C. (1990). Gender differences in blood pressure control during a variety of behavioural stressors. *Psychosomatic Medicine*, **52**, 571–591.

Gjerris, A., Rafaelsen, O. & Christensen, N. (1987). CSF-adrenaline-low in somatizing depression? *Acta Psychiatrica Scandinavica*, **75**, 516–520.

Glaser, R., Kiecolt, G. J., Marucha, P. T., MacCallum, R. C., Laskowski, B. F. & Malarkey, W. B. (1999). Stress–related changes in proinflammatory cytokine production in wounds. Archives of General Psychiatry, **56**, 450–456.

Glass, D. C., Lake, C. R., Contrada, R. J., Kehoe, K. & Erlanger, L. (1983). Stability of individual differences in physiological responses to stress. *Health Psychology*, **2**, 317–341.

Golding, J. F., Ashton, C. H., Marsh, V. R. & Thompson, J. W. (1986). Early and late SEPs – the later the potential the greater the relevance to personality. *Personality and Individual Differences*, **7**, 787–794.

Goldman, D., Kohn, P. M. & Hunt, R. W. (1983). Sensation seeking, augmenting, reducing and absolute auditory threshold: A strength of the nervous–system perspective. *Journal of Personality and Social Psychology, 45*, 405–411.

Gomez, R. & McLaren, S. (1997). The effects of reward, heart rate and skin conductance level during instrumental learning. *Personality and Individual Differences, 23*, 305–316.

Goodall, E. M., Cowen, P. J., Franklin, M. & Silverstone, T. (1993). Ritanserin attenuates anorectic, endocrine and thermic responses to d–fenfluramine in human volunteers. *Psychopharmacology, 112*, 461–466.

Goodwin, F. K., Murphy, D. L., Brodie, H. K. H. & Bunney, W. E. (1970). L-DOPA, catecholamines, and behavior: a clinical and biochemical study in depressed patients. *Biological Psychiatry, 2*, 341–366.

Goodwin, G. M., Murray, C. L. & Bancroft, J. (1994). Oral d–fenfluramine and neuroendocrine challenge: Problems with the 30 mg dose in men. *Journal of Affective Disorders, 30*, 117–122.

Goodwin, G. M., Muir, W. J., Seckl, J. R., Bennie, J., Carroll, S., Dick, H. & Fink, G. (1992). The effects of cortisol infusion upon hormone secretion from the anterior pituitary and subjective mood in depressive illness and in controls. *Journal of Affective Disorders, 26*, 73–83.

Göthert, M. (1990). Presynaptic serotonin receptors in the central nervous system. *Annals of the New York Academy of Sciences, 604*, 102–112.

Göthert, M. & Schlicker, E. (1990). Identification and classification of 5–HT$_1$ receptor subtypes. *Journal of Cardiovascular Pharmacology, 15*, 1–7.

Göthert, M. & Weinheimer, G. (1979). Extracellular 5–hydroxytryptamine inhibits 5–hydroxytryptamine release from rat brain cortex slices. *Naunyn Schmiedeberg's Archives of Pharmacology, 310*, 93–96.

Gotlib, I. H., Ranganath, C. & Rosenfeld, J. P. (1998). Frontal EEG alpha asymmetry, depression, and cognitive functioning. *Cognition and Emotion, 12*, 449–478.

Gotthardt, U., Schweiger, U., Fahrenberg, J., Lauer, C. J., Holsboer, F. & Heusser, I. (1995). Cortisol, ACTH, and cardiovascular response to a cognitive challenge paradigm in aging and depression. *American Journal of Physiology, 268*, 865–873.

Gottschalk, A. (1969). Biosynthesis of glycoproteins and its relationship to heterogeneity. *Nature, 222*, 452–454.

Gough, H. G. (1957). *CPI Manual*. Palo Alto, CA: Consulting Psychologists Press.

Graham, N. M., Bartholomeusz, R. C., Taboopong, N. & La–Brooy, J. T. (1988). Does anxiety reduce the secretion rate of secretory IgA in saliva? *Medical Journal of Australia, 148*, 131–132.

Graham, F. K. (1980). Representing cardiac activity in relation to time. In J. Martin & P. H. Venables (Eds.), *Techniques in Psychophysiology* (pp. 192–197). Chichester: Wiley.

Granger, D. A., Weisz, J. R. & Kauneckis, D. (1994). Neuroendocrine reactivity, internalizing behavior problems, and control-related cognitions in clinic-referred children and adolescents. *Journal of Abnormal Psychology, 103*, 267–276.

Grant, V. J. & France, J. T. (2001). Dominance and testosterone in women. *Biological Psychology, 58*, 41–47.

Gray, A., Jackson, D. N., & McKinlay, J. D. (1991). The relationship between dominance, anger, and hormones in normally aging men. Results from the Massachusetts male aging study. *Psychosomatic Medicine, 53*, 375–385.

Gray, J. A. (1970). The psychophysiological basis of introversion–extraversion. *Behaviour, Research, and Therapy, 8*, 249–266.

Gray, J. A. (1972). The psychophysiological basis of introversion–extraversion: A modification of Eysenck's theory. In V. D. Nebylitsyn & J. A. Gray (Eds.), *The Biological Bases of Individual Behaviour*. McGraw Hill: New York.

Gray, J. A. (1973). Causal theories of personality and how to test them. In J. R. Royce (Ed.), *Multivariate Analysis and Psychological Theory* (pp. 409–463). New York: Academic Press.

Gray, J. A. (1981). A critique of Eysenck's theory of personality. In H. J. Eysenck (Ed.), *A Model for Personality* (pp. 246–276). Berlin: Springer.

Gray, J. A. (1982). *The Neuropsychology of Anxiety: An Inquiry into the Functions of the Septo–hippocampal System.* Oxford: Clarendon Press.

Gray, J. A. (1987). A conceptual nervous system for avoidance behaviour. In J. A. Gray (Ed.), *The Psychology of Fear and Stress* (pp. 241–331). Cambridge: University Press.

Gray, J. A. (1991). The neuropsychology of temperament. In J. Strelau & A. Angleitner (Eds.), *Explorations in Temperament* (p. 105–128). New York: Plenum Press.

Gray, J. A. (1994). Personality dimensions and emotion systems. In: P. Ekman & R. J. Davidson (Eds.), *The Nature of Emotion* (p. 329–331). Oxford: Oxford University Press.

Gray, J. A. (1999). But the schizophrenia connection ... *Behavior and Brain Sciences*, **22**, 523–524.

Gray, J. A. & Dewett, R. F. (1977). The genetics and development of sex differences. In R. M. Dreger (Ed.), *Handbook of Modern Personality Theory* (pp. 348–373). Washington, London: Hemisphere.

Gray, J. A. & McNaughton, N. (2000). *The neuropsychology of anxiety. An enquiry into the functions of the septo–hippocampal system* (2nd editon.). Oxford: Oxford University Press.

Gray, N. S., Pickering, A. D. & Gray, J. A. (1994). Psychoticism and dopamine D2 binding in the basal ganglia using single photon emission tomography. *Personality and Individual Differences*, **17**, 431–434.

Gray, N.S. & Smith, T. (1969). An arousal–descision model for partial reinforcement and discrimination learning. In R. Gilbert & N. S. Sutherland (Eds.), *Animal Discrimination Learning*. New York: Academic Press.

Greenberg, B. D., Li, Q., Lucas, F. R., Hu, S., Sirota, L. A., Benjamin, J., Lesch, K.–P., Hamer, D. & Murphy, D. L. (2000). Association between the serotonin transporter promoter polymorphism and personality traits in a primarly female population sample. *American Journal of Medical Genetics,* **96**, 202–216.

Greenberg, B. D., Tolliver, T. J., Huang, S. J., Li, Q., Bengel, D. & Murphy, D. L. (1999). Genetic variation in the serotonin transporter promoter region affects serotonin uptake in human blood platelets. *American Journal of Medical Genetics*, **88**, 83–87.

Griesel, R. D. (1973). A study of cognitive test performance in relationship to measures of speed in the encephalogram. *Psychologia Africana*, **15**, 41–52.

Griesel, R. D. & Bartel, P. R. (1976). The visual evoked response in relation to measures of intelligence and development in a group of four–year old children. *South–African Journal of Psychology*, **6**, 33–42.

Grimsley, S. R. & Jann, M. W. (1992). Paroxetine, sertralin and fluvoxamine: New selective serotonin reuptake inhibitors. *Clinical Pharmacology,* **11**, 930–957.

Grön, G., Friess, E., Herpers, M. & Rupprecht, R. (1979). Assessment of cognitive performance after progesterone administration in healthy male volunteers. *Neuropsychobiology*, **35**, 147–151.

Grossman, C. J. (1984). Regulation of the immune system by sex steroids. Endocrine Reviews, **5**, 435–455.

Grossman, C. J. (1985). Interactions between the gonadal steroids and the immune system. Science, **227**, 257–261.

Gruzelier, J. (1996). The factorial structure of schizotypy: I. Affinities and contrasts with syndromes of schizophrenia. *Schizophrenia Bulletin*, **22**, 611–620.

Gruzelier, J. (2002). A Janusian perspective on the nature, development and structure of schizophrenia and schizotypy. *Schizophrenia Research*, **54**, 95–103.

Gruzelier, J. & Doig, A. (1996). The factorial structure of schizotypy: II. Patterns of cognitive asymmetry, arousal, handedness and gender. *Schizophrenia Bulletin*, **22**, 621–634.

Gruzelier, J., Jamieson, G., Croft, R., Kaiser, J., & Burgess, A. (in preparation). Personality Syndrome Questionnaire (PSQ): Reliability, validity and applications for psychopathology and immunity. *International Journal of Psychophysiology*.

Gruzelier, J. & Richardson, A. (1994). Patterns of cognitive asymmetry and psychosis proneness. *International Journal of Psychophysiology*, **18**, 217–225.

Gucker, D. K. (1973). Correlating visual evoked potentials with psychometric intelligence, variation in technique. *Perceptual and Motor Skills*, 37, 189–190.

Gudelsky, G. A., Koenig, J. I., & Meltzer, H. Y. (1986). Thermoregulatory responses to serotonin (5–HT) receptor stimulation in the rat. *Neuropharmacology*, 25, 1307–1313.

Guilford, J. P. (1959). *Personality*. New York: McGraw Hill.

Guilford, J. P. & Zimmerman, W. S. (1949). *The Guilford–Zimmerman Temperament Survey: Manual of Instructions and Interpretations*. Beverly Hills: Sheridan Supply.

Guilford, J. S., Zimmerman, W. S. & Guilford, J. P. (1976). *The Guilford–Zimmerman Temperament Survey Handbook*. San Diego, CA: Edits Publicaions.

Gunnar, M. R., Tout, K., de Haan, M., Pierce, S. & Stansbury, K. (1997). Temperament, social competence, and adrenocortical activity in preschoolers. *Developmental Psychobiology*, 31, 65–85.

Gunne, L. M., Anggard, E., & Jonsson, L. E. (1972). Clinical trials with amphetamine-blocking drugs. Psychiatria Neurologia Neurochirurgia, 75, 225–226.

Gurrera, R. J., O'Donnell, B. F., Nestor, P. G., Gainski, J. & McCarley, R. W. (2001). The P3 autditory event–related brain potential indexes major personality traits. *Biological Psychiatry*, 49, 922–929.

Gusella, J. F., Wexler, N. S., Conneally, P. M., Naylor, S. L., Anderson, M. A., Tanzi, R. E., Watkins, P. C. & Ottina, K. (1983). A polymorphic DNA marker genetically linked to Huntington's disease. *Nature*, 306, 234–238.

Guthrie, S. K., Berrettini, W., Rubinow, D. R., Nurnberger, J. I., Bartko, J. J. & Linnoila, M. (1986). Different neurotransmitter metabolite concentrations in CSF samples from inpatient and outpatient normal volunteers. *Acta Psychiatrica Scandinavica*, 73, 315–321.

Hadrava, V., Blier, P., Dennis, T., Ortemann, C. & De Montigny, C. (1995). Characterization of 5–hydroxytryptamine1A properties of flesinoxan: In vivo electrophysiology and hypothermia study. *Neuropharmacology*, 34, 1311–1326.

Hagemann, D., Naumann, E., Lürken, A., Becker, G., Maier, S. & Bartussek, D. (1999). EEG asymmetry, dispositional mood and personality. *Personality and Individual Differences*, 27, 541–568.

Haier, R. J. (1993). Cerebral glucose metabolism and intelligence. In P. A. Vernon (Ed.), *Biological approaches to the study of human intelligence* (pp. 317–332). Norwood, New Jersey: Ablex Publishing Corporation.

Haier, R. J., Robinson, D. L., Braden, W. & Williams, D. (1984). Evoked potential augmenting – reducing and personality differences. *Personality and Individual Differences*, 5, 293–301.

Haier, R. J., Siegel, B. V., MacLachlan, A., Soderling, E., Lottenberg, S. & Buchsbaum, M. S. (1992a). Regional glucose metabolic changes after learning a complex visuospatial/motor task: A positron emission tomographic study. *Brain Research*, 570, 134–143.

Haier, R. J., Siegel, B. V., Nuechterlein, K. H., Hazlett, E., Wu, J. C., Paek, J. & Browning, H. L. (1988). Cortical glucose metabolic rate correlates of abstract reasoning and attention studied with positron emission tomography. *Intelligence*, 12, 199–218.

Haier, R. J., Siegel, B., Tang, C., Abel, L. & Buchsbaum, M. S. (1992b). Intelligence and changes in regional cerebral glucose metabolic rate following learning. *Intelligence*, 16, 415–426.

Haier, R. J., Sokolski, K. Katz, M. & Buchsbaum, M. S. (1987). The study of personality with positron emission tomography. In J. Strelau & H. J. Eysenck (Eds.), *Personality Dimensions and Arousal* (pp. 251-267). New York: Plenum Press.

Halasz, B. & Banky, Z. (1986). Serotonergic structures and onset of of the circadian corticosterone rhythm. *Monographies in Neural Sciences*, 12, 148–152.

Haldane, J. B. S. & Smith, C. A. B. (1947). A new estimate of the linkage between the genes for colour–blindness and haemophilia in man. *Annals of Eugenics*, 14, 10–31.

Haleem, D. J., Kennett, G. A., Whitton, P. S. & Curzon, G. (1989). 8–OH–DPAT increases corticosterone but not other 5–HT1A–receptor–dependent responses more in females. *European Journal of Pharmacology*, 164, 435–443.

Haller, J., Makara, G. B. & Kruk, M. R. (1998). Catecholaminergic involvement in the control of aggression: Hormones, the peripheral sympathetic and central noradrenergic systems. *Neuroscience and Biobehavioral Reviews, 22*, 85–97.

Hamer, D. H. & Sirota, L. (2000). Beware the chopsticks gene. *Molecular Psychiatry, 5*, 11–13.

Hampel, R. & Selg, H. (1975). *Der Freiburger Aggressionsfragebogen (FAF)*. Göttingen: Hogrefe.

Hampson, E. (1990). Variations in sex-related cognitive abilities across the menstrual cycle. *Brain and Cognition, 14*, 26–43.

Hansenne, M. (1999). P300 and personality: An investigation with the Cloninger's model. *Personality and Individual Differences, 50*, 143–155.

Hansenne, M. & Ansseau, M. (1998). Catecholaminergic function and temperament in major depressive disorder: A negative report. *Psychoneuroendocrinology, 23*, 477–483.

Hansenne, M. & Ansseau, M. (1999). Harm avoidance and serotonin. *Biological Psychology, 51*, 77–81.

Hansenne, M., Pinto, E., Pitschot, W., Reggers, J., Scantamburlo, G., Moor, M. & Ansseau, M. (2002). Further evidence on the relationship between dopamine and novelty seeking. *Personality and Individual Differences, 33*, 967-977

Hardman, J. G., Limbard, L. E., Molinoff, P. B., Ruddon, R. W., Gilman, A. G. (2001). *The pharmacological basis of therapeutics* (10th edition). New York: McGraw-Hill.

Hardy, J. H. & Smith, T. W. (1988). Cynical hostility and vulnerability to disease: Social support, life stress and physiological responses to conflict. *Health Psychology, 7*, 447–459.

Hare, R. D. (1970). *Psychopathy: Theory and Practice*. New York: Wiley.

Hare, R. D. (1972). Psychopathy and physiological responses to adrenalin. *Journal of Abnormal Psychology, 79*, 138–147.

Hare, R. D. (1991). *The Hare Psychopathy Checklist–Revised*. Toronto: Multi–Health Systems.

Hare, R. D. (1998). Psychopathy, affect and behavior. In D. J. Cook, A. E. Forth, & R. D. Hare (Eds.), *Psychopathy: Theory, Research and Implications for Society* (pp. 81–105). Dordrecht: Klüwer.

Hare, R. D. & Quinn, M. J. (1971). Psychopathy and autonomic conditioning. *Journal of Abnormal Psychology, 77*, 223–235.

Hari, R. (1994). Human cortical functions revealed by magnetoencephalography. *Progress in Brain Research, 100*, 163–168.

Harmon–Jones, E. & Allen, J. J. B. (1998). Anger and frontal brain activity: EEG asymmetry consistent with approach motivation despite negative affective valence. *Journal of Personality and Social Psychology, 74*, 1310–1316.

Harmon–Jones, E., Barratt, E. S. & Wigg, C. (1997). Impulsiveness, aggression, reading, and the P300 of the event–related potential. *Personality and Individual Differences, 22*, 439–445.

Harmon–Jones, E. & Sigelman, J. (2001). State anger and prefrontal brain activity: Evidence that insult–related relative left–prefrontal activation is associated with experienced anger and agression. *Journal of Personality and Social Psychology, 80*, 797–803.

Harris, B., Cook, N. J., Walker, R.F., Read, G. F. & Riad-Fahmy, D. (1989). Salivary steroids and psychometric parameters in male marathon runners. *British Journal of Sports Medicine, 23*, 89–93.

Harris, J. A. & Rushton, J. P. (1993). *Salivary testosterone and aggression, altruism and employment integrity*. Paper read at the Sixth Meeting of the International Society for the Study of Individual Differences (ISSID). Baltimore, Maryland.

Harris, J .A., Rushton, J. P., Hampson, E., & Jackson, D. N. (1996). Salivary testosterone and self-report aggressive and pro-social personality characteristics in men and women. *Aggressive Behavior, 22*, 321–331.

Harro, J., Rimm, H., Harro, M., Grauberg, M., Karelson, K. & Viru, A.M. (1999). Association of depressiveness with blunted growth hormone response to maximal physical exercise in young healthy men. *Psychoneuroendocrinology, 24*, 505–517.

Hartmann, N. (1933). *Das Problem des geistigen Seins. Untersuchungen zur Grundlegung der Geschichtsphilosophie und der Geisteswissenschaften.* Berlin: Walter de Gruyter.

Harvey, F. & Hirschmann, R. (1980). The influence of extraversion and neuroticism on heart rate responses to aversive visual stimuli. *Personality and Individual Differences, 1,* 97–100.

Hastrup, J. L. (1979). Effects of electrodermal lability and introversion on vigilance decrement. *Psychophysiology, 16,* 302–310.

Hastrup, J. L. (1986). Duration of initial heart rate assessment in psychophysiology: Current practices and implications. *Psychophysiology, 23,* 15–17.

Hastrup, J. L. & Katkin, E. S. (1976). Electrodermal lability: An attempt to measure its psychological correlates. *Psychophysiology, 13,* 296–301.

Haxby, J. V., Grady, C. L., Duara, R., Robertson–Tchabo, E. A., Koziarz, B., Cutler, N. R. & Rapoport, S. I. (1986). Relations among age, visual memory, and resting cerebral metabolism in 40 healthy men. *Brain and Cognition, 5,* 412–427.

Haynes, S. G., Feinleib, M. & Kannel, W. B. (1980). The relationship of psychosocial factors to coronary heart disease in the Framingham study. III. Eight year incidence of coronary heart disease. *American Journal of Epidemiology, 111,* 37–58.

He, H. & Richardson, J. S. (1995). A pharmacological, pharmacokinetic and clinical overview of risperidone, a new antipsychotic that blocks serotonin 5–HT2 and dopamine D2 receptors. *International Clinical Psychopharmacology, 10,* 19–30.

Heath, M. J. & Hen, R. (1995). Serotonin receptors. Genetic insights into serotonin function. *Current Biology, 5,* 997–999.

Heath, A. C., Neale, M. C., Kessler, R. C., Eaves, L. J. & Kendler, K. S. (1992). Evidence for genetic influences on personality from self–reports and informant ratings. *Journal of Personality and Social Psychology, 63,* 85–96.

Hegerl, U., Gallinat, J. & Mrowinski, D. (1995). Sensory cortical processing and the biological basis of personality. *Biological Psychiatry, 37,* 467–472.

Heino, A., van der Molen, H. H. & Wilde, G. J. S. (1996). Differences in risk experience between sensation avoiders and sensation seekers. *Personality and Individual Differences, 20,* 71–79.

Heinz, A., Dufeu, P., Kuhn, S., Dettling, M. Graf, K., Kurten, I., Rommelspacher, H. & Schmidt, L. G. (1996). Psychopathological and behavioral correlates of dopaminergic sensitivity in alcohol-dependent patients. *Archives of General Psychiatry, 53,* 1123–1128.

Heisel, J. S., Locke, S. E., Kraus, L. J. & Williams, R. M. (1986). Natural killer cell activity and MMPI scores of a cohort of college students. *American Journal of Psychiatry, 143,* 1382–1386.

Heller, W. (1990). The neuropsychology of emotion: Developmental patterns and implications for psychopathology. In N.L. Stein, B. Leventhal, & T. Trabasso (Eds.), *Psychological and biological approaches to emotion* (pp. 167–211). Hillsdale, NJ: Erlbaum.

Heller, W. (1993). Neuropsychological mechanisms of individual differences in emotion, personality, and arousal. *Neuropsychology, 7,* 476–489.

Heller, W., Etienne, M. A. & Miller, G. A. (1995). Patterns of perceptual asymmetry in depression and anxiety: implications for neuropsychological models of emotion and psychopathology. *Journal of Abnormal Psychology, 104,* 327–333.

Hemmeter, U. (2000). *Der Einfluss der Persönlichkeitsdimension auf die Cortisolreaktion nach experimentellem Stress und Fasten.* Hamburg: Kovac.

Hemmeter, U. M., Burkhardt, H. & Netter, P. (1991). Der Einfluss depressions-assoziierter Persönlichkeitsmerkmale auf die Cortisolwerte unter experimenteller Stress– und Fastenbedingung. *Zeitschrift für Klinische Psychologie, 10,* 166–176.

Hendrickson, D. E. (1972). *An examination of individual differences in the cortical evoked response.* Doctoral thesis, University of London, London, England.

Hendrickson, D. E. & Hendrickson, A. E. (1980). The biological basis of individual differences in intelligence. *Personality and Individual Differences, 1,* 3–33.

Henkel, V., Bussfeld, P., Möller, H. J. & Hegerl, U. (2002). Cognitive-behavioral theories of helplessness/hopelessness: Valid models of depression? *European Archives of Psychiatry and Clinical Neurosciences, 252*, 240–249.

Hennig, J. (1994). Die psychobiologische Bedeutung des sekretorischen Immunglobulin A im Speichel. Münster, New York: Waxmann.

Hennig, J. (1998). Psychoneuroimmunologie. Göttingen: Hogrefe.

Hennig, J. (2000). Serotonin und Persönlichkeit. *Zeitschrift für Differentielle und Diagnostische Psychologie, 21*, 226–234.

Hennig, J., Kieferdorf, P., Moritz, C., Huwe, S. & Netter, P. (1998). Changes in cortisol secretion during shiftwork: implications for tolerance to shift work? *Ergonomics, 41*, 610–621.

Hennig, J., Lange, N., Haag, A., Rohrmann, S. & Netter, P. (2000c). Reboxetine in a neuroendocrine challenge paradigm: evidence for high cortisol responses in healthy volunteers scoring high on subclinical depression. *International Journal of Neuropsychopharmacology, 3*, 193–201.

Hennig, J., Laschefski, U., Becker, H., Rammsayer, T. & Netter, P. (1993a). Immune cell and cortisol responses to physically and pharmacologically induced lowering of body core temperature. *Neuropsychobiology, 28*, 82–86.

Hennig, J., Laschefski, U. & Netter, P. (1993b). Psychobiologische Korrelate prämenstrueller Beschwerden. In E. Heinen & M. Beyer (Eds.), *Endokrinologie: Hypertonie und Ödeme* (pp. 191–205). Frankfurt: PMI-Verlagsgruppe.

Hennig, J., Lucks, A., Rohrmann, S. & Netter, P. (1999). Mechanisms of stress induced changes in sIgA. *Experimental and Clinical Endocrinology and Diabetes, 107*, 28–29.

Hennig, J. & Netter, P. (1999). Cellular immune parameters in human stress studies. *Zeitschrift für Rheumatologie, 58*, 299–300.

Hennig, J. & Netter, P. (2000) Immunological and endocrine indicators of personality differences. *International Journal of Psychology, 35*, 22–23.

Hennig, J. & Netter, P. (2002). Oral application of citalopram (20mg) and its usefulness for neuroendocrine challenge tests. *International Journal of Neuropsychopharmacology, 5*, 67–71.

Hennig, J., Netter, P. & Voigt, K. (2000a). Mechanisms of changes in lymphocyte numbers after psycholgical stress. *Zeitschrift für.Rheumatologie, 59* (Suppl. 2), 43-48.

Hennig, J., Netter, P. & Voigt, K. (2001). Cortisol mediates redistribution of CD8+ but not of CD56+ cells after the psychological stress of public speaking. *Psychoneuroendocrinology, 26*, 673–687.

Hennig, J., Netter, P. & Stüttgen, M. C. (2003). Dopamin und Persönlichkeit: Ergebnisse unter Verwendung des Dopamin-Wiederaufnahmehemmers Mazindol. *Zeitschrift für Differentielle und Diagnostische Psychologie, 24*, 211.

Hennig, J., Opper, C., Huwe, S. & Netter, P. (1997). The antagonism of ipsapirone induced biobehavioral responses by +/− pindolol in high and low impulsives. *Journal of Neural Transmission, 104*, 1027–1035.

Hennig, J., Pössel, P. & Netter, P. (1996). Sensitivity to disgust as an indicator of neuroticism: A psychobiological approach. *Personality and Individual Differences, 20*, 589–596. Hennig, J., Becker, H., & Netter, P. (1996). 5–HT agonist–induced changes in peripheral immune cells in healthy volunteers: the impact of personality. *Behavioural Brain Research, 73*, 359–363.

Hennig, J., Toll, C., Schonlau, P., Rohrmann, S. & Netter, P. (2000b). Endocrine responses after d–fenfluramine and ipsapirone challenge: further support for Cloninger's tridimensional model of personality. *Neuropsychobiology, 41*, 38–47

Henry, J. P. & Stephens, P. M. (1977). *Stress, Health, and the Social Environment*. Berlin: Springer.

Henry, J. P. & Wang, S. (1998). Effects of early stress on adult affiliative behavior. *Psychoneuroendocrinology, 23*, 863–875.

Hermans, H., Petermann, F. & Zielinski, W. (1978). *LMT – Leistungsmotivationstest*. Amsterdam: Swets & Zeitlinger.

Herrmann, W. M. & Beach, R.C. (1978). The psychotropic properties of estrogens. *Pharmakopsychiatrie Neuropsychopharmakologie, 11*, 164–176.

Herz, A. & Emrich, H. M. (1983). Opioid systems and the regulation of mood. Possible significance in depression? In J. Angst (Ed.), *The Origins of Depression: Current Concepts and Approaches* (pp. 221–234). Berlin: Springer.

Higley, J. D., Mehlman, P. T., Poland, R. E., Taub, D. M., Vickers, J., Suomi, S. & Linnoila, M. (1996). CSF testosterone and 5-HIAA correlate with different types of aggressive behaviors. *Biological Psychiatry*, **40**, 1067–1082.

Hiley, J. D., Suomi, S. J. & Liunaila, M. (1992). A longitudinal assessment of CSF monoamine metabolites and plasma cortisol concentrations in young rhesus monkeys. *Biological Psychiatry*, **32**, 127–145.

Hill, L., Craig, I. W., Asherson, P., Ball, D., Eley, T., Ninomiya, T., Fisher, P. J., Turic, D., McGuffin, P., Owen, M. J., Chorney, K., Chorney, M. J., Benbow, C. M., Lubinski, D., Thompson, L. A. & Plomin, R. (1999). DNA pooling and dense marker maps: A systematic search for genes for cognitive ability. *Neuroreport*, **10**, 843–848.

Hinton, J. W. & Craske, B. (1977). Differential effects of test stress on the heart rates of extraverts and introverts. *Biological Psychology*, **5**, 23–28.

Ho, H.-Z., Baker, L. A. & Decker, S. N. (1988). Covariation between intelligence and speed of cognitive processing: Genetic and environmental influences. *Behavior Genetics*, **18**, 247–261.

Hockey, G. R. J. (1988). The maintenance of vigilance: A state control analysis. In J.P. Leonard (Ed.), *Vigilance: Methods, Models, and Regulation* (pp. 13–21). Frankfurt: Lang.

Hoffmann, H. (1935). *Die Schichttheorie; eine Anschauung von Natur und Leben*. Stuttgart: Enke.

Holmes, D. S., McGilley, B. M. & Houston, B. K. (1984). Task–related arousal of type A and type B persons: Level of challenge and response specifity. *Journal of Personality and Social Psychology*, **46**, 1322–1327.

Holmes, J., Payton, A., Barrett, J., Harrington, R., McGuffin, P., Owen, M., Ollier, W., Worthington, J., Gill, M., Kirley, A., Hawi, Z., Fitzgerald, M., Asherson, P., Curran, S., Mill, J., Gould, A., Taylor, E., Kent, L., Craddock, N. & Thapar A. (2002). Association of DRD4 in children with ADHD and comorbid conduct problems. *American Journal of Medical Genetics*, **114**, 150–153.

Holsboer, F., von Bardeleben, U., Heuser, I. & Steiger, A. (1988). Human corticotropin-releasing hormone challenge tests in depression. In A. F. Schatzberg & C. B. Nemeroff (Eds.), *The Hypothalamic-Pituitary-Adrenal Axis: Physiology, Pathophysiology, and Psychiatric Implications* (pp.79–100). New York: Raven Press.

Holsboer, F. & Benkert, O. (1985). Neuroendokrinologische und endokrinologische Forschung bei depressiven Patienten. *Der Nervenarzt*, **56**, 1–11.

Holtz, P. (1950). Über die sympathicomimetische Wirksamkeit von Gehirnextrakten. *Acta Physiologica Scandinavia*, **20**, 354–362.

Holzwarth, M. A. & Brownfield, M. S. (1985). Serotonin coexists with epinephrine in rat adrenal medulla. *Neuroendocrinology*, **41**, 230–236.

Hoptman, M. J., Volavka, J., Johnson, G., Weiss, E., Bilder, R. M. & Lim, K. O. (2002). Frontal white matter microstructure, aggression, and impulsivity in men with schizophrenia: A preliminary study. *Biological Psychiatry*, **52**, 9–14.

Hord, D. J., Johnson, L. C. & Lubin, A. (1964). Differential effect of the law of initial value (LIV) on autonomic variables. *Psychophysiology*, **1**, 79–87.

Houlihan, M., Stelmack, R. & Campbell, K. (1998). Intelligence and the effects of perceptual processing demands, task difficulty and processing speed on P300, reaction time and movement time. *Intelligence*, **26**, 9–25.

Houston, B. K. (1983). Psychophysiological responsivity and the type A behavior pattern. *Journal of Research in Personality*, **17**, 22–39.

Houston, B. K. (1986). Psychological variables and cardiovascular and neuroendocrine reactivity. In K. A. Matthews, S. M. Weiss, T. Detre, T. M. Dembroski, B. Falkner, S. B. Manuck & R. B. Williams (Ed.), *Handbook of Stress, Reactivity and Cardiovascular Disease* (pp. 207–229). New York: Wiley.

Houston, R. J. & Stanford, M. S. (2001). Mid–latency evoked potentials in self–reported impulsive aggression. *International Journal of Psychophysiology*, **40**, 1–15.

Houtman, I. L. D. & Bakker, F. C. (1991). Individual differences in reactivity to and coping with the stress of lecturing. *Journal of Psychosomatic Research*, **35**, 11–24.

Hoyer, D., Clarke, D. E., Fozard, J. R., Hartig, P. R., Martin, G. R. & Mylecharane, E. J.(1994). International Union of Pharmacology classification of receptors for 5–hydroxytryptamine (serotonin). *Pharmacological Reviews*, **46**, 157–203.

Hubert, W. (1988). *Emotionale Reaktionsmuster und Cortsiolveränderungen im Speichel.* Frankfurt/Main: Lang.

Hubert, W. & de Jong-Meyer, R. (1989). Emotional stress and saliva cortisol response. *Journal of Clinical Chemistry and Clinical Biochemistry*, **27**, 4, 235–237.

Hubert, W. & de Jong-Meyer, R. (1992). Saliva cortisol responses to unpleasant film stimuli differ between high and low trait anxious subjects. *Neuropsychobiology* ,**25**, 115–120.

Hubert, W. & Nieschlag, E. (1988). Cortisolreaktionen im Serum und Speichel bei Venenpunktionsstress. In R. Haeckel (Eds.), *Speicheldiagnostik* (pp. 75–78). Darmstadt: GIT-Verlag.

Huntington Disease Collaborative Research Group (1993). A novel gene containing a trinucleotide repeat that is expanded and unstable on Huntington's disease chromosomes. *Cell*, **72**, 971–983.

Hutchinson, K E., Wood, M. & Swift, R. (1999). Personality factors moderate subjective and psychophysiological responses to d-amphetamine in humans. *Experimental and Clinical Psychopharmacology*, **7**, 493–501.

Huttenlocher, P. R. (1979). Synaptic density in human frontal cortex–developmental changes and effects of aging. *Brain Research*, **163**, 195–205.

Huttenlocher, P. R. (1999). Dendritic and synaptic development in human cerebral cortex: Time course and critical periods. *Developmental Neuropsychology*, **16**, 347–349.

Huwe, S., Hennig, J. & Netter, P. (1996). Das Repression–Sensitization–Coping–Inventar (RSCI). *Diagnostica*, **42**, 157–174.

Ibatoullina, A. A., Vardaris, R. M. & Thompson, L. (1994). Genetic and environmental influences on the coherence of background and orienting response EEG in children. *Intelligence*, **19**, 65–78.

Ideström, C. M. & Schalling, D. (1970). Objective effects of dexamphetamine and amobarbital and their relations to psychasthenic personality traits. *Psychopharmacologia*, **17**, 399–413.

Imura, H., Nakai, Y. & Yoshimi, T. (1973). Effect of 5–hydroxytryptophane (5–HTP) on growth hormone and ACTH release in man. *Journal of Endocrinology and Metabolism*, **36**, 204–206.

Insel, T. R. & Siever, L. J. (1981). The dopamine system challenge in affective disorders: A review of behavioral and neuroendocrine responses. *Journal of Clinical Psychopharmacology*, **1**, 207–213.

Ising, M. (2000). Intensitätsabhängigkeit evozierter Potentiale im EEG: Sind impulsive Personen Augmenter oder Reducer? *Zeitschrift für Differentielle und Diagnostische Psychologie*, **21**, 208–217.

Itil, T. M., Michael, S. T., Shapiro, D. M. & Itil, K. Z. (1984). The effects of mesterolone, a male sex hormone in depressed patients (a double-blind controlled study). *Methods and Findings in Experimental and Clinical Pharmacology*, **6**, 331–337.

Izzo, J. L., Horwitz, D., & Keiser, H. R. (1979). Reduction of human urinary MHPG excretion by guanethidine: Urinary MHPG as index of sympathetic nervous activity. *Life Sciences*, **24**, 1403–1406.

Jabaaij, L., Grosheide, P. M., Heijtink, R. A., Duivenvoorden, H. J., Ballieux, R. E. & Vingerhoets, A. J. (1993). Influence of perceived psychological stress and distress on antibody response to low dose rDNA hepatitis B vaccine. Journal of .Psychosomatic Research, **37**, 361–369.

Jabaaij, L., van-Hattum, J., Vingerhoets, J. J., Oostveen, F. G., Duivenvoorden, H. J. & Ballieux, R. E. (1996). Modulation of immune response to rDNA hepatitis B vaccination by psychological stress. Journal of Psychosomatic Research, **41**, 129–137.

Jackson, D. N. (1984). *Personality Research Form Manual* (2nd edit.). Port Huron, MI: Sigma Assessment Systems.

Jacobs, B. L. & Azmitia, E. C. (1992). Structure and function of the brain serotonin system. *Physiological Reviews, 72*, 165–228.

Jacobs, G. D. & Snyder, D. (1996). Frontal brain asymmetry predicts affective style in men. *Behavioral Neuroscience, 110*, 3–6.

Jacobs, N., van Gestel, S., Derom, C., Thiery, E., Vernon, P., Derom., R. & Vlietinck, R. (2001). Heritability estimates of intelligence in twins: Effect of chorion type. *Behavior Genetics, 31*, 209–217.

Jacobs, S., Mason, J., Kosten, T., Brown, S. & Ostfeld, A. (1984). Urinary-free cortisol excretion in relation to age in acutely stressed persons with depressive symptoms. *Psychosomatic Medicine, 46*, 213–221.

James, W. H. (1992). Maternal personality and sex of infant: Comment. *British Journal of Medical Psychology, 65*, 73–76.

Jamner, L. D., Schwarz, G. E. & Leigh, H. (1988). The relationship between repressive and defensive coping styles and monocyte, eosinophil, and serum glucose levels: Support for the opioid peptide hypothesis of repression. *Psychosomatic Medicine, 50*, 567–575.

Jamner, L. D., Shapiro, D., Goldstein, I. B. & Hug, R. (1991). Ambulatory blood pressure and heart rate in paramedics: Effects of cynical hostility and defensiveness. *Psychosomatic Medicine, 53*, 393–406.

Janet, P. (1892). *L'évolution psychologique de la personalité*. Paris: Rueff

Janeway, C. A. & Travers, P. (1997). Immunologie (2nd editon.). Heidelberg, Berlin, Oxford: Spektrum.

Jang, K. L., Hu, S. Livesley, W. J., Angleitner, A., Riemann, R., Ando, J., Ono, Y., Vernon, P. & Hamer, D. (2001). The covariance structure of neuroticism and agreeableness: A twin and molecular genetic analysis of the role of the serotonin transporter gene. *Journal of Personality and Social Psychology, 81*, 295–304.

Jang, K. L, Livesley, W. J., Angleitner, A., Riemann, R. & Vernon, P. (2002). Genetic and environmental influences on the covariance of facets defining the domains of the five–factor model of personality. *Personality and Individual Differences, 33*, 83–101.

Jang, K. L., McCrae, R. R., Angleitner, A., Riemann, R. & Livesley, W. J. (1998). Heritability of facet–level traits in a cross–cultural twin sample: Support for a hierarchical model of personality. *Journal of Personality and Social Psychology, 64*, 1556–1565.

Janke, W. (1964). *Experimentelle Untersuchungen zur Abhängigkeit der Wirkung psychotroper Substanzen von Persönlichkeitsmerkmalen*. Frankfurt: Akademische Verlagsgesellschaft.

Janke, W. (1992). Erfassung von aggressivem und impulsivem Verhalten. Ansätze der Psychologie. In H.–J. Möller & H. M. van Praag (Hrsg.), *Aggression und Autoaggression* (S. 35–61). Berlin: Springer.

Jausovec, N. (1996). Differences in EEG alpha activity related to giftedness. *Intelligence, 23*, 159–173.

Jausovec, N. (1998). Are gifted individuals less chaotic thinkers? *Personality and Individual Differences, 25*, 253–267.

Jausovec, N. (2000). Differences in cognitive processes between gifted, intelligent, creative, and average individuals while solving complex problems: An EEG study. *Intelligence, 28*, 213–237.

Jausovec, N. & Jausovec, K. (2000a). Differences in resting EEG related to ability. *Brain Topography, 12*, 229–240.

Jausovec, N. & Jausovec, K. (2000b). EEG activity during the performance of complex mental problems. *International Journal of Psychophysiology, 36*, 73–88.

Jenkins, C. D., Rosenman, R. H. & Zyzanski, S. J. (1974). Prediction of clinical coronary heart disease by a test for the coronary-prone behavior pattern. *New England Journal of Medicine, 290*, 1271–1275.

Jensen, A. R. (1993). Why is reaction time correlated with psychometric g? *Current Directions in Psychological Science, 2*, 53–56.

Jequier, E. W., Lovenberg, W. & Sjoerdsma, A. (1967). Tryptophan hydroxylase inhibition: The mechanism by which p–chlorophenylalanin depletes rat brain serotonin. *Molecular Pharmacology, 3*, 274–278.

Jocklin, V., McGue, M. & Lykken, D. T. (1996). Personality and divorce: a genetic analysis. *Journal of Personality and Social Psychology*, **71**, 288–299.

Joh, T. H., Hwang, O., & Abate, C. (1986). Phenylalanine hydrolase, tyrosin hydrolase and tryptophan hydrolase. In A. A. Boulton, G. B. Baker, & P. H. Yu (Eds.), *Neuromethods, Series I: Neurochemistry* (pp. 1–32). Clifton, NJ: Humana Press.

Johansson, G., Frankenhaeuser, M. & Magnusson, D. (1973). Catecholamine output in school children as related to performance and adjustment. *Scandinavian Journal of Psychology*, **14**, 20–28.

Johnson, D. L., Wiebe, J. S., Gold, S. H., Andreasen, N. C., Hichwa, R. D., Watkins, G. L. & Boles Ponto, L. L. (1999). Cerebral blood flow and personality: A positron emission tomography study. *American Journal of Psychiatry*, **156**, 252–257.

Johnson, J. P. (1968). Some observations upon a new inhibitor of monoamine oxidase in brain tissue. *Biochemical Pharmacology*, **17**, 1268–1297.

Johnson, J. P. (1998). *The relationship between Cloninger's personality model, cognitive event-related potentials, and the dopamine DRD2 receptor gene in abstinent male polysubstance abusers.* Dissertation Abstracts International, Section D 59 (6–R), 3061.

Johnson, L. C. (1963). Some attributes of spontaneous autonomic activity. *Journal of Comparative and Physiological Psychology*, **56**, 415–422.

Johnson, L. C. & Lubin, A. (1966). Spontaneous electrodermal activity during waking and sleeping. *Psychophysiology*, **3**, 8–17.

Johnson, W., Zava, D. & McCoy, N. (2000). Overall self-confidence, self-confidence in mathematics, and sex-role stereotyping in relation to salivary free testosterone in university women. *Perceptual and Motor Skills*, **91**, 391–401.

Jones, K. V., Copolov, D. L. & Outch, K. H. (1986). Type A, test performance, and salivary cortisol. *Journal of Psychosomatic Research*, **30**, 699–707.

Joseph, R. (1990). *Neuropsychology, Neuropsychiatry, and Behavioral Neurology.* New York: Plenum Press.

Juckel, G., Schmidt, L. G., Rommelspacher, H. & Hegerl, U. (1995). The Tridimensional Personality Questionnaire and the intensity dependence of auditory evoked dipole source activity. *Biological Psychiatry*, **37**, 311–317.

Jung, C. G. (1921). *Psychologische Typen.* Zürich: Rascher.

Kahn, L. S & Halbreich, U. (2001). Oral contraceptives and mood. *Expert Opinion on Pharmacotherapy*, **2**, 1367–1382.

Kaiser, J., Barry, R. J. & Beauvale, A. (2001). Evoked cardiac response correlates of cognitive processing and dimensions of personality: Eysenck's concept of psychoticism revisited. *Personality and Individual Differences*, **30**, 657–668.

Kaiser, J., Beauvale, A. & Bener, J. (1997). The evoked cardiac response as a function of cognitive load differs between subjects separated on the main personality dimensions. *Personality and Individual Differences*, **22**, 241–248.

Kaiser, J. & Gruzelier, J. H. (1996). Timing of puberty and EEG coherence during photic stimulation. *International Journal of Psychophysiology*, **21**, 135–149.

Kaiser, J. & Gruzelier, J. H. (1999). Effects of pubertal timing on EEG coherence and P3 latency. *International Journal of Psychophysiology*, **34**, 225–236.

Kalin, N. H. (1999). Primate models to understand human aggression. *Journal of Clinical Psychiatry*, **60**, 29–32.

Kamen, S. L., Rodin, J., Seligman, M. E. & Dwyer, J. (1991). Explanatory style and cell-mediated immunity in elderly men and women. Health Psychology, **10**, 229–235.

Kandel, E. R., Schwartz, J. H. & Jessel, T. M. (1996). *Neurowissenschaften. Eine Einführung.* Heidelberg: Spektrum.

Kanematsu, S., Hilliard, J. & Sawyer, C. H. (1963). Effect of reserpine on pituitary prolactin content and its hypothalamic site of action in the rabbit. *Acta Endocrinologica*, **44**, 467–474.

Kang, D. H., Davidson, R. J., Coe, C. L., Wheeler, R. W., Tomarken, A. J. & Ershler, W. B. (1991). Frontal brain asymmetry and immune function. Behavioral Neuroscience, **105**, 860–869.

Katkin, E. S. (1975). Electrodermal lability: A psychophysiological analysis of individual differences in response to stress. In C. D. Spielberger & I. G. Sarason (Eds.), *Stress and Anxiety* (Vol. 2, pp. 141–176). New York: Wiley.

Katkin, E. S. & McCubbin, R. J. (1969). Habituation of the orienting response as a function of individual differences in anxiety and autonomic lability. *Journal of Abnormal Psychology*, **74**, 54–60.

Katkin, E. S. & Shapiro, D. (1979). Voluntary heart rate control as a function of individual differences in electrodermal lability. *Psychophysiology*, **16**, 402–404.

Katsuragi, S., Kunugi, H., Sano, A., Tsutsumi, T., Isogawa, K. & Nanko, S. (1999). Association between serotonin transporter gene polymorphism and anxiety–related traits. *Biological Psychiatry*, **45**, 368–370.

Kedenburg, D. (1979). Testosterone and human aggressiveness: An analysis. *Journal of Human Evolution*, **8**, 407–410.

Kelly, D., Brown, C. C. & Shaffer, J. W. (1970). A comparison of physiological and psychological measurements on anxious patients and normal controls. *Psychophysiology*, **6**, 429–441.

Kelsey, R. M. (1991). Electrodermal lability and myocardial reactivity to stress. *Psychophysiology*, **28**, 619–631.

Keltikangas–Järvinen, L., Kettunen, J., Ravaja, N. & Näätänen, P. (1999). Inhibited and disinhibited temperament and autonomic stress reactivity. *International Journal of Psychophysiology*, **33**, 185–196.

Keltikangas-Järvinen, L., Raikkonen, K. & Hautanen, A. (1996). Type A behavior and vital exhaustion as related to the metabolic hormonal variables of the hypothalamic-pituitary-adrenal axis. *Behavioral Medicine*, **22**, 15–22.

Kendler, K. S. (2001). Twin studies of psychiatric illness: An update. *Archives of General Psychiatry*, **58**, 1005–1014.

Kendler, K. S., Neale, M. C., Kessler, R. C., Heath, A. C. & Eaves, L. J. (1992). Major depression and generalized anxiety disorder: Same genes, (partly) different environments? *Archives of General Psychiatry*, **49**, 257–266.

Kendler, K. S., Neale, M. C., Kessler, R. C., Heath, A. C. & Eaves, L. J. (1993). A twin study of recent life events and difficulties. *Archives of General Psychiatriy*, **50**, 789–796.

Kenny, D. A. (1994). *Interpersonal Perception: A social relations analysis*. New York: Guilford Press.

Kessels, R., Postma, A., Wijnalda, E. M. & de Haan, E. (2000). Frontal–lobe involvement in spatial memory: Evidence from PET, fMRI, and lesion studies. *Neuropsychology Review*, **10**, 101–113.

Kidd, R. T. & Powell, G. E. (1993). Raised left hemisphere activation in the non–clinical schizotypal personality. *Personality and Individual Differences*, **14**, 723–732.

Kiecolt–Glaser, J. K., Cacioppo, J. T., Malarkey, W. & Glaser, R. (1992). Acute psychological stressors and short term immune changes: What, why, for whom, and to what extent? *Psychosomatic Medicine*, **54**, 680–685.

Kiesler, D. J. (1996). *Contemporary Interpersonal Theory and Research: Personality, Psychopathology and Psychotherapy*. New York: Wiley.

Kiesler, D. J., Goldston, C. S. & Schmidt, J. A. (1991). *Manual for the Check List of Interpersonal Transactions – Revised (CLOIT–R) and the Check List of Psychotherapy Transactions–Revised (CLOPT–R)*. Unpublished manuscript. Virginia Commonwealth University.

Kimble, M., Lyons, M., O'Donnell, B., Nestor, P., Niznikiewicz, M. & Toomey, R. (2000). The effect of family status and schizotypy on electrophysiologic measures of attention and semantic processing. *Biological Psychiatry*, **47**, 402–412.

Kimbrell, T. A., George, M. S., Parekh, P. I., Ketter, T. A., Podell, D. M., Danielson, A. L., Repella, J. D., Benson, B. E., Willis, M. W., Herscovitch, P. & Post, R. M. (1999). Regional brain activity during transient self–induced anxiety and anger in healthy adults. *Biological Psychiatry*, **46**, 454–465.

Kimura, D. (1999). *Sex and Cognition*. Cambridge, MA: Bradford/MIT Press.

King, A. C., Errico, A. L. & Parsons, O. A. (1995). Eysenck's personality dimensions and sex steroids in male abstinent alcoholics and nonalcoholics: An exploratory study. *Biological Psychology*, **39**, 103–113.

Kirkcaldy, B. D. (1984). Individual differences in tonic activity and reactivity of somatic functioning. *Personality and Individual Differences*, **5**, 461–466.

Kirkcaldy, B. D. (1985). Individual differences in visual acuity. *Studia Psychologica*, **27**, 69–73.

Kirkegaard, C., Korner, A. & Faber, J. (1990). Increased production of thyroxine and inappropriately elevated serum thyrotropin levels in endogenous depression. *Biological Psychiatry*, **27**, 472–476.

Kirschbaum, C., Bartussek, D. & Strasburger, C.J. (1992). Cortisol responses to psychological stress and correlations with personality traits. *Personality and Individual Differences*, **13**, 1353–1357.

Kirschbaum, C. & Hellhammer, D. H. (1989). Salivary cortisol in psychobiological research: An overview. *Neuropsychobiology*, **22**, 150–169.

Kirschbaum, C., Pirke, K. M. & Hellhammer, D. H. (1995a). Preliminary evidence for reduced cortisol responsivity to psychological stress in women using oral contraceptive medication. *Psychoendocrinology*, **20**, 509–513.

Kirschbaum, C., Prüssner, J. C., Stone, A. A., Federenko, I., Gaab, J., Lintz, D., Schommer, N. & Hellhammer, D. H. (1995b). Persistent high cortisol responses to repeated psychological stress in a subpopulation of healthy men. *Psychosomatic Medicine*, **57**, 468–474.

Klein, C., Andresen, B. & Jahn, T. (1997). Assessment of schizotypal personality according to DSM–III–R / Psychometric properties of an authorized German translation of the "Schizotypal Personality Questionnaire" by Raine. *Diagnostica*, **43**, 347–369.

Klein, C., Berg, P., Rockstroh, B. & Andresen, B. (1999). Topography of the auditory P300 in schizotypal personality. *Biological Psychiatry*, **45**, 1612–1621.

Klimesch, W. (1997). EEG–alpha rhythms and memory processes. *International Journal of Psychophysiology*, **26**, 319–340.

Klimesch, W. (1999). EEG alpha and theta oscillations reflect cognitive and memory performance: A review and analysis. *Brain Research Reviews*, **29**, 169–195.

Klimesch, W., Doppelmayr, M., Schimke, H. & Pachinger, T. (1996). Alpha frequency, reaction time and the speed of processing information. *Journal of Clinical Neurophysiology*, **13**, 511–518.

Kline, J. P., Allen, J. J. B. & Schwartz, G. E. (1998). Is left frontal brain activation in defensiveness gender specific? *Journal of Abnormal Psychology*, **107**, 149–153.

Kline, J. P., Knapp–Kline, K., Schwartz, G. E. R. & Russek, L. G. S. (2001). Anterior asymmetry, defensiveness, and perceptions of parental caring. *Personality and Individual Differences*, **31**, 1135–1145.

Klinke, R. & Silbernagl, S. (1994). *Lehrbuch der Physiologie*. (3rd edition). Stuttgart: Thieme.

Klotz, R. (1947). *Zur Diagnostik und Therapie der Allgemeinen Vegetativen Dystonie*. Großenhain: Starke & Sachse.

Knardahl, S. & Hendley, E. D. (1990). Association between cardiovascular reactivity to stress and hypertension or behavior. *American Journal of Physiology*, **259**, 248–257.

Knox, S. S. (1982). Alpha enhancement, autonomic activation, and extraversion. *Biofeedback and Self–Regulation*, **7**, 421–433.

Knutson, B., Wolkowitz, O. M., Cole, S. W., Chan, T., Moore, E. A. & Johnson, R. C. (1998). Selective alteration of personality and social behavior by serotonergic intervention. *American Journal of Psychiatry*, **155**, 373–379.

Knyazev, G. G., Slobodskaya, H. R. & Wilson, G. D. (2002). Psychophysiological correlates of behavioural inhibition and activation. *Personality and Individual Differences*, **33**, 647–660.

Koenig, J. I., Gudelsky, G. A. & Meltzer, H. Y. (1987). Stimulation of corticosterone and b–endorphin secretion by selective 5–HT receptor subtype activation. *European Journal of Pharmacology*, **137**, 1–8.

Koepke, J. E. & Pribram, K. H. (1966). Habituation of GSR as a function of stimulus duration and spontaneous activity. *Journal of Comparative and Physiological Psychology*, *61*, 442–448.

Köhler, T., Scherbaum, N., Richter, R. & Böttcher, S. (1993). The relationship between neuroticism and blood pressure reexamined. *Psychotherapy and Psychosomatics*, *60*, 100–105.

Kostowski, W. (1978). Effects of sedatives and major tranquilizers on aggressive behavior. *Modern Problems in Pharmacopsychiatry*, *13*, 1–12.

Kouri, E. M., Lukas, S. E., Pope, H. G. & Oliva, P. S. (1998). Corrigendum to increased aggressive responding in male volunteers following the administration of gradually increasing doses of testosterone cypionate? *Drug and Alcohol Dependence*, *50*, 255.

Kouri, E. M., Lukas, S. E., Pope, H. G. & Oliva, P. S. (1995). Increased aggressive responding in male volunteers following the administration of gradually increasing doses of testosterone cypionate. *Drug and Alcohol Dependence*, *40*, 73–79.

Kraepelin, E. (1899). *Psychiatrie* (6. Auflage). Leipzig: Barth.

Krantz, D. S., Glass, D. C. & Snyder, M. L. (1974). Helplessness, stress level, and the coronary–prone behavior pattern. *Journal of Experimental Social Psychology*, *10*, 284–300.

Kravetz, S., Faust, M. & Edelman, A. (1998). Dimensions of schizotypy and lexical decision in the two hemispheres. *Personality and Individual Differences*, *25*, 857–871.

Kretschmer, E. (1921). *Körperbau und Charakter*. Berlin: Springer

Kreuz, L. & Rose, R. M. (1972). Assessment of aggressive behavior and plasma testosterone in a young criminal population. *Psychosomatic Medicine*, *34*, 321–332.

Krieger, G. (1975). Is there a biochemical predictor of suicide? *Suicide*, *5*, 228–231.

Krohne, H. W. (1996a). *Angst und Angstbewältigung*. Stuttgart: Kohlhammer.

Krohne, H. W. (1996b). Individual differences in coping. In: M. Zeidner, & N. S. Endler (Eds.). *Handbook of Coping: Theory, Research, Applications* (pp. 381–409). Oxford: John Wiley & Sons.

Krohne, H. W., Egloff, B., Kohlmann, C.–W. & Tausch, A. (1996). Untersuchungen mit einer deutschen Version der "Positive und Negative Affect Schedule" (PANAS). *Diagnostica*, *42*, 139–156.

Krupski, A., Raskin, D. C. & Bakan, P. (1971). Physiological and personality correlates of commission errors in an auditory vigilance task. *Psychophysiology*, *8*, 304–311.

Kugler, J. & Kalveran, K. T. (1989). Is salivary cortisol related to mood states and psychosomatic symptoms? In H. Weiner, I. Florin, R. Murison, & D. Hellhammer (Eds.), *Frontiers of Stress Research, Vol. 3: Neuronal Control of Bodily Function* (pp. 388–391). Bern: Huber.

Kugler, J., Reintjes, F., Tewes, V. & Schedlowski, M. (1996). Competition stress in soccer coaches increases salivary. Immunoglobin A and salivary cortisol concentrations. *Journal of Sports Medicine and Physical Fitness*, *36*, 117–120.

Kumari, V., Cotter, P. A., Checkley, S. A. & Gray, J. A. (1997). Effect of acute subcutaneous nicotine on prepulse inhibition of the acoustic startle reflex in healthy male non-smokers. *Psychopharmacology*, *132*, 389–395.

Kursar, J. D., Nelson, D. L., Wainscott, D. B., Cohen, M. L. & Baez, M. (1992). Molecular cloning, functional expression and pharmacological characterisation of a novel serotonin receptor (5–hydroxtryptamine$_{2F}$) from rat stomach fundus. *Molecular Pharmacology, 42*, 549–557.

Kyllonen, P. C. & Christal, R. E. (1990). Reasoning ability is (little more than) working memory capacity. *Intelligence*, *14*, 389–433.

Lacey, J. I. (1956). The evaluation of autonomic responses: Toward a general solution. *Annals of the New York Academy of Sciences, 67*, 123–164.

Lacey, J. I., Bateman, D. E., & Vanlehn, R. (1953). Autonomic response specificity; an experimental study. *Psychosomatic Medicine*, *15*, 8–21.

Lacey, J. I., Kagan, J., Lacey, B. & Moss, H. W. (1963). The visceral level: Situational determinants and behavioural correlates of autonomic response patterns. In P. H. Knapp (Ed.), *Expression of Emotions in Men* (pp. 161–196). New York: International Universities Press.

Lacey, J. I. & Lacey, B. C. (1958). The relationship of resting autonomic activity to motor impulsivity. *Research Publication of the Association for Nervous and Mental Disease*, **36**, 144–209.

Lai, S., Tolis, G., Martin, J. B., Brown, G. M. & Guyda, H. (1975). Effect of clonidine on growth hormone, prolactin, luteinizing hormone, follicle–stimulating hormone and thyroid-stimulating hormone in the serum of normal men. *Journal of Clinical Endocrinology & Metabolism*, **41**, 827–832.

Lalumiere, M. L., Harris, G. T. & Rice, M. E. (2001). Psychopathy and developmental instability. *Evolution and Human Behavior*, **22**, 75–92.

Lambert, W. W., McEvoy, B., Klackenberg-Larsson, I. & Karlberg, P. (1987). The relation of stress hormone excretion to type-A behavior and to health. *Journal of Human Stress*, **13**, 128–135.

Lamm, C., Bauer, H., Vitouch, O. & Gstättner, R. (1999). Differences in the ability to process a visuo–spatial task are reflected in event–related slow cortical potentials of human subjects. *Neuroscience Letters*, **269**, 137–140.

Langer, S. Z. (1974). Presynaptic regulation of catecholamine release. *Biochemical Pharmacology.*, **23**, 1793–1800.

Langinvainio, H., Kaprio, J., Koskenvuo, M. & Lönnqvist, J. (1984). Finnish twins reared apart. III: Personality factors. *Acta Geneticae Medicae et Gemellologiae*, **33**, 259–264.

Langosch, W., Brodner, G. & Foerster, F. (1983). Psychophysiological testing of postinfarction patients: A study determining the cardiological importance of psychophysiological variables. In T. M. Dembroski, T. H. Schmidt & G. Blümchen (Eds.), *Biobehavioral Bases of Coronary Heart Disease* (pp. 197–227). Basel: Karger.

Larson, C. L., Davidson, R. J., Abercrombie, H. C., Ward, R. T., Schaefer, S. M., Jackson, D. C., Holden, J. E. & Perlman, S. B. (1998). Relations between PET–derived measures of thalamic glucose metabolism and EEG alpha power. *Psychophysiology*, **35**, 162–169.

Larson, G. E. & Alderton, D. L. (1990). Reaction time variability and intelligence – a worst performance analysis of individual differences. *Intelligence*, **14**, 309–326.

Larson, G. E., Haier, R. J., LaCasse, L. & Hazen, K. (1995). Evaluation of a "mental effort" hypothesis for correlations between cortical metabolism and intelligence. *Intelligence*, **21**, 267–278.

Larson, M. R. & Langner, A. W. (1997). Defensive hostility and anger expression: Relationship to additional heart rate reactivity during active coping. *Psychophysiology*, **34**, 177–184.

Lawler, K. A. (1980). Cardiovascular and electrodermal response patterns in heart rate reactive individuals during psychological stress. *Psychophysiology*, **17**, 464–470.

Lawler, K. A., Allen, M. T., Critcher, E. C. & Standard, B. A. (1981). The relationship of physiological responses to the coronary–prone behavior pattern in children. *Journal of Behavioral Medicine*, **4**, 203–216.

Lazzaro, I., Gordon, E., Li, W., Lim, C.L., Plahn, M., Whitmont, S., Clarke, S., Barry, R.J., Dosen, A. & Meares, R. (1999). Simultaneous EEG and EDA measures in adolescent attention deficit hyperactivity disorder. *International Journal of Psychophysiology*, **34**, 123–134.

Lee, D. J., Meehan, R. T., Robinson, C., Smith, M. L. & Mabry, T. R. (1995). Psychosocial correlates of immune responsiveness and illness episodes in US Air Force Academy cadets undergoing basic cadet training. *Journal of Psychosomatic Research*, **39**, 445–457.

Lefebvre, H., Contesse, V., Delarue, C., Feuilloley, M., Hery, F., Grise, P., Raynaud, G., Verhofstad, A. A., Wolf, L. M. & Vaudry, H. (1992). Serotonin–induced stimulation of cortisol secretion from human adrenocortical tissue is mediated through activation of a serotonin4 receptor subtype. *Neuroscience*, **47**, 999–1007.

Legewie, H. (1968). *Persönlichkeitstheorie und Psychopharmaka*. Meisenheim: Hain.

Leonard, B. E. (1992). Sub–types of serotonin receptors: biochemical changes and pharmacological consequences. *International Clinical Psychopharmacology*, **7**, 13–21.

Lepola, U., Jolkkonen, J., Pitkanen, A. & Riekkinen, P. (1990). Cerebrospinal fluid monoamine metabolites and neuropeptides in patients with panic disorder. *Annals of Medicine*, **22**, 237–239.

Lersch, P. (1951). *Aufbau der Person* (4. Auflage). München: Barth.

Lesch, K.-P., Aulakh, C. S., Wolozin, B. L., Tolliver, T. J., Hill, J. L. & Murphy, D. L. (1993). Regional brain expression of serotonin transporter mRNA and its regulation by reuptake inhibiting antidepressants. *Molecular Brain Research*, **17**, 31–35.

Lesch, K.-P., Bengel, D., Heils, A., Sabol, S. Z., Greenberg, B. J., Petri, S., Benjamin, J., Müller, C. R., Hamer, D. H. & Murphy, D. L. (1996). Association of anxiety–related traits with a polymorphism in the serotonin transporter gene regulatory region. *Science*, **274**, 1527–1531.

Lesch, K. P., Poten, B., Söhnle, K. & Schulte, H. M. (1990). Pharmacology of the hypothermic response to 5–HT1A receptor activation in humans. *European Journal of Clinical Pharmacology*, **39**, 17–19.

Lesch, K.-P., Rupprecht, R., Poten, B., Müller, U., Söhnle, K., Fritze, J. & Schulte, H. M. (1989). Endocrine responses to 5–hydroxytryptamine-1A receptor activation by ipsapirone in humans. *Biological Psychiatry*, **26**, 203–205.

Levi, L. (1975). *Emotions – their Parameters and Measurement*. New York: Basic Books.

Levine, L. R., Rosenblatt, S. & Bosomworth, J. (1987). Use of a serotonin re–uptake inhibitor, fluoxetine, in the treatment of obesity. *International Journal of Obesity*, **11**, 185–190.

Levine, S. (1960). Stimulation in infancy. *Scientific American*, **202**, 80–86.

Liang, S. W., Jemerin, J. M., Tschann, J. M., Wara, D. W. & Boyce, W. T. (1997). Life events, frontal electroencephalogram laterality, and functional immune status after acute psychological stressors in adolescents. *Psychosomatic Medicine*, **59**, 178–186.

Lidsky, A. S., Robson, K., Chandra, T., Barker, P., Ruddle, F. & Woo, S. L. C. (1984). The PKU locus in man is on chromosome 12. *American Journal of Human Genetics*, **36**, 527–533.

Lienert, G. A. & Netter, P. (1985). Die Konfigurationsfrequenzanalyse XXIb: Typenanalyse bivariater Verlaufskurven von Hyper- und Normotonikern. *Zeitschrift für Klinische Psychologie, Psychopathologie und Psychotherapie*, **33**, 47–58.

Linden, W., Earle, T. L., Gerin, W. & Christenfeld, N. (1997). Physiological stress reactivity and recovery: Conceptual siblings separated at birth? *Journal of Psychosomatic Research*, **42**, 117–135.

Lindfors, P. & Lundberg, U. (2002). Is low cortisol release an indicator of positive health? *Stress and Health*, **18**, 153–160.

Linzmayer, L., Semlitsch, H. V., Saletu, B., Bock, G., Saletu-Zyhlarz, G., Zoghlami, A. Gruber, Metka, M., Huber, J., Oettel, M., Graser, T. & Grunberger, J. (2001). Double-blind, placebo-controlled psychometric studies on the effects of a combined estrogen-progestin regimen versus estrogen alone on performance, mood and personality of menopausal syndrome patients. *Arzneimittelforschung*, **51**, 238–245.

Loehlin, J. C. (1986). Heredity, environment, and the Thurstone Temperament Schedule. *Behavior Genetics*, **16**, 61–73.

Loehlin, J. C. (1989). Partitioning environmental and genetic contributions to behavioral development. *American Psychologist*, **44**, 1285–1292.

Loehlin, J. C. (1992). Genes and environment in personality development. Newbury Park, CA: Sage.

Loehlin, J. C. & Nichols, R. C. (1976). *Heredity, Environment and Personality*. Austin, TX: University of Texas Press.

Loehlin, J. C., McCrae, R. R., Costa, P. T. jr. & John, O. P. (1998). Heritabilities of common and measure-specific components of the Big Five personality factors. *Journal of Research in Personality*, **32**, 431–453.

Loehlin, J. C., Willerman, L. & Horn, J. M. (1985). Personality resemblances in adoptive families when the children are late–adolescent or adult. *Journal of Personality and Social Psychology*, **48**, 376–392.

Loosen, P. T. (1985). The TRH-induced TSH response in psychiatric patients: A possible neuroendocrine marker. *Psychoneuroendocrinology*, **10**, 237–260.

Lopez, I. J. J., Saiz, R. J. & Iglesias, L. M. (1988). The fenfluramine challenge test in the affective spectrum: a possible marker of endogeneity and severity. *Pharmacopsychiatry*, **21**, 9–14.

Lopez, J. F., Chalmers, D. T., Vasquez, D. M., Watson, S. J. & Akil, H. (1994). Serotonin transporter mRNA in rat brain is regulated by classical antidepressants. *Biological Psychiatry*, **35**, 287–290.

Lovallo, W. R. (1997). *Stress & Health. Biological and psychological interactions.* Thousand Oaks, London, New Delhi: SAGE Publications.

Lovallo, W. R. & Pishkin, V. (1980). A psychophysiological comparison of type A and B men exposed to failure and uncontrollable noise. *Psychophysiology*, **17**, 29–36

Lucas, J. J. & Hen, R. (1995). New players in the 5–HT receptor field: Genes and knockouts. *Trends in Pharmacological Science*, **16**, 246–252.

Luciano, M., Wright, M. J., Smith, G. A., Geffen, G. M., Geffen, L. B. & Martin, N. G. (2003). Genetic covariance between processing speed and IQ. In: R. Plomin, J. C. DeFries, I. W. Craig & P. McGuffin (2003), *Behavioral Genetics in the Postgenomic Era* (pp.163–182). Washington, DC: APA Books.

Lukas, S. E. (1993). Current perspectives on anabolic-androgenic steroid abuse. *Trends in the Pharmacological Sciences*, **14**, 61–68.

Lundberg, U. (1983). Hirsute women with elevated androgen levels: Psychological characteristics, steroid hormones, and catecholamines. *Journal of Psychosomatic Obstetrics and Gynaecology*, **2**, 86–93.

Lundberg, U. & Forsman, L. (1979). Adrenal-medullary and adrenal-cortical responses to understimulation and overstimulation. Comparison between type-A- and type-B persons. *Biological Psychology*, **9**, 79–89.

Lutzenberger, W., Birbaumer, N., Flor, H., Rockstroh, B. & Elbert, T. (1992). Dimensional analysis of the human EEG and intelligence. *Neuroscience Letters*, **143**, 10–14.

Lykken, D.T. (1957). A study of anxiety in the sociopathic personality. *Journal of Abnormal and Social Psychology*, **55**, 6–10.

Makinodan, T. & Kay, M. M. (1980). Age influence on the immune system. *Advances in Immunology*, **29**, 287–330.

Malhotra, A. K., Virkunnen, M., Rooney, W., Eggert, M., Linnoila, M. & Goldman, D. (1996). The association between dopamine D4 receptor (D4DR) 16 amino acid repeat polymorphism and Novelty Seeking. *Molecular Psychiatry*, **1**, 388–391.

Malone, K. M., Thase, M. E., Mieczkowski, T., Myers, J. E., Stull, S. D., Cooper, T. B. & Mann, J. J. (1993). Fenfluramine challenge test as a predictor of outcome in major depression. *Bulletin of Cinical Psychopharmacology*, **29**, 155–161.

Mangan, C. L. & Hookway, D. (1988). Perception and recall of aversive material as a function of personality type. *Personality and Individual Differences*, **9**, 289–295.

Mangan, G., L. & O'Gorman, J. G. (1969). Initial amplitude and rate of habituation of orienting reaction in relation to extraversion and neuroticism. *Journal of Experimental Research in Personality*, **3**, 275–282.

Mangina, C. A. & Beuzeron–Mangina, J. H. (1996). Direct electrical stimulation of specific human brain structures and bilateral electrodermal activity. *International Journal of Psychophysiology*, **22**, 1–8.

Mannebach, H. (1997). *Die Struktur des ärztlichen Denkens und Handelns. Ein Beitrag zur Qualitätssicherung in der Medizin.* London: Chapman & Hall.

Manning, J. T., Scutt, D., Wilson, J. & Lewis-Jones, D. I. (1998). The ratio of 2nd to 4th digit length: A predictor of sperm numbers and levels of testosterone, LH and oestrogen. *Human Reproduction*, **13**, 3000–3004.

Manuck, S. B., Cohen, S., Rabin, B. S., Muldoon, M. F. & Bachen, E. (1991) Individual differences in cellular immune responses to stress. *Psychological Science*, **2**, 111–115.

Marco, E., Balfagon, G., Salaices, M., Sanchez–Ferrer, C. & Marin, I. (1985). Serotonergic innervation of cat cerebral arteries. *Brain Research*, **338**, 137–139.

Marcus, J., Maccoby, E. E., Jacklin, C. N. & Doering, C.H. (1985). Individual differences in mood in early childhood: Their relation to gender and neonatal sex steroids. *Developmental Psychobiology*, **18**, 327–340.

Markowitz, P. I. & Coccaro, E. F. (1995). Biological studies of impulsivity, aggression, and suicidal behavior. In E. Hollander & D.J. Stein (Eds.), *Impulsivity and Aggression* (pp. 71-91). New York: John Wigley & Sons.

Marsland, A. L., Manuck, S. B., Fazzari, T. V., Stewart, C. J. & Rabin, B. S. (1995). Stability of individual differences in cellular immune responses to acute psychological stress. *Psychosomatic Medicine*, **57**, 295–298.

Martin, K. F., Phillips, I., Hearson, M., Prow, M. R. & Heal, D. J. (1992). Characterization of 8–OH–DPAT–induced hypothermia in mice as a 5– HT1A autoreceptor response and its evaluation as a model to selectively identify antidepressants. *.British Journal of Pharmacology*, **107**, 15–21.

Martin, N. G. & Eaves, L. J. (1977). The genetic analysis of covariance structure. *Heredity*, **38**, 79–95.

Martin, N. G. & Jardine, R. (1986). Eysenck's contributions to behaviour genetics. In: S. Modgil & C. Modgil (Eds.), *Hans Eysenck: Consensus and Controversy* (pp. 13–47). Philadelphia: Falmer Press.

Martindale, C. (1989). Personality, situation, and creativity. In J. A. Glover, R. R. Ronning & C. R. Reynolds (Eds.), *Handbook of Creativity* (pp.211–228). New York: Plenum.

Martindale, C. (1999). Biological bases of creativity. In R. Sternberg (Ed.), *Handbook of Creativity* (pp. 137–152). Cambridge University Press.

Mason, J. W. (1975a). A historical view of the stress field part I. *Journal of Human Stress*, **1**, 6–12.

Mason, J. W. (1975b). A hisorical view of the stress field part II. *Journal of Human Stress*, **1**, 22–36.

Mason, O., Claridge, G. & Jackson, M. (1995). New scales for the assessment of schizotypy. *Personality and Individual Differences*, **18**, 7–13.

Mason, S. R. (1984). *Catecholamines and Behavior*. London: Cambridge University Press.

Mathias, C. W. & Stanford, M.S. (1999). P300 under standard and surprise conditions in self–reported impulsive aggression. *Progress in Neuro–Psychopharmacology and Biological Psychiatry*, **23**, 1037–1051.

Matthews, G. (1987). Personality and multidimensional arousal: A study of two dimensions of extraversion. *Personality and Individual Differences*, **8**, 9–16.

Matthews, G. (1992). Extraversion. In A. P. Smith & D. M. Jones (Eds.). *Handbook of Human Performance. Volume 3: State and Trait* (pp. 95-126). London: Academic Press.

Matthews, G. & Amelang, M. (1993). Extraversion, arousal theory and performance – a study of individual differences in the EEG. *Personality and Individual Differences*, **14**, 347–364.

Matthews, G. & Gilliland, K. (1999). The personality theories of H. J. Eysenck and J. A. Gray: A comparative review. *Personality and Individual Differences*, **26**, 583–626.

Matthews, K. A. (1982). Psychological perspectives on the Type A behavior pattern. *Psychological Bulletin*, **91**, 293–323.

Matthews, K. A. (1988). Coronary heart disease and type A behaviors· Update on and alternative to the Booth–Kewley and Friedman (1987) quantitative review. *Psychological Bulletin*, **104**, 373–380.

Matthews, K. A., Glass, D. C., Rosenman, R. H. & Bortner, R. (1977). Cooperative drive, pattern A and coronary heart disease: A further analysis of some data from the Western Collaborative Group Study. *Journal of Chronic Diseases*, **30**, 489–498.

Maushammer, C., Ehmer, G. & Eckel, K. (1981). Pain, personality and individual differences in sensory evoked potentials. *Personality and Individual Differences*, **2**, 335–336.

Mazur, A. (1995). Biosocial models of deviant behavior among male army veterans. *Biological Psychology*, **41**, 271–293.

Mazur, A. & Booth, A. (1998). Testosterone and dominance in men. *Behavioral and Brain Sciences*, **21**, 353–397.

Mazur, A. & Lamb, T. A. (1980). Testosterone, status, and mood in human males. *Hormones and Behavior*, **14**, 236–246.

Mazzanti, C. M., Lappalainen, J., Long, J. C., Bengel, D., Naukkarinen, H., Eggert, M., Virkkunen, M., Linnoila, M. & Goldman, D. (1998). Role of the serotonin transporter promotor polymorphism in anxiety related traits. *Archives of General Psychiatry, 55,* 940.

McAdoo, B. C., Doering, C. H., Kraemer, H. C., Dessert, N., Brodie, H. K. H. & Hamburg, D. A. (1978). A study of the effects of gonadotropin-releasing hormone on human mood and behavior. *Psychosomatic Medicine, 40,* 173–199.

McCance, S. L., Cowen, P. J., Waller, H. & Grahame–Smith, D. G. (1987). The effect of metergolin on endocrine responses to L–tryptophan. *Journal of Psychopharmacology,* 2, 90–94.

McCarley, R.W., Shenton, M., O'Donnell, B., Faux, S., Kikins, R., Nestor, P. & Jolesz, F. (1993). Auditory P300 abnormalities and left posterior superior temporal gyrus reduction in schizophrenia. *Archives of General Psychiatry, 50,* 190–197.

McClearn, G. E., Johansson, B., Berg, S., Pedersen, N. L., Ahern, F., Petrill, S.A. & Plomin, R. (1997). Substantial genetic influence on cognitive abilities in twins 80 or more years old. *Science,* 276, 1560–1563.

McCleery, J. M. & Goodwin, G. M. (2001). High and low neuroticism predict different cortisol responses to the combined dexamethasone–CRH test. *Biological Psychiatry,* 49, 410–415.

McClelland, D. C. (1953). The measurement of human motivation. An experimental approach. Educational Testing Service, 41–51.

McClelland, D. C., Ross, G. & Patel, V. (1985). The effect of an academic examination on salivary norepinephrine and immunoglobuline levels. *Journal of Human Stress,* 11, 52–59.

McCrae, R. R., Jang, K. L., Livesley, W. J., Riemann, R. & Angleitner, A. (2001). Sources of structure: Genetic, environmental, and artifactual influences on the covariance of personality traits. *Journal of Personality,* 69, 511–535.

McGarry–Roberts, P. A., Stelmack, R. M. & Campbell, K. B. (1992). Intelligence, reaction time, and event–related potentials. *Intelligence,* 16, 289–313.

McGinnis, R., Shifman, S. & Darvasi, A. (2002). Power and efficiency of the TDT and the case–control design for association scans. *Behavior Genetics,* 32, 135–144.

McGue, M., Bouchard, T. J., jr., Iacono, W. G. & Lykken, D. T. (1993). Behavioral genetics of cognitive ability: A life–span perspective. In: R. Plomin & G. E. McClearn (Eds.), *Nature, Nurture, and Psychology* (pp. 59–76). Washington, DC: American Psychological Association.

McKinnon, W., Weisse, C. S., Reynolds, C. F., Bowles, C. A. & Baum, A. (1989). Chronic stress,l eukocyte subpopulations, and humoral response to latent viruses. *Health Psychology,* 8, 389–402.

McKusick, V. A. (1998). Mendelian inheritance in man. In *Catalogues of Human Genes and Genetic Disorders* (12th editon.). Baltimore: John Hopkins University Press.

McNamara, L. & Ballard, M. E. (1999). Resting arousal, sensation seeking, and music preference. *Genetic, Social, and General Psychology Monographs,* 125, 229–250.

Meaney, M. J., Bhatuagan, S., Dioria, J., Larocque, S., Francis, D., O'Donnell, D., Shanks, N., Sharma, S., Smythe, J. & Viau, V. (1993). Molecular basis for the development of individual differences in the hypothalamic–pituitary–adrenal stress response. *Cellular and Molecular Neurobiology,* 13, 321–347.

Meany, M. J., Brake, W. & Gratton, A. (2002). Environmental regulation of the development of mesolimbic dopamine systems: a neurobiological mechanism for vulnerability to drug abuse. *Psychoneuroendocrinology,* 27, 127–138.

Mednick, S. A., Gabrielli, W. F. & Hutchings, B. (1984). Genetic factors in criminal behavior: Evidence from an adoption cohort. *Science,* 224, 891–893.

Mednick, S. A., Volavka, J., Gabrielli, W. F. & Itil, T. (1982). EEG as a predictor of antisocial behavior. *Criminology,* 19, 219–231.

Meehl, P. E. (1962). Schizotaxia, schizotypy, and schizophrenia. *American Psychologist,* 17, 827–833.

Meltzer, H. Y., Flemming, R. & Robertson, A. (1983). The effect of buspirone on prolactin and growth hormone secretion in man. *Archives in General Psychiatry*, **40**, 1099–1102.

Meltzer, H. Y., Lee, H. S., & Nash, J. F. (1992). Effect of buspirone on prolactin secretion is not mediated by 5-HT-1a receptor stimulation. *Archives of General Psychiatry*, **49**, 163.

Meltzer, H. Y. & Maes, M. (1995). Pindolol pretreatment blocks stimulation by meta-chlorophenylpiperanzine of prolactin but not cortisol secretion in normal men. *Psychiatry Research*, **58**, 89–98.

Meltzer, H. Y., Wiita, B., Tricou, B. J., Simonovic, M., Fang, V. & Manov, G. (1982). Effect of serotonin precursors and serotonin agonists on plasma hormone levels. *Advances in Biochemistry and Psychopharmacology*, **34**, 117–139.

Mendel, G. J. (1866). Versuche über Pflanzenhybriden. *Verhandlungen des Naturforschenden Vereines in Brünn*, **4**, 3–47.

Merz, F. & Stelzl, I. (1977). *Einführung in die Erbpsychologie*. Stuttgart: Kohlhammer.

Mesulam, M. (1998). From sensation to cognition. *Brain*, **121**, 1013–1052.

Meyer-Bahlburg, H. F., Boon, D.A., Sharma, M. & Edwards, J.A. (1974). Aggressiveness and testosterone measures in man. *Psychosomatic Medicine*, **36**, 269–274.

Meyer-Bahlburg, H. F. & Strobach, H. (1971). Katecholaminausscheidung in Beziehung zu Persönlichkeits- und Leistungsvariablen. *Zeitschrift für Psychologie*, **179**, 331–367.

Miller, A. & Tomarken, A. J. (2001). Task–dependent changes in frontal brain asymmetry: Effects of incentive cues, outcome expectancies, and motor responses. *Psychophysiology*, **38**, 500–511.

Miller, B. L. & Cummings, J. L. (1999). *The Human Frontal Lobes. Functions and Disorders*. New York: Guilford Press.

Miller, B. L., Hou, C., Goldberg, M. & Mena, I. (1999). Anterior temporal lobes: Social brain. In B. L. Miller & Cummings, J .L. (Eds.), *The Human Frontal Lobes. Functions and Disorders* (pp. 557–567). New York: Guilford Press.

Miller, E. M. (1994). Intelligence and brain myelination: A hypothesis. *Personality and Individual Differences*, **17**, 803–832.

Miller, G. E., Cohen, S., Rabin, B. S., Skoner, D. P. & Doyle, W. J. (1999). Personality and tonic cardiovascular, neuroendocrine and immune parameters. *Brain, Behavior, and Immunity*, **13**, 109–123.

Miller, R. (1994). What is the contribution of axonal conduction delay to temporal structure in brain dynamics? In C. Pantev, T. Elbert & B. Lüthkenhöner (Eds.), *Oscillatory event related brain dynamics* (pp. 53–57). New York: Plenum Press.

Mills, P. J., Dimsdale, J. E., Nelesen, R. A. & Dillon, E. (1996). Psychologic characteristics associated with acute stressor–induced leukocyte subset redistribution. *Journal of Psychosomatic Research*, **40**, 417–423.

Mitchell, A. J. (1998). The role of corticotropin releasing factor in depressive illness: a critical review. *Neuroscience & Biobehavioral Reviews*, **22**, 635–651.

Mitchell, P. B. & Smythe, G. A. (1991). Endocrine and amine responses to D,L–fenfluramine in normal subjects. *Psychiatry Research*, **39**, 141–153.

Moir, A. T. P. (1971). Interaction in the cerebral metabolism of the biogenic amines: effects of intravenous infusion of L–tryptophane on the metabolites of dopamine and 5-hydroxyindoles in brain. *British Journal of Pharmacology*, **43**, 715–723.

Mölle, M., Marshall, L., Lutzenberger, W., Pietrowsky, R., Fehm, H. L. & Born, J. (1996). Enhanced dynamic complexity in the human EEG during creative thinking. *Neuroscience Letters*, **208**, 61–64.

Mölle, M., Marshall, L., Wolf, B., Fehm, H. L. & Born, J. (1999). EEG complexity and performance measures of creative thinking. *Psychophysiology*, **36**, 95–104.

Möller, S. E., Mortensen, E. L., Breum, L., Alling, C., Larsen, O. G. & Boge-Rasmussen, T. (1996). Aggression and personality: Association with amino acids and monoamine metabolites. *Psychological Medicine*, **26**, 323–331.

Mongeau, R., Blier, P. & de Montigny, C. (1997). The serotonergic and noradrenergic systems of the hippocampus: Their interactions and the effects of antidepressant treatments. *Brain Research Reviews*, **23**, 145–195.

Montgomery, S. A. & Fineberg, N. (1989). Is there a relationship between serotonin receptor subtypes and selectivity of response in specific psychiatric illnesses? *British Journal of Psychiatry*, **155**; Supplement 8, 63–70.

Moore, R. Y. & Bloom, F. E. (1979). Central catecholamine neuron systems: Anatomy and physiology of the norepinephrine and epinephrine systems. *Annual Reviews of Neuroscience*, **2**, 113–168.

Morag, M., Morag, A., Reichenberg, A., Lerer, B. & Yirmiya, R. (1999). Psychological variables as predictors of rubella antibody titers and fatigue–a prospective, double-blind study. *Journal of Psychiatric Research*, **33**, 389–395.

Moresco, F. M., Dieci, M., Vita, A., Messa, C., Gobbo, C., Galli, L. (2002). In vivo serotonin 5–HT2a receptor binding and personality traits in healthy subjects: A positron emission tomography study. *Neuroimage*, **17**, 1470–1478.

Morrone-Strupinsky, J.V. (2002). *Dopamine-facilitated context-incentive motivational binding as a function of extraversion*. The Sciences and Engineering, 62(7-B), 3411 (Dissertation abstract).

Morton, N. E. (1955). Sequential tests for the detection of linkage. *American Journal of Human Genetics*, **7**, 277–318.

Morton, N. E. & Collins, A. (1998). Tests and estimates of allelic association in complex inheritance. *Proceedings of the National Academy of Sciences (USA)*, **95**, 11389–11393.

Mostofsky, S.H., Cooper, K.L., Kates, W.R., Denckla, M.B. & Kaufmann, W.E. (2002). Smaller prefrontal and premotor volumes in boys with attention deficit hyperactivity disorder. *Biological Psychiatry*, **52**, 785–794.

Mulder, G. (1985). Attention, effort and sinusarrhythmia: How far are we? In J. F. Orlebeke, G. Mulder & J. J. P. van Doornen (Eds.), *Psychophysiology of Cardiovascular Control. Models, Methods, and Data* (pp. 407–423). New York: Plenum.

Mulder, G. (1986). The concept and measurement of mental effort. In R. J. Hockey, A. W. K. Gaillard & M. G. H. Coles (Eds.), *Energetics and human information processing* (pp. 175–198). Dordrecht: M. Nijhoff.

Müller, M. J. & Netter, P. (1992). Unkontrollierbarkeit und Leistungsmotivation ? Einflüsse auf Cortisol- und Testosteronkonzentrationsveränderungen während einer mental-leistungsbezogenen und einer physisch-aversiven Belastungssituation. *Zeitschrift für Medizinische Psychologie*, **1**, 103–113.

Müller, M. J., Zimmer, U., Hennig, J. & Netter, P. (1993). *Effects of physical and psychological stress on saliva cortisol and serum TSH and FT4 in females*. Poster at the First International Congress on Hormones, Brain and Neuropsychopharmacology, Rhodes, Greece, 1993.

Munck, A., Guyre, P. & Holbrook, N. (1984). Physiological functions of glucocorticoids in stress and their relations to pharmacological actions. *Endocrinological Research*, **5**, 25–44.

Munro, L. L., Dawson, M. E., Schell, A. M. & Sakai, L. M. (1987). Electrodermal lability and rapid vigilance decrement in a degraded stimulus continuous performance task. *Journal of Psychophysiology*, **1**, 249–257.

Murphy, D. L. (1990). Peripheral indices of central serotonin function in humans. *Annals of the New York Academy of Sciences*, **600**, 282–296.

Murphy, D. L. & Redmond, J. R. (1975). The catecholamines: Possible role in affect, mood, and emotional behavior in man and animals. In A. J. Friedhoff (Ed.), *Catecholamines and Behavior* (pp. 73–117). New York: Plenum Press.

Murray, H.A. (1938). *Explorations in Personality*. New York: McGraw Hill.

Musante, L., MacDougall, J. M., Dembroski, T. M. & Costa, P. T. Jr. (1989). Potential for hostility and dimensions of anger. *Health Psychology*, **8**, 343–354.

Musselma, D.L. & Nemeroff, C.B. (1996). Depression and endocrine disorders: Focus on the thyroid and adrenal system. *British Journal of Psychiatry*, **30**, 123–128.

Myrtek, M. (1980). *Psychophysiologische Konstitutionsforschung*. Göttingen: Hogrefe.

Myrtek, M. (1983). *Typ–A–Verhalten: Untersuchungen und Literaturanalysen unter besonderer Berücksichtigung der psychophysiologischen Grundlagen*. München: Minerva.

Myrtek, M. (1984). *Constitutional Psychophysiology.* New York: Academic Press.

Myrtek, M. (1985). Streß und Typ–A–Verhalten, Risikofaktoren der koronaren Herzkrankheit? Eine kritische Bestandsaufnahme. *Psychotherapie, Psychosomatik, Medizinische Psychologie,* **35**, 41–70.

Myrtek, M. (1995). Type A behavior pattern, personality factors, disease and physiological reactivity: A meta-analystic update. *Personality and Individual Differences,* **18**, 491–502.

Myrtek, M. (1998). Metaanalysen zur psychophysiologischen Persönlichkeitsforschung. In F. Rösler (Hrsg.*), Enzyklopädie der Psychologie, Themenbereich C: Theorie und Forschung, Serie I: Biologische Psychologie, Band 5. Ergebnisse und Anwendungen der Psychophysiologie* (pp. 235–344). Göttingen: Hogrefe.

Myrtek, M. & Brügner, G. (1996). Perception of emotions in everyday life: Studies with patients and normals. *Biological Psychology,* **42**, 147-164.

Myrtek, M., Hilgenberg, B., Brueger, G. & Mueller, W. (1997). Influence of sex, college major, and chronic study stress on psychophysiological reactivity and behavior: Results of ambulatory monitoring in students. *Journal of Psychophysiology,* **11**, 124–17.

Naber, D. & Bullinger, M. (1985). Neuroendocrine and psychological variables relating to post-operative psychosis after open-heart surgery. *Psychoneuroendocrinology,* **10**, 315–324.

Nakai, Y., Imura, H., Yoshimi, T. & Matsura, S. (1973). Adrenergic control mechanism of ACTH secretion in man. *Acta Endocrinologica,* **74**, 263–270.

Naranjo, C. A. & Sellers, E. M. (1989). Serotonin uptake inhibitors attenuate ethanol intake in problem drinkers. *Recent Dev. Alcohol,* **7**, 255–266.

Nassau, J. H., Fritz, G. K. & McQuaid, E. L. (2000). Repressive–defensive style and physiological reactivity among children and adolescents with asthma. *Journal of Psychosomatic Research,* **48**, 133–140.

Neale, M.C. & Stevenson, J. (1989). Rater bias in the EASI temperament scales: A twin study. *Journal of Personality and Social Psychology,* **56**, 446–455.

Neary, R. S. & Zuckerman, M. (1976). Sensation seeking, trait and state anxiety, and the electrodermal orienting response. *Psychophysiology,* **13**, 205–211.

Nedopil, N., Müller–Isberner, R. (2001). *Die Psychopathie–Checkliste PCL–R, deutsche Übersetzung.* Toronto, Ontario: Multi–Health–Systems.

Nelson, E. & Cloninger, C. R. (1997). Exploring the TPQ as a possible predictor of antidepressant response to nefazodone in a large multi–site study. *.J.Affect.Disord.,* **44**, 197–200.

Nelson, R. J. & Chiavegatto, S. (2001). Molecular basis of aggression. *Trends in Neuroschience,* **24**, 713–719.

Netter, P. (1983). Activation and anxiety as represented by patterns of catecholamine levels in hyper- and normotensives. *Neuropsychobiology,* **10**, 148–155.

Netter, P. (1987). Psychological aspects of catecholamine response patterns to pain and mental stress in essential hypertensives and controls. *Journal of Clinical Hypertension,* **3**, 727–742.

Netter, P. (1991). Do biochemical response patterns tell us anything about trait anxiety? In C.D. Spielberger, I.G Sarason, S. Kulcsar, & G.van Heck (Eds.), *Stress and Anxiety* (Vol. 14, pp. 187–214). Washington: Hemisphere.

Netter, P., Croes, S., Merz, P. & Müller, M. (1991). Emotional and cortisol response to uncontrollable stress. In C.D. Spielberger, J.G. Sarason, J. Strelau, & J. Brebner (Eds.), *Stress and Anxiety,* 13, pp 193–208). Washington: Hemisphere.

Netter, P., Janke, W. & Erdmann, G. (1995). Experimental models for aggression and inventories for the assessment of aggressive and autoaggressive behavior. *Pharmacopsychiatry,* **28**, 58–63.

Netter, P., Hennig, J., Huwe, S. & Daume, E. (1998a). Disturbed behavioral adaptability as related to reproductive hormones and emotional states during the menstrual cycle. *European Journal of Personality Psychology,* **12**, 287–300.

Netter, P., Hennig, J. & Rohrmann, S. (1999a). Testosteron und Persönlichkeit: Von Düker bis zur Neurochemie der Hormone. In L. Tent (Hrsg.), *Heinrich Düker: Ein Leben für die Psychologie und eine gerechte Gesellschaft* (pp. 421–438). Lengerich: Pabst.

Netter, P., Hennig, J. & Rohrmann S. (1999c). Psychobiological differences between the aggression and the psychoticism dimension of personality. *Pharmacopsychiatry, 32*, 5–12.

Netter, P., Hennig, J., Rohrmann, S., Wyhlidal, K. & Hain-Hermann, M. (1998b). Modification of experimentally induced aggression by temperament dimensions. *Personality and Individual Differences, 25*, 873–887.

Netter, P. Hennig, J. & Toll, C. (2001). Temperament, hormones, and transmitters. In R. Riemann, F. M. Spinath, F. Ostendorf (Eds.), *Personality and Temperament: Genetics, Evaluation, and Structure* (pp. 80–104). Lengerich: Pabst Science Publishers.

Netter, P. & Lienert, G.A. (1984). Die Konfigurationsfrequenzanalyse XXIa. Stressinduzierte Katecholamin-Reaktionen bei Hyper- und Normotonikern. *Zeitschrift für Klinische Psychologie, Psychopathologie und Psychotherapie, 32*, 356–364.

Netter, P. & Matussek, N. (1995). Endokrine Aktivität und Emotionen. In G. Debus, G. Erdmann, & K.W. Kallus (Eds.), *Biopsychologie von Stress und emotionalen Reaktionen. Ansätze interdisziplinärer Forschung* (pp. 163–186). Göttingen: Hogrefe.

Netter, P., Müller, M. J., Hennig, J., & Huwe, S. (1999b). Individuelle Differenzen endokrinologischer und immunologischer Messgrößen. In D. Hellhammer & C. Kirschbaum (Eds.), Enzyklopädie der Psychologie, Bd. 4, *Psychoneuroendokrinologie und Psychoneuroimmunologie* (pp. 361–406). Göttingen: Hogrefe.

Netter, P. & Neuhäuser-Metternich, S. (1991) Types of aggressiveness and catecholamine response in essential hypertensives and healthy controls. *Journal of Psychosomatic Research, 35*, 409–419.

Netter, P. & Rammsayer, T. (1991). Reactivity to dopaminergic drugs and aggression related personality traits. *Personality and Individual Differences, 10*, 1009–1017.

Netter, P. & Vogel, W. H. (1991). The effect of drinking habit on catecholamine and behavioral responses to stress and ethanol. *Neuropsychobiology, 24*, 149–158.

Netter, P., Vogel, W. H. & Rammsayer, T. (1994). Extraversion as a modifying factor in catecholamine and behavioral responses to ethanol. *Psychopharmacology, 115*, 206–212.

Neubauer, A. C. (1991). Intelligence and RT: A modified Hick paradigm and a new RT paradigm. *Intelligence, 15*, 175–193.

Neubauer, A. C. (1993). Intelligenz und Geschwindigkeit der Informationsverarbeitung: Stand der Forschung und Perspektiven. *Psychologische Rundschau, 44*, 90–105.

Neubauer, A. C. (1995). *Intelligenz und Geschwindigkeit der Informationsverarbeitung.* Vienna, New York: Springer.

Neubauer, A. C. (1997). The mental speed approach to the assessment of intelligence. In J. Kingma & W. Tomic (Eds.), *Advances in Cognition and Education: Reflections on the Concept of Intelligence* (pp.149–174). Greenwich, Connecticut: JAI Press.

Neubauer, A. C., Fink, A. & Schrausser, D .G. (2002). Intelligence and neural efficiency: The influence of task content and sex on brain–IQ relationship. *Intelligence, 30*, 515–536.

Neubauer, A. C., Freudenthaler, H. H. & Pfurtscheller, G. (1995). Intelligence and spatiotemporal patterns of event–related desynchronisation (ERD). *Intelligence, 20*, 249–266.

Neubauer, A. C., Sange, G. & Pfurtscheller, G. (1999). Psychometric intelligence and event–related desynchronisation during performance of a letter matching task. In G. Pfurtscheller & F. H. Lopes da Silva (Eds.), *Event–Related Desynchronization (ERD) – and related oscillatory EEG–phenomena of the awake brain, Handbook of EEG and Clinical Neurophysiology, Revised Series,* Volume 6 (pp. 219–231). Amsterdam: Elsevier.

Neubauer, A. C., Spinath, F. M., Riemann, R., Borkenau, P. & Angleitner, A. (2000). Genetic and environmental influences on two measures of speed of information processing and their relation to psychometric intelligence: Evidence from the German Observational Study of Adult Twins. *Intelligence*, **28**, 267–289.

New, A. S., Gelernter, J., Yovell, Y., Trestman, R. L., Nielsen, D. A., Silverman, J., Mitropoulou, V. & Siever, L. J. (1998). Tryptophan hydroxylase genotype is associated with impulsive–aggression measures: A preliminary study. *American Journal of Medical Genetics*, **81**, 13–17.

Newton, T. L. & Bane, C. M. H. (2001). Cardiovascular correlates of behavioural dominance and hostility during dyadic interaction. *International Journal of Psychophysiology*, **40**, 33–46.

Newton, T. L. & Contrada, R. J. (1992). Repressive coping and verbal–autonomic response dissociation: The influence of social context. *Journal of Personality and Social Psychology*, **62**, 159–167.

Nielsen, T. C. & Petersen, K. E. (1976). Electrodermal correlates of extraversion trait anxiety and schizophrenism. *Scandinavian Journal of Psychology*, **17**, 73–80.

Niemegeers, C. J., Awouters, F. & Janssen, P. A. (1990). [Serotonin antagonism involved in the antipsychotic effect. Confirmation with ritanserine and risperidone]. *Le Encéphale*, **16**, 147–151.

Niwa, N., Kunisada, K., Himeno, A. & Osaki, M. (1984). Serotonin in the rat sympathetic ganglion: Microdetermination of monoamines and their metabolites by high–performance liquid chromatography. *Japanese Journal of Pharmacology*, **35**, 237–245.

Niznikiewicz, M. A., Voglmaier, M. M., Shenton, M.E., Dickey, C. C., Seidman, L. J., Teh, E., Van Rhoads, R. & McCarley, R. W. (2000). Lateralized P3 deficit in schizotypal personality disorder. *Biological Psychiatry*, **48**, 702–705.

Noble, E. P., Ozkaragoz, T. Z., Ritchie, T. L., Zhang, X., Belin, T. R. & Sparkes, R. S. (1998). D2 and D4 dopamine receptor polymorphism and personality. *American Journal of Medical Genetics*, **81**, 257–267.

Novaco, R. (1975). *Anger Control: The Development and Evaluation of an Experimental Treatment.* Lexington, MA: Lexington Books.

Nowotny, B., Teuber, J., an der Heide, W., Schlote, B., Kleinbohl, D., Schmidt, R., Kaumeier, S., & Usadel, K.H. (1990). The role of TSH: Psychological and somatic changes in thyroid dysfunctions. *Klinische Wochenschrift*, **68**, 964–970.

Nurnberger, J.I., Gershon, E. S., Simmons, S., Ebert, M., Kessler, L.R., Dibble, E.D., Jimerson, S..S., Brown, G.M., Gold, P., Jimerson, D.C., Guroff, J.J. & Storch, F.I. (1988). Behavioral, biochemical and neuroendocrine responses to amphetamine in normal twins and 'well-state' bipolar patients. *Psychoneuroendocrinology.* **7**, 163–76.

Nyborg, H. (1994). The neuropsychology of sex-related differences in brain and specific abilities. In P.A. Vernon (ed.), *The Neuropsychology of Individual Differences* (pp.59–113). San Diego: Academic Press.

Nyborg, H. (1997). Molecular creativity, genius, and madness. In H. Nyborg (Ed.). *The Scientific Study of Human Nature* (pp. 422–461). Oxford: Elsevier.

O'Connor, K. (1993). Smoking, heart rate and personality. *Personality and Individual Differences*, **14**, 225–232.

O'Connor, L.H. & Fischotte, C. (1986). Hormone effects on serotonin dependent behaviors. *Annals of the New York Academy of Sciences*, **474**, 437–444.

O'Gorman, J. G. (1984). Extraversion and the EEG: I. An evaluation of Gale's hypothesis. *Biological Psychology*, **19**, 95–112.

O'Gorman, J. G. & Lloyd, J. E. M. (1987). Extraversion, impulsiveness, and EEG alpha activity. *Personality and Individual Differences*, **8**, 169–175.

O'Gorman, J. G. & Lloyd, J. E. M. (1988). Electrodermal lability and dichotic listening. *Psychophysiology*, **25**, 538–546.

O'Gorman, J. G. & Malisse, L. R. (1984). Extraversion and the EEG. II: A test of Gale's hypothesis. *Biological Psychology*, **19**, 113–127.

Ogawa, S., Lee, T. M., Kay, A. R. & Tank, D. W. (1990). Brain magnetic resonance imaging with contrast dependent on blood oxygenation. *Proceedings of the National Academy of Sciences, USA*, **87**, 9868–9872.

Ogura, C., Hirano, K., Nageishi, Y., Takeshita, S., Fukao, K., Hokama, H., Ohta, H. & Arakaki, H. (1994). Deviate P200 and P300 in non–patient college students with high scores in the schizophrenia scale of the Minnesota Multiphasic Personality Inventory (MMPI). *International Journal of Psychophysiology*, **16**, 89–97.

O'Hanlon, J. F. & Beatty, J. (1976). Catecholamine correlates of radar monitoring performance. *Biological Psychology*, **4**, 293–304.

Öhman, A. & Bohlin, G. (1973). The relationship between spontaneous and stimulus–correlated electrodermal responses in simple and discriminative conditioning paradigms. *Psychophysiology*, **10**, 589–600.

O'Connor, D. B., Archer, J., Hair, W. M. & Wu, F.C. (2002). Exogenous testosterone, aggression, and mood in eugonadal and hypogonadal men. *Physiology and Behavior*, **75**, 557–566.

Okuyama, Y., Ishiguro, H., Toru, M. & Arinami T. (1999). A genetic polymorphism in the promoter region of DRD4 associated with expression and schizophrenia. *Biochemical and Biophysical Research Communications*, **258**, 292–295.

Olds, J. & Milner, P. (1954). Positive reinforcement produced by electrical stimulation of the septal area and other regions of the brain. *Journal of Comparative Physiological Psychology*, **47**, 419–427.

Olson, G.A., Olson, R. D., Richard, D. & Kastin, A. J. (1987). Endogenous opiates: 1986. *Peptides*, **8**, 1135–1164.

Olweus, D. (1976). Der „moderne" Interaktionismus von Person und Situation und seine varianzanalytische Sackgasse. *Zeitschrift für Entwicklungspsychologie und Pädagogische Psychologie*, **8**, 171–186.

Olweus, D., Mattsson, A., Schalling, D., & Loew, H. (1980). Testosterone, aggression, physical, and personality dimensions in normal adolescent males. *Psychosomatic Medicine*, **42**, 253–269.

Olweus, D., Mattsson, A., Schalling, D. & Loew, H. (1988). Circulating testosterone levels and aggression in adolescent males: A causal analysis. *Psychosomatic Medicine*, **50**, 261–272.

Oppenheimer, B. S., Levine, S. A., Morison, R. A., Rothschild, M. A., Lawrence, W. St., & Wilson, F. N. (1918). Report on neuro–circulatory asthenia and its management. *Military Surgery*, **42**, 409–414.

Ordonez Sierra, O.J. (1962). *Herdopsyquiatrica genetica dela psicosis maniaco-depressiva*, Madrid.

Orlebeke, J. F. & van Doornen, L. J. P. (1977). Perception (UCR diminution) in normal and neurotic subjects. *Biological Psychology*, **5**, 15–22.

Orlebeke, J. F. & Feij, J. A. (1979). The orienting reflex as a personality correlate. In H. Kimmel, E. van Olst & J. Orlebeke (Eds.), *The Orienting Reflex in Humans* (pp. 567–585). Hillsdale, NJ: Erlbaum.

Ortiz, T & Maojo, V. (1993). Comparison of the P300 wave in introverts and extraverts. *Personality and Individual Differences*, **15**, 109–112.

Ostendorf, F. & Angleitner, A. (2003). *NEO–PI–R (nach Costa & McCrae, revidierte Form)*. Göttingen: Hogrefe.

Othmer, E., Netter–Munkelt, P., Golle, R. & Meyer, A.E. (1969). Autonome Steuerung bei psychischen und vegetativen Extremlagen. *Zeitschrift für Experimentelle und Angewandte Psychologie*, **14**, 307–333.

Ottaway, C.A. & Husband., A. (1992). Review: Central nervous system influences on lymphocyte migration. *Brain, Behavior, and Immunity*, **6**, 97–116.

Overmier, J. B. (1987). Psychological determinants of when stressors stress. In D. Hellhammer, I. Florin, & H. Weiner (Eds.), *Neurobiological Approaches to Human Disease* (pp. 236–259). Toronto: Hans Huber.

Owen, M. J., Holmans, P. & McGuffin, P. (1997). Association studies in psychiatry genetics. *Molecular Psychiatry*, **2**, 270–273.

Oyeyinka, G. O. (1984). Age and sex differences in immunocompetence. *Gerontology*, **30**, 188–195.

Page, I. H. (1976). The discovery of serotoinin. *Perspecives in Biology and Medicine*, **20**, 1–8.

Palacios, J. M., Waeber, C., Bruinvels, A. T., & Hoyer, D. (1992). Direct visualization of serotonin 1D receptors in the human brain using a new iodinated ligand. *Molecular Brain.Research*, **346**, 175–179.

Panksepp, J. (1982). Toward a general psychobiological theory of emotions. *The Behavioral and Brain Sciences*, **5**, 407–467.

Panksepp, J. (1998). *Affective Neuroscience: The functions of human and animal emotions*. New York: Oxford University Press.

Papillo, J. F. & Shapiro, D. (1990). The cardiovascular system. In J. T. Cacioppo & L. G. Tassinary (Eds.), *Principles of Psychophysiology* (pp. 456–512). Cambridge: University Press.

Parasuraman, R. (1975). Response bias and physiological reactivity. *Journal of Psychology*, **91**, 309–313.

Pardo, J. V., Pardo, P. J., Janer, K. W. & Raichle, M.E. (1990). The anterior cingulate cortex mediates processing selection in the Stroop attentional conflict paradigm. *Proceedings of the National Academy of Sciences*, USA, **8**, 256–259.

Parks, R. W., Loewenstein, D. A., Dodrill, K. L., Barker, W. W., Yashii, F., Chang, J. Y., Emrau, A., Apicella, A., Sheramata, W. A. & Duara, R. (1988). Cerebral metabolic effects of a verbal fluency test: A Pet scan study. *Journal of Clinical and Experimental Neuropsychology*, **10**, 565–575.

Pascual–Marqui, R. D., Koukkkou, M. & Lehmann, D. (1997). Hyperfrontality in never–treated birst–break schizophrenics demonstrated by low resolution electromagnetic tomography (LORETA). *Electroencephalography and Clinical Neurophysiology*, **103**, 92.

Pascual–Marqui, R. D., Michel, C. M. & Lehmann, D. (1994). Low resolution electromagnetic tomography: A new method for localizing electrical activity in the brain. *International Journal of Psychophysiology*, **18**, 49–65.

Paterson, A. D., Sunohara, G. A. & Kennedy, J. L. (1999). Dopamine D4 receptor gene: Novelty or nonsense? *Neuropsychopharmacology*, **21**, 3–16.

Patton, J. H., Stanford, M. S. & Barratt, E. S. (1995). Factor structure of the Barratt Impulsiveness Scale. *Journal of Clinical Psychology*, **51**, 768–774.

Paunonen, S.V. & Jackson, D.N. (1988). *Nonverbal Personality Questionnaire*. London: University of Western Ontario.

Pawlow, I. P. (1941). *Lectures on Conditioned Reflexes (Volume 2)*. New York: International.

Pawlow, I. P. (1927). *Conditioned Reflexes*. London: Oxford University Press.

Pearson, G. L. & Freeman, F. G. (1991). Effects of extraversion and mental arithmetic on heart–rate reactivity. *Perceptual and Motor Skills*, **72**, 1239–1248.

Pedersen, N. L., McClearn, G. E., Plomin, R. & Nesselroade, J. R. (1992). Effects of early rearing environment on twin similarity in the last half of the life span. *British Journal of Developmental Psychology*, **10**, 255–267.

Pedersen, N. L., Plomin, R., McClearn, G. E. & Friberg, L. (1988). Neuroticism, extraversion and related traits in adult twins reared apart and reared together. *Journal of Personality and Social Psychology*, **55**, 950–957.

Peirson, A. R., Heuchert, J. W., Thomala, L., Berk, M., Plein, H. & Cloninger, C. R. (1999). Relationship between serotonin and the temperament and character inventory. *Psychiatry Research*, **89**, 29–37.

Penaz, J. (1973). Photoelectric measurement of blood pressure, volume and flow in the finger. In R. Albert, W. Vogt & W. Helbig (Eds.), *Digest of the 10th International Conference on Medical and Biological Engineering* (pp. 104–120). Dresden: Eigenverlag

Pennington, B. F., Smith, S. D. & Kimberling, W. J. (1987). Left–handedness and immune disorders in familial dyslexis. *Archives of Neurology*, **44**, 634–639.

Penrose, L. S. (1935). The detection of autosomal linkage in data which consist of pairs of brothers and sisters of unspecified parentage. *Annals of Eugenics*, 6, 133–138.

Perini, C., Müller, F. B., Rauchfleisch, U., Battegay, R., Hobi, V. & Bühler, F.R. (1984). Aggressionshemmung und gesteigerte Sympathikusaktivität bei der Entwicklung der essentiellen Hypertonie. *Schweizerische Medizinische Wochenschrift*, 114, 1851–1853.

Peronnet, F., Blier, P., Brinnon, G., Diamond, P., Ledoux, M. & Volle, M. (1986). Plasma catecholamines at rest and exercise in subjects with high- and low-trait anxiety. *Psychosomatic Medicine*, 48, 52–58.

Peroutka, S. J. & Snyder, S. H. (1979). Multiple serotonin receptors: Differential binding of [^{3}H]5-hydroxytryptamine, [^{3}H]–spiroperidol. *Molecular Pharmacology*, 16, 687–699.

Persky, H., Smith, K.D., & Basu, G.K. (1971). Relation of psychological measures of aggression and hostility to testosterone production in man. *Psychosomatic Medicine*, 33, 265–277.

Persson, G., Nilsson, L.V. & Svanborg, A. (1983). Personality and sexuality in relation to an index of gonadal steroid hormone balance in a 70–year old population. *Journal of Psychosomatic Research*, 27, 469–477.

Peterson, C., Semmel, A., von Bayer, C., Abramson, L. Y., Metalski, G. I. & Seligman, M. E. P. (1982). The attributional style questionnaire. *Cognitive Therapy and Research*, 6, 287–300.

Petrie, A. (1960). Some psychological aspects of pain and the relief of suffering. *Annals of the New York Academy of Sciences*, 86, 13–24.

Petrill, S. A., Thompson, L. A. & Detterman, D. K. (1995). The genetic and environmental variance underlying elementary cognitive tasks. *Behavior Genetics*, 25, 199–209.

Pfurtscheller, G. & Lopes da Silva, F. H. (1999). *Event–Related Desynchronization (ERD), Handbook of EEG and Clinical Neurophysiology, Revised Series* (Volume 6). Amsterdam: Elsevier.

Pfurtscheller, G., Steffan, J. & Maresch, H. (1988). ERD mapping and functional topography: Temporal and spatial aspects. In G. Pfurtscheller & F. H. Lopes da Silva (Eds.) *Functional Brain Imaging* (pp. 219–231). Toronto: Hans Huber.

Philip, A. (1969). The development and use of the Hostility and Direction of Hostility Questionnaire. *Journal of Psychosomatic Research*, 13, 283–287.

Philips, K. & Matheny, A. P. Jr. (1995). Quantitative genetic analysis of injury liability in infants and toddlers. *American Journal of Medical Genetics*, 60, 64–71.

Piazza, P. V. & LeMoal, M. (1996). Pathophysiological basis of vulnerability to drug abuse: Role of an interaction between stress, glucocorticoids, and dopaminergic neurons. *Annual Review of Pharmacology and Toxicology*, 36, 359–378.

Pickering, A. D., Corr, P. J. & Gray, J. A. (1999). Interactions and reinforcement sensitivity theory: A theoretical analysis of Rusting and Larsen (1997). *Personality and Individual Differences*, 26, 357–365.

Pickering, A. D., Corr, P. J., Powell, J. H., Kumari, V., Thornton, J. C., & Gray, J. A. (1997). Individual differences in reactions to reinforcing stimuli are neither black nor white: To what extent are they Gray? In H. Nyborg (Ed.). *The Scientific Study of Human Nature: Tribute to Hans J. Eysenck at Eighty* (pp. 36–67).

Piferi, R. L. & Lawler, K. A. (2000). Hostility and the cardiovascular reactivity of women during interpersonal confrontation. *Women & Health*, 30, 111–129.

Pigott, T. A., Pato, M. T., Bernstein, S. E., Grover, G. N., Hill, J. L. & Tolliver, T. J. (1990). Controlled comparisons of clomipramin and fluoxetine in the treatment of obsessive – compulsive disorder. *Archives of General Psychiatry*, 47, 926–962.

Pike, J. L., Smith, T. L., Hauger, R. L., Nicassio, P. M., Patterson, T. L., McClintick, J., Costlow, C. & Irwin, M. R. (1997). Chronic life stress alters sympathetic, neuroendocrine, and immune responsivity to an acute psychological stressor in humans. *Psychosomatic Medicine*, 59, 447–457.

Pinel, J. P. J. (2001). *Biopsychologie*. (2. Auflage, Hrsg. W. Boucsein). Heidelberg: Spektrum.

Pitchot, W., Reggers, J., Pinto, E. Hansenne, M. & Ansseau, M. (2003). Catecholamine and HPA axis dysfunction in depression: Relationship with suicidal behavior. *Neuropsychobiology*, 47, 152–157.

Plomin, R. (1994). *Genetics and Experience: The Developmental Interplay between Nature and Nurture*. Newbury Park, CA: Sage.

Plomin, R., Corley, R., DeFries, J. C. & Fulker, D. W. (1990). Individual differences in television–viewing in early childhood: Nature as well as nurture. *Psychological Science*, **1**, 371–377.

Plomin, R. & Crabbe, J. C. (2000). DNA. *Psychological Bulletin*, **126**, 806–828.

Plomin, R., DeFries, J. C. & Loehlin, J. C. (1977). Genotype–environment interaction and correlation in the analysis of human behavior. *Psychological Bulletin*, **84**, 309–322.

Plomin, R., DeFries, J. C., McClearn, G. E. & McGuffin, P. (2001a). *Behavioral Genetics* (4th edition). New York: Worth Publishers.

Plomin, R., DeFries, J. C., McClearn, G. E. & Rutter, M. (1999). *Gene, Umwelt und Verhalten: Einführung in die Verhaltensgenetik*. Bern: Huber.

Plomin, R., Hill, L., Craig, I. W., McGuffin, P., Purcell, S., Sham, P., Lubinski, D., Thompson, L. A., Fisher, P. J., Turic, D. & Owen, M. J. (2001b). A genome–wide scan of 1842 DNA markers for allelic associations with general cognitive ability: A five–stage design using DNA pooling and extreme selected groups. *Behavior Genetics*, **31**, 497–509.

Plomin, R., McClearn, G. E., Smith, D. L., Skuder, P., Vignetti, S., Chorney, M. J., Chorney, K., Kasarda, S., Thompson, L. A., Detterman, D. K., Petrill, S. A., Daniels, J., Owen, M. J. & McGuffin, P. (1995). Allelic associations between 100 DNA markers and high versus low IQ. *Intelligence*, **21**, 31–48.

Plomin, R. & McGuffin, P. (2003). Psychopathology in the postgenomic era. *Annual Review of Psychology*, **54**, 205–228.

Plomin, R. & Spinath, F. M. (2002). Genetics and general cognitive ability (g). *Trends in Cognitive Sciences*, **6**, 169–176.

Plomin, R. & Spinath, F. M. (2004). Intelligence: Genetics, genes, and genomics. *Journal of Personality and Social Psychology*, **86**, 112–129.

Plouffe, L. & Stelmack, R. M. (1986). Sensation–seeking and the electrodermal orienting response in young and elderly females. *Personality and Individual Differences, **7**, 119–120.

Pogue–Geile, M., Ferell, R., Deka, R., Debski, T. & Manuck, S. (1998). Human novelty–seeking personality traits and dopamine D4 receptor polymorphism: A twin and genetic association study. *American Journal of Medical Genetics*, **81**, 44–48.

Polak, R. L. (1967). The influence of antimuscarinic drugs on the synthesis and release of acetylcholine by the isolated cerebral cortex of the rat. *Journal of Physiology, **191**, 34–35.

Porges, S. W. (1986). Respiratory sinus arrhythmia: Physiological basis, quantitative methods, and clinical implications. In P. Grossman, K. H. L. Jansen & D. Vaitl (Eds.), *Cardiorespiratory and Cardiosomatic Psychophysiology* (pp. 101–115). New York: Plenum.

Posner, M. I. & Dehaene, S. (1994). Attentional networks. *Trends in Neuroscience*, **17**, 75–79.

Posner, M. I. & Mitchell, R. F. (1967). Chronometric analysis of classification. *Psychological Review*, **74**, 392–409

Posner, M. I. & Petersen, S. E. (1990). The attention system of the human brain. *Annual Review of Neuroscience*, 13, 25–42.

Power, A. C. & Cowen, P. J. (1992). Neuroendocrine challenge tests: Assessment of 5–HT function in anxiety and depression. *Molecular Aspects of Medicine, **13**, 205–220.

Prabhakaran, V., Smith, J. A., Desmond, J. E., Glover, G. H., Gabrieli, J. D. (1997). Neural substrates of fluid reasoning: An fMRI study of neocortical activation during performance of the Raven's progressive matrices test. *Cognitive Psychology*, **33**, 43–63.

Prange, A. J., Garbutt, J. C., & Loosen, P. T. (1987). The hypothalamic-pituitary-thyroid axis in affective disorders. In H. Y. Meltzer (Ed.), *Psychopharmacology: The Third Generation of Progress* (pp. 629–636). New York: Raven Press.

Prasad, A.J. (1985). Neuroendocrine differences between violent and nonviolent suicides. *Neuropsychobiology*, **13**, 157–159.

Preuss, U. W., Koller, G., Bondy, B., Bahlmann, M. & Soyka, M. (2001). Impulsive traits and 5–HT2A receptor promoter polymorphism in alcohol dependents: Possible association but no influence of personality disorders. *Neuropsychobiology*, **43**, 186–191.

Pribram, K. H. & McGuinness, D. (1975). Arousal, activation, and effort in the control of attention. *Psychological Review*, **82**, 116–149.

Price, K. P. & Clarke, L. K. (1978). Behavioral and psychophysiological correlates of the coronary–prone personality: New data and unanswered questions. *Journal of Psychosomatic Research*, **22**, 409–417.

Pritchard, J. K. & Rosenberg, N. A. (1999). Use of unlinked genetic markers to detect population stratification in association studies. *American Journal of Human Genetics*, **65**, 220–228.

Pritchard, J. K., Stephens, M., Rosenberg, N. A. & Donnelly, P. (2000). Association mapping in structured populations. *American Journal of Human Genetics*, **67**, 170–181.

Pritchard, W. S. (1989). P300 and EPQ/STPI personality traits. *Personality and Individual Differences*, **10**, 15–24.

Prochazka, H., Anderberg, U. M., Oreland, L., von Knorring, L. & Ügren, H. (2003). Self-rated aggression related to serum testosterone and platelet MAO activity in female patients with the fibromyalgia syndrome. *The World Journal of Biological Psychiatry*, **4**, 35–41.

Prolo, P. & Licinio, J. (2002). D4DR and novelty seeking. In J. Benjamin, R. Ebstein & R. H. Belmaker (Eds.), *Molecular Genetics and Human Personality*, (pp. 91–107). New York: American Psychiatric Press.

Puck, J. M. (1998). The timing of twinning: More insights from X inactivation. *American Journal of Human Genetics*, **63**, 327–328.

Pugh, L. A., Oldroyd, C. A., Ray, T. S. & Clark, M. L. (1966). Muscular effort and electrodermal responses. *Journal of Experimental Psychology*, **71**, 241–248.

Quabeck, M., Lehmann, E. & Tegeler, J. (1984). Comparison of the antidepressant action of tryptophan, tryptophan/5–Hydroxytryptophan combination and nomifensine. *Neuropsychobiology*, **11**, 111–115.

Rabin, D., Gold, P. W., Margioris, A. N. & Chrousos, G. P. (1988). Stress and reproduction: physiologic and pathophysiologic interactions between the stress and reproductive axes. *Advances in Experimental Medicine and Biology*, **245**, 377–387.

Racké, K., Reimann, A., Schworer, H. & Kilbinger, H. (1996). Regulation of 5–HT release from enterochromaffin cells. *Behavioural Brain Research*, **73**, 83–87.

Rada, R.T., Laws, D.R. & Kellner, R. (1976). Plasma testosterone levels in the rapist. *Psychosomatic Medicine*, **38**, 257–268.

Rada, R.T., Laws, D.R., Kellner, R., Stivastava, L. & Peake, G. (1983). Plasma androgens in violent and nonviolent sex offenders. *Bulletin of the American Academy of Psychiatry and the Law*, **11**, 149–158.

Rainbow, T. C., Parsons, B. & Wolfe, B. B. (1984). Quantitative autoradiography of beta 1– and beta 2-adrenergic receptors in rat brain. *Proceedings of the National Academy of Sciences of the United States of America*, **81**, 1585–1589.

Raine, A. (1991). The SPQ: A scale for the assessment of schizotypal personality based on DSM–III–R criteria. *Schizophrenia Bulletin*, **17**, 555–564.

Raine, A., Lencz, T., Bihrle, S., LaCasse, L., & Colletti, P. (2000). Reduced prefrontal gray matter volume and reduced autonomic activity in antisocial personality disorder. *Archives of General Psychiatry*, **57**, 119–127.

Raine, A. & Manders, D. (1988). Schizoid personality, inter–hemispheric transfer and left–hemisphere over–activation. *British Journal of Clinical Psychology*, **27**, 333–348.

Raine, A., Meloy, J. R., Bihrle, S., Stoddard, J., LaCasse, L. & Buchsbaum, M. S. (1998). Reduced prefrontal and increased subcortical brain functioning assessed using positron emission tomography in predatory and affective murderers. *Behavioral Sciences and the Law*, **16**, 319–332.

Raine, A., Reynolds, G. P. & Sheard, C. (1991). Neuroanatomical correlates of skin conductance orienting in normal humans: A magnetic resonance imaging study. *Psychophysiology*, **28**, 548–558.

Raine, A., Sheard, C., Reynolds, G.P. & Lencz, T. (1992). Pre-frontal structural and functional deficits associated with individual differences in schizotypal personality. *Schizophrenia Research*, **7**, 237–247.

Raine, A., Venables, P.H., Mednick, S. & Mellingen, K. (2002). Increased psychophysiological arousal and orienting at ages 3 and 11 years in persistently schizotypal adults. *Schizophrenia Research*, **54**, 77–85.

Raine, A., Venables, P.H. & Williams, M. (1990). Relationships between central and autonomic measures of arousal at age 15 and criminality at age 24. *Archives of General Psychiatry*, **47**, 1003–1007.

Rajamanickam, M. & Gnanaguru, K. (1981). Physiological correlates of personality. *Psychological Studies*, **26**, 41–43.

Rammsayer, T. (1998). Extraversion and dopamine: Individual differences in responsiveness to changes in dopaminergic activity as a possible biological basis of extraversion. *European Psychologist*, **3**, 37–50.

Rammsayer, T. (2000). Dopaminerge Mechanismen und Extraversion. *Zeitschrift für Differentielle und Diagnostische Psychologie*, **21**, 218–225.

Rammsayer, T., Netter, P., & Vogel, W.H. (1993). A neurochemical model underlying differences in reaction times between introverts and extraverts. *Personality and Individual Differences*, **14**, 701–712.

Rao, M.L., Vartzopoulos, D. & Fels, K. (1989). Thyroid function in anxious and depressed patients. *Pharmacopsychiatry*, **22**, 66–70.

Rappaport, H. & Katkin, E. S. (1972). Relationships among manifest anxiety, response to stress, and the perception of autonomic activity. *Journal of Consulting and Clinical Psychology*, **38**, 219–224.

Rauste-von-Wright, M., von Wright, J. & Frankenhaeuser, M. (1981). Relationships between sex-related psychological characteristics during adolescence and catecholamine excretion during achievement stress. *Psychophysiology*, **18**, 362–370.

Ravindran, A. V., Griffiths, J., Merali, Z. & Anisman, H. (1996). Primary dysthymia: a study of several psychosocial, endocrine and immune correlates. *Journal of Affective Disorders*, **40**, 73–84.

Reed, T. E. (1984). Mechanisms for the heritability of intelligence. *Nature*, **311**, 417.

Reed, T. E. & Jensen, A. R. (1991). Arm nerve conduction velocity (NCV), brain NCV, reaction time, and intelligence. *Intelligence*, **15**, 33–48.

Reed, T. E. & Jensen, A. R. (1992). Conduction velocity in a brain nerve pathway of normal adults correlates with intelligence level. *Intelligence*, **16**, 259–272.

Reed, T. E. & Jensen, A. R. (1993). Choice reaction time and visual pathway nerve conduction velocity both correlate with intelligence but appear not to correlate with each other – implications for information processing. *Intelligence*, **17**, 191–203.

Reinisch, J. M. & Sanders, S. A. (1987). Behavioral influences of prenatal hormones. In C.B. Nemeroff & P. Loosen (Eds.), *Handbook of Clinical Psychoneuroendocrinology* (pp. 431–459). New York: The Guilford Press.

Reiss, D., Neidheiser, J. M., Hetherington, E. M. & Plomin, R. (2000). *The Relationship Code: Deciphering Genetic and Social Patterns in Adolescent Development*. Cambridge, MA: Harvard University Press.

Reuter, M. & Hennig, J.(2003). Deutsche Fassung der Affective Neuroscience Personality Scales von Panksepp. www.anps.de

Reuter, M., Netter, P., Toll, C. & Hennig, J. (2002). Dopamine agonist and antagonist responders as related to types of nicotine craving and facets of extraversion. *Progress in Neuropsychopharmacology & Biological Psychiatry*, **26**, 845–853.

Revelle, W., Humphreys, M. S., Simon, L. & Gilliand, K. (1980). The interactive effect of personality, time of day, and caffeine: A test of the arousal model. *Journal of Experimental Psychology: General*, **109**, 1–31.

Rhodes, L., Dustman, R. & Beck, E. (1969). The visual evoked response: A comparison of bright and dull children. *Electroencephalography and Clinical Neurophysiology*, **27**, 364–372.

Richards, M. & Eves, F. F. (1991). Personality, temperament and the cardiac defense response. *Personality and Individual Differences*, **12**, 999–1007.

Ricketts, M. H., Hamer, R. M., Sage, J. I., Manowitz, P., Feng, F. & Menza, M. A. (1998). Association of a serotonin transporter gene promoter polymorphism with harm avoidance behaviour in an elderly population. *Psychiatric Genetics*, **8**, 41–44.

Ridgeway, D. & Hare, R. D. (1981). Sensation seeking and psychophysiological responses to auditory stimulation. *Psychophysiology*, **18**, 613–618.

Riemann, R., Angleitner, A. & Strelau, J. (1997). Genetic and environmental influences on personality: A study of twins using the self- and peer–report NEO–FFI scales. *Journal of Personality*, **65**, 449–475.

Rijsdijk, F. V. & Boomsma, D. I. (1997). Genetic mediation of the correlation between peripheral nerve conduction velocity and IQ. *Behavior Genetics*, **27**, 87–98.

Rijsdijk, F. V., Boomsma, D. I. & Vernon, P. A. (1995). Genetic analysis of peripheral nerve conduction velocity in twins. *Behavior Genetics*, **25**, 341–348.

Risch, N. J. (2000). Searching for genetic determinants in the new millenium. *Nature*, **405**, 847–856.

Risch, N. J. & Zhang, H. (1995). Extreme discordant sib pairs for mapping quantitative trait loci in humans. *Science*, **268**, 1584–1589.

Robinson, D. L. (1982). Properties of the diffuse thalamocortical system, human intelligence and differentiated vs integrated modes of learning. *Personality and Individual Differences*, **3**, 393–405.

Robinson, D.L. (1989). The neurophysiological bases of high IQ. *International Journal of Neuroscience*, **35**, 209–234.

Robinson, D. L. (1998). Sex differences in brain activity, personality and intelligence: a test of arousability theory. *Personality and Individual Differences*, **25**, 1133–1152.

Robinson, D.L. (2000). The technical, neurological, and psychological significance of "alpha", "delta" and "theta" waves confounded in EEG evoked potentials: A study of peak amplitudes. *Personality and Individual Differences*, **28**, 673–693.

Robinson, D. S., Roberts, D. L., Shrotriya, R. C., Copp, J. E., Wickramarative, P. & Alms, D. R. (1989). Clinical effects of the 5–HT1A partial agonists, buspirone and gepirone, in the treatment of depression. *Biological Psychiatry Abstracts, 25,* 141A.

Robinson, R. G. & Downhill, J. E. (1995). Lateralization of psychopathology in response to focal brain injury. In R. J. Davidson & K. Hugdahl (Eds.), *Brain Asymmetry* (pp. 693–711). Cambridge, MA: MIT Press.

Robinson, T. E. & Berridge, K. C. (1993). The neural basis of drug craving: An incentive-sensitization theory of addiction. *Brain Research Reviews*, **18**, 247–291.

Robinson, T. N. & Zahn, T. P. (1979). Covariation of two–flash threshold and autonomic arousal for high and low scorers on a measure of psychoticism. *British Journal of Social and Clinical Psychology*, **18**, 431–441.

Robinson, T. N. & Zahn, T. P. (1983). Sensation seeking, state anxiety and cardiac and EDR orienting reactions. *Psychophysiology, 20,* 465.

Robinson, T. N. & Zahn, T. P. (1985). Psychoticism and arousal: Possible evidence for a linkage of P and psychopathy. *Personality and Individual Differences*, **6**, 47–66.

Rocklin, T. & Revelle, W. (1981). The measurement of extraversion: A comparison of the Eysenck Personality Inventory and the Eysenck Personality Questionnaire. *British Journal of Social Psychology*, **20**, 279–284.

Roger, D. & Jamieson, J. (1988). Individual differences in delayed heart–rate recovery following stress: The role of extraversion, neuroticism and emotional control. *Personality and Individual Differences*, **9**, 721–726.

Rohen, J. W. (1994). *Funktionelle Anatomie des Nervensystems. Lehrbuch und Atlas. 5. Auflage.* Stuttgart: Schattauer.

Rohrmann, S. (1998). *Manipulation der Streßreaktion von Repressern und Sensitizern: Das Angstbewältigungskonstrukt Repression – Sensitization und „Belastungsfeedback" als Moderatoren psychobiologischer Belastungsreaktionen.* Hamburg: Kovac.

Rohrmann, S., Netter, P., Hennig, J. & Hodapp, V. (2003). Repression-sensitization, gender, and discrepancies in psychobiological reactions to examination stress. *Anxiety, Stress, and Coping*, **16**, 3, 321–329.

Roitt, I., Brostoff, J.,& Male, D. (1996). Immunology (4th edition). London: Mosby.

Römer, H. (1953). *Gynäkologische Organneurosen.* Stuttgart: Thieme.

Rood, Y. R., Bogaards, M., Goulmy, E. & Houwelingen, H. C. (1993). The effects of stress and relaxation on the in vitro immune response in man: A meta–analytic study. *Journal of Behavioral Medicine*, **16**, 163–181.

Rorschach, H. (1921). *Psychodiagnostik*. Bern: Huber.

Rose, R. (1995). Genes and human behavior. *Annual Review of Psychology*, **46**, 625–654.

Rose, R. J., Koskenvuo, M., Kaprio, J., Sarna, S. & Langinvainio, H. (1988). Shared genes, shared experiences, and similarity of personality. *Journal of Personality and Social Psychology*, **54**, 161–171.

Rose, R. M., Poe, R. O. & Mason, J. W.(1968). Psychological state and body size as determinants of 17-OHCS excretion. *Archives of Internal Medicine*, **121**, 406–413.

Rose, R. M. & Hurst, M. W. (1975). Plasma cortisol and growth hormone responses to intravenous catherization. *Journal of Human Stress,* **1**, 22–36.

Rosenblitt, J. C., Soler, H., Johnson, S.E. & Quadagno, D.M. (2001). Sensation seeking and hormones in men and women: Exploring the link. *Hormones and Behavior*, **40**, 396–402.

Rosenman, R. H., Friedman, M., Straus, R., Wurm, M., Jenkins, C. D. & Messinger, H. B. (1966). Coronary heart disease in the Western Collaborative Group Study. A follow–up experience of two years. *Journal of the American Medical Association*, **195**, 130–136.

Rösler, F. (1983). Psychophysiologisch orientierte Forschungsstrategien in der Differentiellen und Diagnostischen Psychologie: I. Zur Konzeption des psychophysiologischen Untersuchungsansatzes. *Zeitschrift für Differentielle und Diagnostische Psychologie*, **4**, 283–299.

Rösler, F. (1975). Die Abhängigkeit des Elektroenzephalogramms von den Persönlichkeitsdimensionen E und N sensu Eysenck und unterschiedlich aktivierenden Situationen. *Zeitschrift für Experimentelle und Angewandte Psychologie*, **22**, 630–667.

Rösler, F., Stieglitz, R.D. & Manzey, D. (1986). Flupentixolhydrochloride in low dosages: effects on perceptual and psychomotor performance in emotionally stable and emotionally labile healthy subjects. *Neuropsychobiology*, **16**, 27–36.

Rösler, R. (1973). Personality, physiology and performance. *Psychophysiology,* **10**, 315–327.

Rothacker, E. (1948). *Die Schichten der Persönlichkeit (The levels of personality)* (4th Edition). Oxford, England: Bouvier.

Routtenberg, A. (1968). The two–arousal hypothesis: Reticular formation and limbic system. *Psychological Review*, **75**, 51–80.

Rowland, N. E. & Carlton, J. (1986). Neurobiology of an anoretic drug: Fenfluramine. *Progress in Neurobiology,* **27**, 302.

Roy, A., Adinoff, B., Roehrich, L., Lamparski, D., Custer, R., Lorenz, V. (1988). Pathological gambling. A psychobiological study. *Archives of General Psychiatry*, **45**, 369–373.

Roy, A. & Linnoila, M. (1988). Suicidal behavior, impulsiveness and serotonin. *Acta Psychiatrica Scandinavica,* **78**, 529–535.

Roy, A. & Linnoila, M. (1989). CSF studies on alcoholism and related behaviours. *Progress in Neuro-psychopharmacology and Biological Psychiatry,* **13**, 505–511.

Roy, J. C., Sequeira–Martinho, A. H. & Brochard, J. (1984). Pyramidal control of skin potential responses in the cat. *Experimental Brain Research*, **54**, 283–288.

Roy, R. (1996). HPA axis function and temperament in depression: a negative report. *Biological Psychiatry*, **39**, 5, 364–366.

Ruch, W. (1999). Die revidierte Fassung des Eysenck Personality Questionnaire und die Konstruktion des deutschen EPQ–R bzw. EPQ–RK. *Zeitschrift für Differentielle und Diagnostische Psychologie*, **20**, 1–24.

Ruegg, R. G., Gilmore, J., Ekstrom, R. D., Corrigan, M., Knight, B., Tancer, M., Leatherman, M. E., Carson, S. W. & Golden, R. N. (1997). Clomipramine challenge responses covary with tridimensional personality questionnaire scores in healty subjects. *Biol.Psychiatry,* **42**, 1129.

Rust, J. (1975). Cortical evoked potentials, personality and intelligence. *Journal of Comparative and Physiological Psychology*, **89**, 1220–1226.

Rusting, C. L. & Larsen, R. J. (1997). Extraversion, neuroticism, and susceptibility to positive and negative affect: A test of two theoretical models. *Personality and Individual Differences*, **22**, 607–612.

Sachar, E .J., Hellman, L. & Fukushima, D. K. (1970). Cortisol production in depressive illness. *Archives of General Psychiatry*, **43**, 878–884.

Sah, D. W. Y. & Matsumoto, S. A. (1987). Evidence for serotonin synthesis, uptake and release in dissociated rat sympathetic neurons in culture. *Journal of Neuroscience, 7*, 391–399.

Salamone, J. D. & Correa, M. (2002). Motivational views of reinforcement: Implications for understanding the behavioral functions of nucleus accumbens dopamine. *Behavioral and Brain Research*, **137**, 3–25.

Salamone, J. D., Cousins, M. S. & Snyder, B. J. (1997). Behavioral functions of nucleus accumbens dopamine: Empirical and conceptual problems with the anhedonia hypothesis. *Neuroscience and Biobehavioral Reviews*, **21**, 341–359.

Salamone, J. D., Steinpreis, R. E., McCullough, L. D., Smith, P., Grebel, D. & Mahan, K. (1991). Haloperidol and nucleus accumbens dopamine depletion suppress lever pressing for food but increase free food consumption in a novel food choice procedure. *Psychopharmacology*, **104**, 515–521.

Salisbury, D. F., Voglmaier, M. M., Seidman, L. J. & McCarley, R. W. (1996). Topographic abnormalities of P3 in schizotypal personality disorder. *Biological Psychiatry*, **40**, 165–172.

Salvador, A. Suay, F., Gonzales-Bono, E. & Serrano, M. A. (2003). Anticipatory cortisol, testosterone and psychological responses to judo competition in young men. *Psychoneuroendocrinology*, **28**, 364–375.

Sammer, G. (1996). Working–memory load and dimensional complexity of the EEG. *International Journal of Psychophysiology*, **24**, 173–182.

Sammer, G. (1999). Working memory load and EEG–dynamics as revealed by point correlation dimension analysis. *International Journal of Psychophysiology*, **34**, 89–101.

Sanders, A. F. (1983). Towards a model of stress and human performance. *Acta Psychologica*, **53**, 61–97.

Sandin, B. (1983). Influencia de la funcion hipofiso-tiroidea y de la personalidad sobre los cambios emocionales producidos durante estres psicologico. (Influence of the pituitary-thyroid function and personality on emotional changes produced during psychological stress). *Revista de Psicologia General y Aplicada*, **38**, 607–624.

Satten, G. A., Flanders, W. D. & Yang, Q. (2001). Accounting for unmeasured population substructure in case–control studies of genetic association using a novel latent–class model. *American Journal of Human Genetics*, **68**, 466–477.

Saudino, K. J. & Eaton, W. O. (1991). Infant temperament and genetics: An objective twin study of motor activity level. *Child Development*, **62**, 1167–1174.

Saugstad, L. F. (1994). The maturational theory of brain development and cerebral excitability in the multifactorially inherited manic–depressive psychosis and schizophrenia. *International Journal of Psychophysiology*, **18**, 189–203.

Sawchenko, P. E., Swanson, L. W., Steinbusch, H. W. M. & Verhofstad, A. A. (1983). The distribution and cells of origin of serotonergic inputs to the paraventricular and supraoptic nuclei of the rat. *Brain Research, 277*, 355–360.

Saxena, P. R. (1995). Serotonin receptors: Subtypes, functional responses and therapeutic relevance. *Pharmacology & Therapeutics*, **66**, 339–368.

Saxton, P. M., Siegel, J. & Lukas, J. H. (1987). Visual evoked potential augmenting/reducing slopes in cats. 2. Correlations with behavior. *Personality and Individual Differences*, **8**, 511–519.

Scarr, S. & McCartney, K. (1983). How people make their own environments: A theory of genotype–environment effects. *Child Development*, **54**, 424–435.

Scarr, S., Webber, P. I., Weinberg, R. A. & Wittig, M. A. (1981). Personality resemblance among adolescents and their parents in biologically related and adoptive families. *Journal of Personality and Social Psychology*, **40**, 885–898.

Scerbo, A. S. & Kolko, D. J. (1994). Salivary testosterone and cortisol in disruptive children: Relationship to aggressive, hyperactive, and internalizing behaviors. *Journal of the American Academy of Child and Adolescent Psychiatry*, **33**, 1174–1184.

Schaal, B., Tremblay, R. E, Soussignan, R. & Susman, E. J. (1996). Male testosterone linked to high social dominance but low physical aggression in early adolescence. *Journal of the American Academy of Child and Adolescent Psychiatry*, **35**, 1322–1330.

Schaefer, F. & Boucsein, W. (2000). Comparison of electrodermal constant voltage and constant current recording techniques using the phase angle between alternating voltage and current. *Psychophysiology*, **37**, 85–91.

Schaeffer, M. A. & Baum, A. (1984). Adrenal cortical response to stress at Three Mile Island. *Psychosomatic Medicine*, **46**, 227–237.

Schafer, E. W. P. (1982). Neural adaptability: A biological determinant of behavioral intelligence. *International Journal of Neuroscience*, **17**, 183–191.

Schalling, D. & Asberg, M. (1985). Biological and psychological correlates of impulsiveness and monotony avoidance. In J. Strelau, F. H. Rarley & A. Gale (Eds.). *The Biological Bases of Personality and Behavior: Psychophysiology, Performance and Application* (Vol. 1, pp. 181–194). Washington DC: Hemisphere Publishing.

Schedlowski, M., Wiechert, D., Wagner, T.O. & Tewes, U. (1992). Acute psychological stress increases plasma levels of cortisol, prolactin, and TSH. *Life Sciences*, **50**, 1201–1205.

Schedlowski, M. & Tewes, U. (1996). *Psychoneuroimmunologie*. Heidelberg, Berlin, Oxford: Spektrum.

Scheinin, M., Lomasney, J. W., Hayden–Hixson, D. M., Schambra, U. B., Caron, M. G., Lefkowitz, R. J. (1994). Distribution of alpha 2–adrenergic receptor subtype gene expression in rat brain. *Molecular Brain Research*, **21**, 133–149.

Schell, A. M., Dawson, M. E. & Filion, D. I. (1988). Psychophysiological correlates of electrodermal lability. *Psychophysiology*, **25**, 619–632.

Scherg, M. (1990). Fundamentals of dipole source potential analysis. In F. Grandori, M. Hoke & G. L. Romani (Eds.), *Auditory Evoked Magnetic Fields and Electric Potentials. Advances in Audiology*, Karger:Basel.

Schildkraut, J. J. (1965). The catecholamine hypothesis of affective disorders: A review of supporting evidence. *American Journal of Psychiatry*, **122**, 509–522.

Schliack, H. & Schiffter, R. (1979). Neurophysiologie und Pathophysiologie der Schweißsekretion. In E. Schwarz, H. W. Spier & G. Stüttgen (Hrsg.), *Handbuch der Haut– und Geschlechtskrankheiten, Bd.1/4 A: Normale und Pathologische Physiologie der Haut* (S. 349–458). Berlin: Springer.

Schliephake, E. (1950). Die vegetative Dystonie. *Wiener Medizinische Wochenschrift*, **37**, 115–125.

Schlote, B., Schaaf, L., Schmidt, R., Pohl, T., Vardarli, I., Schiebeler, H., Zober, M. A. & Usadel, K. H. (1992). Mental and physical state in subclinical hyperthyroidism: Investigations in a normal working population. *Biological Psychiatry*, **32**, 48–56.

Schmidt, L. A. (1999). Frontal brain electrical activity in shyness and sociability. *Psychological Science*, **10**, 316–320.

Schmidt, R. F. & Thews, G. (Hrsg.) (1985), *Physiologie des Menschen*. Berlin: Springer.

Schneewind, K. A. & Graf, J. (1998). *16–Persönlichkeits–Faktoren–Test (rev. Fassung)*. Göttingen: Hogrefe.

Schneider, R., Schmidt, S., Binder, M., Schaefer, F. & Walach, H. (2003). Respiration–related artifacts in EDA recordings: Introducing a standardized method to overcome multiple interpretations. *Psychological Reports*, **93**, 907–920.

Schneider, R. H. (1994). Adrenergic mechanisms in type A behavior. In O. G. Cameron (Ed.), *Adrenergic Dysfunction and Psychobiology* (pp. 275–297). Washington, DC: American Psychiatric Press.

Schneiderman, N. (1983). Behavior, autonomic function and animal models of cardiovascular pathology. In T. M Dembroski, T. H. Schmidt & G. Blumchen (Eds.), *Biobehavioral Bases of Coronary Heart Disease* (pp. 304–364). Basel: Karger.

Schooler, C., Zahn, T. P., Murphy, D. L. & Buchsbaum, M. S. (1978). Psychological correlates of monoamine oxidase in normals. *Journal of Nervous and Mental Disease*, **166**, 177–186.

Schork, N. J. (1993). Extended multipoint identity–by–descent analysis of human quantitative traits: Efficiency, power, and modeling considerations. *American Journal of Human Genetics*, **55**, 1306–1319.

Schulkin, J., Mc Ewen, B. S. & Gold, P. W. (1994). Allostasis, amygdala and anticipatory angst. *Neuroscience and Biobehavioral Reviews*, **18**, 385–396.

Schultheiss, O. C., Campbell, K. L. & McCleland, D. C. (1999). Implicit power motivation moderates menïs testosterone responses to imagined and real dominance success. *Hormones and Behavior*, **36**, 234–241.

Schultheiss, O. C., Dargel, A. & Rohde, W. (2003). Implicit motives and gonadal steroid hormones: Effects of menstrual cycle phase, oral contraceptive use, and relationship status. *Hormones and Behavior*, **43**, 293–301.

Schultheiss, O. C. & Rohde, W. (2002). Implicit power motivation predicts men's testosterone changes and implicit learning in a contest situation. *Hormones and Behavior*, **41**, 195–202.

Schwebel, D. C. & Suls, J. (1999). Cardiovascular reactivity and neuroticism: Results from a laboratory and controlled ambulatory stress protocol. *Journal of Personality*, **67**, 67–92.

Schwerdtfeger, A. & Baltissen, R. (1999). Augmenter vs. Reducer: Kortikale und autonome Reaktivität auf Reize unterschiedlicher Intensität. *Zeitschrift für Differentielle und Diagnostische Psychologie*, **20**, 247–262.

Schwerdtfeger, A. & Baltissen, R. (2002). Augmenting–reducing paradox lost? A test of Davis et al.'s (1983) hypothesis. *Personality and Individual Differences*, **32**, 257–271.

Scott, P. A., Chou, J. M., Tang, H. & Frazer, A. (1994). Differential induction of 5–HT1A–mediated responses in vivo by three chemically dissimilar 5–HT1A agonists. *The Journal of Pharmacology and Experimental Therapeutics*, **270**, 198–208.

Seeber, A., Gutewort, T., Richter, J. & Struemper, R. (1985). Judgments of stress by mental work, type A behavior patterns and catecholamines. In F. Klix, R. Näätänen & K. Zimmer (Eds.), *Psychophysiological Approaches to Human Information Processing* (pp. 401–410). Amsterdam: North Holland.

Segerstrom, S. C., Glover, D. A., Craske, M. G. & Fahey, J. L. (1999). Worry affects the immune response to phobic fear. *Brain, Behavior, and Immunity*, **13**, 80–92.

Segerstrom, S. C., Solomon, G. F., Kemeny, M. E. & Fahey, J. L. (1998a). Relationships of worry to immune sequelae of the Northridge earthquake. *Journal of Behavioral Medicine*, **21**, 433–450.

Segerstrom, S. C., Taylor, S. E., Kemeny, M. E. & Fahey, J. L. (1998b). Optimism is associated with mood, coping and immune change in response to stress. *Journal of Personality and Social Psychology*, **74**, 1646–1655.

Seibyl, J. P., Krystal, J. H., Price, L. H., Woods, S. W., D'Amico, C. & Heninger, G. R.(1991). Effects of ritanserin on the behavioral, neuroendocrine, and cardiovascular responses to meta–chlorophenyl–piperanzine in healthy human subjects. *Psychiatry Research*, **38**, 227–236.

Seligman, M. E. P. (1975). *Helplessness: On Depression, Development, and Death*. San Francisco: Freeman.

Selye, H. (1936). A syndrome produced by nocuous agents. *Nature*, **138**, 32.

Selye, H. (1946). The general adaptation syndrome and the diseases of adaptation. *The Journal of Clinical Endocrinology*, **6**, 117–231.

Sgoutas–Emch, S. A., Cacioppo, J. T., Uchino, B. N. & Malarkey, W.. (1994). The effects of an acute psychological stressor on cardiovascular, endocrine, and cellular immune response: A prospective study of individuals high and low in heart rate reactivity. *Psychophysiology*, **31**, 264–271.

Shagass, C., Roemer, R. A., Straunanis, J. J. & Josiassen, R. C. (1981). Intelligence as a factor in evoked potential studies in psychopathology: 1. Comparison of low– and high–IQ subjects. *Biological Psychiatry*, **11**, 1007–1029.

Shah, P. J., Ogilvie, A. D., Goodwin, G. M. & Ebmeier, K. P. (1997). Clinical and psychometric correlates of dopamine D2 binding in depression. *Psychological Medicine*, **27**, 1247–1256.

Sham, P. C. (2003). Recent developments in quantitative trait loci analysis. In R. Plomin, J. C. DeFries, I. W. Craig & P. McGuffin (Eds.), *Behavioral Genetics in the Postgenomic Era* (p. 41–53). Washington, DC: APA Books.

Sham, P. C., Cherny, S. S., Purcell, S. & Hewitt, J. K. (2000a). Power of linkage versus association analysis of quantitative traits by use of variance–components models for sibship data. American *Journal Human Genetics*, **66**, 1616–1630.

Sham, P. C. & Purcell, S. (2001). Equivalence between Haseman–Elston and variance–components linkage analyses for sib pairs. *American Journal of Human Genetics*, **68**, 1527–1532.

Sham, P. C., Zhao, J. H. & Curtis, D. (2000b). The effect of marker characteristics on the power to detect linkage disequilibrium due to single or multiple ancestral mutations. *Annals of Human Genetics*, **64**, 161–169

Shapiro, D., Goldstein, I. B. & Jamner, L. D. (1995). Effects of anger/hostility, defensiveness, gender and family history of hypertension on cardiovascular reactivity. *Psychophysiology*, **32**, 425–435.

Sheehan, D. V., Zak, J. P., Miller, J. A. & Fanous, B. S. L. (1988). Panic disorder: the potential role of serotonin reuptake inhibitors. *Journal of Clinical Psychiatry*, **49**, 30–36.

Sheldon, W. H. & Stevens, S. S. (1942). *The Varieties of Temperament*. New York/London.

Sheldon, W. H., Stevens, S. S., & Tucker, W. B. (1940). *The Varieties of Human Physique*. New York/London: Harper.

Sherwin, B. B. & Gelfraud, M. M. (1985). Sex steroids and affect in the surgical menopause in a double-blind cross-over study. *Psychoneuroendocrinology*, **10**, 325–335.

Shields, J. (1962). *Monozygotic Twins: Brought up Apart and Brought up Together*. London: Oxford University Press.

Shopsin, B., Gershon, S., Goldstein, M., Friedman, E., & Wilk, S. (1975). Use of synthesis inhibitors in defining a role for biogenic amines during imipramine treatment in depressed patients. *Psychopharmacology Communications*, **1**, 239–249.

Shopsin, B., Wilk, S., Sathananthan, G., Gershon, S. & Davis, K. (1974). Catecholamines and affective disorders revised: A critical assessment. *Journal of Nervous and Mental Diseases*, **158**, 369–383.

Shucard, D. & Horn, J. (1972). Evoked cortical potentials and measurement of human abilities. *Journal of Comparative and Physiological Psychology*, **78**, 59–68.

Siddle, D. A. T. (1972). Vigilance decrement and speed of habituation of the GSR component of the orienting response. *British Journal of Psychology*, **63**, 191–194.

Siddle, D. A. T., O'Gorman, J. G. & Wood, L. (1979). Effects of electrodermal lability and stimulus significance on electrodermal response amplitude to stimulus change. *Psychophysiology*, **16**, 520–527.

Siegel, J. M. (1986). The Multidimensional Anger Inventory. *Journal of Personality and Social Psychology*, **51**, 191–200.

Siever, L., Insel, T. & Uhde, T. (1981). Noradrenergic challenges in the affective disorders. *Journal of Clinical Psychopharmacology*, **1**, 193–206.

Siever, L. J., Coccaro, E. F., Zemishlany, Z., Silverman, J., Klar, H., Losonczy, M. F. (1987). Psychobiology of personality disorders: Pharmacologic implications. *Psychopharmacological Bulletin*, **23**, 333–336.

Simon, S. L. & Taube, H. (1946). A preliminary study on the use of methedrine in psychiatric diagnosis. *Journal of Nervous and Mental Disorder*, **104**, 593–596.

Simons, R. F. & Giardina, B. D. (1992). Reflex modification in psychosis-prone young adults. *Psychophysiology*, **29**, 8–16.

Singhal, R. L. & Telner, J. I. (1983). A perspective: Psychopharmacological aspects of aggression in animals and man. *Psychiatric Journal of the University of Ottawa*, **8**, 145–153.

Sirota, L. A., Greenberg, B. D., Murphy, D. L. & Hamer, D. H. (1999). Non–linear association between the serotonin transporter promoter polymorphism and neuroticism: A caution against using extreme samples to identify quantitative trait loci. *Psychiatric Genetics*, **9**, 35–38.

Sjostrom, R. & Roos, B. E. (1972). 5-hydroxyindolacetic acid and homovanillic acid in cerebrospinal fluid in manic-depressive psychosis. *European Journal of Clinical Pharmacology*, **4**, 170–176.

Skinner, B. F. (1948). *Waldon Two*. New York: Macmillan.

Smith, B. D., Kline, R., Lindgren, K., Ferro, M., Smith, D. A. & Nespor, A. (1995). The lateralized processing of affect in emotionally labile extraverts and introverts: central and autonomic effects. *Biological Psychology*, **39**, 143–157.

Smith, B. D., Perlstein, W. M., Davidson, R. A. & Michael, K. (1986). Sensation seeking: Differential effects of relevant, novel stimulation on electrodermal activity. *Personality and Individual Differences,* **7**, 445–452.

Smith, B. D., Wilson, R. J. & Jones, B. E. (1983). Extraversion and multiple levels of caffeine–induced arousal: Effects on overhabituation and dishabituation. *Psychophysiology*, **20**, 29–34.

Smith, B. D., Wilson, R. J. & Rypma, C. B. (1981). Overhabituation and dishabituation: Effects of extraversion and amount of training. *Journal of Research in Personality*, **15**, 475–487.

Smith, E. E. & Jonides, J. (1999). Storage and executive processes in the frontal lobes. *Neuroscience*, **283**, 1657–1661.

Smith, O. A., Astley, C. A., Spelman, F. A., Golanov, E. V., Chalyan, V. G., Bowden, D. M. & Taylor, D. J. (1993). Integrating behavior and cardiovascular responses: Posture and locomotion: I. Static analysis. *American Journal of Physiology*, **265**, R1458–R1468.

Smith, T. W. & Gallo, L. C. (1999). Hostility and cardiovascular reactivity during marital interaction. *Psychosomatic Medicine*, **61**, 436–445.

Smith, T. W. & Pope, M. K. (1990). Cynical hostility as a health risk: Current status and future directions. *Journal of Social Behavior and Personality*, **5**, 77–88.

Smythe, G. A. (1977). The role of serotonin and dopamine in hypothalamic–pituitary function. .*Clinical Endocrinology Oxford*, **7**, 325–341.

Smythe, G. A., Compton, P. J. & Lazarus, L. (1976). Serotonergic control of human growth hormone secretion: The actions of L–dopa and 2–bromo–a–ergocryptine. In A. Pecile & E. E. Muller (Eds.), *Growth Hormone and Related Peptides* (pp. 222–235). Amsterdam: Excerpta Medica Int. Congress Series.

Sobotka, S. S., Davidson, R. J. & Senulis, J. A. (1992). Anterior brain electrical asymmetries in response to reward and punishment. *Electroencephalography and Clinical Neurophysiology*, **83**, 236–247.

Sokol, D. K., Moore, C. A., Rose, R. J., Williams, C. J., Reed, T. & Christian, J. C. (1995). Intrapair differences in personality and cognitive ability among young monozygotic twins distinguished by chorion type. *Behavior Genetics*, **25**, 457–466.

Solanto, M. V. & Katkin, E. S. (1979). Classical EDR conditioning using a truly random control and subjects differing in electrodermal lability level. *Bulletin of the Psychonomic Society*, **14**, 49–52.

Soskis, D.A. & Shagass, C. (1974). Evoked potential tests of augmenting–reducing. *Psychophysiology*, **11**, 175–190.

Sostek, A. J. (1978). Effects of electrodermal lability and payoff instructions on vigilance performance. *Psychophysiology*, **15**, 561–568.

Spangler, G. (1995). School performance, type A behavior and adrenocortical activity in primary school children. *Anxiety, Stress, and Coping*, **8**, 299–310.

Spangler, G. (1997). Psychological and physiological responses during an exam and their relation to personality characteristics. *Psychoneuroendocrinology*, **22**, 423–441.

Spielberger, C.D. (1983). *Manual for the State–Trait Anxiety Inventory* (Form V). Palo Alto, CA: Psychologists Press.

Spielberger, C. D. (1966). *Anxiety and Behavior*. New York: Academic Press.

Spielberger, C. D., Gorsuch, R. L. & Lushene, R. E. (1970). *Manual for the State–Trait–Anxiety Inventory*. Palo Alto, CA: Consulting Psychologists Press.

Spielberger, C. D., Johnson, E. H., Russell, S. F., Crane, R. J., Jacobs, G. A. & Worden, T. J. (1985). The experience and expression of anger: Construction and validation of an anger expression scale. In M. A. Chesney & R. H. Rosenman (Eds.), *Anger and Hostility in Cardiovascular and Behavioural Disorders* (pp. 5–30). New York: McGraw–Hill.

Spielman, R. S. & Ewens, W. J. (1998). A sibship test for linkage in the presence of association: the sib transmission/disequilibrium test. *American Journal of Human Genetics, 62*, 450–458.

Spielman, R. S., McGinnis, R. E. & Ewens, W. J. (1993). Transmission test for linkage disequilibrium: The insulin gene region and insulin–dependent diabetes mellitus (IDDM). *American Journal of Human Genetics, 52*, 506–516.

Spinath, F. M. & Angleitner, A. (1998). Contrast effects in Buss and Plomin's EAS questionnaire: A behavioral–genetic study on early developing personality traits assessed through parental ratings. *Personality and Individual Differences, 25*, 947–963.

Spinath, F. M. & Borkenau, P. (2000). Genetic and environmental influences on reaction times: Evidence from behavior–genetic research. *Psychologische Beiträge, 42*, 58–69.

Spinath, F. M., Ronald, A., Harlaar, N., Price, T. & Plomin, R. (2003). Phenotypic 'g' early in life: On the etiology of general cognitive ability in a large population sample of twin children aged 2 to 4 years. *Intelligence, 31*, 195–210.

Spoont, M. R. (1992). Modulatory role of serotonin in neural information processing: Implications for human psychopathology. *Psychological Bulletin, 112*, 330–350.

Sprouse, J. S. & Aghajanian, G. K. (1987). Electrophysiological responses of serotonergic dorsal raphé neurons to 5–HT1A and 5–HT1B agonists. *Synapse, 1*, 3–9.

Squire, L. R., Bloom, F. E., McConnell, S. K., Roberts, J., Spitzer, N. C. & Zigmond, M. J. (2003). *Fundamental Neuroscience* (2nd edition). Amsterdam: Academic Press.

Staehelin, B. (1968). Das vegetative Psychosyndrom. *Praxis: Schweizerische Rundschau für Medizin, 57*, 1822–1826.

Stahl, S. (1985a). Peripheral models for the study of neurotransmitter receptors in man. *Pharmacology Bulletin, 21*, 663–667.

Stahl, S. (1985b). Platelets as pharmacological models for the receptors and biochemistry fo monoaminergic neurons. In G. L. Longenecker (Ed.), *The Platelets: Physiology and Pharmacology* (pp. 307–340). New York: Academic Press.

Stahl, S. (1992). Neuroendocrine markers of serotonin responsivity in depression. *Progression in Neuro-Psychopharmacology and Biological Psychiatry, 16*, 655–659.

Stahl, S. (1994). 5HT1A receptors and pharmacotherapy. Is serotonin receptor down– regulation linked to the mechanism of action of antidepressant drugs? *Psychopharmacological Bulletin, 30*, 39–43.

Stalenheim, E. G., von Knorring, L. & Wide, L. (1998). Serum levels of thyroid hormones as biological markers in a Swedish forensic psychiatric population. *Biological Psychiatry, 43*, 755–761.

Stein, M. B. & Uhde, T. W. (1990). Panic disorder and major depression: Lifetime relationship and biological markers. In J. C. Ballenger (Ed.), *Clinical Aspects of Panic Disorder. Frontiers of Clinical Neurosciences* (vol. 9, pp. 151–168). New York: Wiley.

Stelmack, R. M. (1981). The psychophysiology of extraversion and neuroticism. In H. J. Eysenck (Ed.), *A Model for Personality* (pp. 38–64). New York: Springer.

Stelmack, R. M. (1990). Biological bases of extraversion: Psychophysiological evidence. *Journal of Personality, 58*, 291–311.

Stelmack, R. M. (1997). The psychophysics and psychophysiology of extraversion and arousal. In H. Nyborg (Ed.), *The Scientific Study of Human Nature: Tribute to Hans J. Eysenck at Eighty* (pp. 388–403). Oxford: Pergamon Press.

Stelmack, R. M. & Geen, R. G. (1992). The Psychophysiology of Extraversion. In A. Gale and M. W. Eysenck (Eds.), *Handbook of Individual Differences: Biological Perspectives* (227–254). Chichester: Wiley.

Stelmack, R. M. & Houlihan, M. (1995). Event–related potentials, personality and intelligence: Concepts, issues and evidence. In D.H. Saklofske & M. Zeidner, (Eds.). *International Handbook of Personality and Intelligence*, (pp. 349–365). New York: Plenum.

Stelmack, R. M., Houlihan, M. & McGarry–Roberts, P. A. (1993). Personality, reaction time, and event–related potentials. *Journal of Personality and Social Psychology, 65*, 399–409.

Stelmack, R. M. & Pivik, R. T. (1996). Extraversion and the effects of exercise on spinal motoneuronal excitability. *Personality and Individual Differences*, 21, 69–76.

Stelmack, R. M., Plouffe, L. & Falkenberg, W. (1983a). Extraversion, sensation seeking and electrodermal response: Probing a paradox. *Personality and Individual Differences*, 4, 607–614.

Stelmack, R. M., Plouffe, L. M. & Winogron, H. W. (1983b). Recognition memory and the orienting response: An analysis of the encoding of pictures and words. *Biological Psychology*, 16, 49–63.

Stemmler, G. (1984). Psychophysiologische Emotionsmuster. Ein empirischer und methodologischer Beitrag zur inter– und intraindividuellen Begründbarkeit spezifischer Profile bei Angst, Ärger und Freude. *Europäische Hochschulschriften, Reihe 6, Psychologie, Bd. 127*. Frankfurt am Main: Lang.

Stemmler, G. (1992). *Differential Psychophysiology: Persons in Situations*. Heidelberg: Springer.

Stemmler, G. & Meinhardt, E. (1990). Personality, situation and physiological arousability. *Personality and Individual Differences*, 11, 293–308.

Stemmler, G. & Wacker, J. (2002). *Frontale Hemisphärenasymmetrie und Persönlichkeit: Welches Modell passt?* Vortrag am 43. Kongress der DGPs, Berlin.

Stenberg, G. (1992). Personality and the EEG: Arousal and emotional arousability. *Personality and Individual Differences*, 13, 1097–1113.

Stenberg, G., Risberg, J., Warkentin, S. & Rosen, I. (1990a). Regional patterns of cortical blood flow distinguish extraverts from introverts. *Personality and Individual Differences*, 11, 663–674.

Stenberg, G., Rosen, I. & Risberg, J. (1988). Personality and augmenting/reducing in visual and auditory evoked potentials. *Personality and Individual Differences*, 9, 571–580.

Stenberg, G., Rosen, I. & Risberg, J. (1990b). Attention and personality in augmenting/reducing of visual evoked potentials. *Personality and Individual Differences*, 11, 1243–1254.

Stenberg, G., Wendt, P. E. & Risberg, J. (1993). Regional cerebral blood flow and extraversion. *Personality and Individual Differences*, 15, 547–554.

Steptoe, A., Melville, D. & Ross, A. (1984). Behavioral response demands, cardiovascular reactivity, and essential hypertension. *Psychosomatic Medicine*, 46, 33–48.

Steptoe, A. & Ross, A. (1981). Psychophysiological reactivity and the prediction of cardiovascular disorders. *Journal of Psychosomatic Research*, 25, 23–31.

Stern, J. A. & Janes, C. L. (1973). Personality and psychopathology. In W. F. Prokasy & D. C. Raskin (Eds.), *Electrodermal Activity in Psychological Research* (pp. 283–346). New York: Academic Press.

Sternberg, E. M. (1995). Neuroendocrine factors in susceptibility to inflammatory disease: Focus on the hypothalamic–pituitary–adrenal axis. *Hormone Research*, 43, 159–161.

Sternberg, E. M., Chrousos, G. P., Wilder, R. L. & Gold, P. W. (1992). The stress response and the regulation of inflammatory disease. *Annals of Internal Med.icine*, 117, 854–866.

Sternberg, R. J. & Kaufman, J. C. (1998). Human abilities. *Annual Review of Psychology*, 49, 479–502.

Sternberg, S. (1969). Memory–scanning: Mental processes revealed by reaction–time experiments. *American Scientist*, 57, 421–457.

Stevens, D., Charman, T. & Blair, R. J. R. (2001). Recognition of emotion in facial expressions and vocal tones in children with psychopathic tendencies. *The Journal of Genetic Psychology*, 162, 201–211.

Stockmeier, C. A. & Kellar, K. J. (1986). In vivo regulation of the serotonin–2–receptor in rat brain. *Life Scienes*, 38, 117–122.

Stone, A. A., Cox, D. S., Valdimarsdottir, H. & Jandorf, L. (1987). Evidence that secretory IgA antibody is associated with daily mood. *Journal of Personality and Social Psychology*, 52, 988–993.

Stone, E. A. (1975). Effect of stress on sulfated glucol metabolites of brain norepinephrine. *Life Sciences*, 16, 1725–1729.

Storlien, L. H. & Smythe, G. A. (1992). D–fenfluramine effects on hypothalamic monoamine activities and their hormonal correlates. *Brain Research*, 597, 60–65.

Strauman, T. J., Lemieux, A. M. & Coe, C. L. (1993). Self–discrepancy and natural killer cell activity: immunological consequences of negative self–evaluation. *Journal of Personality and Social Psychology*, **64**, 1042–1052.

Strelau, J. (1972). The general and partial nervous–system types – data and theory. In V. D. Nebylitsyn & J. A. Gray (Eds.), *Biological Bases of Individual Behavior*. New York: Academic Press.

Strelau, J. (1983). *Temperament, Personality, Activity*. London: Academic Press.

Strelau, J. (1987). The concept of temperament in personality research. *European Journal of Personality*, **1**, 107–117.

Strelau, J., Angleitner, A., Bantelmann, J. & Ruch, W. (1990a). The Strelau Temperament Inventory–Revised: Theoretical considerations and scale developments. *European Journal of Personality*, **4**, 209–235.

Strelau, J., Angleitner, A. & Ruch, W. (1990b). Strelau Temperament Inventory (STI): General review and studies based on German samples. In J. N. Butcher & C. D. Spielberger (Eds.), *Advances in Personality Assessment* (Vol. 8, pp. 187-241). Hillsdale, NJ: Erlbaum.

Strelau, J. & Zawadzki, B. (1993). The Formal Characteristics of Behavior–Temperament Inventory (FCB–TI): Theoretical assumptions and scale construction. *European Journal of Personality*, **7**, 313–336.

Strelau, J. & Zawadzki, B. (1995). The formal characteristics of Behavior–Temperament Inventory (FCB–TI): Validity studies. *European Journal of Personality*, **9**, 1–23.

Strickberger, M. W. (1988). *Genetik* (Deutsche Übersetzung der 3. Auflage). Wien: Hanser.

Strobel, A., Beauducel, A., Debener, S. & Brocke, B. (2001). Eine deutschsprachige Version des BIS/BAS–Fragebogens von Carver und White. *Zeitschrift für Differentielle und Diagnostische Psychologie*, **22**, 216–227.

Strobel, A., Wehr, A., Michel, A. & Brocke, B. (1999). Association between the dopamine D4 receptor (DRD4) exon III polymorphism and measures of Novelty Seeking in a German population. *Molecular Psychiatry*, **4**, 378–384

Sturm, W., deSimone, A., Krause, B. J., Specht, K., Hesselmann, V. & Radermacher, I. (1999). Functional anatomy of intrinsic alertness: Evidence for a fronto–parietal–thalamic–brainstem network in the right hemisphere. *Neuropsychologia*, **37**, 797–805.

Suarez, E. C. & Harralson, T. L. (1999). Hostility–related differences in the associations between stress–induced physiological reactivity and lipid concentrations in young healthy women. *International Journal of Behavioral Medicine*, **6**, 190–203.

Suarez, E. C., Kuhn, C. M., Schanberg, S. M., Williams, R. B. jr. & Zimmermann, E. A. (1998). Neuroendocrine, cardiovascular, and emotional response of hostile men: The role of interpersonal challenge. *Psychosomatic Medicine*, **60**, 78–88.

Suarez, E. C. & Williams, R. B., Jr. (1990). The relationships between dimensions of hostility and cardiovascular reactivity as a function of task characteristics. *Psychosomatic Medicine*, **52**, 558–570.

Sudo, A. (1991). Evaluation of workload in middle-aged steel workers by measuring urinary excretion of catecholamines and cortisol. *Sangyo-Igaku*, **33**, 475–484.

Sugiura, M., Kawashima, R., Nakagawa, M., Okada, K., Sato, T., Goto, R., Sato, K., Ono, S., Schormann, T., Zilles, K. & Fukuda, H. (2000). Correlation between human personality and neural activity in cerebral cortex. *Neuroimage*, **11**, 541–546.

Suhara, T., Yasuno, F., Sudo, Y., Yamanoto, M., Inoue, M., Okubo, Y. & Suzuki, K. (2001). Dopamine D2 receptors in the insular cortex and the personality trait of novelty seeking. *Neuroimage*, **13**, 891–895.

Suls, J. & Wan, C. K. (1993). The relationship between trait hostility and cardiovascular reactivity: A quantitative review and analysis. *Psychophysiology*, **30**, 615–626.

Sumner, B. E. & Fink, G. (1998). Testosterone as well as estrogen increases serotonin 2A receptor mRNA and binding site densities in the male rat brain. *Molecular Brain Research*, **59**, 205–214.

Sutton, S. K. & Davidson, R. J. (1997). Prefrontal brain asymmetry: A biological substrate of the behavioral approach and inhibition systems. *Psychological Science*, **8**, 204–210.

Swickert, R. J. & Gilliland, K. (1998). Relationship between the brainstem auditory evoked response and extraversion, impulsivity, and sociability. *Journal of Research in Personality*, **32**, 314–330.

Tancer, M. E., Ranc, J., & Golden, R. N. (1994). Pharmacological challenge test of the Tridimensional Personality Questionnaire in patients with social phobia and normal volunteers. *Anxiety,* **1**, 224–226.

Taylor, J. A. (1953). A personality scale of manifest anxiety. *Journal of Abnormal and Social Psychology*, **48**, 285–290.

Taylor, S. P. & Leonard, K. E. (1983). Alcohol and human physical aggression. In R. Geen & E. Donnerstein (Eds.), *Aggression: Theoretical and Empirical Reviews* (Vol. 2, pp. 77–101). New York: Academic Press.

Teitler, M. & Herrick Davis, K. (1994). Multiple serotonin receptor subtypes: Molecular cloning and functional expression. *Critical Reviews in Neurobiology,* **8**, 175–188.

Tellegen, A. (1982). *Multidimensional Personality Questionnaire Manual.* University of Minnesota Press.

Tellegen, A., Grove, W. M. & Waller, N. G. (1991). *Inventory of Personal Characteristics #7 (IPC7).* Minneapolis, University of Minnesota Department of Psychology, 1991.

Tellegen, A., Lykken, D. T., Bouchard, T. J., jr., Wilcox, K. J., Segal, N. L. & Rich, S. (1988). Personality similarity in twins reared apart and together. *Journal of Personality and Social Psychology*, **54**, 1031–1039.

Tellegen, A. & Waller, N. G. (1997). Exploring personality through test construction: Development of the multidimensional personality questionnaire. In S. R. Briggs & J. M. Cheek (Eds.), *Personality Measures: Development and Evaluation* (Vol. 1, pp. 133- 161). Greenwich: JAI press.

Temoshok, L. (1987). Personality, coping style, emotion and cancer: Towards an integrative model. *Cancer Survey*, **6**, 545–567.

Teplov, B. M. & Nebylitsyn, V. D. (1971). Eigenschaften und Typen des Nervensystems. In T. Kussmann & H. Kölling (Hrsg.), *Biologie und Verhalten* (S. 202–217). Bern: Huber.

Ternaux, J. P., Gorella, J., Legay, C., Faudon, M., Barrit, M. C. & Mery, F. (1981). 5HT metabolism in the intestinal wall of the rabbit. *Journal of Physiology,* **77**, 319–326.

Thapar, A. (2003). Attention deficit hyperactivity disorder: New genetic findings, new directions. In: R. Plomin, J. C. DeFries, I. W. Craig & P. McGuffin (Eds.), *Behavioral Genetics in the Postgenomic Era* (pp. 445–462). Washington, DC: APA Books.

Thatcher, R. W., McAlaster, R., Lester, M. L., Horst, R. L. & Cantor, D. S. (1983). Hemispheric EEG asymmetries related to cognitive functioning in children. In E. Perecman (Ed.), *Cognitive Processing in the Right Hemisphere* (pp. 126–146). New York: Academic Press.

Thompson, W. B. & Mueller, J. H. (1984). Extraversion and sleep: A psychophysiological study of the arousal hypothesis. *Personality and Individual Differences*, **5**, 345–353.

Tirosh, E., Stein, M. M. & Harel, J. (1997). Relationship between left–handedness and allergic symptomatology. *Journal of Child Neurology*, **12**, 165–168.

Tomarken, A. J. & Davidson, R. J. (1994). Frontal brain activation in repressors and nonrepressors. *Journal of Abnormal Psychology*, **103**, 339–349.

Tomarken, A. J., Davidson, R. J., Wheeler, R. E. & Doss, R. C. (1992). Individual differences in anterior brain asymmetry and fundamental dimensions of emotion. *Journal of Personality and Social Psychology*, **62**, 676–687.

Törk, I. (1990). Anatomy of the serotonergic system. *Annals of the New York Academy of Sciences,* **600**, 9–35.

Totman, R., Kiff, J., Reed, S. E. & Craig, J. W. (1980). Predicting experimental colds in volunteers from different measures of recent life stress. *Journal of Psychosomatic Research*, **24**, 155–163.

Tran, Y., Craig, A. & McIsaac, P. (2001). Extraversion–introversion and 8–13 Hz waves in frontal cortical regions. *Personality and Individual Differences*, **30**, 205–215.

Tranel, D. & Damasio, H. (1994). Neuroanatomical correlates of electrodermal skin conductance response. *Psychophysiology*, **31**, 427–438.

Tremblay, R. E., Schaal, B., Boulerice, B., Arsenault, L., Soussignan, R. & Perusse, D. (1997). Male physical aggression, social dominance, and testosterone levels at puberty: A developmental perspective. In A. Raine & P. Brennan (Eds.), *Biosocial Bases of Violence. NATO ASI Series: Series A: Life Sciences* (Vol. 292, pp. 271–291). New York: Plenum Press.

Trestman, R. L., Coccaro, E. F., Bernstein, D., Lawrence, T., Gabriel, S. M., Horvath, T. B. & Siever, L. J. (1991). Cortisol responses to mental arithmetic in acute and remitted depression. *Biological Psychiatry*, **29**, 10, 1051–1054.

Tricklebank, M. D. (1985). The behavioral responses to 5–HT receptor agonists and subtypes of the central 5–HT receptor. *Trends in Pharmacological Science*, **6**, 403–407.

Trulson, M. E. (1985). Dietary tryptophan does not alter the function of brain serotonin neurons. *Life Sciences, 37,* 1067–1072.

Tucker, D. M. & Dawson, S. L. (1984). Asymmetric EEG changes as method actors generated emotions. *Biological Psychology*, **19**, 63–75.

Turic, D., Fisher, P. J., Plomin, R. & Owen, M. J. (2001). No association between apolipoprotein E polymorphisms and general cognitive ability in children. *Neuroscience Letters*, **299**, 97–100

Twarog, B. (1988). Serotonin: History of a discovery. *Comperative Biochemistry and Physiology, 91,* 21–24.

Twarog, B. & Page, I. H. (1953). Serotonin content of some mamalian tissues and urine and an method for its determination. *American Journal of Physiology*, **175**, 157–161.

Uchino, B. N., Cacioppo, J. T., Malarkey, W. & Glaser, R. (1995). Individual differences in cardiac sympathetic control predict endocrine and immune responses to acute psychological stress. *Journal of Personality and Social Psychology*, **69**, 736–743.

Udry, J. R. & Talbert, L. M. (1988). Sex hormone effects on personality at puberty. *Journal of Personality and Social Psychology*, **54**, 291–295.

Uexküll, Th. v. (1960). *Funktionelle Syndrome in psychosomatischer Sicht. Klinik der Gegenwart* (Vol. 9, pp. 299–304). Berlin: Urban & Schwarzenberg.

Ursin, H. (1978). Activation, coping, and psychosomatics. In H. Ursin, E. Baade & S. Levine (Eds.), *Psychobiology of Stress. A Study of Coping Men* (pp. 201–228). New York: Academic Press.

Ursin, H. (1980). Personality, activation, and somatic health. In S. Levine & H. Ursin (Eds.), *Coping and Health* (pp. 259–280). New York: Academic Press.

Ursin, H. (1987). Expectancy and activation: An attempt to systemize stress theory. In D. Hellhammer, I. Florin & H. Weiner (Eds.), *Neurobiological Approaches of Human Disease* (pp. 313–334). Toronto: Huber.

Ursin, H., Baade, E. & Levine, S. (1978). *Psychobiology of Stress. A Study of Coping Men.* New York: Academic Press.

Uvnas-Moberg, K. (1997). Physiological and endocrine effects of social contact. *Annals of the New York Academy of Sciences*, **807**, 146–163.

van Baal, G., Degeus, E. & Boomsma, D. I. (1998). Genetic influences on EEG coherence in 5–year–old twins. *Behavior Genetics*, **28**, 9–19.

van Doornen, L. J. (1986). Sex differences in physiological relations to real life stress and their relationship to psychological variables. *Psychophysiology*, **23**, 657–662.

van Goozen, S. H. M., Matthys, W., Cohen-Kettenis, P. T., Gispen-de Wied, C., Wiegant, V. M. & van Engeland, H. (1998). Salivary cortisol and cardiovascular activity during stress in oppositional-defiant disorder boys and normal controls. *Biological Psychiatry*, **43**, 531–539.

van Praag, H. M. (1996). Faulty cortisol/serotonin interplay. Psychopathological and biological characterisation of a new, hypothetical depression subtype (SeCA depression). *Psychiatry Research, 65,* 143–157.

van Praag, H. M. & Korf, J. (1975). Central monoamine deficiency in depression: Causative or secondary phenomenon? *Pharmacopsychiatry*, **8**, 321–326.

van Praag, H. M., Korf, J. & Schut, D. (1973). Cerebral monoamines and depression. *Archives of General Psychiatry*, **28**, 827–831.

van Praag, H. M., Lemus, C. & Kahn, R. (1987). Hormonal probes of central serotonergic activity: Do they really exist? *Biological Psychiatry, 22,* 86–98.

Vanelle, J. M. (1995). Sensitive assay of thyroid stimulating hormone in depressed patients. *Psychiatry Research*, **57**, 41–48.

Velden, M. & Wölk, C. (1987). Depicting cardial activity over real time: A proposal for standardization. *Journal of Psychophysiology*, **1**, 173–175.

Venables, P. H. & Christie, M. J. (1980). Electrodermal activity. In I. Martin & P. H. Venables (Eds.), *Techniques in Psychophysiology* (pp. 3–67). New York: Wiley.

Verhoeff, N. P. L. G., Christensen, B. K., Hussey, D., Lee, M., Papatheodorou, G., Kopala, L., Rui, Q., Zipursky, R. B. & Kapur, S. (2003). Effects of catecholamine depletion on D2 receptor binding, mood, and attentiveness in humans: a replication study. *Pharmacology, Biochemistry, and Behavior*, **74**, 425–432.

Vernon, P. A. (1990). The use of biological measures to estimate behavioural intelligence. *Educational Psychologist*, **25**, 293–304.

Vernon, P. A. (1993). Intelligence and neural efficiency. In D. K. Detterman (Ed.), *Current Topics in Human Intelligence*, (Vol. 3, pp. 171–187). Norwood, NJ: Ablex.

Vernon, P. A. & Mori, M. (1989). Intelligence, reaction times, and nerve conduction velocity. *Behavior Genetics*, **19**, 779.

Vernon, P. A. & Mori, M. (1992). Intelligence, reaction times, and peripheral nerve conduction velocity. *Intelligence*, **16**, 273–288.

Vernon, P. E. (1984). Special review of H. J. Eysenck's, A model for intelligence. *Personality and Individual Differences*, **5**, 125–128.

Villacres, E. C., Hollifield, M., Katon, W. J. & Wilkinson, C. W. (1987). Sympathetic nervous system activity in panic disorder. *Psychiatry Research*, **21**, 313–321.

Villalon, C. M., Terron, J. A., Ramirez San Juan, E. & Saxena, P. R. (1995). 5–hydroxytryptamine: Considerations about discovery, receptor classification and relevance to medical research. *Archives of Medical Research*, **26**, 331–344.

Vingerhoets, A. J. J. M., Ratliff–Crain, J., Jabaaij, L., Menges, L. J. & Baum, A. (1996). Self–reported stressors, symptom complaints and psychobiological functioning I: Cardiovascular stress reactivity. *Journal of Psychosomatic Research*, **40**, 177–190.

Vink, J. M. & Boomsma, D. I. (2002). Gene finding strategies. *Biological Psychology*, **61**, 53–71.

Vinogradov, S., Solomon, S., Ober, B. A., Biggins, C. A., Shenaut, G. K. & Fein, G. (1996). Do semantic priming effects correlate with sensory gating in schizophrenia? *Biological Psychiatry*, **39**, 821–824.

Virkkunen, M. (1985). Urinary free cortisol secretion in habitually violent offenders. *Acta Psychiatrica Scandinavia*, **72**, 40–44.

Virkkunen, M., Goldman, D. & Linnoila, M. (1996). Serotonin in alcoholic violent offenders. *Ciba Foundation Symposium 1996*, **194**, 168–177.

Virkkunen, M., Kallio, E., Rawlings, R., Tokola, R., Poland, R. E., Guidotti, A., Nemeroff, C., Bissette, G., Kalogeras, K. & Karonen, S.L. (1994). Personality profiles and state aggressiveness in Finnish alcoholic, violent offenders, fire setters, and healthy volunteers. *Archives of General Psychiatry*, **51**, 28–33.

Virkkunen, M. & Linnoila, M. (1993). Brain serotonin, type II alcoholism, and impulsive violence. *Journal of Studies on Alcohol*, **11**, 163–169

Vitiello, B. & Stoff, D. M. (1997). Subtypes of aggression and their relevance to child psychiatry. *Journal of the American Academy of Child and Adolescent Psychiatry*, **36**, 307–315.

Vitouch, O., Bauer, H., Gittler, G. L. M. & Leodolter, U. (1997). Cortical activity of good and poor spatial test performers during spatial and verbal processing studied with slow potential topography. *International Journal of Psychophysiology*, **27**, 183–199.

Vogel, W. H. & Netter, P. (1989). Effects of ethanol and stress on plasma catecholamines and their relation to changes in emotional state and performance. *Alcoholism: Clinical and Experimental Research*, **13**, 284–290.

Vogel, F., Kruger, J., Schalt, E., Schobel, R. & Hassling, L. (1987). No consistent relationship between oscillations and latencies of visual and auditory evoked EEG potentials and measures of mental performance. *Human Neurobiology*, **6**, 173–182.

Vögele, C. (1998). Serum lipid concentrations, hostility and cardiovascular reactions to mental stress. *International Journal of Psychophysiology*, **28**, 167–179.

Vogt, M. (1954). The concentration of sympathin in different parts of the central nervous system under normal conditions and after the administration of drugs. *Journal of Physiology, 123,* 451–481.

Volavka, J. (1995). *Neurobiology of Violence.* Washington: American Psychiatry Press.

Volavka, J. (1999). The neurobiology of violence: An update. *The Journal of Neuropsychiatry and Clinical Neurosciences,* **11,** 307–314.

von Knorring, L., Almay, B.G.L., Johansson, F. & Terenims, L. (1979). Endorphine in CSF of chronic pain patients in relation to augmenting-reducing response in visual averaged evoked response. *Neuropsychobiology,* **5,** 322–326.

von Knorring, A., Hallman, J., von Knorring, L. & Oreland, L. (1991). Platelet monoamine oxidase activity in type 1 and type 2 alcoholism. *Alcohol and Alcoholism,* **26,** 409–416.

von Bardeleben, U., & Holsboer, F. (1989). Cortisol response to a combined dexamethasone-human corticotropin-releasing hormone challenge in patients with depression. *Journal of Neuroendocrinology,* **1,** 485–488.

Vossel, G. (1990). *Elektrodermale Labilität.* Göttingen: Hogrefe.

Vossel, G. & Zimmer, H. (1998). *Psychophysiology.* Stuttgart: Kohlhammer.

Vossel, G. & Roßmann, R. (1984). Electrodermal habituation speed and visual monitoring performance. *Psychophysiology,* **21,** 97–100.

Wacker, J., Heldmann, M. & Stemmler, G. (2003). Separating emotion and motivational direction in fear and anger: Effects of frontal asymmetry. *Emotion,* **3,** 167–193.

Waid, W. M. & Orne, M. T. (1980). Individual differences in electrodermal lability and the detection of information and deception. *Journal of Applied Psychology,* **65,** 1–8.

Waller, N.G. (1999). Evaluating the structure of personality. In Cloninger, C.R. *Personality and Psychopathology* (pp. 155–197). Washington, DC: American Psychiatric Association.

Walsh, J. J., Wilding, J. M. & Eysenck, M. W. (1994). Stress responsivity: The role of individual differences. *Personality and Individual Differences,* **16,** 385–394.

Walsh, J. J., Eysenck, M. W., Wilding, J. & Valentine, J. (1994). Type A, neuroticism, and physiological functioning (actual and reported). *Personality and Individual Differences,* **16,** 959–965.

Wang, S., Mason, J., Charney, D., Yehuda, R., Riney, S. & Southwich, S. (1997). Relationship between hormonal profile and novelty seeking in combat related posttraumatic stress disorder. *Biological Psychiatry,* **41,** 145–151.

Watling, K. J. (1989). 5–HT3 receptor agonists and antagonists. *Neurotransmission,* **3,** 1–4.

Watson, D. & Tellegen, A. (1985). Toward a consenual structure of mood. *Psychological Bulletin,* **98,** 219–235.

Watson, D. & Clark L. A. (1984). Negative affectivity: The disposition to experience aversive emotional skales. *Psychological Bulletin,* **96,** 465–490.

Watson, D. & Clark, L.A. (1992). On traits and temperament: General and specific factors of emotional experience and their relation to the Five–Factor Model. *Journal of Personality,* **60,** 441–476.

Watson, D., Clark, L. A. & Tellegen, A. (1988). Development and validation of brief measures of positive and negative affect: The PANAS scales. *Journal of Personality and Social Psychology,* **54,** 1063–1070.

Watson, D. & Walker, L. M. (1996). The long–term stability and predictive validity of trait measures of affect. *Journal of Personality and Social Psychology,* **70,** 567–577.

Watson, J.D. & Crick, F.H.C. (1953). Molecular structure of nucleic acids: A structure for deoxyribose nucleic acids. *Nature,* **171,** 737–738.

Watson, S. J. & Akil, H. (1999). Gene chips and arrays revealed: A primer on their power and their uses. *Biological Psychiatry,* **45,** 533–543.

Weber, B., Lewicka, S., Deuschle, M., Colla, M. & Heuser, I. (2000). Testosterone, androstenedione and dihyrotestosterone concentrations are elevated in female patients with major depression. *Psychoneuroendocrinology,* **25,** 765–771.

Weinberger, D. A., Schwartz, G. E. & Davidson, R. J. (1979). Low–anxious, high anxious, and repressive coping styles: Psychometric patterns and behavioral and physiological responses to stress. *Journal of Abnormal Psychology,* **88,** 369–380.

Weinberger, D. R. (1993). A connectionist approach to the prefrontal cortex. *Journal of Neurospsychiatry and Clinical Neuroscience,* **5,** 241–253.

Weiner, M. F., Davis, B. M., Mohs, R. C. & Davis, K. L. (1987). Influence of age and relative weight on cortisol suppression in normal subjects. *American Journal of Psychiatry*, **144**, 646–649.

Weinstein, J., Averill, J. R., Opton, E. M. & Lazarus, R. S. (1968). Defensive style and discrepancy between self–report and physiological indexes of stress. *Journal of Personality and Social Psychology*, **10**, 406–413.

Weinstein, N. D. (1980). Unrealistic optimism about future life events. *Journal of Personality and Social Psychology*, **39**, 806–820.

Weizman, R., Laor, N., Barber, Y., Selman, A., Schujovizky, A., Wolmer, L., Laron, Z. & Gil-Ad, I. (1994). Impact of the Golf War on the anxiety, cortisol and growth hormone levels o Israeli civilans. *American Journal of Psychiatry*, **151**, 71–75.

Westrin, A., Engstom, G., Ekman, R. & Traskman-Bendz, L. (1998). Correlations between plasma-neuropeptides and temperament dimensions differ between suicidal patients and healthy controls. *Journal of Affective Disorders*, **49**, 45–54.

Wetzel, R.D., Cloninger, C.R., Hong, B. & Reich, T. (1980). Personality as a subclinical expression of the affective disorders. *Comprehensive Psychiatry* 21, 197–205.

Weyer, G. (1989). Conditioned and unconditioned cardiovascular reactivity: Predictability and stability over time. *Personality and Individual Differences*, **10**, 633–652.

Wichmann, B. (1934). Das vegetative Syndrom und seine Behandlung. *Deutsche Medizinische Wochenschrift*, **60**, 1500–1504.

Wickelgren, I. (1998). Tracking insulin to the mind. *Science*, **280**, 517–519.

Wickett, J. C. & Vernon, P. A. (1994). Peripheral nerve conduction velocity, reaction time, and intelligence – an attempt to replicate Vernon and Mori (1992). *Intelligence*, **18**, 127–131.

Widaman, K. F., Carlson, J. S., Saetermoe, C. L. & Galbraith, G. C. (1993). The relationship of auditory evoked potentials to fluid and crystallized intelligence. *Personality and Individual Differences*, **15**, 205–217.

Wiesbeck, G. A., Maurer, C., Thome, J., Jakob, F. & Boening, J. (1995). Neuroendocrine support for a relationship between "Novelty seeking" and dopaminergic function in alcohol-dependent men. *Psychoneuroendocrinology*, **20**, 755–761.

Wiesbeck, G. A., Wodarz, N., Maurer, C., Thome, J., Jakob, F. & Boening, J. (1996). Sensation seeking, alcoholism, and dopamine activity. *European Psychiatry*, **11**, 87–92.

Wiggins, J. S. (1996). *The Five–Factor Model of Personality. Theoretical Perspectives*. New York, NY: The Guilford Press.

Wilder, J. (1931). Das „Ausgangswert–Gesetz" – ein unbeachtetes biologisches Gesetz; seine Bedeutung für Forschung und Praxis. *Klinische Wochenschrift*, **10**, 1889–1893.

Williams, R. B. (1989). Biological mechanisms mediating the relationship between behavior and coronary heart disease. In A. Siegman & T. Dembroski (Eds.), *In Search of Coronary–Prone Behavior: Beyond Type A* (pp. 195–206). Hillsdale, N.J.: Erlbaum.

Williams, R. B., Barefoot, J. C. & Shekelle, R. B. (1985). The health consequences of hostility. In M. A. Chesney & R. H. Rosenman (Eds.), *Anger and Hostility in Cardiovascular and Behavioral Disorders* (pp. 173–186). Washington, DC: Hemisphere.

Williamson, S., Harpur, T. J. & Hare, R. D. (1991). Abnormal processing of affective words by psychopaths. *Psychophysiology*, **28**, 260–273.

Willner, P., Muscat, R., Papp, M. & Sampson, D. (1991). Dopamine, depression and anti-depressant drugs. In P. Willner & J. Scheel-Krüger (Eds.), *The Mesolimbic Dopamine System: From Motivation to Action* (pp. 387–410). Chichester: Wiley.

Willner, P. (1991). Animal models as simulations of depression. *Trends in Pharmacological Sciences*, **12**, 131–136.

Wilson, G. D., Barrett, P. T. & Gray, J. A. (1989). Human reactions to reward and punishment. A questionnaire examination of Gray's personality theory. *British Journal of Psychology*, **80**, 509–516.

Wilson, J. W. D. & Dykman, R. A. (1960). Background autonomic activity in medical students. *Journal of Comparative and Physiological Psychology*, **53**, 405–411.

Wilson, K. G. (1987). Electrodermal lability and simple reaction time. *Biological Psychology*, **26**, 321–328.

Wilson, K. G. & Graham, R. S. (1989). Electrodermal lability and visual information processing. *Psychophysiology*, **26**, 321–328.

Wilson, K. M. & Minneman, K. P. (1989). Regional variations in alpha 1–adrenergic receptor subtypes in rat brain. *Journal of Neurochemistry*, **53**, 1782–1786.

Wilson, M. A. & Languis, M.L. (1990). A topographic study of differences in the P3 between introverts and extraverts. *Brain Topography*, 4, 269–274.

Winblad, B., Gottfries, C.–G., Oreland, L. & Wilberg, A. (1979). Monoamine oxidase in human platelets and brain of non–neurological geriatric patients. *Medical Biology*, **57**, 129–132.

Windle, M. (1994). Temperamental inhibition and activation: Hormonal and psychosocial correlates and associated psychiatry disorders. *Personality and Individual Differences*, **17**, 61–70.

Wingrove, J., Bond, A. J., Cleare, A. J. & Sherwood, R. (1999). Trait hostility and prolactin response to tryptophan enhancement/depletion. *Neuropsychobiology*, **40**, 202–206.

Winterer, G., Egan, M. F., Rädler, T., Hyde, T., Coppola, R. & Weinberger, D. R. (2001). An association between reduced interhemispheric EEG coherence in the temporal lobe and genetic risk for schizophrenia. *Schizophrenia Research*, **49**, 129–143.

Woermann, F. G., van–Elst, L. T., Koepp, M. J., Free, S. L., Thompson, P. J., Trimble, M. R. & Duncan, J. S. (2000). Reduction of frontal neocortical grey matter associated with affective aggression in patients with temporal lobe epilepsy: an objective voxel by voxel analysis of automatically segmented MRI. *Journal of Neurology, Neurosurgery, and Psychiatry*, **68**, 162–169.

Wolff, C.T., Friedman, S.B., Hofer, M.A. & Mason, J.W. (1964). Relationship between psychological defenses and mean urinary 17-hydroxycorticosteroid excretion rates. *Psychosomatic Medicine*, **26**, 576–591.

Wolkowitz, O. M., Epel, E. S. & Reus, V. I. (2001). Stress hormone-related psychopathology: Pathophysiological and treatment implications. *The World Journal of Biological Psychiatry*, **2**, 115–143.

Wuebben, Y. & Winterer, G. (2001). Hypofrontality – a risk marker related to schizophrenia. *Schizophrenia Research*, **48**, 207–217.

Wundt, W. (1879). Über das Verhältnis der Gefühle zu den Vorstellungen. *Vierteljahrsschrift für Wissenschaft und Philosophie*, **3**.

Wüst, S., Federenko, I., Hellhammer, D., & Kirschbaum, C. (2000). Genetic factors, perceived chronic stress, and the free cortisol response to awakening. *Psychoneuroendocrinology*, **25**, 707–720.

Yasuno, F., Suhara, T., Sudo, Y., Yamamoto, M., Inoue, M. & Okubo, Y. (2000). Relation among dopamine D2 receptor binding, obesity and personality in normal subjects. *Neuroscience Letters*, **300**, 59–61.

Yatham, L. N. & Steiner, M. (1993). Neuroendocrine probes of serotonergic function: A critical review. *Life Sciences*, **53**, 447–463.

Yehuda, R., Giller, E. L., Southwick, S. M., Lowy, M. T. & Mason, J. W. (1991). Hypothalamic-pituitary-adrenal dysfunction in posttraumatic stress disorder. *Biological Psychiatry*, **30**, 1031–1048.

Yehuda, R., Southwick, S. M., Mason, J. W. & Giller, E. L. (1990). Interactions of the hypothalamic-pituitary-adrenal axis and the catecholaminergic system of the stress disorder. In E. L. Giller (Hrsg.), *Biological Assessement and Treatment of PTSD*. Washington, DC: American Psychiatric Press.

Young, R. J. & Ismail, A.H. (1979). Prediction of serum testosterone before and after an exercise program using physiological and personality variables. *Journal of Human Ergology*, **8**, 29–38.

Young, W., Laws, E., Sharbrough, F., & Weinshilboum, R. M. (1986). Human monoamine oxidase. Lack fo brain and platelet correlation. *Archives of General Psychiatry*, **43**, 604–609.

Yu, P. H. (1986). Monoamine oxidase. In A.A.Boulton, G. B. Baker, & P. H. Yu (Eds.), *Neuromethods, Series I: Neurochemistry* (pp. 235–272). Clifton,NJ: Humana Press.

Zahn, T. P., Kruesi, M. J. P., Leonard, H. L. & Rapoport, J. L. (1994). Autonomic activity and reaction time in relation to extraversion and behavioral impulsivity in children and adolescents. *Personality and Individual Differences*, **16**, 751–758.

Zald, D. H. & Depue, R. A. Serotonergic modulation of positive and negative affect in psychiatrically healthy males. *Personality and Individual Differences*, (in press).

Zeichner, A., Giancola, P. R. & Allen, J. D. (1995). Effects of hostility on alcohol stress–response–dampening. *Alcoholism: Clinical and Experimental Research*, **19**, 977–983.

Zeier, H., Brauchli, P. & Joller, J. H. (1996). Effects of work demands on immunoglobulin A and cortisol in air traffic controllers. *Biological Psychology*, **42**, 413–423.

Zhang, Y. X., Caryl, P. G. & Deary, I. J. (1989). Evoked potentials, inspection time and intelligence. *Personality and Individual Differences*, **10**, 1079–1094.

Zimmerman, M., Coryell, W. & Corenthal, C. (1984). Attribution style, the dexamethasone suppression test, and the diagnosis of melancholia in depressed inpatients. *Journal of Abnormal Psychology*, **93**, 373–377.

Zorrilla, E. P., Redei, E. & DeRubeis, R. J. (1994). Reduced cytokine levels and T–cell function in healthy males: Relation to individual differences in subclinical anxiety. *Brain Behavior and Immunity*, **8**, 293–312.

Zuckerman, M. (1979). *Sensation seeking: Beyond the optimal level of arousal*. Hillsdale, N.J.: Erlbaum.

Zuckerman, M. (1983). A biological theory of sensation seeking. In M. Zuckerman (Ed.), *Biological Bases of Sensation Seeking, Impulsivity, and Anxiety* (pp. 37–76). Hillsdale, NJ: Lawrence Erlbaum.

Zuckerman, M. (1984). Sensation seeking: A comparative approach to a human trait. *Behavioral and Brain Sciences*, **7**, 413–471.

Zuckerman, M. (1985). Sensation seeking, mania, and monoamines. *Neuropsychobiology*, **13**, 121–128.

Zuckerman, M. (1986). Sensation seeking and augmenting–reducing: Evoked potentials and/or kinesthetic figural aftereffects. *Behavioral and Brain Sciences*, **9**, 749–754.

Zuckerman, M. (1990). The psychophysiology of sensation seeking. *Journal of Personality*, **58**, 313–358.

Zuckerman, M. (1991). *Psychobiology of Personality*. Cambridge: Cambridge University Press.

Zuckerman, M. (1993). P–impulsive sensation seeking and its behavioral, psychophysiological and biochemical correlates. *Neuropsychobiology*, **28**, 30–36.

Zuckerman, M. (1994). *Behavioral expressions and Biosocial Bases of Sensation Seeking*. New York: Cambridge University Press.

Zuckerman, M. (1995). Good and bad humors: Biochemical bases of personality and its disorders. *Psychological Science*, **6**, 325–332.

Zuckerman, M. & Cloninger, C. R. (1996). Relationships between Cloninger's, Zuckerman's, and Eysenck's dimensions of personality. *Personality and Individual Differences*, **21**, 283–285.

Zuckerman, M., Eysenck, S. B. & Eysenck, H. J. (1978). Sensation seeking in England and America: Cross–cultural, age, and sex comparisons. *Journal of Consulting & Clinical Psychology*, **46**, 139–149.

Zuckerman, M., Kolin, I., Price, L. & Zoob, I. (1964). Development of a sensation seeking scale. *Journal of Consulting Psychology*, **28**, 477–482.

Zuckerman, M. & Kuhlman, D. M. (2000). Personality and risk–taking: Common biosocial factors. *Journal of Personality*, **68**, 999–1029.

Zuckerman, M., Kuhlman, D. M., Joireman, J., Teta, P. & Kraft, M. (1993). A comparison of three structural models for personality: The big three, the big five, and the alternative five. *Journal of Personality and Social Psychology*, **65**, 757–768.

Zuckerman, M., Murtaugh, T. T. & Siegel, J. (1974). Sensation seeking and cortical augmenting–reducing. *Psychophysiology*, **11**, 535–542.

Zuckerman, M., Simons, R. F. & Como, P. G. (1988). Sensation seeking and stimulus intensity as modulators of cortical, cardiovascular, and electrodermal response: A cross–modality study. *Personality and Individual Differences*, **9**, 361–372.

Zumoff, B., Rosenfeld, R. S., Friedman, M., Byers, S. O., Rosenman, R. H. & Hellman, L. (1984). Elevated daytime urinary excretion of testosterone glucuronide in men with the type A behavior pattern. *Psychosomatic Medicine*, **46**, 223–225.

Zurron, M. & Diaz, F. (1998). Conditions for correlation between IQ and auditory evoked potential latencies. *Personality and Individual Differences*, **24**, 279–287.

Sachregister

Abkürzungsverzeichnis

16 PF- R = Revidierte Form des 16 PF
16-PF,= 16 Personality Factor Test,
5-HIAA = 5-Hydroxyindolessigsäure (indole acetic acid)
5-HT = Serotonin (5-Hydroxytryptamin)
5-HT1-7 = Unterrezeptoren des Serotonins
5-HTP = 5-Hydroxytryptophan
5-HTTLPR = Serotonintransporter-Polymorphismus
8-OH-DPAT = 8-Hydroxy(2-N,N-dipropylamino)-tetralin
A/R = Augmenting-Reducing
A = Adrenalin
a^2 = additive genetische Varianz
A8-A15 = Areale dopaminerger Neurone im Gehirn
AC-Verstärker = Verstärker für alternating current (Wechselstrom)
ACh = Acetylcholin
ACTH = adrenokortikotropes Hormon
ADH = VAS = antidiuretic hormone = Adiuretin
ADHD = Attention Deficit Hyperactivity Disorder
AIP = allele image pattern
ALS = autonomic lability score
amp = Amplitude
AMPT = Alpha-methyl-paratyrosin
ANPS = Affective Neuroscience Personality Scales
APM = Raven Advanced Progressive Matrices
APO E = Apolipoprotein E
Apo-sus =apomorphin-susceptible
ARAS = aufsteigendes retikuläres Aktivierungssystem
ASQ = Attributional Style Questionnaire
ATP = Adenosintriphophat
AUC = area under the curve
AV = abhängige Variable
AV-Knoten= atrioventrikulärer Knoten
AVP = Arginin-Vasopressin (= ADH, VAS)

B-Zellen = Vorstufen der Plasmazellen
B1-B9 = Lokalisationen für Serotonin im Hirnstamm
BAS = Behavioral Activation System
BDHI = Buss-Durkey Hostility Inventory
BDI = Beck Depression Inventory
BESA = Brain Electrical Source Analysis
BFS = behavioral facilitation system
BIS = Behavioral Inhibition System
BIS10, BIS11 = Barratt Impulsivity Scale
BNCV = Brain NCV
BOLD = blood oxygen level dependent
bp = Basenpaare
BPQA = Buss-Perry Aggression Questionnaire

BS = Boredom Susceptibility

c^2 = geteilte Umweltvarianz
Ca^{++} = Kalziuminonen
CA1...3 = Hirnareale
cAMP = zyklisches Adenosinmonophosphat
CBG = cortisol binding globuline
CCK = Cholecystokinin
CD3, 8, 19, 56 usw.= clustered of differentiation
CNS = central nervous system
CNV = kontingente negative Variation
CO_2 = Kohlendioxyd
COMT = Catechol-O-Methyltransferase
Con A = Concanavalin A
CPT = Continuous Performance Task
CPU = cycles per unit
CRF/CRH = corticotropin releasing factor resp. hormone
CRH = corticotropin releasing hormone
CS = konditionierter Stimulus
CSF = Zerebrospinalflüssigkeit
CSNP = codierter single nucleotide polymorphism
d-fen = d-Fenfluramin
d^2 = Dominanzabweichung
D3, D4 = Dopaminrezeptoren Typ 3 und Typ 4
DA = Dopamin
DAT = Dopamintransporter
dB = Dezibel (auch dB(A))
DBD = diastolischer Blutdruck
Dex-CRH-Test = Dexamethason-Test in Kombination mit CRH-Applikation
DHEA = Dehydroepiandrosteron
DHT = Dihydrotestosteron
DIS , Dis = Disinhibition
DNA = desoxyribonucleic acid (Desoxyribonukleinsäure)
Dopa = siehe L-Dopa
DOPAC = 3,4dihydroxyphenylacetic acid (Dihydroxyphenyl-Essigsäure)
DR = Defensivreaktion
DRD4 = Dopaminrezeptor4-Gen
DRD5 = Dopaminrezeptor5-Gen
DSM-III, DSM-IV = Diagnostic and Statistical Manual of Mental Disorders
   3. und 4. Auflage
dZ/dt = thorakale Impedanz

E = Extraversion
E-I-Dimension = Extra-Introversions-Dimension
e^2 = spezifische Umweltvarianz
EASI-III = Extraversion-Anxiety-Sociability-Impulsivity Skala , 3. Auflage
EBV = Epstein-Barr-Virus
ECT = elementary cognitive tasks
EDA = elektrodermale Aktivität
EDL = elektrodermale Leitfähigkeit
EDR = elektrodermale Reaktion
EEG = Elektroenzephalogram
EKG = Elektrokardiogramm
ELISA = enzyme-linked immunosorbentassay
EMS = elektromechanische Kammersystole
EP, EKP= ereigniskorreliertes Potential
Epi = Epinephrin = Adrenalin
EPI = Eysenck Personality Inventory
EPQ = Eysenck Personality Questionnaire
EPQ-R = revidierte Form des Eysenck Personality Questionnaire
ERD = event-related desynchronization
ERS = event related synchronization
ES = Experience Seeking
EZ = eineiige Zwillinge

FAF = Freiburger Aggressionsfragebogen
FCB-TI = Formal Characteristics of Behavior Temperament Inventory
FDA = Food and Drug Administration
FDG = Fluoro-desoxy-Glukose
FESP = Fluor-ethyl-spiperon
FFM = Fünffaktorenmodell
FFS = fight-flight system
fMRI = functional magnetic resonance imaging
FMS = elektromechanische Systole
FPI-R = revidierte Fassung des Freiburger Persönlichkeitsinventars
FPV = Fingerpulsvolumenamplitude

GABA = Gammaaminobuttersäure
GAS = general adaptation syndrome
GF1/GF2 = Somatomedin 1 und 2
GH = growth hormone (= Wachstumshormon)
GHIH = Growth hormone inhibiting hormone
GHRF = GHRH = somatoliberin = growth hormone releasing factor resp.
   hormone
GMR = Glukose-Metabolismus-Rate
GnRH = Gonadoliberin = gonadal hormone releasing hormone =LHRH
GWPQ = Gray-Wilson-Personality Questionnaire
GZTS =Guilford-Zimmerman Temperament Scale

H^2 = Heritabilität
HA = Harm Avoidance
HACER = hypothalamic area controlling emotional responses
HP = Herzperiode
HPA-Achse = hypothalamo-pituitary-adrenal axis (Hypothalamus-Hypophysen-Nebennierenrindenachse)
HPG-Achse = hypothalamo-pituitary-gonadal axis
HPLC = high pressure liquid chromatography
HR = Herzrate
HRV = Herzratenvariabilität
HVA = homovanillic acid (Homovanillinsäure)
HVL = Hypophysenvorderlappen
Hz = Hertz
HZV = Herzzeitvolumen

I = Stromstärke
I-7 = Impulsivitätsskala
i^2 = Epistase
IAF = Individuelle Alphafrequenz
IBD = identical by descent
IBI = interbeat interval
icv = intrazerebroventrikulär
IFN = Interferon gamma
IgA, IgG, IgE, IgD = Formen von Immunglobulinen
IGF2R = Insulinwachstumsfaktor2-Rezeptor
IKG = Impedanzkardiographie
IL = Interleukin
IPC = Inventory of Personal Characteristics
IQ = Intelligenzquotient
IST = Intelligenzstrukturtest
iv = intravenös
IVE = Impulsivität, Venturesomeness, Empathie - Fragebogen

L-Dopa = L-Dihydroxyphenylalanin
LC = Locus coeruleus
LHRH = luteinizing hormone releasing hormone
LMT = Leistungsmotivationstest
LOD = logarithmic odds ratio
LORETA = Low Resolution Brain Electromagnetic Tomography
LPS = Leistungsprüfsystem
LSD = Lysergsäurediäthyl-amid
LTP = long term potentiation
LVET = linksventrikuläre Austreibungszeit (ejection time)

M = Mobilität
MAO, MAO-A, MAO-B = Monaminoxidase, Form A oder B
MAO-I = Monaminoxidase-Inhibitor

MAP = mean arterial pressure
MAS = Manifest Anxiety Scale
MC-SDS = Marlow-Crowne Social Desirability Scale
mCPP = 1-(m-Chlorophenyl)piperazin
MCV = nerve conduction velocity
MEG = Magnetelektroenzephalogramm
MHPG = 3-Methoxy-4-hydroxy-Phenylglykol
MIH = Melatonin inhibiting hormone
MMPI = Minnesota Multiphasic Personality Inventory
MPQ = Multidimensional Personality Questionnaire
MQSD = mittleres Quadrat sukzessiver Differenzen
MRH = Melatonin releasing hormone
MRI = Magnetic Resonance Imaging
mRNA = Messenger-Ribonukleinsäure

N = Neurotizismus
N+, N- = hoher resp. geringer Neurotizismuswert
N100= N1, N200=N2 , N120 = jeweils Negativierung des ereigniskorrelier-
ten Potentials nach entsprechenden Millisekunden
NA = Negative Affektivität
NA = Noradrenalin
Nac = nucleus accumbens (auch n.acc)
NE = Norepinephrin
NEM =Negative Emotionalität
NEO-FFI = NEO Five Factor InventoryI
NEO-PI-R = Neurotizismus-, Extraversions- Offenheits- Persönlichkeits-
Inventar revidierte Form
NET = Noradrenalintransporter
NK-Zellen = natural killer cells
NKCA = natural killer cell acticity
NP Y = Neuropeptid Y
NS = Novelty Seeking
NS2 = Subskala 2 des Novelty Seeking

O-LIFE = Oxford-Liverpool Inventory of Feelings and Experience
O_2 = Sauerstoff
OR = Orientierungsreaktion

P = Psychotizismus
P+/P- = hoher vs. niedriger Psychotizismuswert
P-ImpUSS =Psychotizismus, Impulsivität und Unsocialized Sensation See-
king
P-Korrelation = Korrelation zwischen zwei Variablen innerhalb einer Person
    über die Zeit
P100=P1,P300=P3, P50,= Positivierung des ereigniskorrelierten Potentials
    nach 100, 300 oder 50 Millisekunden
PA = Positive Affektivität

PANAS= Positive and Negative Affect Schedule
PC = Personal Computer
PCA =
PCL-R = Psychopathy Check List revised version
PCPA = Parachlorphenylanalin
PEM = Positive Emotionalität
PEP = Präejektionsphase
PET = Positron-Emissions-Tomographie
PHA = PhytohämagglutininA
PIH = Prolactin inhibiting hormone
PKG = Phonokardiogramm
PKU = Phenylketonurie
PLZ = Pulslaufzeit
PNCV = Periphere NCV
PNMT = Phenylethylamin-N-Methyltransferase
PNS = peripheres Nervensystem
po = per os (orale Einnahme)
PPI = prepulse inhibition
PRF = prolactin releasing factor
PRF = PRH = prolactin relasing factor resp. hormone
PRL = Prolaktin
PSQ = Personality Syndrome Questionnaire
PTSD = Posttraumatic Stress Disorder
PWG = Pulswellengeschwindigkeit

QTL = quantitative trait loci

R, A = Referenz-, Aktivierungsphase im EEG
R = Widerstand
rCBF = regional cerebral blood flow
RD = Reward Dependence
RFLP = Restriktions-Fragment-Längen-Polymorphismus
RNA = Ribonukleinsäure
RS-Konstrukt = Repression-Sensitization Konstrukt
RSA = respiratorische Sinusarrhythmie
RST = Reinforcement-Theorie der Persönlichkeit
RZ = Reaktionszeit

S/N = Verhältnis von signal/noise = Signal-Rausch-Verhältnis
SBD = systolischer Blutdruck
SC = skin conductance
SDS = Social Desirability Scale
SE = Stärke der Exzitation
SEM = standard error of the mean
SERT = Serotonintransporter
sIgA = Sekretorisches Immunglobulin A

SNP = single nucleotide polymorphism
SNS = somatisches Nervensystem
SP = skin potential
SPECT = single positron emission computer tomography
SPL = skin potential level
SPM = Standard Progressive Matrices
SPQ = Schizotypal Personality Questionnaire
SPR = skin potential response
SQUID = superconducting quantum interference device
SR = skin resistance
SS = Sensation Seeking
SS = Somatostatin
SS+/SS- = Personen mit hohen und niedrigen Werten in Sensation Seeking
SSR = single sequence repeats
SSRI = Spezifischer Serotonin-Reuptake-Inhibitor
SSS = Sensation Seeking Skalen
STAI – State-Trait-Anxiety Inventory
STI = Strelau Temperament Inventar
STI-R = revidierte Form des STI
STIH = somatotropin inhibiting hormone
Sz, Cz, Pz =frontale, zentrale, parietale Ableitposition beim EEG

T = Testosteron
T-Daten = Testdaten
T-Zellen = aus Thymuszellen entwickelte Lymphozyten
T3 = Trijodthyronin
T3/T4 = Temporale Elektrodenpositionen bei der EEG-Ableitung
T4 = Thyroxin
TAS = test anxiety score
TAS = Thrill and Adventure Seeking
TBG = thyroxin binding globuline
TCI = Tridimensional Character Inventory
TDT = transmission disequilibrium
TH = Tyrosinhydroxylase
TNFa = Tumornekrosefaktor a
TPH = Tryptophanhydroxylase
TPQ = Tridimensional Personality Questionnaire
TPW = totaler peripherer Widerstand
TRF = TRH = thyreotropin releasing factor resp. hormone
TRH = thyreotropin releasing hormone

U = Spannung
UCS = unkonditionierter Stimulus
UV = unabhängige Variable

VAS = ADH = Vasopressin
V_E = Fehlervarianz

V_G = genetische Varianz
VIP = vasoaktives intestinales Polypeptid
VIP = vasointestinales Peptid
VMA = vanillylmandelic acid = Vanillinmandelsäure
VMS =Vanillin-Mandelsäure
VNS = vegetatives Nervensystem
VNTR = variable number of tandem repeats
V_P = phänotypische Varianz
V_{SP} = Varianz aufgrund selektiver Partnerwahl
VTA = ventrotegmental area
V_U = Umweltvarianz

ZKPQ = Zuckerman-Kuhlman-Personality Questionnaire
ZNS = Zentralnervensystem
ZZ = zweieiige Zwillinge